JN064279

数学ターミナル

新訂版 線型代数の発想

楽屋裏から「なぜこう考えるのか」を探ってみよう

小林幸夫 著

現代数学社

はしがき

早速ですが，つぎの問題を考えてみてください．

> サイコロを振ったとき，奇数の目が出たら +1 点，偶数の目が出たら −2 点とする．10回振ったところ，合計点は −2 点だった．偶数の目は何回出たか？

これは，過去の公務員試験の問題です．この問題は，算数の考え方と数学の考え方とのどちらでも解けます．算数の発想では，数え上げによる解法として

「奇数の目が2回，偶数の目が1回出ると，得点が0点である．だから，奇数の目が6回，偶数の目が3回出ると，合計点は0点になる．合計点が −2 点ということから，偶数の目が4回でなければならない」

と考えることができます．他方，数学の発想では，連立方程式を立てて

「奇数の目が出た回数を x，偶数の目が出た回数を y とする．

$$\begin{cases} x+y=10 \\ x+(-2)y=-2 \end{cases}$$

この連立方程式を解くと，$x=6$，$y=4$ となるから，奇数の目が6回，偶数の目が4回である」

と考えることができます．過去に，学生がどのように考えるかを調べたことがあります．工科系では，機械的に連立方程式を立てて解いた学生がほとんどでした．文科系では，図を描いて試行錯誤しながら算数流の方針で解いた学生がたくさんいました．

それぞれの発想を比べてみましょう．どちらにも，いい面とそうでない面とがあります．算数で考えると問題の本質を探ることになるので，どうしてこれらの値になるのかがはっきりします．大人の思考トレーニングとして算数の問題が人気を集めている理由は，こういうところにあるのかも知れません．他方，サイコロを振る回数が多いときには，連立方程式を立てると答が求めやすくなります．たしかに，連立方程式を使う方が高級そうに見えます．けれども，機械的に計算しただけですから「計算したらこの値になった」としかいえません．方程式の方が便利な場合に方程式を立てればいいのであって，いつでもそうしなければならないというわけではありません．

それでは，連立方程式は問題の本質を知る上で役に立たないのでしょうか？　具体的な問題を解くという観点からは，連立方程式を立てなくてもほかの方法を工夫することができます．しかし，連立方程式には，算数とは別の観点で問題の意味を整理できるという特徴があります．何が「わかっている量」で，何が「求める量」なのかということを区別し，これらがどのように結びついているのかがはっきりします．いまの例題では，サイコロを振った回数と合計点とがわかっている量で，奇数の目の回数と偶数の目の回数とが求める量です．わかっている量を入力といい，求める量を出力というと，情報科学の基礎になります．ただし，連立方程式の形のままでは，入力と出力との関係が必ずしも見やすいとはいえません．入力と出力との橋渡しのために登場する概念がマトリックスです．高校数学で「行列」とよんでいるので，この名称の方が馴染み深いかも知れません．マトリックスの理論を組み立てると，連立方程式の解が求まるしくみと解の特徴とが理解できます．ど

んな解が求まるかを知るための鍵は，主に係数が握っています．係数の特徴を表そうとするとき，二つの道があります．一つは係数を並べたマトリックスから階数の概念をつくる道であり，もう一つは係数の行列式の概念をつくる道です．階数と行列式とのどちらも写像という考え方と結びついています．こういう見方を理解することも本書の主要なテーマの一つです．

「春」という題材で小説を書くとすると，作家によってまったくちがうストーリーを展開することでしょう．線型代数のガイドブックにも同じことがいえると思います．本書では，大学の線型代数を「連立１次方程式の解が求まるカラクリを代数の見方と幾何の見方とで理解するための理論」と見立てて考えを進めます．ここで「１次」とことわったのは，「線型」ということばと関係があります．この事情は，探究が進むにつれて次第にわかってくるはずです．小学算数から高校数学までに辿ってきた経路となめらかにつながるように，大学数学の門を通過できるといいと思っています．数学という芝居の楽屋裏に回って，どんないきさつで線型代数のシナリオができ上がったのかという事情を探ってみましょう．ただし，必ずしも数学の歴史に忠実とは限りません．

（謝辞） 拙い自筆の図とイラストとは見にくいと思いますが，これらの表す意味を理解していただけると幸いです。

何度も迷惑をおかけしたにもかかわらず，レイアウトの要望を聞いて本書を出版してくださった現代数学社社長富田栄氏と編集部富田淳氏に深く感謝致します．

2008年５月

小林幸夫

新訂版に際して

初版の記述には不十分な箇所もあり，読者の方々にはご迷惑をお掛けしました．新訂版では，明らかな誤りを修正するだけでなく，ADVICE 欄の注釈を増やすことによって，誤解をまねきやすい記述を書き換えました．たとえば，初版では $\{\boldsymbol{a}_1, \boldsymbol{a}_2\}$ のような集合の記号で基底を表しましたが，新訂版では $< \boldsymbol{a}_1, \boldsymbol{a}_2 >$ に変更しました[長岡亮介：『線型代数学』（放送大学教育振興会，2004）p. 86]．$\boldsymbol{a}_1$，$\boldsymbol{a}_2$ の順序と $\boldsymbol{a}_2$，$\boldsymbol{a}_1$ の順序とでは，異なる基底です．初版では，基底は順序が重要であると注意した上で，集合の記号を使いました．新訂版では，p. viii で注意した one word/ one meaning（科学技術英語の篠田義明先生が提唱なさった原則）に忠実に，要素の順序を考慮する基底の記号と要素の順序に関係ない集合の記号とを区別しました．

本書の特色

大学の線型代数は，小学算数（2 m，3 kg などの量の表し方と比例の考え方）を発展させた理論である．ベクトルの概念は，量の和・スカラー倍の一般化である．マトリックスの発想は，比例の拡張である．これらを組み合わせて連立1次方程式の問題を考えることができる．この背景に基づいて，本書の取り組み方を整理する．

1．具体例から線型性の概念に進めて線型空間に到達する

「はじめに線型空間を定義し，つぎに線型写像を考えて，最後に具体例を挙げる」という筋書きを採る教科書が多い．しかし，こういう展開は初学者には唐突に思える．本書では，「まず具体例を通じて線型という概念に気づかせ（0.2.4 項），つぎに線型写像の考え方を理解し（1.2 節），そのあとで線型空間を定義する（3.3 節）」という順で展開する．いうまでもなく，通常通りマトリックスは線型写像の表現と考える（1.2 節）．線型空間（3 章）のあとで線型変換（4 章）に戻るのは，固有値問題（5 章）の準備のためである．

2．階数と行列式とを連立1次方程式の解が求まるしくみと結びつけて導入する

連立1次方程式を主人公としたシナリオをつくったことによって，概念の導入順序が通常の教科書とちがうところがある．ふつうは，はじめにマトリックスを導入し，階数と行列式とに進み，マトリックスの応用として連立1次方程式の解法に到達する．本書では，階数と行列式とを連立1次方程式の解法と結びつけて導入するという筋道を選んだ（1.5 節，1.6 節）．階数を定義してから連立1次方程式との関係に進めると，階数を定義する必然性が把握しにくいと考えたからである．行列式も同様である．

3．連立1次方程式を線型写像の立場で見る

連立1次方程式を線型写像の立場で見るときの考え方を強調した．線型写像（入力と出力の間の対応規則）はマトリックスで表せ，マトリックスにはいろいろな性質がある．本書では「マトリックスについて，そのような性質を考えるのはなぜか」という必然性を連立1次方程式の立場から説明した．行列式関数の性質も形式的な列挙を避けた．その代りに，連立1次方程式の解と関係づけて，それぞれの性質を理解できるように説明した（1.6.2 項）．

方程式と写像（関数を指すと考えてよい）とは，本来は異なる概念である．このため，これらを互いに結びつけることはむずかしそうに見える．しかし，意識していないだけで，実は高校数学で同じ考え方を学習している．線型性から逸脱するが，2次方程式を考えてみよう．2次方程式 $ax^2+bx+c=0$ は，判別式で解の個数が判断できる．判別式は解の公式に由来するから，この判断は方程式の立場に基づいている．他方，2次関数 $f(x)=ax^2+bx+c$ を考え，$f(x)=0$ をみたす入力データ x が何個あるかを調べてみる．2次関数のグラフを描くと，x 軸との交点の個数がわかる．つまり，同じ2次多項式を代数の範囲に留めないで，関数の概念から見直すことによって数学が発展する．こういう発想を連立1次方程式にあてはめたと思えばよい（付録

B)．$f(x)=0$ にあたる式を $A\boldsymbol{x}=\boldsymbol{0}$ と書いたと考える．ここで，マトリックス A は連立１次方程式の係数を表し，数ベクトル $\boldsymbol{x}$ が解を表す（解ベクトル）．写像の観点から，連立１次方程式には「$A\boldsymbol{x}=\boldsymbol{0}$ をみたす入力 $\boldsymbol{x}$ を見出す」という意味がある．

線型写像の観点から見ると，連立１次方程式の解法は出力から入力を知る方法である．自然科学・社会科学には線型システムに基づいたモデルが多い．線型システムでは，入力と出力との関係は因果律を表す．ただし，線型性で何でも理解できるという誤解を避けるために，最終章で非線型の扉の前に立つことにした．

単に「量どうしの関係を表（Table）の形で見やすくする」というだけではマトリックスを導入する必然性が乏しい．入力から出力を求めたり，出力から入力を探ったりする操作をはっきりさせるために，マトリックスが重要である．係数をマトリックスで表すと，連立１次方程式の解のしくみの見通しがよくなる．「固有空間」「核」も連立１次方程式の観点で考えると意味がはっきりする（5.3節，付録B）．これらの概念に対するイメージを描くときに，幾何の見方が役立つ．平面の表し方，直線の表し方は，連立１次方程式の具体的な姿を見る方法だと思えばよい（2.1節，2.2節）．

4．ベクトルを数の組として導入する

連立１次方程式を主役としたことに伴って，ベクトルの概念を数の組（数ベクトル）として導入した（1.1節）．数の組を点という図形で表すときに，数と図形との１対１対応という見方が重要であり，幾何ベクトルの概念に進めた．なお，幾何ベクトルから導入する筋道は，物理の方法として拙著［『力学ステーション』（森北出版，2002)］で試みた．しかし，小学算数，中学数学，高校数学の筋道を辿ると，数の演算を理解した段階で数を点で表すように進んでいる．点を扱いやすくする都合上，矢印を使うことがある．幾何ベクトルから導入すると，「ベクトルとは矢印である」と思い込むおそれがある．

5．量と数との理論を重視する

算数・数学教育，物理教育を振り返ると，量と数との概念を十分に学習していないことに気がつく．教育の現場で測定の原理があいまいな理由の一つは，線型空間の概念を理解する機会が少ないことである．任意のベクトルが基底のスカラー倍で表せるという基本が，長さ，質量などを測るときの考え方そのものである（3.5節）．しかし，現状では，線型代数の考え方が物理教育に結びついていない．$3\,\mathrm{m}+2\,\mathrm{m}=5\,\mathrm{m}$，$3\,\mathrm{kg}+2\,\mathrm{kg}=5\,\mathrm{kg}$ などは，幾何ベクトルの演算 $3\vec{i}+2\vec{i}=5\vec{i}$ と同じ形である．意識していないだけで，小学算数は１次元線型空間のベクトルを扱っていることになる．これこそが線型代数の出発点である．

6．大学入学前の学習状況を配慮する

大学入学前の学習内容に個人差がある実情を考慮して，［進んだ探究］という項目を設けた．程度の高い内容をくわしく理解したい読者は，この項目にも取り組むとよい．ただし，本書は基礎を重視しているので，本文の理解が先決である．

数学ターミナル

1章，2章，3章，4章，5章，6章の順に進むと，連立1次方程式に関わるいろいろな概念を一巡できる．
つぎのコースで経由するターミナルごとに，ゆっくり数楽気分を味わいたい．

連立1次方程式

線型写像

階数

表現が簡単になるような基底の選び方

行列式（写像の表す倍率）

基底

線型空間（演算の成り立つ集合）

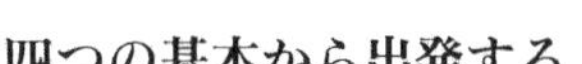

四つの基本から出発する

はじめに，0.2節で四つの基本を考える．項目が進んで新しい概念を導入するときには，いつでもこれらの発想で理解する．必要に応じて，本文の欄外（ADVICE 欄）につぎの枠を記入した．

0.2節①量と数との概念	0.2節②旧法則保存の原則	0.2節③類別と対応	0.2節④関数の概念の拡張

[演習問題]

数学では，実際に手を動かして計算することによって概念が理解できる．理屈がわかってからでないと九九を暗唱しないという考え方は，必ずしも妥当ではない．九九を活かして計算に慣れるうちに，計算のしくみが次第にわかってくる．大学の数学でも，素朴に計算したり式を書き出したりすることによって，考え方の筋道が見えてくる．例題は本文の一部であり，本来は本文で解説する内容を問題形式にしてある．**自己診断**は，本文と例題とを理解したかどうかを確認するために取り組む問題集である．

自己診断では，問題の解説のほかに（ねらい），（発想）を示してある．「何のために解く問題なのか」「どのようにして解き方に気づくのか」を理解することが重要だからである．このほかに，別の理由もある．上級コースに進んでからレポート，論文を書く機会が増える．論文は，序章で研究の目的，背景を示してから方法，結果，考察に進み，最後に結論をまとめるという形式で書く．こういう進め方に早い段階で馴染むことも重要と考え，(ねらい)，(発想)を序章，(解説)を本文，(補足)を考察に対応させた．

[用語・表現]

●「線型」を「線形」と書くと，線の形を分類する分野と勘違いするおそれがある．本書では，森毅：数学セミナー1978年6月号，長岡亮介：『線型代数入門』（放送大学教育振興会，2003）などを参考にした上で，「線型」を選んだ．

「1次写像」「1次変換」の代りに「線型写像」「線型変換」と表現した．2次，3次,..., n 次があるという誤解を避けるためである．

●「行列」の代りに「マトリックス」という用語を選んだ．matrix を「行列」と訳すことに対して，村松寿延：中央大学理工学研究所教養講座，一松信：『代数学入門第一課』（近代科学社，1992）が独立に重要な指摘をしている．たとえば，店で支払いのために並んでいる客の並びを行列という．方陣（matrix の中国語）を指す用語として「行列」は必ずしも適切ではない．この考えにしたがって，本書では「行列」という用語を使っていない．その結果，「ベクトル」と「マトリックス」との両方とも片仮名となり，足並みがそろった．ただし，現代の国語問題として片仮名の表現を日本式に改める方がのぞましいという意見があるので，これには逆行したことになる．

●「よって」「ゆえに」という古めかしいことばを使わなかった．21世紀にもなって，10代から20代の学生が答案に「よって」「ゆえに」と年寄りのような書き方をしていることを奇妙だと感じていたからである．法律の条文でさえ口語化を進めている現代だから，数学でも表現を改めたいと考えた．なお，吉田耕作：『積分方程式論』（岩波書店，1978）の序文にも「‘かくして’とか‘しかるに’などのやや古めかしい言葉づかいを現代式の慣用に改めた」と記してある．

●概念の意味をはっきりさせるために，one word/one meaning の原則［篠田義明：『テクニカル・イングリッシュ―論理の展開』（南雲堂，2001）］を重視した．通常は混用するが，「内積」を「スカラー積」と区別したり，「外積」を「ベクトル積」と区別したりした．

●用語は内容の見通せる表現がのぞましい．しかし，「掃き出し法」は慣例の術語ではないという指摘［一松信：『代数学入門第一課』（近代科学社，1992）］がある．本書では，掃き出し法を「Gauss-Jordan の消去法」といい（1.4節），後部代入法を「Gauss の消去法」という（付録A）．

●数学の記号，数式の書き方だけでなく，日本文の書き方も注意する節を設けた（0.1節）．内容が明確に伝わる作文力は，どの分野でも必要である．

●群の定義（3.1節）は，本橋信義：『新しい論理序説』（朝倉書店，1997）の指摘にしたがった．通常の教科書では，単位元・逆元について論理の正しくない表現になっているからである．

[取り上げなかった項目]

アフィン空間，商空間，Hamiltom-Cayley の定理，双対定理などは，上級コースに進んでから扱う項目と考え，本書では取り上げなかった．

数学の探究

Q.1 大学の数学でも，暗記しなければならない公式はありますか？

A.1 学習の基本は記憶です．「漢字，九九などを暗記してはいけない」といい出したら，大人になっても自分の名前は書けないし，数の計算もできなくなります．しかし，数学を学習するときの暗記は，これらとは感覚のちがうところがあります．この事情を理解するために，簡単な例を挙げてみましょう．

ほとんどの人は $(a+b)^2=a^2+2ab+b^2$，$(a+b)^3=a^3+3a^2b+3ab^2+b^3$ などをただ暗記しているだけではないでしょうか？　ここで，「暗記」は「暗算」とはちがうということに早く気づいてほしいと思います．

では，$(a+b)^2$ を考えるとき，単なる暗記ではなく，すぐに $a^2+2ab+b^2$ と書けるのはどうしてでしょう？　頭の中で $(a+b)(a+b)$ の形を思い浮かべます．左の（ ）から a を1個，右の（ ）からも a を1個取り出して掛けると a^2 が1個つくれる．b^2 も同様に1個つくれる．左の（ ）から a，右の（ ）から b を取る場合と左の（ ）から b，右の（ ）から a を取る場合があるので，ab が2個つくれる．何回も計算練習して慣れるうちに，この思考をあえて意識しなくてもすむようになります．

$(a+b)^3$ の場合は $(a+b)(a+b)(a+b)$ の形を思い浮かべます．（ ）が3個あるので，3文字の積しか現れないことがすぐにわかります．左の（ ），中央の（ ），右の（ ）のそれぞれから1文字ずつ取り出して掛けるからです．今までこのように意識していたでしょうか？　どの（ ）からも a しか取り出さないときには a^3 になります．b^3 も同じ考え方で理解できます．3文字の中で a を1個しか含まない積 ab^2 は，a を左，中央，右のどれから取り出したかによって3通りあります．だから，ab^2 は3個だけ現れると考えます．3文字の中で b を1個しか含まない積 a^2b も同じ考え方でわかります．頭の中で，この思考を素早く進めれば「暗記」ではなく「暗算」といえるでしょう．

これらの例でわかるように，数学を理解している人は何も考えずに式を書いているわけではありません．大学の数学でも単なる機械的な暗記ではなく，一つ一つの概念をあたりまえに思えるような感覚を培う学習が肝要です．認知心理学にくわしいわけではありませんが，ヒラメキも過去の学習の経験が絡み合って浮かび上がるのだろうと思います．ヒラメキは学習成果であって，完全な独創というわけではありません．

Q.2 数式の計算ができれば幾何の見方は必要ないのではありませんか？

A.2 「数学イコール計算」とは限りません．数式の表す本質は，図を描くことによって理解できることがあります．「この式が成り立つのはなぜだろう」「この式が成り立たないはずがない」ということが実感できます．僭越ながら，簡単な例として数学教育誌 *Mathematical Gazette* (*Journal of the Mathematical Association*) **86** (2002) 293 に投稿した作品を紹介します．高校数学で「$a\geq 0$，$b\geq 0$ のとき $\dfrac{a+b}{2}\geq\sqrt{ab}$」を学習したことがあると思います．通常はどのように証明するかを覚えているでしょうか？　はじめに，両辺が正だから各辺の2乗どうしを比べても大小関係は変わらないことに着目します．$\left(\dfrac{a+b}{2}\right)^2-(\sqrt{ab})^2=\dfrac{1}{4}(a-b)^2\geq 0$ を示して証明できたことになります．では，この不等式にどんな意味があるかということもわかったでしょうか？

1辺が $\sqrt{a}$ の直角二等辺三角形と1辺が $\sqrt{b}$ の直角二等辺三角形とを並べて描いてみます．これらの面積の和は $\frac{1}{2}a+\frac{1}{2}b$ になることがすぐにわかります．これは，2辺が $\sqrt{a}$，$\sqrt{b}$ の長方形の面積 $\sqrt{ab}$ よりも大きいこともわかります．こうして，この不等式が成り立つのはあたりまえだと感じるのではないでしょうか？ Roger B. Nelsen 教授は，こういう見方を Proofs without words または Visual thinking とよんでいます．日本語では「ことばを使わない証明」という意味です．数学教育の現場でも，数式，記号にばかり頼りすぎないで図を工夫してみたらいかがでしょう．特に，線型代数では抽象的な概念を考えるとき，図の効果は大きいと思います．

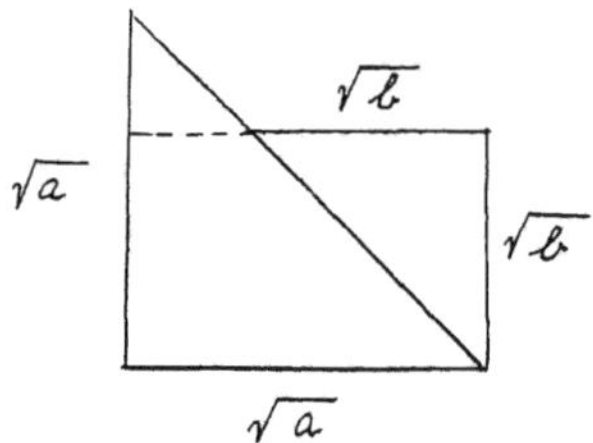

「なぜこのように考えるのか」「このように考える利点は何か」を実感しながら，数学の発想が見えてくるはずです．梶田正巳：『勉強力をみがく』（筑摩書房，2003）は，「ことばが頭に入ったらほんとうに理解したことになるのか」「計算結果が正しければわかっているといえるのか」という問題を指摘しています．具体例を挙げることができないとしたら，意味がわかっていないのではないでしょうか？

目 次

数学記号の読み方と書き方

表 1　数式

記号	読み方	英訳	記号の名称
$a+b$	a 足す b	a plus b	加号
$a-b$	a 引く b	a minus b	減号
$a\times b$	a 掛ける b	a times b ; a multipled by b	乗号
$a\cdot b$	a 掛ける b	a times b ; a multipled by b	
$a\div b$	a 割る b	a devided by$b$	除号
a/b	a 割る b	a solidus b ; a devided by b with solidus	
$\frac{a}{b}$	b 分の a，a 割る b	a over b	
$a\pm b$	a プラスマイナス b	a plus or minus b	
$a=b$	a イコール b，a は b に等しい	a equals b ; a in equal to b.	等号
$a<b$	a 小なり b，a は b よりも小さい	a is less than b.	不等号（より小）
$a>b$	a 大なり b，a は b よりも大きい	a is greater than b.	不等号（より大）
$a\leqq b$	a 小なりイコール b，a は b 以下	a is less than or equal to b.	
$a\geqq b$	a 大なりイコール b，a は b 以上	a is greater than or equal to b.	
$a\neq b$	a ノットイコール b，a は b と等しくない	a is not equal to b.	
$a\fallingdotseq b$	a ニアリーイコール b，a は b にほぼ等しい	a is approximately equal to b.	
a^n	a の n 乗	a to the n th power	
$\sqrt{a}$	ルート a，平方根 a	the square root of a	根号
$\sqrt[n]{a}$	n 乗根 a	the n th root of a	
$\lvert a\rvert$	a の絶対値	absolute value of a ; modulus a	

×はXと似ているので×を省いたり・を使ったりする．

表 2　関数

記号	読み方
$y=f(x)$	y イコール f x
$f^{-1}(x)$	f インバース x，f x の逆関数
$f\circ g$	f マル g，f と g の合成写像
$f: X\longrightarrow Y$	X から Y への写像 f
$f: x\longmapsto y$	x を y にうつす写像 f

集合の写像$\longrightarrow$と要素と要素の対応$\longmapsto$との区別に注意すること．

表 3　マトリックス・ベクトル

記号	読み方
$\vec{a}$	ベクトル a
$\overrightarrow{\mathrm{AB}}$	ベクトル AB
$\lvert\vec{a}\rvert$	ベクトル a の大きさ
$\vec{0}$	零ベクトル
$\vec{a}\parallel\vec{b}$	$\vec{a}$ と $\vec{b}$ は平行
$\vec{a}\perp\vec{b}$	$\vec{a}$ と $\vec{b}$ は垂直
$\vec{a}\cdot\vec{b}$	$\vec{a}$ と $\vec{b}$ の内積
(a, b)	行ベクトル a，b
$\begin{pmatrix} a \\ b \end{pmatrix}$	列ベクトル a，b
A^{-1}	A の逆マトリックス，A インバース
O	零マトリックス

(a, b) は平面内の点の座標を表すときにも使う記法である．本書では，幾何ベクトル(矢印)を $\vec{a}$，数ベクトル（数の組）を $\boldsymbol{a}$ と書く．$\vec{a}\cdot\vec{b}$ の代りに，$(\vec{a}, \vec{b})$，$\langle\vec{a}, \vec{b}\rangle$，$(\vec{a}\,|\,\vec{b})$，$\langle\vec{a}\,|\,\vec{b}\rangle$ と書く流儀もある．

$\leq, \geq$ は欧米式の不等号である．

表 4　集合

記号	読み方
$A\subset B$	A は B の真部分集合である
$A\supset B$	A は B の真部分集合として含む
$A\subseteqq B$	A は B に含まれる，A は B の部分集合である
$A\supseteqq B$	A は B を含む，A は B を部分集合として含む
$A\ni a$	A は a を要素として含む
$a\in A$	a は A の要素である，a は A に属する
$a\notin A$	a は A の要素でない，a は A に属さない
$\{x\mid x>3\}$	x ただし $x>3$
$A\cap B$	A キャップ B，A と B の交わり
$A\cup B$	A カップ B，A と B の結び
$\bar{A}$	A バー，A の補集合
$\emptyset$	空集合

表 5　ギリシア文字

大文字	小文字	対応する英アルファベット	読み方
Α	α	a，$\bar{\text{a}}$	alpha　アルファ
Β	β	b	beta　ベータ
Γ	γ	g	gamma　ガンマ
Δ	δ	d	delta　デルタ
Ε	ε，ϵ	e	epsilon　エプシロン
Ζ	ζ	z	zeta　ゼータ
Η	η	$\bar{\text{e}}$	eta　エータ
Θ	θ，ϑ	th	theta　テータ（シータ）
Ι	ι	i	iota　イオタ
Κ	κ	k	kappa　カッパ
Λ	λ	l	lambda　ラムダ
Μ	μ	m	mu　ミュー
Ν	ν	n	nu　ニュー
Ξ	ξ	x	xi　グザイ（クシー）
Ο	o	o	omicron　オミクロン
Π	π	p	pi　パイ
Ρ	ρ	r	rho　ロー
Σ	σ，ς	s	sigma　シグマ
Τ	τ	t	tau　タウ
Υ	υ	u，y	upsilon　ウプシロン
Φ	ϕ，φ	ph (f)	phi　ファイ
Χ	ξ	ch	chi，khi　カイ
Ψ	ψ	ps	psi　プサイ（プシー）
Ω	ω	$\bar{\text{o}}$	omega　オメガ

ギリシア文字の筆順

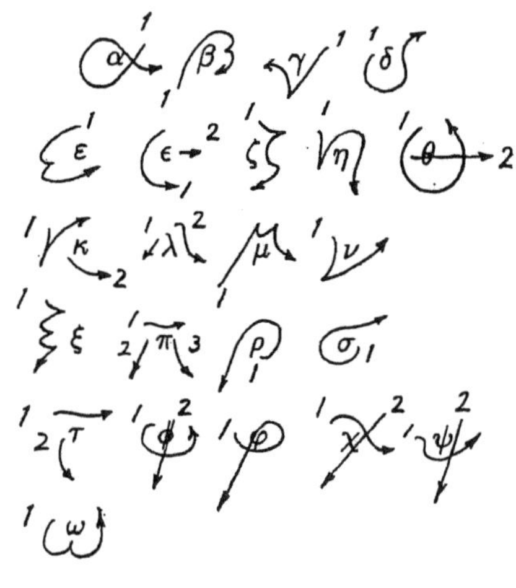

表 6　まぎらわしい文字

a	エイ	α	アルファ	v	ブイ	ν	ニュー
B	ビー	β	ベータ	p	ピー	ρ	ロー
r	アール	γ	ガンマ	t	ティー	τ	タウ
E	イー	ε	エプシロン	x	エックス	χ	カイ
k	ケイ	κ	カッパ	w	ダブリュー	ω	オメガ

ワープロで「かい」と入力して変換をくり返すと，χ が見つかる．数学記号では x（エックス）と χ（カイ）とを区別する．統計学の χ^2 分布（カイ２乗分布）を「エックス２乗分布」と読んではいけない．

表 7　文字の飾り

記号	名称	例	意味
′	プライム	$f'(x)$	$f(x)$ の導関数
″	ダブルプライム	$f''(x)$	$f(x)$ の２階導関数
¯	バー	$\bar{z}$	複素数 z の複素共役
		$\bar{A}$	集合 A の補集合
→	ベクトル	$\vec{a}$	ベクトル

ADVICE

0　プロローグ ― 線型代数の探究のはじめに

キーワード　量と数との理論，旧法則保存の原理，類別，対応，関数

数学には，数の計算の方法を工夫したり，形の性質を探ったりするという二つの側面がある．どちらも，生活の中からはじまり，次第に発展してきた．歴史を振り返ると，土地の区画整備のために測量法が発達し，代数・幾何の基礎が生まれたことがわかる．もっと身近には，小学算数で学習したいろいろな文章題を思い出してみればよい．植木算（木の本数と木どうしの間の数との関係），通過算（列車が橋にさしかかった時点から完全に通過するまでに，列車が進んだ距離を求める問題）などがある．文章題を解くとき，問題文の内容が図で描けないと，式を立てることができない．植木算では，木を水平方向に並べた図を描いてみる．通過算では，列車の最前部が鉄橋にさしかかる時点と最後部が鉄橋から離れる時点とを表す図を考える．数の計算と形の性質とは，密接に関連し合っている．

文章題とは，算数の問題が文章で書いてある形式である．「…算」という名称は知らなくてもよい．

図を見ると，ただちに解法がわかる．

大学の線型代数という分野も，代数の方法と幾何の方法とが見事に融合している．線型代数は，高校数学で学習したベクトル・マトリックス（行列）・2次曲線と関係が深い．もともとベクトルとは，位置の移動を表す矢印（方向・向き・大きさを持つ）である．しかし，交通標識のような矢印ではなく，加法（矢印どうしのつなぎ合わせ）・スカラー倍（拡大・縮小）ができる矢印である．座標軸を取り入れると，矢印を数の組で表すことができる．たとえば，始点の座標が (2,3)，終点の座標が (5,7) の矢印を数の組 $\begin{pmatrix}5-2\\7-3\end{pmatrix}$ とする．矢印の代りに数の組を考えても，加法・スカラー倍を実行することができる．このように，ベクトルは矢印とは限らない．

高校数学との関連

高校では「行列」というが，人の並び（waiting line）のような一連のつながりと誤解しやすい．ここでは，「マトリックス」（matrix）とよぶ．数を長方形に並べた形式という意味である．

方向　向き

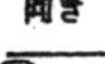

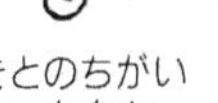

方向と向きとのちがい（左右方向，左向き，右向き）

（終点の座標）－（始点の座標）

線型代数は，何に対して，代数と幾何とのそれぞれの見方で理解を深めようとするのだろうか？　ここでも，小学算数の文章題を思い出してみる．鶴亀算（鶴と亀との総数と足の本数の合計とから鶴と亀とが何匹ずついるかを求める問題），和差算（二つの数の和・差からもとの二つの数を求める問題）などを算数の方法で解くのは案外むずかしい．中学数学を学ぶと，未知数を文字で表して連立1次方程式を立てると機械的に解けることがわかる．それでは，どうして正しい答が求まるのだろうか？　試験で答案を一人2枚ずつ提出する場合を考えてみよう．1クラスの学生数と2クラスの学生数との合計が40名だったとする．しかし，回収した答案が70枚しかなかった．こういう場合はあり得ないので，それぞれのクラスの学生数は求まらない．中学数学で学習する1次関数のグラフを描いてみると，どんな場合に答が求まるのかがはっきりする．方程式を関数の立場で見直したことになる．グラフを直線という図形と考えると，代数の見方だけでなく，幾何の見方も問題の見通しを立てるのに役立つことがわかる．未知数の個数が2個よりも多い場合にも，連立1次方程式が解けるかどうかを判断することができると都合がよい．線型代数では，こういう場合の判断の方法を探究する．

「スカラー」とは，「一つの数」の意味である．実数のときは，矢印の拡大・縮小を表す．
矢印という図形と数の組の間の対応に関する解説は，小林幸夫：『力学ステーション』（森北出版，2002）参照．

現在の力学・電磁気学などで利用しているベクトル解析は，物理学者 Gibbs が1880年代ごろの講義ノートに使ったときが最初らしい．
湯川秀樹：『物理講義』（講談社，1997）p. 66.

アインシュタインは連立方程式を知ったとき「ずるい解き方だ」と言ったそうである．
遠山哲：『数学入門（上）』（岩波新書，1959）．

ADVICE

0.1 数学記号の読み方と書き方 ― 数学の方言

数学では，思想を記号で巧みに表現することによって概念を組み立てる．つまり，記号の使い方によって，いろいろな概念を区別している．たとえば，三角形の名称を思い出してみよう．△abc ではなく △ABC という名称を付ける．点の名称は，小文字ではなく大文字で表す．他方，辺 BC は点 A に向き合っているので，記号 a と表す．大文字と小文字とを区別して，点と辺とのどちらを表しているかをはっきりさせている．はじめのうちは，数学の慣習を厄介に感じるかも知れない．しかし，慣れると記号を見ただけで意味が見通せるようになるので便利である．数学特有の作法として，記号，句読点，括弧などの書き方を身につける姿勢が肝要である．

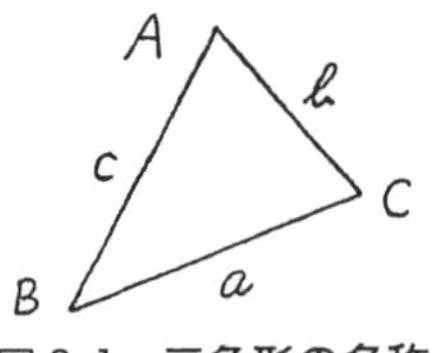

図 0.1　三角形の名称

xiii 頁参照

数学は「記号の科学」である．

「三角形」は原則として「さんかくけい」と読む（「さんかっけい」ではない）．

卒業論文を書くとき，ワープロで原稿を作成する機会が多いので，本節の注意を思い出すとよい．

小林幸夫：『力学ステーション』（森北出版，2002）pp. 240-241.

ローマン体（立体）とイタリック体（斜体）との区別

例題 0.1　字体の使い分け

数学・理科の教科書の文章を注意深く見てみよう．アルファベットの書き方には，ローマン体（立体）とイタリック体（斜体）との 2 種類あることに気がつくはずである．どのように字体を使い分けているかを考えよ．

（解説）

① 数学記号を表すアルファベットは斜体である．

例　$y=ax+b$ ⟸ y＝ax＋b と書かない

$y=f(x)$ ⟸ y＝f(x) と書かない．

② 特別な記号は立体で表す．

例 1　$\sin\theta$，$\cos\theta$，$\tan\theta$，$\log x$ ⟸ $sin\theta$，$logx$ などと書かない．

理由：たとえば，$sin\theta$ と書くと，$s\times i\times n\times\theta$ の意味になる．

例 2　単位量を表す記号は立体で書く．

$r=3\,\mathrm{m}$，$m=5\,\mathrm{kg}$ ⟸ 長さ r，質量 m は斜体で書くが，m，kg は立体で書く．

③ ローマ数字は立体で表す．

Ⅰ, Ⅱ, Ⅲ, Ⅳ, …, ⅰ, ⅱ, ⅲ, ⅳ, …

微分記号 d は，数学では斜体で表すが，物理では立体で表す場合もある．
lim は立体で表す．

0.2.1 項で，量と単位量とについて理解する．

［注意 1］　括弧の書き方　$y=f(x)$ の括弧は立体で書く．⟸ $y=f(x)$ と書かない．

ボールド体（太文字）とイタリック体（斜体）との区別

例題 0.2　字体の使い分け

同じアルファベットでも，$\boldsymbol{a}$ と a とをどのように使い分けているかを調べてみよ．

線型代数では，ボールド体とイタリック体との区別が重要である．

ADVICE

(解説) ボールド体：数の組（数ベクトルという）を表すとき

例 $\boldsymbol{a}=(3,2)$ $\boldsymbol{a}=\begin{pmatrix}3\\2\end{pmatrix}$

イタリック体：ふつうの数（スカラーという）を表すとき

例 $a=3$ $\boldsymbol{a}=(x,y)$ の成分 x, y

数ベクトルは 1.1 節，スカラーは 1.2 節参照．

行ベクトル（ヨコベクトル）と列ベクトル（タテベクトル）とのちがいは，3.6.1 項で解説する．

文末の数式にピリオドを付ける

例題 0.3 文中の数式の書き方

つぎの二つの文のどちらが適切か？

(1) $x=3$ のとき

$2x+5=11$

(2) $x=3$ のとき

$2x+5=11.$

(解答) (2)が正しい．

数式が文末の場合にもピリオドが必要である．

英作文でも，ピリオドとカンマとを書き忘れないように注意すること．

文中で数学記号を語句の代用にしない

例題 0.4 数学記号と語句との混同

つぎの文は適切な書き方といえるか？

∴ ベクトル $\vec{a}$ は直線 l と平行である．

(解説) 適切ではない．記号 ∴ は，数式の中で使う．

たとえば，「5 に 3 を足す」という文を「5 に 3 を＋」と書かない．記号 ＋ は数式の中で使う．文末に記号を書くとおかしいということはすぐにわかる．文頭に記号を書いてもおかしいと感じないのは錯覚である．

論理数学では，命題を一つの式として扱うので「∴ ベクトル $\vec{a}$ は直線 l に平行である」と書く．

等号は単なる「等しい」という意味とは限らない

例題 0.5 等号の使い分け

つぎの式の等号の意味を説明せよ．

(1) $4+5=9$ (2) $2x+6=7$ (3) $5x-3x=2x$ (4) 「$t=\sin\theta$ とおく」

(5) $y=f(x)$ (6) $f(x)=8x+3$

(解説) (1) 左から順に計算し，その結果を示す．

(2) 未知数 x を含むので方程式を表す．x に特定の値を代入したときにだけ等号が成り立つ（左辺の値と右辺の値とが一致する）．

(3) 文字 x にどんな値を代入してもつねに成り立つので，恒等式を表す．＝の代わりに≡を使ってもよい．

(4) 定義を表す．「$\sin\theta$ を t と表す」という意味．

(5) 入力 x と出力 y の間の関係を表す．通常，入力（原因）を右辺，出力（結果）を左辺に書く．

(6) 関数の定義（具体的な形）を表す．

等号が「左辺と右辺とが等しい」という意味を表しているにはちがいない．しかし，数式の中で等号のはたらきはいつでも同じとは限らない．

物理で使う等号の意味は，小林幸夫：『力学ステーション』（森北出版，2002）p. 239 に解説してある．

1557年に数学者レコードは「長さの等しい平行線ほど等しいものはないから」という理由で＝を使ったときが最初らしい．

小学算数では「4 足す 5 は 9」と読むが，中学数学以後「4 プラス 5 イコール 9」と読む．

equation（方程式）は equal（等しい）に由来する．

『広辞苑』「恒等式」の項参照

≡ は図形の合同を表すときにも使う．

関数の意味は 0.2.4 項でくわしく見直す．

ADVICE

[注意 2]　代入文の等号

等号には，(1), ..., (6)以外の特別な使い方もある．プログラミングでは，$k=k+1$ のような式を書く場合がある．こういう式を代入文といい，等号は「右辺の値を左辺に代入する」という意味を表す．等号 = は ← のニュアンスと思えばよい．たとえば，$k=k+1$ のまえに $k=5$ という式（プログラミングでは，実行文という）がある場合を考えてみる．$k \leftarrow 5$ とみなして，k に 5 を代入する．このあとで $k=k+1$ の右辺の値を計算すると 6 だから，$k \leftarrow k+1$ とみなして左辺の k に 6 を代入する．右辺の k は旧い（ふるい）値 5 だが，左辺の k は新しい値 6 に更新している．

情報系の基礎としてプログラミングを学習する機会が多い．

$k=k+1$ を $0=1$ と誤解しないこと．

等式の書き方

等号が成り立たないのに，等号を書き並べるというまちがいがある．こういうまちがいを避けるために，等号を続けて羅列しないことが肝要である．

まちがい：$12x+6-4=12x+2=6x+1$

式を書くときには，

$$
\begin{aligned}
12x+6-4 &= 12x+2 \\
&= 2(6x+1)
\end{aligned}
$$

のように，等号の位置をそろえるとよい．

数式の書き方が悪いと矛盾した計算を進めるおそれがある．

2 で割るまえとあととを等号でつないでいる．

文字の使い方

例題 0.6　文字の慣例

(1)，(2)，(3)のそれぞれについて，(a)と(b)とのうち適切な方を選べ．

(1)　(a)　x と y との方程式：$ax+by=c$　(b)　a と b との方程式：$xa+yb=z$

(2)　(a)　点 a を中心とする半径 X の円 c　(b)　点 A を中心とする半径 r の円 C

(3)　(a)　集合 A の要素 a　(b)　集合 a の要素 A

(解説)

(1)(a)　(2)(b)　(3)(a)

(1)　未知数，変数：アルファベットの終わりの方の文字 s，t，u，v，w，x，y，z など

定数：アルファベットのはじめの方の文字　a，b，c など

(2)　点と図形（ここでは，円）との名称は大文字で表す．半径は通常 r（radius の頭文字）で表す．

(3)　集合の名称は大文字，要素の名称は小文字で表す．

(3) 0.2.4 項参照

大円と小円とを区別するために，半径を大文字 R と小文字 r とで書き分ける場合もある．どちらも斜体で表す．

円 C：circle の頭文字

[注意 3]　整数を表す文字　通常，整数は i，j，k，l，m，n（たとえば，番号を表す添字は整数）で表す．プログラミング言語（FORTRAN）では，暗黙の宣言によってこれらの文字は整数と判断する．

数列 a_n（n は番号）

級数 $\sum_{i=1}^{n} a_i$（i，n は番号）

ADVICE

悪文を書いてはいけない

数学の基本は，論理の正しい組み立て方である．はじめは，頭の中で図または絵を思い描いて考えを巡らせる．しかし，考えた内容をまとめるときには，数式，記号，ことばで理路整然と表現しなければならない．このために，国語の訓練も重要である．レポート，卒業論文などを作成するときには，よく注意する姿勢が肝要である．

頭のはたらかせ方は，文でも数式でも同じである．たとえば，$a(b+c)$ の a は b と c との両方に掛けるが，$ab+c$ の a は b だけに掛ける．例題0.7(1),(5)と事情はよく似ている．

例題 0.7　悪文の修正

つぎの語句または文を直せ．

(1)　中学で学ぶ数学と算数

(2)　物の個数を数えたり，順番を表すのに使う数

(3)　メルセンヌ素数は昔より特別な素数，として扱われてきました．

(4)　ある時，師範の先生が，勝とう勝とうとするから負けるのだ．ひとつ負けるつもりになって，敵の誘いや動きにかまけずに打ち込んでいけ，といわれた．

(5)　わかりやすい線型代数の入門書

(6)　$\sqrt[n]{a}=1+h_n$ とおく時，不等式 $0<h_n<\dfrac{a-1}{n}$ が成り立つ事を示せ．

解説

(1)　中学数学と算数

「中学校で学ぶ」が「数学」だけでなく「算数」も修飾するように読める．「算数と中学校で学ぶ数学」と書くと，「算数の予備知識」と「中学校の課程」の両方を駆使して数学を学ぶようにも読めてわかりにくい．

(2)　物の個数を数えたり，順番を表したりするのに使う数

「…たり，…たり」の形が正しい．

(3)　メルセンヌ素数は昔から特別な素数，として扱われてきました．

「より」は「よりも」(than) と「から」(from, since) とのどちらかがあいまいである．

(4)　ある時，師範の先生が，「勝とうと勝とうとするから負けるのだ．ひとつ負けるつもりになって，敵の誘いや動きにかまけずに打ち込んでいけ」といわれた．

「師範の先生が」という主語を受ける述語が「負けるのだ」になっている．「師範の先生が」という主語を受ける述語は，つぎの文の「いわれた」である．

(5)　線型代数のわかりやすい入門書

縁語接近の原則に合っていない．「わかりやすい」は「線型代数」ではなく「入門書」を修飾する．

(6)　$\sqrt[n]{a}=1+h_n$ とおくとき，不等式 $0<h_n<\dfrac{a-1}{n}$ が成り立つことを示せ．

悪文というほどではないが，原則として形式名詞「とき」「こと」は仮名

実際の本から見つけた例を取り上げたが，出典は明かさない．

(1)　算数とは「数（すう）を算える（かぞえる）」という意味の科目名である．

(2)　文部科学省検定済高等学校教科書から見つけた例

(1)　意味の上から「中学校で学ぶ」が「算数」を修飾しないことはわかるが，まぎらわしさを避けた方がよい．くわしく書くと「中学校で学ぶ数学と小数校で学ぶ算数」となる．しかし，算数は小学校で学ぶ科目だということがわかりきっているので，「中学数学と算数」が簡単でよい．数学は中学程度，高校程度のようにいろいろな水準がある．

$2(3x+5)$ の 2 は $3x$ と 5 とのどちらにも係る．数式の見方と文の読み方とは同じ発想で理解できる．

(2)　『広辞苑』で「たり」の項をしらべるとよい．

縁語接近の原則：「密接なつながりのある語句どうしは接近させろ」という原則を意味する．

「…するとき」「…すること」のような表現に現れる「とき」「こと」は形式名詞という．

「時は金なり」「事は重大だ」の中の「時」「事」は形式名詞ではないから漢字で書いてよい．

ADVICE

書きである.

［参考］ 小数点はカンマとピリオドとのどちらか?

現在でも，小数点記号を「，（カンマ）」と「．（ピリオド）」とのどちらに統一するかという問題について論争中らしい.

2003年10月9日付朝日新聞

数の表記法

	英米流	仏独流
小数点	12.34	12,34
位取り	12,340	12 340 か 12.340

0.2 線型代数の骨組 ― 四つの基本から出発する

基本の出発点

線型代数に対して，何を基本とし，どんなストーリーを展開するのかという考え方は一通りではない．本書では，連立1次方程式の解のしくみ（どんな場合に解が求まるのか，解は一つに決まるのか）を代数の観点と幾何の観点とから探究する．このねらいのために，マトリックス（行列）が重要な役割を演じる．マトリックスを導入すると，連立1次方程式を簡単に書き表せ，未知数が何個あっても同じ方法で解ける．しかし，連立1次方程式の解のしくみを考える上で，マトリックスにはもっと本質的な意味のあることがわかる．この事情を理解するために，これからいろいろな見方を探究する．本書では，線型代数のどの概念も

①量と数との概念 ②旧法則保存の原理 ③類別と対応 ④関数の概念の拡張

の四つの基本を出発点にして組み立てるという方針を採る.

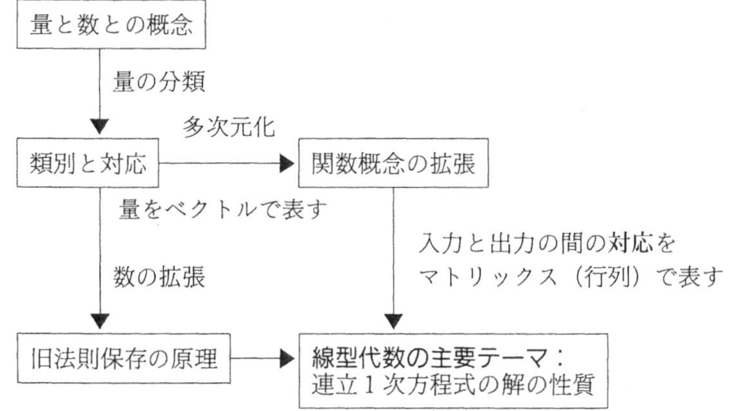

図 0.2 目標：線型写像の観点から連立1次方程式の解の意味を理解する．同じ概念を代数と幾何との両方の見方で理解する.

0.2.1 量と数との概念 ― 測定の意味

数学の基礎は，量と数との概念である．果物の集まりを見ると「多いか少ないか」がわかる．棒を見たら「長いか短いか」がわかる．車に乗ると「速いか遅いか」を感じる．荷物を持つと「重いか軽いか」がわかる．物体を触

ると「熱いか冷たいか」を感じる．このように，

大小を比較できる概念を量という．

多いか少ないかを表す個数は**離散量**と考え，長さ，速度，質量，温度などを**連続量**として扱う．

一般に，量の程度を数値で表すことができれば，同種の量の間で大小が客観的に比較できる．単に「長い」「短い」というあいまいな比べ方ではなく，「一方が他方の3倍」といえば，どちらがどれだけ長いかがはっきりする．量自体は数ではなく，量どうしの間の比が数である（例題0.8）．単位量（メートル，キログラムなど）は特定の大きさの量を意味する．

- メートルは「光が真空中で（1/299792458）sの間に進む距離」の名称であり，この長さを記号mで表す．
- キログラムは「国際キログラム原器の質量」の名称であり，この質量を記号kgで表す．

ほかの量についても同様である．究極的には，これらの距離，質量にしたがって測定装置を目盛付けする．たとえば，物差の目盛は，メートルの定義に合わせて刻んである．

測定とは，対象の量（長さ，質量など）を測定装置の目盛と比べる操作である．

対象の量が単位量［光が真空中で（1/299792458）sの間に進む距離，国際キログラム原器の質量など］の何倍かを測った結果を

量＝数値×単位量　（数値は比の値）

と表す．**この形が線型代数の基本である**（3.5節自己診断16.3）．

例題0.8　量の表し方

5mという書き方は，どんな内容を表しているか？

解説　測らなくても物体に長さは存在する．測ってわかるのは，長さがあるかどうかでなく，長さの値である．長さ，質量などの量は，単位量を決めた上で，その何倍かを数値で表す（量＝数値×単位量 の形で表現する）．たとえば，棒の長さlがメートル［光が真空中で（1/299792458）sの間に進む距離］の5倍のとき，$l=5\times\mathrm{m}$である．この長さは，$l/\mathrm{m}=5$とも表せる．

［注意1］「5mはmの5倍」と「5mは1mの5倍」とのちがい

5mと1mとは同じ書き方だから，「5mはどういう意味か」と「1mはどういう意味か」とは同じ問題になる．「5mは1mの5倍」という答は適切でない．1mの意味にも答えないと，数値×単位量の書き方の意味

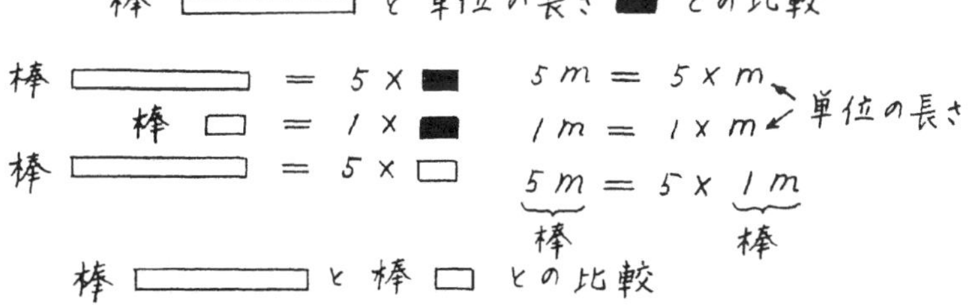

図0.3　5mの表し方の意味

ADVICE

離散量（例：本数）と連続量（例：長さ，時間）とのちがいは？
離散量は自然数（トビトビ）で表すが，連続量は実数で表す．

0.2.1項［注意2］参照

「同種の量どうし」とは？
長さどうし，質量どうし，…

人によって基準に選ぶ大きさがちがうと不都合である．「鉛筆の3倍の長さ」といっても，人によって持っている鉛筆の長さが同じとは限らない．このため，万人に共通の基準の大きさを決めなければならない．メートル，キログラムなどは，こういう発想で決めた大きさである．

小林幸夫：「力学ステーション」（森北出版，2002）pp.6-10.

メートルとは，ヒトの身長と同程度の長さである．

s：second（秒）
sは単位量なので立体で表す．

I. Mills, T. Cvitaš, K. Homann, N. Kallay and K. Kuchitsu : *Quantities, Units and Symbols in Physical Chemistry* (Blackwell Scientific Publications, Oxford, 1993).

l：length（長さ）の頭文字

例題0.1
mは単位量なので立体で表す．

1mも数値×単位量（1×m）の形である．1mは，物体の長さがメートル［光が真空中で（1/299792458）sの間に進む距離］と等しい（mの1倍）ことを表している．

小林幸夫：日本物理教育学会誌**53**（2005）326-331.

3.5節自己診断16.3参照

を説明したことにならないからである．

例題 0.9　測定値

物差で物体の長さを測るとき，ふつうは測定値に端数が出る．たとえば，2.756 m という長さの意味は，どのように理解したらよいか？

(解説)　はじめに，物体の長さをメートルという長さと比べた．このとき，測定値が整数 2 ではなく端数が出た．メートルをさらに10等分して小さい単位量（センチメートルという）を考える．この小さい単位量で端下を測った．これでも端数が出たら，さらに小さい単位量（ミリメートルという）を考える．こういう操作をくり返す．まとめると，

$$\begin{aligned} & 2\times\mathrm{m}+75\times\mathrm{cm}+6\times\mathrm{mm} \\ =& 2\times\mathrm{m}+75\times10^{-2}\times\mathrm{m}+6\times10^{-3}\times\mathrm{m} \\ =& 2.756\,\mathrm{m} \end{aligned}$$

となる．実際には，この操作を無限にくり返せないから，物差の最小目盛の 1/10 まで測って有効数字とする．

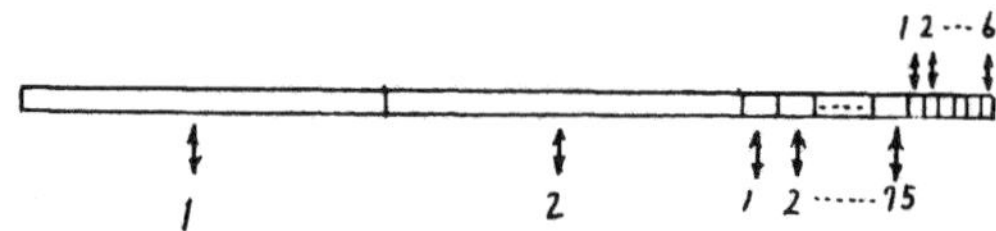

連続量の測り方と離散量の数え方（[注意2] 参照）

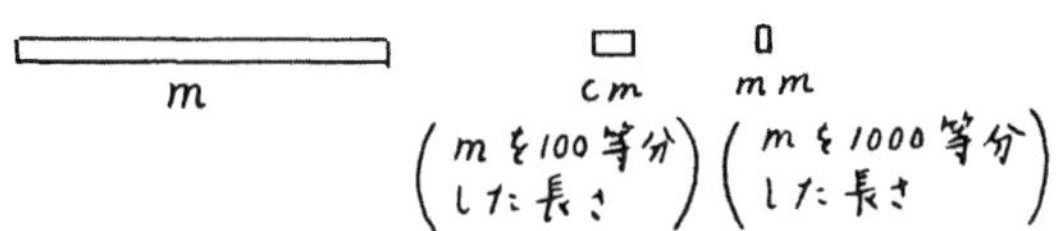

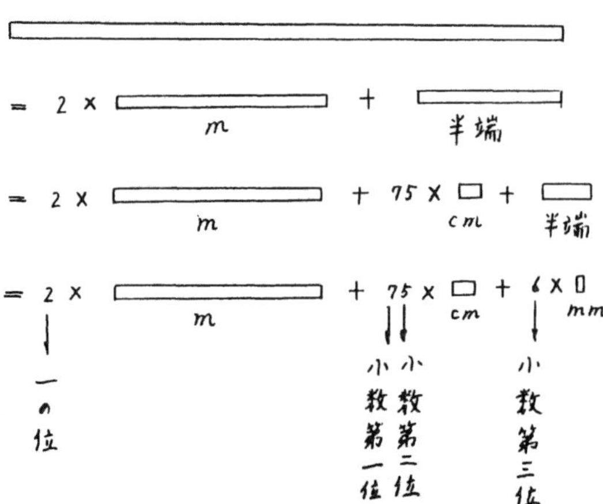

測定の原理に基づいて小数の発生を理解することができる。

図 0.4　小数の意味

ADVICE

センチ（記号 c）は 10^{-2} を表す．
ミリ（記号 m）は 10^{-3} を表す．

通常の物差では，ミリメートルが最小目盛である．「最小目盛の 1/10 まで読む」とは，目盛と目盛との間を目分量で読むという意味である．つまり，目盛と目盛との間を10等分したと考えると，そのいくつ分にあたるかを読み取る．

[参考]　数学の歴史では，例題 0.9 のような事情で小数が発生したらしい．

量を測るとは？
「測る」は「数える」の拡張．

連続量（たとえば，長さ）は直接数えることができない．このため，物差の目盛がいくつ分の長さにあたるという表し方を考える（例題 0.9）．連続量は自然数で表せないので，小数の考え方が必要になる．

ADVICE

離散量も量であって数そのものではない.

数詞とは?
数の名前

いち・に・さん…

数詞には，基数詞と序数詞がある.

基数詞：
one・twe・three…

序数詞：
fiirt・second・third…

「助数詞」と「序数詞」とを混同してはいけない.

助数詞：「個」「冊」「匹」「台」「本」「羽」などの接尾辞（語の末尾に添える語）

物理，化学で「ばね定数」「気体定数」などを「定数」とよんでいるが，これらは数値と単位量とで表すので量である.

[注意 2]　**量と数との混同**

離散量と連続量

量は離散量と連続量とに大別できる．これらは，どちらも数で表せる．

離散量　バラバラの概念の多さ　自然数で表す

連続量　つらなった概念の大きさ　実数で表す

「離散量は数えるので数であり，連続量は測るので量である」という考え方は誤解である.「測る」操作は，自然数に限定しないで実数全体で「数える」操作にすぎない（例題 0.9)．離散量（粒子の多さ●●…●）は直接数えることができるので，●の倍を表す数は自然数である．連続量は直接数えることができないので，単位量を決めた上で有効数字を考慮し，その何倍かを実数で表す．

「多さを測る（数える)」とは，対象の粒子●●●●のそれぞれに数詞の集合{1,2,3,4}の要素を割りあてる操作である．最初の●に 1 を割りあてるから，最後の●に割りあてる数詞 4 が粒子数（離散量）の値（●に対する比の値）を表す．

物差を対象の物体にあてる操作は，この物体を目盛どうしの最小の間隔で区切る作業に相当する．離散量の場合には，目盛どうしの最小の間隔が●そのものにあたり，目盛の指示する値が数詞にあたる．

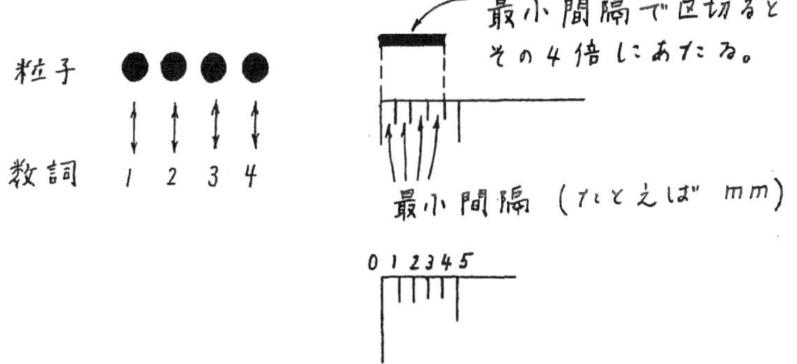

図 0.5　離散量と連続量との比較

小林幸夫：日本化学会「化学と教育」誌 **53** (2005) 643-644.

数える操作の拡張

単位量は特定の決まった量である．電子どうしは区別できないから，4×●，4×electron（「4×個」と書けると便利）である．4 は比の値（倍を表す数）であり，●そのものが多さの単位量にあたる．陽子どうし，同種の原子どうしも同様である．4×mm は，4×●，4×particle と同じ表し方である．他方，「4 冊の本」といっても，まったく同じ本の 4 倍とは限らないから，助数詞「冊」は単位量ではない．しかし，形式上 4×冊 と書くと，量と数とのちがいがはっきりする．

electron　電子
particle　粒子

数の単位

12をダース（doz），144をグロス（gro）とよび，これらを数の単位として12ずつまとめて数える方法（a group of 12）もある．たとえば，3 doz particles＝3×doz×particle＝3×12×partical＝36 particles である．計数単位（counting unit : doz, gro）は，単位量（unit quantity : m, kg のほか

「個数」と表現したり，1ダース=12本と書いたりするので，数と離散量とを混同する．1ダースは数，12本は量である．1ダース=12本は数=量の形だから適切でない.

に particle も含める）とちがって数である．

数を図形で表す方法

数の大きさを目で見て理解できるように工夫すると都合がよい．素朴な方法として，リンゴ5個，リンゴ8個の絵を描くとどちらがどれだけ多いかがわかる．しかし，この方法は，個数が多いときに不便だし，連続量（長さ，時間など）を描くときにも不都合である．中学数学で学習した数直線（座標軸）が便利である．数直線は，どういう発想で数を表しているのだろうか？

ADVICE

0.2 節例題 0.8
ここでは，数直線の考え方を説明することだけがねらいなので，有効数字の桁数を考えていない．

例題 0.10　数の集合を直線で表す方法

数直線の目盛の決め方を説明せよ．

（解説）簡単のために，長さを取り上げてみる．長さを数で表すためには，基準の長さの何倍か（基準の長さに対する比の値）を測定しなければならない．メートル［光が真空中で（1/299792458）s の間に進む距離］を単位量として選ぶ場合を考える．長さ l がメートルと一致したとき $l/\mathrm{m}=1$ だから，この長さに数値 1 を対応させる．同様に，l がメートルの 2 倍のとき $l/\mathrm{m}=2$ だから，この長さには数値 2 を対応させる．つぎのようにすると，これらの数を直線上の位置として表せる．

0.1 節例題 0.1 参照
l は斜体で表す．
length（長さ）の頭文字

m は単位量だから立体で表す．

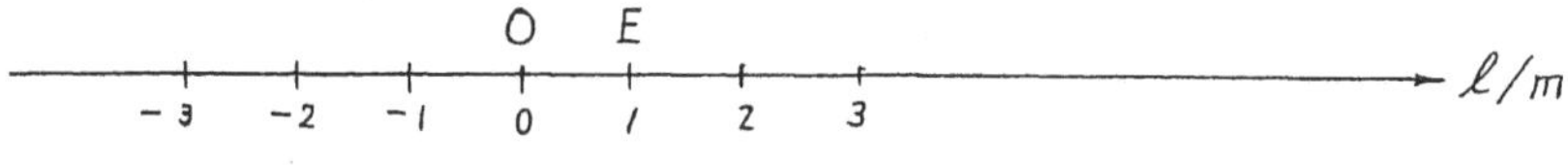

図 0.6　数 直 線

原点と正の向きとが決まっていて負の値も取り得る物差を
「数直線」または「座標軸」，目盛の指す数を「座標」という．

数直線上の点で表せる数を実数といい，そうでない数は虚数である．つまり，座標の値は実数 −8.7，2.4，3.8，…などで表せる．

① 直線上に原点（基準点）O（オウ）を選ぶ．この位置が 0（ゼロ）を表す．

② 直線上で原点をはさんで一方の向きを「正の向き」，それと反対向きを「負の向き」と決める．

水平右向きを正の向きとする．原点O（オウ）から水平右向きに適当な距離の位置Eを選び，この位置の座標（番地）を正の数 1 とする．

例　原点から水平右向きに OE の 3 倍の距離だけ離れた位置の座標は 3

原点から水平左向きに OE の 3 倍の距離だけ離れた位置の座標は −3

座標の値が $\begin{Bmatrix} \text{正} \\ \text{負} \end{Bmatrix}$ の位置は，原点から見て $\begin{Bmatrix} \text{右} \\ \text{左} \end{Bmatrix}$ にある．

ある時点を時刻の原点（ゼロ）とする．時刻を位置，時間を距離と読みかえ，原点から見て未来を正の時刻，過去を負の時刻と考えることができる．時間 t が秒（記号は s，second の頭文字）と一致したとき $t/\mathrm{s}=1$ だか

水平左向き，鉛直上向き，鉛直下向きなどを正の向きに選んでもよい．
複素数平面は複素数 $x+yi$ を点 (x,y) で表す．$x, y \in \boldsymbol{R}$ だから，虚軸（数直線）の目盛は $+2i, -5i$ などではなく，$+2, -5$ などの実数である．

0.1 節例題 0.1 参照
O，E は点の名称だから，アルファベットの大文字であり，立体で表す（斜体ではない）．
O は「ゼロ」ではなく「オウ」と読む．

OE は，点Oを始点，点Eを終点とする線分の長さを表す．

座標：座（場所）の標（しるし）
座標は，数直線上の番地である．

二つの反対の向きを正負の符号で表す．

0.1 節例題 0.1 参照
t は斜体だが，s は単位量なので立体で表す．

ら，この時間に数値1を対応させる．同様に，t が秒の2倍のとき $t/\mathrm{s}=2$ だから，この時間には数値2を対応させる．たとえば，理科の実験で，時間と温度の間の関係を表すグラフがある．グラフのよこ軸は，t/s の値を表す数直線である．

ADVICE

秒の定義を理解するには物理の知識が必要だが，参考までに挙げてみる．
セシウム133の原子の基底状態の二つの超微細準位の間の遷移に対応する放射の9192631779周期の継続時間

0.2.2 旧法則保存の原理 ― 数の集合の拡張，数の演算規則の決め方

長さどうしを足して全長を求めたり，長さどうしを掛けて面積を求めたりする．このように，二つの量から新しい量をつくらなければならない場合がある．量は数で表すから，数どうしの間でこういう計算ができるような規則を約束しなければならない．

「旧法則」とは「概念を拡張するまえの法則」という意味である．
旧：旧い（ふるい）

四則演算がどのようなカラクリで成り立っているのかという事情を振り返ってみよう．自然数の四則演算を基礎にして，負の数，分数，無理数に拡張し，たとえば2次方程式の解の公式を導いたことが思い出せる．それでは，

自然数→整数→分数（有理数）→無理数

のように，新しい数をつくり出したのはなぜだろうか？　新しい数をつくり出したとき，数どうしの間の演算規則をどのように決めたのだろうか？　あらためて考えてみると，これらの問いに答えるのはむずかしいことがわかる．ここで「演算とは何か」という問題を見直してみる．

数学の学習では，九九と同じように，計算に慣れる段階が必要である．意味が完全にわかってからでないと計算してはいけないという考え方では，感覚が身につきにくくなる．計算に馴染んでいくうちに，計算のしくみがわかってくる．中学・高校を経て大学に入学した時点では，すでに四則演算に十分慣れている．

演算とは　同じ集合から a と b とを選び，これらから新たに c をつくり出す操作

広い意味の演算を考えると，a，b，c は数とは限らない．

例1　$7\times3=21$　7と3とから21をつくり出すはたらき

例2　$24\,\mathrm{G}\,16=8$　24と16とから最大公約数を求めるはたらき

新しい数をつくり出す事情を理解するために，「数の集合が演算で閉じているかどうか」という見方に注意する．

「a と b とがどちらも同じ集合に属する」とは？
例　a と b とがどちらも自然数の集合に属する場合

演算で閉じているとは，「演算の結果 c が a，b を含むもとの集合に属する」という意味である．

[注意] ここでは，量ではなく数の演算規則を考えている．あらゆる長さの集合から二つの長さを選んで面積を求めたとき，面積は長さの集合に属さない．

3.3.3項自己診断14.3参照

例　自然数の集合

加法

$3+4=7$

減法

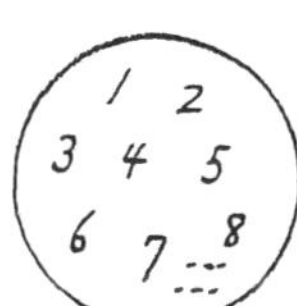

$7-5=2$

$6-8=?$

演算の結果が自然数の集合に属さない場合がある．

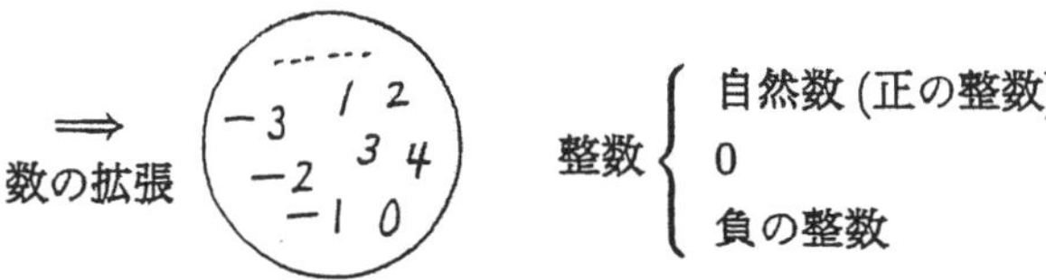

図0.7　演算と集合との関係

自然数：創造主によってつくられた自然的存在のように感じられたのでこの名がある．
一松信他：「改訂増補新数学事典」（大阪書籍，1991）．

ADVICE

演算規則 数の集合を拡張しても，旧法則がそのまま成り立つように約束する．
（数の集合を拡張：自然数から整数に／旧法則：自然数のときの規則）

（正の数）×（負の数）＝負の数，$2\div3=\frac{2}{3}$ は，自然数で成り立つ演算規則を変えないために決めたという必然性がある．数学の概念は，いつでもこういう発想で拡張する．線型代数で連立1次方程式の理論を組み立てるとき（1章），未知数が1個の場合，2個の場合，3個の場合，…，n 個の場合に共通に成り立つ性質を整理する．

0.2節例題0.11，0.12，0.13参照

マトリックス（1章で取り上げる）の理論を構築した数学者アーサー・ケーリーとジェイムズ・シルヴェスターとは二人とも弁護士だったそうである．

数学は斬新なアイデアを生み出す学問にはちがいないが，実は保守的な性格も持っている．裁判と似ていて，前例を重んじるという特徴がある．こういう発展の仕方を**旧法則保存の原理**という．

「形式不易の原理」とよんでいる本もある．

例題 0.11 （正の数）×（負の数）＝負の数，（負の数）×（負の数）＝正の数

負の数を含む乗法の演算規則の必然性を説明せよ．

ここでは，便宜上「代数の見方」「幾何の見方」とよぶことにする．

（解説）

代数の見方

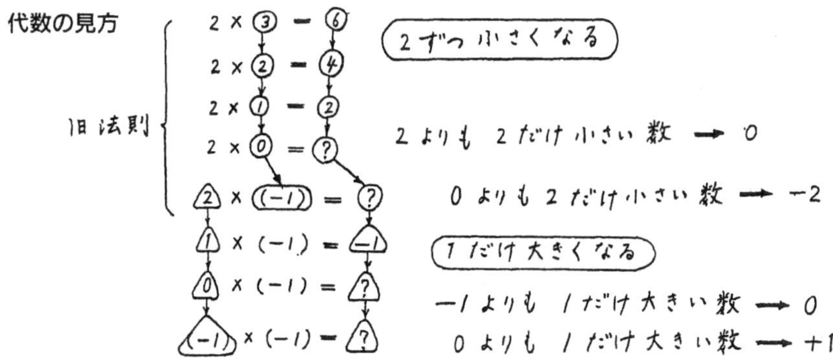

ステップ1
2に掛ける数を3，2，1の順に小さくすると，積は6，4，2のように2ずつ小さくなる．この規則通りにつづけると，2×(−1)＝−2と考えなければならない．だから，（正の数）×（負の数）＝負の数と決めた．

ステップ2
−1に掛ける数を2，1の順に1だけ小さくすると，積は−2，−1のように1だけ大きくなる．この規則通りにつづけると，(−1)×(−1)＝1と考えなければならない．だから，（負の数）×（負の数）＝正の数と決めた．

幾何の見方

0s　2s後　（0m　+6m）　x　　(+3 m/s) × (+2s) ＝ +6 m　東へ 3m/s　2s後

同じ規則を拡張

2s前　0s　（−6m　0m）　x　　(+3 m/s) × (−2s) ＝ −6 m　東へ 3m/s　2s前

2s後　0s　（−6m　0m）　x　　(−3 m/s) × (+2s) ＝ −6 m　西へ 3m/s　2s後

0s　2s前　（0m　+6m）　x　　(−3 m/s) × (−2s) ＝ +6 m　西へ 3m/s　2s前

図 0.8 負の数を含む乗法

● 代数の見方と幾何の見方とのどちらでも，

自然数（正の整数）どうしの乗法で成り立った規則を変えないようにするために，

（正の数）×（負の数）＝負の数，（負の数）×（負の数）＝正の数

と決めた．

ADVICE

整数とは，自然数（正の整数），0，負の整数である．

除法の意味

自然数の集合が減法について閉じないという事情のため，負の整数を含む集合に拡張しなければならなくなった．一方，2÷3 のような除法を考えると，整数の集合は除法について閉じていないことがわかる．今度はどのように数を拡張したらよいだろうか？　基本に戻って，「除法とはどういう演算か」という問題から見直そう．6÷2＝3，14÷7＝2 などの商は，頭の中でどういう考えを巡らせて求めているかを思い出してみる．「2 にどんな数を掛けたら 6 になるか」「7 にどんな数を掛けたら14になるか」と考えていることに気がつく．

除法　$a \div b = \square$ は，$\square \times b = a$ をみたす数を見つける演算である．

旧法則保存の原理の精神にしたがうと，この基本はどんな数どうしの除法でも変わらない．それでは，2÷3 の商は，どのように考えるのか？　整数の集合から数を探す限り，3 に掛けて 2 になる数は見つからない．

「減法は加法の逆演算」「除法は乗法の逆演算」「$\frac{1}{3}$ の逆数は 3」などのように，数学では「逆」という概念を考える場合がある．

3.3.1 項問 3.2 のための準備

例題 0.12　分数の意味

(1)　$2 \div 3 = \frac{2}{3}$ の意味を説明せよ．ただし，「テープを 3 等分して二つ集める」「2 m のテープを 3 等分したときの一つ分の長さ」などの説明は，$\frac{2}{3}$ の意味ではなく $\frac{2}{3}$ を使う場面にすぎない．

(2)　$\frac{2}{3} \div \frac{4}{5} = \frac{2}{3} \times \frac{5}{4}$ と考えるのはなぜか？

（解説）

(1)　2÷3 の商が整数の集合に見つからないから，

3 を掛けて 2 になる数

を $\frac{2}{3}$ という記号で表すと約束した．この事情は，式で

$$\frac{2}{3} \times 3 = 2$$

と書ける．この両辺を 3 で割ると，

$$\frac{2}{3} \times 3 \div 3 = 2 \div 3$$

となる．だから，

$$\frac{2}{3} = 2 \div 3$$

である．

整数の集合　⟹ 数の拡張　分数の集合

図 0.9　数の集合の拡張

除法の意味は，1.4 節で 0 を含む除法を考えるときに重要である．

ポアンカレ：『科学と方法』（岩波書店，1953），G. W. Kelly：*Shortcut Math*（Dover, 1969）p. 94 でも，分数の横線が ÷ の意味を表すという説明がある．

「3 倍して 3 で割ると，もとの数に戻る」と考えると

$$\frac{2}{3} \times 3 \div 3 = \frac{2}{3}$$

はなっとくできる．

整数は分数の特別な形と見ることができる．

3 は $\frac{3}{1}$，$\frac{6}{2}$，…

［休憩室］　小学 4 年のとき担任の荒尾慶彦先生は，算数の時間に「分数の横線は ÷ の意味を表す」と説明した．
この説明で分数の意味がなっとくできた．テープを 3 等分して二つ集めるという例に頼らないので，ポアンカレ流の考え方である．

ADVICE

(2) $\frac{2}{3}\div\frac{4}{5}=\square$ は，$\frac{2}{3}=\square\times\frac{4}{5}$ をみたす数を求める演算である．

この両辺に 5 を掛けると

$$\frac{2}{3}\times5=\square\times\underbrace{\frac{4}{5}\times5}$$

$\frac{4}{5}$ は「5 を掛けると 4 になる数」

となるから，

$$\frac{2}{3}\times5=\square\times4$$

である．この両辺に $\frac{1}{4}$ を掛けると

$$\frac{2}{3}\times5\times\frac{1}{4}=\square\times\underbrace{4\times\frac{1}{4}}$$

$\frac{1}{4}$ は「4 を掛けると 1 になる数」

となるから，

$$\frac{2}{3}\times\frac{5}{4}=\square$$

である．

[参考 1]　分数と平方根　「2 乗して 2 になる数を求めよ」という問題を整数の集合で考えても答は見つからない．このため，2 乗して 2 になる数を $\sqrt{2}$ という記号で表すと約束した．「$2\div3$ の商が整数の集合に見つからないから $\frac{2}{3}$ と書き表す」という発想と同じである．

[参考 2]　除号　除号 ÷ の由来についていろいろな説があるが，分数の形と結びつけた説がわかりやすい．÷ の － は分数の横線にあたり，上下の黒丸は分母・分子の数を点で表したと考える．

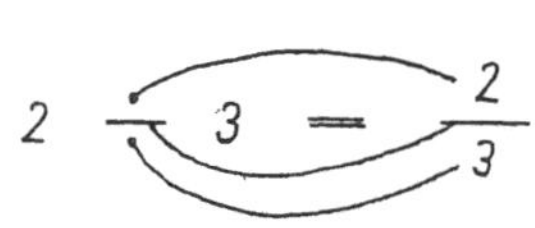

0 の階乗 0!=1 と決めた理由も考えてみること．

例題 0.13　乗法の指数法則

$a^0=1$，$a^{-1}=\frac{1}{a}$ $(a>0)$ の必然性を $a=4$ を例として説明せよ．

（解説）

旧法則

$4^{③}=4\times4\times4$

$4^{②}=4\times4$　　$\frac{1}{4}$ 倍

$4^{①}=4$　　$\frac{1}{4}$ 倍

$4^{⓪}=?$　　$4^0=1$ と約束する。

$4^{-1}=?$　　$4^{-1}=\frac{1}{4}$ と約束する。

ADVICE

［注意 3］ 堂々巡り $2^0=2^{n-n}=2^n\times2^{-n}=2^n\times\frac{1}{2^n}=1$ と説明してよいか？

$2^{-n}=\frac{1}{2^n}$ と決めた必然性も説明しなければならないのに，この関係を使って $2^0=1$ を説明している．これでは，堂々巡りである．

有理数とは

有理数：整数 m，n を使って，分数 $\frac{m}{n}$ の形で表せる数

例 $\frac{1}{3}$，$-\frac{5}{6}$，$\frac{31}{9}$，…

無理数：分数 $\frac{m}{n}$ の形で表せない数　**例** ADVICE 欄の問を参照

二つの数から一つの数をつくる操作を「演算」ということを理解した．整数の集合で四則演算（加減乗除）を考えると，除法はほかの演算とちがって整数の集合では閉じていないことに気がつく．整数どうしの除法では，

$2\div5=0.4$，$4\div10=0.4$，$8\div20=0.4$，...

$1\div3=0.333\cdots$，$2\div6=0.333\cdots$，$3\div9=0.333\cdots$

のように，商が整数になるとは限らず，有限小数と循環小数とのどちらかになる．一方，例題 0.14 でわかるように，$x^2=3$ をみたす数 x は，二つの整数の除法ではつくることができない．こういう観点から，分数の形で表せる数とそうでない数とに分かれることがわかる．加法・減法・乗法だけを考える限り，こういう分類の発想は生まれない．

それでは，「有理数」と「分数」とは意味がどうちがうのだろうか？ $\frac{2}{5}$，$\frac{4}{10}$，…，0.4 は実質的に同じ有理数と考える．分数・小数は，同じ有理数の表記法（表し方，書き方，姿，形）を指す用語である．はな，花，hana は，どれも同じ概念を表し，平仮名表記，漢字表記，ローマ字表記は書き方を指すという事情と同じである．

なお，こういう見方は線型代数を理解する上で重要である．幾何ベクトル（矢印）を考えてみよう．

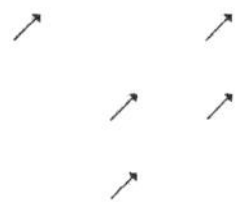

↗　↗
↗　↗
↗

図0.10 同一視する幾何ベクトル

これらはどれも同じ方向・向き・大きさの矢印である．これらをひとまとめにした集合（矢印の集まり）を考え，この集合の要素（個々の矢印↗）を「**同一視する**（同じとみなす）」という．つまり，矢印がどこにあっても，方向・向き・大きさが同じであれば同じ幾何ベクトルと考える．

無理数の導入

例題 0.12 と同じ発想で $x^2=5$ の解の表し方を考えてみよう．はじめに，中学数学の例題 $x^2=9$ を思い出す．この解は $x=\pm3$ である．ここで，$3^2=3^1\times3^1$ と $3^2=3^{1+1}$（$2=1+1$ だから）とを比べてみると，$3^1\times3^1=3^{1+1}$ の成り立つことがわかる．指数に関する規則 $3^1\times3^1=3^{1+1}$ を旧法則とみなして，これを拡張するという発想で考える．$x^2=5$ の解が整数の集合に見つからな

rational number（比の形で書ける数）を訳すとき，rational が「理の有る」という意味だから「有理数」とよぶようになった．

有理数と無理数とをまとめて実数という．

実数 { 有理数 / 無理数 }

問 無理数の代表例を三つ挙げよ．

答

$\sqrt{2}(=1.4142\cdots)$，
$\pi(=3.1415\cdots)$，
$e(=2.7182\cdots)$

e は微分積分学で導入する．

分数を小数で表すと，有限小数（小数第何位かで終わる小数）と循環小数（ある位以下の数が決まった順序で限りなくくり返す小数）とのどちらかになる．

$3/5=3\div5=0.6$
$1/7=1\div7$
$=0.142857142857\cdots$
を考えてみよ．

循環する部分のはじめの数字の上とおわりの数字の上とに ˙ を付けて $0.\dot{1}4285\dot{7}$ と書くことがある．

分数で表せない数（無理数）は，循環小数でない無限小数（限りなく続く小数）になる．

幾何ベクトルは，1.1 節で導入する．ここでは，矢印と考えてよい．

「方向」と「向き」とのちがいは，p.1 参照．

3.3.2 項［注意 5］参照

$x^2=9$ の解は $x=3$ だけではないことに注意せよ．

いから，

2乗して5になる数を $5^{\frac{1}{2}}$ という記号で表す

と約束した．したがって，$3^1\times 3^1=3^{1+1}$ と同じように，$5^{\frac{1}{2}}\times 5^{\frac{1}{2}}=5^{\frac{1}{2}+\frac{1}{2}}=5^1$ となる．

↑ 旧法則保存の原理

根号　$a^{\frac{1}{n}}$ を $\sqrt[n]{a}$ と書く．

例　$5^{\frac{1}{2}}$ を $\sqrt[2]{5}$ と書くが，2の場合は省略して $\sqrt{5}$ と書く方がふつうである．

例　$5^{\frac{1}{3}}$ を $\sqrt[3]{5}$ と書く．

問 0.1　$\sqrt{2}$ の大きさの線分を作図せよ．

解説　適当な大きさの正方形を描くと，対角線の長さは1辺の長さの $\sqrt{2}$ 倍である．したがって，1辺の長さを1と考えると，対角線の長さは $\sqrt{2}$ である．

例題 0.14　無理数の意味

$\sqrt{3}$ が無理数（分数で表せない数）である理由を説明せよ．

解説　**ステップ1**　「$\sqrt{3}$ が既約分数（分子・分母が約分できない分数）で表せる」と仮定する．

$$\sqrt{3}=\frac{m}{n}\quad (m \text{ と } n \text{ とは互いに素の整数})$$

と書けるとして，この式の両辺を2乗すると

$$3=\left(\frac{m}{n}\right)^2$$

となるから，$m^2=3n^2$ である．

ステップ2　m^2 がつねに3の倍数になるから，m も3の倍数である．したがって，$m=3p$（p は整数）と表せる．　} m/n と書けるとして，m がどんな性質の数かがわかった．

$m^2=3n^2$ は $(3p)^2=3n^2$ と書けるから $n^2=3p^2$ となる．n も3の倍数になるので，$n=3q$（q は整数）と表せる．　} m/n と書けるとして，n がどんな性質の数かがわかった．

ステップ3

$$\sqrt{3}=\frac{m}{n}$$

$$=\frac{3p}{3q}$$

となり，m と n とは公約数3を持つので，m と n とは約分できる．これでは「m と n とは互いに素」という仮定に反する．したがって，$\sqrt{3}$ は既約分数で表せない．

証明の筋書き　$\sqrt{3}=\dfrac{m}{n}$（m と n とは互いに素の整数）と書けると仮定した上で式変形をつづけたのに，m と n とは互いに素でないという矛盾が生じた．

問 0.2

$$\sqrt{-4}\times\sqrt{-9}=\sqrt{(-4)\times(-9)}\qquad \sqrt{4}i\times\sqrt{9}i=\sqrt{4}\times\sqrt{9}\times i\times i$$

ADVICE

$\sqrt{\ }$ は root［根（「こん」と読む）：解の意味］の頭文字 r を図案化した記号である．

$\sqrt{5}$ は「ルート5」と読む．

$\sqrt[3]{5}$ は「5の3乗根」と読む．

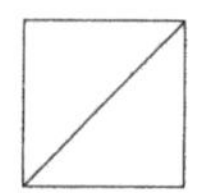

1辺の長さを1とする正方形

三平方の定理を思い出す．1辺の長さを a，対角線の長さを b とすると，

$$b=\sqrt{a^2+a^2}$$
$$=\sqrt{2}a$$

である．

背理法：証明したい内容が成り立たないと仮定すると矛盾することを示す論法

矛盾したときには，仮定が正しくなかったと考える．

二つの整数の最大公約数が1のとき，これらは**「互いに素」**という．

m^2 が3の倍数になるのは，m がどんな数のときか？ $2\times2=4$，$3\times3=9$，$4\times4=16$，… などを考えると判断できる．

$\frac{4}{6}$，$\frac{6}{9}$，… は，どれも分子・分母を約分すれば $\frac{2}{3}$ になる．ある数が既約分数で表せないことがわかれば，どんな分数でも表せないといえる．たとえば，$\frac{2}{3}$ で表せないことさえわかれば，$\frac{4}{6}$，$\frac{6}{9}$，… のどれでも表せないといえる．$\frac{2}{3}$ で表せないのに，$\frac{4}{6}$ で表せるということはあり得ないからである．

$$= \sqrt{36} \qquad\qquad = \sqrt{4 \times 9} \times (-1)$$
$$= 6 \qquad\qquad = -6$$

を比べると，$6=-6$ となる．どこがおかしいのか？

（解説） **$\sqrt{a} \times \sqrt{b} = \sqrt{a \times b}$ は $a \geq 0$，$b \geq 0$ のときに成り立つ．** このように約束しないと，本問と同じような矛盾が生じる．旧い（ふるい）規則が成り立たなくなるような拡張を考えてはいけない．

ADVICE

$\sqrt{-3} = \sqrt{3}i$ の意味：
$x^2 = 3$ の解を $x = \pm\sqrt{3}$ と表すことにならって，$x^2 = -3$ の解を $\pm\sqrt{-3}$ と表す．2 乗して -1 になる数のうち一方を i，他方を$-i$ と表す．i を $\sqrt{-1}$ と書く．$x^2 = -3$ の解は，2 乗して -3 になる数だから，$x = \pm\sqrt{3}i$（または $x = \pm i\sqrt{3}$）である．$\sqrt{-3}$ は $\sqrt{3}i$（または $i\sqrt{3}$）と $-\sqrt{3}i$（または $-i\sqrt{3}$）とのどちらと考えても矛盾しない．
$\sqrt{-3} = \sqrt{3 \times (-1)} = \sqrt{3} \times \sqrt{-1} = \sqrt{3}i$ または $\sqrt{-3} = \sqrt{(-1) \times 3} = \sqrt{-1} \times \sqrt{3} = i\sqrt{3}$ と決めても実質的に問題ない．

0.2.3 類別と対応 ― 量の加法と減法とはどんな場合に成り立つか

量の概念に関係の深い考え方に「類別と対応」がある．足し算と引き算とはどんな場合に使える演算かということを考えると，類別と対応とが数学の基礎であることが理解できる．足し算・引き算は，同種の量どうしの間でしか成り立たない．高校数学までの範囲で，こういう注意を意識していなかったかも知れない．しかし，類別と対応との考え方は，集合の基礎であり，0.2.4 項で関数の概念に結びつく．線型代数でスカラー積の概念を理解するときに，類別と対応との考え方は重要である．

例題 0.15　加法の成り立つ場合

(1)から(6)までの中で加法が成り立つ例はどれか？

(1) ネコ 3 匹とネズミ 7 匹とを合わせると何匹か？
(2) 瓶 3 本とペン 2 本とを合わせると何本か？
(3) 50円と30円とを合計すると何円か？
(4) 長さ 3 m の角柱と長さ 7 m の角柱との底面どうしを接着剤でつなぐと，長さは何 m になるか？
(5) ニクロム線 3 本と銅線 7 本とを合わせると導線は何本か？
(6) 1 円玉 6 個と10円玉 8 個とを合わせると何円か？

（解説） **加法は同種，同質の間で成り立つ．**

(1) ネコとネズミとは異種の動物だから足せない．ただし，「動物が何匹いるか」という問いであれば，10匹と考えてよい．
(2) 瓶とペンとは異種だから足せない．
(3) 金額どうしだから足せる．
(4) 底面どうしをつなぐので全長が求まる．
(5) 導線どうしと考えるので足せる．
(6) 1 円玉と10円玉とは異種の硬貨だが，金額どうしの合計は求まる．

類別と対応とは，集合の概念と密接な関係がある．
品目ごとに単位と個数とを類別し，単価だけの集まり（量の組）と個数だけの集まり（量の組）とを考える．各品目の単価×個数の合計をスカラー積で表すことができる．

習慣上，動植物名は片仮名で表す．

ネコの集合とネズミの集合

減法の意味

除法を考えたときと同じように，「減法とはどういう演算か」という問題から見直す．$6-2=4$，$8-11=-3$ などの差は，頭の中でどういう考えを巡らせて求めているかを思い出してみる．「2 にどんな数を足したら 6 になるか」「11にどんな数を足したら 8 になるか」と考えていることに気がつく．

減法 $a-b=\square$ は，$\square+b=a$ または $b+\square=a$ をみたす数を見つける演算である．

3.3.1 項で線型空間を理解するための準備

3.1 節参照

「二つの数の大小を調べたり，全体から一部を除いた残りを求めたりする演算」という説明は，減法の意味ではなく，減法を使う場面である．

ADVICE

1対1対応の意味について，竹内啓：数学セミナー，1978年9月号，p.61.

例題 0.16　減法の成り立つ場合

ネコ5匹はネズミ3匹よりも2匹多い．ネコ5匹からネズミ3匹を引くことができるのだろうか？

(解説) ネコ5匹からネズミ3匹を引くことはできない．

「ネコがネズミよりも2匹多い」と判断できるのはなぜだろうか？ まず，ネコとネズミとに類別する．つぎに，ネコとネズミとを1匹ずつ対応させる．このとき，5匹のネコのうち2匹はネズミと対応しない．だから，ネコの方がネズミよりも2匹多いと判断する．つまり，ネコからネズミを引いているのではない．(ネコの総数)−(ネズミに対応するネコの総数）のように，あくまでもネコどうしの間で引き算を考えている．

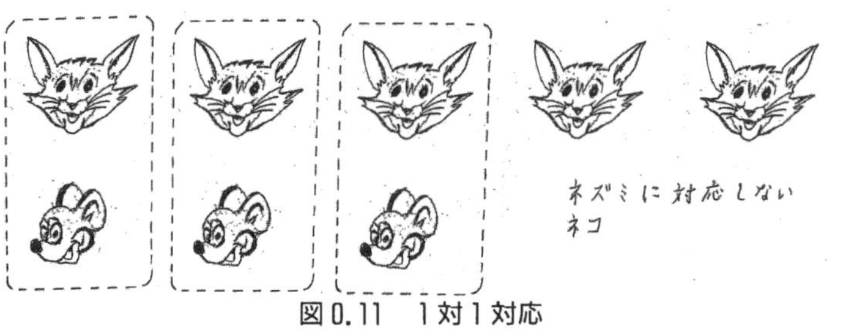

図 0.11　1対1対応

A: 5匹のネコの集合，B: ネズミと1対1対応する3匹のネコの集合，C: ネズミと対応しない2匹のネコの集合．B, C は A の部分集合，C は B の補集合である．

a，b を自然数 $(a \geq b)$ とする．集合 B（要素を b 個含む）が集合 A（要素を a 個含む）の部分集合のとき，集合 B の補集合が要素を c 個含む．減法とは，a と b とから c をつくる演算規則である．ネズミの集合はネコの集合の部分集合ではない（例題 0.16）．

「減法は加法の逆演算」とは？
「ネコに対応させることができたネズミに，何匹のネズミを追加するとネコと同数になるか」という演算

問 0.3　二つの有理数の和，差，積，商も有理数であることを示せ．

(解説) 二つの有理数を $a=\dfrac{p}{q}$，$b=\dfrac{r}{s}$ とする．ただし，$p, q(\neq 0)$，$r, s(\neq 0)$ は整数である．

和：$a+b=\dfrac{p}{q}+\dfrac{r}{s}=\dfrac{ps+qr}{qs}$　$ps+qr$，$qs(\neq 0)$ は整数

差：$a-b=\dfrac{p}{q}-\dfrac{r}{s}=\dfrac{ps-qr}{qs}$　$ps-qr$，$qs(\neq 0)$ は整数

積：$a \cdot b=\dfrac{p}{q} \cdot \dfrac{r}{s}$　ps，$qs(\neq 0)$ は整数

商：$a \div b=\dfrac{p}{q} \div \dfrac{r}{s}=\dfrac{ps}{qr}$　ps，qr は整数

$\dfrac{p}{0}$ $(p \neq 0)$ は不能（解は求まらない）である．$p \div 0=\square$ をみたす数は存在しない．$\square \times 0=0$ だから，$\square \times 0=p(\neq 0)$ にならない．
$\dfrac{0}{0}$ は不定（一つに決まらない）である．つねに $\square \times 0=0$ だから，どんな数も $0 \div 0=\square$ にあてはまる．

$\dfrac{ps}{qr}$ には3通りの場合がある．
$\dfrac{0}{qr}=0$ $(qr \neq 0)$，
$\dfrac{ps}{0}$ $(ps \neq 0)$ は不能，
$0/0$ は不定
である．

(まとめ) **有理数と無理数とをまとめて実数という．**

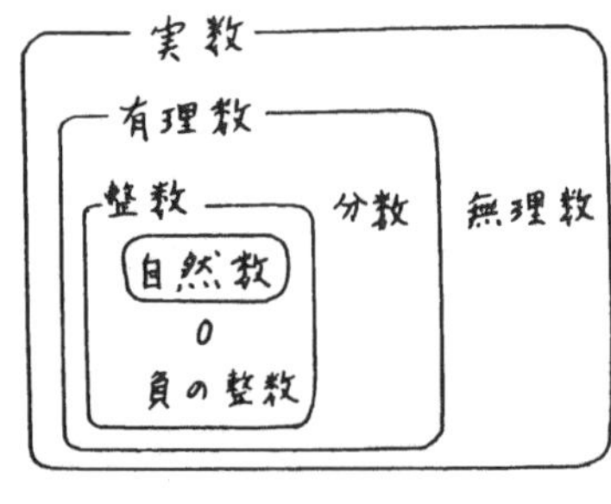

図 0.12　数の集合

1.4節［準備］参照

ADVICE

［注意 4］ **集合の図の描き方** 右図のように描くと，無理数の集合が有理数の集合を含んでいるように誤解しやすい．

数の集合を表す記号

数の集合の記号はボールド体で表す．

$\boldsymbol{N}$：自然数の集合（natural numbers）

$\boldsymbol{Z}$：整数の集合（ドイツ語 Zahlen に由来）

$\boldsymbol{Q}$：有理数の集合（商 quotient）

$\boldsymbol{R}$：実数の集合（real numbers）

1 個の実数を点で表し，実数の集合 $\boldsymbol{R}$ を数直線で表す（例題 0.10）．

（手書きの場合）

$\mathbb{N}$

$\mathbb{Z}$

$\mathbb{Q}$

$\mathbb{R}$

0.2.4 関数の概念の拡張 — 量どうしの関係

量を数で表す方法を理解した（0.2.1 項）ので，量と量の間の関係を考えることができる．たとえば，商品の単価と個数とから価格を求めたり，一様な運動について速度と時間とから変位を求めたりする場合がある．個数と価格とのどちらも，いろいろな値を取り得る．集合の概念を思い出して，取り得る個数の集合 X と取り得る価格の集合 Y とを考えてみよう．単価を a 円/個 とすると，x 個買ったときの価格は y 円＝a 円/個×x 個 と表せる．つまり，集合 X の要素と集合 Y の要素とは，決まった規則で**対応**する．

「一様な運動」とは，速くなったり遅くなったりしないで，つねに同じ速度で運動するという理想の状況である．小林幸夫：『力学ステーション』（森北出版，2002）p. 39.

集合の名称は，大文字で表す．

単価の値は定数なので，アルファベット a を使った．

個数の値と価格の値とは変数なので，アルファベット x，y を使った．

文字の使い方について 0.1 節参照．

単価は 20円/個，35 円/本 のように表す．

y 円＝a 円/個×x 個で，円/個×個＝円 と考えて

$$y=ax$$

と表せる．

(1) 学籍番号と氏名も同様である．

例題 0.17 4 種類の対応

(1)から(4)までのそれぞれの対応の特徴は何か？

(1) 元素と元素記号の間の対応　　(2) 重量と郵便料金の間の対応

(3) 運賃と行き先の間の対応　　(4) 高校生と志望大学の間の対応

（解説）

(1) 1 対 1　一つの要素に対して一つの要素が対応する．

(2) 多対 1　二つ以上の要素に対して一つの要素が対応する．

(3) 1 対多　一つの要素に対して二つ以上の要素が対応する．

(4) 多対多　二つ以上の要素に対して二つ以上の要素が対応する．

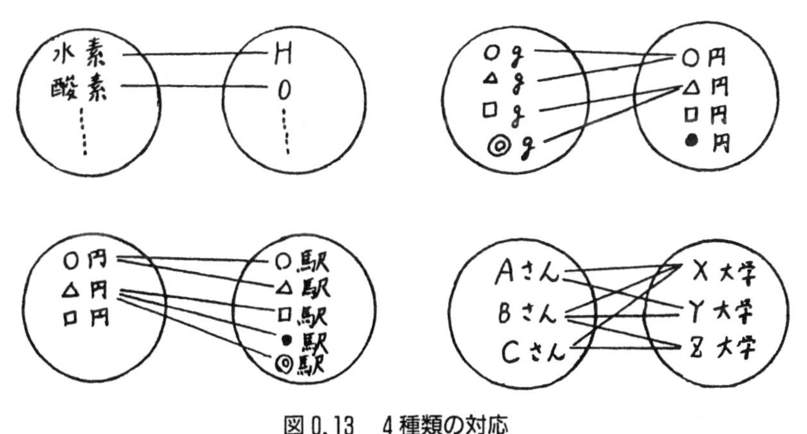

図 0.13 4 種類の対応

一方の集合の要素を一つ決めると，他方の集合の一つの要素が対応する規則を写像という（1対1，多対1）．

線分と正の実数（長さの値を表す）との対応も写像といえる（例題 0.10）．線分という図形を数にうつしている．

集合 X を**定義域**，集合 Y を**値域**，対応の規則 f を「集合 X から集合 Y への**写像**」といい，記号で

$$f : X \longrightarrow Y$$

と表す．要素どうしの対応は

$$f : x \longmapsto y$$

と書く．

［注意5］　写像と関数

関数：① 写像と同じ意味で使う用語（例2のような場合を含む）

② 写像のうち，定義域と値域とのどちらも数の集合のときに使う用語（例1）

「関数」という用語の意味は広い．

中学数学でも，量どうしの関係を表すために**関数**という概念を学習する．ここでは，情報科学と関連させて「関数とは何か」という根本を振り返ってみよう．商品の売買というはたらきを一つの箱にたとえてみる．こういう箱を**暗箱（ブラックボックス）**という．1種類の商品の単価は決まっているから，個数がわかると価格が求まる．情報科学らしく考えて，こういう内容を「個数をブラックボックスに入力すると価格を出力する」といい表す．**入力（個数）と出力（価格）とだけに着目し，**どんな店のどういうレジで支払うかという具体的な状況は考えない．このように，内部のしくみがわからなくても困らないので，「ブラックボックス」とよぶ．

ブラックボックス（機能・はたらき・函数・関数）を記号で表す

$f(\ )$

$f(\ )$ がブラックボックス（機能）を表す

$$y = f(x)$$

↑　　↑

出力　入力

左辺：出力（結果）　右辺：入力（原因）

$f(\ )$ は**関数**を表す記号，

$f(x)$ は**関数値**［$f(\ )$ の（ ）に入力 x が入ったときの値］を表す記号

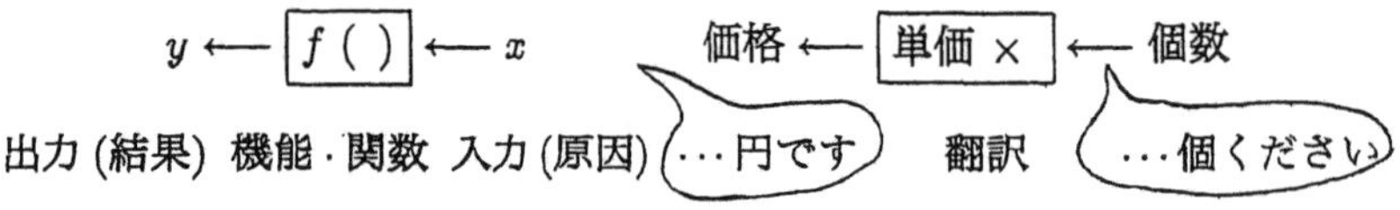

図 0.14　ブラックボックスのはたらき

「単価は個数を価格につくり変える（翻訳する）はたらきをする」と考えればよい．

関数は，式を指すのではなく，入力 x と出力 y とを対応させる

ADVICE

「一方の集合の要素を他方の集合の要素にうつす」という意味で，「写像」という．

集合の考え方が必要である．

集合の名称は大文字，集合の要素は小文字で表す．
0.1 節例題 0.6 (3) 参照

あとで例1と例2とを挙げる．

Leibniz（ライプニッツ）がはじめて function（機能・はたらき）という考えを導入した．

多種類の関数を考えるときには，f だけではなく g，h などの記号も使う．これらは斜体で表す．

入力：input
出力：output

遠山啓：『現代数学対話』（岩波書店，1967）にならって，右から入力して左から出力する図を考える．この描き方は，$y=f(x)$ と同じ形である．

力学の運動方程式も $f=ma$ ではなく，

$ma=f$
（質量×加速度＝力）
結果　　原因

である．力は運動の速度を変化させる原因であり，等号が結果（左辺）と原因（右辺）とを結びつける法則（因果律）を表す．
小林幸夫：『力学ステーション』（森北出版，2002）pp. 98-99；pp. 239-240.

変位＝速度×時間（「変位」は位置の変化分）の関係から「速度は時間を変位に変え

はたらき（たとえば，個数を決めると価格が求まるというしくみ）を指す．「はたらき」「機能」を function というので，関数記号を f で表すことが多い．中国では function と発音が似ている「函数」と訳し，この用語が日本に伝わった．現在では，「関数」（「関係している数」の意味らしい）という漢字で代用している．しかし，広い意味（注意 5 ①）で考えると，「函数」と「関数」とのどちらの書き方も不都合であり，本来の意味通り「機能」という方がよい．入力 x と出力 y とが数である必要はないからである（例 2）．ただし，「函」には「箱」の意味があるので，ブラックボックスとよく合っている．

ADVICE

る（翻訳する）はたらきをする」と見ることができる．

小林幸夫：『力学ステーション』（森北出版，2002）pp. 123-124.

プログラムの基本構造
入力（読む）
実行
出力（書く）

例 1 入力を 2 倍する機能（はたらき）

$$2x \longleftarrow \boxed{2(\ )} \longleftarrow x$$

$f(\ )=2(\ )$ は「$f(\ )$ の具体的な形が $2(\ )$ である」という意味を表している（例題 0.5 参照）．$y=2x$ は，$y=f(x)$ を具体的に書いた形である．まわりくどく言うと「$f(\ )$ の具体的な形が $2(\ )$ であり，この（ ）に x を入力したときの出力が $y=2x$ ［$y=f(x)$ の具体的な形］になる」と考える．$y=f(x)$ の等号と $f(3)=6$ の等号とのニュアンスは異なる．$y=f(x)$ の等号は，結果（出力）と原因（入力）とを結びつけている［例題 0.5 (5)］．$f(3)=6$ の等号は，$f(3)=2\times3=6$ として計算した結果を示している［例題 0.5 (1)］．

問 0.4 写像 $f:\boldsymbol{N}\longrightarrow\boldsymbol{N}\quad n\longmapsto 2n$ を考える．ここで，$\boldsymbol{N}$ は自然数の集合，n は自然数の集合の要素を表す．この写像に基づいて，自然数と偶数とのどちらが多いかを説明せよ．

（解説） 二つの集合（定義域と値域）間で，写像 $f:n\longmapsto 2n$ によって要素が 1 対 1 に対応する．したがって，どちらの集合の要素も同じ個数だけ存在すると考える．

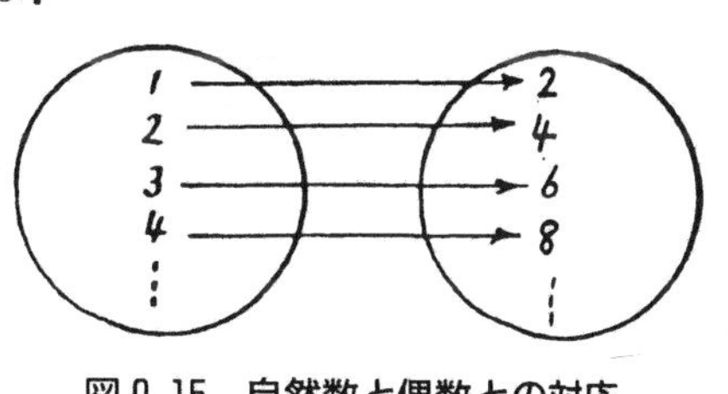

図 0.15 自然数と偶数との対応

$\longrightarrow$ は集合から集合への写像を表す．

$\longmapsto$ は要素どうしの対応を表す．

自然数の集合 $\boldsymbol{N}$ の要素が無数にあることに注意する．

3.3.3 項自己診断 14.4 ADVICE 欄参照

例 2 交通信号の機能（はたらき）

止まれ $=f$(赤)　　注意 $=f$(黄)　　進め $=f$(緑)

例 3 定期券のはたらき（改札）

進行 $=f$(有効期間内)　　停止 $=f$(有効期間外)

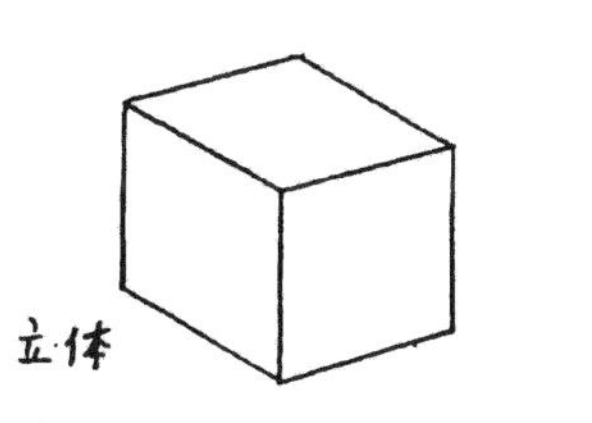

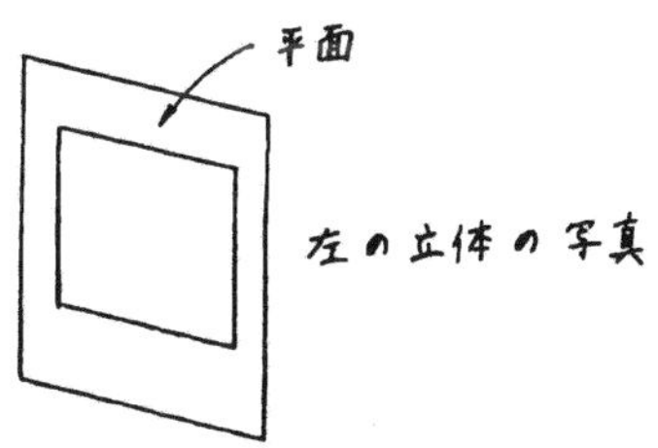

図 0.16 立体から平面への写像

行動科学では，ヒトの行動のモデルをつくる．Watson は，刺激－反応モデルを提唱した．

入力：
刺激 S（stimuli）物理状態，影響，情報

出力：
反応 R（response）ヒトの行動

ブラックボックス：ヒトの内部のメカニズム（客観的に外部から観察したり測定したりすることができない）

反応は刺激の関数：
$R=f(S)$

● 写真撮影（図 0.16）は，立体像を画像につくり変えるはたらきと考えることができる．したがって，写真撮影も関数（機能・はたらき）とみなせる．地図（map）は，地形から紙面への写像（mapping）である．

Q. 入力の値に対して出力の値が 2 個以上ある場合を関数と考えないのはなぜですか？

A. 同じ原因に対して結果が二つ以上あるのは，関数を考えるねらいに合っていません．たとえば，買い物のときに個数を決めても支払額が何通りもあると困ります．交通信号（例 2）でも，赤のとき進んでもいいし，止まってもいいとしたら規則の意味がありません．

線型とは

「線型代数」の「線型」の意味がわかる段階に少しずつ入ってきた．もともと数学は，日常の中で量どうしの関係をあいまいさのない形で表すという必然性から発展した．商品の売買で個数から価格を求めるとき，商品の買い方によって支払う金額がどうちがうかという問題を考えてみる．

① 買う個数をナントカ倍すると，支払う金額もナントカ倍になる．

② 同じ商品を二人分まとめて買っても，一人ずつ買っても支払う金額は同じである．

個数を価格に翻訳するはたらき（個数と価格とを対応させる関数）は，こういう二つの重要な性質を持っていることに気がつく．これらの性質についてくわしく調べてみよう．

商品の単価が 20円/個 の場合を考える．個数はあらゆる自然数の値を勝手に選べるので**独立変数**という．一方，価格は個数で決まるので**従属変数**という．これらの間の関係をグラフで表すときには，通常，独立変数をよこ軸，従属変数をたて軸に選ぶ．個数の集合 X の要素 x と価格の集合 Y の要素 y とは 1 対 1 に対応する．いまの例で，写像 f は 20( ) [これは $f(\ )$ の具体的な形] と表せる．入力 x と出力 y とは $y=20x$ [これは $y=f(x)$ の具体的な形] の関係で対応する．グラフの軸は数直線なので，$y=20x$ を表す直線を描ける（例題 0.10 参照）．**数直線は数の集合を表す図形**である．よこ軸は定義域，たて軸は値域，グラフは対応規則を表す．

線型性（**比例**を表すグラフが原点を通る**直線**で表せることに由来する用語）：

①「個数（原因）を c 倍すると，価格（結果）も c 倍になる」 $\underset{\text{式で表す}}{\Longrightarrow} f(xc)=f(x)c$

②「個数（原因）どうしを足したときには，価格（結果）どうしも足し合わせになる」 $\underset{\text{式で表す}}{\Longrightarrow} f(x_1+x_2)=f(x_1)+f(x_2)$

$y_1 \longleftarrow \boxed{f(\ )} \longleftarrow x_1$　　$y \longleftarrow \boxed{f(\ )} \longleftarrow x$

$y_2 \longleftarrow \boxed{f(\ )} \longleftarrow x_2$　　$yc \longleftarrow \boxed{f(\ )} \longleftarrow xc$

$y_1+y_2 \longleftarrow \boxed{f(\ )} \longleftarrow x_1+x_2$

いろいろな写像のうち，**原因どうしの重ね合わせが結果どうしの重ね合わ**

ADVICE

「線形」と書くと「線の形を対象とする数学」という誤解をまねくという立場がある．長岡亮介：『線型代数入門』（放送大学教育振興会，2003）p. 9.

「線型代数」を「代数・幾何」という科目名で扱っていた時代があったそうである．

はじめに線型空間を定義し，つぎに線型写像を考えてから，具体例を挙げるという筋書きを採る教科書が多い．しかし，こういう展開は初学者には唐突に思える．ここでは，具体例を通じて線型という概念に気づいてから，線型写像の考え方を理解した上で線型空間を定義するという順で展開する．

量どうしの関係：
y 円＝20円/個×x 個
円＝円/個×個
に注意すると，
数どうしの関係：
$y=20x$
になる．

「1 対 1 に対応する」とは？
個数を一つ決めると，価格も一つに決まる．3 個買ったときに，価格は60円であり，これ以外の価格にはならない．

線型性の考え方は，微分方程式の解の重ね合わせと密接な関係がある（例題 5.3）．

$f(\ )$＝20円/個×( )
( ) に個数を入力する．

$c=3$ とすると
f(5 個×3)
＝f(15個)
＝20円/個×15個
＝300円
f(5 個)×3
＝(20円/個× 5 個)×3
＝100円×3
＝300円

せになるという性質（線型性）を持っている場合が重要である．足し合わせを「**重ね合わせ**」という．集合 X から集合 Y への写像によって，

入力の和が出力の和になり，

入力のナントカ倍が出力のナントカ倍になる

とき，この写像を**線型写像**という（1.2 節でくわしく考察する）．$y=f(x)$ のグラフが**原点を通る直線**で表せるときに，こういう性質が成り立つ（問 0.5）．

問 0.5 つぎの写像 $f: \boldsymbol{R}\to\boldsymbol{R}$ が非線型であることを示せ．

(1) $f(\ )=(\ )^2$ (2) $f(\ )=\log_{10}(\ )$ (3) $f(\ )=\sin(\ )$

解説 ( ) に xc，x_1+x_2 を入力する．

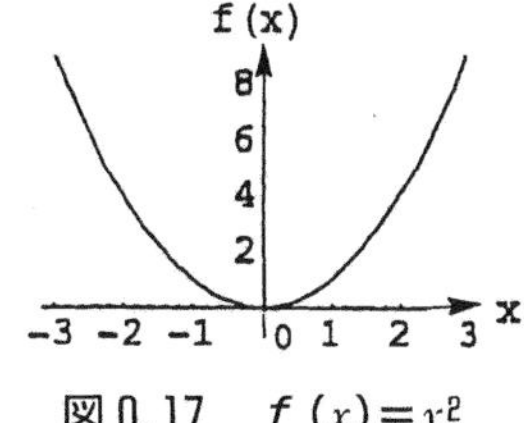

図 0.17 $f(x)=x^2$

(1) $(xc)^2=x^2c^2\neq x^2c$（c は定数）だから，
$f(xc)=f(x)c$ の性質がない．
$(x_1+x_2)^2=x_1{}^2+x_2{}^2+2x_1x_2$ だから，
$f(x_1+x_2)=f(x_1)+f(x_2)$ の性質がない．

例 x_1+x_2 $f(x_1)+f(x_2)\neq f(x_1+x_2)$
$1+2$ $1+4\neq 9$

(2) $\log_{10}(xc)\neq(\log_{10}x)c$ だから，$f(xc)=f(x)c$ の性質がない．
$\log_{10}(x_1+x_2)\neq\log_{10}x_1+\log_{10}x_2$ だから，$f(x_1+x_2)=f(x_1)+f(x_2)$ の性質がない．

(3) $\sin(xc)\neq(\sin x)c$ だから，$f(xc)=f(x)c$ の性質がない．
$\sin(x_1+x_2)\neq\sin x_1+\sin x_2$ だから，$f(x_1+x_2)=f(x_1)+f(x_2)$ の性質がない．

線型代数では，数と数の間の比例関係を拡張する．たとえば，商品を 1 種類ではなく多種類に拡張した場合を考える．数（個数の値）から数（価格の値）への対応ではなく，数の組（個数の値の組）から数の組（価格の値の組）への対応を探究する．個数（入力）から価格（出力）を求める問題とは逆に，価格（出力）から個数（入力）を求める問題がある．このために，連立 1 次方程式の解のしくみを整理する．

「数学で関数というときは，長さ・金額などの具体的な量は含まないで数から数が出てくる規則を表す」という説明がある［小林道正：『3 日でわかる中学数学』（ダイヤモンド社，2002）p. 68］．しかし，関数 $y=f(x)$ の x, y は数ばかりではなく，何であってもよい［遠山啓：『新数学勉強法（講談社，1963）p. 185］．本書では，「価格は個数の関数」という表現の通り量から量が出てくる規則も含むことにする．

ADVICE

だから，
f(5 個×3)
$=f$(5 個)×3
である．
f(5 個+10 個)
$=f$(15 個)
=300 円
f(5 個)+f(10 個)
=100 円+200 円
=300 円
だから，
f(5 個+10 個)
$=f$(5 個)+f(10 個)
である．

集合 $\boldsymbol{R}$ から集合 $\boldsymbol{R}$ への写像を考える．

$f(\ )$ は**関数**（機能・はたらき）を表す記号である．
( ) にデータ x を入力した $f(x)$ を**関数値**という．

$x, x_1, x_2, c\in\boldsymbol{R}$
$x\in\boldsymbol{R}$ は，x が集合 $\boldsymbol{R}$ の要素であることを示す記法である．

x：変数，c：定数

0.1 節例題 0.6 参照

加法定理
$\sin(x_1+x_2)$
$=\sin x_1\cos x_2$
$+\cos x_1\sin x_2$

連立 1 次方程式を解くときには，単価と価格とが既知量，個数が未知量である．

商品が 3 種類のときは，個数の値の組，価格の値の組はどちらも 3 個の数の組である．

1　連立1次方程式 ― 出力から入力を制御する方法

1章の目標

① 数ベクトル（数の組）と幾何ベクトル（矢印）とを同一視するという発想を理解すること．
② 入力と出力とがベクトルで表せると，これらの間の対応の規則がマトリックスで表現できる事情を理解すること．
③ 連立1次方程式を解くという操作には，出力から入力を制御するという意味がある事情を理解すること．
④ Gauss-Jordan の消去法を通じて，連立1次方程式の解のしくみを階数の観点から理解すること．
⑤ Cramer の方法を通じて，連立1次方程式の解と係数との関係を理解すること．

キーワード　ベクトル，ベクトル量，線型結合，マトリックス，スカラー積，合成写像，Gauss-Jordan の消去法，階数，線型独立，線型従属，内積，行列式関数，Cramer の方法，外積

ADVICE

0章のまとめ

数学は，概念を拡張するときの考え方に重要な特徴がある．自然数の集合の中だけでは演算が閉じていないとき，新しい数をつくり出す．減法が成り立つようにするために，負の整数を導入した．除法の商を表すために，分数という表し方を考え出した．平方根を表すための $\sqrt{\ }$ も同じ発想でつくり出した．旧法則を成り立たせた上で，新しい演算規則を考える．これらの発展は，自然数→整数→有理数　のように，数の集合を拡張するという考え方を示している．

一方，数の概念には，ほかの拡張に向かう筋道もある．0.2.4 項で関数の概念を考えたとき，商品の個数と価格との関係を取り上げた．そこでは，1種類の品目だけしか扱わなかった．しかし，現実には多種類の品目を売買する場面がある．このため，1品目で考えた関数の概念を多品目の場合に拡張するという発想が生まれる．それでは，多品目に拡張したとき，1品目の場合に成り立つ比例関係をどのように理解したらよいだろうか？

0.2.1 項で，量の大きさを数と単位量とで表すという考え方を理解した．多種類の量をまとめて扱うために，「量」から「量の組」に拡張する．量の組を表すために，「数」から「数の組」に発展させる．数の組を「ベクトル」という．量の組はベクトルを使って表すので，「ベクトル量」という．多品目を扱うときには，個数の組（量の組）と価格の組（量の組）との対応を考える．この対応の規則は「マトリックス（行列）」で表せる．マトリックスは，1品目の場合の比例定数の拡張版と見ることができる．価格から個数を求める問題は，連立1次方程式を立てて解く．マトリックスを使うと，品目が何種類あっても，同じ方法で連立1次方程式を解くことができる．本章では，Gauss-Jordan の消去法という解き方を通じて，価格（出力）と個数（入力）との対応について探究する．

「ベクトル」の概念は，もともと速度，力などを記述するために考えた「矢印（向きのある線分）」に由来する．矢印と座標とを同一視する（同じとみなす）ことによって，ベクトルは「数の組」と考えることもできる．ここでは，代数の見方でベクトルを「数の組」と定義してから，幾何の見方では矢印で表せるという筋道を採る．
小林幸夫：「力学ステーション」（森北出版，2002）p. 23.

1品目の場合：$y=ax$（x, y, a は数）
⇓拡張
多品目の場合：$\boldsymbol{y}=A\boldsymbol{x}$（$\boldsymbol{x}, \boldsymbol{y}$ は数ベクトル，A はマトリックス）
$y=ax$ と $\boldsymbol{y}=A\boldsymbol{x}$ とは，式の形が互いに似ていることに注目せよ．

1.1 ベクトルとベクトル量 ― 数から「数の組」へ拡張

2種類のナチュラルミネラルウォーター（エビアンと白州の名水）の栄養分を比べてみる.

表1.1 ナチュラルミネラルウォーターの栄養成分（1mLあたり）

成　分	エビアン	白州の名水
ナトリウム	0.005 mg/mL	0.0530 mg/mL
カルシウム	0.078 mg/mL	0.0075 mg/mL
マグネシウム	0.024 mg/mL	0.0045 mg/mL

代数の見方　それぞれの栄養成分は　量＝数値×単位量　の形で表す.

一つの栄養成分　$\underbrace{0.005\,\mathrm{mg/mL}}_{\text{量}} = \underbrace{0.005}_{\text{数値}} \times \underbrace{\mathrm{mg/mL}}_{\text{単位量}}$

拡張　⇓　旧法則保存の原理

三つの栄養成分　$\underbrace{\begin{pmatrix} 0.005\,\mathrm{mg/mL} \\ 0.078\,\mathrm{mg/mL} \\ 0.024\,\mathrm{mg/mL} \end{pmatrix}}_{\text{ベクトル量（量の組）}} = \underbrace{\begin{pmatrix} 0.005 \\ 0.078 \\ 0.024 \end{pmatrix}}_{\text{ベクトル（数の組）}} \underbrace{\mathrm{mg/mL}}_{\text{単位量}}$

> **加法・スカラー倍を定義した「数の組」をベクトル**（あとの「幾何ベクトル」と区別するために「数ベクトル」ということもある），それぞれの数を**ベクトルの成分**という.
> 「数の組」を使って表した「量の組」を**ベクトル量**とよぶ.

●**スカラー**について［進んだ探究］，1.2節参照.

 0.005　エビアンを表すベクトルの第1成分
（エビアンベクトルのナトリウム成分と思えばよい）

0.0045　白州の名水を表すベクトルの第3成分
（名水ベクトルのマグネシウム成分と思えばよい）

問1.1　エビアン330mLと白州の名水2000mLとを合わせると，それぞれの栄養成分をどれだけ含むか？

解説　［（一つあたりいくら）×（いくつ分）］の形で計算する．すべての栄養成分をまとめて扱い，栄養成分ごとに類別して足し合わせる（例題0.15）.

$$\begin{pmatrix} 0.005\,\mathrm{mg/mL} \\ 0.078\,\mathrm{mg/mL} \\ 0.024\,\mathrm{mg/mL} \end{pmatrix} 330\,\mathrm{mL} + \begin{pmatrix} 0.0530\,\mathrm{mg/mL} \\ 0.0075\,\mathrm{mg/mL} \\ 0.0045\,\mathrm{mg/mL} \end{pmatrix} 2000\,\mathrm{mL}$$

$$= \begin{pmatrix} 1.65\,\mathrm{mg} \\ 25.74\,\mathrm{mg} \\ 7.92\,\mathrm{mg} \end{pmatrix} + \begin{pmatrix} 106\,\mathrm{mg} \\ 15\,\mathrm{mg} \\ 9\,\mathrm{mg} \end{pmatrix}$$

330mLと2000mLとは，ベクトル量のどの行（ぎょう）にも掛ける.

$$= \begin{pmatrix} 107.65\,\mathrm{mg} \\ 40.74\,\mathrm{mg} \\ 16.92\,\mathrm{mg} \end{pmatrix} \begin{matrix} \leftarrow\text{ナトリウム} \\ \leftarrow\text{カルシウム} \\ \leftarrow\text{マグネシウム} \end{matrix}$$

第1行どうし，第2行どうし，第3行どうしで加法（足し算）を実行する.

となる.

ADVICE

エビアンはダノングループのブランドである.

単位量の記号は立体で表す（0.1節参照）.

mgは「ミリグラム」と読む.
mLは「ミリリットル」と読む.
mは10^{-3}を表す接頭辞である．10^{-3}をmと書いただけにすぎない.

$\mathrm{mg} = 10^{-3}\,\mathrm{g}$

ここでは，便宜上「代数の見方」「幾何の見方」という.

0.2.1項参照

0.2節①量と数との概念

0.2節②旧法則保存の原理

1成分のベクトル（一つの栄養成分しか含まない場合）は，数ベクトルの特別な場合と見ることができる．小学算数は，この場合を扱ったことになる.

1成分のベクトル(a)は，一つの数aを使ってつくる.

$3+2=5$
$(3)+(2)=(5)$

$3\times4=12$
$(3)4=(12)$

1成分のベクトルは，加法・スカラー倍について一つの数と同じ演算規則にしたがう．だから，1成分のベクトルは一つの数と実質的に同一視できる（同じとみなせる）.
3.3.3項例1参照

1成分のベクトル量のスカラー倍
$\underbrace{(3\,\mathrm{mL})}_{\text{ベクトル量}}\ \underbrace{4}_{\text{スカラー}} = \underbrace{(12\,\mathrm{mL})}_{\text{ベクトル量}}$

$(3\,\mathrm{mg/mL})\,4\,\mathrm{mL} = \underbrace{(3\,\mathrm{mg})}_{\text{ベクトル量}}\ \underbrace{4}_{\text{スカラー}}$

ここでは，計算を説明することだけがねらいなので，有効数字の桁数を考えていない.

$\mathrm{mg/mL} \times \mathrm{mL} = \mathrm{mg}$

[注意1] タテベクトルとヨコベクトル

ベクトルを書くとき，数をたてに並べても，よこに並べてもよい．問1.1でわかるように，タテベクトルの形で書くと，それぞれの栄養成分がたてに並ぶので足し算を実行しやすい．ただし，1.2節でスカラー積を考えるときには，タテベクトルとヨコベクトルとの区別は重要になる．

ADVICE

タテベクトルを「列ベクトル」，ヨコベクトルを「行ベクトル」といってもよい．

デカルト（Descartes）の時代（1596-1650）までは，数と図形とは別々に扱っていたらしい．しかし，デカルトが座標の考えに気づいてから解析幾何学が発展したそうである．この精神にしたがって，数の組を図で表す方法を工夫してみよう．

「デカルト（フランスの哲学者）がベッドに寝ているとき，天井に止まっているハエの位置をどのように表そうかと思って，座標の考えに気づいた」という逸話がある．しかし，実際にはデカルトは座標の概念を考えたことはないようである．足立恒雄：『たのしむ数学10話』（岩波書店，1988）．

幾何の見方 0.2.1項で，数直線（座標軸）の概念を取り上げた．そこでは，**一つの数を直線上の点で表す**という発想を理解した．今度は，数の組を図形で表すために，数直線の考え方を拡張する．

はじめから三つの数の組を考えるのはむずかしいので，二つの数の組を考えてみよう．エビアンのナトリウムとカルシウムとを表す数の組は $\begin{pmatrix}0.005\\0.078\end{pmatrix}$ である．ベクトルの成分は実数だから，一つの直線上の点で表せる．しかし，成分が2個あり，これらを区別しなければならない．そこで，数直線を2本用意すればよいという発想が浮かぶ．

0.2節 ⓒ旧法則保存の原理

最も簡単には，2本の数直線の原点どうしを重ねて互いに直交するように配置するとよい．数直線は物差だから，一つの点が一方の原点から測ってどの位置であり，他方の原点から測ってどの位置かを調べることができる．

点も図形の一種である．

数の組は，平面内で成分の値を座標とする点によって表せる．

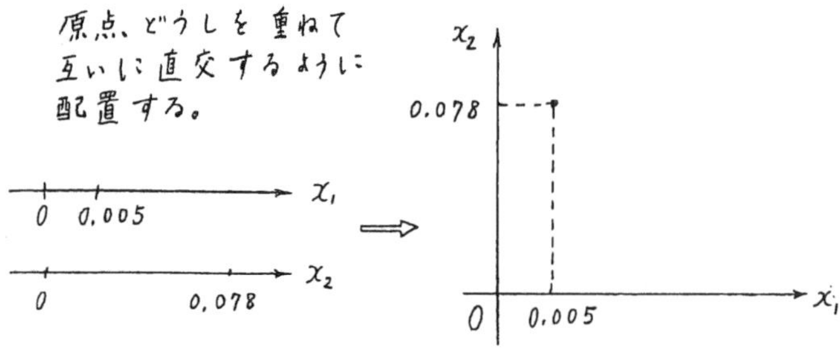

図1.1 座標軸の導入

原点を始点とし，数の組を表す点を終点とする矢印を考えることもできる．高校数学では，ベクトルを矢印として導入する教科書が多い．しかし，ここまでの考え方でわかるように，あえて矢印で表さなくてよい．「一つの数」は「直線上の点という図形」で表せる．この発想を拡張して，「数の組」は「平面内の点という図形」で表せると考える．ただし，2章で連立1次方程式を幾何の見方で扱うときには，点を矢印とみなす方が計算（足し合わせ・ナントカ倍）しやすい．便利さのために，本章でも点の代りに矢印を使うことがある．**ベクトルが矢印で描けることは，ベクトルの本質ではない．**

例外として『高等学校の代数・幾何』（三省堂，1988）は，ベクトルを数の組と定義してから，これを矢印で表すという順序を採っている．

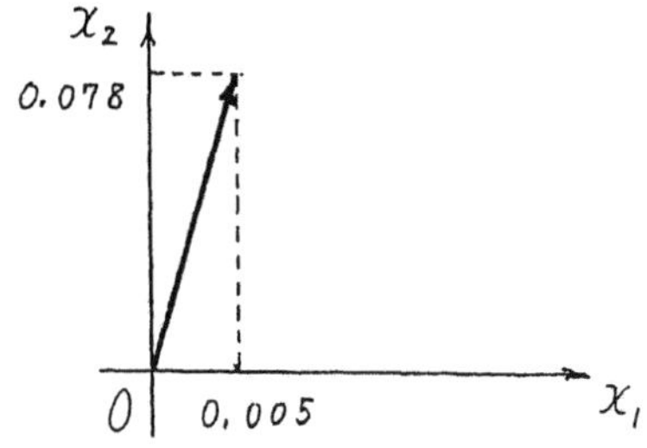

図 1.2　数ベクトルの図表示

数ベクトル(数の組)　　$\Longleftrightarrow$　　**幾何ベクトル**(矢印という図形)

数と図形とはまったく異なる概念

$$\boldsymbol{a}=\begin{pmatrix}0.005\\0.078\end{pmatrix}\qquad\qquad \vec{a}$$

● 成分が一つしかない数ベクトル（「数の組」になっていないが，あえてベクトルという）も考えることができる．

例　栄養成分を 1 種類しか含んでいない飲料

ベクトル記号　本書では，

数ベクトルをボールド体（**例**　$\boldsymbol{a}$），

幾何ベクトルを矢印付きの斜体（**例**　$\vec{a}$）

で表すことにする．

零ベクトル　大きさ（長さ）がゼロのベクトルを零ベクトルという．

記号：数ベクトルの場合 $\mathbf{0}$，幾何ベクトルの場合 $\vec{0}$

線型結合

一般に，n 個のベクトル $\vec{a}_1$，$\vec{a}_2$，…，$\vec{a}_n$ に対して，任意の実数 c_1，c_2，…，c_n を使って $$\vec{a}_1c_1+\vec{a}_2c_2+\cdots+\vec{a}_nc_n$$ の形で表したベクトルを $\vec{a}_1$，$\vec{a}_2$，…，$\vec{a}_n$ の**線型結合**という．

幾何ベクトルの記号で書き表したが，数ベクトルでもこのままあてはまる（問 1.1）．これらの**実数のはたらきは，矢印を拡大・縮小したり，数の組（数ベクトル）をナントカ倍したりする操作**である．

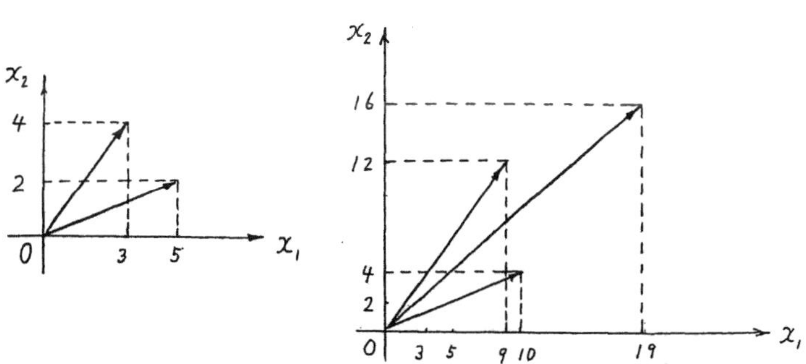

図 1.3　$c_1=2$，$c_2=3$ の場合の線型結合

ADVICE

一つの数は数直線上の 1 点で表せる．

5.3.4 項自己診断 19.3［参考 1］参照

ボールド体で幾何ベクトルを表してもよいし，矢印付きの斜体で数ベクトルを表してもよい．しかし，矢印付きの文字は図形を表しているように感じやすいので，ここでは幾何ベクトルにこの記号を使う．

（手書きの場合）

$\mathbb{a}$　$\mathbb{b}$　$\mathbb{c}$　$\mathbb{d}$

など

数ベクトル

$\boldsymbol{a}_1c_1+\boldsymbol{a}_2c_2+\cdots+\boldsymbol{a}_nc_n$

たとえば，

$$\begin{pmatrix}3\\2\\5\end{pmatrix}c_1+\begin{pmatrix}-4\\7\\1\end{pmatrix}c_2+\cdots+\begin{pmatrix}9\\-5\\3\end{pmatrix}c_n$$

0.2 節

$$f(xk)=f(x)k$$
$$f(x+x')=f(x)+f(x')$$

の二つの性質をみたすとき，「線型性が成り上っている」という．これらの性質をまとめて

$$f(xk+x'k')=f(x)k+f(x')k'$$

と書くことができる．$xk+x'k'$ を x と x' との線型結合という．$\boldsymbol{a}_1c_1+\boldsymbol{a}_2c_2+\cdots+\boldsymbol{a}_nc_n$ も同じ形だから，線型結合である．$\boldsymbol{a}_1$, $\boldsymbol{a}_2$, … は数ベクトルだが，幾何ベクトルでも事情は同じである．

[注意２]「同一視」の考え方

数学では，「数の組の集合」と「矢印という図形の集合」とのように異なる概念が**演算規則を含めて１対１に対応する**とき，両者を**同一視する**という．

意味　数の組どうしの加法 ⟷ 矢印どうしの加法（つなぎ合わせ）
数の組のスカラー倍 ⟷ 矢印の拡大・縮小（向きを反対にする場合もある）

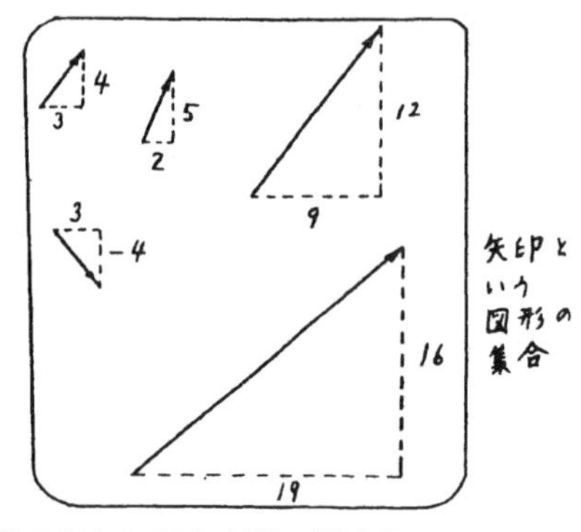

図 1.4　数の組と矢印とを同一視する．

ADVICE

例 $\begin{pmatrix}3\\4\end{pmatrix}$が ↗ に対応し，$\begin{pmatrix}3\\-4\end{pmatrix}$が ↘ に対応する．
加法
$\begin{pmatrix}3\\4\end{pmatrix}$と$\begin{pmatrix}3\\-4\end{pmatrix}$との和が$\begin{pmatrix}6\\0\end{pmatrix}$になることに対応して，↗と↘とのつなぎ合わせで → になる．

スカラー倍
$\begin{pmatrix}3\\4\end{pmatrix}$の２倍が$\begin{pmatrix}6\\8\end{pmatrix}$になることに対応して，↗を２倍に拡大すると ↗ になる．

identify（同一視する）

自己診断１

1.1「数の組」の意味

住居表示「６番16号」「７番25号」を考えてみる．第１成分に番，第２成分に号を書いた$\begin{pmatrix}6\\16\end{pmatrix}$，$\begin{pmatrix}7\\25\end{pmatrix}$は，数ベクトルといえるか？

（ねらい）「演算を定義する」という考え方が重要であることを理解する．

（発想）数学では，数を並べただけでは数ベクトルといわない．

（解説）数ベクトルとは考えない．$\begin{pmatrix}6\\16\end{pmatrix}$と$\begin{pmatrix}7\\25\end{pmatrix}$とが住居を表すとき，互いに足すこともないし，それぞれを何倍かすることもないからである，

演算（加法・スカラー倍）が定義できる「数の組」を数ベクトルという．しかし，演算できなても，実用面（たとえば，掲示物）では数を並べて括弧でくくった形を使ってよい．こういう場合は，線型代数とは関係なく，単なる書き方の工夫にすぎない．

1.2「量の組」の意味

質量と体積との組は，ベクトル量として扱えるか？

（ねらい）現実の中から具体的なベクトル量を見つける目を養う．

（発想）演算（加法・スカラー倍）が定義できる「量の組」かどうかを考える．

（解説）$\begin{pmatrix}3\text{g}\\5\text{mL}\end{pmatrix}$のような異種の量の組をつくってよい．こういう量の組どうしの間で，加法・スカラー倍を考えることができる．

（補足）物理学で扱うベクトル量（位置，速度，力など）は，$\begin{pmatrix}3\text{m}\\4\text{m}\end{pmatrix}$のように，どの成分も同種の量の場合が多い．なお，体積には注意しなければならない問題がある．水とアルコールとを混ぜると，質量は両者の和になるが，体積は両者の和よりも小さくなる．混合を考えると，第１成分（質量）は加法が成り立つが，第２成分（体積）は加法が成り立たない．しかし，本問で考えている内容は，水

例
$\begin{pmatrix}2\text{g}\\4\text{mL}\end{pmatrix}+\begin{pmatrix}3\text{g}\\5\text{mL}\end{pmatrix}=\begin{pmatrix}5\text{g}\\9\text{mL}\end{pmatrix}$
$\begin{pmatrix}2\text{g}\\4\text{mL}\end{pmatrix}5=\begin{pmatrix}10\text{g}\\20\text{mL}\end{pmatrix}$

水素原子は正の電気を帯びていて，酸素原子は負の電気を帯びている．水分子の水素原子はアルコール分子の酸素原子と，アルコール分子の水素原子は水分子の酸素原子とそれぞれ

の体積とアルコールの体積との単なる合計（両方で何 mL あるか）であって，混合の機構ではない．

ADVICE

引き合う．このため，水の多数の分子とアルコールの多数の分子が互いによく混ざり合う．だから，水の体積とアルコールの体積との合計よりも小さくなる．日本化学会：『化学便覧基礎編改訂 5 版』（丸善，2004）のデータを使って計算すると，25 ℃で水 100 cm^3 とアルコール 100 cm^3 を混ぜたとき 194 cm^3 になることがわかる．

小林幸夫：子供の科学，2005年6月号，p.68.

［進んだ探究］ ベクトル量とスカラー量

大学数学では，加法・スカラー倍の定義できる「数の組」を**ベクトル**と定義（3.3.1 項）してから「平面内の点という図形」で表すという筋道を採る．点を扱いやすくするために矢印を使うのであって，矢印がベクトルの実体というわけではない（1.1 節）．1 成分のベクトルは，一つの数と同一視できる（同じとみなしてよい）．「一つの数」（「数の組」ではない）を**スカラー**という（3.3.3 項）．

他方，力学では，位置，速度，力などを矢印で表したあとで，物差（x 軸，y 軸，z 軸）を使って矢印を「数の組」で表すという道筋を採る．x 軸，y 軸，z 軸の置き方を変えると，矢印そのものはもとのままだが，成分（組の中のそれぞれの数）の値が変わる．矢印の始点を原点に選んでも，終点の座標の値はこれらの物差の置き方によって異なるからである．しかし，2 倍，3 倍，…という倍を表す一つの数の値は，物差の置き方によらない．

3.3.2 項図 3.9 参照

ここで，変位＝速度×時間 を考えてみよう．物差（x 軸，y 軸，z 軸）は変位の成分の値と速度の成分の値とを表すために使う．しかし，時間の値は，これらの物差ではなく，時計の目盛（これも一種の座標軸）で測る．したがって，時間は物差をどのように置いても変わらない．

変位	＝	速度	×	時間
↓		↓		↓
数の組で表す量（物差の置き方によって成分の値が異なる）		数の組で表す量（物差の置き方によって成分の値が異なる）		一つの数で表す量（物差に無関係）

「速さ」は，速度の大きさである．

ベクトル量：位置を測る物差の置き方で成分の値が変わる量（速度，力，運動量など）

小林幸夫：『力学ステーション』（森北出版，2002）p.23.

スカラー量：値が物差の置き方に関係ない量（質量，時間，温度など）

この観点では，ベクトル量の大きさ（距離と速さ）もスカラー量である．なお，座標変換に基づいてベクトルを定義する方法については，ベクトル解析，力学，電磁気学の教科書を参考にするとよい．

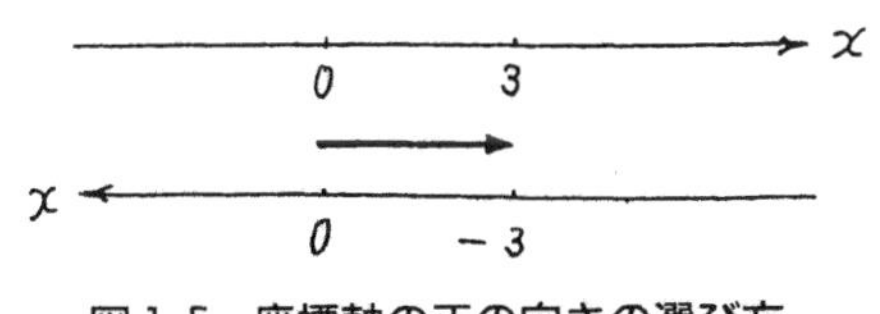

図 1.5 座標軸の正の向きの選び方

直線上の世界では，座標軸の正の向きを決めると，位置ベクトルが (3) のように 1 成分で表せる．原点は同じでも反対向きを正の向きとする座標軸を選ぶと，同じ位置が (−3) となる．つまり，座標軸の選び方によって成分の値は変わる．

1.2 線型写像とマトリックス ― マトリックスの意味

0.2 節② 旧法則保存の原理

0.2 節④ 関数の概念の拡張

0.2.4 項で関数（機能）の概念を考え，1.1 節で多品目の量の表し方を工夫した．今度は，多品目のときに商品の個数と価格の間の対応を考えよう．1 品目の考え方をどのように拡張すればよいだろうか？

例題 1.1 試薬の購入

今月の実験では，K社の試薬を使った．その後，研究費節減のためにもっと安価な業者を探したところN社が見つかった．来月はN社に試薬を発注したい．どの試薬も，今月は $500x_1$ mL，来月は $500x_2$ mL 必要である（x_1，x_2 は数）．

表 1.2 試薬の単価（500 mL あたり）

試薬	K社(円/500 mL)	N社(円/500 mL)
塩酸	1400	380
硫酸	1300	700
酢酸	820	700

今月の支払額と来月の支払額との合計を試薬ごとに求める式をつくれ．

（解説） 塩酸を y_1 円，硫酸を y_2 円，酢酸を y_3 円とする（y_1, y_2, y_3 は数）．

$$\begin{cases} y_1\ \text{円} = 1400\text{円}/500\,\text{mL} \times 500x_1\,\text{mL} + 380\text{円}/500\,\text{mL} \times 500x_2\,\text{mL} \\ y_2\ \text{円} = 1300\text{円}/500\,\text{mL} \times 500x_1\,\text{mL} + 700\text{円}/500\,\text{mL} \times 500x_2\,\text{mL} \\ y_3\ \text{円} = \ \ 820\text{円}/500\,\text{mL} \times 500x_1\,\text{mL} + 700\text{円}/500\,\text{mL} \times 500x_2\,\text{mL} \end{cases}$$

代数の見方

例題 1.1 で書いた式から，数どうしの関係は

$$\begin{cases} y_1 = 1400x_1 + 380x_2 \\ y_2 = 1300x_1 + 700x_2 \\ y_3 = \ \ 820x_1 + 700x_2 \end{cases}$$

となる．これらの式は，加法と乗法とが混ざっている．この形のままでは，1品目のときの 価格＝単価×個数 （例題 1.1 では，個数の代りに体積）と同じ形に見えない．1品目の拡張版をつくるために，三つの式をまとめて表すように工夫してみる．

価格 $\begin{pmatrix} y_1\ \text{円} \\ y_2\ \text{円} \\ y_3\ \text{円} \end{pmatrix}$，価格ベクトル $\begin{pmatrix} y_1 \\ y_2 \\ y_3 \end{pmatrix}$，体積 $\begin{pmatrix} x_1\ \text{mL} \\ x_2\ \text{mL} \end{pmatrix}$，体積ベクトル $\begin{pmatrix} x_1 \\ x_2 \end{pmatrix}$

をつくる．ここで，簡単のために，体積/500 をベクトル量で表してある．三つの式を見た通りの形で

$$\begin{pmatrix} y_1 \\ y_2 \\ y_3 \end{pmatrix} = \begin{pmatrix} 1400 & 380 \\ 1300 & 700 \\ 800 & 700 \end{pmatrix} \begin{pmatrix} x_1 \\ x_2 \end{pmatrix}$$

と書き表す．マトリックスとそれぞれのベクトルとを記号で表して $\boldsymbol{y} = A\boldsymbol{x}$ と書くと，1品目の場合の $y = ax$（比例の関係式）と似た形になる．多品目の場合，価格と単価の間の乗法はこういう形で表せることがわかった．

ベクトルどうしの関係を表す式の見方と意味

はじめに，1行ずつ見てみよう．試薬ごとの式を

$$y_1 = \overbrace{(1400\ \ 380)}^{\text{単価ベクトル}} \overbrace{\begin{pmatrix} x_1 \\ x_2 \end{pmatrix}}^{\text{体積ベクトル}} \longleftarrow y_1 = 1400x_1 + 380x_2$$

$$y_2 = (1300\ \ 700) \begin{pmatrix} x_1 \\ x_2 \end{pmatrix} \longleftarrow y_2 = 1300x_1 + 700x_2$$

ADVICE

会社名は数と量とのどちらでもないから，立体で表してよい．

x_1，x_2 は数を表す．「500 mL あたりナントカ円」はナントカ円/500 mL と書く．たとえば，

1000円/500 mL ＝2円/mL

だから，単価［単位体積（ここでは mL）あたりの価格］を表す．

塩酸 1000 mL の価格は

380円/500 mL×1000 mL
＝380円×$\dfrac{1000\,\text{mL}}{500\,\text{mL}}$
＝380円×2
＝760円

である．

同じ 500 mL でも試薬はジュースよりもはるかに高価である．理工系の学生は，こういう事情を熟知した方がよい．

何を y_1，y_2，y_3 とするかという説明を必ず書く．

1.2 節の考え方を付録Cで整理する．

1400円/500 mL
×$500x_1$ mL
＝$1400x_1$ 円

など
さらに，両辺から「円」が約せる．

0.2 節③ 類別と対応

価格と体積とに類別する．

価格は量の組（ベクトル量）だが，価格ベクトルは数の組（ベクトル）である．
価格ベクトルは価格を表すための「数の組」と考える．
小林幸夫：『力学ステーション』（森北出版，2002）pp. 32-33.

マトリックスは p. 31 で定義し，p. 32 ではたらきを理解する．

ベクトル，マトリックスは，丸括弧（ ）の代りに，角括弧［ ］で書いてもよい．

(1400 380) と $\begin{pmatrix} x_1 \\ x_2 \end{pmatrix}$ とはどちらもベクトル（数の組）だが，y_1 はスカラー（一つの数）である．

$$y_3 = (820\ \ 700)\begin{pmatrix} x_1 \\ x_2 \end{pmatrix} \longleftarrow y_3 = 820x_1 + 700x_2$$

と書くと，単価×体積　の形になる．

数の組ではない一つの数を**スカラー**という． 乗法の結果がスカラーになっているので， ヨコベクトル 掛ける タテベクトル の形を**スカラー積**という．

(ヨコベクトルの第 1 成分)×(タテベクトルの第 1 成分)
＋(ヨコベクトルの第 2 成分)×(タテベクトルの第 2 成分)
＋(ヨコベクトルの第 3 成分)×(タテベクトルの第 3 成分)
＋…＋(ヨコベクトルの第 n 成分)×(タテベクトルの第 n 成分)

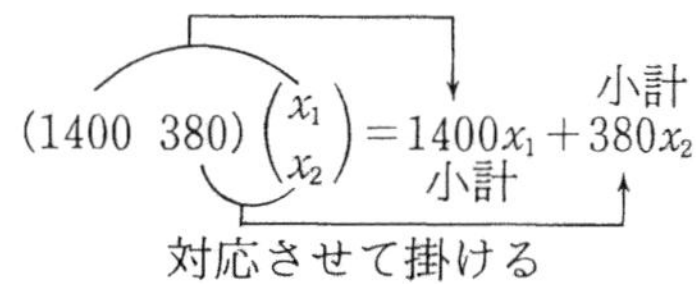

例 単価ベクトルと体積ベクトルとに**類別**し，それぞれのベクトルの同じ番号の成分どうしを**対応**させて掛ける．

合計 ＝ 小計 ＋ 小計　の形
（合計：塩酸の支払額　小計：K社の塩酸　小計：N社の塩酸）

算数で**乗除先行**（乗法・除法は加法・減法よりも先に計算する）の規則を学習する．例題1.1でわかるように，乗法（「小計」の意味がある）は加法よりも結びつきが強い．こういう理由で，乗除先行の規則を決めた．

[注意 1]　スカラー倍とスカラー積とのちがい

スカラー倍
- スカラー 掛ける ヨコベクトル＝ヨコベクトル
- スカラー 掛ける タテベクトル＝タテベクトル
- ヨコベクトル 掛ける スカラー＝ヨコベクトル
- タテベクトル 掛ける スカラー＝タテベクトル

スカラー積：ヨコベクトル 掛ける タテベクトル＝スカラー

[注意 2]　スカラーとスカラー量

スカラー量：スカラーで表せる量　 **例** y_1 円（y_1 はスカラー）

数をヨコ（行）とタテ（列）とに長方形状に並べた形を**マトリックス**という．

[注意 3]　行（ぎょう）と列との区別

行：row　ヨコ　　列：column　タテ

「列」という漢字の中には片仮名の「タ」と似た形があるので「タテ」と覚えるとよい．　列

3 行 2 列のマトリックスを　**3×2 マトリックス**　という．

ADVICE

第 1 成分どうし，
第 2 成分どうし，
第 3 成分どうし，
…，第 n 成分どうし

(820 700)$\begin{pmatrix} x_1 \\ x_2 \end{pmatrix}$

0.2 節①量と数との概念

0.2 節③類別と対応

ベクトルどうしの乗法には「スカラー積」「内積」「ベクトル積」「外積」の 4 種類ある．乗号（乗法の記号）×はベクトル積に使うので，[注意 1] では×を使わず「掛ける」と書いた．

スカラー倍
scalar multiplication

スカラー積
scalar product

高校数学では「行列」というが，切符売り場で並んでいる多人数（waiting line）と混同しやすいので「**マトリックス**」という．

行と列との覚え方はいろいろあるが，どれもわかりにくいので，[注意 3] に書いた覚え方を考えてみた．

「行」という漢字にはヨコに平行な二つの線があるからヨコを指すという覚え方は苦しい．この漢字にはタテにも平行な二つの線がある．一つの覚え方が広まると，そのまま受け継ぐので錯覚に陥りがちである．

3×2=6 だが，3×2 のまま書き，6 マトリックスと書き直してはいけない．6 はマトリックスの成分（括弧の中に並んでいる数）の個数である．
(3, 2) 型マトリックスともいう．

成分　マトリックス A の (i, j) 成分（場所が第 i 行，第 j 列）を a_{ij} と書く．

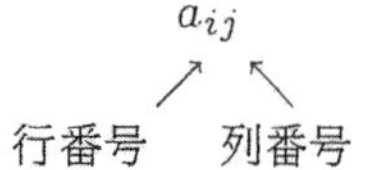

例　a_{12} の添字は「ジュウニ」ではなく「イチニ」と読む．

ADVICE

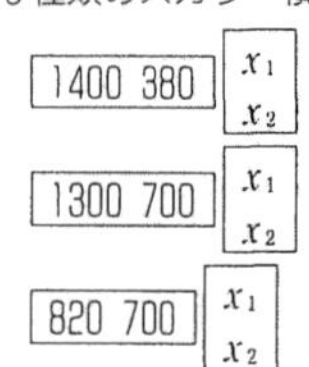

●スカラー積は，「行　列」という熟語通りに ヨコ タテ の形と思えばよい．
（行＝ヨコ，列＝タテ）

$$\begin{pmatrix} y_1 \\ y_2 \\ y_3 \end{pmatrix} = \begin{pmatrix} \boxed{1400\ 380} \\ \boxed{1300\ 700} \\ \boxed{820\ 700} \end{pmatrix} \left(\boxed{\begin{matrix} x_1 \\ x_2 \end{matrix}} \right)$$

のように，マトリックス A は**ヨコベクトルの並び**と見ることができる．つまり，$\begin{pmatrix} y_1 \\ y_2 \\ y_3 \end{pmatrix}$ は，3種類のスカラー積を上から下に並べた形である．

3種類のスカラー積

$\boxed{1400\ 380}\boxed{\begin{matrix} x_1 \\ x_2 \end{matrix}}$

$\boxed{1300\ 700}\boxed{\begin{matrix} x_1 \\ x_2 \end{matrix}}$

$\boxed{820\ 700}\boxed{\begin{matrix} x_1 \\ x_2 \end{matrix}}$

線型性はあとで確認する．

マトリックス 掛ける タテベクトル を計算するときには，
それぞれのスカラー積（ヨコベクトル 掛ける タテベクトル）の
結果を上から下に並べればよい．
マトリックスは，ベクトルをベクトルにうつす線型写像を表現する．

例題1.1で，単価マトリックスは体積ベクトル（体積の値の組）を価格ベクトル（価格の値の組）につくり変えるはたらき（機能）をする．

2個の実数の組の集合を $\boldsymbol{R}^2$，
3個の実数の組の集合を $\boldsymbol{R}^3$ と書く．
集合 $\boldsymbol{R}^2$ の要素に集合 $\boldsymbol{R}^3$ の要素を対応させる線型写像を
$f : \boldsymbol{R}^2 \to \boldsymbol{R}^3$
と表す．

0.2.4項　例1は $a=2$ の場合である．

0.2節②旧法則保存の原理

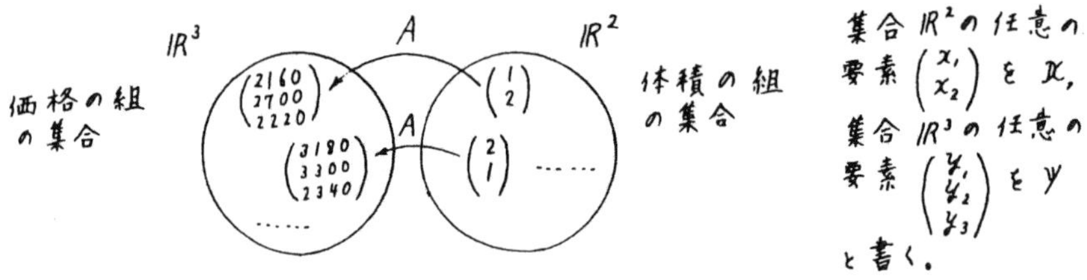

図1.6　体積を1組決めると，価格が1組決まる．

0.2.4項　例1　$y \longleftarrow \boxed{a(\ )} \longleftarrow x$
マトリックス A は「比例定数 a の拡張版」と考える．⇓数の組に拡張
1.2節　例題1.1　$\boldsymbol{y} \longleftarrow \boxed{A} \longleftarrow \boldsymbol{x}$

代数の見方

集合 $\boldsymbol{R}^2$ とその要素

2個の実数の組	2個の実数の組	2個の実数の組
$\begin{pmatrix} 1 \\ 3 \end{pmatrix}$	$\begin{pmatrix} -5 \\ 4 \end{pmatrix}$	$\begin{pmatrix} 7 \\ -2 \end{pmatrix}$
↓	↓	↓
集合 $\boldsymbol{R}^2$ の要素	集合 $\boldsymbol{R}^2$ の要素	集合 $\boldsymbol{R}^2$ の要素

1, 3, −5, 4, 7, −2 は「**数ベクトルの成分**」という．

ベクトルの成分を直交座標系で表していることに注意する（付録C）．

幾何の見方

マトリックス A によって，平面内の幾何ベクトル $\vec{x}$ が空間内の幾何ベクトル $\vec{y}$ にうつると考える．

ADVICE

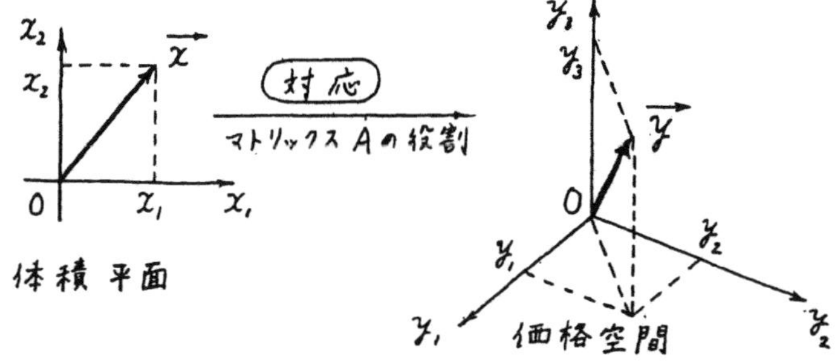

図 1.7　体積平面から価格空間への写像

線型性について 0.2.4 項参照.

線型性

$f(\ )$ がマトリックス A, x が $\boldsymbol{x}$ の場合を考える.

$$\boxed{\begin{aligned} f(xc) &= f(x)c \\ f(x+x') &= f(x)+f(x') \end{aligned}}$$

体積		価格
c 倍	⟶	c 倍
和	⟶	和

$y=ax$ と同じように, $\boldsymbol{y}=A\boldsymbol{x}$ も線型性をみたすかどうかを調べてみる.

代数の見方

定義域, 値域について 0.2.4 項参照.
体積は負の値を取らないが, 体積の変化分を考えたり, 体積どうしの差を考えたりするために, 2 実数の組全体の集合 $\boldsymbol{R}^2$ を扱ってよい.

$$\begin{pmatrix} 1400 & 380 \\ 1300 & 700 \\ 820 & 700 \end{pmatrix}\begin{pmatrix} x_1c \\ x_2c \end{pmatrix} = \begin{pmatrix} 1400 & 380 \\ 1300 & 700 \\ 820 & 700 \end{pmatrix}\left[\begin{pmatrix} x_1 \\ x_2 \end{pmatrix}c\right]$$

$$= \left[\begin{pmatrix} 1400 & 380 \\ 1300 & 700 \\ 820 & 700 \end{pmatrix}\begin{pmatrix} x_1 \\ x_2 \end{pmatrix}\right]c$$

実数だから正の値と 0 とに限らず負の値も取り得る.

小島順:「線型代数」(日本放送出版協会, 1976) p. 47.
松坂和夫:「線型代数入門」(岩波書店, 1980) p. 83.

$$A=\begin{pmatrix} 1400 & 380 \\ 1300 & 700 \\ 820 & 700 \end{pmatrix}$$
$$\boldsymbol{x}=\begin{pmatrix} x_1 \\ x_2 \end{pmatrix}$$
$$\boldsymbol{x}'=\begin{pmatrix} x_1' \\ x_2' \end{pmatrix}$$

$$\begin{pmatrix} 1400 & 380 \\ 1300 & 700 \\ 820 & 700 \end{pmatrix}\left[\begin{pmatrix} x_1 \\ x_2 \end{pmatrix}+\begin{pmatrix} x_1' \\ x_2' \end{pmatrix}\right]$$

$$= \begin{pmatrix} 1400 & 380 \\ 1300 & 700 \\ 820 & 700 \end{pmatrix}\begin{pmatrix} x_1+x_1' \\ x_2+x_2' \end{pmatrix}$$

$$= \begin{pmatrix} 1400(x_1+x_1')+380(x_2+x_2') \\ 1300(x_1+x_1')+700(x_2+x_2') \\ 820(x_1+x_1')+700(x_2+x_2') \end{pmatrix}$$

$$= \begin{pmatrix} (1400x_1+380x_2)+(1400x_1'+380x_2') \\ (1300x_1+700x_2)+(1300x_1'+700x_2') \\ (820x_1+700x_2)+(820x_1'+700x_2') \end{pmatrix}$$

$$= \begin{pmatrix} 1400x_1+380x_2 \\ 1300x_1+700x_2 \\ 820x_1+700x_2 \end{pmatrix}+\begin{pmatrix} 1400x_1'+380x_2' \\ 1300x_1'+700x_2' \\ 820x_1'+700x_2' \end{pmatrix}$$

$$= \begin{pmatrix} 1400 & 380 \\ 1300 & 700 \\ 820 & 700 \end{pmatrix}\begin{pmatrix} x_1 \\ x_2 \end{pmatrix}+\begin{pmatrix} 1400 & 380 \\ 1300 & 700 \\ 820 & 700 \end{pmatrix}\begin{pmatrix} x_1' \\ x_2' \end{pmatrix}$$

$$\begin{cases} A(\boldsymbol{x}c)=(A\boldsymbol{x})c \\ A(\boldsymbol{x}+\boldsymbol{x}')=A\boldsymbol{x}+A\boldsymbol{x}' \end{cases}$$

⟹ まとめて

$A(\boldsymbol{x}c+\boldsymbol{x}'c')$	$f(xc+x'c')$ にあたる形
$=A(\boldsymbol{x}c)+A(\boldsymbol{x}'c')$	$f(xc)+f(x'c')$ にあたる形
$=(A\boldsymbol{x})c+(A\boldsymbol{x}')c'$	$f(x)c+f(x')c'$ にあたる形
$=\boldsymbol{y}c+\boldsymbol{y}'c'$	

幾何の見方

線型性の幾何的意味

1.1 節参照

1.1 節［注意 2］で，数ベクトル（数の組）と幾何ベクトル（点）とを同一視してよい（同じとみなせる）ことを理解した．点は扱いにくいので，幾

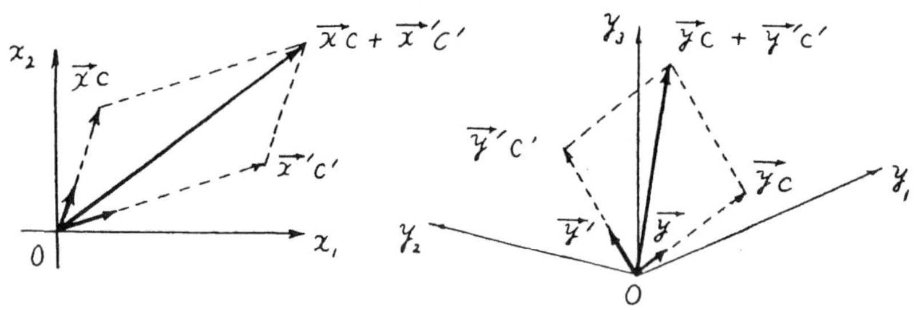

図 1.8　マトリックス A によって，平行四辺形が平行四辺形にうつる．

何ベクトルを便宜上矢印で表す．数ベクトル $\boldsymbol{x}=\begin{pmatrix}x_1\\x_2\end{pmatrix}$，$\boldsymbol{x}'=\begin{pmatrix}x_1'\\x_2'\end{pmatrix}$ と同一視する矢印をそれぞれ $\vec{x}$，$\vec{x}'$ と表す．

乗法の拡張

［(一つあたりいくら)×(いくつ分)］の形で計算する．

1．1品目の価格　1400円/500 mL×1000 mL＝2800円

2．2品目の価格

$$(1400円/500\,\text{mL}\ \ 380円/500\,\text{mL})\begin{pmatrix}1000\,\text{mL}\\500\,\text{mL}\end{pmatrix}$$

$$=\underbrace{\overbrace{1400円/500\,\text{mL}\times1000\,\text{mL}}^{単価と体積とを対応させて掛ける}}_{小計}+\underbrace{\overbrace{380円/500\,\text{mL}\times500\,\text{mL}}^{単価と体積とを対応させて掛ける}}_{小計}=\underbrace{3180円}_{合計}$$

3．品目ごとの価格

$$\begin{pmatrix}1400円/500\,\text{mL} & 380円/500\,\text{mL}\\1300円/500\,\text{mL} & 700円/500\,\text{mL}\end{pmatrix}\begin{pmatrix}1000\,\text{mL}\\500\,\text{mL}\end{pmatrix}$$

$$=\begin{pmatrix}\overbrace{1400円/500\,\text{mL}\times1000\,\text{mL}}^{K社の塩酸}+\overbrace{380円/500\,\text{mL}\times500\,\text{mL}}^{N社の塩酸}\\\underbrace{1300円/500\,\text{mL}\times1000\,\text{mL}}_{K社の硫酸}+\underbrace{700円/500\,\text{mL}\times500\,\text{mL}}_{N社の硫酸}\end{pmatrix}=\begin{pmatrix}3180円\\3300円\end{pmatrix}$$

● ヨコベクトルが m 列（m 種類の単価）のとき，タテベクトルが m 行（m 種類の体積）でないと乗法は実行できない．

Ⓛ行[m]列×[m]行Ⓝ列＝Ⓛ行Ⓝ列
↖一致↗

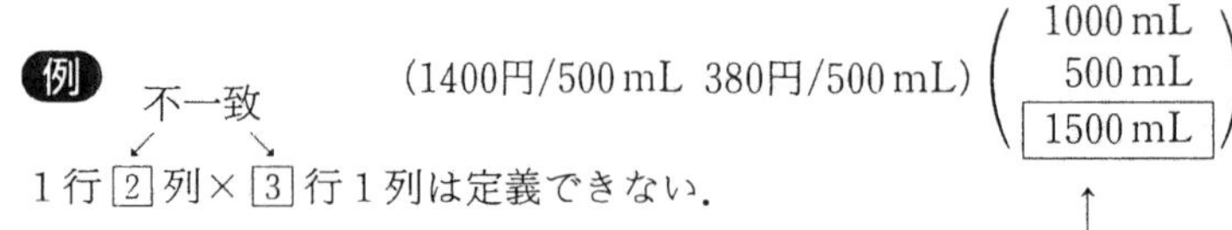

例　$(1400円/500\,\text{mL}\ \ 380円/500\,\text{mL})\begin{pmatrix}1000\,\text{mL}\\500\,\text{mL}\\\boxed{1500\,\text{mL}}\end{pmatrix}$

不一致
1行[2]列×[3]行1列は定義できない．

↑
1500 mL に対応する単価がない．

［注意4］　**負号の三つの意味**

① 減法の演算記号　**例**　5−3＝2

② 符号（負の数を表す）　**例**　−3

③ 反転　**例**　−(−3)＝+3（左辺のはじめの負号は −3 の符号を変えるはたらきをする）

マトリックス A について，$(-1)A$ と $A(-1)$ とを $-A$ と書く．A と B

ADVICE

1.2 節例題 1.1 参照

［0.2節①量と数との概念］

数学では，考え方は一つとは限らない．(いくつ分)×(一つあたりいくら) の形を考えてもよい．国によって交通規則（歩行者が右側通行か左側通行か）がちがう事情と似ている．ただし，両方の規則を混在させてはいけない．どちらかに決めなければならない．

自己診断6.3参照

小林幸夫：『新訂版現場で出会う微積分・線型代数』（現代数学社，2019）p.316.
森毅：『数の現象学』（朝日新聞社，1989）.
武藤徹：『算数教育をひらく』（大月書店，2000）.
ピーター・フランクル：『ピーター流らくらく学習術』（岩波書店，1997）.
竹内啓：数学セミナー，1978年8月号，p.39.

マトリックスの乗法は1.3節で取り上げる．

単価が2種類なのに，体積が3種類あると，単価と体積との対をつくることができない．

「負号」と「符号」とのどちらも「ふごう」と読むので混同しないこと．

山崎圭次郎：『数を考える』（岩波書店，1982）.
田村二郎：数学セミナー，1978年4月号，p.59.

ADVICE

とが同じサイズ（A の行の個数と B の行の個数とが等しく，A の列の個数と B の列の個数とが等しい）のとき，$A-B$（負号は減法を表す）は $A+(-B)$［負号は (-1) 倍を表す］とみなす．

転置マトリックス

通常は，数ベクトル（数の組）をタテベクトルで表す． あらためてヨコベクトルとタテベクトルとのちがいについて振り返ってみよう．例題 1.1 では，単価マトリックスをヨコベクトル（単価ベクトル）の並びとみなし，タテベクトル（体積ベクトル）とのスカラー積を考えた．**異種の量どうし（単価と体積）をヨコベクトルとタテベクトルとで区別した**ことになる．ここで，ヨコベクトル 掛ける タテベクトル の形に注意しなければならない．例題 1.1 でつくった式をまとめて表すために，この順で掛けるという約束を決めた．ふつうの数では，乗法は可換だから $ab=ba$（a, b は数）が成り立つ．しかし，スカラー積は，タテベクトル 掛ける ヨコベクトルの形ではない．それでは，数で成り立つ旧法則をマトリックスの場合に拡張することはできないのだろうか？

高校数学では，ヨコベクトルとタテベクトルとの区別は厳密ではない．

4.5 節参照

可換：交換可能

0.2 節 ② 旧法則保存の原理

転置マトリックスを定義する理由

> $m\times n$ マトリックス A の行（ヨコ）と列（タテ）とを変更してつくった $n\times m$ マトリックスを A の**転置マトリックス**という．
> **記号：** A^* または ${}^tA$

2×1 マトリックスの転置マトリックスは，1×2 マトリックスである．

2×1 ⤨ 1×2

問 1.2 $\boldsymbol{a}=\begin{pmatrix}2\\5\end{pmatrix}$，$\boldsymbol{a}'=(2\ \ 5)$ のそれぞれの転置マトリックスをつくれ．

（解説） $\boldsymbol{a}=\begin{pmatrix}2\\5\end{pmatrix}$ の転置マトリックスは，$\boldsymbol{a}^*=(2\ \ 5)=\boldsymbol{a}'$ である．

$\boldsymbol{a}'=(2\ \ 5)$ の転置マトリックスは，$(\boldsymbol{a}')^*=\begin{pmatrix}2\\5\end{pmatrix}=\boldsymbol{a}$ である．

1×2 マトリックスの転置マトリックスは，2×1 マトリックスである．

1×2 ⤨ 2×1

問 1.3 $A=\begin{pmatrix}3&4\\2&1\\0&6\end{pmatrix}$ の転置マトリックスをつくれ．

（解説） **考え方 1**

$$A=\begin{pmatrix}\boxed{3\ 4}\\\boxed{2\ 1}\\\boxed{0\ 6}\end{pmatrix}\xrightarrow{\text{ヨコベクトルをタテベクトルに換えて並べる}}A^*=\left(\boxed{\begin{matrix}3\\4\end{matrix}}\ \boxed{\begin{matrix}2\\1\end{matrix}}\ \boxed{\begin{matrix}0\\6\end{matrix}}\right)$$

ヨコベクトルの並びと見る

考え方 2

$$A=\left(\boxed{\begin{matrix}3\\2\\0\end{matrix}}\ \boxed{\begin{matrix}4\\1\\6\end{matrix}}\right)\xrightarrow{\text{タテベクトルをヨコベクトルに換えて並べる}}A^*=\begin{pmatrix}\boxed{3\ 2\ 0}\\\boxed{4\ 1\ 6}\end{pmatrix}$$

タテベクトルの並びと見る

3×2 マトリックスの転置マトリックスは，2×3 マトリックスである．

3×2 ⤨ 2×3

$a_ix_i=x_ia_i$
⇓ 拡張
$a_1x_1+a_2x_2+\cdots+a_nx_n=x_1a_1+x_2a_2+\cdots+x_na_n$

$\sum_{i=1}^{n}a_ix_i=\sum_{i=1}^{n}x_ia_i$

Σ：sum（合計）の頭文字の大文字Sに相当するギリシア文字

ADVICE

（補足）　タテベクトル $\boldsymbol{a}_1=\begin{pmatrix} a_{11} \\ a_{21} \\ \vdots \\ a_{n1} \end{pmatrix}$ の転置マトリックスは $\boldsymbol{a}_1^*=(a_{11}\ \ a_{21}\ \ \cdots\ \ a_{n1})$ である．これは，ヨコベクトル $\boldsymbol{a}_1'=(a_{11}\ \ a_{12}\ \ \cdots\ \ a_{1n})$ とは一致しない．

タテベクトル
　$n\times1$ マトリックス

ヨコベクトル
　$1\times n$ マトリックス

1列のマトリックス（タテベクトル）の転置マトリックスは，1行のマトリックス（ヨコベクトル）である．$a_ix_i=x_ia_i$ $(i=1, 2, \ldots, n)$ だから，

$$(a_1\ \ a_2\ \ \cdots\ \ a_n)\begin{pmatrix} x_1 \\ x_2 \\ \vdots \\ x_n \end{pmatrix}=(x_1\ \ x_2\ \ \cdots\ \ x_n)\begin{pmatrix} a_1 \\ a_2 \\ \vdots \\ a_n \end{pmatrix}$$

（$\boldsymbol{a}^*\boldsymbol{x}=\boldsymbol{x}^*\boldsymbol{a}$ と書く．）

が成り立つ．$(a_1\ \ a_2\ \ \cdots\ \ a_n)\begin{pmatrix} x_1 \\ x_2 \\ \vdots \\ x_n \end{pmatrix}\neq\begin{pmatrix} x_1 \\ x_2 \\ \vdots \\ x_n \end{pmatrix}(a_1\ \ a_2\ \ \cdots\ \ a_n)$ に注意する．

左辺の 1行 n 列掛ける n 行1列は一つの数（1行1列）だが，右辺の n 行1列掛ける 1行 n 列は n 行 n 列である．

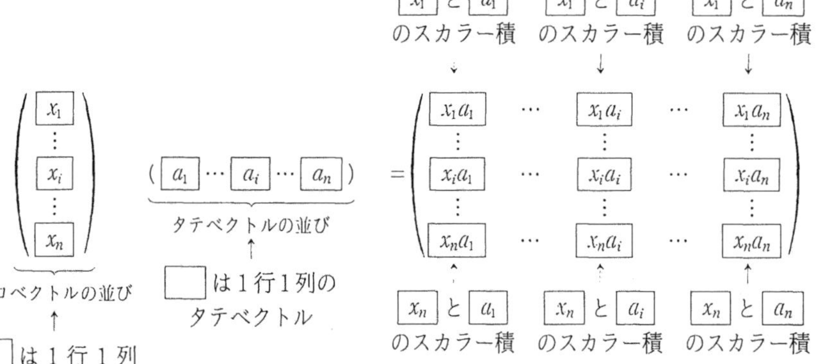

Ⓝ行①列掛ける
①行Ⓝ列
からⓃ行Ⓝ列ができる．

例題1.1参照
$n\times1$　$1\times n$
同じ

問1.4

$A\boldsymbol{x}=\boldsymbol{x}A$ が成り立たないことを示せ．$A\boldsymbol{x}$ は，どういう形と一致するか？

（解説）

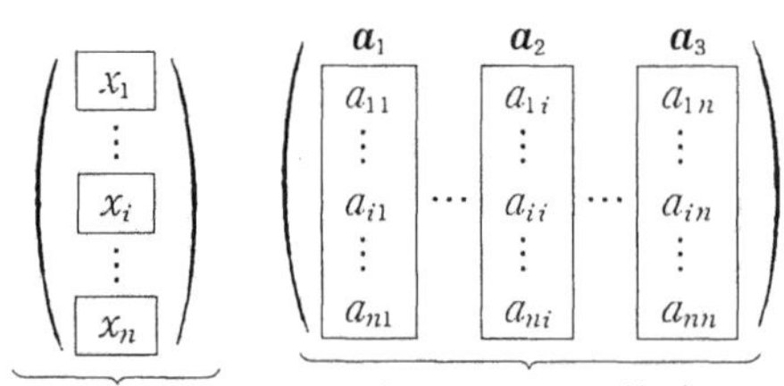

	ヨコベクトル	タテベクトル $\boldsymbol{a}_1$	
成分	x_1	a_{11}	←— x_1 と a_{11} との積をつくる．
		a_{21}	←— ヨコベクトル x_1 に1個しか成分がないので，a_{21} に対応する積をつくることができない．
		⋮	

A が $n\times n$ マトリックスのときはむずかしいと感じたら，A が 2×2 マトリックスの場合を考えてみよう．

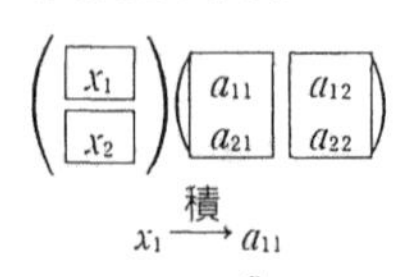

a_{21} に対応する成分がない．

$\boldsymbol{x}A$ をつくることができない．

ADVICE

a_{n1} ←── ヨコベクトル $\boxed{x_1}$ に 1 個しか成分がないので，a_{n1} に対応する積をつくることができない．

$\boldsymbol{x}A$ をつくることができない．

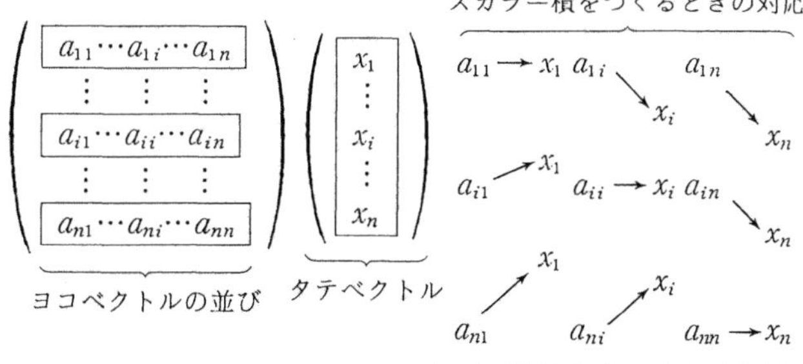

$n\times n$ マトリックスと $n\times 1$ マトリックス（タテベクトル）との乗法から，$n\times 1$ マトリックス（タテベクトル）ができる．

a_{ij}　x_j　j が同じ

$A\boldsymbol{x}$ を考えると，上から下に向かって

$$a_{11}x_1+\cdots+a_{1i}x_i+\cdots+a_{1n}x_n$$
$$\cdots$$
$$a_{i1}x_1+\cdots+a_{ii}x_i+\cdots+a_{in}x_n$$
$$\cdots$$
$$a_{n1}x_1+\cdots+a_{ni}x_i+\cdots+a_{nn}x_n$$

が並んだタテベクトルができる．

$$\begin{pmatrix} a_{11} & a_{12} \\ a_{21} & a_{22} \end{pmatrix}\begin{pmatrix} x_1 \\ x_2 \end{pmatrix}$$

$a_{11}\to x_1$　$a_{12}\searrow x_2$
$a_{21}\nearrow x_1$　$a_{22}\to x_2$

$$(x_1\ \ x_2)\begin{pmatrix} a_{11} & a_{21} \\ a_{12} & a_{22} \end{pmatrix}$$

$x_1\to a_{11}$　$x_2\searrow a_{12}$
$x_1\to a_{21}$　$x_2\searrow a_{22}$

$\boldsymbol{x}^*A$ を考えると，たとえば，

$$(x_1\cdots x_i\cdots x_n)\begin{pmatrix} a_{11} \\ \vdots \\ a_{i1} \\ \vdots \\ a_{n1} \end{pmatrix}$$

A の第 1 列

$$(\boxed{x_1\cdots x_i\cdots x_n})\left(\boxed{\begin{matrix} ? \\ \vdots \\ ? \\ \vdots \\ ? \end{matrix}}\cdots\boxed{\begin{matrix} ? \\ \vdots \\ ? \\ \vdots \\ ? \end{matrix}}\cdots\boxed{\begin{matrix} ? \\ \vdots \\ ? \\ \vdots \\ ? \end{matrix}}\right)$$

ヨコベクトル　　タテベクトルの並び

$=x_1a_{11}+\cdots+x_ia_{i1}+\cdots+x_na_{n1}$

は，

$a_{11}x_1+\cdots+a_{1i}x_i+\cdots+a_{1n}x_n$

と一致しない．

$1\times n$ マトリックス（ヨコベクトル）と $n\times n$ マトリックスとの乗法から，$1\times n$ マトリックス（ヨコベクトル）ができる．

？にどんな数をあてはめれば，$A\boldsymbol{x}$ の成分と一致するだろうか？

$\boldsymbol{x}^*A^*$ を考えると，

$$(x_1\cdots x_i\cdots x_n)\begin{pmatrix} a_{11} \\ \vdots \\ a_{1i} \\ \vdots \\ a_{1n} \end{pmatrix}$$

A^* の第 1 列

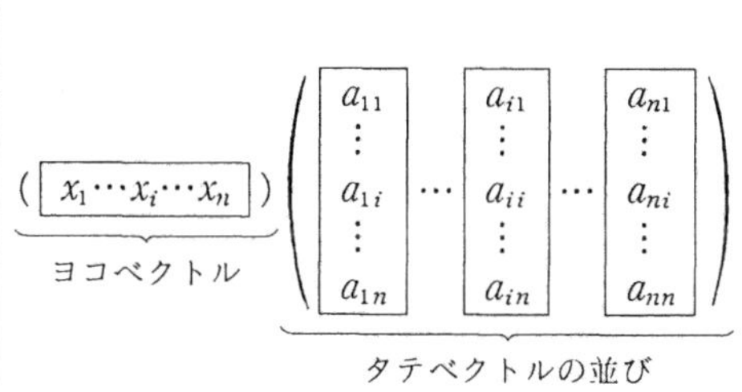

$=x_1a_{11}+\cdots+x_ia_{1i}+\cdots+x_na_{1n}$

は，

$a_{11}x_1+\cdots+a_{1i}x_i+\cdots+a_{1n}x_n$

と一致する．他も同様．

タテベクトルの行と列とを入れ換えると，ヨコベクトルになる．

ヨコベクトルの行と列とを入れ換えると，タテベクトルになる．

1.3 節自己診断 3.1 参照

マトリックス A の行と列とを入れ換えたマトリックス

（A の転置マトリックス A^*）

Ax は，x^*A^* とまったく同じ成分を持つ．しかし，Ax の成分はタテに並ぶが，x^*A^* の成分はヨコに並ぶ．タテベクトルではなくヨコベクトル

$(a_{11}x_1+\cdots+a_{1i}x_i+\cdots+a_{1n}x_n,\ a_{i1}x_1+\cdots+a_{ii}x_i+\cdots+a_{in}x_n,\ \cdots,\ a_{n1}x_1+\cdots+a_{ni}x_i+\cdots+a_{nn}x_X)$

ができる． $\underbrace{Ax}_{\text{タテベクトル}} = \underbrace{x^*A^*}_{\text{ヨコベクトル}}$ は成り立たない．したがって，

Ax の行と列とを入れ換えて $\underbrace{(Ax)^*}_{\text{ヨコベクトル}} = \underbrace{x^*A^*}_{\text{ヨコベクトル}}$ と考えるか

x^*A^* の行と列とを入れ換えて $\underbrace{Ax}_{\text{タテベクトル}} = \underbrace{(x^*A^*)^*}_{\text{タテベクトル}}$ と考える．

ADVICE

例

$\underbrace{\begin{pmatrix}1&3\\2&4\end{pmatrix}}_{A}\underbrace{\begin{pmatrix}2\\1\end{pmatrix}}_{x}=\begin{pmatrix}5\\8\end{pmatrix}$

$(Ax)^*=(5\ 8)$

$\underbrace{(2\ 1)}_{x^*}\underbrace{\begin{pmatrix}1&2\\3&4\end{pmatrix}}_{A^*}=(5\ 8)$

自己診断 2

2.1 線型と非線型とのちがい

つぎの写像 $f: \boldsymbol{R}\to\boldsymbol{R}$ は線型と非線型とのどちらか？

(1) $f(\ )=2(\ )+5$　　(2) $f(\ )=\sin(2(\ )+5)$

集合 $\boldsymbol{R}$ から集合 $\boldsymbol{R}$ への写像

2( )+5 の意味

「( ) に入力した値を2倍してから5を加える」

(ねらい) 線型とは，「次数が1次」という意味ではないことに注意する．

(発想) 線型性：$f(xk)=f(x)k$，$f(x+x')=f(x)+f(x')$ をみたすかどうかを確かめる．

0.2 節参照

(解説) (1)と(2)とのどちらも非線型である．

(1) $2(xk)+5\neq(2x+5)k$ だから，$f(xk)=f(x)k$ の性質がない．
$2(x+x')+5\neq(2x+5)+(2x'+5)$ だから，$f(x+x')=f(x)+f(x')$ の性質がない．

(2) $\sin(2xk+5)\neq\sin(2x+5)k$ だから，$f(xk)=f(x)k$ の性質がない．
$\sin(2(x+x')+5)\neq\sin(2x+5)+\sin(2x'+5)$ だから，
$f(x+x')=f(x)+f(x')$ の性質がない．

2.2 線型写像の幾何的意味

マトリックス $A=\begin{pmatrix}1&1\\1&2\end{pmatrix}$ で表せる線型写像を考える．

アーノルド写像 (Arnor'd cat map)

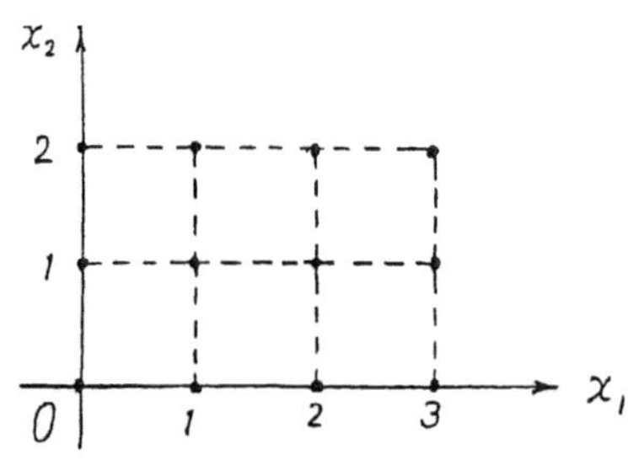

図1.9 格子点

集合 V から集合 V 自身への線型写像を**線型変換**という (4.1 節でくわしく考える)．本問で，集合 V は $\boldsymbol{R}^2$ である．

(1) 数ベクトル $\begin{pmatrix}1\\0\end{pmatrix}$ で表せる点と $\begin{pmatrix}0\\1\end{pmatrix}$ で表せる点とは，マトリックス A によってそれぞれどの点にうつるか？

(2) 上図の格子点はそれぞれどの点にうつるか？

ADVICE

(ねらい) 平面内の点を点にうつすとき，マトリックスとベクトルとの乗法を計算する代りに，線型性に着目するという発想を理解する.

線型結合について1.1節参照.

(発想) 点を表す数ベクトルを線型結合［(ベクトルのスカラー倍)+(ベクトルのスカラー倍)の形］で書き直すように工夫する．このとき，二つの**基本ベクトル**$\left[\ x_1\right.$ 軸方向の大きさ1の矢印 $\overrightarrow{e_1}$ を表す数ベクトル $\boldsymbol{e}_1=\begin{pmatrix}1\\0\end{pmatrix}$，$x_2$ 軸方向の大きさ1の矢印 $\overrightarrow{e_2}$ を表す数ベクトル $\left.\boldsymbol{e}_2=\begin{pmatrix}0\\1\end{pmatrix}\right]$ を選び，$\boldsymbol{e}_1k+\boldsymbol{e}_2l$ の形を考える．線型性：$A(\boldsymbol{e}_1k+\boldsymbol{e}_2l)=(A\boldsymbol{e}_1)k+(A\boldsymbol{e}_2)l$ の左辺の ( ) に k の値と l の値とによって異なる数ベクトルを入力する．(1)で $A\boldsymbol{e}_1$，$A\boldsymbol{e}_2$ がどんな数ベクトルかがわかる.

点の代りに矢印を考えるとわかりやすい (1.1節).

0.1節例題0.5(1)の等号の使い方と同じ.

(解説)

(1)

$$\begin{pmatrix}1&1\\1&2\end{pmatrix}\begin{pmatrix}1\\0\end{pmatrix}=\begin{pmatrix}1\times1+1\times0\\1\times1+2\times0\end{pmatrix}=\underbrace{\begin{pmatrix}1\\1\end{pmatrix}}_{A\text{ の第1列}}\qquad\begin{pmatrix}1&1\\1&2\end{pmatrix}\begin{pmatrix}0\\1\end{pmatrix}=\begin{pmatrix}1\times0+1\times1\\1\times0+2\times1\end{pmatrix}=\underbrace{\begin{pmatrix}1\\2\end{pmatrix}}_{A\text{ の第2列}}$$

マトリックスとタテベクトルとの乗法の考え方

⇓

マトリックスをヨコベクトルの並びと見て，ヨコベクトルとタテベクトルとのスカラー積をつくる.

[1 1] [1 0]ᵀ

[1 2] [1 0]ᵀ

[1 1] [0 1]ᵀ

[1 2] [0 1]ᵀ

[参考1] 基本ベクトルの像

$\begin{pmatrix}1\\0\end{pmatrix}$ を入力すると，2×2 マトリックス A の第1列を出力する.

$\begin{pmatrix}0\\1\end{pmatrix}$ を入力すると，2×2 マトリックス A の第2列を出力する

(2) 線型性

$$\begin{aligned}&A(\boldsymbol{e}_1k+\boldsymbol{e}_2l)\\&=A(\boldsymbol{e}_1k)+A(\boldsymbol{e}_2l)\\&=(A\boldsymbol{e}_1)k+(A\boldsymbol{e}_2)l\\&=\boldsymbol{e}_1'k+\boldsymbol{e}_2'l\end{aligned}$$

を具体的に書くと，右式のようになる

$$\begin{aligned}&\begin{pmatrix}1&1\\1&2\end{pmatrix}\left[\begin{pmatrix}1\\0\end{pmatrix}k+\begin{pmatrix}0\\1\end{pmatrix}l\right]\\&=\begin{pmatrix}1&1\\1&2\end{pmatrix}\left[\begin{pmatrix}1\\0\end{pmatrix}k\right]+\begin{pmatrix}1&1\\1&2\end{pmatrix}\left[\begin{pmatrix}0\\1\end{pmatrix}l\right]\\&=\left[\begin{pmatrix}1&1\\1&2\end{pmatrix}\begin{pmatrix}1\\0\end{pmatrix}\right]k+\left[\begin{pmatrix}1&1\\1&2\end{pmatrix}\begin{pmatrix}0\\1\end{pmatrix}\right]l\\&=\begin{pmatrix}1\\1\end{pmatrix}k+\begin{pmatrix}1\\2\end{pmatrix}l\end{aligned}$$

$\boldsymbol{e}_1'=\begin{pmatrix}1\\1\end{pmatrix}$，$\boldsymbol{e}_2'=\begin{pmatrix}1\\2\end{pmatrix}$ と書いた.

$$\begin{pmatrix}2\\0\end{pmatrix}=\begin{pmatrix}1\\0\end{pmatrix}\overset{k}{\underset{\uparrow}{}}2+\begin{pmatrix}0\\1\end{pmatrix}\overset{l}{\underset{\uparrow}{}}0,\quad\begin{pmatrix}3\\0\end{pmatrix}=\begin{pmatrix}1\\0\end{pmatrix}\overset{k}{\underset{\uparrow}{}}3+\begin{pmatrix}0\\1\end{pmatrix}\overset{l}{\underset{\uparrow}{}}0,\quad\begin{pmatrix}0\\2\end{pmatrix}=\begin{pmatrix}1\\0\end{pmatrix}\overset{k}{\underset{\uparrow}{}}0+\begin{pmatrix}0\\1\end{pmatrix}\overset{l}{\underset{\uparrow}{}}2$$

$$\begin{pmatrix}1\\1\end{pmatrix}=\begin{pmatrix}1\\0\end{pmatrix}1+\begin{pmatrix}0\\1\end{pmatrix}1,\quad\begin{pmatrix}2\\1\end{pmatrix}=\begin{pmatrix}1\\0\end{pmatrix}2+\begin{pmatrix}0\\1\end{pmatrix}1,\quad\begin{pmatrix}3\\1\end{pmatrix}=\begin{pmatrix}1\\0\end{pmatrix}3+\begin{pmatrix}0\\1\end{pmatrix}1$$

$$\begin{pmatrix}1\\2\end{pmatrix}=\begin{pmatrix}1\\0\end{pmatrix}1+\begin{pmatrix}0\\1\end{pmatrix}2,\quad\begin{pmatrix}2\\2\end{pmatrix}=\begin{pmatrix}1\\0\end{pmatrix}2+\begin{pmatrix}0\\1\end{pmatrix}2,\quad\begin{pmatrix}3\\2\end{pmatrix}=\begin{pmatrix}1\\0\end{pmatrix}3+\begin{pmatrix}0\\1\end{pmatrix}2$$

を見ると，各点の k の値と l の値とがわかる．$\begin{pmatrix}1\\1\end{pmatrix}k+\begin{pmatrix}1\\2\end{pmatrix}l$ の k，l に値を代入すると，どの点にうつるかがわかる.

幾何ベクトル $\overrightarrow{e_1}'$，$\overrightarrow{e_2}'$ は，それぞれ数ベクトル $\boldsymbol{e}_1'$，$\boldsymbol{e}_2'$ を表す矢印である.

マトリックス A によって，
長方形（$\overrightarrow{e_1}$ と $\overrightarrow{e_2}$ との張る平面）が平行四辺形（$\overrightarrow{e_1}'$ と $\overrightarrow{e_2}'$ との張る平面）

4章自己診断18.5参照

にうつる (図 1.10).

ADVICE

$\boldsymbol{y}=A\boldsymbol{y}$

$\begin{pmatrix} y_1 \\ y_2 \end{pmatrix}=\begin{pmatrix} 1 & 1 \\ 1 & 2 \end{pmatrix}\begin{pmatrix} x_1 \\ x_2 \end{pmatrix}$

原点と座標軸との全体を「座標系」という.

[参考 2]　座標軸の選び方：直交座標系と斜交座標系

y_1 軸 ($\overrightarrow{e_1}$ 方向の座標軸) と y_2 軸 ($\overrightarrow{e_2}$ 方向の座標軸) とは，互いに直交している (直交座標系). 他方，y_1' 軸 ($\overrightarrow{e_1}'$ 方向の座標軸) と y_2' 軸 ($\overrightarrow{e_2}'$ 方向の座標軸) とを選ぶこともできる (斜交座標系).

高校数学では，直交座標系を扱う.

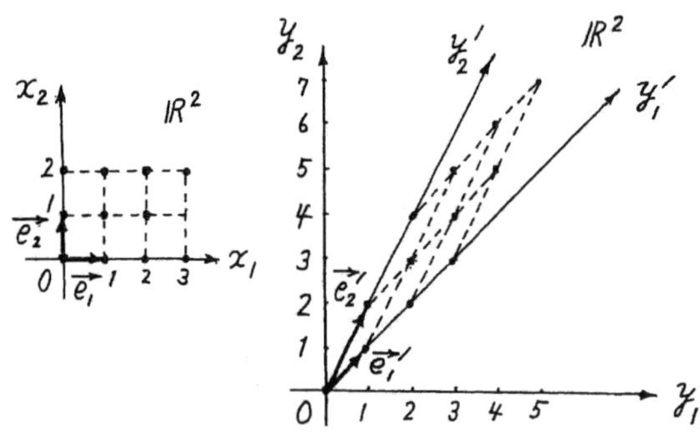

図 1.10　直交座標系と斜交座標系

$\overrightarrow{e}_1 y_1+\overrightarrow{e}_2 y_2$ (↑座標 ↑座標)

$\overrightarrow{e}_1' y_1'+\overrightarrow{e}_2' y_2'$ (↑座標 ↑座標)

原点から任意の点に向かう矢印 $\overrightarrow{\mathrm{OP}}$ (図 1.11) が

直交座標系で $\overrightarrow{y}=\overrightarrow{e_1}y_1+\overrightarrow{e_2}y_2$,

斜交座標系で $\overrightarrow{y}'=\overrightarrow{e_1}'y_1'+\overrightarrow{e_2}'y_2'$

と表せるとき，この点の座標は

直交座標系で (y_1, y_2),

斜交座標系で (y_1', y_2')

である (5.3.1 項でも同じ発想を活かす).
y_1y_2 平面では，x_1 座標は $\boldsymbol{e}_1$ の何倍かを表し，x_2 座標は $\boldsymbol{e}_2$ の何倍かを表す.
$y_1'y_2'$ 平面では，y_1' 座標は $\boldsymbol{e}_1'$ の何倍かを表し，y_2' 座標は $\boldsymbol{e}_2'$ の何倍かを表す.

入力
$\boldsymbol{e}_1k+\boldsymbol{e}_2l$ (↑座標 ↑座標)

出力
$\boldsymbol{e}_1'k+\boldsymbol{e}_2'l$ (↑座標 ↑座標)

3.5 節参照

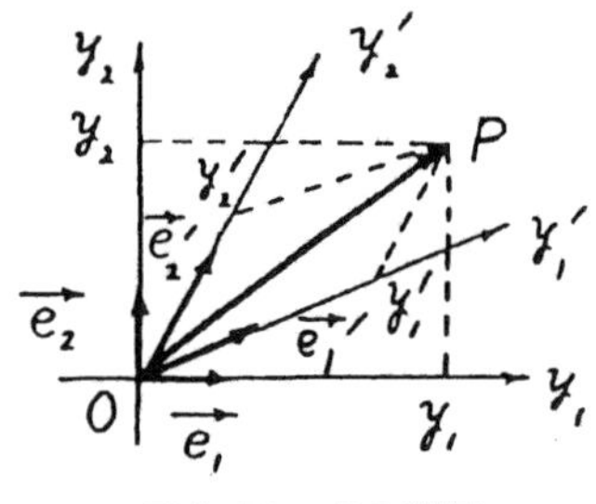

図 1.11　点の座標

例 1　y_1y_2 平面で座標が $(1,1)$ の点を $y_1'y_2'$ 平面で座標が $(1,0)$ の点とする (図 1.10 参照).

例 2　y_1y_2 平面で座標が $(1,2)$ の点を $y_1'y_2'$ 平面で座標が $(0,1)$ の点とする (図 1.10 参照).

$\underbrace{A}_{\text{写像}}\ \underbrace{(\boldsymbol{e}_1k+\boldsymbol{e}_2l)}_{x_1x_2\text{ 平面}}=\underbrace{\boldsymbol{e}_1'k+\boldsymbol{e}_2'l}_{y_1'y_2'\text{ 平面}}$ だから，

$\underbrace{\text{直交座標系}}_{x_1x_2\text{ 平面}}$ で座標が (k, l) の点 $\longmapsto$ $\underbrace{\text{斜交座標系}}_{y_1'y_2'\text{ 平面}}$ で座標が (k, l) の点

である.

記号 $\longmapsto$ は要素どうしの対応を表す (0.2.4 項参照).

$\begin{pmatrix} 3 \\ 2 \end{pmatrix}=\begin{pmatrix} 1 \\ 0 \end{pmatrix}3+\begin{pmatrix} 0 \\ 1 \end{pmatrix}2$
から $k=3$, $l=2$
である.

例 3　x_1x_2 平面で座標が $(3,2)$ の点は，$y_1'y_2'$ 平面で座標が $(3,2)$ の点にうつる. 斜交座標系 ($y_1'y_2'$ 平面) で座標が $(3,2)$ の点は，直交座標系 (y_1y_2 平面) では座標が $(5,7)$ の点である.

$$\begin{pmatrix} 1 \\ 1 \end{pmatrix}k+\begin{pmatrix} 1 \\ 2 \end{pmatrix}l$$
$$=\underbrace{\begin{pmatrix} 1 \\ 1 \end{pmatrix}}_{\boldsymbol{e}_1'}3+\underbrace{\begin{pmatrix} 1 \\ 2 \end{pmatrix}}_{\boldsymbol{e}_2'}2$$
$$=\begin{pmatrix} 5 \\ 7 \end{pmatrix}$$
$$=\underbrace{\begin{pmatrix} 1 \\ 0 \end{pmatrix}}_{\boldsymbol{e}_1}5+\underbrace{\begin{pmatrix} 0 \\ 1 \end{pmatrix}}_{\boldsymbol{e}_2}7$$

だから y_1y_2 平面では座標が $(5,7)$ である.

[参考 3] 線型写像を表すマトリックスの簡単な見つけ方

$\begin{pmatrix}1\\0\end{pmatrix}$ を $\begin{pmatrix}1\\1\end{pmatrix}$ にうつし，$\begin{pmatrix}0\\1\end{pmatrix}$ を $\begin{pmatrix}1\\2\end{pmatrix}$ にうつす線型写像を表すマトリックスを求めよ．線型写像の考え方を理解すると，計算しなくてもこのマトリックスは求まる．

$\begin{pmatrix}1\\0\end{pmatrix}$ を入力するとマトリックス A の第 1 列を出力する．

$\begin{pmatrix}0\\1\end{pmatrix}$ を入力するとマトリックス A の第 2 列を出力する．

だから，求めるマトリックスは $\begin{pmatrix}1 & 1\\1 & 2\end{pmatrix}$ である．

計算して求めるには，つぎのように考えればよい．

$\begin{pmatrix}x_1\\x_2\end{pmatrix}$ は，$\begin{pmatrix}0\\1\end{pmatrix}$，$\begin{pmatrix}1\\0\end{pmatrix}$ の線型結合 $\begin{pmatrix}x_1\\x_2\end{pmatrix}=\begin{pmatrix}1\\0\end{pmatrix}x_1+\begin{pmatrix}0\\1\end{pmatrix}x_2$ で表せる．

$$\begin{aligned}A\begin{pmatrix}x_1\\x_2\end{pmatrix}&=A\left[\begin{pmatrix}1\\0\end{pmatrix}x_1+\begin{pmatrix}0\\1\end{pmatrix}x_2\right]\\&=\left[A\begin{pmatrix}1\\0\end{pmatrix}\right]x_1+\left[A\begin{pmatrix}0\\1\end{pmatrix}\right]x_2\\&=\begin{pmatrix}1\\1\end{pmatrix}x_1+\begin{pmatrix}1\\2\end{pmatrix}x_2\\&=\begin{pmatrix}1x_1+1x_2\\1x_1+2x_2\end{pmatrix}\\&=\begin{pmatrix}1 & 1\\1 & 2\end{pmatrix}\begin{pmatrix}x_1\\x_2\end{pmatrix}\end{aligned}$$

だから，$A=\begin{pmatrix}1 & 1\\1 & 2\end{pmatrix}$ である．

ADVICE

[補足]
3×3 マトリックスの場合

例

$$\begin{pmatrix}1 & 2 & 3\\4 & 5 & 6\\7 & 8 & 9\end{pmatrix}\begin{pmatrix}0\\1\\0\end{pmatrix}=\begin{pmatrix}2\\5\\8\end{pmatrix}$$

$\begin{pmatrix}0\\1\\0\end{pmatrix}$ を入力すると，マトリックスの第 2 列を出力する．

この計算はマトリックス A の線型性を活用している．

$$\begin{pmatrix}1 & 1\\1 & 2\end{pmatrix}\begin{pmatrix}x_1\\x_2\end{pmatrix}$$

は

$$\begin{pmatrix}1\\1\end{pmatrix}x_1+\begin{pmatrix}1\\2\end{pmatrix}x_2$$

のように，タテベクトルを使って書けることがわかる．

［参考 3］の発想は，4.5 節で回転マトリックスと鏡映マトリックスとを求めるときに活かせる．

2.3 魔方陣

正方形の内部を区切ってます目をつくる．たての区切り数とよこの区切り数とは同じである．たて方向の合計・よこ方向の合計・斜め（対角線）方向の合計がどれも同じになるように，ます目に自然数を書き込む．自然数のこのような並びを「魔方陣」という．ここでは，1 から 9 までの自然数で三次方陣（3×3 の魔方陣）をつくってみる．

(1) たて方向の合計・よこ方向の合計・斜め（対角線）方向の合計はいくらか？ 1 から 9 までの自然数の合計を使わずに求めよ．

(2) つぎの手順で，ます目に自然数を入れよ．

(a) 右下がりの対象線に沿って，1，2，3 を書き込め．

(b) 各行ごとに，3→2→1 の順で空所に自然数を書き込め．

(c) (b)でできた方陣を左右対称にした方陣をつくれ．

(d) (c)でできた方針のどのます目の自然数からも 1 だけ引け．

(e) (d)でできた方陣のどのます目の自然数も 3 倍せよ．

(f) (b)の方陣と(e)でできた方陣との対応するます目の自然数どうしを足し合わせよ．

「魔法陣」ではない．

正方形，長方形という用語を思い出すとわかるように，「方」は「四角形」を指す．「陣」は「並べて整える」という意味である．「魔」は「不思議」というニュアンスである．

k は自然数を表すときに使う文字である．ただし，力学ではばね定数を k と表すときには，この値は実数である．

(ねらい)　マトリックスの加法・スカラー倍を活用する実例を通じて，数のおもしろさを実感する．

(発想)　(1)　ふつうは $\sum_{k=1}^{9} k=45$ を3で割って15と求める．別の見方に気づくと暗算で15と求まる．

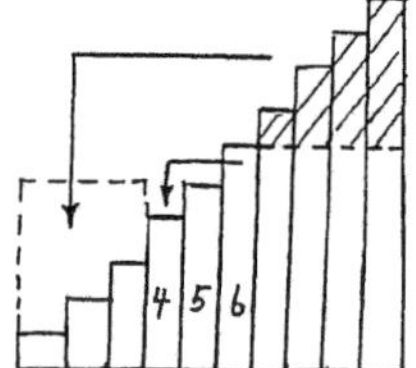

(解説)

(1)　1+2+3+4+5+6+7+8+9　1から9までの自然数の平均値が(1)の答である．この値は 4+5+6=15 で求まる．

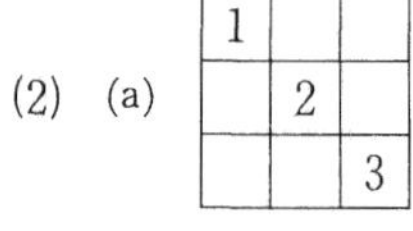

9個の数の中央・中央の前・中央の後の合計

(2)　(a)

1		
	2	
		3

(b)

1	3	2
3	2	1
2	1	3

(c)

2	3	1
1	2	3
3	1	2

(d)

1	2	0
0	1	2
2	0	1

(e)

3	6	0
0	3	6
6	0	3

(f)

4	9	2
3	5	7
8	1	6

(f)が魔方陣である．

1.3　合成写像 — マトリックスの積の意味

[疑問]　$\begin{pmatrix} b_{11} & b_{12} \\ b_{21} & b_{22} \end{pmatrix}\begin{pmatrix} a_{11} & a_{12} \\ a_{21} & a_{22} \end{pmatrix}=\begin{pmatrix} b_{11}a_{11} & b_{12}a_{12} \\ b_{21}a_{21} & b_{22}a_{22} \end{pmatrix}$

という演算規則をつくらないのはなぜか？

例題 1.2　個数，材料，特質の間の関係

パン x_1 個，ケーキ x_2 個（x_1，x_2 は数）の総費用と総熱量とはいくらか？

表 1.3　食品1個をつくるのに必要な材料

	パン	ケーキ
小麦粉(g/個)	a_{11}	a_{12}
バター(g/個)	a_{21}	a_{22}

a_{11}，a_{12}，a_{21}，a_{22} は数

表 1.4　材料1gあたりの特質

	小麦粉	バター
価格(円/g)	b_{11}	b_{12}
熱量(cal/g)	b_{21}	b_{22}

b_{11}，b_{12}，b_{21}，b_{22} は数

(解説)

1．小麦粉とバターとが何gずつ必要かを考える．

小麦粉：y_1 g，バター：y_2 g　(y_1, y_2 は数)

2．総費用と総熱量とを考える．

総費用：z_1 円，総熱量：z_2 cal　(z_1, z_2 は数)

小麦粉の必要量＝(パン1個あたりの小麦粉の必要量)×(パンの個数)
＋(ケーキ1個あたりの小麦粉の必要量)×(ケーキの個数)

y_1 g＝a_{11} g/個×x_1 個＋a_{12} g/個×x_2 個

バターの必要量＝(パン1個あたりのバターの必要量)×(パンの個数)
＋(ケーキ1個あたりのバターの必要量)×(ケーキの個数)

y_2 g＝a_{21} g/個×x_1 個＋a_{22} g/個×x_2 個

総費用＝(小麦粉の単価)×(小麦粉の必要量)
＋(バターの単価)×(バターの必要量)

ADVICE

たねあかし

(b)で1，2，3しか使わないのは，あとで2桁の3進数を考えるからである．それぞれ01，02，10である．

(d)で，(c)の各数を00，01，02のどれかで表したことになる．

(b)と(c)との間で対応する位置の数の組み合わせはすべて異なる．

(b)(c)	(b)(c)	(b)(c)
12	33	21
31	22	13
23	11	32

だから，(b)と(d)との対応する目の数どうしから2桁の3進数をつくると，どの3進数も互いに異なる．

2桁の3進数10進表示
$=3^1\times$(0, 1, 2のどれか)
$+3^0\times$(0, 1, 2のどれか)
(e)で，
$3^1\times$(0, 1, 2のどれか)
をつくったことになる．
(b)の3は，もともと3×1になっている．

高校数学でマトリックスどうしの乗法を学習したとき，計算の仕方が面倒だと感じたかも知れない．

0.2節①量と数との概念

[参考] 熱量とは？
その食糧を食べたときに，体内で生み出すエネルギーを表している．
熱量の求め方は？
実験室で食糧（ここでは，小麦粉，バター）の成分（タンパク質，脂質，炭水化物）ごとの質量を測る．各成分の1gあたりのエネルギーは既知である．成分ごとにこの値と質量を掛けて，すべての成分について合計する．
ここにも，スカラー積の考え方が必要になる．
なお，熱量について雑学程度の知識であれば，新聞・雑誌（たとえば，2005年2月19日付朝日新聞）からもわかる．

0.1節例題0.1参照
数を表す記号は斜体で表すが，単位量を表す記号は立体で表す．

z_1 円 $= b_{11}$ 円/g × y_1 g + b_{12} 円/g × y_2 g

総熱量＝(小麦粉 1g あたりの熱量)×(小麦粉の必要量)

＋(バター 1g あたりの熱量)×(バターの必要量)

z_2 cal $= b_{21}$ cal/g × y_1 g + b_{22} cal/g × y_2 g

から，総費用，総熱量はつぎのように表せる．

z_1 円 $= b_{11}$ 円/g × (a_{11} g/個 × x_1 個 + a_{12} g/個 × x_2 個)

+ b_{12} 円/g × (a_{21} g/個 × x_1 個 + a_{22} g/個 × x_2 個)

= ($b_{11}a_{11} + b_{12}a_{21}$) 円/個 × x_1 個 + ($b_{11}a_{12} + b_{12}a_{22}$) 円/個 × x_2 個

z_2 cal $= b_{21}$ cal/g × (a_{11} g/個 × x_1 個 + a_{12} g/個 × x_2 個)

+ b_{22} cal/g × (a_{21} g/個 × x_1 個 + a_{22} g/個 × x_2 個)

= ($b_{21}a_{11} + b_{22}a_{21}$) cal/個 × x_1 個 + ($b_{21}a_{12} + b_{22}a_{22}$) cal/個 × x_2 個

マトリックスは線型写像を表すという役割がある．

$$\begin{pmatrix} z_1 \text{ 円} \\ z_2 \text{ cal} \end{pmatrix} \longleftarrow \boxed{g(\ )} \longleftarrow \begin{pmatrix} y_1 \text{ g} \\ y_2 \text{ g} \end{pmatrix} \qquad \begin{pmatrix} y_1 \text{ g} \\ y_2 \text{ g} \end{pmatrix} \longleftarrow \boxed{f(\ )} \longleftarrow \begin{pmatrix} x_1 \text{ 個} \\ x_2 \text{ 個} \end{pmatrix}$$

写像 f をマトリックス A，写像 g をマトリックス B で表すと，

$$\boldsymbol{y} = A\boldsymbol{x} \quad \begin{pmatrix} y_1 \text{ g} \\ y_2 \text{ g} \end{pmatrix} = \begin{pmatrix} a_{11} \text{ g/個} & a_{12} \text{ g/個} \\ a_{21} \text{ g/個} & a_{22} \text{ g/個} \end{pmatrix} \begin{pmatrix} x_1 \text{ 個} \\ x_2 \text{ 個} \end{pmatrix}$$

$$\boldsymbol{z} = B\boldsymbol{y} \quad \begin{pmatrix} z_1 \text{ 円} \\ z_2 \text{ cal} \end{pmatrix} = \begin{pmatrix} b_{11} \text{ 円/g} & b_{12} \text{ 円/g} \\ b_{21} \text{ cal/g} & b_{22} \text{ cal/g} \end{pmatrix} \begin{pmatrix} y_1 \text{ g} \\ y_2 \text{ g} \end{pmatrix}$$

となる．

ADVICE

$\frac{\text{円}}{\text{g}} \times \frac{\text{g}}{\text{個}} \times$ 個＝円

$\frac{\text{cal}}{\text{g}} \times \frac{\text{g}}{\text{個}} \times$ 個＝cal

あとで合成写像を考えたいので，$\begin{pmatrix} z_1 \text{円} \\ z_2 \text{ cal} \end{pmatrix}$ と $\begin{pmatrix} x_1 \text{個} \\ x_2 \text{個} \end{pmatrix}$ の間の関係がわかるように，

$(\ )x_1 + (\ )x_2$

の形に書き直した．

情報の発想

⇓

$f(\ )$ の ( ) に入力データ $\begin{pmatrix} x_1 \text{個} \\ x_2 \text{個} \end{pmatrix}$ を与えて演算を実行し，その結果 $\begin{pmatrix} y_1 \text{ g} \\ y_2 \text{ g} \end{pmatrix}$ を出力データとする．

問 1.5 合成写像：$\begin{pmatrix} z_1 \text{ 円} \\ z_2 \text{ cal} \end{pmatrix} \longleftarrow \boxed{(g \circ f)(\ )} \longleftarrow \begin{pmatrix} x_1 \text{ 個} \\ x_2 \text{ 個} \end{pmatrix}$

は，マトリックスを使うとどのように書けるか？

(解説) $\boldsymbol{y} = A\boldsymbol{x}$ と $\boldsymbol{z} = B\boldsymbol{y}$ とから

$$\begin{pmatrix} z_1 \text{ 円} \\ z_2 \text{ cal} \end{pmatrix} = \begin{pmatrix} b_{11} \text{ 円/g} & b_{12} \text{ 円/g} \\ b_{21} \text{ cal/g} & b_{22} \text{ cal/g} \end{pmatrix} \begin{pmatrix} y_1 \text{ g} \\ y_2 \text{ g} \end{pmatrix}$$

$$= \begin{pmatrix} b_{11} \text{ 円/g} & b_{12} \text{ 円/g} \\ b_{21} \text{ cal/g} & b_{22} \text{ cal/g} \end{pmatrix} \begin{pmatrix} a_{11} \text{ g/個} & a_{12} \text{ g/個} \\ a_{21} \text{ g/個} & a_{22} \text{ g/個} \end{pmatrix} \begin{pmatrix} x_1 \text{ 個} \\ x_2 \text{ 個} \end{pmatrix}$$

となる．

f：集合 X から集合 Y への写像

g：集合 Y から集合 Z への写像

f と g との合成写像

$g \circ f$：集合 X の要素 x に集合 Z の要素 $g(f(x))$ を対応させる写像

「g マル f」と読む．

問 1.6 マトリックス B とマトリックス A との積 BA を一つのマトリックス C で表すと，$\boldsymbol{z} = C\boldsymbol{x}$ と書ける．C の要素［(1, 1) 成分，(1, 2) 成分，(2, 1) 成分，(2, 2) 成分］はどんな値でなければならないか？

(解説) 例題 1.2 の結果から，

$$\underbrace{\begin{pmatrix} z_1 \\ z_2 \end{pmatrix}}_{\boldsymbol{z}} = \begin{pmatrix} (b_{11}a_{11} + b_{12}a_{21})x_1 + (b_{11}a_{12} + b_{12}a_{22})x_2 \\ (b_{21}a_{11} + b_{22}a_{21})x_1 + (b_{21}a_{12} + b_{22}a_{22})x_2 \end{pmatrix}$$

$$= \underbrace{\begin{pmatrix} b_{11}a_{11} + b_{12}a_{21} & b_{11}a_{12} + b_{12}a_{22} \\ b_{21}a_{11} + b_{22}a_{21} & b_{21}a_{12} + b_{22}a_{22} \end{pmatrix}}_{C} \underbrace{\begin{pmatrix} x_1 \\ x_2 \end{pmatrix}}_{\boldsymbol{x}}$$

と書ける．$\boldsymbol{y} = A\boldsymbol{x}$ と $\boldsymbol{z} = B\boldsymbol{y}$ との合成（問 1.5）が $\boldsymbol{z} = C\boldsymbol{x}$ と合っていない

一種の発見学習

と都合が悪い．したがって，マトリックスの積 BA の各成分をマトリックス C の各成分と一致するように，

$$\overbrace{\begin{pmatrix} b_{11} & b_{12} \\ b_{21} & b_{22} \end{pmatrix}}^{B}\overbrace{\begin{pmatrix} a_{11} & a_{12} \\ a_{21} & a_{22} \end{pmatrix}}^{A} = \begin{pmatrix} b_{11}a_{11}+b_{12}a_{21} & b_{11}a_{12}+b_{12}a_{22} \\ b_{21}a_{11}+b_{22}a_{21} & b_{21}a_{12}+b_{22}a_{22} \end{pmatrix}$$

と決めなければならない．

マトリックス B とマトリックス A との積 BA の求め方

① B をヨコベクトル $\boldsymbol{b}_1', \boldsymbol{b}_2'$ の並び，A をタテベクトル $\boldsymbol{a}_1, \boldsymbol{a}_2$ の並びとみなす．

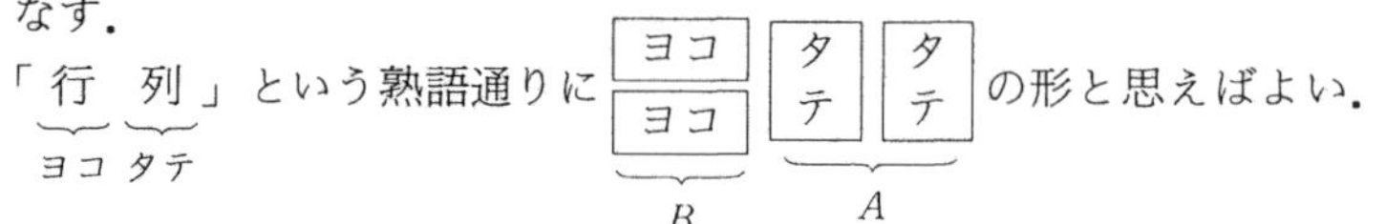

② ヨコベクトルとタテベクトルとのスカラー積を4組つくって並べる．
添字の組合せが i, j の場合は BA の (i, j) 成分とする．

$\boldsymbol{b}_1'\boldsymbol{a}_1 \longrightarrow (1,1)$ 成分 ♣　　$\boldsymbol{b}_1'\boldsymbol{a}_2 \longrightarrow (1,2)$ 成分 ◇

$\boldsymbol{b}_2'\boldsymbol{a}_1 \longrightarrow (2,1)$ 成分 ♠　　$\boldsymbol{b}_2'\boldsymbol{a}_2 \longrightarrow (2,2)$ 成分 ♡

$$\begin{pmatrix} \boxed{\boldsymbol{b}_1'} \\ \boxed{\boldsymbol{b}_2'} \end{pmatrix}\begin{pmatrix} \boxed{\boldsymbol{a}_1} & \boxed{\boldsymbol{a}_2} \end{pmatrix} = \begin{pmatrix} ♣ & ◇ \\ ♠ & ♡ \end{pmatrix}$$

2×2 マトリックスどうしの乗法でなくても，同じ考え方があてはまる．

正方マトリックス　数が正方形状に並んでいるマトリックス（行の個数＝列の個数）

矩形マトリックス　数が長方形状に並んでいるマトリックス（行の個数≠列の個数）矩形は「くけい」と読む．「たんけい（短形）」「きょけい（巨形）」とまちがえてはいけない．

単位マトリックス（恒等マトリックス）　正方マトリックスのうち，
対角成分がすべて1，その他の成分がすべて0のマトリックス　記号 I
サイズ（行の個数と列の個数）を指定する必要があるとき，I_n のように書く．どんな正方マトリックス A との積も $AI=IA=A$（可換）となる．
$\underbrace{\boldsymbol{x}}_{\text{出力}} = I\underbrace{\boldsymbol{x}}_{\text{入力}}$ となるので，I は恒等写像を表す．

零マトリックス　すべての成分が0のマトリックス　記号 O（オウ）
サイズ（行の個数と列の個数）を指定する必要があるとき，O_{mn} と書く．
どんなマトリックス A に対しても $A+O=O+A=A$，$AO=OA=O$（A, O が $n\times n$ マトリックスのとき可換）である．
「$AB=O$ ならば $A=O$ または $B=O$」は必ずしも成り立たない．

問 1.7　$A\neq O$，$B\neq O$ であっても，$AB=O$ となる例をつくれ．

（解説）$\begin{pmatrix} -2 & 3 \\ 6 & -9 \end{pmatrix}\begin{pmatrix} 3 & 6 \\ 2 & 4 \end{pmatrix} = \begin{pmatrix} 0 & 0 \\ 0 & 0 \end{pmatrix}$

例題 1.3　マトリックスの加法・スカラー倍

ADVICE

$\boldsymbol{a}_1 = \begin{pmatrix} a_{11} \\ a_{21} \\ \vdots \\ a_{n1} \end{pmatrix}$ …
$\boldsymbol{a}_n = \begin{pmatrix} a_{1n} \\ a_{2n} \\ \vdots \\ a_{mn} \end{pmatrix}$

$A=(\boldsymbol{a}_1\ \boldsymbol{a}_2 \cdots \boldsymbol{a}_n)$
$\boldsymbol{b}_1'=(b_{11}\ b_{12}\cdots b_{1m})$
…
$\boldsymbol{b}_l'=(b_{l1}\ b_{l2}\cdots b_{lm})$

$B=\begin{pmatrix} \boldsymbol{b}_1' \\ \boldsymbol{b}_2' \\ \vdots \\ \boldsymbol{b}_l' \end{pmatrix}$

ここでは，♣，◇，♠，♡ は数を表す記号として使った．

添字の組合せ
1 1→(1, 1) 成分
1 2→(1, 2) 成分
2 1→(2, 1) 成分
2 2→(2, 2) 成分

単位マトリックスは，数の乗法の1にあたる．

$\begin{pmatrix} 1 & & O \\ & \ddots & \\ O & & 1 \end{pmatrix}$

単位マトリックスをドイツ語の Einheitenmatrix の頭文字 E で表す場合もある．ここでは，一松信：『線形数学』（筑摩書房，1976）にならって，数の1に似ていて都合がよいという理由で，英語の Identity matrix から I で表す．

恒等写像：自分自身にうつすはたらき

マトリックスの加法は，1.3節例題1.3で取り上げる．

「可換」とは，「交換できる」という意味である．

簡単のために，2×2 マトリックスを考えた．

0.2節①量と数との概念

試薬ごとに値上げ（または値下げ）した場合とどの試薬も同じ値上げ（1.2倍）の場合を考える．

表 1．5　試薬の単価（500 mL あたり）

試薬	K社（円/500 mL）	N社（円/500 mL）
塩酸	1400	380
硫酸	1300	700

表 1．6　単価の値上げ高（500 mL あたり）

試薬	K社（円/500 mL）	N社（円/500 mL）
塩酸	100	30
硫酸	−150	0

値上げ（または値下げ）後の各試薬の価格を求めよ．

(解説) **加法**　対応する成分どうしを加える．

$$\begin{pmatrix} 1400\text{円}/500\,\text{mL} & 380\text{円}/500\,\text{mL} \\ 1300\text{円}/500\,\text{mL} & 700\text{円}/500\,\text{mL} \end{pmatrix} + \begin{pmatrix} 100\text{円}/500\,\text{mL} & 30\text{円}/500\,\text{mL} \\ -150\text{円}/500\,\text{mL} & 0\text{円}/500\,\text{mL} \end{pmatrix}$$

$$= \begin{pmatrix} 1500\text{円}/500\,\text{mL} & 410\text{円}/500\,\text{mL} \\ 1150\text{円}/500\,\text{mL} & 700\text{円}/500\,\text{mL} \end{pmatrix}$$

スカラー倍　すべての成分をスカラー倍する．

$$\begin{pmatrix} 1400\text{円}/500\,\text{mL} & 380\text{円}/500\,\text{mL} \\ 1300\text{円}/500\,\text{mL} & 700\text{円}/500\,\text{mL} \end{pmatrix} 1.2 = \begin{pmatrix} 1680\text{円}/500\,\text{mL} & 456\text{円}/500\,\text{mL} \\ 1560\text{円}/500\,\text{mL} & 840\text{円}/500\,\text{mL} \end{pmatrix}$$

ADVICE

表1．6
正：値上げ
負：値下げ
0：変動なし

マトリックスの加法・スカラー倍と合成写像との関係について，自己診断 3.2，3.3，3.4 参照．

型が互いに異なるマトリックスどうしは足せない．たとえば，2×3 型に 4×2 型を足すことはできない．

2×2 マトリックスに 1×1 マトリックスを右から掛けている理由について，自己診断 3.3 参照．

自己診断 3

3.1　マトリックスの乗法の交換法則，結合法則，分配法則

マトリックスの乗法が定義できる場合，一般には

(1)　$AB \neq BA$（非可換）

(2)　$A(BC) = (AB)C$（乗法に関する結合法則）

(3)　$A(B+C) = AB + AC$（分配法則）

が成り立つことを示せ．これらの性質は，計算上どういう意味があるか？

(ねらい)　マトリックスの演算法則を数の演算規則と比べる．

(発想)　マトリックスがどんなサイズ（行の個数と列の個数）でも説明できる方法を考える．

(解説)　(1)　自習（1.3 節　問 1.5 を使うと意味がわかる）

(2)　A を $m \times n$ マトリックス，B を $n \times p$ マトリックス，C を $p \times q$ マトリックスとする．左辺の (i,j) 成分を l_{ij}，右辺の (i,j) 成分を r_{ij} とする．$\boldsymbol{b}_k'$ は B の第 k 行のヨコベクトル（1.2 節転置マトリックスの解説参照），$\boldsymbol{c}_j$ は C の第 j 列のタテベクトルである．

$$(BC)_{kj} = \boldsymbol{b}_k'\boldsymbol{c}_j = b_{k1}c_{1j} + b_{k2}c_{2j} + \cdots + b_{kp}c_{pj} = \sum_{k'=1}^{p} b_{kk'}c_{k'j}$$

同様に，

$$(AB)_{ik} = \sum_{k'=1}^{n} a_{ik'}b_{k'k},$$

$$l_{ij} = \sum_{k=1}^{n} a_{ik}(BC)_{kj} = \sum_{k=1}^{n} a_{ik}\sum_{k'=1}^{p} b_{kk'}c_{k'j} = \sum_{k=1}^{n}\sum_{k'=1}^{p} a_{ik}b_{kk'}c_{k'j},$$

$$r_{ij} = \sum_{k=1}^{p} (AB)_{ik}c_{kj} = \sum_{k=1}^{p}\left(\sum_{k'=1}^{n} a_{ik'}b_{k'k}\right)c_{kj} = \sum_{k=1}^{p}\sum_{k'=1}^{n} a_{ik'}b_{k'k}c_{kj} = \sum_{k'=1}^{n}\sum_{k=1}^{p} a_{ik'}b_{k'k}c_{kj}$$

だから

$$l_{ij} = r_{ij}$$

である．

(1) A の列の個数が B の行の個数と一致しないとき，AB は定義できない．

BA の (1, 1) 成分 $= b_{11}$ 円/g $\times a_{11}$ g/個 $+ b_{12}$ 円/g $\times a_{21}$ g/個 $= (b_{11}a_{11} + b_{12}a_{21})$ 円/個

AB の (1, 1) 成分 $= a_{11}$ g/個 $\times b_{11}$ 円/g $+ a_{12}$ g/個 $\times b_{21}$ cal/g $= a_{11}b_{11}$ 円/個 $+ a_{12}b_{21}$ cal/個

単位量を見るとわかるように，この例では AB には意味がない．

(2)

a_{ik}，$b_{kk'}$，$c_{k'j}$，l_{ij}，r_{ij} は数を表す．

l：left-hand side（左辺）の頭文字

r：right-hand side（右辺）の頭文字

$(BC)_{kj}$　BC の (k, j) 成分

1.2 節乗法の拡張の解説参照

1.3 節 マトリックス B とマトリックス A の積 BA の求め方②参照

ADVICE

[式の変形のたねあかし]

$$\sum_{k=1}^{n} a_{ik} \sum_{k'=1}^{p} b_{kk'} c_{k'j} \Rightarrow \overbrace{a_{i1}(\underbrace{b_{11}c_{1j}}_{k'=1} + \cdots + \underbrace{b_{1p}c_{pj}}_{k'=p})}^{k=1\ (\text{外側の和の記号})} + \cdots + \overbrace{a_{in}(\underbrace{b_{n1}c_{1j}}_{k'=1} + \cdots + \underbrace{b_{np}c_{pj}}_{k'=p})}^{k=n\ (\text{外側の和の記号})}$$

$$\sum_{k=1}^{n} \sum_{k'=1}^{p} a_{ik} b_{kk'} c_{k'j} \Rightarrow = \overbrace{\underbrace{a_{i1}b_{11}c_{1j}}_{k'=1} + \cdots + \underbrace{a_{i1}b_{1p}c_{pj}}_{k'=p}}^{k=1\ (\text{外側の和の記号})} + \cdots + \overbrace{\underbrace{a_{in}b_{n1}c_{1j}}_{k'=1} + \cdots + \underbrace{a_{in}b_{np}c_{pj}}_{k'=p}}^{k=n\ (\text{外側の和の記号})}$$

B をヨコベクトル $\boldsymbol{b}_k'$ の並び，C をタテベクトル $\boldsymbol{c}_j$ の並びとみる．BC の (k, j) 成分は，$\boldsymbol{b}_k'$（B の第 k 行）と $\boldsymbol{c}_j$（C の第 j 列）とのスカラー積 $\boldsymbol{b}_k'\boldsymbol{c}_j$ である．

$\boldsymbol{b}_k'$ のプライム（ダッシュ）はヨコベクトルを表す（1.2節転置マトリックス参照）ので，添字 k ではなく $\boldsymbol{b}$ に付くことに注意する．

第 k 行　第 j 列

$$\begin{pmatrix} \vdots \\ \boxed{\boldsymbol{b}_k'} \\ \vdots \end{pmatrix} \begin{pmatrix} \cdots & \boxed{\boldsymbol{c}_j} & \cdots \end{pmatrix}$$

$\boldsymbol{b}_k' = (b_{k1}, b_{k2}, \ldots, b_{kp})$
k は行

$$\boldsymbol{c}_j = \begin{pmatrix} c_{1j} \\ c_{2i} \\ \vdots \\ c_{pj} \end{pmatrix}$$

j は列

$$(BC)_{kj} = \boldsymbol{b}_k'\boldsymbol{c}_j = b_{k1}c_{1j} + b_{k2}c_{2j} + \cdots + b_{kp}c_{pj} = \sum_{k'=1}^{p} b_{kk'}c_{k'j}$$

(3) $A(B+C)$ の (i, j) 成分 $(A(B+C))_{ij} = \sum_{k=1}^{n} a_{ik}(b_{kj} + c_{kj})$

$$= \sum_{k=1}^{n} (a_{ik}b_{kj} + a_{ik}c_{kj})$$
$$= \sum_{k=1}^{n} a_{ik}b_{kj} + \sum_{k=1}^{n} a_{ik}c_{kj}$$
$$= (AB)_{ij} + (AC)_{ij}$$

計算上の意味

- **マトリックスの乗法は，結合法則が成り立つので，掛ける順序を問題にしなくてよい．**
- **マトリックスの加法とマトリックスの乗法とが混ざっているとき，分配法則が成り立つので，積と和とのどちらを先に求めてもよい．**

Q. 数の乗法は可換 $(ab = ba)$ なのに，マトリックスの乗法は一般に非可換 $(AB \neq BA)$ です．旧法則（数どうしの乗法の交換法則）保存の原理に合っていないのではないでしょうか？

A. 交換法則に注目すると，旧法則保存の原理に合わないように思えます．しかし，見方を変えて，つぎのように理解したらいかがでしょう．マトリックスのもっとも簡単な形は，1×1マトリックスです．$A = (a)$，$B = (b)$ を考えると，

$$(AB)^* = ((a)(b))^* = (ab)^* = (ab) = (a)(b) \qquad B^*A^* = (b)^*(a)^* = (b)(a)$$

です．1×1マトリックスの場合，$(AB)^* = B^*A^*$ は $(a)(b) = (b)(a)$ と書けることがわかります．さらに，$(a)(b) = (b)(a)$ は，一つの数どうしの $ab = ba$ と同一視できます（同じとみなせます）．したがって，$(AB)^* = B^*A^*$ は，特別な場合として $ab = ba$ を含んでいるといえます．

数の乗法で成り立つ $ab = ba$ は，マトリックス（数の並び）に拡張すると $(AB)^* = B^*A^*$ になると見ることができます．この意味で，旧法則保存

0.2節②旧法則保存の原理

a，b は数を表す．

$(a)(b) = (ab)$

例　$(3)(5) = (15)$

$*$ は転置マトリックスを表す記号である（1.2節）．
$(AB)^*$ は AB の転置マトリックスである．

1×1マトリックスどうしの乗法のとき
$(AB)^* = B^*A^*$
は
$(a)(b) = (b)(a)$
である．

の原理の精神は生きています．

[休憩室] 順序を入れ換えては困る事例

マトリックスどうしの乗法では，掛ける順序によって結果がちがう．日常にも順序を入れ換えてはいけない例が見つかる．数学の発想とよく似ていて興味深い．

① 濃硫酸をうすめるとき，水に濃硫酸を注ぐ．濃硫酸に水を注ぐと，激しく発熱したり飛び散ったりするので危険である．

② すき焼，お好み焼きをつくるとき，習慣によるちがいもあるだろうが，ふつうは肉を野菜よりも先に焼く．ところが，中学の修学旅行ですき焼をつくったとき，先生が「野菜を先に煮ろ」とおっしゃった．常識がないと感じた友人が卒業文集に「教師は家ですき焼も食べられないほど安月給らしい」と書いた．卒業文集は生涯残るので，こんな文が載ったままではたまらない．

3.2 ベクトルのスカラー倍と合成写像との関係

ベクトルのスカラー倍はマトリックスどうしの乗法の特別な場合であることを示せ．

マトリックス $\begin{pmatrix} c & 0 & 0 \\ 0 & c & 0 \\ 0 & 0 & c \end{pmatrix}$ はスカラー倍（c 倍）と同じはたらきをする．このマトリックスを**「スカラーマトリックス」**という．自己診断 3.3で $\begin{pmatrix} c & 0 & 0 \\ 0 & c & 0 \\ 0 & 0 & c \end{pmatrix}\begin{pmatrix} a_1 \\ a_2 \\ a_3 \end{pmatrix}$ を $c\begin{pmatrix} a_1 \\ a_2 \\ a_3 \end{pmatrix}$ とみなすことを説明する．同様に，$(a_1\ a_2\ a_3)\begin{pmatrix} c & 0 & 0 \\ 0 & c & 0 \\ 0 & 0 & c \end{pmatrix}$ を $(a_1\ a_2\ a_3)c$ とみなす．

ねらい 合成写像は，マトリックスの積で表せる．タテベクトルは1列のマトリックス，ヨコベクトルは1行のマトリックスと考える．ベクトルのスカラー倍とはマトリックスのどんな乗法にあた るのかを理解する．

発想 タテベクトルにどんなマトリックスを掛けると，このベクトルの各成分を c 倍することができるかを考える．このとき，何行何列のマトリックスを左右のどちらから掛ければよいかということに注意する．ヨコベクトルも同様に考える．

解説 簡単のために，3成分のベクトルを考えるが，n 成分（$n \neq 3$）でも事情は同じである．

$\begin{pmatrix} a_1 \\ a_2 \end{pmatrix}c$ の三つの意味

① タテベクトル $\begin{pmatrix} a_1 \\ a_2 \end{pmatrix}$ の拡大・縮小（スカラー c は倍率を表す数）

② 写像 $\boldsymbol{R} \to \boldsymbol{R}^2$
[2×1 マトリックス $\begin{pmatrix} a_1 \\ a_2 \end{pmatrix}$ は，成分が1個のタテベクトル (c) を成分が2個のタテベクトル $\begin{pmatrix} a_1c \\ a_2c \end{pmatrix}$ にうつす規則]

③ 合成写像 $\boldsymbol{R} \to \boldsymbol{R}$, $\boldsymbol{R} \to \boldsymbol{R}^2$ [1×1 マトリックス (c) はタテベクトル (x) をタテベクトル (cx) にうつす規則，2×1 マトリックス $\begin{pmatrix} a_1 \\ a_2 \end{pmatrix}$ はタテベクトル (cx) をタテベクトル $\begin{pmatrix} a_1cx \\ a_2cx \end{pmatrix}$ にうつす規則] ①，②，③ はどれも異なる概念だが，マトリックスの乗法という演算は同じである．

● タテベクトルの場合

$$\underbrace{\begin{pmatrix} c & 0 & 0 \\ 0 & c & 0 \\ 0 & 0 & c \end{pmatrix}}_{3\times3\text{マトリックス}} \underbrace{\begin{pmatrix} a_1 \\ a_2 \\ a_3 \end{pmatrix}}_{3\times1\text{マトリックス}} = \underbrace{\begin{pmatrix} ca_1 \\ ca_2 \\ ca_3 \end{pmatrix}}_{3\times1\text{マトリックス}}$$

$$\underbrace{\begin{pmatrix} a_1 \\ a_2 \\ a_3 \end{pmatrix}}_{3\times1\text{マトリックス}} \underbrace{(c)}_{1\times1\text{マトリックス}} = \underbrace{\begin{pmatrix} a_1c \\ a_2c \\ a_3c \end{pmatrix}}_{3\times1\text{マトリックス}}$$

● ヨコベクトルの場合

$$\underbrace{(a_1\ a_2\ a_3)}_{1\times3\text{マトリックス}} \underbrace{\begin{pmatrix} c & 0 & 0 \\ 0 & c & 0 \\ 0 & 0 & c \end{pmatrix}}_{3\times3\text{マトリックス}} = \underbrace{(a_1c\ \ a_2c\ \ a_3c)}_{1\times3\text{マトリックス}}$$

ADVICE

$$\underbrace{(c)}_{1\times1\text{マトリックス}}\ \underbrace{(a_1\ a_2\ a_3)}_{1\times3\text{マトリックス}} = \underbrace{(ca_1\ ca_2\ ca_3)}_{1\times3\text{マトリックス}}$$

1×1マトリックス (c) をスカラー c と同一視してよい（同じとみなせる）.

演算のしくみの上ではマトリックスどうしの乗法は，ベクトルのスカラー倍の拡張と見ることができる.

[ニュアンスのちがい]

- マトリックス (c)：行の個数と列の個数とがどちらも1個という特別な場合
- スカラー c：拡大・縮小を表す一つの数

3.3 マトリックスのスカラー倍と合成写像との関係

$l\times m$ マトリックス A の各成分を c 倍するには，A にどんなマトリックスを掛ければよいか？

$l=m$ のときは $l>m$ と $l<m$ とのどちらの場合と考えてもよい.

(ねらい) スカラー倍とはマトリックスのどんな乗法にあたるかを理解する.

(発想) 何行何列のマトリックスを左と右とのどちらから掛ければよいかということに注意する.

(解説)

$l>m$ のとき　例　3×2マトリックス $A=\begin{pmatrix} a_{11} & a_{12} \\ a_{21} & a_{22} \\ a_{31} & a_{32} \end{pmatrix}$

A に掛けるマトリックスを○×○型とする.

$$\underbrace{\begin{pmatrix} a_{11} & a_{12} \\ a_{21} & a_{22} \\ a_{31} & a_{32} \end{pmatrix}}_{3\times2\text{マトリックス}} \underbrace{\begin{pmatrix} c & 0 \\ 0 & c \end{pmatrix}}_{2\times2\text{マトリックス}} = \underbrace{\begin{pmatrix} a_{11}c & a_{12}c \\ a_{21}c & a_{22}c \\ a_{31}c & a_{32}c \end{pmatrix}}_{3\times2\text{マトリックス}}$$

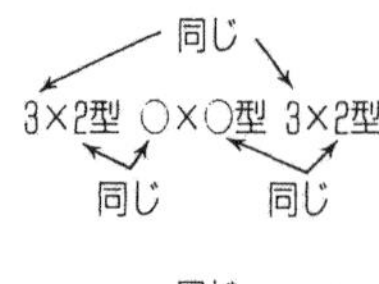

$$\underbrace{\begin{pmatrix} c & 0 & 0 \\ 0 & c & 0 \\ 0 & 0 & c \end{pmatrix}}_{3\times3\text{マトリックス}} \underbrace{\begin{pmatrix} a_{11} & a_{12} \\ a_{21} & a_{22} \\ a_{31} & a_{32} \end{pmatrix}}_{3\times2\text{マトリックス}} = \underbrace{\begin{pmatrix} ca_{11} & ca_{12} \\ ca_{21} & ca_{22} \\ ca_{31} & ca_{32} \end{pmatrix}}_{3\times2\text{マトリックス}}$$

$l<m$ のとき

例　2×3マトリックス $A=\begin{pmatrix} a_{11} & a_{12} & a_{13} \\ a_{21} & a_{22} & a_{23} \end{pmatrix}$

$$\underbrace{\begin{pmatrix} a_{11} & a_{12} & a_{13} \\ a_{21} & a_{22} & a_{23} \end{pmatrix}}_{2\times3\text{マトリックス}} \underbrace{\begin{pmatrix} c & 0 & 0 \\ 0 & c & 0 \\ 0 & 0 & c \end{pmatrix}}_{3\times3\text{マトリックス}} = \underbrace{\begin{pmatrix} a_{11}c & a_{12}c & a_{13}c \\ a_{21}c & a_{22}c & a_{23}c \end{pmatrix}}_{2\times3\text{マトリックス}}$$

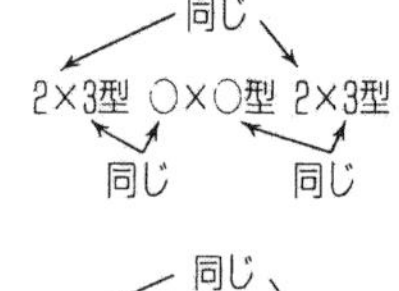

$$\underbrace{\begin{pmatrix} c & 0 \\ 0 & c \end{pmatrix}}_{2\times2\text{マトリックス}} \underbrace{\begin{pmatrix} a_{11} & a_{12} & a_{13} \\ a_{21} & a_{22} & a_{23} \end{pmatrix}}_{2\times3\text{マトリックス}} = \underbrace{\begin{pmatrix} ca_{11} & ca_{12} & ca_{13} \\ ca_{21} & ca_{22} & ca_{23} \end{pmatrix}}_{2\times3\text{マトリックス}}$$

$l\times m$ マトリックスに右から $m\times m$ マトリックス $\begin{pmatrix} c & & 0 \\ & \ddots & \\ 0 & & c \end{pmatrix}$ を掛けたり，左から $l\times l$ マトリックス $\begin{pmatrix} c & & 0 \\ & \ddots & \\ 0 & & c \end{pmatrix}$ を掛けたりする乗法を $l\times m$ **マトリックスのスカラー倍**と同一視する（同じとみなす）. 白いところに大きく0と書いてある部分は，その成分がすべて0であることを表す.

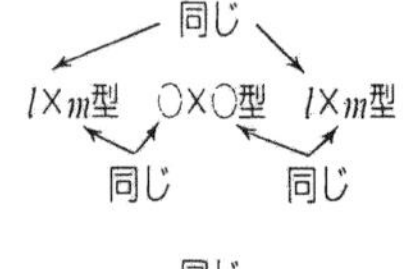

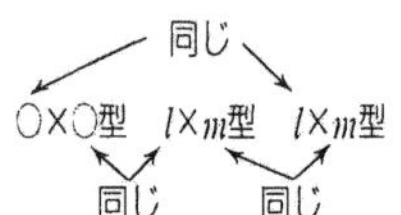

① 右の対角マトリックスをタテベクトルの並びとみなし，どのタテベクトルも拡大・縮小（スカラー c は倍率を表す数）のはたらきをする.

② 合成写像（タテベクトルを右のマトリックスでうつし，このうつり先のタテベクトルを左の対角マトリックスでほかのタテベクトルにうつす）を表す.

①，②は互いに異なる概念だが，マトリックスの乗法という演算は同じである.

3.4 マトリックスの加法と写像との関係

食塩水が含んでいる食塩の質量，砂糖水が含んでいる砂糖の質量について，つぎの問いに答えよ．

(1) 濃度 a% の食塩水 $100x$ g と濃度 b% の食塩食 $100x$ g とを混ぜた食塩水は食塩をどれだけ含むか？ 混合液が含む食塩の質量を y g として，x と y との間の関係式を書け．

(2) 濃度 a_{11}% の食塩水 $100x_1$ g と濃度 b_{11}% の食塩水 $100x_1$ g とを混ぜた食塩水 I，濃度 a_{12}% の食塩水 $100x_2$ g と濃度 b_{12}% の食塩水 $100x_2$ g とを混ぜた食塩食 II がある．他方，濃度 a_{21}% の砂糖水 $100x_1$ g と濃度 b_{21}% の砂糖水 $100x_1$ g とを混ぜた砂糖水 I，濃度 a_{22}% の砂糖水 $100x_2$ g と濃度 b_{22}% の砂糖水 $100x_2$ g とを混ぜた砂糖水 II がある．食塩水 I と食塩水 II との混合液が含む食塩の質量を y_1 g，砂糖水 I と砂糖水 II との混合液が含む砂糖の質量を y_2 g とする．必要なマトリックスをつくって，$\boldsymbol{y}=\begin{pmatrix} y_1 \\ y_2 \end{pmatrix}$ と $\boldsymbol{x}=\begin{pmatrix} x_1 \\ x_2 \end{pmatrix}$ との間の関係式を書け．

(ねらい) 写像の観点からマトリックスの加法の意味を理解する．

(発想) (2) $\underbrace{\boldsymbol{y}}_{\text{出力}} = \underbrace{\square}_{\text{写像を表すマトリックス}} \underbrace{\boldsymbol{x}}_{\text{入力}}$ の形をつくるにはどうすればよいかを考える．

(解説)

(1) 濃度 a% の食塩水 $100x$ g が含む食塩の質量 $z\,\text{g}=\dfrac{a}{100}\times 100x\,\text{g}$

濃度 b% の食塩水 $100x$ g が含む食塩の質量 $w\,\text{g}=\dfrac{b}{100}\times 100x\,\text{g}$

合計 $y\,\text{g}=(a+b)x\,\text{g}$

この関係から，

$$\underbrace{y}_{\text{出力}} = \underbrace{(a+b)}_{\text{比例定数の和}} \underbrace{x}_{\text{入力}}$$

を得る．

(2) (1)と同じ考え方で

$$\begin{cases} y_1\,\text{g}=(a_{11}+b_{11})x_1\,\text{g}+(a_{12}+b_{12})x_2\,\text{g} \\ y_2\,\text{g}=(a_{21}+b_{21})x_1\,\text{g}+(a_{22}+b_{22})x_2\,\text{g} \end{cases}$$

と書ける．これらをまとめると，

$$\begin{pmatrix} y_1 \\ y_2 \end{pmatrix}=\begin{pmatrix} a_{11}+b_{11} & a_{12}+b_{12} \\ a_{21}+b_{21} & a_{22}+b_{22} \end{pmatrix}\begin{pmatrix} x_1 \\ x_2 \end{pmatrix}$$

と表せる．式を整理し直すと，

$$\begin{cases} y_1\,\text{g}=(a_{11}x_1+a_{12}x_2)\,\text{g}+(b_{11}x_1+b_{12}x_2)\,\text{g} \\ y_2\,\text{g}=(a_{21}x_1+a_{22}x_2)\,\text{g}+(b_{21}x_1+b_{22}x_2)\,\text{g} \end{cases}$$

とも書ける．これらをまとめると，

$$\begin{pmatrix} y_1 \\ y_2 \end{pmatrix}=\begin{pmatrix} a_{11}x_1+a_{12}x_2 \\ a_{21}x_1+a_{22}x_2 \end{pmatrix}+\begin{pmatrix} b_{11}x_1+b_{12}x_2 \\ b_{21}x_1+b_{22}x_2 \end{pmatrix}$$

ADVICE

濃度 c%の食塩水 100 g あたりの食塩は c g である．

$100x$ g は，たとえば 200 g を (100×2) g と書いた形と考えればよい．100×2 が200という一つの数値を表していることを強調するために，100×2 に ( ) を付けた．

量の関係式

$y\,\text{g}=(a+b)x\,\text{g}$

から数の関係式

$y=(a+b)x$

の成り立つことがわかる．この各辺と g との積が

$y\,\text{g}=(a+b)x\,\text{g}$

である．

(2)も(1)の y と x との比例関係を拡張した形とみなすことはできないだろうか？

$A=\begin{pmatrix} a_{11} & a_{12} \\ a_{21} & a_{22} \end{pmatrix}$

$B=\begin{pmatrix} b_{11} & b_{12} \\ b_{21} & b_{22} \end{pmatrix}$

$\begin{pmatrix} a_{11} & a_{12} \\ a_{21} & a_{22} \end{pmatrix}+\begin{pmatrix} b_{11} & b_{12} \\ b_{21} & b_{22} \end{pmatrix}=\begin{pmatrix} a_{11}+b_{11} & a_{12}+b_{12} \\ a_{21}+b_{21} & a_{22}+b_{22} \end{pmatrix}$

と定義すると

$\begin{pmatrix} a_{11} & a_{12} \\ a_{21} & a_{22} \end{pmatrix}\begin{pmatrix} x_1 \\ x_2 \end{pmatrix}+\begin{pmatrix} b_{11} & b_{12} \\ b_{21} & b_{22} \end{pmatrix}\begin{pmatrix} x_1 \\ x_2 \end{pmatrix}=\left[\begin{pmatrix} a_{11} & a_{22} \\ a_{21} & a_{22} \end{pmatrix}+\begin{pmatrix} b_{11} & b_{12} \\ b_{21} & b_{22} \end{pmatrix}\right]\begin{pmatrix} x_1 \\ x_2 \end{pmatrix}$

つまり，分配法則 $A\boldsymbol{x}+B\boldsymbol{x}=(A+B)\boldsymbol{x}$ も成り立つことがわかる．

$$= \begin{pmatrix} a_{11} & a_{12} \\ a_{21} & a_{22} \end{pmatrix} \begin{pmatrix} x_1 \\ x_2 \end{pmatrix} + \begin{pmatrix} b_{11} & b_{12} \\ b_{21} & b_{22} \end{pmatrix} \begin{pmatrix} x_1 \\ x_2 \end{pmatrix}$$

と表せる．

同じ型（2×2）のマトリックスどうしの間で，加法を

$$\begin{pmatrix} a_{11}+b_{11} & a_{12}+b_{12} \\ a_{21}+b_{21} & a_{22}+b_{22} \end{pmatrix} = \begin{pmatrix} a_{11} & a_{12} \\ a_{21} & a_{22} \end{pmatrix} + \begin{pmatrix} b_{11} & b_{12} \\ b_{21} & b_{22} \end{pmatrix}$$

と定義すると，$\boldsymbol{x}$ と $\boldsymbol{y}$ とのはじめの関係式は

$$\underbrace{\boldsymbol{y}}_{\text{出力}} = \underbrace{(A+B)}_{\text{比例定数の和を拡張した形}} \underbrace{\boldsymbol{x}}_{\text{入力}}$$

と表せる．

ADVICE この法則が成り立つことを示すには，両辺を別々に計算してから互いに比べればよい．

1.4 Gauss-Jordan の消去法（掃き出し法）

付録AでGaussの消去法とGauss-Jordanの消去法とを比べる．

1.2節では，例題1.1を手がかりにして，試薬の体積からその価格を求める問題を考えた．そのとき，**線型写像**の観点で「体積（入力）を価格（出力）につくり変えるはたらき」という見方を理解した．それでは「予算の枠内という制約のもとで，どのくらいの体積の分だけ購入できるか」という問題も，線型写像の観点で扱えるだろうか？

出力（価格）から入力（体積）を制御する．

1品目の場合

写像の見方

入力に対して出力を対応させるはたらき

⑦円＝700円/500 mL×1000 mL
出力　　　入力

y 円 ←― $\boxed{f(\ )}$ ←― 1000 mL
出力　　　入力

一定の出力に対して必要な入力を求める問題

42000円＝700円/500 mL×⑦ mL
出力　　　入力

42000円 ←― $\boxed{f(\ )}$ ←― x mL
出力　　　入力

0.2節①量と数との概念

0.2節④関数の概念の拡張

［準備］ 0を含む除法：三つの場合

		$x=b/a$	解	解の個数
①	$a\neq0$, $b=0$	$x=0/a$	0	1個
②	$a=0$, $b=0$	$x=0/0$	不定	無数
③	$a=0$, $b\neq0$	$x=b/0$	不能	0個

（a, b は定数）

考え方

① 0÷3＝⑦　3×⑦＝0 をみたす ⑦ の値を見つける演算
あてはまる数は 0 しかない．

② 0÷0＝⑦　0×⑦＝0 をみたす ⑦ の値を見つける演算
どんな数でもあてはまる．

③ 3÷0＝⑦　0×⑦＝3 をみたす ⑦ の値を見つける演算
どんな数もあてはまらない．

単価が 0円/個 の商品を何個買っても無料である．0円/個×x 個＝0円 に

0.1節例題0.6
未知数，変数
x，y，z など
定数
a，b，c など

除法の意味について0.2.2項参照．

1.5.1項まとめ参照

ADVICE

あてはまる x の値は無数にある．

多品目の場合

$$\underbrace{\begin{pmatrix}3180\text{円}\\3300\text{円}\end{pmatrix}}_{\text{価格}}\begin{array}{l}\leftarrow\text{塩酸}\\\leftarrow\text{硫酸}\end{array}$$

$$=\begin{array}{r}\text{塩酸}\rightarrow\\\text{硫酸}\rightarrow\end{array}\underbrace{\begin{pmatrix}\overset{\substack{\text{K社}\\\downarrow}}{1400\text{円}/500\,\text{mL}} & \overset{\substack{\text{N社}\\\downarrow}}{380\text{円}/500\,\text{mL}}\\1300\text{円}/500\,\text{mL} & 700\text{円}/500\,\text{mL}\end{pmatrix}}_{\text{単価}}\underbrace{\begin{pmatrix}500x_1\,\text{mL}\\500x_2\,\text{mL}\end{pmatrix}}_{\text{体積}}\begin{array}{l}\leftarrow\text{K社}\\\leftarrow\text{N社}\end{array}$$

これを連立 1 次方程式の形で書き表すと，

$$\begin{cases}1400x_1+380x_2=3180\\1300x_1+700x_2=3300\end{cases}$$

となる．

> 0.2 節 ⓔ 旧法則保存の原理
>
> $ax=b$
> ⇓ 拡張
> $A\boldsymbol{x}=\boldsymbol{b}$
>
> 線型代数の理論は，連立 1 次方程式の解の構造（どんな場合にどんな形の解が求まるのか）をはっきりさせる．
>
> ［準備］参照

［疑問］ 連立 1 次方程式の解はいつでも一つに決まるのか？

解が求まる場合と求まらない場合とでは，方程式にどのようなちがいがあるのか？

⟹ どんな場合に解が求まらないのか？

未知数が 1 個で 0 を含む方程式を思い出してみよう．$0x=2$ の解は求まらない．$0x=0$ の解は無数に存在する．このように，解が一つに決まるとは限らない．

● 連立 1 次方程式も，同じような事情だろうか？

> 方程式とは？
> 「方」：方形（四角形）
> 「程」：割り当てる

中学数学の方法では，この問いに答えることはむずかしい．

⟹ 線型代数：マトリックスの理論によって，連立 1 次方程式の解の構造（しくみ）を理解する．

はじめに，中学数学の方法で 2 元連立 1 次方程式の解について調べてみよう．

例 1

$$\begin{cases}3x_1+1x_2=9 & ①\\1x_1+2x_2=8 & ②\end{cases}$$

②から $x_1=8-2x_2$ である．

これを①に代入すると $3(8-2x_2)+x_2=9$ となるので，$x_2=3$ を得る．

したがって，$x_1=8-2\times3=2$ が求まる．

$$\begin{cases}x_1=2\\x_2=3\end{cases}$$

例 2

$$\begin{cases}1x_1+3x_2=4 & ①\\2x_1+6x_2=5 & ②\end{cases}$$

①から $x_1=4-3x_2$ である．

これを②に代入すると $2(4-3x_2)+6x_2=5$ となる．

$8=5$ は矛盾しているから，解はない．

> $2(4-3x_2)+6x_2$
> $=8-6x_2+6x_2$
> $=8$

例 3

$$\begin{cases}1x_1+3x_2=2 & ①\\2x_1+6x_2=4 & ②\end{cases}$$

①から $x_1=2-3x_2$ である．

これを②に代入すると $2(2-3x_2)+6x_2=4$ となる．

4＝4 は，2 個の未知数に対して実質的に方程式①しかないのと同じであることを示している．

$$\begin{cases} x_1=2-3t \\ x_2=t \quad (t \text{ は任意の実数}) \end{cases}$$

未知数の個数が 2 個よりも多い場合の見通しを立てるには，中学数学の方法は便利でない．そこで，別の考え方を工夫してみる．

ADVICE

$2(2-3x_2)+6x_2$
$=4-6x_2+6x_2$
$=4$

[新しい発想]

$$\begin{cases} -3x_1+2x_2=-5 \\ \ \ \ 4x_1+6x_2=\ \ \ 7 \end{cases}$$

を中学数学の方法で解くと，

$$\begin{cases} x_1=\dfrac{22}{13} \\ x_2=\dfrac{1}{26} \end{cases}$$

となる．解法の手がかりをつかむために，これらをマトリックスの形で表してみる．

$$\begin{pmatrix} -3 & 2 & -5 \\ 4 & 6 & 7 \end{pmatrix}, \quad \begin{pmatrix} 1 & 0 & \dfrac{22}{13} \\ 0 & 1 & \dfrac{1}{26} \end{pmatrix}$$

演算記号＋，等号＝，文字を省いて数だけを並べたマトリックスをつくる．

$$\begin{cases} x_1=\dfrac{22}{13} \\ x_2=\dfrac{1}{26} \end{cases} \text{ を } \begin{cases} x_1 \qquad =\dfrac{22}{13} \\ \qquad x_2=\dfrac{1}{26} \end{cases}$$

と書くと気づくように，

$$\begin{cases} 1x_1+0x_2=\dfrac{22}{13} \\ 0x_1+1x_2=\dfrac{1}{26} \end{cases}$$

と考えればよい．

これらのマトリックスどうしを比べると，

$$\text{連立 1 次方程式：}\begin{cases} -3x_1+2x_2=-5 \\ \ \ \ 4x_1+6x_2=\ \ \ 7 \end{cases}$$

を解く操作は，

$$\begin{pmatrix} -3 & 2 & -5 \\ 4 & 6 & 7 \end{pmatrix} \text{ を } \begin{pmatrix} 1 & 0 & \dfrac{22}{13} \\ 0 & 1 & \dfrac{1}{26} \end{pmatrix} \text{ に}$$

書き直す操作にあたることがわかる．「どのようにすればマトリックスを使って連立 1 次方程式が解けるか」という見通しを立てたことになる．それでは，どういう手続きでマトリックスを書き換えることができるだろうか？

中学数学の方法

$-3x_1+2x_2=-5$
から
$$x_1=\frac{5}{3}+\frac{2}{3}x_2$$
となる．
$$4\left(\frac{5}{3}+\frac{2}{3}x_2\right)+6x_2=7$$
を整理すると，
$$\frac{26}{3}x_2=\frac{1}{3}$$
となるので，
$$x_2=\frac{1}{26}$$
である．
これを
$$x_1=\frac{5}{3}+\frac{2}{3}x_2$$
に代入して計算すると
$$x_1=\frac{22}{13}$$
を得る．

式をどのように書くかによって，新しい発想に気づくかどうかが決まる場合がある．
$$\begin{cases} x_1=\dfrac{22}{13} \\ x_2=\dfrac{1}{26} \end{cases}$$
ではなく，
$$\begin{cases} x_1 \qquad =\dfrac{22}{13} \\ \qquad x_2=\dfrac{1}{26} \end{cases}$$
と書いてみようという発想は重要である．

● 手がかり

① 左半分の $\boxed{\begin{matrix} -3 & 2 \\ 4 & 6 \end{matrix}}$ を単位マトリックス $\boxed{\begin{matrix} 1 & 0 \\ 0 & 1 \end{matrix}}$ になるように書き直せばよい．

② $\begin{bmatrix}1&0\\0&1\end{bmatrix}$ の右側に $\begin{bmatrix}♣\\♠\end{bmatrix}$ の形で x_1 の値♣と x_2 の値♠とが並ぶ．

● **実際の解き方**

ここを1にするにはどうすればよいか？

$$\begin{pmatrix}-3&2&-5\\4&6&7\end{pmatrix}$$

$$\xrightarrow{①+②}\begin{pmatrix}\mathbf{1}&8&2\\4&6&7\end{pmatrix}$$

ここを0にするにはどうすればよいか？

$$\xrightarrow{②-①\times4}\begin{pmatrix}1&8&2\\\mathbf{0}&-26&-1\end{pmatrix}$$

ここを1にするにはどうすればよいか？

ここを0にするにはどうすればよいか？

$$\xrightarrow{②\div(-26)}\begin{pmatrix}1&8&2\\0&\mathbf{1}&\frac{1}{26}\end{pmatrix}$$

これが x_1 の値

$$\xrightarrow{①-②\times8}\begin{pmatrix}1&\mathbf{0}&\frac{22}{13}\\0&1&\frac{1}{26}\end{pmatrix}$$

これが x_2 の値

失敗例

ここを1にする．

$$\begin{pmatrix}-3&2&-5\\4&6&7\end{pmatrix}$$

ここを0にする．

$$\xrightarrow{①+②}\begin{pmatrix}\mathbf{1}&8&2\\4&6&7\end{pmatrix}$$

ここが再び1でなくなる．

$$\xrightarrow{①-②\times\frac{8}{6}}\begin{pmatrix}-\frac{13}{3}&\mathbf{0}&-\frac{22}{3}\\4&6&7\end{pmatrix}$$

どんな順序で $\begin{pmatrix}1&0&\frac{22}{13}\\0&1&\frac{1}{26}\end{pmatrix}$ をつくるとよいか？　いろいろな順序を試してみると，次第にわかってくるはずである．

重要

並んでいる数の特徴によっては簡単に扱える場合もあるが，ほとんどの場合

$$\begin{matrix}\mathbf{1}&&\mathbf{0}\\\downarrow&&\uparrow\\\mathbf{0}&\rightarrow&\mathbf{1}\end{matrix}$$

の順に1と0とをつくると効率がよい．

左半分を単位マトリックスにするために余分な数を0にする手続きを**Gauss-Jordan の消去法**（**掃き出し法**）という．**一つの方程式を一つの行で表してある．**したがって，マトリックスを書き換えるとき，同じ行の中の数を別々に扱うことはできない．たとえば，0 −26 −1 の −26 に −1/26 を掛けるとき，0 と −1 とのどちらにも −1/26 以外の数を掛けてはいけない．

マトリックスの基本変形

1．一つの行（一つの方程式）に0でない数を掛ける．

2．二つの行（二つの方程式）を入れ換える．

3．一つの行（一つの方程式）に，ほかの行（ほかの方程式）を何倍かして加える．

ADVICE

ここでは，♣，♠は数を表す記号として使った．

マトリックスは，連立1次方程式から演算記号，等号，文字を省いた形にすぎない．

枠付きの箱の中（実際の解き方）の意味を書き並べると，つぎの通りである．

①+②
「第1行に第2行を加える」
−3に4を足し，2に6を足し，−5に7を足す．第2行はそのまま．

$$\begin{cases}1x_1+8x_2=2\\4x_1+6x_2=7\end{cases}$$

①×(−1/3) でもよいが，計算過程で多くの分数を扱わなければならないので計算しにくい．

②−①×4
「第2行から第1行の4倍を引く」
4から1の4倍を引き，6から8の4倍を引き，7から2の4倍を引く．第1行はそのまま

$$\begin{cases}1\,x_1+\quad 8x_2=\ \ 2\\0\,x_1+(-26)x_2=-1\end{cases}$$

②÷(−26)
「第2行を −26 で割る」
第1行はそのまま．

$$\begin{cases}1x_1+8x_2=2\\0x_1+1x_2=\frac{1}{26}\end{cases}$$

①−②×8
「第1行から第2行の8倍を引く」
1から0の8倍を引き，8から1の8倍を引き，2から $\frac{1}{26}$ の8倍を引く．第2行はそのまま．

$$\begin{cases}1x_1+0x_2=\frac{22}{13}\\0x_1+1x_2=\frac{1}{26}\end{cases}$$

掃き出しの過程で，矢印の代りに等号を使ってはいけない．変形するまえのマトリックスと変形したあとのマトリックスは等しくないから．

1.4節自己診断4.1参照

[注意1] 数値計算の練習

計算法に慣れるためだけであれば，簡単できれいな数で練習するとよい．しかし，現実には，そういう都合のいい数を扱う方がめずらしい．たとえば，消費税を考えると，半端な金額を含む計算をくり返さなければならない．

例題1.4 連立1次方程式の解の個数

つぎの2元連立1次方程式をGauss-Jordanの消去法で解け．さらに，解の幾何的意味を説明せよ．

(1) $\begin{cases} 3x_1+1x_2=9 \\ 1x_1+2x_2=8 \end{cases}$ (2) $\begin{cases} 1x_1+3x_2=2 \\ 2x_1+6x_2=4 \end{cases}$ (3) $\begin{cases} 1x_1+3x_2=4 \\ 2x_1+6x_2=5 \end{cases}$

(解説)

●解くまえに，グラフで見通しを立ててみる．

グラフをつくるとき，もとの式を $y=ax+b$ に変形しない方がよい．

理由：① 傾き a の度合を描きにくい．② $y=ax+b$ に変形するときに割算をまちがうおそれがある．「2点を通る直線は1本である」という幾何を思い出そう．簡単な2点として，x_2 軸との交点（$x_1=0$ とおいて求める）と x_1 軸との交点（$x_2=0$ とおいて求める）とを考え，これらを通る直線を描けばよい．

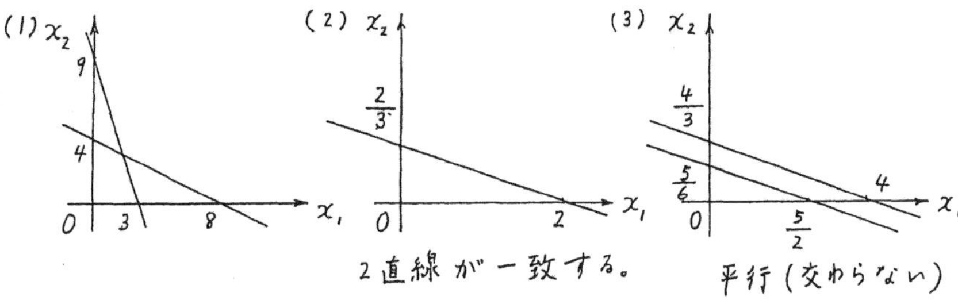

図1.12 2直線の関係

(1) **代数の見方**

ここを1にするにはどうすればよいか？

$$\begin{pmatrix} 3 & 1 & 9 \\ 1 & 2 & 8 \end{pmatrix}$$

①と②との入れ換え →

$$\begin{pmatrix} \mathbf{1} & 2 & 8 \\ 3 & 1 & 9 \end{pmatrix}$$

ここを0にするにはどうすればよいか？

②−①×3 →

$$\begin{pmatrix} 1 & 2 & 8 \\ \mathbf{0} & -5 & -15 \end{pmatrix}$$

ここを1にするにはどうすればよいか？

幾何の見方（解き方ではなく解の意味）

連立1次方程式を

$$\begin{pmatrix} 3 \\ 1 \end{pmatrix} x_1 + \begin{pmatrix} 1 \\ 2 \end{pmatrix} x_2 = \begin{pmatrix} 9 \\ 8 \end{pmatrix}$$

と書き換えるとわかるように，

数ベクトル $\begin{pmatrix} 9 \\ 8 \end{pmatrix}$ で表せる矢印を

数ベクトル $\begin{pmatrix} 3 \\ 1 \end{pmatrix}$ で表せる矢印と

数ベクトル $\begin{pmatrix} 1 \\ 2 \end{pmatrix}$ で表せる矢印とで

表すことにあたる．

$x_1=2$，$x_2=3$ のとき，

$\begin{pmatrix} 9 \\ 8 \end{pmatrix}$ は $\begin{pmatrix} 3 \\ 1 \end{pmatrix}$ と $\begin{pmatrix} 1 \\ 2 \end{pmatrix}$ とで表せる．

ADVICE

Gauss-Jordanの消去法で使える操作1〜3（p.53）これら以外の操作を考えることはできない．

$\frac{22}{13}$，$\frac{1}{26}$ は扱いやすい数ではない．

未知数が3個の場合は，1.5.2項自己診断5.1で練習する．

ここでは，Gauss-Jordanの消去法を適用するために，係数1も省略しないで書く．

「解さえ求めればいい」という価値観では，「直線の描き方を工夫しよう」という発想が生まれない．

Gauss-Jordanの消去法とは？

$\begin{cases} a_{11}x_1+a_{12}x_2=b_1 \\ a_{21}x_1+a_{22}x_2=b_2 \end{cases}$

を

$\begin{cases} 1x_1+0x_2=♣ \\ 0x_1+1x_2=♠ \end{cases}$

の形に書き換えて解を求める方法

1.2節自己診断2.2参照

0.2節④関数の概念の拡張

①，②は，それぞれ変形前の第1行，第2行を表す．

$\begin{cases} 1x_1+2x_2=8 \\ 3x_1+1x_2=9 \end{cases}$

$\begin{cases} 1\,x_1+\quad 2x_2=\ 8 \\ 0\,x_1+(-5)x_2=-15 \end{cases}$

$\begin{cases} 1x_1+2x_2=8 \\ 0x_1+1x_2=3 \end{cases}$

$\begin{cases} 1x_1+0x_2=2 \\ 0x_1+1x_2=3 \end{cases}$

ADVICE

係数マトリックス
左辺の係数を並べてつくったマトリックス

拡大係数マトリックス
左辺の係数のほかに右辺の定数項も含めてつくったマトリックス

ここを0にするにはどうすればよいか？

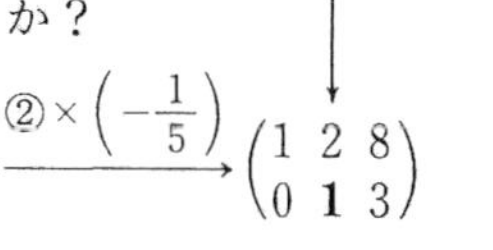

$$\xrightarrow{②\times\left(-\frac{1}{5}\right)}\begin{pmatrix}1 & 2 & 8\\ 0 & \mathbf{1} & 3\end{pmatrix}$$

拡大係数マトリックス

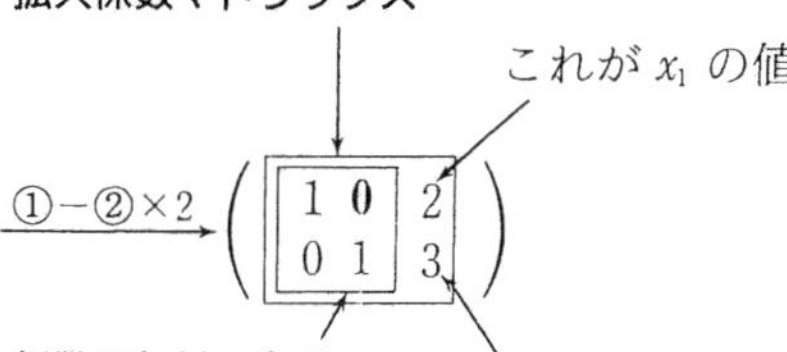

$$\xrightarrow{①-②\times 2}\left(\begin{array}{cc|c}1 & \mathbf{0} & 2\\ 0 & 1 & 3\end{array}\right)$$

$$\begin{cases}x_1=2\\ x_2=3\end{cases}$$

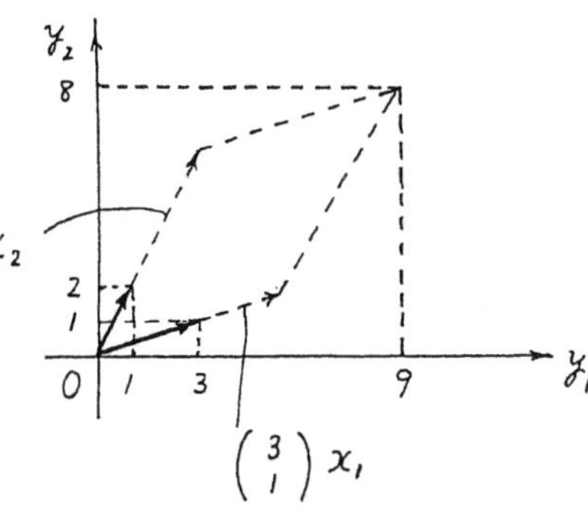

図 1.13　(1)の解の意味

(2)　**代数の見方**

$$\begin{pmatrix}1 & 3 & 2\\ 2 & 6 & 4\end{pmatrix}$$

ここを0にするにはどうすればよいか？

拡大係数マトリックス

$$\xrightarrow{②-①\times 2}\left(\begin{array}{cc|c}1 & 3 & 2\\ \mathbf{0} & 0 & 0\end{array}\right)$$

係数マトリックス

$1x_1+3x_2=2$ をみたすすべての x_1 の値，x_2 の値で成り立つ．

$$\begin{cases}x_1=-3t+2\\ x_2=\quad t\end{cases}\quad (t\text{ は任意の実数})$$

t の値の選び方は無数にあるので，解は不定である（一つに決まらない）．

幾何の見方（解き方ではなく解の意味）

連立1次方程式を

$$\begin{pmatrix}1\\2\end{pmatrix}x_1+\begin{pmatrix}3\\6\end{pmatrix}x_2=\begin{pmatrix}2\\4\end{pmatrix}$$

と書き換えることができる．さらに，

$$\begin{pmatrix}1\\2\end{pmatrix}(x_1+3x_2)=\begin{pmatrix}2\\4\end{pmatrix}$$

と書ける．

数ベクトル $\begin{pmatrix}2\\4\end{pmatrix}$ で表せる矢印は，$\begin{pmatrix}1\\2\end{pmatrix}$ で表せる矢印の2倍である．

$x_1+3x_2=2$ をみたす x_1 の値，x_2 の値であれば何でもよい．

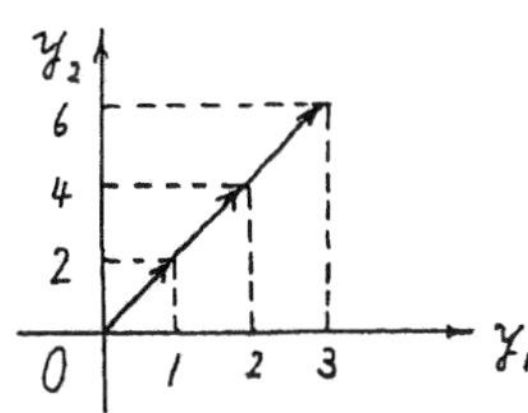

図 1.14　(2)の解の意味

1.2節自己診断 2.2［参考1］参照

①，②は，それぞれ変形前の第1行，第2行を表す．

$$\begin{cases}1x_1+3x_2=2\\ 0x_1+0x_2=0\end{cases}$$

$1x_1+3x_2=2$
で $x_2=t$ とおくと，
$x_1=-3t+2$ となる．
$x_1=t$ とおいて，
$x_2=\frac{2}{3}-\frac{1}{3}t$ と考えてもよい．

数ベクトルを表す矢印どうしが重なるとき「退化している」という．

(3)　**代数の見方**

$$\begin{pmatrix}1 & 3 & 4\\ 2 & 6 & 5\end{pmatrix}$$

ここを0にするにはどうすればよいか？

拡大係数マトリックス

$$\xrightarrow{②-①\times 2}\left(\begin{array}{cc|c}1 & 3 & 4\\ \mathbf{0} & \mathbf{0} & -3\end{array}\right)$$

係数マトリックス　$0x_1+0x_2=-3$ 矛盾

幾何の見方（解き方ではなく解の意味）

連立1次方程式を

$$\begin{pmatrix}1\\2\end{pmatrix}x_1+\begin{pmatrix}3\\6\end{pmatrix}x_2=\begin{pmatrix}4\\5\end{pmatrix}$$

と書き換えることができる．さらに，

$$\begin{pmatrix}1\\2\end{pmatrix}(x_1+3x_2)=\begin{pmatrix}4\\5\end{pmatrix}$$

と書ける．

①，②は，それぞれ変形前の第1行，第2行を表す．

$$\begin{cases}1x_1+3x_2=4\\ 0x_1+0x_2=-3\end{cases}$$

ADVICE

数ベクトル $\begin{pmatrix}4\\5\end{pmatrix}$ で表せる矢印は $\begin{pmatrix}1\\2\end{pmatrix}$ で表せる矢印を拡大・縮小しても一致しない．

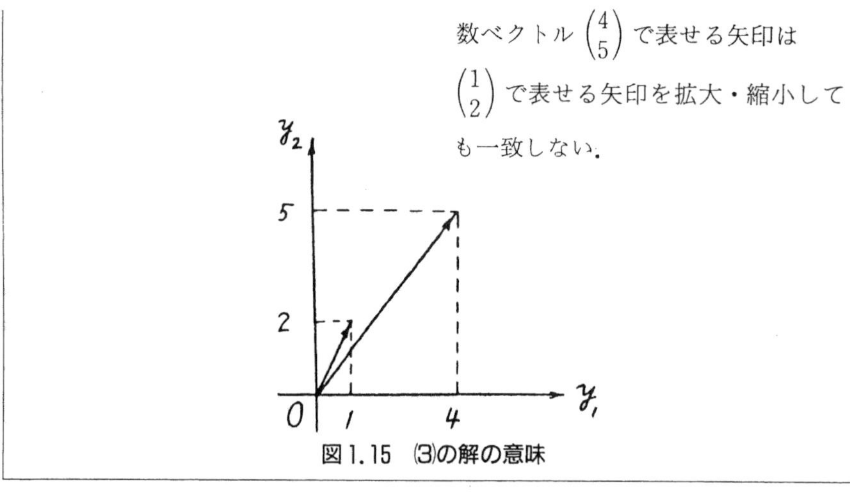

図1.15　(3)の解の意味

問 1.8　例題 1.4(1) の幾何の見方の具体例を挙げよ．

(解説)　エビアン x_1 mL と白州の名水 x_2 mL の全体で，ナトリウム 107.65 mg，カルシウム 40.74 mg がある．

$$\underbrace{\begin{pmatrix}0.005\,\text{mg/mL}\\0.078\,\text{mg/mL}\end{pmatrix}}_{\text{エビアンの成分}}\ \underbrace{x_1\,\text{mL}}_{\text{エビアンの体積}}+\underbrace{\begin{pmatrix}0.0530\,\text{mg/mL}\\0.0075\,\text{mg/mL}\end{pmatrix}}_{\text{名水の成分}}\ \underbrace{x_2\,\text{mL}}_{\text{名水の体積}}$$

$$=\begin{pmatrix}107.65\,\text{mg}\\40.74\,\text{mg}\end{pmatrix}\ \begin{matrix}\text{ナトリウム}\\\text{カルシウム}\end{matrix}$$

1.1節 表1.1

$x_1=330$，$x_2=2000$ でないと，こういう含量にならない．

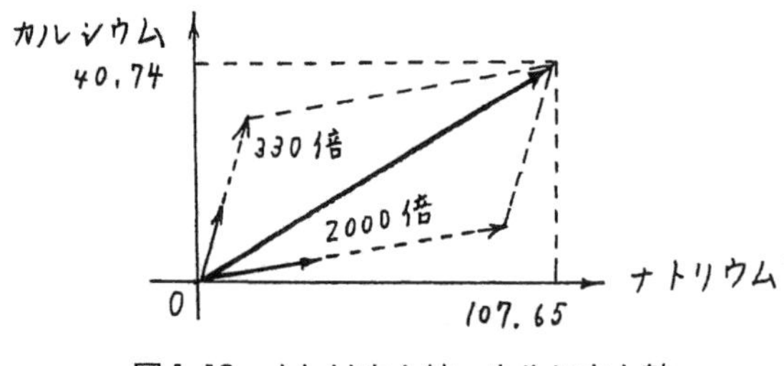

図1.16　ナトリウム軸，カルシウム軸

[参考]　2直線を同時に表す方程式

例　直線 l_1：$3x_1+1x_2=9$ と直線 l_2：$1x_1+2x_2=8$ とをまとめて，一つの方程式：$(3x_1+1x_2-9)(1x_2+2x_2-8)=0$ で表すことができる．

①「$3x_1+1x_2-9=0$ かつ $1x_1+2x_2-8=0$」

または ②「$3x_1+1x_2-9=0$ かつ $1x_1+2x_2-8\neq0$」

または ③「$3x_1+1x_2-9\neq0$ かつ $1x_1+2x_2-8=0$」

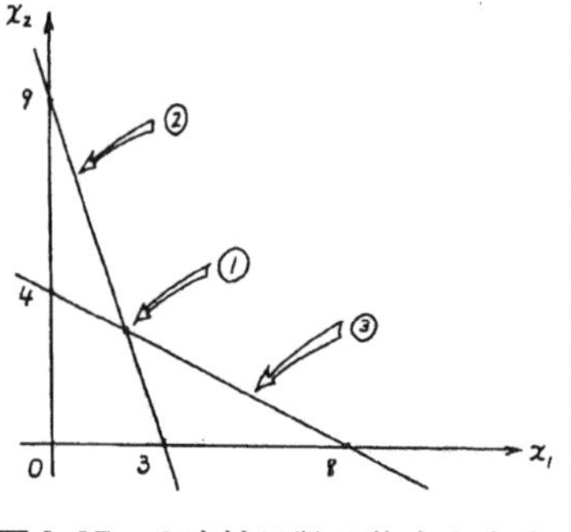

図1.17　2直線は数の集合を表す．

l：line（直線）の頭文字

①は，2直線の交点（1点）を表す．

②は，直線：$3x_1+1x_2-9=0$ 上で①の交点を除いた領域を表す．

③は，直線：$1x_1+2x_2-8=0$ 上で①の交点を除いた領域を表す．

$3x_1+1x_2-9=0$ は，$x_2=-3x_1+9$ と書き直せる．x_1，x_2 をそれぞれ x，y に書き換えると，1次関数 $y=-3x+9$ であることがわかる．

$x_2=-3x_1+9$ に書き直さないで，$3x_1+1x_2-9=0$ のままの方がグラフを描きやすい．

直線と x_2 軸の交点 $(x_1=0)$，直線と x_1 軸の交点 $(x_2=0)$ とを求めて，これらを通る直線を描けばよい．

自己診断 4

4.1 マトリックスの基本変形

Gauss-Jordan の消去法で連立 1 次方程式を解くとき，変形前のマトリックスと変形後のマトリックスとは異なるマトリックスである．したがって，これらのマトリックスを等号で結ぶことはできない．このため，マトリックスどうしを矢印 ⟶ で結びながら変形する．

それでは，基本変形の過程を矢印ではなく等号で結ぶにはどうすればよいか？

(ねらい) Gauss-Jordan の消去法を活用するときには，マトリックスの変形前後を矢印で結べばよい．しかし，本問は実用上の問題ではなく，基本変形の意味を探るための問題である．ここで，マトリックスの乗法が重要な役目を果たす事情を理解する．与えられた乗法を計算するのではなく，目的のマトリックスをつくるためにはどんな乗法を考えればよいかを工夫する．

(発想) マトリックスの基本変形とは，つぎの三つの操作を指す．

1．一つの行に 0 でない数を掛ける．

2．二つの行を入れ換える．

3．一つの行に，ほかの行（ほかの方程式）を何倍かして加える．

変形前のマトリックスと変形後のマトリックスを等号で結ぶためには，

（特別な形のマトリックス）掛ける（変形前のマトリックス）

＝変形後のマトリックス

または

（変形前のマトリックス）掛ける（特別な形のマトリックス）

＝変形後のマトリックス

の形を考えなければならない．

(解説) 簡単のために，4×4 マトリックス $\begin{pmatrix} a_{11} & a_{12} & a_{13} & a_{14} \\ a_{21} & a_{22} & a_{23} & a_{24} \\ a_{31} & a_{32} & a_{33} & a_{34} \\ a_{41} & a_{42} & a_{43} & a_{44} \end{pmatrix}$ について考える．

同じ考え方は，$n \times n$ マトリックスにもあてはまる．

1．第 2 行を c 倍する場合：

$$\begin{pmatrix} 1 & 0 & 0 & 0 \\ 0 & c & 0 & 0 \\ 0 & 0 & 1 & 0 \\ 0 & 0 & 0 & 1 \end{pmatrix}\begin{pmatrix} a_{11} & a_{12} & a_{13} & a_{14} \\ a_{21} & a_{22} & a_{23} & a_{24} \\ a_{31} & a_{32} & a_{33} & a_{34} \\ a_{41} & a_{42} & a_{43} & a_{44} \end{pmatrix} = \begin{pmatrix} a_{11} & a_{12} & a_{13} & a_{14} \\ ca_{21} & ca_{22} & ca_{23} & ca_{24} \\ a_{31} & a_{32} & a_{33} & a_{34} \\ a_{41} & a_{42} & a_{43} & a_{44} \end{pmatrix}$$

2．第 2 行を第 3 行と入れ換える場合：

$$\begin{pmatrix} 1 & 0 & 0 & 0 \\ 0 & 0 & 1 & 0 \\ 0 & 1 & 0 & 0 \\ 0 & 0 & 0 & 1 \end{pmatrix}\begin{pmatrix} a_{11} & a_{12} & a_{13} & a_{14} \\ a_{21} & a_{22} & a_{23} & a_{24} \\ a_{31} & a_{32} & a_{33} & a_{34} \\ a_{41} & a_{42} & a_{43} & a_{44} \end{pmatrix} = \begin{pmatrix} a_{11} & a_{12} & a_{13} & a_{14} \\ a_{31} & a_{32} & a_{33} & a_{34} \\ a_{21} & a_{22} & a_{23} & a_{24} \\ a_{41} & a_{42} & a_{43} & a_{44} \end{pmatrix}$$

3．第 4 行の c 倍を第 2 行に加える場合：

たとえば，

$$(0\ c\ 0\ 0)\begin{pmatrix} a_{12} \\ a_{22} \\ a_{32} \\ a_{42} \end{pmatrix}$$

$= 0a_{12} + ca_{22} + 0a_{32}$
$+ 0a_{42}$
$= ca_{22}$

1，2，3 のどれも
（特別な形のマトリックス）
掛ける（変形前のマトリックス）
＝変形後のマトリックス
の形である．

ADVICE

$$\begin{pmatrix}1&0&0&0\\0&1&0&c\\0&0&1&0\\0&0&0&1\end{pmatrix}\begin{pmatrix}a_{11}&a_{12}&a_{13}&a_{14}\\a_{21}&a_{22}&a_{23}&a_{24}\\a_{31}&a_{32}&a_{33}&a_{34}\\a_{41}&a_{42}&a_{43}&a_{44}\end{pmatrix}$$

$$=\begin{pmatrix}a_{11}&a_{12}&a_{13}&a_{14}\\a_{21}+ca_{41}&a_{22}+ca_{42}&a_{23}+ca_{43}&a_{24}+ca_{44}\\a_{31}&a_{32}&a_{33}&a_{34}\\a_{41}&a_{42}&a_{43}&a_{44}\end{pmatrix}$$

（補足）

1．第2列を c 倍する場合：

$$\begin{pmatrix}a_{11}&a_{12}&a_{13}&a_{14}\\a_{21}&a_{22}&a_{23}&a_{24}\\a_{31}&a_{32}&a_{33}&a_{34}\\a_{41}&a_{42}&a_{43}&a_{44}\end{pmatrix}\begin{pmatrix}1&0&0&0\\0&c&0&0\\0&0&1&0\\0&0&0&1\end{pmatrix}=\begin{pmatrix}a_{11}&a_{12}c&a_{13}&a_{14}\\a_{21}&a_{22}c&a_{23}&a_{24}\\a_{31}&a_{32}c&a_{33}&a_{34}\\a_{41}&a_{42}c&a_{43}&a_{44}\end{pmatrix}$$

2．第2列を第3列と入れ換える場合：

$$\begin{pmatrix}a_{11}&a_{12}&a_{13}&a_{14}\\a_{21}&a_{22}&a_{23}&a_{24}\\a_{31}&a_{32}&a_{33}&a_{34}\\a_{41}&a_{42}&a_{43}&a_{44}\end{pmatrix}\begin{pmatrix}1&0&0&0\\0&0&1&0\\0&1&0&0\\0&0&0&1\end{pmatrix}=\begin{pmatrix}a_{11}&a_{13}&a_{12}&a_{14}\\a_{21}&a_{23}&a_{22}&a_{24}\\a_{31}&a_{33}&a_{32}&a_{34}\\a_{41}&a_{43}&a_{42}&a_{44}\end{pmatrix}$$

3．第4列の c 倍を第2列に加える場合：

$$\begin{pmatrix}a_{11}&a_{12}&a_{13}&a_{14}\\a_{21}&a_{22}&a_{23}&a_{24}\\a_{31}&a_{32}&a_{33}&a_{34}\\a_{41}&a_{42}&a_{43}&a_{44}\end{pmatrix}\begin{pmatrix}1&0&0&0\\0&1&0&0\\0&0&1&0\\0&c&0&1\end{pmatrix}=\begin{pmatrix}a_{11}&a_{12}+a_{14}c&a_{13}&a_{14}\\a_{21}&a_{22}+a_{24}c&a_{23}&a_{24}\\a_{31}&a_{32}+a_{34}c&a_{33}&a_{34}\\a_{41}&a_{42}+a_{44}c&a_{43}&a_{44}\end{pmatrix}$$

1，2，3のどれも
(変形前のマトリックス)
掛ける（特別な形のマトリックス)
＝変形後のマトリックス
の形である．

4.2　Gauss-Jordanの消去法

例題1.4(1)のGauss-Jordanの消去法の過程をマトリックスの乗法で表せ．

（ねらい）自己診断4.1の結果を適用する．

（発想）第1行と第2行との入れ換え，第2行－第1行×3，第2行×(－1/5)のそれぞれの過程を表すマトリックスを考える．

（解説）

$$\underbrace{\begin{pmatrix}0&1\\1&0\end{pmatrix}\begin{pmatrix}3&1&9\\1&2&8\end{pmatrix}}_{\text{第1行と第2行との入れ換え}}=\begin{pmatrix}1&2&8\\3&1&9\end{pmatrix}$$

$$\underbrace{\begin{pmatrix}1&0\\-3&1\end{pmatrix}\begin{pmatrix}1&2&8\\3&1&9\end{pmatrix}}_{\text{第2行－第1行×3}}=\begin{pmatrix}1\times1+0\times3&1\times2+0\times1&1\times8+0\times9\\(-3)\times1+1\times3&(-3)\times2+1\times1&(-3)\times8+1\times9\end{pmatrix}$$

$$=\begin{pmatrix}1&2&8\\0&-5&-15\end{pmatrix}$$

$$\underbrace{\begin{pmatrix}1&0\\0&-\frac{1}{5}\end{pmatrix}\begin{pmatrix}1&2&8\\0&-5&-15\end{pmatrix}}_{\text{第2行×(－1/5)}}=\begin{pmatrix}1&2&8\\0&1&3\end{pmatrix}$$

$$\underbrace{\begin{pmatrix}1&-2\\0&1\end{pmatrix}\begin{pmatrix}1&2&8\\0&1&3\end{pmatrix}}_{\text{第1行−第2行×2}}=\begin{pmatrix}1\times1+(-2)\times0&1\times2+(-2)\times1&1\times8+(-2)\times3\\0\times1+1\times0&0\times2+1\times1&0\times8+1\times3\end{pmatrix}$$

$$=\begin{pmatrix}1&0&2\\0&1&3\end{pmatrix}$$

まとめると

$$\begin{pmatrix}1&-2\\0&1\end{pmatrix}\begin{pmatrix}1&0\\0&-\frac{1}{5}\end{pmatrix}\begin{pmatrix}1&0\\-3&1\end{pmatrix}\begin{pmatrix}0&1\\1&0\end{pmatrix}\begin{pmatrix}3&1&9\\1&2&8\end{pmatrix}=\begin{pmatrix}1&0&2\\0&1&3\end{pmatrix}$$

となる．

ADVICE

四つの2×2マトリックス

$\begin{pmatrix}1&-2\\0&1\end{pmatrix}$, $\begin{pmatrix}1&0\\0&-\frac{1}{5}\end{pmatrix}$, $\begin{pmatrix}1&0\\-3&1\end{pmatrix}$, $\begin{pmatrix}0&1\\1&0\end{pmatrix}$

の積も2×2マトリックスである．

1.5 階数（rank）— 連立1次方程式が解を持つための条件

1.5.1 階数の意味1 — 実質的な方程式の個数

1.4節でGauss-Jordanの消去法の本質を理解するために，未知数が2個の例題を考えた．しかし，この解法は，未知数の個数に関係なく適用できる．**もとの係数マトリックスを階段マトリックスの形に書き直す**という発想が重要である．

$$\begin{pmatrix}\diamondsuit_{11}&\diamondsuit_{12}&\diamondsuit_{13}\\\diamondsuit_{21}&\diamondsuit_{22}&\diamondsuit_{23}\\\diamondsuit_{31}&\diamondsuit_{32}&\diamondsuit_{33}\end{pmatrix}\xrightarrow{\text{基本変形}}\begin{pmatrix}1&\spadesuit&\clubsuit\\0&1&\heartsuit\\0&0&1\end{pmatrix}\quad\text{階段状　左下方0}$$

階段マトリックス

すべての成分が0の行（0だけが並んだ行）は，階段をつくらないとみなす．

ここでは，♢，♠，♣，♡は数を表す記号として使った．

> **[疑問]** 例題1.4の三つの場合は，解の個数がそれぞれ1個，無数，0個である．どうして，こういうちがいがあるのだろうか？

この手がかりをつかむために，例題1.4(2)，(3)の基本変形の結果を振り返ってみよう．

(2)では $0x_1+0x_2=0$ を表す行 0 0 0

(3)では $0x_1+0x_2=-3$ を表す行 0 0 −3

で計算が終了した．(2)の解が無数に求まる理由と(3)の解が求まらない理由とは，これらの行に関係がありそうである．こういうわけで，すべての成分が0の行があるかどうかに着目して，階数の概念を考える．

rank：マトリックスの順位づけ

[注意] 1階微分，2階微分などの階数とは意味がちがう．

$\begin{pmatrix}1&\spadesuit&\clubsuit\\\boxed{0}&1&\heartsuit\\\boxed{0\ \ 0}&&1\end{pmatrix}$

と書くと，階数（階段の段数）を2と誤解するおそれがある．

対応規則：階段マトリックスに変形して零ベクトル以外の行の個数を数える．

階数（ランク）の定義

> マトリックス A にGauss-Jordanの消去法（掃き出し法）を適用して階段マトリックスに変形したとき，
>
> 0でない成分を少なくとも一つ含む行の個数
>
> （零ベクトルでないヨコベクトルの個数）
>
> をマトリックス A の階数（ランク）という．　**記号**：rank

零ベクトルでない行の個数は，階段の段数を表す．

$$\begin{pmatrix}1&\spadesuit&\clubsuit\\0&1&\heartsuit\\0&0&1\end{pmatrix}\begin{matrix}\text{3段}\\\text{2段}\\\text{1段}\end{matrix}$$

マトリックスの集合 M（あらゆるマトリックスの集まり）から実数の集合 $\boldsymbol{R}$（あらゆる実数の集まり）への写像を

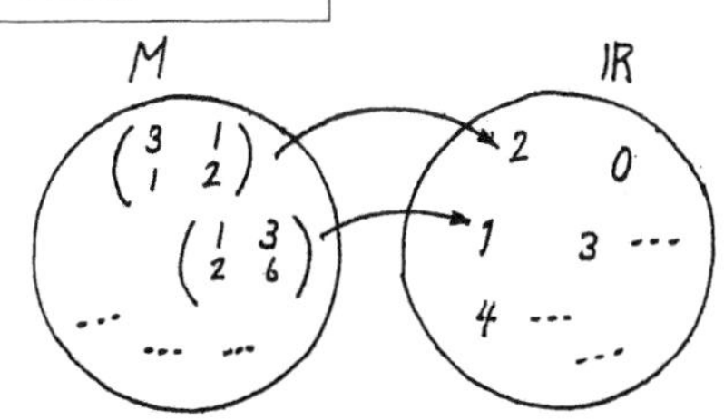

図1.18　マトリックスの集合 M から実数の集合 $\boldsymbol{R}$ への写像

考えてみる．集合 M から一つのマトリックスを選び集合 $\boldsymbol{R}$ の要素を一つ対応させる規則（関数）が rank である．rank$A$ の値は一つに決まる．

ADVICE
matrix の頭文字 M
0.2 節④関数の概念の拡張

問 1.9 例題 1.4 について，係数マトリックスの階数，拡大係数マトリックスの階数を求めよ．

（解説） 階数を求めるときには，まず階段マトリックスに変形する．

(1) $\left(\begin{array}{cc|c} 3 & 1 & 9 \\ 1 & 2 & 8 \end{array}\right) \xrightarrow{\text{基本変形}} \left(\begin{array}{cc|c} 1 & 0 & 2 \\ 0 & 1 & 3 \end{array}\right)$

係数マトリックス

$\begin{pmatrix} 1 & 0 \\ 0 & 1 \end{pmatrix}$ 零ベクトルでない行は 2 個　だから $\mathrm{rank}\begin{pmatrix} 3 & 1 \\ 1 & 2 \end{pmatrix}=2$ と表す．

拡大係数マトリックス

$\begin{pmatrix} 1 & 0 & 2 \\ 0 & 1 & 3 \end{pmatrix}$ 零ベクトルでない行は 2 個　だから $\mathrm{rank}\begin{pmatrix} 3 & 1 & 9 \\ 1 & 2 & 8 \end{pmatrix}=2$ と表す．

(2) $\left(\begin{array}{cc|c} 1 & 3 & 2 \\ 2 & 6 & 4 \end{array}\right) \xrightarrow{\text{基本変形}} \left(\begin{array}{cc|c} 1 & 3 & 2 \\ 0 & 0 & 0 \end{array}\right)$

係数マトリックス

$\begin{pmatrix} 1 & 3 \\ 0 & 0 \end{pmatrix}$ 零ベクトルでない行は 1 個　だから $\mathrm{rank}\begin{pmatrix} 1 & 3 \\ 2 & 6 \end{pmatrix}=1$ と表す．

拡大係数マトリックス

$\begin{pmatrix} 1 & 3 & 2 \\ 0 & 0 & 0 \end{pmatrix}$ 零ベクトルでない行は 1 個　だから $\mathrm{rank}\begin{pmatrix} 1 & 3 & 2 \\ 2 & 6 & 4 \end{pmatrix}=1$ と表す．

(3) $\left(\begin{array}{cc|c} 1 & 3 & 4 \\ 2 & 6 & 5 \end{array}\right) \xrightarrow{\text{基本変形}} \left(\begin{array}{cc|c} 1 & 3 & 4 \\ 0 & 0 & -3 \end{array}\right)$

係数マトリックス

$\begin{pmatrix} 1 & 3 \\ 0 & 0 \end{pmatrix}$ 零ベクトルでない行は 1 個　だから $\mathrm{rank}\begin{pmatrix} 1 & 3 \\ 2 & 6 \end{pmatrix}=1$ と表す．

拡大係数マトリックス

$\begin{pmatrix} 1 & 3 & 4 \\ 0 & 0 & -3 \end{pmatrix}$ 零ベクトルでない行は 2 個　だから $\mathrm{rank}\begin{pmatrix} 1 & 3 & 4 \\ 2 & 6 & 5 \end{pmatrix}=2$ と表す．

$\sin\theta$, $\log x$, … の sin, log, … が rank にあたり，θ, x, … が A にあたる．rank は関数記号だから sin, log などと同様に立体で書く（0.1 節例題 0.1）．

1.4 節例題 1.4(1)
階段の段数 2（0 でない成分を少なくとも一つ含む行の個数）
1 0　2段
0 1　1段
階数の段数 2（0 でない成分を少なくとも一つ含む行の個数）
1 0 2　2段
0 1 3　1段

1.4 節例題 1.4(2)
階段の段数 1（0 でない成分を少なくとも一つ含む行の個数）
1 3　1段
0 0
階段の段数 1（0 でない成分を少なくとも一つ含む行の個数）
1 3 2　1段
0 0 0

1.4 節例題 1.4(3)
階段の段数 1（0 でない成分を少なくとも一つ含む行の個数）
1 3　1段
0 0
階段の段数 2（0 でない成分を少なくとも一つ含む行の個数）
1 3 4　2段
0 0 −3　1段

(2) $0x_1+0x_2=0$ は連立方程式を解くときに使えない方程式である．

(3) 係数マトリックスの第 2 行は 0 0 ($0x_1+0x_2$ を表す) だが，拡大係数マトリックスの第 2 行は 0 0 −3 である．つまり，係数マトリックスと拡大係数マトリックスとでは階数（零ベクトルでない行の個数）が一致しない．こういうときには，$0x_1+0x_2=♡$ ($♡\neq0$) となって解が存在しない．

拡大係数マトリックスの階数の表す意味

拡大係数マトリックスの階数は，連立 1 次方程式として与えた n 個の 1 次方程式の中で実質的な方程式の個数（0=0は数えない）を表す．

問 1.10 この事情を例題 1.4 について確かめよ．

（解説） (1) 2 個の未知数 x_1, x_2 に対して，$1x_1+0x_2=2$ と $0x_1+1x_2=3$ との 2 個の 1 次方程式がある．拡大係数マトリックスの階数は 2 である．

(2) 2 個の未知数 x_1, x_2 に対して，実質的に $1x_1+3x_2=2$ の 1 個の 1 次方

程式しかない．拡大係数マトリックスの階数は1である．

(3)　2個の未知数 x_1，x_2 に対して，$1x_1+3x_2=4$ と $0x_1+0x_2=-3$ との2個の1次方程式がある．拡大係数マトリックスの階数は2である．

ADVICE

(3) 1　3　4, 0　0　−3 の2行 (階数2) は $1x_1+3x_2=4$, $0x_1+0x_2=-3$ の2個の方程式を表す．

まとめ

未知数が n 個の連立1次方程式：$A\boldsymbol{x}=\boldsymbol{b}$（$A$ は係数マトリックス，$\boldsymbol{b}$ は定数項）

1．係数マトリックスの階数＝拡大係数マトリックスの階数
のとき解がある．

a．未知数の個数＝実質的な方程式の個数（拡大係数マトリックスの階数）のとき解は1個に決まる．

b．未知数の個数＞実質的な方程式の個数（拡大係数マトリックスの階数）のとき解は無数にある．

2．係数マトリックスの階数≠拡大係数マトリックスの階数
のとき解はない．

$\boldsymbol{b}$ はタテベクトルを表す．

$$\overbrace{\begin{pmatrix} 3 & 1 \\ 1 & 2 \end{pmatrix}}^{A}\overbrace{\begin{pmatrix} x_1 \\ x_2 \end{pmatrix}}^{x}=\overbrace{\begin{pmatrix} 9 \\ 8 \end{pmatrix}}^{b}$$

1．
a．例題1.4(1)
b．例題1.4(2)

2．
例題1.4(3)

0, 0でない係数が1行しかないのに，定数項が2行ある．こういう場合，解は求まらない．

未知数が1個の場合の1次方程式：$ax=b$（a, b は定数）の拡張になっていることがわかる．

0.2節②旧法則保存の原理

① $a\neq0$，$b=0$ のとき $x=0$（解は1個に決まる）．

② $a=0$，$b=0$ のとき $x=0/0$（解は無数にある）．

③ $a=0$，$b\neq0$ のとき $x=b/0$（解はない）．

1.4節［準備］参照

1.5.2　階数の意味2 ― 線型独立なタテベクトルの最大個数

なぜ連立1次方程式をマトリックスで表すのか

階数には，いろいろな意味を見出すことができる（1.5.1項，1.5.2項，1.5.3項）．しかし，連立1次方程式の形のまま見ていたのでは，それらの意味は浮かび上がってこない．連立1次方程式を係数マトリックス，拡大係数マトリックスの形で書き直すと，新しい発想が生まれる．1章でマトリックスを考えた理由を振り返ってみよう．

例題1.1（1.2節）の答を求めることだけがねらいであれば，マトリックスの概念を考える必然性は乏しい．この例題は，「数をまとめて表す」という発想を説明するための切り出しにすぎない．

① 入力と出力とを結びつけるはたらきを表す（1.2節）．

①は，本書の特色3（はしがき）と結びついている．

現実には，「入力に対してはたらきを施した上で出力を得る」というしくみ（システム）が多い．体積から価格を求めたり（例題1.1），製造予定の個数に必要な材料量を求めたりする．

② 連立1次方程式の解がどんな場合に求まるかということを判定する（1.5節）．

「出力が望みの値になるためには，入力をどんな値にすればよいか」を知りたい場合がある．こういうときに，連立1次方程式を立てる．この解は，係数マトリックスの数の並びにどんな特徴があるかによって決まる（1.5.1項まとめ）．

係数マトリックスは入力と出力とを結びつける．

一つの式の係数，定数項はよこ方向に並んでいるので，ヨコベクトルとして扱える．このようなヨコベクトルの並びが拡大係数マトリックスである．1.5.1項で階数の概念を導入したときには，ヨコベクトルに注目した．これに対して，1.5.2項では拡大係数マトリックスをタテベクトルの並びと見る．この見方によって，連立1次方程式の解の幾何的意味がわかる．

[準備]　線型独立と線型従属

● **線型独立**：どのベクトルも他のベクトルの線型結合でつくり出せない（互いに独立である）．

例 $\begin{pmatrix}1\\0\\0\end{pmatrix}=\begin{pmatrix}0\\1\\0\end{pmatrix}c_1+\begin{pmatrix}0\\0\\1\end{pmatrix}c_2$ の形で表せない．

● **線型従属**：どれか一つのベクトルが他のベクトルの線型結合でつくり出せる（互いに従属している）．

例 $\begin{pmatrix}3\\2\end{pmatrix}=\begin{pmatrix}1\\0\end{pmatrix}3+\begin{pmatrix}0\\1\end{pmatrix}2$ の形で表せる．

代数の見方

$$\begin{cases}3x_1+1x_2=9\\1x_1+2x_2=8\end{cases}\longrightarrow\cdots\cdots\longrightarrow\begin{cases}1x_1+0x_2=2\\0x_1+1x_2=3\end{cases}$$

を**タテベクトルの線型結合**の形

$$\begin{pmatrix}3\\1\end{pmatrix}x_1+\begin{pmatrix}1\\2\end{pmatrix}x_2=\begin{pmatrix}9\\8\end{pmatrix}\longrightarrow\cdots\cdots\longrightarrow\begin{pmatrix}1\\0\end{pmatrix}x_1+\begin{pmatrix}0\\1\end{pmatrix}x_2=\begin{pmatrix}2\\3\end{pmatrix}$$

と見ることができる．したがって，Gauss-Jordanの消去法

$$\begin{pmatrix}3&1&9\\1&2&8\end{pmatrix}\longrightarrow\cdots\cdots\longrightarrow\begin{pmatrix}1&0&2\\0&1&3\end{pmatrix}$$

は，**結合係数（x_1 と x_2）の値の求め方**と考えることができる．係数マトリックスの階数と拡大係数マトリックスの階数（これらのマトリックスを階段マトリックスに変形したときの階段の段数）とのどちらも2のとき，x_1 の値と x_2 の値とが**1組だけ求まる**（1.5.1項問1.9参照）．$x_1=2$，$x_2=3$ だから，$\underbrace{\begin{pmatrix}9\\8\end{pmatrix}}_{\text{定数項}}=\underbrace{\begin{pmatrix}3\\1\end{pmatrix}2+\begin{pmatrix}1\\2\end{pmatrix}3}_{\text{係数マトリックスのタテベクトル}}$ の線型結合の形で**1通りに表せる**．つまり，**2個の係数**の値が求まるので，$\begin{pmatrix}9\\8\end{pmatrix}$ は**2個のベクトル** $\begin{pmatrix}3\\1\end{pmatrix}$，$\begin{pmatrix}1\\2\end{pmatrix}$ に線型従属である．3個のベクトル $\begin{pmatrix}9\\8\end{pmatrix}$，$\begin{pmatrix}3\\1\end{pmatrix}$，$\begin{pmatrix}1\\2\end{pmatrix}$ は線型独立ではないが，**2個のベクトル** $\begin{pmatrix}3\\1\end{pmatrix}$，$\begin{pmatrix}1\\2\end{pmatrix}$ **は線型独立である**．したがって，

> $\underbrace{\text{基本変形で得た階段マトリックスの階段の段数}}_{2}$（零ベクトルでない行の個数）
> $=\underbrace{\text{拡大係数マトリックスをつくる線型独立なタテベクトルの最大個数}}_{2}$

がわかる．つまり，

ADVICE

たとえば，$3x_1+1x_2=9$ は，係数3，1，定数項9がよこ方向に並んでいる．

一般に，n 個のベクトル $\boldsymbol{a}_1$，$\boldsymbol{a}_2$，…，$\boldsymbol{a}_n$ に対して，任意の実数 c_1，c_2，…，c_n を使って $\boldsymbol{a}_1c_1+\boldsymbol{a}_2c_2+\cdots+\boldsymbol{a}_nc_n$ の形で表したベクトルを $\boldsymbol{a}_1$，$\boldsymbol{a}_2$，…，$\boldsymbol{a}_n$ の線型結合という（1.1節）．

幾何的意味は1.5.2項自己診断5.1参照．

本文の線型独立の例 c_1，c_2 がどんな値でも，右辺第1行どうしの和は $0c_1+0c_2=0$ となるので，左辺第1行の1をつくることができない．

1.4節例題1.4

$\begin{pmatrix}3\\1\end{pmatrix}x_1+\begin{pmatrix}1\\2\end{pmatrix}x_2=\begin{pmatrix}3x_1+1x_2\\1x_1+2x_2\end{pmatrix}$

$\begin{pmatrix}1\\0\end{pmatrix}x_1+\begin{pmatrix}0\\1\end{pmatrix}x_2=\begin{pmatrix}1x_1+0x_2\\0x_1+1x_2\end{pmatrix}$

$\begin{pmatrix}1\\2\end{pmatrix}$ を3倍すると，第1行は1が3になるが，第2行は2が6になる．したがって，$\begin{pmatrix}3\\1\end{pmatrix}$ は $\begin{pmatrix}1\\2\end{pmatrix}$ で表せない．つまり，$\begin{pmatrix}3\\1\end{pmatrix}$ と $\begin{pmatrix}1\\2\end{pmatrix}$ とは，線型独立である．

1.5節　問1.9，（まとめ）参照

> 未知数の個数
> ＝実質的な方程式の個数
> （拡大係数マトリックスの階数）
> のとき，解が1組に決まる．

階段の段数2（0でない成分を少なくとも一つ含む行の個数）

1 0 2	2段
0 1 3	1段

基本変形で得た階段マトリックスの階段の段数が n のとき，
拡大係数マトリックスをつくるタテベクトルのうち n 個が線型独立である

と見ることができる．**連立 1 次方程式の定数項は，係数マトリックスをつくるタテベクトルどうしの線型結合で 1 通りに表せる．**つぎの問 1.11 は，1 通りに表せない場合の例である．

ADVICE

$\left(\boxed{\begin{matrix}3\\1\end{matrix}}\ \boxed{\begin{matrix}1\\2\end{matrix}}\ \boxed{\begin{matrix}9\\8\end{matrix}}\right)$

線型独立なタテベクトルはこれらのうち 2 個

問 1.11 たとえば，$\begin{pmatrix}2\\4\end{pmatrix}=\begin{pmatrix}1\\2\end{pmatrix}(-1)+\begin{pmatrix}3\\6\end{pmatrix}1$ だから，$\begin{pmatrix}2\\4\end{pmatrix}$ は $\begin{pmatrix}1\\2\end{pmatrix}$ と $\begin{pmatrix}3\\6\end{pmatrix}$ との線型結合で表せる．しかし，$\begin{pmatrix}1\\2\end{pmatrix}$ と $\begin{pmatrix}3\\6\end{pmatrix}$ とは線型独立ではない．これはどのように考えればよいか？

解説 例題 1.4 (3) $\begin{cases}1x_1+3x_2=2\\2x_1+6x_2=4\end{cases}$

の第 2 式は第 1 式の 2 倍だから，2 個の方程式は実質的に同一である．

$\underbrace{\text{未知数の個数}}_{2}>\underbrace{\text{実質的な方程式の個数}}_{1}$（＝拡大係数マトリックスの階数）

だから（1.5.1 項（まとめ）），解は 1 組ではない．$x_1=1$，$x_2=1/3$ を選んで，$\begin{pmatrix}2\\4\end{pmatrix}=\begin{pmatrix}1\\2\end{pmatrix}1+\begin{pmatrix}3\\6\end{pmatrix}\frac{1}{3}$ とも表せる．もとの連立 1 次方程式は $\begin{pmatrix}1\\2\end{pmatrix}x_1+\begin{pmatrix}1\\2\end{pmatrix}3x_2=\begin{pmatrix}1\\2\end{pmatrix}2$ と書けるが，$x_1+3x_2=2$ をみたす x_1 の値と x_2 の値との組は無数にある．

第 2 式の係数と定数項とはどれも第 1 式の係数と定数項とのナントカ倍（ここでは 2 倍）になっている．だから，どのタテベクトルも第 2 成分は第 1 成分の 2 倍であり，$\begin{pmatrix}1\\2\end{pmatrix}$ で表せる $\left[\begin{pmatrix}3\\6\end{pmatrix}\right.$ は $\begin{pmatrix}1\\2\end{pmatrix}$ の 3 倍，$\begin{pmatrix}2\\4\end{pmatrix}$ は $\begin{pmatrix}1\\2\end{pmatrix}$ の $\left.2\text{ 倍}\right]$．

実質的な方程式が 1 個（拡大係数マトリックスの階数が 1）のとき，線型独立なタテベクトルは 1 個である $\left[\text{この例では，}\begin{pmatrix}1\\2\end{pmatrix},\ \begin{pmatrix}3\\6\end{pmatrix},\ \begin{pmatrix}2\\4\end{pmatrix}\text{ のうち }\begin{pmatrix}1\\2\end{pmatrix}\right]$．

2 個のタテベクトルが線型独立**でない**（一方が他方のナントカ倍で表せる）とき，線型結合の形は一つに限らない．2 個のタテベクトルが線型独立の場合に，線型結合の形が一つに決まる．

$x_1=-1$，$x_2=1$ のほかに，$x_1=1$，$x_2=1/3$；$x_1=1/3$，$x_2=5/9$ なども解である．

$\begin{pmatrix}1\\2\end{pmatrix}x_1+\begin{pmatrix}3\\6\end{pmatrix}x_2$
$=\begin{pmatrix}1\\2\end{pmatrix}(x_1+3x_2)$

だから，$x_1+3x_2=2$ をみたす x_1，x_2 であればどんな値でもよい．

Gauss-Jordan の消去法

①，②はそれぞれ変形前の第 1 行，第 2 行を表す．

$\begin{pmatrix}1&3&2\\2&6&4\end{pmatrix}$
↓②−①×2
$\begin{pmatrix}1&3&2\\0&0&0\end{pmatrix}$

からも実質的に第 1 行の表す方程式しかないことがわかる．

階段の段数 1

$\boxed{1\ 3\ 2}$ 1 段
0 0 0

$\left(\boxed{\begin{matrix}1\\2\end{matrix}}\ \boxed{\begin{matrix}3\\6\end{matrix}}\ \boxed{\begin{matrix}2\\4\end{matrix}}\right)$

線型独立なタテベクトルはこれらのうち 1 個

1.5.3 項［注意 2］参照

問 1.11 からも，

$\underbrace{\text{基本変形で得た階段マトリックスの階段の段数}}_{1}$（零ベクトルでない行の個数）
$=\underbrace{\text{拡大係数マトリックスをつくる線型独立なタテベクトルの最大個数}}_{1}$

がわかる．

未知数の個数 ＞ 実質的な方程式の個数（拡大係数マトリックスの階数）のとき，解が無数にある．

［注意 1］ もとの拡大係数マトリックスの線型独立なタテベクトルの最大個数
＝階段マトリックスの線型独立なタテベクトルの最大個数

$$\underbrace{\begin{pmatrix}3\\1\end{pmatrix}}_{\boldsymbol{a}_1}\underbrace{x_1}_{2}+\underbrace{\begin{pmatrix}1\\2\end{pmatrix}}_{\boldsymbol{a}_2}\underbrace{x_2}_{3}=\underbrace{\begin{pmatrix}9\\8\end{pmatrix}}_{\boldsymbol{b}}\longrightarrow\cdots\cdots\longrightarrow\underbrace{\begin{pmatrix}1\\0\end{pmatrix}}_{\boldsymbol{e}_1}\underbrace{x_1}_{2}+\underbrace{\begin{pmatrix}0\\1\end{pmatrix}}_{\boldsymbol{e}_2}\underbrace{x_2}_{3}=\underbrace{\begin{pmatrix}2\\3\end{pmatrix}}_{\boldsymbol{x}}$$

1.4 節例題 1.4 (1) 参照

$\begin{cases}3x_1+1x_2=9\\1x_1+2x_2=8\end{cases}$

$\begin{cases}1x_1+0x_2=2\\0x_1+1x_2=3\end{cases}$

ADVICE

Gauss-Jordan の消去法

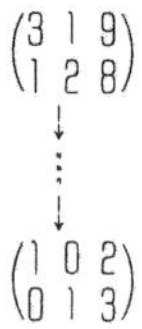

$\begin{pmatrix}1 & 0 & 2\\0 & 1 & 3\end{pmatrix}$　$\boldsymbol{e}_1$ は $\begin{pmatrix}1\\0\end{pmatrix}$，$\boldsymbol{e}_2$ は $\begin{pmatrix}0\\1\end{pmatrix}$

↑ 階段マトリックスでは，ここは必ず0である．　←この0のスカラー倍で右の1を表せない．

↓

$\boldsymbol{e}_2$ は $\boldsymbol{e}_1$ のスカラー倍で表せない．
タテベクトル $\boldsymbol{e}_1$，$\boldsymbol{e}_2$ は線型独立である．

$\boldsymbol{b}$ は線型独立な $\boldsymbol{a}_1$，$\boldsymbol{a}_2$ の線型結合で表せる．$\boldsymbol{b}$ は $\boldsymbol{a}_1$，$\boldsymbol{a}_2$ に線型従属である．

$\boldsymbol{x}$ は線型独立な $\boldsymbol{e}_1$，$\boldsymbol{e}_2$ の線型結合で表せる．$\boldsymbol{x}$ は $\boldsymbol{e}_1$，$\boldsymbol{e}_2$ に線型従属である．

幾何の見方

$$\begin{pmatrix}9\\8\end{pmatrix}=\begin{pmatrix}3\\1\end{pmatrix}\underbrace{x_1}_{2}+\begin{pmatrix}1\\2\end{pmatrix}\underbrace{x_1}_{3}$$

数ベクトル $\boldsymbol{b}=\boldsymbol{a}_1x_1+\boldsymbol{a}_2x_2$

↓同一視

幾何ベクトル $\vec{b}=\vec{a_1}x_1+\vec{a_2}x_2$

$$\begin{pmatrix}2\\3\end{pmatrix}=\begin{pmatrix}1\\0\end{pmatrix}\underbrace{x_1}_{2}+\begin{pmatrix}0\\1\end{pmatrix}\underbrace{x_2}_{3}$$

数ベクトル $\boldsymbol{x}=\boldsymbol{e}_1x_1+\boldsymbol{e}_2x_2$

↓同一視

幾何ベクトル $\vec{x}=\vec{e_1}x_1+\vec{e_2}x_2$

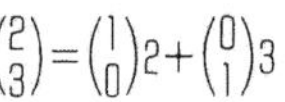

$\begin{pmatrix}2\\3\end{pmatrix}=\begin{pmatrix}1\\0\end{pmatrix}2+\begin{pmatrix}0\\1\end{pmatrix}3$

$\begin{pmatrix}2\\3\end{pmatrix}$ は $\begin{pmatrix}1\\0\end{pmatrix}$ と $\begin{pmatrix}0\\1\end{pmatrix}$ とに線型従属である．

$\begin{pmatrix}9\\8\end{pmatrix}=\begin{pmatrix}3\\1\end{pmatrix}2+\begin{pmatrix}1\\2\end{pmatrix}3$

$\begin{pmatrix}9\\8\end{pmatrix}$ は $\begin{pmatrix}3\\1\end{pmatrix}$ と $\begin{pmatrix}1\\2\end{pmatrix}$ とに線型従属である．

$\begin{pmatrix}3 & 1\\1 & 2\end{pmatrix}$ が表す線型写像

$\begin{pmatrix}2\\3\end{pmatrix}\mapsto\begin{pmatrix}9\\8\end{pmatrix}$

$\begin{pmatrix}1\\0\end{pmatrix}\mapsto\begin{pmatrix}3\\1\end{pmatrix}$

$\begin{pmatrix}0\\1\end{pmatrix}\mapsto\begin{pmatrix}1\\2\end{pmatrix}$

$\mapsto$ は要素どうしの対応を表す（0.2.4項参照）．

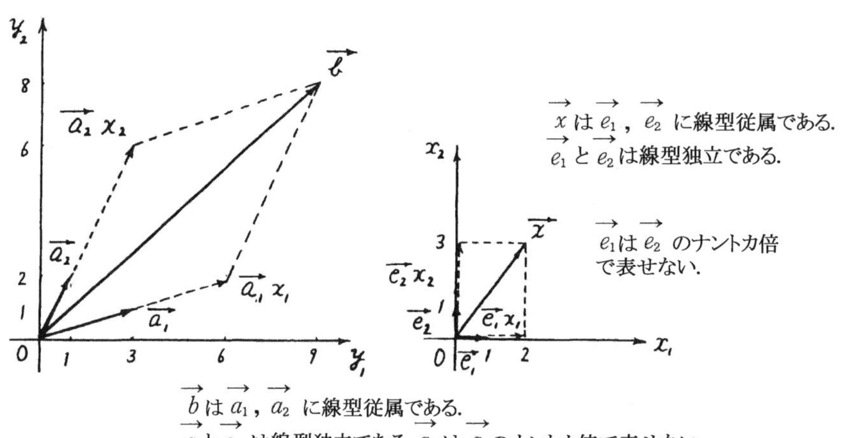

図 1.19　幾何ベクトルの線型結合

2個に限らず，基本変形によって，

線型独立な n 個のタテベクトルが線型独立な別の n 個のタテベクトルにうつる．

A は $\boldsymbol{R}^2$ から $\boldsymbol{R}^3$ への線型写像と $\boldsymbol{R}^3$ から $\boldsymbol{R}^2$ への線型写像とのどちらを表すかを考える．

0.2.4項参照

2実数は「2個の実数」である．
3実数は「3個の実数」である．

$\boldsymbol{R}^2$ の要素は $\begin{pmatrix}x_1\\x_2\end{pmatrix}$，$\boldsymbol{R}^3$ の要素は $\begin{pmatrix}y_1\\y_2\\y_3\end{pmatrix}$ である．

問 1.12　マトリックス $A=\begin{pmatrix}3 & 5\\2 & 6\\4 & 7\end{pmatrix}$ で表せる線型写像 f について，つぎの問に答えよ．

(1)　一般に，集合 X から集合 Y への写像を考えるとき，X を定義域，Y を値域という．「写像を表すマトリックスは左から入力に掛ける形で書く」と決めると，マトリックス $A=\begin{pmatrix}3 & 5\\2 & 6\\4 & 7\end{pmatrix}$ で表せる線型写像 f の定義域は，$\boldsymbol{R}^2$（2実数の組の集合）と $\boldsymbol{R}^3$（3実数の組の集合）とのどちらか？　理由も答えること．

(2) マトリックス A をタテベクトルの並びと見ることができる．
$\begin{pmatrix}3\\2\\4\end{pmatrix}$ と $\begin{pmatrix}5\\6\\7\end{pmatrix}$ とは線型独立か？

(3) $\boldsymbol{R}^3$ の要素は，$\begin{pmatrix}3\\2\\4\end{pmatrix}$ と $\begin{pmatrix}5\\6\\7\end{pmatrix}$ との線型結合で表せるか？

解説

(1) $\boldsymbol{R}^2$（要素は成分が2個のタテベクトル）

理由：$\boldsymbol{R}^3$ の要素をタテベクトルとすると，これは 3×1 マトリックスである．A は 3×2 マトリックスだから，A を左から 3×1 マトリックスに掛けることはできない．

$\boldsymbol{R}^3$ の要素をヨコベクトルとすると，これは 1×3 マトリックスである．だから，A を左から 1×3 マトリックスに掛けることはできない．

$\boldsymbol{R}^2$ の要素をヨコベクトルとすると，これは 1×2 マトリックスである．だから，A を左から 1×3 マトリックスに掛けることはできない．

(2) $\begin{pmatrix}3\\2\\4\end{pmatrix}=\begin{pmatrix}5\\6\\7\end{pmatrix}$ c をみたす c の値は求まらないから，$\begin{pmatrix}3\\2\\4\end{pmatrix}$ と $\begin{pmatrix}5\\6\\7\end{pmatrix}$ とは線型独立である．

(3) $\begin{pmatrix}y_1\\y_2\\y_3\end{pmatrix}=\begin{pmatrix}3\\2\\4\end{pmatrix}c_1+\begin{pmatrix}5\\6\\7\end{pmatrix}c_2$ と表す．たとえば，$c_1=1$，$c_2=1$ を選ぶと $\begin{pmatrix}y_1\\y_2\\y_3\end{pmatrix}=\begin{pmatrix}8\\8\\11\end{pmatrix}\in\boldsymbol{R}^3$ である．しかし，$\begin{pmatrix}y_1\\y_2\\y_3\end{pmatrix}=\begin{pmatrix}8\\8\\10\end{pmatrix}\in\boldsymbol{R}^3$ は $\begin{pmatrix}3\\2\\4\end{pmatrix}c_1+\begin{pmatrix}5\\6\\7\end{pmatrix}c_2$ の形で表せない．

補足1 $\begin{pmatrix}3\\2\\4\end{pmatrix}$，$\begin{pmatrix}5\\6\\7\end{pmatrix}$ を表す幾何ベクトルをそれぞれ $\overrightarrow{a_1}$，$\overrightarrow{a_2}$ とする．$\overrightarrow{a_1}$ と $\overrightarrow{a_2}$ との線型結合で表せる幾何ベクトルは，$\overrightarrow{a_1}$ と $\overrightarrow{a_2}$ との張る平面内にある．この平面内にない幾何ベクトルは，$\overrightarrow{a_1}$ と $\overrightarrow{a_2}$ との線型結合で表せな

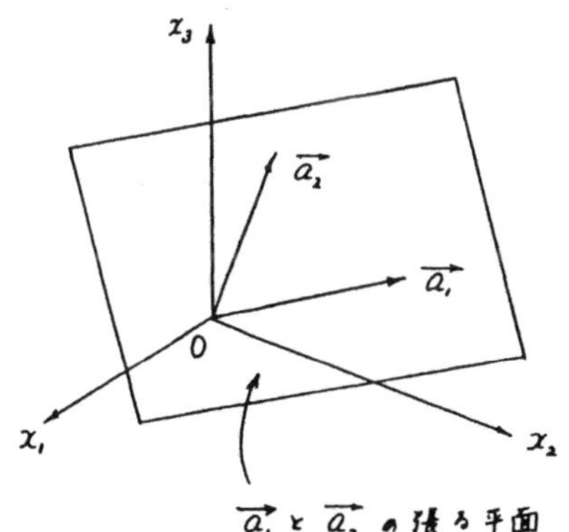

図1.21 $\overrightarrow{a_1}$ と $\overrightarrow{a_2}$

ADVICE

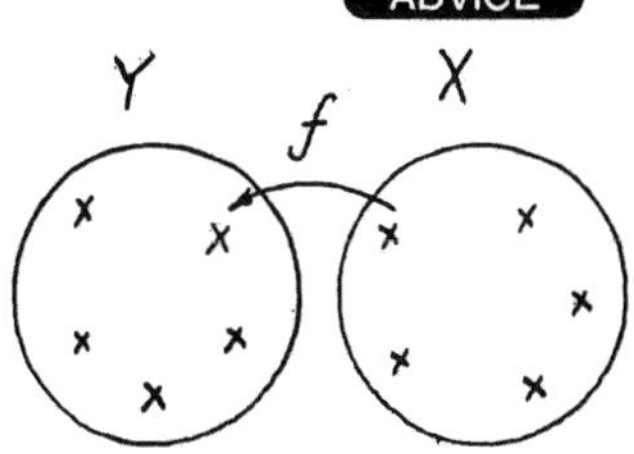

図1.20 定義域 X と値域 Y

○ $\begin{pmatrix}3&5\\2&6\\4&7\end{pmatrix}\begin{pmatrix}♣\\♠\end{pmatrix}$

× $\begin{pmatrix}3&5\\2&6\\4&7\end{pmatrix}\begin{pmatrix}♣\\♠\\♡\end{pmatrix}$

× $\begin{pmatrix}3&5\\2&6\\4&7\end{pmatrix}(♣\ ♠\ ♡)$

× $\begin{pmatrix}3&5\\2&6\\4&7\end{pmatrix}(♣\ ♠)$

［注意］
$\boldsymbol{R}^3=A\boldsymbol{R}^2$ と書いてはいけない．これは，
集合＝マトリックス掛ける集合
の形だから正しくない．マトリックス A は $\boldsymbol{R}^2$ の要素 $\begin{pmatrix}x_1\\x_2\end{pmatrix}$ に掛ける．

$c_1=1$，$c_2=1$ を選ぶと，第1成分，第2成分はそれぞれ $8=3\cdot1+5\cdot1$，$8=2\cdot1+6\cdot1$ だが，第3成分は $10\neq4\cdot1+7\cdot1$ である．

$c_1=1, c_2=1$ を選ぶと，第3成分は11だから，第1成分と第2成分とが8のままで第3成分が11以外の数である数ベクトルは線型結合で表せない．こういう数ベベクトルを簡単に見つけたことになる．

c：constant（定数）の頭文字

空間内の平面のベクトル表示について2.2.1項参照．

記号$\in$は，$\begin{pmatrix}y_1\\y_2\\y_3\end{pmatrix}$ が集合 $\boldsymbol{R}^3$ に属することを表す．

$$\begin{pmatrix}3&5\\2&6\\4&7\end{pmatrix}\begin{pmatrix}x_1\\x_2\end{pmatrix}=\begin{pmatrix}3x_1+5x_2\\2x_1+6x_2\\4x_1+7x_2\end{pmatrix}=\begin{pmatrix}3\\2\\4\end{pmatrix}x_1+\begin{pmatrix}5\\6\\7\end{pmatrix}x_2$$

平面のベクトル表示について，2.2.1項（pp.159–160）で理解する．

い．たとえば，$\begin{pmatrix}8\\8\\11\end{pmatrix}$ は，この平面内にあるが，$\begin{pmatrix}8\\8\\10\end{pmatrix}$ はこの平面内にない．

補足 2 「写像を表すマトリックスを右から入力に掛ける形で書く」と決めると，$\begin{pmatrix}y_1\\y_2\\y_3\end{pmatrix}=\begin{pmatrix}3&5\\2&6\\4&7\end{pmatrix}\begin{pmatrix}x_1\\x_2\end{pmatrix}$ は，$(y_1\ \ y_2\ \ y_3)=(x_1\ \ x_2)\begin{pmatrix}3&2&4\\5&6&7\end{pmatrix}$ と表す（1.2 節問 1.4）．

ADVICE

$\begin{pmatrix}3\\2\\4\end{pmatrix}$と$\begin{pmatrix}5\\6\\7\end{pmatrix}$との線型結合で表せるタテベクトルの集合は，マトリックス$\begin{pmatrix}3&5\\2&6\\4&7\end{pmatrix}$で表せる写像の像という（付録 B）．像は値域の部分集合である．値域という用語を像の意味で使う本もある．

自己診断 5

5.1 タテベクトルの線型独立性，線型従属性の判定法

(1) 三つのタテベクトル $\begin{pmatrix}2\\4\\1\end{pmatrix}$，$\begin{pmatrix}1\\1\\-1\end{pmatrix}$，$\begin{pmatrix}1\\3\\7\end{pmatrix}$ は線型独立か？

(2) 三つのタテベクトル $\begin{pmatrix}2\\4\\2\end{pmatrix}$，$\begin{pmatrix}1\\2\\1\end{pmatrix}$，$\begin{pmatrix}1\\3\\2\end{pmatrix}$ は線型独立か？

ねらい Gauss-Jordan の消去法で 3 元連立 1 次方程式を解く過程を理解する．

発想 $\boldsymbol{a}_3=\boldsymbol{a}_1c_1+\boldsymbol{a}_2c_2$ となる実数 c_1，c_2 が存在する（$\boldsymbol{a}_3$ が $\boldsymbol{a}_1$ と $\boldsymbol{a}_2$ との線型結合で表せる）とき

$$\boldsymbol{a}_1c_1+\boldsymbol{a}_2c_2+\boldsymbol{a}_3(-1)=\boldsymbol{0}.$$

0 でない係数があっても，線型結合が $\boldsymbol{0}$ になる．

線型従属：どれか一つのベクトルが他のすべてのベクトルの線型結合で表せる．
$c_1=c_2=\cdots=c_n=0$ でなくても，$\boldsymbol{a}_1c_1+\boldsymbol{a}_2c_2+\cdots+\boldsymbol{a}_nc_n=\boldsymbol{0}$ が成り立つ．

線型独立：どのベクトルも，他のすべてのベクトルの線型結合で表せない．
各ベクトルが勝手に振る舞っている（独立している）ので，すべてのベクトルを総動員しても一つのベクトルがつくれない．

$\vec{a}_2=\vec{a}_1c$ のとき：$\vec{a}_1$ と $\vec{a}_2$ とは，互いに同じ方向（向きは反対でもよい）の矢印である．

$\vec{a}_3=\vec{a}_1c_1+\vec{a}_2c_2$ のとき：$\vec{a}_1$ と $\vec{a}_2$ との張る平面内に $\vec{a}_3$ がある．

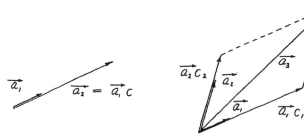

図 1.22 $\vec{a}_1$，$\vec{a}_2$，$\vec{a}_3$ の線型独立性・線型従属性

c：constant（定数）の頭文字

$\boldsymbol{a}$ が線型従属であるのは，$\boldsymbol{a}=\boldsymbol{0}$ のときである．

$0=0c\ (c\neq 0)$

$f(xk)=f(x)k$
$f(x+x')=f(x)+f(x')$
の二つの性質をみたすとき，「線型性が成り立つ」という．
これらの性質をまとめて
$f(xk+x'k')=f(x)k+f(x')k'$
と書くことができる（1.2 節）．
$xk+x'k'$ を線型結合という．
$\boldsymbol{a}_1c_1+\boldsymbol{a}_2c_2+\cdots+\boldsymbol{a}_nc_n$ も同じ形だから，線型結合である．

$\vec{a}_1$ と $\vec{a}_2$ との張る平面内に $\vec{a}_3$ がないとき，$\vec{a}_3$ は $\vec{a}_1$ と $\vec{a}_2$ とのつなぎ合わせでは表せない．こういうとき，$\vec{a}_1$，$\vec{a}_2$，$\vec{a}_3$ は線型独立である．

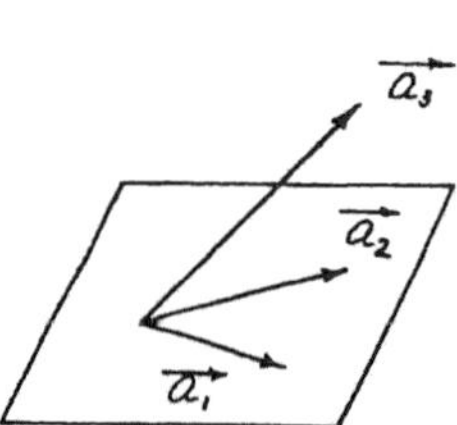

ADVICE

(解説) (1) $\begin{pmatrix}2\\4\\1\end{pmatrix}c_1+\begin{pmatrix}1\\1\\-1\end{pmatrix}c_2+\begin{pmatrix}1\\3\\7\end{pmatrix}c_3=\begin{pmatrix}0\\0\\0\end{pmatrix}$

の結合係数 c_1, c_2, c_3 を求めるために，3元連立1次方程式：

$$\begin{cases}2c_1+1c_2+1c_3=0\\4c_1+1c_2+3c_3=0\\1c_1-1c_2+7c_3=0\end{cases}$$

を解く．

$$\left(\begin{array}{ccc|c}2&1&1&0\\4&1&3&0\\1&-1&7&0\end{array}\right)$$

①と③との入れ換え $\longrightarrow$ $\begin{pmatrix}\mathbf{1}&-1&7&0\\4&1&3&0\\2&1&1&0\end{pmatrix}$

②−①×4 $\longrightarrow$ $\begin{pmatrix}1&-1&7&0\\\mathbf{0}&5&-25&0\\2&1&1&0\end{pmatrix}$

③−①×2 $\longrightarrow$ $\begin{pmatrix}1&-1&7&0\\0&5&-25&0\\\mathbf{0}&3&-13&0\end{pmatrix}$

②×$\frac{1}{5}$ $\longrightarrow$ $\begin{pmatrix}1&-1&7&0\\0&\mathbf{1}&-5&0\\0&3&-13&0\end{pmatrix}$

①+② $\longrightarrow$ $\begin{pmatrix}1&\mathbf{0}&2&0\\0&1&-5&0\\0&3&-13&0\end{pmatrix}$

③+②×(−3) $\longrightarrow$ $\begin{pmatrix}1&0&2&0\\0&1&-5&0\\0&\mathbf{0}&2&0\end{pmatrix}$

③×$\frac{1}{2}$ $\longrightarrow$ $\begin{pmatrix}1&0&2&0\\0&1&-5&0\\0&0&\mathbf{1}&0\end{pmatrix}$

①+③×(−2) $\longrightarrow$ $\begin{pmatrix}1&0&\mathbf{0}&0\\0&1&-5&0\\0&0&1&0\end{pmatrix}$

②+③×5 $\longrightarrow$ $\begin{pmatrix}1&0&0&0\\0&1&\mathbf{0}&0\\0&0&1&0\end{pmatrix}$

$$\begin{cases}c_1=0\\c_2=0\\c_3=0\end{cases}$$

> すべての係数が0のときに限って $\boldsymbol{a}_1c_1+\boldsymbol{a}_2c_2+\boldsymbol{a}_3c_3=\mathbf{0}$ となる．$\boldsymbol{a}_1$, $\boldsymbol{a}_2$, $\boldsymbol{a}_3$ は線型独立である．

(補足)

係数マトリックス

$\begin{pmatrix}\boxed{1\ 0\ 0}\\\boxed{0\ 1\ 0}\\\boxed{0\ 0\ 1}\end{pmatrix}$ ← 零ベクトルでない行は3個

だから rank $\begin{pmatrix}2&1&1\\4&1&3\\1&-1&7\end{pmatrix}=3$ と表す．

拡大係数マトリックス

$\begin{pmatrix}\boxed{1\ 0\ 0\ 0}\\\boxed{0\ 1\ 0\ 0}\\\boxed{0\ 0\ 1\ 0}\end{pmatrix}$ ← 零ベクトルでない行は3個

だから rank $\begin{pmatrix}2&1&1&0\\4&1&3&0\\1&-1&7&0\end{pmatrix}=3$ と表す．

$$\underbrace{\mathrm{rank}\begin{pmatrix}2&1&1\\4&1&3\\1&-1&7\end{pmatrix}=\mathrm{rank}\begin{pmatrix}2&1&1&0\\4&1&3&0\\1&-1&7&0\end{pmatrix}}$$

係数マトリックスの階数
＝拡大係数マトリックスの階数

実質的な方程式は3個ある

↕

零ベクトルでない行の個数（階数）は3個である．

↕

線型独立なタテベクトルは3個である．

定数項がすべて0のとき，斉次連立1次方程式という．

斉次は「せいじ」と読む．

3元連立1次方程式を解くと，三つのタテベクトル $\begin{pmatrix}2\\4\\1\end{pmatrix}$, $\begin{pmatrix}1\\1\\-1\end{pmatrix}$, $\begin{pmatrix}1\\3\\7\end{pmatrix}$ の間の線型独立性を判定することができる．

Gauss-Jordan の消去法で解く．

①，②，③はそれぞれ変形前の第1行，第2行，第3行を表す．

$\begin{pmatrix}1&0&0&0\\0&1&0&0\\0&0&1&0\end{pmatrix}$ は

$$\begin{cases}1c_1+0c_2+0c_3=0\\0c_1+1c_2+0c_3=0\\0c_1+0c_2+1c_3=0\end{cases}$$

を表している．

ADVICE

重要

並んでいる数の特徴によっては簡単に扱える場合もあるが，ほとんどの場合

$$\begin{matrix} \mathbf{1} & & \mathbf{0} & & \mathbf{0} \\ \downarrow & & \uparrow & & \uparrow \\ \mathbf{0} & & \mathbf{1} & & \mathbf{0} \\ \downarrow & \nearrow & \downarrow & & \uparrow \\ \mathbf{0} & & \mathbf{0} & \rightarrow & \mathbf{1} \end{matrix}$$

の順に1と0とをつくると効率がよい．

計算の進め方

はじめに1をつくる． つぎに，1を使って0をつくる このように進めると，計算が簡単になる．

$\begin{pmatrix}2\\4\\1\end{pmatrix}c_1+\begin{pmatrix}1\\1\\-1\end{pmatrix}c_2+\begin{pmatrix}1\\3\\7\end{pmatrix}c_3=\begin{pmatrix}0\\0\\0\end{pmatrix}$ が $c_1=0$，$c_2=0$，$c_3=0$ のときに限ることがわかる．したがって，三つのタテベクトル $\begin{pmatrix}2\\4\\1\end{pmatrix}$，$\begin{pmatrix}1\\1\\-1\end{pmatrix}$，$\begin{pmatrix}1\\3\\7\end{pmatrix}$ は線型独立である．

(補足) $\begin{pmatrix}2\\4\\1\end{pmatrix}$ を表す幾何ベクトルと $\begin{pmatrix}1\\1\\-1\end{pmatrix}$ を表す幾何ベクトルとをつなぎ合わせると，$\begin{pmatrix}1\\3\\7\end{pmatrix}$ を表す幾何ベクトルをつくることができるか？

幾何ベクトルは矢印と考えてよい（1.2節）．

(1)から $c_1=0$，$c_2=0$，$c_3=0$ なので，$\begin{pmatrix}2\\4\\1\end{pmatrix}c_1+\begin{pmatrix}1\\1\\-1\end{pmatrix}c_2+\begin{pmatrix}1\\3\\7\end{pmatrix}(-1)=\begin{pmatrix}0\\0\\0\end{pmatrix}$ の形で表せない．したがって，$\begin{pmatrix}2\\4\\1\end{pmatrix}$ を表す幾何ベクトルと $\begin{pmatrix}1\\1\\-1\end{pmatrix}$ を表す幾何ベクトルとをつなぎ合わせて $\begin{pmatrix}1\\3\\7\end{pmatrix}$ を表す幾何ベクトルをつくることはできない．

$\begin{pmatrix}2\\4\\1\end{pmatrix}c_1+\begin{pmatrix}1\\1\\-1\end{pmatrix}c_2$ $=\begin{pmatrix}1\\3\\7\end{pmatrix}$ は，$\begin{pmatrix}2\\4\\1\end{pmatrix}c_1+\begin{pmatrix}1\\1\\-1\end{pmatrix}c_2$ $+\begin{pmatrix}1\\3\\7\end{pmatrix}c_3=\begin{pmatrix}0\\0\\0\end{pmatrix}$，$c_3=-1$ と書き換えることができる．

(2)

$$\begin{pmatrix}2\\4\\2\end{pmatrix}c_1+\begin{pmatrix}1\\2\\1\end{pmatrix}c_2+\begin{pmatrix}1\\3\\2\end{pmatrix}c_3=\begin{pmatrix}0\\0\\0\end{pmatrix}$$

の結合係数 c_1，c_2，c_3 を求めるために，3元連立1次方程式：

$$\begin{cases} 2c_1+1c_2+1c_3=0 \\ 4c_1+2c_2+3c_3=0 \\ 2c_1+1c_2+2c_3=0 \end{cases}$$

を解く．

$$\left(\begin{array}{ccc|c} 2 & 1 & 1 & 0 \\ 4 & 2 & 3 & 0 \\ 2 & 1 & 2 & 0 \end{array}\right)$$

$$\xrightarrow{①\times\frac{1}{2}} \begin{pmatrix} \mathbf{1} & \frac{1}{2} & \frac{1}{2} & 0 \\ 4 & 2 & 3 & 0 \\ 2 & 1 & 2 & 0 \end{pmatrix}$$

$$\xrightarrow{②-①\times 4} \begin{pmatrix} 1 & \frac{1}{2} & \frac{1}{2} & 0 \\ \mathbf{0} & 0 & 1 & 0 \\ 2 & 1 & 2 & 0 \end{pmatrix}$$

$$\xrightarrow{③-①\times 2} \begin{pmatrix} 1 & \frac{1}{2} & \frac{1}{2} & 0 \\ 0 & 0 & 1 & 0 \\ \mathbf{0} & 0 & 1 & 0 \end{pmatrix}$$

$$\xrightarrow{③-②} \begin{pmatrix} 1 & \frac{1}{2} & \frac{1}{2} & 0 \\ 0 & 0 & 1 & 0 \\ 0 & 0 & 0 & 0 \end{pmatrix}$$

$$\begin{cases} 1c_1+\frac{1}{2}c_2+\frac{1}{2}c_3=0 \\ 0c_1+0\,c_2+1\,c_3=0 \\ 0c_1+0\,c_2+0\,c_3=0 \end{cases}$$

$$\begin{cases} c_1=-\frac{1}{2}t \\ c_2=t \\ c_3=0 \end{cases}$$

（t は任意の実数）

補足

係数マトリックス

$$\begin{pmatrix} 1 & \frac{1}{2} & \frac{1}{2} \\ 0 & 0 & 1 \\ 0 & 0 & 0 \end{pmatrix}$$

零ベクトルでない行は2個

だから $\mathrm{rank}\begin{pmatrix} 2 & 1 & 1 \\ 4 & 2 & 3 \\ 2 & 1 & 2 \end{pmatrix}=2$ と表す．

拡大係数マトリックス

$$\begin{pmatrix} 1 & \frac{1}{2} & \frac{1}{2} & 0 \\ 0 & 0 & 1 & 0 \\ 0 & 0 & 0 & 0 \end{pmatrix}$$

零ベクトルでない行は2個

だから $\mathrm{rank}\begin{pmatrix} 2 & 1 & 1 & 0 \\ 4 & 2 & 3 & 0 \\ 2 & 1 & 2 & 0 \end{pmatrix}=2$ と表す．

$$\underbrace{\mathrm{rank}\begin{pmatrix} 2 & 1 & 1 \\ 4 & 2 & 3 \\ 2 & 1 & 2 \end{pmatrix}=\mathrm{rank}\begin{pmatrix} 2 & 1 & 1 & 0 \\ 4 & 2 & 3 & 0 \\ 2 & 1 & 2 & 0 \end{pmatrix}}$$

係数マトリックスの階数
＝拡大係数マトリックスの階数

実質的な方程式は2個ある．

↕

零ベクトルでない行の個数（階数）は2個である．

↕

線型独立なタテベクトルは2個である．

$$\begin{pmatrix} 2 \\ 4 \\ 2 \end{pmatrix}c_1+\begin{pmatrix} 1 \\ 2 \\ 1 \end{pmatrix}c_2+\begin{pmatrix} 1 \\ 3 \\ 2 \end{pmatrix}c_3=\begin{pmatrix} 0 \\ 0 \\ 0 \end{pmatrix}$$

が $c_1=0$，$c_2=0$，$c_3=0$ のときとは限らないことがわかる．したがって，三つのタテベクトル $\begin{pmatrix} 2 \\ 4 \\ 2 \end{pmatrix}$，$\begin{pmatrix} 1 \\ 2 \\ 1 \end{pmatrix}$，$\begin{pmatrix} 1 \\ 3 \\ 2 \end{pmatrix}$ は線型独立ではない．

ADVICE

①，②，③は，それぞれ変形前の第1行，第2行，第3行を表す．

$$\begin{cases} c_1=t \\ c_2=-2t \\ c_3=0 \end{cases}$$

を解としてもよい．

$$\begin{pmatrix} 2 \\ 4 \\ 2 \end{pmatrix}t-2\begin{pmatrix} 1 \\ 2 \\ 1 \end{pmatrix}t+\begin{pmatrix} 1 \\ 3 \\ 2 \end{pmatrix}0=\begin{pmatrix} 0 \\ 0 \\ 0 \end{pmatrix}$$

と書ける．

$t=0$ を選ぶこともできるが，$t\neq 0$ をみたす値を選ぶこともできる．

すべての係数が0に限る場合は線型独立である．

ADVICE

5.2 タテベクトルの線型結合の結合係数の求め方

(1) $\begin{pmatrix}2\\4\\2\end{pmatrix}c_1+\begin{pmatrix}1\\2\\1\end{pmatrix}c_2+\begin{pmatrix}1\\3\\2\end{pmatrix}c_3=\begin{pmatrix}2\\5\\3\end{pmatrix}$ の結合係数を求めよ．

(2) $\begin{pmatrix}2\\4\\2\end{pmatrix}c_1+\begin{pmatrix}1\\2\\1\end{pmatrix}c_2+\begin{pmatrix}1\\3\\2\end{pmatrix}c_3=\begin{pmatrix}2\\5\\4\end{pmatrix}$ の結合係数を求めよ．

1.6.3項自己診断8.6参照

(ねらい) Gauss-Jordan の消去法で3元連立1次方程式を解く過程を理解する．

(発想) $\boldsymbol{b}$ が $\boldsymbol{a}_1$，$\boldsymbol{a}_2$，$\boldsymbol{a}_3$ の線型結合：

$$\boldsymbol{a}_1c_1+\boldsymbol{a}_2c_2+\boldsymbol{a}_3c_3=\boldsymbol{b}$$

で表せるとき $\boldsymbol{b}$ は $\boldsymbol{a}_1$，$\boldsymbol{a}_2$，$\boldsymbol{a}_3$ に線型従属である．

(1) 3元連立1次方程式：

$$\begin{cases}2c_1+1c_2+1c_3=2\\4c_1+2c_2+3c_3=5\\2c_1+1c_2+2c_3=3\end{cases}$$

を解く．

非斉次連立1次方程式
斉次は「せいじ」と読む．

$$\left(\begin{array}{ccc|c}2&1&1&2\\4&2&3&5\\2&1&2&3\end{array}\right)$$

$\xrightarrow{①\times\frac{1}{2}}$
$$\begin{pmatrix}\mathbf{1}&\frac{1}{2}&\frac{1}{2}&1\\4&2&3&5\\2&1&2&3\end{pmatrix}$$

$\xrightarrow{②-①\times 4}$
$$\begin{pmatrix}1&\frac{1}{2}&\frac{1}{2}&1\\\mathbf{0}&0&1&1\\2&1&2&3\end{pmatrix}$$

$\xrightarrow{③-①\times 2}$
$$\begin{pmatrix}1&\frac{1}{2}&\frac{1}{2}&1\\0&0&1&1\\\mathbf{0}&0&1&1\end{pmatrix}$$

$\xrightarrow{①-②\times\frac{1}{2}}$
$$\begin{pmatrix}1&\frac{1}{2}&\mathbf{0}&\frac{1}{2}\\0&0&1&1\\0&0&1&1\end{pmatrix}$$

$\xrightarrow{②-③}$
$$\begin{pmatrix}1&\frac{1}{2}&0&\frac{1}{2}\\0&0&0&0\\0&0&1&1\end{pmatrix}$$

$\xrightarrow{②と③との入れ換え}$
$$\begin{pmatrix}1&\frac{1}{2}&0&\frac{1}{2}\\0&0&1&1\\0&0&0&0\end{pmatrix}$$

(補足) 係数マトリックス

$$\begin{pmatrix}1&\frac{1}{2}&0\\0&0&1\\0&0&0\end{pmatrix}$$
零ベクトルでない行は2個

だから rank $\begin{pmatrix}2&1&1\\4&2&3\\2&1&2\end{pmatrix}=2$ と表す．

拡大係数マトリックス

$$\begin{pmatrix}1&\frac{1}{2}&0&\frac{1}{2}\\0&0&1&1\\0&0&0&0\end{pmatrix}$$
零ベクトルでない行は2個

だから rank $\begin{pmatrix}2&1&1&2\\4&2&3&5\\2&1&2&3\end{pmatrix}=2$ と表す．

零ベクトルでない行が2個だということは，実質的に2個の方程式しかないことを示している．

$$\text{rank}\begin{pmatrix}2&1&1\\4&2&3\\2&1&2\end{pmatrix}=\text{rank}\begin{pmatrix}2&1&1&2\\4&2&3&5\\2&1&2&3\end{pmatrix}$$

係数マトリックスの階数
＝拡大係数マトリックスの階数

①，②，③はそれぞれ変形前の第1行，第2行，第3行を表す．

連立方程式を解くのに意味のある式を「**実質的な方程式**」という．0＝0は式にはちがいないが，連立方程式を解くのに使えない式である．

$$\begin{cases} 1c_1+\frac{1}{2}c_2+0c_3=\frac{1}{2} \\ 0c_1+0c_2+1c_3=1 \\ 0c_1+0c_2+0c_3=0 \end{cases}$$

$$\begin{cases} c_1=\frac{1}{2}-\frac{1}{2}t \\ c_2=t \\ c_3=1 \end{cases}$$

（t は任意の実数）

ADVICE

$\begin{cases} c_1=t \\ c_2=1-2t \\ c_3=1 \end{cases}$ を解としてもよい．

(2)　3 元連立 1 次方程式：

$$\begin{cases} 2c_1+1c_2+1c_3=2 \\ 4c_1+2c_2+3c_3=5 \\ 2c_1+1c_2+2c_3=4 \end{cases}$$

を解く．

非斉次連立 1 次方程式

斉次は「せいじ」と読む．

$$\left(\begin{array}{ccc|c} 2 & 1 & 1 & 2 \\ 4 & 2 & 3 & 5 \\ 2 & 1 & 2 & 4 \end{array}\right)$$

$$\xrightarrow{①\times\frac{1}{2}} \begin{pmatrix} \mathbf{1} & \frac{1}{2} & \frac{1}{2} & 1 \\ 4 & 2 & 3 & 5 \\ 2 & 1 & 2 & 4 \end{pmatrix}$$

$$\xrightarrow{②-①\times 4} \begin{pmatrix} 1 & \frac{1}{2} & \frac{1}{2} & 1 \\ \mathbf{0} & 0 & 1 & 1 \\ 2 & 1 & 2 & 4 \end{pmatrix}$$

$$\xrightarrow{③-①\times 2} \begin{pmatrix} 1 & \frac{1}{2} & \frac{1}{2} & 0 \\ 0 & 0 & 1 & 1 \\ \mathbf{0} & 0 & 1 & 2 \end{pmatrix}$$

$$\xrightarrow{①-②\times\frac{1}{2}} \begin{pmatrix} 1 & \frac{1}{2} & \mathbf{0} & \frac{1}{2} \\ 0 & 0 & 1 & 1 \\ 0 & 0 & 1 & 2 \end{pmatrix}$$

$$\xrightarrow{②-③} \begin{pmatrix} 1 & \frac{1}{2} & 0 & \frac{1}{2} \\ 0 & 0 & 0 & -1 \\ 0 & 0 & 1 & 2 \end{pmatrix}$$

$$\xrightarrow{②と③との入れ換え} \begin{pmatrix} 1 & \frac{1}{2} & 0 & \frac{1}{2} \\ 0 & 0 & 1 & 2 \\ 0 & 0 & 0 & -1 \end{pmatrix}$$

$$\begin{cases} 1c_1+\frac{1}{2}c_2+0c_3=\frac{1}{2} \\ 0c_1+0c_2+1c_3=2 \\ 0c_1+0c_2+0c_3=-1 \end{cases}$$

$0=-1$ となって矛盾する．

解は存在しない．

（補足）　係数マトリックス

$$\begin{pmatrix} 1 & \frac{1}{2} & 0 \\ 0 & 0 & 1 \\ 0 & 0 & 0 \end{pmatrix}$$

零ベクトルでない行は 2 個

だから $\operatorname{rank}\begin{pmatrix} 2 & 1 & 1 \\ 4 & 2 & 3 \\ 2 & 1 & 2 \end{pmatrix}=2$ と表す．

拡大係数マトリックス

$$\begin{pmatrix} 1 & \frac{1}{2} & 0 & \frac{1}{2} \\ 0 & 0 & 1 & 2 \\ 0 & 0 & 0 & -1 \end{pmatrix}$$

零ベクトルでない行は 3 個

だから $\operatorname{rank}\begin{pmatrix} 2 & 1 & 1 & 2 \\ 4 & 2 & 3 & 5 \\ 2 & 1 & 2 & 3 \end{pmatrix}=3$ と表す．

$$\underbrace{\operatorname{rank}\begin{pmatrix} 2 & 1 & 1 \\ 4 & 2 & 3 \\ 2 & 1 & 2 \end{pmatrix} \neq \operatorname{rank}\begin{pmatrix} 2 & 1 & 1 & 2 \\ 4 & 2 & 3 & 5 \\ 2 & 1 & 2 & 4 \end{pmatrix}}_{\text{係数マトリックスの階数} \neq \text{拡大係数マトリックスの階数}}$$

零ベクトルでない行の個数（階数）が等しくないことを示している．

$\overbrace{\underbrace{0c_1+0c_2+0c_3}}^{係数がすべて 0}=\underbrace{-1}_{0 でない定数項}$ という方程式があるから，係数マトリックスの階数は拡大係数マトリックスの階数と一致しない．

ADVICE

> **5.3　鶏犬蛸算**
>
> 和算（江戸時代の算数）の本の一つに『算法童子問』がある．この本には，有名な鶏犬蛸算が載っている．
>
> 庭にイヌとニワトリとがいる．まな板の上はタコがいる．３種の総数は24，これらの足は全部で102本である．イヌ，ニワトリ，タコはそれぞれどれだけいるか？

鶏：ニワトリ
犬：イヌ
蛸：タコ

タコの数え方は，１匹，２匹のほかに，１杯，２杯でもよい．

（ねらい）「数学の問題は答が一つに決まるからおもしろい」という人がいる．

ほんとうに，数学の問題の答は一つに決まるのかどうかを確かめる．

（発想）未知数がいくつあるかを考え，問題の条件を方程式の形に書き表す．このとき，未知数の個数と方程式の個数とが一致しているかどうかに注意する．

（解説）ニワトリ，イヌ，タコをそれぞれ x_1 羽，x_2 匹，x_3 匹とする．

それぞれの文字の意味を必ず明記する．

$$\begin{cases} 1x_1+1x_2+1x_3=\ 24 \\ 2x_1+4x_2+8x_3=102 \end{cases}$$

$x_3=s$（s は任意の実数）とすると，この連立１次方程式を

$$\begin{cases} 1x_1+1x_2=-1s+\ 24 \\ 2x_1+4x_2=-8s+102 \end{cases}$$

と書き換えることができる．これを Gauss-Jordan の消去法で解く．

加法は，同種の間で成り立つ演算である（0.2.3 項）．本問では，「動物の総数が24」「足の総数が102」と考える．

$2x_1$，$4x_2$，$8x_3$ は（一つあたりいくら）×いくつ分の値を表している．

x_3 は自然数だが，方程式を解く過程ではさしあたり実数と考える．

$$\begin{pmatrix} 1 & 1 & -1s+24 \\ 2 & 4 & -8s+102 \end{pmatrix}$$

↑ ここを０にするにはどうすればよいか？

$$\xrightarrow{②-①\times 2}\begin{pmatrix} 1 & 1 & -1s+24 \\ \mathbf{0} & 2 & -6s+54 \end{pmatrix}$$

↑ ここを１にするにはどうすればよいか？

ここを０にするにはどうすればよいか？

$$\xrightarrow{②\times\frac{1}{2}}\begin{pmatrix} 1 & 1 & -1s+24 \\ 0 & \mathbf{1} & -3s+27 \end{pmatrix}$$

$$\xrightarrow{①-②}\begin{pmatrix} 1 & \mathbf{0} & 2s-3 \\ 0 & 1 & -3s+27 \end{pmatrix}$$

拡大係数マトリックス　これが x_1 の値

係数マトリックス　これが x_2 の値

$$\begin{cases} x_1=\ \ 2s-3 \\ x_2=-3s+27 \end{cases}$$

x_1，x_2 を y と表してある．$x_3=s>0$ を忘れないこと．

イヌ，ニワトリ，タコを数えるから，x_1，x_2，x_3 は自然数である．$y=2s-3$ と $y=-3s+27$ とのそれぞれのグラフをつくり，$2s-3>0$ と $-3s+27>0$ と $s>0$ とをみたす s の範囲を求める．

$y=2s-3$，$y=-3s+27$ のグラフの描き方（1.4 節例題 1.4）

s	x_1	x_2	x_3
2	1	21	2
3	3	18	3
4	5	15	4
5	7	12	5
6	9	9	6
7	11	6	7
8	13	3	8

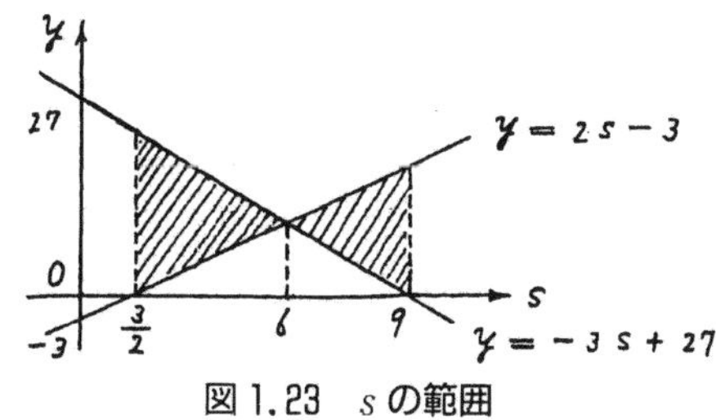

図 1.23　s の範囲

ADVICE

「2点を通る直線は1本である」という幾何を思い出そう．簡単な2点として，y 軸との交点（$s=0$ とおいて求める）と s 軸との交点（$y=0$ とおいて求める）とを考え，これらを通る直線を描けばよい．

全部で7通りの可能性のあることがわかる．数学の問題の答が一つに決まるとは限らない．

補足　もとの3元連立1次方程式は

$$\begin{cases} 1x_1+1x_2+1x_3=\ 24 \\ 2x_1+4x_2+8x_3=102 \\ 0x_1+0x_2+0x_3=\ 0 \end{cases}$$

と考える．まわりくどくいうと，「3個の未知数に対して3個の方程式があるが，実質的には2個の方程式しかない」という事情である．考え方は自己診断5.2(1)と同じである．係数マトリックスの階数と拡大係数マトリックスの階数とがどちらも2で一致することを確かめるとよい．

1.5.3　階数の意味3 — 線型独立なヨコベクトルの最大個数

1.5.2項では，マトリックスをタテベクトルの並びと見た．今度は，マトリックスをヨコベクトルの並びとみなしてみる．

代数の見方

ヨコベクトルを考えるまえに，「タテベクトル $\begin{pmatrix}3\\1\end{pmatrix}$ とタテベクトル $\begin{pmatrix}1\\2\end{pmatrix}$ とが線型独立である」という意味を確認する．一方が他方のスカラー倍の形で表せないという関係だから「独立」という．$\begin{pmatrix}1\\2\end{pmatrix}$ を3倍すると，$\begin{pmatrix}3\\6\end{pmatrix}$ になり，$\begin{pmatrix}3\\1\end{pmatrix}$ にはならない．この理由を考えると，タテベクトルの各行どうしの関係がはっきりする．

第1行　1　=3

　　×3　　だから　$\dfrac{1\times3}{2\times3}\neq\dfrac{3}{1}$　である．

第2行　2　≠1

このようになるのは，タテベクトルどうしが

$$\underbrace{\frac{3}{1}}_{\begin{pmatrix}3\\1\end{pmatrix}\text{の}\frac{\text{第1行}}{\text{第2行}}}\neq\underbrace{\frac{1}{2}}_{\begin{pmatrix}1\\2\end{pmatrix}\text{の}\frac{\text{第1行}}{\text{第2行}}}$$

第2行のどの成分にも同じ実数（この例では3）を掛けたとき，第1行に一致しない．

の関係になっているからである．つまり，$\begin{pmatrix}3&1&9\\1&2&8\end{pmatrix}$ をヨコベクトルの並びと見ると，第1行 $\boxed{3\ 1\ 9}$ は第2行 $\boxed{1\ 2\ 8}$ のスカラー倍ではない．したがって，

マトリックスが線型独立なタテベクトルの並びのとき，
このマトリックスは線型独立なヨコベクトルの並びにもなっている

ADVICE

ことがわかる．つまり，

$$\underbrace{\text{拡大係数マトリックスをつくる線型独立なタテベクトルの最大個数}}_{2}$$
$$=\underbrace{\text{拡大係数マトリックスをつくる線型独立なヨコベクトルの最大個数}}_{2}$$

である．

問 1.13 1.4節例題1.4(3)について，拡大係数マトリックスが線型独立でないタテベクトルの並びのとき，このマトリックスは線型独立でないヨコベクトルの並びにもなっていることを確かめよ．

$\begin{cases} 1x_1+3x_2=2 \\ 2x_1+6x_2=4 \end{cases}$

(解説)

第1行 1 =3

×3 だから $\dfrac{1\times 3}{2\times 3}=\dfrac{3}{6}$ である．

第2行 2 =6

第1行 1 =2

×2 だから $\dfrac{1\times 2}{2\times 2}=\dfrac{2}{4}$ である．

第2行 2 =4

第2行のどの成分も第1行の対応する成分の2倍になっている．

1 3 2
↓2倍 ↓2倍 ↓2倍
2 6 4

をよこ方向に見ると

1 →(2倍) 3 2（3倍）

2 →(2倍) 6 4（3倍）

になっている．つまり，

$a_{11} \xrightarrow{s倍} a_{12}$ a_{13}（t倍）

$a_{21} \xrightarrow{s'倍} a_{22}$ a_{23}（t'倍）

で，$s\neq s'$，$t\neq t'$ だとしたら

$\dfrac{a_{11}}{a_{21}}=\dfrac{a_{12}}{a_{22}}=\dfrac{a_{13}}{a_{23}}$

にならない．

このようになるのは，タテベクトルどうしが

$$\underbrace{\frac{3}{6}}_{\begin{pmatrix}3\\6\end{pmatrix}\text{の}\frac{\text{第1行}}{\text{第2行}}}=\underbrace{\frac{1}{2}}_{\begin{pmatrix}1\\2\end{pmatrix}\text{の}\frac{\text{第1行}}{\text{第2行}}}\qquad\underbrace{\frac{2}{4}}_{\begin{pmatrix}2\\4\end{pmatrix}\text{の}\frac{\text{第1行}}{\text{第2行}}}=\underbrace{\frac{1}{2}}_{\begin{pmatrix}1\\2\end{pmatrix}\text{の}\frac{\text{第1行}}{\text{第2行}}}$$

の関係になっているからである．つまり，$\begin{pmatrix}1&3&2\\2&6&4\end{pmatrix}$ をヨコベクトルの並びと見ると，第2行 $\boxed{2\ 6\ 4}$ は第1行 $\boxed{1\ 3\ 2}$ のスカラー倍である．

問1.13からも，

$$\underbrace{\text{拡大係数マトリックスをつくる線型独立なタテベクトルの最大個数}}_{1}$$
$$=\underbrace{\text{拡大係数マトリックスをつくる線型独立なヨコベクトルの最大個数}}_{1}$$

がわかる．

1.5.2項［注意1］参照

［注意2］ もとの拡大係数マトリックスの線型独立なヨコベクトルの最大個数
＝階段マトリックスの線型独立なヨコベクトルの最大個数

ヨコベクトルはプライム(′)を付けて表すことにする．

$$\begin{matrix}\boldsymbol{a}_1' \\ \boldsymbol{a}_2'\end{matrix}\begin{pmatrix}3&1&9\\1&2&8\end{pmatrix}\longrightarrow\cdots\longrightarrow\begin{matrix}\boldsymbol{e}_1' \\ \boldsymbol{e}_2'\end{matrix}\begin{pmatrix}1&0&2\\0&1&3\end{pmatrix}$$

ADVICE

e_1'	1	0	2
e_2'	⓪	1	3

↑
階段マトリックスでは，ここは必ず 0 である．　←この 0 のスカラー倍で真上の 1 を表せない．
↓
e_1' は e_2' のスカラー倍で表せない．

a_1' と a_2' とは線型独立である．　e_1' と e_2' とは線型独立である．

a_1' と a_2' とが線型独立である理由は，代数の見方の解説を参照すること．

問 1.14 a_1' と a_2' とのそれぞれを e_1' と e_2' との線型結合で表して，a_1' と a_2' とが線型独立であることを示せ．

（解説）$(3\ 1\ 9)=3(1\ 0\ 2)+1(0\ 1\ 3)$，$(1\ 2\ 8)=1(1\ 0\ 2)+2(0\ 1\ 3)$ から，$a_1'=3e_1'+1e_2'$，$a_2'=1e_1'+2e_2'$ と書ける．これらの表式から，a_1' は a_2' のスカラー倍ではないことがわかる．

1.5.2 項では，連立 1 次方程式

$$\begin{cases} 3x_1+1x_2=9 \\ 1x_1+2x_2=8 \end{cases}$$

をタテベクトルの線型結合の形

$$\begin{pmatrix}3\\1\end{pmatrix}x_1+\begin{pmatrix}1\\2\end{pmatrix}x_2=\begin{pmatrix}9\\8\end{pmatrix}$$

と見た．

幾何の見方

［準備］ スカラー積と内積

1.5.3 項では，連立 1 次方程式の係数をヨコベクトルで表すという発想で考えを進めている．1.2 節 例題 1.1 について，決まった予算枠をみたすように試薬の体積を求める連立 1 次方程式

$$\begin{cases} 1400x_1+380x_2=3180 \\ 1300x_1+700x_2=3300 \end{cases}$$

を考え，これを

$$\underbrace{\overbrace{(1400\ \ 380)}^{\text{単価ベクトル}}\ \overbrace{\begin{pmatrix}x_1\\x_2\end{pmatrix}}^{\text{体積ベクトル}}}_{\text{スカラー積}}=\overbrace{3180}^{\text{価格の値}},\quad \underbrace{\overbrace{(1300\ \ 700)}^{\text{単価ベクトル}}\ \overbrace{\begin{pmatrix}x_1\\x_2\end{pmatrix}}^{\text{体積ベクトル}}}_{\text{スカラー積}}=\overbrace{3300}^{\text{価格の値}}$$

と表すことができる．これらのスカラー積は，ベクトル記号で

$$a_1'x=b_1,\quad a_2'x=b_2$$

と表せる．ここで，$a_1'=(1400\ \ 380)$，$a_2'=(1300\ \ 700)$，$b_1=3180$，$b_2=3300$，$x=\begin{pmatrix}x_1\\x_2\end{pmatrix}$ である．

0.2 節①量と数との概念

1.1 節で
単価はベクトル量（量の組）
(1400円/500 mL　380円/500 mL)，
単価ベクトルはベクトル（数の組）
(1400/500　380/500)
とした．
ここでは，簡単のために単価/500 と考えない．
価格は量3180円
価格の値は数3180
2 成分：成分が 2 個

表 1.7　スカラー積と内積

どちらも第 1 成分×第 1 成分＋第 2 成分×第 2 成分＋…＋第 n 成分×第 n 成分．

スカラー積	内積
$\underbrace{(\qquad)}_{\text{ヨコベクトル}}\ \underbrace{\begin{pmatrix}\\ \end{pmatrix}}_{\text{タテベクトル}}$ マトリックスどうしの乗法と見ることができる． 順序を交換することはできない．	$\underbrace{(\qquad)}_{\text{ヨコベクトル}}\cdot\underbrace{(\qquad)}_{\text{ヨコベクトル}}$　$\underbrace{\begin{pmatrix}\\ \end{pmatrix}}_{\text{タテベクトル}}\cdot\underbrace{\begin{pmatrix}\\ \end{pmatrix}}_{\text{タテベクトル}}$ マトリックスどうしの乗法でないことに注意して，記号・で表す． 順序を交換しても結果は変わらない．

0.2節③類別と対応

$y=ax$
↓拡張
$y=a'x$
↓拡張
$y=Ax$

数平面は 2 実数の組の集合 R^2 を表す．ヨコベクトルとタテベクトルとを区別しないということは，同じ集合（タテベクトルの集合とヨコベクトルの集合とのどちらか一方）から二つの要素を選ぶという意味である．同じ集合内の二つのベクトルだから，同じ平面内の二つのベクトルとして描ける．タテベクトルとヨコベクトルとを同じ平面に描くことはできない．

1.2 節で，ヨコベクトル 掛ける タテベクトルを**スカラー積**と定義した．例題 1.1 では，(一つあたりいくら)×(いくつ分) の意味があることを理解した．体積ベクトルは，体積平面（2 本の座標軸は，それぞれK社から買う試薬の体積とN社から買う試薬の体積とを表す）内の矢印で描ける．価格は，価格直線

上の１点である．単価ベクトル（１行のマトリックス）は，体積を価格に対応させる規則（写像）を表す．

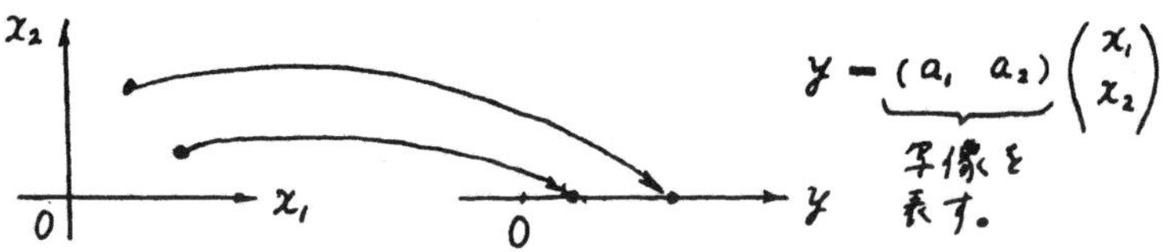

図 1.24　体積平面から価格直線への写像

単価と体積との区別を考えずに，これらを表す矢印を同一平面に描くという発想で見直してみる．種類のちがいを考慮しないから，ヨコベクトルどうしと考えてもいいし，タテベクトルどうしと考えてもいい．

タテベクトル 掛ける タテベクトル，ヨコベクトル 掛ける ヨコベクトル を内積という．

係数マトリックスをつくっているヨコベクトル $\boldsymbol{a}_1{}' = (1400 \ \ 380)$，$\boldsymbol{a}_2{}' = (1300 \ \ 700)$，解ベクトル $\boldsymbol{x}' = (x_1 \ \ x_2)$ のそれぞれを点（幾何ベクトル）で表す．これらを $\vec{a}_1$，$\vec{a}_2$，$\vec{x}$ と名付ける．同様に，$\boldsymbol{e}_1{}' = (1 \ \ 0)$，$\boldsymbol{e}_2{}' \doteq (0 \ \ 1)$ のそれぞれを点（幾何ベクトル）で表す．これらを $\vec{e}_1$，$\vec{e}_2$ と名付ける．始点を座標軸の原点 $(0, 0)$ に選び，終点の座標が $(1400, 380)$，$(1300, 700)$，(x_1, x_2) の矢印を描くと便利である（1.1 節「幾何の見方」参照）．

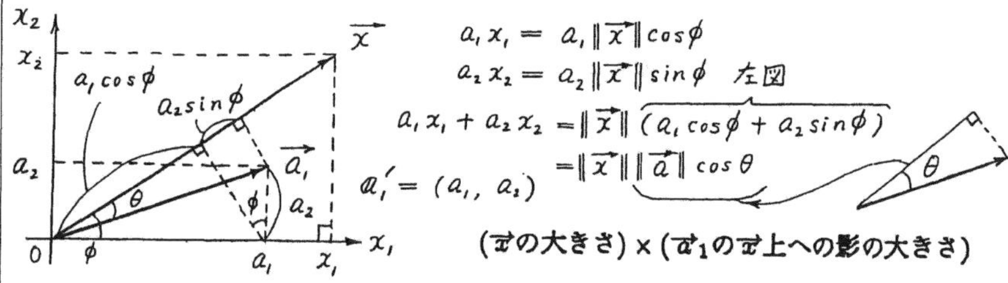

図 1.25　内積の幾何的意味（3.6.3 項参照）

もとの係数マトリックスの２個のヨコベクトルは線型独立である．
階段マトリックスの２個のヨコベクトルも線型独立である．

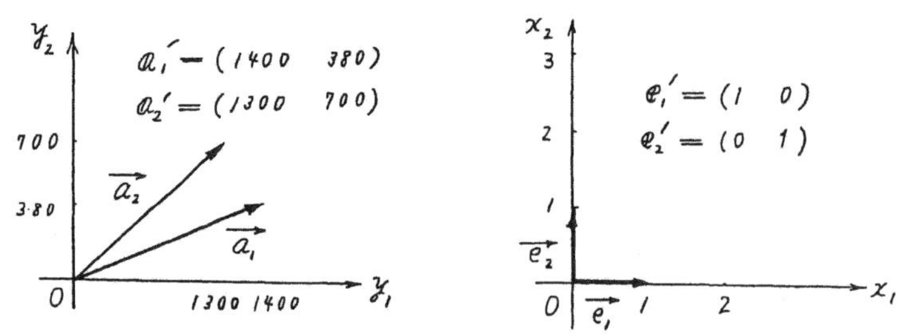

図 1.26　ベクトルの線型独立性

問 1.15　$\vec{a}_1$，$\vec{a}_2$ の各方向の座標軸（$x_1{}'$ 軸, $x_2{}'$ 軸）を考える．内積 $\vec{a}_1 \cdot \vec{x}$ の値，$\vec{a}_2 \cdot \vec{x}$ の値は，それぞれ $\vec{x} = \vec{a}_1 c_1 + \vec{a}_2 c_2$ の結合係数 c_1 の値，c_2 の値と一致するか？ ここで，$\|\vec{a_1}\| = 1$, $\|\vec{a_2}\| = 1$ とする．

(解説)　一致するとは限らない．

ADVICE

内積の概念は 3.6.1 項でくわしく扱う．

ヨコベクトルとタテベクトルとの乗法をスカラー積ではなく内積とよんでいる教科書もある．

スカラー積は，ヨコベクトルの集合の要素とタテベクトルの集合の要素との乗法である．

ヨコベクトルは $1 \times n$ マトリックスである．

タテベクトルは $n \times 1$ マトリックスである．

ヨコベクトル 掛ける タテベクトルは，1×1 マトリックスになるから，一つの数と同一視できる（同じとみなせる）．

$\boldsymbol{a}_1 = \begin{pmatrix} 1400 \\ 380 \end{pmatrix}$, $\boldsymbol{a}_2 = \begin{pmatrix} 1300 \\ 700 \end{pmatrix}$, $\boldsymbol{x} = \begin{pmatrix} x_1 \\ x_2 \end{pmatrix}$ を考えてもよい．

ベクトルの大きさを記号‖ ‖で表す．

ふつうの数の絶対値は，記号| |で表す．

係数マトリックス
$\begin{pmatrix} 1400 & 380 \\ 1300 & 700 \end{pmatrix}$

始点を原点に一致させなくてもよい．たとえば，始点を点 (100, 250) に一致させると，$\vec{a}_1$ の終点の座標は (1400−100, 380−250) である．始点を原点 (0, 0) に一致させると，座標の値が数ベクトルの成分の値と一致するので便利である．

($\vec{x}$ の大きさ)×($\vec{a}_1$ の $\vec{x}$ 上への影の大きさ) の乗号 × は，数どうしの乗法を表す．

「影」は，くわしくは「正射影ベクトル」という．

$\vec{a}_1$ は $\vec{a}_2$ のスカラー倍で表せない．つまり，$\vec{a}_1$ と $\vec{a}_2$ とは線型独立である．

$\vec{e}_1$ は $\vec{e}_2$ のスカラー倍で表せない．つまり，$\vec{e}_1$ と $\vec{e}_2$ とは線型独立である．

$\vec{x}$ を表す矢印の終点から

$x_2{}'$ 軸に平行に引いた直線と $x_1{}'$ 軸との交点が $\vec{a_1}$ の c_1 倍
$x_1{}'$ 軸に平行に引いた直線と $x_2{}'$ 軸との交点が $\vec{a_2}$ の c_2 倍

の位置である．

他方，$\vec{x}$ を表す矢印の終点から

$x_1{}'$ 軸に垂直に引いた直線と $x_1{}'$ 軸との交点が原点から距離 $\vec{a_1}\cdot\vec{x}$
$x_2{}'$ 軸に垂直に引いた直線と $x_2{}'$ 軸との交点が原点から距離 $\vec{a_2}\cdot\vec{x}$

の位置である．

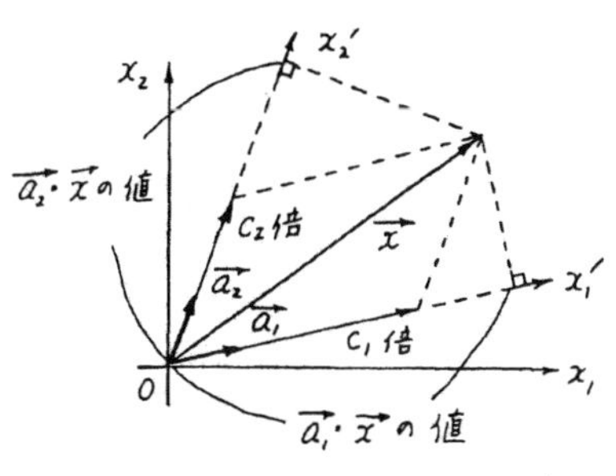

図 1.27　内積と結合係数

ADVICE

1.2 節自己診断 2.2 の斜交座標系を思い出そう．$\vec{a}_1$ と $\vec{a}_2$ とが互いに線型独立でないとき，$x_1{}'$ 軸と $x_2{}'$ 軸とは一致するので，2 本の座標軸が選べない．

斜交座標軸について高橋康：『量子場を学ぶための解析力学入門』（講談社，1982）にくわしい．

（まとめ）

実質的な方程式の個数
＝拡大係数マトリックスの階数

$$\left(\begin{array}{ccc|c} \Diamond_{11} & \Diamond_{12} & \Diamond_{13} & \Diamond_{14} \\ \Diamond_{21} & \Diamond_{22} & \Diamond_{23} & \Diamond_{24} \\ \Diamond_{31} & \Diamond_{32} & \Diamond_{33} & \Diamond_{34} \end{array}\right) \xrightarrow{\text{基本変形}} \left(\begin{array}{cccc} 1 & 0 & 0 & \sharp \\ 0 & 1 & 0 & \natural \\ 0 & 0 & 1 & \flat \end{array}\right) \begin{array}{l} \to 1x_1+0x_2+0x_3=\sharp \\ \to 0x_1+1x_2+0x_3=\natural \\ \to 0x_1+0x_2+1x_3=\flat \end{array}$$

係数マトリックス　　拡大係数マトリックス

$$\begin{pmatrix}1\\0\\0\end{pmatrix}x_1+\begin{pmatrix}0\\1\\0\end{pmatrix}x_2+\begin{pmatrix}0\\0\\1\end{pmatrix}x_3=\begin{pmatrix}\sharp\\\natural\\\flat\end{pmatrix}$$

線型独立なベクトル

未知数の個数
＝結合係数の個数

$$\begin{pmatrix}\Diamond_{11}\\\Diamond_{12}\\\Diamond_{13}\end{pmatrix}x_1+\begin{pmatrix}\Diamond_{12}\\\Diamond_{22}\\\Diamond_{32}\end{pmatrix}x_2+\begin{pmatrix}\Diamond_{13}\\\Diamond_{23}\\\Diamond_{33}\end{pmatrix}x_3=\begin{pmatrix}\Diamond_{14}\\\Diamond_{24}\\\Diamond_{34}\end{pmatrix}$$

線型独立なタテベクトル

階数（連立 1 次方程式の実質的な方程式の個数）
＝**基本変形で得た階段マトリックスの階段の段数**
＝拡大係数マトリックスをつくる線型独立なタテベクトルの最大個数
＝基本変形で得た階段マトリックスをつくる線型独立なタテベクトルの最大個数
＝拡大係数マトリックスをつくる線型独立なヨコベクトルの最大個数
＝基本変形で得た階段マトリックスをつくる線型独立なヨコベクトルの最大個数

枠付きの箱の内容は，連立 1 次方程式の拡大係数マトリックスであることを忘れて，一般にマトリックスと考えても成り立つ．

階数の発想　一つの方程式がほかの方程式のナントカ倍で表せると，独立な方程式は減る．こういう場合，もとの係数マトリックスを階段マトリックスに書き直す過程で，0 だけが並んだ行ができる．たとえば，

$$\begin{cases} 1x_1+2x_2=3 \\ 2x_1+4x_2=6 \end{cases}$$

では，第 2 式－第 1 式×2 が $0x_1+0x_2=0$ となる．この書き換えを簡単に表すには，

$$\begin{pmatrix} 1 & 2 & 3 \\ 2 & 4 & 6 \end{pmatrix} \xrightarrow{②-①\times 2} \begin{pmatrix} 1 & 2 & 3 \\ 0 & 0 & 0 \end{pmatrix}$$

と考えればよい．階段（0でない成分を含む行の個数）が1段しかないから，係数マトリックスの階数と拡大係数マトリックスの階数とは1である．実質的に，1個の方程式：$1x_1+2x_2=3$ だけしかないからである．

ADVICE

①，②はそれぞれ変形前の第1行，第2行を表す．

自己診断6

6.1　2元連立1次方程式の幾何的意味

$$2元連立1次方程式：\begin{cases} 1x_1-\sqrt{3}x_2=9 \\ -1x_1-\sqrt{3}x_2=9 \end{cases} \quad (*)$$

を考える．数ベクトル $\begin{pmatrix} 1 \\ -\sqrt{3} \end{pmatrix}$，$\begin{pmatrix} -1 \\ -\sqrt{3} \end{pmatrix}$，$\begin{pmatrix} x_1 \\ x_2 \end{pmatrix}$ のそれぞれを表す幾何ベクトルを $\vec{a_1}$，$\vec{a_2}$，$\vec{x}$ とする．

(1)　記号・を使って，2元連立1次方程式(＊)を内積の形で書き表せ．

(2)　幾何ベクトル $\vec{a_1}$，$\vec{a_2}$ のそれぞれのノルムを求めよ．

(3)　2元連立1次方程式(＊)は，どんな幾何ベクトルを求めるための方程式か？

ベクトルの大きさ（「ノルム」という）を記号‖ ‖で表す．
ふつうの数の絶対値は，記号｜｜で表す．

(3)　$\vec{x}$ の幾何的意味を答えること．

（ねらい）　2元連立1次方程式を機械的に解くだけではなく，方程式の意味を図形で描く．

（発想）　(3)では，内積を考えるとき，一方の幾何ベクトルが他方の幾何ベクトルの方向にどんな影をつくるかということに着目する．

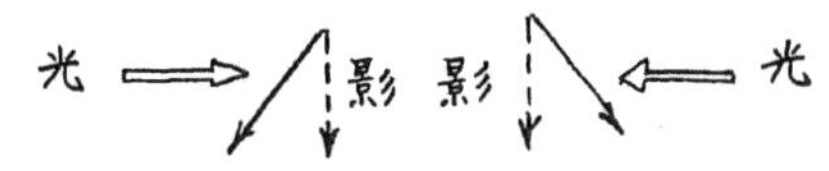

図1.28　幾何ベクトルの影

（解説）

(1)　$\begin{cases} \begin{pmatrix} 1 \\ -\sqrt{3} \end{pmatrix}\cdot\begin{pmatrix} x_1 \\ x_2 \end{pmatrix}=9 \\ \begin{pmatrix} -1 \\ -\sqrt{3} \end{pmatrix}\cdot\begin{pmatrix} x_1 \\ x_2 \end{pmatrix}=9 \end{cases}$

(2)　$\|\vec{a_1}\|=\sqrt{1^2+(-\sqrt{3})^2}=2$　　$\|\vec{a_2}\|=\sqrt{(-1)^2+(-\sqrt{3})^2}=2$

(3)　$\vec{a_1}\cdot\vec{x}=\|\vec{a_1}\|\|\vec{x}\|\cos\theta_1$（$\theta_1$ は $\vec{a_1}$ と $\vec{x}$ とのなす角）$=9$，

$\vec{a_2}\cdot\vec{x}=\|\vec{a_2}\|\|\vec{x}\|\cos\theta_2$（$\theta_2$ は $\vec{a_2}$ と $\vec{x}$ とのなす角）$=9$

は，$\|\vec{x}\|$ が共通だから，$\vec{a}_1$ の $\vec{x}$ 方向への射影 $\|\vec{a}_1\|\cos\theta_1$ と $\vec{a}_2$ の $\vec{x}$ 方向への射影 $\|\vec{a}_2\|\cos\theta_2$ とが等しいことを表している．(2)から，$\|\vec{a_1}\|=\|\vec{a_2}\|$ に注意すると，

$\vec{x}$ は $\theta_1=\theta_2$ をみたし，

$\vec{a_1}$ の終点と $\vec{a_2}$ の終点とを結んだ線分の中点の位置ベクトル

であることがわかる．

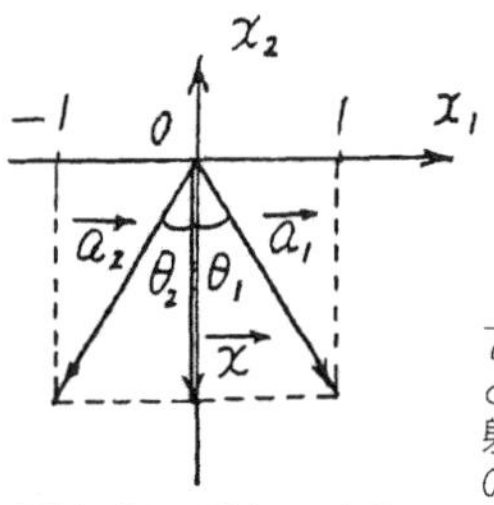

図1.29　幾何ベクトルの射影

$\vec{a}_1$ の $\vec{x}$ 方向への射影と $\vec{a}_2$ の $\vec{x}$ 方向への射影とが互いに等しいのは，$\vec{x}$ が左図の位置にある場合と考える．

6.2　マトリックスの基本変形の幾何的意味

例題1.4(1)2元連立1次方程式：

ADVICE

$$\begin{cases} 3x_1+1x_2=9 \\ 1x_1+2x_2=8 \end{cases}$$

の係数をヨコベクトルの並びと見て，解の意味を幾何の見方で説明せよ．

ねらい 連立１次方程式の解を求める過程を内積の観点から理解する．

発想 ２元連立１次方程式を

$$\begin{cases} (3\ \ 1)\begin{pmatrix} x_1 \\ x_2 \end{pmatrix}=9 \\ (1\ \ 2)\begin{pmatrix} x_1 \\ x_2 \end{pmatrix}=8 \end{cases}$$

と考える．

ヨコベクトル $(3\ \ 1)$ とタテベクトル $\begin{pmatrix} x_1 \\ x_2 \end{pmatrix}$ とを同じ平面に描くために，スカラー積を内積と同一視する（同じとみなす）．

タテベクトルとヨコベクトルとのどちらも２実数の組である．数平面は２実数の組の集合 $\boldsymbol{R}^2$を表す．ヨコベクトルとタテベクトルとを区別しないということは，同じ集合(タテベクトルの集合とヨコベクトルの集合とのどちらか一方) から二つの要素を選ぶという意味である．同じ集合内の二つのベクトルは，同じ平面内の二つのベクトルとして描ける．タテベクトルとヨコベクトルとを同じ平面に描くことはできない．

スカラー積	$(3\ \ 1)\begin{pmatrix} x_1 \\ x_2 \end{pmatrix}$	$(1\ \ 2)\begin{pmatrix} x_1 \\ x_2 \end{pmatrix}$	$(1\ \ 0)\begin{pmatrix} x_1 \\ x_2 \end{pmatrix}$	$(0\ \ 1)\begin{pmatrix} x_1 \\ x_2 \end{pmatrix}$
	↓同一視	↓同一視	↓同一視	↓同一視
内積	$(3\ \ 1)\cdot(x_1\ \ x_2)$	$(1\ \ 2)\cdot(x_1\ \ x_2)$	$(1\ \ 0)\cdot(x_1\ \ x_2)$	$(0\ \ 1)\cdot(x_1\ \ x_2)$

スカラー積は，ヨコベクトル掛けるタテベクトルの形である．

内積は，ヨコベクトルどうしの積またはタテベクトルどうしの積である．

数ベクトル $(3\ \ 1)$ で表せる幾何ベクトルを $\overrightarrow{a_1}$，数ベクトル $(1\ \ 2)$ で表せる幾何ベクトルを $\overrightarrow{a_2}$ とする．同様に，数ベクトル $(1\ \ 0)$ で表せる幾何ベクトルを $\overrightarrow{e_1}$，数ベクトル $(0\ \ 1)$ で表せる幾何ベクトルを $\overrightarrow{e_2}$ とする．解ベクトル $(x_1\ \ x_2)$ で表せる幾何ベクトルを $\overrightarrow{x}$ とする．

$\overrightarrow{a_1}$ と $\overrightarrow{x}$ との内積は $\overrightarrow{a_1}\cdot\overrightarrow{x}=\|\overrightarrow{a_1}\|\|\overrightarrow{x}\|\cos\theta_1$，$\overrightarrow{a_2}$ と $\overrightarrow{x}$ との内積は $\overrightarrow{a_2}\cdot\overrightarrow{x}=\|\overrightarrow{a_2}\|\|\overrightarrow{x}\|\cos\theta_2$ である．だから，$\|\overrightarrow{x}\|$の値，θ_1 の値，θ_2 の値を正しく選ばないと，$\overrightarrow{a_1}\cdot\overrightarrow{x}=9$，$\overrightarrow{a_2}\cdot\overrightarrow{x}=8$ をみたさない．

θ_1 は$\overrightarrow{a}_1$と$\overrightarrow{x}$との間の角

θ_2 は$\overrightarrow{a}_2$と$\overrightarrow{x}$との間の角

ϕ_1 は$\overrightarrow{e}_1$と$\overrightarrow{x}$との間の角

ϕ_2 は$\overrightarrow{e}_2$と$\overrightarrow{x}$の間の角

Gauss-Jordan の消去法で係数マトリックスを $\begin{pmatrix} 3 & 1 \\ 1 & 2 \end{pmatrix}$ から $\begin{pmatrix} 1 & 0 \\ 0 & 1 \end{pmatrix}$ に変形して，連立１次方程式を

$$\begin{cases} 1x_1+0x_2=2 \\ 0x_1+1x_2=3 \end{cases}$$

に書き換えた．

ベクトルの大きさ(「ノルム」という) を記号‖ ‖で表す．

ふつうの数の大きさは，記号｜｜で表す．

$\overrightarrow{e_1}$ と $\overrightarrow{x}$ との内積は $\overrightarrow{e_1}\cdot\overrightarrow{x}=\|\overrightarrow{e_1}\|\|\overrightarrow{x}\|\cos\phi_1$，$\overrightarrow{e_2}$ と $\overrightarrow{x}$ との内積は $\overrightarrow{e_2}\cdot\overrightarrow{x}=\|\overrightarrow{e_2}\|\|\overrightarrow{x}\|\cos\phi_2$ である．だから，$\|\overrightarrow{x}\|$の値，ϕ_1 の値，ϕ_2 の値を正しく選ばないと，$\overrightarrow{e_1}\cdot\overrightarrow{x}=2$，$\overrightarrow{e_2}\cdot\overrightarrow{x}=3$ をみたさない．

$\overrightarrow{a}_1\cdot\overrightarrow{x}$
$=3x_1+1x_2=9$

$\overrightarrow{a}_2\cdot\overrightarrow{x}$
$=1x_1+2x_2=8$

$\overrightarrow{e}_1\cdot\overrightarrow{x}$
$=1x_1+0x_2=2$

$\overrightarrow{e}_2\cdot\overrightarrow{x}$
$=0x_1+1x_2=3$

解説

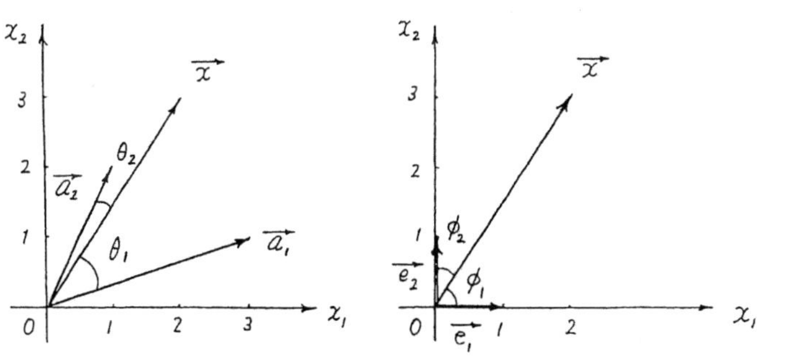

図 1.30　解ベクトル $\overrightarrow{x}$ の幾何的意味

ADVICE

$\vec{x}$ が特定の方向・向き・大きさの幾何ベクトルのときに，$\vec{a_1}$ との内積，$\vec{a_2}$ との内積は特定の値（ここでは，9と8）を取る．同じ理由で，このとき $\vec{x}$ と $\vec{e_1}$ との内積，$\vec{x}$ と $\vec{e_2}$ との内積も特定の値（ここでは，2と3）を取る．

なお，$\vec{x}$ が特定の方向・向き・大きさの幾何ベクトルのとき，$\vec{a_1}$，$\vec{a_2}$ の組，$\vec{e_1}$，$\vec{e_2}$ の組以外の組（$\vec{b_1}$，$\vec{b_2}$ とする）でも，$\vec{b_1}\cdot\vec{x}$，$\vec{b_2}\cdot\vec{x}$ はどちらも特定の値を取る．あらゆる組の中で，$\vec{e_1}$，$\vec{e_2}$ が最も簡単である．

（補足）$\vec{a_1}$ は $\vec{a_2}$ のスカラー倍で表せない．したがって，$\vec{a_1}$ と $\vec{a_2}$ とは線型独立である．同様の理由で $\vec{e_1}$ と $\vec{e_2}$ とは線型独立である．

マトリックス $\begin{pmatrix} 3 & 1 \\ 1 & 2 \end{pmatrix}$ で表せる線型写像によって，線型独立な2個の幾何ベクトル $\vec{e_1}$，$\vec{e_2}$ が線型独立な2個の幾何ベクトル $\vec{a_1}$，$\vec{a_2}$ にうつる．

$\|\vec{x}\|$ の値，θ_1 の値，θ_2 の値のそれぞれが大きすぎても，小さすぎても $\vec{a_1}\cdot\vec{x}=9$，$\vec{a_2}\cdot\vec{x}=8$ をみたさない．

線型結合
$\begin{pmatrix} 9 \\ 8 \end{pmatrix}=\begin{pmatrix} 3 \\ 1 \end{pmatrix}x_1+\begin{pmatrix} 1 \\ 2 \end{pmatrix}x_2$
の結合係数を求める問題は，線型結合
$\begin{pmatrix} 2 \\ 3 \end{pmatrix}=\begin{pmatrix} 1 \\ 0 \end{pmatrix}x_1+\begin{pmatrix} 0 \\ 1 \end{pmatrix}x_2$
の結合係数を求める問題に直せる．
この問題は，内積 $(3\ 1)\cdot(x_1\ x_2)$，$(1\ 2)\cdot(x_1\ x_2)$ がどちらも特定の値を取るような $(x_1\ x_2)$ を求める問題と見ることもできる．
さらに，内積 $(1\ 0)\cdot(x_1\ x_2)$，$(0\ 1)\cdot(x_1\ x_2)$ がどちらも特定の値を取るような $(x_1\ x_2)$ を求める問題に直せる．

6.3 双対性

今月も来月も同じ業者から試薬を購入する．今月の予算枠内では b_1 円だけ購入でき，来月の予算枠内では b_2 円だけ購入できることがわかっている．各月に購入する試薬の体積は，表1.8の通りである．

表 1.8 試薬の体積（単位は mL）

試薬	今月	来月
塩酸	$500a_{11}$	$500a_{12}$
硫酸	$500a_{21}$	$500a_{22}$

(1) 塩酸の単価 x_1 円/500 mL，硫酸の単価 x_2 円/500 mL を求めるための2元連立1次方程式をマトリックスとヨコベクトルとで書け．この形は，どういう意味を表すか？

(2) (1)の2元連立1次方程式をマトリックスとタテベクトルとで書け．この形は，どういう意味を表すか？

1.2節例題1.1の $\boldsymbol{y}=A\boldsymbol{x}$ は，写像を表すマトリックスをタテベクトルに左から掛けた形である．

（ねらい）ヨコベクトルの集合とタテベクトルの集合とのどちらを考えるかによって，連立1次方程式をマトリックスで表すときの形に注意しなければならない．1.2節の転置マトリックスの役割を考えた上で，双対性（そうついせい）の概念を理解する．

双対性について，参考欄参照．

（発想）乗法の基本の形を（一つあたりいくら）×（いくつ分）とする．(2) マトリックスとベクトルとの乗法では，掛ける順序によって積が異なることに着目する．

体積の値が表1.8の通りと決まっているとき，単価をいろいろな値に変えてみると，単価に応じて価格が決まる．予算枠内で購入するために単価がいくらの業者を選べばよいかを判断する．

（解説）

(1) 量の間の関係から，連立1次方程式は

$$\begin{cases} x_1\ 円/500\,\mathrm{mL}\times 500a_{11}\,\mathrm{mL}+x_2\ 円/500\,\mathrm{mL}\times 500a_{21}\,\mathrm{mL}=b_1\ 円 \\ x_1\ 円/500\,\mathrm{mL}\times 500a_{12}\,\mathrm{mL}+x_2\ 円/500\,\mathrm{mL}\times 500a_{22}\,\mathrm{mL}=b_2\ 円 \end{cases}$$

である．したがって，数の間の関係は

$$\begin{cases} x_1a_{11}+x_2a_{21}=b_1 \\ x_1a_{12}+x_2a_{22}=b_2 \end{cases}$$

である．ここで，単価ベクトルを $\boldsymbol{x}'=(x_1\ x_2)$，体積マトリックスを $A=$

ヨコベクトルはプライム（′）を付けて表すことにする．

$\begin{pmatrix} a_{11} & a_{12} \\ a_{21} & a_{22} \end{pmatrix}$，価格ベクトルを $\boldsymbol{b}'=(b_1 \ \ b_2)$ とすると，数ベクトルの間の関係は

$$(x_1 \ \ x_2)\begin{pmatrix} a_{11} & a_{12} \\ a_{21} & a_{22} \end{pmatrix}=(b_1 \ \ b_2) \qquad \text{記号では } \boldsymbol{x}'A=\boldsymbol{b}'$$

と書ける．この式は，写像を表すマトリックスを入力に右から掛けた形である．

$\boldsymbol{a}_1=\begin{pmatrix} a_{11} \\ a_{21} \end{pmatrix}$，$\boldsymbol{a}_2=\begin{pmatrix} a_{12} \\ a_{22} \end{pmatrix}$ とすると，この式は

$$\begin{cases} \text{今月}：(x_1 \ \ x_2)\begin{pmatrix} a_{11} \\ a_{21} \end{pmatrix}=b_1 & \text{記号では } \boldsymbol{x}'\boldsymbol{a}_1=b_1 \\ \text{来月}：(x_1 \ \ x_2)\begin{pmatrix} a_{12} \\ a_{22} \end{pmatrix}=b_2 & \text{記号では } \boldsymbol{x}'\boldsymbol{a}_2=b_2 \end{cases}$$

のように，月ごとの支払額の値をまとめて書いた式と見ることもできる．

(2) 写像を表すマトリックスを入力に左から掛ける形で書くと

$$\begin{pmatrix} a_{11} & a_{21} \\ a_{12} & a_{22} \end{pmatrix}\begin{pmatrix} x_1 \\ x_2 \end{pmatrix}=\begin{pmatrix} b_1 \\ b_2 \end{pmatrix} \qquad \text{記号では } A^*(\boldsymbol{x}')^*=(\boldsymbol{b}')^*$$

となる．

$$\begin{cases} \text{今月}：(a_{11} \ \ a_{21})\begin{pmatrix} x_1 \\ x_2 \end{pmatrix}=b_1 & \text{記号では } \boldsymbol{a}_1{}^*(\boldsymbol{x}')^*=b_1 \\ \text{来月}：(a_{12} \ \ a_{22})\begin{pmatrix} x_1 \\ x_2 \end{pmatrix}=b_2 & \text{記号では } \boldsymbol{a}_2{}^*(\boldsymbol{x}')^*=b_2 \end{cases}$$

のように，月ごとの支払額の値をまとめて書いた式と見ることができる．

$$\begin{pmatrix} a_{11} & a_{21} \\ a_{12} & a_{22} \end{pmatrix}\begin{pmatrix} x_1 \\ x_2 \end{pmatrix}=\begin{pmatrix} a_{11} & a_{21} \\ a_{12} & a_{22} \end{pmatrix}\left[\begin{pmatrix} 1 \\ 0 \end{pmatrix}x_1+\begin{pmatrix} 0 \\ 1 \end{pmatrix}x_2\right]$$
$$=\begin{pmatrix} a_{11} \\ a_{12} \end{pmatrix}x_1+\begin{pmatrix} a_{21} \\ a_{22} \end{pmatrix}x_2$$

である（自己診断 2.2 参照）．$\boldsymbol{a}_1{}'=(a_{11} \ \ a_{12})$，$\boldsymbol{a}_2{}'=(a_{21} \ \ a_{22})$ とすると，

$$\underbrace{\begin{pmatrix} a_{11} \\ a_{12} \end{pmatrix}x_1}_{\text{塩酸の支払額}}+\underbrace{\begin{pmatrix} a_{21} \\ a_{22} \end{pmatrix}x_2}_{\text{硫酸の支払額}}=\begin{pmatrix} b_1 \\ b_2 \end{pmatrix} \qquad \text{記号では } \underbrace{(\boldsymbol{a}_1{}')^*x_1+(\boldsymbol{a}_2{}')^*x_2}_{(\boldsymbol{a}_1{}')^*\text{ と }(\boldsymbol{a}_2{}')^*\text{ との線型結合}}=(\boldsymbol{b}')^*$$

のように，試薬ごとの支払額の合計の値と見ることもできる．

［参考］ 双対性

(1)では，入力と出力の間の関係をヨコベクトルの集合で表した形をつくった．(2)では，入力と出力の間の関係をタテベクトルの集合で表した形をつくった．ヨコベクトルの集合で $\boldsymbol{x}'A=\boldsymbol{b}'$ の関係が成り立つとき，タテベクトルの集合では $A^*(\boldsymbol{x}')^*=(\boldsymbol{b}')^*$ の関係が成り立つ．「一方の集合で表した形によって，他方の集合ではどんな形で表せるかが決まる」という関係を**双対性**（duality）という．

補足 情報システム工学科の 1 年生と 2 年生との男女別の学生数を表すマトリックス量を

$$A=\begin{matrix} \text{男}\rightarrow \\ \text{女}\rightarrow \end{matrix}\overset{\begin{matrix}\text{1 年生} & \text{2 年生}\\ \downarrow & \downarrow\end{matrix}}{\begin{pmatrix} a_{11}\text{ 名} & a_{12}\text{ 名} \\ a_{21}\text{ 名} & a_{22}\text{ 名} \end{pmatrix}}$$

ADVICE

数の組をベクトル，量の組をベクトル量，数の並びをマトリックス，量の並びをマトリックス量という．

＊は転置マトリックスを表す．

$\boldsymbol{a}_1{}^*=(a_{11} \ \ a_{21})$
$\boldsymbol{a}_2{}^*=(a_{12} \ \ a_{22})$

ヨコベクトルはプライム（′）を付けて表すことにする．

別の考え方

$(\boldsymbol{a}_1{}')^*=\begin{pmatrix} a_{11} \\ a_{12} \end{pmatrix}$

$(\boldsymbol{a}_2{}')^*=\begin{pmatrix} a_{21} \\ a_{22} \end{pmatrix}$

だから

$\begin{pmatrix} a_{11} & a_{21} \\ a_{12} & a_{22} \end{pmatrix}$
$=((\boldsymbol{a}_1{}')^* \ \ (\boldsymbol{a}_2{}')^*)$
と書ける．

$\begin{pmatrix} a_{11} & a_{21} \\ a_{12} & a_{22} \end{pmatrix}\begin{pmatrix} x_1 \\ x_2 \end{pmatrix}$
を
$((\boldsymbol{a}_1{}')^* \ \ (\boldsymbol{a}_2{}')^*)\begin{pmatrix} x_1 \\ x_2 \end{pmatrix}$

と考えると，1×2 マトリックスと 2×1 マトリックスとの乗法とみなせるから，
$(\boldsymbol{a}_1{}')^*x_1+(\boldsymbol{a}_2{}')^*x_2$
である．

双対性は「そうついせい」と読む．

(2) では，転置マトリックスによって，(いくつ分)×(一つあたりいくら) の形になる．この場合，同じ写像をアベコベの世界で表したといえる．こういう関係も，双対性の具体例である．

とする．

● タテベクトル $\begin{pmatrix}1\\1\end{pmatrix}$ を入力すると，マトリックス量 A で表せる写像によって何を出力するか？

$$\begin{pmatrix}a_{11}\text{名} & a_{12}\text{名}\\ a_{21}\text{名} & a_{22}\text{名}\end{pmatrix}\begin{pmatrix}1\\1\end{pmatrix}=\begin{pmatrix}a_{11}\text{名}\times 1+a_{12}\text{名}\times 1\\ a_{21}\text{名}\times 1+a_{22}\text{名}\times 1\end{pmatrix}$$

$$=\begin{pmatrix}(a_{11}+a_{12})\text{名}\\ (a_{21}+a_{22})\text{名}\end{pmatrix}\begin{matrix}\leftarrow\text{男子学生の総人数}\\ \leftarrow\text{女子学生の総人数}\end{matrix}$$

● ヨコベクトル (1 1) を入力すると，マトリックス量 A で表せる写像によって何を出力するか？

$$(1\ 1)\begin{pmatrix}a_{11}\text{名} & a_{12}\text{名}\\ a_{21}\text{名} & a_{22}\text{名}\end{pmatrix}=(1\times a_{11}\text{名}+1\times a_{21}\text{名}\quad 1\times a_{12}\text{名}+1\times a_{22}\text{名})$$

$$=(\underset{\text{1年生の総人数}}{(a_{11}+a_{21})\text{名}}\quad \underset{\text{2年生の総人数}}{(a_{12}+a_{22})\text{名}})$$

これらを比べるとわかるように，タテベクトルとヨコベクトルとのどちらを入力するかによって，出力の表す意味が異なる．

「写像を表すマトリックス量は左から入力に掛ける形で書く」と決めると，1年生の総人数と2年生の総人数とを求めるにはどうすればよいか？

$$\begin{matrix}\text{1年生}\rightarrow\\ \text{2年生}\rightarrow\end{matrix}\begin{pmatrix}\overset{\text{男}}{a_{11}}\text{名} & \overset{\text{女}}{a_{21}}\text{名}\\ a_{12}\text{名} & a_{22}\text{名}\end{pmatrix}\begin{pmatrix}1\\1\end{pmatrix}=\begin{pmatrix}a_{11}\text{名}\times 1+a_{21}\text{名}\times 1\\ a_{12}\text{名}\times 1+a_{22}\text{名}\times 1\end{pmatrix}$$

$$=\begin{pmatrix}(a_{11}+a_{21})\text{名}\\ (a_{12}+a_{22})\text{名}\end{pmatrix}\begin{matrix}\leftarrow\text{1年生の総人数}\\ \leftarrow\text{2年生の総人数}\end{matrix}$$

のように，ヨコベクトルをタテベクトルに書き換え，A の転置マトリックス量 A^* で写像を表さなければならない．

同じ対象であっても，見方によってちがう形に見えることがある．床の上に立った状態で柱を見ると，この柱はたて長に見える．しかし，床の上に寝た状態で同じ柱を見ると，この柱はよこ長に見える．同じ写像であっても，タテベクトルの集合とヨコベクトルの集合とのどちらで考えるかによって表し方（式の姿，形）がちがう．柱の見え方と写像の表し方とは，事情が互いによく似ている．

1.6 Cramer の方法 ― 行列式の導入

1.4節で，出力から入力を制御するときに連立1次方程式を考えるという事情を理解した．そこで取り上げた例は，

$$\underbrace{\begin{pmatrix}3180\\3300\end{pmatrix}}_{\substack{\text{価格ベクトル}\\ \text{(出力)}}}=\underbrace{\begin{pmatrix}1400 & 380\\1300 & 700\end{pmatrix}}_{\substack{\text{単価マトリックス}\\ \text{(線型写像を表す)}}}\underbrace{\begin{pmatrix}x_1\\x_2\end{pmatrix}}_{\substack{\text{体積ベクトル}\\ \text{(入力)}}}$$

である．これは，ベクトル記号で $\boldsymbol{y}=A\boldsymbol{x}$ と書ける．この式は，比例を表す $y=ax$ の拡張版である．入力と出力との関係を図で表すことができる（0.4節）．

$$\boldsymbol{y}\longleftarrow\boxed{}\longleftarrow\boldsymbol{x}$$

ADVICE

タテベクトルは2×1マトリックス（2行1列）だから，タテベクトルに2×2マトリックス（2行2列）を右から掛けることはできない．
ヨコベクトルは1×2マトリックス（1行2列）だから，ヨコベクトルに2×2マトリックスを左から掛けることはできない．
1.2節「乗法の拡張」の解説参照

0.2節④関数の概念の拡張

品物を購入するとき，個数（入力）から価格（出力）を求める．これに対して，予算枠内で品物を購入するときには，価格（出力）に見合う個数（入力）を考える．

価格ベクトル
価格の値の組

単価マトリックス
単価の値の並び

体積ベクトル
体積の値の組

1.6.1 連立1次方程式の解の特徴1 ─ 代数の見方

出力 y の値が b（定数）となるような入力 x の値を求めるための方程式は，$ax=b$ である．この解は

$$x=\frac{b}{a}\ \begin{matrix}\leftarrow 定数項の値\\ \leftarrow 係数の値\end{matrix}\qquad (a\neq 0 \text{ の場合には解が一つに決まる})$$

となる．それでは，連立1次方程式 $A\boldsymbol{x}=\boldsymbol{b}$ の解も定数項の値と係数の値とで表せるだろうか？　未知数の個数に関係なく解が定数項の値と係数の値とで表せることがわかっていると，ただちに解が書けるので便利である．

新しい記号：2次の行列式の定義

$ad-bc$ を記号| |で表し，

$$\begin{vmatrix} a & b \\ c & d \end{vmatrix}=+ad-bc$$

覚え方　$a \searrow d$ ×　−　$b \swarrow c$ ×

を2次の行列式という．**記号| |は絶対値ではない．**

［注意1］ 行列式はマトリックスとはまったくちがう

- マトリックス：カレンダーと同様，単なる数の並び

例　$A=\begin{pmatrix} 2 & 5 \\ 3 & 4 \end{pmatrix}$

- 行列式の値：数の並び方から求まる一つの数

例　$|A|=\begin{vmatrix} 2 & 5 \\ 3 & 4 \end{vmatrix}=2\times 4-5\times 3=-7$

行列式を定義したので，n 元連立1次方程式の解の表し方を工夫することができる．

解を分数の形で書き，分子・分母を行列式で表して
解の値を計算する方法を **Cramer の方法**という．

簡単のために，2元連立1次方程式の場合と3元連立1次方程式の場合とを取り上げる．n 元連立1次方程式（$n\geq 4$）の場合は，1.6.2項自己診断7.3で確かめる．先に計算の仕方を練習する．「なぜこのようにして解が求まるのか」という理由はあとで考える．

Cramer の方法で2元連立1次方程式を解く

$$\begin{cases} a_{11}x_1+a_{12}x_2=b_1 \\ a_{21}x_1+a_{22}x_2=b_2 \end{cases}$$

手順1　たて棒と分数のよこ線とを書く．

$$x_1=\frac{|\quad|}{|\quad|},\quad x_2=\frac{|\quad|}{|\quad|}$$

手順2　分母に係数の値を記入する．

$$x_1=\frac{|\quad|}{\begin{vmatrix} a_{11} & a_{12} \\ a_{21} & a_{22} \end{vmatrix}},\quad x_2=\frac{|\quad|}{\begin{vmatrix} a_{11} & a_{12} \\ a_{21} & a_{22} \end{vmatrix}}$$

ADVICE

拡張

$a\ x\ b$ ↕ ↕ ↕ $A\ \boldsymbol{x}\ \boldsymbol{b}$

$A=\begin{pmatrix} a_{11} & a_{12} \\ a_{21} & a_{22} \end{pmatrix}$，$\boldsymbol{x}=\begin{pmatrix} x_1 \\ x_2 \end{pmatrix}$，$\boldsymbol{b}=\begin{pmatrix} b_1 \\ b_2 \end{pmatrix}$ とすると，

$\begin{cases} a_{11}x_1+\ a_{12}x_2=\ b_1 \\ a_{21}x_1+\ a_{22}x_2=\ b_2 \end{cases}$ は，

$A\boldsymbol{x}=\boldsymbol{b}$

と書ける．

$\begin{vmatrix} a_{11} & a_{12} \\ a_{21} & a_{22} \end{vmatrix}$

$a_{11}=a$, $a_{12}=b$, $a_{21}=c$, $a_{22}=d$ の場合

スカラー倍の注意

$2\begin{pmatrix} 2 & 5 \\ 3 & 4 \end{pmatrix}=\begin{pmatrix} 4 & 10 \\ 6 & 8 \end{pmatrix}$

$\begin{vmatrix} 4 & 10 \\ 6 & 8 \end{vmatrix}$
$=4\times 8-10\times 6$
$=-28$
$=4\times(-7)$
$\neq 2\times(-7)$

$\left|2\begin{pmatrix} 2 & 5 \\ 3 & 4 \end{pmatrix}\right|$
$=\begin{vmatrix} 4 & 10 \\ 6 & 8 \end{vmatrix}$
$=4\begin{vmatrix} 2 & 5 \\ 3 & 4 \end{vmatrix}$
$\neq 2\begin{vmatrix} 2 & 5 \\ 3 & 4 \end{vmatrix}$

マトリックスのスカラー倍について1.3節自己診断3.3参照．

『世界数学者人名事典増補版』（大竹出版，2004）によると，Cramer は行列式の記号を使わなかった．

Cramer の方法というものの det の起源について諸説がある．数学者 Cramer（スイスの数学者）が「2次曲線が5個の決まった点を通るための係数を求める」という問題を考えているときに det の概念に気がついたようだ．しかし，1693年に Leibniz（ライプニッツ）が連立1次方程式の解法を考えたとき det の発想があったそうだ．1683年以前（江戸時代）に日本の関孝和が連立1次方程式の解法で det の発想に気がついたらしい．

手順3 分子に定数項の値と係数の値とを記入する．

$$x_1=\frac{\left|\begin{array}{|c|c}b_1 & a_{12}\\ b_2 & a_{22}\end{array}\right|}{\left|\begin{array}{|c|c}a_{11} & a_{12}\\ a_{21} & a_{22}\end{array}\right|},\quad x_2=\frac{\left|\begin{array}{c|c|}a_{11} & b_1\\ a_{21} & b_2\end{array}\right|}{\left|\begin{array}{c|c|}a_{11} & a_{12}\\ a_{21} & a_{22}\end{array}\right|}$$

x_1 の分子：分母の中で x_1 の係数 $\begin{array}{|c|}a_{11}\\ a_{12}\end{array}$ を定数項 $\begin{array}{|c|}b_1\\ b_2\end{array}$ におきかえた形

x_2 の分子：分母の中で x_2 の係数 $\begin{array}{|c|}a_{12}\\ a_{22}\end{array}$ を定数項 $\begin{array}{|c|}b_1\\ b_2\end{array}$ におきかえた形

問 1.16 で Cramer の方法を使って 2 元連立 1 次方程式を解いてみよう．

問 1.16 1.4 節の例題 1.4 の 2 元連立 1 次方程式を Cramer の方法で解け．

(1) $\begin{cases}3x_1+1x_2=9\\ 1x_1+2x_2=8\end{cases}$ (2) $\begin{cases}1x_1+3x_2=2\\ 2x_1+6x_2=4\end{cases}$ (3) $\begin{cases}1x_1+3x_2=4\\ 2x_1+6x_2=5\end{cases}$

（解説）

(1)

$$x_1=\frac{\left|\begin{array}{|c|c}9 & 1\\ 8 & 2\end{array}\right|}{\left|\begin{array}{|c|c}3 & 1\\ 1 & 2\end{array}\right|},\quad x_2=\frac{\left|\begin{array}{c|c|}3 & 9\\ 1 & 8\end{array}\right|}{\left|\begin{array}{c|c|}3 & 1\\ 1 & 2\end{array}\right|}$$

$$=\frac{9\times2-1\times8}{3\times2-1\times1}\qquad=\frac{3\times8-9\times1}{3\times2-1\times1}\qquad\begin{cases}x_1=2\\ x_2=3\end{cases}$$

(2)

$$x_1=\frac{\left|\begin{array}{|c|c}2 & 3\\ 4 & 6\end{array}\right|}{\left|\begin{array}{|c|c}1 & 3\\ 2 & 6\end{array}\right|},\quad x_2=\frac{\left|\begin{array}{c|c|}1 & 2\\ 2 & 4\end{array}\right|}{\left|\begin{array}{c|c|}1 & 3\\ 2 & 6\end{array}\right|}$$

$$=\frac{2\times6-3\times4}{1\times6-3\times2}\qquad=\frac{1\times4-2\times2}{1\times6-3\times2}$$

x_2 と x_2 とのどちらも 0/0 になるから，解は無数に存在する．この結果は，2 個の未知数に対して，方程式の個数が不足していることを示している．つまり，方程式は実質的に $1x_1+3x_2=2$ しかない．
例題 1.4 (2) の解説通りで，

$\begin{cases}x_1=-3t+2\\ x_2=\quad t\end{cases}$ (t は任意の実数)

である．

(3) 分母の値は(2)と同じだが，分子の値は異なる．

$x_1=\dfrac{9}{0}$，$x_2=\dfrac{-3}{0}$ だから，解は存在しない．

（注意） 分子 9×2−1×8，分母 3×2−1×1 などに絶対値記号| |を書いてはいけない．|9×2−1×8|，|3×2−1×1|はまちがいである．

Cramer の方法では，連立 1 次方程式の解を分数の形で表す．したがって，**分母の値が 0 かどうかによって解が存在するかどうかが判定できる．**

(1) 分母の値は 0 でないので，解は 1 組しかない． (2) $\dfrac{0}{0}$ 不定

(3) $\dfrac{0\text{でない実数}}{0}$ 不能（0.2.3 項 ADVICE 欄，1.4 節［準備］）

ADVICE

a_{11}：第 1 式の x_1 の係数

a_{12}：第 1 式の x_2 の係数

a_{21}：第 2 式の x_1 の係数

a_{22}：第 2 式の x_2 の係数

b_1：第 1 式の定数項

b_2：第 2 式の定数項

このように番号を付けると便利である．

読み方

例 a_{12} の添字
「いちに」
「じゅうに」ではない．

□は説明のために書いた．

分母は x_1 と x_2 とのどちらにも共通だから，1 回だけ計算すればよい．

慣れると，2 元連立 1 次方程式を見ながら暗算でも値を求めることができる．
分母は，2 元連立 1 次方程式の係数を見るだけで 3×2−1×1=5 のように計算できる．

高校数学で学習するように，2 次方程式でも解と係数との関係が見出せる．
$ax^2+bx+c=0$ $(a\neq0)$
解を $x=\alpha$，$x=\beta$ とすると，
$a(x-\alpha)(x-\beta)=0$ と書ける．

$ax^2-a(\alpha+\beta)x+\alpha\beta=0$ ともとの方程式を比べると，$\alpha+\beta=-b/a$，$\alpha\beta=c/a$ の関係が見つかる．

(3) $\dfrac{0}{0}$ について
3.1 節参照

ADVICE

a_{11}, a_{12}, a_{21}, a_{22} は定数, x_1, x_2 は未知数である.
0.1 節 例題 0.6 参照

例題 1.5　2 元連立 1 次方程式の解の特徴

2 元連立 1 次方程式：

$$\begin{cases} a_{11}x_1 + a_{12}x_2 = b_1 \\ a_{21}x_1 + a_{22}x_2 = b_2 \end{cases}$$

の解は，係数と定数項とで表せるか？　ただし，$a_{11}a_{22}-a_{12}a_{21} \neq 0$ とする．

実際に解くとわかるように，x_1, x_2 を表す式の分母が $a_{11}a_{22}-a_{12}a_{21}$ である．分数では，分母の値が 0 かどうかが重要である．

(解説)　いまのねらいは，解が定数項の値と係数の値とで表せるかどうかを調べることである．このためには，1.4 節の Gauss-Jordan の消去法ではなく，中学数学の方法がよい．

1.5.1 項(まとめ)参照

[発想]
x_2 の係数の値を 0 にするためには，どうすればよいかを考える．一方の式の x_2 の係数 a_{12} に他方の式の x_2 の係数 a_{22} を掛ける．同様に，一方の式の x_2 の係数 a_{22} に他方の式の x_2 の係数 a_{12} を掛ける．このようにすれば，どちらの式でも x_2 の係数が同じになる．だから，一方の式から他方の式を引けば，x_2 の項を消去することができる．

$$\begin{array}{lrr}
\text{第 1 式} \times a_{22} & a_{11}a_{22}x_1 + & a_{12}a_{22}x_2 = b_1a_{22} \\
\text{第 2 式} \times a_{12} & a_{12}a_{21}x_1 + & a_{12}a_{22}x_2 = a_{12}b_2 \quad (- \\
\hline
& (a_{11}a_{22}-a_{12}a_{21})x_1 + & \underbrace{(a_{12}a_{22}-a_{12}a_{22})}_{=0}x_2 = b_1a_{22}-a_{12}b_2
\end{array}$$

$$\begin{array}{lrr}
\text{第 1 式} \times a_{21} & a_{11}a_{21}x_1 + & a_{12}a_{21}x_2 = b_1a_{21} \\
\text{第 2 式} \times a_{11} & a_{11}a_{21}x_1 + & a_{11}a_{22}x_2 = a_{11}b_2 \quad (- \\
\hline
& \underbrace{(a_{11}a_{21}-a_{11}a_{21})}_{=0}x_1 + & (a_{12}a_{21}-a_{11}a_{22})x_2 = b_1a_{21}-a_{11}b_2
\end{array}$$

{第 1 式, 第 2 式}$\Longleftrightarrow${第 1 式×a_{22}−第 2 式×a_{12}, 第 1 式×a_{21}−第 2 式×a_{11}}

2 個の方程式の組から 2 個の方程式の組に直す．

これらから

$$x_1 = \frac{b_1a_{22}-a_{12}b_2}{a_{11}a_{22}-a_{12}a_{21}}, \quad x_2 = \frac{a_{11}b_2-b_1a_{21}}{a_{11}a_{22}-a_{12}a_{21}}$$

を得る．

x_1 の分母と x_2 の分母とは等しいことに注目する．

解の特徴　↘ で結んだ数の積から ↙ で結んだ数の積を引いた形

1.6.2 項で，解の簡単な覚え方を理解する．

x_1 の分母 x_2 の分母	a_{11}　a_{12} ╳ a_{21}　a_{22}	すべての係数を並べた形
x_1 の分子	b_1　a_{12} ╳ b_2　a_{22}	分母の中で x_1 の係数 $\begin{array}{c} a_{11} \\ a_{21} \end{array}$ を定数項 $\begin{array}{c} b_1 \\ b_2 \end{array}$ におきかえた形
x_2 の分子	a_{11}　b_1 ╳ a_{21}　b_2	分母の中で x_2 の係数 $\begin{array}{c} a_{12} \\ a_{22} \end{array}$ を定数項 $\begin{array}{c} b_1 \\ b_2 \end{array}$ におきかえた形

2 元連立 1 次方程式の解も $ax = b$ の解と同様に，**分母は係数を並べた形，分子は定数項を含んだ形**である．

今後の方針　例題 1.5 で 2 元連立 1 次方程式の解がどのように表せるかを理解した．わざわざ 第 1 式×a_{22}−第 2 式×a_{12}，第 1 式×a_{21}−第 2 式×a_{11} をつくらなくても解けるように，解を覚えやすい形に書き表す．このために，「行列式」という新しい概念をつくった．ここまでと同じ考え方で 3 元連立 1 次方程式を解くために，3 次の行列式を定義しよう．

2次の行列式から3次の行列式への拡張

3次の行列式の定義　$\begin{vmatrix} a & b & c \\ d & e & f \\ g & h & k \end{vmatrix} = +a\begin{vmatrix} e & f \\ h & k \end{vmatrix} - b\begin{vmatrix} d & f \\ g & k \end{vmatrix} + c\begin{vmatrix} d & e \\ g & h \end{vmatrix}$

ADVICE

0.2節②旧法則保存の原理

発想

+Ⓐ　aを含む行・列を除く　−Ⓑ　bを含む行・列を除く

$\begin{vmatrix} ⓐ & ⓑ \\ c & d \end{vmatrix} = +ⓐ\ \boxed{d}\ - ⓑ\ \boxed{c}$

2次の行列式

$\begin{vmatrix} ⓐ & ⓑ & ⓒ \\ d & e & f \\ g & h & k \end{vmatrix} = +ⓐ\begin{vmatrix} e & f \\ h & k \end{vmatrix} - ⓑ\begin{vmatrix} d & f \\ g & k \end{vmatrix} + ⓒ\begin{vmatrix} d & e \\ g & h \end{vmatrix}$

3次の行列式

○と□とは説明のために書いた.

+ⓐ　aを含む行・列を除く　−ⓑ　bを含む行・列を除く　+ⓒ　cを含む行・列を除く

1.6.2項で，列展開，行展開をくわしく考える.

$\boxed{d}$を$\begin{vmatrix} e & f \\ h & k \end{vmatrix}$に，$\boxed{c}$を$\begin{vmatrix} d & f \\ g & k \end{vmatrix}$に拡張したと考えればよい.

ⓐ── aを含む行　bを含む行 ──ⓑ──　cを含む行 ──ⓒ

aを含む列　bを含む列　cを含む列

Cramer の方法で3元連立1次方程式を解く

つぎの手続きで3元連立1次方程式が解ける理由は，あとの［進んだ探究］と1.6.2項自己診断7.3の［進んだ探究］とで理解する.

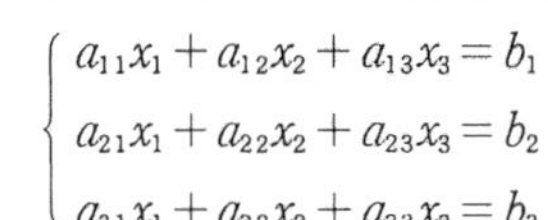

$$\begin{cases} a_{11}x_1 + a_{12}x_2 + a_{13}x_3 = b_1 \\ a_{21}x_1 + a_{22}x_2 + a_{23}x_3 = b_2 \\ a_{31}x_1 + a_{32}x_2 + a_{33}x_3 = b_3 \end{cases}$$

a_{11}, a_{12}, …, a_{33}は定数，x_1, x_2, x_3は未知数である.
0.1節例題0.6参照

手順1　たて棒と分数のよこ線とを書く.

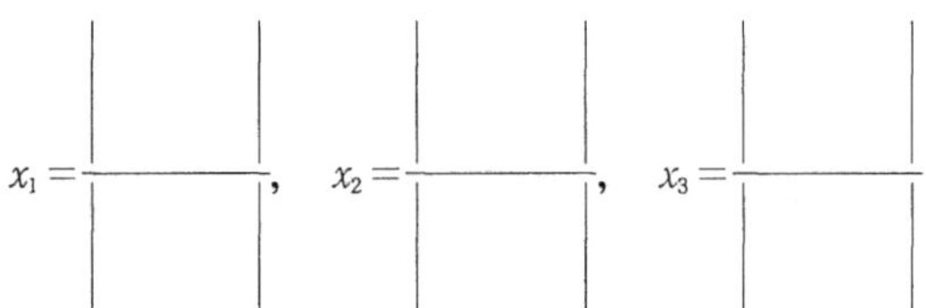

手順2　分母に係数の値を記入する.

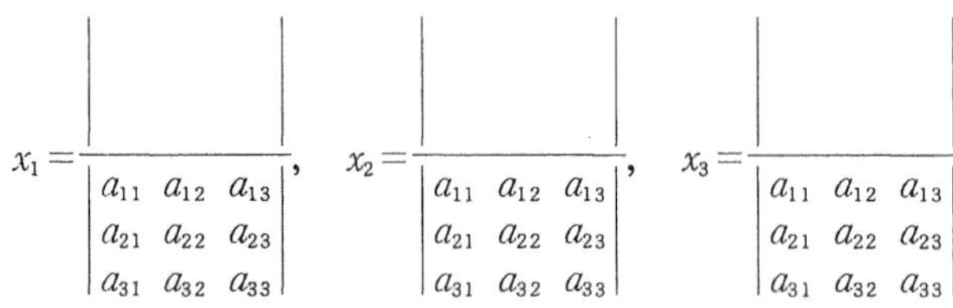

$$x_1 = \frac{\quad}{\begin{vmatrix} a_{11} & a_{12} & a_{13} \\ a_{21} & a_{22} & a_{23} \\ a_{31} & a_{32} & a_{33} \end{vmatrix}},\quad x_2 = \frac{\quad}{\begin{vmatrix} a_{11} & a_{12} & a_{13} \\ a_{21} & a_{22} & a_{23} \\ a_{31} & a_{32} & a_{33} \end{vmatrix}},\quad x_3 = \frac{\quad}{\begin{vmatrix} a_{11} & a_{12} & a_{13} \\ a_{21} & a_{22} & a_{23} \\ a_{31} & a_{32} & a_{33} \end{vmatrix}}$$

手順3　分子に定数項の値と係数の値とを記入する.

$$x_1=\frac{\begin{vmatrix} \boxed{b_1} & a_{12} & a_{13} \\ \boxed{b_2} & a_{22} & a_{23} \\ \boxed{b_3} & a_{32} & a_{33} \end{vmatrix}}{\begin{vmatrix} \boxed{a_{11}} & a_{12} & a_{13} \\ \boxed{a_{21}} & a_{22} & a_{23} \\ \boxed{a_{31}} & a_{32} & a_{33} \end{vmatrix}},\quad x_2=\frac{\begin{vmatrix} a_{11} & \boxed{b_1} & a_{13} \\ a_{21} & \boxed{b_2} & a_{23} \\ a_{31} & \boxed{b_3} & a_{33} \end{vmatrix}}{\begin{vmatrix} a_{11} & \boxed{a_{12}} & a_{13} \\ a_{21} & \boxed{a_{22}} & a_{23} \\ a_{31} & \boxed{a_{32}} & a_{33} \end{vmatrix}},\quad x_3=\frac{\begin{vmatrix} a_{11} & a_{12} & \boxed{b_1} \\ a_{21} & a_{22} & \boxed{b_2} \\ a_{31} & a_{32} & \boxed{b_3} \end{vmatrix}}{\begin{vmatrix} a_{11} & a_{12} & \boxed{a_{13}} \\ a_{21} & a_{22} & \boxed{a_{23}} \\ a_{31} & a_{32} & \boxed{a_{33}} \end{vmatrix}}$$

x_1 の分子：分母の中で x_1 の係数 $\begin{bmatrix} a_{11} \\ a_{21} \\ a_{31} \end{bmatrix}$ を定数項 $\begin{bmatrix} b_1 \\ b_2 \\ b_3 \end{bmatrix}$ におきかえた形

x_2 の分子：分母の中で x_2 の係数 $\begin{bmatrix} a_{12} \\ a_{22} \\ a_{32} \end{bmatrix}$ を定数項 $\begin{bmatrix} b_1 \\ b_2 \\ b_3 \end{bmatrix}$ におきかえた形

x_3 の分子：分母の中で x_3 の係数 $\begin{bmatrix} a_{13} \\ a_{23} \\ a_{33} \end{bmatrix}$ を定数項 $\begin{bmatrix} b_1 \\ b_2 \\ b_3 \end{bmatrix}$ におきかえた形

ADVICE

解の形の覚え方

- 分母：係数を並べたマトリックスの行列式の値
- 分子：x_i を求めるときは，x_i の係数を定数項でおきかえたマトリックスの行列式の値

a_{ij} x_j
j が同じ

問 1.17 で Cramer の方法を使って 3 元連立 1 次方程式を解いてみよう．

問 1.17 1.5.2 項の自己診断 5.2(2) の 3 元連立 1 次方程式：

$$\begin{cases} 2c_1+1c_2+1c_3=2 \\ 4c_1+2c_2+3c_3=5 \\ 2c_1+1c_2+2c_3=4 \end{cases}$$

を Cramer の方法で解け．

(解説)

$$c_1=\frac{\begin{vmatrix} \boxed{2} & 1 & 1 \\ \boxed{5} & 2 & 3 \\ \boxed{4} & 1 & 2 \end{vmatrix}}{\begin{vmatrix} \boxed{2} & 1 & 1 \\ \boxed{4} & 2 & 3 \\ \boxed{2} & 1 & 2 \end{vmatrix}},\quad c_2=\frac{\begin{vmatrix} 2 & \boxed{2} & 1 \\ 4 & \boxed{5} & 3 \\ 2 & \boxed{4} & 2 \end{vmatrix}}{\begin{vmatrix} 2 & \boxed{1} & 1 \\ 4 & \boxed{2} & 3 \\ 2 & \boxed{1} & 2 \end{vmatrix}},\quad c_3=\frac{\begin{vmatrix} 2 & 1 & \boxed{2} \\ 4 & 2 & \boxed{5} \\ 2 & 1 & \boxed{4} \end{vmatrix}}{\begin{vmatrix} 2 & 1 & \boxed{1} \\ 4 & 2 & \boxed{3} \\ 2 & 1 & \boxed{2} \end{vmatrix}}$$

□はわかりやすさのために書いた．

分母 $\begin{vmatrix} 2 & 1 & 1 \\ 4 & 2 & 3 \\ 2 & 1 & 2 \end{vmatrix}=2\begin{vmatrix} 2 & 3 \\ 1 & 2 \end{vmatrix}-1\begin{vmatrix} 4 & 3 \\ 2 & 2 \end{vmatrix}+1\begin{vmatrix} 4 & 2 \\ 2 & 1 \end{vmatrix}$

$=2\times(2\times2-3\times1)-1\times(4\times2-3\times2)+1\times(4\times1-2\times2)$

$=0$

同様に，c_1 の分子$=1$，c_2 の分子$=-2$，c_3 の分子$=0$ になる．c_1 と c_2 とはどちらも不能であり，c_3 は不定である．結局，解は存在しない．

$c_1=\frac{1}{0}$，
$c_2=\frac{-2}{0}$，
$c_3=\frac{0}{0}$

c_3 の値は何でもよいが，c_1 の値と c_2 の値とが求まらないから，この3元連立1次方程式には解が存在しない．

計算練習の指針 問 1.17 だけでは練習不足と思えば，各自で勝手に係数の値と定数項の値とを決めて問題をつくるとよい．求めた解をもとの方程式に代入して検算すれば，正しいかどうかを確かめることができる．解は ① 1 組に決まる場合，②求まらない場合（分子$\neq0$，分母$=0$），③無数に求まる場合（分子$=0$，分母$=0$）のどれかになる．

[進んだ探究] 3 元連立 1 次方程式の解の特徴：なぜ Cramer の方法で解けるのか

3元連立1次方程式：

$$\begin{cases} a_{11}x_1+a_{12}x_2+a_{13}x_3=b_1 \\ a_{21}x_1+a_{22}x_2+a_{23}x_3=b_2 \\ a_{31}x_1+a_{32}x_2+a_{33}x_3=b_3 \end{cases}$$

の解は，係数と定数項とで表せるか？ ただし，$a_{11}(a_{22}a_{33}-a_{23}a_{32})-a_{21}(a_{12}a_{33}-a_{13}a_{32})+a_{31}(a_{12}a_{23}-a_{13}a_{22})\neq 0$ とする．なお，1.6.2項の自己診断7.3［進んだ探究］で別法を考える．

	x_1 の係数	x_2 の係数	x_3 の係数	定数項
第1式：	a_{11}	a_{12}	a_{13}	b_1
第2式：	a_{21}	a_{22}	a_{23}	b_2
第3式：	a_{31}	a_{32}	a_{33}	b_3

1．x_2 の項と x_3 の項とを消去するには，どうすればよいかを考える．

	x_1 の係数	x_2 の係数	x_3 の係数	定数項	
第1式×α：	$a_{11}\alpha$	$a_{12}\alpha$	$a_{13}\alpha$	$b_1\alpha$	
第2式×β：	$a_{21}\beta$	$a_{22}\beta$	$a_{23}\beta$	$b_2\beta$	
第3式×γ：	$a_{31}\gamma$	$a_{32}\gamma$	$a_{33}\gamma$	$b_3\gamma$	(+
	$a_{11}\alpha+a_{21}\beta+a_{31}\gamma$	$\underbrace{a_{12}\alpha+a_{22}\beta+a_{32}\gamma}_{0}$	$\underbrace{a_{13}\alpha+a_{23}\beta+a_{33}\gamma}_{0}$	$b_1\alpha+b_2\beta+b_3\gamma$	

3個の未知数 α，β，γ に対して，2個の方程式 $a_{12}\alpha+a_{22}\beta+a_{32}\gamma=0$，$a_{13}\alpha+a_{23}\beta+a_{33}\gamma=0$ しかない．したがって，α の値，β の値，γ の値の組は無数にある．

$$\begin{cases} a_{12}\alpha+a_{22}\beta=-a_{32}\gamma \\ a_{13}\alpha+a_{23}\beta=-a_{33}\gamma \end{cases}$$

を α，β について解くと，$\alpha=\dfrac{(a_{22}a_{33}-a_{23}a_{32})\gamma}{a_{12}a_{23}-a_{13}a_{22}}$，$\beta=\dfrac{(-a_{12}a_{33}+a_{13}a_{32})\gamma}{a_{12}a_{23}-a_{13}a_{22}}$ を得る（例題1.5参照）．簡単な形にするために，$\gamma=a_{12}a_{23}-a_{13}a_{22}$ の場合を考えると，$\alpha=a_{22}a_{33}-a_{23}a_{32}$，$\beta=-a_{12}a_{33}+a_{13}a_{32}$ となる．

$$(a_{11}\alpha+a_{21}\beta+a_{31}\gamma)x_1=b_1\alpha+b_2\beta+b_3\gamma$$

から

$$x_1=\frac{b_1\alpha+b_2\beta+b_3\gamma}{a_{11}\alpha+a_{21}\beta+a_{31}\gamma}$$
$$=\frac{b_1(a_{22}a_{33}-a_{23}a_{32})-b_2(a_{12}a_{33}-a_{13}a_{32})+b_3(a_{12}a_{23}-a_{13}a_{22})}{a_{11}(a_{22}a_{33}-a_{23}a_{32})-a_{21}(a_{12}a_{33}-a_{13}a_{32})+a_{31}(a_{12}a_{23}-a_{13}a_{22})}$$

を得る．

行番号が $i, j\,(i<j)$ の順に係数を並べる．

第 i 行の中の係数　第 j 行の中の係数　第 i 行の中の係数　第 j 行の中の係数

［（ ）の中］　+ 正号　a_{il}　a_{jm}　− 負号　a_{im}　a_{jl}

列番号 $l, m\,(l<m)$ の順列で係数の符号が決まる．

順列が l, m のとき係数の符号は正　　**順列が m, l のとき係数の符号は負**

2．x_1 の項と x_3 の項とを消去するには，どうすればよいかを考える．

$$x_2=\frac{-b_1(a_{21}a_{33}-a_{23}a_{31})+b_2(a_{11}a_{33}-a_{13}a_{31})-b_3(a_{11}a_{23}-a_{13}a_{21})}{-a_{12}(a_{21}a_{33}-a_{23}a_{31})+a_{22}(a_{11}a_{33}-a_{13}a_{31})-a_{32}(a_{11}a_{23}-a_{13}a_{21})}$$

ADVICE

添字の特徴

$a_{ij}\ x_j$
j が同じ

1.5.3項（まとめ）参照

2元連立1次方程式では，x_1 の項を消去したり，x_2 の項を消去したりするのは簡単である．各方程式にどんな数を掛けて辺々足したり引いたりすればよいかが簡単に見通せるからである．しかし，3元連立1次方程式で各項を消去する方法は見通しにくい．だから，各方程式に掛ける数を α，β，γ とおいた．

二重添字は行番号と列番号とを表している．

a_{ij}
行番号 列番号

方程式をみたす α，β，γ は1通りではない．α，β，γ のあらゆる組の中で，$\gamma=a_{12}a_{23}-a_{13}a_{22}$ の場合を選んだ．

1.6.2項自己診断7.3で α, β, γ の意味がはっきりする．

（ ）の中
例

	$a_{12}a_{33}$	$-a_{13}a_{32}$
行の番号	1 3 ＜	1 3 ＜
列の番号	2 3 ＜	3 2 ＞

2．
x_1 の係数
$a_{11}\alpha+a_{21}\beta+a_{31}\gamma=0$
x_3 の係数
$a_{13}\alpha+a_{23}\beta+a_{33}\gamma=0$

3．x_1 の項と x_2 の項とを消去するには，どうすればよいかを考える．

$$x_3=\frac{b_1(a_{21}a_{32}-a_{22}a_{31})-b_2(a_{11}a_{32}-a_{12}a_{31})+b_3(a_{11}a_{22}-a_{12}a_{21})}{a_{13}(a_{21}a_{32}-a_{22}a_{31})-a_{23}(a_{11}a_{32}-a_{12}a_{31})+a_{33}(a_{11}a_{22}-a_{12}a_{21})}$$

解の特徴

x_1 の分母，x_2 の分母，x_3 の分母

分母どうしは，互いにちがうように見えるが，括弧をはずすと一致することがわかる．各項の添字を見ると，**各方程式から係数を一つずつ選び，それらを掛け合わせた形**になっていることに気がつく．

各項の形：符号 $a_{1l}a_{2m}a_{3n}$ **例** $-a_{11}a_{23}a_{32}$

行番号を表す添字が 1，2，3 の順に係数を並べることができる．
列番号を表す添字 l，m，n は，1，2，3 のすべての順列（欄外の表）になっている．

項の形（係数の積）	x_1 の分母の中で	x_2 の分母の中で	x_3 の分母の中で
$a_{11}a_{22}a_{33}$	＋	＋	＋
$a_{11}a_{23}a_{32}$	−	−	−
$a_{12}a_{21}a_{33}$	−	−	−
$a_{12}a_{23}a_{31}$	＋	＋	＋
$a_{13}a_{21}a_{32}$	＋	＋	＋
$a_{13}a_{22}a_{31}$	−	−	−

x_1 の分母＝x_2 の分母＝x_3 の分母

x_1	x_2	x_3
分子の第 1 項 $+b_1(a_{22}a_{33}-a_{23}a_{32})$ 分母の第 1 項 $+a_{11}(a_{22}a_{33}-a_{23}a_{32})$ $a_{11}\leftrightarrow b_1$，( ) 内は同じ	分子の第 1 項 $-b_1(a_{21}a_{33}-a_{23}a_{31})$ 分母の第 1 項 $-a_{12}(a_{21}a_{33}-a_{23}a_{31})$ $a_{12}\leftrightarrow b_1$，( ) 内は同じ	分子の第 1 項 $+b_1(a_{21}a_{32}-a_{22}a_{31})$ 分母の第 1 項 $+a_{13}(a_{21}a_{32}-a_{22}a_{31})$ $a_{13}\leftrightarrow b_1$，( ) 内は同じ
分子の第 2 項 $-b_2(a_{12}a_{33}-a_{13}a_{32})$ 分母の第 2 項 $-a_{21}(a_{12}a_{33}-a_{13}a_{32})$ $a_{21}\leftrightarrow b_2$，( ) 内は同じ	分子の第 2 項 $+b_2(a_{11}a_{33}-a_{13}a_{31})$ 分母の第 2 項 $+a_{22}(a_{11}a_{33}-a_{13}a_{31})$ $a_{22}\leftrightarrow b_2$，( ) 内は同じ	分子の第 2 項 $-b_2(a_{11}a_{32}-a_{12}a_{31})$ 分母の第 2 項 $-a_{23}(a_{11}a_{32}-a_{12}a_{31})$ $a_{23}\leftrightarrow b_2$，( ) 内は同じ
分子の第 3 項 $+b_3(a_{12}a_{23}-a_{13}a_{22})$ 分母の第 3 項 $+a_{31}(a_{12}a_{23}-a_{13}a_{22})$ $a_{31}\leftrightarrow b_3$，( ) 内は同じ	分子の第 3 項 $-b_3(a_{11}a_{23}-a_{13}a_{21})$ 分母の第 3 項 $-a_{32}(a_{11}a_{23}-a_{13}a_{21})$ $a_{32}\leftrightarrow b_3$，( ) 内は同じ	分子の第 3 項 $+b_3(a_{11}a_{22}-a_{12}a_{21})$ 分母の第 3 項 $+a_{33}(a_{11}a_{22}-a_{12}a_{21})$ $a_{33}\leftrightarrow b_3$，( ) 内は同じ

x_1 の分子，x_2 の分子，x_3 の分子は，**手順3** で示した通りの形になる．

ADVICE

3．
x_1 の係数
$a_{11}\alpha+a_{21}\beta+\cdots=0$
x_2 の係数
$a_{12}\alpha+a_{22}\beta+a_{32}\gamma=0$

式を整理するときには，見通しを立てる習慣が大切である．いまの場合，三つの複雑な式が一致するかどうかを確かめるので，各式の特徴に注意するとよい．

1.6.2 項で，解の簡単な覚え方を理解する．

$a_{1l}a_{2m}a_{3n}$
列番号を表す添字

l	m	n
1	2	3
1	3	2
2	1	3
2	3	1
3	1	2
3	2	1

この表のつくり方
l の欄を上から下に 112233と書く．

$l=1$ のときは m，n に 1 以外の番号2，3 を割りあてる．このとき，2，3 の順列と 3，2 の順列とがある．

$l=2$ のときは m，n に 2 以外の番号1，3 を割りあてる．このとき，1，3 の順列と 3，1 の順列とがある．

$l=3$ のときは m，n に 3 以外の番号1，2 を割りあてる．このとき，1，2 の順列と 2，1 の順列とがある．

1.6.2 行列式関数の性質

1.6.1 項で，2 元連立 1 次方程式の解と 3 元連立 1 次方程式の解とについて調べた．同じ考察を進めると，未知数が 3 個よりも多い連立 1 次方程式の解にも同じ特徴のあることがわかる．解を分数の形で表すと，分母と分子とのどちらも係数の二重添字（行番号，列番号）の規則にしたがっていることがわかる．この規則を上手に表せば，解の表式が覚えやすくなる．こういう工夫の仕方に進もう．このために，連立 1 次方程式の解の分母・分子を表す

0.2 節②旧法則保存の原理

ときに便利な行列式関数 det を定義する．そのための準備として，例題 1.6 を考えてみよう．

例題 1.6 奇置換・偶置換

(1) 2 元連立 1 次方程式の解を分数の形で表したとき，x_1 と x_2 とに共通の分母をつくる各項（$a_{11}a_{22}$ と $a_{12}a_{21}$）の符号は，どんな規則で決まるか？

(2) 3 元連立 1 次方程式の解を分数の形で表したとき，x_1，x_2，x_3 のどれにも共通の分母をつくる各項（$a_{11}a_{22}a_{33}, a_{12}a_{21}a_{33}, \ldots$）の符号は，どんな規則で決まるか？

（解説）

あとで，未知数が 3 個よりも多い連立 1 次方程式を考える．その準備として，例題 1.5 の 2 元連立 1 次方程式の x_1，x_2 の分子・分母の特徴をくわしく調べてみよう．二つの方程式の係数・定数項だけを書くと，これらの特徴がはっきりする．

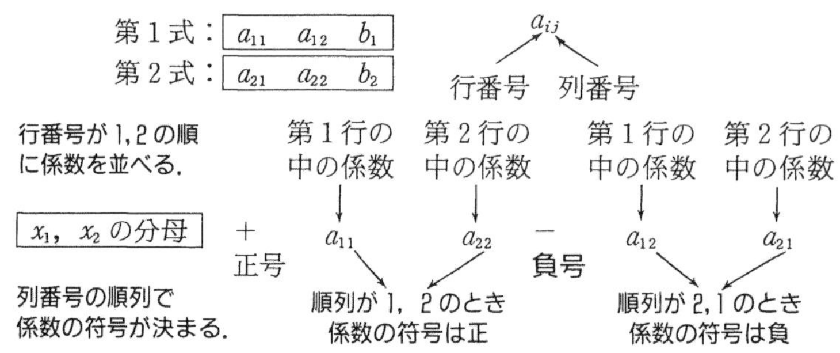

● **各方程式から係数を一つずつ選び，それらを掛け合わせた形**になっている．

置換：n 個の文字（または数）の集合の中で，各要素を自分自身または他の要素に **1 対 1 で置き換える規則**

を考えてみる．たとえば，係数どうしの積が $a_{1l}a_{2m}a_{3n}$ のとき，列番号 l，m，n の順列について

$$\begin{pmatrix} 1 & 2 & 3 \\ l & m & n \end{pmatrix} \begin{matrix} \leftarrow \text{順列の基本の形} \\ \leftarrow \text{実際の列番号の順列} \end{matrix}$$

と表す．3 個の数 l，m，n は 3 個の数 1，2，3 を置換した形と見る．

列番号 l，m，n を 2 個ずつ入れ換える操作をくりかえすと，1，2，3 に並べ換えることができる．ここで，

基本の順列をつくるための**互換**（2 個の数の入れ換え）の回数が

$$\begin{cases} \text{奇数のとき\textbf{奇置換}といい，} \operatorname{sgn}\begin{pmatrix} 1 & 2 & 3 \\ l & m & n \end{pmatrix} = -1 \\ \text{偶数のとき\textbf{偶置換}といい，} \operatorname{sgn}\begin{pmatrix} 1 & 2 & 3 \\ l & m & n \end{pmatrix} = +1 \end{cases}$$

と約束する．互換の回数が 0 回のときは偶置換（0 は偶数）である．

(1)

$\operatorname{sgn}\begin{pmatrix} 1 & 2 \\ 1 & 2 \end{pmatrix}$	$\operatorname{sgn}\begin{pmatrix} 1 & 2 \\ 2 & 1 \end{pmatrix}$
$+1$	-1

1 回の互換 $2 \leftrightarrow 1$ だけで 2，1 を 1，2 に並べ換えることができる．

ADVICE

0.2 節②旧法則保存の原理

第 1 式×a_{22}（a_{22} は第 2 式の係数）
第 2 式×a_{12}（a_{12} は第 1 式の係数）
第 1 式×a_{21}（a_{21} は第 2 式の係数）
第 2 式×a_{11}（a_{11} は第 1 式の係数）
のつくり方から，同じ方程式の中の二つの係数を掛け合わせた形はないことがわかる．こういう特徴は，行列式を導入する発想を理解するとき重要になる．

置換は，列番号を表す添字についてだけ考える概念ではなく，いろいろな問題で応用することができる（自己診断 7.1）．

0.2 節④関数の概念の拡張

sgn は signature（符号）という用語からつくった記号である．

$\begin{pmatrix} 1 & 2 & 3 \\ l & m & n \end{pmatrix}$ に一つの数（+1 または −1）が対応する．だから，sgn は一種の関数と考えることができる．

$\sin\theta$，$\log x$，... の sin，log，... が sgn にあたり，θ，x，... が $\begin{pmatrix} 1 & 2 & 3 \\ l & m & n \end{pmatrix}$ にあたる．sgn は関数記号だから sin，log などと同様に立体で書く（0.1 節例題 0.1）．

(2)

$\mathrm{sgn}\begin{pmatrix}1&2&3\\1&2&3\end{pmatrix}$	$\mathrm{sgn}\begin{pmatrix}1&2&3\\1&3&2\end{pmatrix}$	$\mathrm{sgn}\begin{pmatrix}1&2&3\\2&1&3\end{pmatrix}$
$+1$	-1	-1

$\mathrm{sgn}\begin{pmatrix}1&2&3\\2&3&1\end{pmatrix}$	$\mathrm{sgn}\begin{pmatrix}1&2&3\\3&1&2\end{pmatrix}$	$\mathrm{sgn}\begin{pmatrix}1&2&3\\3&2&1\end{pmatrix}$
$+1$	$+1$	-1

例 互換3↔1で3，1，2を1，3，2に並べ換えてから互換3↔2で1，2，3に達するので，互換は2回である．

[注意2]　互換の回数

l_1，l_2，…，l_nを1，2，…，nに並べ換える方法は何通りもある．たとえば，3，1，2の場合，3，1，2→1，3，2→1，2，3の順でも3，1，2→3，2，1→1，2，3の順でもよい．しかし，互換の回数が奇数と偶数とのどちらかになるかは決まっている．

[参考]　4元連立1次方程式の解の特徴　4元連立1次方程式も2元連立1次方程式，3元連立1次方程式と同じ規則を拡張すれば解が表せると予想してみる．この通りだとすると，分母は何個の項の和で表せるか？　各項の符号も判断せよ．

$\mathrm{sgn}\begin{pmatrix}1&2&3&4\\1&2&3&4\end{pmatrix}$	$\mathrm{sgn}\begin{pmatrix}1&2&3&4\\1&2&4&3\end{pmatrix}$	$\mathrm{sgn}\begin{pmatrix}1&2&3&4\\1&3&2&4\end{pmatrix}$	$\mathrm{sgn}\begin{pmatrix}1&2&3&4\\1&3&4&2\end{pmatrix}$
$+1$	-1	-1	$+1$
$\mathrm{sgn}\begin{pmatrix}1&2&3&4\\1&4&2&3\end{pmatrix}$	$\mathrm{sgn}\begin{pmatrix}1&2&3&4\\1&4&3&2\end{pmatrix}$	$\mathrm{sgn}\begin{pmatrix}1&2&3&4\\2&1&3&4\end{pmatrix}$	$\mathrm{sgn}\begin{pmatrix}1&2&3&4\\2&1&4&3\end{pmatrix}$
$+1$	-1	-1	$+1$
$\mathrm{sgn}\begin{pmatrix}1&2&3&4\\2&3&1&4\end{pmatrix}$	$\mathrm{sgn}\begin{pmatrix}1&2&3&4\\2&3&4&1\end{pmatrix}$	$\mathrm{sgn}\begin{pmatrix}1&2&3&4\\2&4&1&3\end{pmatrix}$	$\mathrm{sgn}\begin{pmatrix}1&2&3&4\\2&4&3&1\end{pmatrix}$
$+1$	-1	-1	$+1$
$\mathrm{sgn}\begin{pmatrix}1&2&3&4\\3&1&2&4\end{pmatrix}$	$\mathrm{sgn}\begin{pmatrix}1&2&3&4\\3&1&4&2\end{pmatrix}$	$\mathrm{sgn}\begin{pmatrix}1&2&3&4\\3&2&1&4\end{pmatrix}$	$\mathrm{sgn}\begin{pmatrix}1&2&3&4\\3&2&4&1\end{pmatrix}$
$+1$	-1	-1	$+1$
$\mathrm{sgn}\begin{pmatrix}1&2&3&4\\3&4&1&2\end{pmatrix}$	$\mathrm{sgn}\begin{pmatrix}1&2&3&4\\3&4&2&1\end{pmatrix}$	$\mathrm{sgn}\begin{pmatrix}1&2&3&4\\4&1&2&3\end{pmatrix}$	$\mathrm{sgn}\begin{pmatrix}1&2&3&4\\4&1&3&2\end{pmatrix}$
$+1$	-1	-1	$+1$
$\mathrm{sgn}\begin{pmatrix}1&2&3&4\\4&2&1&3\end{pmatrix}$	$\mathrm{sgn}\begin{pmatrix}1&2&3&4\\4&2&3&1\end{pmatrix}$	$\mathrm{sgn}\begin{pmatrix}1&2&3&4\\4&3&1&2\end{pmatrix}$	$\mathrm{sgn}\begin{pmatrix}1&2&3&4\\4&3&2&1\end{pmatrix}$
$+1$	-1	-1	$+1$

係数を a_{ij} $(i=1,2,3,4\,;\,j=1,2,3,4)$ とする．このとき，分母は24個の項の和

$$a_{11}a_{22}a_{33}a_{44}-a_{11}a_{22}a_{34}a_{43}-a_{11}a_{23}a_{32}a_{44}+a_{11}a_{23}a_{34}a_{42}+a_{11}a_{24}a_{32}a_{43}-a_{11}a_{24}a_{33}a_{42}$$
$$-a_{12}a_{21}a_{33}a_{44}+a_{12}a_{21}a_{34}a_{43}+a_{12}a_{23}a_{31}a_{44}-a_{12}a_{23}a_{34}a_{41}-a_{12}a_{24}a_{31}a_{43}+a_{12}a_{24}a_{33}a_{41}$$
$$+a_{13}a_{21}a_{32}a_{44}-a_{13}a_{21}a_{34}a_{42}-a_{13}a_{22}a_{31}a_{44}+a_{13}a_{22}a_{34}a_{41}+a_{13}a_{24}a_{31}a_{42}-a_{13}a_{24}a_{32}a_{41}$$
$$-a_{14}a_{21}a_{32}a_{43}+a_{14}a_{21}a_{33}a_{42}+a_{14}a_{22}a_{31}a_{43}-a_{14}a_{22}a_{33}a_{41}-a_{14}a_{23}a_{31}a_{42}+a_{14}a_{23}a_{32}a_{41}$$

で表せる．

ADVICE

(2)

1 2 3　互換 0回

1 3 2→1 2 3
互換 1回

2 1 3→1 2 3
互換 1回

2 3 1→2 1 3
互換　互換
→1 2 3 2回

3 1 2→1 3 2
互換　互換
→1 2 3 2回

3 2 1→1 2 3
互換 1回

0.2節②旧法則保存の原理

[ねらい]
2元の場合，3元の場合から4元の場合を類推する目を養う．

[発想]
1.6.2項例題1.5，例題1.6を考え合わせる．

例

$\mathrm{sgn}\begin{pmatrix}1&2&3&4\\2&3&1&4\end{pmatrix}$

第1行を行番号，第2行を列番号として，$a_{12}a_{23}a_{31}a_{44}$ のように添字を書く．

ADVICE

問1.18 2元連立1次方程式の x_1 の分子，x_2 の分子も分母と同じ特徴があることを確かめよ．

（解説）

	第1行の中の定数項	第2行の中の係数		第1行の中の係数	第2行の中の定数項
	↓	↓		↓	↓
x_1 の分子	b_1	a_{22}	$-$	a_{12}	b_2

	第1行の中の係数	第2行の中の定数項		第1行の中の定数項	第2行の中の係数
	↓	↓		↓	↓
x_2 の分子	a_{11}	b_2	$-$	b_1	a_{21}

（まとめ）

2元連立1次方程式の解と3元連立1次方程式の解

- 係数 a_{il} の二重添字が行番号 i と列番号 l を表す（マトリックスを考える利点）．
- 解を分数の形で表すと，分母は係数どうしの積 $\left\{\begin{array}{ll} a_{1l}a_{2m} & (2\text{元}) \\ a_{1l}a_{2m}a_{3n} & (3\text{元}) \end{array}\right\}$ の和で表せる（例題1.5）．
  各項の符号は，列番号の順列 $\left\{\begin{array}{ll} l,\ m & (2\text{元}) \\ l,\ m,\ n & (3\text{元}) \end{array}\right\}$ で決まる（例題1.6）．

n 元連立1次方程式の解の簡単な覚え方は自己診断7.3で考える．

行列式関数 det の定義（行列式関数の値の求め方）

出力 一つの値		関数記号	入力
y	$=$	sin	θ
y	$=$	log	x
$\lvert A\rvert$	$=$	det	A

$$\underbrace{\begin{vmatrix} a_{11} & a_{12} & \cdots & a_{1n} \\ a_{21} & a_{22} & \cdots & a_{2n} \\ \vdots & \vdots & \ddots & \vdots \\ a_{n1} & a_{n2} & \cdots & a_{nn} \end{vmatrix}}_{\text{出力：一つの値}} = \det \underbrace{\begin{pmatrix} a_{11} & a_{12} & \cdots & a_{1n} \\ a_{21} & a_{22} & \cdots & a_{2n} \\ \vdots & \vdots & \ddots & \vdots \\ a_{n1} & a_{n2} & \cdots & a_{nn} \end{pmatrix}}_{\text{入力：正方マトリックス}}$$

det は行列式関数の記号

$\sin\theta$，$\log x$，… の sin，log，… が det にあたり，θ，x，… が A にあたる．det は関数記号だから sin，log などと同様に立体で書く（0.1節例題0.1）．

det
determinant
function（行列式関数）

determinant は Gauss が「決定因子」という意味で使ったらしい．determine（決定する，確認する，解決する）の派生語を選んだのは，逆マトリックス（1.7節）が存在するかどうかを判定するための手段になるからだという説明がある．なお，高木貞治が「行列式」という訳語を考えたそうである．

$$\begin{vmatrix} a_{11} & a_{12} & \cdots & a_{1n} \\ a_{21} & a_{22} & \cdots & a_{2n} \\ \vdots & \vdots & \ddots & \vdots \\ a_{n1} & a_{n2} & \cdots & a_{nn} \end{vmatrix}$$

絶対値記号と混同してはいけない．

$$= \sum \underbrace{\mathrm{sgn}\begin{pmatrix} 1 & 2 & \cdots & n \\ l_1 & l_2 & \cdots & l_n \end{pmatrix}}_{\substack{\text{列番号が奇置換のとき } -1 \\ \text{偶置換のとき } +1}} \quad \underbrace{a_{1l_1}\ a_{2l_2} \cdots a_{nl_n}}_{\text{正方マトリックスの各行，各列から一つずつ数を選んでつくった積}}$$

$\sum$ は n 個の数の置換のすべてについての和を表す．

「行列式」というが，行列ではなく，一つの数である．

定義のあてはめ方

$$\begin{vmatrix} a_{11} & a_{12} \\ a_{21} & a_{22} \end{vmatrix}$$

手順1 $a_{1\text{空白}}\,a_{2\text{空白}}\quad a_{1\text{空白}}\,a_{2\text{空白}}$ と書く．

手順2 添字の空白に列番号を記入する．

$a_{11}a_{22}\quad a_{12}a_{21}$

手順3 列番号の順列の偶奇に注意して，積に符号を記入する．

$+a_{11}a_{22}-a_{12}a_{21}$

手順2
列番号を表す添字

$$\begin{array}{cc} 1 & 2 \\ 2 & 1 \end{array}$$

2，1は1回の互換で1，2にそろえることができるので奇置換である．

$\begin{vmatrix} a_{11} & a_{12} & a_{13} \\ a_{21} & a_{22} & a_{23} \\ a_{31} & a_{32} & a_{33} \end{vmatrix}$

手順1 $a_{1空白}\ a_{2空白}\ a_{3空白}\quad a_{1空白}\ a_{2空白}\ a_{3空白}$

$a_{1空白}\ a_{2空白}\ a_{3空白}\quad a_{1空白}\ a_{2空白}\ a_{3空白}$

$a_{1空白}\ a_{2空白}\ a_{3空白}\quad a_{1空白}\ a_{2空白}\ a_{3空白}$

と書く．

手順2 添字の空白に列番号を記入する．

$a_{11}a_{22}a_{33}\quad a_{11}a_{23}a_{32}$

$a_{12}a_{21}a_{33}\quad a_{12}a_{23}a_{31}$

$a_{13}a_{21}a_{32}\quad a_{13}a_{22}a_{31}$

手順3 列番号の順列の偶奇に注意して，積に符号を記入する．

$+a_{11}a_{22}a_{33}-a_{11}a_{23}a_{32}$

$-a_{12}a_{21}a_{33}+a_{12}a_{23}a_{31}$

$+a_{13}a_{21}a_{32}-a_{13}a_{22}a_{31}$

マトリックスの集合 M（あらゆるマトリックスの集まり）から実数の集合 $\boldsymbol{R}$（あらゆる実数の集まり）への写像を考えてみる．集合 M から一つのマトリックスを選び集合 $\boldsymbol{R}$ の要素を一つ対応させる規則（関数）が det である．$\det A$ の値は一つに決まる．

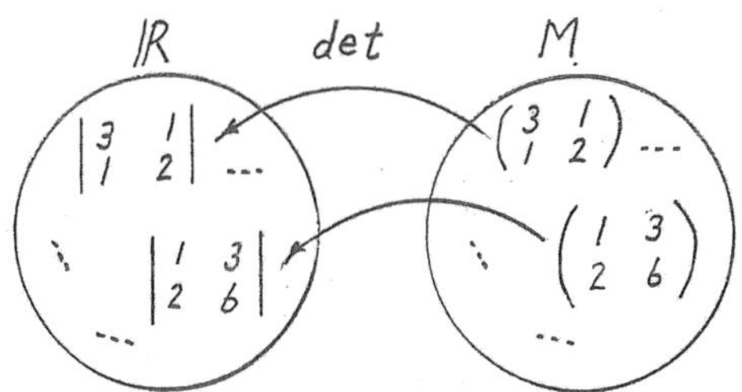

図 1.31 マトリックスの集合 M から実数の集合 R への写像

***n* 次の行列式関数**：マトリックス A が n 行 n 列のとき $|A|$ の値は n 次の行列式関数の値である．

問 1.19 $\begin{vmatrix} 3 & 8 & -1 \\ 2 & -6 & 7 \\ -3 & 5 & 4 \end{vmatrix}$ の値を求めよ．

（解説）

定義のあてはめ方にしたがって，文字で項を書いてみる．

$+a_{11}a_{22}a_{33}-a_{11}a_{23}a_{32}\qquad +3\times(-6)\times4-3\times7\times5$

$-a_{12}a_{21}a_{33}+a_{12}a_{23}a_{31}\qquad -8\times2\times4+8\times7\times(-3)$

$+a_{13}a_{21}a_{32}-a_{13}a_{22}a_{31}\qquad +(-1)\times2\times5-(-1)\times(-6)\times(-3)\ (+$

-401

行列式関数の行展開と列展開

枠付きの箱（前ページ）の中の定義をそのままあてはめるのは煩雑である．問 1.19 の計算でわかるように，すべての項を一つずつ書き出すのは効率が悪い．つぎのように，行列式関数の定義を覚えやすい形で理解すると便利である．

(1) 行展開（1.6.1 項と同じ考え方）

行列式関数は，係数どうしの積の和で表せる．同じ行から 2 個以上の係数を選ぶことはない．

ADVICE

rank もマトリックスの関数であることを思い出そう．1.5.1 項参照

0.2 節④関数の概念の拡張

あとで，行列式関数の定義の簡単な覚え方を説明する．

「空白」という漢字を書くという意味ではなく，「何も書かない」という意味である．

a_{ij}：行番号 i，列番号 j

手順2
列番号を表す添字

1 2 3
1 3 2
2 1 3
2 3 1
3 1 2
3 2 1

例 2, 1, 3 は 1 回の互換で 1, 2, 3 にそろえることができるので奇置換である．

matrix の頭文字 M

0.2 節④関数の概念の拡張

$\begin{vmatrix} a_{11} & a_{12} \\ a_{21} & a_{22} \end{vmatrix}$ の値は 2 次の行列式関数の値である．

$\begin{vmatrix} a_{11} & a_{12} & a_{13} \\ a_{21} & a_{22} & a_{23} \\ a_{31} & a_{32} & a_{33} \end{vmatrix}$ の値は 3 次の行列式関数の値である．

ADVICE

● 2 次の行列式関数の値

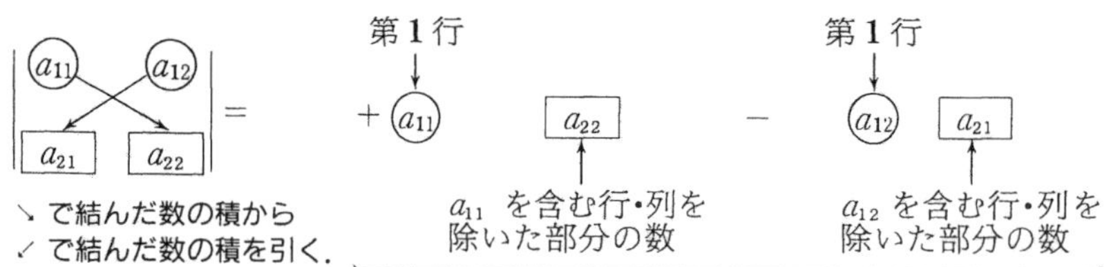

↘ と ↙ とのたすきがけの形で積どうしを引き算する.

● 3 次の行列式関数の値

3 元連立 1 次方程式の解を分数の形で表したとき，分母に注意する.

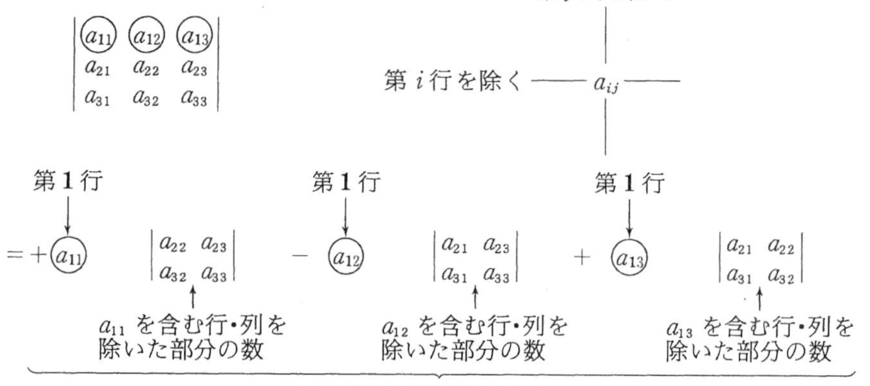

実際に確かめてみよう.

この展開の形が覚えやすい.

この展開は，2 次の行列式関数の値と 3 次の行列式関数の値との関係を表している．**n 次の行列式関数は，$(n-1)$ 次の行列式関数で展開できる.**

第 1 行の展開で n 次の行列式関数の値を求めるには

手順 1 a_{11}空白　a_{12}空白　…　a_{1n}空白　と書く．$a_{11}, a_{12}, \ldots, a_{1n}$ には値を記入する.

手順 2 ＋－＋－…＋－…の順で各項に符号を記入する.

手順 3 a_{1i} につづく空白に a_{1i} を含む行・列を除いた部分の数を書き並べる.

「空白」という漢字を書くという意味ではなく，「何も書かない」という意味である.

問 1.20 問 1.19 を第 1 行の行展開で求めよ.

（解説）

$$\begin{vmatrix} 3 & 8 & -1 \\ 2 & -6 & 7 \\ -3 & 5 & 4 \end{vmatrix} = +3\begin{vmatrix} -6 & 7 \\ 5 & 4 \end{vmatrix} - 8\begin{vmatrix} 2 & 7 \\ -3 & 4 \end{vmatrix} + (-1)\begin{vmatrix} 2 & -6 \\ -3 & 5 \end{vmatrix}$$

$$= +3\times[(-6)\times4-7\times5]-8\times[2\times4-7\times(-3)]+(-1)\times[2\times5-(-6)\times(-3)]$$

$$= -401$$

手順 1
3　8　－1
手順 2
＋3　－8　＋(－1)
手順 3
$\begin{vmatrix} -6 & 7 \\ 5 & 4 \end{vmatrix}$, $\begin{vmatrix} 2 & 7 \\ -3 & 4 \end{vmatrix}$, $\begin{vmatrix} 2 & -6 \\ -3 & 5 \end{vmatrix}$

4 次の行列式は 4 元連立 1 次方程式を解くときに必要である.

問 1.21 $\begin{vmatrix} 2 & 8 & 3 & 7 \\ -1 & 6 & 5 & 1 \\ 4 & 2 & 9 & -2 \\ -2 & 3 & -3 & 2 \end{vmatrix}$ の値を第 1 行の行展開で求めよ.

ADVICE

（解説）

$$\begin{vmatrix} 2 & 8 & 3 & 7 \\ -1 & 6 & 5 & 1 \\ 4 & 2 & 9 & -2 \\ -2 & 3 & -3 & 2 \end{vmatrix}$$

$$= +2\begin{vmatrix} 6 & 5 & 1 \\ 2 & 9 & -2 \\ 3 & -3 & 2 \end{vmatrix} - 8\begin{vmatrix} -1 & 5 & 1 \\ 4 & 9 & -2 \\ -2 & -3 & 2 \end{vmatrix} + 3\begin{vmatrix} -1 & 6 & 1 \\ 4 & 2 & -2 \\ -2 & 3 & 2 \end{vmatrix} - 7\begin{vmatrix} -1 & 6 & 5 \\ 4 & 2 & 9 \\ -2 & 3 & -3 \end{vmatrix}$$

$$= -407$$

右辺の 3 次の行列式の値は問 1.20 と同じ方法で計算する．3 元連立 1 次方程式の解を分数の形で表したとき，x_1 の分母に注意する．

(2)　列展開

行列式関数は，係数どうしの積の和で表せる．同じ列から 2 個以上の係数を選ぶことはない．したがって，第 1 列で展開しても第 1 行で展開しても同じ項しか含まないから同じ形になる．

二重添字は行番号と列番号とを表している．a_{ij} 行番号 列番号

● 2 次の行列式関数の値

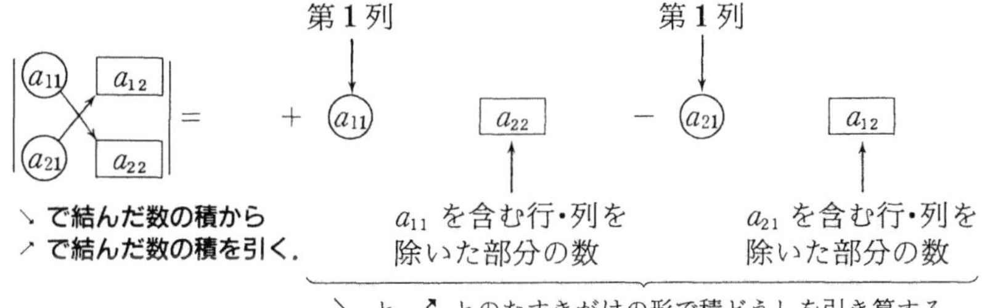

● 3 次の行列式関数の値

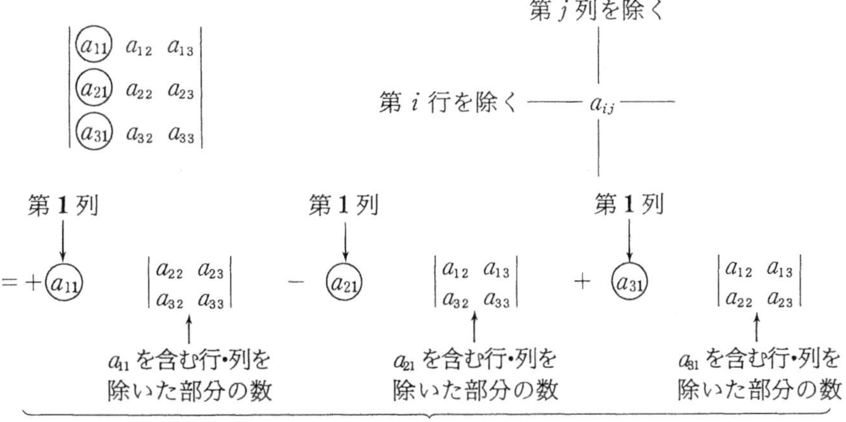

この展開は，2 次の行列式関数の値と 3 次の行列式関数の値との関係を表している．**n 次の行列式関数は，($n-1$) 次の行列式関数で展開できる．**

$\begin{pmatrix} a_{22} & a_{23} \\ a_{32} & a_{33} \end{pmatrix}$, $\begin{pmatrix} a_{12} & a_{13} \\ a_{32} & a_{33} \end{pmatrix}$, $\begin{pmatrix} a_{12} & a_{13} \\ a_{22} & a_{23} \end{pmatrix}$ を小マトリックスという．

第 1 列の展開で n 次の行列式関数の値を求めるには

手順 1　a_{11} 空白 a_{21} 空白 … a_{n1} 空白 と書く．a_{11}，a_{21}，…，a_{n1} には値を記入する．

手順 2　＋－＋－…＋－… の順で各項に符号を記入する．

「空白」という漢字を書くという意味ではなく，「何も書かない」という意味である．

ADVICE

手順3 a_{i1} につづく空白に a_{i1} を含む行・列を除いた部分の数を書き並べる．

問 1.22 問 1.19 を第 1 列の列展開で求めよ．

（解説）

$$\begin{vmatrix} 3 & 8 & -1 \\ 2 & -6 & 7 \\ -3 & 5 & 4 \end{vmatrix} = +3\begin{vmatrix} -6 & 7 \\ 5 & 4 \end{vmatrix} - 2\begin{vmatrix} 8 & -1 \\ 5 & 4 \end{vmatrix} + (-3)\begin{vmatrix} 8 & -1 \\ -6 & 7 \end{vmatrix}$$

$$= +3\times[(-6)\times 4 - 5\times 7] - 2\times[8\times 4 - 5\times(-1)] + (-3)\times[8\times 7 - (-6)\times(-1)]$$

$$= -401$$

手順1
3 2 −3

手順2
+3 −2 +(−3)

手順3
$\begin{vmatrix} -6 & 7 \\ 5 & 4 \end{vmatrix}$, $\begin{vmatrix} 8 & -1 \\ 5 & 4 \end{vmatrix}$, $\begin{vmatrix} 8 & -1 \\ -6 & 7 \end{vmatrix}$

問 1.23 問 1.21 を第 1 列の列展開で求めよ．

（解説） $\begin{vmatrix} 2 & 8 & 3 & 7 \\ -1 & 6 & 5 & 1 \\ 4 & 2 & 9 & -2 \\ -2 & 3 & -3 & 2 \end{vmatrix}$

$$= +2\begin{vmatrix} 6 & 5 & 1 \\ 2 & 9 & -2 \\ 3 & -3 & 2 \end{vmatrix} - (-1)\begin{vmatrix} 8 & 3 & 7 \\ 2 & 9 & -2 \\ 3 & -3 & 2 \end{vmatrix} + 4\begin{vmatrix} 8 & 3 & 7 \\ 6 & 5 & 1 \\ 3 & -3 & 2 \end{vmatrix} - (-2)\begin{vmatrix} 8 & 3 & 7 \\ 6 & 5 & 1 \\ 2 & 9 & -2 \end{vmatrix}$$

$$= -407$$

4 次の行列式は 4 元連立 1 次方程式を解くときに必要である．

右辺の 3 次の行列式の値は問 1.22 と同じ方法で計算する．

● どんなときに行展開と列展開とのどちらを選ぶか？

$\begin{vmatrix} 1 & 0 & 0 \\ 2 & 3 & 4 \\ 5 & 6 & 7 \end{vmatrix}$　　$\begin{vmatrix} 1 & 2 & 5 \\ 0 & 3 & 6 \\ 0 & 4 & 7 \end{vmatrix}$

第 1 行で展開　　第 1 列で展開

[進んだ探究]　余因子　記号 Δ_{ij}

定義　$(-1)^{i+j}\times$ [n 行 n 列のマトリックスから第 i 行，第 j 列を除いてできる $(n-1)$ 行 $(n-1)$ 列の小マトリックスの行列式関数の値]

n 行 n 列のマトリックスから第 i 行，第 j 列を除いてできる $(n-1)$ 行 $(n-1)$ 列の小マトリックスを考える．

問 1.24 余因子を定義すると，行列式関数を見やすい形に書き表すことができる．

(1)　2 行 2 列のマトリックス A から 1 行 1 列の小マトリックスが何個できるかを考え，すべての小マトリックスを書け．さらに，2 次の行列式関数を第 1 列で余因子展開せよ．

(2)　3 行 3 列のマトリックス A から 2 行 2 列の小マトリックスが何個できるかを考え，すべての小マトリックスを書け．さらに，3 次の行列式関数を第 1 列で余因子展開せよ．

$(-1)^{i+j}$ の理由は，問 1.24 で理解する．

2×2 マトリックス
$A=\begin{pmatrix} a_{11} & a_{12} \\ a_{21} & a_{22} \end{pmatrix}$

3×3 マトリックス
$A=\begin{pmatrix} a_{11} & a_{12} & a_{13} \\ a_{21} & a_{22} & a_{23} \\ a_{31} & a_{32} & a_{33} \end{pmatrix}$

（解説）

(1)　2 行から除く行の選び方が 2 通り，2 列から除く列の選び方が 2 通りある．したがって，

(2 行から除く行の選び方の数)×(2 列から除く行の選び方の数) $=2\times 2=4$

から 4 個の小マトリックスができる．

除く行　除く列　小マトリックス　（注意）

除く行	除く列	小マトリックス	
1	1	(a_{22})	
1	2	(a_{21})	←―(a_{12}) ではない．
2	1	(a_{12})	←―(a_{21}) ではない．
2	2	(a_{11})	

$$|A| = a_{11}a_{22} - a_{21}a_{12}$$
$$= (+a_{11}a_{22}) + (-a_{21}a_{12})$$
$$= a_{11}\times(-1)^{1+1}a_{22} + a_{21}\times(-1)^{2+1}a_{12}$$
$$= a_{11}\Delta_{11} + a_{21}\Delta_{21}$$

同じ添字　同じ添字

$\Delta_{21} = (-1)^{2+1}\times a_{12}$

↑

第 2 行，第 1 列を除いてできる小マトリックスの行列式関数の値

$(-1)^{2+1}a_{12}$ を Δ_{12} とまちがえないこと．

(2)　3 行から除く行の選び方が 3 通り，3 列から除く列の選び方が 3 通りある．したがって，

（3 行から除く行の選び方の数）×（3 列から除く行の選び方の数）$=3\times3=9$

から 9 個の小マトリックスができる．

除く行	除く列	小マトリックス	除く行	除く列	小マトリックス	除く行	除く列	小マトリックス
1	1	$\begin{pmatrix}a_{22} & a_{23}\\ a_{32} & a_{33}\end{pmatrix}$	2	1	$\begin{pmatrix}a_{12} & a_{13}\\ a_{32} & a_{33}\end{pmatrix}$	3	1	$\begin{pmatrix}a_{12} & a_{13}\\ a_{22} & a_{23}\end{pmatrix}$
1	2	$\begin{pmatrix}a_{21} & a_{23}\\ a_{31} & a_{33}\end{pmatrix}$	2	2	$\begin{pmatrix}a_{11} & a_{13}\\ a_{31} & a_{33}\end{pmatrix}$	3	2	$\begin{pmatrix}a_{11} & a_{13}\\ a_{21} & a_{23}\end{pmatrix}$
1	3	$\begin{pmatrix}a_{21} & a_{22}\\ a_{31} & a_{32}\end{pmatrix}$	2	3	$\begin{pmatrix}a_{11} & a_{12}\\ a_{31} & a_{32}\end{pmatrix}$	3	3	$\begin{pmatrix}a_{11} & a_{12}\\ a_{21} & a_{22}\end{pmatrix}$

$$|A| = a_{11}\begin{vmatrix}a_{22} & a_{23}\\ a_{32} & a_{33}\end{vmatrix} - a_{21}\begin{vmatrix}a_{12} & a_{13}\\ a_{32} & a_{33}\end{vmatrix} + a_{31}\begin{vmatrix}a_{12} & a_{13}\\ a_{22} & a_{23}\end{vmatrix}$$
$$= a_{11}\times(-1)^{1+1}\begin{vmatrix}a_{22} & a_{23}\\ a_{32} & a_{33}\end{vmatrix} + a_{21}\times(-1)^{2+1}\begin{vmatrix}a_{12} & a_{13}\\ a_{32} & a_{33}\end{vmatrix} + a_{31}\times(-1)^{3+1}\begin{vmatrix}a_{12} & a_{13}\\ a_{22} & a_{23}\end{vmatrix}$$
$$= a_{11}\Delta_{11} + a_{21}\Delta_{21} + a_{31}\Delta_{31}$$

同じ添字　同じ添字　同じ添字

余因子

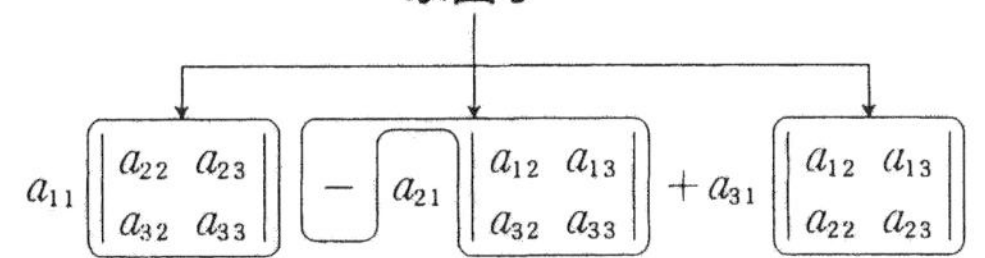

同じ考え方を拡張すると，n 次の行列式関数について

第 1 列の展開　$|A| = a_{11}\Delta_{11} + a_{21}\Delta_{21} + \cdots + a_{n1}\Delta_{n1}$

第 1 行の展開　$|A| = a_{11}\Delta_{11} + a_{12}\Delta_{12} + \cdots + a_{1n}\Delta_{1n}$

の成り立つことがわかる．

ADVICE

除く行　除く列
i　j

この問題では，小マトリックス（$a_{i\,以外\ j\,以外}$）は 1×1 マトリックスである．

例　(a_{21})

3×3 マトリックス

$A = \begin{pmatrix}a_{11} & a_{12} & a_{13}\\ a_{21} & a_{22} & a_{23}\\ a_{31} & a_{32} & a_{33}\end{pmatrix}$

この問題では，小マトリックスは 2×2 マトリックスである．

例

$\begin{pmatrix}a_{22} & a_{23}\\ a_{32} & a_{33}\end{pmatrix}$

a_{11}――　――a_{12}――

0.2 節②旧法則保存の原理

［注意 3］　3 次の行列式関数を第 2 列で展開した形，第 3 列で展開した形

$$x_1\ の分母 = a_{11}(a_{22}a_{33} - a_{23}a_{32}) - a_{21}(a_{12}a_{33} - a_{13}a_{32}) + a_{31}(a_{12}a_{23} - a_{13}a_{22})$$
$$= \underbrace{a_{11}\begin{vmatrix}a_{22} & a_{23}\\ a_{32} & a_{33}\end{vmatrix} - a_{21}\begin{vmatrix}a_{12} & a_{13}\\ a_{32} & a_{33}\end{vmatrix} + a_{31}\begin{vmatrix}a_{12} & a_{13}\\ a_{22} & a_{23}\end{vmatrix}}_{第\,1\,列で展開した形}$$
$$= a_{11}\Delta_{11} + a_{21}\Delta_{21} + a_{31}\Delta_{31}$$

$$x_2\ の分母 = -[a_{12}(a_{21}a_{33} - a_{23}a_{31}) - a_{22}(a_{11}a_{33} - a_{13}a_{31}) + a_{32}(a_{11}a_{23} - a_{13}a_{21})]$$

すでに，1.6.1 項［進んだ探究］で，x_1 の分母$=x_2$ の分母$=x_3$ の分母を確かめた．

もとのマトリックスの行列式関数の値は

$\begin{vmatrix}a_{11} & a_{12} & a_{13}\\ a_{21} & a_{22} & a_{23}\\ a_{31} & a_{32} & a_{33}\end{vmatrix}$

の値である．

$$= -\left(a_{12}\begin{vmatrix} a_{21} & a_{23} \\ a_{31} & a_{33} \end{vmatrix} - a_{22}\begin{vmatrix} a_{11} & a_{13} \\ a_{31} & a_{33} \end{vmatrix} + a_{32}\begin{vmatrix} a_{11} & a_{13} \\ a_{21} & a_{23} \end{vmatrix}\right)$$

第 **2** 列で展開した形

$$= -(a_{12}\Delta_{12} + a_{22}\Delta_{22} + a_{32}\Delta_{32})$$

x_3 の分母 $= a_{13}(a_{21}a_{32} - a_{22}a_{31}) - a_{23}(a_{11}a_{32} - a_{12}a_{31}) + a_{33}(a_{11}a_{22} - a_{12}a_{21})$

$$= a_{13}\begin{vmatrix} a_{21} & a_{22} \\ a_{32} & a_{31} \end{vmatrix} - a_{23}\begin{vmatrix} a_{11} & a_{12} \\ a_{31} & a_{32} \end{vmatrix} + a_{33}\begin{vmatrix} a_{11} & a_{12} \\ a_{21} & a_{22} \end{vmatrix}$$

第 **3** 列で展開した形

$$= a_{13}\Delta_{13} + a_{23}\Delta_{23} + a_{33}\Delta_{33}$$

第 **2** 列で展開した形をつくるとき

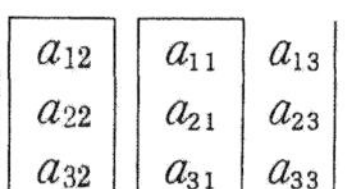

もとの第 2 列を新しい第 1 列にしたマトリックスの行列式関数を**第 1 列で展開する**．ただし，**もとの行列式関数と符号が反対である．**

第 **3** 列で展開した形をつくるとき

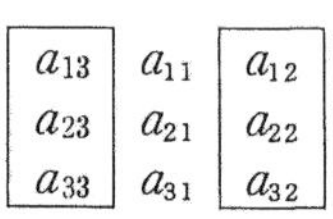

第 1 列を第 2 列と入れ換えてから第 1 列を第 3 列と入れ換えたマトリックスを考えると，**もとの第 3 列を新しい第 1 列にしたマトリックス**になる．この行列式関数を**第 1 列で展開する．**

例　1.6.1 項の問 1.19

もとのマトリックスの行列式関数の値

$$\begin{vmatrix} 2 & 1 & 1 \\ 4 & 2 & 3 \\ 2 & 1 & 2 \end{vmatrix}$$

第 1 列で展開

$$= 2\begin{vmatrix} 2 & 3 \\ 1 & 2 \end{vmatrix} - 4\begin{vmatrix} 1 & 1 \\ 1 & 2 \end{vmatrix} + 2\begin{vmatrix} 1 & 1 \\ 2 & 3 \end{vmatrix}$$

$= 0$

もとのマトリックスの行列式関数の値

$$\begin{vmatrix} 2 & 1 & 1 \\ 4 & 2 & 3 \\ 2 & 1 & 2 \end{vmatrix}$$

第 2 列で展開

$$= -\begin{vmatrix} 1 & 2 & 1 \\ 2 & 4 & 3 \\ 1 & 2 & 2 \end{vmatrix}$$

$$= -\left(1\begin{vmatrix} 4 & 3 \\ 2 & 2 \end{vmatrix} - 2\begin{vmatrix} 2 & 1 \\ 2 & 2 \end{vmatrix} + 1\begin{vmatrix} 2 & 1 \\ 4 & 3 \end{vmatrix}\right)$$

$= 0$

もとのマトリックスの行列式関数の値

$$\begin{vmatrix} 2 & 1 & 1 \\ 4 & 2 & 3 \\ 2 & 1 & 2 \end{vmatrix}$$

第 3 列で展開

$$= \begin{vmatrix} 1 & 2 & 1 \\ 3 & 4 & 2 \\ 2 & 2 & 1 \end{vmatrix}$$

$$= 1\begin{vmatrix} 4 & 2 \\ 2 & 1 \end{vmatrix} - 3\begin{vmatrix} 2 & 1 \\ 2 & 1 \end{vmatrix} + 2\begin{vmatrix} 2 & 1 \\ 4 & 2 \end{vmatrix}$$

$= 0$

ADVICE

x_1 の分母
＝もとの第 1 列で展開した形

x_2 の分母
＝－(もとの第 2 列で展開した形)
＝もとの第 1 列で展開した形
＝　x_1 の分母

列どうしを 1 回だけ入れ換えると符号が変わることがわかる．

x_3 の分母
＝もとの第 3 列で展開した形
＝もとの第 1 列で展開した形
＝x_1 の分母

列どうしを 2 回入れ換えると符号がもとに戻ることがわかる．

［注意 4］　3 次の行列式関数を第 2 行で展開した形，第 3 行で展開した形

3 次の行列式関数を第 2 行で展開した形，第 3 行で展開した形を考えることができる．

第 2 行で展開した形をつくるとき

$$\begin{vmatrix} \boxed{a_{21} \quad a_{22} \quad a_{23}} \\ \boxed{a_{11} \quad a_{12} \quad a_{13}} \\ a_{31} \quad a_{32} \quad a_{33} \end{vmatrix}$$

第 1 行を第 2 行と入れ換えてから**第 1 行で展開した**と考える．ただし，**もとの行列式関数と符号が反対である．**

ADVICE

第 3 行で展開した形をつくるとき

$$\begin{vmatrix} a_{31} & a_{32} & a_{33} \\ a_{11} & a_{12} & a_{13} \\ a_{21} & a_{22} & a_{23} \end{vmatrix}$$

第 1 行を第 2 行と入れ換え，さらに第 1 行を第 3 行と入れ換えてから，**第 1 行で展開した**と考える．このときにはもとの行列式関数と同じ符号である．

行列式関数の性質

数の並びに特徴があるマトリックスの行列式関数は，上手に工夫すると値が簡単に求まる．ふつうの計算でも数の特徴を生かすと，$101\times 99=(100+1)(100-1)=100^2-1^2=9999$ のように暗算できる．行列式関数の値の計算でも，行列式関数の性質を巧みに生かすと簡単になる．ここでは，はじめに計算に慣れて内容を理解することから始める．「行列式関数に性質 1，性質 2，性質 3 があるのはなぜか」という理由はあとで考える．

性質 1

$$\begin{vmatrix} a_{11} & \cdots & a_{1n} \\ \vdots & & \vdots \\ a_{i1}+b_{i1} & \cdots & a_{in}+b_{in} \\ \vdots & & \vdots \\ a_{n1} & \cdots & a_{nn} \end{vmatrix} = \begin{vmatrix} a_{11} & \cdots & a_{1n} \\ \vdots & & \vdots \\ a_{i1} & \cdots & a_{in} \\ \vdots & & \vdots \\ a_{n1} & \cdots & a_{nn} \end{vmatrix} + \begin{vmatrix} a_{11} & \cdots & a_{1n} \\ \vdots & & \vdots \\ b_{i1} & \cdots & b_{in} \\ \vdots & & \vdots \\ a_{n1} & \cdots & a_{nn} \end{vmatrix}$$

第 i 行の代りに第 i 列でも事情は同じである．

性質 2

$$\begin{vmatrix} a_{11} & \cdots & a_{1i}s & \cdots & a_{1n} \\ \vdots & & \vdots & & \vdots \\ a_{n1} & \cdots & a_{ni}s & \cdots & a_{nn} \end{vmatrix} = \begin{vmatrix} a_{11} & \cdots & a_{1i} & \cdots & a_{1n} \\ \vdots & & \vdots & & \vdots \\ a_{n1} & \cdots & a_{ni} & \cdots & a_{nn} \end{vmatrix} s$$

$(s\neq 0)$

第 i 列の代りに第 i 行でも事情は同じである．

性質 3

$$\begin{vmatrix} a_{11} & \cdots & a_{1n} \\ \vdots & & \vdots \\ a_{i1} & \cdots & a_{in} \\ \vdots & & \vdots \\ a_{j1} & \cdots & a_{jn} \\ \vdots & & \vdots \\ a_{n1} & \cdots & a_{nn} \end{vmatrix} = - \begin{vmatrix} a_{11} & \cdots & a_{1n} \\ \vdots & & \vdots \\ a_{j1} & \cdots & a_{jn} \\ \vdots & & \vdots \\ a_{i1} & \cdots & a_{in} \\ \vdots & & \vdots \\ a_{n1} & \cdots & a_{nn} \end{vmatrix}$$

第 i 行と第 j 行との入れ換えの代りに，第 i 列と第 j 列との入れ換えでも事情は同じである．

性質 3′ 二つの列（または行）が一致しているマトリックスの行列式関数の値は 0 である．

つぎの例のように考えれば，性質 3 から性質 3′ を理解することができる．

$$\begin{vmatrix} 2 & 3 & 4 \\ 2 & 3 & 4 \\ 5 & 6 & 7 \end{vmatrix} = - \begin{vmatrix} 2 & 3 & 4 \\ 2 & 3 & 4 \\ 5 & 6 & 7 \end{vmatrix}$$

第 1 行と第 2 列との入れ換え

$$\begin{vmatrix} 2 & 3 & 4 \\ 2 & 3 & 4 \\ 5 & 6 & 7 \end{vmatrix} + \begin{vmatrix} 2 & 3 & 4 \\ 2 & 3 & 4 \\ 5 & 6 & 7 \end{vmatrix} = 0$$

右辺を左辺に移項

$$\begin{vmatrix} 2 & 3 & 4 \\ 2 & 3 & 4 \\ 5 & 6 & 7 \end{vmatrix} = 0$$

同じ値どうしを足すと 0 だから，それぞれの値は 0．

性質 4

$$\begin{vmatrix} a_{11} & \cdots & a_{1n} \\ \vdots & & \vdots \\ a_{i1} & \cdots & a_{in} \\ \vdots & & \vdots \\ a_{j1} & \cdots & a_{jn} \\ \vdots & & \vdots \\ a_{n1} & \cdots & a_{nn} \end{vmatrix} = \begin{vmatrix} a_{11} & \cdots & a_{1n} \\ \vdots & & \vdots \\ a_{i1}+a_{j1}s & \cdots & a_{in}+a_{jn}s \\ \vdots & & \vdots \\ a_{j1} & \cdots & a_{jn} \\ \vdots & & \vdots \\ a_{n1} & \cdots & a_{nn} \end{vmatrix}$$

第 i 行＋第 j 行×s

マトリックスの基本変形とちがって，矢印ではなく等号で結んでよい．

左辺は一つの値，右辺も一つの値であり，これらの値が互いに等しい．

『世界数学者人名事典 増補版』（大竹出版，2004）によると，数学者 Cauchy（1789-1857）が行列式の主要な性質をすべて発見した．

性質 1
正方マトリックスの一つの列（または行）の成分が 2 数の和で表せるとき，このマトリックスの行列式関数の値は，他の列（または行）を変えずに，その列（または行）の成分を 2 組に分けてできる二つの行列式関数の値の和である．

性質 2
正方マトリックスの一つの列（または行）を s 倍すると，このマトリックスの行列式関数の値は s 倍になる．

性質 3
正方マトリックスの二つの列（または行）を入れ換えると，行列式関数の値の符号が反転する．

性質 1，性質 2，性質 3 は，どれも他の性質から説明することができない．他方，性質 3′ は性質 3 から説明でき，性質 4 は性質 1，性質 2，性質 3 から説明できる．
性質 3′ はあとで例 1 に使う．

性質 4
正方マトリックスの一つの列（または行）に他の列（または行）の s 倍を足して正方マトリックスをつくっても，行列式関数の値は変わらない．
性質 4 は，あとで例 2 に使う．

ADVICE

マトリックスの基本変形
$$\begin{pmatrix} a_{11} & \cdots & a_{1n} \\ \vdots & & \vdots \\ a_{i1} & \cdots & a_{in} \\ \vdots & & \vdots \\ a_{n1} & \cdots & a_{nn} \end{pmatrix} \xrightarrow{ⓘ+ⓙ\times s} \begin{pmatrix} a_{11} & \cdots & a_{1n} \\ \vdots & & \vdots \\ a_{i1}+a_{j1}s & \cdots & a_{in}+a_{jn}s \\ \vdots & & \vdots \\ a_{n1} & \cdots & a_{nn} \end{pmatrix}$$

ⓘ，ⓙ は行番号を表す．

と同じ変形の仕方である．ただし，二つのマトリックスは互いに等しくないから等号で結べない．

性質１，性質２，性質 3′ から性質４を理解することができる．

性質１から右辺のような和で表せる．　　　　性質２

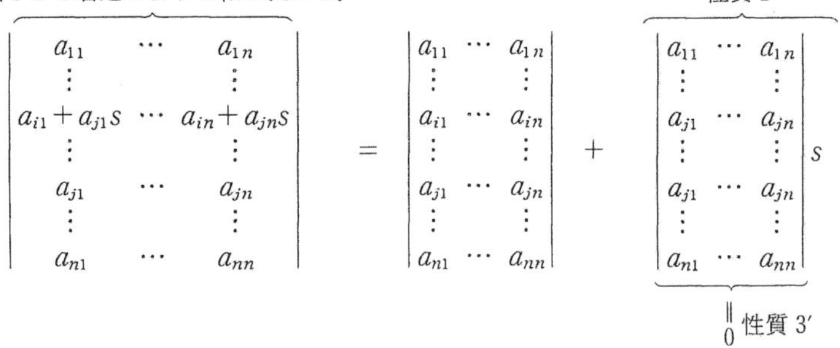

$$\begin{vmatrix} a_{11} & \cdots & a_{1n} \\ \vdots & & \vdots \\ a_{i1}+a_{j1}s & \cdots & a_{in}+a_{jn}s \\ \vdots & & \vdots \\ a_{j1} & \cdots & a_{jn} \\ \vdots & & \vdots \\ a_{n1} & \cdots & a_{nn} \end{vmatrix} = \begin{vmatrix} a_{11} & \cdots & a_{1n} \\ \vdots & & \vdots \\ a_{i1} & \cdots & a_{in} \\ \vdots & & \vdots \\ a_{j1} & \cdots & a_{jn} \\ \vdots & & \vdots \\ a_{n1} & \cdots & a_{nn} \end{vmatrix} + \underbrace{\begin{vmatrix} a_{11} & \cdots & a_{1n} \\ \vdots & & \vdots \\ a_{j1} & \cdots & a_{jn} \\ \vdots & & \vdots \\ a_{j1} & \cdots & a_{jn} \\ \vdots & & \vdots \\ a_{n1} & \cdots & a_{nn} \end{vmatrix}}_{\|\ 性質 3' \\ 0} s$$

行列式関数の値を求めるときの発想

> 性質１，性質２，性質４を活用して，
> - ●同じ列（または行）が見つかったら性質 3′ を活用する．
> - ●0，1 をできるだけ多くつくって計算を簡単にする．
>
> 行展開と列展開とのどちらが便利かを考える．
> - ● 0 を多く含む行，0 を多く含む列で展開すると計算が簡単になる（例２参照）．

行列式関数の性質を利用した計算例

例１

$$\begin{vmatrix} 3 & 5 & 7 \\ 2 & 4 & 6 \\ 6 & 10 & 14 \end{vmatrix} = 2\begin{vmatrix} 3 & 5 & 7 \\ 2 & 4 & 6 \\ 3 & 5 & 7 \end{vmatrix}$$
性質２
（第３行を 3×2　5×2　7×2 と考える）

$$=0$$
性質 3′
（第１行と第３行とが一致している）

例２

$$\begin{vmatrix} 2 & -2 & 4 \\ -4 & 2 & 8 \\ 0 & -3 & 1 \end{vmatrix} = 2\begin{vmatrix} 1 & -1 & 2 \\ -4 & 2 & 8 \\ 0 & -3 & 1 \end{vmatrix}$$
性質２
［第１行を 2×1　2×(−1)　2×2 と考える］

計算しやすい数をつくるため
$$= 2\times 2\begin{vmatrix} 1 & -1 & 2 \\ -2 & 1 & 4 \\ 0 & -3 & 1 \end{vmatrix}$$
性質２
［第２行を 2×(−2)　2×1　2×4 と考える］

第１列を１と０とだけにするため
$$= 4\begin{vmatrix} 1 & -1 & 2 \\ 0 & -1 & 8 \\ 0 & -3 & 1 \end{vmatrix}$$
性質４（第２行＋第１行×2）
$-2+1\times 2 = 0$　$1+(-1)\times 2 = -1$　$4+2\times 2 = 8$

第１列で展開
$$= 4\times 1\begin{vmatrix} -1 & 8 \\ -3 & 1 \end{vmatrix}$$
２次の行列式関数の値の計算

$$= 4\times[(-1)\times 1-(-3)\times 8]$$
$$= 92$$

$$\begin{vmatrix} 1 & -1 & 2 \\ 0 & -1 & 8 \\ 0 & -3 & 1 \end{vmatrix} = 1\times\begin{vmatrix} -1 & 8 \\ -3 & 1 \end{vmatrix} - 0\times\begin{vmatrix} -1 & 2 \\ -3 & 1 \end{vmatrix} + 0\times\begin{vmatrix} -1 & 2 \\ -1 & 8 \end{vmatrix}$$
のように，第１列で展開すると計算が簡単になる．
右辺は第１項だけを考えればよいから計算が簡単になる．このようにするために，**第１列に０を多くつくる．**

ADVICE

例3

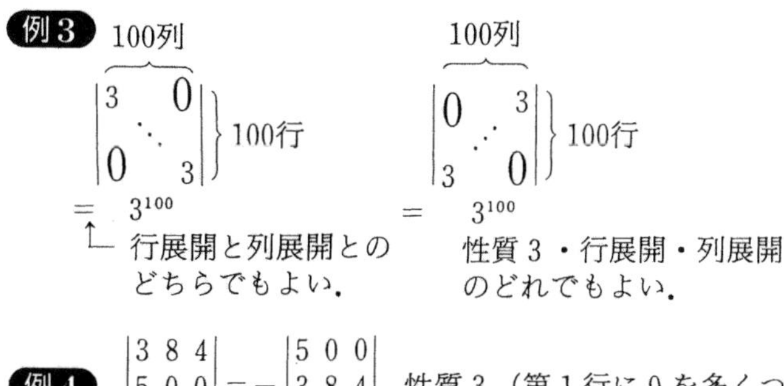

性質 3 を 50 回活用する（第 1 行と第 100 行との入れ換え，第 2 行と第 99 行との入れ換え，第 3 行と第 98 行との入れ換え，...，第 50 行と第 51 行との入れ換え）と，右側の行列式の値は左側の行列式の値の $(-1)^{50}$ 倍であることがわかる．

例4

$$\begin{vmatrix} 3 & 8 & 4 \\ 5 & 0 & 0 \\ 7 & 6 & 2 \end{vmatrix} = -\begin{vmatrix} 5 & 0 & 0 \\ 3 & 8 & 4 \\ 7 & 6 & 2 \end{vmatrix}$$ 性質 3（第 1 行に 0 を多くつくるために第 1 行を第 2 行と入れ換え）

第 1 行で展開 $= -5\begin{vmatrix} 8 & 4 \\ 6 & 2 \end{vmatrix}$

$= 40$

[進んだ探究]　性質 1，性質 2，性質 3 のたねあかし

簡単のために 3 次の行列式関数を考えるが，考え方は n 次（$n \neq 3$）にもあてはまる．

● 性質 1

第 2 行の成分が 2 数の和で表せるとき（第 1 行の成分，第 3 行の成分でも同じ考え方）

3 次の行列式関数の定義から

$$\begin{aligned}
&+a_{11}(a_{22}+b_{22})a_{33}-a_{11}(a_{23}+b_{23})a_{32}\\
&-a_{12}(a_{21}+b_{21})a_{33}+a_{12}(a_{23}+b_{23})a_{31}\\
&+a_{13}(a_{21}+b_{21})a_{32}-a_{13}(a_{22}+b_{22})a_{31} \quad (+
\end{aligned}$$

行番号が 2 の項が 2 数の和の形になっている．

$$\begin{aligned}
&+a_{11}a_{22}a_{33}-a_{11}a_{23}a_{32}+a_{11}b_{22}a_{33}-a_{11}b_{23}a_{32}\\
&-a_{12}a_{21}a_{33}+a_{12}a_{23}a_{31}-a_{12}b_{21}a_{33}+a_{12}b_{23}a_{31}\\
&+a_{13}a_{21}a_{32}-a_{13}a_{22}a_{31}+a_{13}b_{21}a_{32}-a_{13}b_{22}a_{31}
\end{aligned}$$

$$\begin{vmatrix} a_{11} & a_{12} & a_{13} \\ a_{21} & a_{22} & a_{23} \\ a_{31} & a_{32} & a_{33} \end{vmatrix} \qquad \begin{vmatrix} a_{11} & a_{12} & a_{13} \\ b_{21} & b_{22} & b_{23} \\ a_{31} & a_{32} & a_{33} \end{vmatrix}$$

● 性質 2

第 2 行の成分を s 倍するとき

3 次の行列式関数の定義から

$$\begin{aligned}
&+a_{11}a_{22}sa_{33}-a_{11}a_{23}sa_{32}\\
&-a_{12}a_{21}sa_{33}+a_{12}a_{23}sa_{31}\\
&+a_{13}a_{21}sa_{32}-a_{13}a_{22}sa_{31} \quad (+
\end{aligned}$$

行番号が 2 の項のどれにも s が係っている．

$$\begin{aligned}
&(+a_{11}a_{22}a_{33}-a_{11}a_{23}a_{32}\\
&-a_{12}a_{21}a_{33}+a_{12}a_{23}a_{31}\\
&+a_{13}a_{21}a_{32}-a_{13}a_{22}a_{31})s
\end{aligned}$$

すべての項の共通因子 s

$$\begin{vmatrix} a_{11} & a_{12} & a_{13} \\ a_{21} & a_{22} & a_{23} \\ a_{31} & a_{32} & a_{33} \end{vmatrix} s$$

● 性質 3

第 2 行を第 3 行と入れ換えるとき $a_{21} \leftrightarrow a_{31}$，$a_{22} \leftrightarrow a_{32}$，$a_{23} \leftrightarrow a_{33}$ の入れ換えのあとで，各項を $a_{1l}a_{2m}a_{3n}$ の形に書き換える．

$$\begin{aligned}
&+a_{11}a_{32}a_{23}-a_{11}a_{33}a_{22}\\
&-a_{12}a_{31}a_{23}+a_{12}a_{33}a_{21}\\
&+a_{13}a_{31}a_{22}-a_{13}a_{32}a_{21} \quad (+
\end{aligned}$$

$$\begin{aligned}
&-(a_{11}a_{22}a_{33}-a_{11}a_{23}a_{32}\\
&-a_{12}a_{21}a_{33}+a_{12}a_{23}a_{31}\\
&+a_{13}a_{21}a_{32}-a_{13}a_{22}a_{31})
\end{aligned}$$

$$-\begin{vmatrix} a_{11} & a_{12} & a_{13} \\ a_{21} & a_{22} & a_{23} \\ a_{31} & a_{32} & a_{33} \end{vmatrix}$$

性質 1

$$\begin{vmatrix} a_{11} & a_{12} & a_{13} \\ a_{21}+b_{21} & a_{22}+b_{22} & a_{23}+b_{23} \\ a_{31} & a_{32} & a_{33} \end{vmatrix} = \begin{vmatrix} a_{11} & a_{12} & a_{13} \\ a_{21} & a_{22} & a_{23} \\ a_{31} & a_{32} & a_{33} \end{vmatrix} + \begin{vmatrix} a_{11} & a_{12} & a_{13} \\ b_{21} & b_{22} & b_{23} \\ a_{31} & a_{32} & a_{33} \end{vmatrix}$$

性質 2

$$\begin{vmatrix} a_{11} & a_{12} & a_{13} \\ a_{21}s & a_{22}s & a_{23}s \\ a_{31} & a_{32} & a_{33} \end{vmatrix} = \begin{vmatrix} a_{11} & a_{12} & a_{13} \\ a_{21} & a_{22} & a_{23} \\ a_{31} & a_{32} & a_{33} \end{vmatrix} s$$

性質 3

$$\begin{vmatrix} a_{11} & a_{12} & a_{13} \\ a_{31} & a_{32} & a_{33} \\ a_{21} & a_{23} & a_{23} \end{vmatrix} = -\begin{vmatrix} a_{11} & a_{12} & a_{13} \\ a_{21} & a_{22} & a_{23} \\ a_{31} & a_{32} & a_{33} \end{vmatrix}$$

ADVICE

[補足] 行列式関数の性質を理解するために：連立1次方程式の解と係数との関係

● 未知数が1個の場合　解 $= \dfrac{\boxed{\text{定数項}}}{\boxed{\text{係数}}}$

a，b は定数，x は未知数　　s は定数（$s \fallingdotseq 0$）

$ax=b$ の解 $x=\dfrac{b}{a}$　　$asx=b$ の解 $x=\dfrac{b}{as}$

x の係数の値が s 倍になると，解は（$1/s$）倍になる．

● 未知数が2個の場合　解 $= \dfrac{\begin{vmatrix} \boxed{\text{定数項}} & \text{係数} \end{vmatrix}}{\begin{vmatrix} \boxed{\text{係数}} & \text{係数} \end{vmatrix}}$　　解 $= \dfrac{\begin{vmatrix} \text{係数} & \boxed{\text{定数項}} \end{vmatrix}}{\begin{vmatrix} \text{係数} & \text{係数} \end{vmatrix}}$

1．a_{ij}，b_i は定数，x_i は未知数

$$\begin{cases} a_{11}x_1+a_{12}x_2=b_1 \\ a_{21}x_1+a_{22}x_2=b_2 \end{cases}$$

Cramer の方法で $x_1=\dfrac{\begin{vmatrix} b_1 & a_{12} \\ b_2 & a_{22} \end{vmatrix}}{\begin{vmatrix} a_{11} & a_{12} \\ a_{21} & a_{22} \end{vmatrix}}$，$x_2=\dfrac{\begin{vmatrix} a_{11} & b_1 \\ a_{21} & b_2 \end{vmatrix}}{\begin{vmatrix} a_{11} & a_{12} \\ a_{21} & a_{22} \end{vmatrix}}$ となる．

2．a_{ij}，b_i は定数，x_i は未知数，s は定数（$s \fallingdotseq 0$）

$$\begin{cases} a_{11}sx_1+a_{12}x_2=b_1 \\ a_{21}sx_1+a_{22}x_2=b_2 \end{cases} \quad x_1=\frac{\begin{vmatrix} b_1 & a_{12} \\ b_2 & a_{22} \end{vmatrix}}{\begin{vmatrix} a_{11}s & a_{12} \\ a_{21}s & a_{22} \end{vmatrix}}$$

x_1 の係数の値が s 倍になると，解は（$1/s$）倍になる．

sx_1 を未知数とみなすと $sx_1=\dfrac{\begin{vmatrix} b_1 & a_{12} \\ b_2 & a_{22} \end{vmatrix}}{\begin{vmatrix} a_{11} & a_{12} \\ a_{21} & a_{22} \end{vmatrix}}$ だから $x_1=\dfrac{\begin{vmatrix} b_1 & a_{12} \\ b_2 & a_{22} \end{vmatrix}}{\begin{vmatrix} a_{11} & a_{12} \\ a_{21} & a_{22} \end{vmatrix}s}$ となる．

分母どうしを比べると，$\begin{vmatrix} a_{11}s & a_{12} \\ a_{21}s & a_{22} \end{vmatrix}=\begin{vmatrix} a_{11} & a_{12} \\ a_{21} & a_{22} \end{vmatrix}s$（性質2）となることがわかる．

3．a_{ij}，b_i は定数，x_i は未知数，t は定数（$t \fallingdotseq 0$）

$$\begin{cases} a_{11}tx_1+a_{12}tx_2=b_1 \\ a_{21}x_1+\ a_{22}x_2=b_2 \end{cases}$$

第1式×a_{22}－第2式×$a_{12}t$

$$(a_{11}ta_{22}-a_{21}a_{12}t)x_1=b_1a_{22}-b_2a_{12}t \quad x_1=\frac{\begin{vmatrix} b_1 & a_{12}t \\ b_2 & a_{22} \end{vmatrix}}{\begin{vmatrix} a_{11}t & a_{12}t \\ a_{21} & a_{22} \end{vmatrix}}$$

$$(a_{11}a_{22}-a_{21}a_{12})tx_1=b_1a_{22}-b_2a_{12}t \quad x_1=\frac{\begin{vmatrix} b_1 & a_{12}t \\ b_2 & a_{22} \end{vmatrix}}{\begin{vmatrix} a_{11} & a_{12} \\ a_{21} & a_{22} \end{vmatrix}t}$$

分母どうしを比べると，$\begin{vmatrix} a_{11}t & a_{12}t \\ a_{21} & a_{22} \end{vmatrix}=\begin{vmatrix} a_{11} & a_{12} \\ a_{21} & a_{22} \end{vmatrix}t$（性質2）であることがわかる．

0.2節②旧法則保存の原理

未知数が1個の場合を2個の場合に拡張したと考える．

a_{ij}　x_j：j が同じ

$a_{11}s$ は第1式の x_1 の係数

$a_{21}s$ は第1式の x_2 の係数

Cramer の方法を活用する．

$a_{11}ta_{22}-a_{21}a_{12}t=(a_{11}a_{22}-a_{21}a_{12})t$

（ ）t の形に書き直すかどうかによって解の表し方が2通りある．

ADVICE

問 1.25 x_2 について [補足] 2 を確かめよ.

(解説) $x_2=\dfrac{\begin{vmatrix} a_{11}s & b_1 \\ a_{21}s & b_2 \end{vmatrix}}{\begin{vmatrix} a_{11}s & a_{12} \\ a_{21}s & a_{22} \end{vmatrix}}$ は, sx_1 と x_2 とを未知数とみなして求めた

$x_2=\dfrac{\begin{vmatrix} a_{11} & b_1 \\ a_{21} & b_2 \end{vmatrix}}{\begin{vmatrix} a_{11} & a_{12} \\ a_{21} & a_{22} \end{vmatrix}}$ と等しいから $\dfrac{\begin{vmatrix} a_{11}s & b_1 \\ a_{21}s & b_2 \end{vmatrix}}{\begin{vmatrix} a_{11} & a_{12} \\ a_{21} & a_{22} \end{vmatrix}s}=\dfrac{\begin{vmatrix} a_{11} & b_1 \\ a_{21} & b_2 \end{vmatrix}}{\begin{vmatrix} a_{11} & a_{12} \\ a_{21} & a_{22} \end{vmatrix}}$ となる. 両辺に s を掛ける

と, $\begin{vmatrix} a_{11}s & b_1 \\ a_{21}s & b_2 \end{vmatrix}=\begin{vmatrix} a_{11} & b_1 \\ a_{21} & b_2 \end{vmatrix}s$ (性質 2) であることがわかる.

Cramer の方法を活用する.

先にわかった $\begin{vmatrix} a_{11}s & a_{12} \\ a_{21}s & a_{22} \end{vmatrix}=\begin{vmatrix} a_{11} & a_{12} \\ a_{21} & a_{22} \end{vmatrix}s$ を考慮した.

問 1.26 x_2 について [補足] 3 を確かめよ.

(解説)

第 1 式 $\times a_{21}-$ 第 2 式 $\times a_{11}t$

$$(a_{12}ta_{21}-a_{22}a_{11}t)x_2=b_1a_{21}-b_2a_{11}t \quad x_2=\dfrac{\begin{vmatrix} a_{11}t & b_1 \\ a_{21} & b_2 \end{vmatrix}}{\begin{vmatrix} a_{11}t & a_{12}t \\ a_{21} & a_{22} \end{vmatrix}}$$

$$(a_{12}a_{21}-a_{11}a_{22})tx_2=b_1a_{21}-b_2a_{11}t \quad x_2=\dfrac{\begin{vmatrix} a_{11}t & b_1 \\ a_{21} & b_2 \end{vmatrix}}{\begin{vmatrix} a_{11} & a_{12} \\ a_{21} & a_{22} \end{vmatrix}t}$$

分母どうしを比べると, $\begin{vmatrix} a_{11}t & a_{12}t \\ a_{21} & a_{22} \end{vmatrix}=\begin{vmatrix} a_{11} & a_{12} \\ a_{21} & a_{22} \end{vmatrix}t$ (性質 2) であることがわかる.

$a_{12}ta_{21}-a_{22}a_{11}t$
$=(a_{12}a_{21}-a_{22}a_{11})t$

(まとめ) 連立 1 次方程式を解くとき, 二つの発想がある.

表 1.9 Gauss-Jordan の消去法と Cramer の方法との比較

Gauss-Jordan の消去法 (掃き出し法)	Cramer の方法
マトリックスの基本変形を活用 ●「なぜ解が求まるのか」という理論を考えるときに役立つ. ●プログラミングに有利な筋道である.	det (マトリックスではない) を活用 ●係数と定数項とだけで解を表すことができる. ●未知数が 2 個で, しかも係数が簡単な数のときには暗算でも解が求まる.

Cramer の方法は, 未知数の個数と方程式の個数とが一致している場合に適用する.

$\begin{cases} 2x_1+3x_2-1x_3=5 \\ -5x_1+2x_2+8x_3=3 \end{cases}$ は未知数が 3 個あるが, 方程式は 2 個しかない.

[参考] 2 次方程式の解法にも二つの発想がある.

2 次方程式 : $ax^2+bx+c=0$ $(a\neq 0)$

表 1.10 因数分解と解の公式との比較

因数分解	解の公式
$a(x-\alpha)(x-\beta)=0$ $x=\alpha$, $x=\beta$ ●解き方のすじみちがわかりやすい.	$x=\dfrac{-b\pm\sqrt{b^2-4ac}}{2a}$ ●係数と定数項とだけで解を表すことができる.

$a=0$ の場合は 2 次方程式ではない.

自己診断 7

7.1　あみだ

あみだくじ（平行なたて線を n 本引いてから，はしご状によこ線を引いてつくったくじ）を考えてみる．下図の対応を $\begin{pmatrix}1&2&3\\2&3&1\end{pmatrix}$ と表す．第2行は第1行の順列の置換（並びかえ）である．

$$\begin{matrix}1&2&3\\ \searrow&\swarrow\ \searrow&\swarrow\\1&2&3\end{matrix}$$

(1)　1，2，3の三つの数の置換は何通りあるか？

(2)　(1)のそれぞれの置換を実現するあみだくじをつくれ．

(3)　偶置換と奇置換とのどちらかによって，あみだくじの特徴がどのように異なるか？

ADVICE

阿弥陀仏の後光の放射線状と同じような線を引いてくじをつくったことから「あみだくじ」というらしい．

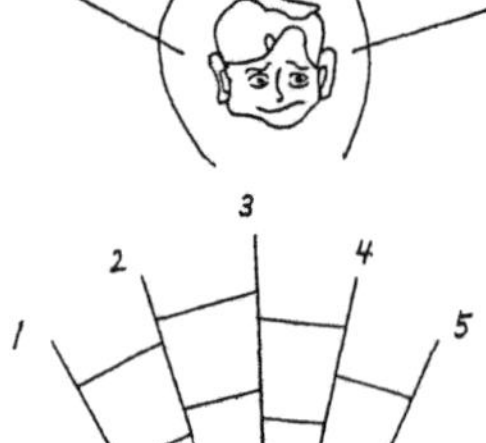

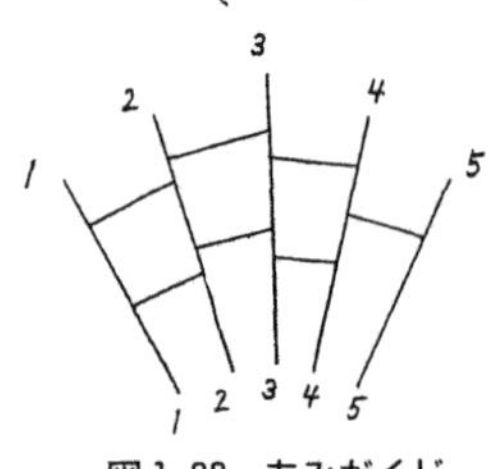

図1.32　あみだくじ

ねらい　あみだくじは，数の順列の置換という共通の性質を持っていることを理解する．置換のイメージを描くための手がかりをつかむ．

発想　抽象的に考えず，具体的に樹形図を描いてみる．

解説

(1)　樹形図を描くと6通りあることがわかる．

```
1 < 2 — 3
    3 — 2
2 < 1 — 3
    3 — 1
3 < 1 — 2
    2 — 1
```

(2)

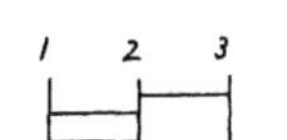

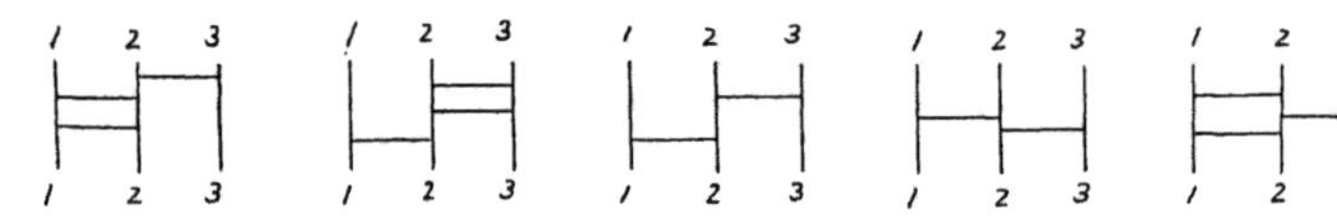

$\begin{pmatrix}1&2&3\\1&2&3\end{pmatrix}$ $\begin{pmatrix}1&2&3\\1&3&2\end{pmatrix}$ $\begin{pmatrix}1&2&3\\2&1&3\end{pmatrix}$ $\begin{pmatrix}1&2&3\\2&3&1\end{pmatrix}$ $\begin{pmatrix}1&2&3\\3&1&2\end{pmatrix}$ $\begin{pmatrix}1&2&3\\3&2&1\end{pmatrix}$

(3)　偶置換：よこ線が偶数本，奇置換：よこ線が奇数本

補足　奇置換（三つの数の場合は1回の並べかえ）では，三つの数の中の一つだけは位置が変わらない．$\begin{pmatrix}①&2&3\\①&3&2\end{pmatrix}$ では①の位置，$\begin{pmatrix}1&2&③\\2&1&③\end{pmatrix}$ では③の位置，$\begin{pmatrix}1&②&3\\3&②&1\end{pmatrix}$ では②の位置が変わらない．1回だけの並びかえで1 2 3の順列に一致するのは，一つの数の位置がその数のもとの位置と合っているからである．

$\begin{pmatrix}1&2&3\\1&2&3\end{pmatrix}$ 以外の偶置換（三つの数の場合は2回の並びかえ）では，三つの数のどれも位置が変わる．

7.2　行列式関数の線型性

入力 x と出力 y との間の対応を $y=f(x)$ と表す．関数が $f(x+x')=f(x)+f(x')$，$f(xs)=f(x)s$（s は任意の定数）をみたすとき，「線型性を持つ」という．

ADVICE

(1) 具体的な対応規則が $f(\ )=c(\ )$ (c は定数) のとき，y は x に比例する．この場合，$c(x+x')=cx+cx'$，$c(xs)=(cx)s$ をみたすことによって，どんな計算が簡単になるか？ 例を挙げよ．

(2) 行列式関数も線型性を持つことを示せ［ヒント：マトリックスをタテベクトルの並びと見るとよい］．

(ねらい) 行列式関数が線型性を持つからこそいろいろな性質が成り立ち，行列式関数の値が簡単に求まるという事情を理解する．

(発想) 行列式関数の性質 1 と① $f(x+x')=f(x)+f(x')$，性質 2 と② $f(xs)=f(x)s$ とをそれぞれ比べてみよう．

性質 1 ↔① 性質 2 ↔②
似た形 似た形

(解説)

(1) 7×99 $7\times[100+(-1)]$
$=700-7$
$=693$

$7\times(6\times 3)=(7\times 6)\times 3$

7×18 よりも 42×3 の方が計算しやすい．

(2) $\det A$ は，マトリックス $A=\underbrace{(\boldsymbol{a}_1\ \boldsymbol{a}_2\cdots\ \boldsymbol{a}_n)}_{\text{タテベクトルの並びと見る}}$ の行列式関数の値を表す．

$\det A$ を $\underbrace{\det(\boldsymbol{a}_1, \boldsymbol{a}_2, \ldots, \boldsymbol{a}_n)}_{}$ と見ることもできる．

並びの順序が決まっているタテベクトルの関数

例 $\det\left(\overset{\boldsymbol{a}_1}{\boxed{\begin{matrix}a_{11}\\a_{21}\end{matrix}}}\ \overset{\boldsymbol{a}_2}{\boxed{\begin{matrix}a_{12}\\a_{22}\end{matrix}}}\right)$

行列式関数の性質 1 と性質 2 とは，

線型性： $\boxed{f(x+x')=f(x)+f(x'),\ f(xs)=f(x)s}$

を表している．f を具体的な関数名 det として，入力の変数 x をタテベクトルの並び $\boldsymbol{a}_1, \ldots, \boldsymbol{a}_i, \ldots, \boldsymbol{a}_n$ におきかえるとわかる．

性質 1：$\underbrace{\det(\boldsymbol{a}_1, \ldots, \boldsymbol{a}_i+\boldsymbol{a}_i', \ldots, \boldsymbol{a}_n)}_{\text{第 } i \text{ 列が二つのタテベクトルの和で表せるマトリックスの行列式関数の値}}$

$=\underbrace{\det(\boldsymbol{a}_1, \ldots, \boldsymbol{a}_i, \ldots, \boldsymbol{a}_n)+\det(\boldsymbol{a}_1, \ldots, \boldsymbol{a}_i', \ldots, \boldsymbol{a}_n)}_{\text{それぞれのタテベクトルを列とするマトリックスの行列式関数どうしの和}}$

性質 2：$\underbrace{\det(\boldsymbol{a}_1, \ldots, \boldsymbol{a}_i s, \ldots, \boldsymbol{a}_n)}_{\text{第 } i \text{ 列を } s \text{ 倍する}}=\underbrace{\det(\boldsymbol{a}_1, \ldots, \boldsymbol{a}_i, \ldots, \boldsymbol{a}_n)s}_{\text{行列式関数の値も } s \text{ 倍になる}}$

$$\underbrace{\begin{vmatrix}a_{11} & a_{12}+a'_{12}\\ a_{21} & a_{22}+a'_{22}\end{vmatrix}}_{\det(\boldsymbol{a}_1, \boldsymbol{a}_2+\boldsymbol{a}_2')}=\underbrace{\begin{vmatrix}a_{11} & a_{12}\\ a_{21} & a_{22}\end{vmatrix}}_{\det(\boldsymbol{a}_1, \boldsymbol{a}_2)}+\underbrace{\begin{vmatrix}a_{11} & a'_{12}\\ a_{21} & a'_{22}\end{vmatrix}}_{\det(\boldsymbol{a}_1, \boldsymbol{a}_2')}$$

$$\underbrace{\begin{vmatrix}a_{11} & a_{12}s\\ a_{21} & a_{22}s\end{vmatrix}}_{\det(\boldsymbol{a}_1, \boldsymbol{a}_2 s)}=\underbrace{\begin{vmatrix}a_{11} & a_{12}\\ a_{21} & a_{22}\end{vmatrix}s}_{\det(\boldsymbol{a}_1, \boldsymbol{a}_2)s}$$

7.3 n 元連立 1 次方程式の解

n 元連立 1 次方程式：

0.2.4 項参照

$f(\ )$ は関数を表す記号

$f(x)$ は関数値［$f(\ )$ の ( ) に入力 x が入ったときの値］を表す記号

$f(\ )=c(\ )$ のとき，$y=f(x)$ は $y=cx$ だから，y は x に比例する．

$c(xs)$ は c 掛ける (x 掛ける s) であり，$(cx)s$ は (c 掛ける x) 掛ける s である．

0.2 節④関数の概念の拡張

$\sin\theta$，$\log x$，... の sin，log，... が det にあたり，θ，x，... が A にあたる．det は関数記号だから sin，log などと同様に立体で書く (0.1 節例題 0.1)．

(1) $c=7$，$x=100$，$x'=-1$

$c=7$，$x=6$，$s=3$

0.2.4 項 線型性の解説参照

行列式関数の性質を活用した計算例をもう一度見直してみよう．

a_{11}，a_{12}，...，a_{nn} は定数，x_1，x_2，...，x_n は未知数である．
0.1 節例題 0.6

$$\begin{cases} a_{11}x_1 + a_{12}x_2 + \cdots + a_{1n}x_n = b_1 \\ a_{21}x_1 + a_{22}x_2 + \cdots + a_{2n}x_n = b_2 \\ \cdots\cdots\cdots \\ a_{n1}x_1 + a_{n2}x_2 + \cdots + a_{nn}x_n = b_n \end{cases}$$

の解を係数マトリックスの行列式関数で表す方法を見つける．3元連立1次方程式の場合の再検討から始めよう．

(1)　3×3マトリックス $A = \begin{pmatrix} a_{11} & a_{12} & a_{13} \\ a_{21} & a_{22} & a_{23} \\ a_{31} & a_{32} & a_{33} \end{pmatrix}$ の成分について考える．ある列の各成分に他の列の各余因子を掛けて足し合わせると0になることを示せ．
たとえば，$a_{12}\Delta_{11} + a_{22}\Delta_{21} + a_{32}\Delta_{31} = 0$ である．

(2)　1.6.1項［進んだ探究］の α，β，γ を余因子で表せ．

(3)　x_2 と x_3 とを消去するために，それぞれの方程式にどんな数を掛けてから方程式どうしを足し合わせたか？　x_1 と x_3 とを消去するとき，x_1 と x_2 とを消去するときについても考えよ．

(4)　(1)，(2)，(3)を手がかりにして，n 元連立1次方程式の解を求めよ．

ADVICE

$|A| = a_{11}\Delta_{11} + a_{21}\Delta_{21} + \cdots + a_{n1}\Delta_{n1}$
のように，ある列（この形では第1列）の各成分に同じ列の各余因子を掛けて足し合わせると $|A|$ になる．

a_{12}，a_{22}，a_{32} は A の第2列の成分である．

Δ_{11}，Δ_{21}，Δ_{31} は A の第1列の余因子である．

ねらい　2元（1.6.1項例題1.5），3元（1.6.2項 例題1.6）まで具体的に解いた．1.6.2項［参考］で4元の場合の解を予想した．本問では，n 元（$n \geq 4$）の場合にもCramerの方法が適用できることを確かめる．

発想　α，β，γ がどれも $aa - aa$ または $-(aa - aa)$（ここでは，形だけを強調するために係数の二重添字を省いてある）の形になっている．こういう特徴に着目すると，これらは余因子になっていることに気がつく．

余因子 Δ_{ij} のつくり方
$(-1)^{i+j}$ を見落としてはいけない．

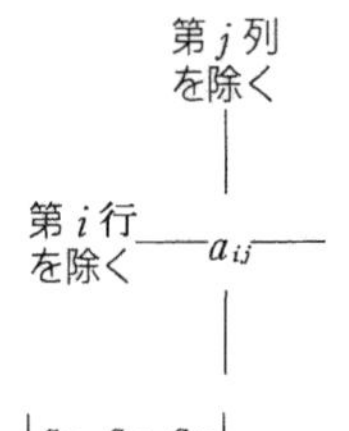

解説

(1)　$a_{12}\Delta_{11} + a_{22}\Delta_{21} + a_{32}\Delta_{31}$

$$= a_{12}(-1)^{1+1}\begin{vmatrix} a_{22} & a_{23} \\ a_{32} & a_{33} \end{vmatrix} + a_{22}(-1)^{2+1}\begin{vmatrix} a_{12} & a_{13} \\ a_{32} & a_{33} \end{vmatrix} + a_{32}(-1)^{3+1}\begin{vmatrix} a_{12} & a_{13} \\ a_{22} & a_{23} \end{vmatrix}$$

$$= a_{12}\begin{vmatrix} a_{22} & a_{23} \\ a_{32} & a_{33} \end{vmatrix} - a_{22}\begin{vmatrix} a_{12} & a_{13} \\ a_{32} & a_{33} \end{vmatrix} + a_{32}\begin{vmatrix} a_{12} & a_{13} \\ a_{22} & a_{23} \end{vmatrix}$$

$$= \begin{vmatrix} a_{12} & a_{12} & a_{13} \\ a_{22} & a_{22} & a_{23} \\ a_{32} & a_{32} & a_{33} \end{vmatrix}$$

$=0$　　性質3′　第1列と第2列とが一致しているから0である．
他の場合も同様である．計算練習のために確認すること．

$\begin{vmatrix} a_{12} & a_{12} & a_{13} \\ a_{22} & a_{22} & a_{23} \\ a_{32} & a_{32} & a_{33} \end{vmatrix}$ を第1列で展開した形

(2)　$\alpha = a_{22}a_{33} - a_{23}a_{32}$　　$\beta = -a_{12}a_{33} + a_{13}a_{32}$　　$\gamma = a_{12}a_{23} - a_{13}a_{22}$
　$= \Delta_{11}$　　　　　　　$= \Delta_{21}$　　　　　　　$= \Delta_{31}$

(3)　x_2 と x_3 とを消去するとき：第1式×Δ_{11}＋第2式×Δ_{21}＋第3式×Δ_{31}
x_1 と x_3 とを消去するとき：第1式×Δ_{12}＋第2式×Δ_{22}＋第3式×Δ_{32}
x_1 と x_2 とを消去するとき：第1式×Δ_{13}＋第2式×Δ_{23}＋第3式×Δ_{33}

Δ_{ij} の添字 j に着目すると特徴がわかる．
Δ_{11}，Δ_{21}，Δ_{31} の添字 j はすべて1
Δ_{12}，Δ_{22}，Δ_{32} の添字 j はすべて2
Δ_{13}，Δ_{23}，Δ_{33} の添字 j はすべて3

(4)　$x_2, x_3, \ldots, x_n$ を消去するとき：　第1式×Δ_{11}＋第2式×Δ_{21}＋⋯＋第 n 式×Δ_{n1}

⋯⋯　　　　　⋯

$x_1, \ldots, x_{i-1}, x_{i+1}, \ldots, x_n$ を消去するとき：第1式×Δ_{1i}＋第2式×Δ_{2i}＋⋯＋第 n 式×Δ_{ni}

…… …

$x_1, x_2, \ldots, x_{n-1}$ を消去するとき：　第1式×Δ_{1n}＋第2式×Δ_{2n}＋⋯＋第 n 式×Δ_{nn}

第1式×Δ_{11}＋第2式×Δ_{21}＋⋯＋第 n 式×Δ_{n1} から x_1,

……,

第1式×Δ_{1i}＋第2式×Δ_{2i}＋⋯＋第 n 式×Δ_{ni} から x_i,

……,

第1式×Δ_{1n}＋第2式×Δ_{2n}＋⋯＋第 n 式×Δ_{nn} から x_n

が求まる.

$$x_1=\frac{b_1\Delta_{11}+b_2\Delta_{21}+\cdots+b_n\Delta_{n1}}{a_{11}\Delta_{11}+a_{21}\Delta_{21}+\cdots+a_{n1}\Delta_{n1}}$$

……

$$x_i=\frac{b_1\Delta_{1i}+b_2\Delta_{2i}+\cdots+b_n\Delta_{ni}}{a_{1i}\Delta_{1i}+a_{2i}\Delta_{2i}+\cdots+a_{ni}\Delta_{ni}}$$

……

$$x_n=\frac{b_1\Delta_{1n}+b_2\Delta_{2n}+\cdots+b_n\Delta_{nn}}{a_{1n}\Delta_{1n}+a_{2n}\Delta_{2n}+\cdots+a_{nn}\Delta_{nn}}$$

行列式関数を使って表すと,

$$x_i=\frac{\begin{vmatrix} a_{11} & a_{12} & \cdots & b_1 & \cdots & a_{1n} \\ a_{21} & a_{22} & \cdots & b_2 & \cdots & a_{2n} \\ \vdots & \vdots & & \vdots & & \vdots \\ a_{n1} & a_{n2} & \cdots & b_n & \cdots & a_{nn} \end{vmatrix}}{\begin{vmatrix} a_{11} & a_{12} & \cdots & a_{1i} & \cdots & a_{1n} \\ a_{21} & a_{22} & \cdots & a_{2i} & \cdots & a_{2n} \\ \vdots & \vdots & & \vdots & & \vdots \\ a_{n1} & a_{n2} & \cdots & a_{ni} & \cdots & a_{nn} \end{vmatrix}}$$

となる.

（重要） x_i の表式：分母は係数の行列式関数の値，分子は x_i の係数を定数項でおきかえてつくった行列式関数の値

[式のつくり方のたねあかし]

$$分母=(-1)^{i-1}\begin{vmatrix} a_{1i} & a_{11} & a_{12} & \cdots & a_{1\,i-1} & a_{1\,i+1} & \cdots & a_{1n} \\ a_{2i} & a_{21} & a_{22} & \cdots & a_{2\,i-1} & a_{2\,i+1} & \cdots & a_{2n} \\ a_{3i} & a_{31} & a_{32} & \cdots & a_{3\,i-1} & a_{3\,i+1} & \cdots & a_{3n} \\ \vdots & \vdots & \vdots & & \vdots & \vdots & & \vdots \\ a_{ni} & a_{n1} & a_{n2} & \cdots & a_{n\,i-1} & a_{n\,i+1} & \cdots & a_{nn} \end{vmatrix}$$

分母の表式で第1列と第2列との入れ換え，第2列と第3列との入れ換え,…，第 $(i-2)$ 列と第 $(i-1)$ 列との入れ換えを順につづけると，$(i-1)$ 回の入れ換えだから $(-1)^{i-1}$ が掛かる（行列式関数の性質3）.

$=(-1)^{i-1}(a_{1i}\Delta_{1i}+a_{2i}\Delta_{2i}+\cdots+a_{ni}\Delta_{ni})$　上の式を第1列で展開した形

分子もまったく同じ考え方で

分子$=(-1)^{i-1}(b_1\Delta_{1i}+b_2\Delta_{2i}+\cdots+b_n\Delta_{ni})$

である.

分子と分母との間で $(-1)^{i-1}$ が約せる.

列どうしを1回入れ換えると，行列式関数の値が (-1) 倍になる.

[進んだ探究]　線型独立性に着目した簡単な方法

タテベクトルの線型独立性に着目すると，余因子を使う方法よりも簡単に解の表式を導くことができる.

$$\begin{cases} a_{11}x_1+a_{12}x_2+\cdots+a_{1n}x_n=b_1 \\ a_{21}x_1+a_{22}x_2+\cdots+a_{2n}x_n=b_2 \\ \cdots\cdots\cdots \\ a_{n1}x_1+a_{n2}x_2+\cdots+a_{nn}x_n=b_n \end{cases}$$

は

$$\begin{pmatrix} a_{11} \\ a_{21} \\ \vdots \\ a_{n1} \end{pmatrix} x_1 + \begin{pmatrix} a_{12} \\ a_{22} \\ \vdots \\ a_{n2} \end{pmatrix} x_2 + \cdots + \begin{pmatrix} a_{1n} \\ a_{2n} \\ \vdots \\ a_{nn} \end{pmatrix} x_n = \begin{pmatrix} b_1 \\ b_2 \\ \vdots \\ b_n \end{pmatrix}$$

と書き表せる．この式を

$$\begin{pmatrix} a_{11}x_1 - b_1 \\ a_{21}x_1 - b_2 \\ \vdots \\ a_{n1}x_1 - b_n \end{pmatrix} 1 + \begin{pmatrix} a_{12} \\ a_{22} \\ \vdots \\ a_{n2} \end{pmatrix} x_2 + \cdots + \begin{pmatrix} a_{1n} \\ a_{2n} \\ \vdots \\ a_{nn} \end{pmatrix} x_n = \begin{pmatrix} 0 \\ 0 \\ \vdots \\ 0 \end{pmatrix}$$

と書き直す．

着目 第1項の係数が1だから「n 個のタテベクトルの係数のすべてが 0」ではない．しかし，これらのタテベクトルの線型結合で零ベクトルをつくっている．したがって，左辺の n 個のタテベクトルは線型従属である．

発想 線型従属になっているタテベクトルを並べたマトリックスを考える．こういうマトリックスの行列式の値は，行列式関数の性質1，性質2，性質3′から0である．簡単のために，タテベクトルが3個の場合で，この理由を考えてみよう．

$$\begin{pmatrix} a_{11}x_1 - b_1 \\ a_{21}x_1 - b_2 \\ a_{31}x_1 - b_3 \end{pmatrix} 1 + \begin{pmatrix} a_{12} \\ a_{22} \\ a_{32} \end{pmatrix} x_2 + \begin{pmatrix} a_{13} \\ a_{23} \\ a_{33} \end{pmatrix} x_3 = \begin{pmatrix} 0 \\ 0 \\ 0 \end{pmatrix}$$

だから $\begin{pmatrix} a_{11}x_1 - b_1 \\ a_{21}x_1 - b_2 \\ a_{31}x_1 - b_3 \end{pmatrix}$, $\begin{pmatrix} a_{12} \\ a_{22} \\ a_{32} \end{pmatrix}$, $\begin{pmatrix} a_{13} \\ a_{23} \\ a_{33} \end{pmatrix}$ は線型従属である．これらのタテベクトルを並べたマトリックスの行列式は，$a_{11}x_1 - b_1 = -a_{12}x_2 - a_{13}x_3$, $a_{21}x_1 - b_2 = -a_{22}x_2 - a_{23}x_3$, $a_{31}x_1 - b_3 = -a_{32}x_2 - a_{33}x_3$ に注意すると，

$$\begin{vmatrix} a_{11}x_1 - b_1 & a_{12} & a_{13} \\ a_{21}x_1 - b_2 & a_{22} & a_{23} \\ a_{31}x_1 - b_3 & a_{32} & a_{33} \end{vmatrix} = \begin{vmatrix} -a_{12}x_2 - a_{13}x_3 & a_{12} & a_{13} \\ -a_{22}x_2 - a_{23}x_3 & a_{22} & a_{23} \\ -a_{32}x_2 - a_{33}x_3 & a_{32} & a_{33} \end{vmatrix}$$

$$\overset{\text{性質 1}}{=} \begin{vmatrix} -a_{12}x_2 & a_{12} & a_{13} \\ -a_{22}x_2 & a_{22} & a_{23} \\ -a_{32}x_2 & a_{32} & a_{33} \end{vmatrix} + \begin{vmatrix} -a_{13}x_3 & a_{12} & a_{13} \\ -a_{23}x_3 & a_{22} & a_{23} \\ -a_{33}x_3 & a_{32} & a_{33} \end{vmatrix}$$

$$\overset{\text{性質 2}}{=} -x_2 \begin{vmatrix} \boxed{\begin{matrix} a_{12} \\ a_{22} \\ a_{32} \end{matrix}} & \boxed{\begin{matrix} a_{12} \\ a_{22} \\ a_{32} \end{matrix}} & \begin{matrix} a_{13} \\ a_{23} \\ a_{33} \end{matrix} \end{vmatrix} - x_3 \begin{vmatrix} \boxed{\begin{matrix} a_{13} \\ a_{23} \\ a_{33} \end{matrix}} & \begin{matrix} a_{12} \\ a_{22} \\ a_{32} \end{matrix} & \boxed{\begin{matrix} a_{13} \\ a_{23} \\ a_{33} \end{matrix}} \end{vmatrix}$$

$$\overset{\text{性質 3}'}{=} 0 + 0$$

となる．タテベクトルが4個以上の場合にも同じ考え方があてはまる．

解の表式

$$\begin{vmatrix} a_{11}x_1 - b_1 & a_{12} & \cdots & a_{1n} \\ a_{21}x_1 - b_2 & a_{22} & \cdots & a_{2n} \\ \cdots & \cdots & \cdots & \cdots \\ a_{n1}x_1 - b_n & a_{n2} & \cdots & a_{nn} \end{vmatrix} = 0$$

に行列式関数の性質1を使うと

ADVICE

線型従属になっているタテベクトルを並べたマトリックスの行列式の値が0になる．この理由は，幾何の観点からなっとくできる（1.6.3項自己診断8.5, 8.6）．

$$\begin{pmatrix} a_{11}x_1 - b_1 \\ a_{21}x_1 - b_2 \\ a_{31}x_1 - b_3 \end{pmatrix} = \begin{pmatrix} -a_{12}x_2 - a_{13}x_3 \\ -a_{22}x_2 - a_{23}x_3 \\ -a_{32}x_2 - a_{33}x_3 \end{pmatrix}$$

と書くと，

$a_{11}x_1 - b_1 = -a_{12}x_2 - a_{13}x_3$,

$a_{21}x_1 - b_2 = -a_{22}x_2 - a_{23}x_3$,

$a_{31}x_1 - b_3 = -a_{32}x_2 - a_{33}x_3$

であることがわかる．

性質1
正方マトリックスの一つの列（または行）の成分が2数の和で表せるとき，このマトリックスの行列式関数の値は，他の列（または行）を変えずに，その列（または行）の成分を2組に分けてできる二つの行列式関数の値の和である．

性質2
正方マトリックスの一つの列（または行）を s 倍すると，このマトリックスの行列式関数の値は s 倍になる．

性質3′
二つの列（または行）が一致しているマトリックスの行列式関数の値は0である．

$\begin{pmatrix} a_{11}x_1 - b_1 \\ a_{21}x_1 - b_2 \\ \vdots \\ a_{n1}x_1 - b_n \end{pmatrix}$, $\begin{pmatrix} a_{12} \\ a_{22} \\ \vdots \\ a_{n2} \end{pmatrix}$, …, $\begin{pmatrix} a_{1n} \\ a_{2n} \\ \vdots \\ a_{nn} \end{pmatrix}$

は線型従属である．

$$\begin{vmatrix} a_{11}x_1 & a_{12} & \cdots & a_{1n} \\ a_{21}x_1 & a_{22} & \cdots & a_{2n} \\ \cdots & \cdots & \cdots & \cdots \\ a_{n1}x_1 & a_{n2} & \cdots & a_{nn} \end{vmatrix} + \begin{vmatrix} -b_1 & a_{12} & \cdots & a_{1n} \\ -b_2 & a_{22} & \cdots & a_{2n} \\ \cdots & \cdots & \cdots & \cdots \\ -b_n & a_{n2} & \cdots & a_{nn} \end{vmatrix} = 0$$

となる．さらに，各項に性質 2 を使うと

$$x_1 \begin{vmatrix} a_{11} & a_{12} & \cdots & a_{1n} \\ a_{21} & a_{22} & \cdots & a_{2n} \\ \cdots & \cdots & \cdots & \cdots \\ a_{n1} & a_{n2} & \cdots & a_{nn} \end{vmatrix} + (-1) \begin{vmatrix} b_1 & a_{12} & \cdots & a_{1n} \\ b_2 & a_{22} & \cdots & a_{2n} \\ \cdots & \cdots & \cdots & \cdots \\ b_n & a_{n2} & \cdots & a_{nn} \end{vmatrix} = 0$$

となる．したがって，

$$x_1 = \frac{\begin{vmatrix} b_1 & a_{12} & \cdots & a_{1n} \\ b_2 & a_{22} & \cdots & a_{2n} \\ \vdots & \vdots & & \vdots \\ b_n & a_{n2} & \cdots & a_{nn} \end{vmatrix}}{\begin{vmatrix} a_{11} & a_{12} & \cdots & a_{1n} \\ a_{21} & a_{22} & \cdots & a_{2n} \\ \vdots & \vdots & & \vdots \\ a_{n1} & a_{n2} & \cdots & a_{nn} \end{vmatrix}}$$

を得る．x_i を求めたいときには，

$$\begin{pmatrix} a_{11} \\ a_{21} \\ \vdots \\ a_{n1} \end{pmatrix} x_1 + \cdots + \begin{pmatrix} a_{1i} \\ a_{2i} \\ \vdots \\ a_{ni} \end{pmatrix} x_i + \cdots + \begin{pmatrix} a_{1n} \\ a_{2n} \\ \vdots \\ a_{nn} \end{pmatrix} x_n = \begin{pmatrix} b_1 \\ b_2 \\ \vdots \\ b_n \end{pmatrix}$$

を

$$\begin{pmatrix} a_{11} \\ a_{21} \\ \vdots \\ a_{n1} \end{pmatrix} x_1 + \cdots + \begin{pmatrix} a_{1i}x_i - b_1 \\ a_{2i}x_i - b_2 \\ \vdots \\ a_{ni}x_i - b_n \end{pmatrix} 1 + \cdots + \begin{pmatrix} a_{1n} \\ a_{2n} \\ \vdots \\ a_{nn} \end{pmatrix} x_n = \begin{pmatrix} 0 \\ 0 \\ \vdots \\ 0 \end{pmatrix}$$

と書き直して，

$$\begin{vmatrix} a_{11} & \cdots & a_{1i}x_i - b_1 & \cdots & a_{1n} \\ a_{12} & \cdots & a_{2i}x_i - b_2 & \cdots & a_{2n} \\ \vdots & & \vdots & & \vdots \\ a_{n1} & \cdots & a_{ni}x_i - b_n & \cdots & a_{nn} \end{vmatrix} = 0$$

を考えればよい．

ADVICE

性質 1
正方マトリックスの一つの列（または行）の成分が 2 数の和で表せるとき，このマトリックスの行列式関数の値は，他の列（または行）を変えずに，その列（または行）の成分を 2 組に分けてできる二つの行列式関数の値の和である．

$\begin{vmatrix} a_{11}x_1 - b_1 & a_{12} & \cdots & a_{1n} \\ a_{21}x_1 - b_2 & a_{22} & \cdots & a_{2n} \\ \vdots & \vdots & & \vdots \\ a_{n1}x_1 - b_n & a_{n2} & \cdots & a_{nn} \end{vmatrix} = 0, \ldots,$
$\begin{vmatrix} a_{11} & \cdots & a_{1i}x_i - b_1 & \cdots & a_{1n} \\ a_{21} & \cdots & a_{2i}x_i - b_2 & \cdots & a_{2n} \\ \vdots & & \vdots & & \vdots \\ a_{n1} & \cdots & a_{ni}x_i - b_n & \cdots & a_{nn} \end{vmatrix} = 0$ のどれも展開すると，

$\begin{vmatrix} a_{11} & a_{12} & \cdots & a_{1n} \\ a_{21} & a_{22} & \cdots & a_{2n} \\ \vdots & \vdots & & \vdots \\ a_{n1} & a_{n2} & \cdots & a_{nn} \end{vmatrix}$

が現れる．だから，$x_1, \ldots, x_n$ のどれでも分母は同じ形になることが見通せる．

1.6.3　連立 1 次方程式の解の特徴 2 ― 幾何の見方

行列式関数の意味を図形で理解するためには，二つの幾何ベクトル（矢印）を 2 隣辺とする平行四辺形の面積と三つの幾何ベクトル（矢印）を 3 隣辺とする平行六面体の体積との予備知識が必要である．

0.2 節例題 0.10 参照

［準備 1］　長さの正負

旧法則保存の原理の発想を思い出し，面積，体積に先立って長さを考えてみよう．幾何ベクトル（矢印）を数ベクトルで表すとき，成分の正負の決め方を復習する．

① 直線の正の向きを決める（「物差の置き方を決める」という意味）．

② 幾何ベクトルの向きが直線の正の向きと一致した場合は正の距離，そうでない場合は負の距離とする．

0.2 節 ② 旧法則保存の原理

「有向距離」という場合があるが，この用語は覚えなくてもよい．

物差と比べないと，正負のどちらの向きともいえない．

3.6.3 項問 3.19 参照

ADVICE

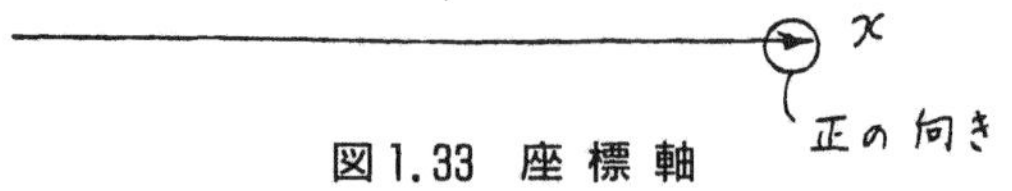

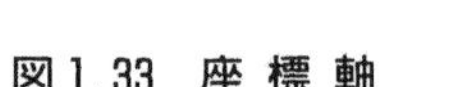

図1.33 座標軸

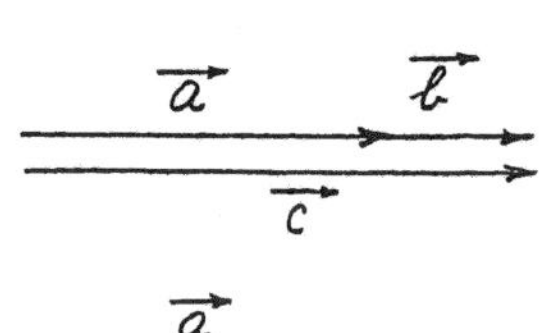

$\vec{a}+\vec{b}=\vec{c}$
⇓ ⇓ ⇓
正の 正の 正の
向き 向き 向き

例 $(+5)+(+2)=+7$

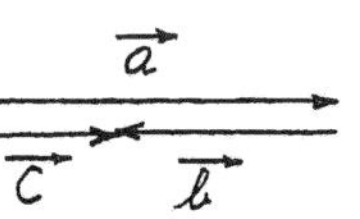

$\vec{a}+\vec{b}=\vec{c}$
⇓ ⇓ ⇓
正の 負の 正の
向き 向き 向き

例 $(+5)+(-3)=+2$

図1.34 幾何ベクトルの向き

[準備2] 面積の正負：面積は負の値を取り得るか？

平面内の幾何ベクトル $\vec{a}$，$\vec{b}$ を2隣辺とする平行四辺形の面積

記号 $\vec{a}\wedge\vec{b}$

① 角の正の向きを決める（「分度器の置き方を決める」という意味）．

② $\vec{a}$ から $\vec{b}$ への向きが角の正の向きと一致した場合は正の面積，そうでない場合は負の面積とする（図1.35）．

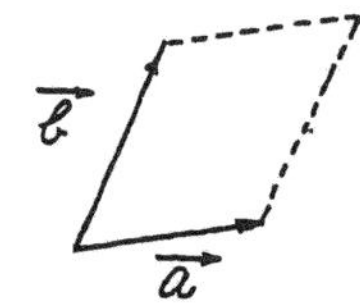

正の角　負の角

図1.35 角の正負

記号の見方

♣∧♠ ♣から♠に向かう角の正負で面積の正負を判断する．

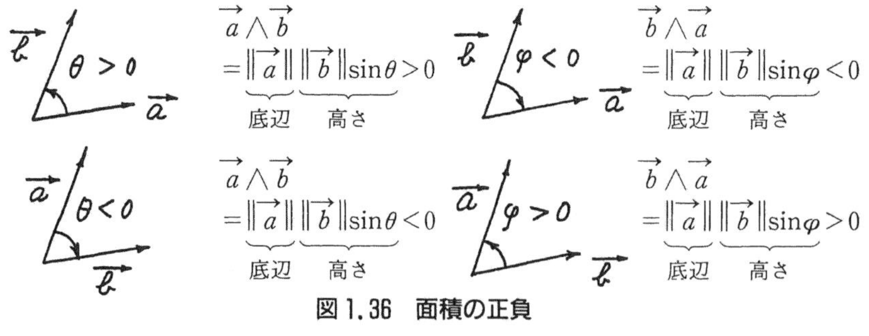

$\vec{a}\wedge\vec{b}=\|\vec{a}\|\|\vec{b}\|\sin\theta>0$（底辺 $\|\vec{a}\|$，高さ $\|\vec{b}\|\sin\theta$）

$\vec{b}\wedge\vec{a}=\|\vec{a}\|\|\vec{b}\|\sin\varphi<0$（底辺，高さ）

$\vec{a}\wedge\vec{b}=\|\vec{a}\|\|\vec{b}\|\sin\theta<0$（底辺，高さ）

$\vec{b}\wedge\vec{a}=\|\vec{a}\|\|\vec{b}\|\sin\varphi>0$（底辺，高さ）

図1.36 面積の正負

$\varphi=-\theta$ に注意すると，$\boxed{\vec{a}\wedge\vec{b}=-(\vec{b}\wedge\vec{a})}$ の成り立つことがわかる．

小林幸夫：『力学ステーション』（森北出版，2002）p.108.

面積の正負は，線型変換（4.1.4項 問4.6）を考えるときに重要である．

$\vec{a}$ から $\vec{b}$ への角には，大きい角と小さい角とがある．その小さい角の正負を考える．

ここでは，♣，♠ を幾何ベクトル（矢印）を表す記号として使っている．

ベクトルの大きさ（「ノルム」という）を記号‖ ‖で表す．
ふつうの数の大きさは，記号| |で表す．

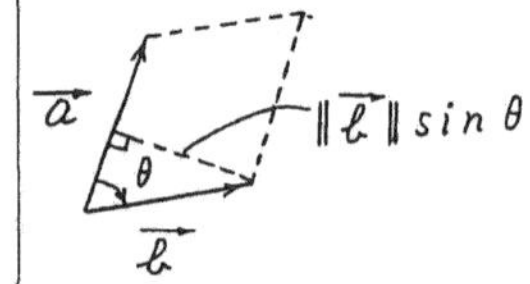

基本ベクトル

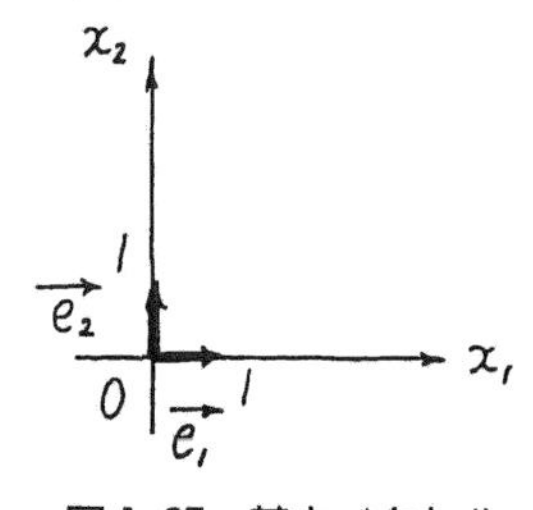

図1.37 基本ベクトル

$\vec{e}_1$，$\vec{e}_2$ を2隣辺とする正方形の面積

$\vec{e}_1\wedge\vec{e}_2=1$　　$\vec{e}_2\wedge\vec{e}_1=-1$

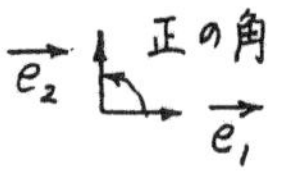

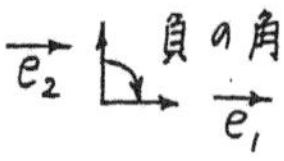

正の角　負の角

$\vec{e}_1\wedge\vec{e}_1=0$　　$\vec{e}_2\wedge\vec{e}_2=0$

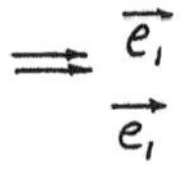

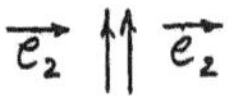

大きさ 1

$\|\vec{e}_1\|=1$, $\|\vec{e}_2\|=1$

分配法則

$\vec{a}$，$(\vec{b}+\vec{c})$ を２隣辺とする平行四辺形の面積

$$\vec{a}\wedge(\vec{b}+\vec{c})=\vec{a}\wedge\vec{b}+\vec{a}\wedge\vec{c}$$

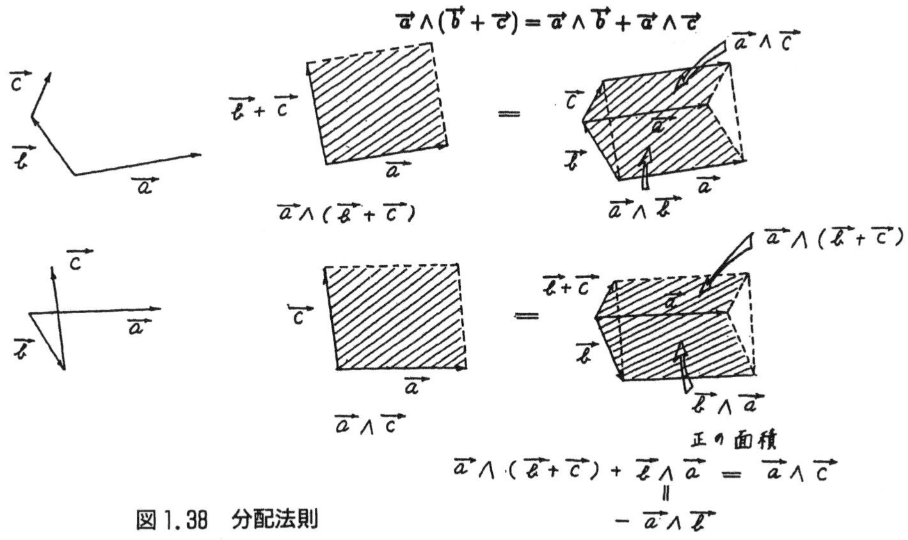

図 1.38　分配法則

掛算の式の展開と似ているので，$\vec{a}\wedge\vec{b}$ を $\vec{a}$ と $\vec{b}$ との外積という．

$\vec{a}$，$\vec{b}$ を２隣辺とする平行四辺形の面積の表し方

$\vec{a}\wedge\vec{b}\ =(\vec{e}_1 a_1+\vec{e}_2 a_2)\wedge(\vec{e}_1 b_1+\vec{e}_2 b_2)$

分配法則$=\vec{e}_1 a_1\wedge(\vec{e}_1 b_1+\vec{e}_2 b_2)$

$\quad+\vec{e}_2 a_2\wedge(\vec{e}_1 b_1+\vec{e}_2 b_2)$

分配法則$=\vec{e}_1\wedge\vec{e}_1 a_1 b_1+\vec{e}_1\wedge\vec{e}_2 a_1 b_2$

$\quad+\vec{e}_2\wedge\vec{e}_1 a_2 b_1+\vec{e}_2\wedge\vec{e}_2 a_2 b_2$

$\quad=\vec{e}_1\wedge\vec{e}_2(a_1 b_2-a_2 b_1)$

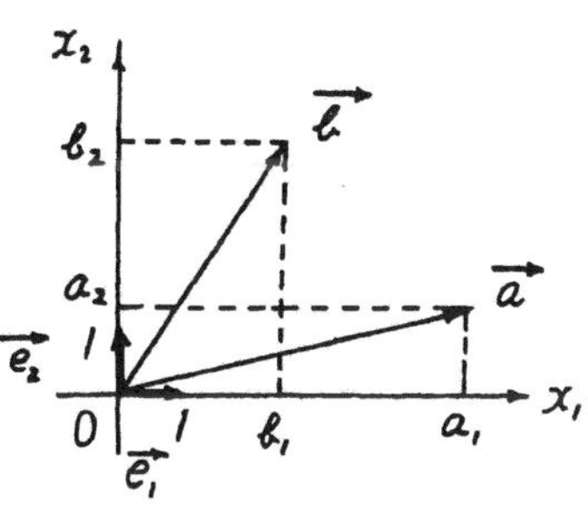

図 1.39　幾何ベクトルの成分

平行四辺形の底辺と高さとを求めなくても，２頂点の座標だけで面積が求まる．

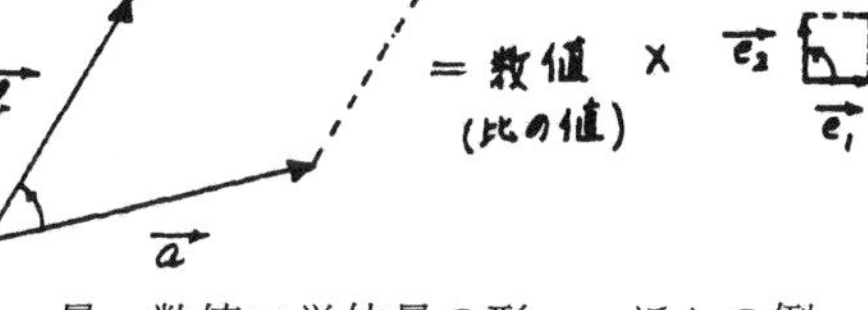

量＝数値×単位量の形　　ほかの例
↑　　　　　↑
面積　　　単位の面積　　棒の長さ＝数値×(単位の長さ)

問 1.27　$\vec{a}\wedge\vec{b}$ を行列式関数で表せ．

解説　$\vec{a}\wedge\vec{b}=\begin{vmatrix}a_1 & b_1\\ a_2 & b_2\end{vmatrix}\vec{e}_1\wedge\vec{e}_2$

$\vec{a}$，$\vec{b}$ を２隣辺とする平行四辺形の面積 ＝倍率× ($\vec{e}_1$，$\vec{e}_2$ を２隣辺とする正方形の面積)

覚え方

$\vec{a}\wedge\vec{b}$ を表すとき，
$\boldsymbol{a}$ の成分を第１列，
$\boldsymbol{b}$ の成分を第２列
に書く．

$\begin{Vmatrix}\boxed{\begin{matrix}a_1\\ a_2\end{matrix}} & \boxed{\begin{matrix}b_1\\ b_2\end{matrix}}\end{Vmatrix}$

$\vec{e}_1\wedge\vec{e}_1=0$
$\vec{e}_2\wedge\vec{e}_2=0$
$\vec{e}_1\wedge\vec{e}_2$
$=-(\vec{e}_2\wedge\vec{e}_1)$

量＝数値×単位量について 0.2.1 項参照．

長さの場合
m（メートル）を単位の長さとすると，たとえば
　6 m＝6×m
　（量＝数値×単位量）
と表せる．同じ長さであっても，3 m（＝3×m）を単位の長さとすると，
　6 m＝2×3 m
　（量＝数値×単位量）
だから数値 2 で表せる．

$\begin{vmatrix}a_1 & b_1\\ a_2 & b_2\end{vmatrix}$
$=a_1b_2-a_2b_1$

面積の場合
m^2（平方メートル）を単位の面積とすると，たとえば平行四辺形の面積は
　$5\,m^2=5\times m^2$
　（量＝数値×単位量）
と表せる．
平行四辺形の面積を $\vec{a}\wedge\vec{b}$，単位の面積を $\vec{e}_1\wedge\vec{e}_2$ とすると，

ADVICE

$\vec{a} \wedge \vec{b} = \begin{vmatrix} a_1 & b_1 \\ a_2 & b_2 \end{vmatrix} \vec{e}_1 \wedge \vec{e}_2$

(量=数値×単位量)と表せる.

0.2節①量と数との概念

マトリックス・行列式関数の意味 ——→

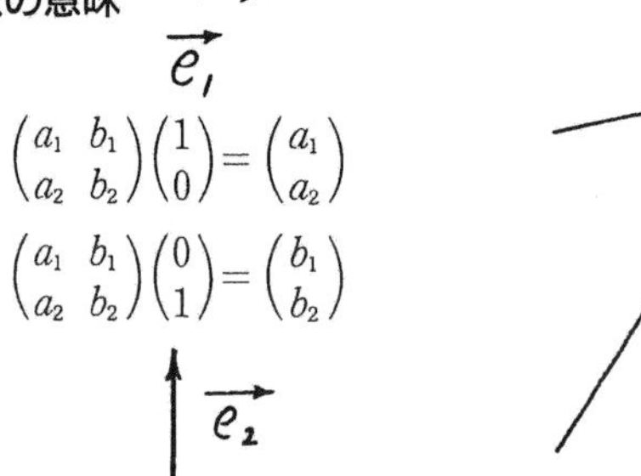

$\vec{a}$

$\vec{b}$

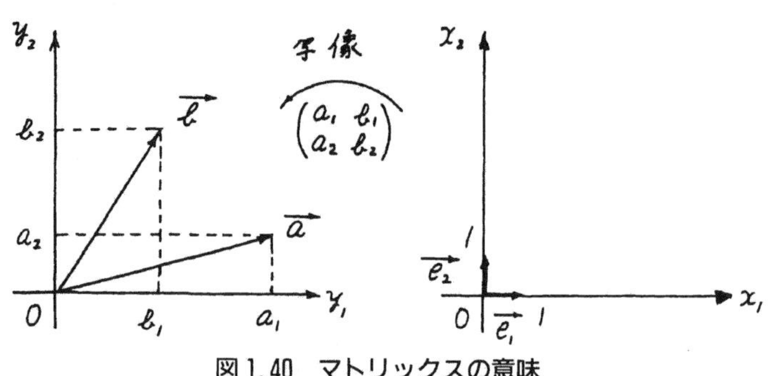

図1.40　マトリックスの意味

1.2節 自己診断 2.2 参照
平面は点の集合を表す(1.2節 図1.8). x_1x_2 平面は定義域(入力データの集合), y_1y_2 平面は値域(出力データの集合)を表す.

問 1.28　マトリックス $\begin{pmatrix} 3 & 1 \\ 1 & 2 \end{pmatrix}$ で表せる線型写像の倍率を求めよ.

(解説)

$$\begin{pmatrix} 3 & 1 \\ 1 & 2 \end{pmatrix}\begin{pmatrix} 1 \\ 0 \end{pmatrix} = \begin{pmatrix} 3 \\ 1 \end{pmatrix}, \quad \begin{pmatrix} 3 & 1 \\ 1 & 2 \end{pmatrix}\begin{pmatrix} 0 \\ 1 \end{pmatrix} = \begin{pmatrix} 1 \\ 2 \end{pmatrix}$$

$\vec{a} \wedge \vec{b} = \begin{vmatrix} 3 & 1 \\ 1 & 2 \end{vmatrix} \vec{e}_1 \wedge \vec{e}_2$ (問1.27参照)

$= (3 \times 2 - 1 \times 1)\,\vec{e}_1 \wedge \vec{e}_2$

$= 5\vec{e}_1 \wedge \vec{e}_2$　　5倍

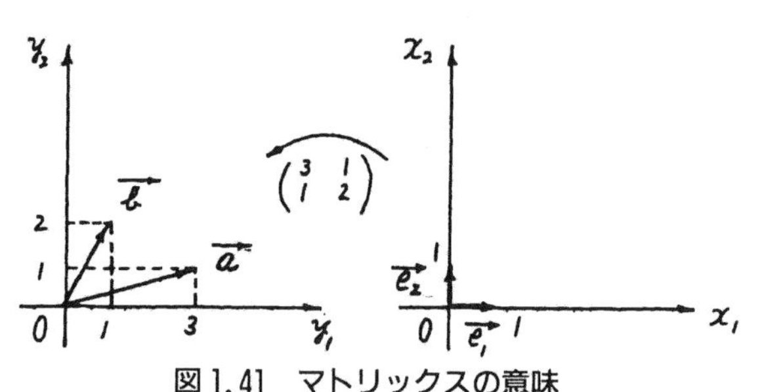

図1.41　マトリックスの意味

表1.11　マトリックスと行列式関数とのちがい

マトリックス	行列式関数の値
$\begin{pmatrix} a_{11} & a_{12} \\ a_{21} & a_{22} \end{pmatrix}$	$\begin{vmatrix} a_{11} & a_{12} \\ a_{21} & a_{22} \end{vmatrix}$
線型写像の表現	線型写像の倍率(拡大・縮小)

問1.27の形をつくるために, このマトリックスで $\begin{pmatrix} 1 \\ 0 \end{pmatrix}$, $\begin{pmatrix} 0 \\ 1 \end{pmatrix}$ のうつり先を調べる.

Cramerの方法の幾何的意味(2元連立1次方程式の場合)

2元連立1次方程式

$$\begin{cases} 3x_1 + 1x_2 = 9 \\ 1x_1 + 2x_2 = 8 \end{cases}$$

を

$$\begin{pmatrix} 3 \\ 1 \end{pmatrix} x_1 + \begin{pmatrix} 1 \\ 2 \end{pmatrix} x_2 = \begin{pmatrix} 9 \\ 8 \end{pmatrix}$$

$\boldsymbol{a}_1 x_1 + \boldsymbol{a}_2 x_2 = \boldsymbol{b}$

↖ ↑ ↗

数ベクトル(数の組)

⇓同一視

$\vec{a}_1 x_1 + \vec{a}_2 x_2 = \vec{b}$

↖ ↑ ↗

幾何ベクトル(矢印)

Cramerの方法の幾何的意味は, 数学者Grassmannの考え方である.

1.4節例題1.4(1)

$x_1 = \dfrac{\begin{vmatrix} 9 & 1 \\ 8 & 2 \end{vmatrix}}{\begin{vmatrix} 3 & 1 \\ 1 & 2 \end{vmatrix}} = \dfrac{9 \times 2 - 1 \times 8}{3 \times 2 - 1 \times 1} = 2$

と書くことができる．

「幾何ベクトル $\vec{b}$ を

$\vec{a}_1$ 方向の幾何ベクトル $\vec{a}_1 x_1$ と

$\vec{a}_2$ 方向の幾何ベクトル $\vec{a}_2 x_2$ とに

分けるには，x_1 の値と x_2 の値とを

どのように選べばよいか」

という問題とみなせる．

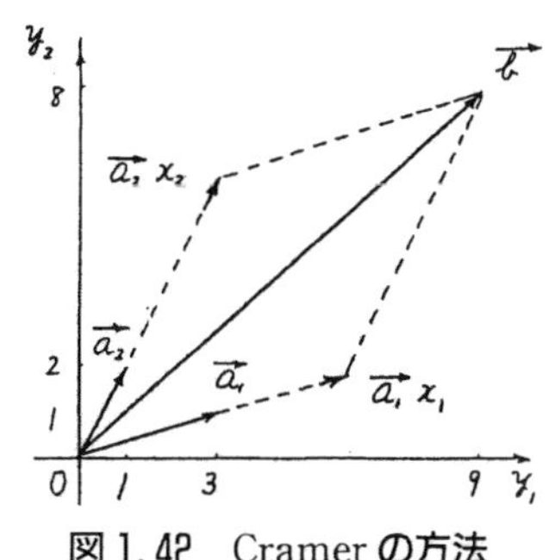

図 1.42 Cramer の方法の幾何的意味

ADVICE

$$x_2=\frac{\begin{vmatrix}3 & 9\\ 1 & 8\end{vmatrix}}{\begin{vmatrix}3 & 1\\ 1 & 2\end{vmatrix}}=\frac{3\times 8-9\times 1}{3\times 2-1\times 1}=3$$

1.6.3 項自己診断 8.5 では，幾何の観点から 2 元連立 1 次方程式の解が求まる場合と求まらない場合とを比べる．

図 1.43 から

$\vec{b}$，$\vec{a}_2$ を 2 隣辺とする平行四辺形の面積

$=\vec{a}_1 x_1$，$\vec{a}_2$ を 2 隣辺とする平行四辺形の面積

だから $\vec{b}\wedge\vec{a}_2=\vec{a}_1 x_1\wedge\vec{a}_2$ である．

$$x_1=\frac{\vec{b}\wedge\vec{a}_2}{\vec{a}_1\wedge\vec{a}_2}$$

x_1 は面積どうしの比の値である．

$$=\frac{\begin{vmatrix}9 & 1\\ 8 & 2\end{vmatrix}\vec{e}_1\wedge\vec{e}_2}{\begin{vmatrix}3 & 1\\ 1 & 2\end{vmatrix}\vec{e}_1\wedge\vec{e}_2}$$

$$=\frac{\begin{vmatrix}9 & 1\\ 8 & 2\end{vmatrix}}{\begin{vmatrix}3 & 1\\ 1 & 2\end{vmatrix}}$$

$$=2$$

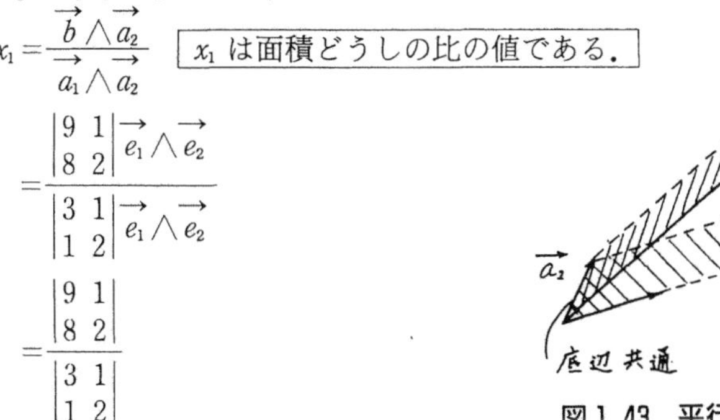

図 1.43 平行四辺形の面積

$\vec{a}_1\wedge\vec{a}_2 x_2$ は，$\vec{a}_1$，$\vec{a}_2 x_2$ を 2 隣辺とする平行四辺形の面積を表す．

問 1.29 外積の分配法則を適用して，$\vec{b}\wedge\vec{a}_2=\vec{a}_1 x_1\wedge\vec{a}_2$ を導け．

(発想) $\vec{a}_2\wedge\vec{a}_2=0$ に着目して，$\vec{b}\wedge\vec{a}_2$ を考えると，x_2 を含む項が消去できるので，x_1 を含む項だけが残る．

$\vec{a}_1 x_1+\vec{a}_2 x_2=\vec{b}$

(解説)

$$\begin{aligned}&\vec{b}\wedge\vec{a}_2\\ &=(\vec{a}_1 x_1+\vec{a}_2 x_2)\wedge\vec{a}_2\\ &=\vec{a}_1 x_1\wedge\vec{a}_2+\vec{a}_2 x_2\wedge\vec{a}_2\\ &=(\vec{a}_1\wedge\vec{a}_2)x_1+(\vec{a}_2\wedge\vec{a}_2)x_2\\ &=(\vec{a}_1\wedge\vec{a}_2)x_1\end{aligned}$$

問 1.30 $\vec{b}$，$\vec{a}_1$ を 2 隣辺とする平行四辺形の面積

$=\vec{a}_2 x_2$，$\vec{a}_1$ を 2 隣辺とする平行四辺形の面積

から $\vec{a}_1\wedge\vec{b}=\vec{a}_1\wedge\vec{a}_2 x_2$ が成り立つ．x_2 の値を求めよ．

(解説)

図 1.44 から $\vec{a}_1\wedge\vec{b}=\vec{a}_1\wedge\vec{a}_2 x_2$ である．

$$x_2=\frac{\vec{a}_1\wedge\vec{b}}{\vec{a}_1\wedge\vec{a}_2}$$

x_2 は面積どうしの比の値である．

$$=\frac{\begin{vmatrix}3 & 9\\ 1 & 8\end{vmatrix}\vec{e}_1\wedge\vec{e}_2}{\begin{vmatrix}3 & 1\\ 1 & 2\end{vmatrix}\vec{e}_1\wedge\vec{e}_2}$$

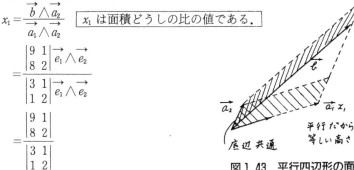

図 1.44 平行四辺形の面積

ADVICE

$$=\frac{\begin{vmatrix}3 & 9\\1 & 8\end{vmatrix}}{\begin{vmatrix}3 & 1\\1 & 2\end{vmatrix}}$$

$$=3$$

問 1.31　外積の分配法則を適用して，$\vec{a_1}\wedge\vec{b}=\vec{a_1}\wedge\vec{a_2}x_2$ を導け．

発想　$\vec{a_1}\wedge\vec{a_1}=0$ に着目して，$\vec{a_1}\wedge\vec{b}$ を考えると，x_1 を含む項が消去できるので，x_2 を含む項だけが残る．

解説

$$\vec{a_1}\wedge\vec{b}$$
$$=\vec{a_1}\wedge(\vec{a_1}x_1+\vec{a_2}x_2)$$
$$=\vec{a_1}\wedge(\vec{a_1}x_1)+\vec{a_1}\wedge(\vec{a_2}x_2)$$
$$=(\vec{a_1}\wedge\vec{a_2})x_2$$

［準備３］　体積の正負

空間内の幾何ベクトル $\vec{a}$，$\vec{b}$，$\vec{c}$ を３隣辺とする平行六面体の体積

記号　$\vec{a}\wedge\vec{b}\wedge\vec{c}$

①　面の正の向きを決める．

②　面の正の向きと比べて，$\vec{a}$ から $\vec{b}$ への向きに右ねじを回したときねじの進む向きの正負を考える．

③　面の正の向きと比べて，$\vec{c}$ の向きの正負を考える．

④　ねじの進む向きの正負と $\vec{c}$ の向きの正負とが一致するかどうかによって，体積の正負を考える（表 1.12）．

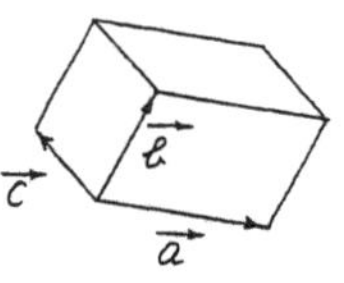

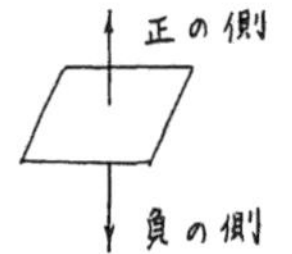

図 1.45　面の正の向き

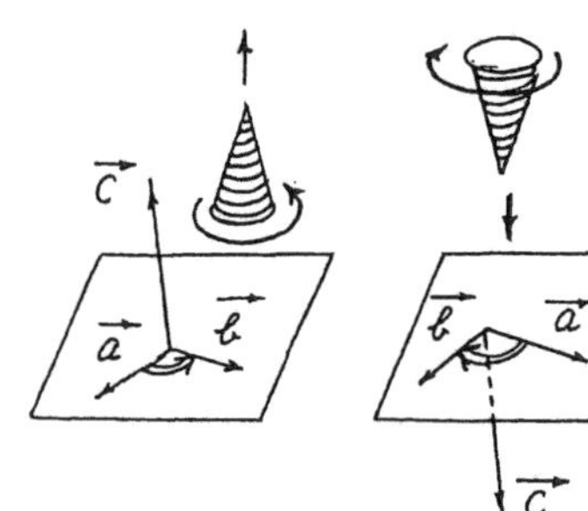

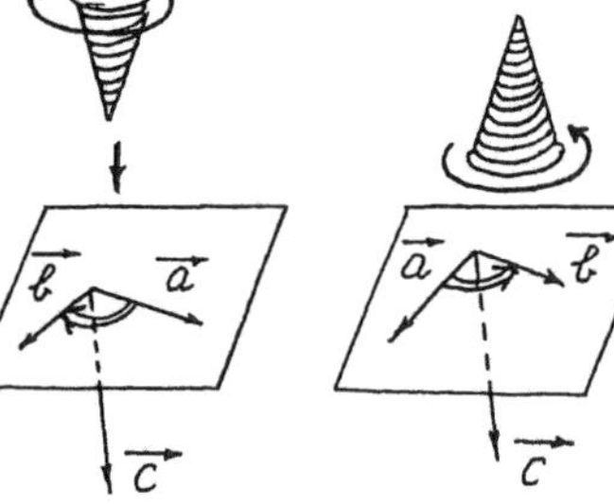

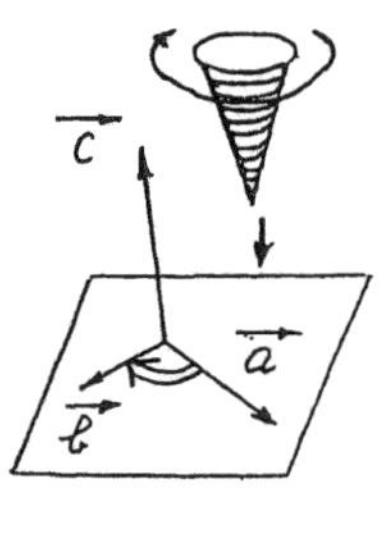

図 1.46　ねじの進む向き　$\vec{a}$, $\vec{b}$, $\vec{c}$ の順に注意

表 1．12　体積の正負

$\vec{a}$ から $\vec{b}$ の向きに右ねじを回したときねじの進む向き	$\vec{c}$ の向き	体積	
正の側	正	正	ねじの進む向きと $\vec{c}$ の向きとが同じ
負の側	負	正	
正の側	負	負	ねじの進む向きと $\vec{c}$ の向きとが反対
負の側	正	負	

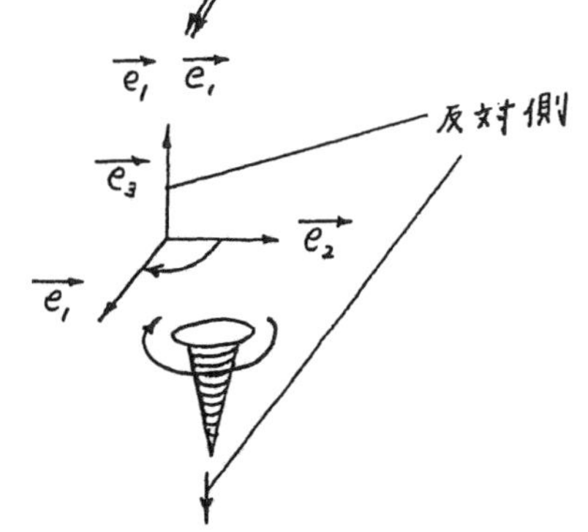

図 1.47　ねじの進む向きの正負

基本ベクトル

$\vec{e}_1$, $\vec{e}_2$, $\vec{e}_3$ を 3 隣辺とする立方体の体積

$$\vec{e}_1\wedge\vec{e}_2\wedge\vec{e}_3=1$$
$$\vec{e}_1\wedge\vec{e}_1\wedge\vec{e}_2=0$$
$$\vec{e}_2\wedge\vec{e}_1\wedge\vec{e}_3=-1 \text{ など}$$

分配法則

$$(\vec{a}_1+\vec{a}_2)\wedge\vec{b}\wedge\vec{c}=(\vec{a}_1\wedge\vec{b}\wedge\vec{c})+(\vec{a}_2\wedge\vec{b}\wedge\vec{c})$$
$$\vec{a}\wedge(\vec{b}_1+\vec{b}_2)\wedge\vec{c}=(\vec{a}\wedge\vec{b}_1\wedge\vec{c})+(\vec{a}\wedge\vec{b}_2\wedge\vec{c})$$
$$\vec{a}\wedge\vec{b}\wedge(\vec{c}_1+\vec{c}_2)=(\vec{a}\wedge\vec{b}\wedge\vec{c}_1)+(\vec{a}\wedge\vec{b}\wedge\vec{c}_2)$$

二つの辺どうしを入れ換えると符号が変わる.

$$\vec{a}\wedge\vec{c}\wedge\vec{b}=-(\vec{a}\wedge\vec{b}\wedge\vec{c})$$
$$\vec{c}\wedge\vec{b}\wedge\vec{a}=-(\vec{a}\wedge\vec{b}\wedge\vec{c})$$
$$\vec{b}\wedge\vec{a}\wedge\vec{c}=-(\vec{a}\wedge\vec{b}\wedge\vec{c})$$

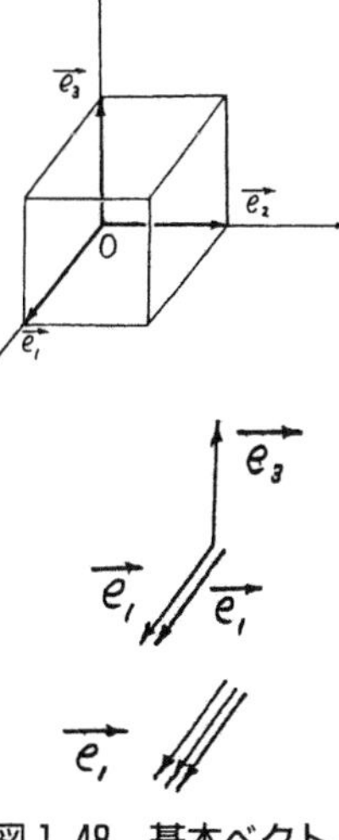

図 1.48　基本ベクトル

ADVICE

( )∧( )∧( )
↓　↓　↓
3項　3項　3項
3×3×3=27
27項の和

$\vec{e}_1\wedge\vec{e}_1\wedge\vec{e}_3=0$

$\vec{e}_1\wedge\vec{e}_1\wedge\vec{e}_1=0$

i, j, k の中に同じ番号があると
$\vec{e}_i\wedge\vec{e}_j\wedge\vec{e}_k=0$
である.

$\vec{a}$, $\vec{b}$, $\vec{c}$ を 3 隣辺とする平行六面体の体積の表し方

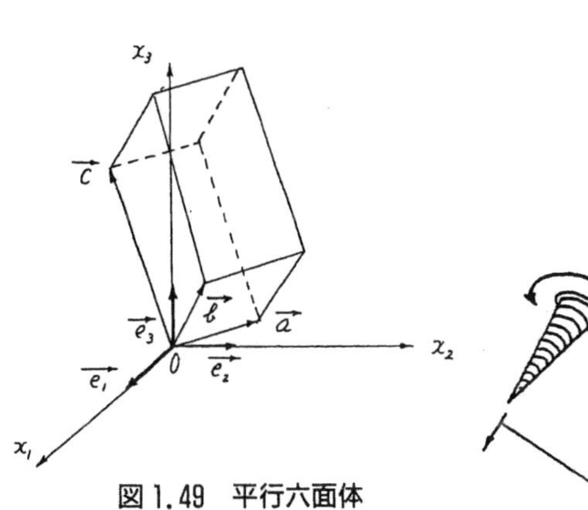

図 1.49　平行六面体

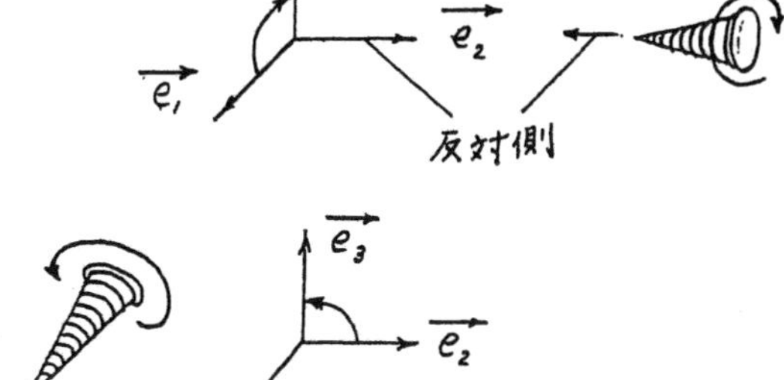

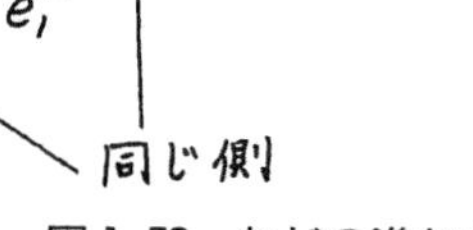

図 1.50　ねじの進む向き

負の体積
$\vec{e}_1\wedge\vec{e}_3\wedge\vec{e}_2=-1$

正の体積
$\vec{e}_2\wedge\vec{e}_3\wedge\vec{e}_1=1$

$$\vec{a}\wedge\vec{b}\wedge\vec{c}$$
$$=(\vec{e}_1a_1+\vec{e}_2a_2+\vec{e}_3a_3)\wedge(\vec{e}_1b_1+\vec{e}_2b_2+\vec{e}_3b_3)\wedge(\vec{e}_1c_1+\vec{e}_2c_2+\vec{e}_3c_3)$$
$$\Downarrow$$

展開すると $a_ib_jc_k\vec{e}_1\wedge\vec{e}_2\wedge\vec{e}_3$ の和になる.

$$\vec{a}\wedge\vec{b}\wedge\vec{c}$$
$$=a_1(b_2c_3-b_3b_2)\vec{e}_1\wedge\vec{e}_2\wedge\vec{e}_3+a_2(b_1c_3-b_3c_1)\vec{e}_2\wedge\vec{e}_1\wedge\vec{e}_3$$
$$+a_3(b_1c_2-b_2c_1)\vec{e}_3\wedge\vec{e}_1\wedge\vec{e}_2$$
$$=\left(a_1\begin{vmatrix}b_2&b_3\\c_2&c_3\end{vmatrix}-a_2\begin{vmatrix}b_1&b_3\\c_1&c_3\end{vmatrix}+a_3\begin{vmatrix}b_1&b_2\\c_1&c_2\end{vmatrix}\right)\vec{e}_1\wedge\vec{e}_2\wedge\vec{e}_3$$
$$=\begin{vmatrix}a_1&a_2&a_3\\b_1&b_2&b_3\\c_1&c_2&c_3\end{vmatrix}\vec{e}_1\wedge\vec{e}_2\wedge\vec{e}_3 \quad \text{（第 1 行の展開と考える）}$$

展開するときの注意
左の ( ) から $\vec{e}_1a_1$ を選んだとき, 中央の ( ) から $\vec{e}_2b_2$ と $\vec{e}_3b_3$ とのどちらかを選び, それぞれに対して, 右の ( ) から $\vec{e}_3c_3$, $\vec{e}_2c_2$ を選ぶ. 左の ( ) から $\vec{e}_2a_2$, $\vec{e}_3a_3$ を選んだときも同様である.

覚え方　(順序が重要)
$\vec{a}\wedge\vec{b}\wedge\vec{c}$ を表すとき, $\boldsymbol{a}$ の成分を第 1 列, $\boldsymbol{b}$ の成分を第 2 列, $\boldsymbol{c}$ の成分を第 3 列に書く (問 1.27 と同じ).

または

$$\vec{a}\wedge\vec{b}\wedge\vec{c}$$
$$=a_1(b_2c_3-b_3c_2)\vec{e}_1\wedge\vec{e}_2\wedge\vec{e}_3+b_1(a_2c_3-a_3c_2)\vec{e}_2\wedge\vec{e}_1\wedge\vec{e}_3$$
$$+c_1(a_2b_3-a_3b_2)\vec{e}_2\wedge\vec{e}_3\wedge\vec{e}_1$$

$\vec{e}_2\wedge\vec{e}_1\wedge\vec{e}_3$
$=-\vec{e}_1\wedge\vec{e}_2\wedge\vec{e}_3$

$$= \left(a_1 \begin{vmatrix} b_2 & b_3 \\ c_2 & c_3 \end{vmatrix} - b_1 \begin{vmatrix} a_2 & c_2 \\ a_3 & c_3 \end{vmatrix} + c_1 \begin{vmatrix} a_2 & b_2 \\ a_3 & b_3 \end{vmatrix} \right) \vec{e_1} \wedge \vec{e_2} \wedge \vec{e_3}$$

$$= \begin{vmatrix} a_1 & b_1 & c_1 \\ a_2 & b_2 & c_2 \\ a_3 & b_3 & c_3 \end{vmatrix} \vec{e_1} \wedge \vec{e}_2 \wedge \vec{e}_3$$ （第1行の展開と考える）

ADVICE

$\vec{e}_3 \wedge \vec{e}_1 \wedge \vec{e}_2$
$= -\vec{e}_1 \wedge \vec{e}_3 \wedge \vec{e}_2$
$= \vec{e}_1 \wedge \vec{e}_2 \wedge \vec{e}_3$

$\vec{e}_2 \wedge \vec{e}_3 \wedge \vec{e}_1$
$= -\vec{e}_2 \wedge \vec{e}_1 \wedge \vec{e}_3$
$= \vec{e}_1 \wedge \vec{e}_2 \wedge \vec{e}_3$

0.2.1項参照

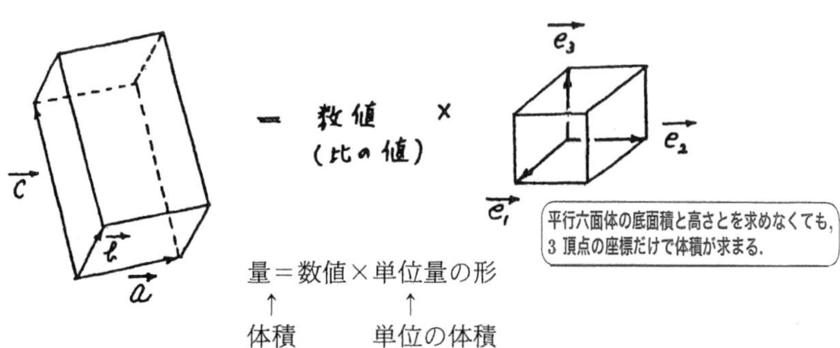

Cramer の方法の幾何的意味（3元連立1次方程式の場合）

問 1.32

3元連立1次方程式：

$$\begin{cases} 2x_1 - 1x_2 + 1x_3 = 8 \\ 1x_1 + 1x_2 + 1x_3 = 4 \\ -1x_1 + 2x_2 + 2x_3 = 2 \end{cases}$$

を Cramer の方法で解け．

（解説）

$$x_1 = \frac{\begin{vmatrix} 8 & -1 & 1 \\ 4 & 1 & 1 \\ 2 & 2 & 2 \end{vmatrix}}{\begin{vmatrix} 2 & -1 & 1 \\ 1 & 1 & 1 \\ -1 & 2 & 2 \end{vmatrix}}$$

$$= \frac{8\begin{vmatrix} 1 & 1 \\ 2 & 2 \end{vmatrix} - (-1)\begin{vmatrix} 4 & 1 \\ 2 & 2 \end{vmatrix} + 1\begin{vmatrix} 4 & 1 \\ 2 & 2 \end{vmatrix}}{2\begin{vmatrix} 1 & 1 \\ 2 & 2 \end{vmatrix} - (-1)\begin{vmatrix} 1 & 1 \\ -1 & 2 \end{vmatrix} + 1\begin{vmatrix} 1 & 1 \\ -1 & 2 \end{vmatrix}}$$

$$= 2$$

$$x_2 = \frac{\begin{vmatrix} 2 & 8 & 1 \\ 1 & 4 & 1 \\ -1 & 2 & 2 \end{vmatrix}}{\begin{vmatrix} 2 & -1 & 1 \\ 1 & 1 & 1 \\ -1 & 2 & 2 \end{vmatrix}}$$

$$= \frac{2\begin{vmatrix} 4 & 1 \\ 2 & 2 \end{vmatrix} - 8\begin{vmatrix} 1 & 1 \\ -1 & 2 \end{vmatrix} + 1\begin{vmatrix} 1 & 4 \\ -1 & 2 \end{vmatrix}}{6}$$

$$= -1$$

1.6.3項自己診断8.6では，幾何の観点から3元連立1次方程式の解が求まる場合と求まらない場合とを比べる．

第1行の展開

$$x_3 = \frac{\begin{vmatrix} 2 & -1 & 8 \\ 1 & 1 & 4 \\ -1 & 2 & 2 \end{vmatrix}}{\begin{vmatrix} 2 & -1 & 1 \\ 1 & 1 & 1 \\ -1 & 2 & 2 \end{vmatrix}}$$

$$= \frac{2\begin{vmatrix} 1 & 4 \\ 2 & 2 \end{vmatrix} - (-1)\begin{vmatrix} 1 & 4 \\ -1 & 2 \end{vmatrix} + 8\begin{vmatrix} 1 & 1 \\ -1 & 2 \end{vmatrix}}{6}$$

$$= 3$$

問1.32で解を求めたので，つぎにこの解の幾何学的意味を探ってみよう．

$$\begin{cases} 2x_1-1x_2+1x_3=8 \\ 1x_1+1x_2+1x_3=4 \\ -1x_1+2x_2+2x_3=2 \end{cases}$$

を

$$\begin{pmatrix} 2 \\ 1 \\ -1 \end{pmatrix}x_1+\begin{pmatrix} -1 \\ 1 \\ 2 \end{pmatrix}x_2+\begin{pmatrix} 1 \\ 1 \\ 2 \end{pmatrix}x_3=\begin{pmatrix} 8 \\ 4 \\ 2 \end{pmatrix}$$

と書くことができる.

$$\boldsymbol{a}_1x_1+\boldsymbol{a}_2x_2+\boldsymbol{a}_3x_3=\boldsymbol{b}$$

数ベクトル（数の組）

⇓同一視

$$\vec{a}_1x_1+\vec{a}_2x_2+\vec{a}_3x_3=\vec{b}$$

幾何ベクトル（矢印）

x_1 の幾何的意味

$$(\vec{a}_1x_1+\vec{a}_2x_2+\vec{a}_3x_3)\wedge\vec{a}_2\wedge\vec{a}_3=\vec{b}\wedge\vec{a}_2\wedge\vec{a}_3$$

だから,

$$\vec{a}_1x_1\wedge\vec{a}_2\wedge\vec{a}_3=\vec{b}\wedge\vec{a}_2\wedge\vec{a}_3$$

となる.

(発想) $\vec{a}_2\wedge\vec{a}_2\wedge\vec{a}_3=0$, $\vec{a}_3\wedge\vec{a}_2\wedge\vec{a}_3=0$ が成り立つことに着目して $\vec{b}\wedge\vec{a}_2\wedge\vec{a}_3$ を考えてみる. x_2 と x_3 とを含む項を消去することができるので, x_1 を含む項だけが残る. このように見通して, $(\vec{a}_1x_1+\vec{a}_2x_2+\vec{a}_3x_3)\wedge\vec{a}_2\wedge\vec{a}_3$ を考えるとよいことに気づく.

i, j, k の中に同じ番号が2個以上あるとき $\vec{a}_i\wedge\vec{a}_j\wedge\vec{a}_k=0$ となる.

$$x_1=\frac{\vec{b}\wedge\vec{a}_2\wedge\vec{a}_3}{\vec{a}_1\wedge\vec{a}_2\wedge\vec{a}_3}=\frac{\begin{vmatrix} 8 & -1 & 1 \\ 4 & 1 & 1 \\ 2 & 2 & 2 \end{vmatrix}\vec{e}_1\wedge\vec{e}_2\wedge\vec{e}_3}{\begin{vmatrix} 2 & -1 & 1 \\ 1 & 1 & 1 \\ -1 & 2 & 2 \end{vmatrix}\vec{e}_1\wedge\vec{e}_2\wedge\vec{e}_3}$$

$$\frac{\vec{b},\ \vec{a}_2,\ \vec{a}_3\ \text{を3隣辺とする平行六面体の体積}}{\vec{a}_1,\ \vec{a}_2,\ \vec{a}_3\ \text{を3隣辺とする平行六面体の体積}}$$

x_2 の幾何的意味

$$(\vec{a}_1x_1+\vec{a}_2x_2+\vec{a}_3x_3)\wedge\vec{a}_1\wedge\vec{a}_3=\vec{b}\wedge\vec{a}_1\wedge\vec{a}_3$$

だから,

$$\vec{a}_1\wedge\vec{a}_2x_2\wedge\vec{a}_3=\vec{a}_1\wedge\vec{b}\wedge\vec{a}_3$$

となる.

(発想) $\vec{a}_1\wedge\vec{a}_1\wedge\vec{a}_3=0$, $\vec{a}_3\wedge\vec{a}_1\wedge\vec{a}_3=0$ が成り立つことに着目して $\vec{b}\wedge\vec{a}_1\wedge\vec{a}_3$ を考えてみる. x_1 と x_3 とを含む項を消去することができるので, x_2 を含む項だけが残る. このように見通して, $(\vec{a}_1x_1+\vec{a}_2x_2+\vec{a}_3x_3)\wedge\vec{a}_1\wedge\vec{a}_3$ を考えるとよいことに気づく.

$$x_2=\frac{\vec{a}_1\wedge\vec{b}\wedge\vec{a}_3}{\vec{a}_1\wedge\vec{a}_2\wedge\vec{a}_3}=\frac{\begin{vmatrix} 2 & 8 & 1 \\ 1 & 4 & 1 \\ -1 & 2 & 2 \end{vmatrix}\vec{e}_1\wedge\vec{e}_2\wedge\vec{e}_3}{\begin{vmatrix} 2 & -1 & 1 \\ 1 & 1 & 1 \\ -1 & 2 & 2 \end{vmatrix}\vec{e}_1\wedge\vec{e}_2\wedge\vec{e}_3}$$

$$\frac{\vec{a}_1,\ \vec{b},\ \vec{a}_3\ \text{を3隣辺とする平行六面体の体積}}{\vec{a}_1,\ \vec{a}_2,\ \vec{a}_3\ \text{を3隣辺とする平行六面体の体積}}$$

x_3 の幾何的意味

$$(\vec{a}_1x_1+\vec{a}_2x_2+\vec{a}_3x_3)\wedge\vec{a}_1\wedge\vec{a}_2=\vec{b}\wedge\vec{a}_1\wedge\vec{a}_2$$

だから,

ADVICE

$$\vec{a_1}\wedge\vec{a_2}\wedge\vec{a_3}x_3=\vec{a_1}\wedge\vec{a_2}\wedge\vec{b}$$

となる．

(発想) $\vec{a_1}\wedge\vec{a_1}\wedge\vec{a_2}=0$，$\vec{a_2}\wedge\vec{a_1}\wedge\vec{a_2}=0$ の関係が成り立つことに着目して $\vec{b}\wedge\vec{a_1}\wedge\vec{a_2}$ を考えてみる．x_1 と x_2 とを含む項を消去することができるので，x_3 を含む項だけが残る．このように見通して，$(\vec{a_1}x_1+\vec{a_2}x_2+\vec{a_3}x_3)\wedge\vec{a_1}\wedge\vec{a_2}$ を考えるとよいことに気づく．

$$x_3=\frac{\vec{a_1}\wedge\vec{a_2}\wedge\vec{b}}{\vec{a_1}\wedge\vec{a_2}\wedge\vec{a_3}}=\frac{\begin{vmatrix}2&-1&1\\1&1&4\\-1&2&2\end{vmatrix}\vec{e_1}\wedge\vec{e_2}\wedge\vec{e_3}}{\begin{vmatrix}2&-1&1\\1&1&1\\-1&2&2\end{vmatrix}\vec{e_1}\wedge\vec{e_2}\wedge\vec{e_3}}$$

$$\frac{\vec{a_1},\ \vec{a_2},\ \vec{b}\ \text{を3隣辺とする平行六面体の体積}}{\vec{a_1},\ \vec{a_2},\ \vec{a_3}\ \text{を3隣辺とする平行六面体の体積}}$$

ベクトル積：面積をベクトル量として扱えるのか？

数ベクトル $\boldsymbol{a}=\begin{pmatrix}a_1\\a_2\\a_3\end{pmatrix}$ を表す幾何ベクトル $\vec{a}$ は，一つの矢印で描くことができる．この矢印は，基本ベクトル $\vec{e_1}$，$\vec{e_2}$，$\vec{e_3}$ を使って

$$\vec{a}=\vec{e_1}a_1+\vec{e_2}a_2+\vec{e_3}a_3$$

と書ける．

第１項：矢印 $\vec{a}$ の $\vec{e_1}$ 方向の射影が 矢印 $\vec{e_1}a_1$
第２項：矢印 $\vec{a}$ の $\vec{e_2}$ 方向の射影が 矢印 $\vec{e_2}a_2$
第３項：矢印 $\vec{a}$ の $\vec{e_3}$ 方向の射影が 矢印 $\vec{e_3}a_3$

であることを表している．

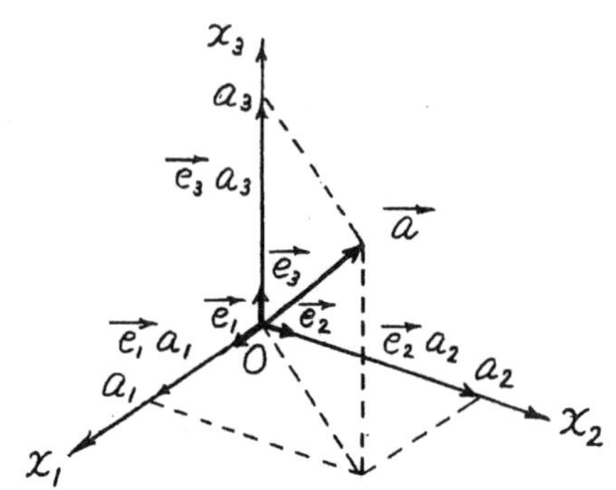

図 1.51　幾何ベクトルの射影

矢印（向きのある線分）の考え方を平面（おもて向きとうら向きとがある）に拡張して，新しいベクトルをつくることはできないだろうか？ $\vec{a}$，$\vec{b}$ を２隣辺とする平行四辺形を考えてみよう．x_2x_3 平面に垂直な方向からこの平行四辺形に向かって光をあてると，x_2x_3 平面に影ができる．$\vec{a}$ の影は $\vec{e_2}a_2+\vec{e_3}a_3$ で表せ，$\vec{b}$ の影は $\vec{e_2}b_2+\vec{e_3}b_3$ で表せる．したがって，x_2x_3 平面にできる影は，$\vec{e_2}a_2+\vec{e_3}a_3$ と $\vec{e_2}b_2+\vec{e_3}b_3$ とを２隣辺とする平行四辺形である．この面積は

0.2 節 ② 旧法則保存の原理

$$\begin{aligned}&(\vec{e_2}a_2+\vec{e_3}a_3)\wedge(\vec{e_2}b_2+\vec{e_3}b_3)\\ \text{分配法則}\ &=\vec{e_2}a_2\wedge(\vec{e_2}b_2+\vec{e_3}b_3)+\vec{e_3}a_3\wedge(\vec{e_2}b_2+\vec{e_3}b_3)\\ \text{分配法則}\ &=\vec{e_2}a_2\wedge\vec{e_2}b_2+\vec{e_2}a_2\wedge\vec{e_3}b_3+\vec{e_3}a_3\wedge\vec{e_2}b_2+\vec{e_3}a_3\wedge\vec{e_3}b_3\\ &=\vec{e_2}\wedge\vec{e_3}(a_2b_3-a_3b_2)\end{aligned}$$

$\vec{e}_i\wedge\vec{e}_i=0$
$\vec{e}_i\wedge\vec{e}_j=-(\vec{e}_j\wedge\vec{e}_i)$

である．同様に，

x_3x_1 平面にできる影の面積は $\vec{e_3}\wedge\vec{e_1}(a_3b_1-a_1b_3)$，
x_1x_2 平面にできる影の面積は $\vec{e_1}\wedge\vec{e_2}(a_1b_2-a_2b_1)$

である．

ここまで理解した上で，あらためて $\vec{a}$，$\vec{b}$ を２隣辺とする平行四辺形の面積を求め直してみよう．

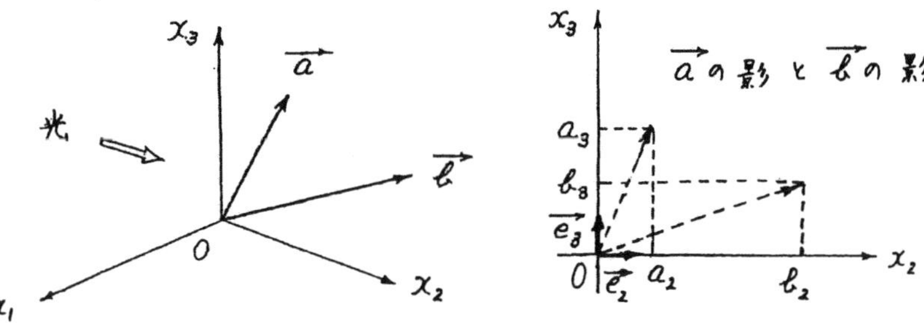

図 1.52　幾何ベクトルの射影

$$
\begin{aligned}
\vec{a}\wedge\vec{b} &= (\vec{e_1}a_1+\vec{e_2}a_2+\vec{e_3}a_3)\wedge(\vec{e_1}b_1+\vec{e_2}b_2+\vec{e_3}b_3)\\
\text{分配法則}\quad &= \vec{e_1}a_1\wedge(\vec{e_1}b_1+\vec{e_2}b_2+\vec{e_3}b_3)\\
&\quad+\vec{e_2}a_2\wedge(\vec{e_1}b_1+\vec{e_2}b_2+\vec{e_3}b_3)\\
&\quad+\vec{e_3}a_3\wedge(\vec{e_1}b_1+\vec{e_2}b_2+\vec{e_3}b_3)\\
\text{分配法則}\quad &= \vec{e_1}\wedge\vec{e_1}a_1b_1+\vec{e_1}\wedge\vec{e_2}a_1b_2+\vec{e_1}\wedge\vec{e_3}a_1b_3\\
&\quad+\vec{e_2}\wedge\vec{e_1}a_2b_1+\vec{e_2}\wedge\vec{e_2}a_2b_2+\vec{e_2}\wedge\vec{e_3}a_2b_3\\
&\quad+\vec{e_3}\wedge\vec{e_1}a_3b_1+\vec{e_3}\wedge\vec{e_2}a_3b_2+\vec{e_3}\wedge\vec{e_3}a_3b_3\\
&= \vec{e_2}\wedge\vec{e_3}(a_2b_3-a_3b_2)+\vec{e_3}\wedge\vec{e_1}(a_3b_1-a_1b_3)+\vec{e_1}\wedge\vec{e_2}(a_1b_2-a_2b_1)\\
&= \vec{e_2}\wedge\vec{e_3}\begin{vmatrix}a_2 & a_3\\ b_2 & b_3\end{vmatrix}+\vec{e_3}\wedge\vec{e_1}\begin{vmatrix}a_3 & a_1\\ b_3 & b_1\end{vmatrix}+\vec{e_1}\wedge\vec{e_2}\begin{vmatrix}a_1 & a_2\\ b_1 & b_2\end{vmatrix}
\end{aligned}
$$

と書ける．

第 1 項：$\vec{a}$，$\vec{b}$ を 2 隣辺とする平行四辺形の x_2x_3 平面への射影が
面積 $\vec{e_2}\wedge\vec{e_3}\begin{vmatrix}a_2 & a_3\\ b_2 & b_3\end{vmatrix}$ の平面

第 2 項：$\vec{a}$，$\vec{b}$ を 2 隣辺とする平行四辺形の x_3x_1 平面への射影が
面積 $\vec{e_3}\wedge\vec{e_1}\begin{vmatrix}a_3 & a_1\\ b_3 & b_1\end{vmatrix}$ の平面

第 3 項：$\vec{a}$，$\vec{b}$ を 2 隣辺とする平行四辺形の x_1x_2 平面への射影が
面積 $\vec{e_1}\wedge\vec{e_2}\begin{vmatrix}a_1 & a_2\\ b_1 & b_2\end{vmatrix}$ の平面

であることを表している．

[注意 5]　演算記号 + の意味

● $\vec{a}=\vec{e_1}a_1+\vec{e_2}a_2+\vec{e_3}a_3$

演算記号 + は，「矢印どうしのつなぎ合わせ」を表すと考える（図 1.53）．たとえば，$a_1=3$，$a_2=4$，$a_3=5$ のとき，$\vec{a}$ の大きさが $3+4+5=12$ で求まると考えてはいけない．

● $\vec{a}\wedge\vec{b}=\vec{e_2}\wedge\vec{e_3}\begin{vmatrix}a_2 & a_3\\ b_2 & b_3\end{vmatrix}+\vec{e_3}\wedge\vec{e_1}\begin{vmatrix}a_3 & a_1\\ b_3 & b_1\end{vmatrix}+\vec{e_1}\wedge\vec{e_2}\begin{vmatrix}a_1 & a_2\\ b_1 & b_2\end{vmatrix}$

演算記号 + は，「平面どうしのつなぎ合わせ」を表すと考える（図 1.53）．たとえば，$\begin{vmatrix}a_2 & a_3\\ b_2 & b_3\end{vmatrix}=3$，$\begin{vmatrix}a_3 & a_1\\ b_3 & b_1\end{vmatrix}=4$，$\begin{vmatrix}a_1 & a_2\\ b_1 & b_2\end{vmatrix}=5$ のとき，$\vec{a}\wedge\vec{b}$ の大きさが $3+4+5=12$ で求まると考えてはいけない．

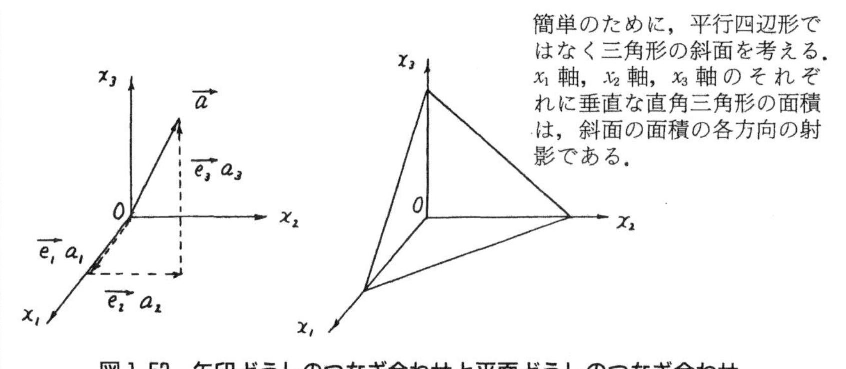
簡単のために，平行四辺形ではなく三角形の斜面を考える．x_1 軸，x_2 軸，x_3 軸のそれぞれに垂直な直角三角形の面積は，斜面の面積の各方向の射影である．

図 1.53　矢印どうしのつなぎ合わせと平面どうしのつなぎ合わせ

ADVICE

x_1 軸への射影，x_2 軸への射影，x_3 軸への射影を左図のようにつなぎ合わせると，矢印 $\vec{a}$ ができる．

x_2x_3 平面への射影，
x_3x_1 平面への射影，
x_1x_2 平面への射影
を右図のようにつなぎ合わせると，面積が $\vec{a}\wedge\vec{b}$ の平行四辺形ができる．

問 1.33　三平方の定理から［幾何ベクトル（矢印）$\vec{a}$ の大きさ］$^2=a_1{}^2+a_2{}^2+a_3{}^2$ が成り立つ．それでは，（面積 $\vec{a}\wedge\vec{b}$ の大きさ）$^2=\begin{vmatrix}a_2 & a_3\\ b_2 & b_3\end{vmatrix}^2+\begin{vmatrix}a_3 & a_1\\ b_3 & b_1\end{vmatrix}^2+\begin{vmatrix}a_1 & a_2\\ b_1 & b_2\end{vmatrix}^2$ が成り立つか？

$\overrightarrow{OA}$ を $\vec{a}$，$\overrightarrow{OB}$ を $\vec{b}$ とすると，面積 $\vec{a}\wedge\vec{b}$ は，平行四辺形 OACB の面積である．

（解説）

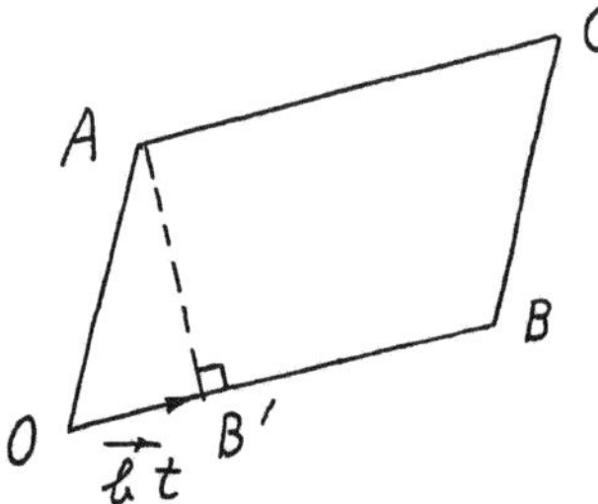

図 1.54　平行四辺形OACBの高さと底辺

平行四辺形 OACB の面積＝(点Aから線分 OB までの距離)×(OB の長さ) だから，点Aから線分 OB までの距離を求めなければならない．線分 OB 上の任意の点 B′ の原点から見た位置ベクトルは $\vec{b}\,t$（t は任意の実数）と表せる．求める距離は，点Aから OB⊥AB′ をみたす点 B′ までの距離である．したがって，AB′ の最小値を求めればよい．

幾何ベクトル $\vec{b}$ を数ベクトル $\begin{pmatrix}b_1\\ b_2\\ b_3\end{pmatrix}$ で表す．
このとき，幾何ベクトル $\vec{b}\,t$ は数ベクトル $\begin{pmatrix}b_1t\\ b_2t\\ b_3t\end{pmatrix}$ で表せる．

三平方の定理を適用すると，

$$
\begin{aligned}
(\mathrm{AB'})^2 &= (b_1t-a_1)^2+(b_2t-a_2)^2+(b_3t-a_3)^2\\
&= (b_1{}^2+b_2{}^2+b_3{}^2)t^2-2(a_1b_1+a_2b_2+a_3b_3)t+(a_1{}^2+a_2{}^2+a_3{}^2)\\
&= (b_1{}^2+b_2{}^2+b_3{}^2)\left[t^2-\frac{2(a_1b_1+a_2b_2+a_3b_3)t}{b_1{}^2+b_2{}^2+b_3{}^2}+\frac{a_1{}^2+a_2{}^2+a_3{}^2}{b_1{}^2+b_2{}^2+b_3{}^2}\right]\\
&= (b_1{}^2+b_2{}^2+b_3{}^2)\left(t-\frac{a_1b_1+a_2b_2+a_3b_3}{b_1{}^2+b_2{}^2+b_3{}^2}\right)^2\\
&\quad+\underbrace{(a_1{}^2+a_2{}^2+a_3{}^2)-\frac{(a_1b_1+a_2b_2+a_3b_3)^2}{b_1{}^2+b_2{}^2+b_3{}^2}}_{\mathrm{AB'}\text{ の最小値}}
\end{aligned}
$$

$$
\overrightarrow{AB'}=\overrightarrow{OB'}-\overrightarrow{OA}=\begin{pmatrix}b_1t\\ b_2t\\ b_3t\end{pmatrix}-\begin{pmatrix}a_1\\ a_2\\ a_3\end{pmatrix}=\begin{pmatrix}b_1t-a_1\\ b_2t-a_2\\ b_3t-a_3\end{pmatrix}
$$

となる．

したがって，

（平行四辺形 OACB の面積）^{2}
＝［$(\mathrm{AB'})^2$ の最小値］$\times\mathrm{OB}^2$

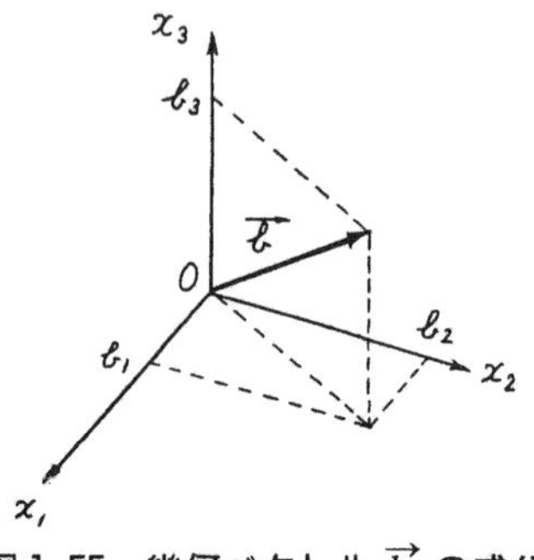

図 1.55　幾何ベクトル $\vec{b}$ の成分

$$=(a_1^2+a_2^2+a_3^2)(b_1^2+b_2^2+b_3^2)-(a_1b_1+a_2b_2+a_3b_3)^2$$

となる．この最右辺は，

$$\begin{vmatrix} a_2 & a_3 \\ b_2 & b_3 \end{vmatrix}^2+\begin{vmatrix} a_3 & a_1 \\ b_3 & b_1 \end{vmatrix}^2+\begin{vmatrix} a_1 & a_2 \\ b_1 & b_2 \end{vmatrix}^2=(a_2b_3-a_3b_2)^2+(a_3b_1-a_1b_3)^2+(a_1b_2-a_2b_1)^2$$

の右辺と一致する．

ADVICE

ベクトル記号で $\|\vec{a}\|^2\|\vec{b}\|^2-(\vec{a}\cdot\vec{b})^2$ と書ける．$(a_1^2+a_2^2+a_3^2)(b_1^2+b_2^2+b_3^2)-(a_1b_1+a_2b_2+a_3b_3)^2$ を展開してから整理すると，$(a_2b_3-a_3b_2)^2+(a_3b_1-a_1b_3)^2+(a_1b_2-a_2b_1)^2$ と一致する．

ベクトル積の定義

平面にも向き（おもて向きとうら向き）を考えることができる．このため，平面を幾何ベクトルで表すという工夫ができると都合がよい．

大きさ：面積 ♣∧♠ の値，
向き：　頭の中で ♣ から ♠ に向かって右ねじをまわしたとき，この右ねじの進む向き（♣ と ♠ とを 2 隣辺とする平行四辺形に垂直）

の幾何ベクトル（矢印で表してよい）を ♣ と ♠ との**ベクトル積**とよび，記号 ♣×♠ で表す．

ベクトル積の記号 × は，ふつうの数どうしの乗法のときとはちがう意味を表すので注意する．

♠ から ♣ に向かって右ねじをまわしたとき，この右ねじの進む向きを考えると，

$$♠\times♣=-(♣\times♠)$$

となることがわかる．

ここでは，♣，♠ は幾何ベクトル（矢印）を表す記号として使った．負号は「♠×♣ で表せる矢印の向きは，♣×♠ で表せる矢印の向きと反対である」という意味を表している．

例 $\vec{e_2}\times\vec{e_3}=\vec{e_1}$，$\vec{e_3}\times\vec{e_1}=\vec{e_2}$，$\vec{e_1}\times\vec{e_2}=\vec{e_3}$

理由 $\vec{e}_2$，$\vec{e}_3$ を 2 隣辺とする平行四辺形の面積 $\vec{e}_2\wedge\vec{e}_3$ の値は 1 である．$\vec{e}_2$ から $\vec{e}_3$ に向かって右ねじをまわしたと考えると，この右ねじが進む向きは平行四辺形に垂直である．この向きで大きさが 1 の幾何ベクトルは $\vec{e}_1$ である．したがって，$\vec{e_2}\times\vec{e_3}=\vec{e_1}$ である．他も同じ考え方で理解できる．

$\vec{a}$ と $\vec{b}$ とのベクトル積は，

$$\underbrace{\vec{a}\times\vec{b}}_{\vec{a}\text{ と }\vec{b}\text{ とに垂直な矢印}}=\underbrace{\vec{e_1}\begin{vmatrix} a_2 & a_3 \\ b_2 & b_3 \end{vmatrix}}_{\vec{e_1}\text{ 方向の矢印}}+\underbrace{\vec{e_2}\begin{vmatrix} a_3 & a_1 \\ b_3 & b_1 \end{vmatrix}}_{\vec{e_2}\text{ 方向の矢印}}+\underbrace{\vec{e_3}\begin{vmatrix} a_1 & a_2 \\ b_1 & b_2 \end{vmatrix}}_{\vec{e_3}\text{ 方向の矢印}}$$

と表せる．

$\begin{vmatrix} a_2 & a_3 \\ b_2 & b_3 \end{vmatrix}$ はスカラーだから，$\vec{e}_1\begin{vmatrix} a_2 & a_3 \\ b_2 & b_3 \end{vmatrix}$ は幾何ベクトルのスカラー倍の形である．

右辺の各項を幾何ベクトル（矢印と思えばよい）として扱えるのは，問 1.33 の結果が成り立つからである．つまり，$\vec{a}=\vec{e_1}a_1+\vec{e_2}a_2+\vec{e_3}a_3$ について $\|\vec{a}\|^2=a_1^2+a_2^2+a_3^2$ が成り立つのと同じ考え方で

$$\|\vec{a}\times\vec{b}\|^2=\begin{vmatrix} a_2 & a_3 \\ b_2 & b_3 \end{vmatrix}^2+\begin{vmatrix} a_3 & a_1 \\ b_3 & b_1 \end{vmatrix}^2+\begin{vmatrix} a_1 & a_2 \\ b_1 & b_2 \end{vmatrix}^2$$

と書ける．$\|\vec{a}\times\vec{b}\|^2$ がこのように表せなければ，

$$\vec{a}\times\vec{b}=\vec{e}_1\begin{vmatrix} a_2 & a_3 \\ b_2 & b_3 \end{vmatrix}+\vec{e}_2\begin{vmatrix} a_3 & a_1 \\ b_3 & b_1 \end{vmatrix}+\vec{e}_3\begin{vmatrix} a_1 & a_2 \\ b_1 & b_2 \end{vmatrix}$$

と書くことはできない．

ベクトルの大きさを（「ノルム」という）を記号‖ ‖で表す．ふつうの数の大きさは，記号| |で表す．$\begin{vmatrix} a_2 & a_3 \\ b_2 & b_3 \end{vmatrix}$ などは，絶対値（大きさ）ではなく，行列式関数の値を表す．

ADVICE

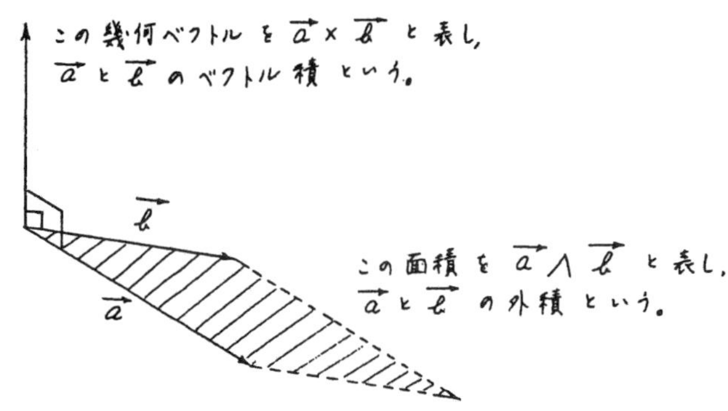

この幾何ベクトルを $\vec{a}\times\vec{b}$ と表し，
$\vec{a}$ と $\vec{b}$ のベクトル積という。
$\vec{b}$
$\vec{a}$
この面積を $\vec{a}\wedge\vec{b}$ と表し，
$\vec{a}$ と $\vec{b}$ の外積という。

図1.56　ベクトル積と外積

自己診断8

8.1　マトリックスの積の行列式関数

n 次正方マトリックス A，B について，

$$\det B\ \det A=\det(BA)$$

が成り立つことを示せ．

(ねらい)　行列式関数の図形的意味を思い出す．

(発想)　マトリックスは線型写像を表すので，線型写像の倍率を考える（問1.28）．一方，マトリックスの積は合成写像を表す（1.3節）．

(解説1)　線型写像 $\boldsymbol{y}=A\boldsymbol{x}$，$\boldsymbol{z}=B\boldsymbol{y}$ を考える．

簡単のために，平面内の幾何ベクトルについて示してみる．

$\vec{x}_1$，$\vec{x}_2$ を2隣辺とする平行四辺形は，マトリックス A によって，$\vec{y}_1$，$\vec{y}_2$ を2隣辺とする平行四辺形にうつる．このとき，平行四辺形の面積は $\det A$ 倍になる［ $\underbrace{\det(\boldsymbol{x}_1,\boldsymbol{x}_2)}_{\text{自己診断 7.2}}\vec{e}_1\wedge\vec{e}_2$ が $\underbrace{\det(\boldsymbol{x}_1,\boldsymbol{x}_2)}_{\text{数だから変わらない}}\ \underbrace{\det A\ \ \vec{e}_1\wedge\vec{e}_2}_{\text{問 1.28}}$ になる］．

同様に，$\vec{y}_1$，$\vec{y}_2$ を2隣辺とする平行四辺形は，マトリックス B によって，$\vec{z}_1$，$\vec{z}_2$ を2隣辺とする平行四辺形にうつる．このとき，平行四辺形の面積は $\det B$ 倍になる［ $\det(\boldsymbol{y}_1,\boldsymbol{y}_2)\vec{e}_1\wedge\vec{e}_2$ が $\det(\boldsymbol{y}_1,\boldsymbol{y}_2)\ \det B\ \ \vec{e}_1\wedge\vec{e}_2$ になる］．

他方，$\vec{x}_1$，$\vec{x}_2$ を2隣辺とする平行四辺形は，マトリックス BA によって，$\vec{z}_1$，$\vec{z}_2$ を2隣辺とする平行四辺形にうつると考えてもよい．このとき，平行四辺形の面積は $\det(BA)$ 倍になる．

線型写像 A，B の順にうつしても，線型写像 BA でうつしても結果は同じだから，平行四辺形の面積の倍率について，$\det B\ \det A=\det(BA)$ が成り立つ．

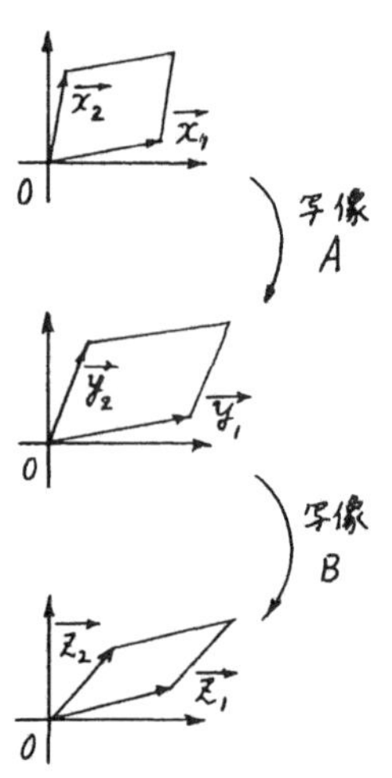

図1.57　写像の幾何的意味

マトリックスの乗法は，掛ける順序が重要である．
線型写像 A につづけて線型写像 B を考える．
線型写像 B につづけて線型写像 A を考えるのではない．

(解説2)　簡単のために，2×2マトリックスで考える．

$A=\begin{pmatrix}a_{11}&a_{12}\\a_{21}&a_{22}\end{pmatrix}$　$B=\begin{pmatrix}b_{11}&b_{12}\\b_{21}&b_{22}\end{pmatrix}$

$$\det(BA)=\begin{vmatrix}b_{11}a_{11}+b_{12}a_{21}&b_{11}a_{12}+b_{12}a_{22}\\b_{21}a_{11}+b_{22}a_{21}&b_{21}a_{12}+b_{22}a_{22}\end{vmatrix}$$

$$=\begin{vmatrix}b_{11}a_{11}&b_{11}a_{12}+b_{12}a_{22}\\b_{21}a_{11}&b_{21}a_{12}+b_{22}a_{22}\end{vmatrix}+\begin{vmatrix}b_{12}a_{21}&b_{11}a_{12}+b_{12}a_{22}\\b_{22}a_{21}&b_{21}a_{12}+b_{22}a_{22}\end{vmatrix}$$

行列式関数の性質1

$$=\begin{vmatrix}b_{11}a_{11}&b_{11}a_{12}\\b_{21}a_{11}&b_{21}a_{12}\end{vmatrix}+\begin{vmatrix}b_{11}a_{11}&b_{12}a_{22}\\b_{21}a_{11}&b_{22}a_{22}\end{vmatrix}+\begin{vmatrix}b_{12}a_{21}&b_{11}a_{12}\\b_{22}a_{21}&b_{21}a_{12}\end{vmatrix}+\begin{vmatrix}b_{12}a_{21}&b_{12}a_{22}\\b_{22}a_{21}&b_{22}a_{22}\end{vmatrix}$$

行列式関数の性質2

$$=\underbrace{\begin{vmatrix}b_{11}&b_{11}\\b_{21}&b_{21}\end{vmatrix}}_{0}a_{11}a_{12}+\begin{vmatrix}b_{11}&b_{12}\\b_{21}&b_{22}\end{vmatrix}a_{11}a_{22}+\begin{vmatrix}b_{12}&b_{11}\\b_{22}&b_{21}\end{vmatrix}a_{12}a_{21}+\underbrace{\begin{vmatrix}b_{12}&b_{12}\\b_{22}&b_{22}\end{vmatrix}}_{0}a_{21}a_{22}$$

行列式関数の性質3′

$$= \begin{vmatrix} b_{11} & b_{12} \\ b_{21} & b_{22} \end{vmatrix} a_{11}a_{22} - \begin{vmatrix} b_{11} & b_{12} \\ b_{21} & b_{22} \end{vmatrix} a_{12}a_{21}$$

$$= \begin{vmatrix} b_{11} & b_{12} \\ b_{21} & b_{22} \end{vmatrix} (a_{11}a_{22} - a_{12}a_{21})$$

$$= \begin{vmatrix} b_{11} & b_{12} \\ b_{21} & b_{22} \end{vmatrix} \begin{vmatrix} a_{11} & a_{12} \\ a_{21} & a_{22} \end{vmatrix}$$

$$= \det B \det A$$

●$n \times n$ マトリックスの場合も同じ考え方を適用することができる．

ADVICE

行列式関数の性質 3

この関係式はどのように活用するのか？

$A = \begin{pmatrix} 3 & 1 \\ 1 & 2 \end{pmatrix}$, $B = \begin{pmatrix} 4 & 2 \\ 3 & 1 \end{pmatrix}$ に対して，$\det(BA)$ の値を求めるとき，BA を計算する手間を省いて，

$\det B \det A$
$= (-2) \cdot 5$

と考えると簡単である．

（補足） 逆マトリックスが存在するときの行列式関数の値（1.7 節）

$n \times n$ マトリックス A が逆マトリックス A^{-1} を持つとき，$AA^{-1} = I$ だから，

$$\det A \det(A^{-1}) = \det(AA^{-1}) = \det I = 1$$

である．したがって，$\det A = 1/\det(A^{-1}) \neq 0$ である．

8.2 転置マトリックスの行列式関数の値

一つのマトリックスの行列式関数の値
＝その転置マトリックスの行列式関数の値

を示せ．

（ねらい） マトリックスをヨコベクトルの並びとタテベクトルの並びとのどちらと見ても，線型写像の表す倍率は同じであることを理解する．

（発想） 自己診断 8.1 と同じ考え方をあてはめる．

（解説） タテベクトルの集合からタテベクトルの集合への線型写像 $\boldsymbol{y} = A\boldsymbol{x}$ を考える．これをヨコベクトルの集合からヨコベクトルの集合への線型写像で表すと，$\boldsymbol{y}^* = \boldsymbol{x}^* A^*$ となる．

$\boldsymbol{y} = A\boldsymbol{x}$ は $\begin{pmatrix} y_1 \\ y_2 \end{pmatrix} = \begin{pmatrix} a_{11} & a_{12} \\ a_{21} & a_{22} \end{pmatrix} \begin{pmatrix} x_1 \\ x_2 \end{pmatrix}$ を表す．

$\boldsymbol{y}^* = \boldsymbol{x}^* A^*$ は $(y_1 \ \ y_2) = (x_1 \ \ x_2) \begin{pmatrix} a_{11} & a_{21} \\ a_{12} & a_{22} \end{pmatrix}$ を表す．

簡単のために，$\boldsymbol{y} = \begin{pmatrix} y_1 \\ y_2 \end{pmatrix}$，$\boldsymbol{x} = \begin{pmatrix} x_1 \\ x_2 \end{pmatrix}$ として，2×2 マトリックスの場合を考える．

タテベクトルの集合からタテベクトルの集合への写像で表した

$$\begin{pmatrix} a_{11} & a_{12} \\ a_{21} & a_{22} \end{pmatrix} \begin{pmatrix} x_1 \\ x_2 \end{pmatrix} = \begin{pmatrix} a_{11}x_1 + a_{12}x_2 \\ a_{21}x_1 + a_{22}x_2 \end{pmatrix}$$

をヨコベクルの集合からヨコベクトルの集合への写像で表すと，

$$(x_1 \ \ x_2) \begin{pmatrix} a_{11} & a_{21} \\ a_{12} & a_{22} \end{pmatrix} = (x_1 a_{11} + x_2 a_{12} \ \ x_1 a_{21} + x_2 a_{22})$$

となる．タテベクトル $\boldsymbol{x} = \begin{pmatrix} x_1 \\ x_2 \end{pmatrix}$ とヨコベクトル $\boldsymbol{x}^* = (x_1 \ \ x_2)$ とのどちらも同じ幾何ベクトル（矢印で描いてよい）で表すと，$\boldsymbol{y} = \begin{pmatrix} a_{11}x_1 + a_{12}x_2 \\ a_{21}x_1 + a_{22}x_2 \end{pmatrix}$ と $\boldsymbol{y}^* = (x_1 a_{11} + x_2 a_{12} \ \ x_1 a_{21} + x_2 a_{22})$ とのどちらも同じ幾何ベクトルで表せる．

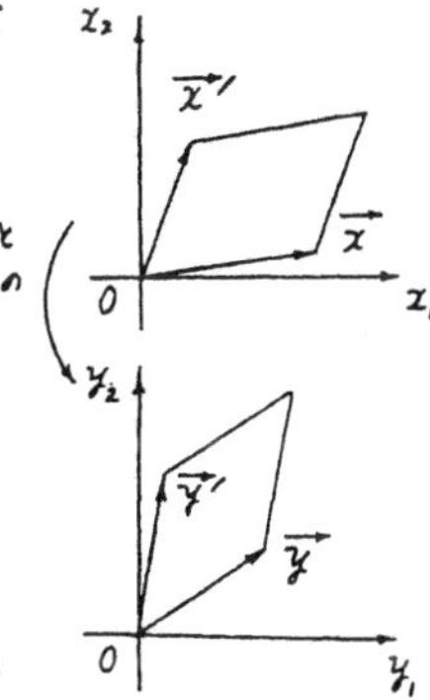

$\vec{x}$ は $x = \begin{pmatrix} x_1 \\ x_2 \end{pmatrix}$，$x^* = (x_1 \ \ x_2)$ のどちらを表していると考えてもよい。$\vec{y}$ も同様。

図 1.58 写像の幾何的意味

二つの矢印を 2 隣辺とする平行四辺形の面積は，線型写像によって拡大・縮小する．この平行四辺形の頂点は，タテベクトルとヨコベクトルとのどちらで表しても同じである．したがって，面積の倍率は，タテベクトルの集合か

らタテベクトルの集合への写像とヨコベクトルの集合からヨコベクトルの集合への写像とのどちらで考えても同じである.

8.3 特殊な形の行列式関数の値の計算

$$\begin{vmatrix} a_{11} & a_{12} & c_{11} & c_{12} \\ a_{21} & a_{22} & c_{21} & c_{22} \\ 0 & 0 & b_{11} & b_{12} \\ 0 & 0 & b_{11} & b_{12} \end{vmatrix} = \begin{vmatrix} a_{11} & a_{12} \\ a_{21} & a_{22} \end{vmatrix} \begin{vmatrix} b_{11} & b_{12} \\ b_{11} & b_{12} \end{vmatrix}$$ を示せ.

(ねらい) 行列式関数の性質の適用に慣れる.

(発想) 第1列で展開すると計算しやすい.

(解説)

$$左辺 = a_{11}\begin{vmatrix} a_{22} & c_{21} & c_{22} \\ 0 & b_{11} & b_{12} \\ 0 & b_{21} & b_{22} \end{vmatrix} - a_{21}\begin{vmatrix} a_{12} & c_{11} & c_{12} \\ 0 & b_{11} & b_{12} \\ 0 & b_{21} & b_{22} \end{vmatrix}$$

$$= a_{11}a_{22}\begin{vmatrix} b_{11} & b_{12} \\ b_{21} & b_{22} \end{vmatrix} - a_{21}a_{12}\begin{vmatrix} b_{11} & b_{12} \\ b_{21} & b_{22} \end{vmatrix}$$

$$= (a_{11}a_{22} - a_{21}a_{12})\begin{vmatrix} b_{11} & b_{12} \\ b_{11} & b_{12} \end{vmatrix}$$

$$= 右辺$$

8.4 多項式の展開

(1) $a_0x^2 + a_1x + a_2$ を行列式関数で表せ.

(2) $$\begin{vmatrix} a_0 & -1 & 0 & \cdots & \cdots & 0 \\ a_1 & x & -1 & 0 & \cdots & 0 \\ a_2 & 0 & x & \ddots & & -1 \\ \vdots & \vdots & \vdots & & & \vdots \\ \vdots & 0 & \vdots & & \ddots & -1 \\ a_n & 0 & \cdots & \cdots & \cdots & x \end{vmatrix} = a_0x^n + a_1x^{n-1} + \cdots + a_{n-1}x + a_n$$ を示せ.

(ねらい) 行列式関数を使って多項式の展開を書き表せることを理解する.

(発想)

第1列に $\begin{matrix} a_0 \\ a_1 \\ a_2 \end{matrix}$ と書いてみる.

第1列で展開すると,

$$\begin{matrix} a_0 & & & -1 & & -1 & \\ & x & a_1 & & & & -1 \\ & & x & \underbrace{\qquad\qquad}_{(-1)\text{ が掛かる}} x & a_2 & & \\ \downarrow & & & \downarrow & & \downarrow & \\ a_0x^2 & & & -a_1(-1)x & & a_2(-1)^2 & \end{matrix}$$

の形になっていなければならないと考える.

(解説)

(1) $a_0x^2 + a_1x + a_2 = \begin{vmatrix} a_0 & -1 & 0 \\ a_1 & x & -1 \\ a_2 & 0 & x \end{vmatrix}$ 　　 $\begin{vmatrix} a_0 & a_1 & a_2 \\ -1 & x & 0 \\ 0 & -1 & x \end{vmatrix}$ でもよい (自己診断 8.2).

(2) 左辺を第1列で展開すると，

$$a_0\begin{vmatrix} x & -1 & 0 & \cdots & 0 \\ 0 & x & \ddots & -1 & -1 \\ \vdots & \vdots & & & \vdots \\ 0 & \vdots & & \ddots & -1 \\ 0 & \cdots & \cdots & \cdots & x \end{vmatrix} - a_1\begin{vmatrix} -1 & 0 & \cdots & 0 \\ 0 & x & \ddots & -1 \\ \vdots & \vdots & \ddots & \vdots \\ 0 & \vdots & & -1 \\ 0 & \cdots & \cdots & x \end{vmatrix} + \cdots$$

（各行列式は n 列）

$$+ a_{n-1}(-1)^{n-1}\begin{vmatrix} -1 & 0 & \cdots & \cdots & 0 \\ x & -1 & 0 & \cdots & 0 \\ 0 & x & \ddots & & -1 \\ \vdots & \vdots & & \ddots & \vdots \\ 0 & \cdots & \cdots & \cdots & x \end{vmatrix} + a_n(-1)^n\begin{vmatrix} -1 & 0 & \cdots & \cdots & 0 \\ x & -1 & 0 & \cdots & 0 \\ 0 & x & \ddots & -1 & -1 \\ \vdots & \vdots & & \ddots & \vdots \\ 0 & \cdots & \cdots & & -1 \end{vmatrix}$$

（各行列式は n 列）

となる．

ADVICE

(2)の行列式関数の0と-1とを活用すると暗算しやすい．第1列で展開したとき，第1項の符号は+，第2項の符号は−，第3項の符号は+，… である．正負の符号の代りに，第1項は$(-1)^0$，第2項は$(-1)^1$，…，第$(n-1)$項は$(-1)^{n-1}$，第n項は$(-1)^n$を考える．

第$(n-1)$項
$a_{n-1}(-1)^{n-1}(-1)^{n-1}x$
$=a_{n-1}(-1)^{2(n-1)}x$
$=a_{n-1}x$

1.6.2項自己診断7.3参照

8.5 Cramer の方法の幾何的意味（2元連立1次方程式）

タテベクトルの線型結合：$\begin{pmatrix} a_{11} \\ a_{21} \end{pmatrix}c_1+\begin{pmatrix} a_{12} \\ a_{22} \end{pmatrix}c_2=\begin{pmatrix} b_1 \\ b_2 \end{pmatrix}$を考える．$\begin{pmatrix} a_{11} \\ a_{21} \end{pmatrix}$，$\begin{pmatrix} a_{12} \\ a_{22} \end{pmatrix}$，$\begin{pmatrix} b_1 \\ b_2 \end{pmatrix}$のそれぞれを表す幾何ベクトルを$\vec{a_1}$，$\vec{a_2}$，$\vec{b}$とする．

(1) $a_{11}=3$，$a_{21}=1$，$a_{12}=1$，$a_{22}=2$，$b_1=9$，$b_2=8$ のとき，
 (a) $\vec{a_1}\wedge\vec{a_2}$，$\vec{b}\wedge\vec{a_2}$，$\vec{a_1}\wedge\vec{b}$ の表す意味を図示した上で，これらの値を求めよ．
 (b) c_1，c_2 のそれぞれを $\vec{a_1}\wedge\vec{a_2}$，$\vec{b}\wedge\vec{a_2}$，$\vec{a_1}\wedge\vec{b}$ のうち必要な外積を使って表した上で，c_1 の値と c_2 の値とを求めよ．

(2) $a_{11}=1$，$a_{21}=2$，$a_{12}=3$，$a_{22}=6$，$b_1=2$，$b_2=4$ のとき，
 (a) $\vec{a_1}\wedge\vec{a_2}$，$\vec{b}\wedge\vec{a_2}$，$\vec{a_1}\wedge\vec{b}$ の表す意味を図示した上で，これらの値を求めよ．
 (b) c_1，c_2 のそれぞれを $\vec{a_1}\wedge\vec{a_2}$，$\vec{b}\wedge\vec{a_2}$，$\vec{a_1}\wedge\vec{b}$ のうち必要な外積を使って表した上で，c_1 の値と c_2 の値とを求めよ．

(3) $a_{11}=1$，$a_{21}=2$，$a_{12}=3$，$a_{22}=6$，$b_1=4$，$b_2=5$ のとき，
 (a) $\vec{a_1}\wedge\vec{a_2}$，$\vec{b}\wedge\vec{a_2}$，$\vec{a_1}\wedge\vec{b}$ の表す意味を図示した上で，これらの値を求めよ．
 (b) c_1，c_2 のそれぞれを $\vec{a_1}\wedge\vec{a_2}$，$\vec{b}\wedge\vec{a_2}$，$\vec{a_1}\wedge\vec{b}$ のうち必要な外積を使って表した上で，c_1 の値と c_2 の値とを求めよ．

(1)は本文の解説と同じ問題である．

ねらい 2元連立1次方程式の解が存在するかどうかを幾何の観点から理解する．

発想 平行四辺形の面積の表し方を思い出す．

解説

(1) $\begin{pmatrix} 3 \\ 1 \end{pmatrix}c_1+\begin{pmatrix} 1 \\ 2 \end{pmatrix}c_2=\begin{pmatrix} 9 \\ 8 \end{pmatrix}$

ADVICE

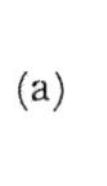

(a)

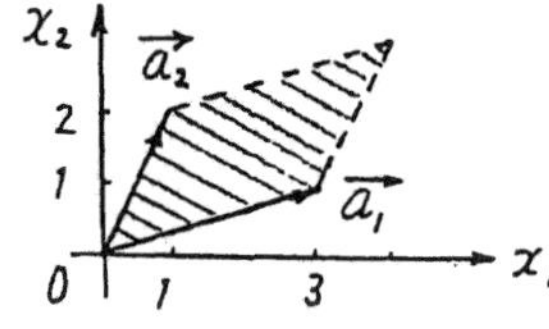

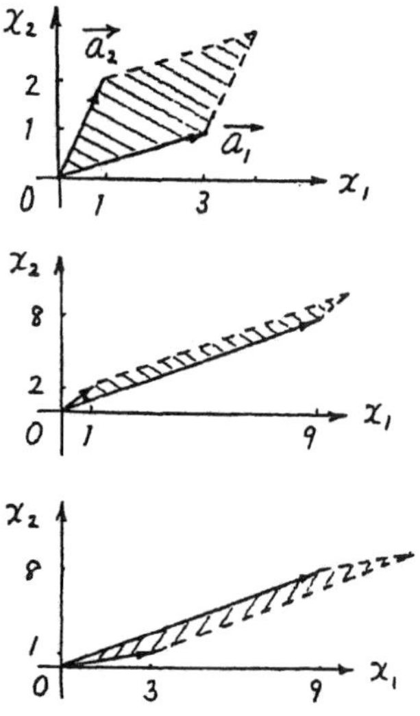

$$\vec{a_1}\wedge\vec{a_2}=\begin{vmatrix}3&1\\1&2\end{vmatrix}\vec{e_1}\wedge\vec{e_2}=5$$

問 1.27 参照

$$\vec{b}\wedge\vec{a_2}=\begin{vmatrix}9&1\\8&2\end{vmatrix}\vec{e_1}\wedge\vec{e_2}=10$$

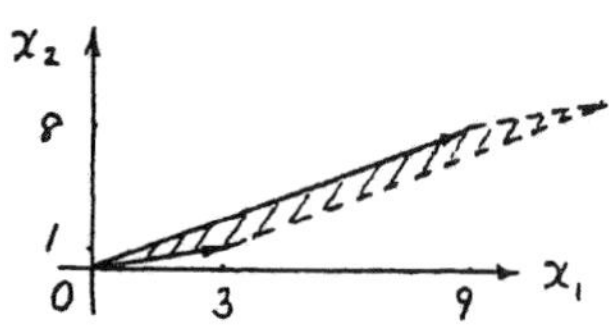

$$\vec{a_1}\wedge\vec{b}=\begin{vmatrix}3&9\\1&8\end{vmatrix}\vec{e_1}\wedge\vec{e_2}=15$$

図 1.59　平行四辺形の面積

(b)

$$c_1=\frac{\vec{b}\wedge\vec{a_2}}{\vec{a_1}\wedge\vec{a_2}}=2 \qquad c_2=\frac{\vec{a_1}\wedge\vec{b}}{\vec{a_1}\wedge\vec{a_2}}=3$$

(2)　$\begin{pmatrix}1\\2\end{pmatrix}c_1+\begin{pmatrix}3\\6\end{pmatrix}c_2=\begin{pmatrix}2\\4\end{pmatrix}$

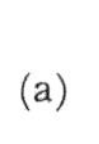

(a)

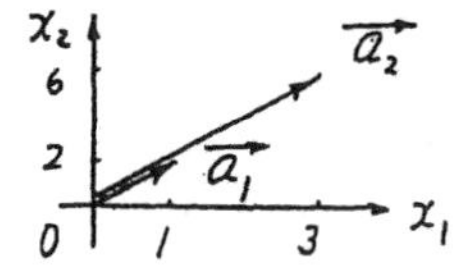

$\vec{a_1}$，$\vec{a_2}$ を２隣辺とする平行四辺形の面積はゼロである．

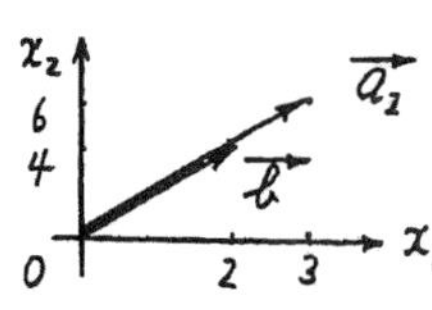

$\vec{b}$，$\vec{a_2}$ を２隣辺とする平行四辺形の面積はゼロである．

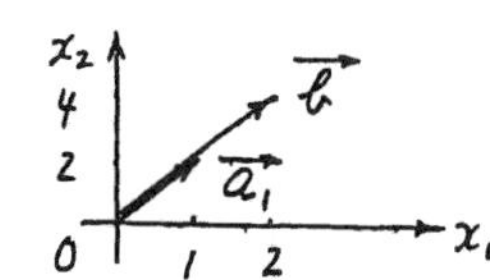

$\vec{a_1}$，$\vec{b}$ を２隣辺とする平行四辺形の面積はゼロである．

図 1.60　平行四辺形の面積

(b)

$$c_1=\frac{\vec{b}\wedge\vec{a_2}}{\vec{a_1}\wedge\vec{a_2}}=\frac{0}{0} \qquad c_2=\frac{\vec{a_1}\wedge\vec{b}}{\vec{a_1}\wedge\vec{a_2}}=\frac{0}{0}$$

不定

$1c_1+3c_2=2$ をみたす c_1 の値と c_2 の値とは
$$\begin{cases}c_1=2-3t\\c_2=t\end{cases}$$
（t は任意の実数）
である．

(3)　$\begin{pmatrix}1\\2\end{pmatrix}c_1+\begin{pmatrix}3\\6\end{pmatrix}c_2=\begin{pmatrix}4\\5\end{pmatrix}$

ADVICE

(a)

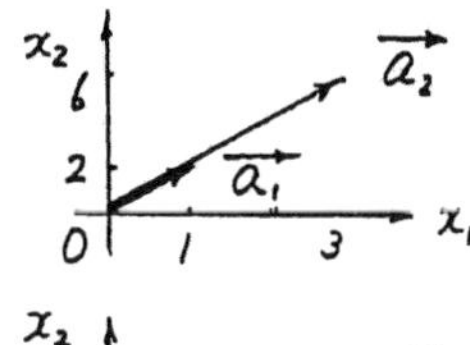

$$\vec{a_1}\wedge\vec{a_2}=0$$

> 問 1.27 参照

$$\vec{b}\wedge\vec{a_2}=\begin{vmatrix}4 & 3\\ 5 & 6\end{vmatrix}\vec{e_1}\wedge\vec{e_2}=9$$

$$\vec{a_1}\wedge\vec{b}=\begin{vmatrix}1 & 4\\ 2 & 5\end{vmatrix}\vec{e_1}\wedge\vec{e_2}=-3$$

図 1.61　平行四辺形の面積

(b)

$$c_1=\frac{\vec{b}\wedge\vec{a_2}}{\vec{a_1}\wedge\vec{a_2}}=\frac{9}{0}\qquad c_2=\frac{\vec{a_1}\wedge\vec{b}}{\vec{a_1}\wedge\vec{a_2}}=\frac{-3}{0}$$

不能（解は存在しない）

> 「解なし」であっても「解いた甲斐なし」と思わないこと．

[進んだ探究]　Cramer の方法と線型独立性との関係

タテベクトルの線型独立性の観点から，(1) 解が 1 個，(2) 不定，(3) 不能となる理由を考えてみよう．タテベクトルを幾何ベクトル（矢印）で表すとわかりやすい．

> 1.6.2 項自己診断 7.3 参照

(1)　$\vec{a_1}$ と $\vec{a_2}$ とは 1 直線上にない．したがって，これらの 2 個の幾何ベクトルは線型独立である．$\vec{a_1}$ と $\vec{a_2}$ との線型結合で $\vec{b}$ が表せる．だから，$\vec{b}$ は $\vec{a_1}$ と $\vec{a_2}$ とに線型従属である．このとき，$\vec{a_1}$ と $\vec{a_2}$ とを 2 隣辺とする平行四辺形，$\vec{b}$ と $\vec{a_2}$ とを 2 隣辺とする平行四辺形，$\vec{a_1}$ と $\vec{b}$ とを 2 隣辺とする平行四辺形のどれもつくることができる．

ここで，階数を思い出してみる．階数は，連立 1 次方程式の中で実質的な方程式が何個あるかを表す．1.5.2 項で理解したように，階数は拡大係数マトリックスをつくる線型独立なタテベクトルの最大個数でもある．c_1 の値と c_2 の値とを求める 2 元連立 1 次方程式を考えると，

> 拡大係数マトリックスはタテベクトル $\begin{pmatrix}3\\1\end{pmatrix}$, $\begin{pmatrix}1\\2\end{pmatrix}$, $\begin{pmatrix}9\\8\end{pmatrix}$ を並べたマトリックスとみなせる．これらの 3 個のタテベクトルは線型独立ではない．

$$\underbrace{\text{未知数の個数}}_{c_1\text{ と }c_2\text{ との 2 個}}=\underbrace{\text{拡大係数マトリックスをつくる線型独立なタテベクトルの最大個数}}_{2\text{ 個}}$$

である（この意味は 1.5.2 項 問 1.11 参照）．だから，c_1 の値と c_2 の値とは 1 組に決まる．

(2)　$\vec{a_1}$，$\vec{a_2}$，$\vec{b}$ は 1 直線上にある．したがって，これらは線型従属であり，線型独立なタテベクトルは 1 個しかない．だから，$\vec{a_1}$ と $\vec{a_2}$ とを 2 隣辺とする平行四辺形，$\vec{b}$ と $\vec{a_2}$ とを 2 隣辺とする平行四辺形，$\vec{a_1}$ と $\vec{b}$ とを 2 隣辺とする平行四辺形のどれもつくることができない．

> $\vec{a}_1$, $\vec{a}_2$, $\vec{b}$ の中の 2 個は残りの 1 個のナントカ倍である．実質的に独立な幾何ベクトルは，この 1 個だけである．

平行四辺形の面積

$$\vec{a_1}\wedge\vec{a_2}=\underbrace{\begin{vmatrix}\boxed{\begin{matrix}1\\2\end{matrix}} & \boxed{\begin{matrix}3\\6\end{matrix}}\end{vmatrix}}_{\text{係数マトリックスの行列式}}\vec{e_1}\wedge\vec{e_2}=0$$

$$\vec{b}\wedge\vec{a_2}=\underbrace{\begin{vmatrix}\boxed{\begin{matrix}2\\4\end{matrix}} & \boxed{\begin{matrix}3\\6\end{matrix}}\end{vmatrix}}_{\text{定数項と }x_2\text{ の係数}}\vec{e_1}\wedge\vec{e_2}=0$$

$$\vec{a_1}\wedge\vec{b}=\underbrace{\begin{vmatrix}\boxed{\begin{matrix}1\\2\end{matrix}} & \boxed{\begin{matrix}2\\4\end{matrix}}\end{vmatrix}}_{x_1\text{ の係数と定数項}}\vec{e_1}\wedge\vec{e_2}=0$$

線型従属になっているタテベクトルを並べたマトリックスの行列式
⇓
行列式関数の性質2と性質3′とから0である．

c_1 の値と c_2 の値とを求める2元連立1次方程式を考えると，

$\underbrace{\text{未知数の個数}}_{c_1\text{ と }c_2\text{ との2個}}$

$>\underbrace{\text{拡大係数マトリックスをつくる線型独立なタテベクトルの最大個数}}_{1\text{個}}$

である（この意味は1.5.2項問1.11参照）．だから，c_1 の値と c_2 の値とは1組ではない．

(3) $\vec{a_1}$ と $\vec{a_2}$ とは1直線上にある．したがって，$\vec{a_1}$ と $\vec{a_2}$ とは線型従属であり，これらの線型結合も同じ直線上にある．しかし，$\vec{b}$ はこの直線上にない．だから，c_1 の値と c_2 の値とをどのように選んでも，$\vec{a_1}c_1+\vec{a_2}c_2$ と $\vec{b}$ とは一致しない．$\vec{b}$ と $\vec{a_2}$ とを2隣辺とする平行四辺形，$\vec{a_1}$ と $\vec{b}$ とを2隣辺とする平行四辺形のどちらもつくることができるが，$\vec{a_1}$ と $\vec{a_2}$ とを2隣辺とする平行四辺形はできない．

ADVICE

性質2
正方マトリックスの一つの列（または行）を s 倍すると，このマトリックスの行列式関数の値は s 倍になる．

性質3′
二つの列（または行）が一致しているマトリックスの行列式関数の値は0である．

$$\begin{vmatrix}1&3\\2&6\end{vmatrix}=\begin{vmatrix}1&3\cdot1\\2&3\cdot2\end{vmatrix}=3\underbrace{\begin{vmatrix}1&1\\2&2\end{vmatrix}}_{0}$$

$\begin{vmatrix}2&3\\4&6\end{vmatrix}$，$\begin{vmatrix}1&2\\2&4\end{vmatrix}$ も同様である．

線型独立な2個のベクトルは，$\vec{b}$ と $\vec{a}_2$ と考えてもよいし，$\vec{a}_1$ と $\vec{b}$ と考えてもよい．

8.6 Cramer の方法の幾何的意味（3元連立1次方程式）

3元連立1次方程式：

$$\begin{cases}2x_1+1x_2+1x_3=2\\4x_1+2x_2+3x_3=5\\2x_1+1x_2+2x_3=1\end{cases}$$

を考える．

(1) Cramer の方法で解け．

(2) 四つの数ベクトル $\begin{pmatrix}2\\4\\2\end{pmatrix}$，$\begin{pmatrix}1\\2\\1\end{pmatrix}$，$\begin{pmatrix}1\\3\\2\end{pmatrix}$，$\begin{pmatrix}2\\5\\1\end{pmatrix}$ を幾何ベクトルで表すことができる．だから三つの数ベクトルの組合せは4通りある．4通りの組合せのそれぞれの作る平行六面体に基づいて，(1)の結果を説明せよ．

1.5.2項自己診断5.1(2)参照

（ねらい） 3元連立1次方程式の解が存在しない場合，その理由を幾何の観点から理解する．

（発想） 平行六面体の体積の表し方を思い出す．

（解説）

(1)

x_1, x_2, x_3 の分母

$$=\begin{vmatrix}2&1&1\\4&2&3\\2&1&2\end{vmatrix}$$

$$=2\begin{vmatrix}2&3\\1&2\end{vmatrix}-1\begin{vmatrix}4&3\\2&2\end{vmatrix}+1\begin{vmatrix}4&2\\2&1\end{vmatrix}$$

$$=0$$

x_1 の分子

$$=\begin{vmatrix}2&1&1\\5&2&3\\1&1&2\end{vmatrix}$$

$$=2\begin{vmatrix}2&3\\1&2\end{vmatrix}-1\begin{vmatrix}5&3\\1&2\end{vmatrix}+1\begin{vmatrix}5&2\\1&1\end{vmatrix}$$

$$=-2$$

x_2 の分子

$$=\begin{vmatrix}2&2&1\\4&5&3\\2&1&2\end{vmatrix}$$

$$=2\begin{vmatrix}5&3\\1&2\end{vmatrix}-2\begin{vmatrix}4&3\\2&2\end{vmatrix}+1\begin{vmatrix}4&5\\2&1\end{vmatrix}$$

$$=4$$

x_3 の分子

$$=\begin{vmatrix}2&1&2\\4&2&5\\2&1&1\end{vmatrix}$$

$$=2\begin{vmatrix}2&5\\1&1\end{vmatrix}-1\begin{vmatrix}4&5\\2&1\end{vmatrix}+2\begin{vmatrix}4&2\\2&1\end{vmatrix}$$

$$=0$$

x_3 は不定だが，x_1 の値と x_2 の値とが求まらないから連立方程式の解は存在しない．

(2) 数ベクトル $\begin{pmatrix}2\\4\\2\end{pmatrix}$, $\begin{pmatrix}1\\2\\1\end{pmatrix}$, $\begin{pmatrix}1\\3\\2\end{pmatrix}$, $\begin{pmatrix}2\\5\\1\end{pmatrix}$ で表せる幾何ベクトルをそれぞれ $\vec{a}_1$, $\vec{a}_2$, $\vec{a}_3$, $\vec{b}$ とする．

三つの幾何ベクトルがつくる平行六面体の体積は，行列式で表せる．x_1, x_2, x_3 のどれも体積どうしの比である．

$\begin{pmatrix}2\\4\\2\end{pmatrix}=\begin{pmatrix}1\\2\\1\end{pmatrix}2$ だから，$\vec{a}_1$ と $\vec{a}_2$ とは1直線上にある．したがって，これらは線型従属である．$\vec{a}_1$, $\vec{a}_2$, $\vec{a}_3$ は平行六面体をつくることはできないから，分母$=0$ である．$\vec{a}_1$, $\vec{a}_2$, $\vec{b}$ も平行六面体をつくることはできないから，x_3 の分子$=0$ である．

$x_1=(\vec{b},\ \vec{a}_2,\ \vec{a}_3$ のつくる平行六面体の体積$)/(\vec{a}_1,\ \vec{a}_2,\ \vec{a}_3$ のつくる平行六面体の体積$)$

$x_2=(\vec{a}_1,\ \vec{b},\ \vec{a}_3$ のつくる平行六面体の体積$)/(\vec{a}_1,\ \vec{a}_2,\ \vec{a}_3$ のつくる平行六面体の体積$)$

$x_3=(\vec{a}_1,\ \vec{a}_2,\ \vec{b}$ のつくる平行六面体の体積$)/(\vec{a}_1,\ \vec{a}_2,\ \vec{a}_3$ のつくる平行六面体の体積$)$

分母

$$=\begin{vmatrix}\boxed{\begin{matrix}2\\4\\2\end{matrix}}&\boxed{\begin{matrix}1\\2\\1\end{matrix}}&\begin{matrix}1\\3\\2\end{matrix}\end{vmatrix}$$

$$=\begin{vmatrix}2\cdot1&1&1\\2\cdot2&2&3\\2\cdot1&1&2\end{vmatrix}$$

$$=2\underbrace{\begin{vmatrix}1&1&1\\2&2&3\\1&1&2\end{vmatrix}}_{0}$$

x_3 の分子

$$=\begin{vmatrix}\boxed{\begin{matrix}2\\4\\2\end{matrix}}&\boxed{\begin{matrix}1\\2\\1\end{matrix}}&\begin{matrix}2\\5\\1\end{matrix}\end{vmatrix}$$

$$=\begin{vmatrix}2\cdot1&1&2\\2\cdot2&2&5\\2\cdot1&1&1\end{vmatrix}$$

$$=2\underbrace{\begin{vmatrix}1&1&2\\2&2&5\\1&1&1\end{vmatrix}}_{0}$$

線型従属になっているタテベクトルを並べたマトリックスの行列式

⇓

行列式関数の性質2と性質3′とから0である．

行列式関数

性質2
正方マトリックスの一つの列（または行）を s 倍すると，このマトリックスの行列式関数の値は s 倍になる．
$s=2$ の場合と考える．

性質3′
二つの列（または行）が一致しているマトリックスの行列式関数の値は0である．

補足 Gauss-Jordan の消去法

$$\left(\boxed{\begin{matrix}2&1&1\\4&2&3\\2&1&2\end{matrix}\ \middle|\ \begin{matrix}2\\5\\1\end{matrix}}\right)$$

$$\xrightarrow{①\times\frac{1}{2}}\begin{pmatrix}1 & \frac{1}{2} & \frac{1}{2} & 1\\ 4 & 2 & 3 & 5\\ 2 & 1 & 2 & 1\end{pmatrix}$$

$$\xrightarrow[③-①\times 2]{②-①\times 4}\begin{pmatrix}1 & \frac{1}{2} & \frac{1}{2} & 1\\ 0 & 0 & 1 & 1\\ 0 & 0 & 1 & -1\end{pmatrix}$$

$$\xrightarrow{③-②}\begin{pmatrix}1 & \frac{1}{2} & \frac{1}{2} & 1\\ 0 & 0 & 1 & 1\\ 0 & 0 & 0 & -2\end{pmatrix}$$

係数マトリックスの階数＝2

拡大係数マトリックスの階数＝3

これらの階数どうしが一致しない．係数マトリックスを階段マトリックスに変形すると零ベクトルの行がある．しかし，拡大係数マトリックスを階段マトリックスに変形しても零ベクトルの行がない．したがって，$0x_1+0x_2+0x_3=-2$ のような式が現れる．

ADVICE

第2行：$0x_1+0x_2+1x_3=1$ から $x_3=1$ と決まったように見えるが，第2行−第3行を考えると，$0x_1+0x_2+1x_3=3$ となり x_3 の値は一つに決まらない．

1.7　逆写像 ― 逆マトリックスの意味

1.4節では，価格＝単価×体積 の関係に注目し，特定の価格（出力）になるような体積（入力）を求める問題を考えた．この問題を解くためには，体積＝$\dfrac{価格}{単価}$ と表せばよい．この式は，体積＝（単価)$^{-1}$×(価格)と書くこともできる．ここで，線型写像の観点から価格を y，体積を x と書くと，価格＝単価×体積は $y=f(x)$ と表せる．f は「体積から価格を求めるはたらき」であり，「体積に単価を掛けるという操作」を表す．他方，体積＝(単価)$^{-1}$×価格 を $x=g(y)$ と書くことにする．g も線型写像と見ることができ，「価格から体積を求めるはたらき」であり，「価格に（単価)$^{-1}$ を掛けるという操作」を表す．

どの量の (-1) 乗かをはっきりさせるために，（価格），（単価）と書いた．

0.2節④関数の概念の拡張

1品目から多品目に拡張しても，考え方は同じである．線型写像 $\boldsymbol{y}=f(\boldsymbol{x})$ に対して，「$\boldsymbol{y}$ を決めたとき，$\boldsymbol{x}$ を求める線型写像」を考えることができる．この線型写像を f の**逆写像**とよぶ．この考え方は中学数学の逆数と比べると理解しやすい．

線型性
$f^{-1}(ys)=f^{-1}(y)s$
$f^{-1}(y_1+y_2)$
$=f^{-1}(y_1)+f^{-1}(y_2)$

f^{-1} は逆写像の記号である．

1.7節自己診断9.2，9.3参照

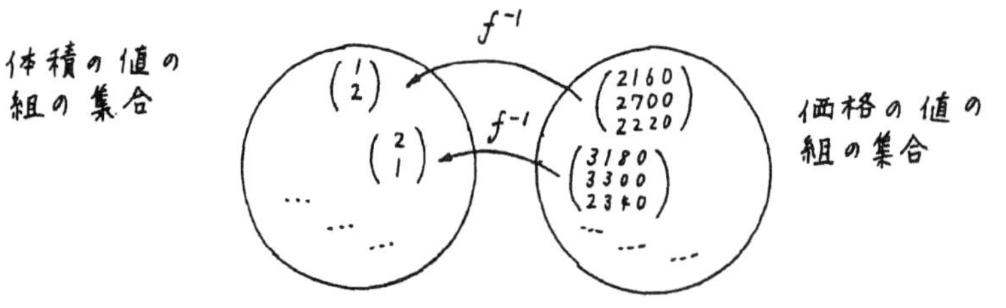

図1.62　逆写像（図1.6と比べよ）

中学数学の復習

積が1になる二つの数の一方を他方の**逆数**という．

例　3の逆数　　$3x=1$ をみたす数 $x=\dfrac{1}{3}$　　(3^{-1} とも書ける)

0.2節②旧法則保存の原理

「3を $\dfrac{3}{1}$ と表した上で，分子と分母を入れ換えた $\dfrac{1}{3}$ が3の逆数である」という考え方は覚えるときには便利だが，マトリックスに拡張することができない（例題1.8）．

逆数をまねて，逆写像の記号を決めよう．

逆写像の記号 f^{-1}　　$\boldsymbol{x}=f^{-1}(\boldsymbol{y})$

「写像の逆数」はないから，f^{-1} は $\dfrac{1}{f}$ の意味**ではない**．

逆写像を表すマトリックスを**逆マトリックス**という．線型写像 f を表すマトリックスを A と書くとき，逆写像 f^{-1} を表す逆マトリックスを A^{-1} と書く．

例題 1.8　逆数と逆マトリックスとのちがい　1 次方程式：$ax=b$（a，b は定数）の解は $x=b\div a$ から $x=\dfrac{b}{a}$ と書ける．それでは，連立 1 次方程式：$A\boldsymbol{x}=\boldsymbol{b}$（$A$ は係数マトリックス，$\boldsymbol{b}$ は定数項を表すタテベクトル）の解を $\boldsymbol{x}=\boldsymbol{b}\div A$ と考え $\boldsymbol{x}=\dfrac{\boldsymbol{b}}{A}$ と書いてよいか？　理由を付けて答えよ．

(解説)　$\boldsymbol{x}=\dfrac{\boldsymbol{b}}{A}$ と書くと，$A\boldsymbol{x}=\boldsymbol{b}$ と $\boldsymbol{x}A=\boldsymbol{b}$ とのどちらの解かあいまいである．A が $n\times n$ マトリックス，$\boldsymbol{x}$ が $n\times 1$ マトリックス（タテベクトル）とすると，$A\boldsymbol{x}$ は $n\times 1$ マトリックス（タテベクトル）になるから，$\boldsymbol{b}$ も $n\times 1$ マトリックスのときに解が求まる．他方，$\boldsymbol{x}$ が $1\times n$ マトリックス（ヨコベクトル）とすると，$\boldsymbol{x}A$ は $1\times n$ マトリックスになるから，$\boldsymbol{b}$ も $1\times n$ マトリックスのときに解が求まる．

(補足)　A，B を定数マトリックス（定数の並んだマトリックス），X を未知数の並んだマトリックスとする．$X=\dfrac{B}{A}$ と書くと，$AX=B$ の解と $XA=B$ の解とのどちらかがあいまいである．マトリックスの乗法は，一般に交換法則が成り立たない．このため，$AX=B$ の解 X と $XA=B$ の解 X とは互いに異なる．

例題 1.9　逆写像の存在　つぎのそれぞれの場合について，$\boldsymbol{x}=f^{-1}(\boldsymbol{y})$ と表せるかどうかを検討せよ．ここで，$\boldsymbol{x}$ は解，$\boldsymbol{y}$ は定数項である．

(1) $\begin{cases}3x_1+1x_2=y_1\\1x_1+2x_2=y_2\end{cases}$　　(2) $\begin{cases}1x_1+3x_2=y_1\\2x_1+6x_2=y_2\end{cases}$

(解説)　入力と出力との関係を表すグラフに基づいて，意味を考えながら検討する．ここで，写像とは「定義域（ここでは $\boldsymbol{R}^2$）の要素を一つ決めると，値域（ここでは $\boldsymbol{R}^2$）の**一つの**要素が対応する規則」である（0.2.4 項 例題 0.17）．

逆写像を考えるときには，「y_1y_2 平面内の点の集まりから 1 点を選ぶと，x_1x_2 平面内の点の集まりの中の 1 点が対応するかどうか」が問題になる．

(1) 点 Q (y_1, y_2) は x_1，x_2 が特定の値のときの位置である．つまり，y_1y_2 平面内のどの点も x_1x_2 平面内のどこかの点にうつる．したがって，$\boldsymbol{x}=f^{-1}(\boldsymbol{y})$ と表せる．この写像はマトリックスで $\begin{pmatrix}x_1\\x_2\end{pmatrix}=\begin{pmatrix}3&1\\1&2\end{pmatrix}^{-1}\begin{pmatrix}y_1\\y_2\end{pmatrix}$ と書ける．

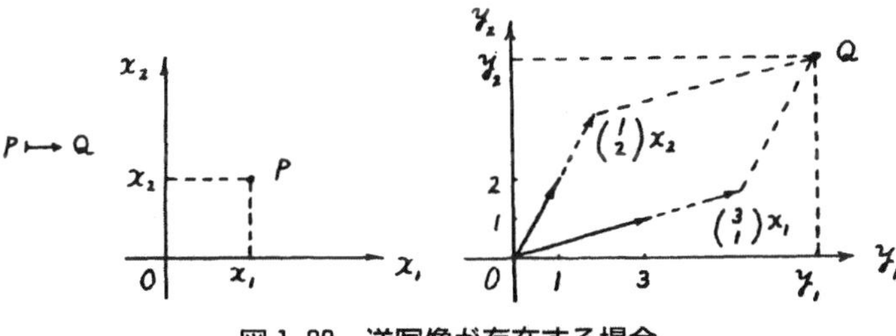

図 1.63　逆写像が存在する場合

(2)　x_1x_2 平面内のどの点も y_1y_2 平面内の直線 $y_2=2y_1$ 上のどこかの点にうつる（平面全体が直線に**退化**する）．y_1y_2 平面内の直線 $y_2=2y_1$ 上にない点は，x_1

多品目の場合には，特定の価格の組（出力）になるような体積の組（入力）を求める問題を考える場合がある．

0.2.2 項除法の意味参照

$\boldsymbol{R}^2\to\boldsymbol{R}^2$

$\boldsymbol{x}=\begin{pmatrix}x_1\\x_2\end{pmatrix}\in\boldsymbol{R}^2$

$\boldsymbol{y}=\begin{pmatrix}y_1\\y_2\end{pmatrix}\in\boldsymbol{R}^2$

「逆写像が存在するかどうか」という問題は，4.4 節で理解する．

定義域と値域とについて 0.2.4 項参照．

1.4 節例題 1.4 の結果

(1) で $y_1=9$，$y_2=8$ のときの解
$\begin{cases}x_1=2\\x_2=3\end{cases}$

(2) で $y_1=2$，$y_2=4$ のときの解
$\begin{cases}x_1=-3t+2\\x_2=t\end{cases}$
（t は任意の実数）

(2) で $y_1=4$，$y_2=5$ のときの解は存在しない．

x_2 平面内のどの点にも対応しない．つまり，「y_1y_2 平面内のどの点も x_1x_2 平面内のどこかの点にうつる」とはいえない．したがって，$\boldsymbol{x}=f^{-1}(\boldsymbol{y})$ と表せない．$\begin{pmatrix}x_1\\x_2\end{pmatrix}=\begin{pmatrix}1&3\\2&6\end{pmatrix}^{-1}\begin{pmatrix}y_1\\y_2\end{pmatrix}$ と書けない．

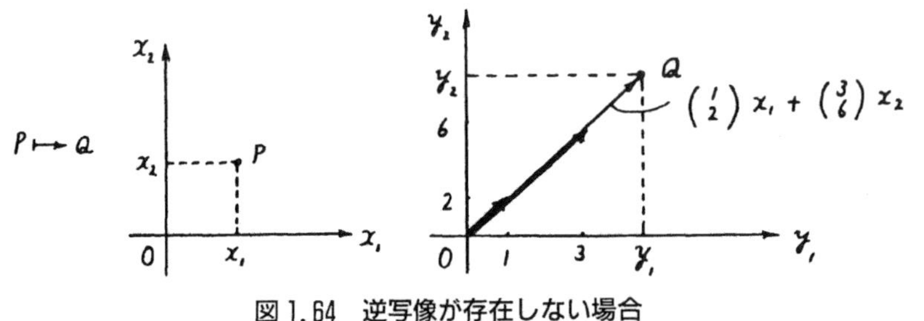

図 1.64　逆写像が存在しない場合

ADVICE

$\begin{pmatrix}y_1\\y_2\end{pmatrix}=\begin{pmatrix}1&3\\2&6\end{pmatrix}\begin{pmatrix}x_1\\x_2\end{pmatrix}$

$\begin{pmatrix}1&3\\2&6\end{pmatrix}\begin{pmatrix}x_1\\x_2\end{pmatrix}=\begin{pmatrix}1x_1+3x_2\\2x_1+6x_2\end{pmatrix}$

だから，

$\begin{pmatrix}y_1\\y_2\end{pmatrix}=\begin{pmatrix}1x_1+3x_2\\2x_1+6x_2\end{pmatrix}$

である．

したがって，x_1 の値，x_2 の値によらず

$y_2=2y_1$

をみたすことがわかる．

(2) 値域 $\boldsymbol{R}^2$ と像（出力の集合）とが一致しない．像は値域の部分集合（付録 B）である．

例題 1.10　可逆マトリックス

マトリックスの乗法では，交換法則が成り立たない（1.3 節自己診断 3. 1）．正方マトリックス A に対して，$AB=I$ をみたすマトリックス B と $CA=I$ をみたすマトリックス C とがあるとき，A を**可逆マトリックス**という．B と C とは同じマトリックスか？

（解説）$AB=I$ の両辺に左から C を掛けると，$CAB=CI$ となる．$CA=I$ だから，$IB=CI$ と書ける．したがって，$B=C$ が成り立つ．つまり，B, C は A^{-1} である．

「可逆マトリックス」を「正則マトリックス」ともいう．しかし，複素関数論の「正則関数」と意味を混同するおそれがある．ここでは，「可逆マトリックス」という用語を使うことにする．一松信：『線形数学』（筑摩書房，1976）では，「可逆行列」とよんでいる．

例題 1.10 から，正方マトリックス A の逆マトリックス A^{-1} は

$$\boxed{AA^{-1}=A^{-1}A=I}$$

をみたすマトリックスである．

例題 1.11　逆マトリックスの求め方

例題 1.9 (1), (2)のそれぞれについて，逆写像を表すマトリックス（逆マトリックス）を求めよ．

（解説）

(1)　はじめに，逆マトリックスの定義から

$$\begin{pmatrix}3&1\\1&2\end{pmatrix}\begin{pmatrix}x_{11}&x_{12}\\x_{21}&x_{22}\end{pmatrix}=\begin{pmatrix}1&0\\0&1\end{pmatrix}$$

と表す．

$$\begin{pmatrix}3x_{11}+1x_{21}&3x_{12}+1x_{22}\\1x_{11}+2x_{21}&1x_{12}+2x_{22}\end{pmatrix}=\begin{pmatrix}1&0\\0&1\end{pmatrix}$$

の両辺を成分ごとに比べると，2 組の 2 元連立 1 次方程式を立てることができる．

$$\begin{cases}3x_{11}+1x_{21}=1\\1x_{11}+2x_{21}=0,\end{cases}\qquad\begin{cases}3x_{12}+1x_{22}=0\\1x_{12}+2x_{22}=1\end{cases}$$

を解けばよい．

$AA^{-1}=A^{-1}A=I$ だから，$AA^{-1}=I$ と $A^{-1}A=I$ とのどちらを考えてもよい．

$\begin{cases}3x_{11}+1x_{21}=1\\1x_{12}+2x_{22}=1\end{cases}$

$\begin{cases}3x_{12}+1x_{22}=0\\1x_{11}+2x_{21}=0\end{cases}$

の組み合わせ方を考えないように注意する．

●Gauss-Jordan の消去法

本来は，2組の2元連立1次方程式を別々に扱う．しかし，上記の係数を見ると，どちらの連立1次方程式も互いにまったく同じであることがわかる．どちらも目標は係数マトリックスを単位マトリックスにつくり変えることである．こういうときには，つぎのように両方の連立1次方程式をまとめて扱うことができる．

$$\left(\boxed{\begin{matrix}3&1\\1&2\end{matrix}}\begin{matrix}1\\0\end{matrix}\right)\longrightarrow\cdots\longrightarrow\left(\boxed{\begin{matrix}1&0\\0&1\end{matrix}}\begin{matrix}\heartsuit\\\spadesuit\end{matrix}\right),\quad\left(\boxed{\begin{matrix}3&1\\1&2\end{matrix}}\begin{matrix}0\\1\end{matrix}\right)\longrightarrow\cdots\longrightarrow\left(\boxed{\begin{matrix}1&0\\0&1\end{matrix}}\begin{matrix}\clubsuit\\\diamondsuit\end{matrix}\right)$$

ここでは，♡，♠，♣，◇は数を表す記号として使った．

の代りに

$$\left(\boxed{\begin{matrix}3&1\\1&2\end{matrix}}\begin{matrix}1&0\\0&1\end{matrix}\right)\longrightarrow\cdots\longrightarrow\left(\boxed{\begin{matrix}1&0\\0&1\end{matrix}}\begin{matrix}\heartsuit&\clubsuit\\\spadesuit&\diamondsuit\end{matrix}\right)$$

枠付きの箱の中を単位マトリックスにつくり変える．

を考える．

ここを1にするにはどうすればよいか？

①，②は行番号を表す．

$$\begin{pmatrix}3&1&1&0\\1&2&0&1\end{pmatrix}$$

$$\xrightarrow{①-②\times2}\begin{pmatrix}\mathbf{1}&-3&1&-2\\1&2&0&1\end{pmatrix}$$

ここを0にするにはどうすればよいか？

$$\xrightarrow{②-①}\begin{pmatrix}1&-3&1&-2\\\mathbf{0}&5&-1&3\end{pmatrix}$$

ここを1にするにはどうすればよいか？

ここを0にするにはどうすればよいか？

$$\xrightarrow{②\div5}\begin{pmatrix}1&-3&1&-2\\0&\mathbf{1}&-\frac{1}{5}&\frac{3}{5}\end{pmatrix}$$

$$\xrightarrow{①+②\times3}\begin{pmatrix}1&\mathbf{0}&\frac{2}{5}&-\frac{1}{5}\\0&1&-\frac{1}{5}&\frac{3}{5}\end{pmatrix}$$

右半分に逆マトリックスが求まる．

$$A^{-1}=\begin{pmatrix}\frac{2}{5}&-\frac{1}{5}\\-\frac{1}{5}&\frac{3}{5}\end{pmatrix}$$

●Cramer の方法

x_{ij} の値を求めるときには，x_{ij} の係数を定数項でおきかえて行列式関数の値を計算する．ここでは，説明のために，このおきかえを枠付きの箱で示した．

i	j
1	1
1	2
2	1
2	2

$$x_{11}=\frac{\begin{vmatrix}\boxed{\begin{matrix}1\\0\end{matrix}}&\begin{matrix}1\\2\end{matrix}\end{vmatrix}}{\begin{vmatrix}\boxed{\begin{matrix}3\\1\end{matrix}}&\begin{matrix}1\\2\end{matrix}\end{vmatrix}}=\frac{1\times2-1\times0}{3\times2-1\times1}=\frac{2}{5}$$

$$x_{21}=\frac{\begin{vmatrix}\begin{matrix}3\\1\end{matrix}&\boxed{\begin{matrix}1\\0\end{matrix}}\end{vmatrix}}{\begin{vmatrix}\begin{matrix}3\\1\end{matrix}&\boxed{\begin{matrix}1\\2\end{matrix}}\end{vmatrix}}=\frac{3\times0-1\times1}{3\times2-1\times1}=-\frac{1}{5}$$

$$x_{12}=\frac{\begin{vmatrix}\boxed{\begin{matrix}0\\1\end{matrix}}&\begin{matrix}1\\2\end{matrix}\end{vmatrix}}{\begin{vmatrix}\boxed{\begin{matrix}3\\1\end{matrix}}&\begin{matrix}1\\2\end{matrix}\end{vmatrix}}=\frac{0\times2-1\times1}{3\times2-1\times1}=-\frac{1}{5}$$

$$x_{22}=\frac{\begin{vmatrix}\begin{matrix}3\\1\end{matrix}&\boxed{\begin{matrix}0\\1\end{matrix}}\end{vmatrix}}{\begin{vmatrix}\begin{matrix}3\\1\end{matrix}&\boxed{\begin{matrix}1\\2\end{matrix}}\end{vmatrix}}=\frac{3\times1-0\times1}{3\times2-1\times1}=\frac{3}{5}$$

$$A^{-1}=\begin{pmatrix}\frac{2}{5} & -\frac{1}{5}\\ -\frac{1}{5} & \frac{3}{5}\end{pmatrix}$$

(2) (1)と同じ考え方で逆マトリックスを求める.

●Gauss-Jordan の消去法

$$\begin{pmatrix}1&3&1&0\\2&6&0&1\end{pmatrix}$$

$$\xrightarrow{②-①\times 2}\begin{pmatrix}1&3&1&0\\ \mathbf{0}&0&-2&1\end{pmatrix}$$

第2行は $0x_{11}+0x_{21}=-2$, $0x_{12}+0x_{22}=1$ だから矛盾している. したがって, A^{-1} は存在しない.

●Cramer の方法

$$x_{11}=\frac{\begin{vmatrix}\boxed{1}&3\\ \boxed{0}&6\end{vmatrix}}{\begin{vmatrix}\boxed{1}&3\\ \boxed{2}&6\end{vmatrix}}=\frac{1\times 6-3\times 0}{1\times 6-3\times 2}=\frac{6}{0}\qquad x_{21}=\frac{\begin{vmatrix}1&\boxed{1}\\ 2&\boxed{0}\end{vmatrix}}{\begin{vmatrix}1&\boxed{3}\\ 2&\boxed{6}\end{vmatrix}}=\frac{1\times 0-1\times 2}{1\times 6-3\times 2}=\frac{-2}{0}$$

$$x_{12}=\frac{\begin{vmatrix}\boxed{0}&3\\ \boxed{1}&6\end{vmatrix}}{\begin{vmatrix}\boxed{1}&3\\ \boxed{2}&6\end{vmatrix}}=\frac{0\times 6-3\times 1}{1\times 6-3\times 2}=\frac{-3}{0}\qquad x_{22}=\frac{\begin{vmatrix}1&\boxed{0}\\ 2&\boxed{1}\end{vmatrix}}{\begin{vmatrix}1&\boxed{3}\\ 2&\boxed{6}\end{vmatrix}}=\frac{1\times 1-0\times 2}{1\times 6-3\times 2}=\frac{1}{0}$$

これらはどれも不能である. したがって, A^{-1} は存在しない.

ADVICE

分母は x_{11}, x_{12}, x_{21}, x_{22} のどれでも同じだから, 1回だけ計算すればよい.

$\begin{cases}1x_{11}+3x_{21}=1\\2x_{11}+6x_{21}=0\end{cases}$

$\begin{cases}1x_{12}+3x_{22}=0\\2x_{12}+6x_{22}=1\end{cases}$

[注意]
分母の値が0であっても, 分子の値を求めること. 分子の値も0のときは, 不定であって不能ではない.

2×2 マトリックスに限らず, $n\times n$ マトリックスでも x_{ij} の分子は第 i 列が $\begin{pmatrix}0\\ \vdots\\ 0\\ 1\\ 0\\ \vdots\\ 0\end{pmatrix}$ (第 j 行が1) のマトリックスの行列式. 分母はマトリックス A の行列式である.

マトリックスの行列式が0のとき, 逆マトリックスは存在しない.

[注意1] 検算

計算したあとで必ず検算する習慣を身につける姿勢が肝要である. $AA^{-1}=I$ をみたす A^{-1} の成分の値を求めたときの検算について注意する. この計算で使わなかった $A^{-1}A=I$ が成り立つかどうかを確かめるとよい.

(1) $$A^{-1}A=\begin{pmatrix}\frac{2}{5} & -\frac{1}{5}\\ -\frac{1}{5} & \frac{3}{5}\end{pmatrix}\begin{pmatrix}3&1\\1&2\end{pmatrix}$$

$$=\begin{pmatrix}\frac{2}{5}\times 3+\left(-\frac{1}{5}\right)\times 1 & \frac{2}{5}\times 1+\left(-\frac{1}{5}\right)\times 2\\ \left(-\frac{1}{5}\right)\times 3+\frac{3}{5}\times 1 & \left(-\frac{1}{5}\right)\times 1+\frac{3}{5}\times 2\end{pmatrix}$$

$$=\begin{pmatrix}1&0\\0&1\end{pmatrix}$$

問 1.34 $\begin{pmatrix}0&-1\\3&0\end{pmatrix}$ の逆マトリックスを求めよ.

(解説)

逆マトリックスを $\begin{pmatrix}♠&♣\\ ♡&◇\end{pmatrix}$ とする.

$$\begin{pmatrix}0&-1\\3&0\end{pmatrix}\begin{pmatrix}♠&♣\\ ♡&◇\end{pmatrix}=\begin{pmatrix}1&0\\0&1\end{pmatrix}$$

もとのマトリックスの成分が扱いやすい値のときには, 逆マトリックスが簡単に求まることに気づく. 逆マトリックスの求め方を機械的に暗記して型通りに解くという方法とはちがった見方も理解しよう. こういう発想も計算練習の訓練にはちがいない.

をみたす♠，♣，♡，◇の値を求める．左辺の積

$$\begin{pmatrix} 0\times♠+(-1)\times♡ & 0\times♣+(-1)\times◇ \\ 3\times♠+0\times♡ & 3\times♣+0\times◇ \end{pmatrix}$$

を見ながら，♠，♣，♡，◇の値を見つけていく．

1．$3\times♠+\underbrace{0\times♡}_{0}$ から ♠$=0$ とすぐにわかる．

2．$3\times♣+\underbrace{0\times◇}_{0}$ から ♣$=\frac{1}{3}$ とすぐにわかる．

3．$\underbrace{0\times♠}_{0}+(-1)\times♡$ から ♡$=-1$ とすぐにわかる．

4．$\underbrace{0\times♣}_{0}+(-1)\times◇$ から ◇$=0$ とすぐにわかる．

逆マトリックスは $\begin{pmatrix} 0 & \frac{1}{3} \\ -1 & 0 \end{pmatrix}$ である．

● もとのマトリックスが 2×2 マトリックスであり，しかも対角成分が 0 だから逆マトリックスが簡単に求まる．そうでないマトリックスの場合には，この考え方では求めにくい．

自己診断 9

9.1 逆マトリックスの性質

逆マトリックスにはつぎの性質があることを示せ．

(1) $(A^{-1})^{-1}=A$

(2) $(AB)^{-1}=B^{-1}A^{-1}$

(ねらい) ふつうの数で成り立つ $(ab)^{-1}=a^{-1}b^{-1}$ と似た性質がマトリックスの場合にも成り立つかどうかを確かめる．マトリックスの乗法では，掛ける順序に注意しなければならないことを理解する．

(発想) (1)では，あたりまえに思える内容を正しく表現する．$(A^{-1})^{-1}$ は A^{-1} の逆マトリックスだから，$A^{-1}X=I$ をみたすマトリックス X を求める問題とみなす．

I：単位マトリックス

(2)では，$(AB)^{-1}$ は AB の逆マトリックスだから，$(AB)^{-1}X=I$ をみたすマトリックス X を求める問題とみなす．

(解説)

(1) A^{-1} の逆マトリックス X を求める方程式 $A^{-1}X=I$ の両辺に左から A を掛けると，$AA^{-1}X=AI$ となる．$AA^{-1}=I$，$IX=X$，$AI=A$ だから，$X=A$ である．X は A^{-1} の逆マトリックスだから $(A^{-1})^{-1}$ と書いてよい．したがって，$(A^{-1})^{-1}=A$ である．

A^{-1} は A の逆マトリックスだから，$AA^{-1}=I$ が成り立つ．

(2) $(AB)^{-1}$ は AB の逆マトリックスだから，$(AB)(AB)^{-1}=I$ をみたす．他方，AB の逆マトリックス X を求める方程式 $ABX=I$ を考える．

まず，この式の両辺に左から A^{-1} を掛けると，$A^{-1}ABX=A^{-1}I$ となる．

AB は一つのマトリックスである．わかりにくければ AB を C と書いて，$(AB)^{-1}$ を C^{-1} と考えればよい．

$A^{-1}A=I$，$IB=B$，$A^{-1}I=A^{-1}$ だから，$BX=A^{-1}$ である．

つぎに，この式の両辺に左から B^{-1} を掛けると，$B^{-1}BX=B^{-1}A^{-1}$ となる．$B^{-1}B=I$，$IX=X$ だから，$X=B^{-1}A^{-1}$ である．

したがって，$(AB)^{-1}=B^{-1}A^{-1}$ である．

ADVICE

$\det(AA^{-1})=\det A\ \det(A^{-1})$，$\det(AA^{-1})=\det I=1$ から，

$$\det(A^{-1})=\frac{1}{\det A}$$

である．

9.2　逆写像の合成

前問(2)の関係は，どういう写像を表しているか？　1.3節例題1.2を取り上げて説明せよ

(ねらい)　逆写像の合成を単なる数式上の関係として覚えるのではなく，その具体的な意味を理解する．

(発想)　逆写像とは，もとの写像の出力にもとの写像の入力を対応させる規則である．

(解説)

$$\begin{pmatrix} x_1\ 個 \\ x_2\ 個 \end{pmatrix} \longleftarrow \boxed{f^{-1}(\ )} \longleftarrow \begin{pmatrix} y_1\ \mathrm{g} \\ y_2\ \mathrm{g} \end{pmatrix} \qquad \begin{pmatrix} y_1\ \mathrm{g} \\ y_2\ \mathrm{g} \end{pmatrix} \longleftarrow \boxed{g^{-1}(\ )} \longleftarrow \begin{pmatrix} z_1\ 円 \\ z_2\ \mathrm{cal} \end{pmatrix}$$

逆写像 f^{-1} を A の逆マトリックス A^{-1}，逆写像 g^{-1} を B の逆マトリックス B^{-1} で表す．つまり，$(g\circ f)^{-1}=f^{-1}\circ g^{-1}$ を $(BA)^{-1}=A^{-1}B^{-1}$ で表す．

$g\circ f$（g：あと，f：はじめ）

$(g\circ f)^{-1}$ は $g\circ f$ を逆に辿る操作と考えて

$f^{-1}\circ g^{-1}$（f^{-1}：あと，g^{-1}：はじめ）

となる．

9.3　逆マトリックスの意味

商品aと商品bとをA店とB店とで販売した．売上額はA店で8万円，B店で11万円だった．各商品の売上個数は表1.13に示してある．

表1.13　商品の売上個数

	A店	B店
商品a	4000個	5000個
商品b	2000個	3000個

(1)　各店の売上額をまとめてベクトルで表せ．

(2)　各商品の単価を求めよ．

0.1節例題0.1参照

a, b, A, Bは数学記号として使っているわけではないので，イタリック体にしていない．

(ねらい)　逆マトリックスを考える具体的な実例を挙げることができるようにする．単価×売上個数＝売上額 の関係から単価を求める．マトリックスの乗法では，掛ける順序が重要であることを思い出す．

①　単価ベクトルをタテベクトルとヨコベクトルとのどちらで表すか

②　売上個数マトリックスの逆マトリックスを売上額ベクトルの左と右とのどちらから掛けるか

を考える．

(発想)　$l\times m$ マトリックスと $m'\times n$ マトリックスとの乗法は，$m=m'$ のときしか成り立たない．売上個数マトリックスが2×2マトリックスだから，これに左から掛けるマトリックスは2列でなければならない．結局，単価マトリックス（1×2マトリックス）と売上個数マトリックス（2×2マトリックス）との積（売上額ベクトル）は，1×2マトリックスになる．

ADVICE

(解説)

(1) 売上額はベクトル量 (80000円 110000円) だから，売上額ベクトルは，(800000 110000) である．

ベクトルとベクトル量とについて 1.1 節参照．

(2) 単価ベクトル 掛ける 売上個数マトリックス＝売上額ベクトル

の両辺に右から売上個数マトリックスの逆マトリックスを掛けると，

単価ベクトル＝売上額ベクトル 掛ける (売上個数マトリックスの逆マトリックス)

演算記号 × はベクトル積 (1.6.2 項) を表すので，ここではあえて「掛ける」と書いて混同を避けた．

となる．したがって，売上個数マトリックスの逆マトリックスを求めればよい．

$$\begin{pmatrix} 4000 & 5000 \\ 2000 & 3000 \end{pmatrix}^{-1} = \begin{pmatrix} s & u \\ t & v \end{pmatrix}$$

とおくと，

$$\begin{pmatrix} 4000 & 5000 \\ 2000 & 3000 \end{pmatrix}\begin{pmatrix} s & u \\ t & v \end{pmatrix} = \begin{pmatrix} 1 & 0 \\ 0 & 1 \end{pmatrix}$$

となる．したがって，

$$\begin{pmatrix} 4000s+5000t & 4000u+5000v \\ 2000s+3000t & 2000u+3000v \end{pmatrix} = \begin{pmatrix} 1 & 0 \\ 0 & 1 \end{pmatrix}$$

から，2 組の連立 1 次方程式

$$\begin{cases} 4000s+5000t=1 \\ 2000s+3000t=0, \end{cases} \quad \begin{cases} 4000u+5000v=0 \\ 2000u+3000v=1 \end{cases}$$

を解けばよい．

文字の使い方 $\begin{pmatrix} s & t \\ u & v \end{pmatrix}$ と書くと $\begin{cases} 4000s+5000u=1 \\ 2000s+3000u=0 \end{cases}$ のように s と u とが混ざって美しくない．同様に，$\begin{cases} 4000t+5000v=0 \\ 2000t+3000v=1 \end{cases}$ のように t と v とが混ざるのも美しくない．

ここでは，これらの連立 1 次方程式をまとめてマトリックスで表して，Gauss-Jordan の消去法で解いてみる．

Gauss-Jordan の消去法 (掃き出し法) の過程で，一つの行は一つの方程式を表している．s，t，u，v，演算記号 ＋，等号 ＝ を省略しているにすぎない．

行と行との掛算は，方程式と方程式との掛算と同じだから，そのような操作はない．たとえば，

4000 5000 1 0 と

2000 3000 0 1 とを

掛けて

8000000 15000000 0 0

のような計算を考えない．

$(4000s+5000t)$

$\times(2000s+3000t)$

をつくっても意味はないからである．

ここを 1 にするにはどうすればよいか？

$$\begin{pmatrix} 4000 & 5000 & 1 & 0 \\ 2000 & 3000 & 0 & 1 \end{pmatrix}$$

$$\xrightarrow{①\div 4000} \begin{pmatrix} \mathbf{1} & \frac{5}{4} & \frac{1}{4000} & 0 \\ 2000 & 3000 & 0 & 1 \end{pmatrix}$$

ここを 0 にするにはどうすればよいか？

$$\xrightarrow{②-①\times 2000} \begin{pmatrix} 1 & \frac{5}{4} & \frac{1}{4000} & 0 \\ \mathbf{0} & 500 & -\frac{1}{2} & 1 \end{pmatrix}$$

ここを 1 にするにはどうすればよいか？

ここを 0 にするにはどうすればよいか？

$$\xrightarrow{②\div 500} \begin{pmatrix} 1 & \frac{5}{4} & \frac{1}{4000} & 0 \\ 0 & \mathbf{1} & -\frac{1}{1000} & \frac{1}{500} \end{pmatrix}$$

$$\xrightarrow{①-②\times\frac{5}{4}} \begin{pmatrix} 1 & \mathbf{0} & \frac{3}{2000} & -\frac{1}{400} \\ 0 & 1 & -\frac{1}{1000} & \frac{1}{500} \end{pmatrix}$$

右半分に逆マトリックスが求まる．

$$\begin{pmatrix} 4000 & 5000 \\ 2000 & 3000 \end{pmatrix}^{-1} = \begin{pmatrix} \dfrac{3}{2000} & -\dfrac{1}{400} \\ -\dfrac{1}{1000} & \dfrac{1}{500} \end{pmatrix}$$

単価ベクトルは

$$(80000\ \ 110000) \begin{pmatrix} \dfrac{3}{2000} & -\dfrac{1}{400} \\ -\dfrac{1}{1000} & \dfrac{1}{500} \end{pmatrix} = (10\ \ 20)$$

と求まる．円/個×個＝円だから，単価は（10円/個　20円/個）である．

9.4　逆マトリックスの成分
$n \times n$ マトリックス A の逆マトリックスを Cramer の方法で求め，余因子で表せ．ただし，$\det A \neq 0$ とする．

ねらい　逆マトリックスの成分が余因子で表せる事情を理解する．

発想　第 i 列の基本ベクトル（タテベクトル）は第 i 成分だけが 1 で他の成分が 0 であることに着目して，行列式関数の性質 2 (p. 99) を適用する．

解説　逆マトリックスの成分を $x_{11}, x_{12}, \ldots, x_{nn}$ として，例題 1.11 と同様の n 元連立 1 次方程式を立てる．

$$\begin{cases} a_{11}x_{11} + a_{12}x_{21} + \cdots + a_{1n}x_{n1} = 1 \\ \cdots \\ a_{n1}x_{11} + a_{n2}x_{21} + \cdots + a_{nn}x_{n1} = 0 \end{cases}, \ldots, \begin{cases} a_{11}x_{1n} + a_{12}x_{2n} + \cdots + a_{1n}x_{nn} = 0 \\ \cdots \\ a_{n1}x_{1n} + a_{n2}x_{2n} + \cdots + a_{nn}x_{nn} = 1 \end{cases}$$

を Cramer の方法で解くと，

$$x_{ij} = \frac{1}{|A|} \begin{vmatrix} a_{11} & \cdots & a_{1j-1} & 0 & a_{1j+1} & \cdots & a_{1n} \\ \vdots & & \vdots & \vdots & \vdots & & \vdots \\ a_{i-11} & \cdots & a_{i-1j-1} & 0 & a_{i-1j+1} & \cdots & a_{i-1n} \\ a_{i1} & \cdots & a_{ij-1} & 1 & a_{ij+1} & \cdots & a_{in} \\ a_{i+11} & \cdots & a_{i+1j-1} & 0 & a_{i+1j+1} & \cdots & a_{i+1n} \\ \vdots & & \vdots & \vdots & \vdots & & \vdots \\ a_{n1} & \cdots & a_{nj-1} & 0 & a_{nj+1} & \cdots & a_{nn} \end{vmatrix}$$

$$\underbrace{x_{11}}_{\text{最も簡単な場合}} = \frac{1}{|A|} \begin{vmatrix} 1 & a_{12} & \cdots & a_{1n} \\ 0 & a_{22} & \cdots & a_{2n} \\ \vdots & \vdots & & \vdots \\ 0 & a_{n2} & \cdots & a_{nn} \end{vmatrix} \overset{\text{列展開}}{=} \frac{1}{|A|} \underbrace{\begin{vmatrix} a_{22} & \cdots & a_{2n} \\ \vdots & & \vdots \\ a_{n2} & \cdots & a_{nn} \end{vmatrix}}_{\text{余因子}\Delta_{11}}$$

$$\overset{\text{性質 2}}{=} \frac{1}{|A|}(-1)^{i+j} \begin{vmatrix} 1 & a_{i1} & \cdots & a_{ij-1} & a_{ij+1} & \cdots & a_{in} \\ 0 & a_{11} & \cdots & a_{1j-1} & a_{2j+1} & \cdots & a_{1n} \\ \vdots & \vdots & & \vdots & \vdots & & \vdots \\ 0 & a_{i-11} & \cdots & a_{i-1j-1} & a_{i-1j+1} & \cdots & a_{i-1n} \\ 0 & a_{i+11} & \cdots & a_{i+1j-1} & a_{i+1j+1} & \cdots & a_{i+1n} \\ \vdots & \vdots & & \vdots & \vdots & & \vdots \\ 0 & a_{n1} & \cdots & a_{nj-1} & a_{nj+1} & \cdots & a_{nn} \end{vmatrix}$$

$$\overset{\text{列展開}}{=} \frac{1}{|A|}(-1)^{i+j} \underbrace{\begin{vmatrix} a_{11} & \cdots & a_{1j-1} & a_{1j+1} & \cdots & a_{1n} \\ \vdots & & \vdots & \vdots & & \vdots \\ a_{i-11} & \cdots & a_{i-1j-1} & a_{i-1j+1} & \cdots & a_{i-1n} \\ a_{i+11} & \cdots & a_{i+1j-1} & a_{i+1j+1} & \cdots & a_{i+1n} \\ \vdots & & \vdots & \vdots & & \vdots \\ a_{n1} & \cdots & a_{nj-1} & a_{nj+1} & \cdots & a_{nn} \end{vmatrix}}_{\text{余因子}\Delta_{ij}\ \text{(もとの行列式から第 } i \text{ 行, 第 } j \text{ 列を除いた行列式)}}$$

となる．したがって，

$$A^{-1} = \frac{1}{|A|} \begin{pmatrix} \Delta_{11} & \Delta_{21} & \cdots & \Delta_{n1} \\ \Delta_{12} & \Delta_{22} & \cdots & \Delta_{n2} \\ \vdots & \vdots & & \vdots \\ \Delta_{1n} & \Delta_{2n} & \cdots & \Delta_{nn} \end{pmatrix}$$

である．

ADVICE

補足

1．2店の総売上額も求めるには，売上個数マトリックスをどのように拡張すればよいか？

$$(10\ \ 20)\underbrace{\begin{pmatrix} 4000 & 5000 & 4000+5000 \\ 2000 & 3000 & 2000+3000 \end{pmatrix}}_{\text{売上個数マトリックスの拡張}}$$
$$= (80000\ \ 110000\ \ 190000)$$

2．$(10\ \ 20)\begin{pmatrix} 4000 & 5000 \\ 2000 & 3000 \end{pmatrix}$ によって，何が求まるか？ 店ごとの売上額が求まる．

3．$(10\ \ 20)\begin{pmatrix} 4000+5000 & 0 \\ 0 & 2000+3000 \end{pmatrix}$ によって，何が求まるか？ 商品ごとの売上額が求まる．

● 計算できても実際に活用できなければ意味がないので，これらの実例に注意するとよい．

[注意 1]
性質 2 の使い方：もとの第 i 行を第 1 行にして，他の行の順を変えないために，つぎのように $(i-1)$ 回だけ行どうしを交換する．第 i 行と第 $(i-1)$ 行とを交換してから，第 $(i-1)$ 行と第 $(i-2)$ 行とを交換する．このあと順次，第 $(i-2)$ 行と第 $(i-3)$ 行，.., 第 2 行と第 1 行とを交換する．同様に，もとの第 j 列を第 1 列にして，他の列の順を変えないために，つぎのように $(j-1)$ 回だけ行どうしを交換する．結局，$[(i-1)+(j-1)]$ 回だけ行・列を交換するから，性質 3 によって $(-1)^{i-j+2}[=(-1)^{i+j}]$ に注意する．

[注意 2]
逆マトリックスの (i,j) 成分は $\Delta_{ji}/|A|$ であって，$\Delta_{ij}/|A|$ ではない．

2　連立１次方程式再論 ― 連立１次方程式の意味を幾何で探る

2 章の目標

① 平面内の直線，空間内の平面・直線は，ベクトル表示と方程式との二つの方法で表せる事情を理解すること．

② 幾何の観点から，連立１次方程式の解を図示できるようにすること．

キーワード　直線のベクトル表示，直線の方程式，平面のベクトル表示，平面の方程式

x についての簡単な１次方程式 $ax=0$ を復習してみる．$a\neq0$ のとき，この方程式の解は $x=0$ だけで一つに決まる．他方，$a=0$ のとき，解は無数に存在するので「不定」という．$0x=0$ の x にどんな値を代入しても左辺は必ず 0 になるからである．

ADVICE

1.4 参照

それでは，これらの解を図で表すことはできないだろうか？　このためには，１本の数直線（x 軸）を描けばよい．たとえば，$3x=0$ の解は，x 軸上の一つの点で表せる．これに対して，$0x=0$ の解は x 軸上の点全体だから直線で表せる．代数の問題を幾何の観点から見直すと，解の特徴を目で見て比べることができる．

0.2.1 項 例題 0.10 参照

連立１次方程式の解も図で表せると，あとの章で線型写像の本質を理解するとき大きな手がかりになる．ただし，解が図で表せるのは，未知数が２個または３個の場合である．未知数が３個よりも多い場合には，解を図で表すことはできない．しかし，こういう場合でも連立１次方程式の解の意味を理解する上で，未知数が２個または３個の場合が手がかりになる．２章では，平面内の直線の表し方，空間内の平面の表し方・直線の表し方を準備してから本題に入る．

未知数が 2 個のとき，解は点，直線のどちらかで表せる．

未知数が 3 個のとき，解は点，直線，平面のどれかで表せる．

2.1　2 元連立１次方程式

2.1.1　準備：平面・直線・点の表し方

［準備 1］　平面

平面のベクトル表示

ここでは，記号 π を円周率ではなく，平面の名称に使っている．

（発想）　平面 π をあらゆる点の集まりとみなし，これらの点の位置の表し方を考える．原点を通り幾何ベクトル $\overrightarrow{d_1}$ に平行な直線上の任意の位置は $\overrightarrow{d_1}t_1$（t_1 は任意の実数）と表せる．ここから幾何ベクトル $\overrightarrow{d_2}t_2$（t_2 は任意の実数）だけ移動する．t_1 の値と t_2 の値との選び方で，平面内のあらゆる点の位置が表せる．

d：定数，t：変数

0.1 節 例題 0.6 参照

平面内の任意の点の位置を表す幾何ベクトルは

$$\overrightarrow{x}=\overrightarrow{d_1}t_1+\overrightarrow{d_2}t_2\ (t_1,\ t_2\ は任意の実数)$$

と表せる．

平面内のすべての点の位置は，互いに方向の異なる 2 個の幾何ベクトル $\overrightarrow{d_1}$，$\overrightarrow{d_2}$ の線型結合で表せる．

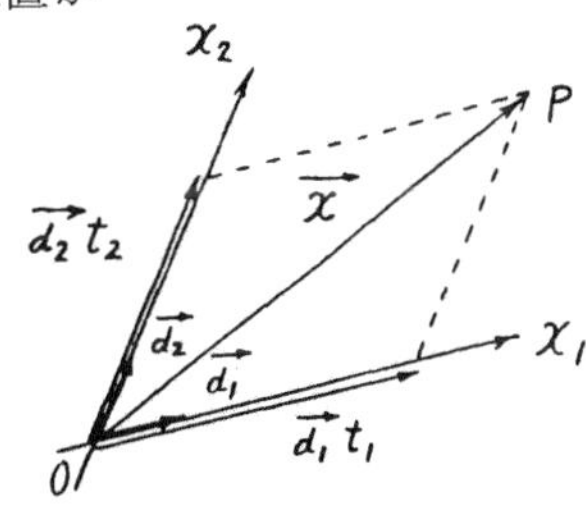

図 2.1　平面内の点の位置

［注意 1］　線型独立と線型従属

$\overrightarrow{d_1}$ と $\overrightarrow{d_2}$ とは互いに方向が異なるので，$\overrightarrow{d_2}$ は $\overrightarrow{d_1}$ のスカラー倍（スカラー

は「一つの数」の意味）では表せない．つまり，$\vec{d_2}$ は $\vec{d_1}$ からつくることはできない．このとき，「$\vec{d_1}$ と $\vec{d_2}$ とは**線型独立**である」という．

1個の幾何ベクトル $\vec{x}$ は，2個の幾何ベクトル $\vec{d_1}$，$\vec{d_2}$ からつくることができる．つまり，3個の幾何ベクトル $\vec{x}$，$\vec{d_1}$，$\vec{d_2}$ は線型独立ではない．このとき，「$\vec{x}$，$\vec{d}_1$，$\vec{d}_2$ は**線型従属**である」という．$\vec{x}1+\vec{d_1}(-t_1)+\vec{d_2}(-t_2)=\vec{0}$ と書くとわかるように，3個の実数の中に0でない実数があっても線型結合が $\vec{0}$ になる．

ADVICE
1.5.2項参照

幾何ベクトル $\vec{d_1}$，$\vec{d_2}$ をそれぞれ数ベクトル $\boldsymbol{d}_1$，$\boldsymbol{d}_2$ で表すと，平面内の任意の点の位置を表す数ベクトル $\boldsymbol{x}$ は

$$\boldsymbol{x}=\boldsymbol{d}_1t_1+\boldsymbol{d}_2t_2 \ (t_1,\ t_2 \text{ は任意の実数})$$

と表せる．

t_1 の値と t_2 の値との選び方で，平面内の任意の点の x_1 座標の値と x_2 座標の値とが決まる．t_1 と t_2 とを**パラメータ**という．

例 $\begin{pmatrix}x_1\\x_2\end{pmatrix}=\begin{pmatrix}d_{11}\\d_{21}\end{pmatrix}t_1+\begin{pmatrix}d_{12}\\d_{22}\end{pmatrix}t_2$

次元について，3.5節でくわしく扱う．

平面内の世界は，2個のパラメータで表せるので2次元という．

問2.1 直交座標系（x_1 軸と x_2 軸とを互いに直交させる）は斜交座標系の特別な場合である．平面内の任意の点の位置を直交座標系で表せ．

（解説）$\vec{e_1}$ を x_1 軸方向の基本ベクトル（大きさ1），$\vec{e_2}$ を x_2 軸方向の基本ベクトル（大きさ1）とすると，平面内の任意の点の位置は

$$\vec{x}=\vec{e_1}t_1+\vec{e_2}t_2 \ (t_1,\ t_2 \text{ は任意の実数})$$

と表せる．高校数学では，$\overrightarrow{\mathrm{OP}}=x\vec{i}+y\vec{j}$ と表した．

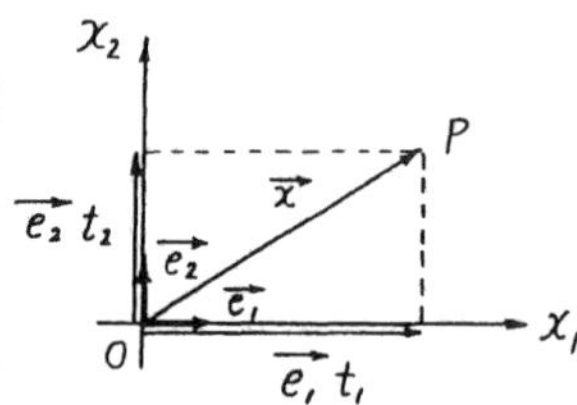

図2.2 直交座標系

［準備2］ 平面内の直線

机の面に画用紙を置いて，紙上に直線を描いてみよう．「ある特定の点を通る直線」と決めると，いろいろな方向の直線が描ける．他方，「ある方向の直線」と決めると，互いに平行な直線が無数に描ける．**一つの直線を指定するためには，通る点と方向とを決めなければならない．**方向の表し方が2通りあるので，それぞれの見方で直線の表し方も2通りある．

① 「どの幾何ベクトルに平行か」⟶直線のベクトル表示

② 「どの幾何ベクトルに垂直か」⟶直線の方程式

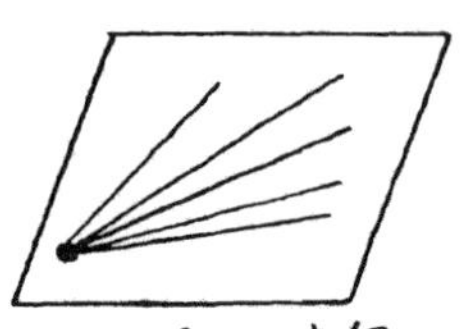
いろいろな方向

同じ方向

［注意2］ 方向と向き

左右方向　　左向き　　右向き

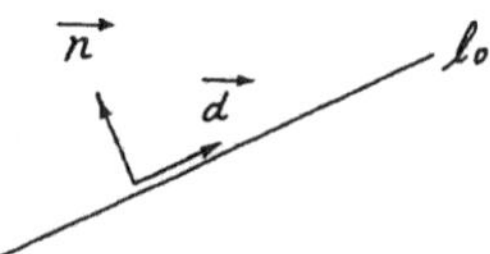

直線 l_0 の方向の表し方
① $\vec{d}$ に平行
② $\vec{n}$ に垂直
のどちらともいえる．

図2.3 方 向

直線のベクトル表示

(1) 原点を通り幾何ベクトル $\vec{d}$ に平行な直線 l_0

（発想）直線 l_0 上のすべての点の位置がどのように表せるかを考える．基準点Oから直線 l_0 上の任意の点Pに向かって引いた矢印 $\overrightarrow{\mathrm{OP}}$ を**位置ベクトル**という．点の名称O，Pを使わずに $\vec{x}$（文字は x と決まっているわけではない）と書いてもよい．

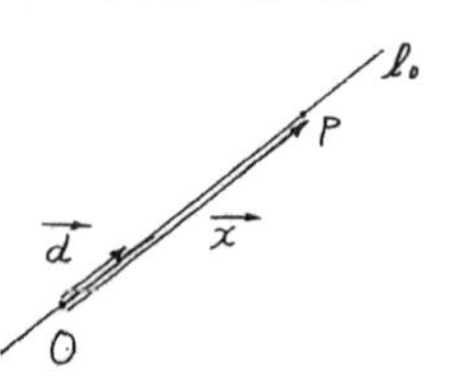

図2.4 直線のベクトル表示

直線 l_0 上の位置を表す幾何ベクトル $\vec{x}$ は，$\vec{d}$ に平行だから $\vec{d}$ のスカラー倍（スカラーは「一つの数」の意味）の形：

$$\vec{x}=\vec{d}\,t \quad (t \text{ は任意の実数})$$

t の値は直線上の位置を表す．
直線の方向を表す．

と表せる．

ADVICE
直線を表すときスカラーは実数である．

- 基準点の位置を示すときには，$t=0$ とする．
- 直線 l_0 上で基準点から $\vec{d}$ と同じ向きの位置を示すときは，t の値が正である．
- 直線 l_0 上で基準点から $\vec{d}$ と反対向きの位置を示すときは，t の値が負である．

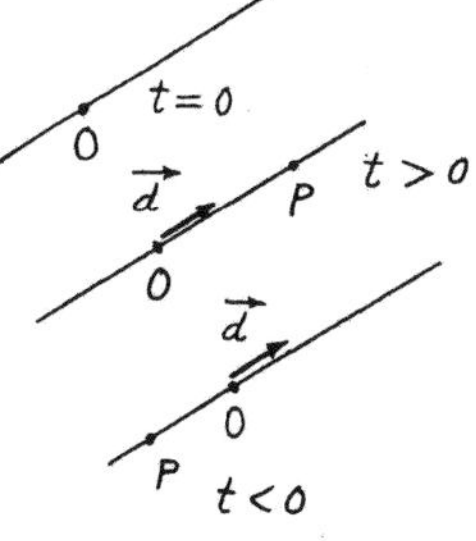

図2.5　スカラー t の正負

幾何ベクトルを数値計算に便利な形で表すために，座標軸（x_1 軸，x_2 軸）を設定する．座標軸はどのように選んでもよいが，原点O$(0,0)$ を位置ベクトルの基準点にすると都合がよい．数ベクトル

$$\boldsymbol{x}=\begin{pmatrix}\text{P の } x_1 \text{ 座標}-\text{O の } x_1 \text{ 座標}\\ \text{P の } x_2 \text{ 座標}-\text{O の } x_2 \text{ 座標}\end{pmatrix}=\begin{pmatrix}x_1-0\\ x_2-0\end{pmatrix}$$

を幾何ベクトル $\vec{x}$ で表す（$\overrightarrow{\mathrm{OP}}$ を指す）．幾何ベクトル $\vec{d}$ も数ベクトル

$$\boldsymbol{d}=\begin{pmatrix}d_1-0\\ d_2-0\end{pmatrix}$$

で表す．

幾何ベクトルを数ベクトルで表すとき，成分は（終点の座標）−（始点の座標）とする．

直線 l_0 上の位置を表す数ベクトル $\boldsymbol{x}$ は，$\boldsymbol{d}$ のスカラー倍の形：

$$\boldsymbol{x}=\boldsymbol{d}t$$

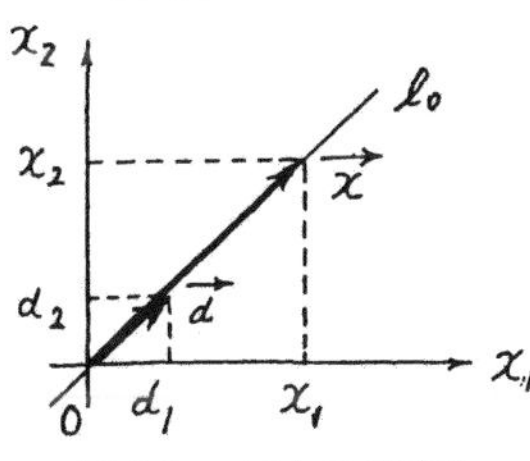

図2.6　ベクトルの成分

と表せる．この記号を見たら

$$\begin{pmatrix}x_1\\ x_2\end{pmatrix}=\begin{pmatrix}d_1\\ d_2\end{pmatrix}t \qquad \text{または} \qquad \begin{cases}x_1=d_1t\\ x_2=d_2t\end{cases}$$

と考える．ここで，x_1，x_2 は変数，d_1，d_2 は定数，t はパラメータである．

原点を通る直線上の世界は，1個のパラメータで表せるので1次元という．

このパラメータ t は，変数どうし（ここでは，x_1 と x_2）を関係付ける橋渡しの役目を果たす．こういう意味のパラメータを**媒介変数**ということがある．x_1 の表式と x_2 の表式から t を消去すると，$\frac{x_1}{d_1}=\frac{x_2}{d_2}$ となる．

次元について，3.5節でくわしく扱う．

［注意3］　幾何ベクトルそのものは座標軸とまったく関係ない

幾何ベクトルは矢印という図形（1.1節［進んだ探究］）であり，座標軸によらない．座標軸を傾けても，矢印が傾くわけではない．しかし，幾何ベクトルを表す数ベクトルの成分の値は，座標軸の選び方によって異なる．

(2)　点A(a_1, a_2) を通り直線 l_0 に平行な直線 l

（発想）　幾何ベクトル $\overrightarrow{\mathrm{OA}}$ と方向・向き・大きさが同じ幾何ベクトルを $\vec{a}$ と表す．直線 l_0 を幾何ベクトル $\vec{a}$ だけ平行移動すると直線 l になる．直線 l 上のすべての点の位置がどのように表せるかを考える．

直線 l 上の位置を表す幾何ベクトル $\vec{x}$ は，

$$\vec{x}=\vec{a}+\vec{d}\,t \quad (t \text{ は任意の実数})$$

と表せる．

幾何ベクトル $\vec{a}$ を数ベクトル $\boldsymbol{a}$ で表すと，直線 l 上の位置を表す数ベクトル $\boldsymbol{x}$ は

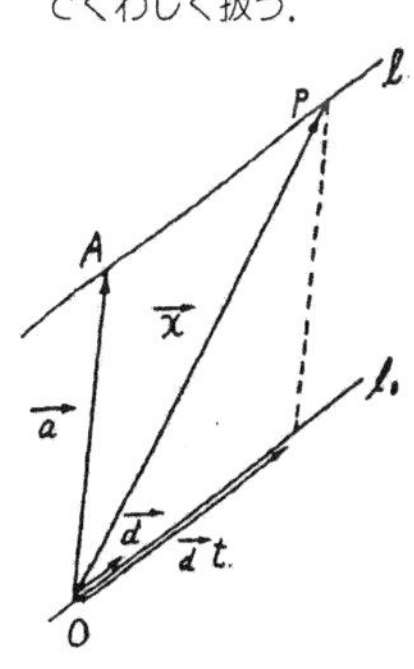

図2.7　直線のベクトル表示

$$\boldsymbol{x}=\boldsymbol{a}+\boldsymbol{d}t$$

と表せる．この記号を見たら

$$\begin{pmatrix}x_1\\x_2\end{pmatrix}=\begin{pmatrix}a_1\\a_2\end{pmatrix}+\begin{pmatrix}d_1\\d_2\end{pmatrix}t$$

または

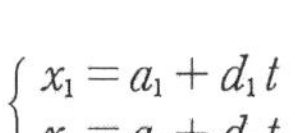

$$\begin{cases}x_1=a_1+d_1t\\x_2=a_2+d_2t\end{cases}$$

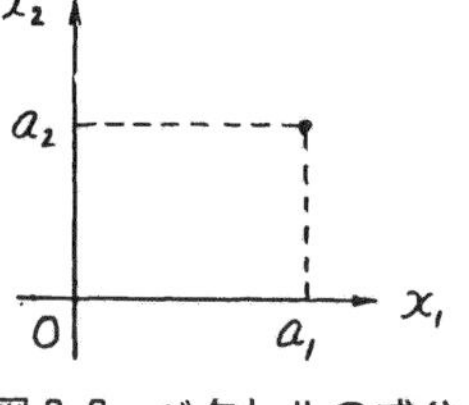

図 2.8　ベクトルの成分

と考える．ここで，x_1，x_2 は変数，a_1，a_2，d_1，d_2 は定数，t はパラメータである．

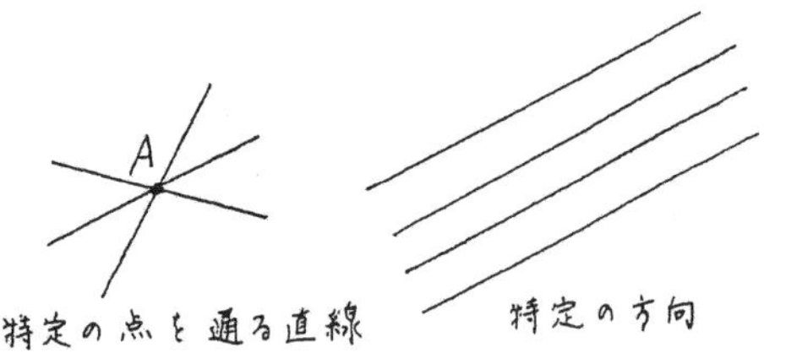

図 2.10　特定の点と特定の方向

[参考] 等速度運動

$\vec{x}-\vec{a}=\vec{d}\,t$ で $\vec{a}$ を初期位置 $\vec{x}_0$，$\vec{d}$ を速度 $\vec{v}$ (velocity)，t を時刻 (time) とみなすと，変位＝速度×時間 を表している．

直線の方程式

(1)　原点を通り幾何ベクトル $\vec{n}$ に垂直な直線 l_0

(発想)　ある幾何ベクトルに垂直な直線の方向は一つに決まる．この方向の直線は無数にあるが，原点を通る直線は一つしかない．直線 l_0 上の任意の点Pの座標 (x_1, x_2) がみたす方程式を見出す．

直線 l_0 上の位置を表す幾何ベクトル $\vec{x}$ は $\vec{n}$ に垂直だから，$\vec{n}$ と $\vec{x}$ との内積の値がゼロである．幾何ベクトル $\vec{n}$ を数ベクトル $\boldsymbol{n}=\begin{pmatrix}n_1\\n_2\end{pmatrix}$ で表す．このとき，内積 $\vec{n}\cdot\vec{x}=0$ は

$$\begin{pmatrix}n_1\\n_2\end{pmatrix}\cdot\begin{pmatrix}x_1\\x_2\end{pmatrix}=n_1x_1+n_2x_2=0$$

と書ける．直線 l_0 のすべての点の座標は，この１次方程式をみたす．

問 2.2　幾何ベクトル $\vec{n}$ が数ベクトル $\boldsymbol{n}=\begin{pmatrix}-3\\5\end{pmatrix}$ で表せる場合を考える．

(1)　直線 l_0 の方程式を書け．

(2)　点 (5, 3) と点 (2, −3) とは，直線 l_0 上にあるか？

(解説)

(1)　$\begin{pmatrix}-3\\5\end{pmatrix}\cdot\begin{pmatrix}x_1\\x_2\end{pmatrix}=-3x_1+5x_2=0$ である．

(2)　点 (5, 3) は，(1)の方程式をみたす $(-3\cdot5+5\cdot3=0)$ から直線 l_0 上にある．しかし，点 (2, −3) は，この方程式をみたさない $[-3\cdot2+5\cdot(-3)=-21\neq0]$ から直線 l_0 上にない．

ADVICE

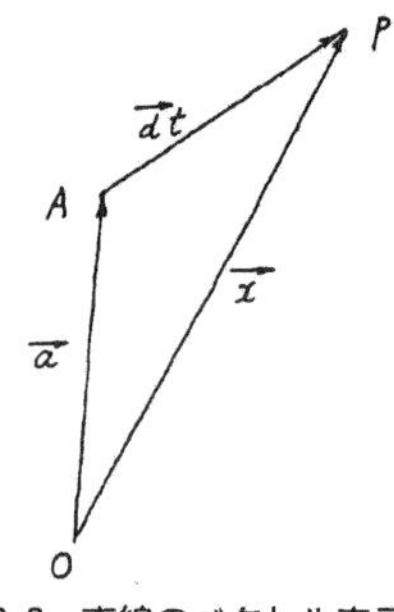

図 2.9　直線のベクトル表示

人の名前を見たらその人の顔が思い浮かぶ．式を見たら「この式は直線の顔だ」というように，その姿（ここでは直線）が思い描けるようになること．

原点を通る直線は
$$\begin{pmatrix}x_1\\x_2\end{pmatrix}=\begin{pmatrix}0\\0\end{pmatrix}+\begin{pmatrix}d_1\\d_2\end{pmatrix}t$$
と考えてもよい．

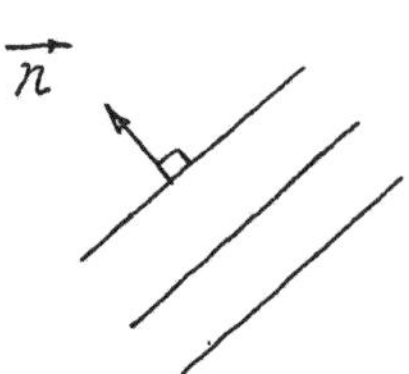

図 2.11　$\vec{n}$ に垂直な直線．これらの直線はどれも $\vec{n}$ に垂直である

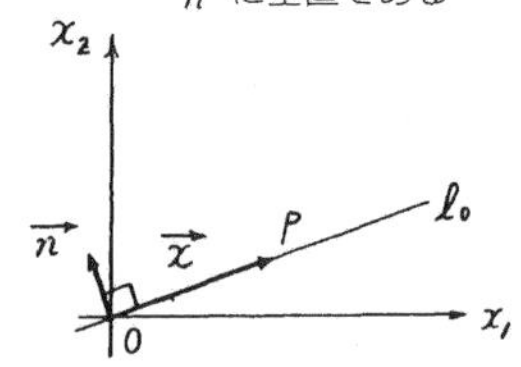

図 2.12　$\vec{n}$ に垂直な直線

内積について 1.5.3 項参照．

ヨコベクトルとタテベクトルとのスカラー積（1行2列のマトリックスと2行1列のマトリックスとの乗法）で直線の方程式を
$$(n_1\ n_2)\begin{pmatrix}x_1\\x_2\end{pmatrix}=0$$
と表すこともできる．ただし，乗法の順序を交換することはできない．なお，記号で $\boldsymbol{n}^*\boldsymbol{x}=0$ と書ける．

$\boldsymbol{n}^*$ は $\boldsymbol{n}$ の転置マトリックスである．

ADVICE

もともと平面は2次元の世界である．この世界のどの位置でも取り得るのではなく，一つの方程式で直線上に限定した．直線は1次元の世界である．つまり，2次元の世界から1(=2−1)次元の世界に移った．

次元について3.5節でくわしく扱う．
一つの限定 ⇒ ○−1

(2) 点A (a_1, a_2) を通り直線 l_0 に平行な直線 l

（発想） 直線 l 上の任意の点の座標 (x_1, x_2) がみたす方程式を見出す．

点Aから見た直線上の任意の点の位置ベクトル $\vec{x}-\vec{a}$ と $\vec{n}$ とは垂直だから，これらの内積の値がゼロである．したがって，

$$\begin{pmatrix} n_1 \\ n_2 \end{pmatrix} \cdot \begin{pmatrix} x_1 - a_1 \\ x_2 - a_2 \end{pmatrix} = n_1(x_1 - a_1) + n_2(x_2 - a_2) = 0$$

である．直線 l のすべての点の座標は，この1次方程式をみたす．

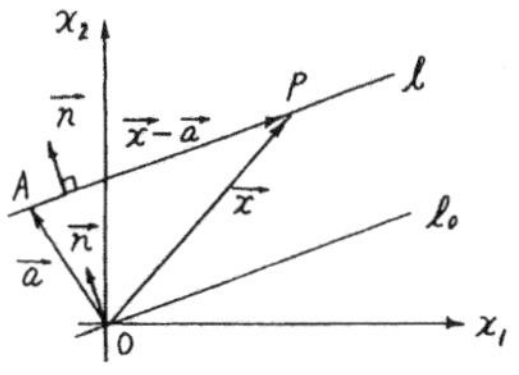

図2.13 $\vec{n}$ に垂直な直線

一般に，x_1, x_2 の1次方程式：$n_1x_1 + n_2x_2 = C$（定数）は，数ベクトル $\boldsymbol{n} = \begin{pmatrix} n_1 \\ n_2 \end{pmatrix}$ で表せる幾何ベクトル $\vec{n}$ に垂直な直線の方程式である．

2.1.2項で具体例を取り上げる．

問2.3 $n_1(x_1 - a_1) + n_2(x_2 - a_2) = 0$ が $n_1x_1 + n_2x_2 = C$（定数）の形に書き直せることを示せ．

（解説） $n_1x_1 + n_2x_2 = n_1a_1 + n_2a_2$ と書き直すと，この右辺は定数である．なお，$C = 0$ のとき原点を通る．

（まとめ）参照

$\clubsuit x_1 + \spadesuit x_2 = C$ の形の方程式を見たら，数ベクトル $\begin{pmatrix} \clubsuit \\ \spadesuit \end{pmatrix}$ で表せる幾何ベクトルに垂直な直線の方程式であると判断する．

ここでは，♣，♠ を一つの数を表す記号として使った．

（まとめ）

例 2元1次方程式 $2x_1 + 5x_2 = C$（定数）を見たとき

① x_1 の係数と x_2 の係数とに着目する．数ベクトル $\boldsymbol{n} = \begin{pmatrix} 2 \\ 5 \end{pmatrix}$ で表せる幾何ベクトル $\vec{n}$ に垂直であることがわかる．

② 右辺の値に着目する．

- $C = 0$ のとき：原点を通ると判断する（暗算で $x_1 = 0$，$x_2 = 0$ のとき右辺が0だとわかる）．
- $C \neq 0$ のとき：暗算で見つけやすい点を一つ見つければよい．

x_1 と x_2 とのどちらかを0とすると計算が簡単である．たとえば，$C = 7$ のとき $(0, 7/5)$，$(7/2, 0)$ を通る．$2\times1+5\times1=7$ に気づきやすいので，点 $(1, 1)$ を通ることもわかる．

（重要） 直線を描くとき，$y = ax + b$（ここでは，$x_2 = ax_1 + b$）の形に書き換えるのは得策ではない．式の書き換えでまちがうおそれがある．傾き a の方向を見つけるのが面倒である．直線が x_1 軸と交わる点と x_2 軸と交わる点とを見つけて，それらを通るように描く方が簡単である．交点の座標が暗算でも求めやすいだけでなく，傾き方に気を使わずにすむ．

1.4節例題1.4参照

ADVICE

[準備３] 平面内の特定の点

点のベクトル表示

(1) 原点

(発想) 原点そのものを大きさがゼロの矢印と考えると，幾何ベクトルの特別な場合にあたる．

原点の位置は $\vec{x}=\vec{0}$（零ベクトル）と表せる．原点O(0,0)を位置ベクトルの基準点にする．大きさがゼロの矢印は始点と終点とが一致するので，数ベクトル

$$\mathbf{0}=\begin{pmatrix}\text{Oの } x_1 \text{ 座標}-\text{Oの } x_1 \text{ 座標}\\ \text{Oの } x_2 \text{ 座標}-\text{Oの } x_2 \text{ 座標}\end{pmatrix}=\begin{pmatrix}0-0\\0-0\end{pmatrix}$$

を幾何ベクトル $\vec{0}$ で表す．

x_1 成分と x_2 成分とはどちらも定数0であり，パラメータはない．

原点は０次元として扱う．

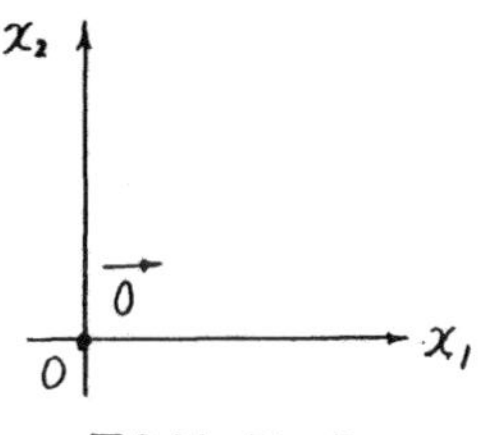

図2.14 原 点

原点O（オウ）
ボールド体 $\mathbf{0}$
0.1節例題0.6参照

幾何ベクトルを数ベクトルで表すとき，成分は
（終点の座標）−（始点の座標）
とする．

次元について，3.5節でくわしく扱う．

(2) 点A(a_1, a_2)

(発想) 点Aは，原点を幾何ベクトル $\vec{a}$ だけ平行移動した位置にある．

点Aの位置を表す幾何ベクトル $\vec{x}$ は，

$$\vec{x}=\vec{a}$$

と表せる．

他方，点Aの位置を表す数ベクトル $\boldsymbol{x}$ は，

$$\boldsymbol{x}=\boldsymbol{a}$$

と表せる．ここで，

$$\boldsymbol{a}=\begin{pmatrix}\text{Aの } x_1 \text{ 座標}-\text{Oの } x_1 \text{ 座標}\\ \text{Aの } x_2 \text{ 座標}-\text{Oの } x_2 \text{ 座標}\end{pmatrix}=\begin{pmatrix}a_1-0\\a_2-0\end{pmatrix}$$

と考える．したがって，

$$\begin{pmatrix}x_1\\x_2\end{pmatrix}=\begin{pmatrix}a_1\\a_2\end{pmatrix}\qquad \text{または}\qquad \begin{cases}x_1=a_1\\x_2=a_2\end{cases}$$

である．ここで，x_1，x_2 はそれぞれ定数 a_1，a_2 である．

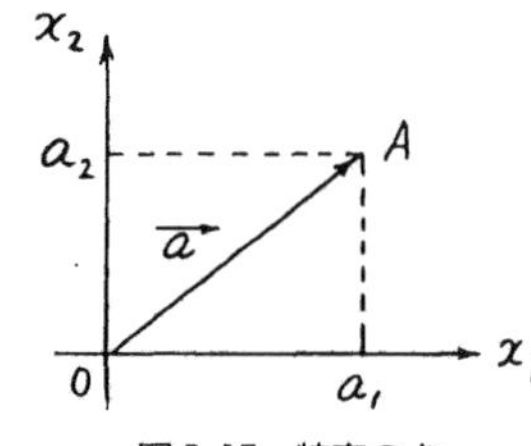

図2.15 特定の点

点の方程式

(1) 原点

(発想) 点は２直線の交わりであることに着目する．交点が原点だから，２直線のどちらも原点を通っている．

2.1.3項で具体例を取り上げる．

原点を通り $\vec{n_1}$ に垂直な直線 l_1 上の位置を表す幾何ベクトル $\vec{x}$ は，$\vec{n_1}\cdot\vec{x}=0$ をみたす．同様に，原点を通り $\vec{n_2}$ に垂直な直線 l_2 上の位置を表す幾何ベクトル $\vec{x}$ は，$\vec{n_2}\cdot\vec{x}=0$ をみたす．これらの直線の交点を考えているので，直線 l_1 上の位置と直線 l_2 上の位置とを同じ記号 $\vec{x}$ で表してある．幾何ベクトル $\vec{n_1}$，$\vec{n_2}$ をそれぞれ数ベクトル

内積について1.5.3項参照．

$$\boldsymbol{n}_1=\begin{pmatrix}n_{11}\\n_{12}\end{pmatrix},\ \boldsymbol{n}_2=\begin{pmatrix}n_{21}\\n_{22}\end{pmatrix}$$

で表す．内積 $\vec{n_1}\cdot\vec{x}=0$，$\vec{n_2}\cdot\vec{x}=0$ を成分で表すと

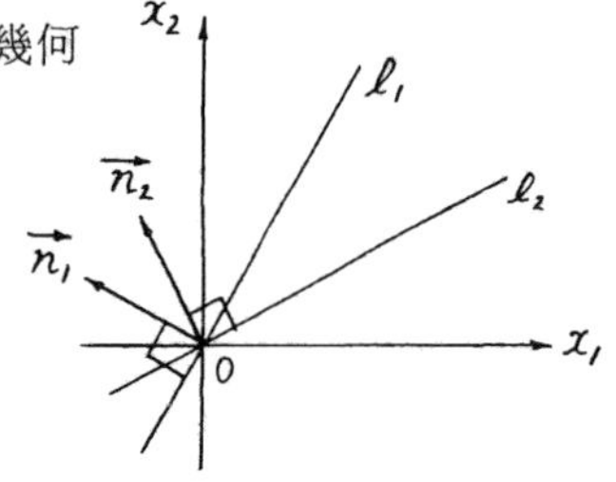

図2.16 原点を通る２直線

ADVICE

$$\begin{cases} n_{11}x_1 + n_{12}x_2 = 0 \\ n_{21}x_1 + n_{22}x_2 = 0 \end{cases}$$

となる．原点の座標 $(0,0)$ は，この連立１次方程式をみたす．

もともと平面は２次元の世界である．この世界のどの位置でも取り得るのではなく，二つの方程式で原点に限定した．原点は０次元の世界である．つまり，２次元の世界から０（＝2−2）次元の世界に移った．

n_{ij} は i 行 j 列の係数を表す．

次元について，3.5節でくわしく扱う．

二つの限定⇒○−2
3.5.3項 ADVICE 欄参照

2.1.3項で具体例を取り上げる．

(2)　点A (a_1, a_2)

（発想）点は２直線の交わりであることに着目する．交点が点Aだから，２直線のどちらも点Aを通っている．

点Aを通り $\vec{n_1}$ に垂直な直線 l_1 上の位置を表す幾何ベクトル $\vec{x}$ は，$\vec{n_1} \cdot \vec{x} = C_1$（定数）をみたす．点Aを通り $\vec{n_2}$ に垂直な直線 l_2 上の位置を表す幾何ベクトル $\vec{x}$ は，$\vec{n_2} \cdot \vec{x} = C_2$（定数）をみたす．内積 $\vec{n_1} \cdot \vec{x} = C_1$，$\vec{n_2} \cdot \vec{x} = C_2$（$C_1$, C_2 は同時に 0 でない）を成分で表すと

$$\begin{cases} n_{11}x_1 + n_{12}x_2 = C_1 \\ n_{21}x_1 + n_{22}x_2 = C_2 \end{cases}$$

となる．点Aの座標 (a_1, a_2) は，この連立１次方程式をみたす．

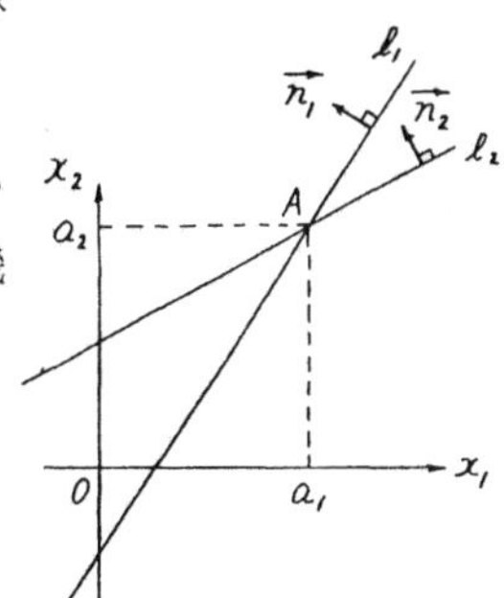

図2.17　点Aを通る２直線

自己診断10

10.1　平面内で２点を通る直線のベクトル表示

点A $(5, -3)$ と点B $(-2, 4)$ とを通る直線 l のベクトル表示を求めよ．

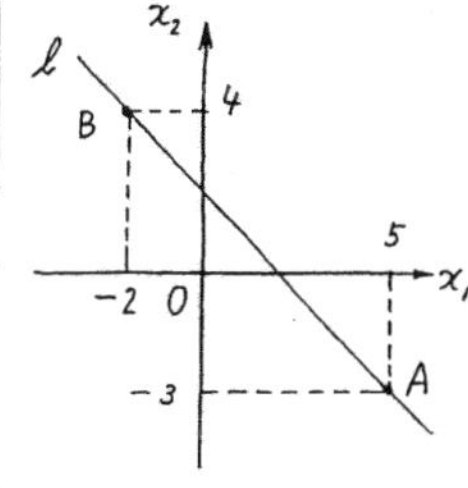

図2.18　２点を通る直線

（ねらい）１本の直線は，直線が通る点と直線の方向とによって決まることを理

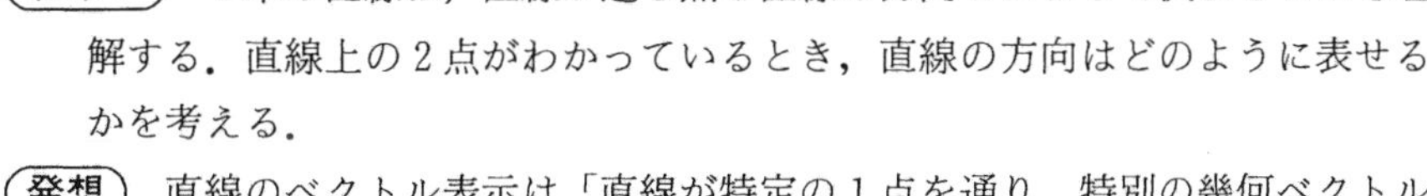

解する．直線上の２点がわかっているとき，直線の方向はどのように表せるかを考える．

（発想）直線のベクトル表示は「直線が特定の１点を通り，特別の幾何ベクトルに平行である」という特徴を表す．

① 直線 l は，幾何ベクトル $\overrightarrow{AB}$ に平行である．

② 幾何ベクトル $\overrightarrow{OA}$ と方向，向き，大きさが同じ幾何ベクトル $\vec{a}$ を考える．

③ 直線 l 上の任意の点Pの位置を $\overrightarrow{AP} = \overrightarrow{AB}t$（$t$ は任意の実数）と表す．

④ 点Pの位置ベクトル $\overrightarrow{OP}$ を $\vec{x} = \vec{a} + \overrightarrow{AB}t$ と書く．

⑤ それぞれの幾何ベクトルを数ベクトルで表す．

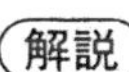

（解説）

$$\begin{pmatrix} x_1 \\ x_2 \end{pmatrix} = \begin{pmatrix} 5 \\ -3 \end{pmatrix} + \begin{pmatrix} -7 \\ 7 \end{pmatrix} t \quad (t \text{ は任意の実数})$$

（注意）

$$\overrightarrow{AB} = \overrightarrow{OB} - \overrightarrow{OA} = \begin{pmatrix} (-2)-5 \\ 4-(-3) \end{pmatrix} = \begin{pmatrix} -7 \\ 7 \end{pmatrix}$$

の代りに

$$\overrightarrow{BA} = \overrightarrow{OA} - \overrightarrow{OB} = \begin{pmatrix} 5-(-2) \\ (-3)-4 \end{pmatrix} = \begin{pmatrix} 7 \\ -7 \end{pmatrix}$$

を使って $\vec{x} = \vec{a} + \overrightarrow{BA}s$（$s$ は任意の実数）と表してもよい．

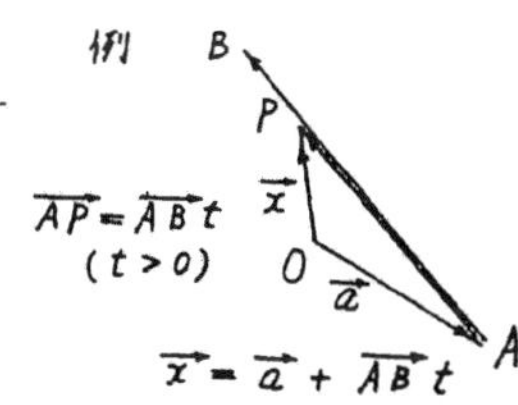

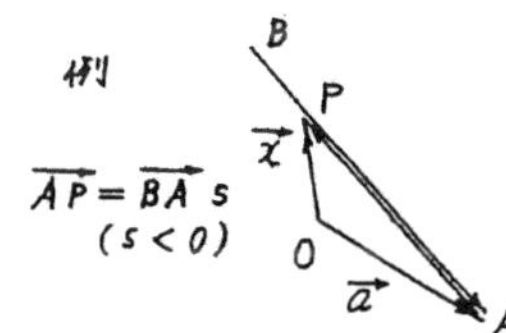

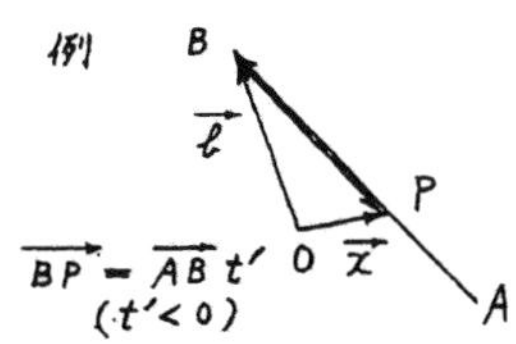

図2.19　直線のベクトル表示

$\overrightarrow{OA}$ の代りに，$\overrightarrow{OB}$ と方向，向き，大きさが同じ幾何ベクトル $\vec{b}$ を考えて，$\vec{x}=\vec{b}+\overrightarrow{AB}t'$（$t'$ は任意の実数）と表してもよい．

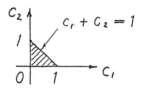

ADVICE

$\begin{pmatrix}5\\-3\end{pmatrix}$ の代りに $\begin{pmatrix}-2\\4\end{pmatrix}$ でもよい．

10.2 範囲を限定した平面

幾何ベクトル $\vec{a}_1$，$\vec{a}_2$ はどちらも方向・向き・大きさが一定とする（「定ベクトル」という）．点Pの位置ベクトル（$\overrightarrow{OP}$ を $\vec{x}$ と書くことにする）が

$\vec{x}=\vec{a}_1c_1+\vec{a}_2c_2$（$c_1$，$c_2$ は実数，$0\leq c_1$，$0\leq c_2$，$c_1+c_2\leq 1$）

をみたすとき，点Pの取り得る領域を示せ．

図 2.20 C_1 の値と C_2 の値との取り得る範囲

（ねらい） 限定した平面の表し方を理解する．

（解説） c_1 の値と c_2 の値とは図 2.20 の範囲を取り得ることに注意する．

点Pの取り得る領域は $\vec{a}_1$，$\vec{a}_2$ を2辺とする三角形の内部（境界を含む）である（図 2.21）．

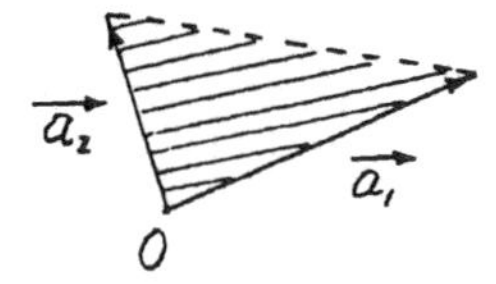

図 2.21 点Pの取り得る領域

10.3 平面内の直線の方程式からベクトル表示への書き換え（翻訳）

1次方程式 $2x_1-1x_2=3$ で表せる直線をベクトル表示せよ．

自己診断 10.4 でもこの直線を取り上げる．

（ねらい） 直線の表し方には，ベクトル表示と方程式との2通りある．これらの間で互いに書き換える方法を理解する．

（まとめ）参照

（発想1） 直線の方程式を二つの幾何ベクトル（直線上の任意の点の位置ベクトル $\vec{x}$，直線に垂直なベクトル $\vec{n}$）の内積 $\vec{n}\cdot\vec{x}=3$ とみなす．

① 直線上の1点を見つける．⟹ 直線の方程式をみたす x_1，x_2 を適当に1組見つける．

x_1 の値または x_2 の値は，計算が簡単になるように選べばよい．たとえば，$x_1=0$ とすると，$x_2=-3+2x_1=-3$ となるから，直線は点 $(0,-3)$ を通ることがわかる．これ以外の点を見つけてもよい．

② 幾何ベクトル $\vec{n}$ に垂直な幾何ベクトル $\vec{d}$ を見つける．⟹ 直線は $\vec{d}$ に平行である．

幾何ベクトル $\vec{n}$，$\vec{d}$ をそれぞれ数ベクトル

$$\boldsymbol{n}=\begin{pmatrix}n_1\\n_2\end{pmatrix}=\begin{pmatrix}2\\-1\end{pmatrix},\quad \boldsymbol{d}=\begin{pmatrix}d_1\\d_2\end{pmatrix}$$

で表す．$\boldsymbol{n}\cdot\boldsymbol{d}=n_1d_1+n_2d_2=2d_1+(-1)d_2=0$ をみたす d_1 の値と d_2 の値とを見つける．計算を簡単にするために，$d_1=1$ とすると $d_2=2$ となる（式をよく見れば暗算ですぐに求まる）．

$d_1=1$，$d_2=2$ 以外の値を見つけてもよい．

（注意） $d_1=0$ とすると $d_2=0$ となり，$\vec{d}$ が零ベクトル $\vec{0}$ になる．計算を簡単にしたくても $d_1=0$ としないこと．

（解説） 直線は，数ベクトル $\boldsymbol{d}=\begin{pmatrix}1\\2\end{pmatrix}$ で表せる幾何ベクトル $\vec{d}$ に平行で点 $(0,-3)$ を通るから，

$$\begin{pmatrix}x_1\\x_2\end{pmatrix}=\begin{pmatrix}0\\-3\end{pmatrix}+\begin{pmatrix}1\\2\end{pmatrix}t$$

となる．

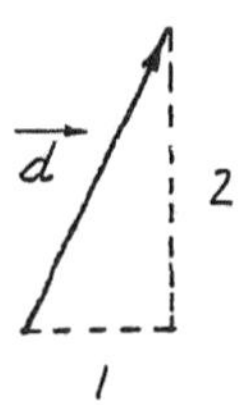

図 2.22 幾何ベクトル $\vec{d}$ の成分（射影）

ADVICE

(発想 2) $2x_1-1x_2=3$ をみたす x_1，x_2 が直線上にある点の位置を表すことに着目する．未知数が 2 個あるのに，方程式が 1 個しかない．したがって，解は無数にあるので不定である．

(解説) $x_1=t$（t は任意の実数）とすると，$x_2=2t-3$ となる．t を含む項と定数項とに分けて書くと，直線は $\begin{pmatrix}x_1\\x_2\end{pmatrix}=\begin{pmatrix}t\\2t-3\end{pmatrix}=\begin{pmatrix}0\\-3\end{pmatrix}+\begin{pmatrix}1\\2\end{pmatrix}t$

と表せる．

(注意) $x_2=t$（t は任意の実数）としてもよい．このとき，$x_1=\frac{1}{2}t+\frac{3}{2}$ となる．

したがって，

$$\begin{pmatrix}x_1\\x_2\end{pmatrix}=\begin{pmatrix}\frac{3}{2}\\0\end{pmatrix}+\begin{pmatrix}\frac{1}{2}\\1\end{pmatrix}t$$

である．

10.4 平面内の直線のベクトル表示

l_1：$\begin{pmatrix}x_1\\x_2\end{pmatrix}=\begin{pmatrix}0\\-3\end{pmatrix}+\begin{pmatrix}1\\2\end{pmatrix}t$ と l_2：$\begin{pmatrix}x_1\\x_2\end{pmatrix}=\begin{pmatrix}\frac{3}{2}\\0\end{pmatrix}+\begin{pmatrix}\frac{1}{2}\\1\end{pmatrix}t$ とは同じ直線を表すことを示せ．t は任意の実数である．

自己診断 10.3 の直線

(ねらい) 直線を通る点，直線に平行な幾何ベクトルは無数にある．同じ直線であっても，ベクトル表示は 1 通りとは限らないことを理解する．

(発想)

① $\begin{pmatrix}0\\-3\end{pmatrix}$ と $\begin{pmatrix}\frac{3}{2}\\0\end{pmatrix}$ とが一致していないが，直線上には無数の点があるので，l_1 と l_2 とは同じ直線であり得る．$\Longrightarrow$ 点 $(0,-3)$ が直線 l_2 上にあることを確かめる．

② $\boldsymbol{d}_1=\begin{pmatrix}1\\2\end{pmatrix}$ と $\boldsymbol{d}_2=\begin{pmatrix}\frac{1}{2}\\1\end{pmatrix}$ とがどちらも同じ方向の幾何ベクトルで表せることを確かめる．

(解説) 直線 l_2 のベクトル表示に $x_1=0$，$x_2=-3$ を代入する．$0=\frac{3}{2}+\frac{1}{2}t$ と $-3=0+1t$ とをみたす t の値が見つかる（$t=-3$）ので，点 $(0,-3)$ は直線 l_2 上にある．

$\begin{pmatrix}1\\2\end{pmatrix}=\begin{pmatrix}\frac{1}{2}\\1\end{pmatrix}2$ から，$\boldsymbol{d}_1$ は $\boldsymbol{d}_2$ のスカラー倍である．したがって，数ベクトル $\boldsymbol{d}_1$，$\boldsymbol{d}_2$ で表せる幾何ベクトル $\vec{d_1}$，$\vec{d_2}$ の方向は互いに同じである．

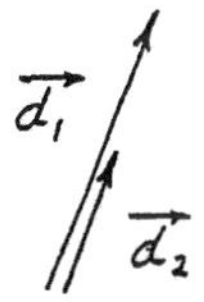

$\vec{d_1}$ $\vec{d_2}$

図 2.23 $\vec{d_1}$，$\vec{d_2}$ の方向

$\boldsymbol{d}_1=\boldsymbol{d}_2 2$

10.5 平面内の直線のベクトル表示から方程式への書き換え（翻訳）

直線のベクトル表示：$\begin{pmatrix}x_1\\x_2\end{pmatrix}=\begin{pmatrix}0\\-3\end{pmatrix}+\begin{pmatrix}1\\2\end{pmatrix}t$（$t$ は任意の実数）を方程式で表せ．

(ねらい) 自己診断 10.3 と同じ．

ADVICE

（発想） 直線の方程式は，直線上の任意の点の x_1 座標と x_2 座標との関係を表す式と考える．
⟹ ベクトル表示の x_1 の表式と x_2 の表式とからパラメータ t を消去して，x_1 と x_2 との関係式を求める．

パラメータは，変数どうし（ここでは，x_1 と x_2）を関係付ける橋渡しの役目を果たすので**媒介変数**ともいう．

（解説） $x_1=0+1t$ から $t=x_1$ と書ける．これを $x_2=-3+2t$ に代入すると，$x_2=-3+2x_1$ を得る．この式を整理すると，直線の方程式：$2x_1-1x_2=3$ になる．

付録B 例題B.1［注意］参照

（注意） 自己診断 10.4 の $\begin{pmatrix}x_1\\x_2\end{pmatrix}=\begin{pmatrix}3\\2\\0\end{pmatrix}+\begin{pmatrix}1\\2\\1\end{pmatrix}t$（$t$ は任意の実数）も同じ方程式で表せることを確かめよ．

2.1.2 方程式が１個の場合

未知数が２個あるのに，方程式が１個しかない場合を考えてみよう．これは連立方程式ではないが，２元連立１次方程式の特別な場合と考え，2.1.3 項で方程式が２個の場合に進める．２元１次方程式の解には，平面内の直線（2.1.1 項参照）という幾何の意味がある．方程式が２個になると，解が直線で表せる場合だけでなく，一つの点で表せる場合もある．**斉次方程式**（定数項が０）と**非斉次方程式**（定数項が０でない）とに分けて，この事情を調べてみる．

例aと例b
係数が同じであっても定数項が異なる場合，解どうしも似ているのだろうか？

「斉次」は「せいじ」と読む．

	a. 斉次方程式	**b.** 非斉次方程式
例	$1x_1+2x_2=0$	$1x_1+2x_2=3$
解	$\begin{cases}x_1=-2t\\x_2=\ \ 1t\end{cases}$ （t は任意の実数） となり，解は無数にある（不定）．	$\begin{cases}x_1=3-2t\\x_2=\ \ \ 1t\end{cases}$ （t は任意の実数） となり，解は無数にある（不定）．
解のベクトル表示	$\begin{pmatrix}x_1\\x_2\end{pmatrix}=\begin{pmatrix}-2\\1\end{pmatrix}t$	$\begin{pmatrix}x_1\\x_2\end{pmatrix}=\begin{pmatrix}3\\0\end{pmatrix}+\begin{pmatrix}-2\\1\end{pmatrix}t$
解の幾何的意味	平面内で原点を通り，数ベクトル $\boldsymbol{d}=\begin{pmatrix}-2\\1\end{pmatrix}$ で表せる幾何ベクトル $\overrightarrow{d}$ に平行な直線 l_0 のベクトル表示になっている． ⟹ $\boldsymbol{x}=\boldsymbol{d}t$ で表せる直線上のすべての点が方程式aの解である． ● $x_1=-2$，$x_2=0$ をみたす t の値はないから，点 $(-2,0)$ はこの直線上にない．	数ベクトル $\boldsymbol{a}=\begin{pmatrix}3\\0\end{pmatrix}$ で表せる位置 $\overrightarrow{a}$ ［点 $(3,0)$］を通り，数ベクトル $\boldsymbol{d}=\begin{pmatrix}-2\\1\end{pmatrix}$ で表せる幾何ベクトル $\overrightarrow{d}$ に平行な直線 l のベクトル表示になっている． ⟹ $\boldsymbol{x}=\boldsymbol{a}+\boldsymbol{d}t$ で表せる直線上のすべての点が方程式bの解である． ● 直線のベクトル表示で $t=1$ を選べば，この直線は点 $(1,1)$ を通ることがわかる．ほかの値を選ぶと，点 $(1,1)$ 以外で直線を通る点が見つかる．

解のベクトル表示とは？
解を数ベクトルの形で表す．

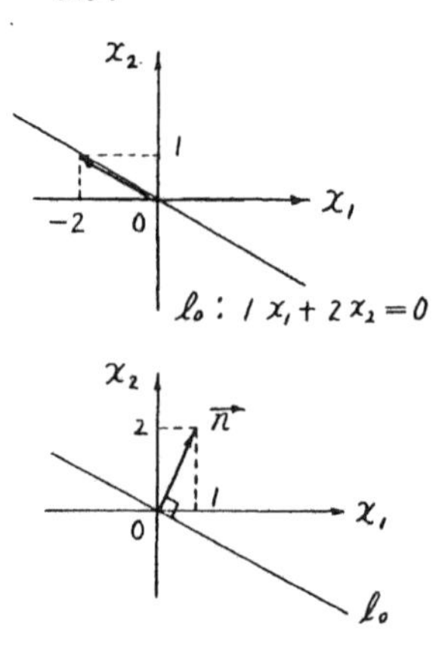

図 2.24 例 a

ADVICE

解のみたす方程式	方程式 a を内積の形で $\begin{pmatrix}1\\2\end{pmatrix}\cdot\begin{pmatrix}x_1\\x_2\end{pmatrix}=0$ と書き直すことができる． この式は，原点を通り，数ベクトル $\boldsymbol{n}=\begin{pmatrix}1\\2\end{pmatrix}$ で表せる幾何ベクトル $\vec{n}$ に垂直な直線 l_0 の方程式になっている． $\Longrightarrow 1x_1+2x_2=0$ で表せる直線上のすべての点が方程式 a の解である．	方程式 b を $\begin{pmatrix}1\\2\end{pmatrix}\cdot\begin{pmatrix}x_1-1\\x_2-1\end{pmatrix}=0$ と書き直すことができる． この式は，点 (1,1) を通り，数ベクトル $\boldsymbol{n}=\begin{pmatrix}1\\2\end{pmatrix}$ で表せる幾何ベクトル $\vec{n}$ に垂直な直線 l の方程式になっている (図 2.13). $\Longrightarrow 1x_1+2x_2=3$ で表せる直線上のすべての点が方程式 b の解である．

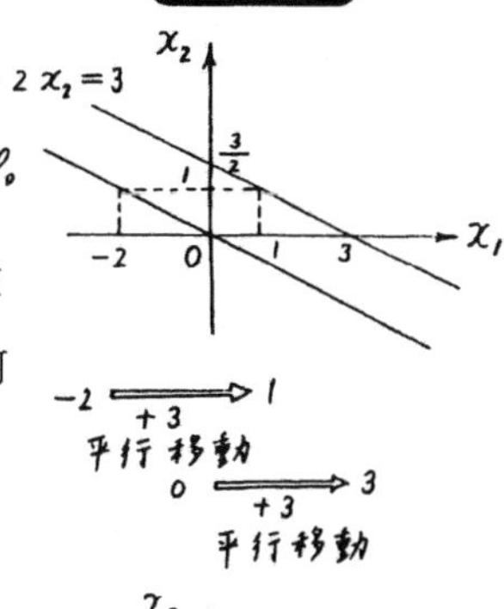

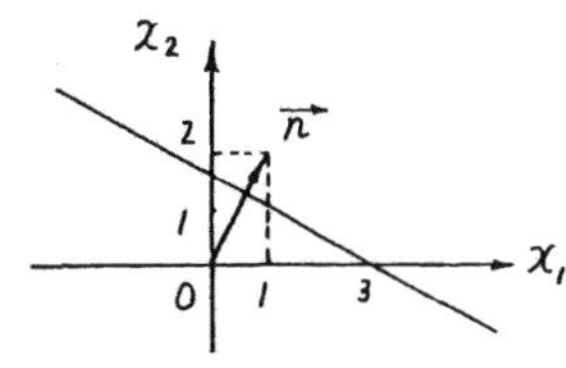

図 2.25　例 b

非斉次方程式の一般解＝(非斉次方程式の特殊解)＋(斉次方程式の一般解)

$$\begin{pmatrix}3\\0\end{pmatrix} \qquad\qquad \begin{pmatrix}-2\\1\end{pmatrix}t$$

⇑

重ね合わせの原理：非斉次方程式の一般解は
非斉次方程式の特殊解と斉次方程式の一般解とを重ね合わせた形で表せる．
斉次方程式の解を表す直線 l_0 を平行移動すると，非斉次方程式の解を表す直線 l になる．

$$\begin{array}{rl} A\boldsymbol{x}_0 &=0 \\ +)\quad A\boldsymbol{x}_1 &=b \\ \hline A(\underbrace{\boldsymbol{x}_0+\boldsymbol{x}_1}_{\boldsymbol{x}}) &=b \end{array}$$

マトリックスの線型性によって重ね合わせが成り立っている(0.2.4 項参照)．

例 a 参照

$A=(1\ 2)$
$b=3$
$\boldsymbol{x}_0=\begin{pmatrix}-2\\1\end{pmatrix}t$
$\boldsymbol{x}_1=\begin{pmatrix}3\\0\end{pmatrix}$

$$\begin{array}{rl} (1\ 2)\left\{\begin{pmatrix}-2\\1\end{pmatrix}t\right\} &=0 \\ +)\quad (1\ 2)\begin{pmatrix}3\\0\end{pmatrix} &=3 \\ \hline (1\ 2)\left\{\begin{pmatrix}-2\\1\end{pmatrix}t+\begin{pmatrix}3\\0\end{pmatrix}\right\} &=3 \end{array}$$

$x_1=3$，$x_2=0$ は「$t=0$ の場合にあたる」という意味で特殊解であり，$1x_1+2x_2=3$ をみたす．

[参考 1]　斉次方程式 a の実例

原点で支えた軽い棒の両端をそれぞれ 1 N，2 N の力で鉛直下向きに引っぱって，棒を静止させたい．どんな長さの棒を用意すればいいか？

この例では，(それぞれの端の座標)×力 をトルク（力のモーメント）という．支点を通る軸のまわりのトルクの合計がゼロのとき，棒は回転しない．この条件は，

$$x_1\,\mathrm{m}\cdot 1\,\mathrm{N}+x_2\,\mathrm{m}\cdot 2\,\mathrm{N}=0\,\mathrm{N}\cdot\mathrm{m}$$

と書ける．両辺を N・m で割ると，$1x_1+2x_2=0$ になる．数学の観点では，$x_1=0$，$x_2=0$ は解である．しかし，棒の長さが 0 m ($x_2-x_1=0$) になるので，これらの解はこの問題には不適である．$x_1=-2$，$x_2=1$ は解だから，3 m ($x_2-x_1=3$) の棒を用意し，左端から 2 m の位置を支点にすればよい．これ以外に解の選び方は無数にあるので，それらの中から扱いやすい長さ

例 a
小林幸夫：「力学ステーション」(森北出版, 2002) p. 84.

N：力の単位量で「ニュートン」と読む．N は単位量なので立体で表す．
0.1 節例題 0.1

ADVICE

を選ぶことができる.

[参考2] 非斉次方程式 b の実例

1 g/cm³ の材料と 2 g/cm³ の材料とを合わせて 3 g にしたい. それぞれの材料を何 cm³ ずつ用意すればいいか？

1 g/cm³×x_1 cm³+2 g/cm³×x_2 cm³=3 g をみたす x_1 の値と x_2 の値とを求める. (g/cm³)･cm³=g に注意して両辺を g で割ると, $1x_1+2x_2=3$ となる. 未知数の値を正の範囲に限っても, x_1 の値と x_2 の値との組み合わせは無数にある.

例b

g/cm³ は密度（単位体積あたりの質量）の単位量である.「立方センチメートルあたり何グラムか」を表す.

2.1.3 方程式が2個の場合

2個の未知数に対して, 方程式が2個ある場合を考えてみよう. 方程式が1個の場合と比べると, 2個の未知数の値を決める制約条件が多い. このため, 解が平面内の直線から点に限定される場合がある. **斉次方程式**（2個の方程式の定数項がどちらも0）と**非斉次方程式**（少なくとも一つの方程式の定数項が0でない）とに分けて, この事情を調べてみる.

	c. 斉次方程式	d. 斉次方程式
例	$\begin{cases}1x_1+2x_2=0\\2x_1+4x_2=0\end{cases}$	$\begin{cases}-3x_1+1x_2=0\\-1x_1+1x_2=0\end{cases}$
解	実質的に1個の方程式 $1x_1+2x_2=0$ だけだから, $\begin{cases}x_1=-2t\\x_2=\ \ 1t\end{cases}$ （t は任意の実数） となり, 解は無数にある（不定).	Gauss-Jordan の消去法で解くと $\begin{cases}x_1=0\\x_2=0\end{cases}$ となり, 解は一つに決まる.
解のベクトル表示	$\begin{pmatrix}x_1\\x_2\end{pmatrix}=\begin{pmatrix}-2\\1\end{pmatrix}t$	$\begin{pmatrix}x_1\\x_2\end{pmatrix}=\begin{pmatrix}0\\0\end{pmatrix}$
解の幾何学的意味	2.1.2項の例aとまったく同じ	解は原点 (0, 0) だけである.
解のみたす方程式	2.1.2項の例aとまったく同じ	直線 l_1：$-3x_1+1x_2=0$ と直線 l_2：$-1x_1+1x_2=0$ とが原点だけで交わる.

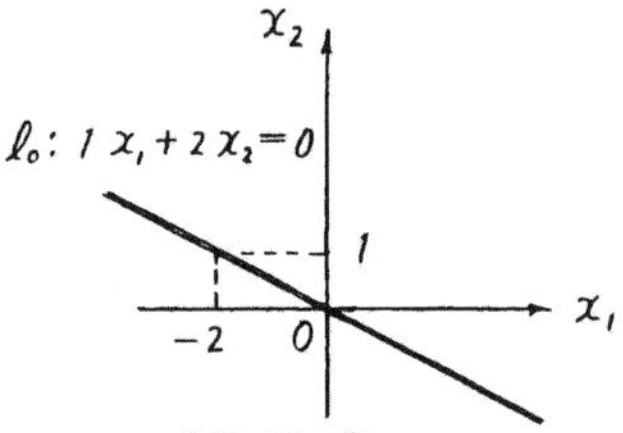

図2.26 例 c

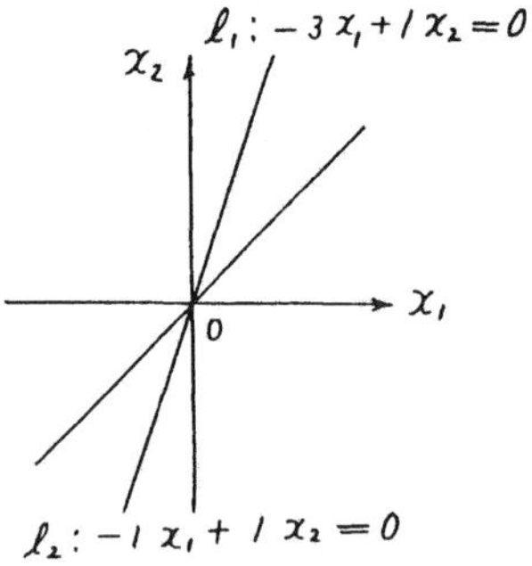

図2.27 例 d

[参考3] 斉次方程式 d の実例

速度 3 m/s で動いている物体と速度 1 m/s で動いている物体とが, 時刻 0 s のとき位置 0 m の地点を通過した. これらの物体が時刻 t s に位置 x m を通過するとしたら, x m=3 m/s×t s と x m=1 m/s×t s が成り立たなければならない. しかし, 時刻 0 s を過ぎると再び出会うことはない. こ

時刻の原点の選び方は自由だから, たとえば8時を時刻0sにしたと考えればよい.

の結果は，直観的に明らかである．x_1 が t，x_2 が x にあたる．

	e．非斉次方程式
例	$\begin{cases} -3x_1+1x_2=1 \\ -1x_1+1x_2=1 \end{cases}$
解	Gauss-Jordan の消去法で解くと $\begin{cases} x_1=0 \\ x_2=1 \end{cases}$ となり，解は一つに決まる．
解のベクトル表示	$\begin{pmatrix} x_1 \\ x_2 \end{pmatrix}=\begin{pmatrix} 0 \\ 1 \end{pmatrix}$
解の幾何学的意味	解は点 $(0,1)$ だけである．
解のみたす方程式	直線 $l_1{}'：-3x_1+1x_2=1$ と直線 $l_2{}'：-1x_1+1x_2=1$ とが点 $(0,1)$ だけで交わる．

［参考 4］ 斉次方程式 e の実例

コイン投げでおもてが x_1 回，うらが x_2 回出た．「おもてには -3 点，うらには 1 点を与える」という規則にしたがうと，得点は 1 点だった．一方，「おもてには -1 点，うらには 1 点を与える」という規則に変えても，得点は 1 点だった．おもてとうらとは，それぞれ何回出たか？

コイン投げを 1 回だけ実行してうらが出れば，こういう結果になる．直線 $l_1{}'$ は，はじめの規則にしたがった場合にあり得る x_1 の値と x_2 の値との組み合わせを示している．直線 $l_2{}'$ は，あとの規則の場合である．これらの直線の交点は，どちらの規則でも結果が変わらないことを表している．1 回しかコインを投げなくても，おもてが出れば規則によって得点はちがう．2 回以上コインを投げた場合も事情は同じである．

●係数が同じ斉次方程式と非斉次方程式との比較

斉次方程式 d	非斉次方程式 e
集合 U_1：直線 l_1 上の点全体 集合 U_2：直線 l_2 上の点全体 とすると，解集合は $U_1\cap U_2=\{\mathbf{0}\}$ と表せる．	集合 $U_1{}'$：直線 $l_1{}'$ 上の点全体 集合 $U_2{}'$：直線 $l_2{}'$ 上の点全体 とすると，解集合は $U_1{}'\cap U_2{}'=\{\boldsymbol{a}\}$ と表せる．
解は $\overrightarrow{0}$ で表せるので原点 $(0,0)$ に対応する．	解は，原点を幾何ベクトル $\overrightarrow{a}$ だけ平行移動した点 $(0,1)$ に対応する．

ADVICE

s：second（秒）の頭文字 s は単位量なので立体で表す．
0.1 節例題 0.1，0.2.1 項参照

例 d と例 e
係数が同じであっても定数項が異なる場合，解どうしも似ているのだろうか？

解集合
方程式をみたす解の全体

数ベクトル $\mathbf{0}=\begin{pmatrix} 0 \\ 0 \end{pmatrix}$，$\boldsymbol{a}=\begin{pmatrix} 0 \\ 1 \end{pmatrix}$ で表せる幾何ベクトルをそれぞれ $\overrightarrow{0}$，$\overrightarrow{a}$ とする．

ADVICE

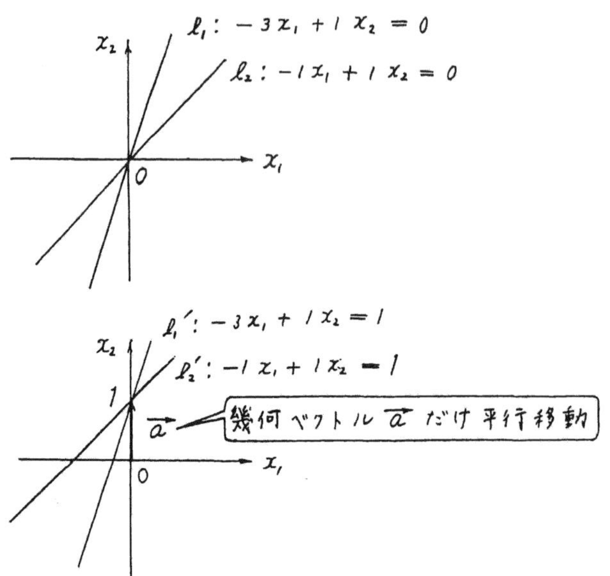

図 2.28　斉次方程式 d と非斉次方程式 e との関係

	f. 非斉次方程式	**g.** 非斉次方程式
例	$\begin{cases} 1x_1+2x_2=1 \\ 2x_1+4x_2=2 \end{cases}$	$\begin{cases} 1x_1+2x_2=\ \ 1 \\ 2x_1+4x_2=-1 \end{cases}$
解	実質的に 1 個の方程式 $1x_1+2x_2=1$ だけだから， $\begin{cases} x_1=1-2t \\ x_2=\ \ \ \ 1t \end{cases}$ （t は任意の実数） となり，解は無数にある（不定）．	Gauss-Jordan の消去法で 解くと $0x_1+0x_2=-3$ となって矛盾するので， 解はない（不能）．
解のベクトル表示	$\begin{pmatrix} x_1 \\ x_2 \end{pmatrix}=\begin{pmatrix} 1 \\ 0 \end{pmatrix}+\begin{pmatrix} -2 \\ 1 \end{pmatrix}t$	なし
解の幾何的意味	数ベクトル $\boldsymbol{a}=\begin{pmatrix} 1 \\ 0 \end{pmatrix}$ で表せる位置［点（1,0）］を通り，数ベクトル $\boldsymbol{d}=\begin{pmatrix} -2 \\ 1 \end{pmatrix}$ で表せる幾何ベクトル $\vec{d}$ に平行な直線 l のベクトル表示になっている． $\Longrightarrow$ $\boldsymbol{x}=\boldsymbol{a}+\boldsymbol{d}t$（例 c の直線に平行）で表せる直線上のすべての点が連立方程式 f の解である．	集合 U_1：直線 l_1 上の点全体， 集合 U_2：直線 l_2 上の点全体 とすると $U_1 \cap U_2=\{\ \}$ ←空集合 である．

x_2
l: $1x_1+2x_2=1$
$\frac{1}{2}$
0　1　x_1

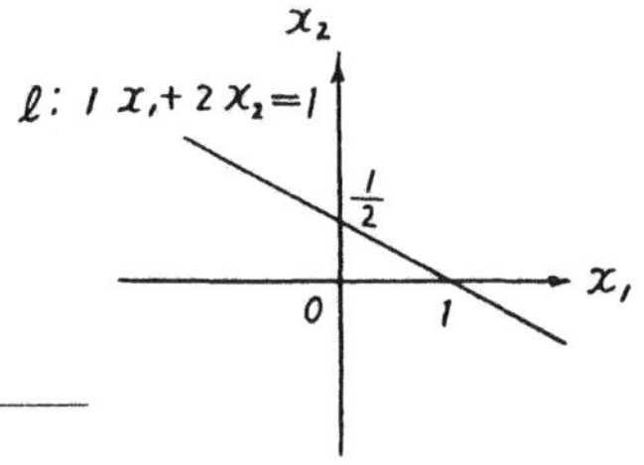

図 2.29　例　f

例 f と例 g
係数が同じであっても
定数項が異なる場合，
解どうしも似ているの
だろうか？
非斉次方程式 f

解のみたす方程式	$1x_1+2x_2=1$ を内積の形で $\begin{pmatrix}1\\2\end{pmatrix}\cdot\begin{pmatrix}x_1-1\\x_2-0\end{pmatrix}=0$ と書き直すことができる．この式は，点 $(1,0)$ を通り，数ベクトル $\boldsymbol{n}=\begin{pmatrix}1\\2\end{pmatrix}$ で表せる幾何ベクトル $\vec{n}$ に垂直な直線 l の方程式になっている（図 2.13）．$\Longrightarrow 1x_1+2x_2=1$ で表せる直線上のすべての点が連立方程式 f の解である．	なし

ADVICE

簡単のために，$x_2=0$ とすると $x_1=1$ になるから，点 $(1,0)$ を通ることがすぐにわかる．

点 $\left(0,\frac{1}{2}\right)$ を選んでもよい．$x_1=-1$ とすると $x_2=1$ になるから，点 $(-1,1)$ も暗算で見つけやすい．

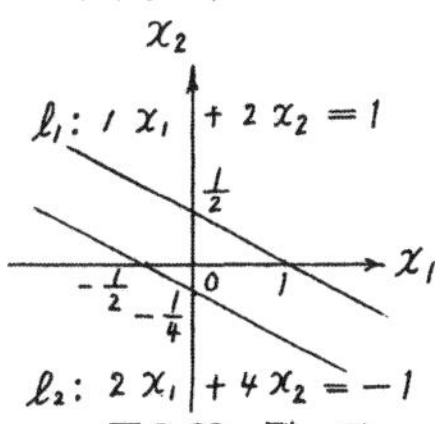

図 2.30　例 g

非斉次方程式の一般解＝(非斉次方程式の特殊解)＋(斉次方程式の一般解)

$$\begin{pmatrix}1\\0\end{pmatrix} \qquad\qquad \begin{pmatrix}-2\\1\end{pmatrix}t$$

⇑

重ね合わせの原理：非斉次方程式の一般解は
非斉次方程式の特殊解と斉次方程式の一般解とを重ね合わせた形で表せる．
斉次方程式の解を表す直線 l_0 を平行移動すると，非斉次方程式の解を表す直線 l になる．

例C参照

$A=\begin{pmatrix}1&2\\2&4\end{pmatrix}$

$\boldsymbol{b}=\begin{pmatrix}1\\2\end{pmatrix}$

$\boldsymbol{x}_0=\begin{pmatrix}-2\\1\end{pmatrix}t$

$\boldsymbol{x}_1=\begin{pmatrix}1\\0\end{pmatrix}$

$$\begin{array}{rl} & \begin{pmatrix}1&2\\2&4\end{pmatrix}\left\{\begin{pmatrix}-2\\1\end{pmatrix}t\right\}=\begin{pmatrix}0\\0\end{pmatrix}\\ +) & \begin{pmatrix}1&2\\2&4\end{pmatrix}\begin{pmatrix}1\\0\end{pmatrix}=\begin{pmatrix}1\\2\end{pmatrix}\\ \hline & \begin{pmatrix}1&2\\2&4\end{pmatrix}\left\{\begin{pmatrix}-2\\1\end{pmatrix}t+\begin{pmatrix}1\\0\end{pmatrix}\right\}=\begin{pmatrix}1\\2\end{pmatrix}\end{array}$$

$$\begin{array}{rl} & A\boldsymbol{x}_0=\boldsymbol{0}\\ +) & A\boldsymbol{x}_1=\boldsymbol{b}\\ \hline & A\underbrace{(\boldsymbol{x}_0+\boldsymbol{x}_1)}_{\boldsymbol{x}}=\boldsymbol{b}\end{array}$$

マトリックスの線型性によって重ね合わせが成り立っている（0.2.4 項参照）．

$x_1=1$，$x_2=0$ は「$t=0$ の場合にあたる」という意味で特殊解である．

$\begin{pmatrix}1\\2\end{pmatrix}$ で表せる幾何ベクトルに垂直な直線を通る点の座標が（♣，♠）のとき，直線の方程式は $\begin{pmatrix}1\\2\end{pmatrix}\cdot\begin{pmatrix}x_1-♣\\x_2-♠\end{pmatrix}=0$ と書ける．

ここでは，♣，♠ を一つの数を表す記号として使った．

●係数が同じ斉次方程式と非斉次方程式との比較

斉次方程式 c	非斉次方程式 f
解集合は原点 $(0,0)$ を通る直線 l_0 で表せる．	直線 l_0 を幾何ベクトル $\vec{a}$ だけ平行移動すると，点 $(1,0)$ を通る直線 l になる．解集合は直線 l で表せる．

数ベクトル $\boldsymbol{0}=\begin{pmatrix}0\\0\end{pmatrix}$，$\boldsymbol{a}=\begin{pmatrix}1\\0\end{pmatrix}$ で表せる幾何ベクトルをそれぞれ $\vec{0}$，$\vec{a}$ とする．

解集合
方程式をみたす解の全体

（まとめ）

2 元連立 1 次方程式の解集合（解の集まり，解の全体）
- 斉次方程式：平面内で原点を通る直線（例 a，例 c）または原点だけ（例 d）
- 非斉次方程式：平面内で特別の点を通る直線（例 b，例 f）または特定の点だけ（例 e）

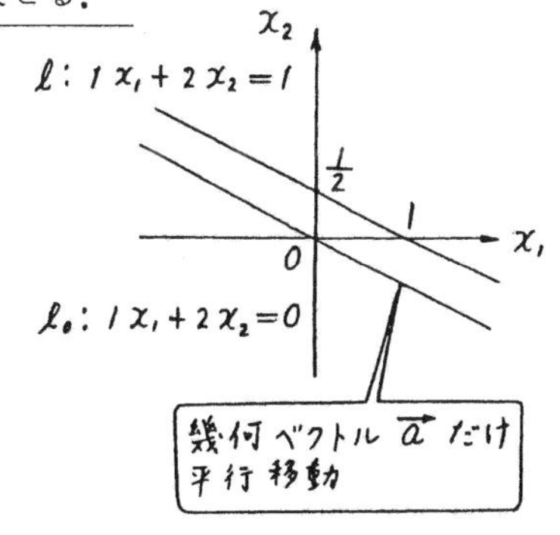

図 2.31　斉次方程式 c と非斉次方程式 f との関係

[進んだ探究]

2元連立1次方程式 $A\boldsymbol{x}=\boldsymbol{0}$（$A$ は係数マトリックス，$\boldsymbol{x}$ は解ベクトル）の解の自由度

係数マトリックス A

例a，例b　$A=(1\ 2)$（ヨコベクトルは1×2マトリックスとみなせる）

例c，例f，例g　$A=\begin{pmatrix}1 & 2\\ 2 & 4\end{pmatrix}$　　例d，例e　$A=\begin{pmatrix}-3 & 1\\ -1 & 1\end{pmatrix}$

自由度とは，任意の実数の個数である．任意の実数が2個あるとき，これらの値は自由に選べる．

（未知数の個数）－（実質的な方程式の個数）＝　任意の実数の個数
n － $\mathrm{rank}A$ ＝（$A\boldsymbol{x}=\boldsymbol{0}$ の解の自由度）

未知数の個数と階数（ランク）とがわかると，解を表す任意の実数の個数がわかる．

係数マトリックスの階数（ランク）は，実質的な方程式の個数を表す．任意の実数は線型独立な数ベクトルの係数なので，任意の実数の個数は線型独立な解の個数でもある．この意味を理解するために，例a（$1x_1+2x_2=0$）を思い出してみよう．この方程式のすべての解は，1個の数ベクトル $\begin{pmatrix}-2\\ 1\end{pmatrix}$ のスカラー倍で表せる．つまり，この方程式の解の全体（集まり）の中では，線型独立な数ベクトルは1個である．この事情は，具体的に考えてみれば理解できる．無数の解の中に $\begin{pmatrix}-6\\ 3\end{pmatrix}$（$t=3$ のとき），$\begin{pmatrix}8\\ -4\end{pmatrix}$（$t=-4$ のとき）などがある．どれも同じ数ベクトル $\begin{pmatrix}-2\\ 1\end{pmatrix}$ のスカラー倍である．したがって，$\begin{pmatrix}-6\\ 3\end{pmatrix}$ は $\begin{pmatrix}8\\ -4\end{pmatrix}$ のスカラー倍 $\left(\text{この例では } -\frac{3}{4} \text{ 倍}\right)$ にもなっている．どんな2個の数ベクトルを選んでも，一方は他方のスカラー倍になるので互いに線型独立ではない．もし解の集まりの中に $\begin{pmatrix}-2\\ 1\end{pmatrix}$ のスカラー倍でない数ベクトル $\begin{pmatrix}7\\ -5\end{pmatrix}$ があると，これはほかの解 $\begin{pmatrix}-6\\ 3\end{pmatrix}$，$\begin{pmatrix}8\\ -4\end{pmatrix}$ などのスカラー倍では表せない．

表 2.1　2元連立1次方程式 $A\boldsymbol{x}=\boldsymbol{0}$ の解の自由度

例	解ベクトルの任意定数	（未知数の個数）－（実質的な方程式の個数）＝任意の実数の個数
a	1個（平面内の原点を通る直線上の位置を表す）	2－1＝1
c	1個（平面内の原点を通る直線上の位置を表す）	2－1＝1
d	0個（解は平面内の原点だけだから任意ではない）	2－2＝0

連立1次方程式を解くとは

簡単のために，2元連立1次方程式について考える．しかし，つぎの考え方は，未知数が2個よりも多い場合にもあてはめる．

- **代数の見方**：あらゆる2実数の組［(x_1, x_2) の集まり］の中から方程式をみたす組だけを選び出すための計算
- **幾何の見方**：平面内のすべての点から方程式をみたす点を見つけるための計算

ADVICE

1×2マトリックス
1行2列

階数が実質的な方程式の個数を表す事情について1.5.1項参照．

解が存在するとき，
係数マトリックスの階数
＝拡大係数マトリックスの階数
＝実質的な方程式の個数
である．

［進んだ探究］の内容を3.4.2項でくわしく考える．

●**解ベクトル**：解のベクトル表示

●「実質的な方程式の個数」の意味
① 相異なる直線の本数
② 係数マトリックスの階数（ランク）

2実数は「2個の実数」である．

特別の1個の点だけが方程式をみたす場合（例d），
特定の直線上のあらゆる点が方程式をみたす場合（例a，c）

[自習の方法] 2.1.2項と2.1.3項との表で見出し以外を紙で覆って，解を求めたり，解のベクトル表示を書いたりすることができるかどうかを確かめよ．

つぎに，解の幾何的意味がいえるかどうかを確かめよ．

① 例fの2元連立1次方程式は，点，直線，平面のどれを表しているか？

② 例fの方程式を内積 $\begin{pmatrix} \diamondsuit \\ \heartsuit \end{pmatrix} \cdot \begin{pmatrix} x_1 - \clubsuit \\ x_2 - \spadesuit \end{pmatrix} = 0$ の形に書き換えることができるか？ この形にすると，どの幾何ベクトルに垂直な図形かということがわかる．

自己診断11

11.1 2元連立1次方程式（斉次方程式）の係数のみたす関係

2元連立1次方程式（斉次方程式）：

$$\begin{cases} a_{11}x_1 + a_{12}x_2 = 0 \\ a_{21}x_1 + a_{22}x_2 = 0 \end{cases}$$

の解の全体（集まり）を考える．

(1) 解の全体が x_1x_2 平面内の原点を通る直線で表せる場合，係数はどんな関係をみたすか？

(2) 解が原点だけの場合，係数はどんな関係をみたすか？

[注意] $0=0$ を除外 a_{11} と a_{12} とのどちらも 0 とすると，方程式は $0=0$ になる．a_{21} と a_{22} とを 0 としても同様である．本問では，これらの場合を除く．

(ねらい) 2元連立1次方程式（斉次方程式）の解の全体がどのような図形で表せるかを5通りの観点で理解する．① 実質的な方程式の個数，② 解のベクトル表示，③ 解のみたす方程式，④ 係数行列式で表した解，⑤ 係数を成分とするタテベクトルの線型独立性

(発想1) それぞれの方程式は，原点を通る直線を表すことに着目する．実質的な方程式の個数は，相異なる直線の本数である．解が平面内の原点を通る1本の直線で表せるということは，2直線が一致することを意味する．つまり，実質的な方程式が1個しかない．他方，2直線が交わる場合，交点はこれらの直線が通る共通の点（原点）しかない．

(解説1)

(1) $a_{11}x_1 + a_{12}x_2 = 0$ の両辺を k 倍（k は0でない値）すると $a_{21}x_1 + a_{22}x_2 = 0$ になるとき，二つの方程式は実質的に同じである．つまり，それぞれの方程式が表す2直線は一致する．このとき，x_1 の係数と x_2 の係数とが $a_{11}k = a_{21}$，$a_{12}k = a_{22}$ をみたす．これらから k を消去すると，$a_{11}a_{22} - a_{12}a_{21} = 0$ になる．

(2) $a_{11}a_{22} - a_{12}a_{21} \neq 0$ のとき，2直線の方向は相異なる．このとき，2直線は共通の1点（原点）で交わる．

$a_{11}kx_1 + a_{12}kx_2 = 0$ が $a_{21}x_1 + a_{22}x_2 = 0$ と一致するときを考えている．

$x_1 = -\dfrac{a_{12}}{a_{11}}t$，$x_2 = t$（$t$ は任意の実数）と書くと，x_1 の分母が 0 の場合に注意しなければならない．

(発想2) それぞれの方程式は，原点を通る直線のベクトル表示に書き換えることができる． 2直線がどんな幾何ベクトルに平行かを考える．どちらの直線

も同じ点（原点）を通るから，幾何ベクトルどうしが互いに平行であれば２直線は一致する．直線に平行な幾何ベクトルどうしが互いに平行でなければ，２直線は原点で交わる．

（解説２）　各方程式の解のベクトル表示は，

$$\begin{pmatrix} x_1 \\ x_2 \end{pmatrix} = \begin{pmatrix} -a_{12} \\ a_{11} \end{pmatrix} t_1 \quad (t_1 \text{ は任意の実数})$$

$$\begin{pmatrix} x_1 \\ x_2 \end{pmatrix} = \begin{pmatrix} -a_{22} \\ a_{21} \end{pmatrix} t_2 \quad (t_2 \text{ は任意の実数})$$

である．

(1)　$\begin{pmatrix} -a_{12} \\ a_{11} \end{pmatrix}$ と $\begin{pmatrix} -a_{22} \\ a_{21} \end{pmatrix}$ との間で $a_{12}:a_{22}=a_{11}:a_{21}$ が成り立てば，これらの数ベクトルで表せる幾何ベクトルどうしは平行である．このとき，$a_{11}a_{22}-a_{12}a_{21}=0$ である．

(2)　$a_{12}:a_{22}=a_{11}:a_{21}$ が成り立たなければ，２直線は平行でない．このとき，$a_{11}a_{22}-a_{12}a_{21}\neq 0$ である．

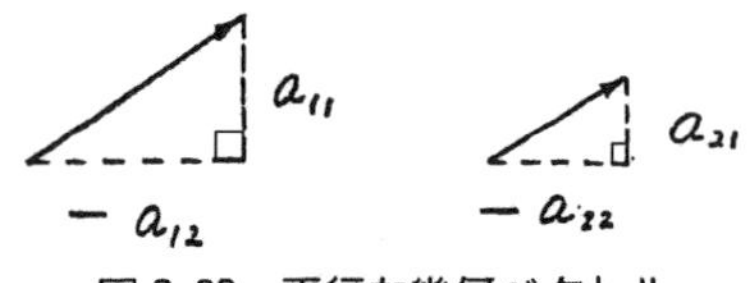

図 2.32　平行な幾何ベクトル

（発想３）　直線の方程式を内積の形で書き表し，直線がどんな幾何ベクトルに垂直な方向かを考える．どちらの直線も同じ点（原点）を通るから，方向が同じであれば２直線は一致すると判断できる．

（解説３）

二つの直線の方程式を内積の形で書くと，それぞれ $\begin{pmatrix} a_{11} \\ a_{12} \end{pmatrix}\cdot\begin{pmatrix} x_1 \\ x_2 \end{pmatrix}=0$，$\begin{pmatrix} a_{21} \\ a_{22} \end{pmatrix}\cdot\begin{pmatrix} x_1 \\ x_2 \end{pmatrix}=0$ となる．

(1)　$\begin{pmatrix} a_{11} \\ a_{12} \end{pmatrix}$ で表せる幾何ベクトルと $\begin{pmatrix} a_{21} \\ a_{22} \end{pmatrix}$ で表せる幾何ベクトルとは，それぞれの直線に垂直である．だから，これらの幾何ベクトルが互いに平行（同じ方向）のとき２直線の方向は一致する．どちらの直線も同じ点（原点）を通り，方向も同じだから２直線は完全に重なる．２直線の方向が同じとき，法線ベクトル（直線に垂直な幾何ベクトル）を表す $\begin{pmatrix} a_{11} \\ a_{12} \end{pmatrix}$ と $\begin{pmatrix} a_{21} \\ a_{22} \end{pmatrix}$ とは $a_{11}:a_{21}=a_{12}:a_{22}$ をみたす．したがって，$a_{11}a_{22}-a_{12}a_{21}=0$ になる．

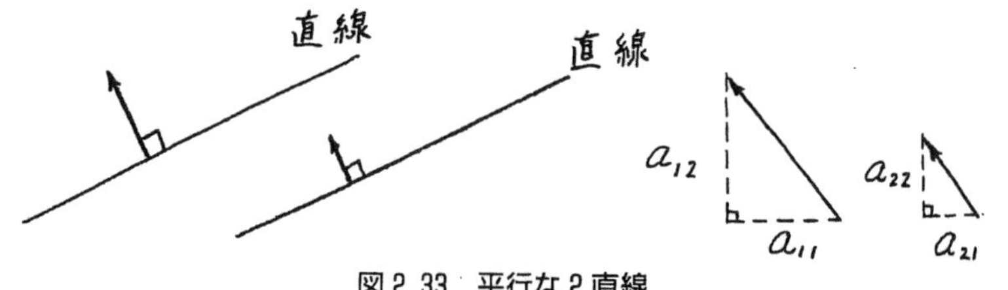

図 2.33　平行な２直線

(2)　(1)から，$a_{11}a_{22}-a_{12}a_{21}\neq 0$ のとき，２直線は原点を通るが方向は一致しない．このとき，２直線は共通の１点（原点）で交わる．

（発想４）　解の全体が直線で表せるのは，解が無数に存在する場合である．

ADVICE

$a_{11}x_1+a_{12}x_2=0$ は $a_{11}=0$ のとき $a_{12}x_2=0$ になるので，
(i) $a_{12}\neq 0$ かつ $x_2=0$，
(ii) $a_{12}=0$ かつ $x_2\neq 0$，
(iii) $a_{12}=0$ かつ $x_2=0$
の三つの場合がある．
(i)のとき $0x_1+a_{12}0=0$，
(ii)のとき $0x_1+0x_2=0$ かつ $x_2\neq 0$，
(iii)のとき $0x_1+0\cdot 0=0$ だから，x_1 はどんな値でも取り得る．
(ii)では，x_2 は 0 以外の任意の値が取れる．

図 2.32 に $a_{11}>0$，$-a_{12}>0$，$a_{21}>0$，$-a_{22}>0$ の場合が描いてある．

図 2.33 に $a_{11}<0$，$a_{12}>0$，$a_{21}<0$，$a_{22}>0$ の場合が描いてある．

Cramerの方法で連立1次方程式を解くと，解は係数行列式で表せる．このため，解が無数に存在するときの係数がどんな関係をみたすかがただちにわかる．

ADVICE

Cramerの方法について1.6節参照．

（解説4） Cramerの方法で，解は

$$x_1=\frac{\begin{vmatrix}0 & a_{12}\\ 0 & a_{22}\end{vmatrix}}{\begin{vmatrix}a_{11} & a_{12}\\ a_{21} & a_{22}\end{vmatrix}},\quad x_2=\frac{\begin{vmatrix}a_{11} & 0\\ a_{21} & 0\end{vmatrix}}{\begin{vmatrix}a_{11} & a_{12}\\ a_{21} & a_{22}\end{vmatrix}}$$

と表せる．

(1) x_1 の分子と x_2 の分子とはどちらも0だから，x_1 と x_2 とに共通の分母が0のとき $x_1=\frac{0}{0}$，$x_2=\frac{0}{0}$ となり，解は不定である．したがって，解の全体は直線で表せる．分母$=0$ は $a_{11}a_{22}-a_{12}a_{21}=0$ と書ける．

(2) 分母が0でないとき，$x_1=0$，$x_2=0$ となる．分母$\neq 0$ は $a_{11}a_{22}-a_{12}a_{22}\neq 0$ と表せる．

（発想5） $\boldsymbol{a}_1=\begin{pmatrix}a_{11}\\ a_{21}\end{pmatrix}$，$\boldsymbol{a}_2=\begin{pmatrix}a_{12}\\ a_{22}\end{pmatrix}$ とおくと，連立1次方程式をタテベクトルの線型結合：$\boldsymbol{a}_1x_1+\boldsymbol{a}_2x_2=\boldsymbol{0}$ と見ることができる．「連立1次方程式の解が存在する」とは，この関係をみたすスカラー x_1，x_2 が見つかるということである．

数ベクトル $\boldsymbol{a}_1$，$\boldsymbol{a}_2$ で表せる幾何ベクトル $\overrightarrow{a_1}$，$\overrightarrow{a_2}$ を考えるとわかりやすい．

- $\overrightarrow{a_1}$ の方向と $\overrightarrow{a_2}$ の方向とが同じとき（$\overrightarrow{a_1}$ と $\overrightarrow{a_2}$ とは線型従属である）：図2.34からわかるように，$\overrightarrow{a_1}x_1$ と $-\overrightarrow{a_2}x_2$ とが一致するような x_1 の値と x_2 の値との組は無数に存在する．
- $\overrightarrow{a_1}$ の方向と $\overrightarrow{a_2}$ の方向とが異なるとき（$\overrightarrow{a_1}$ と $\overrightarrow{a_2}$ とは線型独立である）：$x_1=0$，$x_2=0$ の場合に限って $\overrightarrow{a_1}x_1=-\overrightarrow{a_2}x_2$ が成り立つ．

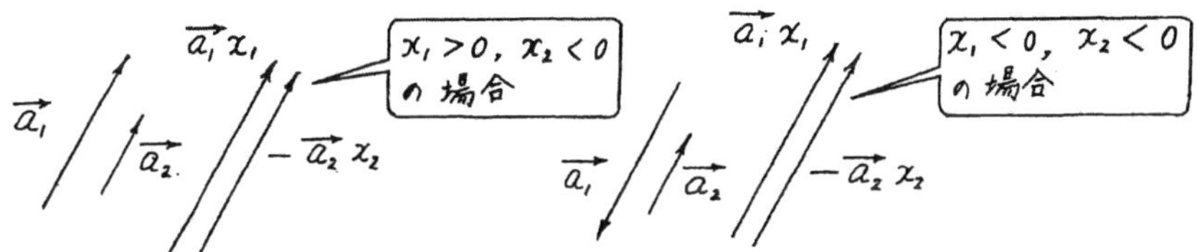

$\overrightarrow{a_1}$ の向きと $\overrightarrow{a_2}$ の向きが同じとき　$\overrightarrow{a_1}$ の向きと $\overrightarrow{a_2}$ の向きが反対のとき

図2.34 $\overrightarrow{a_1}$ の方向と $\overrightarrow{a_2}$ の方向とが同じとき

（解説5）

（発想5）で幾何ベクトルを使ってイメージを示したので，（解説5）では同じ考え方を数ベクトルで説明する．

(1) $\begin{pmatrix}a_{11}\\ a_{21}\end{pmatrix}=\begin{pmatrix}a_{12}\\ a_{22}\end{pmatrix}s$（$s$ はスカラー）と表せるとき，$a_{11}=a_{12}s$，$a_{21}=a_{22}s$ だから，第1式：$a_{11}x_1+a_{12}x_2=0$ は $a_{12}(sx_1+x_2)=0$ になり，第2式：$a_{21}x_1+a_{22}x_2=0$ は $a_{22}(sx_1+x_2)=0$ になる．$sx_1+x_2=0$ であれば，a_{12} の値と a_{22} の値とに関係なく，第1式と第2式とが成り立つ．$sx_1+x_2=0$ をみたす x_1 の値と x_2 の値との組は無数に見つかる．

$a_{11}=a_{12}s$，$a_{21}=a_{22}s$ であり，しかも a_{11}，a_{12}，a_{21}，a_{22} が定数だから s も定数である．たとえば，$s=4$ であれば，$4x_1+x_2=0$ をみたす x_1 の値と x_2 の値との組は，$x_1=1$，$x_2=-4$；$x_1=0$，$x_2=0$；$x_1=-1$，$x_2=4$，…のように無数に存在する．

$a_{11}=a_{12}s$ と $a_{21}=a_{22}s$ とから s を消去すると，$a_{11}a_{22}-a_{12}a_{21}=0$ になる．

(2) $a_{11}\neq a_{12}s$，$a_{21}\neq a_{22}s$ のとき，$a_{11}x_1+a_{12}x_2=0$，$a_{21}x_1+a_{22}x_2=0$ は $x_1=0$，$x_2=0$ でないと成り立たない．$a_{11}\neq a_{12}s$，$a_{21}\neq a_{22}s$ のとき $a_{11}a_{22}-a_{12}a_{21}\neq 0$ である．

ADVICE

表 2.2 の内容を実際に確認すること．

階数が実質的な方程式の個数を表す事情について 1.5.1 項参照．

(まとめ) **2 元連立 1 次方程式（斉次方程式）**

表 2.2　係数マトリックスの階数（実質的な方程式の個数）と解の間の関係

階数（実質的な方程式の個数）	解を表す図形
1	解の全体は原点を通る直線で表せる．
2	解は原点だけで表せる．

11.2　2 元連立 1 次方程式（非斉次方程式）の係数のみたす関係

2 元連立 1 次方程式（非斉次方程式）：

$$\begin{cases} a_{11}x_1 + a_{12}x_2 = b_1 \\ a_{21}x_1 + a_{22}x_2 = b_2 \end{cases}$$

の解の全体（集まり）を考える．

(1)　解の全体が x_1x_2 平面内の特定の点を通る直線で表せる場合，係数はどんな関係をみたすか？

(2)　解が特定の点だけで表せる場合，係数はどんな関係をみたすか？

(ねらい) 自己診断 11.1 を非斉次方程式の場合について考える．

(発想) 自己診断 11.1 と同じ考え方で進める．

(解説)

(1)　$a_{11}x_1 + a_{12}x_2 = b_1$ の両辺に 0 でないスカラー k を掛けて $a_{21}x_1 + a_{22}x_2 = b_2$ になるとき，2 直線は一致する．$a_{11}k = a_{21}$，$a_{12}k = a_{22}$，$b_1k = b_2$ から k を消去すると，$a_{11} : a_{12} : b_1 = a_{21} : a_{22} : b_2$ になる．

(2)　自己診断 11.1 から，$a_{11}a_{22} - a_{12}a_{21} \neq 0$ のとき 2 直線の方向は互いに異なる．このとき，2 直線は特定の 1 点で交わる．

(注意) **解が存在しない場合**

(2) から $a_{11}a_{22} - a_{12}a_{21} = 0$ のとき 2 直線は互いに平行である．

(1) から $a_{11} : a_{12} : b_1 \neq a_{21} : a_{22} : b_2$ のとき直線どうしは重ならない．

2.2　3 元連立 1 次方程式

2.2.1　準備：空間・平面・直線・点の表し方

ギリシア文字 Ω は「オメガ」と読む．なお，小文字は ω である．

「張る」を「貼る」と書かないように注意する．切手を紙の表面に付けるときは「貼る」と書く．テントのように引き伸ばして広げるときは「張る」と書く．

[探究の指針]
$\vec{x} = \vec{d}_1t_1 + \vec{d}_2t_2 + \vec{d}_3t_3$ を丸暗記しないで，つぎのように感覚をみがくトレーニングが肝要である．

① 図を正しく描く．
② この図を見ながら幾何ベクトルどうしの関係を式で表す．

[準備 1]　空間

空間のベクトル表示

(発想) 空間 Ω をあらゆる点の集まりとみなし，これらの点の位置の表し方を考える．2.1.1 項を思い出してみよう．原点を通り幾何ベクトル $\vec{d}_1$ と $\vec{d}_2$ との張る平面内の任意の位置は $\vec{d}_1t_1 + \vec{d}_2t_2$（$t_1$, t_2 は任意の実数）と表せる．ここから幾何ベクトル $\vec{d}_3t_3$（t_3 は任意の実数）だけ移動した位置に，この平面内にない点がある．t_1，t_2，t_3 の値の選び方で，空間内のあらゆる点の位置が表せる．

空間内の任意の点の位置を表す幾何ベクトルは

$$\vec{x} = \vec{d}_1t_1 + \vec{d}_2t_2 + \vec{d}_3t_3 \quad (t_1,\ t_2,\ t_3 \text{ は任意の実数})$$

と表せる．

空間内のすべての点の位置は，互いに異なる 3 個の幾何ベクトル $\vec{d}_1$，$\vec{d}_2$，$\vec{d}_3$ の線型結合で表せる．

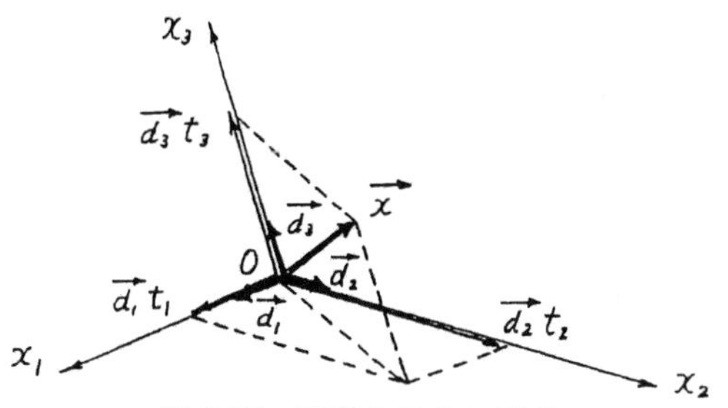

図 2.35　空間内の点の位置

ADVICE

d：定数，t：変数
0.1 節 例題 0.6 参照

[注意 1]　線型独立と線型従属

$\vec{d_3}$ は $\vec{d_1}$ と $\vec{d_2}$ との張る平面内にないので，$\vec{d_1}$ と $\vec{d_2}$ との線型結合では表せない．つまり，$\vec{d_3}$ は $\vec{d_1}$ と $\vec{d_2}$ とからつくることはできない．このとき，「$\vec{d_1}$，$\vec{d_2}$，$\vec{d_3}$ は**線型独立**である」という．

1 個の幾何ベクトル $\vec{x}$ は，3 個の幾何ベクトル $\vec{d_1}$，$\vec{d_2}$，$\vec{d_3}$ からつくることができる．つまり，4 個の幾何ベクトル $\vec{x}$，$\vec{d_1}$，$\vec{d_2}$，$\vec{d_3}$ は線型独立ではない．このとき，「$\vec{x}$，$\vec{d_1}$，$\vec{d_2}$，$\vec{d_3}$ は**線型従属**である」という．$\vec{x}\,1+\vec{d_1}(-t_1)+\vec{d_2}(-t_2)+\vec{d_3}(-t_3)=\vec{0}$ と書くとわかるように，4 個の実数の中に 0 でない実数があっても線型結合が $\vec{0}$ になる．

幾何ベクトル $\vec{d_1}$，$\vec{d_2}$，$\vec{d_3}$ をそれぞれ数ベクトル $\boldsymbol{d}_1$，$\boldsymbol{d}_2$，$\boldsymbol{d}_3$ で表すと，平面内の任意の点の位置を表す数ベクトル $\boldsymbol{x}$ は

$$\boldsymbol{x}=\boldsymbol{d}_1t_1+\boldsymbol{d}_2t_2+\boldsymbol{d}_3t_3$$

と表せる．

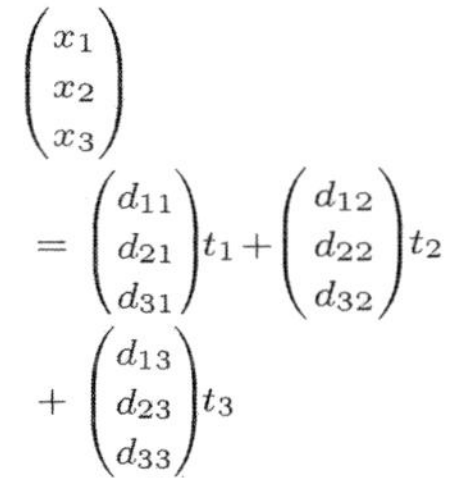

成分 d_{21} は行番号 2，列番号 1 である．他も同様．

パラメータについて 2.1.1 項 ADVICE 欄参照．

次元について，3.5 節でくわしく扱う．

空間内の世界は，3 個のパラメータで表せるので 3 次元という．

問 2.4　直交座標系（x_1 軸，x_2 軸，x_3 軸を互いに直交させる）は斜交座標系の特別な場合である．空間内の任意の点の位置を直交座標系で表せ．

（解説）　$\vec{x}=\vec{e_1}t_1+\vec{e_2}t_2+\vec{e_3}t_3$　（t_1，t_2，t_3 は任意の実数）

2.1 節問 2.1 参照

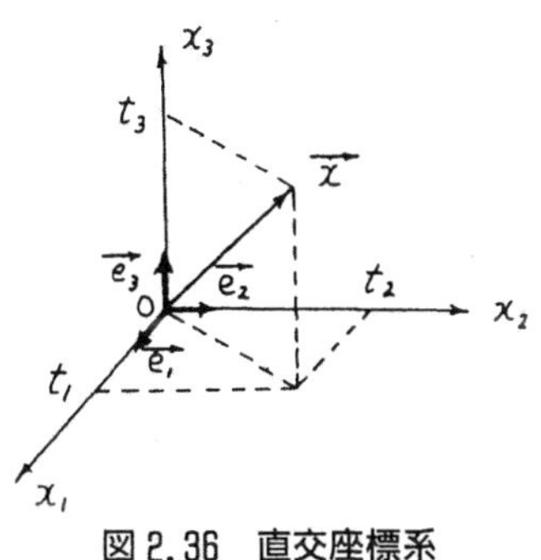

図 2.36　直交座標系

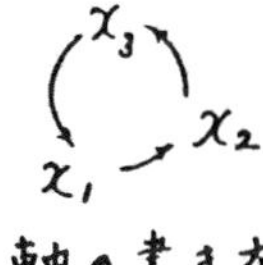

[準備 2]　空間内の平面

平面のベクトル表示

(1)　原点と他の 2 点とを通る平面 π_0

ここでは，記号 π を円周率ではなく，平面の名称に使っている．

（発想）　平面 π_0 内のすべての点の位置がどのように表せるかを考える．2.1.1 項とちがって，空間内の平面は 2 点だけでは一つに決まらないことに注意する．

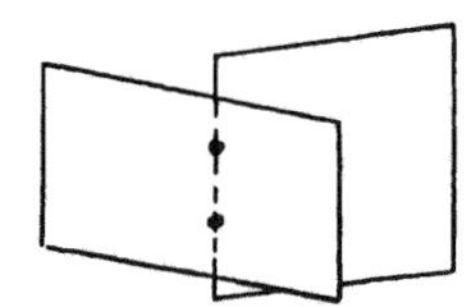

図 2.37　2点を共有する2平面

原点を通る平面内の任意の点の位置を表す幾何ベクトルは

$$\vec{x}=\vec{d_1}t_1+\vec{d_2}t_2 \quad (t_1,\ t_2 \text{ は任意の実数})$$

と表せる．$t_1=0$，$t_2=0$ を選ぶと $\vec{x}=\vec{0}$ になるので，原点 $(0, 0)$ を通ることがわかる．

幾何ベクトル $\vec{d_1}$，$\vec{d_2}$ を表す数ベクトルをそれぞれ $\boldsymbol{d}_1$，$\boldsymbol{d}_2$ とすると，平面内の任意の点の位置を表す数ベクトル $\boldsymbol{x}$ は

$$\boldsymbol{x}=\boldsymbol{d}_1t_1+\boldsymbol{d}_2t_2$$

と表せる．

(重要) t_1 の値と t_2 の値との選び方で，原点を通る平面内のあらゆる点の位置が表せる．

原点を通る平面内の世界は，2個のパラメータで表せるので2次元という．

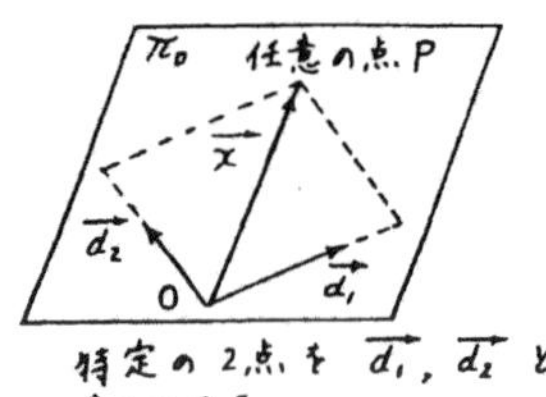

特定の2点を $\vec{d_1}$，$\vec{d_2}$ と表してある。

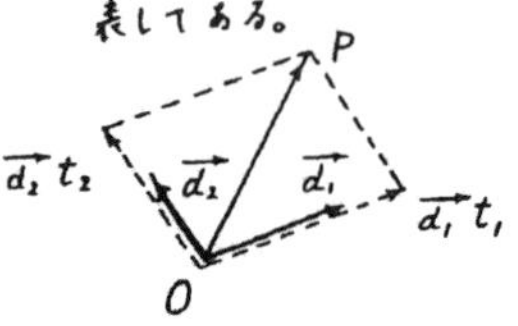

図 2.38　平面 π_0 内の点の位置

例　$d_1=\begin{pmatrix}5\\2\\3\end{pmatrix}$　$d_2=\begin{pmatrix}3\\7\\2\end{pmatrix}$

[探究の指針]
$\vec{x}=\vec{d}_1t_1+\vec{d}_2t_2$ を丸暗記しないで，つぎのように感覚をみがくトレーニングが肝要である．
① 図を正しく描く．
② この図を見ながら幾何ベクトルどうしの関係を式で表す．

2.2.2項で具体例を取り上げる．

(2)　点 $\mathrm{A}(a_1, a_2, a_3)$ を通り平面 π_0 に平行な平面 π

(発想) 平面 π_0 を幾何ベクトル $\vec{a}$ だけ平行移動すると平面 π になる．平面 π 内のすべての点の位置がどのように表せるかを考える．

平面 π 内の位置を表す幾何ベクトル $\vec{x}$ は，

$$\vec{x}=\vec{a}+\vec{d_1}t_1+\vec{d_2}t_2 \quad (t_1,\ t_2 \text{ は任意の実数})$$

と表せる．

幾何ベクトル $\vec{a}$ を表す数ベクトルを $\boldsymbol{a}$ と書くと，平面 π 上の位置を表す数ベクトル $\boldsymbol{x}$ は

$$\boldsymbol{x}=\boldsymbol{a}+\boldsymbol{d}_1t_1+\boldsymbol{d}_2t_2$$

と表せる．この記号を見たら

$$\begin{pmatrix}x_1\\x_2\\x_3\end{pmatrix}=\begin{pmatrix}a_1\\a_2\\a_3\end{pmatrix}+\begin{pmatrix}d_{11}\\d_{21}\\d_{31}\end{pmatrix}t_1+\begin{pmatrix}d_{12}\\d_{22}\\d_{32}\end{pmatrix}t_2$$

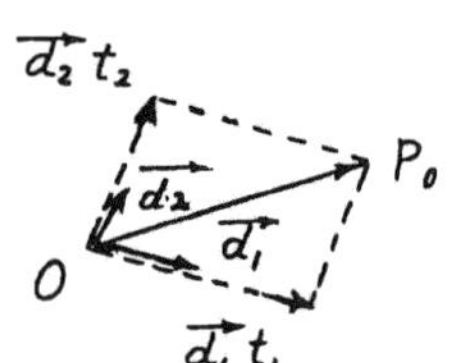

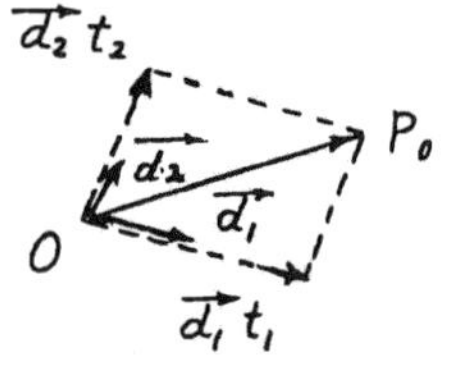

または

$$\begin{cases}x_1=a_1+d_{11}t_1+d_{12}t_2\\x_2=a_2+d_{21}t_1+d_{22}t_2\\x_3=a_3+d_{31}t_1+d_{32}t_2\end{cases}$$

と考える．ここで，x_1，x_2，x_3 は変数，a_1，a_2，a_3，d_{11}，d_{12}，…，d_{32} は定数，t_1，t_2 はパラメータである．

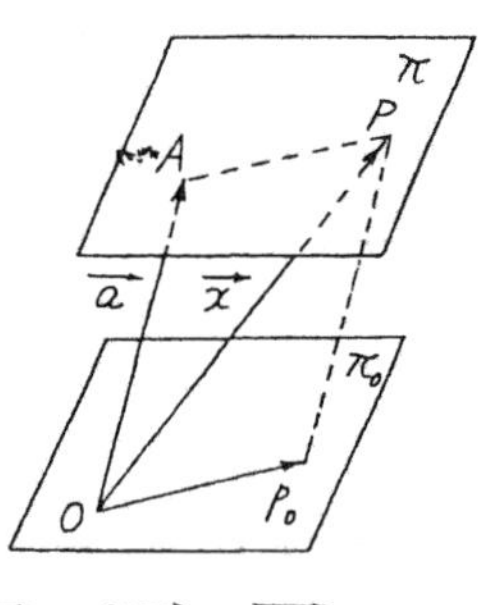

$$\overrightarrow{OP}=\overrightarrow{OA}+\overrightarrow{AP}$$
$$=\overrightarrow{OA}+\overrightarrow{OP_0}$$

図 2.39　平面 π 内の点の位置

[探究の指針]
$x=\vec{a}+\vec{d}_1t_1+\vec{d}_2t_2$ を丸暗記しないで，つぎのように感覚をみがくトレーニングが肝要である．
① 図を正しく描く．
② この図を見ながら幾何ベクトルどうしの関係を式で表す．

平面の方程式

(1)　原点を通り幾何ベクトル $\vec{n}$ に垂直な平面 π_0

(発想) 空間内で，ある幾何ベクトルに垂直な平面の方向は一つに決まる．この方向の平面は無数にあるが，原点を通る平面は一つしかない．平面 π_0 内の任意の点Pの座標 (x_1, x_2, x_3) がみたす方程式を見出す．

平面 π_0 内の位置を表す幾何ベクトル $\vec{x}$ は $\vec{n}$ に垂直だから，$\vec{n}$ と $\vec{x}$ と

の内積の値がゼロである．幾何ベクトル $\vec{n}$ を数ベクトル $\begin{pmatrix} n_1 \\ n_2 \\ n_3 \end{pmatrix}$ で表す．このとき，内積 $\vec{n}\cdot\vec{x}=0$ は

$$\begin{pmatrix} n_1 \\ n_2 \\ n_3 \end{pmatrix}\cdot\begin{pmatrix} x_1 \\ x_2 \\ x_3 \end{pmatrix}=n_1x_1+n_2x_2+n_3x_3=0$$

と書ける．平面 π_0 内のすべての点の座標は，この1次方程式をみたす．

もともと空間は3次元の世界である．この世界のどの位置でも取り得るのではなく，一つの方程式で平面内に限定した．平面は2次元の世界である．つまり，3次元の世界から2（=3−1）次元の世界に移った．

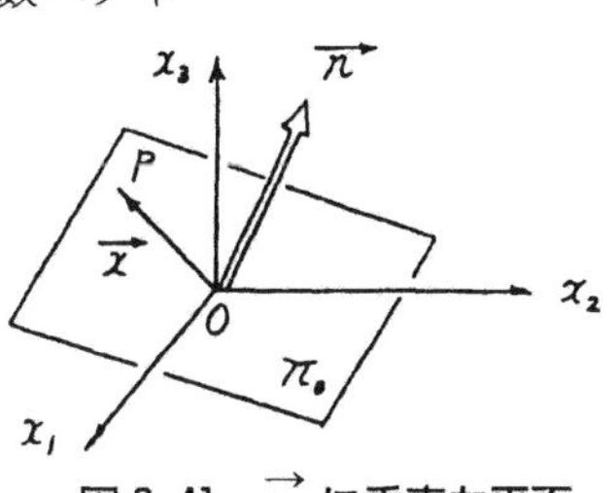

図 2.41　$\vec{n}$ に垂直な平面

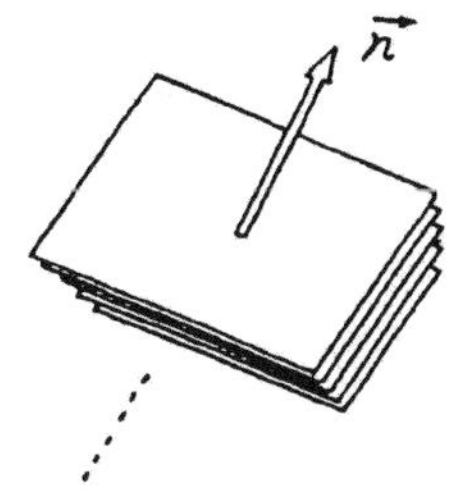

図 2.40　同じ方向の平面
これらは無数にある．

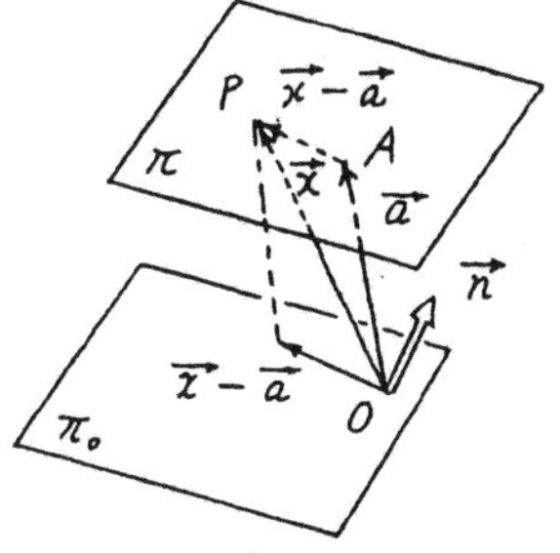

図 2.42　$\vec{n}$ に垂直な平面

(2)　点 $A(a_1, a_2, a_3)$ を通り平面 π_0 に平行な平面 π

（発想）　平面 π 内の任意の座標 (x_1, x_2, x_3) がみたす方程式を見出す．

点Aから見た平面内の任意の点の位置ベクトル $\vec{x}-\vec{a}$ が $\vec{n}$ と垂直だから，これらの内積の値がゼロである．内積 $\vec{n}\cdot(\vec{x}-\vec{a})=0$ は

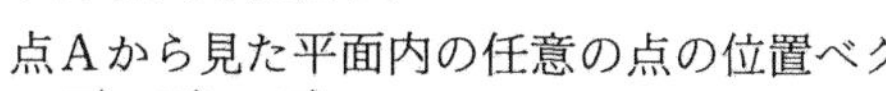

$$\begin{pmatrix} n_1 \\ n_2 \\ n_3 \end{pmatrix}\cdot\begin{pmatrix} x_1-a_1 \\ x_2-a_2 \\ x_3-a_3 \end{pmatrix}=n_1(x_1-a_1)+n_2(x_2-a_2)+n_3(x_3-a_3)=0$$

と書ける．平面 π 内のすべての点の座標は，この1次方程式をみたす．

[参考]　図を描いて平面の方程式をつくる手順

手順1　原点Oを通って $\vec{n}$ に垂直な平面 π_0 を描く．

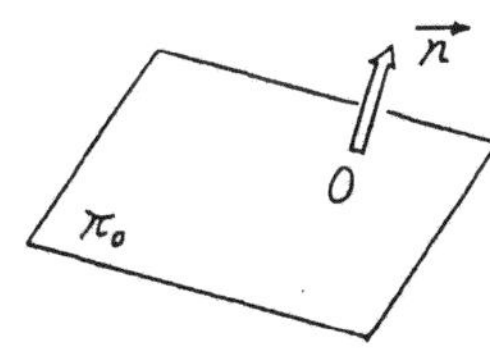

図 2.43　手順1

手順2　平面 π_0 に平行で点Aを通る平面 π を描く．つぎに，平面 π に垂直な幾何ベクトル $\vec{n}$ を書き込む．

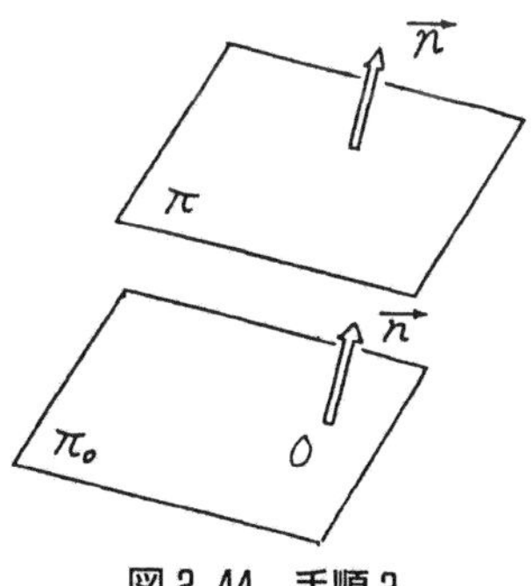

図 2.44　手順2

ADVICE

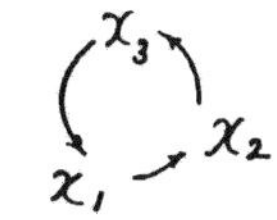

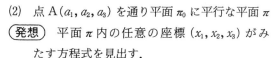

軸の書き方

2.2.2項で具体例を取り上げる．

内積について1.5.3項参照．

[探究の指針]
$n_1x_1+n_2x_2+n_3x_3=0$
を丸暗記しないで，つぎのように感覚をみがくトレーニングが肝要である．
① 図を正しく描く．
② この図を見ながら幾何ベクトルどうしの関係を式で表す．

次元について，3.5節でくわしく扱う．

一つの限定 ⇒○−1

内積について1.5.3項参照．

[探究の指針]
$n_1(x_1-a_1)$
$+n_2(x_2-a_2)$
$+n_3(x_3-a_3)=0$
を丸暗記しないで，つぎのように感覚をみがくトレーニングが肝要である．
① 図を正しく描く．
② この図を見ながら幾何ベクトルどうしの関係を式で表す．

幾何ベクトルを数ベクトルで表すとき，成分は
(終点の座標)−(始点の座標)
とする．

ADVICE

手順3 平面 π に任意の点Pを書き込む．位置ベクトルを矢印 $\overrightarrow{\mathrm{OA}}$，$\overrightarrow{\mathrm{OP}}$ で描く．これらをそれぞれ $\overrightarrow{a}$，$\overrightarrow{x}$ とする．

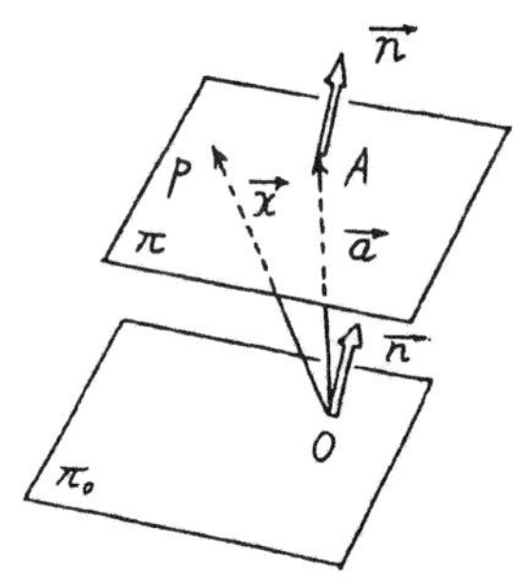

図2.45 手順3

手順4 点Aから点Pに向かう矢印 $\overrightarrow{\mathrm{AP}}$ を書き込む．この矢印が $\overrightarrow{x}-\overrightarrow{a}$ である．$\overrightarrow{n}$ と $\overrightarrow{x}-\overrightarrow{a}$ とが互いに垂直だから，これらの間の内積が $\overrightarrow{n}\cdot(\overrightarrow{x}-\overrightarrow{a})=0$ と考える．

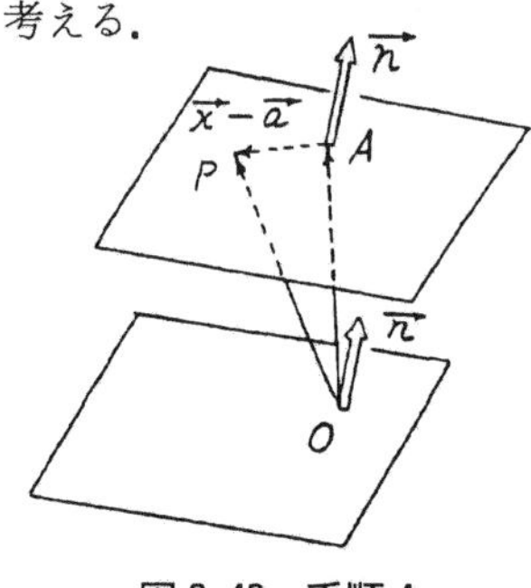

図2.46 手順4

一般に，x_1，x_2，x_3 の1次方程式：$n_1x_1+n_2x_2+n_3x_3=C$（定数）は，数ベクトル $n=\begin{pmatrix} n_1 \\ n_2 \\ n_3 \end{pmatrix}$ で表せる幾何ベクトル $\overrightarrow{n}$ に垂直な平面を表す．

$n_1(x_1-a_1)+n_2(x_2-a_2)+n_3(x_3-a_3)=0$ を $n_1x_1+n_2x_2+n_3x_3=\underbrace{n_1a_1+n_2a_2+n_3a_3}_{C(\text{定数})}$ と書き換えることができる．

♣x_1＋♠x_2＋♡$x_3=C$ の形の方程式を見たら，数ベクトル $\begin{pmatrix} ♣ \\ ♠ \\ ♡ \end{pmatrix}$ で表せる幾何ベクトルに垂直な平面の方程式であると判断する．

ここでは，♣，♠，♡ は定数を表す記号とした．

問2.5 空間内の平面：$2x_1-3x_2=6x_3+5$ に垂直なベクトルを求めよ．

（解説） この方程式を $2x_1+(-3)x_2+(-6)x_3=5$ と書き直すと，数ベクトル $\begin{pmatrix} 2 \\ -3 \\ -6 \end{pmatrix}$ で表せる幾何ベクトルに垂直な平面であることがわかる．

［注意2］ 空間内の平面と平面内の直線との区別

空間内の平面と平面内の直線とは互いによく似た方程式で表せるので，これらの区別に注意しなければならない．

空間内の平面：$n_1x_1+n_2x_2+n_3x_3=C$（定数） 空間ではベクトルの成分は三つある．

平面内の直線：$n_1x_1+n_2x_2=C$（定数） 平面ではベクトルの成分は二つある．

ADVICE

［準備 3］ 空間内の直線

直線のベクトル表示

(1) 原点を通り幾何ベクトル $\vec{d}$ に平行な直線 l_0

（発想） 2.1.1 項と同じ考え方で，直線 l_0 上のすべての点の位置がどのように表せるかを考える．

直線 l_0 上の位置を表す幾何ベクトル $\vec{x}$ は，$\vec{d}$ に平行だから $\vec{d}$ のスカラー倍の形：

$$\vec{x} = \vec{d}\,t \quad (t \text{ は任意の実数})$$

t の値は直線上の位置を表す．
$\vec{d}$: 直線の方向を表す

2.2.3 項で具体例を取り上げる．

である．幾何ベクトルを数値計算に便利な形で表すために，座標軸（x_1 軸，x_2 軸，x_3 軸）を設定する．座標軸はどのように選んでもよいが，原点O (0, 0, 0) を位置ベクトルの基準点にすると都合がよい．数ベクトル

$$\boldsymbol{x} = \begin{pmatrix} \text{P の } x_1 \text{ 座標} - \text{O の } x_1 \text{ 座標} \\ \text{P の } x_2 \text{ 座標} - \text{O の } x_2 \text{ 座標} \\ \text{P の } x_3 \text{ 座標} - \text{O の } x_3 \text{ 座標} \end{pmatrix} = \begin{pmatrix} x_1 - 0 \\ x_2 - 0 \\ x_3 - 0 \end{pmatrix}$$

を幾何ベクトル $\vec{x}$ で表す（$\overrightarrow{OP}$ を指す）．

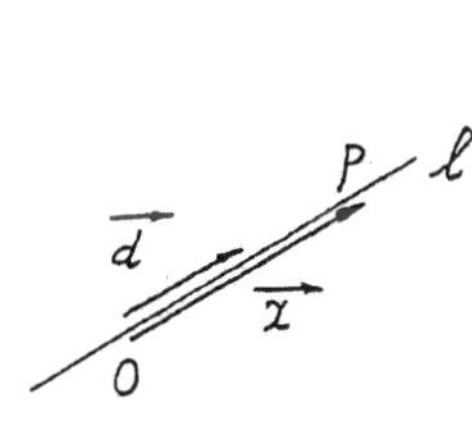

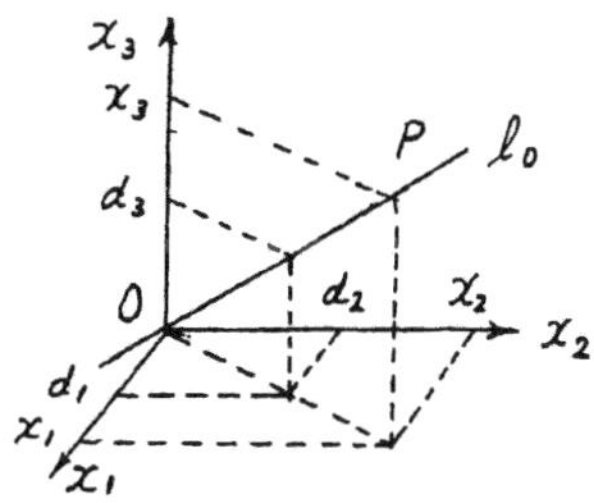

図 2.47 直線のベクトル表示とベクトルの成分

［探究の指針］
$\vec{x} = \vec{d}\,t$ を丸暗記しないで，つぎのように感覚をみがくトレーニングが肝要である．
① 図を正しく描く．
② この図を見ながら幾何ベクトルどうしの関係を式で表す．

幾何ベクトルを数ベクトルで表すとき，成分は
(終点の座標)－(始点の座標)
とする．

直線 l_0 上の位置を表す数ベトル $\boldsymbol{x}$ は，$\boldsymbol{d}$ のスカラー倍の形：

$$\boldsymbol{x} = \boldsymbol{d}t$$

と表せる．この記号を見たら

$$\begin{pmatrix} x_1 \\ x_2 \\ x_3 \end{pmatrix} = \begin{pmatrix} d_1 \\ d_2 \\ d_2 \end{pmatrix} t \quad \text{または} \quad \begin{cases} x_1 = d_1 t \\ x_2 = d_2 t \\ x_3 = d_3 t \end{cases}$$

と考える．ここで，x_1，x_2，x_3 は変数，d_1，d_2，d_3 は定数，t はパラメータである．

ここで，t は変数どうし（ここでは，x_1，x_2，x_3）を関係付ける橋渡しの役目を果たす．こういう意味のパラメータを**媒介変数**ということがある．x_1，x_2，x_3 の表式から t を消去すると

$$\frac{x_1}{d_1} = \frac{x_2}{d_2} = \frac{x_3}{d_3}$$

と書ける．この形に直せることから「媒介」の意味がわかるが，t を消去すると3元1次連立方程式の解のしくみを理解するためには役に立たない．

原点を通る直線上の世界は，1個のパラメータで表せるので1次元という．

次元について，3.5 節でくわしく扱う．

［注意 3］ 平面内の直線と空間内の直線とのちがい

平面内の直線を表す変数は x_1，x_2 の 2 個
空間内の直線を表す変数は x_1，x_2，x_3 の 3 個

(2) 点A (a_1, a_2, a_3) を通り直線 l_0 に平行な直線 l

（発想） 幾何ベクトル $\overrightarrow{OA}$ と方向・向き・大きさが同じ幾何ベクトルを $\vec{a}$ と表す．直線 l_0 を幾何ベクトル $\vec{a}$ だけ平行移動すると直線 l になる．直線 l 上のすべての点の位置がどのように表せるかを考える．

2.1.1 項参照

直線 l 上の位置を表す幾何ベクトル $\vec{x}$ は

2.2.3 項で具体例を取り上げる．

$$\vec{x} = \vec{a} + \vec{d}\,t \quad (t \text{ は任意の実数})$$

と表せる．

幾何ベクトル $\vec{a}$ を数ベクトル $\boldsymbol{a}$ で表すと，直線 l 上の位置を表す数ベクトル $\boldsymbol{x}$ は

$$\boldsymbol{x} = \boldsymbol{a} + \boldsymbol{d}t$$

と表せる．この記号を見たら

$$\begin{pmatrix} x_1 \\ x_2 \\ x_3 \end{pmatrix} = \begin{pmatrix} a_1 \\ a_2 \\ a_3 \end{pmatrix} + \begin{pmatrix} d_1 \\ d_2 \\ d_3 \end{pmatrix} t \quad \text{または} \quad \begin{cases} x_1 = a_1 + d_1 t \\ x_2 = a_2 + d_2 t \\ x_3 = a_3 + d_3 t \end{cases}$$

と考える．ここで，x_1，x_2，x_3 は変数，a_1，a_2，a_3，d_1，d_2，d_3 は定数，t はパラメータである．

ADVICE

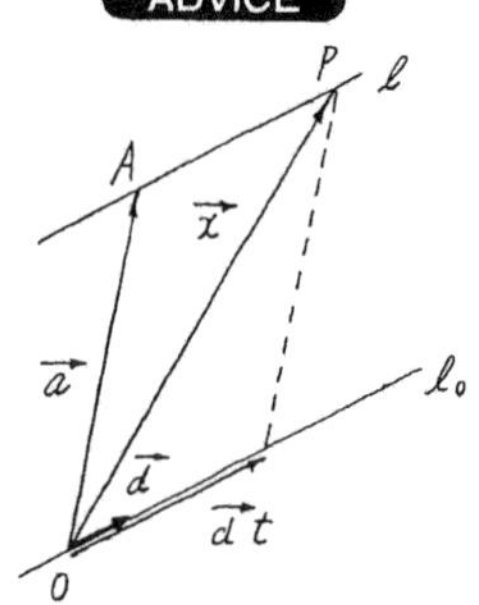

図 2.48 直線のベクトル表示

[探究の指針]
$\vec{x} = \vec{a} + \vec{d}\,t$ を丸暗記しないで，つぎのように感覚をみがくトレーニングが肝要である．
① 図を正しく描く．
② この図を見ながら幾何ベクトルどうしの係を式で表す．

直線の方程式

2枚のボール紙のそれぞれに切り込みをつくり，これらを互いに差し込む．ボール紙どうしの重なりは，直線になることがわかる．いうまでもなく，この直線は2枚のボール紙の一部である．実際に，ボール紙で試すこと．

(1) 原点を通り幾何ベクトル $\vec{n_1}$，$\vec{n_2}$ に垂直な直線 l_0

(発想) 平面 π_1 内で原点を通る直線は一つに決まらないことに注意する．原点を通り幾何ベクトル $\vec{n_1}$ に垂直な平面 π_1 と原点を通り幾何ベクトル $\vec{n_2}$ に垂直な平面 π_2 との交わりが直線 l_0 である．直線 l_0 上の任意の点Pの座標 (x_1, x_2, x_3) がみたす方程式を見出す．

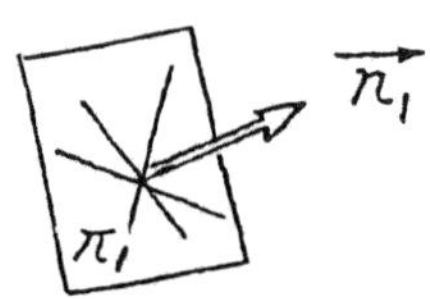

図 2.49 平面 π_1 内の直線
平面 π_1 内のどの直線も $\vec{n_1}$ に垂直である．

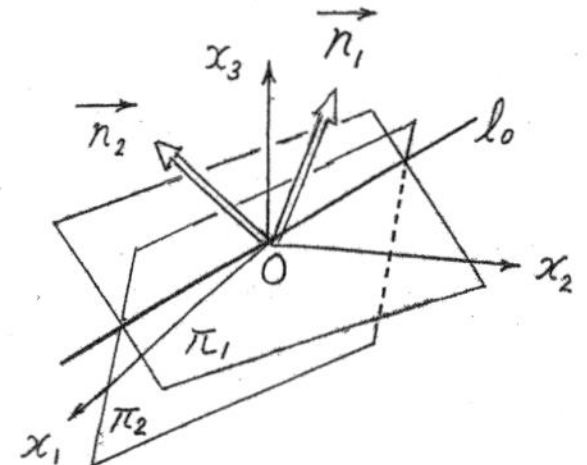

図 2.50 2平面の交わり

直線 l_0 上の位置を表す幾何ベクトル $\vec{x}$ は $\vec{n_1}$，$\vec{n_2}$ に垂直だから，$\vec{n_1}$ と $\vec{x}$ との内積の値と $\vec{n_2}$ と $\vec{x}$ との内積の値とがどちらもゼロである．幾何ベクトル $\vec{n_1}$，$\vec{n_2}$ を数ベクトル $\begin{pmatrix} n_{11} \\ n_{12} \\ n_{13} \end{pmatrix}$，$\begin{pmatrix} n_{21} \\ n_{22} \\ n_{23} \end{pmatrix}$ で表すと，内積 $\vec{n_1} \cdot \vec{x} = 0$，$\vec{n_2} \cdot \vec{x} = 0$ は

内積について 1.5.3 項参照．

n_{ij} は i 行 j 列の係数を表す．

$$\begin{cases} \begin{pmatrix} n_{11} \\ n_{12} \\ n_{13} \end{pmatrix} \cdot \begin{pmatrix} x_1 \\ x_2 \\ x_3 \end{pmatrix} = n_{11}x_1 + n_{12}x_2 + n_{13}x_3 = 0 \\ \begin{pmatrix} n_{21} \\ n_{22} \\ n_{23} \end{pmatrix} \cdot \begin{pmatrix} x_1 \\ x_2 \\ x_3 \end{pmatrix} = n_{21}x_1 + n_{22}x_2 + n_{23}x_3 = 0 \end{cases}$$

2.2.3 項で具体例を取り上げる．

と書ける．直線 l_0 上のすべての点の座標は，この連立1次方程式をみたす．**もともと空間は3次元の世界である．この世界のどの位置でも取り得るのではなく，一つの方程式で表せる直線の世界に限定した．直線上の世界は1次元の世界である．つまり，3次元の世界から1（=3−2）次元の世界に移った．**

次元について，3.5節でくわしく扱う．

一つの限定 ⇒ ○−2

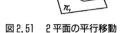

(2) 点A(a_1, a_2, a_3) を通り直線 l_0 に平行な直線 l

（発想） 平面 π_1 と平面 π_2 とを幾何ベクトル $\vec{a}$ だけ平行移動すると，それぞれ平面 π_1' と平面 π_2' とになる．平面 π_1' と平面 π_2' との交わりが直線 l である．直線 l 上の任意の点の座標 (x_1, x_2, x_3) がみたす方程式を見出す．

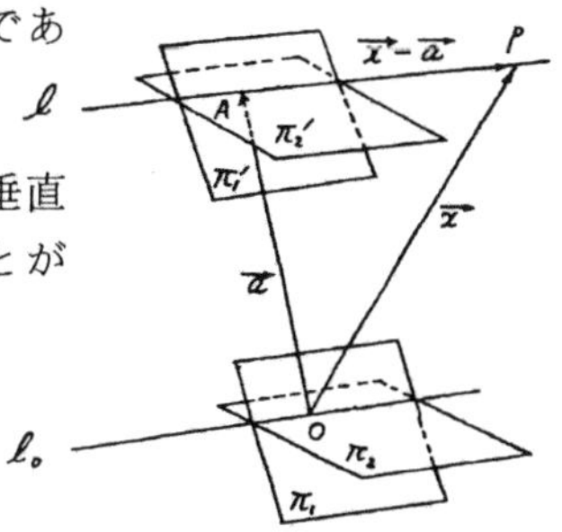

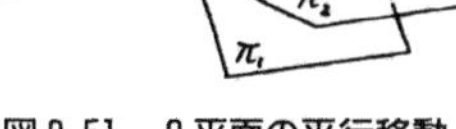

図2.51　2平面の平行移動

点Aから見た直線上の任意の点の位置ベクトル $\vec{x}-\vec{a}$ は $\vec{n_1}$，$\vec{n_2}$ に垂直だから，$\vec{n_1}$ と $(\vec{x}-\vec{a})$ との内積の値と $\vec{n_2}$ と $(\vec{x}-\vec{a})$ との内積の値とがどちらもゼロである．

内積 $\vec{n_1}\cdot(\vec{x}-\vec{a})=0$，$\vec{n_2}\cdot(\vec{x}-\vec{a})=0$ を数ベクトルで表すと

$$\begin{cases} \begin{pmatrix} n_{11} \\ n_{12} \\ n_{13} \end{pmatrix}\cdot\begin{pmatrix} x_1-a_1 \\ x_2-a_2 \\ x_3-a_3 \end{pmatrix}=n_{11}(x_1-a_1)+n_{12}(x_2-a_2)+n_{13}(x_3-a_3)=0 \\ \begin{pmatrix} n_{21} \\ n_{22} \\ n_{23} \end{pmatrix}\cdot\begin{pmatrix} x_1-a_1 \\ x_2-a_2 \\ x_3-a_3 \end{pmatrix}=n_{21}(x_1-a_1)+n_{22}(x_2-a_2)+n_{23}(x_3-a_3)=0 \end{cases}$$

と書ける．直線 l 上のすべての点の座標は，この連立１次方程式をみたす．

一般に，x_1，x_2，x_3 の３元連立１次方程式：

$$\begin{cases} n_{11}x_1+n_{12}x_2+n_{13}x_3=C_1 \text{（定数）} \\ n_{21}x_1+n_{22}x_2+n_{23}x_3=C_2 \text{（定数）} \end{cases}$$

は，数ベクトル $n_1=\begin{pmatrix} n_{11} \\ n_{12} \\ n_{13} \end{pmatrix}$，$n_2=\begin{pmatrix} n_{21} \\ n_{22} \\ n_{23} \end{pmatrix}$ で表せる幾何ベクトル $\vec{n_1}$，$\vec{n_2}$ に垂直な直線を表す．

2.2.3項で具体例を取り上げる．

$n_{11}(x_1-a_1)+n_{12}(x_2-a_2)+n_{13}(x_3-a_3)=0$ は

$n_{11}x_1+n_{12}x_2+n_{13}x_3=\underbrace{n_{11}a_1+n_{12}a_2+n_{13}a_3}_{C_1}$

と書き換えることができる．同様に，

$n_{21}x_1+n_{22}x_2+n_{23}x_3=\underbrace{n_{21}a_1+n_{22}a_2+n_{23}a_3}_{C_2}$

と書ける．

（まとめ）

例　３元連立１次方程式

$$\begin{cases} 2x_1+5x_2+3x_3=C_1 \text{（定数）} \\ -3x_1+2x_2+1x_3=C_2 \text{（定数）} \end{cases}$$

を見たとき

① x_1，x_2，x_3 の係数に着目する．この３元連立１次方程式で表せる直線は，

数ベクトル $\begin{pmatrix} 2 \\ 5 \\ 3 \end{pmatrix}$，$\begin{pmatrix} -3 \\ 2 \\ 1 \end{pmatrix}$ で表せる２個の幾何ベクトルに垂直である．

② 右辺の値に着目する．

- $C_1=0$，$C_2=0$ のとき：この直線は原点を通ると判断する（暗算で $x_1=0$，$x_2=0$，$x_3=0$ のとき右辺が０だとわかる）．
- $C_1\neq0$ または $C_2\neq0$ のとき：暗算で見つけやすい点を一つ見つければよい．x_1，x_2，x_3 のうち１個を０とすると計算が簡単である．たとえば，$C_1=7$，$C_2=-1$ のとき，$x_3=0$ として

「$C_1\neq0$ または $C_2\neq0$」とは？
「少なくとも１式の右辺が０でない」という意味

$$\begin{cases} 2x_1+5x_2=7 \\ -3x_1+2x_2=-1 \end{cases}$$

を解くと，$x_1=1$，$x_2=1$ となるので，点 $(1, 1, 0)$ を通ることがわかる．

［準備４］ 空間内の特定の点

３枚のボール紙に切り込みをつくり，１点で交わるようにこれらを差し込むことができる．しかし，２枚だけでは１点で交わるように差し込むことはできない．実際にボール紙で試すこと．

ADVICE

点のベクトル表示

(1) 原点

(発想) 原点そのものを大きさ（長さ）がゼロの矢印と考えると，幾何ベクトルの特別な場合にあたる．

原点の位置は $\vec{x}=\vec{0}$（零ベクトル）と表せる．原点O(0,0)を位置ベクトルの基準点にする．大きさがゼロの矢印は始点と終点とが一致するので，幾何ベクトル $\vec{0}$ を数ベクトル

$$\mathbf{0}=\begin{pmatrix}\text{Oの }x_1\text{ 座標}-\text{Oの }x_1\text{ 座標}\\ \text{Oの }x_2\text{ 座標}-\text{Oの }x_2\text{ 座標}\\ \text{Oの }x_3\text{ 座標}-\text{Oの }x_3\text{ 座標}\end{pmatrix}=\begin{pmatrix}0-0\\0-0\\0-0\end{pmatrix}$$

で表す．

x_1 成分，x_2 成分，x_3 成分はどれも定数0であり，パラメータはない．

原点は0次元として扱う．

図2.52 原 点

幾何ベクトルを数ベクトルで表すとき，成分は（終点の座標）−（始点の座標）とする．

次元について，3.5節でくわしく扱う

(2) 点A (a_1, a_2, a_3)

(発想) 点Aは，原点を幾何ベクトル $\vec{a}$ だけ平行移動した位置にある．

点Aの位置を表す幾何ベクトル $\vec{x}$ は

$$\vec{x}=\vec{a}$$

と表せる．

他方，点Aの位置を表す数ベクトル $\boldsymbol{x}$ は

$$\boldsymbol{x}=\boldsymbol{a}$$

と表せる．この記号を見たら

$$\begin{pmatrix}x_1\\x_2\\x_3\end{pmatrix}=\begin{pmatrix}a_1\\a_2\\a_3\end{pmatrix}\quad \text{または}\quad \begin{cases}x_1=a_1\\x_2=a_2\\x_3=a_3\end{cases}$$

と考える．ここで，x_1，x_2，x_3 はそれぞれ定数 a_1，a_2，a_3 である．

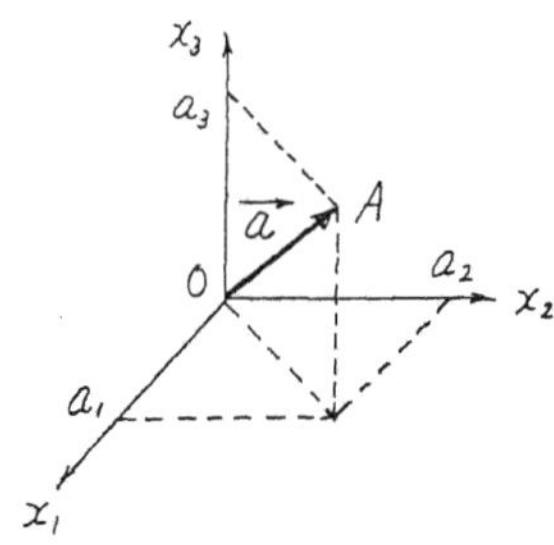

図2.53 特定の点

[探究の指針]
$\vec{x}=\vec{a}$ を丸暗記しないで，つぎのように感覚をみがくトレーニングが肝要である．
① 図を正しく描く．
② この図を見ながら幾何ベクトルどうしの関係を式で表す．

点の方程式

(1) 原点

(発想) 点は3平面の交わりであることに着目する．交点が原点だから，3平面のどれも原点を通っている．

原点を通り $\vec{n_1}$ に垂直な平面 π_1 上の位置を表す幾何ベクトル $\vec{x}$ は，$\vec{n_1}\cdot\vec{x}=0$ をみたす．原点を通り $\vec{n_2}$ に垂直な平面 π_2 上の位置を表す幾何ベクトル $\vec{x}$ は，$\vec{n_2}\cdot\vec{x}=0$ をみたす．原点を通り $\vec{n_3}$ に垂直な平面 π_3 上の位置を表す幾何ベクトル $\vec{x}$ は，$\vec{n_3}\cdot\vec{x}=0$ をみたす．これらの平面の交点を考えているので，3平面内の位置を同じ記号 $\vec{x}$ で表してある．幾何ベクトル $\vec{n_1}$，$\vec{n_2}$，$\vec{n_3}$ をそれぞれ数ベクトル

$$\boldsymbol{n}_1=\begin{pmatrix}n_{11}\\n_{12}\\n_{13}\end{pmatrix},\quad \boldsymbol{n}_2=\begin{pmatrix}n_{21}\\n_{22}\\n_{23}\end{pmatrix}\quad \boldsymbol{n}_3=\begin{pmatrix}n_{31}\\n_{32}\\n_{33}\end{pmatrix}$$

で表すと，内積 $\vec{n_1}\cdot\vec{x}=0$，$\vec{n_2}\cdot\vec{x}=0$，$\vec{n_3}\cdot\vec{x}=0$ は

$$\begin{cases}n_{11}x_1+n_{12}x_2+n_{13}x_3=0\\n_{21}x_1+n_{22}x_2+n_{23}x_3=0\\n_{31}x_1+n_{32}x_2+n_{33}x_3=0\end{cases}$$

2.2.4項で具体例を取り上げる．

内積について1.5.3項参照．

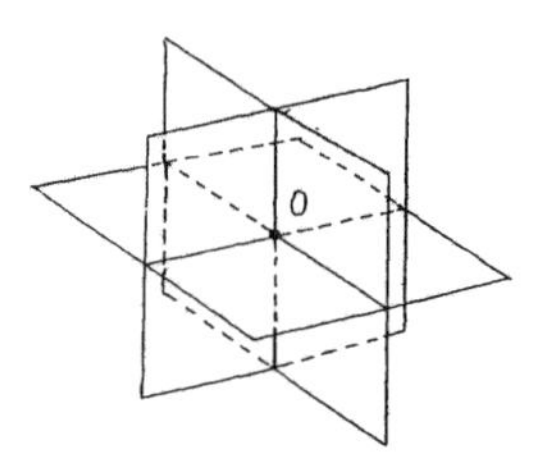

図2.54 原 点

ADVICE

と書ける．原点の座標 (0,0,0) は，この連立 1 次方程式をみたす．

もともと空間は 3 次元の世界である．この世界のどの位置でも取り得るのではなく，三つの方程式で原点に限定した．原点は 0 次元の世界である．つまり，3 次元の世界から 0 (=3−3) 次元の世界に移った．

三つの限定 ⇒ ○−3 3.5.3 項 ADVICE 欄参照

(2)　点 A (a_1, a_2, a_3)

空間内の直線の方程式を思い出すこと．［準備 3］参照

(発想)　点は 3 平面の交わりであることに着目する．交点が点 A だから，3 平面のどれも点 A を通っている．

点 A を通り $\vec{n_1}$ に垂直な平面 π_1 上の位置を表す幾何ベクトル $\vec{x}$ は，$\vec{n_1}\cdot\vec{x}=C_1$ (定数) をみたす．点 A を通り $\vec{n_2}$ に垂直な平面 π_2 上の位置を表す幾何ベクトル $\vec{x}$ は，$\vec{n_2}\cdot\vec{x}=C_2$ (定数) をみたす．点 A を通り $\vec{n_3}$ に垂直な平面 π_3 上の位置を表す幾何ベクトル $\vec{x}$ は，$\vec{n_3}\cdot\vec{x}=C_3$ (定数) をみたす．内積 $\vec{n_1}\cdot\vec{x}=C_1$，$\vec{n_2}\cdot\vec{x}=C_2$，$\vec{n_3}\cdot\vec{x}=C_3$ は

2.2.4 項で具体例を取り上げる．

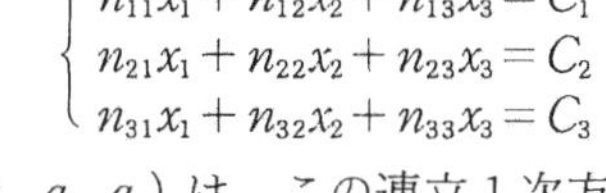

$$\begin{cases} n_{11}x_1+n_{12}x_2+n_{13}x_3=C_1 \\ n_{21}x_1+n_{22}x_2+n_{23}x_3=C_2 \\ n_{31}x_1+n_{32}x_2+n_{33}x_3=C_3 \end{cases}$$

と書ける．点 A の座標 (a_1, a_1, a_3) は，この連立 1 次方程式をみたす．

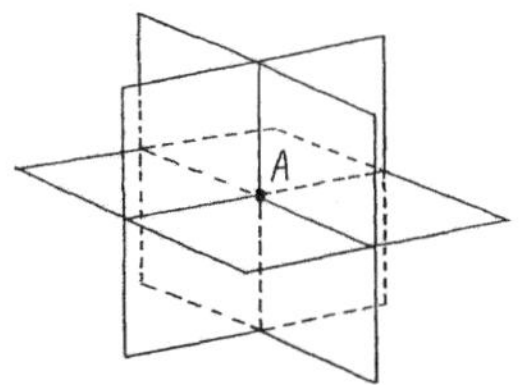

図 2.55　特定の点

自己診断12

12.1　空間内で 2 点を通る直線のベクトル表示

点 (2,1,−3) と 点 (1,−5,0) とを通る直線をベクトル表示せよ．

座標(2,1,-3) 点のベクトル表示 $\begin{pmatrix}2\\1\\-3\end{pmatrix}$

(ねらい)　1 本の直線は，直線が通る点と直線の方向とによって決まることを理解する．直線上の 2 点がわかっているとき，直線の方向はどのように表せるかを考える．

$\vec{x}=\vec{a}+\vec{d}t$

(発想)　自己診断 10.1 と同じ考え方で進める．

(解説)

$$\begin{pmatrix}x_1\\x_2\\x_3\end{pmatrix}=\begin{pmatrix}2\\1\\-3\end{pmatrix}+\begin{pmatrix}-1\\-6\\3\end{pmatrix}t$$

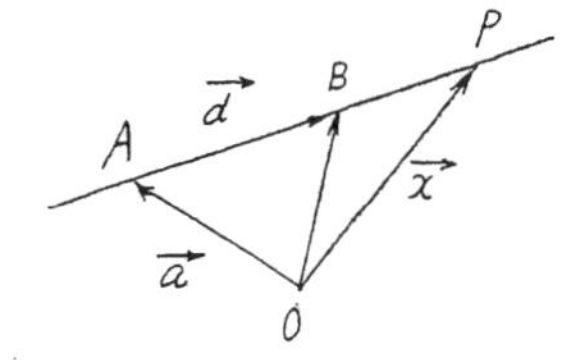

図 2.56　2 点を通る直線

(注意)

$$\overrightarrow{AB}=\overrightarrow{OB}-\overrightarrow{OA}=\begin{pmatrix}1-2\\(-5)-1\\0-(-3)\end{pmatrix}=\begin{pmatrix}-1\\-6\\3\end{pmatrix}$$

の代りに

$$\overrightarrow{BA}=\overrightarrow{OA}-\overrightarrow{OB}=\begin{pmatrix}2-1\\1-(-5)\\(-3)-0\end{pmatrix}=\begin{pmatrix}1\\6\\-3\end{pmatrix}$$

でもよい．

$\begin{pmatrix}2\\1\\-3\end{pmatrix}$ の代りに $\begin{pmatrix}1\\-5\\0\end{pmatrix}$ でもよい．

12.2　空間内の平面の方程式からベクトル表示への書き換え（翻訳）

1 次方程式：$2x_1+3x_2-1x_3=5$ で表せる平面をベクトル表示せよ．

(ねらい)　平面の表し方には，ベクトル表示と方程式との 2 通りある．互いの間で書き換える方法を理解する．

ADVICE

(発想1) 位置ベクトル $\vec{a}$ で表せる点Aを通り，幾何ベクトル $\vec{d_1}$，$\vec{d_2}$ が張る平面を考える．平面内の任意の位置は $\vec{x}=\vec{a}+\vec{d_1}t_1+\vec{d_2}t_2$（$t_1$，$t_2$ は任意の実数）と表せる．

① 平面内の1点を見つける．$\Longrightarrow$ 平面の方程式をみたす x_1，x_2，x_3 を適当に1組見つける．

x_1，x_2，x_3 のうちの2個の値は，計算が簡単になるように選べばよい．$x_3=-5+2x_1+3x_2$ だから，たとえば $x_1=0$，$x_2=0$ とすると $x_3=-5$ となる．したがって，平面は点 $(0,0,-5)$ を通ることがわかる．これ以外の点を見つけてもよい．

② x_1，x_2，x_3 の1次方程式：$n_1x_1+n_2x_2+n_3x_3=C$（定数）は，数ベクトル

$\boldsymbol{n}=\begin{pmatrix}n_1\\n_2\\n_3\end{pmatrix}$ で表せる幾何ベクトル $\vec{n}$ に垂直な平面の方程式である．平面をベクトル表示するためには，平面内の2個の幾何ベクトル $\vec{d_1}$，$\vec{d_2}$ を見つけなければならない（2.2.1項参照）．平面は幾何ベクトル $\vec{n}$ に垂直だから，$\vec{d_1}$，$\vec{d_2}$ も $\vec{n}$ に垂直である．

$\vec{d_1}$ と $\vec{d_2}$ とが張る平面を考える．

$\Longrightarrow$ $\vec{n}$ に垂直な幾何ベクトルを2個だけ見つければよい．

1次方程式 $2x_1+3x_2-1x_3=5$ で表せる平面を $\vec{d_1}$ と $\vec{d_2}$ とが張る平面と考える．

幾何ベクトル $\vec{n}$，$\vec{d}$ をそれぞれ数ベクトル

$$\boldsymbol{n}=\begin{pmatrix}n_1\\n_2\\n_3\end{pmatrix}=\begin{pmatrix}2\\3\\-1\end{pmatrix},\quad \boldsymbol{d}=\begin{pmatrix}d_1\\d_2\\d_3\end{pmatrix}$$

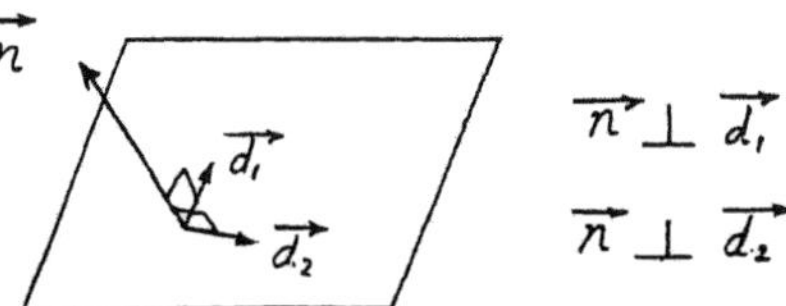

図2.57 $\vec{n}$ に垂直な幾何ベクトル

$\vec{d}$ は $\vec{n}$ に垂直な幾何ベクトルである．

で表す．$\boldsymbol{n}\cdot\boldsymbol{d}=n_1d_1+n_2d_2+n_3d_3=2d_1+3d_2+(-1)d_3=0$ をみたす d_1，d_2，d_3 の値を2組見つける．それぞれの組が $\boldsymbol{d}_1$，$\boldsymbol{d}_2$ にあたる．計算を簡単にするために，$d_1=1$，$d_2=0$ とすると $d_3=2$ となる．$d_1=0$，$d_2=1$ とすると $d_3=3$ となる．どちらも，式をよく見れば暗算ですぐに求まる．これら以外の値を見つけてもよい．

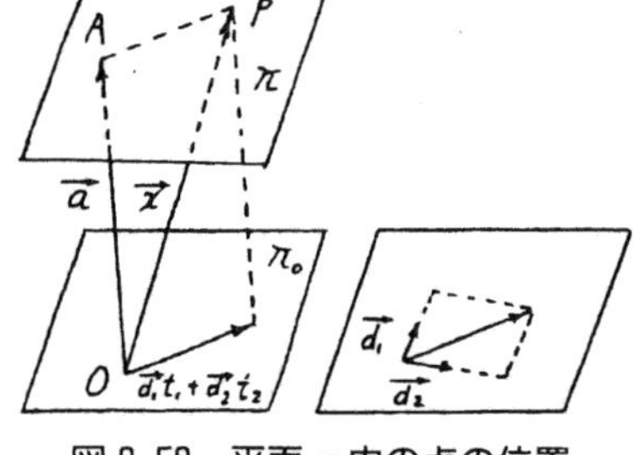

図2.58 平面 π 内の点の位置

(解説1) 数ベクトル $\boldsymbol{d}_1=\begin{pmatrix}1\\0\\2\end{pmatrix}$，$\boldsymbol{d}_2=\begin{pmatrix}0\\1\\3\end{pmatrix}$ で表せる幾何ベクトルを $\vec{d_1}$，$\vec{d_2}$ とする．点 $(0,0,-5)$ を通り，$\vec{d_1}$ と $\vec{d_2}$ との張る平面だから，

$$\begin{pmatrix}x_1\\x_2\\x_3\end{pmatrix}=\begin{pmatrix}0\\0\\-5\end{pmatrix}+\begin{pmatrix}1\\0\\2\end{pmatrix}t_1+\begin{pmatrix}0\\1\\3\end{pmatrix}t_2\quad(t_1,\ t_2\text{ は任意の実数})$$

と表せる．

(発想2) $2x_1+3x_2-1x_3=5$ をみたす x_1，x_2，x_3 が平面内にある点の位置を表すことに着目する．未知数が3個あるのに，方程式が1個しかない．したがって，解は無数にある（不定）．

(解説2) $x_1=t_1$，$x_2=t_2$（t_1，t_2 は任意の実数）とすると，$x_3=-5+2t_1+3t_2$ となる．t_1，t_2 を含む項と定数項とに分けて書くと，平面は

$x_1=t_1$，$x_3=t_3$ として，$x_2=\frac{5}{3}-\frac{2}{3}t_1+\frac{1}{3}t_3$ を考えてもよい．

$x_2=t_2$，$x_3=t_3$ として，$x_1=\frac{5}{2}-\frac{3}{2}t_2+\frac{1}{2}t_3$ を考えてもよい．

$$\begin{pmatrix} x_1 \\ x_2 \\ x_3 \end{pmatrix} = \begin{pmatrix} t_1 \\ t_2 \\ -5+2t_1+3t_2 \end{pmatrix} = \begin{pmatrix} 0 \\ 0 \\ -5 \end{pmatrix} + \begin{pmatrix} 1 \\ 0 \\ 2 \end{pmatrix} t_1 + \begin{pmatrix} 0 \\ 1 \\ 3 \end{pmatrix} t_2 \quad (t_1,\ t_2 \text{ は任意の実数})$$

と表せる.

ADVICE

これらと比べると，本文の表し方は分数を含まないので簡単である.

12.3 空間内の平面のベクトル表示から方程式への書き換え（翻訳）

平面のベクトル表示：

$$\begin{pmatrix} x_1 \\ x_2 \\ x_3 \end{pmatrix} = \begin{pmatrix} 0 \\ 0 \\ -5 \end{pmatrix} + \begin{pmatrix} 1 \\ 0 \\ 2 \end{pmatrix} t_1 + \begin{pmatrix} 0 \\ 1 \\ 3 \end{pmatrix} t_2 \quad (t_1,\ t_2 \text{ は任意の実数})$$

を方程式で表せ.

タテベクトルの第1行，第2行，第3行の順に見ると，成分ごとに整理することができる.

（ねらい） 自己診断 12.2 と同じ.

（発想） 平面の方程式は，平面内の任意の点の x_1 座標，x_2 座標，x_3 座標の間の関係を表す式と考える.

⟹ ベクトル表示の x_1，x_2，x_3 の表式から パラメータ t_1，t_2 を消去して，x_1，x_2，x_3 の間の関係式を表める.

$x_1=t_1$
$x_2=t_2$
$x_3=-5+2t_1+3t_2$

（解説） $x_1=0+1t_1+0t_2$ から $x_1=t_1$ である．$x_2=0+0t_1+1t_2$ から $x_2=t_2$ である．したがって，$x_3=-5+2x_1+3x_2$ である．この式を整理すると，平面の方程式：$2x_1+3x_2-1x_3=5$ になる.

12.4 空間内の 2 平面のなす角

平面 π_1：$1x_1+1x_2+2x_3=1$ と平面 π_2：$2x_1-1x_2+1x_3=5$ とのなす角を求めよ.

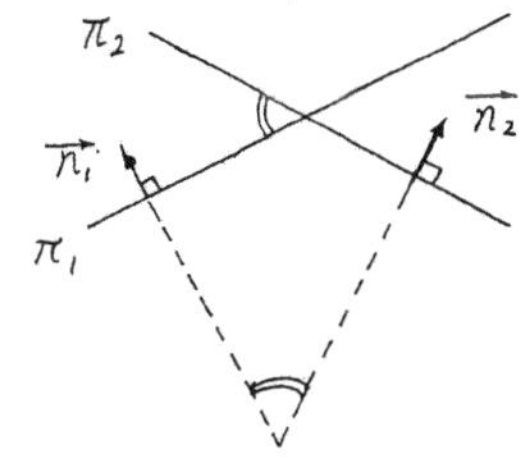

図 2.59　2 平面のなす角

（ねらい） それぞれの平面の方向から互いの位置関係を知る方法を理解する.

（発想） 各平面に垂直な幾何ベクトルどうしのなす角を求めればよい．この角で表せる量を思い出すと，幾何ベクトルどうしの内積に気がつく．幾何ベクトルを表す数ベクトルを考えて，内積を数ベクトルの成分で表せば問題の角が求まる.

（解説） 平面 π_1 に垂直な幾何ベクトル $\vec{n_1}$，平面 π_2 に垂直な幾何ベクトル $\vec{n_2}$ は，それぞれ数ベクトル

$$\boldsymbol{n}_1 = \begin{pmatrix} 1 \\ 1 \\ 2 \end{pmatrix},\quad \boldsymbol{n}_2 = \begin{pmatrix} 2 \\ -1 \\ 1 \end{pmatrix}$$

で表せる．2 平面のなす角を θ とすると，$\vec{n_1}$ と $\vec{n_2}$ との内積から

$\cos\theta = \dfrac{\vec{n_1}\cdot\vec{n_2}}{\|\vec{n_1}\|\|\vec{n_2}\|}$ と書ける．これを数ベクトルの成分で表すと，

$$\cos\theta = \frac{1\cdot 2+1\cdot(-1)+2\cdot 1}{\sqrt{1^2+1^2+2^2}\sqrt{2^2+(-1)^2+1^2}} = \frac{3}{\sqrt{6}\sqrt{6}} = \frac{1}{2}$$

ベクトルの大きさ（「ノルム」という）を記号‖ ‖で表す．ふつうの数の大きさは，記号｜ ｜で表す．これらの記号について p.78 自己診断 6.1 参照.

内積
$\vec{n}_1\cdot\vec{n}_2 = \|\vec{n}_1\|\|\vec{n}_2\|\cos\theta$

$\boldsymbol{n}_1\cdot\boldsymbol{n}_2 = \begin{pmatrix} 1 \\ 1 \\ 2 \end{pmatrix}\cdot\begin{pmatrix} 2 \\ -1 \\ 1 \end{pmatrix}$

$\dfrac{3}{\sqrt{6}\sqrt{6}} = \dfrac{3}{6}$

$\cos 60^\circ = \dfrac{1}{2}$

ADVICE

となるので，$\theta=60^\circ$ である．

12.5　2平面の交わり

(1)　点A $(5,4,-2)$ を通り，$\boldsymbol{d}=\begin{pmatrix}2\\-1\\3\end{pmatrix}$ で表せる幾何ベクトル $\overrightarrow{d}$ に平行な直線をベクトル表示せよ．

(2)　直線を2平面の交わりとみなすことによって，(1)の直線のベクトル表示を方程式で表すことができる．つぎのそれぞれの方法で，2平面の方程式を見つけよ．

(a)　平面に垂直な幾何ベクトルを見つける．

(b)　(1)のベクトル表示の媒介変数を消去する．

(3)　3元1次方程式が二つしかないとき解が無数に存在するのはなぜか？ (2)を例として説明せよ．

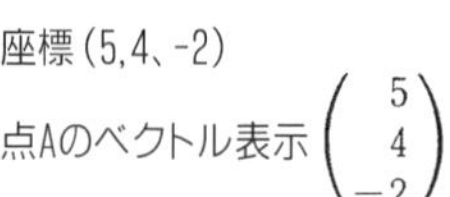

座標(5,4,-2)
点Aのベクトル表示 $\begin{pmatrix}5\\4\\-2\end{pmatrix}$

「媒介変数」について
［注意4］参照．

(ねらい)　① 3元1次方程式が二つしかないとき，これらをみたす解が無数に存在する事情を幾何の観点から理解する．② 2平面の交わりは1直線になる．特定の直線は，どんな2平面の交わりなのかを考える方法を理解する．

(発想)　(2)　(a)　自己診断12.2の(発想1)と同じ考え方で解く．

(b)　自己診断12.2の(発想2)と同じ考え方で解く．

(解説)

(1)　直線上の任意の点の位置ベクトルを $\boldsymbol{x}=\begin{pmatrix}x_1\\x_2\\x_3\end{pmatrix}$ とする．直線のベクトル表示は

$$\begin{pmatrix}x_1\\x_2\\x_3\end{pmatrix}=\begin{pmatrix}5\\4\\-2\end{pmatrix}+\begin{pmatrix}2\\-1\\3\end{pmatrix}t \quad (t\text{ は任意の実数})$$

である．

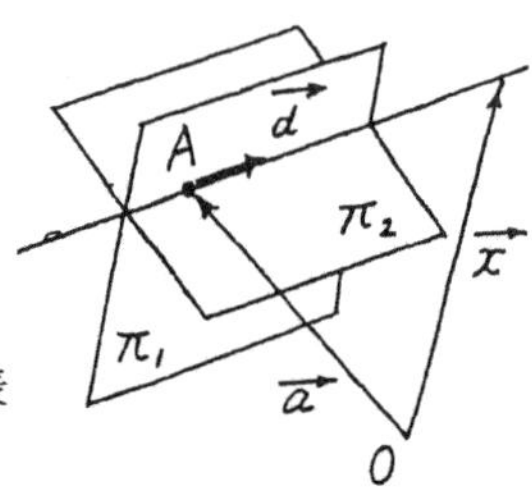

図2.60　直線のベクトル表示

(2)　(a)　幾何ベクトル $\overrightarrow{d}$ に垂直な幾何ベクトルを2個見つける．点Aを通り，それぞれの幾何ベクトルに垂直な平面の方程式をつくる．

$\overrightarrow{d}\perp\overrightarrow{n_1}$ だから

$$\begin{aligned}\boldsymbol{d}\cdot\boldsymbol{n}_1&=\begin{pmatrix}2\\-1\\3\end{pmatrix}\cdot\begin{pmatrix}n_{11}\\n_{12}\\n_{13}\end{pmatrix}\\&=2n_{11}+(-1)n_{12}+3n_{13}\\&=0\end{aligned}$$

である．$\overrightarrow{d}\perp\overrightarrow{n_2}$ だから

$$\begin{aligned}\boldsymbol{d}\cdot\boldsymbol{n}_2&=\begin{pmatrix}2\\-1\\3\end{pmatrix}\cdot\begin{pmatrix}n_{21}\\n_{22}\\n_{23}\end{pmatrix}\\&=2n_{21}+(-1)n_{22}+3n_{23}\\&=0\end{aligned}$$

である．簡単のために，$n_{11}=1$，$n_{12}=2$，$n_{13}=0$，$n_{21}=0$，$n_{22}=3$，$n_{23}=1$ を選ぶ．

(1)の直線は，2平面：

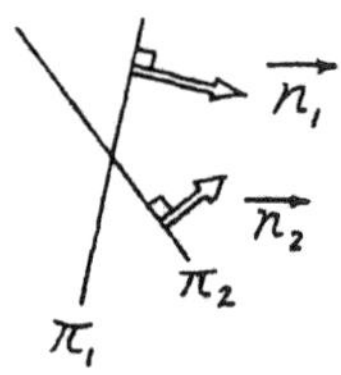

図2.61　$\overrightarrow{d}$ に垂直な幾何ベクトル

幾何ベクトル $\overrightarrow{n_1}$，$\overrightarrow{n_2}$ を表す数ベクトルを $\boldsymbol{n}_1=\begin{pmatrix}n_{11}\\n_{12}\\n_{13}\end{pmatrix}$，$\boldsymbol{n}_2=\begin{pmatrix}n_{21}\\n_{22}\\n_{23}\end{pmatrix}$ とする．

$\overrightarrow{n_1}$，$\overrightarrow{n_2}$ の選び方は無数にある．

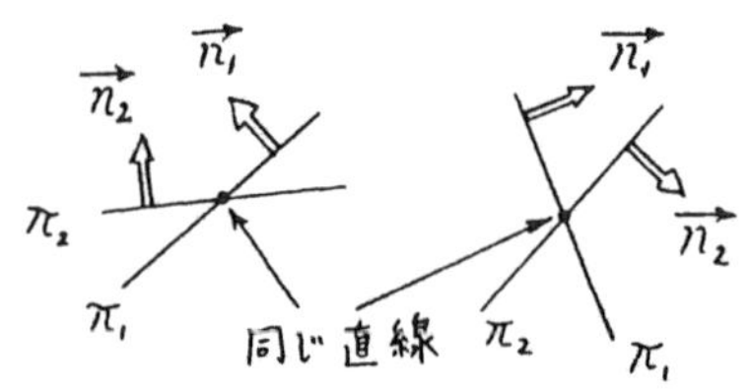

図2.62　$\overrightarrow{n_1}$，$\overrightarrow{n_2}$ の選び方

$$\begin{cases} 1(x_1-5)+2(x_2-4)=0 \\ 3(x_2-4)+1[x_3-(-2)]=0 \end{cases}$$

の交わりとみなせる．

(b) (1)から，

$$\begin{cases} x_1=5+2t \\ x_2=4-1t \quad (t\text{ は任意の実数}) \\ x_3=-2+3t \end{cases}$$

である．

x_1 と x_2 との関係は $1x_1+2x_2=13$ と表せる．x_2 と x_3 との関係は $3x_2+1x_3=10$ と表せる．したがって，(1)の直線は 2 平面：

$$\begin{cases} 1x_1+2x_2=13 \\ 3x_2+1x_3=10 \end{cases}$$

の交わりとみなせる．

(3) 3 元 1 次方程式は一つの平面を表す．二つの 3 元 1 次方程式をみたす解の集合は，二つの平面の交線上の点の集まりである．

[注意 4] パラメータとは（高校数学とのちがい）

高校数学では，たとえば，点A (5, 4, −2) を通り，$\boldsymbol{d}=\begin{pmatrix} 2 \\ -1 \\ 3 \end{pmatrix}$ で表せる幾何ベクトル $\vec{d}$ に平行な直線を

$$\frac{x_1-5}{2}=\frac{x_2-4}{-1}=\frac{x_3+2}{3}$$

と表し，この式を「直線の方程式」とよんでいる．問(1)のベクトル表示：$\begin{pmatrix} x_1 \\ x_2 \\ x_3 \end{pmatrix}=\begin{pmatrix} 5 \\ 4 \\ -2 \end{pmatrix}+\begin{pmatrix} 2 \\ -1 \\ 3 \end{pmatrix}t$ (t は任意の実数) からパラメータ t を消去すると，$\frac{x_1-5}{2}=\frac{x_2-4}{-1}=\frac{x_3+2}{3}$ となる．ベクトル表示の式は，図を描いてみると簡単に書ける．t を消去した式を機械的に暗記するのではなく，はじめにベクトル表示を書き，必要であれば t を消去するとよい．

3.5.3 項で次元を考えるとき，直線のベクトル表示，平面のベクトル表示のパラメータの個数が重要である．あとの探究のために，本問ではパラメータ t を消去しないでベクトル表示のまま扱った．

「パラメータ」という用語の意味

① 変数どうしを関係付ける橋渡しの役目を果たす「媒介変数」

例1 直線 $t=\frac{x_1-5}{2}=\frac{x_2-4}{-1}=\frac{x_3+2}{3}$ t は x_1，x_2，x_3 を関係付ける．

例2 円 $x_1=\cos\theta$，$x_2=\sin\theta$ θ は x_1 と x_2 とを関係付ける．

② 関数を表す式の中で一定の値のまま扱う変数

例 比例 $y=ax$

一つのグラフの中では a は定数（a の値は一定）である．しかし，a の値を変えて別のグラフを考えることができるという意味で，a は変数とも

ADVICE

幾何ベクトル $\overrightarrow{\mathrm{OA}}$ を表す数ベクトルを $\boldsymbol{a}$ とする．

2 平面は
$\boldsymbol{n}_1\cdot(\boldsymbol{x}-\boldsymbol{a})=0$
$\boldsymbol{n}_2\cdot(\boldsymbol{x}-\boldsymbol{a})=0$
と表せる．これらを具体的に書くと，
$1(x_1-5)+2(x_2-4)+0[x_3-(-2)]=0$,
$0(x_1-5)+3(x_2-4)+1[x_3-(-2)]=0$
となる．

$t=-x_2+4$ を $x_1=5+2t$，$x_3=-2+3t$ に代入する．
$x_1=5+2(-x_2+4)$ から
$1x_1+2x_2=13$,
$x_3=-2+3(-x_2+4)$ から
$3x_2+1x_3=10$
となる．

高校数学では，変数を x，y，z で表すが，ここでは x_1，x_2，x_3 を使った．これらの添字（番号）を見ると変数が何個あるかがわかりやすいからである．

ベクトル表示を「媒介変数表示」ということもある．

$t=\frac{x_1-5}{2}$
$=\frac{x_2-4}{-1}$
$=\frac{x_3+2}{3}$
だが，$t=\cdots$ と書かない限り t は見えない．一方，ベクトル表示は必ず t を含んでいる．

「パラメータ」という用語には，いろいろな意味がある．

半径の大きさが 1 の円を考える．x_1 軸の正の側から反時計まわりに測った角を θ とする．この円周上の点の x_1 座標と x_2 座標との表し方を考える．

いえる．パラメータ a は，定数だが変数のように振る舞うので二面相である．

12.6　空間内の直線と３元連立１次方程式との関係

(1)　点 A $(-2, 2, 1)$ を通り，数ベクトル $\boldsymbol{d}_1=\begin{pmatrix}1\\2\\3\end{pmatrix}$ で表せる幾何ベクトル $\overrightarrow{d_1}$ に平行な直線 l_1 をベクトル表示せよ．

(2)　点 B $(1, -3, 0)$ を通り，数ベクトル $\boldsymbol{d}_2=\begin{pmatrix}-2\\-1\\1\end{pmatrix}$ で表せる幾何ベクトル $\overrightarrow{d_2}$ に平行な直線 l_2 をベクトル表示せよ．

(3)　直線 l_1 と直線 l_2 とに垂直に交わる直線 l_3 をベクトル表示せよ．

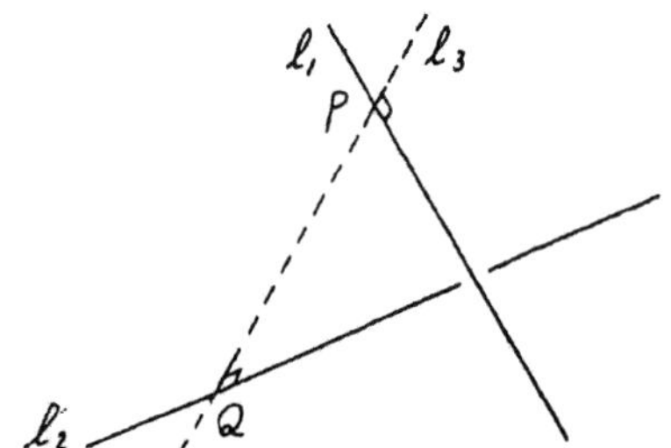

直線 l_1 と直線 l_3 との交点を P，直線 l_2 と直線 l_3 との交点を Q とする．

図 2.63　直線 l_1 と直線 l_2 とに垂直に交わる直線 l_3

(4)　空間内の点は３平面の交わりとみなせる．一つの平面は１個の３元１次方程式で表せる．したがって，直線 l_1 と 直線 l_3 との交点は，３個の３元１次方程式をみたす．

他方，直線は２平面の交わりとみなせる．したがって，直線 l_1 は２個の３元１次方程式をみたす点の集まりである．同様に，直線 l_3 も２個の３元１次方程式をみたす点の集まりである．両方の直線について４個の３元１次方程式がある．

直線 l_1 と直線 l_3 との交点は，４個の３元１次方程式をみたすことになる．これでは，３元１次方程式が１個多いように思える．どのように考えたらよいか？

(ねらい)　「空間内の点は３平面の交わりとみなせる」「直線は２平面の交わりとみなせる」という幾何を３元連立１次方程式と結びつけて理解する．

(発想)　(1)，(2)，(3)は自己診断 12.5 と同じ考え方で進める．(4)では２直線が交わるのはどんな場合かを考える．

(解説)

(1)　$\begin{pmatrix}x_1\\x_2\\x_3\end{pmatrix}=\begin{pmatrix}-2\\2\\1\end{pmatrix}+\begin{pmatrix}1\\2\\3\end{pmatrix}t_1$　（t_1 は任意の実数）

(2)　$\begin{pmatrix}x_1\\x_2\\x_3\end{pmatrix}=\begin{pmatrix}1\\-3\\0\end{pmatrix}+\begin{pmatrix}-2\\-1\\1\end{pmatrix}t_2$　（t_2 は任意の実数）

ADVICE

$y=2x$ のグラフでは，傾きの値はつねに 2 である．しかし，$y=3x$，$y=5x$ のように，傾きのちがうグラフも考えることができる．

座標 $(-2,2,1)$
点Aのベクトル表示
$\begin{pmatrix}-2\\2\\1\end{pmatrix}$

[注意]　「直線 l_1 と直線 l_2 とに垂直な直線 l_3」というだけでは直線 l_1，l_2 に交わるとは限らない．

直線 l_3 の求め方

直線 l_3 に平行な幾何ベクトルを数ベクトル $\boldsymbol{n}=\begin{pmatrix}n_1\\n_2\\n_3\end{pmatrix}$ で表す．

$\boldsymbol{n}\cdot\boldsymbol{d}_1=\begin{pmatrix}n_1\\n_2\\n_3\end{pmatrix}\cdot\begin{pmatrix}1\\2\\3\end{pmatrix}=0$，

$\boldsymbol{n}\cdot\boldsymbol{d}_2=\begin{pmatrix}n_1\\n_2\\n_3\end{pmatrix}\cdot\begin{pmatrix}-2\\-1\\1\end{pmatrix}=0$

から，$n_1=-\dfrac{5}{7}t$，$n_2=t$，$n_3=-\dfrac{3}{7}t$ となる．したがって，直線 l_3 の方向は $\begin{pmatrix}-5\\7\\-3\end{pmatrix}$ で表せることがわかる．しかし，どの点を通るかということも指定しないと，直線 l_3 は１本に限定することができない（2.1.1 項［準備 2］）．たとえば点 $(2, -3, 1)$ を通ると，直線 l_3 のベクトル表示は

$\begin{pmatrix}x_1\\x_2\\x_3\end{pmatrix}=\begin{pmatrix}2\\-3\\1\end{pmatrix}+\begin{pmatrix}-5\\7\\-3\end{pmatrix}t$

である．

ADVICE

(3) 直線 l_3 は点Pを通り，$\overrightarrow{PQ}$ に平行だから，点Pの座標と $\overrightarrow{PQ}$ を表す数ベクトルとを求める．(1)から，点Pの座標は $(-2+1t_1,\ 2+2t_1,\ 1+3t_1)$ である．(2)から，点Qの座標は $(1-2t_2,\ -3-1t_2,\ 1t_2)$ である．幾何ベクトル $\overrightarrow{PQ}$ を表す数ベクトルは

$$\boldsymbol{n}=\begin{pmatrix}(1-2t_2)-(-2+1t_1)\\(-3-1t_2)-(2+2t_1)\\\underbrace{1t_2}_{\text{終点Q}}\ -\underbrace{(1+3t_1)}_{\text{始点P}}\end{pmatrix}=\begin{pmatrix}-1t_1-2t_2+3\\-2t_1-1t_2-5\\-3t_1+1t_2-1\end{pmatrix}$$

と表せる．

直線 l_1 と直線 l_3 とが垂直だから $\overrightarrow{PQ}\cdot\vec{d_1}=0$ である．直線 l_2 と直線 l_3 とが垂直だから $\overrightarrow{PQ}\cdot\vec{d_2}=0$ である．これらは

$$\begin{cases}\boldsymbol{n}\cdot\boldsymbol{d}_1=\begin{pmatrix}-1t_1-2t_2+3\\-2t_1-1t_2-5\\-3t_1+1t_2-1\end{pmatrix}\cdot\begin{pmatrix}1\\2\\3\end{pmatrix}=0\\ \boldsymbol{n}\cdot\boldsymbol{d}_2=\begin{pmatrix}-1t_1-2t_2+3\\-2t_1-1t_2-5\\-3t_1+1t_2-1\end{pmatrix}\cdot\begin{pmatrix}-2\\-1\\1\end{pmatrix}=0\end{cases}$$

と表せる．これらを整理すると，2元連立1次方程式：

$$\begin{cases}-14t_1-1t_2=10\\ \quad 1t_1+6t_2=\ 2\end{cases}$$

となる．これを解くと，

$$\begin{cases}t_1=-\dfrac{62}{83}\\ t_2=\dfrac{38}{83}\end{cases}$$

となる．したがって，

点Pの座標は $\left(-\dfrac{228}{83},\dfrac{42}{83},-\dfrac{103}{83}\right)$，点Qの座標は $\left(\dfrac{7}{83},-\dfrac{287}{83},\dfrac{38}{83}\right)$，

$\boldsymbol{n}=\begin{pmatrix}\dfrac{235}{83}\\-\dfrac{329}{83}\\\dfrac{141}{83}\end{pmatrix}$ である．直線 l_3 のベクトル表示は

$$\begin{pmatrix}x_1\\x_2\\x_3\end{pmatrix}=\begin{pmatrix}-\dfrac{228}{83}\\\dfrac{42}{83}\\-\dfrac{103}{83}\end{pmatrix}+\begin{pmatrix}\dfrac{235}{83}\\-\dfrac{329}{83}\\\dfrac{141}{83}\end{pmatrix}t_3\quad(t_3\text{ は任意の実数})$$

である．

$t_3=1$ を選ぶと，点Qの位置ベクトル $\begin{pmatrix}\dfrac{7}{83}\\-\dfrac{287}{83}\\\dfrac{38}{83}\end{pmatrix}$ を表すことが確認できる．

補足 直線 l_3 は点Qを通り，$\overrightarrow{PQ}$ に平行だから，

$$\begin{pmatrix}x_1\\x_2\\x_3\end{pmatrix}=\begin{pmatrix}\dfrac{7}{83}\\-\dfrac{287}{83}\\\dfrac{38}{83}\end{pmatrix}+\begin{pmatrix}\dfrac{235}{83}\\-\dfrac{329}{83}\\\dfrac{141}{83}\end{pmatrix}t_4\quad(t_4\text{ は任意の実数})$$

$t_4=-1$ を選ぶと，点Pの位置ベクトル $\begin{pmatrix}-\dfrac{228}{83}\\\dfrac{42}{83}\\-\dfrac{103}{83}\end{pmatrix}$ を表すことが確認できる．

ADVICE

と表してもよい．

(4)　直線 l_1 は2平面の交わりである．2平面のうち一方が直線 l_3 を含まないと直線 l_1 と直線 l_3 とは交わらない．

2.2.2　方程式が1個の場合

未知数が3個あるのに，方程式が1個しかない場合を考えてみよう．これも3元連立1次方程式の特別な場合と考える．2.2.3項で方程式が2個の場合に進め，2.2.4項で方程式が3個の場合を扱う．3元1次方程式には，空間内の平面（2.2.1項参照）という幾何の意味がある．方程式が2個になると，解が平面で表せる場合だけでなく，直線で表せる場合もある．方程式が3個あると，解が平面で表せる場合，直線で表せる場合のほかに，一つの点で表せる場合もある．

2.1.2項と比べながら理解すること．

例aと例b
係数が同じであっても定数項が異なる場合，解どうしも似ているのだろうか？

	a. 斉次方程式	**b.** 非斉次方程式
例	$1x_1+1x_2+1x_3=0$	$1x_1+1x_2+1x_3=1$
解	$\begin{cases} x_1=-t_1-t_2 \\ x_2=\quad t_1 \\ x_3=\qquad t_2 \end{cases}$ （t_1，t_2 は任意の実数） となり，解は無数にある（不定）．	$\begin{cases} x_1=1-t_1-t_2 \\ x_2=\quad t_1 \\ x_3=\qquad t_2 \end{cases}$ （t_1，t_2 は任意の実数） となり，解は無数にある（不定）．
解のベクトル表示	$\begin{pmatrix} x_1 \\ x_2 \\ x_3 \end{pmatrix}=\begin{pmatrix} -1 \\ 1 \\ 0 \end{pmatrix}t_1+\begin{pmatrix} -1 \\ 0 \\ 1 \end{pmatrix}t_2$	$\begin{pmatrix} x_1 \\ x_2 \\ x_3 \end{pmatrix}$ $=\begin{pmatrix} 1 \\ 0 \\ 0 \end{pmatrix}+\begin{pmatrix} -1 \\ 1 \\ 0 \end{pmatrix}t_1+\begin{pmatrix} -1 \\ 0 \\ 1 \end{pmatrix}t_2$
解の幾何的意味	空間内で原点とほかの2点を通り，数ベクトル $\boldsymbol{d}_1=\begin{pmatrix} -1 \\ 1 \\ 0 \end{pmatrix}$，$\boldsymbol{d}_2=\begin{pmatrix} -1 \\ 0 \\ 1 \end{pmatrix}$ で表せる幾何ベクトル $\overrightarrow{d_1}$，$\overrightarrow{d_2}$ の張る平面 π_0 のベクトル表示になっている． $\Longrightarrow$ $\boldsymbol{x}=\boldsymbol{d}_1t_1+\boldsymbol{d}_2t_2$ で表せる平面内のすべての点が方程式aの解である．	数ベクトル $\boldsymbol{a}=\begin{pmatrix} 1 \\ 0 \\ 0 \end{pmatrix}$ で表せる位置 $\overrightarrow{a}$［点(1, 0, 0,)］を通り，数ベクトル $\boldsymbol{d}_1=\begin{pmatrix} -1 \\ 1 \\ 0 \end{pmatrix}$，$\boldsymbol{d}_2=\begin{pmatrix} -1 \\ 0 \\ 1 \end{pmatrix}$ で表せる幾何ベクトル $\overrightarrow{d_1}$，$\overrightarrow{d_2}$ の張る平面 π のベクトル表示になっている． $\Longrightarrow$ $\boldsymbol{x}=\boldsymbol{a}+\boldsymbol{d}_1t_1+\boldsymbol{d}_2t_2$ で表せる平面内のすべての点が方程式bの解である．

3個の未知数のうち2個（たとえば，x_2 と x_3）は勝手な値が取れる．これら以外の未知数（x_1）は，x_2 の値と x_3 の値とが決まっているという制約のもとで限られた値しか取れない．

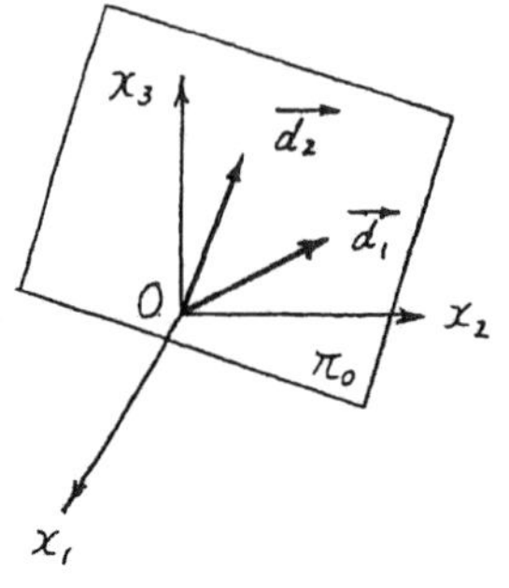

図2.64　例　a

解のみたす方程式	方程式aを内積の形で $\begin{pmatrix}1\\1\\1\end{pmatrix}\cdot\begin{pmatrix}x_1\\x_2\\x_3\end{pmatrix}=0$ と書き直ことができる．この式は，空間内で原点を通り数ベクトル $\boldsymbol{n}=\begin{pmatrix}1\\1\\1\end{pmatrix}$ で表せる幾何ベクトル $\vec{n}$ に垂直な平面 π_0 の方程式になっている． $\Longrightarrow 1x_1+1x_2+1x_3=0$ で表せる平面内のすべての点が方程式aの解である．	方程式bを内積の形で $\begin{pmatrix}1\\1\\1\end{pmatrix}\cdot\begin{pmatrix}x_1-1\\x_2-0\\x_3-0\end{pmatrix}=0$ と書き直すことができる．この式は，点 (1, 0, 0) を通り，数ベクトル $\boldsymbol{n}=\begin{pmatrix}1\\1\\1\end{pmatrix}$ で表せる幾何ベクトル $\vec{n}$ に垂直な平面 π の方程式になっている． $\Longrightarrow 1x_1+1x_2+1x_3=1$ で表せる平面内のすべての点が方程式bの解である． ● 平面のベクトル表示で $t_1=0$, $t_2=0$ を選べば，この平面は点 (1, 0, 0) を通ることがわかる．ほかの値を選ぶと，点 (1, 0, 0) 以外で平面を通る点が見つかる．

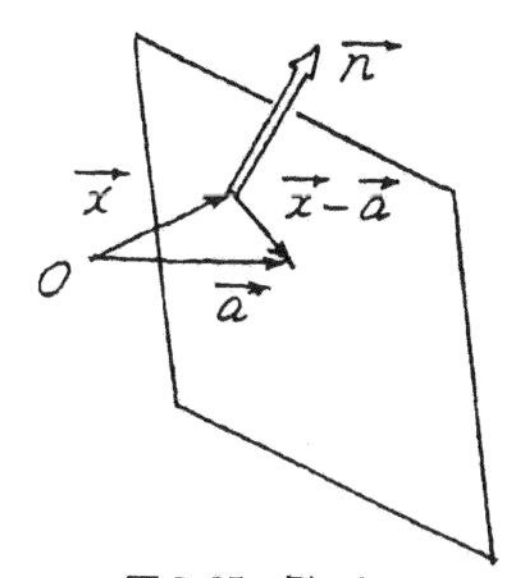

図 2.65　例　b

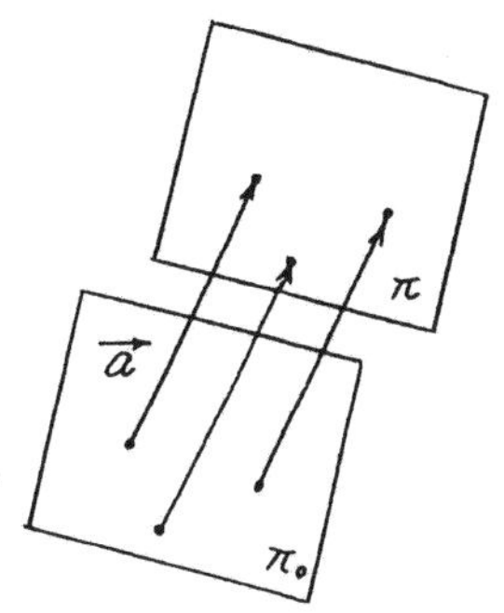

図 2.66　平面 π_0 の平行移動

例a参照

非斉次方程式の一般解＝(非斉次方程式の特殊解)＋(斉次方程式の一般解)

$$\begin{pmatrix}1\\0\\0\end{pmatrix} \qquad \begin{pmatrix}-1\\1\\0\end{pmatrix}t_1+\begin{pmatrix}-1\\0\\1\end{pmatrix}t_2$$

$$\Uparrow$$

重ね合わせの原理：非斉次方程式の一般解は
非斉次方程式の特殊解と斉次方程式の一般解とを重ね合わせた形で表せる．
斉次方程式の解を表す平面 π_0 を平行移動すると，非斉次方程式の解を表す平面 π になる．

$$\begin{array}{rl} A\boldsymbol{x}_0 & =0 \\ +)\quad A\boldsymbol{x}_1 & =b \\ \hline A(\underbrace{\boldsymbol{x}_0+\boldsymbol{x}_1}_{\boldsymbol{x}}) & =b \end{array}$$

マトリックスの線型性によって重ね合わせが成り立っている（0.2.4 項参照）．

$A=(1\ 1\ 1)$
$b=1$
$\boldsymbol{x}_0=\begin{pmatrix}-1\\1\\0\end{pmatrix}t_1+\begin{pmatrix}-1\\0\\1\end{pmatrix}t_2$
$\boldsymbol{x}_1=\begin{pmatrix}1\\0\\0\end{pmatrix}$
$x_1=1$, $x_2=0$, $x_3=0$ は「$t_1=0, t_2=0$ の場合にあたる」という意味で特殊解である．

2.2.3　方程式が 2 個の場合

3 個の未知数に対して，方程式が 2 個ある場合を考えてみよう．方程式が 1 個の場合と比べると，3 個の未知数の値を決める制約条件が多い．このため，解が空間内の平面から直線に限定される場合がある．**斉次方程式**（2 個の方程式の定数項がどちらも 0）と**非斉次方程式**（少なくとも一つの方程式の定数項が 0 でない）とに分けて，この事情を考えてみる．

2.1.3 項と比べて理解すること．
p. 153 ADVICE 欄参照．

	c. 斉次方程式	**d.** 斉次方程式
例	$\begin{cases}1x_1+1x_2+1x_3=0\\2x_1+2x_2+2x_3=0\end{cases}$	$\begin{cases}1x_1+1x_2+1x_3=0\\2x_1+3x_2-1x_3=0\end{cases}$

解	実質的に1個の方程式 $1x_1+1x_2+1x_3=0$ だけだから， $\begin{cases} x_1=-t_1-t_2 \\ x_2=\quad t_1 \\ x_3=\qquad t_2 \end{cases}$ （t_1，t_2 は任意の実数） となり，解は無数にある（不定）．	Gauss-Jordan の消去法で解くと $\begin{cases} x_1=-4t \\ x_2=\quad 3t \\ x_3=\quad t \end{cases}$ （t は任意の実数） となり，解は無数にある（不定）．
解のベクトル表示	2.2.2項の例aとまったく同じ	$\begin{pmatrix} x_1 \\ x_2 \\ x_3 \end{pmatrix}=\begin{pmatrix} -4 \\ 3 \\ 1 \end{pmatrix}t$
解の幾何的意味	2.2.2項の例aとまったく同じ	解が原点 $(0,0,0)$ を通る直線 l_0 のベクトル表示になっている（$t=0$ は原点）．
解のみたす方程式	2.2.2項の例aとまったく同じ	平面 π_1：$1x_1+1x_2+1x_3=0$ と平面 π_2：$2x_1+3x_2-1x_3=0$ との交わりが原点を通る直線 l_0 になる．

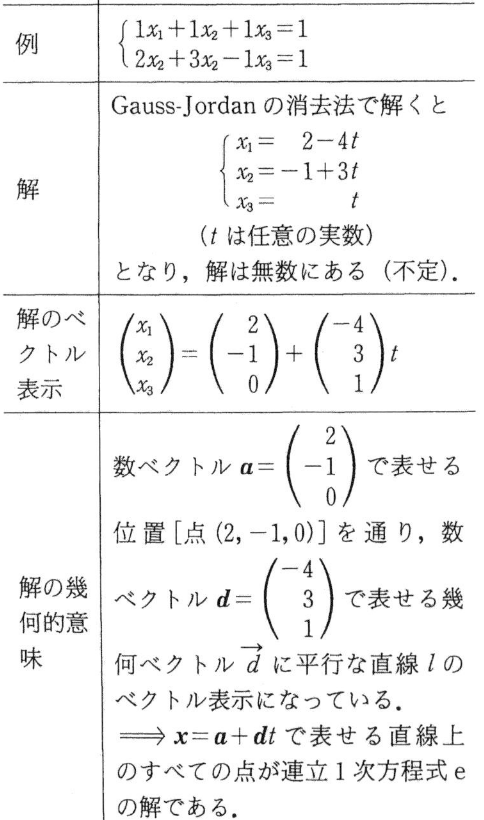

	e．非斉次方程式
例	$\begin{cases} 1x_1+1x_2+1x_3=1 \\ 2x_2+3x_2-1x_3=1 \end{cases}$
解	Gauss-Jordan の消去法で解くと $\begin{cases} x_1=\quad 2-4t \\ x_2=-1+3t \\ x_3=\qquad t \end{cases}$ （t は任意の実数） となり，解は無数にある（不定）．
解のベクトル表示	$\begin{pmatrix} x_1 \\ x_2 \\ x_3 \end{pmatrix}=\begin{pmatrix} 2 \\ -1 \\ 0 \end{pmatrix}+\begin{pmatrix} -4 \\ 3 \\ 1 \end{pmatrix}t$
解の幾何的意味	数ベクトル $\boldsymbol{a}=\begin{pmatrix} 2 \\ -1 \\ 0 \end{pmatrix}$ で表せる位置［点 $(2,-1,0)$］を通り，数ベクトル $\boldsymbol{d}=\begin{pmatrix} -4 \\ 3 \\ 1 \end{pmatrix}$ で表せる幾何ベクトル $\vec{d}$ に平行な直線 l のベクトル表示になっている． $\Longrightarrow$ $\boldsymbol{x}=\boldsymbol{a}+\boldsymbol{d}t$ で表せる直線上のすべての点が連立1次方程式eの解である．

つぎのような問題と見ることもできる．

問　平面 π_1：$1x_1+1x_2+1x_3=1$ と平面 π_2：$2x_1+3x_2-1x_3=1$ との交線をベクトル表示せよ．

解　$\begin{pmatrix} x_1 \\ x_2 \\ x_3 \end{pmatrix}=\begin{pmatrix} 2 \\ -1 \\ 0 \end{pmatrix}+\begin{pmatrix} -4 \\ 3 \\ 1 \end{pmatrix}t$

ADVICE

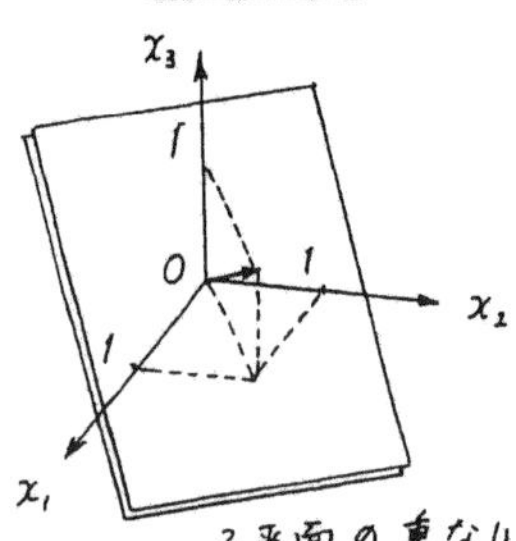

図2.67　例　c

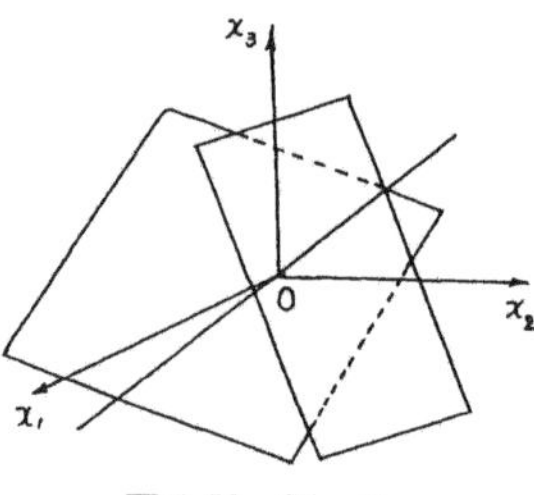

図2.68　例　d

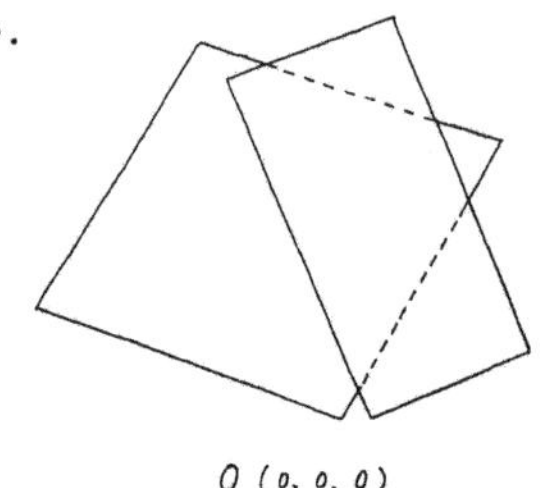

図2.69　例　e

例dと例e
係数が同じであっても定数項が異なる場合，解どうしも似ているのだろうか？

$1x_1+1x_2+1x_3=0$（例c）と $1x_1+1x_2+1x_3=1$（例e）とはどちらも数ベクトル $\begin{pmatrix} 1 \\ 1 \\ 1 \end{pmatrix}$ で表せる幾何ベクトルに垂直だから，一方の平面を平行移動すると他方の平面になる．
$2x_1+3x_2-1x_3=0$（例d）と $2x_1+3x_2-1x_3=1$（例e）とについても同様である．

例dの2平面の交線を $\begin{pmatrix} 2 \\ -1 \\ 0 \end{pmatrix}$ の方向に平行移動すると，例eの2平面の交線になる．

解のみたす方程式	平面 π_1：$1x_1+1x_2+1x_3=1$ と平面 π_2：$2x_1+3x_2-1x_3=1$ との交わりは点 $(2,-1,0)$ を通る直線になる．

非斉次方程式の一般解＝(非斉次方程式の特殊解)＋(斉次方程式の一般解)

$$\begin{pmatrix}2\\-1\\0\end{pmatrix} \qquad \begin{pmatrix}-4\\3\\1\end{pmatrix}t$$

⇑

重ね合わせの原理：非斉次方程式の一般解は
非斉次方程式の特殊解と斉次方程式の一般解とを重ね合わせた形である．
斉次方程式の解を表す直線 l_0 を平行移動すると，非斉次方程式の解を表す直線 l になる．

例d参照

$A=\begin{pmatrix}1&1&1\\1&3&-1\end{pmatrix}$
$b=\begin{pmatrix}1\\1\end{pmatrix}$
$x_0=\begin{pmatrix}-4\\3\\1\end{pmatrix}t$
$x_1=\begin{pmatrix}2\\-1\\0\end{pmatrix}$
$x_1=2$，$x_2=-1$，$x_3=0$は「$t=0$ の場合にあたる」という意味で特殊解である．
p. 153 ADVICE 欄参照．

$$\begin{array}{rl} A\boldsymbol{x}_0 &= \boldsymbol{0} \\ +)\quad A\boldsymbol{x}_1 &= \boldsymbol{b} \\ \hline A\underbrace{(\boldsymbol{x}_0+\boldsymbol{x}_1)}_{\boldsymbol{x}} &= \boldsymbol{b} \end{array}$$

マトリックスの線型性によって重ね合わせが成り立っている（0.2.4 項参照）．

	f. 非斉次方程式	**g.** 非斉次方程式
例	$\begin{cases}1x_1+1x_2+1x_3=1\\2x_1+2x_2+2x_3=2\end{cases}$	$\begin{cases}1x_1+1x_2+1x_3=1\\2x_1+2x_2+2x_3=-1\end{cases}$
解	実質的に 1 個の方程式 $1x_1+1x_2+1x_3=1$ だけだから，$\begin{cases}x_1=1-t_1-t_2\\x_2=t_1\\x_3=t_2\end{cases}$ （t_1，t_2 は任意の実数）となり，解は無数にある（不定）．	（第 1 式の左辺）×2＝第 2 式の左辺だが，（第 1 式の右辺）×2＝第 2 式の右辺でないから，解はない（不能）．
解のベクトル表示	2.2.2 項の例 b とまったく同じ	なし
解の幾何的意味	2.2.2 項の例 b とまったく同じ	集合 U_1：平面 π_1 上の点全体，集合 U_2：平面 π_2 上の点全体とすると $U_1\cap U_2=\{\ \}$ ←空集合である．
解のみたす方程式	2.2.2 項の例 b とまったく同じ	なし

図 2.70 例 f

例 f と例 g
係数が同じであっても定数項が異なる場合，解どうしも似ているのだろうか？

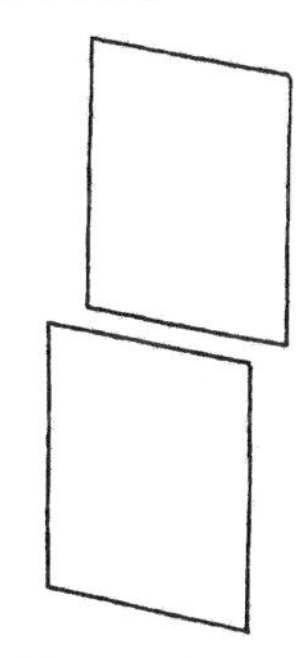
図 2.71 例 g

非斉次方程式の一般解＝(非斉次方程式の特殊解)＋(斉次方程式の一般解)

$$\begin{pmatrix}1\\0\\0\end{pmatrix} \qquad \begin{pmatrix}-1\\1\\0\end{pmatrix}t_1+\begin{pmatrix}-1\\0\\1\end{pmatrix}t_2$$

⇑

重ね合わせの原理：非斉次方程式の一般解は
非斉次方程式の特殊解と斉次方程式の一般解とを重ね合わせた形で表せる．
斉次方程式の解を表す平面 π_0 を平行移動すると，非斉次方程式の解を表す平面 π になる．

ADVICE
例C参照

$$\begin{array}{rl} A\boldsymbol{x}_0 & =\boldsymbol{0} \\ +)\quad A\boldsymbol{x}_1 & =\boldsymbol{b} \\ \hline A\underbrace{(\boldsymbol{x}_0+\boldsymbol{x}_1)}_{\boldsymbol{x}} & =\boldsymbol{b} \end{array}$$

マトリックスの線型性によって重ね合わせが成り立っている（0.2.4 項参照）．

$A=\begin{pmatrix}1&1&1\\2&2&2\end{pmatrix}$

$\boldsymbol{b}=\begin{pmatrix}1\\2\end{pmatrix}$

$\boldsymbol{x}_0=\begin{pmatrix}-1\\1\\0\end{pmatrix}t_1+\begin{pmatrix}-1\\0\\1\end{pmatrix}t_2$

$\boldsymbol{x}_1=\begin{pmatrix}1\\0\\0\end{pmatrix}$

$x_1=1$，$x_2=0$，$x_3=0$ は「$t_1=0$，$t_2=0$ の場合にあたる」という意味で特殊解である．
p. 153 ADVICE 欄参照．

2.2.4　方程式が 3 個の場合

3 個の未知数に対して，方程式が 3 個ある場合を考えてみよう．方程式が 2 個の場合と比べると，3 個の未知数の値を決める制約条件件が多い．このため，解が空間内の平面または直線ではなく点に限定される場合もある．2.2.3 項にならって，**斉次方程式**（3 個の方程式の定数値がどれも 0）と**非斉次方程式**（少なくとも一つの方程式の定数項が 0 でない）とに分けて，この事情を考えてみる．

	h． 斉次方程式
例	$\begin{cases}1x_1+1x_2+1x_3=0\\2x_1+2x_2+2x_3=0\\3x_1+3x_2+3x_3=0\end{cases}$
解	実質的に 1 個の方程式 $1x_1+1x_2+1x_3=0$ だけだから， $\begin{cases}x_1=-t_1-t_2\\x_2=\quad t_1\\x_3=\qquad t_2\end{cases}$ （t_1，t_2 は任意の実数） となり，解は無数にある（不定）．
解のベクトル表示	2.2.2 項の例 a とまったく同じ
解の幾何的意味	2.2.2 項の例 a とまったく同じ
解のみたす方程式	2.2.2 項の例 a とまったく同じ

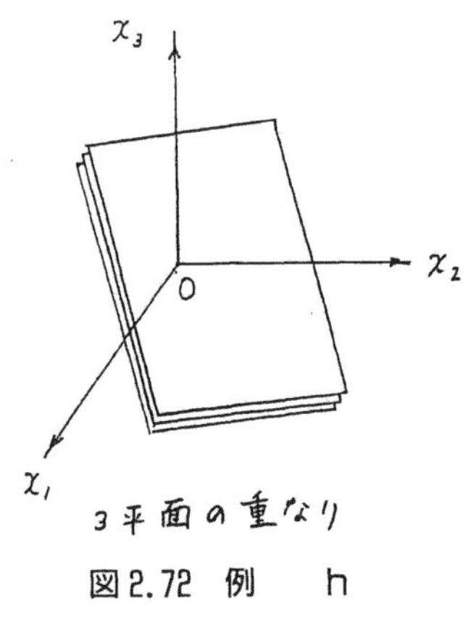

図 2.72　例　h

三つの 1 次方程式はどれも同じ平面を表している．

	i． 斉次方程式	**j．** 非斉次方程式
例	$\begin{cases}1x_1+3x_2+1x_3=0\\-1x_1-1x_2+1x_3=0\\2x_1-1x_2-2x_3=0\end{cases}$	$\begin{cases}1x_1+3x_2+1x_3=2\\-1x_1-1x_2+1x_3=2\\2x_1-1x_2-2x_3=-1\end{cases}$

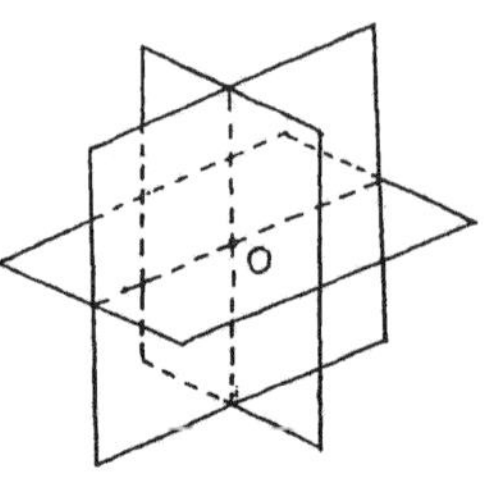

図 2.73　例　i

ADVICE

解	Gauss-Jordan の消去法で解くと $\begin{cases} x_1=0 \\ x_2=0 \\ x_3=0 \end{cases}$ となり，解は一つに決まる．	Gauss-Jordan の消去法で解くと $\begin{cases} x_1=\ \ 2 \\ x_2=-1 \\ x_3=\ \ 3 \end{cases}$ となり，解は一つに決まる
解のベクトル表示	$\begin{pmatrix} x_1 \\ x_2 \\ x_3 \end{pmatrix}=\begin{pmatrix} 0 \\ 0 \\ 0 \end{pmatrix}$	$\begin{pmatrix} x_1 \\ x_2 \\ x_3 \end{pmatrix}=\begin{pmatrix} 2 \\ -1 \\ 3 \end{pmatrix}$
解の幾何的意味	解は原点 (0, 0, 0) である．	解は数ベクトル $\boldsymbol{a}=\begin{pmatrix} 2 \\ -1 \\ 3 \end{pmatrix}$ で表せる位置 $\overrightarrow{a}$ である．
解のみたす方程式	三つの方程式を内積の形で $\begin{pmatrix} 1 \\ 3 \\ 1 \end{pmatrix}\cdot\begin{pmatrix} x_1 \\ x_2 \\ x_3 \end{pmatrix}=0$, $\begin{pmatrix} -1 \\ -1 \\ 1 \end{pmatrix}\cdot\begin{pmatrix} x_1 \\ x_2 \\ x_3 \end{pmatrix}=0$, $\begin{pmatrix} 2 \\ -1 \\ -2 \end{pmatrix}\cdot\begin{pmatrix} x_1 \\ x_2 \\ x_3 \end{pmatrix}=0$ と書き直すことができる．それぞれ点 (0, 0, 0) を通る平面の方程式になっている．	三つの方程式を内積の形で $\begin{pmatrix} 1 \\ 3 \\ 1 \end{pmatrix}\cdot\begin{pmatrix} x_1-2 \\ x_2+1 \\ x_3-3 \end{pmatrix}=0$, $\begin{pmatrix} -1 \\ -1 \\ 1 \end{pmatrix}\cdot\begin{pmatrix} x_1-2 \\ x_2+1 \\ x_3-3 \end{pmatrix}=0$, $\begin{pmatrix} 2 \\ -1 \\ -2 \end{pmatrix}\cdot\begin{pmatrix} x_1-2 \\ x_2+1 \\ x_3-3 \end{pmatrix}=0$ と書き直すことができる．それぞれ点 (2, −1, 3) を通る平面の方程式になっている． ⟹ 3 平面の共有点が連立 1 次方程式 j の解である．

例 i と例 j
係数が同じであっても定数項が異なる場合，解どうしも似ているのだろうか？

数ベクトル $\mathbf{0}$, $\boldsymbol{a}$ で表せる幾何ベクトルをそれぞれ $\overrightarrow{0}$, $\overrightarrow{a}$ とする．

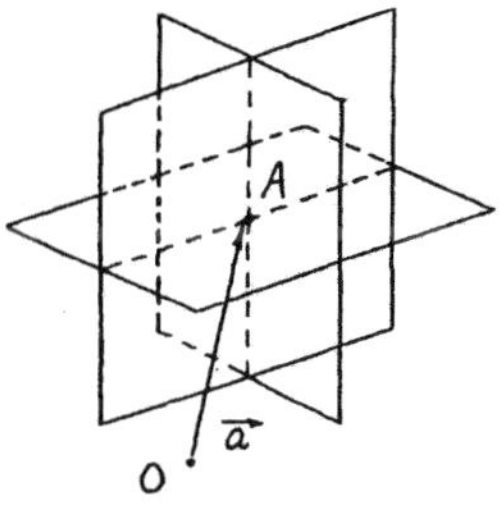

図 2.74　例　j

●係数が同じ斉次方程式と非斉次方程式との比較

斉次方程式 i	非斉次方程式 j
解集合は $\overrightarrow{0}$ で表せるので，原点 (0, 0, 0) である．	原点を幾何ベクトル $\overrightarrow{a}$ だけ平行移動した点 (2, −1, 3) である．

係数が同じだが定数項が異なる 3 元連立 1 次方程式は，解どうしも似ているだろうか？

	k. 非斉次方程式
例	$\begin{cases} 1x_1+1x_2+1x_3=1 \\ 2x_1+2x_2+2x_3=2 \\ 3x_1+3x_2+3x_3=3 \end{cases}$
解	実質的に 1 個の方程式 $1x_1+1x_2+1x_3=1$ だけだから， $\begin{cases} x_1=1-t_1-t_2 \\ x_2=\quad\ t_1 \\ x_3=\qquad\ t_2 \end{cases}$ (t_1, t_2 は任意の実数) となり，解は無数にある（不定）．

解のベクトル表示	2.2.2項の例bとまったく同じ
解の幾何的意味	2.2.2項の例bとまったく同じ $\Longrightarrow \boldsymbol{x}=\boldsymbol{a}+\boldsymbol{d}_1 t_2+\boldsymbol{d}_2 t_2$ [点(1, 0, 0)を通り例aの平面π_0に平行]で表せる平面内のすべての点が連立1次方程式kの解である.
解のみたす方程式	2.2.2項の例bとまったく同じ

ADVICE

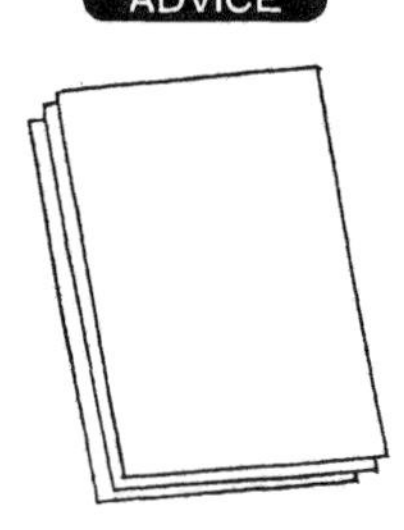

・O (0, 0, 0)
3平面の重なり

図2.75 例 k

非斉次方程式の一般解＝(非斉次方程式の特殊解)＋(斉次方程式の一般解)

$$\begin{pmatrix}1\\0\\0\end{pmatrix} \qquad \begin{pmatrix}-1\\1\\0\end{pmatrix}t_1+\begin{pmatrix}-1\\0\\1\end{pmatrix}t_2$$

⇑

重ね合わせの原理：非斉次方程式の一般解は
非斉次方程式の特殊解と斉次方程式の一般解とを重ね合わせた形で表せる.
斉次方程式の解を表す平面 π_0 を平行移動すると，非斉次方程式の解を表す平面 π になる.

例h参照

$$A=\begin{pmatrix}1&1&1\\2&2&2\\3&3&3\end{pmatrix}$$

$$b=\begin{pmatrix}1\\2\\3\end{pmatrix}$$

$$x_0=\begin{pmatrix}-1\\1\\0\end{pmatrix}t_1+\begin{pmatrix}-1\\0\\1\end{pmatrix}t_2$$

$$x_1=\begin{pmatrix}1\\0\\0\end{pmatrix}$$

$x_1=1$, $x_2=0$, $x_3=0$は「$t_1=0$, $t_2=0$の場合にあたる」という意味で特殊解である.
p. 153 ADVICE欄参照.

$$\begin{array}{rrl} & A\boldsymbol{x}_0 & =\boldsymbol{0}\\ +) & A\boldsymbol{x}_1 & =\boldsymbol{b}\\ \hline & A\underbrace{(\boldsymbol{x}_0+\boldsymbol{x}_1)}_{\boldsymbol{x}} & =\boldsymbol{b}\end{array}$$

マトリックスの線型性によって重ね合わせが成り立っている(0.2.4項参照).

	l. 斉次方程式	m. 非斉次方程式
例	$\begin{cases}1x_1-2x_2-4x_3=0\\-2x_1+3x_2+7x_3=0\\-1x_1+0x_2+2x_3=0\end{cases}$	$\begin{cases}1x_1-2x_2-4x_3=1\\-2x_1+3x_2+7x_3=-3\\-1x_1+0x_2+2x_3=-3\end{cases}$
解	Gauss-Jordanの消去法で解くと，実質的に2個の方程式 $\begin{cases}1x_1+0x_2-2x_3=0\\0x_1+1x_2+1x_3=0\end{cases}$ だけだから， $\begin{cases}x_1=2t\\x_2=-t\\x_3=t\end{cases}$ (tは任意の実数) となり，解は無数にある(不定).	Gauss-Jordanの消去法で解くと，実質的に2個の方程式 $\begin{cases}1x_1+0x_2-2x_3=3\\0x_1+1x_2+1x_3=1\end{cases}$ だけだから， $\begin{cases}x_1=3+2t\\x_2=1-t\\x_3=t\end{cases}$ (tは任意の実数) となり，解は無数にある(不定).
解のベクトル表示	$\begin{pmatrix}x_1\\x_2\\x_3\end{pmatrix}=\begin{pmatrix}2\\-1\\1\end{pmatrix}t$	$\begin{pmatrix}x_1\\x_2\\x_3\end{pmatrix}=\begin{pmatrix}3\\1\\0\end{pmatrix}+\begin{pmatrix}2\\-1\\1\end{pmatrix}t$

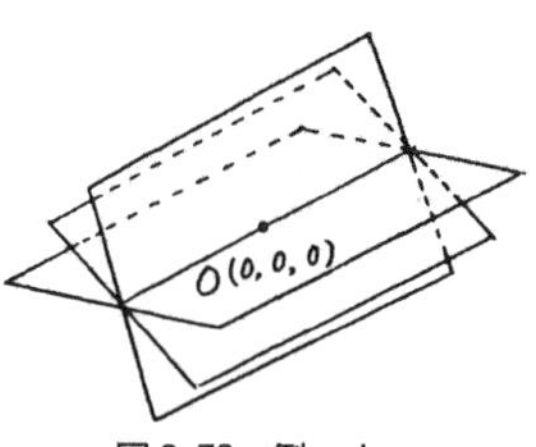

図2.76 例 l

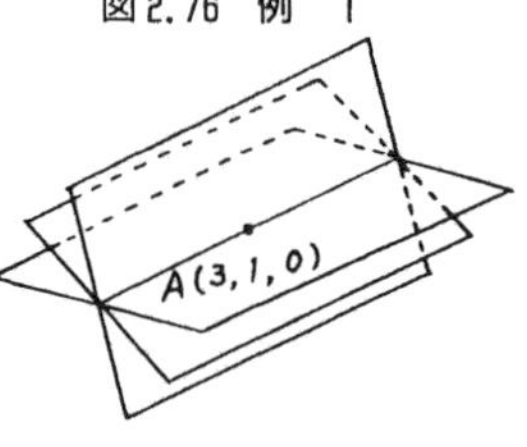

・O (0, 0, 0)

図2.77 例 m

解の幾何的意味	2.2.2 項の例 d と同様	2.2.2 項の例 e と同様 $\Longrightarrow \boldsymbol{x}=\boldsymbol{a}+\boldsymbol{d}t$ [点(3, 1, 0) を通り例1の直線に平行] で表せる直線上のすべての点が連立1次方程式 m の解である．
解のみたす方程式	2.2.2 項の例 d と同様	2.2.2 項の例 e と同様

ADVICE

例 l と例m
係数が同じであっても定数項が異なる場合，解どうしも似ているのだろうか？

非斉次方程式の一般解＝(非斉次方程式の特殊解)＋(斉次方程式の一般解)

$$\begin{pmatrix}3\\1\\0\end{pmatrix} \qquad \begin{pmatrix}2\\-1\\1\end{pmatrix}t$$

$\Uparrow$

重ね合わせの原理：非斉次方程式の一般解は
非斉次方程式の特殊解と斉次方程式との一般解を重ね合わせた形で表せる．

$$\begin{array}{rl} A\boldsymbol{x}_0 &= \boldsymbol{0} \\ +)\quad A\boldsymbol{x}_1 &= \boldsymbol{b} \\ \hline A\underbrace{(\boldsymbol{x}_0+\boldsymbol{x}_1)}_{\boldsymbol{x}} &= \boldsymbol{b} \end{array}$$

マトリックスの線型性によって重ね合わせが成り立っている (0.2.4 項参照)．

例 l 参照

$A=\begin{pmatrix}1&0&-2\\0&1&1\end{pmatrix}$

$\boldsymbol{b}=\begin{pmatrix}3\\1\end{pmatrix}$

$\boldsymbol{x}_0=\begin{pmatrix}2\\-1\\1\end{pmatrix}t$

$\boldsymbol{x}_1=\begin{pmatrix}3\\1\\0\end{pmatrix}$

$x_1=3,\ x_2=1,\ x_3=0$ は「$t=0$ の場合にあたる」という意味で特殊解である．
p. 153 ADVICE 欄参照．

	n. 非斉次方程式
例	$\begin{cases}1x_1+1x_2+1x_3=3\\2x_1+2x_2+2x_3=4\\3x_1+3x_2+3x_3=5\end{cases}$
解	Gauss-Jordan の消去法で解くと，$0x_1+0x_2+0x_3=-2$ となって矛盾するので，解はない (不能)．
解のベクトル表示	なし
解の幾何的意味	三つの方程式を内積の形で $\begin{pmatrix}1\\1\\1\end{pmatrix}\cdot\begin{pmatrix}x_1-1\\x_2-1\\x_3-1\end{pmatrix}=0$, $\begin{pmatrix}2\\2\\2\end{pmatrix}\begin{pmatrix}x_1-1\\x_2-1\\x_3-0\end{pmatrix}=0$, $\begin{pmatrix}3\\3\\3\end{pmatrix}\cdot\begin{pmatrix}x_1-1\\x_2-\frac{2}{3}\\x_3-0\end{pmatrix}=0$ と書き表すことができる．これらは，互いに平行な平面の方程式に

問 平面 π_1：$1x_1-2x_2-4x_3=2$ と平面 π_2：$-2x_1+3x_2+7x_3=-3$ との交線は平面 π_3：$-1x_1+2x_3=-3$ と1点で交わるか？ (例 m)

解 平面 π_1 と平面 π_2 との交線は

$$\begin{pmatrix}x_1\\x_2\\x_3\end{pmatrix}=\begin{pmatrix}3\\1\\0\end{pmatrix}+\begin{pmatrix}2\\-1\\1\end{pmatrix}t$$

である (例 e と同じ考え方)．
交線上のどの点も $-1x_1+2x_3=-(3+2t)+2t=-3$ をみたすから，交線は平面 π_3 内にあり1点で交わるわけではない．

平面を通る点を1個だけ適当に見つける．$x_1=1,\ x_2=1,\ x_3=0$ が $2x_1+2x_2+2x_3=4$ をみたすことは，方程式を見るとただちにわかる．この方程式で表せる平面は，$\boldsymbol{n}=\begin{pmatrix}2\\2\\2\end{pmatrix}$ を表す矢印に垂直で点 (1, 1, 0) を通る．だから，平面内の点は $\boldsymbol{n}=\begin{pmatrix}2\\2\\2\end{pmatrix}$ と

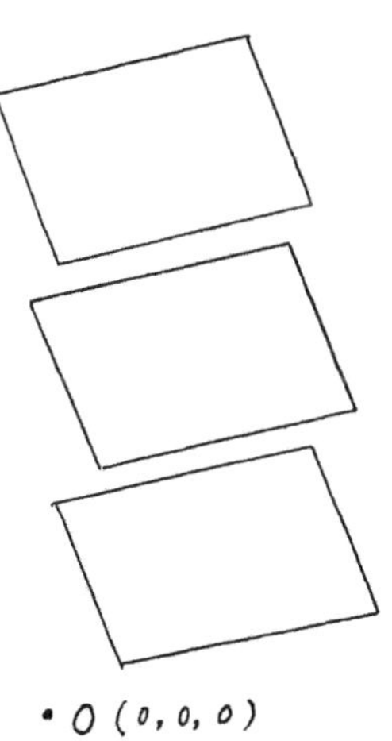

図2.78 例 n

ADVICE

	なっている． ⟹ 3平面の共有点はない．
解のみたす方程式	なし

$\boldsymbol{x}-\boldsymbol{a}=\begin{pmatrix}x_1-1\\x_2-1\\x_3-0\end{pmatrix}$ との内積が0をみたすような位置ベクトル $\boldsymbol{x}$ で表せる（2.1.1項）．他の2平面も同様に考える．

例kと例n
係数が同じであっても定数項が異なる場合，解どうしも似ているのだろうか？

(まとめ)

3元連立1次方程式の解の全体（集まり）
- 斉次方程式：空間内で原点を通る平面（例a，例c，例h），原点を通る直線（例d，例l），原点だけ（例i）
- 非斉次方程式：空間内で特定の点を通る平面（例b，例f，例k），特定の点を通る直線（例e，例m）または特定の点だけ（例j）

[進んだ探究]

2.1.3項と比べること．

3元連立1次方程式 $A\boldsymbol{x}=\boldsymbol{0}$（$A$ は係数マトリックス，$\boldsymbol{x}$ は解ベクトル）の解の自由度

係数マトリックス A

例a，例b　$A=(1\ 1\ 1)$（ヨコベクトルは 1×3 マトリックスとみなせる）

例c　$A=\begin{pmatrix}1&1&1\\2&2&2\end{pmatrix}$　　例h　$A=\begin{pmatrix}1&1&1\\2&2&2\\3&3&3\end{pmatrix}$

$1x_1+1x_2+1x_3=0$ の解
$\begin{pmatrix}-1\\1\\0\end{pmatrix}t_1+\begin{pmatrix}-1\\0\\1\end{pmatrix}t_2$
（t_1, t_2 は任意の実数）

自由度とは，任意の実数の個数である．任意の実数が2個あるとき，これらの値は自由に選べる．

（未知数の個数）－（実質的な方程式の個数）＝　任意の実数の個数

n　－　$\mathrm{rank}A$　$=(A\boldsymbol{x}=\boldsymbol{0}$ の解の自由度$)$

階数が実質的な方程式の個数を表す事情について1.5.1項参照．

解が存在するとき，
係数マトリックスの階数
＝拡大係数マトリックスの階数
＝実質的な方程式の個数
である．

零ベクトルでない行とは all zero でない行である．

未知数の個数と階数（ランク）とがわかると，解を表す任意の実数の個数がわかる．

係数マトリックスの階数（ランク）は，実質的な方程式の個数を表す．

階数とは，階段マトリックスに変形したとき零ベクトルでない行の個数である．

零ベクトルの行は $0x_1+0x_2+0x_3=0$ を表すので，方程式自体がないのと同じである．だから，零ベクトルでない行の個数が実質的な方程式の個数といえる．他方，任意の実数は線型独立な数ベクトルの係数なので，任意の実数の個数は線型独立な解の個数でもある．この意味を理解するために，例a（$1x_1+1x_2+1x_3=0$）を思い出してみよう．この方程式のすべての解は，2個の数ベクトル $\begin{pmatrix}-1\\1\\0\end{pmatrix}$ と $\begin{pmatrix}-1\\0\\1\end{pmatrix}$ との線型結合で表せる．つまり，この方程式の解の全体（集まり）の中では，線型独立な数ベクトルは2個である．この事情は，具体的に考えてみれば理解できる．無数の解の中に $\begin{pmatrix}-3\\2\\1\end{pmatrix}$（$t_1=2$，$t_2=1$ のとき），

$\begin{pmatrix} 1 \\ -2 \\ 1 \end{pmatrix}$（$t_1=-2$，$t_2=1$ のとき）などがある．どれも同じ数ベクトル $\begin{pmatrix} -1 \\ 1 \\ 0 \end{pmatrix}$ と $\begin{pmatrix} -1 \\ 0 \\ 1 \end{pmatrix}$ との線型結合である．

表 2.3　3 元連立 1 次方程式 $Ax=0$ の解の自由度

例	解ベクトルの任意の実数	(未知数の個数) − (実質的な方程式の個数) ＝任意の実数の個数
a	2 個（空間内の原点を通る平面）	$3-1=2$
c	2 個（空間内の原点を通る平面）	$3-1=2$
h	2 個（空間内の原点を通る平面）	$3-1=2$
d	1 個（空間内の原点を通る平面）	$3-2=1$
l	1 個（空間内の原点を通る平面）	$3-2=1$
i	0 個（空間内の原点）	$3-3=0$

●**解ベクトル**：解のベクトル表示

●「実質的な方程式の個数」の意味
① 相異なる平面の個数
② 係数マトリックスの階数（ランク）

[自習の方法]　2.2.2 項から 2.2.4 項までの表で見出し以外を紙で覆って，解を求めたり，解のベクトル表示を書いたりすることができるかどうかを確かめよ．

つぎに，解の幾何的意味がいえるかどうかを確かめよ．

① 例 j の 3 元連立 1 次方程式は，点，直線，平面のどれを表しているか？

② 例 j のそれぞれの方程式を内積 $\begin{pmatrix} \diamondsuit \\ \heartsuit \\ \clubsuit \end{pmatrix} \cdot \begin{pmatrix} x_1-\spadesuit \\ x_2-\sharp \\ x_3-\flat \end{pmatrix}=0$ の形に書き換えることができるか？　この形にすると，どの幾何ベクトルに垂直な図形かということがわかる．

ここで，$\diamondsuit$，$\heartsuit$，$\clubsuit$，$\spadesuit$，$\sharp$，$\flat$ は，数を表す記号として使った．

自己診断13

13.1　3 元連立 1 次方程式（非斉次方程式）の解の関係

3 組の 3 元連立 1 次方程式（非斉次方程式）：

$$\begin{cases} a_{11}x_1+a_{12}x_2+a_{13}x_3=b_1 \\ a_{21}x_1+a_{22}x_2+a_{23}x_3=b_2 \\ a_{31}x_1+a_{32}x_2+a_{33}x_3=b_3, \end{cases}$$

$$\begin{cases} a_{11}x_1+a_{12}x_2+a_{13}x_3=c_1 \\ a_{21}x_1+a_{22}x_2+a_{23}x_3=c_2 \\ a_{31}x_1+a_{32}x_2+a_{33}x_3=c_3, \end{cases}$$

$$\begin{cases} a_{11}x_1+a_{12}x_2+a_{13}x_3=b_1+c_1 \\ a_{21}x_1+a_{22}x_2+a_{23}x_3=b_2+c_2 \\ a_{31}x_1+a_{32}x_2+a_{33}x_3=b_3+c_3 \end{cases}$$

を考える．

(1)　3 組の連立 1 次方程式の解の間にはどんな関係があるか？

(2)　a_{ij}，b_i，c_i に具体的な値を与えて(1)の関係を確かめよ．本文の例 j，k，l，m，n の値を使えばよい．

（ねらい）　3 元連立 1 次方程式（非斉次方程式）の解の重ね合わせの原理を理解

ADVICE

する．

(発想) 見通しを立てるために，連立1次方程式をマトリックスの形で書き直してみる．

$$\begin{pmatrix} a_{11} & a_{12} & a_{13} \\ a_{21} & a_{22} & a_{23} \\ a_{31} & a_{32} & a_{33} \end{pmatrix}\begin{pmatrix} x_1 \\ x_2 \\ x_3 \end{pmatrix}=\begin{pmatrix} b_1 \\ b_2 \\ b_3 \end{pmatrix},\quad \begin{pmatrix} a_{11} & a_{12} & a_{13} \\ a_{21} & a_{22} & a_{23} \\ a_{31} & a_{32} & a_{33} \end{pmatrix}\begin{pmatrix} x_1 \\ x_2 \\ x_3 \end{pmatrix}=\begin{pmatrix} c_1 \\ c_2 \\ c_3 \end{pmatrix}$$

マトリックスの名称は大文字，数ベクトルはボールド体の小文字で表す．
0.1 節例題 0.6 参照

を簡単のために，$A\boldsymbol{x}=\boldsymbol{b}$，$A\boldsymbol{x}=\boldsymbol{c}$ と表す．

これらの右辺どうしの和が $A\boldsymbol{x}=\boldsymbol{b}+\boldsymbol{c}$ の右辺と同じであることに気がつく．

(解説)

(1) $A\boldsymbol{x}=\boldsymbol{b}$ の解を $\boldsymbol{u}$，$A\boldsymbol{x}=\boldsymbol{c}$ の解を $\boldsymbol{v}$ とする．これらを辺々足し合わせると，$A(\boldsymbol{u}+\boldsymbol{v})=\boldsymbol{b}+\boldsymbol{c}$ となる．この式は，$A\boldsymbol{x}=\boldsymbol{b}+\boldsymbol{c}$ の解が $\boldsymbol{u}+\boldsymbol{v}$ であることを示している．

(2) 各自確認すること．

13.2 2平面の交線を通る平面

平面 π_1： $2x_1+5x_2+3x_3=0$,

平面 π_2：$-3x_1+2x_2+1x_3=0$

を考える．平面 π_1 と 平面 π_2 との交線を通る平面 π_3 の方程式をつくれ．

(ねらい) 特定の直線を通る平面は無数にある．一方，直線は2平面の交わりとして表すことができる．この2平面以外で同じ直線を通る平面の表し方を理解する．

(発想) 平面 π_1 の方程式の定数項と平面 π_2 の方程式の定数項とはどちらも0だから，これらの平面は原点を通ることに気がつく．平面 π_1 と平面 π_2 との交線も原点を通る．平面 π_3 もこの交線を通るから，平面 π_3 の方程式は $a_1x_1+a_2x_2+a_3x_3=0$ と書ける．$2x_1+5x_2+3x_3=0$ と $-3x_1+2x_2+1x_3=0$ とのどちらもみたす x_1，x_2，x_3 が $a_1x_1+a_2x_2+a_3x_3=0$ もみたすようにする．このような a_1，a_2，a_3 の値を見出す．

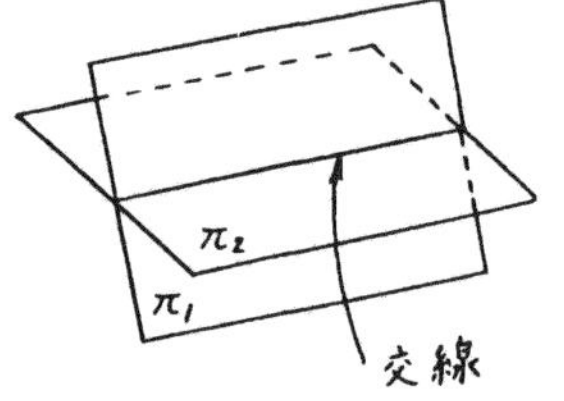

図 2.79 2平面の交線

(解説) 平面 π_1 の方程式を s_1 倍，平面 π_2 の方程式を s_2 倍して足し合わせた式：

$$(2x_1+5x_2+3x_3)s_1+(-3x_1+2x_2+1x_3)s_2=0$$

をつくる．平面 π_1 と平面 π_2 との交線の上のあらゆる点の座標は，どちらの平面の方程式もみたす．したがって，交線上の点の座標を上式に代入すると，左辺の2個の（　）はどちらも0になる．上式は，s_1 の値と s_2 の値とのどちらにも関係なく，平面 π_1 と平面 π_2 との交線を通る平面 π_3 を表す．

交線が平面 π_2 内にあるから（ ）=0
↑
（ ）s_1+（ ）s_2
↓
交線が平面 π_1 内にあるから（ ）=0

(補足1) **平面 π_3 の具体例**

s_1 と s_2 とはどんな実数でもよいから，簡単のために $s_1=1$，$s_2=1$ を選ぶ．平面 π_1 と平面 π_2 との交線を通る平面の一つは，

平面 π_3：$-1x_1+7x_2+4x_3=0$

である．

$(2x_1+5x_2+3x_3)\times1+(-3x_1+2x_2+1x_3)\times1=-1x_1+7x_2+4x_3=0$

$s_1=0$ のとき平面 π_2，$s_2=0$ のとき平面 π_1

(補足2) **なぜ Gauss-Jordan の消去法で3元連立1次方程式の解が求まるのか**

「3元連立1次方程式を解く」とは「三つの3元1次方程式をすべてみたす3

実数の組を見つける」という意味である．幾何の観点では，各方程式は空間内の平面を表す．Gauss-Jordan の消去法は，3 平面の交点または交線を変えずに，

3 平面の組（$2x_1+5x_2+3x_3=C_1$，$-3x_1+2x_2+1x_3=C_2$，$-1x_1+7x_2+4x_3=C_3$）

$\longrightarrow$ 別の 3 平面の組 $\longrightarrow \cdots$

$\longrightarrow$ 別の 3 平面の組（$1x_1+0x_2+0x_3=C_1'$，$0x_1+1x_2+0x_3=C_2'$，$0x_1+0x_2+1x_3=C_3'$）

のように変形する方法とみなせる．なお，3 平面の中に実質的に同じ平面を含む場合もある．

$1x_1+0x_2+0x_3=C_1'$：$\begin{pmatrix}1\\0\\0\end{pmatrix}$ で表せる幾何ベクトルに垂直だから，x_2x_3 平面に平行な平面

$0x_1+1x_2+0x_3=C_2'$：$\begin{pmatrix}0\\1\\0\end{pmatrix}$ で表せる幾何ベクトルに垂直だから，x_1x_3 平面に平行な平面

$0x_1+0x_2+1x_3=C_3'$：$\begin{pmatrix}0\\0\\1\end{pmatrix}$ で表せる幾何ベクトルに垂直だから，x_1x_2 平面に平行な平面

Gauss-Jordan の消去法では，マトリックスの各行は方程式から文字と演算記号とを省いただけにすぎない．「ある行にスカラーを掛けて，この行を他の行に足す」という操作を繰り返して解を求める．係数マトリックスと拡大係数マトリックスとを変形するにもかかわらず，連立 1 次方程式の解は変わらない．

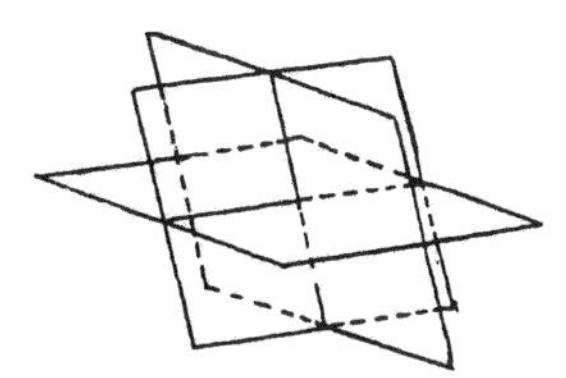

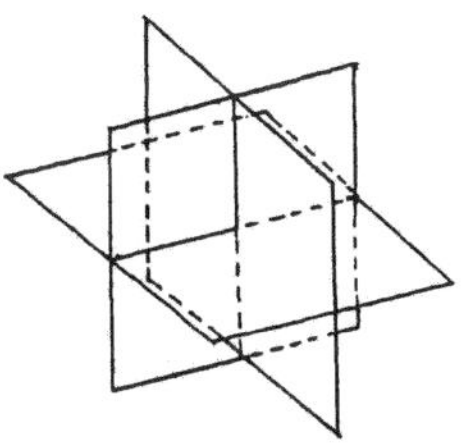

図 2.80　3 平面の交点　3 平面は異なるが 3 平面の交点はどちらも同じである．

ADVICE

(補足 2)は進んだ探究である．深く理解したい学生は取り組むとよい．

Gauss-Jordan の消去法について 1.4 節参照．

「3 平面のうち 2 平面が同じ場合」「3 平面とも同じ場合」がある．

数式の表す意味を図形で理解するという発想は重要である．

1.4 節参照

一つの行は一つの方程式をつくっている仲間どうしなので，同じ行の中の数はつねにいっしょに行動する．一つの数だけを 2 倍して，ほかの数を 2 倍しないという勝手な行動はできない．

3　線型空間

3章の目標

① 連立1次方程式が解けるのは，実数の世界が演算についてどんな性質を持っているからなのかを理解すること．

② 集合の概念が単なる集まりを表すのではなく，連立1次方程式の解のしくみと密接に関わっている事情を理解すること．

キーワード　群，体，線型空間（ベクトル空間），部分線型空間（線型部分空間），内積線型空間，ノルム空間

数学では，「集合」は単なる集まりの意味ではない．演算の性質を付け加えた集合を**代数構造**という．本章では，こういう代数構造として**群**，**体**，**線型空間**を取り上げる．なぜ群，体，線型空間の概念を考えるのかという発想に馴染むことは重要である．たとえば，除法は整数の集合で閉じていないことはすぐにわかる．$2\div 3$ の商は整数の中に見つからない．いままで意識していなかったかも知れないが，どういう数の集合の中で演算を実行するのかということに注意しなければならない．本章でも，これまで通り連立1次方程式の解のしくみと解の求め方との観点から代数構造を考える．

ADVICE
「代数構造」を「代数系」ともいう．

0.2.2 項参照

まず，連立1次方程式を Gauss-Jordan の消去法で解く場合を思い出してみよう．ある行に別の行の何倍かを足したり引いたりする過程を何度か繰り返す．ここで使った演算は，実数どうしの加法・乗法である．求まった解が正しいかどうかを確かめるためには，その値をもとの連立1次方程式に代入してみればよい．まわりくどいが，解の値がもとの連立1次方程式をみたすというのは，

Gauss-Jordan の消去法について 1.4 節参照．

$$\begin{cases} x_1 = 0 \\ x_2 = 1 \end{cases}$$

からもとの連立1次方程式

$$\begin{cases} -3x_1 + 1x_2 = 1 \\ -1x_1 + 1x_2 = 1 \end{cases}$$

に戻れるということだと考えてもよい．Gauss-Jordan の消去法の筋道を逆に辿って，解を表す連立1次方程式からもとの連立1次方程式に戻れたとき，解は正しいといえる．つまり，連立1次方程式を解く筋道：

$\begin{cases} x_1=0 \\ x_2=1 \end{cases}$ も x_1 と x_2 との連立1次方程式とみなせる．

$$\begin{pmatrix} -3 & 1 & 1 \\ -1 & 1 & 1 \end{pmatrix} \xrightarrow{①+②\times(-4)} \begin{pmatrix} 1 & -3 & -3 \\ -1 & 1 & 1 \end{pmatrix} \xrightarrow{②+①} \begin{pmatrix} 1 & -3 & -3 \\ 0 & -2 & -2 \end{pmatrix}$$

$$\xrightarrow{①-②\times\frac{3}{2}} \begin{pmatrix} 1 & 0 & 0 \\ 0 & -2 & -2 \end{pmatrix} \xrightarrow{②\div(-2)} \begin{pmatrix} 1 & 0 & 0 \\ 0 & 1 & 1 \end{pmatrix}$$

①，②は，それぞれ変形前の第1行，第2行を表す．

に対して，もとに戻る筋道：

$$\begin{pmatrix} 1 & 0 & 0 \\ 0 & 1 & 1 \end{pmatrix} \xrightarrow{②\times(-2)} \begin{pmatrix} 1 & 0 & 0 \\ 0 & -2 & -2 \end{pmatrix} \xrightarrow{①+②\times\frac{3}{2}} \begin{pmatrix} 1 & -3 & -3 \\ 0 & -2 & -2 \end{pmatrix}$$

ADVICE

$$\xrightarrow{②-①}\begin{pmatrix} 1 & -3 & -3 \\ -1 & 1 & 1 \end{pmatrix}\xrightarrow{①+②\times 4}\begin{pmatrix} -3 & 1 & 1 \\ -1 & 1 & 1 \end{pmatrix}$$

を考えることができる．実数の世界で加法の逆演算と乗法の逆演算とができなければ，検算できないことがわかる．連立１次方程式の解が一つに決まらず，無数に存在する場合であっても，加減乗除が自由にできなければ解を表す式（たとえば，2.1.2 項の $x_1=-2t$，$x_2=1t$）をつくることはできない．ここで，**Gauss-Jordan の消去法を実行するとき，行を 0 倍してはいけない**ことに注意しよう．

日常生活でも逆操作できないと不都合な場合がある．たとえば，蛍光灯を点灯しても，消灯できないと困る．

連立１次方程式の意味を写像の立場で理解することができる．２元連立１次方程式はマトリックスの形で $\begin{pmatrix} y_1 \\ y_2 \end{pmatrix}=\begin{pmatrix} -3 & 1 \\ -1 & 1 \end{pmatrix}\begin{pmatrix} x_1 \\ x_2 \end{pmatrix}$ と表せる．連立１次方程式を解く操作は，出力から入力を探る演算にあたる．これに対して，検算は入力から出力を知る演算である．

0 で割る除法を除いて四則演算ができる集合（数の集まり）を**体（field）**とよぶ（3.2 節で解説）．

つぎに，３元連立１次方程式の解のベクトル表示（2.2.3 項）を思い出してみよう．

$$\begin{cases} 1x_1+1x_2+1x_3=0 \\ 2x_1+2x_2+2x_3=0 \end{cases}$$

の解は，

$$\begin{pmatrix} x_1 \\ x_2 \\ x_3 \end{pmatrix}=\begin{pmatrix} -1 \\ 1 \\ 0 \end{pmatrix}t_1+\begin{pmatrix} -1 \\ 0 \\ 1 \end{pmatrix}t_2 \quad (t_1 \text{ と } t_2 \text{ とは任意の実数})$$

0.2 節④関数の概念の拡張

と書ける．この形からわかるように，

① 三つの実数の組（数ベクトル）どうしの加法，

② 数ベクトルのスカラー倍（スカラーは一つの実数）

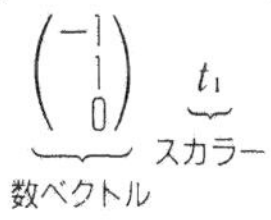

が実行できる世界で解が表せる．加法とスカラー倍とができる集合（ベクトルの集まり）を**線型空間（vector space）**とよぶ（3.3 節で解説）．0.2.4 項ではっきりいい表さなかったが，線型写像（1.2 節）を考えるとき，定義域と値域とは単なる集合ではない．**加法とスカラー倍とを定義した集合に対して，線型写像を考える**ことに注意しなければならない．

3.1 群

唐突だが，「群とは何か」を先にいうことにする．

群の定義

> 集合 G のどの２個の要素についても演算 $\circ$ が定義してあり，つぎの四つの性質が成り立つとき，「集合 G は演算 $\circ$ について**群をつくっている**」という．
>
> (i) 集合 G が演算 $\circ$ について**閉じていて**
> （「２個の要素と演算結果とがどちらも同じ集合に入っている」「２個の要素と演算結果とは同じ仲間である」という意味），
>
> (ii) 任意の要素 a，b，c に対して，$(a\circ b)\circ c=a\circ(b\circ c)$［演算 $\circ$ の**結合法則**］が成り立ち，しかも，
>
> (iii) $a\circ e=e\circ a=a$［e を演算 $\circ$ の**単位元**という］
>
> (iv) $a\circ x=x\circ a=e$ とする x がある［x を演算 $\circ$ に関する a の**逆元**という］
>
> という両方の性質をみたす要素 e が存在する．

$\circ$ は代名詞のようなつもりで書いた記号であり，具体的には加法 $+$，乗法 $\times$ などである．どの演算にもあてはまるようにするために，$\circ$ で表した．

集合 G と演算 $\circ$ との組を $(G,\circ)$ と表すことがある．

Q.1 そもそも群とは何ですか？　演算について四つの性質をみたす集合が

ADVICE

「群をつくる」と説明してあるのは覚えています．

A.1 大学の数学では，ある集合が演算について閉じているかどうかという観点が重要です．たしかに，高校数学では決まった方法で計算する練習しかしなかったので，このような見方には慣れていないかも知れません．1970年代の高校数学には，群の項目がありました．理由ははっきり知りませんが，抽象思考のむずかしさのせいか高校数学から削除されました．

群の意味を説明するまえに

① 自由に演算できること ② 逆演算できること

いう発想を強調しましょう．これらは，「なぜ群を考えるのか」という問題に入るためのまえおきです．

- ①は，考えている集合が演算について閉じていることを表します．
- ②は，演算の結果から逆に辿って，もとに戻れることを表します．

たとえば，**整数の集合**について**加法という演算**を考えてみましょう．$2+(-5)$ の和 -3 は，たしかに整数の集合に入っています．それでは，-3 からもとの数 2 に戻るにはどうすればいいですか？ 多くの人はただちに $(-3)+5$ と考えるはずです．

ところで，「このようにすると，もとに戻れるのはなぜか」ということを考えたでしょうか？ ここで，演算過程をくわしく見直してみましょう．

$$2+(-5)=-3$$

をよく見てください．左辺の -5 を消去するにはどうすればいいかという発想で式を眺めてみます．いま考えている演算は加法ですから，加法を使わなければなりません．両辺に 5 を足して

$$2+(-5)+5=(-3)+5$$

とし，$2=(-3)+5$ と考えればいいことに気がつきます．

$2=(-3)+5$ を見ると，$2+(-5)=-3$ の左辺の -5 が符号を変えて右辺に移ったことがわかります．このような変形を「移項」と呼ぶことは，中学 1 年の数学で習った通りです．さて，移項する過程には，三つのポイントがあることに気がつきますか？

(1) $2+(-5)+5$ に対して，2 通りの見方をしました．$2+(-5)+5=(-3)+5$ の左辺では $2+[(-5)+5]$ とみなし，右辺では $[2+(-5)]+5$ と考えました．意識していないかも知れませんが，三つの数を足すとき，二つずつ足すという演算をくりかえしています．この場合，$2+(-5)$ を先に求めるか，$(-5)+5$ を先に求めるかによらず，同じ結果になるという性質を使っています．この性質が成り立たない演算では，左辺の -5 を消去できません．演算の順序で結果が異なる例は，あとで示します．

三つの数の順序で結果が異なる演算について 3.1 節［注意 1］参照．

(2) $2+0$ が 2 になることを使ったことにも注意します．この性質があるから，(3)で説明するように 2 に $(-5)+5$ の和 0 を足して 2 にしました．0 を除いた整数の集合だったら，$2+0$ を考えることはできません．この式はあたりまえすぎて，意識しなかったでしょう．

(3) $2=(-3)+5$ を導くとき $(-5)+5=0$ を使ったことに注意します．5 を含まない集合だったら，$2=(-3)+5$ を考えることはできません．

ここまでの説明でわかるように，0 は一方の辺の数を他の辺に移項する

過程で必要な数だといえます．0を含まない集合であれば，(2)と(3)との理由で，答からもとの数に戻れません．問題が $2+5$ であれば，和7から逆に辿って2に戻るためには $5+(-5)=0$ を使います．したがって，$(-5)+5=0$ だけでなく，$5+(-5)=0$ も成り立たないと困ります．

以上をまとめると，

整数の集合の中で，① 加法という演算が自由にでき，② 逆演算もできるのは，

(i) 整数の集合が加法について閉じていて
（「足し合わせる2数とその和とが整数の集合に入っている」という意味）

(ii) $(a+b)+c=a+(b+c)$ ［加法の結合法則］

が成り立ち，しかも

(iii) $a+0=0+a=a$ ［0を加法の単位元という］

(iv) $a+(-a)=(-a)+a=0$ とする $-a$ がある ［$-a$ を加法に関する a の逆元という］

という両方の性質をみたす数0が存在するからだということがわかります．

たとえば，a が -5 のとき -5 の逆元は $-(-5)$ だから5です．

ある集合が，ある演算についてこれらの四つの性質を持つとき，
この集合はその演算について群をつくっている

といい表します．

「ぐんをつくる」という言い方は数学特有の方言と思えばいいでしょう．簡単にいえば，

集合が演算について群をつくっているとき，
この集合の中で自由にその演算ができ，しかも逆演算もできる

という意味です．

負号の三つの意味
（1.2節［注意4］）
① 減法の演算記号（符号ではない）4−3など
② 一つの負の数を表す符号（記号ではない）−5など
③ 符号の反転
−(−5) のはじめの負号は −5の負号を正号に変えるはたらきをする．

どんな集合がどの演算について群をつくるかということは，Q.2のように注意しなければならない．

［注意1］ 三つの数の順序で結果が異なる演算

たとえば，$(9-2)-2=7-2=5$ と $9-(2-2)=9-0=9$ とを比べてみてください．減法という演算は，結合法則 $(9-2)-2=9-(2-2)$ をみたさないことがわかります．つまり，減法の場合，演算の順序を勝手に変えることはできません．集合と演算との関係を明らかにするためには，演算の順序を十分に調べなければなりません．このため，群の性質の一つとして結合法則を考えます．なお，加法では結合法則が成り立つので，$a+b+c$ のように（ ）を省いても混乱しません．

［注意2］ 符号と記号とのちがい

符号：−3，−5などの負の数の −

記号：$(-3)-(-5)$ の減法を表す −（くわしくは演算記号）

Q.2 整数の集合は減法について群をつくらないのですか？

A.2 $9-2=7$ について，差7からもとの数9に戻れるかどうかを考えてみます．今度は減法を考えているので，減法だけを使わなければなりません．

ADVICE

［注意 1］で説明したように，結合法則 $9-(2-2)=(9-2)-2$ が成り立ちません．結合法則とは $a\circ(b\circ c)=(a\circ b)\circ c$ が成り立つという規則であり，減法は $\circ$ が $-$ の場合です．$9-2=7$ の両辺から 2 を引くとき，左辺の $9-2-2$ の $2-2$ に ( ) を付けてはいけません．

「整数の集合が減法ではなく加法について群をつくっているかどうか」を調べる場合と混同しないでください．$[9+(-2)]+(-2)=9+[(-2)+(-2)]$ のように，加法の結合法則は成り立ちます．整数の集合が加法について群をつくっているので，「2 を引く減法」は「-2 を足す加法」のいい換えであると規定します．つまり，「$9-2=7$ は $9+(-2)=7$ を表す」と約束してあります．だから，考えている集合の中に -2 がなければ「2 を引く減法」は意味がなくなると考えます．

減法の意味について 0.2.3 参照．

$9-2=7$ の差 7 からもとの数 9 に戻るためには，$9-2=7$ の両辺に 2 を足して

$$9-2+2=7+2$$

と考えます．左辺をくわしく書くと $9+[(-2)+2]$ です．-2 を含まない集合の中では $(-2)+2=0$ の演算はできません．このように考えて，左辺から $9-2$ の 2 を右辺に移項することができます．

Q.3 数の集合の中で演算を考えるとき，いつでも逆演算ができるしくみになっていなければならないのでしょうか？

A.3 情報科学の観点から考えてみましょう．携帯電話では，文字を数字におきかえたデータを送信します．ただし，これらの数に鍵とよぶ特定の数を足したり，別の数におきかえたりしています．もとの数が簡単に逆算できないようにするためです．

2004年 4 月24日付朝日新聞　日本の暗号

3.2 体

連立 1 次方程式を Gauss-Jordan の消去法で解く場合を思い出すとわかるように，

四則（加減乗除）が自由にできる集合（<u>0 で割る除法を除く</u>）

を考えなければならない．

四則演算（加減乗除）が自由にできるということが 4 本の手足を持つ身体にあたるという意味で，「体」というそうである．
青木利夫・大野勝寛・川口俊一：『改訂線形代数要論』(培風館, 1983)．

体の定義

集合 K が，加法・乗法についてつぎの三つの性質を持つとき，集合 K を**体**という．

(I) 集合 K が**加法について群**をつくっていて
（「集合 K が加法について群の四つの性質をみたしている」という意味），しかも

(II) 集合 K から 0（加法群の単位元）を除いた集合が**乗法について群**をつくっていて

(III) 任意の要素 a，b，c に対して，$a\cdot(b+c)=a\cdot b+a\cdot c$，$(b+c)\cdot a=b\cdot a+c\cdot a$ ［**加法 + と乗法・との間の分配法則**］が成り立つ．

(I) 加法の性質
(II) 乗法の性質
(III) 加法と乗法との混ざった演算の性質

減法 $5-2$ は加法 $5+(-2)$ とみなす．

分配法則を $a\cdot(b+c)$ と $(b+c)\cdot a$ との両方に仮定しているのは，乗法が可換でないとき（たとえば，マトリックス）のためである．

ADVICE

実数全体の集合 $\boldsymbol{R}$ の中で，① 加法・乗法という演算が自由にでき，② 逆演算もできることを思い出すと，体の意味がわかる．

除法5/3は乗法$5\times\frac{1}{3}$とみなす．

3.3.1項A.3参照

問3.1 0でない実数全体の集合 $\boldsymbol{R}^*$ は乗法について群をつくる．集合 $\boldsymbol{R}^*$ がみたす四つの性質を列挙せよ．

解説 集合 $\boldsymbol{R}^*$ のどの2個の要素についても乗法・が定義してあり，

(i) 集合 $\boldsymbol{R}^*$ が乗法・について閉じていて（積も実数であり，集合 $\boldsymbol{R}^*$ に入る），

(ii) 任意の要素 a，b，c に対して，$(a\cdot b)\cdot c=a\cdot(b\cdot c)$ ［乗法・の結合法則］が成り立ち，しかも

(iii) $a\cdot e=e\cdot a=a$ ［e の値は1であり，これを乗法・の単位元という］

(iv) $a\cdot x=x\cdot a=e$ とする x がある ［x を乗法・に関する a の逆元といい，a^{-1} と表す］という両方の性質をみたす実数 e（値は1）が集合 $\boldsymbol{R}^*$ の中に存在する．

$\boldsymbol{R}^*=\boldsymbol{R}-\{0\}$

集合演算（集合−集合）の形なので，$\boldsymbol{R}-0$ と書かない．{ }は集合を表す記号である．

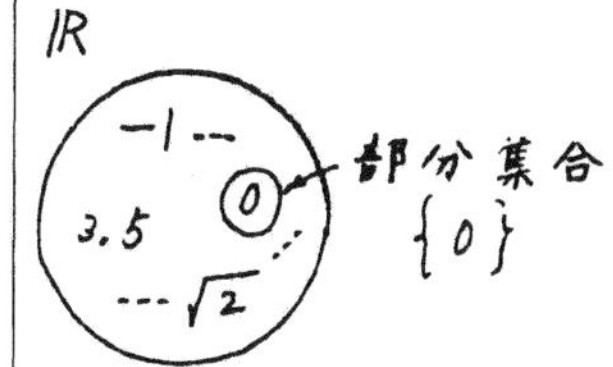

図3.1 $\boldsymbol{R}-\{0\}$ の意味

［注意1］ 群と体とのちがい

群：1種類の演算（たとえば加法）について閉じているかどうか

体：加法と乗法との2種類の演算について閉じているかどうか

たとえば，$0.2\times5=5\times0.2=1$ だから0.2の逆元は5である．

0で割る除法を除いているので，0の逆元1/0を考えない．

［注意2］ 整数全体の集合 $\boldsymbol{Z}$ は体でない

整数を整数で割った数は整数になるとは限らない．たとえば，整数 n に対して，$n\times$♠$=1$ の ♠ にあてはまる整数が見つからない．したがって，整数 n の逆元はない．

$n\times n$ マトリックス全体の集合は体ではない．理由：逆マトリックスの存在しないマトリックスがあるから，乗法について群をつくらない．

体の例 有理数全体 $\boldsymbol{Q}$ (Quotients)　実数全体 $\boldsymbol{R}$ (Real numbers)
複素数全体 $\boldsymbol{C}$ (Complex numbers)

指示しなくても，これらの例がほんとうに体の定義をみたしていることを確かめる．

［参考］ 体の概念は，情報数学で多項式の概念を理解するときに必要である．いまは，さしあたり「体とは四則演算が自由にできる集合であり，高校までで学習してきた実数の集合の性質を整理しただけ」と思えばよい．

3.3 線型空間

線型空間の要素をベクトルというので，「ベクトルの集合」の意味で線型空間を「ベクトル空間」ともいう．

3.3.1 線型空間の定義

「空間」とは，「ある演算規則をみたす集合」という意味を表す．目の前のひろがった環境と勘違いしてはいけない．3元1次方程式 $1x_1+1x_2+1x_3=0$ の解のベクトル表示：$\boldsymbol{x}=\boldsymbol{d}_1t_1+\boldsymbol{d}_2t_2$ (2.2.2項，あとのA.2参照）を思い出すと，加法とスカラー倍とができる集合でないと解が表せないことがわかる．それでは，つぎの定義を考えてみよう．

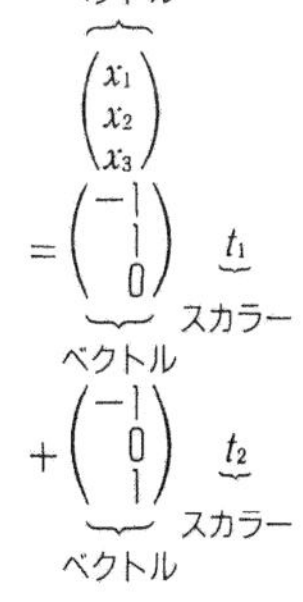

ある集合 V が，加法・スカラー倍について(I)，(II)，(III)の性質を持つとき，この集合 V を「体 K 上の線型空間（またはベクトル空間）」という．この集合の要素を「ベクトル」とよぶ．

●線型空間：加法とスカラー倍とが自由にできる集合

(I) 集合 V は**加法について群**をつくる．

(i) 集合 V は加法について閉じている．

(ii) $\forall \boldsymbol{u}, \boldsymbol{v}, \boldsymbol{w} \in V$ に対して，

$$(\boldsymbol{u}+\boldsymbol{v})+\boldsymbol{w}=\boldsymbol{u}+(\boldsymbol{v}+\boldsymbol{w}) \Longleftarrow \text{結合法則}$$

が成り立つ．

(iii) $\forall \boldsymbol{u} \in V$ に対して，$\boldsymbol{u}+\boldsymbol{0}=\boldsymbol{0}+\boldsymbol{u}=\boldsymbol{u}$ が成り立つ．

(iv) $\forall \boldsymbol{u} \in V$ に対して，$\boldsymbol{u}+\boldsymbol{v}=\boldsymbol{v}+\boldsymbol{u}=\boldsymbol{0}$ をみたす $\boldsymbol{v}$ が存在する．

条件(iii)と条件(iv)とをみたす要素 $\boldsymbol{0}$（単位元）が集合 V の中に存在する．$\boldsymbol{u}$ の加法についての逆元 $\boldsymbol{v}$ が $\boldsymbol{u}\cdot(-1)$ であることがわかる．$\boldsymbol{v}$ を $-\boldsymbol{u}$ という記号で書き表す（あとの Q.4 参照）．

(v) $\forall \boldsymbol{u}, \boldsymbol{v} \in V$ に対して，

$$\boldsymbol{u}+\boldsymbol{v}=\boldsymbol{v}+\boldsymbol{u} \Longleftarrow \text{交換法則}$$

が成り立つ［自己診断 14.5(2) 参照］．

(II) $\forall \boldsymbol{u} \in V$ と $\forall \alpha \in K$（体：加減乗除が自由にできる集合）とに対して，**ベクトルのスカラー倍**が定義できる．$\Longleftarrow$ $\boldsymbol{u}\cdot\alpha$ が一つに決まる．

(III) $\forall \boldsymbol{u}, \boldsymbol{v} \in V$ と $\forall \alpha, \beta \in K$（体：加減乗除が自由にできる集合）とに対して，

(vi) $(\boldsymbol{u}\cdot\alpha)\cdot\beta=\boldsymbol{u}\cdot(\alpha\cdot\beta)$

［体 K の要素どうしの**乗法に関する結合法則**］

(vii) $\boldsymbol{u}\cdot(\alpha+\beta)=\boldsymbol{u}\cdot\alpha+\boldsymbol{u}\cdot\beta$

［体 K の要素どうしの**加法に関する分配法則**］

$(\boldsymbol{u}+\boldsymbol{v})\cdot\alpha=\boldsymbol{u}\cdot\alpha+\boldsymbol{v}\cdot\alpha$

［集合 V の要素どうしの**加法に関する分配法則**］

(viii) $\boldsymbol{u}\cdot 1=\boldsymbol{u}$ （あとの Q.2，Q.4 参照）

ADVICE

3.3.1項［注意1］参照

群について 3.1 節参照．

例

2実数の組の集合 $\boldsymbol{R}^2$

(I)(ii)

$$\left[\begin{pmatrix}3\\4\end{pmatrix}+\begin{pmatrix}2\\-7\end{pmatrix}\right]+\begin{pmatrix}-5\\1\end{pmatrix}=\begin{pmatrix}3\\4\end{pmatrix}+\left[\begin{pmatrix}2\\-7\end{pmatrix}+\begin{pmatrix}-5\\1\end{pmatrix}\right]$$

(iii)

$$\begin{pmatrix}3\\4\end{pmatrix}+\begin{pmatrix}0\\0\end{pmatrix}=\begin{pmatrix}0\\0\end{pmatrix}+\begin{pmatrix}3\\4\end{pmatrix}$$

他も同様

(III)(vi)

$$\left[\begin{pmatrix}3\\4\end{pmatrix}\cdot 2\right]\cdot 5=\begin{pmatrix}3\\4\end{pmatrix}\cdot(2\cdot 5)$$

他も同様

ベクトルのスカラー倍という演算をはっきり表すために，記号・を書いた．

文字の使い分け

●線型空間の要素（ベクトル）：斜体の太い小文字（ボールド体）**例** $\boldsymbol{u}$

●体の要素（スカラー）：斜体のふつうの小文字 **例** k

（手書きの場合）

$\mathfrak{u}$

ベクトルとスカラーとをボールド体かどうかで区別すると，どの文字がどちらを指すかがわかりやすい．混乱のおそれがないときは，ベクトルをボールド体で書かなくてもよい．

［注意1］「体 K 上の」とは

① 体 K は四則演算が自由にできる（この意味は 3.1 節で群について説明した）数の集合である．

体 K の要素を「**スカラー**」（数の組でなく一つの数）とよぶ．

これに対して，線型空間（ベクトル空間）という集合の要素を

「**ベクトル**」とよぶ．

3.3.2 項で，1次実係数1変数多項式の集合，実数の組（数ベクトル）の集合，矢印（幾何ベクトル）の集合は線型空間（ベクトル空間）であることがわかる．たとえば，集合 V を矢印の集まりとする．集合 V の中には，ベクトル（矢印）に掛ける数は入っていない．倍を表す数は，集合 V のほかの集合 K から選ぶ．このため**体 K 上の線型空間**という．

図3.2 集合 V の例

ADVICE

体 K には実数体，複素数体などがある．ベクトル（実数の組，矢印，1 次実係数 1 変数多項式など）に掛けることのできる数（スカラー）が実数のとき実数体，複素数のとき複素数体を考える．整数の集合は体でないから「整数体 $\boldsymbol{Z}$ 上の線型空間」を考えない（3.2 節［注意 2］）．

② スカラー倍はふつうの乗法とちがうのか？ 0.2.2 項で考えたように，演算（加法，乗法など）は同じ集合の中の二つの要素から新しい要素をつくる操作である．しかし，ベクトル $\begin{pmatrix}3\\4\end{pmatrix}$ と実数 2 とは同じ集合に入っていない．$\begin{pmatrix}3\\4\end{pmatrix}$ は 2 実数の組の集合 $\boldsymbol{R}^2$ に入っているが，実数 2 は実数の集合 $\boldsymbol{R}$ に入っている．ベクトルのスカラー倍はふつうの乗法とはちがう．だから，(II)を「集合 V は乗法について閉じている」とはいわない．

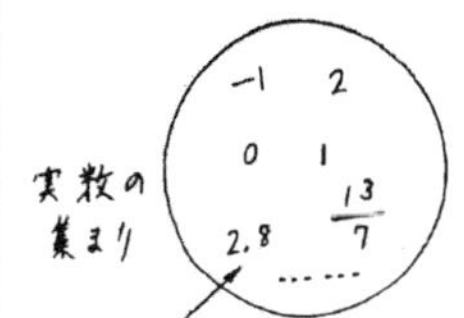

図 3.3 集合 K

［注意］
「上」とは「上下」の「上」ではないから「体 K 下の」はない．

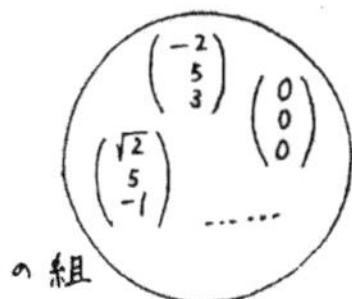

図 3.4 集合 V の例

Q.1 八つの性質［(i)，(ii)，(iii)，(iv)，(v)，(vi)，(vii)，(viii)］をすべて暗記しなければならないのですか？

A.1 あえて暗記する必要はありません．小学算数，中学・高校数学で学習した実数の加法の規則と乗法の規則とを改めて整理しただけにすぎません．ただし，八つの性質をみたす集合は，実数の集合だけでなく，矢印（有向線分）の集合，1 次実係数 1 変数多項式の集合などもあります．八つの性質の観点で見ると，高校ではベクトルと思わなかった概念もベクトルとよべる場合があります．このように，一見ちがって見える概念なのに，同じ性質が成り立つ例を見つけることができます．数学では，これらを同一視して（「同じとみなして」という意味）概念を一般化します（3.3.2 項）．群・体・線型空間は，どれも演算規則の観点で定義した集合です．

ありそうな質問を想定した．

Q.2 (I)，(II)，(III) について，何をどのように理解すればいいのでしょうか？

A.2 (I)，(II)，(III) のそれぞれについて考えてみましょう．

ありそうな質問を想定した．

(I) は，集合 V が加法について群をつくるという意味を表しています．つまり，3.1 節で説明した通りで，加法が自由にでき，しかも加法の逆演算もできます．

(II) は，例として 3 元連立 1 次方程式の解を思い出せばわかるはずです．$\begin{pmatrix}-1\\1\\0\end{pmatrix}t_1+\begin{pmatrix}-1\\0\\1\end{pmatrix}t_2$ の形から，数ベクトルのスカラー倍が自由にできなければなりません．

2.2.3 項参照

$\begin{cases}1x_1+1x_2+1x_3=0\\2x_1+2x_2+2x_3=0\end{cases}$ の解のベクトル表示

(III) は，加法とスカラー倍とが混ざっているとき，括弧をはずしたり，演算の順序を交換したりすることができるために必要な規則です（3.1 節 A.1 参照）．

A.1 で挙げた 1 次実係数 1 変数多項式，実数の組，矢印などは，集合の要素の姿（要素の特徴・性質なので「個々の属性」という）です．数学では，外見によらず性質が同じかどうかということを重視します．ややむずかしい表現ですが，「個別の属性ではなく，普遍に成り立つ性質を抽出する」という発想です．したがって，最も重要な内容は，姿に関係なく**集合 V の中で要素どう**

問 3.3―問 3.7 のように，八つの性質をみたすことを確かめる練習は必要である．

ADVICE

しの加法・要素のスカラー倍が定義してあるということです．これはどういう意味でしょうか？ まず，集合 V から勝手に（「どれでもよい」「任意に」という意味）2個の要素を選んで足したとき，和も集合 V に入っています．つぎに，集合 V から勝手に一つの要素を選んでナントカ倍しても集合 V に入っています．1次実係数1変数多項式，実数の組，矢印などのどれでも，こういう事情は同じです．

Q.3 加法の逆演算［減法（引き算）］は，(I), (II), (III) のどこにも挙がっていませんが，どのように考えるのでしょうか？

A.3 線型空間では加法・スカラー倍だけを考えます．減法は，加法と (-1) 倍とを合わせた演算とみなせます．あえて減法を仮定する必要はありません．数学の世界には，「仮定する性質をできるだけ少なくして，多くの内容を説明する」という発想があります．

自己診断 14.2 参照

一松信：『線形数学』（筑摩書房，1976）p.254.

Q.4 (viii) $\boldsymbol{u}\cdot 1=\boldsymbol{u}$ はあたりまえに見えますが，どこが重要なのでしょうか？

A.4 左辺と右辺とは意味がちがいます．左辺はベクトルのスカラー倍という演算を表し，右辺は単に一つのベクトルです．実数の乗法 $3\times 1=3$ でも，左辺は二つの実数 3 と 1 との掛け算を表し，右辺は積が一つの実数 3 になることを表しています．$\boldsymbol{u}\cdot 1=\boldsymbol{u}$ は「$\boldsymbol{u}\cdot 1$ を $\boldsymbol{u}$ と表す」という書き方を説明しているのではありません．(viii) はベクトルに掛けるスカラーの値がたまたま 1 の場合，スカラー倍してももとのベクトルと変わらないという性質を表しています．

こういう質問ができるレベルに達するとよい．

3.3.3 項自己診断 16.3 参照

それでは，$\boldsymbol{u}\cdot 1=\boldsymbol{u}$ という性質をあえて掲げる理由は何でしょうか？ このあたりまえに見える性質は，加法とスカラー倍とを結びつける役目を果たします．$\boldsymbol{u}\cdot 1=\boldsymbol{u}$ という性質を使うと，

$$\boldsymbol{u}\cdot 2=\boldsymbol{u}\cdot(1+1)\overset{\text{分配法則}}{=}\boldsymbol{u}\cdot 1+\boldsymbol{u}\cdot 1=\boldsymbol{u}+\boldsymbol{u}$$

となります．つまり，$\boldsymbol{u}$ の2倍は $\boldsymbol{u}$ どうしを足す操作で求まることがわかります．もっと繰り返すと，

$$\boldsymbol{u}\cdot n=\underbrace{\boldsymbol{u}+\boldsymbol{u}+\cdots+\boldsymbol{u}}_{n\text{ 個}}$$

です．元来，スカラー倍は加法を拡張した概念とみなせます．しかし，「$\boldsymbol{u}$ を 3.8 個分足す」などという形でいい表せない場合があります．このため，スカラー倍は加法と別の演算と考えなければなりません．

冗長になりますが，$\boldsymbol{u}\cdot 1=\boldsymbol{u}$ の重要性を理解するために，$\boldsymbol{u}\cdot 1=\boldsymbol{u}$ から $\boldsymbol{u}\cdot 0=\boldsymbol{0}$ と $\boldsymbol{u}\cdot(-1)=-\boldsymbol{u}$ が導けることを示してみましょう．

$\boldsymbol{u}\cdot 0=\boldsymbol{0}$ の説明

加法群の性質 (I)(iii) は「$\boldsymbol{u}=\boldsymbol{u}+\clubsuit$ をみたす $\clubsuit$ に $\boldsymbol{0}$ という名前を付けた」という意味です．この左辺を $\boldsymbol{u}=\boldsymbol{u}\cdot 1=\boldsymbol{u}\cdot(1+0)=\boldsymbol{u}\cdot 1+\boldsymbol{u}\cdot 0$ と書き換えてみます．ここで，線型空間の性質 (III)(vii) 分配法則を使いました．左辺の書き換えに $\boldsymbol{u}\cdot 1=\boldsymbol{u}$ を使わないと分配法則が適用できないことに注意し

$\boldsymbol{u}\cdot 0=\boldsymbol{0}$

左辺の 0 はスカラーだから，ふつうの数字で表す．

右辺の $\boldsymbol{0}$ は零ベクトルだから太い文字（ボールド体）で表す．

$\underbrace{\boldsymbol{u}+\clubsuit}_{\text{左辺}}=\underbrace{\boldsymbol{0}}_{\text{右辺}}$

$\boldsymbol{0}=\boldsymbol{u}\cdot 0$ は，つぎのように考えても導ける．

$\boldsymbol{u}\cdot\alpha=\boldsymbol{u}\cdot\alpha+\boldsymbol{0}$ をみたす $\boldsymbol{0}$ が零ベクトルである．

他方，分配法則を使うと

$$\begin{aligned}&\boldsymbol{u}\cdot\alpha\\&=\boldsymbol{u}\cdot(\alpha+0)\\&=\boldsymbol{u}\cdot\alpha+\boldsymbol{u}\cdot 0\end{aligned}$$

と書ける．

これらの式を比べると，$\boldsymbol{0}=\boldsymbol{u}\cdot 0$ であることがわかる．

ADVICE

ましょう．つぎに，右辺の $\boldsymbol{u}+♣$ を $\boldsymbol{u}\cdot 1+♣$ と書き直します．左辺を書き換えた $\boldsymbol{u}\cdot 1+\boldsymbol{u}\cdot 0$ と右辺を書き換えた $\boldsymbol{u}\cdot 1+♣$ とを比べてください．♣ は $\boldsymbol{u}\cdot 0$ であることがわかります．「$\boldsymbol{u}=\boldsymbol{u}+♣$ をみたす ♣ を $\boldsymbol{0}$ と表す」と約束したので，$\boldsymbol{0}=\boldsymbol{u}\cdot 0$ です．

$\boldsymbol{u}\cdot(-1)=-\boldsymbol{u}$ の説明

$\boldsymbol{u}\cdot 1=\boldsymbol{u}$ という性質を持たないと，加法の逆元 $-\boldsymbol{u}$ が $\boldsymbol{u}\cdot(-1)$［ベクトル $\boldsymbol{u}$ の (-1) 倍］で求まるベクトルであることも説明できません．加法群の性質(I)(iv)は「$\boldsymbol{u}+♠=\boldsymbol{0}$ をみたすベクトル ♠ に $-\boldsymbol{u}$ という名前を付けた」という意味です．実数の集合では，正の実数 x に対して $x+♠=0$ の ♠ に負の実数があてはまり，$-x$ と書きます．矢印（有向線分）の集合では，任意の矢印 $\overrightarrow{u}$ を打ち消すために，$\overrightarrow{u}$ の向きを反転した矢印を考え，$-\overrightarrow{u}$ と書くことに決めました．

それでは，ベクトル ♠ は $\overrightarrow{u}$ の何倍のベクトルかを考えましょう．こういう問題は，

（ベクトルのスカラー倍）＋（ベクトルのスカラー倍）＝ベクトルのスカラー倍

の形で考えると便利です．$\boldsymbol{0}$ を $\boldsymbol{u}$ の 0 倍のベクトルとみなします．このほか，$\boldsymbol{u}=\boldsymbol{u}\cdot 1$ という性質も使って，$\boldsymbol{u}$ をベクトルのスカラー倍の形に書き換えます．

$$\boldsymbol{u}\cdot 1+(\text{ベクトルのスカラー倍})=\boldsymbol{u}\cdot 0$$

をみたす左辺第 2 項のスカラーとベクトルとは何でしょうか？　スカラーの値が -1，ベクトルが $\boldsymbol{u}$ であれば，分配法則(III)(vii)を適用して

$$\boldsymbol{u}\cdot 1+\boldsymbol{u}\cdot(-1)=\boldsymbol{u}\cdot[1+(-1)]=\boldsymbol{u}\cdot 0=\boldsymbol{0}$$

となります．このようにして，$-\boldsymbol{u}$ は $\boldsymbol{u}\cdot(-1)$ でできるベクトルであることがわかりました．

［補足］ ● 実数の集合の場合，正の実数 x の逆元 $-x$ は x の (-1) 倍の負の実数です．

- 矢印の集合の場合，矢印 $\overrightarrow{u}$ の向きを反転して $-\overrightarrow{u}$ にするためには，$\overrightarrow{u}$ を (-1) 倍します．
- 1 次実係数 1 変数多項式の集合の場合，$\boldsymbol{u}\cdot(-1)=-\boldsymbol{u}$ は $(ax+b)\cdot(-1)=-(ax+b)$ と書けます．右辺の負号は $ax+b$ の符号を変えるはたらきをするので，$-(ax+b)$ は $-ax-b$ を表します．左辺は $-ax-b$ を得るためには $ax+b$ を (-1) 倍すればよいことを表しています．

「$-\boldsymbol{u}$ は $\boldsymbol{u}\cdot(-1)$ でできるベクトルである」という発想は，中学数学ですでに学習している．「5 の (-1) 倍にあたる数を -5 と書く」ということを思い出そう（0.2.3 項でも解説した）．

$\boldsymbol{u}\cdot(-1)=-\boldsymbol{u}$
と
$5\cdot(-1)=-5$
とを比べるとよい．

矢印の集合では，$\boldsymbol{u}$ が $\overrightarrow{u}$ と書ける．
1 次実係数 1 変数多項式の集合では，$\boldsymbol{u}$ が $ax+b$ と書ける．

「負号」と「符号」とのちがいに注意する．

問 3.2 実数体上の線型空間の要素 $\boldsymbol{u}$ の $\dfrac{2}{3}$ 倍は，加法とどのように結びつくか？

（解説） $\dfrac{2}{3}$ は「3 倍すると 2 になる数」を表す記号である．

$$\left(\boldsymbol{u}\cdot\frac{2}{3}\right)\cdot 3\overset{\text{結合法則}}{=}\boldsymbol{u}\cdot\left(\frac{2}{3}\cdot 3\right)=\boldsymbol{u}\cdot 2=\boldsymbol{u}\cdot(1+1)\overset{\text{分配法則}}{=}\boldsymbol{u}\cdot 1+\boldsymbol{u}\cdot 1$$

$$\overset{\text{線型空間の性質(viii)}}{=}\boldsymbol{u}+\boldsymbol{u}$$

0.2.2 項 例題 0.12 参照

ADVICE

だから，$\boldsymbol{u}\cdot\frac{2}{3}$ は3倍すると，$\boldsymbol{u}$ どうしの和になることがわかる．

3.3.2 線型空間の性質をみたす集合どうしを同一視する

「2実数の組の集まりが1次多項式の集まりと同じ」というとおかしいと思うかも知れない．数学の世界では，演算の性質が重要である．だから，たとえ姿がちがっていても演算の性質が同じであれば，本質は同じと判断する．

2実数の組 $\begin{pmatrix}3\\2\end{pmatrix}$ など

1次多項式 $3x+2$ など

［準備1］ 向きのある線分の表し方

① 矢印（幾何ベクトル）

「ベクトル（vector）」は「移動，輸送」を意味するラテン語 vect に由来する用語である．高校数学で学習する通りで，ベクトルは矢印で描ける概念として生まれた．たとえば，壁面内のある点Qの位置を表すときにも矢印が使える．「壁面内のほかの点Pから見て，点Qはどの方向にどれだけ離れているか」を指定すればよいからである．

矢印は，向きのある線分なので「有向線分」という．

たとえば，画鋲はポスターの左上角から斜め右下に 10 cm 離れた位置にある．

画鋲は，壁の左端から 20 cm，上端から 15 cm の位置にある．

② 座標

点の位置を数値で表すこともできる．2本の物差（x_1 軸と x_2 軸）を用意する．これらの物差のゼロの位置が一致するように直交させる（1.1節）．斜交でもよいが，直交の方がわかりやすい．壁面内の点Qの位置は座標 (x_{Q1}, x_{Q2})，点Pの位置は (x_{P1}, x_{P2}) で表せる．

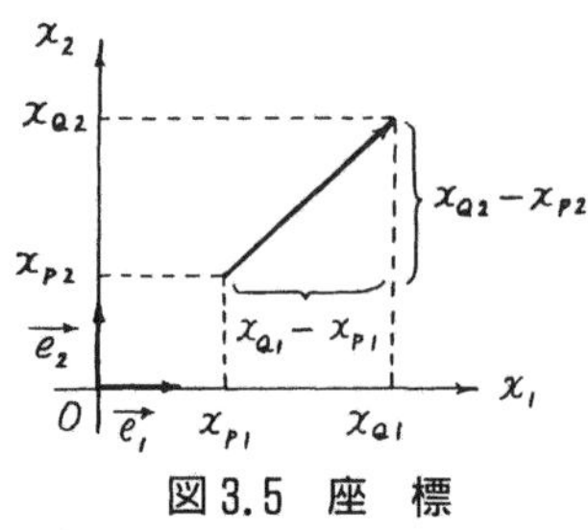

図 3.5 座　標

(終点の座標)－(始点の座標)

基準点は原点 O(0, 0) と決まっているわけではない．

③ 実数の組（数ベクトル）

点Qの位置を矢印（図形）と座標（数値）とで表す方法が理解できた．これらを関係づけることはできないだろうか？ x_1 軸の正の向きに向かう大きさ1の矢印 $\vec{e_1}$ と x_2 軸の正の向きに向かう大きさ1の矢印 $\vec{e_2}$ を使って $\overrightarrow{PQ}=(x_{Q1}-x_{P1})\vec{e_1}+(x_{Q2}-x_{P2})\vec{e_2}$ と表せる．矢印が2実数の組で表せるとき，両者の間の対応を $\overrightarrow{PQ}=\begin{pmatrix}x_{Q1}-x_{P1}\\x_{Q2}-x_{P2}\end{pmatrix}$ と書く．この等号は，「等しい」という意味ではなく「左辺の有向線分（矢印という図形）と右辺の2実数の組とを同じとみなす」という意味を表す．

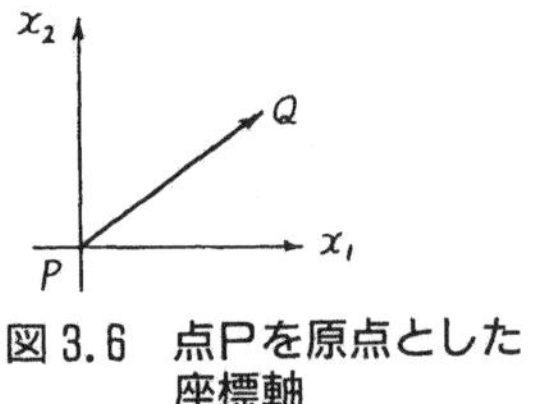

図 3.6 点Pを原点とした座標軸

「等しい」とは，「左辺と右辺とが同じ概念どうしで，しかも程度が同じである」という意味である．左辺が矢印という図形であり，右辺が実数の組のとき，各辺の概念は明らかに異なる．矢印と数とは等しいはずがないから，この場合に「等しい」ということはできない．小学校以来，等号はいつでも「等しい」という意味の記号と思い込んで錯覚しがちである．日常生活では「等しい」ということばの意味と使い方とがあいまいであっても，数学では正しく理解しよう．

点Qの位置を表す基準を点Pではなく原点O(0, 0) に選び直すと，$\overrightarrow{OQ}=\begin{pmatrix}x_{Q1}-0\\x_{Q2}-0\end{pmatrix}$ となり，点Qの座標と一致するので便利である．

［準備2］ 1次実係数1変数多項式，実数の組，矢印の比較

1次実係数1変数多項式 $ax+b$（a，b は定数），2実組の組 $\begin{pmatrix}a\\b\end{pmatrix}$，矢印［原点 O(0, 0) から点 A$(a_1, a_2)$ に向かう有向線分］を比べてみよう．形の上では「式」「実数の組」「矢印」なので，互いにまったく異なる．矢印どうしをつなぎ合わせたり（加法），矢印を同じ方向に拡大・縮小（スカラー倍）したりするときの規則は，実数の組どうしを足したり，実数の組をナントカ倍したりするときの規則と同じである．演算の観点から見直すと，1次実係数1変数多項式，数ベクトル，幾何ベクトルの間には共通性がある．加法・スカラー倍について，具体的に調べてみよう．

$ax+b$ の $a=0$ の場合も含める．加法の単位元 $0x+0$ がないと加法について群をつくらない．

●多項式の加法：変数を表す文字 x について（x の 1 次の項）+（x の 0 次の項）の形に整理する．

●幾何ベクトルの加法（[準備 1] 参照）：原点 O(0, 0) から点 A(a_1, a_2) に向かう矢印 $\overrightarrow{a}$ と原点 O(0, 0) から点 B(b_1, b_2) に向かう矢印 $\overrightarrow{b}$ とを考える．$\overrightarrow{b}$ を平行移動して，$\overrightarrow{a}$ の終点Aに $\overrightarrow{b}$ の始点を一致させる．$\overrightarrow{a}$ の始点Oから $\overrightarrow{b}$ の終点に向かう矢印を描く．この矢印の終点の座標を読む．

ADVICE

多項式

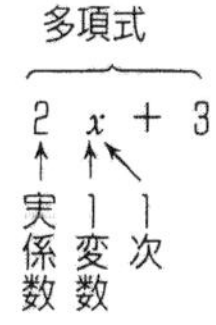

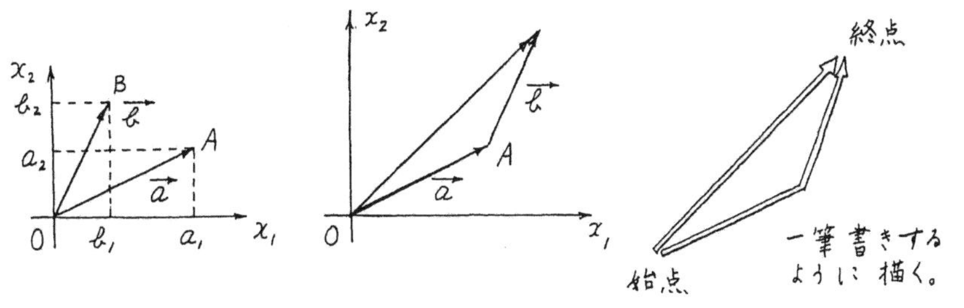

図 3.7 幾何ベクトルの加法

表 3.1 多項式，実数の組，矢印の比較

演算	1 次実係数 1 変数多項式	数ベクトル	幾何ベクトル
加法	$(2x+3)+(4x-1)=6x+2$	$\begin{pmatrix}2\\3\end{pmatrix}+\begin{pmatrix}4\\-1\end{pmatrix}=\begin{pmatrix}6\\2\end{pmatrix}$	
スカラー倍	$(3x+1)\cdot 2=6x+2$	$\begin{pmatrix}3\\1\end{pmatrix}2=\begin{pmatrix}6\\2\end{pmatrix}$	

[注意]

1×1 マトリックス ↓ $\begin{pmatrix}3\\1\end{pmatrix}2$ ↑ 2×1 マトリックス

$\begin{pmatrix}6\\2\end{pmatrix}$ ↑ 2×1 マトリックス

1×1 マトリックス ↓ $2\begin{pmatrix}3\\1\end{pmatrix}$ ↑ 2×1 マトリックス の乗法は定義できない．この観点から，$\begin{pmatrix}3\\1\end{pmatrix}2$ と書いた．

加法・スカラー倍に着目する限り，
1 次実係数 1 変数多項式の集合，数ベクトルの集合，幾何ベクトルの集合はどれも同じ演算規則にしたがう．
⇓高校数学から拡張
これらの集合をすべて同一視し「線型空間（ベクトル空間）」という．
こういう集合の要素を「ベクトル」とよぶ．

[注意 2]　実数の組，1 次実係数 1 変数多項式は矢印で表せるとは限らない

簡単のために，2 実数の組の集合 $\boldsymbol{R}^2$ を考えたが，一般に n 実数の組の集合 $\boldsymbol{R}^n$ も線型空間である．1 次実係数 1 変数多項式の集合に限らず，一般に n 次実係数 1 変数多項式の集合も線型空間である（注意 4）．他方，矢印は直線上の世界（1 次元），平面内の世界（2 次元），空間内の世界（3 次元）で描くことができるが，n 次元（$n \geq 4$）の世界では目に見える矢印を描くことはできない．

ADVICE

[注意3] 「同一視」とは

身近な例を挙げてみよう．大学では，学籍番号と氏名とは1対1に対応している．このため，学籍番号の集合{0451001, 0451002, ...}の代りに氏名の集合{逢沢一郎, 石山和夫, ...}（氏名は架空）を取り上げることができる．つまり，これらの集合を互いに同じとみなしてよい．ただし，学籍番号どうしの加法，学籍番号のスカラー倍の演算規則は定義していない．同様に，氏名どうしの演算規則もない．なお，単なる集合とちがって，**要素どうしの間の演算規則を定義した集合を「空間」という．**「線型空間」はこの例である．

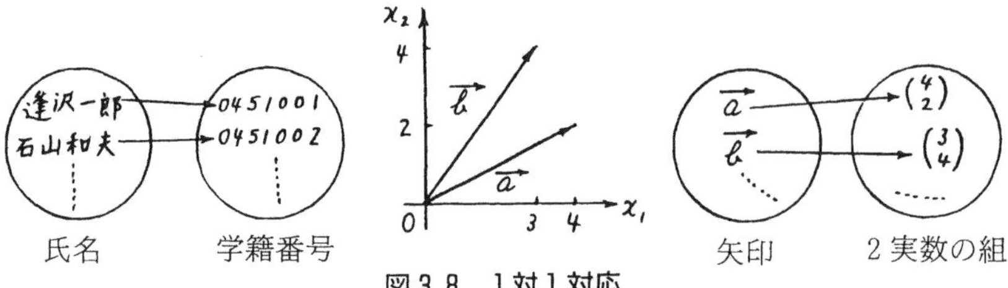

図3.8　1対1対応

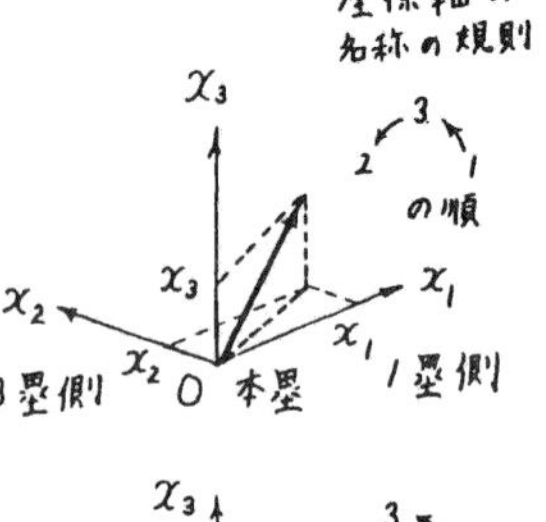

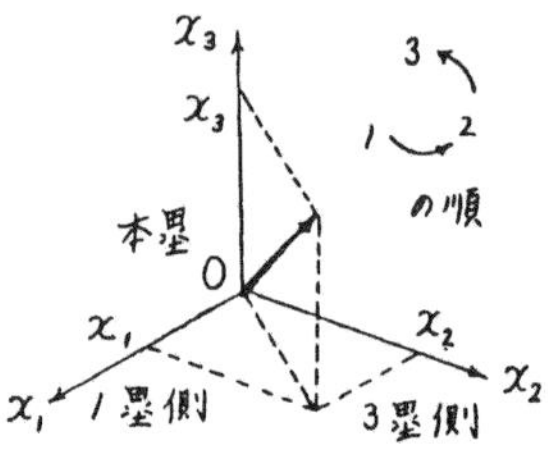

図3.9　座標軸の書き方

x_1x_2平面を野球場，x_3軸を高さを測る物差，原点を本塁とする．テレビの野球中継を思い出そう．打者を正面から見た描き方と投手を正面から見た描き方があると思えばよい．

1対1

$$\boldsymbol{R}^3：\text{数ベクトル（3実数の組）}\begin{pmatrix}x_1\\x_2\\x_3\end{pmatrix}\xleftrightarrow[\text{（同一視）}]{\text{1対1対応}}\text{幾何ベクトル（空間の有向線分）}$$

$$\begin{pmatrix}a_1\\a_2\\a_3\end{pmatrix}+\begin{pmatrix}b_1\\b_2\\b_3\end{pmatrix}=\begin{pmatrix}c_1\\c_2\\c_3\end{pmatrix}\xleftrightarrow{\text{演算規則が同じ}}\vec{a}+\vec{b}=\vec{c}$$

法律にも似た考え方があてはまる．事件A，事件B, ...は，発生した地域，当事者などがちがうが，共通の性格の事件だったとする．こういう場合，これらに対して同等の判決が下る．実数の組の集合，矢印の集合，実係数の多項式の集合などの共通の性格が，加法・スカラー倍の演算規則である．

[休憩室]
2009年までに導入される裁判員制度では，市民の判決にばらつきのあることが問題になっている．

[注意4] 「ベクトル」という用語

高校数学では「ベクトルとは，大きさ・向き・方向を持ち，矢印で表す概念」と習う．このため，1次実係数1変数多項式をベクトルとよぶことが不思議に思えるかも知れない．しかし，大学数学では，同じ演算規則にしたがう概念を同一視し（同じとみなし），同じ名前を付ける．矢印とは限らず，加法・スカラー倍について同じ演算規則をみたす集合の要素はどれもベクトルである．1次実係数1変数多項式の集合$\{2x+3, -1x+6, 0.7x-3.2, \ldots\}$の各要素も「ベクトル」とよべる．

共通性に着目して同じ概念として（簡単にいえば「同じ名前でよべる」）扱うという発想は，抽象的でむずかしく感じるかも知れない．しかし，小学校でもこの考え方を習ったことに気づいただろうか？　3辺で囲んだ図形を思い出してみよう．こういう図形には，さまざまな大きさ，いろいろな形（よこ長，たて長，二等辺, ...）がある．しかし，「3辺で囲んだ図形」という共通性のある図形をすべて「三角形」とよぶ．つまり，「三角形」と

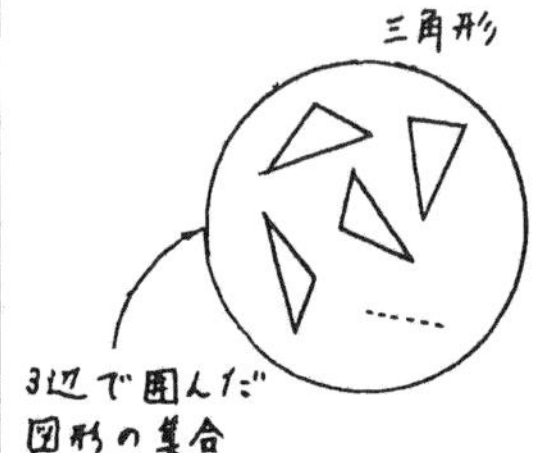

図3.10　三角形の集合

0.1節図0.1参照

は，3辺で囲んだ図形の集合の名前と思えばよい．この集合の中には，3辺で囲んだ図形が無数にある．それぞれの図形が，「三角形」という集合の要素である．

矢印はベクトルを目に見えるようにするための便利な手段にすぎないと考えてもよい．1次実係数1変数多項式 $ax+b$ を原点 $O(0,0)$ から点 $A(a, b)$ に向かう矢印で表すという発想もある．たとえば，$-3x+5$ は原点 $O(0, 0)$ から点 $A(-3,5)$ に向かう矢印で表せる．しかし，1次実係数1変数多項式を矢印で描かなければいけないわけではない．x の4次実係数1変数多項式 $ax^4+bx^3+cx^2+dx+e$ も和 $[(a+a')x^4+(b+b')x^3+(c+c')x^2+(d+d')x+e+e']$ とスカラー倍 $(\lambda ax^4+\lambda bx^3+\lambda cx^2+\lambda dx+\lambda e)$ とが x の4次実係数1変数多項式の集合に入る．だから，x の4次実係数1変数多項式もベクトルである．5本の座標軸が描けないので，座標 (a,b,c,d,e) で表せる点に対応する x の4次実係数1変数多項式を矢印で表すことはできない．

ADVICE
あくまでも，加法・スカラー倍の演算規則だけでベクトルとよべるかどうかが決まる．本章で解説する線型空間という集合の要素を「ベクトル」という．

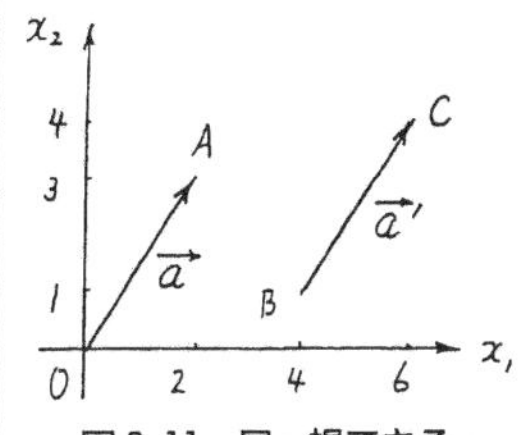

図 3.11　同一視できる幾何ベクトル

[注意 5]　幾何ベクトルの集合

幾何ベクトル（矢印）の集合の中に，大きさ・方向・向きの同じ要素があるとき，これらを同一視する（同じとみなす）．たとえば，原点 $O(0,0)$ から点 $A(2,3)$ に向かう矢印 $\vec{a}$ と点 $B(4,1)$ から点 $C(6,4)$ に向かう矢印 $\vec{a}'$ とは，大きさ・向きが同じである．図を描けばただちにわかる．$\overrightarrow{OA}$，$\overrightarrow{BC}$ 以外にも同じ数ベクトル $\begin{pmatrix}2\\3\end{pmatrix}$ と同一視できる幾何ベクトルは無数にある（p. 15）．

点 O, A, B, C, ... の名称を使う代りに，$\vec{a}$ などと書くと $\overrightarrow{OA}, \overrightarrow{BC}, \ldots$ のどれを指すときにも便利である．

$\overrightarrow{BC}$ を表す数ベクトルは
$$\begin{pmatrix}(\text{Cの}x_1\text{座標})\\(\text{Cの}x_2\text{座標})\end{pmatrix}-\begin{pmatrix}(\text{Bの}x_1\text{座標})\\(\text{Bの}x_2\text{座標})\end{pmatrix}=\begin{pmatrix}6-4\\4-1\end{pmatrix}=\begin{pmatrix}2\\3\end{pmatrix}$$
と表せる．

小林幸夫：『力学ステーション』（森北出版，2002）p. 23.

3.3.3　線型空間の典型的な例

線型空間の八つの性質［(i), (ii), (iii), (iv), (v), (vi), (vii), (viii)］をみたす集合の例を挙げてみよう．高校数学以来の先入観では「要素をベクトルとよべないのではないか」と思える集合も線型空間なので注意しなければならない．

法律の考え方を思い出すとわかりやすい．現場・犯人は事件ごとにちがうのに，同種の事件（同じ法律が適用できる事件）として扱う場合がある．これと似た見方ができるようにするために，線型空間の性質を八つに整理したと考えてもよい．つまり，「線型空間の八つの性質」が法律にあたる．こういう法律が適用できる事件が，つぎの例1－例5である．

集合 $\mathbb{R}$

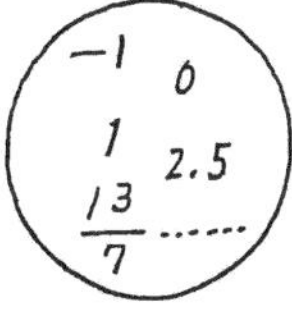

集合 K

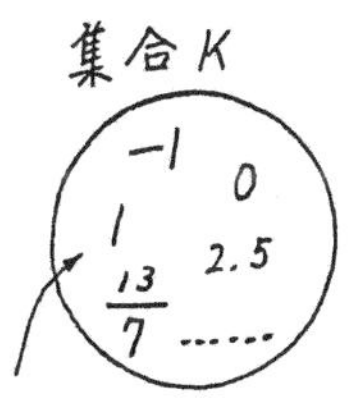

この集合から倍を表す数を選ぶ。

図 3.12　線型空間と体

「実数体 K 上の線型空間」の意味について［注意 1］参照．

例 1　実数ベクトルの全体 $\boldsymbol{R}^n$（n 実数の組の集合）

問 3.3　実数の集合 $\boldsymbol{R}$ は線型空間の八つの性質をみたすことを確かめよ．なお，$\boldsymbol{R}$（$\boldsymbol{R}^1$ と書くと意味がはっきりする）は実数の「組」の集合ではないが，$\boldsymbol{R}^n$ の特別な場合と考える（組ではないが，あえて「1個の実数の組」とみなす）．

解説　ここでは，実数の集合 $\boldsymbol{R}$ の要素に掛けるスカラーも実数とする．つまり，$\boldsymbol{R}$ が実数体 K 上の線型空間であることを確かめればよい．体が線型空間と一致している（$K=\boldsymbol{R}$）という特別な場合にあたる．実数どうしの加法・実数どうしの乗法にすぎないから，あたりまえに理解している(I)，(II)，(III)を書き並べればよい．

(I) (i) 任意の 2 個の実数の和も実数になるから，実数の集合は加法について閉じている．

(ii) 結合法則：$(x+y)+z=x+(y+z)\quad \forall x,y,z\in\boldsymbol{R}$ もみたす．

$$\underset{\text{任意の}\,x,y,z}{\underset{\downarrow}{\forall x,y,z}}\qquad \underset{\text{の中の}}{\underset{\downarrow}{\in}}\qquad \underset{\text{実数の集合}}{\underset{\downarrow}{\boldsymbol{R}}}$$

(iii) と (iv) とをみたす 0 が実数の集合の中にある．任意の実数 x の符号を変えた実数 $-x$ が逆元である．

(v) 実数どうしの和は足す順序を交換しても変わらない．

(II) 実数どうしの積は実数の集合に入る．

(III) (vi) 3 個の実数の積について $(x\cdot\alpha)\cdot\beta=x\cdot(\alpha\cdot\beta)\quad \forall\alpha,\beta\in K,\ \forall x\in\boldsymbol{R}$ が成り立つ．

(vii) 2 個の実数の和と実数の積とについて $x\cdot(\alpha+\beta)=x\cdot\alpha+x\cdot\beta$, $(x+y)\cdot\alpha=x\cdot\alpha+y\cdot\alpha$ も成り立つ．

(viii) $x\cdot 1=x\quad \forall x\in\boldsymbol{R}$ も成り立つ．

ADVICE

日本語の語順通りに並べ直すと「実数の集合 $\boldsymbol{R}$ の中の任意の x，y，z」となる．$\forall x$，y，$z\in\boldsymbol{R}$ は「任意の実数 x，y，z に対して」という意味を表すと思えばよい．「任意の」とは「どれでもよい」という意味である．

$\forall$ は，arbitary（任意の）の頭文字を図案化した記号である．ふつうの集合の名称 A と区別するために，$\forall$ の形に決めた．$\forall$ は x，y，z と高さをそろえて $\forall x,y,z$ と書く．${}^{\forall}x,y,z$ と書かない．

記号 $\in$ は，Element（要素）の E を図案化した形である．

[参考 1] 高校数学から大学数学への発展

実数の集合 $\boldsymbol{R}$ は線型空間だから，この集合の要素である各実数は「ベクトル」とよべる．高校数学では，矢印をベクトルというが，実数をベクトルと考えることはない．このため，矢印でない実数そのものがベクトルであることを不思議だと思うかも知れない．大学数学では，ベクトルの意味が広くなることに注意しよう．

Q. 体 K も $\boldsymbol{R}$ だから体 K の要素もベクトルといえると思います．それでは，ベクトルのスカラー倍はどのように理解すればよいでしょうか？

A.「倍を表す実数」もベクトルといえますが，ふつうはスカラーとよびます（1.1 節［進んだ探究］）．$\boldsymbol{R}$ の要素は数の組ではないので，ふつうは (x) と書かず x と書きます．しかし，線型空間の性質(II)で，$x\cdot\alpha$ を $(x)\cdot\alpha$ と書くと「ベクトルのスカラー倍」の形がはっきりします（1.1節 ADVICE 欄）．たしかに，$K=\boldsymbol{R}$ ですが，集合 $\boldsymbol{R}$ の 2 個の要素の積を考えるのではありません．集合 $\boldsymbol{R}$ と集合 K とを別々に扱って，倍を表す実数は K から選びます．まわりくどいと感じるかも知れませんが，$\boldsymbol{R}$ を $\boldsymbol{R}^2,\boldsymbol{R}^3,\dots,\boldsymbol{R}^n$ と同じ考え方で扱うためです．これも旧法則保存の原理（形式不易の原理）(0.2.2 項）といえます．

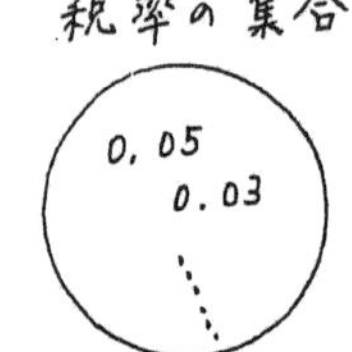

図 3.13 線型空間と体との具体例

[参考 2] 生活の中から例を見つける

価格の集合 {0 円，1 円，2 円，…} は，この中で加法が実行できないと合計額が求まらない．実数の集合から税率を選んで価格に掛ける．この例は，

ADVICE

線型空間の加法・スカラー倍を理解する手がかりになる．

価格の集合と税率の集合

[参考 3] 4 個以上の実数の組 ($n \geq 4$) の例

経済学で各品目の輸出量を扱う場合，身体検査で身長，体重，胸囲，座高，視力などのデータを整理する場合，各科目の試験の得点を調べる場合などに 4 個以上の実数の組が必要である．

$$\begin{array}{l} \text{代数学} \\ \text{幾何学} \\ \text{解析学} \\ \text{確率統計} \end{array} \begin{pmatrix} 85\text{点} \\ 60\text{点} \\ 70\text{点} \\ 45\text{点} \end{pmatrix}$$

[参考 4]　加法群の逆元の意味

実数の集合 $\boldsymbol{R}$ の場合に，線型空間の性質 (I)(iv)「加法の逆元を $-\boldsymbol{u}$ という記号で書き表す」という意味を振り返ってみよう．たとえば，$x=6$ (x は実数の集合 $\boldsymbol{R}$ の要素) のとき，$-x$ は x を具体的に 6 と書いて -6 である．同様に，$x=-3$ のとき，$-x$ は x を具体的に -3 と書いて $-(-3)$ である．

「加法の逆元 $-\boldsymbol{u}$ が $\boldsymbol{u}\cdot(-1)$ で求まるベクトルである (Q.4 参照)」という性質は，「-6 は $6\cdot(-1)$ [6 の (-1) 倍] で求まる実数である」という意味を表している．同様に，$-(-3)$ は -3 の (-1) 倍で求まる実数である．

$$\begin{array}{cc} - & x \\ \downarrow & \downarrow \\ - & 6 \end{array} \qquad \begin{array}{cc} - & x \\ \downarrow & \downarrow \\ - & -3 \end{array}$$

例 2　**幾何ベクトルの全体（有向線分の集合）**

直線上の矢印の集合 E (E^1 と書いてもよい)，平面内の矢印の集合 E^2，空間内の矢印の集合 E^3 は，どれも線型空間である．

矢印を「有向線分」という．「向きを考える線分」という意味である．

問 3.4　体を実数の集合とするとき，集合 E が線型空間の八つの性質をみたすことを確かめよ．

(解説)

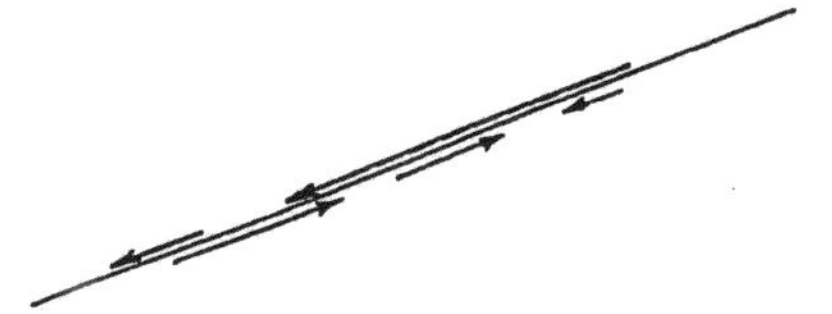

図 3.14　直線上の矢印

(I) (i)　直線上の任意の 2 個の矢印をつなぎ合わせても，同じ直線上の矢印になる．したがって，直線上の矢印の集合は加法について閉じている．

(ii)　結合法則：$(\vec{x}+\vec{y})+\vec{z}=\vec{x}+(\vec{y}+\vec{z})$ $\forall \vec{x}, \vec{y}, \vec{z} \in E$ もみたす．

幾何ベクトルの結合法則は，矢印をつなぎ合わせる順序を変えても同じ矢印になるという性質である．

$\vec{x}$ + $\vec{y}$

$\vec{x}$　$\vec{y}$　$\vec{x}+\vec{y}$

(i) 矢印 $\vec{x}$ と矢印 $\vec{y}$ との加法 $\vec{x}+\vec{y}$ の作図の手順：
① 矢印 $\vec{x}$ の終点と矢印 $\vec{y}$ の始点とを一致させる．
② $\vec{x}$ の始点から $\vec{y}$ の終点に向かう矢印を描く．

3.4.2 項 例 2 に同じ考え方を適用する．

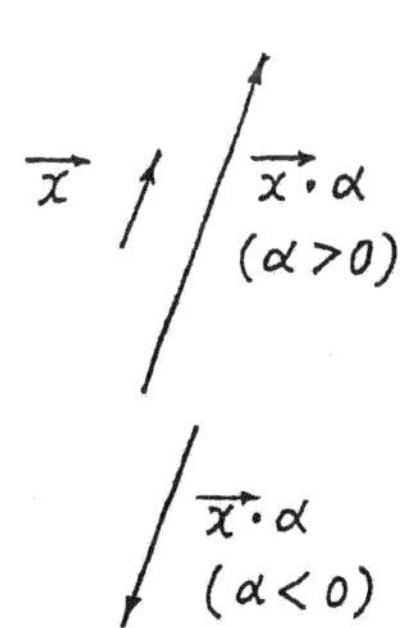

(iii) と (iv) とをみたす $\vec{0}$（零ベクトル：大きさがゼロの矢印）が直線上の矢印の集合の中にある．直線上の任意の（「どれでもよい」という意味）矢印 $\vec{x}$ の向きを変えた矢印 $-\vec{x}$ が逆元である．

(v) 直線上の矢印どうしの加法は，矢印をつなぎ合わせる順序を交換しても変わらない．

(II) 直線上の矢印の方向を変えずに拡大・縮小した矢印も同じ直線上の矢印の集合に入る．

(III) (vi) 2個の実数を直線上の任意の矢印 $\vec{x}$ に掛ける場合，
$(\vec{x}\cdot\alpha)\cdot\beta=\vec{x}\cdot(\alpha\cdot\beta)\ \forall\alpha,\beta\in K,\forall\vec{x}\in E$ が成り立つ．

(vii) 2個の実数の和を直線上の矢印に掛ける場合，
$\vec{x}\cdot(\alpha+\beta)=\vec{x}\cdot\alpha+\vec{x}\cdot\beta$，
$(\vec{x}+\vec{y})\cdot\alpha=\vec{x}\cdot\alpha+\vec{y}\cdot\alpha$ が成り立つ．

(viii) $\vec{x}\cdot 1=\vec{x}\quad\forall\vec{x}\in E$ も成り立つ．

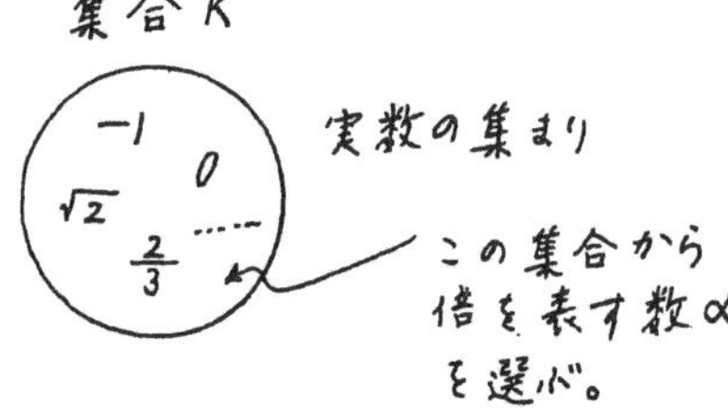

図 3.15 線型空間と体

> **ADVICE**
>
> (iii)(iv) 矢印を表す記号（名称）$-\vec{x}$ の負号は，矢印の向きを反転する（反対向きにする）はたらきを表す．一つの矢印 $-\vec{x}$ は，一つの矢印 $\vec{x}$ を (-1) 倍してできる矢印でもある（3.3.1 項 Q.4 参照）．
>
> (II) 実数の値が正の場合：もとの矢印と同じ向き
> 実数の値が負の場合：もとの矢印と反対向き
>
> (vi) 矢印 $\vec{x}$ を α 倍したあとで β 倍しても，矢印 $\vec{x}$ を $\alpha\cdot\beta$ 倍しても同じ矢印になる．
>
> (viii) 矢印 $\vec{x}$ を 1 倍しても，方向・向き・大きさが変わらず $\vec{x}$ と同じ矢印になる．

例3 特定の二つのベクトルの線型結合で表せるベクトルの全体

ベクトル $\boldsymbol{u}$，$\boldsymbol{v}$ の線型結合の集合 $L(\boldsymbol{u},\boldsymbol{v})$ は線型空間である．

問3.5 体を実数の集合とするとき，集合 $L(\boldsymbol{u},\boldsymbol{v})$ が線型空間の八つの性質をみたすことを確かめよ．

（解説） $\boldsymbol{u}\cdot s+\boldsymbol{v}\cdot t$ の実数 s，t の値の選び方は無数にある．集合 $L(\boldsymbol{u},\boldsymbol{v})$ は，あらゆる $\boldsymbol{u}\cdot s+\boldsymbol{v}\cdot t$ の集まりである．

八つの性質を列挙するときに，それぞれの等号が成り立つ理由を明記すること．

(I) (i) $(\boldsymbol{u}\cdot s_1+\boldsymbol{v}\cdot t_1)+(\boldsymbol{u}\cdot s_2+\boldsymbol{v}\cdot t_2)\overset{\text{結合法則}}{=}[(\boldsymbol{u}\cdot s_1+\boldsymbol{v}\cdot t_1)+\boldsymbol{u}\cdot s_2]+\boldsymbol{v}\cdot t_2$

$\overset{\text{結合法則}}{=}[\boldsymbol{u}\cdot s_1+(\boldsymbol{v}\cdot t_1+\boldsymbol{u}\cdot s_2)]+\boldsymbol{v}\cdot t_2\overset{\text{交換法則}}{=}[\boldsymbol{u}\cdot s_1+(\boldsymbol{u}\cdot s_2+\boldsymbol{v}\cdot t_1)]+\boldsymbol{v}\cdot t_2$

$\overset{\text{結合法則}}{=}[(\boldsymbol{u}\cdot s_1+\boldsymbol{u}\cdot s_2)+\boldsymbol{v}\cdot t_1]+\boldsymbol{v}\cdot t_2\overset{\text{分配法則}}{=}[\boldsymbol{u}\cdot(s_1+s_2)+\boldsymbol{v}\cdot t_1]+\boldsymbol{v}\cdot t_2$

$\overset{\text{結合法則}}{=}\boldsymbol{u}\cdot(s_1+s_2)+(\boldsymbol{v}\cdot t_1+\boldsymbol{v}\cdot t_2)\overset{\text{分配法則}}{=}\boldsymbol{u}\cdot(s_1+s_2)+\boldsymbol{v}\cdot(t_1+t_2)$

だから，線型結合どうしの和も $\boldsymbol{u}$ と $\boldsymbol{v}$ との線型結合である．したがって，集合 $L(\boldsymbol{u},\boldsymbol{v})$ は加法について閉じている．

(ii) $\boldsymbol{u}$ と $\boldsymbol{v}$ との線型結合は結合法則をみたすことは明らかである．

(iii) と (iv) とをみたす零ベクトルは，集合 $L(\boldsymbol{u},\boldsymbol{v})$ の中の $\boldsymbol{u}\cdot 0+\boldsymbol{v}\cdot 0$ である．
$\boldsymbol{u}\cdot(-s)+\boldsymbol{v}\cdot(-t)$ が逆元である．

(v) 加法の順序を交換しても変わらない．

> ベクトルのスカラー倍という演算をはっきり表すために，記号・を書いた．
>
> 一つの要素 $\boldsymbol{u}\cdot s_1+\boldsymbol{v}\cdot t_1$ とほかの要素 $\boldsymbol{u}\cdot s_2+\boldsymbol{v}\cdot t_2$ とを選ぶ．
>
> 結合法則とは
> $[(\boldsymbol{u}\cdot s_1+\boldsymbol{v}\cdot t_1)+(\boldsymbol{u}\cdot s_2+\boldsymbol{v}\cdot t_2)]+(\boldsymbol{u}\cdot s_3+\boldsymbol{v}\cdot t_3)=(\boldsymbol{u}\cdot s_1+\boldsymbol{v}\cdot t_1)+[(\boldsymbol{u}\cdot s_2+\boldsymbol{v}\cdot t_2)+(\boldsymbol{u}\cdot s_3+\boldsymbol{v}\cdot t_3)]$
> である．

ADVICE

(II) $(\boldsymbol{u}\cdot s+\boldsymbol{v}\cdot t)\cdot c \overset{\text{分配法則}}{=} (\boldsymbol{u}\cdot s)\cdot c+(\boldsymbol{v}\cdot t)\cdot c \overset{\text{結合法則}}{=} \boldsymbol{u}\cdot(s\cdot c)+\boldsymbol{v}\cdot(t\cdot c)$ だから，$\boldsymbol{u}\cdot s+\boldsymbol{v}\cdot t$ に実数を掛けても，係数が変わるだけで線型結合の形のままである．したがって，線型結合のスカラー倍も集合 $L(\boldsymbol{u}, \boldsymbol{v})$ に入る．

(III) (vi)，(vii) も成り立つことは明らかである．

(viii) は，$(\boldsymbol{u}\cdot s+\boldsymbol{v}\cdot t)\cdot 1 \overset{\text{分配法則}}{=} (\boldsymbol{u}\cdot s)\cdot 1+(\boldsymbol{v}\cdot t)\cdot 1 \overset{\text{結合法則}}{=} \boldsymbol{u}\cdot(s\cdot 1)+\boldsymbol{v}\cdot(t\cdot 1) =\boldsymbol{u}\cdot s+\boldsymbol{v}\cdot t$ として確かめることができる．

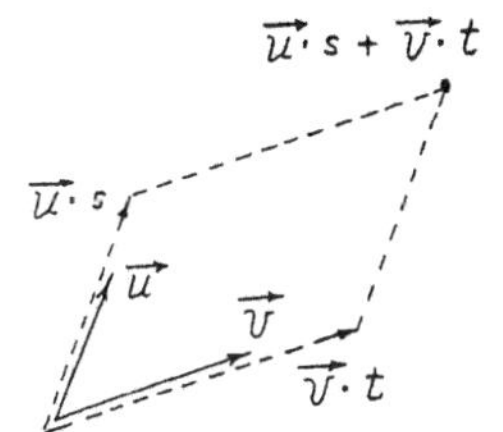

図 3.17　幾何ベクトルの線型結合

(vi) は (II) と同じ考え方で示せる．(vii) は (I) (i) の $(\boldsymbol{u}\cdot s_1+\boldsymbol{v}\cdot t_1)+(\boldsymbol{u}\cdot s_2+\boldsymbol{v}\cdot t_2)$ のスカラー倍を考える．

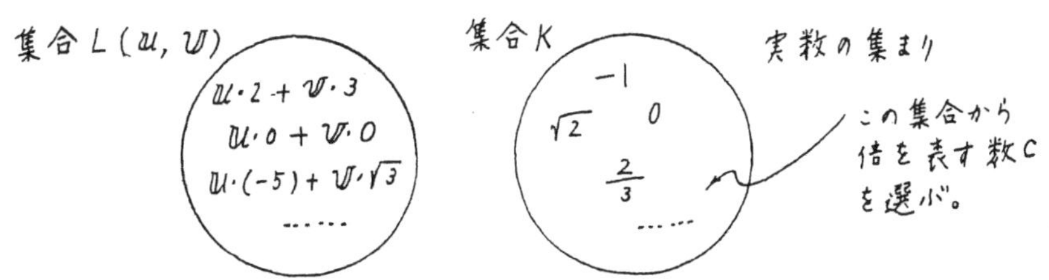

図 3.16　線型空間と体

(補足) **幾何の観点**　幾何ベクトル $\vec{u}$，$\vec{v}$ の線型結合は，$\vec{u}$ と $\vec{v}$ との張る平面内のベクトルである．つまり，集合 $L(\vec{u}, \vec{v})$ は，この平面内のすべての点に対応する位置ベクトルの集まりとみなせる．

2.1.1 項参照

例 4　**n 次実係数 1 変数多項式の全体**

x の n 次実係数 1 変数多項式 $a_nx^n+a_{n-1}x^{n-1}+\cdots+a_1x+a_0$ の集合 $P(n\,;\,\boldsymbol{R})$ は，線型空間である．

問 3.6　体を実数の集合とするとき，集合 $P(n;\,\boldsymbol{R})$ が線型空間の八つの性質をみたすことを確かめよ．

3.5.3 項問 3.16 参照

(解説)　係数の値の選び方は無数にある．集合 $P(n;\,\boldsymbol{R})$ は，あらゆる $a_nx^n+a_{n-1}x^{n-1}+\cdots+a_1x+a_0$ の集まりである．例 3（問 3.5）と同じ考え方で理解することができる．0 倍は $0x^n+0x^{n-1}+\cdots+0x+0$ と考える．
$2x+1$ は，$0x^n+0x^{n-1}+\cdots+0x^2+2x+1$ である．

例 5　**実数列の全体**

実数列の集合 $S=\{\{a_n\}\mid\forall a_n\in\boldsymbol{R}\}$ に対して，係数体 K を $\boldsymbol{R}$ として，

加法：$\{a_n\}+\{b_n\}=\{a_n+b_n\}$，　スカラー倍：$\{a_n\}\cdot k=\{a_n\cdot k\}$ $(k\in K)$

を定義すると，集合 S は体 K 上の線型空間である．

$\{\cdots\mid\cdots\}$ の $\mid$ は「ただし (where)」と読めばよい．$\mid$ の代りに ; (セミコロン) を使っている教科書もある．

記号の見方

無限数列を表すとき，$\{a_1, a_2, \ldots, a_n, \ldots\}$ を簡単に $\{a_n\}$ と書く．a_n という一つの数だけを表しているのではない．有限数列のときは，有限個の数の並びである．

$S=\{\{a_n\}\mid\forall a_n\in\boldsymbol{R}\}$ は，数列の集まりを表している．

例　$S=\{\{3, 6, \ldots, 3n, \ldots\}, \{5, 10, \ldots, 5n, \ldots\}, \ldots\}$
(n は自然数)

加法：$\{3, 6, \ldots, 3n, \ldots\}+\{5, 10, \ldots, 5n, \ldots\}$
$=\{8, 16, \ldots, 8n, \ldots\}$

{ {3, 6, ..., 3n, ...}, {5, 10, ..., 5n, ...}, ... }
数列の記号
集合の記号

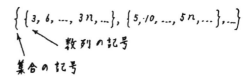

スカラー倍：$\{3, 6, \ldots, 3n, \ldots\}\cdot 2=\{6, 12, \ldots, 6n, \ldots\}$
($k=2$ のとき)

ADVICE

集合 S

実数列の集まり

$\{1, 2, 3, \ldots\}$
$\{0, 0, 0, \ldots\}$
$\{-1, 5, \ldots\}$
……

問 3.7 体を実数の集合とするとき，実数列の集合 S が線型空間の八つの性質をみたすことを確かめよ．

(解説) 任意の実数列 $\{a_n\}, \{b_n\}, \{c_n\}$ を考える．

八つの性質を列挙するときに，それぞれの等号が成り立つ理由を明記すること．

(I) (i) $\{a_n\}+\{b_n\}=\{a_n+b_n\}$ だから，数列どうしの和も一つの実数列になる．したがって，集合 S は加法について閉じている．

(ii) $(\{a_n\}+\{b_n\})+\{c_n\} \overset{\text{加法の定義}}{=} \{a_n+b_n\}+\{c_n\} \overset{\text{加法の定義}}{=} \{(a_n+b_n)+c_n\}$

$\overset{\text{結合法則}}{=} \{a_n+(b_n+c_n)\}$

$\overset{\text{加法の定義}}{=} \{a_n\}+\{b_n+c_n\} \overset{\text{加法の定義}}{=} \{a_n\}+(\{b_n\}+\{c_n\})$

(iii) と (iv) とをみたす零ベクトルは，$\{0, 0, \ldots, 0, \ldots\}$ である．任意の実数列 $\{a_n\}$ に対して，加法の逆元は $\{-a_n\}$ である．

(v) $\{a_n\}+\{b_n\} \overset{\text{加法の定義}}{=} \{a_n+b_n\} \overset{\text{交換法則}}{=} \{b_n+a_n\} \overset{\text{加法の定義}}{=} \{b_n\}+\{a_n\}$

だから，加法の順序を交換しても変わらない．

(II) 実数列に実数を掛けても，実数列である．したがって，実数列のスカラー倍も集合 S に入る．

(III) (vi) $(\{a_n\cdot k\})\cdot l \overset{\text{スカラー倍の定義}}{=} \{a_n\cdot k\}\cdot l \overset{\text{スカラー倍の定義}}{=} \{(a_n\cdot k)\cdot l\}$

$\overset{\text{結合法則}}{=} \{a_n\cdot(k\cdot l)\} \overset{\text{スカラー倍の定義}}{=} \{a_n\}\cdot(k\cdot l)$

(vii) $\{a_n\}\cdot(k+l) \overset{\text{スカラー倍の定義}}{=} \{a_n\cdot(k+l)\} \overset{\text{分配法則}}{=} \{a_n\cdot k+a_n\cdot l\}$

$\overset{\text{加法の定義}}{=} \{a_n\cdot k\}+\{a_n\cdot l\} \overset{\text{スカラー倍の定義}}{=} \{a_n\}\cdot k+\{a_n\}\cdot l$

$\{a_n+b_n\}\cdot k \overset{\text{スカラー倍の定義}}{=} \{(a_n+b_n)\cdot k\} \overset{\text{分配法則}}{=} \{a_n\cdot k+b_n\cdot k\}$

$\overset{\text{加法の定義}}{=} \{a_n\cdot k\}+\{b_n\cdot k\} \overset{\text{スカラー倍の定義}}{=} \{a_n\}\cdot k+\{b_n\}\cdot k$

(viii) $\{a_n\}\cdot 1 \overset{\text{スカラー倍の定義}}{=} \{a_n\cdot 1\}=\{a_n\}$

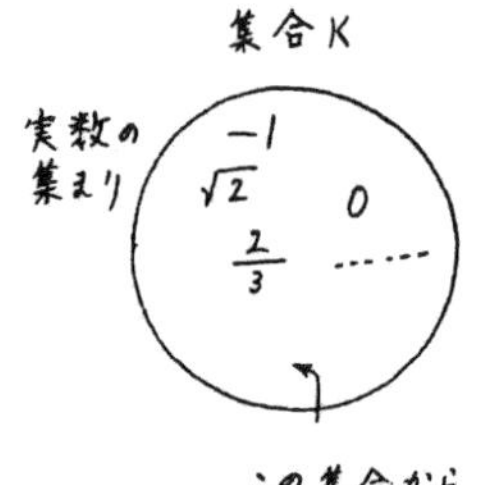

図 3.18 線型空間と体

ほかの例は 3.5.3 項自己診断 16.3 参照.

(重要) 意外なことに，数列 $\{a_n\}$ も「ベクトル」とよべる．

(まとめ)

① 加法・スカラー倍の同じ演算規則にしたがう集合を同一視して「線型空間」とよぶ．

線型空間の定義に挙がっている性質 (I) を 1 次試験，(II) を 2 次試験，(III) を 3 次試験にたとえると，これらのすべてに合格した集合は，「線型空間」とよべる資格を得る．

例 1～例 5 は，要素の具体的な特徴（実数の組，有向線分，ベクトルの線型結合，多項式，実数列）がちがうが，共通の演算規則にしたがっている．

② **線型空間の要素を「ベクトル」とよぶ．**

要素を単独に取り出しても，ベクトルかどうかは判断できない．

集合の中の要素どうしの間で加法の性質とスカラー倍の性質とを考えなければならない．

もともと加法・スカラー倍という演算規則は，数の世界で生まれた．これらの演算規則に着目する限り，実係数多項式の集合，矢印の集合などは，実数の組の集合が姿を変えたと見てもよい．たとえば，2 実数の組 $\begin{pmatrix} 2 \\ -3 \end{pmatrix}$ を図形で表した姿が矢印［原点(0,0) から点 (2, −3) に向かう有向線分］である．各成分 2，−3 を係数に選んだ多項式の姿 $2x-3$ で振る舞う場合もある．これらの見方とは反対に，実係数多項式の集合，矢印の集合などを実数の組の集合で表すと見てもよい．

しかし，気に留めなければならない難点がある．矢印の姿で描ける世界は，あくまでも直線上，平面内，空間内だけにすぎないからである．数学には，概念を拡張して発展するという特徴がある．矢印の姿が描けるかどうかに関係なく，組をつくる実数を 4 個以上にすることができる．10科目の得点を表すときには，10実数の組が必要である．

ADVICE

「1 本の矢印↗がベクトルかどうか」を考えるのではない．↗を含む矢印の集合の中で矢印どうしのつなぎ合わせ（加法），矢印の拡大・縮小（スカラー倍）について線型空間の性質をみたしているかどうかを調べる．

実係数 1 変数多項式の集合，実数の組の集合，矢印（有向線分）の集合などは，加法・スカラー倍の演算規則の観点で同じ代数構造（3 章まえがき参照）とみなす．

実係数多項式の集合，矢印の集合などの代表が実数の組の集合であると考えることができる．

自己診断14

14.1 マトリックスの加法群

2 行 2 列のマトリックスは，加法について群をつくるか？　なお，マトリックスの要素は実数とする．

●単位元と逆元とが存在すると判断した場合，これらがどのような形で表せるかということも答えよ．逆元は，任意の $\begin{pmatrix} a_{11} & a_{12} \\ a_{21} & a_{22} \end{pmatrix}$ に対して答えればよい．

単位元と単位マトリックスとを混同しないこと．

（ねらい） 同じ型のマトリックス（本問では 2×2 マトリックス）どうしの間で加法が自由にできる事情を理解する．

3.1 節　群の定義参照

（発想） マトリックスを $A=\begin{pmatrix} a_{11} & a_{12} \\ a_{21} & a_{22} \end{pmatrix}$ のように表して，群の四つの性質が成り立つかどうかを確かめる．このとき，数の代表として文字を使う．0.1 節例題 0.6 (1) にしたがって，文字 a を選んだ．

$\boldsymbol{R}$ は実数全体の集合を表す．

$a_{ij}, b_{ij} \in \boldsymbol{R}$ のとき $a_{ij}+b_{ij} \in \boldsymbol{R}$.

（解説） 群の性質 (i)，(ii)，(iii)，(iv) が成り立つので群をつくる．

(i) $\begin{pmatrix} a_{11} & a_{12} \\ a_{21} & a_{22} \end{pmatrix}+\begin{pmatrix} b_{11} & b_{12} \\ b_{21} & b_{22} \end{pmatrix}=\begin{pmatrix} a_{11}+b_{11} & a_{12}+b_{12} \\ a_{21}+b_{21} & a_{22}+b_{22} \end{pmatrix}$

実数どうしの和は実数だから，マトリックスどうしの和も各要素が実数のマトリックスになる．

(ii) 各要素が $(a_{ij}+b_{ij})+c_{ij}=a_{ij}+(b_{ij}+c_{ij})$ をみたす．

(iii) $\begin{pmatrix} a_{11} & a_{12} \\ a_{21} & a_{22} \end{pmatrix}+\begin{pmatrix} 0 & 0 \\ 0 & 0 \end{pmatrix}=\begin{pmatrix} 0 & 0 \\ 0 & 0 \end{pmatrix}+\begin{pmatrix} a_{11} & a_{12} \\ a_{21} & a_{22} \end{pmatrix}=\begin{pmatrix} a_{11} & a_{12} \\ a_{21} & a_{22} \end{pmatrix}$

(iv) $\begin{pmatrix} a_{11} & a_{12} \\ a_{21} & a_{22} \end{pmatrix}+\begin{pmatrix} -a_{11} & -a_{12} \\ -a_{21} & -a_{22} \end{pmatrix}=\begin{pmatrix} -a_{11} & -a_{12} \\ -a_{21} & -a_{22} \end{pmatrix}+\begin{pmatrix} a_{11} & a_{12} \\ a_{21} & a_{22} \end{pmatrix}=\begin{pmatrix} 0 & 0 \\ 0 & 0 \end{pmatrix}$

なお，a_{ij} が集合 $\boldsymbol{R}$ の要素であるとき，$a_{ij} \in \boldsymbol{R}$ と表す．記号 ∈ の意味は 3.3.3 項の問 3.3 参照．

$-a_{ij} \in \boldsymbol{R}$

ADVICE

この問題は，渡辺宏：『有限群とその応用』（岩波書店，1980）を参考にした．

$f_1, \ldots, f_6$ は関数を表す．$f_1(x), \ldots, f_6(x)$ は関数値を表す．$f_1(x)$ は $f_1(\ )$ の（ ）に入力 x が入ったときの値である．
0.2.4項参照

14.2　関数のつくる群

6個の関数

$$f_1(x)=x,\quad f_2(x)=\frac{1}{1-x},\quad f_3(x)=\frac{x-1}{x}$$

$$f_4(x)=\frac{1}{x},\quad f_5(x)=1-x,\quad f_6(x)=\frac{x}{x-1}$$

を考える．ここでは，演算∘は，$(f_i \circ f_j)(x)=f_i(f_j(x))$ とする．

(1)　空欄にあてはまる関数を記入して，演算表を完成せよ．

∘	f_1	f_2	f_3	f_4	f_5	f_6
f_1						
f_2						
f_3						
f_4						
f_5						
f_6						

$f_1(\ )=(\ )$，$f_2(\ )=\dfrac{1}{1-(\ )}$ などと書いてもよい．

(2)　集合 $\{f_1, f_2, f_3, f_4, f_5, f_6\}$ は演算∘について群の定義をみたしているかどうかを調べよ．

演算表の見方

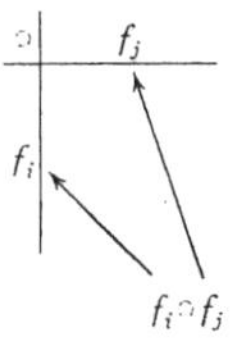

ねらい　群をつくる例は，数，マトリックスだけではないことを理解する．

発想　自己診断14.1と同じ考え方で進める．

(ii)　結合法則を調べるとき，三つの関数のあらゆる選び方について確かめる．解説には，簡単のために例を二つだけ挙げる．

解説

(1)

∘	f_1	f_2	f_3	f_4	f_5	f_6
f_1	f_1	f_2	f_3	f_4	f_5	f_6
f_2	f_2	f_3	f_1	f_6	f_4	f_5
f_3	f_3	f_1	f_2	f_5	f_6	f_4
f_4	f_4	f_5	f_6	f_1	f_2	f_3
f_5	f_5	f_6	f_4	f_3	f_1	f_2
f_6	f_6	f_4	f_5	f_2	f_3	f_1

(2)　(i) (1)の演算表から六つの関数は演算∘について閉じていることがわかる．

(ii)

例1

$$\begin{aligned}(f_1 \circ f_1)(x) &= f_1(f_1(x)) \\ &= f_1(x)\end{aligned}$$

$$\therefore\quad f_1 \circ f_1 = f_1$$

$$\begin{aligned}(f_1 \circ f_1)\circ f_1 &= f_1 \circ f_1 \\ &= f_1\end{aligned}$$

$$\begin{aligned}f_1 \circ (f_1 \circ f_1) &= f_1 \circ f_1 \\ &= f_1\end{aligned}$$

$$\therefore\quad f_1 \circ (f_1 \circ f_1) = (f_1 \circ f_1)\circ f_1$$

例2 $(f_2\circ f_3)(x)=f_2(f_3(x))$

$$=f_2\left(\frac{x-1}{x}\right)$$

$$=\frac{1}{1-\frac{x-1}{x}}$$

$$=x$$

$$=f_1(x)$$

$\therefore\ f_2\circ f_3=f_1$

$(f_1\circ f_4)(x)=f_1(f_4(x))$

$$=f_1\left(\frac{1}{x}\right)$$

$$=\frac{1}{x}$$

$$=f_4(x)$$

$\therefore\ f_1\circ f_4=f_4$

$\therefore\ (f_2\circ f_3)\circ f_4=f_1\circ f_4$

$$=f_4$$

同様に，

$$f_2\circ(f_3\circ f_4)=f_2\circ f_5$$
$$=f_4$$

である．したがって，

$$(f_2\circ f_3)\circ f_4=f_2\circ(f_3\circ f_4)$$

となる．

(iii) 単位元は f_1 である．

(iv) f_1 の逆元：f_1　f_2 の逆元：f_3　f_3 の逆元：f_2

f_4 の逆元：f_4　f_5 の逆元：f_5　f_6 の逆元：f_6

$f_1\circ\square=\square\circ f_1=f_1$ の □ にあてはまる関数は f_1 だから，f_1 の逆元は f_1 である．

$f_2\circ\square=\square\circ f_2=f_1$ の □ にあてはまる関数は f_3 だから，f_2 の逆元は f_3 である．

他も同様に考える．

14.3 回転操作のつくる群

正三角形ABCについて，重心Oを回転の中心として反時計まわりに120°回転させる操作をII，反時計まわりに240°回転させる操作をIII，はじめの形のままに保つ操作をIとする．二つの操作をつづけて行うとき，たとえばIII∘IIと表すことにする．これは，反時計まわりに240°回転させてから，反時計まわりに120°回転させるという操作を表す．

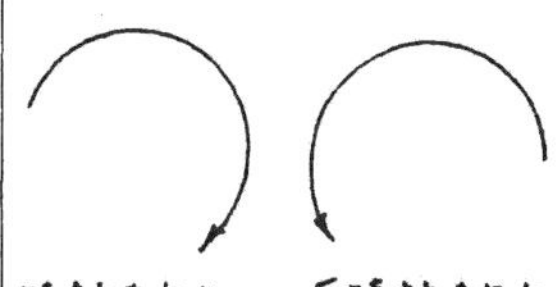

(1) つぎの演算表を完成せよ．

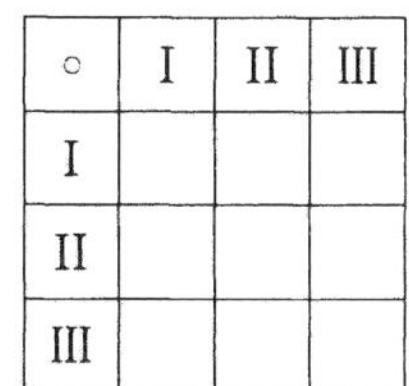

∘	I	II	III
I			
II			
III			

(2) (1)の演算表を見て，三つの操作 I，II，III が群をつくるかどうかを調べよ．群の定義は3.1節の通りである．本問では，三つの操作の集合{I，II，III}について考え，演算∘は回転をつづけるというはたらきを表していることに注意する．

ねらい 代数の見方だけでなく，幾何の見方でも群の概念を理解する．

ADVICE

(発想) 実際に正三角形を回転させたときの図を描いて，頂点A，B，Cの位置関係に注意する．たとえば，120°回転させてから120°回転させると，240°回転させることになるから，II∘II＝III である．

(解説)

(1)

∘	I	II	III
I	I	II	III
II	II	III	I
III	III	I	II

(2) 群の性質(i), (ii), (iii), (iv)が成り立つので群をつくる．

(i) 演算表から {I, II, III} は演算∘によって閉じていることがわかる．

(ii) たとえば，(I∘II)∘III＝I∘(II∘III) などが成り立つ．

(iii) 単位元は操作Iである．

(iv) 操作Iの逆元：I　　操作IIの逆元：III
操作IIIの逆元：II

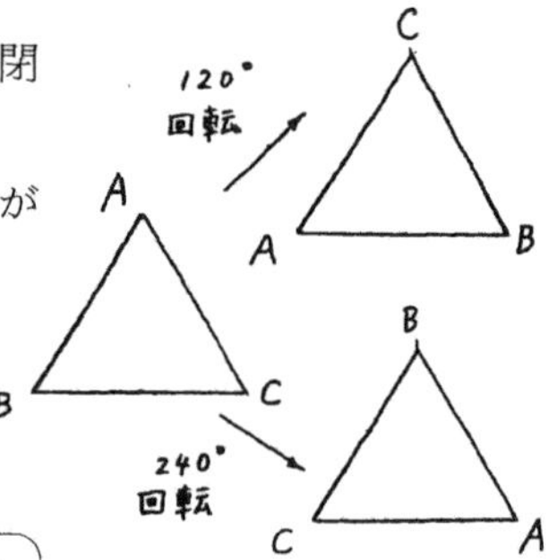

図3.19 正三角形の回転

Q. 演算というのは，数の間でしか考えないのではありませんか？ 図形どうしの演算の問題から理解できなくなりました．

A. もう一度，「演算」という用語の意味を復習してください．
「演算」とは，「二つの要素 a と b とから新たに c という要素を作るはたらき」です．要素は必ずしも数とは限りません．本問のように，図形どうしの演算を考えることもできます．ここが，数学の概念を生み出すときの発想です．
関数も数を考えるとは限りません．信号を表すとき，止まれ＝f(赤)，進め＝f(緑) という関数を考えることができます．関数とは，f( ) の ( ) にデータを入力するとどんな出力を得るかということを表す概念です．このように理解しないと，これから情報科学を理解することができなくなります．線型代数を学習するときも，情報科学を念頭に置いた発想ができるようにしましょう．

0.2節④関数の概念の拡張
0.2.2項，0.2.4項参照

14.4 有限体（有限集合が体である場合）

(1) 有限集合 $F=\{0,1\}$ の要素が加法・乗法について，つぎの演算表をみたすとき，F は体であることを示せ．

＋	0	1
0	0	1
1	1	0

×	0	1
0	0	0
1	0	1

(2) 素数5で割った余りの集合（5を法とする剰余系）が体であることを示せ．

有限集合：要素が有限の集合
例 曜日の集合 {日，月，火，水，木，金，土}
無限集合：要素が無数にある集合
例 実数の集合 $\boldsymbol{R}$，整数の集合 $\boldsymbol{Z}$

0.2.4項問0.4参照

(ねらい) 体とは，0で割る除法を除いて四則演算が自由にできる集合である．有限集合でも，体になる場合があることを理解する．有限体の概念は，情報数学で線形オートマトンの基礎になる．

3.2節参照
体の定義(ii)

(発想) 体の定義(I), (II), (III)を一つずつ確かめる．ただし，乗法について群をつくることは，加法の単位元0以外の要素の集合で調べる．

(解説) (1)

ADVICE

(I) (i) 加法表を見ると，和は 0 と 1 とのどちらかであり，集合 F に入っている．

(ii) $(1+0)+0=1+0=1$，$1+(0+0)=1+0=1$ などの結合法則が成り立つ．

(iii) $0+♠=♠+0=0$，$1+♠=♠+1=1$ の ♠ にあてはまる数（加法の単位元）は 0 である．

(iv) $0+♣=♣+0=0$ の ♣ にあてはまる数（加法の逆元）は 0，$1+◇=◇+1=0$ の ◇ にあてはまる数（加法の逆元）は 1 である．

(II) (i) 乗法表を見ると，0 を除いた集合で積は 1 だけである．

(ii) 結合法則 $(1\times1)\times1=1\times(1\times1)$ が成り立つ．

(iii) $1\times♡=♡\times1=1$ の ♡ にあてはまる数（乗法の単位元）は 1 である．

(iv) $1\times◇=◇\times1=1$ の ◇ にあてはまる数（乗法の逆元）は 1 である．

(ii)
$(1\times1)\times1$
$=1\times1$
$=1$
$1\times(1\times1)$
$=1\times1$
$=1$

(III) $0\times(1+0)=0\times1=0$，$0\times1+0\times0=0+0=0$ から $0\times(1+0)=0\times1+0\times0$ が成り立つ．他の場合も同様である．さらに，$(0+1)\times1=1\times1=1$，$0\times1+1\times1=0+1=1$ から $(0+1)\times1=0\times1+1\times1$ も成り立つ．他の場合も同様である．

(2) 素数 5 で割った余りの集合は $\{0,1,2,3,4\}$ である．5 で割ると 2 余る数と 5 で割ると 4 余る数との和は，5 で割ると 1 余る．他の場合も同様である．したがって，加法表・乗法表はつぎのようになる．

+	0	1	2	3	4
0	0	1	2	3	4
1	1	2	3	4	0
2	2	3	4	0	1
3	3	4	0	1	2
4	4	0	1	2	3

×	0	1	2	3	4
0	0	0	0	0	0
1	0	1	2	3	4
2	0	2	4	1	3
3	0	3	1	4	2
4	0	4	3	2	1

5 で割った余りが 1 の数の集合 $\{\ldots,-4,1,6,\ldots\}$ の代表を 1 とする．他も同様である．加法表で $3+3=1$ である．これを $3+3=6$ と考えてはいけない．5 で割った余りが 3 の数どうしの和は，5 で割った余りが 1 の数になるということを表している．

(1)と同じように確かめると，集合 $\{0,1,2,3,4\}$ は体になることがわかる．

(補足) 一般に，5 に限らず，素数で割った余りの集合は (2) と同様の演算表を持つので，この集合は体である．

14.5 線型空間の消去法則・交換法則

(1) 線型空間では，

消去法則：$\boldsymbol{u}_1+\boldsymbol{v}=\boldsymbol{u}_2+\boldsymbol{v}$ のとき，$\boldsymbol{u}_1=\boldsymbol{u}_2$

が成り立つことを示せ．

(2) 線型空間の分配法則と (1) の消去法則とを使って，加法の交換法則を導け．

(ねらい) 数学では，どういう数の集合の中で，どんな演算規則を定義したかを認識することが出発点である．

(1) 中学数学で学習した通り，方程式 $x+a=b+a$ を解くとき，$x=b$ に変形して x の値を求める．何も考えずにこのように変形しているが，実はこの変形も演算の規則に基づいている．それでは，等式をこのように変形できるのは，どんな規則があるからだろうか？　この理由を振り返ってみよう．

(2) たとえば，実数の集合は線型空間である．線型空間の八つの性質の中には，互いに無関係とは限らず，他の性質から導ける性質もあることを確かめる．

(発想) 裁判では勝手な規則をあてはめると違法になるので，六法全書の法律に

ADVICE

したがって判決を下す．同様に，線型空間の定義に挙がっている性質にしたがって考える．

(1) 各辺の $\boldsymbol{v}$ を消去するためには，線型空間の性質(I)(iv) $\boldsymbol{v}+(-\boldsymbol{v})=\boldsymbol{0}$ を使えばよい．

(2) $\boldsymbol{u}+\boldsymbol{v}=\boldsymbol{v}+\boldsymbol{u}$ の形のまま眺めていても先に進まない．分配法則を使うために，各項をベクトルのスカラー倍の形に書き直してみる．このとき，線型空間の性質(III)(viii) $\boldsymbol{u}\cdot 1=\boldsymbol{u}$ を思い出す．$\boldsymbol{u}\cdot 1+\boldsymbol{v}\cdot 1=\boldsymbol{v}\cdot 1+\boldsymbol{u}\cdot 1$ の形を手がかりにする．分配法則を使って，この式を導くにはどうすればよいかと考える．左辺第 1 項を見ると，$(\boldsymbol{u}+♠)\cdot(1+♣)$ の形に気づく．これを展開すると，$\boldsymbol{u}\cdot 1+\cdots$ の形ができるからである．同様に，左辺第 2 項を見て，$(♡+\boldsymbol{v})\cdot(◇+1)$ の形に気づく．これを展開すると，$\cdots+\boldsymbol{v}\cdot 1$ の形ができるからである．結局，$(\boldsymbol{u}+\boldsymbol{v})\cdot(1+1)$ を思いつき，この式に分配法則を使ってみる．

論理トレーニング

ここでは，♠，♣，♡，◇ はベクトル（線型空間の要素）を表す記号として使った．

(解説)

(1)

$$\boldsymbol{u}_1+\boldsymbol{v}=\boldsymbol{u}_2+\boldsymbol{v}$$

の両辺に右から $-\boldsymbol{v}$ を加えると，

$$(\boldsymbol{u}_1+\boldsymbol{v})+(-\boldsymbol{v})=(\boldsymbol{u}_2+\boldsymbol{v})+(-\boldsymbol{v})$$

となる．つぎに，各辺で結合法則を使うと，

$$\boldsymbol{u}_1+[\boldsymbol{v}+(-\boldsymbol{v})]=\boldsymbol{u}_2+[\boldsymbol{v}+(-\boldsymbol{v})]$$

となる．線型空間の性質(I)(iv)から $\boldsymbol{v}+(-\boldsymbol{v})=\boldsymbol{0}$ である．したがって，$\boldsymbol{u}_1=\boldsymbol{u}_2$ となる．

(2)

$$(\boldsymbol{u}+\boldsymbol{v})\cdot(1+1)\overset{\text{分配法則}}{=}(\boldsymbol{u}+\boldsymbol{v})\cdot 1+(\boldsymbol{u}+\boldsymbol{v})\cdot 1\overset{\text{分配法則}}{=}\boldsymbol{u}\cdot 1+\boldsymbol{v}\cdot 1+\boldsymbol{u}\cdot 1+\boldsymbol{v}\cdot 1$$

$$(\boldsymbol{u}+\boldsymbol{v})\cdot(1+1)\overset{\text{分配法則}}{=}\boldsymbol{u}\cdot(1+1)+\boldsymbol{v}\cdot(1+1)\overset{\text{分配法則}}{=}\boldsymbol{u}\cdot 1+\boldsymbol{u}\cdot 1+\boldsymbol{v}\cdot 1+\boldsymbol{v}\cdot 1$$

これらの最左辺どうしが同じだから，分配法則を使って得た最右辺どうしも等しい．$\boldsymbol{u}\cdot 1=\boldsymbol{u}$，$\boldsymbol{v}\cdot 1=\boldsymbol{v}$ に注意すると，

線型空間の性質(viii)

$$\boldsymbol{u}+\boldsymbol{v}+\boldsymbol{u}+\boldsymbol{v}=\boldsymbol{u}+\boldsymbol{u}+\boldsymbol{v}+\boldsymbol{v}$$

である．両辺に左から $-\boldsymbol{u}$ を加え，右から $-\boldsymbol{v}$ を加えて，消去法則を使うと，

$$\boldsymbol{v}+\boldsymbol{u}=\boldsymbol{u}+\boldsymbol{v}$$

となる．

(補足) 実数の集合を考える限り，線型空間の性質(I)(v)は他の性質から導けるので，(I)(v)をはじめから仮定する必要はない．数学の世界には，「仮定する性質をできるだけ少なくして，多くの内容を説明する」という発想がある．

一松信：『線形代数』（筑摩書房，1976）p.254.

14.6 単位元の一意性

線型空間の性質(I)(iii)の単位元（$\boldsymbol{u}+♠=♠+\boldsymbol{u}=\boldsymbol{u}$ の ♠ にあてはまるベクトル）は一つしかないことを示せ．

(ねらい) 任意の実数に加えてもとの実数を変えない実数は 0 しかない．

小学算数以来，あたりまえだと思っているが，数学では，加法群の定義にしたがって証明しなければならない．本問では，実数の集合に限らず，加

法群をつくっている集合について考える．

(発想) 一意性（一つしかないという性質）を示すときには，ほかにもあると仮定してみる．つまり，「二つ存在すると考えたとしても，両者が互いに一致する」ことを示せばよい．一つの単位元がみたす式を書いてみる．もう一つの単位元のみたす式も書いてみる．これらの式どうしを比べると，何がいえるかを考える．

(解説) ほかにも単位元があると仮定し，これを$\mathbf{0}'$と書く．$\mathbf{0}$と$\mathbf{0}'$とは同じ線型空間に入っている．$\mathbf{0}'$は単位元（$\mathbf{0}'$は$\mathbf{0}$を変えない）だから，

$$\mathbf{0}'+\mathbf{0}=\mathbf{0}+\mathbf{0}'=\mathbf{0}$$

が成り立つ．他方，$\mathbf{0}$も単位元（$\mathbf{0}$は$\mathbf{0}'$を変えない）だから，

$$\mathbf{0}+\mathbf{0}'=\mathbf{0}'+\mathbf{0}=\mathbf{0}'$$

が成り立つ．これらの式どうしを比べると，最右辺以外は完全に一致しているから，最右辺どうしも等しい．$\mathbf{0}'=\mathbf{0}$は，単位元が一つしかないことを示している．

3.4 部分線型空間：部分集合の概念から見た連立1次方程式の解

3.4.1 なぜ線型空間の部分集合を考えるのか

3章では，連立1次方程式の解の形に注目して，**加法・スカラー倍の演算規則の成り立つ集合**を考えている．連立1次方程式の解を数ベクトルの線型結合で表した形を**「解のベクトル表示」**という．「連立1次方程式が解けるというのはどういうことか」を理解するためには，解のベクトル表示を幾何ベクトル（矢印）で表せばよい（1.1節）．解はいつでも一つだけとは限らず，無数に存在する場合もある（2章）．2元連立1次方程式では，① 解が平面内の特定の点で表せる場合，② 平面内の直線上の点全体で表せる場合がある．3元連立1次方程式では，① 解が空間内の特定の点で表せる場合，② 空間内の直線上の点全体で表せる場合，③ 空間内の平面内の点全体で表せる場合がある．

ベクトルの線型結合は，二つの演算（ベクトルのスカラー倍，ベクトルどうしの加法）でつくる．

2元連立1次方程式の解について考えてみよう．2実数の組全体（実数ベクトルの集合）$\boldsymbol{R}^2$は線型空間である（3.3節）．2元連立1次方程式の解は，$\boldsymbol{R}^2$の中の特別な組である（2.1節，3.4.2項）．一つの2元連立1次方程式の解全体は，$\boldsymbol{R}^2$の部分集合である．この事情は，幾何の観点で考えると理解しやすい．平面内のあらゆる点全体は，線型空間である（3.3節）．平面内の点の座標(x_1, x_2)を1組ずつ2元連立1次方程式の未知数に代入してみる．解が無数に存在する場合には，特定の直線上のあらゆる点の座標がこの方程式をみたす（2.1節，3.4.2項）．解の集合（特定の直線上の点全体）は，平面内の点全体の部分集合である．「2元連立1次方程式をみたす」という制約によって，平面内の点全体を特定の直線の上の点全体に限定したと考えればよい．

2実数の組とは $\begin{pmatrix} x_1 \\ x_2 \end{pmatrix}$ の形で表せるベクトルである．

解が一つとは限らず無数に存在する場合があるので「解全体」という．

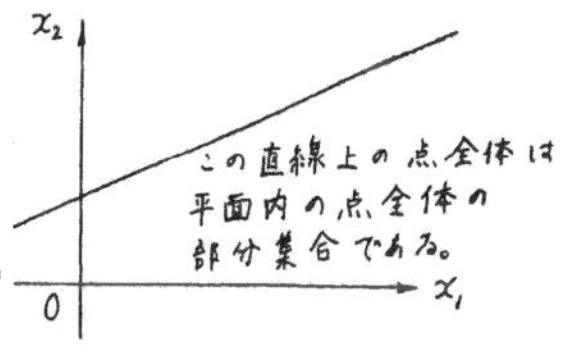

図3.20 線型空間の部分集合

線型空間の部分集合は，n元連立1次方程式の解のしくみを考える上で，重要な鍵を握っていそうである．3.4.2項で，一つの斉次方程式の解だけを集めた集合の性質を調べてみる．3.4.3項で，加法・スカラー倍の演算規則

斉次方程式は定数項が0である．

斉次は「せいじ」と読む．

ADVICE

の観点から，斉次方程式の解の性質を整理する．3.4.4 項で，斉次方程式の解の集合と同じ演算規則にしたがう集合の例を探してみる．

3.4.2 斉次方程式の解集合

「集合」とは，属するかどうかを判別する明確な基準のある集まりである．数学では，「きれいな花の集まり」「背の高い人の集まり」などを集合ということはできない．「身長が 170 cm 以上の人の集まり」は集合といえる．

例 1 2元連立1次方程式（2.1.3項の例d）

$$\begin{cases} -3x_1+1x_2=0 \\ -1x_1+1x_2=0 \end{cases}$$

の解のベクトル表示は，$\begin{pmatrix} x_1 \\ x_2 \end{pmatrix}=\begin{pmatrix} 0 \\ 0 \end{pmatrix}$ である．解集合は，零ベクトル $\mathbf{0}$ だけの有限集合である．幾何の観点では，平面内の原点（幾何ベクトル $\overrightarrow{0}$）だけの有限集合である．

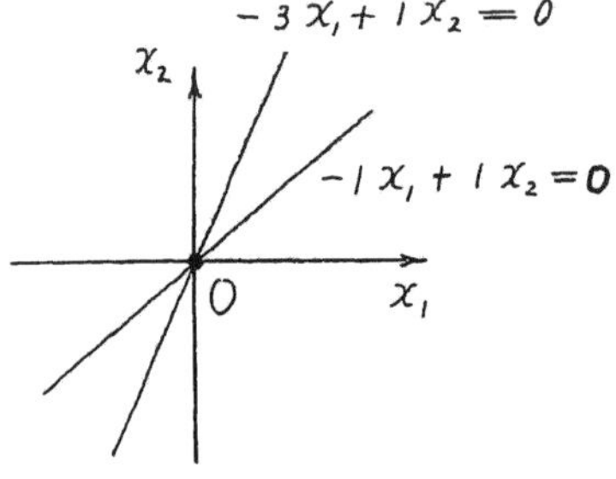

図 3.21 原点で交わる 2 直線

有限集合
要素が有限個の集合
$\{\mathbf{0}\}$ は，要素が 1 個の集合

(i) 何回足しても $\mathbf{0}$ のままである［何回つなぎ合わせても $\overrightarrow{0}$（原点）のままである］．

数ベクトル $\mathbf{0}=\begin{pmatrix} 0 \\ 0 \end{pmatrix}$

(ii) どんな実数を $\mathbf{0}$ に掛けても $\mathbf{0}$ のままである［どんな実数を $\overrightarrow{0}$（原点）に掛けても $\overrightarrow{0}$（原点）のままである］．

$\boldsymbol{R}^2$ について 1.2 節参照．

平面内の原点は幾何ベクトル $\overrightarrow{0}$ で表せる．

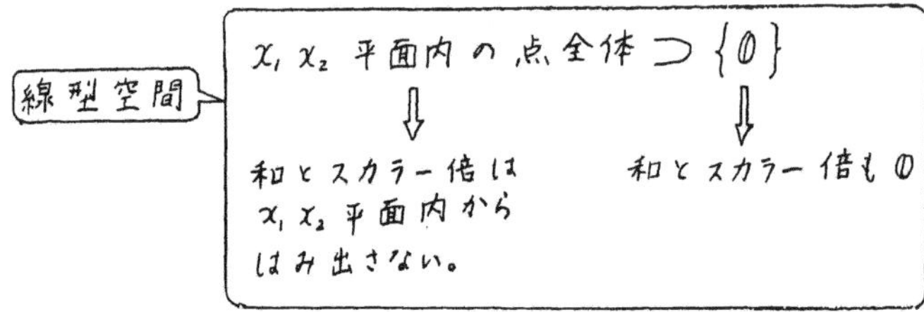

線型空間
x_1x_2 平面内の点全体 ⊃ {0}
和とスカラー倍は x_1x_2 平面内からはみ出さない。
和とスカラー倍も 0

2.1.3 項［進んだ探究］参照

このように，$\mathbf{0}$ だけ（$\overrightarrow{0}$ だけ）で加法・スカラー倍が自由にできる．したがって，

> 集合 $\{\mathbf{0}\}$ は，実数ベクトル空間 $\boldsymbol{R}^2$（2 実数の組全体）の部分集合であり，線型空間にもなっている．
>
> 集合 $\{\overrightarrow{0}\}$ は，平面内のあらゆる点の集合の部分集合であり，線型空間にもなっている．

平面内のあらゆる点の集合(平面ベクトル空間)

「ベクトル空間」は「線型空間」と同じ意味を表す．

これらは，もっとも簡単な線型空間である．n 元連立1次方程式でも事情は同じである．

例 2 2元1次方程式（2.1.2 項の例 a）

斉次方程式：$1x_1+2x_2=0$ の解のベクトル表示は，$\begin{pmatrix} x_1 \\ x_2 \end{pmatrix}=\begin{pmatrix} -2 \\ 1 \end{pmatrix}t$ である．

任意の実数 t の値の選び方によって解は無数にある．したがって，解集合は 2 実数の組の無限集合である．幾何の観点では，平面内で原点を通り，数ベクトル $\boldsymbol{d}=\begin{pmatrix} -2 \\ 1 \end{pmatrix}$ で表せる幾何ベクトル $\overrightarrow{d}$ に平行な直線 l_0 上の点全体を表している．

無限集合
要素が無数にある集合

(i) $t=\alpha$ で表せる解と $t=\beta$ で表せる解とを選ぶと，

$$\overbrace{\begin{pmatrix} -2 \\ 1 \end{pmatrix}\alpha}^{\text{一つの解}} + \overbrace{\begin{pmatrix} -2 \\ 1 \end{pmatrix}\beta}^{\text{一つの解}} \overset{\text{分配法則}}{=} \begin{pmatrix} -2 \\ 1 \end{pmatrix}(\alpha+\beta)$$

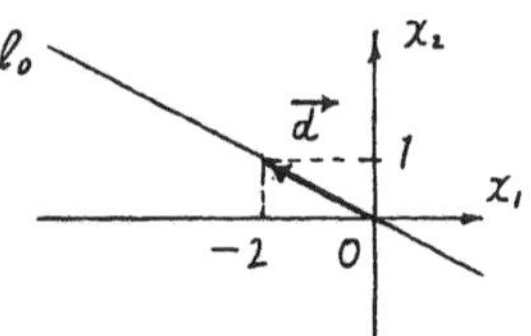

図 3.22 直線のベクトル表示

ADVICE

点Aと点Bとが同じ直線上にあるとき，点Cもこの直線上にある．たとえば，$\begin{pmatrix}-2\\1\end{pmatrix}\cdot 2$ と $\begin{pmatrix}-2\\1\end{pmatrix}\cdot 3$ とが解なので，$\begin{pmatrix}-2\\1\end{pmatrix}\cdot 5$ も解になる（問 3.4 参照）．

となる．したがって，解 $\begin{pmatrix}-2\\1\end{pmatrix}\alpha$ と解 $\begin{pmatrix}-2\\1\end{pmatrix}\beta$ との和を表す数ベクトル $\begin{pmatrix}-2\\1\end{pmatrix}(\alpha+\beta)$ も $\begin{pmatrix}-2\\1\end{pmatrix}$ のスカラー倍の形だから解である［幾何の観点：直線上の点Aを表す位置ベクトルと他の点Bを表す位置ベクトルとをつなぎ合わせると，同じ直線上の点Cの位置ベクトルになる］．

(ii) $\Bigl[\overbrace{\begin{pmatrix}-2\\1\end{pmatrix}\cdot\alpha}^{\text{一つの解}}\Bigr]\cdot\beta \overset{\text{結合法則}}{=} \begin{pmatrix}-2\\1\end{pmatrix}\cdot(\alpha\cdot\beta)$ となる．したがって，解$\left[\text{ここでは，}\begin{pmatrix}-2\\1\end{pmatrix}\cdot\alpha\right]$のスカラー倍（ここでは，$\beta$ 倍）の数ベクトル $\begin{pmatrix}-2\\1\end{pmatrix}\cdot(\alpha\cdot\beta)$ も $\begin{pmatrix}-2\\1\end{pmatrix}$ のスカラー倍（ここでは，$a\cdot\beta$ 倍）の形である［幾何の観点：直線上の1点を表す位置ベクトルを同じ方向に拡大・縮小しても，同じ直線の上の1点の位置ベクトルになる］．

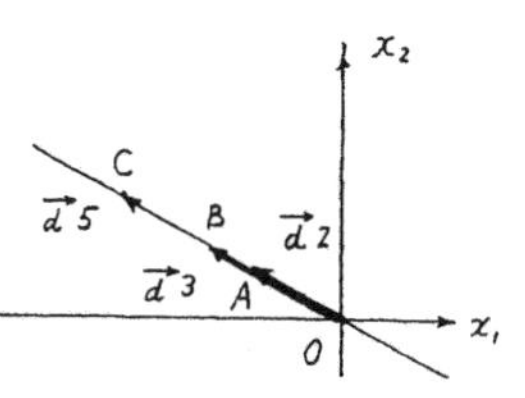

図 3.23 解どうしの和と解のスカラー倍

解どうしを足し合わせたり，解に実数を掛けたりしても解である．

(i)，(ii) は，線型性（0.2.4 項）の具体例である．

$t=0$ を選ぶことができるから，解集合に零ベクトル $\begin{pmatrix}0\\0\end{pmatrix}$ も入っている．したがって，解集合は $\boldsymbol{R}^2$ の部分集合であり，線型空間にもなっている．直線上の幾何ベクトルを考えても，事情は同じである．

$\begin{pmatrix}0\\0\end{pmatrix}$ は加法の単位元だから，線型空間の性質 (I)(iii)(iv) に必要である．

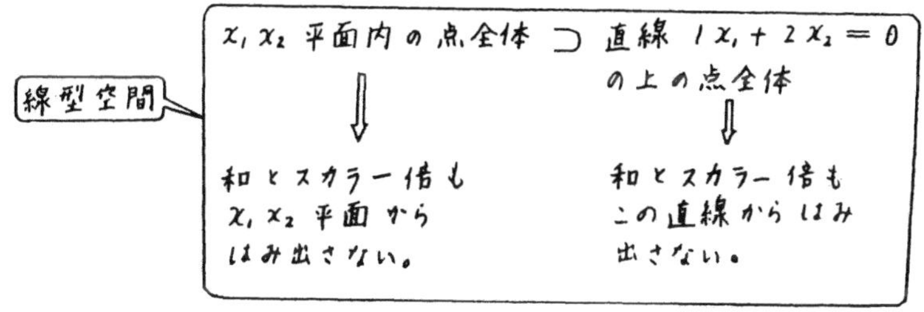

原点を通る直線上の点の集まりは，平面内の点全体の部分集合であり，線型空間にもなっている．

同じ直線の上の1点の位置ベクトルにならないことを確認せよ（問 3.8 参照）．

非斉次方程式の場合は，直線上の1点を表す位置ベクトルを同じ方向に拡大・縮小しても，同じ直線の上の1点の位置ベクトルにならない．

数の演算と同じ用語（加法・スカラー倍）を使うが，幾何ベクトルと数ベクトルとでは演算の具体的な操作はまったくちがう．

［注意1］ 幾何ベクトルの加法・スカラー倍の意味

- 矢印どうしの加法：矢印どうしをつなぎ合わせる操作
- 矢印のスカラー倍：矢印と同じ方向に拡大・縮小する操作

例 2 は $A=(1\ 2)$，$\boldsymbol{x}=\begin{pmatrix}x_1\\x_2\end{pmatrix}$ として $(1\ 2)\begin{pmatrix}x_1\\x_2\end{pmatrix}=0$ と表せる．

(まとめ)

n 元連立1次方程式の解集合：

A を係数マトリックス，$\boldsymbol{x}$ を解ベクトルとする．

$A\boldsymbol{x}=\boldsymbol{0}$（斉次方程式）の解集合は

実数ベクトル空間 $\boldsymbol{R}^n$（n 実数の組全体）の部分集合であり，線型空間でもある．

代数構造を持つ集合なので，斉次方程式の解全体（解ベクトル空間）を**解空間**という．

「**代数構造**」の意味は，3章のはしがき参照．

「空間」とは，代数構造を持つ集合である（3.3 節参照）．

解空間について 5.3.4 項自己診断 19.3 で取り上げる．

ADVICE

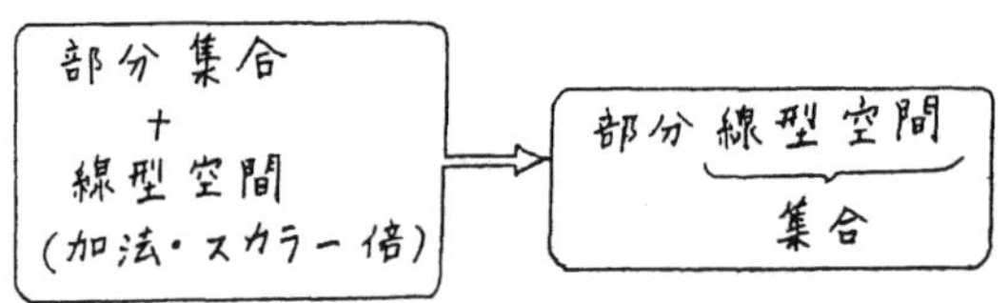

部分集合が零ベクトルを含まないとどうなるか

2章で理解した通り，n 元連立1次方程式が非斉次の場合，零ベクトルは解ではない．非斉次方程式の解ベクトルの集合は，零ベクトル $\mathbf{0}$ を除いた実数ベクトル空間 $\boldsymbol{R}^n$（n 実数の組全体）の部分集合である．つぎの問を考えると，零ベクトルを含まない部分集合が線型空間になるかどうかがわかる．

非斉次の場合，零ベクトルが解ではない理由は，
2元連立1次方程式：
$$\begin{cases} a_{11}x_1 + a_{12}x_2 \neq 0 \\ a_{21}x_1 + a_{22}x_2 \neq 0 \end{cases}$$
で $x_1=0$，$x_2=0$ とすると，どちらの方程式も成り立たないことからなっとくできる．

問3.8 非斉次方程式：$1x_1 + 2x_2 = 3$（2.1.2項の例b）の解集合 W は，実数ベクトル空間 $\boldsymbol{R}^2$（2実数の組全体）の部分集合だが線型空間ではない．幾何の観点から，解集合 W が線型空間でない理由を説明せよ．

解説 $1x_1 + 2x_2 = 3$ の解全体は原点を通らない直線で表せる．直線上の点に対応する矢印どうしのつなぎ合わせ（加法）$\vec{x_1} + \vec{x_2}$ は，この直線上にない．$\vec{x}$ のスカラー倍 $\vec{x} \cdot t$ も事情は同じである．

解どうしを足し合わせたり，解に実数を掛けたりすると解の集合からはみ出す．
$\vec{x}_1 + \vec{x}_2$ は解ではない．
$\vec{x} \cdot t$ も解ではない．

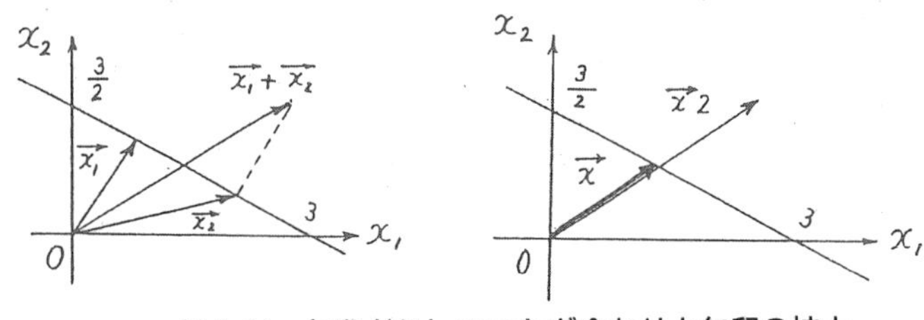

図3.24 矢印どうしのつなぎ合わせと矢印の拡大

$\boldsymbol{R}^2$，$\boldsymbol{R}^3$ について1.2節参照．

問3.9 非斉次方程式：$1x_1 + 1x_2 + 1x_3 = 1$（2.2.2項の例b）の解集合 W は，実数ベクトル空間 $\boldsymbol{R}^3$（3実数の組全体）の部分集合だが線型空間ではない．幾何の観点から，解集合 W が線型空間でない理由を説明せよ．

解説 $1x_1 + 1x_2 + 1x_3 = 1$ の解全体は原点を含まない平面で表せる．平面内の点に対応する矢印どうしのつなぎ合わせ（加法）$\vec{x_1} + \vec{x_2}$ は，この平面内にない．$\vec{x}$ のスカラー倍 $\vec{x} \cdot t$ も事情は同じである．

解どうしを足し合わしたり，解に実数を掛けたりすると解の集合からはみ出す．
$\vec{x}_1 + \vec{x}_2$ は解ではない．
$\vec{x} \cdot t$ も解ではない．

[注意]
$\vec{x}_1$ は未知数 x_1 に矢印を付けた記号ではない（図3.24）．

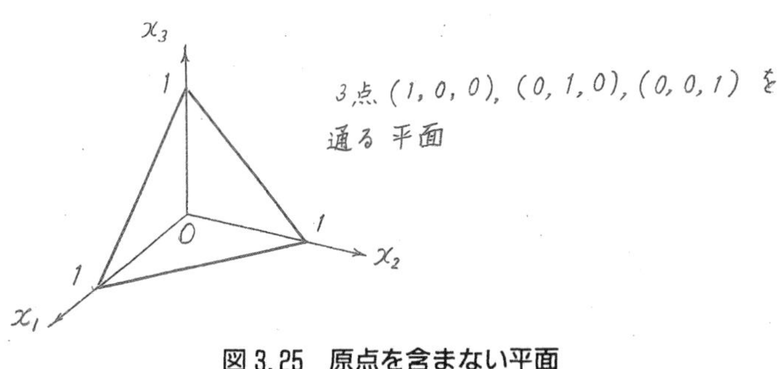

図3.25 原点を含まない平面

問 3.10 3元連立1次方程式：$\begin{cases} 1x_1+1x_2+1x_3=1 \\ 2x_1+3x_2-1x_3=1 \end{cases}$ （2.2.3項の例 e）の解集合 W は，実数ベクトル空間 $\boldsymbol{R}^3$（3実数の組全体）の部分集合である．解集合 W は線型空間になっているか？

解説 $\boldsymbol{x}_1$ と $\boldsymbol{x}_2$ とを $A\boldsymbol{x}=\boldsymbol{b}$ の解とする．このとき，$A\boldsymbol{x}_1=\boldsymbol{b}$，$A\boldsymbol{x}_2=\boldsymbol{b}$ である．これらを辺々足すと，$A\boldsymbol{x}_1+A\boldsymbol{x}_2=\boldsymbol{b}+\boldsymbol{b}$ となる．これは，$A(\boldsymbol{x}_1+\boldsymbol{x}_2)=2\boldsymbol{b}$ と書き換えることができる．$\boldsymbol{x}_1+\boldsymbol{x}_2$（$\boldsymbol{x}_1$ の1倍と $\boldsymbol{x}_2$ の1倍との和）は，$A\boldsymbol{x}=\boldsymbol{b}$ の解でなく，$A\boldsymbol{x}=2\boldsymbol{b}$ の解になる．したがって，非斉次方程式 $A\boldsymbol{x}=\boldsymbol{b}$ の解集合 W は，実数ベクトル空間 $\boldsymbol{R}^3$ の部分集合だが線型空間ではない．

ADVICE

n 元連立1次方程式を考えても事情は同じである．

$A=\begin{pmatrix} 1 & 1 & 1 \\ 2 & 3 & -1 \end{pmatrix}$

$\boldsymbol{b}=\begin{pmatrix} 1 \\ 1 \end{pmatrix}$

解は

$\begin{pmatrix} 2 \\ -1 \\ 0 \end{pmatrix}+\begin{pmatrix} -4 \\ 3 \\ 1 \end{pmatrix}t$

の t の値の選び方で無数にある．無数の解の集合から二つの解を選んで加法を考える．

3.4.3 部分線型空間 — 線型空間の部分集合

3.4.2項で考えた連立1次方程式の解集合の性質を整理すると，解集合以外にも同じ性質の成り立つ集合が見つかる．

数学の概念の拡張・一般化

線型空間 V の部分集合 W が
それ自身で V と同じ加法・スカラー倍で線型空間の性質を持っているとき，
W を V の部分線型空間という．

つまり，加法・スカラー倍に関して，部分集合の世界に限っても不自由しない．

部分線型空間の定義

> 体 K 上の線型空間 V の空集合でない部分集合 W（「集合 W には少なくとも1個の要素が存在する」という意味）が
> (i) 任意の $\boldsymbol{u}, \boldsymbol{v} \in W$ に対して，$\boldsymbol{u}+\boldsymbol{v} \in W$ であり，
> (ii) 任意の $\boldsymbol{u} \in W$ と任意の $\alpha \in K$ とに対して，$\boldsymbol{u}\cdot\alpha \in W$
> をみたすとき，W は V の部分線型空間という．

●(i) と (ii) とをまとめて，

$$\boldsymbol{u}\cdot\alpha+\boldsymbol{v}\cdot\beta \in W \qquad \forall \boldsymbol{u}, \boldsymbol{v} \in W,\ \forall \alpha, \beta \in K$$

と書くことができる．

なぜ？ (i) は ♠$\in W$，♣$\in W$ に対して，♠＋♣$\in W$ であることを主張している．(ii) から $\boldsymbol{u}\cdot\alpha \in W$，$\boldsymbol{v}\cdot\beta \in W$ だから，♠ として $\boldsymbol{u}\cdot\alpha$ を選び，♣ として $\boldsymbol{v}\cdot\beta$ を選ぶ．

● **部分線型空間は必ず零ベクトル 0 を含む．**

なぜ？ $\alpha \in K$ として $\alpha=0$ を選ぶと，$\boldsymbol{u}\cdot 0 \in W$ となる．集合 W は線型空間 V の部分集合だから，線型空間の性質 $\boldsymbol{u}\cdot 0=\boldsymbol{0}$ を持っている（3.3.1項A.4）．

「任意の $\boldsymbol{u}, \boldsymbol{v} \in W$ に対して」を記号で書くと，

$\forall \boldsymbol{u}, \boldsymbol{v} \in W$

である．

「任意の $\alpha \in K$ に対して」を記号で書くと，

$\forall \alpha \in K$

である．

「線型部分空間」とよんでいる教科書もある．「部分線型空間」と「線型部分空間」のどちらも略して部分空間という．ここでは，「部分集合」という用語の「集合」を「線型空間」におきかえたという発想で「部分線型空間」を採った．

部分　集合
↓　　↓
部分　線型空間

ここでは，記号 ♠，♣ は集合 W の要素を表す．

Q. 二つの性質 (i)，(ii) だけで，部分線型空間 W が線型空間 V の八つの性質（3.3節）をみたすといえるのでしょうか？

A. (i)から，集合 W は加法について閉じています．(ii)から，スカラー倍について閉じています．$W \subset V$（集合 W が集合 V の部分集合）だから，V で仮定した演算規則は W でもみたしています．つまり，W の中でも，加法とスカラー倍との間で分配法則が成り立ちます．しかも，線型部分空

ADVICE

間は零ベクトル $\mathbf{0}$ を含みます．したがって，$\boldsymbol{u}$ の逆元（$\boldsymbol{u}+♣=\mathbf{0}$ をみたすベクトル ♣）も W の中で見つけることができます．

この理由を考えてみましょう．(ii) から，$\forall \boldsymbol{u} \in W$ に対して，それぞれの (-1) 倍のベクトルが W に入っています．W の中でも V の中と同様に，$\boldsymbol{u}\cdot(-1)=-\boldsymbol{u}$，$\boldsymbol{u}=\boldsymbol{u}\cdot 1$，$\boldsymbol{u}\cdot 0=\mathbf{0}$ と考えることができます．したがって，

$$\boldsymbol{u}\cdot 1+\boldsymbol{u}\cdot(-1) \overset{\text{分配法則}}{=} \boldsymbol{u}\cdot[1+(-1)]=\boldsymbol{u}\cdot 0=\mathbf{0}$$

です．$\boldsymbol{u}\cdot(-1)$ が $\boldsymbol{u}$ の逆元だということがわかります．

3.4.4 部分線型空間の典型的な例

数学では，異なる概念であっても，同じ演算規則にしたがう集合を同一視する．3.4.2 項で取り上げた n 元連立 1 次方程式の解集合の性質を 3.4.3 項で (i)，(ii) の形に整理した．n 元連立 1 次方程式（斉次方程式）の解集合のほかの集合を調べるためである．解集合以外でも，ある線型空間（3.3 節に線型空間の典型的な例を挙げてある）の部分線型空間になる例がある．

「解集合」は解の集まり（解全体）である．これが部分線型空間の性質をみたすとき，「解空間」という．3.4.2 項（まとめ）参照

集合が部分線型空間といえるかどうかを判定する方法

● 和・スカラー倍も集合の要素になるかどうかを考える．

零ベクトルを含まない集合は，和とスカラー倍とを考えるまでもなく，部分線型空間ではない．幾何の観点では，原点を通らない直線，原点を通らない平面は部分線型空間ではない．

● **部分集合であっても，線型空間とは限らない．**

⟹ **部分線型空間の性質 (i)，(ii) をみたすかどうかを確かめる．**

問 3.11 実数ベクトル空間 $\boldsymbol{R}^2$（2 実数の組全体）を平面内の点を表す幾何ベクトル（位置ベクトル）と同一視する．図 3.26 で表してある集合について，$\boldsymbol{R}^2$ の部分線型空間はどれか？

Basic 数学，1991年 2 月号．
本問では，この文献に挙がっている例にならった．

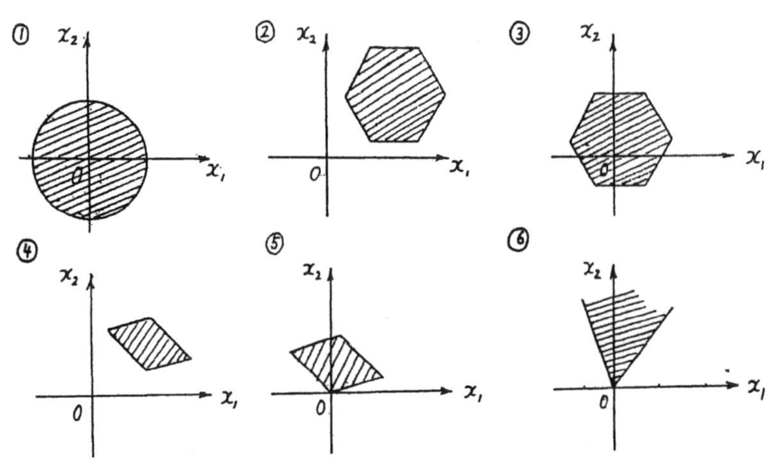

ADVICE

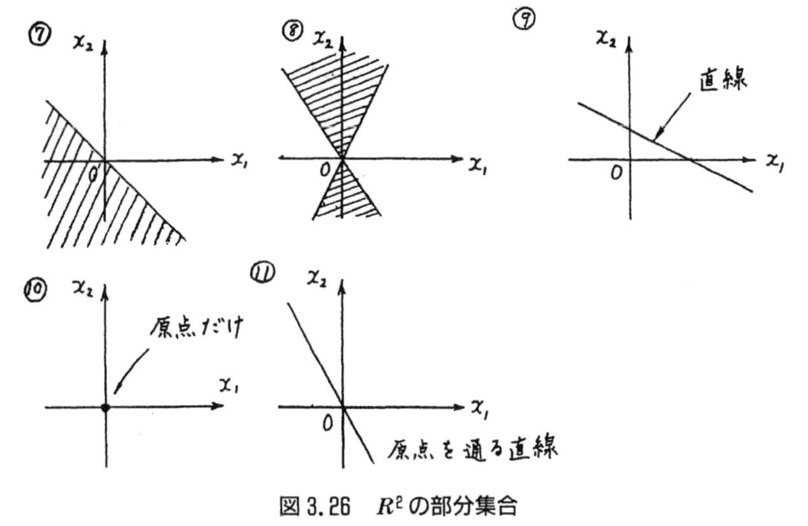

図 3.26　$\boldsymbol{R}^2$ の部分集合

（解説）部分線型空間：⑩，⑪ だけ

（補足 1）$\boldsymbol{R}^2$ の部分線型空間は

$\{\boldsymbol{0}\}$

原点を通る直線

$\boldsymbol{R}^2$ 自身

しかない．

（補足 2）集合の表し方

① 要素を書き並べる方法　**例**　$\{2, 4, 6\}$

② 条件を表示する方法　**例**　$\{x \mid x$ は 2 以上10以下の偶数$\}$

｜は「ただし」と読めばよい．

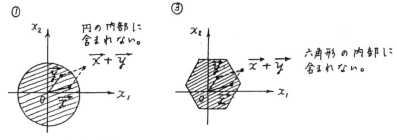

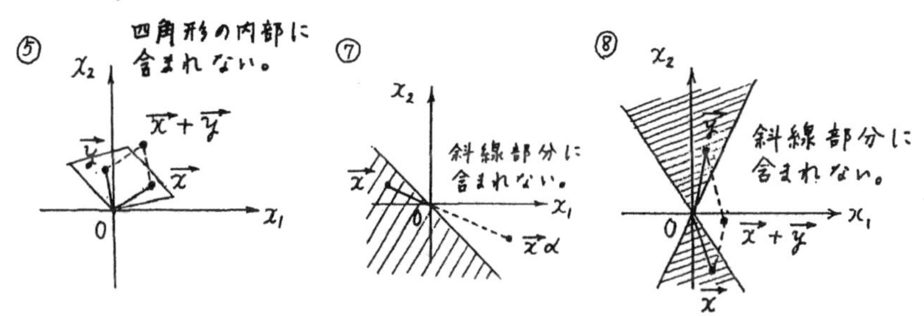

$\boldsymbol{R}$ は実数全体の集合である．

自己診断15

15.1　部分線型空間の具体例

つぎの集合は，$\boldsymbol{R}^2$（2 実数の組全体）の部分線型空間か？

(1)　$W = \left\{ \boldsymbol{x} \,\middle|\, \boldsymbol{x} = \begin{pmatrix} x_1 \\ x_2 \end{pmatrix}, 2x_1 + 5x_2 = 3,\ \ x_1, x_2 \in \boldsymbol{R} \right\}$

$\{\boldsymbol{x} \mid \cdots\}$ を $\left\{ \begin{pmatrix} x_1 \\ x_2 \end{pmatrix} \middle| \cdots \right\}$ と書いてもよい．

(2) $W=\left\{ \boldsymbol{x} \,\middle|\, \boldsymbol{x}=\begin{pmatrix} x_1 \\ x_2 \end{pmatrix}, x_1{}^2+x_2{}^2=1,\ x_1, x_2 \in \boldsymbol{R} \right\}$

(ねらい) 部分線型空間と単なる部分集合とのちがいを理解する.

(発想) 部分線型空間かどうかを判定するとき，本来は加法・スカラー倍の演算規則をみたすかどうかを考える．しかし，零ベクトルを含まない集合は，演算規則を考えるまでもなく，部分線型空間にならない．平面内の点を表す幾何ベクトル（位置ベクトル）の集合を考える．(1) 直線が原点を通るかどうかに着目する．(2) 円周上の点の集合は，原点を通らないことに着目する．

(解説) (1) 部分線型空間でない．(2) 部分線型空間でない．

(補足) (1) 2 元 1 次方程式：$2x_1+5x_2=3$ の解集合は，$\boldsymbol{R}^2$ の部分集合だが，部分線型空間ではない．

ADVICE

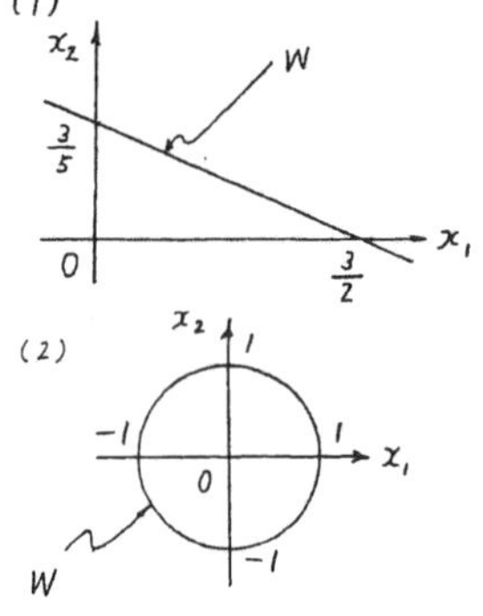

図 3.27 R^2 の部分集合

実数ベクトル空間 $\boldsymbol{R}^2$ は，平面内の点を表す幾何ベクトル（位置ベクトル）の集合と同一視できる（同じとみなせる）．

15.2 部分線型空間の具体例

つぎの集合は，$\boldsymbol{R}^3$（3 実数の組全体）の部分線型空間か？

(1) $W=\left\{ \boldsymbol{x} \,\middle|\, \boldsymbol{x}=\begin{pmatrix} x_1 \\ x_2 \\ x_3 \end{pmatrix},\ 1x_1+1x_2+1x_3=0,\ x_1, x_2, x_3 \in \boldsymbol{R} \right\}$

(2) $W=\left\{ \boldsymbol{x} \,\middle|\, \boldsymbol{x}=\begin{pmatrix} x_1 \\ x_2 \\ x_3 \end{pmatrix},\ 1x_1=\frac{1}{2}x_2=\frac{1}{3}x_3,\ x_1, x_2, x_3 \in \boldsymbol{R} \right\}$

数ベクトル $\begin{pmatrix} 1 \\ 1 \\ 1 \end{pmatrix}$ で表せる幾何ベクトルに垂直な平面

平面 $\pi_1: 1x_1-\frac{1}{2}x_2+0x_3=0$,
平面 $\pi_2: 0x_1+\frac{1}{2}x_2-\frac{1}{3}x_3=0$
の交わりは直線である．

(ねらい) 部分線型空間と単なる部分集合とのちがいを理解する.

(発想) 空間内の点を表す幾何ベクトル（位置ベクトル）の集合を考えて，幾何の観点から (1), (2) はどんな図形を表しているかを考える．

(解説) (1) 空間内で原点を通る平面（2.2.1 項）は，線型空間の加法・スカラー倍の演算規則をみたすので部分線型空間である．

(2) $x_1=\frac{1}{2}x_2=\frac{1}{3}x_3=t$ ($\forall t \in \boldsymbol{R}$) だから，$\begin{pmatrix} x_1 \\ x_2 \\ x_3 \end{pmatrix}=\begin{pmatrix} 1 \\ 2 \\ 3 \end{pmatrix}t$ と書ける．これは，原点を通る直線のベクトル表示（2.2.1 項）である．空間内で原点を通る直線は，線型空間の加法・スカラー倍の演算規則をみたすので部分線型空間である．

$\forall t \in \boldsymbol{R}$ は「任意の実数 t」を表す．「任意の」とは「どれでもよい」という意味である．

実数ベクトル空間 $\boldsymbol{R}^3$ は，空間内の点を表す幾何ベクトル（位置ベクトル）の集合と同一視できる（同じとみなせる）．

「空間内の点」という幾何の場合，「空間」は目の前のひろがった環境を表す．この空間は，線型空間の性質をみたすので「代数構造を持った集合」の意味の空間でもある．「代数構造」について 3 章のはしがき参照．

3.5 基底と次元

3.5.1 線型空間の要素を表すための便利な方法

「1 次元」「2 次元」「3 次元」ということばがあるが，「次元」とは何だろうか？ 連立 1 次方程式の解の表し方をもとにすると，次元の概念を理解することができる．3 元連立 1 次方程式で，実質的な方程式が 1 個しかない場合を振り返ってみよう．たとえば，$1x_1+1x_2+1x_3=0$ の解は $\begin{pmatrix} x_1 \\ x_2 \\ x_3 \end{pmatrix}=\begin{pmatrix} -1 \\ 1 \\ 0 \end{pmatrix}t_1+\begin{pmatrix} -1 \\ 0 \\ 1 \end{pmatrix}t_2$ のように，2 個の数ベクトルの線型結合で表せる．t_1 の値と t_2

2.2.2 項参照

の値との選び方で，3 実数の無数の組が解になる．

幾何ベクトル（矢印）で表すと，数ベクトルの意味が理解しやすい．

$\boldsymbol{d}_1=\begin{pmatrix}-1\\1\\0\end{pmatrix}$，$\boldsymbol{d}_2=\begin{pmatrix}-1\\0\\1\end{pmatrix}$ で表せる幾何ベクトルをそれぞれ $\overrightarrow{d_1}$，$\overrightarrow{d_2}$ とする．

2 個の幾何ベクトルの線型結合 $\overrightarrow{x}=\overrightarrow{d_1}t_1+\overrightarrow{d_2}t_2$ は，空間内の平面のベクトル表示である（2.2.1 項）．つまり，空間内のすべての点の集まりのうち，特定の平面内の点だけが $1x_1+1x_2+1x_3=0$ をみたす．この平面内の点はすべて $1x_1+1x_2+1x_3=0$ の解である．解を表すだけであれば，空間全体を考えないで，平面の世界に限定してよい．

「空間内のあらゆる点の集合」というときの「空間」に対して，目の前の広がりのある環境を思い描いてよい．

特別の平面内のあらゆる点の集合 W は，空間内のあらゆる点の集合 V の部分線型空間である（3.4 節）．

解の表し方　$\overrightarrow{d_1}$ の方向に直線 l_1，$\overrightarrow{d_2}$ の方向に直線 l_2 を入れてみる．これらを座標軸（数直線）とするために，これらの直線の交点を $t_1=0$，$t_2=0$ にあたる点（原点）とする（1.1 節）．原点を始点として直線 l_1 上に $\overrightarrow{d_1}t_1$ の矢印を描くと，この終点の位置が t_1 の値に対応する．同様に，直線 l_2 上に $\overrightarrow{d_2}t_2$ の矢印を描くと，この終点の位置が t_2 の値に対応する．

$\overrightarrow{d_1}$ と $\overrightarrow{d_2}$ との張る平面の世界では，(t_1, t_2) を 1 点の「座標」とみなせる．

3.5.3 項自己診断 16.2 参照

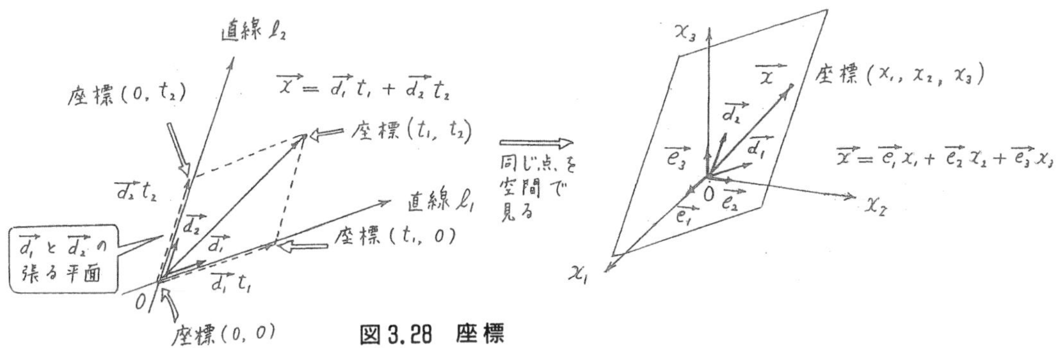

図 3.28　座標

空間の世界で見れば，特定の平面内かどうかによらず，1 点の座標は 3 個（座標軸は 3 本）必要である．

空間の部分集合にあたる平面の世界に限ると，1 点を 2 個の座標（座標軸は 2 本）で表せる．

空間内の点の集合は線型空間（3.3 節）である．空間内で原点を通る平面の点全体は部分線型空間（3.4 節）である．座標の個数（または，座標軸の本数）が線型空間と部分線型空間とを特徴づけている．本節の主役である「基底」は，こういう発想で理解することができる．

幾何ベクトルが描ける世界で，**次元は「線型空間（点の集合とみなす）に入れることができる座標軸の本数」**ともいえる．

- 空間には 3 本の座標軸を入れることができるので，空間の世界は 3 次元である．
- 平面には 2 本の座標軸を入れることができるので，平面の世界は 2 次元である．
- 直線には 1 本の座標軸を入れることができるので，直線の世界は 1 次元である．

ここでは，空間を「目の前のひろがった環境」の意味と考えてよい．

ADVICE

［注意１］　解集合だけで一つの線型空間になっている

(i)　解ベクトルどうしの和も解の一つである．

$$\underbrace{\left[\begin{pmatrix}-1\\1\\0\end{pmatrix}a+\begin{pmatrix}-1\\0\\1\end{pmatrix}b\right]}_{t_1=a,\ t_2=b\ \text{で表せる解}}+\underbrace{\left[\begin{pmatrix}-1\\1\\0\end{pmatrix}c+\begin{pmatrix}-1\\0\\1\end{pmatrix}d\right]}_{t_1=c,\ t_2=d\ \text{で表せる解}}$$

$$=\underbrace{\begin{pmatrix}-1\\1\\0\end{pmatrix}(a+c)+\begin{pmatrix}-1\\0\\1\end{pmatrix}(b+d)}_{t_1=a+c,\ t_2=b+d\ \text{で表せる解}}$$

(ii)　実数体からスカラーを選んで，解ベクトルを何倍しても解の一つである．

$$\underbrace{\left[\begin{pmatrix}-1\\1\\0\end{pmatrix}a+\begin{pmatrix}-1\\0\\1\end{pmatrix}b\right]}_{t_1=a,\ t_2=b\ \text{で表せる解}}e=\underbrace{\begin{pmatrix}-1\\1\\0\end{pmatrix}ae+\begin{pmatrix}-1\\0\\1\end{pmatrix}be}_{t_1=ae,\ t_2=be\ \text{で表せる解}}$$

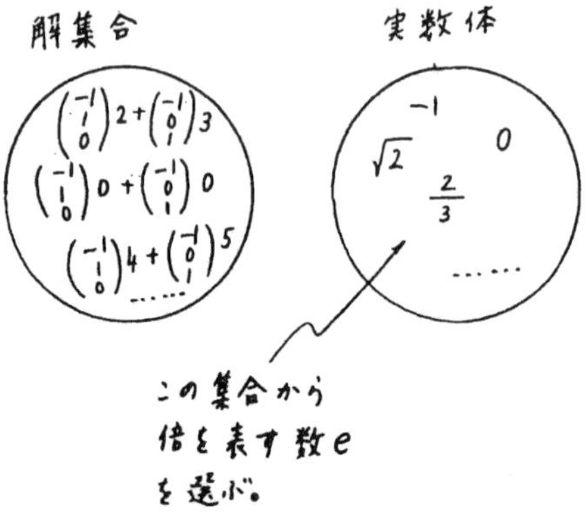

図 3.29　線型空間と体

(i)，(ii) から，解集合以外の集合から他の要素（ベクトル）を仲間に入れなくても加法とスカラー倍とについて閉じている．

3.5.2　基底

線型空間の中で，基本の役目を果たす要素（ベクトル）がある．3.5.1 項で取り上げた解集合 W を見てみよう．解集合 W に入っている解ベクトル $\boldsymbol{x}$ は，どれも 2 個の座標 t_1，t_2 で表せる．座標はあらゆる値を取り得るが，2 個のベクトル $\boldsymbol{d}_1$，$\boldsymbol{d}_2$ の成分は定数である．どの解ベクトルを表すときにも，$\begin{pmatrix}x_1\\x_2\\x_3\end{pmatrix}=\underbrace{\begin{pmatrix}-1\\1\\0\end{pmatrix}}_{\boldsymbol{d}_1}t_1+\underbrace{\begin{pmatrix}-1\\0\\1\end{pmatrix}}_{\boldsymbol{d}_2}t_2$ のように，$\boldsymbol{d}_1$ と $\boldsymbol{d}_2$ とを使う．

それでは，$\boldsymbol{R}^3$ の事情はどうだろうか？

2.1.1 項，2.2.1 項参照

斉次方程式の解集合は，部分線型空間の性質をみたすので「解空間」ということがある．

3.4.2 項問 3.8 参照

$W\subset\boldsymbol{R}^3$

W は $\boldsymbol{R}^3$ の部分集合である．

$\boldsymbol{R}^3$ は 3 実数の組の集合を表す．

問 3.12　点 $(-3,4,5)$ は平面 $1x_1+1x_2+1x_3=0$ にあるか？

解説　$1\times(-3)+1\times4+1\times5=6\neq0$ だから，点 $(-3,4,5)$ は平面 $1x_1+1x_2+1x_3=0$ にない．

問 3.13　$\boldsymbol{R}^3$ の要素 $\begin{pmatrix}-3\\4\\5\end{pmatrix}$ を $\begin{pmatrix}-1\\1\\0\end{pmatrix}♣+\begin{pmatrix}-1\\0\\1\end{pmatrix}♠+\begin{pmatrix}0\\1\\2\end{pmatrix}♡$ の形で表せるか？　♣，♠，♡ にあてはまる数を見つければよい．

解説　暗算すると $\begin{pmatrix}-3\\4\\5\end{pmatrix}=\begin{pmatrix}-1\\1\\0\end{pmatrix}2+\begin{pmatrix}-1\\0\\1\end{pmatrix}1+\begin{pmatrix}0\\1\\2\end{pmatrix}2$ となることがわかる．なお，1.5.2 項と関連付けて理解するとよい．

$\begin{pmatrix}-1\\1\\0\end{pmatrix}$ に掛けるスカラーの値は何でもいいので適当に 2 とする．

$\begin{pmatrix}-1\\0\\1\end{pmatrix}$ に掛けるスカラーの値も何でもいいので適当に 1 とする．

$\begin{pmatrix}-3\\4\\5\end{pmatrix}$ 以外の任意の要素は，t_1 の値，t_2 の値，t_3 の値を適当に選んで

$$\begin{pmatrix}x_1\\x_2\\x_3\end{pmatrix}=\underbrace{\begin{pmatrix}-1\\1\\0\end{pmatrix}}_{\boldsymbol{d}_1}t_1+\underbrace{\begin{pmatrix}-1\\0\\1\end{pmatrix}}_{\boldsymbol{d}_2}t_2+\underbrace{\begin{pmatrix}0\\1\\2\end{pmatrix}}_{\boldsymbol{d}_3}t_3$$

と書ける．$\boldsymbol{R}^3$ の要素は W の要素とちがって，$\boldsymbol{d}_1$，$\boldsymbol{d}_2$ だけでは表せない．しかし，$\boldsymbol{R}^3$ の中にも W の中にも，任意の要素（ベクトル）を表すときに使えるベクトルがある．しかも，こういうベクトルの個数は，$\boldsymbol{R}^3$ と W とのどちらかによって決まっている．

線型空間 V の任意の要素 $\boldsymbol{x}$ を線型結合 $\boldsymbol{x}=\boldsymbol{d}_1t_1+\boldsymbol{d}_2t_2+\cdots+\boldsymbol{d}_nt_n$ の形で表せるとき，$<\boldsymbol{d}_1, \boldsymbol{d}_2, \ldots, \boldsymbol{d}_n>$を線型空間 V の**基底**という．

ADVICE

問 3.13
第 1 成分どうしの和は −3，第 2 成分どうしの和は 2，第 3 成分どうしの和は 1 になる．第 1 成分を −3，第 2 成分を 4，第 3 成分を 5 にするためには，それぞれの成分に 0，2，4 を足せばよいことに気がつく．どんなベクトルでもよいので，$\begin{pmatrix}0\\1\\2\end{pmatrix}2$ を考えた．

[注意]
1×1 マトリックス → 2，$\begin{pmatrix}0\\1\\2\end{pmatrix}$ ← 3×1 マトリックス
1×1 マトリックス 2 と 3×1 マトリックス $\begin{pmatrix}0\\1\\2\end{pmatrix}$ の乗法は定義できない．
この観点から，$\begin{pmatrix}0\\1\\2\end{pmatrix}2$ と書いた．

基底の選び方

任意のベクトルが線型結合の形で表せれば，**線型独立**な基底をどのように選んでもよい．しかし，互いに線型従属（一方が他方のスカラー倍で表せる）のベクトルを基底に含めることはできない．

なぜ？ 2 個のベクトルの線型結合の形で $\begin{pmatrix}x_1\\x_2\\x_3\end{pmatrix}=\begin{pmatrix}-1\\1\\0\end{pmatrix}t_1+\begin{pmatrix}-2\\2\\0\end{pmatrix}t_2$ と表しても，$\begin{pmatrix}x_1\\x_2\\x_3\end{pmatrix}=\begin{pmatrix}-1\\1\\0\end{pmatrix}(t_1+2t_2)$ となり，1 個のベクトルしか使っていないのと同じである．

基底は，ベクトルの順序によって異なる．
$<\boldsymbol{d}_1, \boldsymbol{d}_2, \boldsymbol{d}_3>$ **と** $<\boldsymbol{d}_2, \boldsymbol{d}_3, \boldsymbol{d}_1>$ **とは，基底の選び方が異なる（5.2 節 [注意 2] で重要）．**

[復習]　線型独立と線型従属（1.5.2 項）

$\boldsymbol{d}_1$，$\boldsymbol{d}_2$，$\boldsymbol{d}_3$ が線型独立のとき，たとえば $\boldsymbol{d}_3$ は $\boldsymbol{d}_1$ と $\boldsymbol{d}_2$ とで表せない．

$\boldsymbol{d}_1$，$\boldsymbol{d}_2$，$\boldsymbol{d}_3$ が線型従属のとき，$\boldsymbol{d}_3=\boldsymbol{d}_1t_1+\boldsymbol{d}_2t_2$ を

$$\boldsymbol{d}_1t_1+\boldsymbol{d}_2t_2+\boldsymbol{d}_3(-1)=\boldsymbol{0}$$

と書き換えることができる．結合係数（スカラー）t_1，t_2，-1 のすべてが 0 でなくても，$\boldsymbol{d}_1$，$\boldsymbol{d}_2$，$\boldsymbol{d}_3$ の線型結合が $\boldsymbol{0}$（零ベクトル）になる．

● 幾何の観点

平面の世界：2 個のベクトルが同一直線上にあるとき線型従属

空間の世界：3 個のベクトルが同一直線上または同一平面内にあるとき線型従属

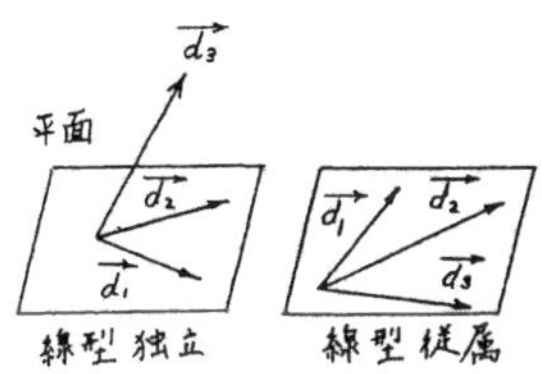

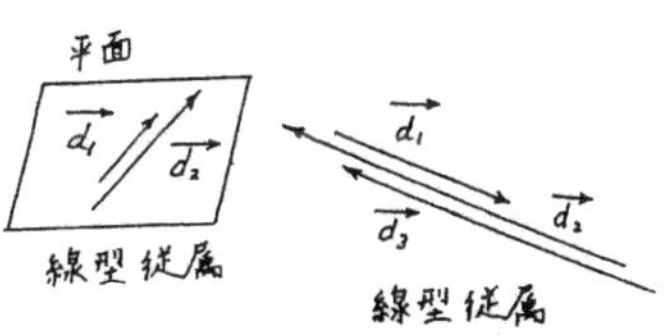

図 3.30　線型独立と線型従属

標準基底 ― 高校数学との関係

ここまでの考え方は，高校数学と同じであることを確かめてみよう．

基底の簡単な選び方

$$\underbrace{\boldsymbol{e}_1=\begin{pmatrix}1\\0\end{pmatrix},\ \boldsymbol{e}_2=\begin{pmatrix}0\\1\end{pmatrix}}_{\text{標準基底}}\qquad \underbrace{\boldsymbol{e}_1=\begin{pmatrix}1\\0\\0\end{pmatrix},\ \boldsymbol{e}_2=\begin{pmatrix}0\\1\\0\end{pmatrix},\ \boldsymbol{e}_3=\begin{pmatrix}0\\0\\1\end{pmatrix}}_{\text{標準基底}}$$

① **ノルム**（大きさ）が 1 で ② **互いに直交**している基底を**正規直交基底**という．

正規直交系の概念は，理工系の多くの分野で取り上げるフーリエ解析の基礎である．

$$\begin{pmatrix} x_1 \\ x_2 \end{pmatrix} = \underbrace{\begin{pmatrix} 1 \\ 0 \end{pmatrix}}_{\text{基底}} \underset{\text{座標}}{x_1} + \underbrace{\begin{pmatrix} 0 \\ 1 \end{pmatrix}}_{\text{基底}} \underset{\text{座標}}{x_2} \qquad \begin{pmatrix} x_1 \\ x_2 \\ x_3 \end{pmatrix} = \underbrace{\begin{pmatrix} 1 \\ 0 \\ 0 \end{pmatrix}}_{\text{基底}} \underset{\text{座標}}{x_1} + \underbrace{\begin{pmatrix} 0 \\ 1 \\ 0 \end{pmatrix}}_{\text{基底}} \underset{\text{座標}}{x_2} + \underbrace{\begin{pmatrix} 0 \\ 0 \\ 1 \end{pmatrix}}_{\text{基底}} \underset{\text{座標}}{x_3}$$

ADVICE

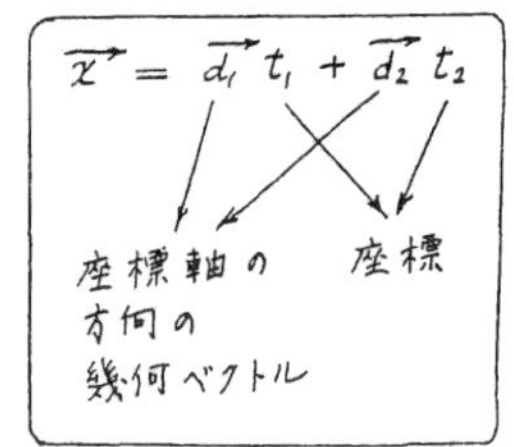

座標軸

空間内で，線型独立な幾何ベクトル $\vec{d_1}$，$\vec{d_2}$，$\vec{d_3}$ の各方向に x_1 軸，x_2 軸，x_3 軸を選ぶ．このとき，任意の点Pの位置ベクトル（原点Oから点Pに向かう矢印）$\vec{x}$ は

$$\boxed{\vec{x} = \vec{d_1}\, t_1 + \vec{d_2}\, t_2 + \vec{d_3}\, t_3}$$

3.5.2 項参照

と表せる．

$$\boxed{\vec{d_1},\ \vec{d_2},\ \vec{d_3}：\text{座標軸の方向} \qquad t_1,\ t_2,\ t_3：\text{座標}}$$

- 直交座標系は，特別な選び方である．
- 次元は，基底の選び方に関係ない（3.5.3 項）．
- 原点だけが 3 本の座標軸（数直線）のどれにも共通に含まれる．

$\boldsymbol{e}_1 = \begin{pmatrix} 1 \\ 0 \\ 0 \end{pmatrix}$，$\boldsymbol{e}_2 = \begin{pmatrix} 0 \\ 1 \\ 0 \end{pmatrix}$，$\boldsymbol{e}_3 = \begin{pmatrix} 0 \\ 0 \\ 1 \end{pmatrix}$ で表せる幾何ベクトル $\vec{e_1}$，$\vec{e_2}$，$\vec{e_3}$ を基底として選ぶと，空間内の任意の点 $\mathrm{P}(x_1, x_2, x_3)$ の位置ベクトル $\vec{x}$ は

$$\boxed{\vec{x} = \vec{e_1}\, x_1 + \vec{e_2}\, x_2 + \vec{e_3}\, x_3}$$

と表せる．

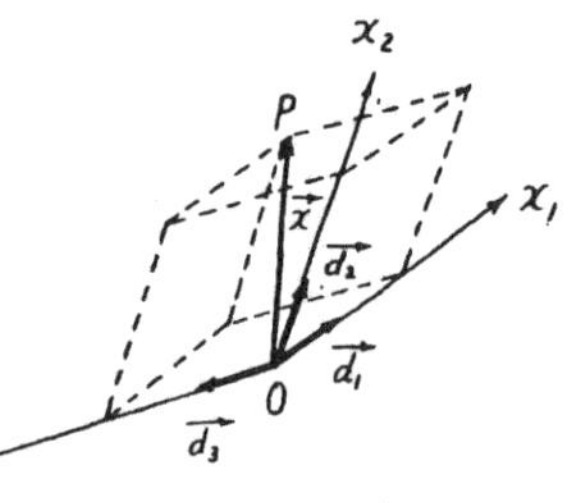

図 3.31 空間内の点の位置

- 線型従属なベクトルどうしは，一方が他方のスカラー倍で表せる．

同一直線上で互いに $\begin{cases} \text{同じ向き（スカラーの値が正）} \\ \text{反対向き（スカラーの値が負）} \end{cases}$

図 3.32 同一直線上の幾何ベクトル

- 基底の中の 2 個のベクトル $\vec{d_1}$，$\vec{d_2}$ が線型従属の場合
  $\vec{d_1}$ の方向の座標軸と $\vec{d_2}$ の方向の座標軸とが一致する．
  空間に同じ座標軸を 2 本入れても意味がない．

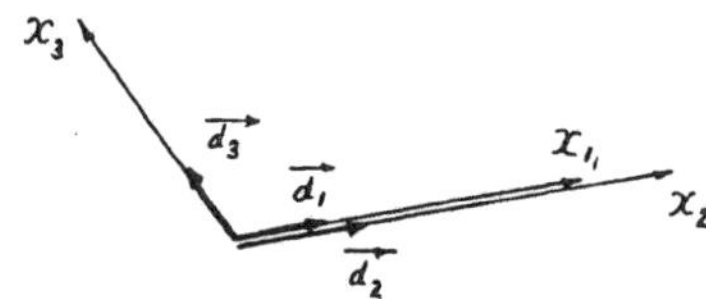

図 3.33 座標軸の入れ方（意味がない例）

3.5.3 次元 — 何個のベクトルで線型空間が表現できるかを表す概念

線型空間の中の任意のベクトルは，線型独立なベクトルの線型結合で表せる．基底として選べる線型独立なベクトルは何個だろうか？ 実数ベクトル空間 $\boldsymbol{R}^3$ を考えてみよう．

$\boldsymbol{R}^3$ は 3 実数の組の集合を表す．

たとえば，$\begin{pmatrix} -3 \\ 4 \\ 5 \end{pmatrix}$ は 3 個のベクトル $\begin{pmatrix} -1 \\ 1 \\ 0 \end{pmatrix}$，$\begin{pmatrix} -1 \\ 0 \\ 1 \end{pmatrix}$，$\begin{pmatrix} 0 \\ 1 \\ 2 \end{pmatrix}$ でつくることができる．つまり，4 個のベクトル $\begin{pmatrix} -3 \\ 4 \\ 5 \end{pmatrix}$，$\begin{pmatrix} -1 \\ 1 \\ 0 \end{pmatrix}$，$\begin{pmatrix} -1 \\ 0 \\ 1 \end{pmatrix}$，$\begin{pmatrix} 0 \\ 1 \\ 2 \end{pmatrix}$ は互いに線型独立でない（3.5.2 項 問 3.13）．

$$\begin{pmatrix} -3 \\ 4 \\ 5 \end{pmatrix} = \begin{pmatrix} -1 \\ 1 \\ 0 \end{pmatrix} 2 + \begin{pmatrix} -1 \\ 0 \\ 1 \end{pmatrix} 1 + \begin{pmatrix} 0 \\ 1 \\ 2 \end{pmatrix} 2$$

$\begin{pmatrix} -3 \\ 4 \\ 5 \end{pmatrix}$ を 2 個のベクトル $\begin{pmatrix} -1 \\ 1 \\ 0 \end{pmatrix}$，$\begin{pmatrix} -1 \\ 0 \\ 1 \end{pmatrix}$ でつくることはできない．$\boldsymbol{R}^3$ の中には，$\begin{pmatrix} -5 \\ 2 \\ 3 \end{pmatrix} = \begin{pmatrix} -1 \\ 1 \\ 0 \end{pmatrix} 2 + \begin{pmatrix} -1 \\ 0 \\ 1 \end{pmatrix} 3$ のように表せるベクトルもある．しかし，

$$\begin{pmatrix} -5 \\ 2 \\ 3 \end{pmatrix} = \begin{pmatrix} -1 \\ 1 \\ 0 \end{pmatrix} 2 + \begin{pmatrix} -1 \\ 0 \\ 1 \end{pmatrix} 3 + \begin{pmatrix} 0 \\ 1 \\ 2 \end{pmatrix} 0$$

ADVICE

$\boldsymbol{R}^3$ のどのベクトルも 2 個のベクトルだけで表せるわけではない．$\begin{pmatrix} -5 \\ 2 \\ 3 \end{pmatrix}$ をつくるときには，$\begin{pmatrix} 0 \\ 1 \\ 2 \end{pmatrix}$0 も寄与していると考える．

集合 $\{\boldsymbol{0}\}$（$\boldsymbol{0}$ だけしか要素のない集合）
$\boldsymbol{0}$ は $\boldsymbol{0}c=\boldsymbol{0}$ をみたす実数 c は 0 とは限らないから，$\boldsymbol{0}$ は線型独立ではない．集合$\{\boldsymbol{0}\}$は 0 次元である（2.1.1 項［準備 3］，2.2.1 項［準備 4］）．

任意のベクトルを線型独立なベクトルの線型結合で表すとき

- $\boldsymbol{R}^3$ の中では，線型独立なベクトルは最大で 3 個までしか選べず，最小でも 3 個選ばなければならない．
- $\boldsymbol{R}^n$ の中では，線型独立なベクトルを n 個選ぶ．

「任意の」とは「どれでもよい」という意味である．

線型空間 V の中の線型独立なベクトルの最大個数を「V の次元」といい，記号 dim V で表す（dim は立体で書く）．

0.1 節 例題 0.1 参照

次元 dimension

次元：① 線型独立なベクトル（基底）の個数，② 座標軸の本数，③ 座標の個数
⇒①，②，③ のどれで考えても同じ

直線上のどの位置も
$\vec{x}=\vec{d}t$（t は座標）
と表せる。
$\|\vec{d}\|=1$ とは限らない。

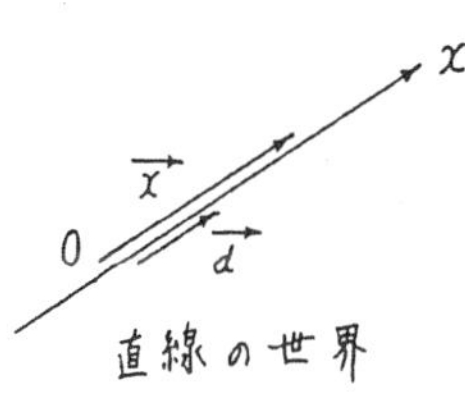

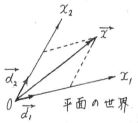

平面内のどの位置も
$\vec{x}=\vec{d_1}t_1+\vec{d_2}t_2$
（t_1, t_2 は座標）
と表せる。
$\|\vec{d_1}\|=1$, $\|\vec{d_2}\|=1$
とは限らない。

x_2　$\vec{x}$　$\vec{d_2}$　x_1　0　$\vec{d_1}$　平面の世界

空間内のどの位置も
$\vec{x}=\vec{d_1}t_1+\vec{d_2}t_2+\vec{d_3}t_3$
（t_1, t_2, t_3 は座標）
と表せる。
$\|\vec{d_1}\|=1$, $\|\vec{d_2}\|=1$, $\|d_3\|=1$
とは限らない。

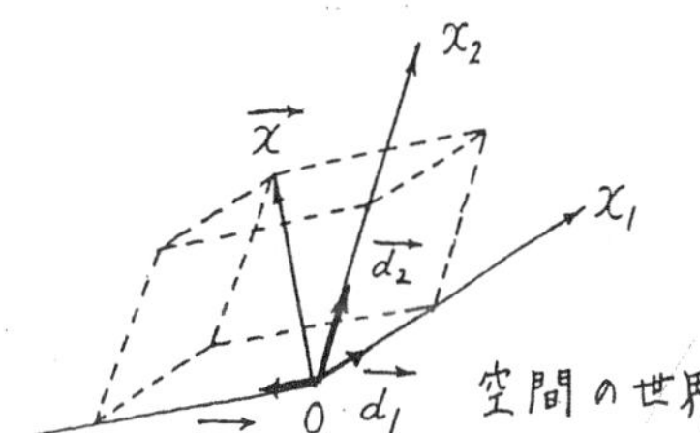

図 3.34　座標軸に沿った基底

ベクトルの大きさ（ノルムという）を記号 ‖ ‖で表す．

［注意 2］「成分の個数」と「次元」

$\begin{pmatrix} 0 \\ 0 \\ 1 \end{pmatrix}$ のような 3 成分の数ベクトルを「3 次元ベクトル」というわけではない．

次元は，**線型空間という集合の中で何個の基底を選べば任意のベクトルが表せるか**によって決まる．各ベクトルが何個の成分で表せるかという観点で次元が決まるのではない．

たとえば，平面のベクトル表示を思い出してみよう．

2.2.1 項参照

$\begin{pmatrix} x_1 \\ x_2 \\ x_3 \end{pmatrix}=\begin{pmatrix} -1 \\ 1 \\ 0 \end{pmatrix}t_1+\begin{pmatrix} -1 \\ 0 \\ 1 \end{pmatrix}t_2$ は，$\boldsymbol{d}_1=\begin{pmatrix} -1 \\ 1 \\ 0 \end{pmatrix}$，$\boldsymbol{d}_2=\begin{pmatrix} -1 \\ 0 \\ 1 \end{pmatrix}$ で表せる 2 個の幾何ベクトル（矢印）が張る平面 π のベクトル表示である．これらの式の中で，それぞれの数ベクトルの成分は 3 個である．しかし，平面 π 内のどの位置も 2 個の線型独立な数ベクトル $\boldsymbol{d}_1$，$\boldsymbol{d}_2$ で表せる．つまり，平

ここで，記号 π は平面の名称であり，円周率ではない．

ADVICE

面の世界は$\left\langle \begin{pmatrix}-1\\1\\0\end{pmatrix}, \begin{pmatrix}-1\\0\\1\end{pmatrix} \right\rangle$の2個のベクトルを基底とする2次元線型空間である．2個の座標(t_1, t_2)で表せるから2次元と考えてもよい．

t_1，t_2は実数である．

問 3.14 $\boldsymbol{R}^2$で，$\left\langle \begin{pmatrix}1\\2\end{pmatrix}, \begin{pmatrix}2\\-3\end{pmatrix} \right\rangle$は基底になるか？

$\boldsymbol{R}^2$は2実数の組の集合を表す．

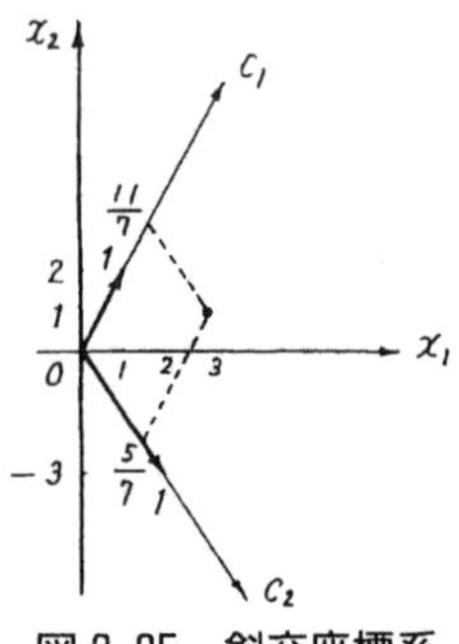

図 3.35 斜交座標系

(解説) 「2個の数ベクトルが基底になるか」とは「これらを表す幾何ベクトルの方向に座標軸を入れることができるか」という意味と考えると理解しやすい．

1.1節の幾何の見方で注意した通りで，ベクトルが矢印で表せるかどうかはベクトルの本質ではない．矢印で表すとイメージが描きやすいということにすぎない．

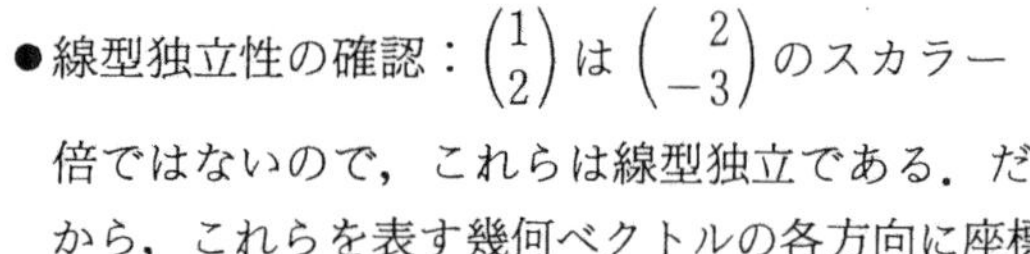

● 線型独立性の確認：$\begin{pmatrix}1\\2\end{pmatrix}$は$\begin{pmatrix}2\\-3\end{pmatrix}$のスカラー倍ではないので，これらは線型独立である．だから，これらを表す幾何ベクトルの各方向に座標軸を入れることができる．

● $\forall \boldsymbol{x}=\begin{pmatrix}x_1\\x_2\end{pmatrix}\in \boldsymbol{R}^2$に対して，$\begin{pmatrix}x_1\\x_2\end{pmatrix}=\begin{pmatrix}1\\2\end{pmatrix}c_1+\begin{pmatrix}2\\-3\end{pmatrix}c_2$をみたす実数$c_1$，$c_2$が存在するかどうかを考える．

記号∀，∈の意味は3.3節例1参照．
「$\boldsymbol{R}^2$の任意の要素$\boldsymbol{x}$」

● $\left\langle \begin{pmatrix}1\\0\end{pmatrix}, \begin{pmatrix}0\\1\end{pmatrix} \right\rangle$を基底とすると，任意のベクトルは$\begin{pmatrix}x_1\\x_2\end{pmatrix}=\begin{pmatrix}1\\0\end{pmatrix}x_1+\begin{pmatrix}0\\1\end{pmatrix}x_2$と表せるから，座標は$(x_1, x_2)$である．幾何の見方では「点Pが$x_1x_2$平面内の座標$(x_1, x_2)$の位置で表せると，$c_1c_2$平面ではどんな座標で表せるか」を調べる問題になる．

「」の内容を問題の意味と考えるとよい．

$\left\langle \begin{pmatrix}1\\0\end{pmatrix}, \begin{pmatrix}0\\1\end{pmatrix} \right\rangle$を基底とすると，$\begin{pmatrix}1\\2\end{pmatrix}=\begin{pmatrix}1\\0\end{pmatrix}1+\begin{pmatrix}0\\1\end{pmatrix}2$，$\begin{pmatrix}2\\-3\end{pmatrix}=\begin{pmatrix}1\\0\end{pmatrix}2+\begin{pmatrix}0\\1\end{pmatrix}(-3)$のそれぞれのベクトルの座標は$(1, 2)$，$(2, -3)$である．

c_1，c_2についての2元連立1次方程式：

$$\begin{cases}1c_1+2c_2=x_1\\2c_1-3c_2=x_2\end{cases}$$

x_1，x_2は数の代表（どんな数でもよいから文字で表してある）

を解くと，

$$\begin{cases}c_1=\dfrac{3}{7}x_1+\dfrac{2}{7}x_2\\[2mm]c_2=\dfrac{2}{7}x_1-\dfrac{1}{7}x_2\end{cases}$$

となる．x_1とx_2とがどんな値であっても，c_1の値とc_2の値とを求めることができる．したがって，$\boldsymbol{R}^2$の中のどんなベクトルも$\begin{pmatrix}1\\2\end{pmatrix}$と$\begin{pmatrix}2\\-3\end{pmatrix}$との線型結合で表せる．

この理由は，Cramerの方法（1.6節）で考えるとわかる．

(補足) x_1x_2平面の座標$(3, 1)$はc_1c_2平面のどの座標にあたるか？

(解説) $c_1=\dfrac{3}{7}\times 3+\dfrac{2}{7}\times 1=\dfrac{11}{7}$，$c_2=\dfrac{2}{7}\times 3-\dfrac{1}{7}\times 1=\dfrac{5}{7}$

だから，座標は$\left(\dfrac{11}{7}, \dfrac{5}{7}\right)$である（1.2節自己診断2.2［参考2］）．

線型独立なベクトル：$\left\langle \begin{pmatrix}-1\\2\end{pmatrix}, \begin{pmatrix}3\\4\end{pmatrix} \right\rangle$，$\left\langle \begin{pmatrix}2\\3\end{pmatrix}, \begin{pmatrix}-3\\5\end{pmatrix} \right\rangle$などを基底としてもよい．

問 3.15 $\boldsymbol{R}^3$で，$\left\langle \begin{pmatrix}1\\2\\0\end{pmatrix}, \begin{pmatrix}1\\3\\2\end{pmatrix} \right\rangle$は基底になるか？

(解説)

●線型独立性の確認：$\begin{pmatrix}1\\2\\0\end{pmatrix}$ は $\begin{pmatrix}1\\3\\2\end{pmatrix}$ のスカラー倍で表せないので，これらは線型独立である．

$\boldsymbol{R}^3$ の中に一つでも $\begin{pmatrix}1\\2\\0\end{pmatrix}$ と $\begin{pmatrix}1\\3\\2\end{pmatrix}$ との線型結合で表せない例が見つかれば，「$\forall \boldsymbol{x} \in \boldsymbol{R}^3$ に対して，$\boldsymbol{x} = \boldsymbol{d}_1 c_1 + \boldsymbol{d}_2 c_2$ をみたす実数 c_1，c_2 が存在する」という命題は成り立たない．たとえば，

$$\begin{pmatrix}0\\0\\1\end{pmatrix} = \begin{pmatrix}1\\2\\0\end{pmatrix} c_1 + \begin{pmatrix}1\\3\\2\end{pmatrix} c_2$$

をみたす実数 c_1，c_2 が存在するかどうかを考える．c_1，c_2 についての3元連立1次方程式：

$$\begin{cases} 1c_1 + 1c_2 = 0 \\ 2c_1 + 3c_2 = 0 \\ 0c_1 + 2c_2 = 1 \end{cases}$$

を解く．第1式と第2式とから $c_1 = 0$，$c_2 = 0$ となるが，第3式から $c_2 = \frac{1}{2}$ となり矛盾する．

二つのベクトルだけでは $\boldsymbol{R}^3$ の基底にならない．

ADVICE

$\boldsymbol{R}^3$ は3実数の組の集合を表す．

記号∀，∈の意味は3.3節例1参照．
「$\boldsymbol{R}^3$ の任意の要素 $\boldsymbol{x}$」

問3.16 3次実係数1変数多項式の集合 $P(3\,;\boldsymbol{R})$ を考える．

(1) $P(3\,;\boldsymbol{R})$ が線型空間であることを示せ．

(2) $P(3\,;\boldsymbol{R})$ の基底の一つを挙げ，$\dim P(3\,;\boldsymbol{R})$ を求めよ．

(解説) 任意の3次実係数1変数多項式は，$c_3x^3 + c_2x^2 + c_1x^1 + c_0x^0$ (c_0，c_1，c_2，$c_3 \in \boldsymbol{R}$) と書ける．

(1) 加法：$(c_3x^3 + c_2x^2 + c_1x^1 + c_0x^0) + (c_3'x^3 + c_2'x^2 + c_1'x^1 + c_0'x^0)$，

スカラー倍：$(c_3x^3 + c_2x^2 + c_1x^1 + c_0x^0)s$ ($s \in \boldsymbol{R}$)

について，線型空間の八つの性質（3.3.1項）の成り立つことがわかる．

加法群の単位元は $0x^3 + 0x^2 + 0x^1 + 0x^0$，

$c_3x^3 + c_2x^2 + c_1x^1 + c_0x^0$ の逆元は $-(c_3x^3 + c_2x^2 + c_1x^1 + c_0x^0)$

である．

(2) 簡単な基底は，$\langle x^0, x^1, x^2, x^3 \rangle$ である．x^0，x^1，x^2，x^3 も線型空間という集合の要素なので，これらを「ベクトル」といえる．

●線型独立性の確認：x^0，x^1，x^2，x^3 のどれも互いのスカラー倍では表せないので，これらは線型独立である．

集合 $P(3\,;\boldsymbol{R})$ の中で，$\langle c_3x^3 + c_2x^2 + c_1x^1 + c_0x^0, x^0, x^1, x^2, x^3 \rangle$ の5個の多項式を基底と考えることはできない．$c_3x^3 + c_2x^2 + c_1x^1 + c_0x^0$ は，x^0，x^1，x^2，x^3 の線型結合で表せるから，$\langle c_3x^3 + c_2x^2 + c_1x^1 + c_0x^0$，$x^0$，$x^1$，$x^2$，$x^3 \rangle$ の5個の多項式は線型従属である．

集合 $P(3\,;\boldsymbol{R})$ の中の要素 $5x^3 - 4x^2 + 1x^1 + 2x^0$ を表すためには，x^0，x^1，

「基底の一つ」：基底の選び方は一通りではない．

集合 $P(3:\boldsymbol{R})$ の要素は，高々3次式である．c_0，c_1，c_2，c_3 は0を取り得る．たとえば，2次多項式 $-2x^2+5x^1=0$ は，$c_3=0$，$c_2=-2$，$c_1=5$，$c_0=0$ の場合である．

x^0, x^1, x^2, x^3 は，それぞれ $0x^3+0x^2+0x^1+1x^0$，$0x^3+0x^2+1x^1+0x^0$，$0x^3+1x^2+0x^1+0x^0$，$1x^3+0x^2+0x^1+0x^0$ だから，どれも3次実係数1変数多項式である（3.3.3項問3.6）．

基底として $\langle a, (x-a), (x-a)^2, (x-a)^3 \rangle$（$a$ は実定数，a の値は何でもよい）を選ぶこともできる．

x^2，x^3 のすべての多項式が必要である．つまり，基底を 3 個に節約することはできない．

結局，最大と最小とのどちらでも，線型独立なベクトルは 4 個である．したがって，$\dim P(3\,;\,\boldsymbol{R})=4$ である．

ADVICE

高校数学とのちがい
「ベクトル」とは，矢印（幾何ベクトル），数の組（数ベクトル）だけではない．一般に，線型空間の要素を「ベクトル」とよぶ．集合 $P(3\,;\,\boldsymbol{R})$ は線型空間だから，x^0，x^1，x^2，x^3 もベクトルといえる．

（まとめ）

基底を決めると（「座標軸を入れる」という意味だと考えるとよい），

空間内の幾何ベクトルの集合の要素は $\overrightarrow{e_1}a_1+\overrightarrow{e_2}a_2+\overrightarrow{e_3}a_3$，

2 次実係数 1 変数多項式の集合の要素は $a_0x^0+a_1x^1+a_2x^2$

と書ける．それぞれ $\begin{pmatrix}a_1\\a_2\\a_3\end{pmatrix}$，$\begin{pmatrix}a_0\\a_1\\a_2\end{pmatrix}$ の形で表して，$\boldsymbol{R}^3$ を考えればよい．

$\overrightarrow{e}_1a_1+\overrightarrow{e_2}a_2+\overrightarrow{e_3}a_3$ を $\begin{pmatrix}a_1\\a_2\\a_3\end{pmatrix}$ で表す．

$a_0x^0+a_1x^1+a_2x^2$ を $\begin{pmatrix}a_0\\a_1\\a_2\end{pmatrix}$ で表す．

例 1 $\overrightarrow{e_1}=\overrightarrow{e_1}1+\overrightarrow{e_2}0+\overrightarrow{e_3}0$ だから，$\overrightarrow{e_1}$ は $a_1=1$，$a_2=0$，$a_3=0$ の場合にあたる．

したがって，$\overrightarrow{e_1}$ は $\begin{pmatrix}1\\0\\0\end{pmatrix}$ と表せる．

$\boldsymbol{R}^3$ は 3 実数の組の集合を表す．

例 2 $x^1=0x^0+1x^1+0x^2$ だから，x^1 は $a_0=0$，$a_1=1$，$a_2=0$ の場合にあたる．

したがって，x^1 は $\begin{pmatrix}0\\1\\0\end{pmatrix}$ と表せる．

一般に，n 次元線型空間（要素が多項式，実数列などのどれでもよい）を扱うとき，

基底を決めて，これらの代りに $\boldsymbol{R}^n$（n 実数の組の集合）を考え，「ベクトル」（線型空間の要素）を実数の組（数ベクトル）とみなしてよい．

要素が多項式の線型空間は，問 3.16 で考えた．

線型空間（多項式の集合，実数列の集合など）に座標軸を入れたと考える．

なお，1 次元線型空間，2 次元線型空間，3 次元線型空間を扱うときには，数ベクトルを幾何ベクトル（矢印）で表すと描像がわかりやすくなるので便利である．

$n>3$ のときには，ベクトルを矢印で描けない．

自己診断16

16.1 部分線型空間の基底と次元

つぎの集合 W は，$\boldsymbol{R}^3$ の部分線型空間か？ 部分線型空間の場合，その基底の例を挙げ，次元を答えよ．

(1) $W=\left\{\boldsymbol{x}\,|\,\boldsymbol{x}=\begin{pmatrix}s\\-s\\t\end{pmatrix},\ s,\ t\in\boldsymbol{R}\right\}$

(2) $W=\left\{\boldsymbol{x}\,|\,\boldsymbol{x}=\begin{pmatrix}s\\s\\\alpha\end{pmatrix},\ s\in\boldsymbol{R}\right\}$ （α は実定数）

実定数とは，「実数の定数」である．

（ねらい） 部分線型空間と単なる部分集合とのちがいを理解する．集合 W の要素はどれも 3 実数の組だから，集合 W は $\boldsymbol{R}^3$ の部分集合にはちがいない．しかし，集合 W の中だけで線型空間の性質をみたしているかどうかは確かめないとわからない．

和・スカラー倍が 3 実数の組であれば，これらは $\boldsymbol{R}^3$ の要素である．

ADVICE

(発想) 部分線型空間の性質 (i), (ii) が成り立つかどうかを確かめる．反例が一つでも見つかれば，部分線型空間ではない．

(解説) 体 K を $\boldsymbol{R}$ とする．

3.3.1 項［注意 1］参照

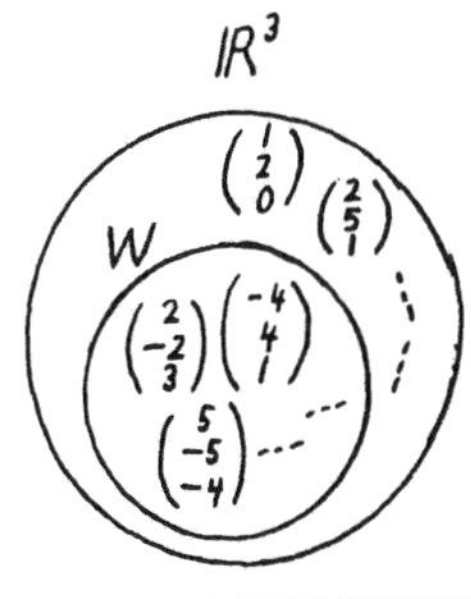

図 3.36 R^3 の部分線型空間

(1) (i) 加法：$\begin{pmatrix} s_1 \\ -s_1 \\ t_1 \end{pmatrix}$, $\begin{pmatrix} s_2 \\ -s_2 \\ t_2 \end{pmatrix} \in W$ に対して，

$$\begin{pmatrix} s_1 \\ -s_1 \\ t_1 \end{pmatrix} + \begin{pmatrix} s_2 \\ -s_2 \\ t_2 \end{pmatrix} = \begin{pmatrix} s_1+s_2 \\ -(s_1+s_2) \\ t_1+t_2 \end{pmatrix} \in W$$

が成り立つ．

(ii) スカラー倍：$\begin{pmatrix} s \\ -s \\ t \end{pmatrix} \in W$，$k \in K$ に対して，

$$\begin{pmatrix} s \\ -s \\ t \end{pmatrix} k = \begin{pmatrix} sk \\ -sk \\ tk \end{pmatrix} \in W$$

が成り立つ．

(i), (ii) から集合 W は $\boldsymbol{R}^3$ の部分線型空間である．

$s=0$，$t=0$ とすると零ベクトル $\mathbf{0}$ を含むことがわかる．

$\begin{pmatrix} s \\ -s \\ t \end{pmatrix} = \begin{pmatrix} 1 \\ -1 \\ 0 \end{pmatrix} s + \begin{pmatrix} 0 \\ 0 \\ 1 \end{pmatrix} t$ は，2 個の数ベクトル $\begin{pmatrix} 1 \\ -1 \\ 0 \end{pmatrix}$, $\begin{pmatrix} 0 \\ 0 \\ 1 \end{pmatrix}$ の線型結合である．これらの 2 個の数ベクトルは線型独立だから，これらの数ベクトルを基底と考えることができる．したがって，$\dim W = 2$ である．

$\boldsymbol{x} = \begin{pmatrix} x_1 \\ x_2 \\ x_3 \end{pmatrix}$

$x_1 = s$，$x_2 = -s$，$x_3 = t$

(補足) **幾何の観点**

$\begin{pmatrix} x_1 \\ x_2 \\ x_3 \end{pmatrix} = \begin{pmatrix} 1 \\ -1 \\ 0 \end{pmatrix} s + \begin{pmatrix} 0 \\ 0 \\ 1 \end{pmatrix} t$ は，空間内で $\begin{pmatrix} 1 \\ -1 \\ 0 \end{pmatrix}$, $\begin{pmatrix} 0 \\ 0 \\ 1 \end{pmatrix}$ で表せる 2 個の幾何ベクトルの張る平面のベクトル表示（2.2.1 項）である．$x_1 = -x_2$ に注意して平面の方程式（2.2.1 項）で表すと，$1x_1 + 1x_2 = 0$ である．この平面の方程式は x_3 を含まない（$1x_1 + 1x_2 + 0x_3 = 0$ と考えるとよい）から，平面内で x_3 の値は任意である（どんな値でもよい）．空間（3 次元）の中の平面（2 次元）は部分線型空間である．

次元：線型空間の中で線型独立なベクトルの個数（3.5.3 項）

(2) $k \neq 1$ のとき，$\begin{pmatrix} s \\ s \\ \alpha \end{pmatrix} k = \begin{pmatrix} sk \\ sk \\ \alpha k \end{pmatrix} \in W$ だから，第 3 成分が α（定数）ではない．したがって，集合 W は $\boldsymbol{R}^3$ の部分線型空間ではない．

第 3 成分 αk が α ではないから，集合 W の要素のスカラー倍が集合 W の中に入らない．$k=1$ のときは第 3 成分が α になるが，k の値に関係なく $\begin{pmatrix} s \\ s \\ \alpha \end{pmatrix} k \in W$ のときに，集合 W は部分線型空間の性質をみたすといえる．

(補足) **幾何の観点**

$\boldsymbol{x} = \begin{pmatrix} x_1 \\ x_2 \\ x_3 \end{pmatrix} = \begin{pmatrix} s \\ s \\ \alpha \end{pmatrix} = \begin{pmatrix} 1 \\ 1 \\ 0 \end{pmatrix} s + \begin{pmatrix} 0 \\ 0 \\ \alpha \end{pmatrix}$ は，空間内で原点を通らない直線のベクトル表示（2.2.1 項）である．零ベクトルを含まない集合は，部分線型空間ではない（3.4.4 項）．

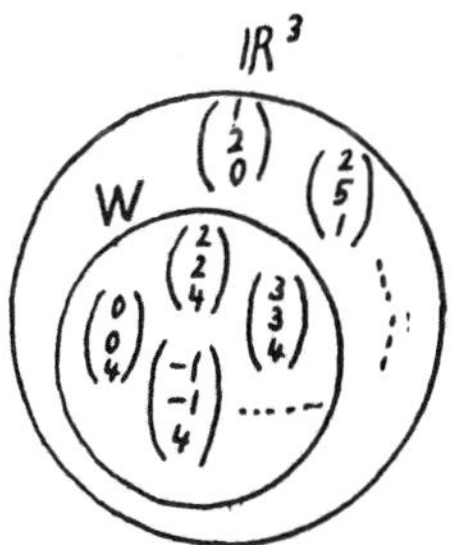

図 3.37 $\alpha=4$ の場合

16.2 平面図形と線型空間

△OAB で，$\vec{a} = \overrightarrow{OA}$，$\vec{b} = \overrightarrow{OB}$，$\|\vec{a}\| = 3$，$\|\vec{b}\| = 5$，$\angle OAB = \pi/2$ とする．

ADVICE

(1)　原点をOとして，平面内の任意の点Pの位置ベクトル $\vec{x}$ を $\vec{a}$ と $\vec{b}$ とで表せ．平面内の点全体（あらゆる点の集合）は，何次元の線型空間か？
(2)　∠AOB の 2 等分線 l をベクトル表示せよ．直線 l 上の点全体（あらゆる点の集合）は，何次元の線型空間か？
(3)　Bを中心とする半径 $\sqrt{10}$ の円Cと直線 l との交点を考える．
(a)　円C上の任意の点の位置ベクトルを $\vec{x}$ として，半径が $\sqrt{10}$ であることを表す式を書け．
(b)　$\vec{a}$，$\vec{b}$ を基底として，交点の座標を表せ．$\vec{a}$ の方向の座標軸と $\vec{b}$ の方向の座標軸とを入れて，平面の世界で考える．
(c)　(2)で考えた $\vec{d}$ を基底として，交点の座標を表せ．$\vec{d}$ の方向の 1 本の座標軸を入れて，直線の世界で考える．

本問は，京大入試問題を大学の線型代数の教材に使えるように改めた問題である．

(b) 座標は（　，　）の形である．

(c) 座標は，数の組ではなく一つの数で表せる．

(ねらい)　簡単な平面図形の問題を線型空間の観点から考察する．基底の意味を考えながら「座標とは何か」を理解する［(3)(補足 2)］．

(発想)　(2)　原点を通る直線のベクトル表示は $\vec{d}t$（$\vec{d}$ は直線 l の方向のベクトル，t は任意の実数）である．既知の幾何ベクトルは $\vec{a}$，$\vec{b}$ だけだから，$\vec{d}$ を $\vec{a}$ と $\vec{b}$ とで表せばよい．

(3)　(a)　半径は，どんな幾何ベクトルのノルムかを考える．

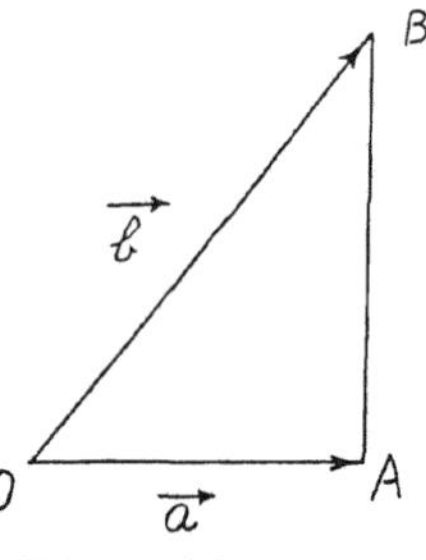

図 3.38　直角三角形

(解説)

(1)　$\vec{x}=\vec{a}s+\vec{b}t$（$s, t$ は任意の実数）

任意の位置は，$\vec{a}$ 方向と $\vec{b}$ 方向との二つの座標 (s, t) で表せるから 2 次元である．線型独立なベクトルが 2 個だから 2 次元であると考えてもよい．

(2)　OA 上の点 A′ を通り OB に平行な直線と直線 l との交点をQとする．点Qを通り OA に平行な直線と OB との交点を B′ とする．

△OB′Q≡△OA′Q だから，

$$\|\overrightarrow{\mathrm{OA'}}\|=\|\overrightarrow{\mathrm{OB'}}\|$$

である．簡単のために，これらのノルムを 1（単位ベクトル）とする．このとき，

ノルム
ベクトルの大きさ

$\vec{a}$，$\vec{b}$ をそれぞれ自分自身のノルムで割ると，$\vec{a}$，$\vec{b}$ の方向の単位ベクトルになる．

$$\overrightarrow{\mathrm{OA'}}=\frac{\vec{a}}{\|\vec{a}\|},\quad \overrightarrow{\mathrm{OB'}}=\frac{\vec{b}}{\|\vec{b}\|}$$

と表せる．$\overrightarrow{\mathrm{OQ}}$ を $\vec{d}$ とすると，

$$\begin{aligned}\vec{d}&=\overrightarrow{\mathrm{OA'}}+\overrightarrow{\mathrm{OB'}}\\&=\frac{1}{3}\vec{a}+\frac{1}{5}\vec{b}\end{aligned}$$

である．

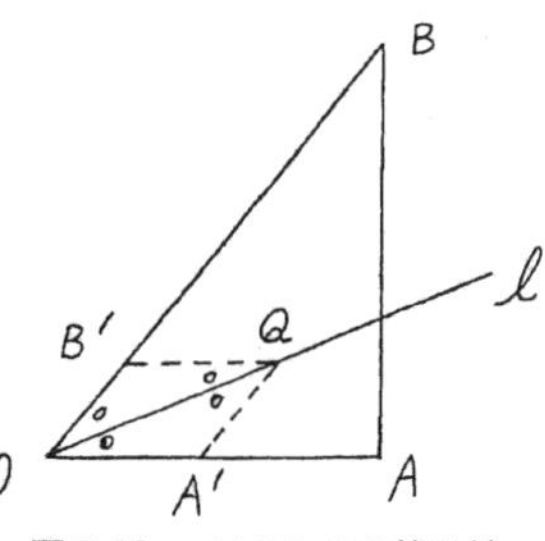

図 3.39　∠AOB の 2 等分線

直線 l 上の任意の点の位置ベクトル $\vec{x}$ は，

$$\vec{x}=\left(\frac{1}{3}\vec{a}+\frac{1}{5}\vec{b}\right)t$$

と表せる．

$\vec{x}=\vec{d}t$ の具体的な形

$\vec{d}$ 方向の一つの座標 t で表せるから 1 次元である．線型独立なベクトルが 1 個だけから 1 次元であると考えてもよい．

(補足)　$\vec{a}$，$\vec{b}$ は $\vec{d}$ を具体的に書き表すために使っただけにすぎない．$\vec{a}$ と

ADVICE

$\vec{b}$ とが直線 l 上にあるわけではない．あくまでも直線 l は $\vec{d}$ に平行だから $\vec{x}=\vec{d}t$ と表せる．

(3) (a) 円C上の任意の点の位置ベクトル $\vec{x}$ は，

$$\|\vec{x}-\vec{b}\|=\sqrt{10}$$

をみたす．

(b) (2) と (a) とから，直線 l と円Cとの交点は

$$\left\|\left(\frac{1}{3}\vec{a}+\frac{1}{5}\vec{b}\right)t-\vec{b}\right\|=\sqrt{10}$$

をみたす．

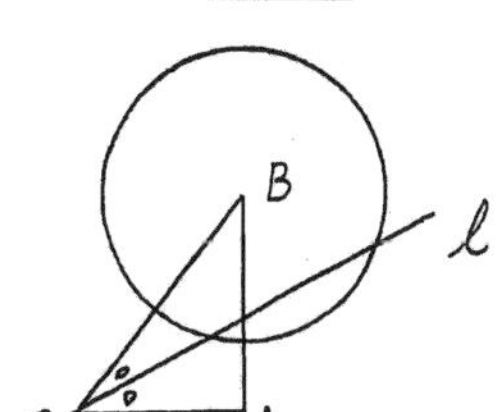

図 3.40　円Cと直線 l との交点

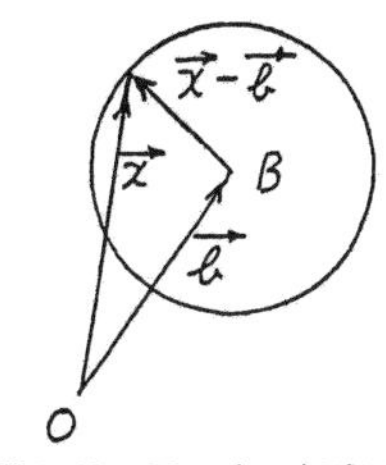

図 3.41　円C上の任意の点

両辺を2乗する [ノルムの2乗は自分自身の内積 (3.6.3 項)，ノルム空間の定義 (ii)] と，

$$\left(\frac{1}{9}\|\vec{a}\|^2+\frac{1}{25}\|\vec{b}\|^2+\frac{2}{15}\|\vec{a}\|\|\vec{b}\|\cos\angle\mathrm{AOB}\right)t^2$$
$$+\|\vec{b}\|^2-\left(\frac{2}{3}\|\vec{a}\|\|\vec{b}\|\cos\angle\mathrm{AOB}+\frac{2}{5}\|\vec{b}\|^2\right)t$$
$$=10$$

となる．

$\|\vec{a}\|^2=9$, $\|\vec{b}\|^2=25$，$\cos\angle\mathrm{AOB}=\dfrac{\mathrm{OA}}{\mathrm{OB}}=\dfrac{3}{5}$，$\vec{a}\cdot\vec{b}=\|\vec{a}\|\|\vec{b}\|\cos\angle\mathrm{AOB}$

に注意して式を整理すると，

$$16t^2-80t+75=0$$

となる．t について解くと，$t=\dfrac{15}{4}$，$t=\dfrac{5}{4}$ を得る．したがって，交点は二つあり，それぞれ

$$\vec{x}=\frac{5}{4}\vec{a}+\frac{3}{4}\vec{b},\quad \vec{x}=\frac{5}{12}\vec{a}+\frac{1}{4}\vec{b}$$

と表せるから，座標は $\left(\dfrac{5}{4},\dfrac{3}{4}\right)$，$\left(\dfrac{5}{12},\dfrac{1}{4}\right)$ である．

$(4t-15)(4t-5)$
$=0$

$t=\dfrac{15}{4}$ の場合

$\left(\dfrac{1}{3}\vec{a}+\dfrac{1}{5}\vec{b}\right)\dfrac{15}{4}$
$=\dfrac{5}{4}\vec{a}+\dfrac{3}{4}\vec{b}$

$t=\dfrac{5}{4}$ の場合

$\left(\dfrac{1}{3}\vec{a}+\dfrac{1}{5}\vec{b}\right)\dfrac{5}{4}$
$=\dfrac{5}{12}\vec{a}+\dfrac{1}{4}\vec{b}$

(c) 交点は $\vec{x}=\dfrac{15}{4}\vec{d}$，$\vec{x}=\dfrac{5}{4}\vec{d}$ と表せる．したがって，直線 l 上でこれらの点の座標は，それぞれ $\dfrac{15}{4}$，$\dfrac{5}{4}$ である．

補足 1　交点をどういう集合の要素と見るか

(b) では，交点を平面内の点全体の要素とみなす．

(c) では，交点を直線上の点全体の要素とみなす．

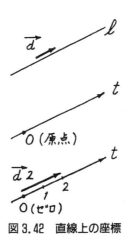

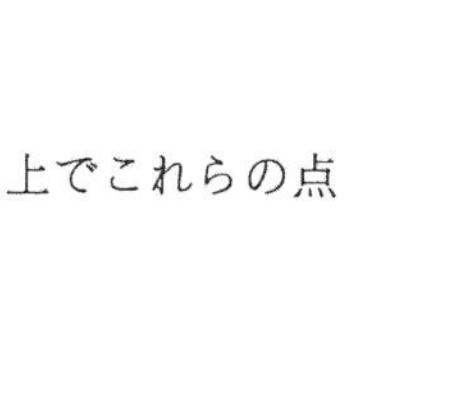

補足 2　座標とは

2.1.1 項参照

a．直線上の世界

原点を通って幾何ベクトル（矢印）$\vec{d}$ に平行な直線のベクトル表示：

$\vec{x}=\vec{d}t$　（t の値は直線上の位置ごとにちがう）

を思い出そう．

0.2 節例題 0.10 参照

数直線は実数の集合表す図形である．

$\|\vec{d}\|=1$ とは限らない．

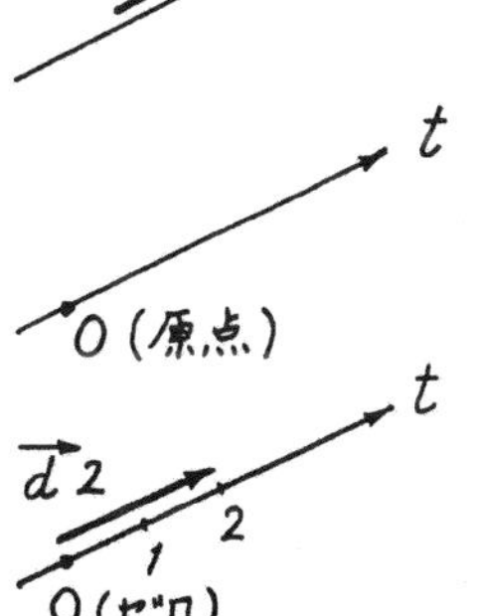

図 3.42　直線上の座標

① 原点を通って幾何ベクトル $\vec{d}$ に平行な直線 l に原点O（「オウ」と読む）を選んで，直線 l を座標軸（t 軸）とする．

点の名称はアルファベットの大文字で表す．
0.1 節例題 0.6 参照

① 原点を通って幾何ベクトル $\vec{i}$ に平行な直線 l に原点Oを選んで，直線 l を座標軸（x 軸）とする．

② 原点を $\vec{d}0$（$\vec{d}$ の0倍）の位置と考え，座標を (0) と表す．

原点から $\vec{d}\,1$ の位置の座標は (1) である．

原点から $\vec{d}\,x$ の位置の座標は (x) である．

●通常の水平右向きの座標軸

通常は簡単のために基底 $\vec{i}$（ノルム 1）を選ぶ．中学・高校数学では，こういう選び方で座標を考えたことになる（ADVICE 欄参照）．しかし，$\vec{a}=\vec{i}\,2$ を基底として選んでもよい．原点を始点として，$\vec{a}$ の終点の座標が 1 である．直線上の位置は $\vec{x}=\vec{a}\,x'$（x' は x' 軸で測った座標）と表すことができる．

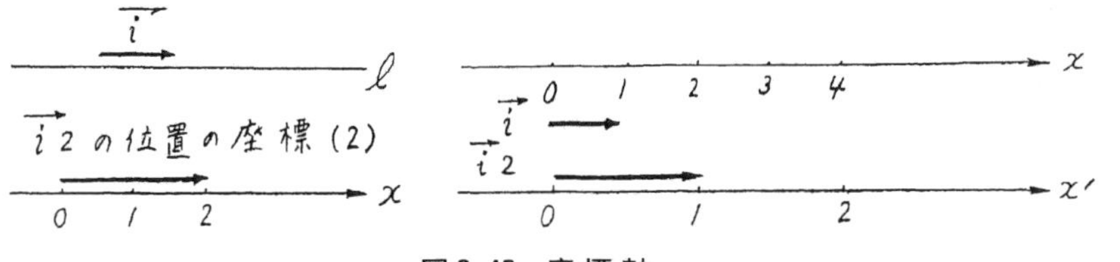

図 3.43 座標軸

座標 x' は，$\vec{a}$ の大きさを単位の大きさとしたときの比の値である．x 軸上で座標が 2 の位置は，x' 軸上で座標が 1 である．x 軸上で座標が 4 の位置は，x' 軸上で座標が 2 である．基底の選び方がちがうと，同じ数値 2 でも指す位置がちがう．座標［(座（場所）の標（しるし)］は，各数直線上の番地と考えればよい．

b．平面内の世界

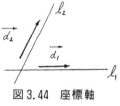

原点を通って幾何ベクトル（矢印）$\vec{d_1}$ と $\vec{d_2}$ との張る平面のベクトル表示：$\vec{x}=\vec{d_1}t_1+\vec{d_2}t_2$（$t_1$ の値と t_2 の値とは平面内の位置ごとにちがう）

を思い出そう．

図 3.44 座標軸

① $\vec{d_1}$ に平行な直線 l_1 と $\vec{d_2}$ に平行な直線 l_2 とを座標軸（t 軸，t_2 軸）とする．原点Ｏは直線 l_1 と直線 l_2 との交点に選ぶと便利である．

② 原点を $\vec{d_1}0+\vec{d_2}0$ の位置と考え，座標を (0, 0) と表す．

原点から $\vec{d_1}1+\vec{d_2}1$ の位置の座標は (1, 1) である．

原点から $\vec{d_1}t_1+\vec{d_2}t_2$ の位置の座標は (t_1, t_2) である．

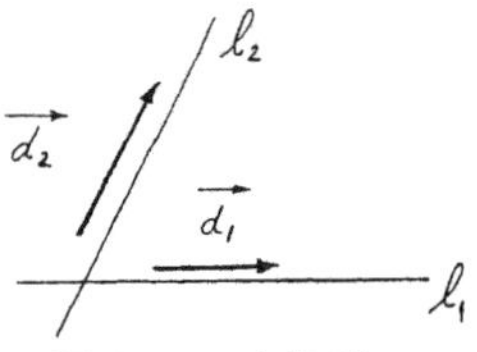

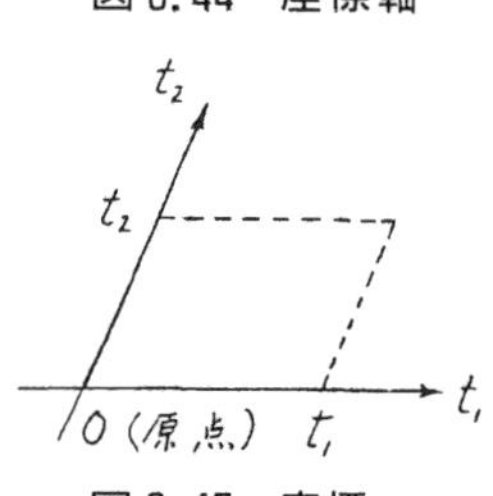

図 3.45 座標

●通常の直交座標軸

通常は簡単のために基底として $\vec{e_1}$，$\vec{e_2}$（ノルム 1，$\vec{e_1}\perp\vec{e_2}$）を選ぶ．中学・高校数学では，こういう選び方で座標を考えたことになる．$\vec{e_1}$ を $\vec{i}$，$\vec{e_2}$ を $\vec{j}$ と書くことがある．

> **16.3 物理量と線型空間との関係**
>
> (1) 原点を通り，矢印 $\vec{d}$ に平行な直線の上の点全体 $E=\{\vec{x}\mid\vec{x}=\vec{d}\,t,\ \forall t\in \boldsymbol{R}\}$ を考える．
>
> (a) 体 K を $\boldsymbol{R}$ として（「スカラーを実数とする」という意味），集合 E が線型空間であることを示せ．

ADVICE

② 原点を $\vec{i}\,0$（$\vec{i}$ の 0 倍）の位置と考え，座標を (0) と表す．

原点から $\vec{i}\,1$ の位置の座標は (1) である．

原点から $\vec{i}\,x$ の位置の座標は (x) である．

小学算数の考え方で理解できる．発想は，つぎの問題と同じである．

問

2 本を 1 とすると，4 本はいくらにあたるか？

答

4 本は 2 にあたる．

小林幸夫：日本物理教育学会誌 **53** (2005) 326.

2.1.1 項参照

$\|\vec{d}_1\|=1$，$\|\vec{d}_2\|=1$ とは限らない．

① 幾何ベクトル $\vec{e}_1$ に平行な直線 l_1 と $\vec{e}_2$ に平行な直線 l_2（$\vec{e}_1\perp\vec{e}_2$）とを座標軸（x_1 軸，x_2 軸）とする．原点Ｏは，これらの直線の交点に選ぶと便利である．

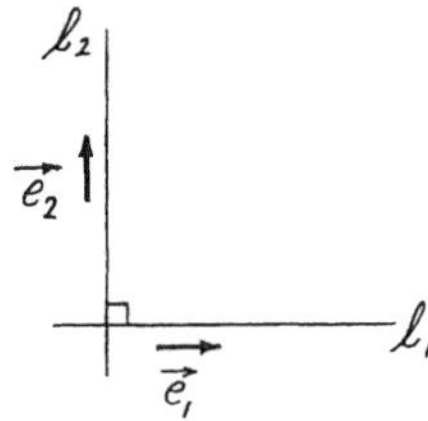

図 3.46 座標軸

② 原点を $\vec{e}_1 0+\vec{e}_2 0$ の位置と考え，座標を (0, 0) と表す．

原点から $\vec{e}_1 1+\vec{e}_2 1$ の位置の座標は (1, 1) である．

原点から $\vec{e}_1 x_1+\vec{e}_2 x_2$ の位置の座標は (x_1, x_2) である．

$\forall t\in\boldsymbol{R}$ は「任意の実数 t に対して」という意味を表すと思えばよい．

∀ は，arbitary（任意の）の頭文字を図案化した記号である．ふつうの集合の名称 A と区別するために，∀ の形に決めた．∀ は t と高さをそろえて $\forall t$ と書く．${}^{\forall}t$ と書かない．

(b) 集合 E で $\vec{d}$ を基底と考えることができる．集合 E は，何次元の線型空間か？

(c) 矢印 $\vec{d}$ の方向に座標軸を選ぶと，実数 t は何を表すか？

(2) あらゆる長さの集合 $L=\{l\,|\,l=s\,\mathrm{m},\ \forall s\in\boldsymbol{R}\}$ を考える．記号 m は「メートル」を表す．「メートル」とは「光が真空中で（1/299792458）s の間に進む距離」の名称である．すべての長さは，メートルの何倍かによって表せる．(1) の集合 E と同様に，集合 L も線型空間である．

(a) (ii) の例は，$(3.1\,\mathrm{m}+2.8\,\mathrm{m})+5.7\,\mathrm{m}=3.1\,\mathrm{m}+(2.8\,\mathrm{m}+5.7\,\mathrm{m})$ である．これは，具体的にどういう内容か？

(b) (vi) の例は，$(2.9\,\mathrm{m}\cdot 4.6)\cdot 5.3=2.9\,\mathrm{m}\cdot(4.6\cdot 5.3)$ である．これは，具体的にどういう内容か？

(c) 集合 L で m を基底と考えることができる．集合 L は，何次元の線型空間か？

(d) 実験で $2.9+4.3=7.2\,\mathrm{m}$ の形の関係式を書くことが妥当といえるか？線型空間の観点から，理由を付けて答えよ．

ADVICE

(1) (a) では，(i)，(ii)，…，(viii) をあたりまえに書き並べればよい．

1 m と m とはちがう（0.2 節例題0.8）．1 m とは，対象の長さがメートル［光が真空中で（1/299792458）s の間に進む距離］の 1 倍であることを表す．

測定とは，長さを測りたい物体と物差の目盛（ふつうはメートルの 1/1000 を 1 目盛として刻んである）とを比べる操作である．ここでは，1 目盛がメートルの物差と考えればよい．

小島順：『線型代数』（日本放送出版協会，1976）．

小林幸夫：日本物理教育学会誌 **53**（2005）326．

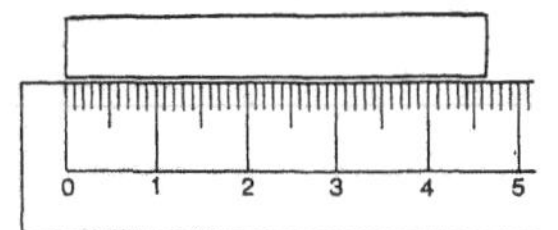

図 3.47　物差

(ねらい) 測定の意味に基づいて物理量を表す方法（0.2.1 項）が線型空間の概念と結びついていることを理解する．

(発想) 物理量を例として取り上げたが，内容は本文の線型空間と同じである．

(解説)

(1) (a) 線型空間の定義（3.3.1項）(i)，…，(viii) をみたすかどうかを調べる．

(i) $\vec{d}\,t_1+\vec{d}\,t_2=\vec{d}\,(t_1+t_2)$ だから加法について閉じている．

(ii) $(\vec{d}\,t_1+\vec{d}\,t_2)+\vec{d}\,t_3=\vec{d}\,t_1+(\vec{d}\,t_2+\vec{d}\,t_3)$

(iii) $\vec{d}\,t+\vec{d}\,0=\vec{d}\,0+\vec{d}\,t=\vec{d}\,t$

(iv) $\vec{d}\,t+\vec{d}\,(-t)=\vec{d}\,(-t)+\vec{d}\,t=\vec{d}\,0$

(v) $\vec{d}\,t_1+\vec{d}\,t_2=\vec{d}\,t_2+\vec{d}\,t_1$

(vi) $(\vec{d}\,t\cdot\alpha)\cdot\beta=\vec{d}\,t\cdot(\alpha\cdot\beta)$

(vii) $\vec{d}\,t\cdot(\alpha+\beta)=\vec{d}\,t\cdot\alpha+\vec{d}\,t\cdot\beta$

$(\vec{d}\,t_1+\vec{d}\,t_2)\cdot\alpha=\vec{d}\,t_1\cdot\alpha+\vec{d}\,t_2\cdot\alpha$

(viii) $\vec{d}\,t\cdot 1=\vec{d}\,t$

(b) 一つの実数 t で $\vec{x}=\vec{d}\,t$ と表せるから 1 次元線型空間である．

(c) 座標

(2) (a) 3.1 m のテープと 2.8 m のテープとをつなぎ合わせてから 5.7 m のテープをつないでも，2.8 m のテープと 5.7 m のテープとをつなぎ合わせてから 3.1 m のテープをつないでも同じ長さになる．

(b) 2.9 m のテープを 4.6 倍に拡大してから 5.3 倍しても，2.9 m のテープを（4.6•5.3）倍に拡大しても同じ長さになる．

(c) 一つの実数 s で $l=s\,\mathrm{m}$ と表せるから 1 次元線型空間である．

(d) 妥当でない．

理由：左辺は スカラー＋スカラー だからスカラーだが，右辺はベクトルである．

(補足 1) $2.9+4.3=7.2\,\mathrm{m}$ という書き方は，$2.9+4.3=7.2\vec{d}$ という書き方と同じだから適切ではない．m が $\vec{d}$ と同様に基底である．

3.3.1 項で $\boldsymbol{u}\cdot 1=\boldsymbol{u}$ の $\boldsymbol{u}\cdot 1$ と $\boldsymbol{u}$ とのちがいを注意した．1 m と m とのちがいもまったく同じ考え方で理解する．

多くの実験指導書には，2.9+4.3=7.2m，1.8+4.2=6.0 kg のような式がある．これらは線型代数の考え方に合っていないから注意する．

ADVICE

(補足 2) $l=s\,\mathrm{m}$ の実数 s は負の値も取り得る．5 m は 7 m よりも 2 m だけ短いとき「(−2) m だけ長い」ともいえる．

3.6 内積線型空間

3.6.1 なぜ内積の演算規則を考えるのか

3.3 節から 3.5 節までででは，線型空間という集合の中の加法・スカラー倍の演算規則だけに着目した．つまり，ベクトル（要素）どうしを足したり，体（四則演算が自由にできる集合）から係数を選んでベクトルをスカラー倍したりした．しかし，3 元連立 1 次方程式（2.2.3 項）を思い出すと，これらの演算規則だけでは不都合だということがわかる．この事情を調べてみよう．

● 方程式が 2 個の場合：

$$\begin{cases} 1x_1+1x_2+1x_3=0 \\ 2x_1+3x_2-1x_3=0 \end{cases}$$

の解は，$\begin{pmatrix} x_1 \\ x_2 \\ x_3 \end{pmatrix}=\begin{pmatrix} -4 \\ 3 \\ 1 \end{pmatrix}t$（$t$ は任意の実数）と表せる．一方，この 3 元連立 1 次方程式は，二つの平面 π_1，π_2 を表している．こういう幾何の意味をはっきりさせるために，一つの方程式を（数の組）・（数の組）の形で書き表す．1 と x_1 との積，1 と x_2 との積，1 と x_3 との積を混ぜた形とちがって，二つの数ベクトルどうしの積の形に見えて便利である．

> 対応する成分どうしを掛けて足し合わせる演算を数ベクトルどうしの**内積**とよぶ（[注意 1] 参照）．

スカラー積（ヨコベクトル 掛ける タテベクトル）とちがって，内積はタテベクトル 掛ける タテベクトル または ヨコベクトル 掛ける ヨコベクトル である（1.5.3項［準備］）．

平面内の任意の点の位置ベクトルを数ベクトル $\begin{pmatrix} x_1 \\ x_2 \\ x_3 \end{pmatrix}$ で表すと，それぞれの方程式は内積の形で $\begin{pmatrix} 1 \\ 1 \\ 1 \end{pmatrix}\cdot\begin{pmatrix} x_1 \\ x_2 \\ x_3 \end{pmatrix}=0$，$\begin{pmatrix} 2 \\ 3 \\ -1 \end{pmatrix}\cdot\begin{pmatrix} x_1 \\ x_2 \\ x_3 \end{pmatrix}=0$ と書ける．

この連立 1 次方程式の解は，$\begin{pmatrix} x_1 \\ x_2 \\ x_3 \end{pmatrix}=\begin{pmatrix} -4 \\ 3 \\ 1 \end{pmatrix}t$ だから，

$$\begin{cases} \begin{pmatrix} 1 \\ 1 \\ 1 \end{pmatrix}\cdot\left[\begin{pmatrix} -4 \\ 3 \\ 1 \end{pmatrix}t\right]=0 \\ \begin{pmatrix} 2 \\ 3 \\ -1 \end{pmatrix}\cdot\left[\begin{pmatrix} -4 \\ 3 \\ 1 \end{pmatrix}t\right]=0 \end{cases}$$

が成り立つ．

他方，$x_1=-4t$，$x_2=3t$，$x_3=1t$ を方程式 $1x_1+1x_2+1x_3=0$ に代入すると，

$$1\cdot(-4t)+1\cdot 3t+1\cdot 1t$$

$$\overset{\text{結合法則}}{=} [1\cdot(-4)]t+(1\cdot 3)t+(1\cdot 1)t$$

平面 π_1 は，空間内で原点を通り数ベクトル $\begin{pmatrix} 1 \\ 1 \\ 1 \end{pmatrix}$ で表せる幾何ベクトルに垂直な平面である．

平面 π_2 は，数ベクトル $\begin{pmatrix} 2 \\ 3 \\ -1 \end{pmatrix}$ で表せる幾何ベクトルに垂直な平面である．

スカラー積について 1.1 節参照．

スカラー積は 1 行のマトリックス（ヨコベクトル）と 1 列のマトリックス（タテベクトル）との乗法である．他方，内積はマトリックスの乗法ではない．

$\begin{pmatrix} 1 \\ 1 \\ 1 \end{pmatrix}\cdot\begin{pmatrix} x_1 \\ x_2 \\ x_3 \end{pmatrix}=0$，$\begin{pmatrix} 2 \\ 3 \\ -1 \end{pmatrix}\cdot\begin{pmatrix} x_1 \\ x_2 \\ x_3 \end{pmatrix}=0$ に $\begin{pmatrix} x_1 \\ x_2 \\ x_3 \end{pmatrix}=\begin{pmatrix} -4 \\ 3 \\ 1 \end{pmatrix}t$ を代入した形

$1x_1+1x_2+1x_3=0$ ではなく $2x_1+3x_2-1x_3=0$ に代入してもよい．

$$\overset{\text{分配法則}}{=} [1\cdot(-4)+1\cdot3+1\cdot1]t$$
$$= 0$$

となる．この演算と合わせるために，内積でも

$$\begin{pmatrix}1\\1\\1\end{pmatrix}\cdot\left[\begin{pmatrix}-4\\3\\1\end{pmatrix}t\right]=\left[\begin{pmatrix}1\\1\\1\end{pmatrix}\cdot\begin{pmatrix}-4\\3\\1\end{pmatrix}\right]t$$

という演算規則が成り立たなければならない．

● 方程式が1個の場合：

$$1x_1+1x_2+1x_3=0$$

の解は，$\begin{pmatrix}x_1\\x_2\\x_3\end{pmatrix}=\begin{pmatrix}-1\\1\\0\end{pmatrix}t_1+\begin{pmatrix}-1\\0\\1\end{pmatrix}t_2$（$t_1$，$t_2$ は任意の実数）と表せる．

この方程式は，空間内で原点を通り数ベクトル $\begin{pmatrix}1\\1\\1\end{pmatrix}$ で表せる幾何ベクトルに垂直な平面を表す．$1x_1+1x_2+1x_3=0$ は，内積の形で $\begin{pmatrix}1\\1\\1\end{pmatrix}\cdot\begin{pmatrix}x_1\\x_2\\x_3\end{pmatrix}=0$ と書ける．だから，$\begin{pmatrix}1\\1\\1\end{pmatrix}\cdot\left[\begin{pmatrix}-1\\1\\0\end{pmatrix}t_1+\begin{pmatrix}-1\\0\\1\end{pmatrix}t_2\right]=0$ が成り立つ．

他方，$x_1=-1t_1+(-1t_2)$，$x_2=1t_1+0t_2$，$x_3=0t_1+1t_2$ を $1x_1+1x_2+1x_3=0$ に代入すると，

$$1[-1t_1+(-1t_2)]+1(1t_1+0t_2)+1(0t_1+1t_2)$$
$$\overset{\text{分配法則・交換法則}}{=} 1\cdot(-1t_1)+1\cdot(1t_1)+1\cdot(0t_1)+1\cdot(-1t_2)+1\cdot(0t_2)$$
$$+1\cdot(1t_2)$$
$$\overset{\text{結合法則}}{=} [1\cdot(-1)]t_1+(1\cdot1)t_1+(1\cdot0)t_1+[1\cdot(-1)]t_2+(1\cdot0)t_2$$
$$+(1\cdot1)t_2$$
$$\overset{\text{分配法則}}{=} [1\cdot(-1)+1\cdot1+1\cdot0]t_1+[1\cdot(-1)+1\cdot0+1\cdot1]t_2$$
$$= 0$$

となる．この演算と合わせるために，内積でも

$$\begin{pmatrix}1\\1\\1\end{pmatrix}\cdot\left[\begin{pmatrix}-1\\1\\0\end{pmatrix}t_1+\begin{pmatrix}-1\\0\\1\end{pmatrix}t_2\right]$$
$$=\begin{pmatrix}1\\1\\1\end{pmatrix}\cdot\begin{pmatrix}-1\\1\\0\end{pmatrix}t_1+\begin{pmatrix}1\\1\\1\end{pmatrix}\cdot\begin{pmatrix}-1\\0\\1\end{pmatrix}t_2$$

という演算規則（分配法則）が成り立たなければならない．

［注意1］ 自然内積，標準内積

内積とは，$\begin{pmatrix}x_1\\x_2\end{pmatrix}\cdot\begin{pmatrix}y_1\\y_2\end{pmatrix}=x_1y_1+x_2y_2$ の形の演算だけとは限らない．内積には，いろいろな決め方がある．対応する成分どうしを掛けて足し合わせる演算を「自然内積」「標準内積」というとあいまいさがない．

$[1\cdot(-4)+1\cdot3+1\cdot1]t$ は，内積の形で $\left[\begin{pmatrix}1\\1\\1\end{pmatrix}\cdot\begin{pmatrix}-4\\3\\1\end{pmatrix}\right]t$ と書ける．

2.2.3項参照

$1\cdot(-4)$，$1\cdot3$，$1\cdot1$ などの・は数の乗法を表す．

$\begin{pmatrix}1\\1\\1\end{pmatrix}\cdot\begin{pmatrix}x_1\\x_2\\x_3\end{pmatrix}=0$ に $\begin{pmatrix}x_1\\x_2\\x_3\end{pmatrix}=\begin{pmatrix}-1\\1\\0\end{pmatrix}t_1+\begin{pmatrix}-1\\0\\1\end{pmatrix}t_2$ を代入した形

$1[-1t_1+(-1t_2)]+1(1t_1+0t_2)+1(0t_1+1t_2)$ は $\begin{pmatrix}1\\1\\1\end{pmatrix}\cdot\left[\begin{pmatrix}-1\\1\\0\end{pmatrix}t_1+\begin{pmatrix}-1\\0\\1\end{pmatrix}t_2\right]$ と書ける．

$[1\cdot(-1)+1\cdot1+1\cdot0]t_1+[(1\cdot(-1)+1\cdot0+1\cdot1]t_2$ は $\begin{pmatrix}1\\1\\1\end{pmatrix}\cdot\begin{pmatrix}-1\\1\\0\end{pmatrix}t_1+\begin{pmatrix}1\\1\\1\end{pmatrix}\cdot\begin{pmatrix}-1\\0\\1\end{pmatrix}t_2$ と書ける．

3.6.4項で自然内積とはちがう内積を取り上げる．

ADVICE

(まとめ)

3 元連立 1 次方程式について検討した結果は，一般に n 元連立 1 次方程式にもあてはまる．n 元連立 1 次方程式の解をベクトル表示（成分が 3 個ではなく n 個になる）することができる．

他方，n 元連立 1 次方程式の各方程式を数ベクトルどうしの内積の形で表すことができる．ベクトル表示した解が方程式をみたさなければならないから，内積の演算規則を約束する．実数の加法・スカラー倍の演算規則を保った上で，内積の演算規則に拡張する（3.6.2 項）．

(展望)

数学では，同じ問題に対して代数の観点と幾何の観点との見方ができる．中学数学で学習した三平方の定理を基礎にして，抽象的なベクトルの集合が「見える」世界になる（3.6.3 項）．

高校数学では，三平方の定理を直交する幾何ベクトルどうしの関係として理解することができる．

抽象的なベクトルの集合とは，成分が 3 個よりも多い数ベクトルの集合，矢印で描けないベクトルの集合と思えばよい．3.6.3 項，3.6.4 項で，これらの例を取り上げる．

[進んだ探究]　スカラー積と内積とのちがい

スカラー積

例　単価を表す 2×1 マトリックス（ヨコベクトル）は個数と支払額の間の対応規則（写像）を表す．個数は入力，支払額は出力である．

$$\underbrace{(100円/個\quad 150円/個)}_{単価（1\times 2 マトリックス）}\underbrace{\begin{pmatrix}2個\\3個\end{pmatrix}}_{個数}=\underbrace{650円}_{支払額}$$

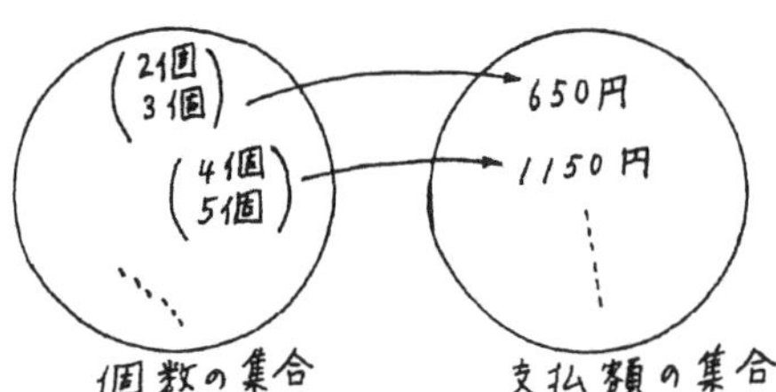

図 3.48　個数の集合から支払額の集合への写像

マトリックスが写像を表すことについて 1.2 節参照．

内積

例　数ベクトル $\boldsymbol{n}=\begin{pmatrix}1\\1\end{pmatrix}$ で表せる幾何ベクトル $\vec{n}$ が数ベクトル $\boldsymbol{x}=\begin{pmatrix}x_1\\x_2\end{pmatrix}$ で表せる幾何ベクトル $\vec{x}$ と直交する場合を考えてみる．$\vec{n}\perp\vec{x}$ の関係は

$$\begin{aligned}\boldsymbol{n}\cdot\boldsymbol{x}&=\begin{pmatrix}1\\1\end{pmatrix}\cdot\begin{pmatrix}x_1\\x_2\end{pmatrix}\\&=0\end{aligned}$$

と表せる．$\vec{n}$ と $\vec{x}$ とは，どちらも同じ平面内の幾何ベクトルの集合の要素である．

スカラー積と内積とのちがいについて 1.5.3 項参照．

細井勉：『教養の数学』（新曜社，1978）も参考になる．

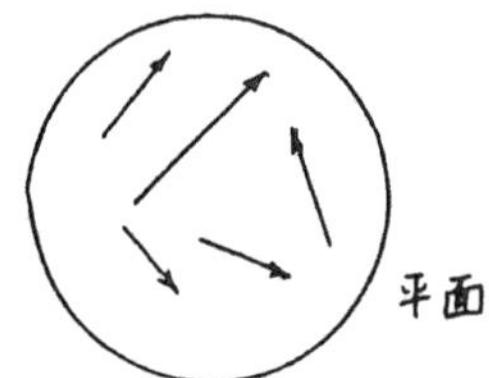

図 3.49　$\vec{n}$ と同じ平面内の矢印

3.6.3 項参照

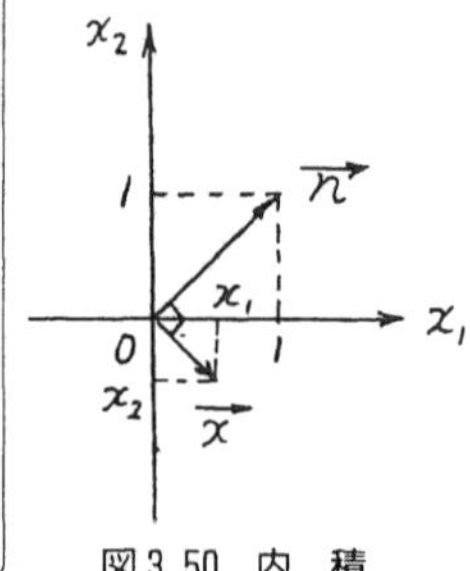

図 3.50　内　積

3.6.2 内積線型空間 ― ベクトルどうしの間の計量関係

3.6.1項に基づいて，内積の演算規則を決めた線型空間を「内積線型空間」という．

線型空間 V （加法，スカラー倍，これらの混ざった演算が自由にできる集合）の二つのベクトル $\boldsymbol{x}$，$\boldsymbol{y}$ から一つの実数をつくる規則（記号 $\boldsymbol{x}\cdot\boldsymbol{y}$ で表す）が4条件をみたすとき，この規則を線型空間 V の「内積」という．

内積線型空間の定義

(i) 対称性：線型空間 V の任意の要素 $\boldsymbol{x}$，$\boldsymbol{y}$ に対して，

$$\boldsymbol{x}\cdot\boldsymbol{y}=\boldsymbol{y}\cdot\boldsymbol{x}$$

である．

(ii) 集合 V の要素どうしの加法・内積に関する分配法則：

線型空間 V の任意の要素 $\boldsymbol{x}_1$，$\boldsymbol{x}_2$，$\boldsymbol{y}$ に対して，

$$(\boldsymbol{x}_1+\boldsymbol{x}_2)\cdot\boldsymbol{y}=\boldsymbol{x}_1\cdot\boldsymbol{y}+\boldsymbol{x}_2\cdot\boldsymbol{y}$$

である［3.6.1項で方程式が1個の場合を思い出すとよい］．

線型空間 V の任意の要素 $\boldsymbol{x}$，$\boldsymbol{y}_1$，$\boldsymbol{y}_2$ に対して，

$$\boldsymbol{x}\cdot(\boldsymbol{y}_1+\boldsymbol{y}_2)=\boldsymbol{x}\cdot\boldsymbol{y}_1+\boldsymbol{x}\cdot\boldsymbol{y}_2$$

である［3.6.1項で方程式が1個の場合を思い出すとよい］．

(iii) 線型空間 V の任意の要素 $\boldsymbol{x}$，$\boldsymbol{y}$ と $\boldsymbol{R}$ の任意の要素 r とに対して，

$$\boldsymbol{x}\cdot(\boldsymbol{y}r)=(\boldsymbol{x}\cdot\boldsymbol{y})r$$

$$(\boldsymbol{x}r)\cdot\boldsymbol{y}=(\boldsymbol{x}\cdot\boldsymbol{y})r$$

である［3.6.1項で方程式が2個の場合を思い出すとよい］．

(iv) 線型空間 V のすべての要素 $\boldsymbol{x}$ に対して

$$\boldsymbol{x}\cdot\boldsymbol{x}\geq 0$$

である．$\boldsymbol{x}\cdot\boldsymbol{x}=0$ は $\boldsymbol{x}=\boldsymbol{0}$ のときに限る$\left[\begin{pmatrix}x_1\\x_2\end{pmatrix}\cdot\begin{pmatrix}x_1\\x_2\end{pmatrix}=x_1{}^2+x_2{}^2\geq 0\right.$ を思い出すとよい$\Big]$．

線型空間 V のすべての要素 $\boldsymbol{y}$ に対して，

$\boldsymbol{x}\cdot\boldsymbol{y}=0$ は $\boldsymbol{x}=\boldsymbol{0}$ のときに限る（3.6.3項［注意3］参照）．

線型空間 V のすべての要素 $\boldsymbol{x}$ に対して，

$\boldsymbol{x}\cdot\boldsymbol{y}=0$ は $\boldsymbol{y}=\boldsymbol{0}$ のときに限る（3.6.3項［注意3］参照）．

［注意2］ 内積の記号

内積の記号にはいろいろな形がある．

$$\boldsymbol{x}\cdot\boldsymbol{y},\ (\boldsymbol{x},\boldsymbol{y}),\ \langle\boldsymbol{x},\boldsymbol{y}\rangle,\ (\boldsymbol{x}|\boldsymbol{y}),\ \langle\boldsymbol{x}|\boldsymbol{y}\rangle$$

$\boldsymbol{x}\cdot\boldsymbol{x}$ を $\boldsymbol{x}^2$ と書いてもよい．

$\boldsymbol{a}\cdot\boldsymbol{b}\cdot\boldsymbol{c}$ のような三つのベクトルの内積はない．

内積線型空間の定義をみたす演算は，空間内の平面の方程式：

$$\begin{pmatrix}a_1\\a_2\\a_3\end{pmatrix}\cdot\begin{pmatrix}x_1\\x_2\\x_3\end{pmatrix}=a_1x_1+a_2x_2+a_3x_3=0$$

ADVICE

「計量線型空間」とよんでいる教科書もある．「計量」の意味は，幾何の観点で内積の意味（3.6.3項）を把握してから理解する．

くわしくいうと「体 $\boldsymbol{R}$ 上の線型空間」である．

「二つのベクトル $\boldsymbol{x}$，$\boldsymbol{y}$ に対して，一つの実数を対応させる規則」といい表すこともできる．

4条件［(i)，(ii)，(iii)，(iv)］は，高校数学でも理解していたはずだが，あえて意識していなかっただけかも知れない．

(ii)

$$\left[\begin{pmatrix}2\\3\end{pmatrix}+\begin{pmatrix}1\\3\end{pmatrix}\right]\cdot\begin{pmatrix}4\\2\end{pmatrix}=\begin{pmatrix}2\\3\end{pmatrix}\cdot\begin{pmatrix}4\\2\end{pmatrix}+\begin{pmatrix}1\\3\end{pmatrix}\cdot\begin{pmatrix}4\\2\end{pmatrix}$$

(iii)

$$\begin{pmatrix}1\\3\end{pmatrix}\cdot\left[\begin{pmatrix}4\\2\end{pmatrix}5\right]=\left[\begin{pmatrix}1\\3\end{pmatrix}\cdot\begin{pmatrix}4\\2\end{pmatrix}\right]5$$

(iv)

$$\begin{pmatrix}1\\3\end{pmatrix}\cdot\begin{pmatrix}1\\3\end{pmatrix}=1^2+3^2>0$$

$$\begin{pmatrix}0\\0\end{pmatrix}\cdot\begin{pmatrix}y_1\\y_2\end{pmatrix}=0y_1+0y_2=0$$

$$\begin{pmatrix}x_1\\x_2\end{pmatrix}\cdot\begin{pmatrix}0\\0\end{pmatrix}=x_10+x_20=0$$

［参考］

$\langle\boldsymbol{x}|\boldsymbol{y}\rangle$ は，量子力学で使う形であり，「ブラ・ケット」という．

を表すときに使う形だけではない．3.3節，3.4節では，いろいろな線型空間を見つけた．このときと同様に，内積線型空間の定義をみたすいろいろな演算を見つけることができる（3.6.4項）．内積線型空間の性質を4条件として整理すると，数学の概念を拡張する道が開ける．

ADVICE

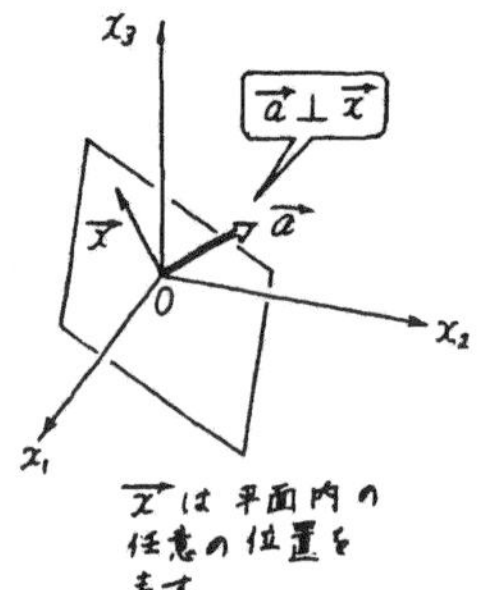

$\vec{x}$は平面内の任意の位置を表す．

図3.51　直　交

3.6.3　幾何の観点で内積の意味を探る

平面内の直線の方程式（2.1.1項），空間内の平面の方程式（2.2.1項）は，どちらも二つの幾何ベクトルが互いに直交するという性質を表している．2章で直線と平面とを考えたとき，高校数学を思い出して幾何ベクトルの内積を使った．幾何ベクトル$\vec{a}$，$\vec{x}$に対して，$\vec{a}\cdot\vec{x}=\|\vec{a}\|\|\vec{x}\|\cos\theta$（$\theta$は$\vec{a}$と$\vec{x}$との交角）が$\vec{a}$と$\vec{x}$との内積である．$\theta=\pi/2$（直交）のときには，$\vec{a}\cdot\vec{x}=0$となる．

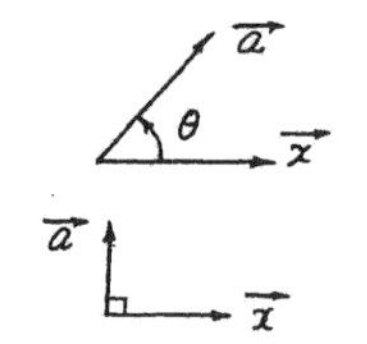

図3.52　$\vec{a}$と$\vec{x}$とのなす角

ここで，二つの問題点がある．

① 高校数学では，$\vec{a}\cdot\vec{b}=\|\vec{a}\|\|\vec{b}\|\cos\theta$を内積とよんでいた．ほんとうに，この形も内積線型空間の定義（3.6.2項）をみたしているのか？

② 空間内で原点を通り$\vec{a}$に垂直な平面を$\vec{a}\cdot\vec{x}=0$と表す（2.2.1項）．ほんとうに，この形は数ベクトルどうしの内積$\boldsymbol{a}\cdot\boldsymbol{x}=a_1x_1+a_2x_2+a_3x_3=0$と一致するのか？

これらの問題点について検討するために，ベクトルの大きさの表し方から見直してみよう．

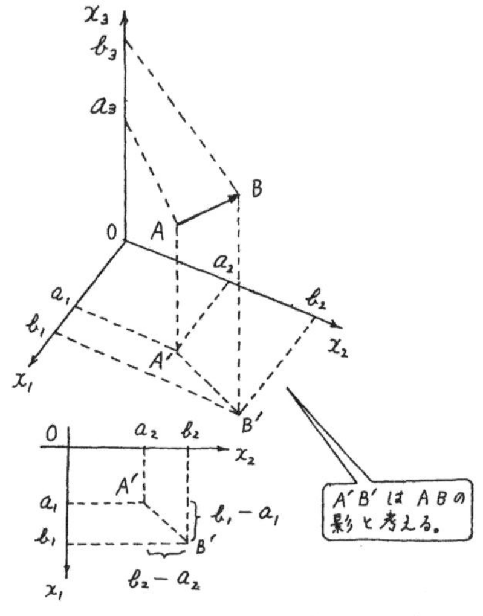

図3.53　ベクトルの成分（射影）

●ベクトルのノルム（大きさ，絶対値）

a．幾何ベクトルの場合

幾何ベクトル（矢印）の大きさは，矢印の始点の座標と終点の座標とを使って求めることができる．直交座標系で，点A(a_1,a_2,a_3)から点B(b_1,b_2,b_3)に向かう矢印$\vec{x}$を考えてみる．三平方の定理をくりかえし使うと，矢印の長さは

$$\|\vec{x}\|=\sqrt{(b_1-a_1)^2+(b_2-a_2)^2+(b_3-a_3)^2}$$

であることがわかる．

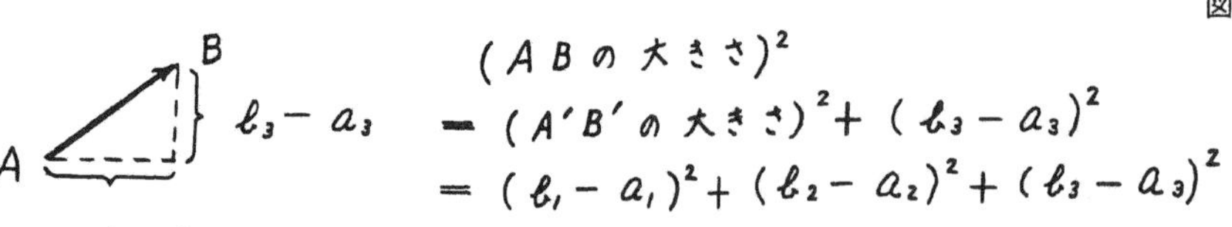

［注意］ 引き算の順序
（終点の座標）
－（始点の座標）

例　点A(2, −3, 5)から点B(−6, 4, −7)に向かう矢印の大きさ

$$\sqrt{[(-6)-2]^2+[4-(-3)]^2+[(-7)-5]^2}=\sqrt{257}$$

b．数ベクトルの場合

数ベクトルは，実数の組であって矢印ではない．だから，幾何ベクトルとちがって，直角三角形を描いて三平方の定理を使うという発想は通用しない．

しかし，数ベクトル$\boldsymbol{x}=\begin{pmatrix}x_1\\x_2\\x_3\end{pmatrix}$を幾何ベクトル$\vec{x}$［原点（0, 0, 0）から

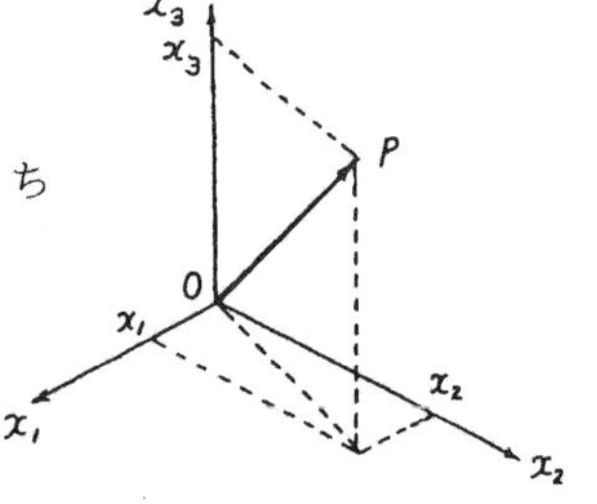

図3.54　数ベクトルを表す幾何ベクトル

点$P(x_1, x_2, x_3)$ に向かう矢印］で表したと考えて，数ベクトルの大きさも幾何ベクトルの大きさと同じ方法で求める．つまり，

$\boldsymbol{x}=\begin{pmatrix} x_1 \\ x_2 \\ x_3 \end{pmatrix}$ に対して，$\|\boldsymbol{x}\|=\sqrt{x_1{}^2+x_2{}^2+x_3{}^2}$ を $\boldsymbol{x}$ のノルム（大きさ）と決める．

3.5.3 項

数ベクトルが n 実数の組のとき，成分が n 個あるので，

$$\|\boldsymbol{x}\|=\sqrt{x_1{}^2+x_2{}^2+\cdots+x_n{}^2}=\sqrt{\sum_{i=1}^{n} x_i{}^2}$$

に拡張すればよい．**数ベクトルの大きさは，あらゆる成分 x_1，x_2，...，x_n の値の代表の役目を果たす．** $\sqrt{\quad}$ の中を $x_1x_1+x_2x_2+\cdots+x_nx_n$ と書き直してみると

数ベクトルの大きさは，自分自身の内積 $\boldsymbol{x}\cdot\boldsymbol{x}$ の平方根であり，

$\|\boldsymbol{x}\|=\sqrt{\boldsymbol{x}\cdot\boldsymbol{x}}$ と書けることがわかる．

$x_1, x_2, \ldots, x_n$ はいろいろな値を取り得る．$\|\boldsymbol{x}\|$ の値はこれらの値の代表と思えばよい．

幾何ベクトルの場合は，自分自身の矢印の大きさである．

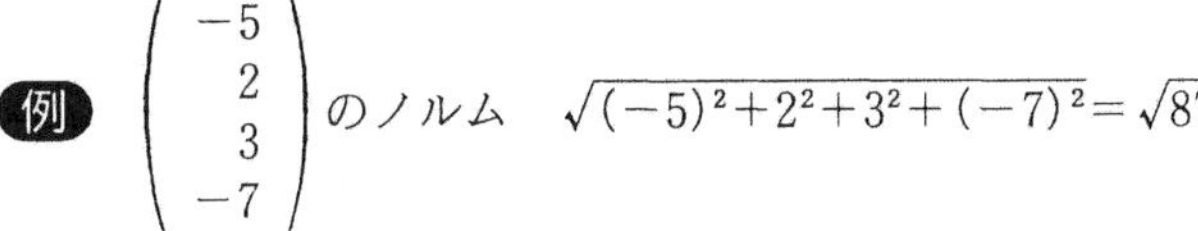

例 $\begin{pmatrix} -5 \\ 2 \\ 3 \\ -7 \end{pmatrix}$ のノルム　$\sqrt{(-5)^2+2^2+3^2+(-7)^2}=\sqrt{87}$

成分が4個あるので，この数ベクトルを幾何ベクトル（矢印）で表すことはできない．

線型空間は，加法・スカラー倍について閉じていることを思い出してみる．ベクトルどうしの和，ベクトルのスカラー倍にも大きさがある．それでは，和の大きさ，スカラー倍の大きさには，どんな規則が成り立つだろうか？　幾何ベクトルを思い描くとわかりやすい．

3.3 節参照

- 加法とは「二つの矢印 $\vec{x}$，$\vec{y}$ をつなぎ合わせて，一つの新しい矢印 $\vec{x}+\vec{y}$ をつくる操作」である．三つの矢印は，三角形の各辺にあたる．「三角形の2辺の和は他の1辺よりも大きい」という性質から，
$$\|\vec{x}+\vec{y}\| \leq \|\vec{x}\|+\|\vec{y}\|$$
が成り立つ．

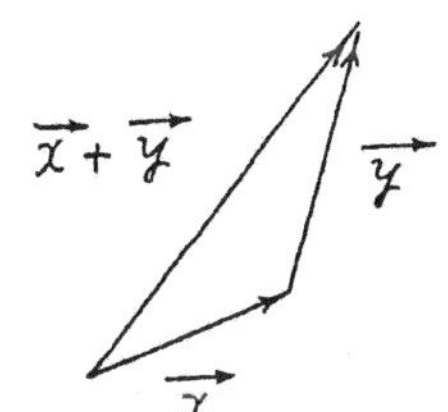

図 3.55　矢印のつなぎ合わせ

- スカラー倍とは「一つの矢印 $\vec{x}$ の方向を変えずに，大きさを拡大・縮小する操作」である．スカラー r の値が正のとき向きは変わらないが，負のとき反対向きになる．どちらの場合も，拡大・縮小すると，もとの矢印のノルム（大きさ）$\|\vec{x}\|$ にスカラーの絶対値 $|r|$ を掛けた大きさになる．

問
要素が一つだけの線型空間は何か？
答
$\{0\}$（3.4 節参照）
0 どうしの和も 0，0 のスカラー倍も 0 である．

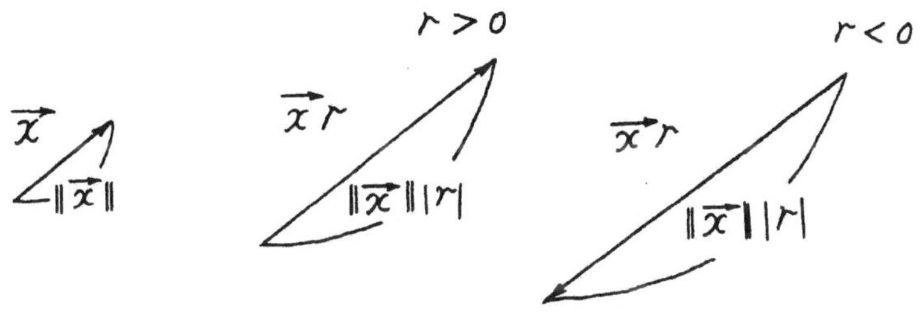

図 3.56　幾何ベクトルのスカラー倍

幾何ベクトル（矢印）を手がかりにして，一般の線型空間の要素（ベクトル）のノルム（大きさ）の性質を整理してみよう．線型空間の八つの性質（3.3.1 項），部分線型空間の二つの性質（3.4 節），内積線型空間の四つの性質（3.6.2 項）と同様に，ノルムの性質を三つにまとめる．幾何ベクトル，数ベクトル以外のベクトルにもノルムを考えることができるようにするためである．こういう発

ベクトルの大きさ（「ノルム」という）を記号‖ ‖で表す．
ふつうの数の大きさは，記号| |で表す．

想で数学の概念を拡張する．

ノルム空間の定義

ノルムの表し方を決めた線型空間を「ノルム空間」という． 矢印（幾何ベクトル）の集合の場合，「すべての矢印の大きさが数値で求まる」というあたりまえの意味である．

ADVICE

性質(iii)は
この集合から
二つの矢印
を選ぶ。

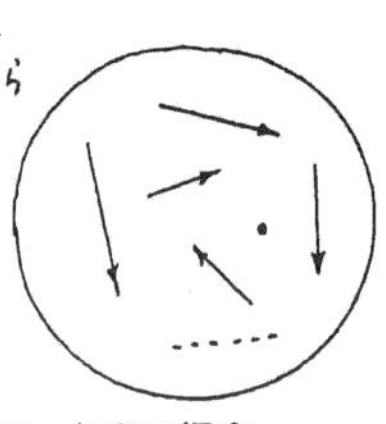

図 3.57 矢印の場合

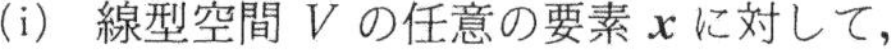

(i) 線型空間 V の任意の要素 $\boldsymbol{x}$ に対して，

$$\|\boldsymbol{x}\| \geq 0$$

である．$\|\boldsymbol{x}\|=0$ は $\boldsymbol{x}=\boldsymbol{0}$ に限る．

(ii) 線型空間 V の任意の要素 のスカラー倍に対して，

$$\|\boldsymbol{x}r\|=\|\boldsymbol{x}\|\,|r|$$

である［たとえば，$\vec{x}$ の 2 倍，$\vec{x}$ の (-2) 倍はどちらも大きさは $\|\vec{x}\|$の 2 倍（$|-2|$倍）である．

$$\|\vec{x}\,r\| \overset{\text{幾何ベクトルのノルムの定義}}{=} \sqrt{(\vec{x}\,r)\cdot(\vec{x}\,r)} = \sqrt{(\vec{x}\cdot\vec{x})\,r^2} = \|\vec{x}\|\,|r|\text{］．}$$

(iii) 線型空間 V の任意の二つの要素 $\boldsymbol{x}$，$\boldsymbol{y}$ の加法に対して，

$$\text{三角不等式：}\|\boldsymbol{x}+\boldsymbol{y}\| \geq \|\boldsymbol{x}\|+\|\boldsymbol{y}\|$$

が成り立つ［三角形の 2 辺の和と他の 1 辺とを思い出せばよい］．

$\|x\|=\sqrt{x\cdot x}$

| |
数の絶対値

‖ ‖
ベクトルのノルム（大きさ）

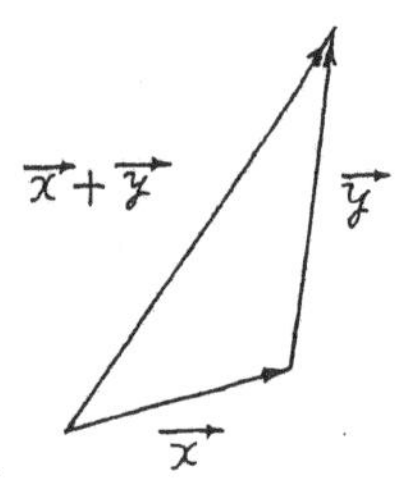

図 3.58 三角形

ベクトルの方向の表し方

大きさの等しいベクトルどうしを同じベクトルとみなせるだろうか？ たとえば $\begin{pmatrix}1\\0\end{pmatrix}$，$\begin{pmatrix}-1\\0\end{pmatrix}$，$\begin{pmatrix}0\\1\end{pmatrix}$ は，数の組そのものが異なる．これらを矢印で表すと，長さは一致するが，互いに方向または向きが異なる．こういう不一致の程度を表すためには，ベクトルの方向・向きの表し方も決めなければならない．

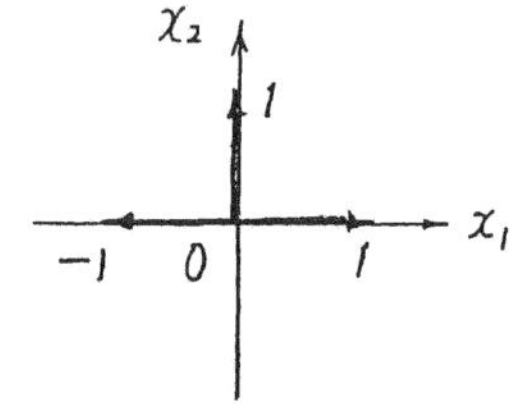

図 3.59 ノルムが同じだが方向の異なる幾何ベクトル

問 3.17 幾何ベクトル $\vec{x}$ をノルム（大きさ）と方向とがわかるように書き表せ．

(解説) $\vec{x}$ の方向の単位ベクトル（大きさ 1）に $\vec{x}$ の大きさを掛けた形で $\vec{x}$ を表す．

$$\vec{x} = \underbrace{\frac{\vec{x}}{\|\vec{x}\|}}_{\text{方向}}\underbrace{\|\vec{x}\|}_{\text{大きさ}}$$

自分自身のノルムで割るとノルムが 1 になるから，$\vec{x}/\|\vec{x}\|$のノルムは 1 である．

例 $\|\vec{x}\|=5$ のとき，$\dfrac{\vec{x}}{\|\vec{x}\|}=\dfrac{\vec{x}}{5}$ となる．

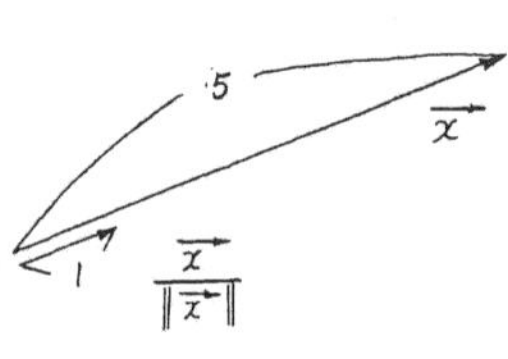

図 3.60 ノルム

直交の概念

三平方の定理：$\vec{x}\perp\vec{y} \Longleftrightarrow \|\vec{x}+\vec{y}\|^2=\|\vec{x}\|^2+\|\vec{y}\|^2$ （中学数学）

幾何ベクトル（矢印）どうしの間で，内積線型空間の 4 条件（3.6.2 項）をみたす演算が見つかったとすると，

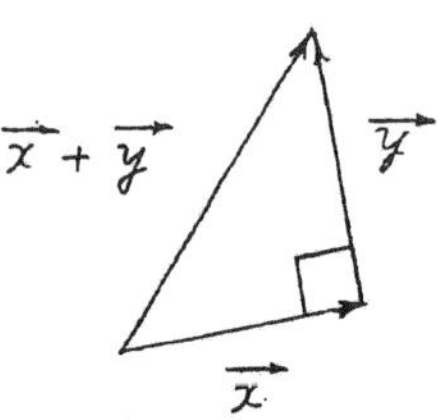

図 3.61 直 交

$$\|\vec{x}+\vec{y}\|^2 \overset{\text{ノルムの定義}}{=} (\vec{x}+\vec{y})\cdot(\vec{x}+\vec{y})$$
$$\overset{\text{内積線型空間の分配法則(ii)}}{=} \vec{x}\cdot\vec{x}+\vec{x}\cdot\vec{y}+\vec{y}\cdot\vec{x}+\vec{y}\cdot\vec{y}$$
$$\overset{\text{内積線型空間の性質(i)}}{=} \vec{x}\cdot\vec{x}+\vec{x}\cdot\vec{y}+\vec{x}\cdot\vec{y}+\vec{y}\cdot\vec{y}$$
$$\overset{\text{ノルムの定義}}{=} \|\vec{x}\|^2+2\vec{x}\cdot\vec{y}+\|\vec{y}\|^2$$

である．

問 3.18 直交条件：$\vec{x}\cdot\vec{y}=0$ を導け．

（解説）

$$\text{三平方の定理：}\|\vec{x}+\vec{y}\|^2=\|\vec{x}\|^2+\|\vec{y}\|^2$$

と

$$\text{4 条件をみたす演算：}\|\vec{x}+\vec{y}\|^2=\|\vec{x}\|^2+2\vec{x}\cdot\vec{y}+\|\vec{y}\|^2$$

とを比べると，

$$\text{直交条件：}\vec{x}\cdot\vec{y}=0$$

が導ける．

[注意]

$\|\vec{x}\|\|\vec{y}\|\cos(\pi/2)=0$ と考えたわけではない．
まず，ノルムの定義と分配法則とを使って，直交条件 $\vec{x}\cdot\vec{y}=0$ を導いた．
つぎに，直交条件と分配法則とを使って，$\|\vec{x}\|\|\vec{y}\|\cos\theta=0$ を得る（あとの「交角」の説明を参照）．

[注意 3]　零ベクトルの大きさと方向

零ベクトル $\vec{0}$ のノルム（大きさ）は 0 なので，方向を考えることはできない．

零ベクトルと任意のベクトルとの内積は

$$\vec{x}\cdot\vec{0}=\vec{0}\cdot\vec{x}=0$$

だから，零ベクトルは任意のベクトルと直交する．

二つのベクトルの交角

幾何ベクトル（矢印）どうしの間で，内積線型空間の 4 条件（3.6.2 項）をみたす演算は，具体的にどんな形で表せるだろうか？　矢印どうしが直交する場合は，ノルム（大きさ）の定義と分配法則とから内積の値が 0 であることがすでにわかっている（問 3.18）．では，矢印どうしが直交しない場合を考えてみよう．

1.5.3 項［準備］でも内積の幾何的意味を考えた．

幾何ベクトルの集合から，二つの矢印 $\vec{a}$，$\vec{b}$ を選ぶ．一般には，任意に選んだ二つの矢印の方向が互いに一致するとは限らない．これらの位置関係（方向のちがい）の表し方を工夫してみよう．直交する場合とちがって，$\vec{b}$ は $\vec{a}$ の方向に影をつくる．この影の大きさ（正負を区別する）は，$\vec{a}$ と $\vec{b}$ との交角（方向のちがい）で決まる．$\vec{a}\perp\vec{b} \Longleftrightarrow \vec{a}\cdot\vec{b}=0$ は，「影の大きさが 0 であることを表している」と考えればよさそうである．$\vec{b}$ $(=\overrightarrow{\mathrm{OB}})$ が $\vec{a}$ $(=\overrightarrow{\mathrm{OA}})$ の方向につくる影を $\overrightarrow{\mathrm{OH}}$ とする．

影の大きさの正負をどのように決めるかということについて，あとで説明する．

問 3.19 $\vec{a}\perp\overrightarrow{\mathrm{HB}} \Longleftrightarrow \vec{a}\cdot\overrightarrow{\mathrm{HB}}=0$ から $\vec{a}\cdot\vec{b}$ を $\|\vec{a}\|$, $\|\vec{b}\|$, θ ($\vec{a}$ と $\vec{b}$ と

の交角）で表せ．

（解説）

$$
\begin{aligned}
& \vec{a}\cdot\overrightarrow{\mathrm{HB}} \\
= \quad & \vec{a}\cdot(\vec{b}-\overrightarrow{\mathrm{OH}}) \\
\overset{\text{内積線型空間の分配法則(ii)}}{=} \quad & \vec{a}\cdot\vec{b}-\vec{a}\cdot\overrightarrow{\mathrm{OH}} \\
\overset{\vec{a}\perp(\vec{b}-\overrightarrow{\mathrm{OH}})}{=} \quad & 0
\end{aligned}
$$

から，

$$
\begin{aligned}
& \vec{a}\cdot\vec{b} \\
&= \vec{a}\cdot\overrightarrow{\mathrm{OH}} \\
&= \overbrace{\underbrace{\frac{\vec{a}}{\|\vec{a}\|}}_{\text{方向}}\underbrace{\|\vec{a}\|}_{\text{大きさ}}}^{\text{ベクトル}}\cdot\overbrace{\underbrace{\frac{\vec{a}}{\|\vec{a}\|}}_{\text{方向}}\underbrace{\|\vec{b}\|\cos\theta}_{\text{大きさ}}}^{\text{ベクトル}} \\
&= \frac{\vec{a}\cdot\vec{a}}{\|\vec{a}\|^2}\|\vec{a}\|\|\vec{b}\|\cos\theta \\
&= \frac{\|\vec{a}\|^2}{\|\vec{a}\|^2}\|\vec{a}\|\|\vec{b}\|\cos\theta \\
&= \|\vec{a}\|\|\vec{b}\|\cos\theta
\end{aligned}
$$

となる．

ADVICE

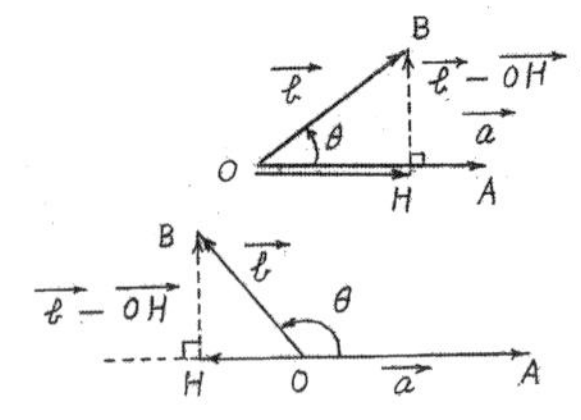

図 3.62 角 θ の大きさ

問 3.17 参照

$\vec{a}=\underbrace{\frac{\vec{a}}{\|\vec{a}\|}}_{\substack{\text{方向}\\\text{（ベクトル）}}}\underbrace{\|\vec{a}\|}_{\substack{\text{大きさ}\\\text{（スカラー）}}}$

$\overrightarrow{\mathrm{OH}}=\underbrace{\frac{\vec{a}}{\|\vec{a}\|}}_{\substack{\text{方向}\\\text{（ベクトル）}}}\underbrace{\|\vec{b}\|\cos\theta}_{\substack{\text{大きさ}\\\text{（スカラー）}}}$

これらの式の右辺はベクトルのスカラー倍である．

$\|\vec{a}\|=\sqrt{\vec{a}\cdot\vec{a}}$

$\|\vec{a}\|\cdot\frac{\vec{a}}{\|\vec{a}\|}$ を内積と誤解してはいけない．内積の記号・の左側がスカラー $\|\vec{a}\|$，右側がベクトル $\frac{\vec{a}}{\|\vec{a}\|}$ だから内積（ベクトルとベクトルとの間の演算）ではない．

問 3.19 から

> 幾何ベクトル（矢印）どうしの内積は，
>
> $\vec{a}\cdot\vec{b}=\|\vec{a}\|\|\vec{b}\|\cos\theta \quad (0\leq\theta\leq\pi)$
>
> $(\vec{a}$ のノルム$)\times(\vec{b}$ の $\vec{a}$ への正射影ベクトルの有向距離)
>
> 有向距離：正負の符号を考えた大きさ（長さ）

と表せる．つまり，矢印どうしの演算で，内積線型空間の分配法則(ii)が成り立つ形は $\|\vec{a}\|\|\vec{b}\|\cos\theta$ であることがわかった．これが内積線型空間の性質(i)，(iii)，(iv)をみたすこともただちにわかる．

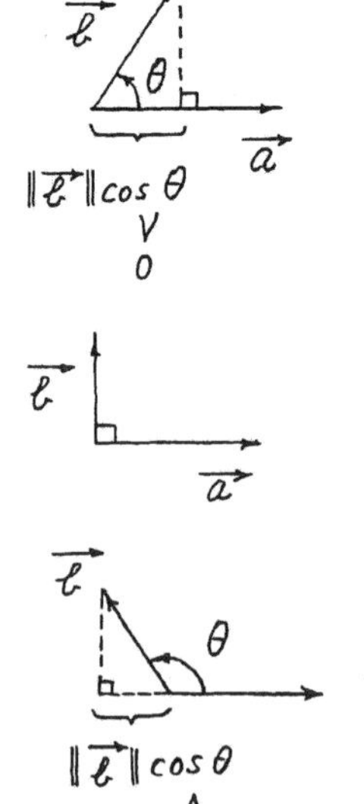

図 3.63 正 射 影

有向距離の正負

$0\leq\theta<\pi/2$ のとき $\|\vec{b}\|\cos\theta>0$．

$\theta=\pi/2$ のとき $\|\vec{b}\|\cos\theta=0$．

$\pi/2<\theta\leq\pi$ のとき $\|\vec{b}\|\cos\theta<0$．

1.6.3 項［準備 1］ADVICE 欄参照

［参考］ 幾何ベクトルの内積はどんなときに必要か

例 力学の「仕事」の概念

仕事とは，「物体に力をはたらかせて物体を動かす作業」である．物体は

図のロープの方向に動くわけではなく，床に沿って動いている。つまり，力 $\vec{f}$ の大きさが100%効いているのではなく，実際に物体を引っぱるはたらきは $\|\vec{f}\|\cos\theta$ だけの分である．だから，仕事を

$$\underbrace{\|\vec{f}\|\cos\theta}_{\text{物体が動く方向に効く力の大きさ}} \quad \underbrace{\|\vec{r}\|}_{\text{物体が動く距離}}$$

と表すと都合がよい．したがって，仕事の定義は

$$\underbrace{W}_{\text{力が物体にした仕事}} = \underbrace{\vec{f}}_{\text{力}} \cdot \underbrace{\vec{r}}_{\text{変位}}$$

と表せる．

f：force（力）

仕事の概念について小林幸夫：「力学ステーション」（森北出版，2002）3.7.2項参照．

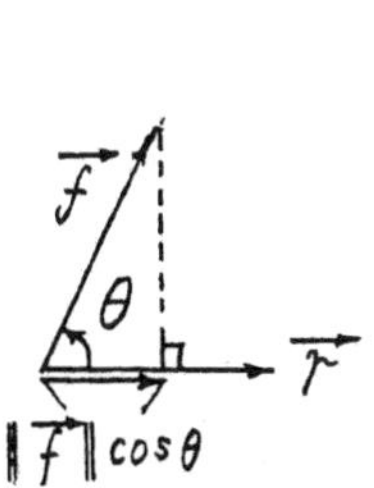

図 3.64　仕　事

計量

内積線型空間（計量線型空間）は，

ベクトルの大きさ，ベクトルどうしの交角

を考えることができる線型空間である．

「計量」とは，ベクトルどうしの間で大きさ・方向の一致の程度を表す概念である．

● $\vec{a}$ と $\vec{b}$ とが直交しているとき：$\vec{b}$ は $\vec{a}$ の方向に影をつくらない．この場合，$\vec{a}$ と $\vec{b}$ とは互いにまったく無関係と考える．

● $\vec{a}$ と $\vec{b}$ とが平行または反平行のとき：$\vec{b}$ が $\vec{a}$ の方向につくる影は最も大きい．

このように考えると，$\vec{a}$ と $\vec{b}$ との内積が

$$-\|\vec{a}\|\|\vec{b}\| \leq \|\vec{a}\|\|\vec{b}\|\cos\theta \leq \|\vec{a}\|\|\vec{b}\| \qquad (-1 \leq \cos\theta \leq 1)$$

の範囲の値を取ることがなっとくできる．

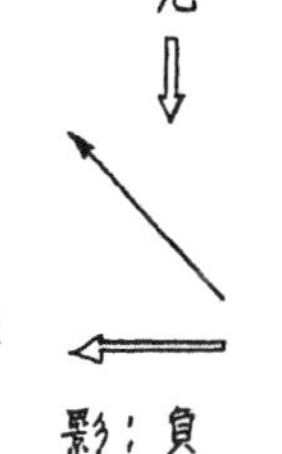
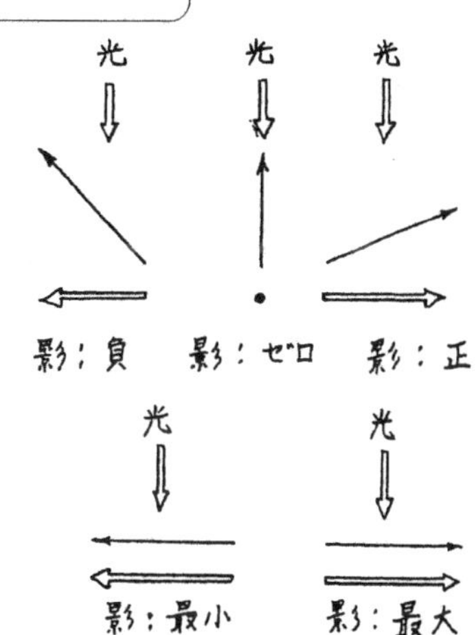

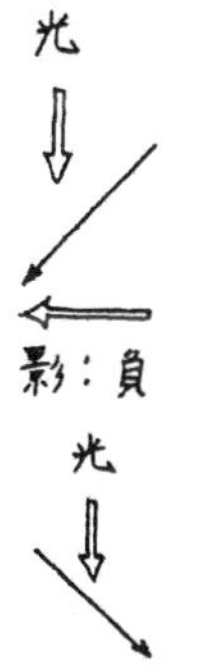

図 3.65　影のちがい

この不等式は $|\vec{a}\cdot\vec{b}| \leq \|\vec{a}\|\|\vec{b}\|$ と書くこともできる．これは，三角不等式［ノルム空間の性質(iii)］からも導ける（3.6.4項自己診断17.4で幾何ベクトルの場合にあたる）．

$|\ |$
数の絶対値

$\|\ \|$
ベクトルのノルム（大きさ）

問 3.20　直交座標系（x_1 軸，x_2 軸，x_3 軸）で，

$$\vec{a}\cdot\vec{x} = \|\vec{a}\|\|\vec{x}\|\cos\theta = a_1x_1 + a_2x_2 + a_3x_3$$

を示せ．

（解説）　座標軸の方向の単位ベクトル $\vec{e_1}$，$\vec{e_2}$．$\vec{e_3}$ を基底とする．これらの間で，$\vec{e_i}\cdot\vec{e_j} = \delta_{ij}$ が成り立つ．

内積線型空間の分配法則(ii)を使うと，

$$\vec{a}\cdot\vec{x}=(\vec{e_1}a_1+\vec{e_2}a_2+\vec{e_3}a_3)\cdot(\vec{e_1}x_1+\vec{e_2}x_2+\vec{e_3}x_3)$$
$$=\vec{e_1}\cdot\vec{e_1}a_1x_1+\vec{e_1}\cdot\vec{e_2}a_1x_2+\vec{e_1}\cdot\vec{e_3}a_1x_3$$
$$+\vec{e_2}\cdot\vec{e_1}a_2x_1+\vec{e_2}\cdot\vec{e_2}a_2x_2+\vec{e_2}\cdot\vec{e_3}a_2x_3$$
$$+\vec{e_3}\cdot\vec{e_1}a_3x_1+\vec{e_3}\cdot\vec{e_2}a_3x_2+\vec{e_3}\cdot\vec{e_3}a_3x_3$$
$$=a_1x_1+a_2x_2+a_3x_3$$

となる.

ADVICE

空間に 3 本の座標軸（x_1 軸, x_2 軸, x_3 軸）を入れることができる. 各方向の単位ベクトル（大きさ 1）$\vec{e}_1$, $\vec{e}_2$, $\vec{e}_3$ を基底として選べる（3.5 節）.

Kronecker：ドイツの数学者

新しい記号

Kronecker（クロネッカー）のデルタ：

$$\delta_{ij}=\begin{cases}1 \text{ for } i=j\\ 0 \text{ for } i\neq j\end{cases}$$

$\vec{e}_i\cdot\vec{e}_i=\|\vec{e}_i\|\|\vec{e}_i\|\cos 0=1\cdot1\cdot1=1$

$\vec{e}_i\cdot\vec{e}_j=\|\vec{e}_i\|\|\vec{e}_j\|\cos(\pi/2)=1\cdot1\cdot0=0$ (for $i\neq j$)

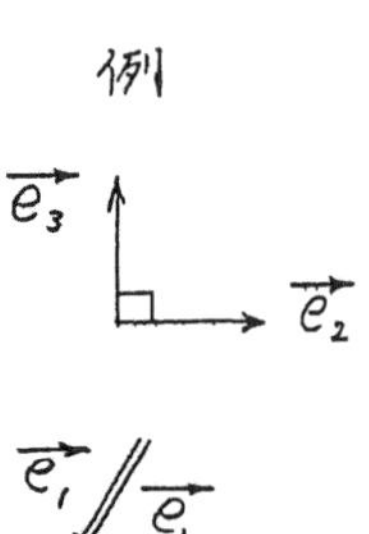

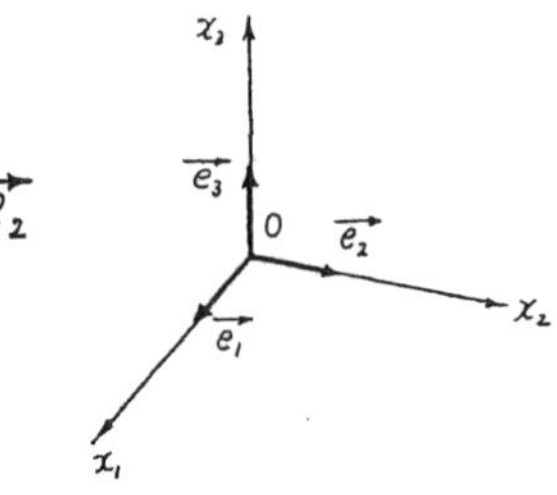

図 3.66 基本ベクトル

問 3.21 で内積の具体的な意味を探ってみよう.

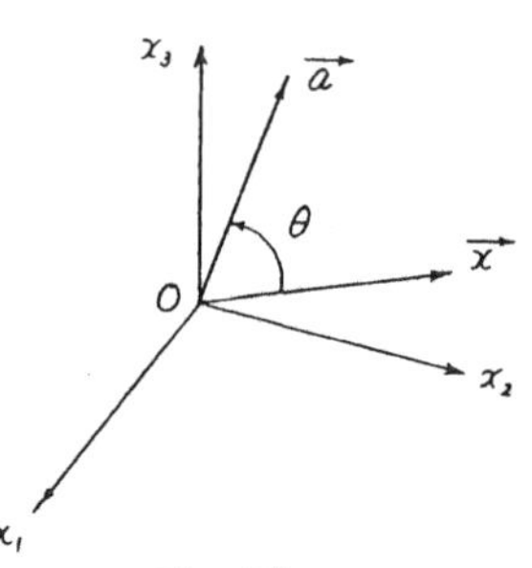

図 3.67 $\vec{a}$ と $\vec{x}$ とのなす角 θ

ベクトルとベクトル量とについて 1.1 節参照.

問 3.21 5 名の学生の定期試験の結果は下表の通りである.

表 3.2 各科目の成績

	代数学	解析学	力学
浅川通夫	48	28	81
川口　広	77	42	54
丹木町子	34	75	62
戸吹京八	63	59	73
谷野道代	58	66	35

科目ごとに，(各学生の得点)－科目平均点 を成分とする得点ベクトル（3 成分のタテベクトル）を考える. ベクトル量（量の組）ではなく，ベクトル（数の組）として扱い,「点」という単位は考えなくてよい.

(1) 各科目の得点ベクトルのノルムを小数第 1 位まで求めよ.
ノルムが大きいほど得点分布にどんな特徴があるといえるか？

(2) 浅川と川口との得点ベクトルを幾何ベクトル（矢印）で表す. 代数学と解析学，代数学と力学，解析学と力学のそれぞれの組み合わせに対して，2 科目の幾何ベクトルの交角を数値計算せよ. 0° から 180° までの範囲で小数第 2 位まで求めればよい.
交角どうしを比べると何がわかるか？

多変量解析の基礎として，内積の概念を理解するとよい.

(解説)

(1)

代数学 素点	代数学 素点－平均点	解析学 素点	解析学 素点－平均点	力学 素点	力学 素点－平均点
48	－8	28	－26	81	20
77	21	42	－12	54	－7
34	－22	75	21	62	1
63	7	59	5	73	12
58	2	66	12	35	－26
計 280		計 270		計 305	
平均 56		平均 54		平均 61	

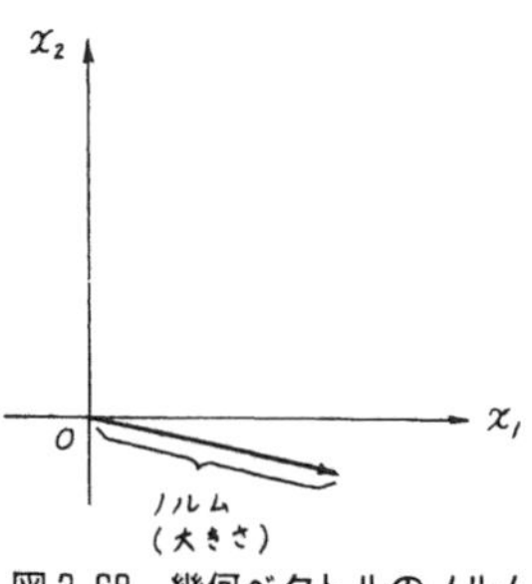

図 3.68 幾何ベクトルのノルム

代数学：$\sqrt{(-8)^2+21^2+(-22)^2+7^2+2^2}=\sqrt{1042}\simeq 32.3$

解析学：$\sqrt{(-26)^2+(-12)^2+21^2+5^2+12^2}=\sqrt{1430}\simeq 37.8$

力学：$\sqrt{20^2+(-7)^2+1^2+12^2+(-26)^2}=\sqrt{1270}\simeq 35.6$

ノルムが大きいほど平均点からのばらつきが大きい．

(2) $\begin{pmatrix} a_1 \\ a_2 \end{pmatrix}\cdot\begin{pmatrix} b_1 \\ b_2 \end{pmatrix}=a_1b_1+a_2b_2$ と $\begin{pmatrix} a_1 \\ a_2 \end{pmatrix}\cdot\begin{pmatrix} b_1 \\ b_2 \end{pmatrix}=\sqrt{a_1{}^2+a_2{}^2}\sqrt{b_1{}^2+b_2{}^2}\cos\theta$ とから

$\cos\theta=\dfrac{a_1b_1+a_2b_2}{\sqrt{a_1{}^2+a_2{}^2}\sqrt{b_1{}^2+b_2{}^2}}$，$\theta=\cos^{-1}\dfrac{a_1b_1+a_2b_2}{\sqrt{a_1{}^2+a_2{}^2}\sqrt{b_1{}^2+b_2{}^2}}$（逆三角関数）

である．

代数学と解析学：$\theta=\cos^{-1}\dfrac{(-8)\cdot(-26)+21\cdot(-12)}{\sqrt{(-8)^2+21^2}\sqrt{(-26)^2+(-12)^2}}\simeq 1.64$　93.92°

代数学と力学：$\theta=\cos^{-1}\dfrac{(-8)\cdot 20+21\cdot(-7)}{\sqrt{(-8)^2+21^2}\sqrt{20^2+(-7)^2}}\simeq 2.27$　130.15°

解析学と力学：$\theta=\cos^{-1}\dfrac{(-26)\cdot 20+(-12)\cdot(-7)}{\sqrt{(-26)^2+(-12)^2}\sqrt{20^2+(-7)^2}}\simeq 2.37$　135.94°

交角どうしを比べると，相関の程度がわかる．

ADVICE

$\simeq$ は「近似して等しい」という意味を表す．

標準偏差と似た式であることに注意する．

この問題では，平均点を原点としている．

科目ごとに，学生どうしの間で平均点からのずれを比べることができる．

代数学と解析学

$\cos^{-1}\dfrac{44}{\sqrt{505}\sqrt{820}}$

代数学と力学

$\cos^{-1}\dfrac{-307}{\sqrt{505}\sqrt{449}}$

解析学と力学

$\cos^{-1}\dfrac{-436}{\sqrt{820}\sqrt{449}}$

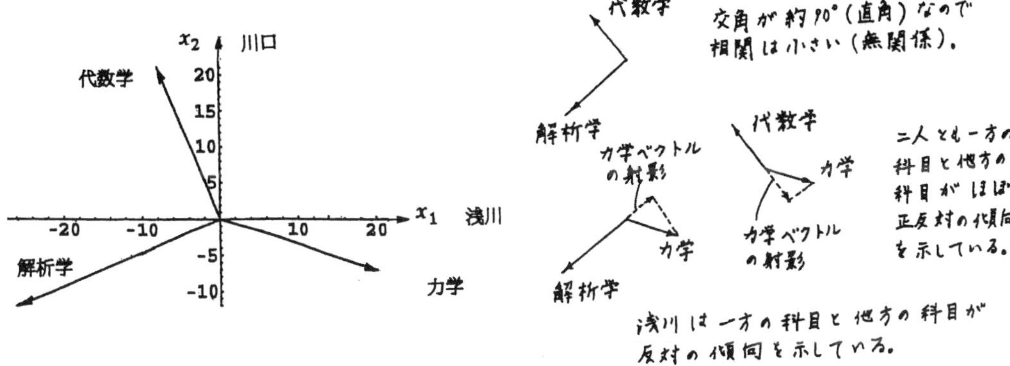

x_2 川口
代数学
20
15
10
5
-20
-10
10
20
x_1 浅川
-5
-10
解析学
力学
代数学
交角が約90°（直角）なので
相関は小さい（無関係）．
解析学
力学ベクトルの射影
力学
解析学
代数学
力学
力学ベクトルの射影
二人とも一方の
科目と他方の
科目がほぼ
正反対の傾向
を示している．
浅川は一方の科目と他方の科目が
反対の傾向を示している．

図 3.69　浅川の得点と川口の得点

補足　**交角の意味**

● まず，得点ベクトルの方向は何によって決まるかを考えてみる．

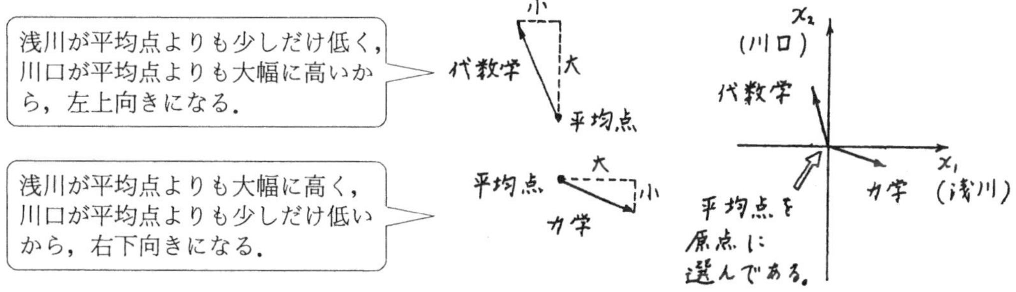

浅川が平均点よりも少しだけ低く，
川口が平均点よりも大幅に高いから，左上向きになる．
小
代数学
大
平均点
浅川が平均点よりも大幅に高く，
川口が平均点よりも少しだけ低いから，右下向きになる．
平均点
大
小
力学
x_2
（川口）
代数学
x_1
力学
（浅川）
平均点を
原点に
選んである．

図 3.70　得点ベクトルの方向

● つぎに，二つの得点ベクトルの間の交角からわかる特徴を考えてみる．

どちらの科目でも，浅川と川口とは平均点よりも高いから，どちらも右上向きになる．

交角：小　科目 A　科目 B　⇨　科目 A　平均点　科目 B　平均点

ADVICE

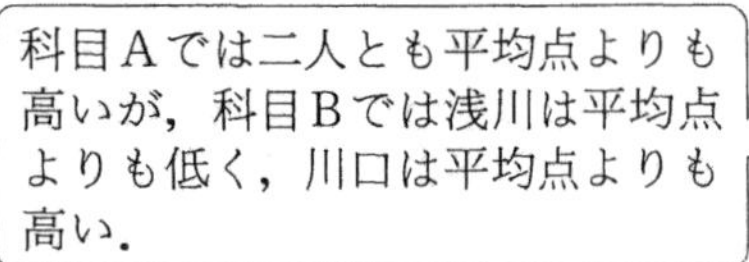

科目Aでは二人とも平均点よりも高いが，科目Bでは浅川は平均点よりも低く，川口は平均点よりも高い．

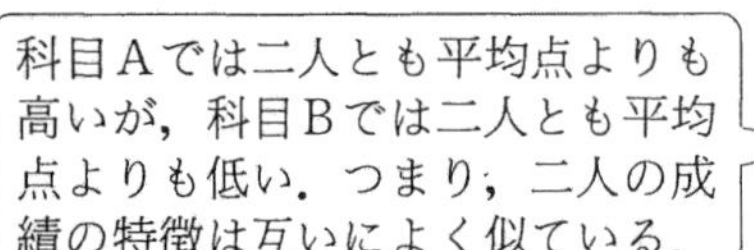

科目Aでは二人とも平均点よりも高いが，科目Bでは二人とも平均点よりも低い．つまり，二人の成績の特徴は互いによく似ている．

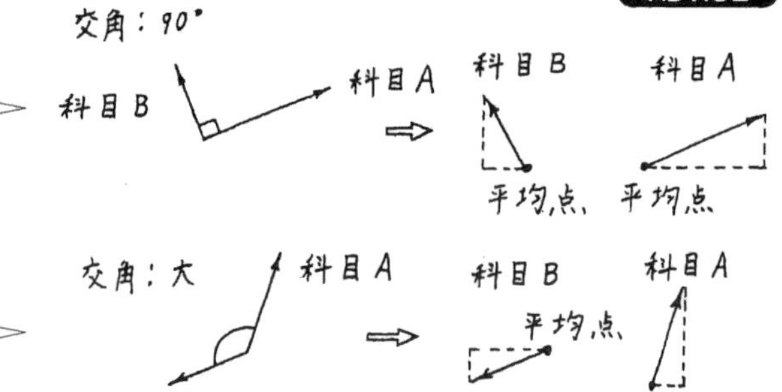

科目Aの得点ベクトルと科目Bの得点ベクトルとの内積
＝(科目Aの得点ベクトルのノルム)×(科目Bの得点ベクトルのノルム)×(交角の余弦)
だから，内積にはノルムと交角とが効く．

[参考]　複素内積空間

実数の世界で成り立つ規則を拡張 $\Longrightarrow$ $\boldsymbol{x}\cdot\boldsymbol{x}\geq 0$ となるように，内積の定義を拡張する．

0.2節⑫旧法則保存の原理

3.6.4　内積線型空間の典型的な例

3.4.4 項と同様に，異なる概念であっても，同じ演算規則にしたがう集合を同一視する（同じとみなす）．法律の考え方と似ていると思えばよい．現場・犯人は事件ごとにちがうが，事件の本質が同じときには同じ法律を適用する．内積線型空間の 4 条件が法律にあたる．内積線型空間になる例を探してみよう．4 条件のすべての関門を突破した集合は，要素どうしの間で「内積」という演算ができる資格を得たことになる．

例 1　実数ベクトルの全体 R^2（2 実数の組の集合）

一般に，
$\boldsymbol{x}\cdot\boldsymbol{y}=t_1x_1y_1+t_2x_2y_2+\cdots+t_nx_ny_n$
（ただし，$t_1, t_2, \ldots, t_n$ は正の定数）
は内積線型空間の 4 条件をみたす．

問 3.22　R^2 の任意のベクトル $\boldsymbol{x}=\begin{pmatrix}x_1\\x_2\end{pmatrix}$，$\boldsymbol{y}=\begin{pmatrix}y_1\\y_2\end{pmatrix}$ に対して，内積を

$$\boldsymbol{x}\cdot\boldsymbol{y}=2x_1y_1+3x_2y_2$$

と定義する．このとき，内積線型空間の 4 条件をみたすことを確かめよ．

（解説）

$\boldsymbol{x}_1=\begin{pmatrix}x_{11}\\x_{21}\end{pmatrix}$，$\boldsymbol{x}_2=\begin{pmatrix}x_{12}\\x_{22}\end{pmatrix}$

(i)　$\boldsymbol{x}\cdot\boldsymbol{y}=2x_1y_1+3x_2y_2=2y_1x_1+3y_2x_2=\boldsymbol{y}\cdot\boldsymbol{x}$

(ii)
$$\begin{aligned}(\boldsymbol{x}_1+\boldsymbol{x}_2)\cdot\boldsymbol{y}&=2(x_{11}+x_{12})y_1+3(x_{21}+x_{22})y_2\\&=(2x_{11}y_1+3x_{21}y_2)+(2x_{12}y_1+3x_{22}y_2)\\&=\boldsymbol{x}_1\cdot\boldsymbol{y}+\boldsymbol{x}_2\cdot\boldsymbol{y}\end{aligned}$$

$\boldsymbol{x}\cdot(\boldsymbol{y}_1+\boldsymbol{y}_2)=\boldsymbol{x}\cdot\boldsymbol{y}_1+\boldsymbol{x}\cdot\boldsymbol{y}_2$ も同様．

(iii)　$\boldsymbol{x}\cdot(\boldsymbol{y}r)=2x_1(y_1r)+3x_2(y_2r)=(2x_1y_1+3x_2y_2)r=(\boldsymbol{x}\cdot\boldsymbol{y})r$

$(\boldsymbol{x}r)\cdot\boldsymbol{y}$ も同様．

自然内積，標準内積について 3.6 節［注意 1］参照．

(iv)　$\boldsymbol{x}\cdot\boldsymbol{x}=2x_1{}^2+3x_2{}^2\geq 0$

$\boldsymbol{x}\cdot\boldsymbol{x}=0$ は，$x_1=0$，$x_2=0$ のときに限る．

(f, g) を内積の記号とする．
座標と混同しないこと．

ADVICE

(補足) $\boldsymbol{x}\cdot\boldsymbol{y}=x_1y_1+x_2y_2$ を「自然内積」「標準内積」という．

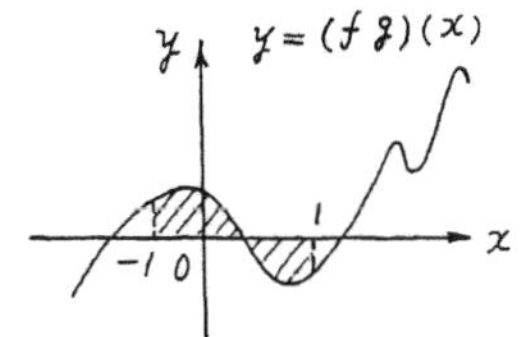

図 3.71　関数 f と関数 g との積

[参考]
関数内積の概念は，フーリエ解析の基礎である．フーリエ解析は，量子力学，光学，X線結晶解析，画像処理などの分野で必要である．

直線 $x=1$ は $n_x x+n_y y=1$，$n_x=1$，$x_y=0$ にあたる（2.1.1 項）．

例2 f，g：**区間** $I=[-1,1]$ **上で定義した実連続関数**

問 3.23 内積を，x 軸，直線 $x=-1$，直線 $x=1$，関数 fg（関数 f と関数 g との積）を表す曲線で囲んだ図形の面積：$(f,g)=\int_{-1}^{1}f(x)g(x)\,dx$ と定義する．このとき，内積線型空間の 4 条件をみたすことを確かめよ．

(解説)

(i)　$(f,g)=\int_{-1}^{1}f(x)g(x)\,dx=\int_{-1}^{1}g(x)f(x)\,dx=(g,f)$

(ii)　$(f+g,h)=\int_{-1}^{1}[f(x)+g(x)]h(x)\,dx=\int_{-1}^{1}f(x)h(x)\,dx+\int_{-1}^{1}g(x)h(x)\,dx$

$=(f,h)+(g,h)$

$(f,g+h)$ も同様．

(iii)　$(f,gr)=\int_{-1}^{1}f(x)[g(x)r]\,dx=\left[\int_{-1}^{1}f(x)g(x)\,dx\right]r=(f,g)r$

(fr,g) も同様．

(iv)　$(f,f)=\int_{-1}^{1}f(x)f(x)\,dx=\int_{-1}^{1}[f(x)]^2dx\geq 0$

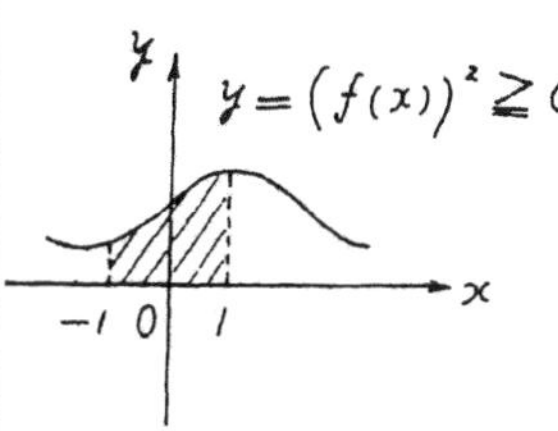

図 3.72　関 数 f^2

[進んだ探究]　一般の線型空間でベクトルどうしの交角とは

平面内と空間内とに限って，幾何ベクトルの集合を考えることができる．矢印でベクトルを描くことができるので，ベクトルどうしの交角が目に見える．こういう場合には，自然内積（問 3.22(補足)参照）が角の概念と結びつく（問 3.20）．

一般の線型空間のベクトルは，矢印で描けない．したがって，ふつうの幾何の意味では，矢印の大きさの概念も矢印どうしの角の概念も持たない（問 3.23）．あくまでも，内積の定義は，内積線型空間の 4 条件をみたすかどうかによって決める．Schwarz の不等式（自己診断 17.4）から，内積の具体的な形に関係なく，$-1\leq\dfrac{\boldsymbol{x}\cdot\boldsymbol{y}}{\|\boldsymbol{x}\|\|\boldsymbol{y}\|}\leq 1$ が成り立つ．だから，$\dfrac{\boldsymbol{x}\cdot\boldsymbol{y}}{\|\boldsymbol{x}\|\|\boldsymbol{y}\|}$ を $\cos\theta$ とみなす．矢印が描けないから，θ を矢印どうしの交角とはいえない．しかし，形式上は「角」ということばを使って，θ を「$\cos\theta=\dfrac{\boldsymbol{x}\cdot\boldsymbol{y}}{\|\boldsymbol{x}\|\|\boldsymbol{y}\|}$ をみたす角」という．

なお，幾何ベクトルの集合でなくても，内積線型空間の中で $\boldsymbol{x}\cdot\boldsymbol{y}=0$ のとき，「$\boldsymbol{x}$ と $\boldsymbol{y}$ とは直交する」という．たとえば，問 3.23 の内積で $(f,g)=\int_{-1}^{1}f(x)g(x)\,dx=0$ のとき，「**関数 f と関数 g とは直交する**」という．

0.2 節②旧法則保存の原理

θ が矢印どうしの交角でなくても，

$$\cos\theta=\frac{\boldsymbol{x}\cdot\boldsymbol{y}}{\|\boldsymbol{x}\|\|\boldsymbol{y}\|}$$

とみなす発想は，旧法則保存の原理の適用例と考えてよい．

[参考]
関数内積は，量子力学に必要である．

問 3.24 問 3.22 で定義した内積と自然内積とのそれぞれで，$\boldsymbol{R}^2$ のベクト

ル $\boldsymbol{x}=\begin{pmatrix}3\\4\end{pmatrix}$ と $\boldsymbol{y}=\begin{pmatrix}\sqrt{3}\\1\end{pmatrix}$ との交角を求めよ．

(解説)

問 3.22 の内積の場合

$$\theta=\cos^{-1}\frac{2\times3\times\sqrt{3}+3\times4\times1}{\sqrt{2\times3\times3+3\times4\times4}\sqrt{2\times\sqrt{3}\times\sqrt{3}+3\times1\times1}}$$

$$=\frac{\sqrt{6}+2\sqrt{2}}{\sqrt{33}}$$

自然内積の場合

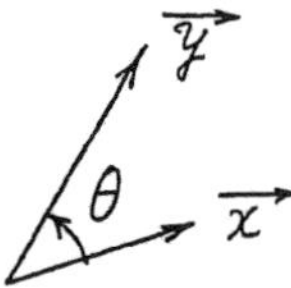

$$\theta=\cos^{-1}\frac{3\times\sqrt{3}+4\times1}{\sqrt{3\times3+4\times4}\sqrt{\sqrt{3}\times\sqrt{3}+1\times1}}$$

$$=\frac{3\sqrt{3}+4}{10}=0.919615 \quad 52.6901^\circ$$

(重要) 内積の定義によって，交角の値はちがう．

● 数ベクトルを表す幾何ベクトル（矢印）どうしの交角の値は，自然内積で求めた値である．

ADVICE

問 3.22 で定義した内積

$\boldsymbol{x}\cdot\boldsymbol{y}=2x_1y_1+3x_3y_2$

ノルム

$\|\boldsymbol{x}\|^2=\boldsymbol{x}\cdot\boldsymbol{x}=2x_1x_1+3x_2x_2$

$\|\boldsymbol{y}\|^2=\boldsymbol{y}\cdot\boldsymbol{y}=2y_1y_1+3y_2y_2$

自然内積

$\boldsymbol{x}\cdot\boldsymbol{y}=x_1y_1+x_2y_2$

ノルム

$\|\boldsymbol{x}\|^2=\boldsymbol{x}\cdot\boldsymbol{x}=x_1x_1+x_2x_2$

$\|\boldsymbol{y}\|^2=\boldsymbol{y}\cdot\boldsymbol{y}=y_1y_1+y_2y_2$

$\cos^{-1}$ は逆三角関数を表す．

［進んだ探究］ Gram-Schmidt の直交化：内積線型空間の 1 組の基底を正規直交基底につくりかえる方法

線型空間の基底になるベクトルは，互いに線型独立である．しかし，必ずしも直交しているとは限らないし，ノルムが 1 とも限らない．高校数学と同じように，互いに直交する基本ベクトル（ノルムが 1）を基底として直交座標系を選ぶと便利な場合がある．大学理工系の分野で活用するフーリエ解析には，直交関数系でつくる関数空間（問 3.23 参照）という概念がある．これを理解するための準備として，ベクトルどうしを直交化する方法を考える．視覚でイメージが描けるようにするために，幾何ベクトルの場合を取り上げる．しかし，この方法は幾何ベクトルに限らず使うことができる．

$\boldsymbol{R}^3$ の一般の基底 $\langle \boldsymbol{u}_1, \boldsymbol{u}_2, \boldsymbol{u}_3\rangle \Longrightarrow$ 正規直交基底 $\langle \boldsymbol{v}_1, \boldsymbol{v}_2, \boldsymbol{v}_3\rangle$

手順 1 $\boldsymbol{v}_1$ のつくり方

$$\vec{v_1}=\frac{\vec{u_1}}{\|\vec{u_1}\|}$$

↑

ノルムを 1 とするために $\vec{u_1}$ を自分自身のノルムで割る（問 3.17 参照）．

手順 2 $\boldsymbol{v}_2$ のつくり方

$\vec{u_2}$ を $\vec{v_1}$ に平行な方向と $\vec{v_1}$ に垂直な方向とに分ける．

$$\vec{v_2}=\frac{\vec{u_2}-\vec{v_1}(\vec{u_2}\cdot\vec{v_1})}{\|\vec{u_2}-\vec{v_1}(\vec{u_2}\cdot\vec{v_1})\|}$$

↑

ノルムを 1 とするために $\vec{u_2}-\vec{v_1}(\vec{u_2}\cdot\vec{v_1})$ のノルムで割る（問 3.17 参照）．

Gram（グラム）：デンマークの数学者

Schmidt（シュミット）：ドイツの数学者

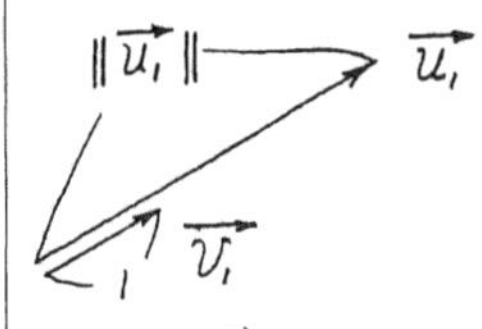

図 3.73 $\vec{v_1}$ のつくり方

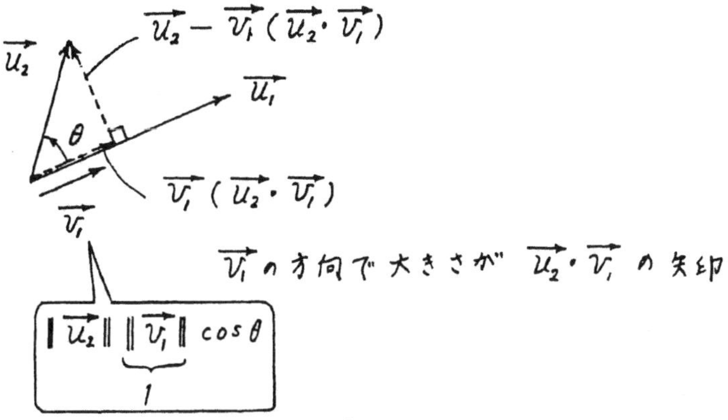

図 3.74 $\vec{v_2}$ のつくり方

手順 3 v_3 のつくり方

$\vec{u_3}$ を $\vec{v_1}$ に平行な方向，$\vec{v_2}$ に平行な方向，$\vec{v_1}$，$\vec{v_2}$ の両方に垂直な方向に分ける．

$\vec{u_3}$ は，$\vec{v_1}$ と $\vec{v_2}$ との張る平面にあるとは限らない．

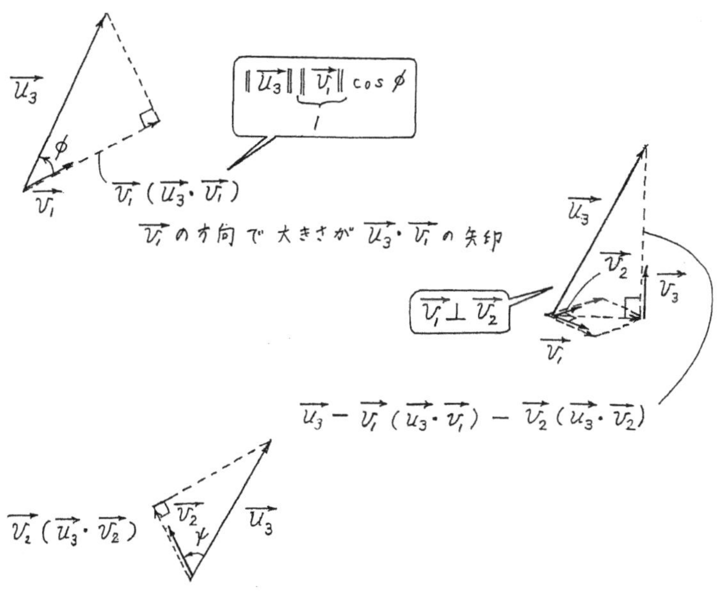

図 3.75 $\vec{v_3}$ のつくり方

$$\vec{v_3} = \frac{\vec{u_3} - \vec{v_1}(\vec{u_3}\cdot\vec{v_1}) - \vec{v_2}(\vec{u_3}\cdot\vec{v_2})}{\|\vec{u_3} - \vec{v_1}(\vec{u_3}\cdot\vec{v_1}) - \vec{v_2}(\vec{u_3}\cdot\vec{v_2})\|}$$

↑

ノルムを 1 とするために $\vec{u_3} - \vec{v_1}(\vec{u_3}\cdot\vec{v_1}) - \vec{v_2}(\vec{u_3}\cdot\vec{v_2})$ のノルムで割る（問 3.17 参照）．

問 3.25 $\vec{v_3}\cdot\vec{v_1} = 0$，$\vec{v_3}\cdot\vec{v_2} = 0$ を確かめよ．

ADVICE

(解説) 手順1，手順2で $\vec{v_1}\cdot\vec{v_1}=1$，$\vec{v_2}\cdot\vec{v_1}=0$ となるから，

$$\vec{v_3}\cdot\vec{v_1}=\frac{\vec{u_3}\cdot\vec{v_1}-\vec{v_1}\cdot\vec{v_1}(\vec{u_3}\cdot\vec{v_1})-\vec{v_2}\cdot\vec{v_1}(\vec{u_3}\cdot\vec{v_2})}{\|\vec{u_3}-\vec{v_1}(\vec{u_3}\cdot\vec{v_1})-\vec{v_2}(\vec{u_3}\cdot\vec{v_2})\|}$$
$$=\frac{\vec{u_3}\cdot\vec{v_1}-1(\vec{u_3}\cdot\vec{v_1})-0(\vec{u_3}\cdot\vec{v_2})}{\|\vec{u_3}-\vec{v_1}(\vec{u_3}\cdot\vec{v_1})-\vec{v_2}(\vec{u_3}\cdot\vec{v_2})\|}$$
$$=0$$

である．

$\vec{v_3}\cdot\vec{v_2}=0$ も同様である．

実数ベクトルの直交化

$\boldsymbol{v}_i\cdot\boldsymbol{v}_j=0$ (for $i\neq j$)

幾何ベクトル $\vec{v_1}$，$\vec{v_2}$，$\vec{v_3}$ で表せる数ベクトル $\boldsymbol{v}_1$，$\boldsymbol{v}_2$，$\boldsymbol{v}_3\in\boldsymbol{R}^3$ におきかえればよい．

問 3.26

$$\boldsymbol{u}_1=\begin{pmatrix}1\\0\\-1\end{pmatrix},\ \boldsymbol{u}_2=\begin{pmatrix}2\\-1\\1\end{pmatrix},\ \boldsymbol{u}_3=\begin{pmatrix}1\\-2\\-1\end{pmatrix}$$

から，自然内積の意味で正規直交基底をつくれ．

(解説)

手順 1 $\boldsymbol{v}_1$ をつくる．

$$\boldsymbol{v}_1=\frac{\boldsymbol{u}_1}{\|\boldsymbol{u}_1\|}=\begin{pmatrix}1\\0\\-1\end{pmatrix}\frac{1}{\sqrt{2}}$$

$\|\boldsymbol{u}_1\|$
$=\sqrt{1^2+0^2+(-1)^2}$
$=\sqrt{2}$

$\begin{pmatrix}2\\-1\\1\end{pmatrix}\cdot\begin{pmatrix}1\\0\\-1\end{pmatrix}$
$=2\cdot1+(-1)\cdot0+1\cdot(-1)$
$=1$

手順 2 $\boldsymbol{v}_2$ をつくる．

$$\boldsymbol{u}_2-\boldsymbol{v}_1(\boldsymbol{u}_2\cdot\boldsymbol{v}_1)$$
$$=\begin{pmatrix}2\\-1\\1\end{pmatrix}-\begin{pmatrix}1\\0\\-1\end{pmatrix}\frac{1}{\sqrt{2}}\left[\begin{pmatrix}2\\-1\\1\end{pmatrix}\cdot\begin{pmatrix}1\\0\\-1\end{pmatrix}\frac{1}{\sqrt{2}}\right]$$
$$=\begin{pmatrix}3\\-2\\3\end{pmatrix}\frac{1}{2}$$

$\|\boldsymbol{u}_2-\boldsymbol{v}_1(\boldsymbol{u}_2\cdot\boldsymbol{v}_1)\|$
$=\sqrt{\left(\frac{3}{2}\right)^2+(-1)^2+\left(\frac{3}{2}\right)^2}$
$=\sqrt{\frac{11}{2}}$

$$\|\boldsymbol{u}_2-\boldsymbol{v}_1(\boldsymbol{u}_2\cdot\boldsymbol{v}_1)\|=\sqrt{\frac{11}{2}}$$

$$\boldsymbol{v}_2=\frac{\boldsymbol{u}_2-(\boldsymbol{u}_2\cdot\boldsymbol{v}_1)\boldsymbol{v}_1}{\|\boldsymbol{u}_2-(\boldsymbol{u}_2\cdot\boldsymbol{v}_1)\boldsymbol{v}_1\|}$$
$$=\begin{pmatrix}3\\-2\\3\end{pmatrix}\frac{1}{\sqrt{22}}$$

手順 3 $\boldsymbol{v}_3$ をつくる

$$\boldsymbol{u}_3-\boldsymbol{v}_1(\boldsymbol{u}_3\cdot\boldsymbol{v}_1)-\boldsymbol{v}_2(\boldsymbol{u}_3\cdot\boldsymbol{v}_2)$$
$$=\begin{pmatrix}1\\-2\\-1\end{pmatrix}-\begin{pmatrix}1\\0\\-1\end{pmatrix}\frac{1}{\sqrt{2}}\left[\begin{pmatrix}1\\-2\\-1\end{pmatrix}\cdot\begin{pmatrix}1\\0\\-1\end{pmatrix}\frac{1}{\sqrt{2}}\right]$$

$\|\boldsymbol{u}_3-\boldsymbol{v}_1(\boldsymbol{u}_3\cdot\boldsymbol{v}_1)-\boldsymbol{v}_2(\boldsymbol{u}_3\cdot\boldsymbol{v}_2)\|$
$=\sqrt{\left(\frac{-6}{11}\right)^2+\left(\frac{-18}{11}\right)^2+\left(\frac{-6}{11}\right)^2}$
$=\frac{6}{\sqrt{11}}$

$$-\begin{pmatrix}3\\-2\\3\end{pmatrix}\sqrt{\frac{1}{22}}\left[\begin{pmatrix}1\\-2\\-1\end{pmatrix}\cdot\begin{pmatrix}3\\-2\\3\end{pmatrix}\sqrt{\frac{1}{22}}\right]$$

$$=\begin{pmatrix}-6\\-18\\-6\end{pmatrix}\frac{1}{11}$$

$$\|\boldsymbol{u}_3-\boldsymbol{v}_1(\boldsymbol{u}_3\cdot\boldsymbol{v}_1)-\boldsymbol{v}_2(\boldsymbol{u}_3\cdot\boldsymbol{v}_2)\|=\frac{6}{\sqrt{11}}$$

$$\boldsymbol{v}_3=\frac{\boldsymbol{u}_3-\boldsymbol{v}_1(\boldsymbol{u}_3\cdot\boldsymbol{v}_1)-\boldsymbol{v}_2(\boldsymbol{u}_3\cdot\boldsymbol{v}_2)}{\|\boldsymbol{u}_3-\boldsymbol{v}_1(\boldsymbol{u}_3\cdot\boldsymbol{v}_1)-\boldsymbol{v}_2(\boldsymbol{u}_3\cdot\boldsymbol{v}_2)\|}$$

$$=\begin{pmatrix}-1\\-3\\-1\end{pmatrix}\frac{1}{\sqrt{11}}$$

正規直交基底として $\{\boldsymbol{v}_1, \boldsymbol{v}_2, \boldsymbol{v}_3\}$ を選ぶことができる．

(検算) $\boldsymbol{v}_i\cdot\boldsymbol{v}_j=\delta_{ij}$ を確かめること．

Kronecker のデルタ：$\delta_{ij}=\begin{cases}1 \text{ for } i=j\\ 0 \text{ for } i\neq j\end{cases}$

Kronecker（クロネッカー）：ドイツの数学者

自己診断17

17.1 ベクトルの線型結合の幾何的意味

(1) 数ベクトル $\boldsymbol{a}=\begin{pmatrix}2\\4\end{pmatrix}$ を $\boldsymbol{e}_1=\begin{pmatrix}1\\0\end{pmatrix}$ と $\boldsymbol{e}_2=\begin{pmatrix}0\\1\end{pmatrix}$ との線型結合で表せ．

x_1x_2 平面内に $\boldsymbol{a}$ を矢線で表すと，$\boldsymbol{e}_1$ の係数と $\boldsymbol{e}_2$ の係数との組は何を表すか？

(2) 数ベクトル $\boldsymbol{a}=\begin{pmatrix}2\\4\end{pmatrix}$ を $\boldsymbol{u}_1=\begin{pmatrix}\frac{1}{\sqrt{2}}\\\frac{1}{\sqrt{2}}\end{pmatrix}$ と $\boldsymbol{u}_2=\begin{pmatrix}-\frac{1}{\sqrt{2}}\\\frac{1}{\sqrt{2}}\end{pmatrix}$ との線型結合で表せ．幾何ベクトル $\vec{a}$，$\vec{u}_1$，$\vec{u}_2$ を描くことによって，$\boldsymbol{u}_1$ の係数と $\boldsymbol{u}_2$ の係数との意味がわかる．

(1)のような表し方は，具体的にどんな場面（または問題）で必要になるか？ 力 $\boldsymbol{f}$ の x_1 成分，速度 $\boldsymbol{v}$ の x_1 成分は，それぞれ $f_1=\boldsymbol{f}\cdot\boldsymbol{e}_1$，$v_1=\boldsymbol{v}\cdot\boldsymbol{e}_1$ と表せる．$\boldsymbol{e}_1$ は x_1 方向の単位ベクトル（ノルムが1）である．

$\boldsymbol{f}$：force（力）
$\boldsymbol{v}$：velocity（速度）

(ねらい) ベクトルを線型結合で表したときの結合係数の意味を幾何の観点で理解する．

(発想) $\|\vec{u}_1\|, \|\vec{u}_2\|$ はノルムが 1 であることに注意する．幾何ベクトル $\vec{a}$ を $\vec{u}_1$ の方向と $\vec{u}_2$ の方向とに射影する．

(解説)

(1) $\boldsymbol{a}=\boldsymbol{e}_1x_1+\boldsymbol{e}_2x_2$,　$x_1=2$，$x_2=4$　($\boldsymbol{e}_1$, $\boldsymbol{e}_2$ は**基底**, x_1, x_2 は**座標**)

係数の組 $\begin{pmatrix}2\\4\end{pmatrix}$ は $\boldsymbol{a}$ の成分表示である．

$\vec{a}=\vec{a}_1+\vec{a}_2$

$\vec{a}_1$ は $\vec{u}_1$ の方向，$\vec{a}_2$ は $\vec{u}_2$ の方向の幾何ベクトルである．

[補足]

$$\begin{aligned}a_1 &= \boldsymbol{a}\cdot\boldsymbol{e}_1\\ &= \begin{pmatrix}2\\4\end{pmatrix}\cdot\begin{pmatrix}1\\0\end{pmatrix}\\ &= 2\end{aligned}$$

$$\|\vec{a}\|\|\vec{e}_1\|\cos\theta_1=\underbrace{\|\vec{a}\|\cos\theta_1}_{2}\underbrace{\|\vec{e}_1\|}_{1}$$

(θ_1 は $\vec{a}$ と $\vec{e}_1$ との交角)

a_2 も同様.

(2)

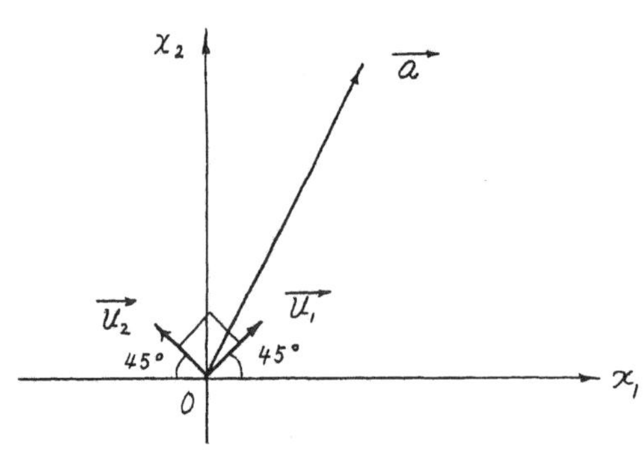

図 3.76 $\vec{a}$ の射影 $\vec{a}$ を $\vec{u_1}$ の方向と $\vec{u_2}$ の方向とに射影する．

$\boldsymbol{a}=\boldsymbol{u}_1y_1+\boldsymbol{u}_2y_2$ と表す．ただし，

$$\begin{aligned} y_1 &= \boldsymbol{a}\cdot\boldsymbol{u}_1 \\ &= 2\cdot\frac{1}{\sqrt{2}}+4\cdot\frac{1}{\sqrt{2}} \\ &= 3\sqrt{2} \\ y_2 &= \boldsymbol{a}\cdot\boldsymbol{u}_2 \\ &= 2\cdot\left(-\frac{1}{\sqrt{2}}\right)+4\cdot\frac{1}{\sqrt{2}} \\ &= \sqrt{2} \end{aligned}$$

である．

ADVICE

図 3.77 から
$\vec{a}_1=(\vec{a}\cdot\vec{u}_1)\vec{u}_1$
である．
$\vec{a}\cdot\vec{u}_1$
$=\|\vec{a}\|\|\vec{u}_1\|\cos\theta$
$\vec{u}_1$，$\vec{u}_2$ は単位ベクトルだから $\|\vec{u}_1\|=1$，$\|\vec{u}_2\|=1$ である．
$\|\vec{a}\|\cos\theta$ は $\vec{a}$ の $\vec{u}_1$ 方向の成分である．

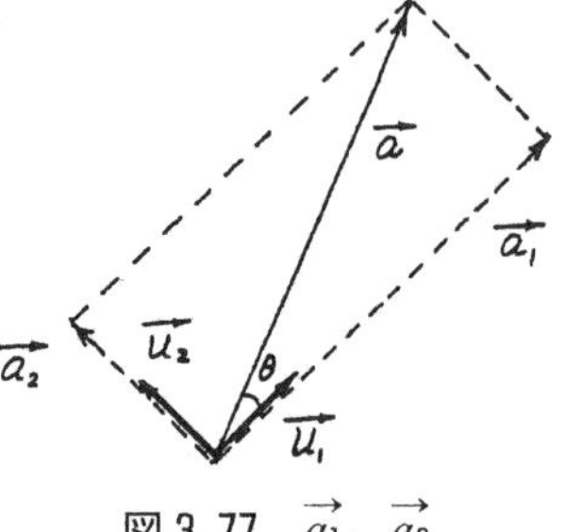

図 3.77 $\vec{a_1}$，$\vec{a_2}$

17.2 数ベクトルの直交性

$\boldsymbol{R}^3$ の数ベクトルの間で自然内積（問 3.22(補足)参照）を考える．$\begin{pmatrix} a \\ 1 \\ -1 \end{pmatrix}$ と $\begin{pmatrix} -3 \\ 2 \\ a \end{pmatrix}$ とが直交するときの実数 a の値を求めよ．

(ねらい) 幾何ベクトルの集合でなくても，内積線型空間の中で $\boldsymbol{x}\cdot\boldsymbol{y}=0$ のとき，「$\boldsymbol{x}$ は $\boldsymbol{y}$ と直交する」という．矢印でなくても，ベクトルどうしが直交するという意味を理解する．

(発想) 自然内積は，対応する成分どうしを掛けて足し合わせる演算である．

(解説) $\begin{pmatrix} a \\ 1 \\ -1 \end{pmatrix}\cdot\begin{pmatrix} -3 \\ 2 \\ a \end{pmatrix}=a\cdot(-3)+1\cdot 2+(-1)\cdot a\overset{\text{直交}}{=}0$ を解くと，$a=\dfrac{1}{2}$ である．

17.3 ベクトルの正規直交化

自然内積の意味で，$\boldsymbol{R}^3$ の数ベクトル $\begin{pmatrix} -1 \\ 1 \\ -1 \end{pmatrix}$，$\begin{pmatrix} 3 \\ -2 \\ -1 \end{pmatrix}$ と直交し，ノルムが 1 の数ベクトルを求めよ．

(ねらい) ①ベクトルの正規化（ノルムを 1 にする）の方法と ②直交化（互いに直交させる）の方法とを理解する．

(発想) 正規化の意味と直交化の意味とを自然内積（問 3.22(補足)参照）の形

で表す．

(解説) 求める数ベクトルを $\boldsymbol{x}=\begin{pmatrix}x_1\\x_2\\x_3\end{pmatrix}$ とする．

3.6.3 項参照

正規化：$\|\boldsymbol{x}\|^2=\boldsymbol{x}\cdot\boldsymbol{x}=x_1{}^2+x_2{}^2+x_3{}^2=1$

$\|\boldsymbol{x}\|=\sqrt{\boldsymbol{x}\cdot\boldsymbol{x}}$
$\boldsymbol{x}\cdot\boldsymbol{x}$
$=\begin{pmatrix}x_1\\x_2\\x_3\end{pmatrix}\cdot\begin{pmatrix}x_1\\x_2\\x_3\end{pmatrix}$
$=x_1x_1+x_2x_2+x_3x_3$
$=x_1{}^2+x_2{}^2+x_3{}^2$

直交化：

$$\begin{cases}\begin{pmatrix}-1\\1\\-1\end{pmatrix}\cdot\begin{pmatrix}x_1\\x_2\\x_3\end{pmatrix}=(-1)x_1+1x_2+(-1)x_3=0\\[2ex]\begin{pmatrix}3\\-2\\-1\end{pmatrix}\cdot\begin{pmatrix}x_1\\x_2\\x_3\end{pmatrix}=3x_1+(-2)x_2+(-1)x_3=0\end{cases}$$

から

$$\begin{cases}-1x_1+1x_2=1x_3\\3x_1-2x_2=1x_3\end{cases}$$

解き方は 2.2.3 項参照．

を x_1，x_2 について解けばよい．$x_3=t$ (t は任意の実数) として，

$$\begin{cases}x_1=3t\\x_2=4t\\x_3=\ t\qquad(t\text{ は任意の実数})\end{cases}$$

となる．これらを正規化の式に代入すると，$(3^2+2^2+1^2)t^2=1$ となる．したがって，

$$t=\pm\sqrt{\frac{1}{26}}=\pm\frac{1}{\sqrt{26}}$$

である．求める数ベクトルは

$$\boldsymbol{x}=\begin{pmatrix}\pm\dfrac{3}{\sqrt{26}}\\[2ex]\pm\dfrac{4}{\sqrt{26}}\\[2ex]\pm\dfrac{1}{\sqrt{26}}\end{pmatrix}\ (\text{複号同順})$$

である．

17.4 Schwarz の不等式

三角不等式［ノルム空間の性質 (iii)］を書き直して，

$$|\boldsymbol{x}\cdot\boldsymbol{y}|\leq\|\boldsymbol{x}\|\|\boldsymbol{y}\|\ (\text{Schwarz の不等式})$$

を示せ．$\boldsymbol{R}^n$ の実数ベクトルに対して自然内積（問 3.22 (補足) 参照）を考えると，Schwarz の不等式はどういう意味を表すか？

Schwarz（シュワルツ）：フランスの数学者

3.6.3 参照

$\|\ \|$：ベクトル（数ベクトル，幾何ベクトル，関数ベクトルのどれでもよい）のノルム

(ねらい) 幾何ベクトル $\vec{x}$ と $\vec{y}$ との内積 $\vec{x}\cdot\vec{y}=\|\vec{x}\|\|\vec{y}\|\cos\theta$ は，$\vec{x}$ と $\vec{y}$ との交角の余弦が取り得る値の範囲から，$|\vec{x}\cdot\vec{y}|\leq\|\vec{x}\|\|\vec{y}\|$ が成り立つ．幾何ベクトルでなくても，この不等式が成り立つことを理解する．

$|\ |$：スカラー（一つの数）の絶対値

$|\vec{x}\cdot\vec{y}|$ は，内積（$\|\vec{x}\|\|\vec{y}\|\cos\theta$ で求まる一つの数で表せる）の絶対値だから，$\|\ \|$ ではなく $|\ |$ を使う．

(発想) ① 三角不等式から内積 $\boldsymbol{x}\cdot\boldsymbol{y}$ の形をつくるためには，

$$\|\boldsymbol{x}+\boldsymbol{y}\|^2=(\boldsymbol{x}+\boldsymbol{y})\cdot(\boldsymbol{x}+\boldsymbol{y})=\boldsymbol{x}\cdot\boldsymbol{x}+\boldsymbol{x}\cdot\boldsymbol{y}+\boldsymbol{y}\cdot\boldsymbol{x}+\boldsymbol{y}\cdot\boldsymbol{y}$$

を考えればよい．

3.6.4 項［進んだ探究］参照

ADVICE

幾何ベクトルの場合，内積は $\vec{x}$ と $\vec{y}$ との交角が0のとき $\|\vec{x}\|\|\vec{y}\|$，交角が π のとき $-\|\vec{x}\|\|\vec{y}\|$ である．交角が0のときの $\vec{x}$ の向きを反対にする（$\vec{x} \longrightarrow -\vec{x}$）と，交角が π のときの内積になることに注意する．これを手がかりにして，数ベクトルの場合も，$\boldsymbol{x} \longrightarrow -\boldsymbol{x}$ のおきかえを考える．

$\cos 0=1$
$\cos\pi=-1$

② どうして問題の不等式が思いつくのかということを考えてみよう．このために，ノルム空間の定義の(iii)を思い出す．

$\|\boldsymbol{x}+\boldsymbol{y}\| \le \|\boldsymbol{x}\|+\|\boldsymbol{y}\|$ の両辺の値が正だから，両辺を2乗しても大小関係は変わらない．したがって，$\|\boldsymbol{x}+\boldsymbol{y}\|^2 \le (\|\boldsymbol{x}\|+\|\boldsymbol{y}\|)^2$ である．これを書き直すと，

$$\boldsymbol{x}\cdot\boldsymbol{x}+\boldsymbol{x}\cdot\boldsymbol{y}+\boldsymbol{y}\cdot\boldsymbol{x}+\boldsymbol{y}\cdot\boldsymbol{y} \le \|\boldsymbol{x}\|^2+2\|\boldsymbol{x}\|\|\boldsymbol{y}\|+\|\boldsymbol{y}\|^2$$

となる．$\|\boldsymbol{x}\|^2=\boldsymbol{x}\cdot\boldsymbol{x}$，$\|\boldsymbol{y}\|^2=\boldsymbol{y}\cdot\boldsymbol{y}$，$\boldsymbol{x}\cdot\boldsymbol{y}=\boldsymbol{y}\cdot\boldsymbol{x}$ だから，

$\|\boldsymbol{x}\|^2+2\boldsymbol{x}\cdot\boldsymbol{y}+\|\boldsymbol{y}\|^2$
$\le\|\boldsymbol{x}\|^2+2\|\boldsymbol{x}\|\|\boldsymbol{y}\|+\|\boldsymbol{y}\|^2$

$$\boldsymbol{x}\cdot\boldsymbol{y} \le \|\boldsymbol{x}\|\|\boldsymbol{y}\|$$

が成り立つ．$\boldsymbol{x}$ の代わりに $-\boldsymbol{x}$ とすると，

$$(-\boldsymbol{x})\cdot\boldsymbol{y} \le \|(-\boldsymbol{x})\|\|\boldsymbol{y}\| = \|\boldsymbol{x}(-1)\|\|\boldsymbol{y}\| \overset{\text{ノルム空間の性質 (ii)}}{=} \|\boldsymbol{x}\||-1|\|\boldsymbol{y}\| = \|\boldsymbol{x}\|\|\boldsymbol{y}\|$$

と $(-\boldsymbol{x})\cdot\boldsymbol{y} \overset{\text{結合法則}}{=} -(\boldsymbol{x}\cdot\boldsymbol{y})$ とが成り立つ．だから，$-(\boldsymbol{x}\cdot\boldsymbol{y}) \le \|\boldsymbol{x}\|\|\boldsymbol{y}\|$ となる．これは $-\|\boldsymbol{x}\|\|\boldsymbol{y}\| \le \boldsymbol{x}\cdot\boldsymbol{y}$ と書き直せる．$\boldsymbol{x}\cdot\boldsymbol{y} \le \|\boldsymbol{x}\|\|\boldsymbol{y}\|$ と $-\|\boldsymbol{x}\|\|\boldsymbol{y}\| \le \boldsymbol{x}\cdot\boldsymbol{y}$ とを合わせると，

$$-\|\boldsymbol{x}\|\|\boldsymbol{y}\| \le \boldsymbol{x}\cdot\boldsymbol{y} \le \|\boldsymbol{x}\|\|\boldsymbol{y}\|$$

となる．これは，一つの不等式で

$$\underbrace{|\boldsymbol{x}\cdot\boldsymbol{y}| \le \|\boldsymbol{x}\|\|\boldsymbol{y}\|}$$

内積の大きさは，ノルムどうしの積よりも小さい

と書ける．

一つの不等式の形で書き換える発想は，$-3 \le x \le +3$ が $|x| \le 3$ と同じであることを思い出せばわかる．$\|\boldsymbol{x}\|\|\boldsymbol{y}\|$ が3，$|\boldsymbol{x}\cdot\boldsymbol{y}|$ が $|x|$ にあたると思えばよい．

$\forall \boldsymbol{x}, \boldsymbol{y} \in \boldsymbol{R}^n$ に対して，自然内積は $\boldsymbol{x}\cdot\boldsymbol{y}=x_1y_1+x_2y_2+\cdots+x_ny_n=\sum_{i=1}^{n} x_iy_i$ である．$|\boldsymbol{x}\cdot\boldsymbol{y}| \le \|\boldsymbol{x}\|\|\boldsymbol{y}\|$（Schwarz の不等式）の両辺の値が正だから，両辺を2乗しても大小関係は変わらない．したがって，

$$|\boldsymbol{x}\cdot\boldsymbol{y}|^2 \le \|\boldsymbol{x}\|^2\|\boldsymbol{y}\|^2$$

である．これを成分で書くと，

$$\underbrace{\left(\sum_{i=1}^{n} x_iy_i\right)^2 \le \left(\sum_{i=1}^{n} x_i^2\right)\left(\sum_{i=1}^{n} y_i^2\right)}$$

（積の和の2乗）は（2乗の和の積）よりも小さい

となる．

$\forall \boldsymbol{x}, \boldsymbol{y} \in \boldsymbol{R}^n$ は「集合 $\boldsymbol{R}^n$ の任意のベクトル $\boldsymbol{x}, \boldsymbol{y}$」を表す．
$\boldsymbol{R}^n$ は n 実数の組の集合を表す．

3.6.3項参照

（解説） $\boldsymbol{x}=\boldsymbol{0}$ のとき明らかに $|\boldsymbol{x}\cdot\boldsymbol{y}| \le \|\boldsymbol{x}\|\|\boldsymbol{y}\|$ が成り立つから $\boldsymbol{x}\neq\boldsymbol{0}$ とする．唐突かもしれないが，$\|\boldsymbol{x}t+\boldsymbol{y}\|^2$（$t$ は任意の実数）を考える．

$$\begin{aligned}
0 &\le \|\boldsymbol{x}t+\boldsymbol{y}\|^2 \\
&= (\boldsymbol{x}t+\boldsymbol{y})\cdot(\boldsymbol{x}t+\boldsymbol{y}) \\
&= \boldsymbol{x}\cdot\boldsymbol{x}t^2+\boldsymbol{x}t\cdot\boldsymbol{y}+\boldsymbol{y}\cdot\boldsymbol{x}t+\boldsymbol{y}\cdot\boldsymbol{y} \\
&= \|\boldsymbol{x}\|^2t^2+2\boldsymbol{x}\cdot\boldsymbol{y}t+\|\boldsymbol{y}\|^2 \\
&= \|\boldsymbol{x}\|^2\left(t^2+\frac{2\boldsymbol{x}\cdot\boldsymbol{y}}{\|\boldsymbol{x}\|^2}t+\frac{\|\boldsymbol{y}\|^2}{\|\boldsymbol{x}\|^2}\right)
\end{aligned}$$

$\|\boldsymbol{x}\|=\sqrt{\boldsymbol{x}\cdot\boldsymbol{x}}$
だから
$\|\boldsymbol{x}\|^2=\boldsymbol{x}\cdot\boldsymbol{x}$
である．ここで，$\boldsymbol{x}$ の代りに $\boldsymbol{x}t+\boldsymbol{y}$ を考えると
$\|\boldsymbol{x}t+\boldsymbol{y}\|^2$
$=(\boldsymbol{x}t+\boldsymbol{y})\cdot(\boldsymbol{x}t+\boldsymbol{y})$
である．

$\boldsymbol{x}\cdot\boldsymbol{y}=\boldsymbol{y}\cdot\boldsymbol{x}$ と $\boldsymbol{x}t\cdot\boldsymbol{y}=\boldsymbol{x}\cdot\boldsymbol{y}t$ とに注意する．

平方完成の発想で式を変形する．

$$=\|\boldsymbol{x}\|^2\left[\left(t+\frac{\boldsymbol{x}\cdot\boldsymbol{y}}{\|\boldsymbol{x}\|^2}\right)^2-\frac{|\boldsymbol{x}\cdot\boldsymbol{y}|^2}{\|\boldsymbol{x}\|^4}+\frac{\|\boldsymbol{y}\|^2}{\|\boldsymbol{x}\|^2}\right]$$

$$=\underbrace{\|\boldsymbol{x}\|^2}_{\text{実数の二乗だから正}}\overbrace{\left(t+\frac{\boldsymbol{x}\cdot\boldsymbol{y}}{\|\boldsymbol{x}\|^2}\right)^2+\underbrace{\frac{\|\boldsymbol{x}\|^2\|\boldsymbol{y}\|^2-|\boldsymbol{x}\cdot\boldsymbol{y}|^2}{\|\boldsymbol{x}\|^2}}_{\text{頂点の高さ}}}^{0\leq\|\boldsymbol{x}t+\boldsymbol{y}\|^2\text{ だから正}}$$

だから,

$$\|\boldsymbol{x}\|^2\|\boldsymbol{y}\|^2-|\boldsymbol{x}\cdot\boldsymbol{y}|^2\geq 0$$

である.

ADVICE
高校数学
t の 2 次式で表せる関数（2 次関数）のグラフが下に凸の放物線であることから，頂点の位置が t 軸よりも上にある.

(補足) Schwarz の不等式を証明するとき，内積の具体的な形はどこにも使っていない. Schwarz の不等式の左辺の $\boldsymbol{x}\cdot\boldsymbol{y}$ は，どんな内積でもよい（3.6.4 項）. しかし，$\left(\sum_{i=1}^{n}x_iy_i\right)^2\leq\left(\sum_{i=1}^{n}x_i{}^2\right)\left(\sum_{i=1}^{n}y_i{}^2\right)$ の形は，自然内積だけで成り立つことに注意する. 3.6.4 項の例 1 では，$\|\boldsymbol{x}\|^2=\boldsymbol{x}\cdot\boldsymbol{x}=2x_1x_1+3x_2x_2$（$\boldsymbol{y}$ も同様）だから，$|\boldsymbol{x}\cdot\boldsymbol{y}|^2\leq\|\boldsymbol{x}\|^2\|\boldsymbol{y}\|^2$ は，$(2x_1y_1+3x_2y_2)^2\leq(2x_1x_1+3x_2x_2)(2y_1y_1+3y_2y_2)$ である.

17.5 実係数多項式全体の内積線型空間

高々 2 次実係数多項式の集合の任意の要素の間で，関数内積を

$$f\cdot g=\int_{-1}^{1}f(x)g(x)\,dx$$

と定義する. 基底 $\{x^0, x^1, x^2\}$ から正規直交基底をつくれ.

3.5.3 項の問 3.14, 3.6.4 節の問 3.23 参照

(ねらい) 実数ベクトル，幾何ベクトルだけでなく，関数ベクトル（関数全体が内積線型空間の性質をみたすとき，関数の集合の要素）でも Gram-Schmidt（グラム・シュミット）の直交化が適用できることを理解する.

(発想)

0.2.4 項参照

$\boldsymbol{a}\cdot\boldsymbol{b}$ ⟸ 実数ベクトル・実数ベクトルの形

$$=\begin{pmatrix}a_1\\a_2\\a_3\end{pmatrix}\cdot\begin{pmatrix}b_1\\b_2\\b_3\end{pmatrix}$$

$$=\underbrace{a_1b_1+a_2b_2+a_3b_3}_{\text{実数ベクトルの成分どうしの積}}$$

$$=\sum_{i=1}^{3}a_ib_i$$

と

$f\cdot g$ ⟸ 関数・関数の形

$$=\int_{-1}^{1}\underbrace{f(x)g(x)}_{\text{関数値どうしの積}}\,dx$$

とを比べてみる.

関数
$f(\ )$, $g(\ )$

関数値
$(\ )$ に x を入力したときの出力の値
$f(x)$, $g(x)$
［参考］参照

$$\boldsymbol{a}\longleftrightarrow f\quad \boldsymbol{b}\longleftrightarrow g\quad i\longleftrightarrow x\quad \sum_{i=1}^{3}\longleftrightarrow\int_{-1}^{1}\quad a_i\longleftrightarrow f(x)\quad b_i\longleftrightarrow g(x)$$

の対応が目に浮かぶようにすることが肝要である.

成分の番号を離散変数（トビトビ）i から連続変数 x に拡張した形とみなす.

$\sum_{i=1}^{3}$ は，同じ番号の成分どうしを掛けた項 a_1b_1, a_2b_2, a_3b_3 を足し合わせる.

$\int_{-1}^{1}$ は，$f(-1)g(-1), \ldots, f(0.4)g(0.4), \ldots, f(1)g(1)$ のように x の値が同じときの積をつくって，$-1\leq x\leq 1$ の範囲の x の値についてすきまなく足

0.2 節 ⑫ 旧法則保存の原理

実数ベクトルの内積から関数ベクトルの内積に拡張しても同じ性質が成り立つ. この事情は，旧法則保存の原理の例と考えることができる.

和 sum
トビトビに合計
Σ
sum の頭文字 S のギリシア文字

し合わせる．

ノルムの定義（ノルム空間の性質）から $\|u_k\|^2=\int_{-1}^{1}[u_k(x)]^2dx$ $(k=1,2,3)$ であることに注意する．実数ベクトルの場合のノルム $\|\boldsymbol{a}\|^2=\sum_{i=1}^{3}a_i{}^2$ と似た形に見える．

$$\boldsymbol{a}\longleftrightarrow u_k \quad i\longleftrightarrow x$$

(x) は成分の番号 i にあたるので，$f(x)\cdot g(x)=\int_{-1}^{1}f(x)g(x)\,dx$ の左辺の記法は正しくない．関数内積を $f(x)\cdot g(x)=\cdots$ と書くと，実数ベクトルの場合に $\boldsymbol{a}\cdot\boldsymbol{b}=\cdots$ ではなく，$a_ib_i=\cdots$ と書いたことになる．u_k の添字 k は成分の番号ではなく，線型独立なベクトル（基底）の番号である．つまり，u_k は u と k とを合わせて一つの記号（名称）だから，関数の名称が添字 k まで含めて f，g である．

例 $a_3=-1$ の意味：「実数ベクトル $\boldsymbol{a}$ の第 3 成分の値が -1 である」

例 $u_2(0.7)=0.7^1$ の意味：「$x=0.7$（成分の番号はトビトビでないが第0.7成分と思えばよい）のときの関数 u_2 の値が 0.7^1 である」

x の値は 3 とは限らないから，x の任意の値に対して $u_2(x)=x^1$ と書く．

解説

基底の選び方に関数なく，線型独立なベクトルの個数は同じである．もとの基底を $\{u_1,u_2,u_3\}$，正規直交基底を $\{v_1,v_2,v_3\}$ とする．ただし，$u_1(x)=x^0=1$，$u_2(x)=x^1$，$u_3(x)=x^2$ である．

手順 1 v_1 をつくる

$$v_1(x)=\frac{u_1(x)}{\|u_1\|}=\frac{u_1(x)}{\sqrt{\int_{-1}^{1}[u_1(x)]^2dx}}=\frac{1}{\sqrt{\int_{-1}^{1}1^2dx}}=\frac{1}{\sqrt{2}}$$

x の値に関係なく，$v_1(x)$ の値は $\frac{1}{\sqrt{2}}$ である．

ADVICE

すきまなく合計

$\int$

Sを上下に伸ばして図案化した記号

$u_1(\ )=(\ )^0$,
$u_2(\ )=(\ )^1$,
$u_3(\ )=(\ )^2$
$(\ )$ に x を入力したときの出力が $u_1(x)$，$u_2(x)$，$u_3(x)$ である．

0.2.4 項参照

関数 u_2 と関数値 $u_2(x)$ とのちがいに注意する．

［参考］参照

［参考］ 関数記号の使い方

問 3.26

$\boldsymbol{v}_1$ の第 1 成分 $=\dfrac{\boldsymbol{u}_1\text{ の第 1 成分}}{\boldsymbol{u}_1\text{ のノルム}}=\dfrac{1}{\sqrt{2}}$

$\boldsymbol{v}_1$ の第 2 成分 $=\dfrac{\boldsymbol{u}_1\text{ の第 2 成分}}{\boldsymbol{u}_1\text{ のノルム}}=\dfrac{0}{\sqrt{2}}$

$\boldsymbol{v}_1$ の第 3 成分 $=\dfrac{\boldsymbol{u}_1\text{ の第 3 成分}}{\boldsymbol{u}_1\text{ のノルム}}=\dfrac{-1}{\sqrt{2}}$

本問

$$\underbrace{v_1(x)}_{\text{関数 }v_1\text{ の値}}=\frac{\overbrace{u_1(x)}^{\text{関数 }u_1\text{ の値}}}{\underbrace{\|u_1\|}_{\text{関数 }u_1\text{ のノルム}}}=\frac{1}{\sqrt{2}}$$

ノルムを $\|u_1(x)\|$ とは書かない．(x) を書くと，ある値 x のときにしか意味を持たなくなる．しかし，ノルムを求めるときには $\int_{-1}^{1}[u_1(x)]^2dx$ と考える．つまり，ノルムの計算には $-1\leqq x\leqq 1$ の範囲の x の値がすべて寄与する．同じ理由で，$\|u_2-(u_2\cdot v_1)v_1\|$ を $\|u_2(x)-(u_2\cdot v_1)v_1(x)\|$ と書かない．$\|\ \|$ の中で内積の部分も $u_2\cdot v_1$ であって，$u_2(x)\cdot v_1(x)$ ではない．$u_2\cdot v_1=\int_{-1}^{1}u_2(x)v_1(x)\,dx$ であり，内積の計算には $-1\leqq x\leqq 1$ の範囲の x の値がす

べて寄与する．

関数を書くとき，たとえば $\underbrace{u_3}_{\text{関数名}} = \underbrace{x^2}_{\text{関数値}}$ ではなく，$\underbrace{u_3(x)}_{\text{関数値}} = \underbrace{x^2}_{\text{関数値}}$ である．関数 $u_3(\ )$ の $(\ )$ を「函（はこ）」と考える．関数とは，$(\ )$ にデータを入力したとき，それに対応して結果を出力するしくみである．$(\ )$ に 5 を入力すると，5^2 を出力する．一般に，$(\ )$ に x を入力すると，x^2 を出力する．こういう内容を記号で書いてみる．

0.2.4項［注意 5］参照

もともと「関数」ではなく「函数」と書いた．

$$x^2 \longleftarrow \boxed{\quad u_3 \quad} \longleftarrow x$$

関数そのもの（入力と出力の間の対応規則）：$u_3(\ ) = (\ )^2$

関数値：$u_3(x) = x^2$ **例** $u_3(5) = 5^2$

手順 2 v_2 をつくる

$$\begin{aligned}
&u_2(x) - v_1(x)(u_2 \cdot v_1) \\
&= u_2(x) - v_1(x)\left(\int_{-1}^{1} u_2(x) v_1(x)\, dx\right) \\
&= x^1 - \frac{1}{\sqrt{2}}\left(\int_{-1}^{1} x^1 \frac{1}{\sqrt{2}}\, dx\right) \\
&= x - 0 \\
&= x
\end{aligned}$$

$$\begin{aligned}
&\| u_2 - v_1(u_2 \cdot v_1) \|^2 \\
&= \int_{-1}^{1} [u_2(x) - v_1(x)(u_2 \cdot v_1)]^2 dx \\
&= \int_{-1}^{1} x^2 dx \\
&= \frac{2}{3}
\end{aligned}$$

$$\begin{aligned}
v_2(x) &= \frac{u_2(x) - v_1(x)(u_2 \cdot v_1)}{\| u_2 - v_1(u_2 \cdot v_1) \|} \\
&= \sqrt{\frac{3}{2}} x
\end{aligned}$$

手順 3 v_3 をつくる

$$\begin{aligned}
&u_3(x) - v_1(x)(u_3 \cdot v_1) - v_2(x)(u_3 \cdot v_2) \\
&= u_3(x) - v_1(x)\left(\int_{-1}^{1} u_3(x) v_1(x)\, dx\right) - v_2(x)\left(\int_{-1}^{1} u_3(x) v_2(x)\, dx\right) \\
&= x^2 - \frac{1}{\sqrt{2}}\left(\int_{-1}^{1} x^2 \frac{1}{\sqrt{2}}\, dx\right) - \sqrt{\frac{3}{2}} x \left(\int_{-1}^{1} x^2 \sqrt{\frac{3}{2}} x dx\right) \\
&= x^2 - \frac{1}{\sqrt{2}} \cdot \frac{\sqrt{2}}{3} - \sqrt{\frac{3}{2}} x \cdot 0 \\
&= x^2 - \frac{1}{3}
\end{aligned}$$

$\int_{-1}^{1} x^3 dx$ は奇関数を $-1 \leq x \leq 1$ の範囲で積分するので，計算しなくてもゼロとわかる．

$$\begin{aligned}
&\| u_3 - v_1(u_3 \cdot v_1) - v_2(u_3 \cdot v_2) \|^2 \\
&= \int_{-1}^{1} [u_3(x) - v_1(x)(u_3 \cdot v_1) - v_2(x)(u_3 \cdot v_2)]^2 dx \\
&= \int_{-1}^{1} \left(x^2 - \frac{1}{3}\right)^2 dx \\
&= \frac{8}{45}
\end{aligned}$$

$$v_3(x) = \frac{u_3(x) - v_1(x)(u_3 \cdot v_1) - v_2(x)(u_3 \cdot v_2)}{\| u_3 - v_1(u_3 \cdot v_1) - v_2(u_3 \cdot v_2) \|}$$

$$=\frac{\left(x^2-\dfrac{1}{3}\right)}{\sqrt{\dfrac{8}{45}}}$$

$$=\frac{3\sqrt{10}}{4}\left(x^2-\frac{1}{3}\right)$$

4　線型変換

4章の目標

① 連立１次方程式は入力と出力との関係を表すという観点から，線型写像の概念を理解すること．

② 線型変換が図形の拡大・縮小，回転，折り返しのはたらきをする事情を理解すること．

キーワード　線型写像，線型変換，直交変換

中学数学の連立１次方程式の問題を振り返ってみよう．

> 品物の代金570円を支払わなければならない．10円玉と50円玉とを合わせて21枚使いたい．それぞれ何枚ずつ必要か？

ADVICE

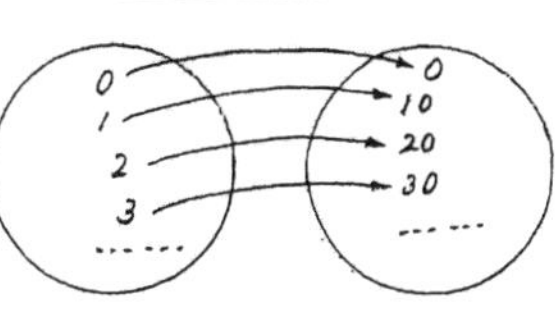

図4.1　写像（対応規則）$y=10x$

10円玉だけしか使わないときには，10円，20円，30円，40円，… の品物の代金が払える．この場合，代金（y 円）と10円玉の枚数（x 枚）との間には，y 円＝10円/枚×x 枚の関係が成り立つ．自動販売機に10円玉を57枚入れると，570円の品物が出てくる．$y=10x$ は入力 x と出力 y との間の写像（対応規則）を表す．出力（代金）を決めたとき，この規則にしたがって，入力（10円玉の枚数）を探ることもできる．つまり，代金（y の値）に応じて，$y=10x$ を x について解けば，必要な10円玉の枚数（x の値）が求まる．

左辺：出力（結果）
右辺：入力（原因）

y のどんな値に対しても x の値が求まる．しかし，この問題では x の値が整数でないと意味がない．

10円玉と50円玉とを使うときにも同じ見方はできないだろうか？　ここで，旧法則保存の原理を思い出そう．一つの数 x を数の組 $\boldsymbol{x}=\begin{pmatrix}10円玉の枚数の値\\50円玉の枚数の値\end{pmatrix}$ に，一つの数 y を数の組 $\boldsymbol{y}=\begin{pmatrix}合計枚数の値\\代金の値\end{pmatrix}$ に拡張するという発想が浮かぶ．数値の間の関係は２元連立１次方程式：

0.2節 ⓔ 旧法則保存の原理

$$\begin{cases} y_1 = x_1 + x_2 \\ y_2 = 10x_1 + 50x_2 \end{cases}$$

で表せる．入力と出力との関係をはっきりさせるために，この関数を数ベクトルとマトリックスとで表すと

$$\underbrace{\begin{pmatrix} y_1 \\ y_2 \end{pmatrix}}_{\substack{出力\\ \boldsymbol{y}}} = \underbrace{\begin{pmatrix} 1 & 1 \\ 10 & 50 \end{pmatrix}}_{\substack{写像を表す\\ マトリックス A}} \underbrace{\begin{pmatrix} x_1 \\ x_2 \end{pmatrix}}_{\substack{入力\\ \boldsymbol{x}}}$$

プログラミング（入力データ，演算の実行，出力データ）と同じ発想

となる．いまの問題は，$y_1=21$，$y_2=570$ の場合である．$\boldsymbol{y}=A\boldsymbol{x}$ と書くと，$y=10x$ を拡張した形に見える．「連立１次方程式を解く」とは，「$\boldsymbol{y}$ の値がわかっているとき，$\boldsymbol{x}$ の値を求める」という意味である．

4.1節では，x_1, x_2 を正の整数（自然数）でなく実数全体に拡張して考える．

４章では，入力 $\boldsymbol{x}$ と出力 $\boldsymbol{y}$ との関係をくわしく調べてみる．平面，空間では実数の組を矢印で表せるので，幾何を手がかりにすると写像の意味が理解しやすくなる．$\boldsymbol{R}^n$ $(n\geqq4)$ の実数ベクトルは矢印で表せない．しかし，実数の組が矢印で描ける $\boldsymbol{R}$ の世界，$\boldsymbol{R}^2$ の世界，$\boldsymbol{R}^3$ の世界の知見は，$\boldsymbol{R}^n$ $(n\geqq4)$ の世界を「見える」ようにするときにも役立つ．

4.1 写像再論

写像とは（再掲）

> 集合 M の各要素に対して，集合 N の要素がただ**一つだけ**対応するとき，この**対応**を**写像**という．
>
> $$\overbrace{\text{集合 } M}^{\textbf{定義域}} \longrightarrow \overbrace{\text{集合 } N}^{\textbf{値域}}$$
>
> 特に，M と N とが一致する場合は，M の要素と N の要素との入れ換えだから**変換**という．線型性の条件(i)，(ii)（4.3 節で調べる）をみたす変換を**線型変換**という．

ADVICE

写像について 0.2.4 項，1.2 項参照．

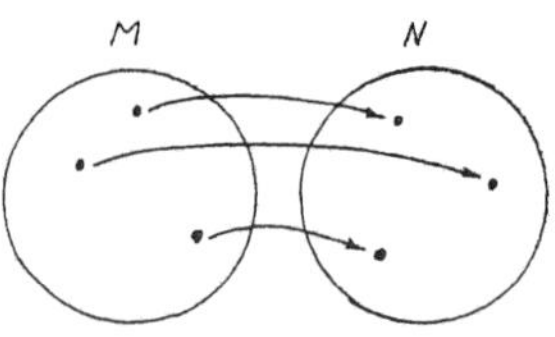

図 4.2　集合 M から集合 N への写像

p. 33 図 1.7　$\boldsymbol{R}^2 \to \boldsymbol{R}^3$
p. 75 図 1.24　$\boldsymbol{R}^2 \to \boldsymbol{R}$
p. 234 図 3.48　$\boldsymbol{R}^2 \to \boldsymbol{R}$

例　$\boldsymbol{R}^2$：2 実数の組の集合

$\boldsymbol{R}^2 \longrightarrow \boldsymbol{R}^2$［幾何では，平面上の点全体にあたる（4.2 節で例を挙げる）］

$$\begin{pmatrix} x_1 \\ x_2 \end{pmatrix} \in \boldsymbol{R}^2 \longmapsto \begin{pmatrix} y_1 \\ y_2 \end{pmatrix} \in \boldsymbol{R}^2 \quad [\text{入力} \longmapsto \text{出力 を表す}]$$

の対応の規則が

$$\begin{cases} y_1 = \ 1x_1 + \ 1x_2 \\ y_2 = 10x_1 + 50x_2 \end{cases}$$

で表せる場合，たとえば，

$$\begin{pmatrix} 3 \\ 4 \end{pmatrix} \in \boldsymbol{R}^2 \longmapsto \begin{pmatrix} 7 \\ 230 \end{pmatrix} \in \boldsymbol{R}^2$$

のように，同じ $\boldsymbol{R}^2$ の中で要素どうしを入れ換えるはたらきとみなせる．

はしがきの 2 元連立 1 次方程式

数の組 ⟷ 点という図形

図 4.3　対応の規則

$\boldsymbol{R}^2$，$\boldsymbol{R}^3$ では，数ベクトル（実数の組）の成分の値を点の座標の値と一致させることができる．「x_1x_2 平面から y_1y_2 平面への写像」を「x_1x_2 平面内の点（x_1，x_2）を同じ x_1x_2 平面内の点（y_1，y_2）にうつすはたらき」とみなせる（4.3 節，4.4 節）．

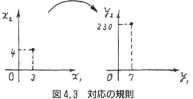

数と図形とは異なる概念だが，数の組を点という図形で表すことができる．

数ベクトル $\begin{pmatrix} 0 \\ 0 \end{pmatrix}$ を原点 (0, 0) で表すと，数ベクトル $\begin{pmatrix} 3 \\ 4 \end{pmatrix}$ は点 (3, 4) で表せる．

4.2 線型変換による図形の像 — ある点を別の点にうつす

典型的な線型変換には，恒等変換，零変換，相似変換，回転，折り返し（鏡映）がある．簡単のために，平面内の線型変換を考えてみよう．

線型性について 4.3 節で確かめる．

表 4.1　いろいろな線型変換

線型変換	点の写像	対応の規則	マトリックスによる表現
恒等変換	任意の点を同じ点にうつす．	$\begin{cases} y_1 = 1x_1 + 0x_2 \\ y_2 = 0x_1 + 1x_2 \end{cases}$	$\begin{pmatrix} y_1 \\ y_2 \end{pmatrix} = \begin{pmatrix} 1 & 0 \\ 0 & 1 \end{pmatrix} \begin{pmatrix} x_1 \\ x_2 \end{pmatrix}$
零変換	任意の点をすべて原点にうつす．	$\begin{cases} y_1 = 0x_1 + 0x_2 \\ y_2 = 0x_1 + 0x_2 \end{cases}$	$\begin{pmatrix} y_1 \\ y_2 \end{pmatrix} = \begin{pmatrix} 0 & 0 \\ 0 & 0 \end{pmatrix} \begin{pmatrix} x_1 \\ x_2 \end{pmatrix}$
相似変換	原点を相似の中心，相似比 k でうつす．	$\begin{cases} y_1 = kx_1 + 0x_2 \\ y_2 = 0x_1 + kx_2 \end{cases}$	$\begin{pmatrix} y_1 \\ y_2 \end{pmatrix} = \begin{pmatrix} k & 0 \\ 0 & k \end{pmatrix} \begin{pmatrix} x_1 \\ x_2 \end{pmatrix}$

線型写像は，1.2 節の通り正方マトリックスで表すとは限らない．線型変換は同じ集合の中で要素どうしを入れ換えるので，正方マトリックスで表せる（1.5.2 項問 1.12 を思い出すとわかる）．

● 線型変換の入力と出力とをヨコベクトルで表すこともある（1.5.2 項 問 1.12（補足 2））．

「恒」は「つねに」の意味．

回転・鏡映は，4.5 節で取り上げる．

① **恒等変換**：単位マトリックス $E = \begin{pmatrix} 1 & 0 \\ 0 & 1 \end{pmatrix}$

ADVICE

② 零変換：零マトリックス $O=\begin{pmatrix}0 & 0\\0 & 0\end{pmatrix}$ O は「オウ」の大文字である．

線型変換だから，同じ x_1x_2 平面内で点のうつり先を考えればよい．しかし，図の見やすさのために x_1x_2 平面から y_1y_2 平面への写像として描いた．

③ 相似変換：$\begin{pmatrix}k & 0\\0 & k\end{pmatrix}$

$\begin{cases}y_1=kx_1\\y_2=kx_2\end{cases}$ x_1 座標と x_2 座標とのどちらも k 倍になる．

線型変換による図形の像 ― ある点を別の点にうつす

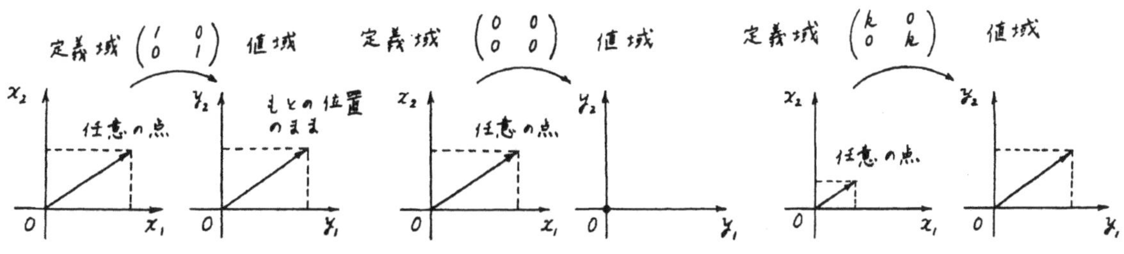

図 4.4 ある点を別の点にうつすはたらき

4.3 正則線型変換 ― 出力から入力を探ることができる変換

自己診断18 [進んだ探究] 参照

表 4.2 ケーキAとケーキBとをつくるときに必要な材料

	A	B
小麦粉 (g/個)	6	4
砂糖 (g/個)	1	2

ケーキAを x_1 個，ケーキBを x_2 個つくるとき，小麦粉 y_1 g，砂糖 y_2 g が必要だとする．

値だけに着目して，$\boldsymbol{R}^2\to\boldsymbol{R}^2$ の線型変換として扱う．

g/個 × 個 = g

$$\begin{cases}y_1\text{ g}=6\text{ g/個}\times x_1\text{ 個}+4\text{ g/個}\times x_2\text{ 個}\\y_2\text{ g}=1\text{ g/個}\times x_1\text{ 個}+2\text{ g/個}\times x_2\text{ 個}\end{cases}$$

2元連立1次方程式の問題とみなせる．

$$\underbrace{\begin{pmatrix}y_1\\y_2\end{pmatrix}}_{\text{出力 定数項}}=\underbrace{\begin{pmatrix}6 & 4\\1 & 2\end{pmatrix}}_{\text{線型変換}}\underbrace{\begin{pmatrix}x_1\\x_2\end{pmatrix}}_{\text{入力 解}}\qquad\underbrace{\boldsymbol{y}=A\boldsymbol{x}}_{\text{比例の形}}$$

この変換は，つぎのように **線型性**(i)，(ii) をみたすので**線型変換**という．

線型性
(i) スカラー倍（ナントカ倍）
(ii) 加法（加える）

(i) **スカラー倍を保つ**（入力をナントカ倍すると，出力もナントカ倍になる）

$$\begin{pmatrix}y_1\\y_2\end{pmatrix}=\begin{pmatrix}6 & 4\\1 & 2\end{pmatrix}\begin{pmatrix}x_1\\x_2\end{pmatrix}$$

⇓入力（個数の値の組）を k 倍する．

$$\begin{pmatrix}y_1k\\y_2k\end{pmatrix}=\begin{pmatrix}6 & 4\\1 & 2\end{pmatrix}\begin{pmatrix}x_1k\\x_2k\end{pmatrix}$$

$\boldsymbol{y}k=A\boldsymbol{x}k$ [出力（材料の値の組）も k 倍になる]

$\boldsymbol{x}=\begin{pmatrix}x_1\\x_2\end{pmatrix}$ は2×1マトリックス，k は1×1マトリックスである．

$\boldsymbol{x}k=\begin{pmatrix}x_1\\x_2\end{pmatrix}k$ は2×1マトリックスと1×1マトリックスとの積である．

$k\begin{pmatrix}x_1\\x_2\end{pmatrix}$ のような1×1マトリックスと2×1マトリックスとの乗法は演算規則にない．

(ii) **加法を保つ**（バラバラに入力しても，加え合わせて入力しても，出力は同じである）

$$\begin{pmatrix}y_1\\y_2\end{pmatrix}=\begin{pmatrix}6 & 4\\1 & 2\end{pmatrix}\begin{pmatrix}x_1\\x_2\end{pmatrix},\quad\begin{pmatrix}z_1\\z_2\end{pmatrix}=\begin{pmatrix}6 & 4\\1 & 2\end{pmatrix}\begin{pmatrix}u_1\\u_2\end{pmatrix}$$

⇓入力（個数の値の組）どうしを合計して入力する．

$$\begin{pmatrix}y_1+z_1\\y_2+z_2\end{pmatrix}=\begin{pmatrix}6 & 4\\1 & 2\end{pmatrix}\begin{pmatrix}x_1+u_1\\x_2+u_2\end{pmatrix}$$

$\boldsymbol{y}+\boldsymbol{z}=A(\boldsymbol{x}+\boldsymbol{u})$ [個々の入力に対する出力（材料の組）どうしの和になる]

Aを x_1 個，Bを x_2 個つくるときとAを u_1 個，Bを u_2 個つくるときとを別々

$\boldsymbol{y}=\begin{pmatrix}y_1\\y_2\end{pmatrix}$
$\boldsymbol{x}=\begin{pmatrix}x_1\\x_2\end{pmatrix}$
$\boldsymbol{z}=\begin{pmatrix}z_1\\z_2\end{pmatrix}$
$\boldsymbol{u}=\begin{pmatrix}u_1\\u_2\end{pmatrix}$
$\boldsymbol{y}=A\boldsymbol{x}$
$\boldsymbol{z}=A\boldsymbol{u}$

に考えても，一度にAを (x_1+u_1) 個，Bを (x_2+u_2) 個つくるときを考えても同じである．

問 4.1 表4.2で，AをBの2倍つくるとき，小麦粉は砂糖の何倍必要か？

解説 ケーキの個数の値（入力）が $x_1=2x_2$ をみたすとき，材料量の値（出力）は $y_1=4y_2$ をみたすから，小麦粉は砂糖の4倍必要である．この理由は，つぎの線型変換を考えるとわかる．

直線 $x_1-2x_2=0$ 上の任意の点の座標は $(2t, t)$ である．

線型写像

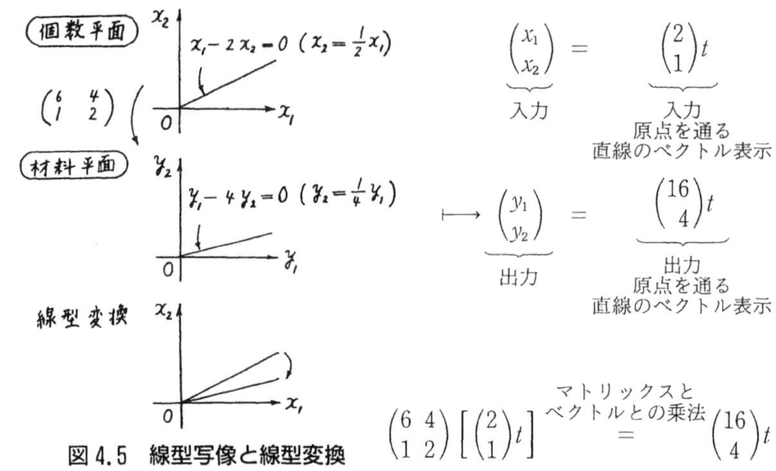

図 4.5 線型写像と線型変換

ADVICE

$x_1=2$，$x_2=1$ のとき
$\begin{cases}6x_1+4x_2=16\\1x_1+2x_2=4\end{cases}$
$x_1=6$，$x_2=3$ のとき
$\begin{cases}6x_1+4x_2=48\\1x_1+2x_2=12\end{cases}$
など

直線のベクトル表示について 2.1.1 項参照．

原点 $\begin{pmatrix}0\\0\end{pmatrix}$ を通り，$\begin{pmatrix}2\\1\end{pmatrix}$ で表せる矢印に平行な直線

原点 $\begin{pmatrix}0\\0\end{pmatrix}$ を通り，$\begin{pmatrix}16\\4\end{pmatrix}$ で表せる矢印に平行な直線

出力から入力を探る操作

2元連立1次方程式
$\begin{cases}6x_1+4x_2=y_1\\1x_1+2x_2=y_2\end{cases}$
を考える．
定数項（出力を表す）が $y_1=4y_2$ をみたすとき解（入力を表す）は $x_1=2x_2$ の関係をみたすことがわかる．

直線のベクトル表示について 2.1.1 項参照．

問 4.2 表4.2で，AとBとを合わせて4個つくるとき，小麦粉の量の値と砂糖の量の値との間にどんな関係が成り立つか？

解説 直線 $x_1+x_2=4$ 上の任意の点の座標は $(t, 4-t)$ である．

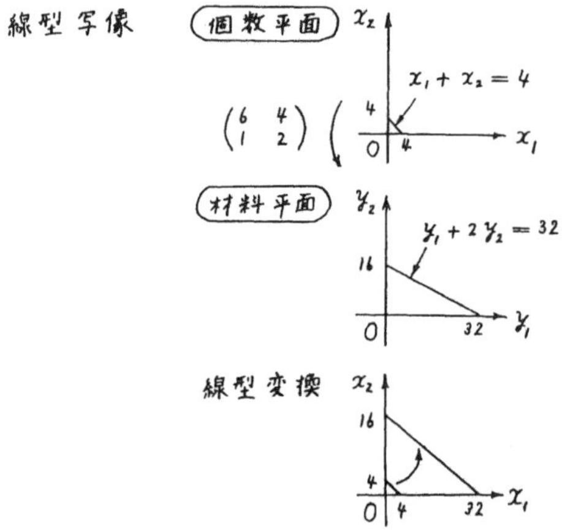

線型写像

個数平面

$x_1+x_2=4$

$\begin{pmatrix}6&4\\1&2\end{pmatrix}$

$$\underbrace{\begin{pmatrix}x_1\\x_2\end{pmatrix}}_{\text{入力}}=\underbrace{\begin{pmatrix}0\\4\end{pmatrix}+\begin{pmatrix}1\\-1\end{pmatrix}t}_{\text{入力}}$$

原点を通らない直線のベクトル表示

材料平面

$y_1+2y_2=32$

$$\longmapsto\underbrace{\begin{pmatrix}y_1\\y_2\end{pmatrix}}_{\text{出力}}=\underbrace{\begin{pmatrix}16\\8\end{pmatrix}+\begin{pmatrix}2\\-1\end{pmatrix}t}_{\text{出力}}$$

原点を通らない直線のベクトル表示

線型変換

図 4.6 線型写像と線型変換

$$\begin{pmatrix}6&4\\1&2\end{pmatrix}\left[\begin{pmatrix}0\\4\end{pmatrix}+\begin{pmatrix}1\\-1\end{pmatrix}t\right]\overset{\text{マトリックスとベクトルとの乗法}}{=}\begin{pmatrix}16\\8\end{pmatrix}+\begin{pmatrix}2\\-1\end{pmatrix}t$$

$y_1=16+2t$，$y_2=8-t$ から t を消去すると，小麦粉の量の値と砂糖の量の値とは $y_1+2y_2=32$ をみたすことがわかる．

点 $\begin{pmatrix}0\\4\end{pmatrix}$ を通り，$\begin{pmatrix}1\\-1\end{pmatrix}$ で表せる矢印に平行な直線

点 $\begin{pmatrix}16\\8\end{pmatrix}$ を通り，$\begin{pmatrix}2\\-1\end{pmatrix}$ で表せる矢印に平行な直線

$t=\dfrac{y_1-16}{2}=\dfrac{y_2-8}{-1}$
から
$-(y_1-16)=2(y_2-8)$
となり，整理すると
$y_1+2y_2=32$
となる．

$x_1=0$，$x_2=4$ のとき
$\begin{cases}6x_1+4x_2=16\\1x_1+2x_2=8\end{cases}$
$x_1=1$，$x_2=3$ のとき
$\begin{cases}6x_1+4x_2=18\\1x_1+2x_2=7\end{cases}$
など

ADVICE

（まとめ）

正則線型変換	原点を通る直線⟶原点を通る直線（問 4.1）
	原点を通らない直線⟶原点を通らない直線（問 4.2）

問 4.3 小麦粉の量と砂糖の量の 2 倍との和が 32 g のとき，ケーキ A の個数の値と B の個数の値との間の関係はわかるか？

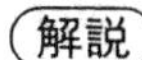

$$\underbrace{\begin{pmatrix} y_1 \\ y_2 \end{pmatrix}}_{\text{出力}} = \begin{pmatrix} 6 & 4 \\ 1 & 2 \end{pmatrix} \underbrace{\begin{pmatrix} x_1 \\ x_2 \end{pmatrix}}_{\text{入力}}$$

は

$$\begin{cases} y_1 = 6x_1 + 4x_2 \\ y_2 = 1x_1 + 2x_2 \end{cases}$$

と書ける．これらを $y_1 + 2y_2 = 32$ に代入すると，$(6x_1 + 4x_2) + 2(1x_1 + 2x_2) = 32$ となり，整理すると

$$x_1 + x_2 = 4$$

となる．

（補足 1） 問 4.3 は問 4.2 と逆の関係になっている．

出力（小麦粉の量の値と砂糖の量の値）が決まっているとき，入力（これらの材料でつくることができる 2 種類のケーキの個数の値）を判断することができる．

（補足 2） 線型変換がマトリックス $\begin{pmatrix} 6 & 4 \\ 1 & 2 \end{pmatrix}$ で表せるとき，$1y_1 + 2y_2 = 32$（原点を通らない直線）にうつるもとの図形は $1x_1 + 1x_2 = 4$（原点を通らない直線）である．

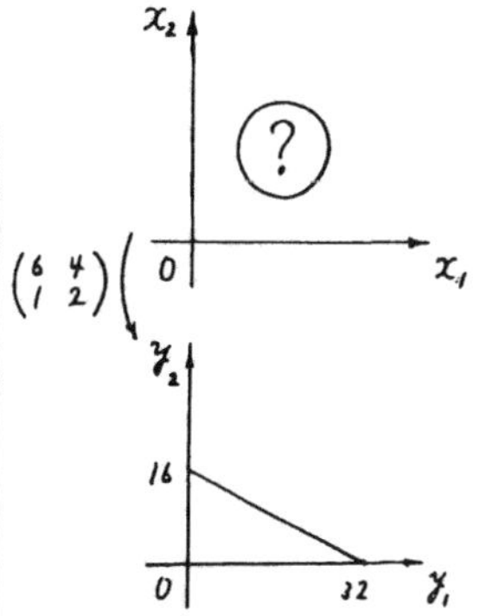

図 4.7 出力から入力を探る操作

量の関係式：
$y_1\text{g} + 2y_2\text{g} = 32\text{g}$
数の関係式：
$y_1 + 2y_2 = 32$

不動点 原点は変換しても原点のままである．

ケーキ A，B を 1 個もつくらなければ，小麦粉と砂糖とのどちらも必要ないことを表している．

数式だけでなく，現実の内容も読み取ることが肝要である．

4.4 非正則線型変換 ― 出力から入力を探ることができない変換

2 元連立 1 次方程式の問題とみなせる．

表 4.3 ケーキ A とケーキ B とをつくるときに必要な材料

	A	B
小麦粉 (g/個)	4	8
砂糖 (g/個)	1	2

ケーキ A を x_1 個，ケーキ B を x_2 個つくるとき，小麦粉 y_1 g，砂糖 y_2 g が必要だとする．

1.7 節 例題 1.9 参照

$$\begin{cases} y_1\ \text{g} = 4\ \text{g/個} \times x_1\ \text{個} + 8\ \text{g/個} \times x_2\ \text{個} \\ y_2\ \text{g} = 1\ \text{g/個} \times x_1\ \text{個} + 2\ \text{g/個} \times x_2\ \text{個} \end{cases}$$

$$\underbrace{\begin{pmatrix} y_1 \\ y_2 \end{pmatrix}}_{\substack{\text{出力} \\ \text{定数項}}} = \underbrace{\begin{pmatrix} 4 & 8 \\ 1 & 2 \end{pmatrix}}_{\text{線型変換}} \underbrace{\begin{pmatrix} x_1 \\ x_2 \end{pmatrix}}_{\substack{\text{入力} \\ \text{解}}}$$

（発想） 第 1 式＝第 2 式×4 だから，実質的に一つの方程式しかないことに気づく．

$$\underbrace{\begin{pmatrix} x_1 \\ x_2 \end{pmatrix}}_{\text{入力}} = \underbrace{\begin{pmatrix} 1 \\ 0 \end{pmatrix} x_1 + \begin{pmatrix} 0 \\ 1 \end{pmatrix} x_2}_{\substack{\text{入力} \\ \text{平面のベクトル表示}}} \longmapsto \underbrace{\begin{pmatrix} y_1 \\ y_2 \end{pmatrix}}_{\text{出力}} = \underbrace{\begin{pmatrix} 4 \\ 1 \end{pmatrix} (x_1 + 2x_2)}_{\substack{\text{出力} \\ \text{原点を通る} \\ \text{直線のベクトル表示} \\ \text{1 次元部分線型空間}}}$$

⟼は，ある要素が写像によってどの要素にうつるかを表す記号である．

部分線型空間について 3.4.3 項参照．

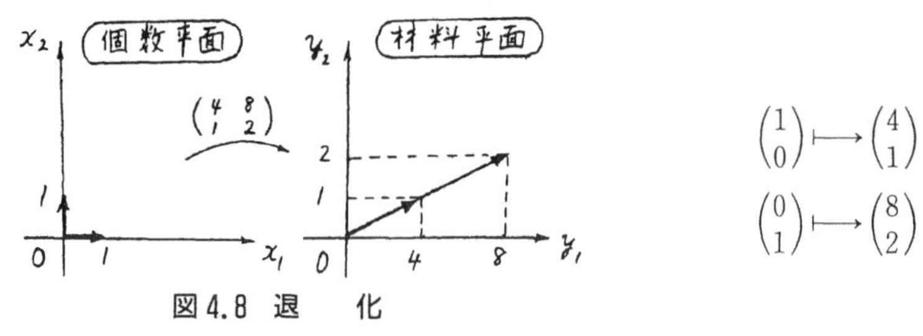

図 4.8 退 化

$$\begin{pmatrix} 1 \\ 0 \end{pmatrix} \longmapsto \begin{pmatrix} 4 \\ 1 \end{pmatrix}$$

$$\begin{pmatrix} 0 \\ 1 \end{pmatrix} \longmapsto \begin{pmatrix} 8 \\ 2 \end{pmatrix}$$

ADVICE

$\begin{pmatrix} 4 & 8 \\ 1 & 2 \end{pmatrix}\begin{pmatrix} 1 \\ 0 \end{pmatrix}=\begin{pmatrix} 4 \\ 1 \end{pmatrix}$

$\begin{pmatrix} 4 & 8 \\ 1 & 2 \end{pmatrix}\begin{pmatrix} 0 \\ 1 \end{pmatrix}=\begin{pmatrix} 8 \\ 2 \end{pmatrix}$

こういう計算について1.2節［参考 1］，［参考3］参照.

$$\begin{aligned}\begin{pmatrix} y_1 \\ y_2 \end{pmatrix} &= \begin{pmatrix} 4 & 8 \\ 1 & 2 \end{pmatrix}\left[\begin{pmatrix} 1 \\ 0 \end{pmatrix}x_1 + \begin{pmatrix} 0 \\ 1 \end{pmatrix}x_2\right] \\ &= \begin{pmatrix} 4 \\ 1 \end{pmatrix}x_1 + \begin{pmatrix} 8 \\ 2 \end{pmatrix}x_2 \\ &= \begin{pmatrix} 4 \\ 1 \end{pmatrix}(x_1 + 2x_2)\end{aligned}$$

退化

x_1x_2 平面全体が直線上につぶれる. x_1x_2 平面内のどの点を選んでも同じ直線にうつる.

● AとBとを何個ずつつくるとしても，小麦粉は砂糖の 4 倍必要である.

⇐表 4.3 からも明らか

問 4.4 表 4.3 で，Aの個数の値とBの個数の値とが $1x_1+2x_2=k$（定数）をみたすとき，小麦粉の量の値と砂糖の量の値との間にどんな関係が成り立つか？

（解説） 直線 $1x_1+2x_2=k$ 上の任意の点の座標は $(k-2t, t)$ である.

平面のベクトル表示，直線のベクトル表示について 2.1.1 項参照.

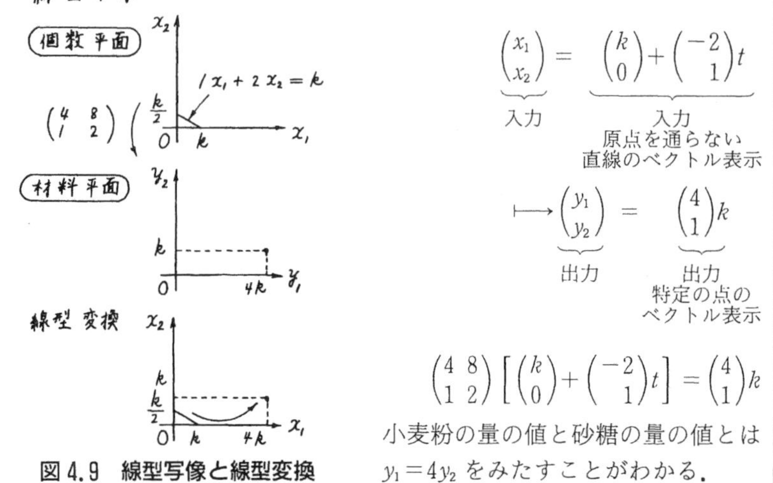

$$\underbrace{\begin{pmatrix} x_1 \\ x_2 \end{pmatrix}}_{\text{入力}} = \underbrace{\begin{pmatrix} k \\ 0 \end{pmatrix} + \begin{pmatrix} -2 \\ 1 \end{pmatrix}t}_{\text{入力}}$$

入力 原点を通らない直線のベクトル表示

$$\longmapsto \underbrace{\begin{pmatrix} y_1 \\ y_2 \end{pmatrix}}_{\text{出力}} = \underbrace{\begin{pmatrix} 4 \\ 1 \end{pmatrix}k}_{\text{出力}}$$

出力 特定の点のベクトル表示

$$\begin{pmatrix} 4 & 8 \\ 1 & 2 \end{pmatrix}\left[\begin{pmatrix} k \\ 0 \end{pmatrix} + \begin{pmatrix} -2 \\ 1 \end{pmatrix}t\right] = \begin{pmatrix} 4 \\ 1 \end{pmatrix}k$$

図 4.9 線型写像と線型変換

小麦粉の量の値と砂糖の量の値とは $y_1=4y_2$ をみたすことがわかる.

［発想］$1x_1+\alpha x_2=k$ として，y_1 と y_2 とが t を含まないような α を選ぶと $\alpha=2$ である.

$y_1=4k$, $y_2=k$ だから $y_1=4y_2$ である.

直線のベクトル表示について 2.1.1 項参照.

問 4.5 表 4.3 で，Aの個数の値とBの個数の値とが $2x_1+1x_2=1$ をみたすとき，小麦粉の量の値と砂糖の量の値との間にどんな関係が成り立つか？

（解説） 直線 $2x_1+1x_2=1$ 上の任意の点の座標は $(t, 1-2t)$ である.

点 (0, 1) を通り，$\begin{pmatrix} 1 \\ -2 \end{pmatrix}$ で表せる矢印に平行な直線

原点 (0, 0) を通り，$\begin{pmatrix} 4 \\ 1 \end{pmatrix}$ で表せる矢印に平行な直線

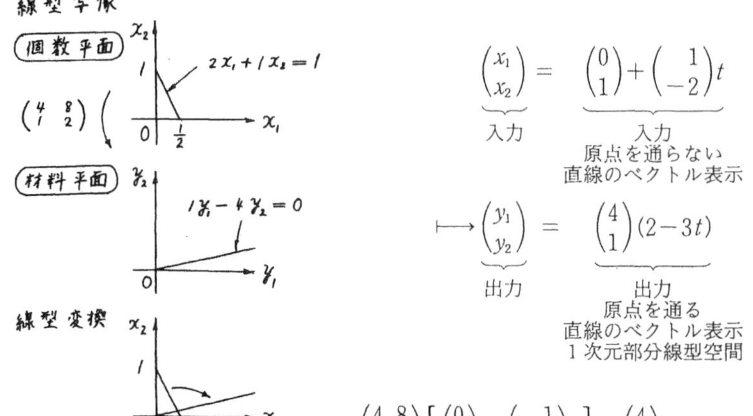

$$\underbrace{\begin{pmatrix} x_1 \\ x_2 \end{pmatrix}}_{\text{入力}} = \underbrace{\begin{pmatrix} 0 \\ 1 \end{pmatrix} + \begin{pmatrix} 1 \\ -2 \end{pmatrix}t}_{\text{入力}}$$

入力 原点を通らない直線のベクトル表示

$$\longmapsto \underbrace{\begin{pmatrix} y_1 \\ y_2 \end{pmatrix}}_{\text{出力}} = \underbrace{\begin{pmatrix} 4 \\ 1 \end{pmatrix}(2-3t)}_{\text{出力}}$$

出力 原点を通る直線のベクトル表示 1 次元部分線型空間

部分線型空間について 3.4.3 項参照.

ここでは，$\frac{1}{4}$ 個のような場合も考える.

$$\begin{pmatrix} 4 & 8 \\ 1 & 2 \end{pmatrix}\left[\begin{pmatrix} 0 \\ 1 \end{pmatrix} + \begin{pmatrix} 1 \\ -2 \end{pmatrix}t\right] = \begin{pmatrix} 4 \\ 1 \end{pmatrix}(2-3t)$$

図 4.10 線型写像と線型変換

小麦粉の量の値と砂糖の量の値とは $y_1=4y_2$ をみたすことがわかる．

ADVICE

$y_1=4(2-3t)$, $y_2=2-3t$ だから $y_1=4y_2$ である．

(まとめ) **非正則線型変換** 全平面⟶原点を通る直線　(退化)
直線⟶直線または1点(問 4.4，問 4.5)

(重要) 問 4.3 と同じ問題を考えてみよう．

$$\underbrace{\begin{pmatrix} y_1 \\ y_2 \end{pmatrix}}_{\text{出力}}=\begin{pmatrix} 4 & 8 \\ 1 & 2 \end{pmatrix}\underbrace{\begin{pmatrix} x_1 \\ x_2 \end{pmatrix}}_{\text{入力}}$$

は

$$\begin{cases} y_1=4x_1+8x_2 \\ y_2=1x_1+2x_2 \end{cases}$$

と書ける．これらを問 4.5 の $y_1=4y_2$ に代入すると，$4x_1+8x_2=4(1x_1+2x_2)$ となる．整理すると $0=0$ となり，ケーキAの個数の値とケーキBの個数の値との間の関係は求まらない．問 4.4 についても同様である．

例 $\begin{pmatrix} 4 & 8 \\ 1 & 2 \end{pmatrix}\begin{pmatrix} x_1 \\ x_2 \end{pmatrix}=\begin{pmatrix} 4k \\ 1k \end{pmatrix}$

$$\begin{cases} 4x_1+8x_2=4k \\ 1x_1+2x_2=1k \end{cases}$$

実質的な方程式が一つしかないから，出力 $\begin{pmatrix} 4k \\ 1k \end{pmatrix}$ となるような入力 $\begin{pmatrix} x_1 \\ x_2 \end{pmatrix}$ は1組に決まらない．

たねあかし

ある点 (x_1, x_2) を別の点 (y_1, y_2) にうつす規則が

$$\begin{pmatrix} y_1 \\ y_2 \end{pmatrix}=\begin{pmatrix} a_{11} & a_{12} \\ a_{21} & a_{22} \end{pmatrix}\begin{pmatrix} x_1 \\ x_2 \end{pmatrix}$$

で表せる場合

$$\begin{pmatrix} 1 \\ 0 \end{pmatrix}\longmapsto\begin{pmatrix} a_{11} \\ a_{21} \end{pmatrix},\ \begin{pmatrix} 0 \\ 1 \end{pmatrix}\longmapsto\begin{pmatrix} a_{12} \\ a_{22} \end{pmatrix}$$

平面のベクトル表示（平面内の点の位置）

$$\begin{pmatrix} x_1 \\ x_2 \end{pmatrix}=\begin{pmatrix} 1 \\ 0 \end{pmatrix}x_1+\begin{pmatrix} 0 \\ 1 \end{pmatrix}x_2$$

$$\begin{pmatrix} y_1 \\ y_2 \end{pmatrix}=\begin{pmatrix} a_{11} \\ a_{21} \end{pmatrix}x_1+\begin{pmatrix} a_{12} \\ a_{22} \end{pmatrix}x_2$$

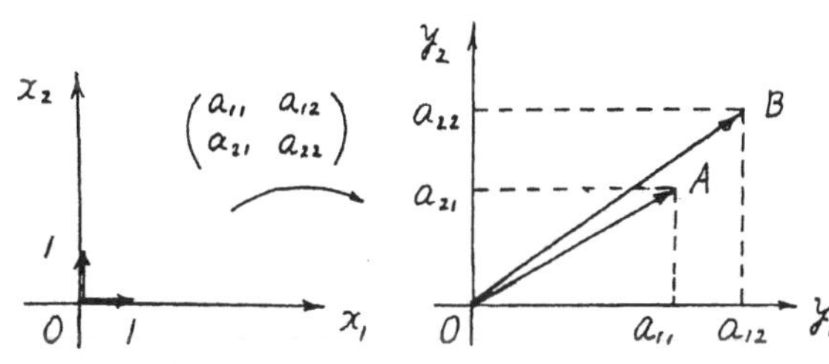

図 4.11　基本ベクトルのうつり先 1.2 節［参考 1］参照

⟼ は，ある要素が写像によってどの要素にうつるかを表す記号である．

$n\times n$ マトリックスを n 個のタテベクトルの並びと見ると，n 個のタテベクトルが線型独立のとき［マトリックスの階数 $=n$ (1.5.2 項参照)］逆マトリックスが存在する．

図 4.11 は $n=2$ の場合である．

3 点 O(0, 0)，A(a_{11}, a_{21})，B(a_{12}, a_{22}) が一直線上にあるときは $a_{11}:a_{21}=a_{12}:a_{22}$ だから，$a_{11}a_{22}-a_{12}a_{21}=0$ である（2.1.3 項自己診断 11.1 参照）．

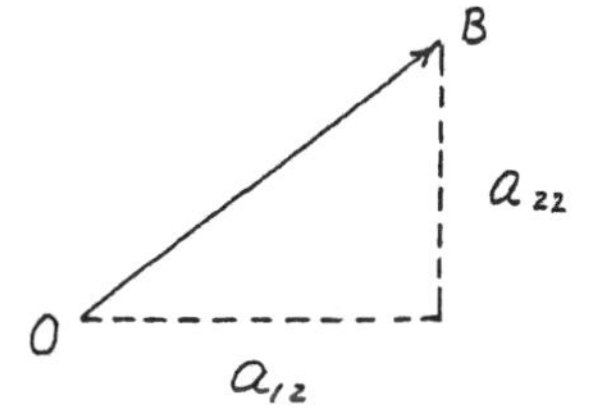

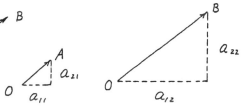

図 4.12　O，A，Bが一直線上にあるとき

逆マトリックスが存在するマトリックスを「正則マトリックス」という（1.7 節例題 1.10 ADVICE 欄）．

直線はどんな線型変換でも平面全体にはもどらない．

⇓

逆変換が存在しない（逆マトリックスが存在しない）．

⇓

出力（小麦粉の量の値と砂糖の量の値）が決まっていても，入力（これらの材料でつくることができる 2 種類のケーキの個数）を判断することはできない．

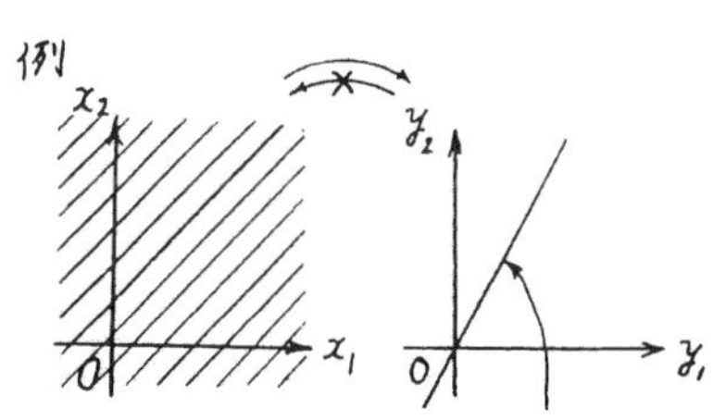

平面内のすべての点の集合　　直線上のすべての点の集合

図 4.13　逆変換が存在しない場合
(図 4.8 参照)

一般に線型変換は線分の長さ，角の大きさを保たない．(問 4.6 で確かめる)

問 4.6 線型変換：

$$\begin{pmatrix} y_1 \\ y_2 \end{pmatrix} = \begin{pmatrix} -3 & 6 \\ 1 & 3 \end{pmatrix} \begin{pmatrix} x_1 \\ x_2 \end{pmatrix}$$

を考える．

(1) O(0,0)，A(0,1)，B(1,1)，C(1,0) がうつる点を求めよ．

(2) O′A′，A′B′，B′C′，O′C′ を求めよ．

(3) ∠A′O′C′，∠O′A′B′，∠A′B′C′，∠B′C′O′ を求めよ．

(4) 平行四辺形 O′A′B′C′ の面積は正方形 OABC の面積の何倍か？

解説

(1) $\begin{pmatrix} -3 & 6 \\ 1 & 3 \end{pmatrix}\begin{pmatrix} 0 \\ 0 \end{pmatrix} = \begin{pmatrix} 0 \\ 0 \end{pmatrix}$, $\begin{pmatrix} -3 & 6 \\ 1 & 3 \end{pmatrix}\begin{pmatrix} 0 \\ 1 \end{pmatrix} = \begin{pmatrix} 6 \\ 3 \end{pmatrix}$,

$\begin{pmatrix} -3 & 6 \\ 1 & 3 \end{pmatrix}\begin{pmatrix} 1 \\ 1 \end{pmatrix} = \begin{pmatrix} 3 \\ 4 \end{pmatrix}$, $\begin{pmatrix} -3 & 6 \\ 1 & 3 \end{pmatrix}\begin{pmatrix} 1 \\ 0 \end{pmatrix} = \begin{pmatrix} -3 \\ 1 \end{pmatrix}$.

$$\mathrm{O}(0,0) \longmapsto \mathrm{O}'(0,0) \quad \mathrm{A}(0,1) \longmapsto \mathrm{A}'(6,3)$$
$$\mathrm{B}(1,1) \longmapsto \mathrm{B}'(3,4) \quad \mathrm{C}(1,0) \longmapsto \mathrm{C}'(-3,1)$$

正方形 OABC と平行四辺形 O′A′B′C′ とを比べると，頂点のまわる向きが互いに反対である．

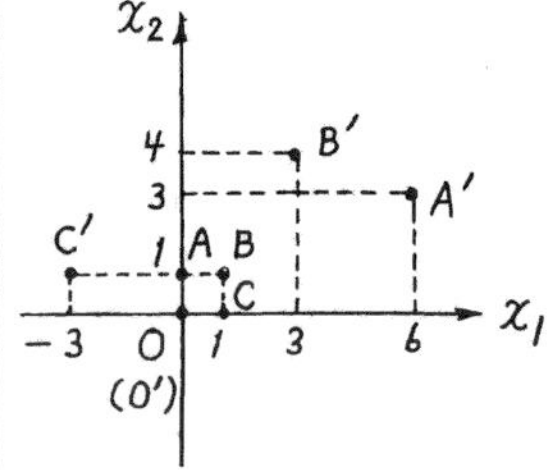

図 4.14 各点のうつり先

$\longmapsto$ は，ある要素が写像によってどの要素にうつるかを表す記号である．

(2) $\mathrm{O'A'} = \sqrt{6^2+3^2} = 3\sqrt{5} \neq \mathrm{OA}$,

$\mathrm{A'B'} = \sqrt{(3-6)^2+(4-3)^2} = \sqrt{10} \neq \mathrm{AB}$,

$\mathrm{B'C'} = \sqrt{[(-3)-3]^2+(1-4)^2} = 3\sqrt{5} \neq \mathrm{BC}$,

$\mathrm{O'C'} = \sqrt{(-3)^2+1^2} = \sqrt{10} \neq \mathrm{OC}$.

(3)

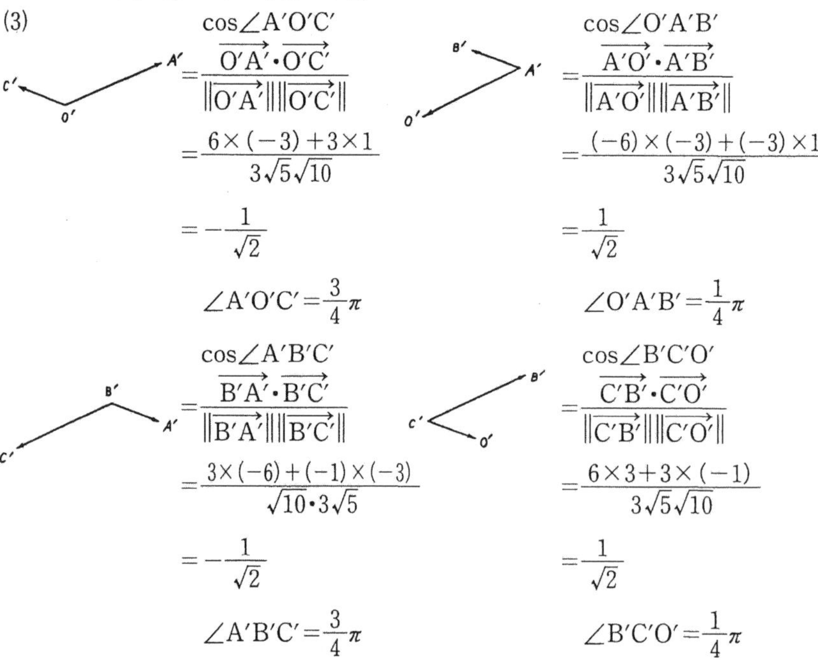

$$\cos\angle\mathrm{A'O'C'} = \frac{\overrightarrow{\mathrm{O'A'}}\cdot\overrightarrow{\mathrm{O'C'}}}{\|\overrightarrow{\mathrm{O'A'}}\|\|\overrightarrow{\mathrm{O'C'}}\|} = \frac{6\times(-3)+3\times1}{3\sqrt{5}\sqrt{10}} = -\frac{1}{\sqrt{2}}$$

$$\angle\mathrm{A'O'C'} = \frac{3}{4}\pi$$

$$\cos\angle\mathrm{O'A'B'} = \frac{\overrightarrow{\mathrm{A'O'}}\cdot\overrightarrow{\mathrm{A'B'}}}{\|\overrightarrow{\mathrm{A'O'}}\|\|\overrightarrow{\mathrm{A'B'}}\|} = \frac{(-6)\times(-3)+(-3)\times1}{3\sqrt{5}\sqrt{10}} = \frac{1}{\sqrt{2}}$$

$$\angle\mathrm{O'A'B'} = \frac{1}{4}\pi$$

$$\cos\angle\mathrm{A'B'C'} = \frac{\overrightarrow{\mathrm{B'A'}}\cdot\overrightarrow{\mathrm{B'C'}}}{\|\overrightarrow{\mathrm{B'A'}}\|\|\overrightarrow{\mathrm{B'C'}}\|} = \frac{3\times(-6)+(-1)\times(-3)}{\sqrt{10}\cdot3\sqrt{5}} = -\frac{1}{\sqrt{2}}$$

$$\angle\mathrm{A'B'C'} = \frac{3}{4}\pi$$

$$\cos\angle\mathrm{B'C'O'} = \frac{\overrightarrow{\mathrm{C'B'}}\cdot\overrightarrow{\mathrm{C'O'}}}{\|\overrightarrow{\mathrm{C'B'}}\|\|\overrightarrow{\mathrm{C'O'}}\|} = \frac{6\times3+3\times(-1)}{3\sqrt{5}\sqrt{10}} = \frac{1}{\sqrt{2}}$$

$$\angle\mathrm{B'C'O'} = \frac{1}{4}\pi$$

これらのどの角も 90° ではないことがわかる．

(3)

$\overrightarrow{\mathrm{O'A'}} = \begin{pmatrix} 6-0 \\ 3-0 \end{pmatrix}$

$\overrightarrow{\mathrm{O'C'}} = \begin{pmatrix} (-3)-0 \\ 1-0 \end{pmatrix}$

$\overrightarrow{\mathrm{A'O'}} = \begin{pmatrix} 0-6 \\ 0-3 \end{pmatrix}$

$\overrightarrow{\mathrm{A'B'}} = \begin{pmatrix} 3-6 \\ 4-3 \end{pmatrix}$

$\overrightarrow{\mathrm{B'A'}} = \begin{pmatrix} 6-3 \\ 3-4 \end{pmatrix}$

$\overrightarrow{\mathrm{B'C'}} = \begin{pmatrix} (-3)-3 \\ 1-4 \end{pmatrix}$

$\overrightarrow{\mathrm{C'B'}} = \begin{pmatrix} 3-(-3) \\ 4-1 \end{pmatrix}$

$\overrightarrow{\mathrm{C'O'}} = \begin{pmatrix} 0-(-3) \\ 0-1 \end{pmatrix}$

$\overrightarrow{\mathrm{O'C'}}$ の成分を第 1 列に書き，$\overrightarrow{\mathrm{O'A'}}$ の成分を第 2 列に書く．

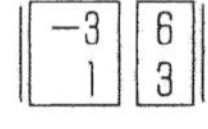

$$\begin{vmatrix} -3 & 6 \\ 1 & 3 \end{vmatrix}$$

(4) 正方形 OABC の面積を $\overrightarrow{\mathrm{OC}}\wedge\overrightarrow{\mathrm{OA}}$ と表す．このとき

$$\text{平行四辺形 O′A′B′C′ の面積} = \overrightarrow{\mathrm{O'C'}}\wedge\overrightarrow{\mathrm{O'A'}}$$
$$= \begin{vmatrix} -3 & 6 \\ 1 & 3 \end{vmatrix} \overrightarrow{\mathrm{OC}}\wedge\overrightarrow{\mathrm{OA}}$$
$$= -15\,\overrightarrow{\mathrm{OC}}\wedge\overrightarrow{\mathrm{OA}}$$

(4)

平行四辺形の面積の求め方と外積の記号 ∧ とについて 1.6.3 項参照．1.6.3 項問 1.27 参照

となる．したがって，面積どうしの比は

$$\frac{|-15\,\overrightarrow{\mathrm{OC}}\wedge\overrightarrow{\mathrm{OA}}|}{|\overrightarrow{\mathrm{OC}}\wedge\overrightarrow{\mathrm{OA}}|}=15$$

である．

Q.1 正方形 OABC の面積の値は正なのに，平行四辺形 O′A′B′C′ の面積の値が負になるのはなぜですか？

A.1 $\overrightarrow{\mathrm{OC}}$ から $\overrightarrow{\mathrm{OA}}$ に向かう角は正ですが，$\overrightarrow{\mathrm{O'C'}}$ から $\overrightarrow{\mathrm{O'A'}}$ に向かう角は負だからです．

Q.2 「面積の値が正しか取り得ない」という考え方では不都合ですか？

A.2 面積の値が正負を取り得るという考え方に拡張すると，本問の理解が深まります．線型変換で四角形の面積の値が正から負に変わりました．したがって，正方形 OABC と平行四辺形 O′A′B′C′ とでは頂点のまわる向きが互いに反対であることがわかります．

$\overrightarrow{\mathrm{OA}}$ は x_2 軸方向の基本ベクトル．

$\overrightarrow{\mathrm{OC}}$ は x_1 軸方向の基本ベクトル．

4.5 直交変換 ― ノルム（大きさ）・角を変えない線型変換

2 元連立 1 次方程式の問題は，4.3 節，4.4 節で考えた例だけではない。

- ある点を原点のまわりに角 θ だけ回転させると，点 (x_1', x_2') にうつる．はじめの点の位置はどこか？
- ある点は直線 $x_2=ax_1$ に関して対称な点 (x_1', x_2') にうつる．はじめの点の位置はどこか？

これらも 2 元連立 1 次方程式の問題である（問 4.9，問 4.11）．こういう問題を理解するために，回転の性質と鏡映の性質とを考えてみよう．

$\begin{pmatrix}x_1\\x_2\end{pmatrix}$ $\begin{pmatrix}y_1\\y_2\end{pmatrix}$
例 個数 ⟼ 材料

$\begin{pmatrix}x_1\\x_2\end{pmatrix}$ $\begin{pmatrix}x_1'\\x_2'\end{pmatrix}$
例 もとの点 ⟼ 別の点

どちらも 2 実数の組どうしの対応という観点で同じである．

計量 内積に基づいて，ノルムと角とが定義できることを意味する．

$\vec{p_1}$ と $\vec{p_2}$ との内積：$\vec{p_1}\cdot\vec{p_2}=\|\vec{p_1}\|\|\vec{p_2}\|\cos\theta$ （θ は $\vec{p_1}$ と $\vec{p_2}$ とのなす角）

① ノルム：自分自身の内積の平方根 $\|\vec{p_1}\|=\sqrt{\vec{p_1}\cdot\vec{p_1}}$，$\|\vec{p_2}\|=\sqrt{\vec{p_2}\cdot\vec{p_2}}$

② 角：$\cos\theta=\dfrac{\vec{p_1}\cdot\vec{p_2}}{\|\vec{p_1}\|\|\vec{p_2}\|}$ から角 θ が求まる．

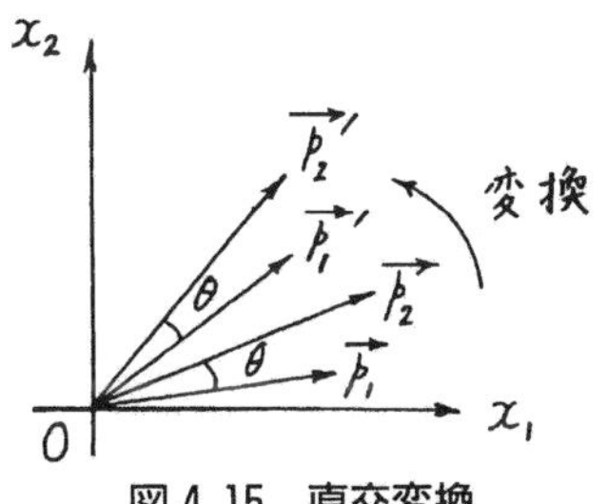

図 4.15 直交変換

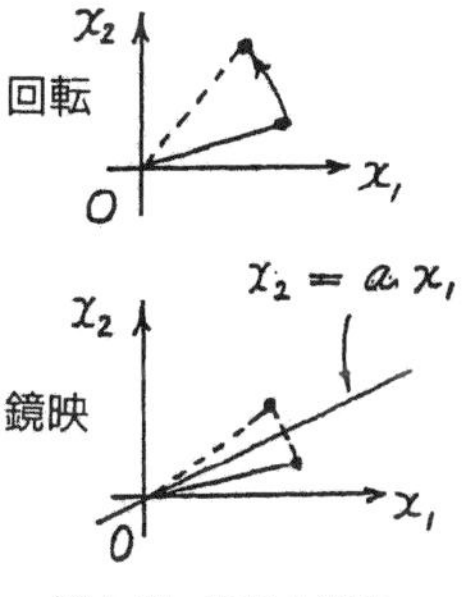

回転

鏡映

$x_2=ax_1$

図 4.16 回転と鏡映

特に，自分自身（$\theta=0$）であればノルムが変わらない．

2 次元の世界の直交変換

座標平面内でノルム・角を変えない（これらをまとめて，内積を変えないともいえる）線型変換を**直交変換**という．
① 原点を中心とする角 θ の回転　② 原点を通る直線について対称移動（折り返し）以外にない．

回転

重要 回転は**回転の中心**（どの点を中心にして回転するか）と**回転角**（どれだけ回すか）によって決まる．

約束 ① 回転角：ラジアンまたは度で測る．② 反時計まわりを正の角とする．

原点のまわりの回転の表し方

（発想）$\begin{pmatrix}出\\力\end{pmatrix}=\begin{pmatrix}回転マトリックス\end{pmatrix}\begin{pmatrix}入\\力\end{pmatrix}$ の回転マトリックスを知るために，基本ベクトル $\begin{pmatrix}1\\0\end{pmatrix}$，$\begin{pmatrix}0\\1\end{pmatrix}$ を入力する．これらのそれぞれの出力が回転マトリックスの第1列，第2列になる（1.2節自己診断 2.2［参考1］，［参考3］の応用）．

ADVICE

$R^2 \longrightarrow R^2$

2実数の組の集合から2実数の組の集合への写像

幾何の見方では，平面内のある点を別の点にうつすはたらきと考える．

回転の方法（回転マトリックス）は，古典力学，画像処理などを研究するときに必要である．

① 数ベクトル $\begin{pmatrix}1\\0\end{pmatrix}$ で表せる幾何ベクトル $\overrightarrow{e_1}$ と数ベクトル $\begin{pmatrix}0\\1\end{pmatrix}$ で表せる幾何ベクトル $\overrightarrow{e_2}$ とが原点のまわりに角 θ だけ回転すると，それぞれ $\overrightarrow{u_1}$，$\overrightarrow{u_2}$ にうつる．

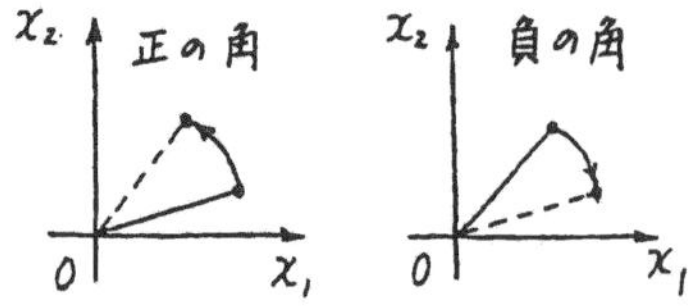

正の角　負の角

図 4.17　角の正負

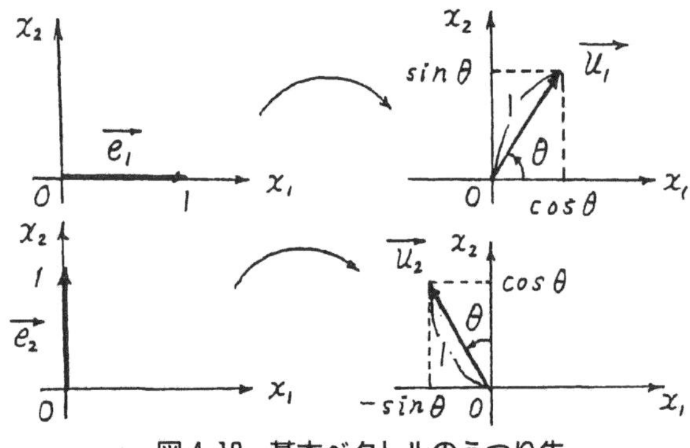
sinθ
cosθ
θ
1
cosθ
θ
-sinθ

図 4.18　基本ベクトルのうつり先

幾何ベクトル $\overrightarrow{u_1}$ は数ベクトル $\begin{pmatrix}\cos\theta\\ \sin\theta\end{pmatrix}$ で表せる．

幾何ベクトル $\overrightarrow{u_2}$ は数ベクトル $\begin{pmatrix}-\sin\theta\\ \cos\theta\end{pmatrix}$ で表せる．

② 幾何ベクトル $\vec{x}$ が幾何ベクトル $\vec{x}'$ にうつる．

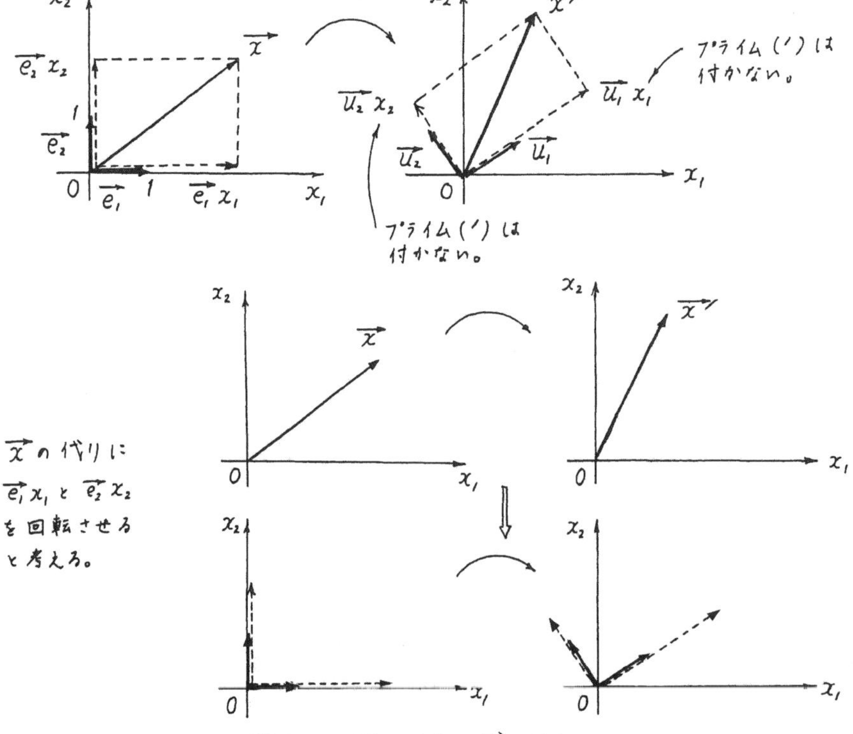
プライム（′）は付かない。
プライム（′）は付かない。
$\vec{x}$の代りに $\overrightarrow{e_1}x_1$ と $\overrightarrow{e_2}x_2$ を回転させると考える。

図 4.19　幾何ベクトル $\vec{x}$ の回転

$$\begin{array}{ccccccc}\vec{x} & = & \vec{e}_1 & x_1 + & \vec{e}_2 & x_2 \\ \downarrow & & \downarrow & & \downarrow & \\ \vec{x}' & = & \vec{u}_1 & x_1 + & \vec{u}_2 & x_2 \\ \downarrow & & \downarrow & & \downarrow & \\ \begin{pmatrix} x_1' \\ x_2' \end{pmatrix} & = & \begin{pmatrix} \cos\theta \\ \sin\theta \end{pmatrix} & x_1 + & \begin{pmatrix} -\sin\theta \\ \cos\theta \end{pmatrix} & x_2 \end{array}$$

倍を表す数はそのまま（図 4.19 の矢印を見ればわかる）．

幾何ベクトルを数ベクトルで表す．

したがって，

原点のまわりの回転

$$\begin{pmatrix} x_1' \\ x_2' \end{pmatrix} = \begin{pmatrix} \cos\theta & -\sin\theta \\ \sin\theta & \cos\theta \end{pmatrix} \begin{pmatrix} x_1 \\ x_2 \end{pmatrix}$$

回転マトリックス

$$\begin{pmatrix} \text{新} \\ \text{座} \\ \text{標} \end{pmatrix} = \begin{pmatrix} \text{回転マトリックス} \end{pmatrix} \begin{pmatrix} \text{旧} \\ \text{座} \\ \text{標} \end{pmatrix}$$

反時計まわりを正の角として，$\theta = 30^\circ$，-30° のように，θ に正の角と負の角とのどちらをあてはめてもよい．

と表せる（問 4.7参照）．**回転マトリックスの各要素は，回転角 θ の正負に関係ない．**

回転マトリックスという．

問 4.7 原点のまわりの回転がマトリックス $\begin{pmatrix} \cos\theta & -\sin\theta \\ \sin\theta & \cos\theta \end{pmatrix}$ で表せることを確かめよ．

解説

$$\begin{pmatrix} x_1' \\ x_2' \end{pmatrix} = \begin{pmatrix} \cos\theta \\ \sin\theta \end{pmatrix} x_1 + \begin{pmatrix} -\sin\theta \\ \cos\theta \end{pmatrix} x_2 = \begin{pmatrix} (\cos\theta)x_1 + (-\sin\theta)x_2 \\ (\sin\theta)x_1 + (\cos\theta)x_2 \end{pmatrix}$$

$$\begin{pmatrix} x_1' \\ x_2' \end{pmatrix} = \begin{pmatrix} \cos\theta & -\sin\theta \\ \sin\theta & \cos\theta \end{pmatrix} \begin{pmatrix} x_1 \\ x_2 \end{pmatrix} = \begin{pmatrix} (\cos\theta)x_1 + (-\sin\theta)x_2 \\ (\sin\theta)x_1 + (\cos\theta)x_2 \end{pmatrix}$$

となり，どちらも同じである．

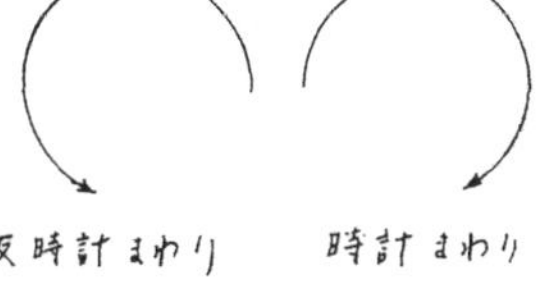

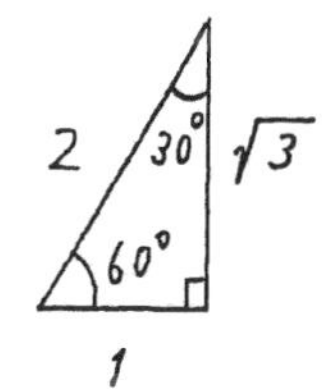

問 4.8 点 $(1, \sqrt{3})$ を原点のまわりに 90° 回転させると，どの点にうつるか？　つづけて，原点のまわりに -90° 回転させると，どの点にうつるか？

解説 わざわざ回転マトリックスを考えなくても，図を描くだけでわかる．

(i) 90° は正の角だから，反時計まわりの回転である．点 $(1, \sqrt{3})$ は，点 $(-\sqrt{3}, 1)$ にうつる．

(ii) -90° は負の角だから，時計まわりの回転である．点 $(-\sqrt{3}, 1)$ は，はじめの点 $(1, \sqrt{3})$ に戻る．

補足 **回転マトリックスで点をうつす**

回転マトリックスで点をうつしても，図 4.20 を見て求めた結果と一致することを確かめてみよう．

$$\begin{pmatrix} \cos 90^\circ & -\sin 90^\circ \\ \sin 90^\circ & \cos 90^\circ \end{pmatrix} \begin{pmatrix} 1 \\ \sqrt{3} \end{pmatrix} = \begin{pmatrix} 0 & -1 \\ 1 & 0 \end{pmatrix} \begin{pmatrix} 1 \\ \sqrt{3} \end{pmatrix} = \begin{pmatrix} 0 \times 1 + (-1) \times \sqrt{3} \\ 1 \times 1 + 0 \times \sqrt{3} \end{pmatrix}$$

$$\begin{pmatrix} \cos(-90^\circ) & -\sin(-90^\circ) \\ \sin(-90^\circ) & \cos(-90^\circ) \end{pmatrix} \begin{pmatrix} -\sqrt{3} \\ 1 \end{pmatrix} = \begin{pmatrix} 0 & -(-1) \\ -1 & 0 \end{pmatrix} \begin{pmatrix} -\sqrt{3} \\ 1 \end{pmatrix} = \begin{pmatrix} 0 \times (-\sqrt{3}) + 1 \times 1 \\ (-1) \times (-\sqrt{3}) + 0 \times 1 \end{pmatrix}$$

座標 $(1, \sqrt{3})$

点のベクトル表示 $\begin{pmatrix} 1 \\ \sqrt{3} \end{pmatrix}$

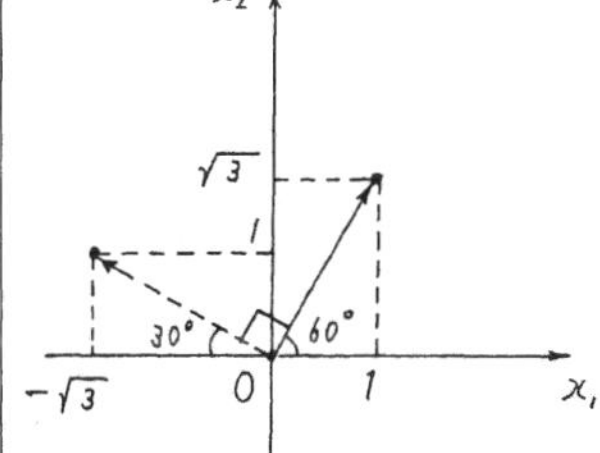

図 4.20　直角三角形に着目する発想

ADVICE

$=\begin{pmatrix}-\sqrt{3}\\1\end{pmatrix}$

だから，点 $(1,\sqrt{3})$ は点 $(-\sqrt{3},1)$ にうつる．

$=\begin{pmatrix}1\\\sqrt{3}\end{pmatrix}$

だから，点 $(-\sqrt{3},1)$ は点 $(1,\sqrt{3})$ にうつる．

別の見方

$$\underbrace{\begin{pmatrix}\cos(-90^\circ) & -\sin(-90^\circ)\\ \sin(-90^\circ) & \cos(-90^\circ)\end{pmatrix}}_{\text{つぎに }-90^\circ\text{ 回転}}\underbrace{\begin{pmatrix}\cos90^\circ & -\sin90^\circ\\ \sin90^\circ & \cos90^\circ\end{pmatrix}}_{\text{はじめに }90^\circ\text{ 回転}}\begin{pmatrix}1\\\sqrt{3}\end{pmatrix}$$

$$=\begin{pmatrix}0 & 1\\-1 & 0\end{pmatrix}\begin{pmatrix}0 & -1\\1 & 0\end{pmatrix}\begin{pmatrix}1\\\sqrt{3}\end{pmatrix}$$

$$=\begin{pmatrix}0\times0+1\times1 & 0\times(-1)+1\times0\\(-1)\times0+0\times1 & (-1)\times(-1)+0\times0\end{pmatrix}\begin{pmatrix}1\\\sqrt{3}\end{pmatrix}$$

$$=\underbrace{\begin{pmatrix}1 & 0\\0 & 1\end{pmatrix}}_{\text{まったく回転しないのと同じ}}\begin{pmatrix}1\\\sqrt{3}\end{pmatrix}$$

問 4.9 ある点を原点のまわりに 45° だけ回転させると，点 (1,1) にうつる．はじめの点の位置はどこか？

解説 図 4.21 から，はじめの点は $(\sqrt{2},0)$ とわかる．

補足

$$\begin{pmatrix}1\\1\end{pmatrix}=\begin{pmatrix}\cos45^\circ & -\sin45^\circ\\ \sin45^\circ & \cos45^\circ\end{pmatrix}\begin{pmatrix}x_1\\x_2\end{pmatrix}$$

だから 2 元連立 1 次方程式：

$$\begin{cases}\dfrac{1}{\sqrt{2}}x_1-\dfrac{1}{\sqrt{2}}x_2=1\\[2mm]\dfrac{1}{\sqrt{2}}x_1+\dfrac{1}{\sqrt{2}}x_2=1\end{cases}$$

を図で解いたことになる．

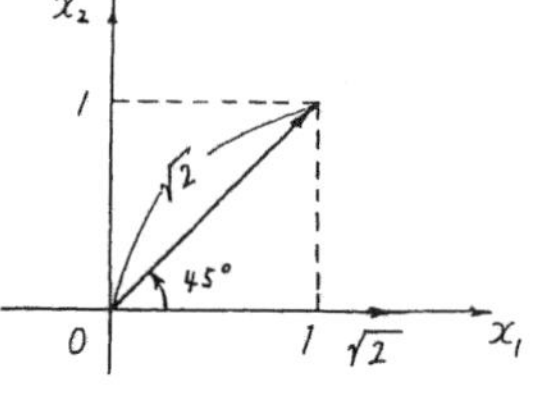

図 4.21 直角三角形に着目する発想

鏡映

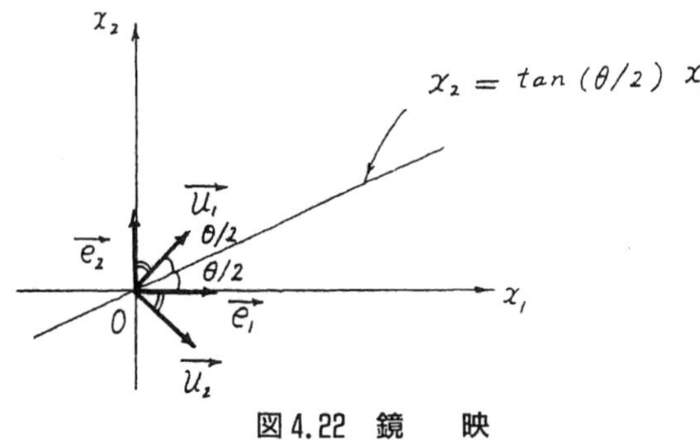

図 4.22 鏡 映

直線 $x_2=ax_1$ の傾き a を $\tan(\theta/2)$ と表した．

$a=\tan(\theta/2)$ をみたす角 θ は見つかる．

鏡映：「ある点を直線 $x_2=\tan(\theta/2)x_1$ に関する対称点に写像する線型変換」とみなせる．

回転マトリックスを求めたときと同じ発想で扱う．

① 数ベクトル $\begin{pmatrix}1\\0\end{pmatrix}$ で表せる幾何ベクトル $\overrightarrow{e_1}$ と数ベクトル $\begin{pmatrix}0\\1\end{pmatrix}$ で表せる幾何ベクトル $\overrightarrow{e_2}$ とを直線 $x_2=\tan(\theta/2)x_1$ に関して折り返すと，それぞれ $\overrightarrow{u_1}$，$\overrightarrow{u_2}$

1.2節自己診断2.2 [参考1]，[参考3] の応用

ADVICE

$\vec{u}_1$ と $\vec{u}_2$ とのなす角は $\frac{\pi}{2}$ であることに注意する.

にうつる.

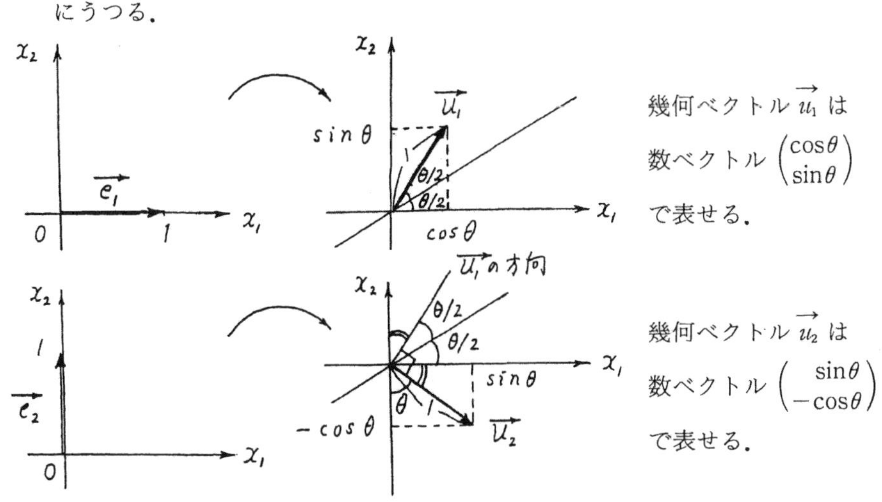

図 4.23　基本ベクトルのうつり先

② 幾何ベクトル $\vec{x}$ が幾何ベクトル $\vec{x}'$ にうつる.

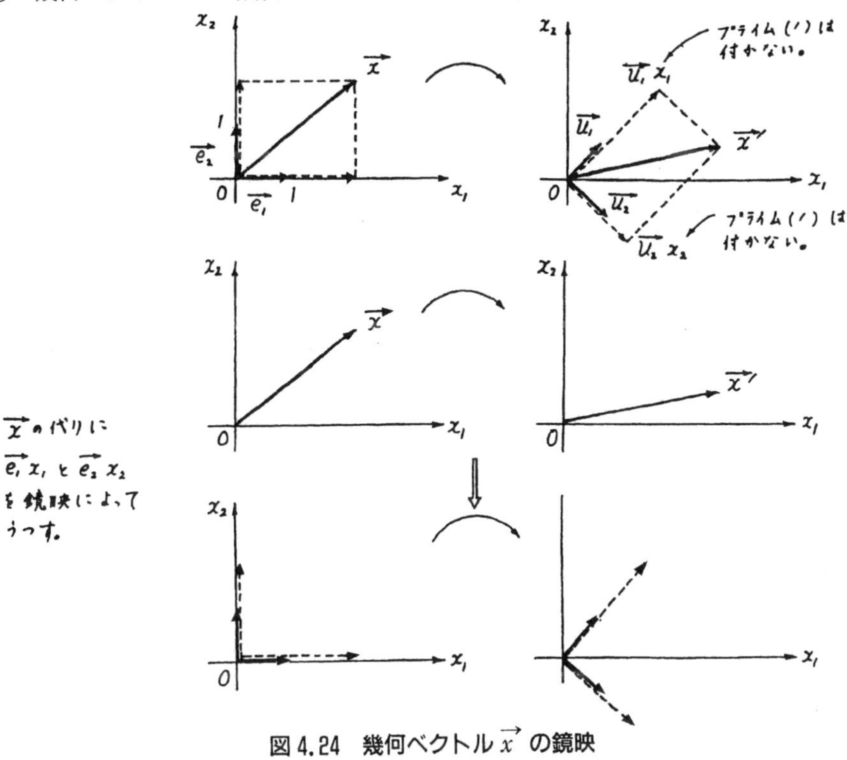

図 4.24　幾何ベクトル $\vec{x}$ の鏡映

$$
\begin{array}{ccccc}
\vec{x} & = & \vec{e}_1\; x_1 & + & \vec{e}_2\; x_2 \\
\downarrow & & \downarrow & & \downarrow \\
\vec{x}\,' & = & \vec{u}_1\; x_1 & + & \vec{u}_2\; x_2 \\
\downarrow & & \downarrow & & \downarrow \\
\begin{pmatrix}x_1'\\ x_2'\end{pmatrix} & = & \begin{pmatrix}\cos\theta\\ \sin\theta\end{pmatrix} x_1 & + & \begin{pmatrix}\sin\theta\\ -\cos\theta\end{pmatrix} x_2
\end{array}
$$

倍を表す数はそのまま
(図 4.24 の矢印を見ればわかる).

幾何ベクトルを
数ベクトルで表す.

ADVICE

したがって，

> **直線 $x_2=\tan(\theta/2)x_1$ に関する折り返し**
> $$\begin{pmatrix}x_1'\\x_2'\end{pmatrix}=\begin{pmatrix}\cos\theta & \sin\theta\\ \sin\theta & -\cos\theta\end{pmatrix}\begin{pmatrix}x_1\\x_2\end{pmatrix}$$
> **鏡映マトリックス**

$$\begin{pmatrix}新\\座\\標\end{pmatrix}=\begin{pmatrix}鏡映マトリックス\end{pmatrix}\begin{pmatrix}旧\\座\\標\end{pmatrix}$$

と表せる（問 4.7 と同じ考え方）．**鏡映マトリックスの各要素は，角 θ の正負に関係ない．**

$\theta=30^\circ$，-30° のように，θ に正の角と負の角とのどちらをあてはめてもよい．

問 4.10 直線 $x_2=\sqrt{3}x_1$ に関する鏡映によって，点 $\left(1,\dfrac{1}{\sqrt{3}}\right)$ はどの点にうつるか？

（解説） わざわざ鏡映マトリックスを考えなくても，図を描くだけでわかる．

点 $\left(1,\dfrac{1}{\sqrt{3}}\right)$ は，点 $\left(0,\dfrac{2}{\sqrt{3}}\right)$ にうつる．

（補足） **鏡映マトリックスで点をうつす**

鏡映マトリックスで点をうつしても，図 4.25 を見て求めた結果と一致することを確かめてみよう．$\sqrt{3}=\tan 60^\circ$ に注意すると，$\dfrac{\theta}{2}=60^\circ$ だから，$\theta=120^\circ$ である．

$$\begin{pmatrix}\cos120^\circ & \sin120^\circ\\ \sin120^\circ & -\cos120^\circ\end{pmatrix}\begin{pmatrix}1\\ \dfrac{1}{\sqrt{3}}\end{pmatrix}$$

$$=\begin{pmatrix}-\dfrac{1}{2} & \dfrac{\sqrt{3}}{2}\\ \dfrac{\sqrt{3}}{2} & \dfrac{1}{2}\end{pmatrix}\begin{pmatrix}1\\ \dfrac{1}{\sqrt{3}}\end{pmatrix}$$

$$=\begin{pmatrix}-\dfrac{1}{2}\times1+\dfrac{\sqrt{3}}{2}\times\dfrac{1}{\sqrt{3}}\\ \dfrac{\sqrt{3}}{2}\times1+\dfrac{1}{2}\times\dfrac{1}{\sqrt{3}}\end{pmatrix}$$

$$=\begin{pmatrix}0\\ \dfrac{2}{\sqrt{3}}\end{pmatrix}$$

だから，点 $\left(1,\dfrac{1}{\sqrt{3}}\right)$ は点 $\left(0,\dfrac{2}{\sqrt{3}}\right)$ にうつる．

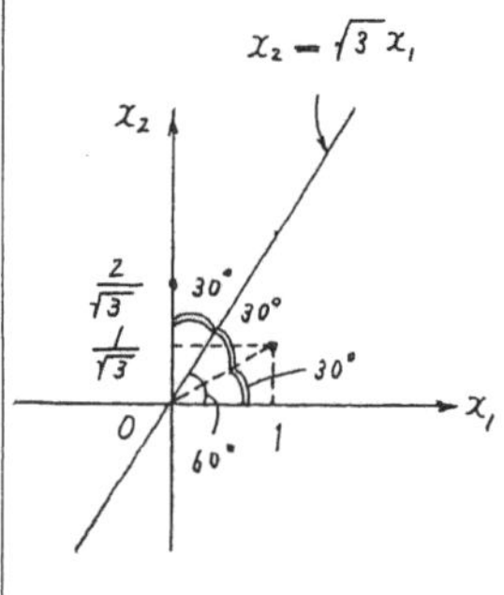

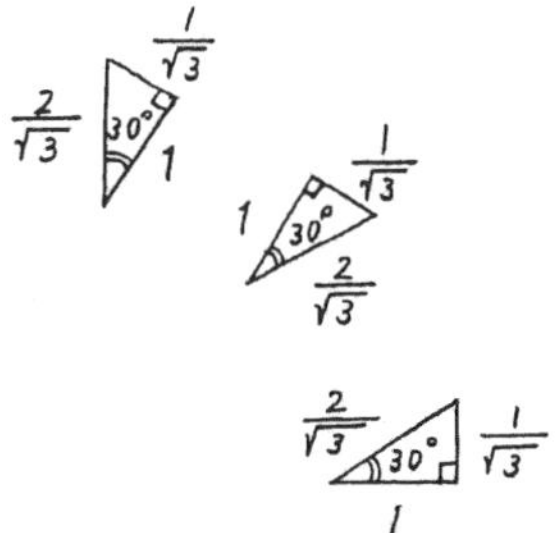

図 4.25 直角三角形に着目する発想

座標 $\left(1,\dfrac{1}{\sqrt{3}}\right)$

点のベクトル表示 $\begin{pmatrix}1\\ \dfrac{1}{\sqrt{3}}\end{pmatrix}$

問 4.11 ある点が直線 $x_2=\dfrac{1}{\sqrt{3}}x_1$ に関する鏡映によって，点 $\left(\dfrac{\sqrt{3}}{2},\dfrac{3}{2}\right)$ にうつる．はじめの点の位置はどこか？

（解説） 図 4.26 から，はじめの点は $(\sqrt{3},0)$ とわかる．

（補足）
$$\begin{pmatrix}\dfrac{\sqrt{3}}{2}\\ \dfrac{3}{2}\end{pmatrix}=\begin{pmatrix}\cos60^\circ & \sin60^\circ\\ \sin60^\circ & -\cos60^\circ\end{pmatrix}\begin{pmatrix}x_1\\x_2\end{pmatrix}$$

だから 2 元連立 1 次方程式：

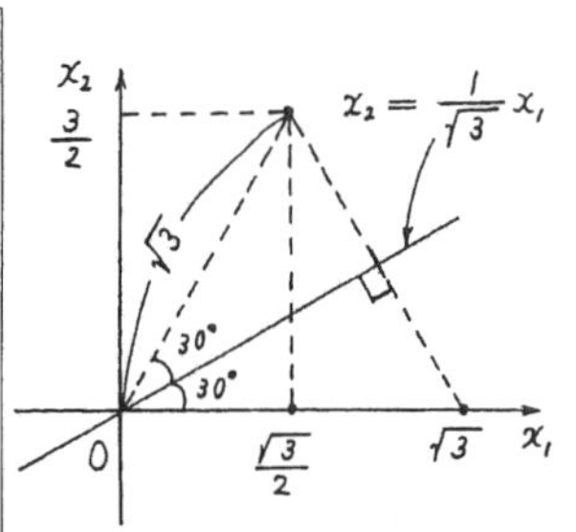

図 4.26 直角三角形に着目する発想

$$\begin{cases} \frac{1}{2}x_1 + \frac{\sqrt{3}}{2}x_2 = \frac{\sqrt{3}}{2} \\ \frac{\sqrt{3}}{2}x_1 - \frac{1}{2}x_2 = \frac{3}{2} \end{cases}$$

を図で解いたことになる．

重要 線型変換①回転　②鏡映は，すべての内積の値を変えない． ⇒問 4.14

直交する幾何ベクトルどうしのなす角は $\pi/2$ だから，$\cos\pi/2 = 0$ となり，内積は 0 である．

ノルム	$\|\vec{e_1}\|=1$, $\|\vec{e_2}\|=1$	$\|\vec{u_1}\|=1$, $\|\vec{u_2}\|=1$
角	$\vec{e_1}\perp\vec{e_2}$	$\vec{u_1}\perp\vec{u_2}$

これらをまとめて $\vec{u_i}\cdot\vec{u_j}=\delta_{ij}$ と表せる．

Kronecker のデルタ：$\delta_{ij}=\begin{cases}1 \text{ for } i=j\\ 0 \text{ for } i\neq j\end{cases}$

問 4.12 回転マトリックスを $U=\begin{pmatrix}u_{11} & u_{12}\\ u_{21} & u_{22}\end{pmatrix}$ と表すとき，

$$u_{11}{}^2+u_{21}{}^2=1,\quad u_{12}{}^2+u_{22}{}^2=1,\quad u_{11}u_{12}+u_{21}u_{22}=0$$

を確かめよ．

解説 $\cos^2\theta+\sin^2\theta=1$, $(-\sin\theta)^2+\cos^2\theta=1$,

$\cos\theta(-\sin\theta)+\sin\theta\cos\theta=0$.

回転マトリックス $\begin{pmatrix}\cos\theta & -\sin\theta\\ \sin\theta & \cos\theta\end{pmatrix}$

$u_1=\begin{pmatrix}u_{11}\\u_{21}\end{pmatrix}$, $u_2=\begin{pmatrix}u_{12}\\u_{22}\end{pmatrix}$, $u_1\cdot u_1=1$, $u_2\cdot u_2=1$, $u_1\cdot u_2=0$ を確かめる問題

問 4.13 鏡映マトリックスを $U=\begin{pmatrix}u_{11} & u_{12}\\ u_{21} & u_{22}\end{pmatrix}$ と表すとき，

$$u_{11}{}^2+u_{21}{}^2=1,\quad u_{12}{}^2+u_{22}{}^2=1,\quad u_{11}u_{12}+u_{21}u_{22}=0$$

を確かめよ．

解説 $\cos^2\theta+\sin^2\theta=1$, $\sin^2\theta+(-\cos\theta)^2=1$,

$\cos\theta\sin\theta+\sin\theta(-\cos\theta)=0$.

鏡映マトリックス $\begin{pmatrix}\cos\theta & \sin\theta\\ \sin\theta & -\cos\theta\end{pmatrix}$

問 4.14 回転または鏡映によって，内積の値が変わらないことを示せ．

解説 回転または鏡映によって，幾何ベクトル（矢印）のノルム，幾何ベクトルどうしの間の角が変わらない（図 4.27 からわかる）から，内積の値も変わらない．

補足 **式で考える方法**

$U\boldsymbol{x}\cdot U\boldsymbol{y}=\boldsymbol{x}\cdot\boldsymbol{y}$ を示す．

$U=\begin{pmatrix}u_{11} & u_{12}\\ u_{21} & u_{22}\end{pmatrix}$, $\boldsymbol{u}_1=\begin{pmatrix}u_{11}\\u_{21}\end{pmatrix}$, $\boldsymbol{u}_2=\begin{pmatrix}u_{12}\\u_{22}\end{pmatrix}$ とする．

$U=(\boldsymbol{u}_1\ \ \boldsymbol{u}_2)$ と書けるから，$U\boldsymbol{x}=(\boldsymbol{u}_1\ \ \boldsymbol{u}_2)\begin{pmatrix}x_1\\x_2\end{pmatrix}=\boldsymbol{u}_1x_1+\boldsymbol{u}_2x_2$ である（この式のつくり方は［参考 1］参照）．同様に，$U\boldsymbol{y}=\boldsymbol{u}_1y_1+\boldsymbol{u}_2y_2$ と表せる．

$$\begin{aligned} U\boldsymbol{x}\cdot U\boldsymbol{y} &= (\boldsymbol{u}_1x_1+\boldsymbol{u}_2x_2)\cdot(\boldsymbol{u}_1y_1+\boldsymbol{u}_2y_2)\\ &\overset{\text{分配法則}}{=} \boldsymbol{u}_1\cdot\boldsymbol{u}_1x_1y_1+\boldsymbol{u}_2\cdot\boldsymbol{u}_2x_2y_2+\boldsymbol{u}_1\cdot\boldsymbol{u}_2(x_1y_2+x_2y_1)\\ &\overset{\text{問 4.12, 問 4.13}}{=} x_1y_1+x_2y_2\\ &= \boldsymbol{x}\cdot\boldsymbol{y} \end{aligned}$$

$\vec{p}_1$ と $\vec{p}_2$ との内積 $\vec{p}_1\cdot\vec{p}_2=\|\vec{p}_1\|\|\vec{p}_2\|\cos\theta$

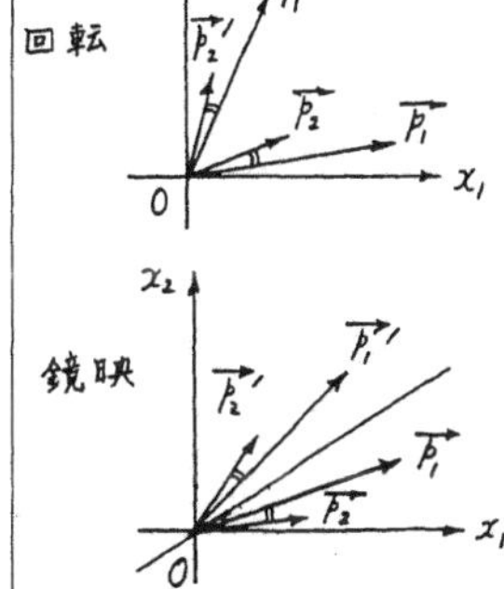

図 4.27 回転と鏡映

[参考1] 便利な計算方法

$$\underbrace{\left(\boxed{\begin{matrix}u_{11}\\u_{21}\end{matrix}}\ \boxed{\begin{matrix}u_{12}\\u_{22}\end{matrix}}\right)\begin{pmatrix}1\\0\end{pmatrix}=\begin{pmatrix}u_{11}\\u_{21}\end{pmatrix}}$$

タテベクトルに分割⇓$\boldsymbol{u}_1$ を取り出せる
$(\boldsymbol{u}_1\ \ \boldsymbol{u}_2)\boldsymbol{e}_1=\boldsymbol{u}_1$

$$\underbrace{\left(\boxed{\begin{matrix}u_{11}\\u_{21}\end{matrix}}\ \boxed{\begin{matrix}u_{12}\\u_{22}\end{matrix}}\right)\begin{pmatrix}0\\1\end{pmatrix}=\begin{pmatrix}u_{12}\\u_{22}\end{pmatrix}}$$

タテベクトルに分割⇓$\boldsymbol{u}_2$ を取り出せる
$(\boldsymbol{u}_1\ \ \boldsymbol{u}_2)\boldsymbol{e}_2=\boldsymbol{u}_2$

$$U\boldsymbol{x}=(\boldsymbol{u}_1\ \ \boldsymbol{u}_2)(\boldsymbol{e}_1x_1+\boldsymbol{e}_2x_2)=(\boldsymbol{u}_1\ \ \boldsymbol{u}_2)\boldsymbol{e}_1x_1+(\boldsymbol{u}_1\ \ \boldsymbol{u}_2)\boldsymbol{e}_2x_2=\boldsymbol{u}_1x_1+\boldsymbol{u}_2x_2$$

マトリックスの要素を具体的に書くと，この式は

$$\underbrace{\begin{pmatrix}u_{11}&u_{12}\\u_{21}&u_{22}\end{pmatrix}\begin{pmatrix}x_1\\x_2\end{pmatrix}}_{U\boldsymbol{x}}=\underbrace{\begin{pmatrix}u_{11}&u_{12}\\u_{21}&u_{22}\end{pmatrix}}_{(\boldsymbol{u}_1\ \boldsymbol{u}_2)}\underbrace{\left[\begin{pmatrix}1\\0\end{pmatrix}x_1+\begin{pmatrix}0\\1\end{pmatrix}x_2\right]}_{\boldsymbol{e}_1x_1+\boldsymbol{e}_2x_2}$$

$$=\underbrace{\begin{pmatrix}u_{11}&u_{12}\\u_{21}&u_{22}\end{pmatrix}\begin{pmatrix}1\\0\end{pmatrix}}_{(\boldsymbol{u}_1\ \boldsymbol{u}_2)\boldsymbol{e}_1}x_1+\underbrace{\begin{pmatrix}u_{11}&u_{12}\\u_{21}&u_{22}\end{pmatrix}\begin{pmatrix}0\\1\end{pmatrix}}_{(\boldsymbol{u}_1\ \boldsymbol{u}_2)\boldsymbol{e}_2}x_2$$

$$=\underbrace{\begin{pmatrix}u_{11}\\u_{21}\end{pmatrix}x_1+\begin{pmatrix}u_{12}\\u_{22}\end{pmatrix}x_2}_{\boldsymbol{u}_1x_1+\boldsymbol{u}_2x_2}$$

となる．

n 行 n 列のマトリックスの場合も，タテベクトル $\boldsymbol{e}_j=$ 第 j 行$\begin{pmatrix}0\\\vdots\\1\\\vdots\\0\end{pmatrix}$との積をつくれば，このマトリックスからタテベクトル $\boldsymbol{u}_j=$ 第 i 行$\begin{pmatrix}u_{1j}\\\vdots\\u_{ij}\\\vdots\\u_{ni}\end{pmatrix}$（第 j 列）が取り出せる．

ADVICE

1.2 節自己診断 2.2［参考1］参照

$\boldsymbol{u}_1=\begin{pmatrix}u_{11}\\u_{21}\end{pmatrix}$

$\boldsymbol{u}_2=\begin{pmatrix}u_{12}\\u_{22}\end{pmatrix}$

$\boldsymbol{e}_1=\begin{pmatrix}1\\0\end{pmatrix}$

$\boldsymbol{e}_2=\begin{pmatrix}0\\1\end{pmatrix}$

$U=(\boldsymbol{u}_1\ \ \boldsymbol{u}_2)$

$\boldsymbol{x}=\boldsymbol{e}_1x_1+\boldsymbol{e}_2x_2$

[注意]
j は行番号を表しているのであって，j をタテベクトルに掛けるのではない．

[注意]
i は行番号，j は列番号を表しているのであって，i，j をタテベクトルに掛けるのではない．

転置マトリックス

一つのマトリックスの行と列とを入れ換えてできるマトリックス

$$U=\begin{pmatrix}u_{11}&u_{12}\\u_{21}&u_{22}\end{pmatrix}\qquad U^*=\underbrace{\begin{pmatrix}u_{11}&u_{21}\\u_{12}&u_{22}\end{pmatrix}}$$

U の行と列とを入れ換えた形

＊で転置マトリックスを表す．

1.2 節参照

転置マトリックスの記号：U^* のほかに ${}^tU$，${}^{\mathrm{T}}U$，U^t，U^{T}［t，T は transpose（転置）の頭文字］と書く教科書もある．

(i, j) 成分：第 i 行，第 j 列の場所にある要素

転置マトリックスの性質

$$(AB)^*=B^*A^*$$

4.5 節自己診断 18.1 に活用する．

この関係は，n 行 n 列の場合にも成り立つ．

問 4.15 簡単のために，2 行 2 列の場合にこの性質を示せ．

（解説） $A=\begin{pmatrix}a_{11}&a_{12}\\a_{21}&a_{22}\end{pmatrix}$，$B=\begin{pmatrix}b_{11}&b_{12}\\b_{21}&b_{22}\end{pmatrix}$ とする．

$$AB=\begin{pmatrix}a_{11}&a_{12}\\a_{21}&a_{22}\end{pmatrix}\begin{pmatrix}b_{11}&b_{12}\\b_{21}&b_{22}\end{pmatrix}$$

問 4.15 のマトリックスの成分は実数である．

$$= \begin{pmatrix} a_{11}b_{11}+a_{12}b_{21} & a_{11}b_{12}+a_{12}b_{22} \\ a_{21}b_{11}+a_{22}b_{21} & a_{21}b_{12}+a_{22}b_{22} \end{pmatrix}$$

だから

$$(AB)^* = \begin{pmatrix} a_{11}b_{11}+a_{12}b_{21} & a_{21}b_{11}+a_{22}b_{21} \\ a_{11}b_{12}+a_{12}b_{22} & a_{21}b_{12}+a_{22}b_{22} \end{pmatrix}$$

である．他方，

$$B^*A^* = \begin{pmatrix} b_{11} & b_{21} \\ b_{12} & b_{22} \end{pmatrix}\begin{pmatrix} a_{11} & a_{21} \\ a_{12} & a_{22} \end{pmatrix}$$

$$= \begin{pmatrix} b_{11}a_{11}+b_{21}a_{12} & b_{11}a_{21}+b_{21}a_{22} \\ b_{12}a_{11}+b_{22}a_{12} & b_{12}a_{21}+b_{22}a_{22} \end{pmatrix}$$

である．したがって，$(AB)^*=B^*A^*$ であることがわかる．

[参考 2]　内積とスカラー積

内積：タテベクトルの集合の要素どうしの乗法

$$\boldsymbol{x}\cdot\boldsymbol{y} = \begin{pmatrix} x_1 \\ x_2 \end{pmatrix}\cdot\begin{pmatrix} y_1 \\ y_2 \end{pmatrix} = x_1y_1+x_2y_2$$

またはヨコベクトルの集合の要素どうしの乗法

$$\boldsymbol{x}^*\cdot\boldsymbol{y}^* = (x_1 \ \ x_2)\cdot(y_1 \ \ y_2) = x_1y_1+x_2y_2$$

スカラー積：ヨコベクトルの集合の要素とタテベクトルの集合の要素との間の乗法

$$\boldsymbol{x}^* \ \ \boldsymbol{y} = (x_1 \ \ x_2)\begin{pmatrix} y_1 \\ y_2 \end{pmatrix} = x_1y_1+x_2y_2$$

$\boldsymbol{x}=\begin{pmatrix} x_1 \\ x_2 \end{pmatrix}$ のとき $\boldsymbol{x}^*=(x_1 \ \ x_2)$ である．

1行2列のマトリックスと2行1列のマトリックスとの乗法なので，$\boldsymbol{x}^*$ と $\boldsymbol{y}$ との間に内積の記号・を書かない．

内積 $x_1y_1+x_2y_2$ の値とスカラー積 $x_1y_1+x_2y_2$ の値とは一致する．したがって，積の値に限れば，タテとヨコとの区別にこだわらなくてもよい．このとき

$$\underbrace{\begin{pmatrix} u_{11} & u_{12} \\ u_{21} & u_{22} \end{pmatrix}}_{\text{マトリックス } U} \begin{pmatrix} x_1 \\ x_2 \end{pmatrix} = \underbrace{\begin{pmatrix} u_{11}x_1+u_{12}x_2 \\ u_{21}x_1+u_{22}x_2 \end{pmatrix}}_{\text{タテベクトル}}$$

を

$$(x_1 \ \ x_2) \underbrace{\begin{pmatrix} u_{11} & u_{21} \\ u_{12} & u_{22} \end{pmatrix}}_{\substack{\text{マトリックス } U \text{ の} \\ \text{転置マトリックス}}} = \underbrace{(x_1u_{11}+x_2u_{12} \ \ x_1u_{21}+x_2u_{22})}_{\text{ヨコベクトル}}$$

と同じとみなす．

内積 $U\boldsymbol{x}\cdot U\boldsymbol{y}=\boldsymbol{x}\cdot\boldsymbol{y}$ は

$$\underbrace{(x_1 \ \ x_2)\begin{pmatrix} u_{11} & u_{21} \\ u_{12} & u_{22} \end{pmatrix}\begin{pmatrix} u_{11} & u_{12} \\ u_{21} & u_{22} \end{pmatrix}\begin{pmatrix} y_1 \\ y_2 \end{pmatrix}}_{\boldsymbol{x}^*U^* \ \ U\boldsymbol{y}} = \underbrace{(x_1 \ \ x_2)\begin{pmatrix} y_1 \\ y_2 \end{pmatrix}}_{\boldsymbol{x}^*\boldsymbol{y}}$$

問 4.12，問 4.13参照

と同じとみなせる．

ADVICE

直交マトリックス

$$U=\begin{pmatrix} u_{11} & u_{12} \\ u_{21} & u_{22} \end{pmatrix}=\underbrace{(\boldsymbol{u}_1\ \ \boldsymbol{u}_2)}_{\text{タテベクトルに分割}}$$

正規直交基底：$\{\boldsymbol{u}_1, \boldsymbol{u}_2\}$

マトリックスをタテベクトルの並びとみなしたとき，それらがすべて直交している（問 4.12，問 4.13）．

$$\boldsymbol{u}_1\cdot\boldsymbol{u}_1=1,\quad \boldsymbol{u}_2\cdot\boldsymbol{u}_2=1,\quad \boldsymbol{u}_1\cdot\boldsymbol{u}_2=0,\quad \boldsymbol{u}_2\cdot\boldsymbol{u}_1=0.$$

n 次元への拡張

$$u=\begin{pmatrix} u_{11} & \cdots & u_{1j} & \cdots & u_{1n} \\ \vdots & & \vdots & & \vdots \\ u_{i1} & \cdots & u_{ij} & \cdots & u_{in} \\ \vdots & & \vdots & & \vdots \\ u_{n1} & \cdots & u_{nj} & \cdots & u_{nn} \end{pmatrix}=\underbrace{(\boldsymbol{u}_1\ \cdots\ \boldsymbol{u}_j\ \cdots\ \boldsymbol{u}_n)}_{\text{タテベクトルに分割}}$$

$$\underbrace{\boldsymbol{u}_i\cdot\boldsymbol{u}_j=\delta_{ij}\quad (i,\ j=1, 2, \ldots, n)}_{n\text{ 個のタテベクトルは互いに直交する単位ベクトル}}$$

$\boldsymbol{u}_1=\begin{pmatrix} u_{11} \\ \vdots \\ u_{n1} \end{pmatrix}$ など

Kronecker のデルタ：
$\delta_{ij}=\begin{cases} 1 \text{ for } i=j \\ 0 \text{ for } i\neq j \end{cases}$

問 4.16 $U^*U=UU^*=I$（単位マトリックス）を確かめよ．

（解説）

$$U^*U=\begin{pmatrix} u_{11} & u_{21} \\ u_{12} & u_{22} \end{pmatrix}\begin{pmatrix} u_{11} & u_{12} \\ u_{21} & u_{22} \end{pmatrix}$$

$$=\underbrace{\begin{pmatrix} \boldsymbol{u}_1{}^* \\ \boldsymbol{u}_2{}^* \end{pmatrix}}_{\text{ヨコベクトルに分割}}\underbrace{(\boldsymbol{u}_1\ \ \boldsymbol{u}_2)}_{\text{タテベクトルに分割}}$$

$$=\begin{pmatrix} \boldsymbol{u}_1{}^*\boldsymbol{u}_1 & \boldsymbol{u}_1{}^*\boldsymbol{u}_2 \\ \boldsymbol{u}_2{}^*\boldsymbol{u}_1 & \boldsymbol{u}_2{}^*\boldsymbol{u}_2 \end{pmatrix}$$

［参考 2］参照

$$=\begin{pmatrix} \boldsymbol{u}_1\cdot\boldsymbol{u}_1 & \boldsymbol{u}_1\cdot\boldsymbol{u}_2 \\ \boldsymbol{u}_2\cdot\boldsymbol{u}_1 & \boldsymbol{u}_2\cdot\boldsymbol{u}_2 \end{pmatrix}$$

$$=\begin{pmatrix} 1 & 0 \\ 0 & 1 \end{pmatrix}$$

$\boldsymbol{u}_1=\begin{pmatrix} u_{11} \\ u_{21} \end{pmatrix}$

$\boldsymbol{u}_2=\begin{pmatrix} u_{12} \\ u_{22} \end{pmatrix}$

$\boldsymbol{u}_1{}^*=(u_{11}\ \ u_{21})$

$\boldsymbol{u}_2{}^*=(u_{12}\ \ u_{22})$

$UU^*=I$
も同じ考え方で確かめることができる．

（補足） $\boldsymbol{x}^*U^*U\boldsymbol{y}=\boldsymbol{x}^*\boldsymbol{y}$（［参考 2］参照）の左辺に結合法則を適用すると，

$$\boldsymbol{x}^*(U^*U)\boldsymbol{y}=\boldsymbol{x}^*\boldsymbol{y}$$

となる．両辺を比べると，

$$U^*U=I$$

であることがわかる．この両辺に左から U を掛けると，

$$UU^*U=\underbrace{UI}_{U}$$

となる．さらに，この両辺に右から U^{-1}（U の逆マトリックス）を掛けると，

$$UU^*\underbrace{UU^{-1}}_{I}=\underbrace{UU^{-1}}_{I}$$

となる．したがって，

$$UU^*=I$$

である．

$$\underbrace{U^* U}_{\text{転置ともととの積}} = \underbrace{U U^*}_{\text{もとと転置との積}} = I \text{（単位マトリックス）}$$

をみたす正方マトリックス U（行の個数と列の個数が同じ）を**直交マトリックス**という．

（重要） U^* が U の逆マトリックスのとき $U^* U = U U^* = I$ となる．
ただし，どんなマトリックスについても，その転置マトリックスが逆マトリックスと一致するわけではない．

$(U^*)^{-1} = U$

$U^{-1} = U^*$

対称マトリックス
$A = A^*$

直交マトリックス
$U^{-1} = U^*$

自己診断18

18.1 直交マトリックスの重要な性質

直交マトリックスについて，つぎの性質を示せ．

(1) U_1 と U_2 とが直交マトリックスのとき，$U_1 U_2$ も直交マトリックスである．

(2) U が直交マトリックスのとき，U^* も直交マトリックスである．

(3) U が直交マトリックスのとき，行列式 $\det U$ の絶対値は 1 である．

（ねらい） 直交マトリックスの定義を表す式からどんな性質が説明できるのかということを理解する．

（発想） 転置マトリックスの性質 $(U_1 U_2)^* = U_2^* U_1^*$ を活用する．

（解説）

(1)

$$\begin{aligned} &(U_1 U_2)^*(U_1 U_2) \\ &= U_2^* U_1^* U_1 U_2 \\ &= U_2^*(U_1^* U_1) U_2 \\ &= U_2^* I U_2 \\ &= U_2^* U_2 \\ &= I \end{aligned} \qquad \begin{aligned} &(U_1 U_2)(U_1 U_2)^* \\ &= U_1 U_2 U_2^* U_1^* \\ &= U_1 (U_2 U_2^*) U_1^* \\ &= U_1 I U_1^* \\ &= U_1 U_1^* \\ &= I \end{aligned}$$

(2) 直交マトリックス U の定義は

$$\underbrace{U^* U}_{\text{転置ともととの積}} = \underbrace{U U^*}_{\text{もとと転置との積}} = I$$

（もとのマトリックスを U と考える）である．

$U = U^{**}$（二度転置するともとに戻る）に注意すると，定義の式を

$$\underbrace{U^* U^{**}}_{\text{もとと転置との積}} = \underbrace{U^{**} U^*}_{\text{転置ともととの積}} = I$$

（もとのマトリックスを U^* と考える）と書き直せる．この式は，U^* が直交マトリックスであることを示している．

直交マトリックスの定義と比べる．

(3) $\det(U^* U) = \det(U^*)\det U$，　$\det(U^* U) = \det I = 1$，　$\det U = \det(U^*)$
から

$$(\det U)^2 = 1$$

となるので，

$$|\det U| = 1$$

である．

$\det AB = \det A \ \det B$
について1.6.2項自己診断8.2参照．

ADVICE

18.2 回転する変換の逆変換

原点のまわりに角 θ だけ回転する変換の逆変換は，どんなマトリックスで表せるか？

問 4.8 参照

(解説) 原点のまわりに角 $-\theta$ だけ回転する変換だから，

$$\begin{pmatrix} \cos(-\theta) & -\sin(-\theta) \\ \sin(-\theta) & \cos(-\theta) \end{pmatrix}$$

で表せる．このマトリックスは

$$\begin{pmatrix} \cos\theta & \sin\theta \\ -\sin\theta & \cos\theta \end{pmatrix}$$

とも表せる．

角 θ だけ回転する変換 $\begin{pmatrix} \cos\theta & -\sin\theta \\ \sin\theta & \cos\theta \end{pmatrix}$

$\theta \to -\theta$ のおきかえで転置マトリックスになる．

(補足)

$$\begin{pmatrix} \cos(-\theta) & -\sin(-\theta) \\ \sin(-\theta) & \cos(-\theta) \end{pmatrix}\begin{pmatrix} \cos\theta & -\sin\theta \\ \sin\theta & \cos\theta \end{pmatrix}$$

$$=\begin{pmatrix} \cos^2\theta+\sin^2\theta & -\cos\theta\sin\theta+\sin\theta\cos\theta \\ -\sin\theta\cos\theta+\cos\theta\sin\theta & \sin^2\theta+\cos^2\theta \end{pmatrix}$$

$$=\begin{pmatrix} 1 & 0 \\ 0 & 1 \end{pmatrix}$$

$\sin(-\theta)=-\sin\theta$

$-\sin(-\theta)=\sin\theta$

$\cos(-\theta)=\cos\theta$

$$\begin{pmatrix} \cos\theta & -\sin\theta \\ \sin\theta & \cos\theta \end{pmatrix}\begin{pmatrix} \cos(-\theta) & -\sin(-\theta) \\ \sin(-\theta) & \cos(-\theta) \end{pmatrix}=\begin{pmatrix} 1 & 0 \\ 0 & 1 \end{pmatrix}$$

も同様に示せる．したがって，$\begin{pmatrix} \cos(-\theta) & -\sin(-\theta) \\ \sin(-\theta) & \cos(-\theta) \end{pmatrix}$ は $\begin{pmatrix} \cos\theta & -\sin\theta \\ \sin\theta & \cos\theta \end{pmatrix}$ の逆マトリックスであることがわかる．

回転マトリックスの逆マトリックスは，1.7 節の方法ではなく，$\theta \to -\theta$ のおきかえで簡単に求まる．

18.3 正弦・余弦についての加法定理

原点のまわりに角 β だけ回転し，ひきつづいて角 α だけ回転する．

(1) こういう合成変換は，原点のまわりにどれだけ回転する変換か？

(2) $\cos(\alpha+\beta)=\cos\alpha+\cos\beta$，$\sin(\alpha+\beta)=\sin\alpha+\sin\beta$ となるか？

高校数学でも加法定理を学習する．

(解説)

(1) $\alpha+\beta$

(2) 二つの回転をひきつづいて行う合成変換は

$$\begin{pmatrix} \cos\alpha & -\sin\alpha \\ \sin\alpha & \cos\alpha \end{pmatrix}\begin{pmatrix} \cos\beta & -\sin\beta \\ \sin\beta & \cos\beta \end{pmatrix}$$

と表せる．一方，(1) から，この変換は

$$\begin{pmatrix} \cos(\alpha+\beta) & -\sin(\alpha+\beta) \\ \sin(\alpha+\beta) & \cos(\alpha+\beta) \end{pmatrix}$$

と表すこともできる．したがって，

$$\begin{pmatrix} \cos\alpha & -\sin\alpha \\ \sin\alpha & \cos\alpha \end{pmatrix}\begin{pmatrix} \cos\beta & -\sin\beta \\ \sin\beta & \cos\beta \end{pmatrix}=\begin{pmatrix} \cos(\alpha+\beta) & -\sin(\alpha+\beta) \\ \sin(\alpha+\beta) & \cos(\alpha+\beta) \end{pmatrix}$$

だから，

$$\begin{cases} \cos(\alpha+\beta)=\cos\alpha\cos\beta-\sin\alpha\sin\beta \\ \sin(\alpha+\beta)=\sin\alpha\cos\beta+\cos\alpha\sin\beta \end{cases}$$

となる．これを正弦・余弦についての加法定理という．

反時計まわりを正の向きとする．
$\alpha=30^\circ$（正の向きだから反時計まわり），$\beta=-40^\circ$（負の向きだから時計まわり）の場合 $\alpha+\beta=-10^\circ$ だから，10° だけ負の向き（時計まわり）に回転する変換と同じである．

左辺のマトリックスどうしの積を求め，右辺と成分どうしを比較する．

18.4 回転マトリックスの応用

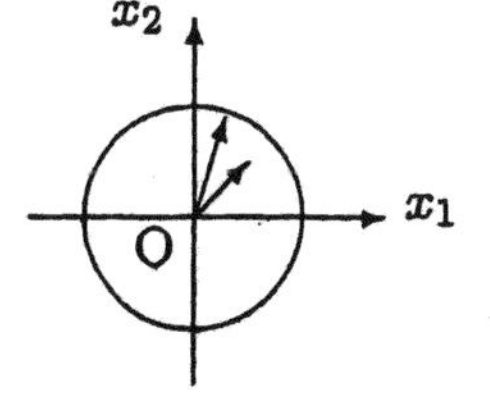

図 4.28 時計の長針と短針

時計の長針と短針とを矢印（原点を始点とする位置ベクトル）と考えて，これらの動きを考えてみよう．長針のノルムを1とする．角は時計まわりを正の向きとして測る．矢印の終点の座標の変化は，（あとの時刻の座標）－（はじめの時刻の座標）で表す．

(1) どの時刻から同じ時間が経過しても，長針は同じ角だけ回転する．

(a) 0時から5 min経過するまでの間に，長針の終点の x_1 座標と x_2 座標とは，それぞれどれだけ変化するか？

(b) 0時15分から5 min経過するまでの間に，長針の終点の x_1 座標と x_2 座標とは，それぞれどれだけ変化するか？

(c) ある時刻で，長針の終点の座標が (x_1, x_2) である．この時刻から Δt min け時間が経過したとき，長針の終点の座標が $(x_1+\Delta x_1, x_2+\Delta x_2)$ に変化する．

$\Delta \boldsymbol{r}=\begin{pmatrix}\Delta x_1\\ \Delta x_2\end{pmatrix}$，$\boldsymbol{r}=\begin{pmatrix}x_1\\ x_2\end{pmatrix}$ とすると，$\Delta \boldsymbol{r}=A\boldsymbol{r}$ と表せる．マトリックス A を求めよ．ただし，A の要素は Δt を使って表すこと．

(2) 長針と短針との内積の大きさ（絶対値）が最大・最小になるのは，それぞれどんな場合か？ 長針と短針との交角は二つあるが，これらの大きさがちがうときは小さい方を考えればよい．

min は「分」（minute）を表す．これは単位量だから立体で表す．

0.1節例題0.1参照

(1)の回転マトリックスを使う．

Δ（ギリシア文字デルタの大文字）は変化分を表す．

360°÷60min＝6°/min だから長針は1min間に6°だけ回転する．/min は「分あたり」を表す．

$6°/\mathrm{min}\times\Delta t\ \mathrm{min}$
$=6\Delta t°/\mathrm{min}\times\mathrm{min}$
$=6\Delta t°$
だから

Δt min 間に長針は $6\Delta t°$ だけ回転する．単位に注意すること（0.2.1項参照）．

0.2節 ① 量と数との概念

[参考] $\Delta \boldsymbol{r}=A\boldsymbol{r}$ を計算するプログラムをつくり，はじめの時刻と経過時間とを入力すると，座標の変化の特徴がわかる．数値計算はコンピュータが実行するが，必要な数式を立てるのは人間の仕事である．

ねらい 回転マトリックスを活用する場面を理解する．

発想 長針の回転前の終点は位置ベクトル $\begin{pmatrix}x_1\\ x_2\end{pmatrix}$ で表せる．終点の回転角を θ とすると，回転後の終点の位置ベクトルは $\begin{pmatrix}\cos\theta & \sin\theta\\ -\sin\theta & \cos\theta\end{pmatrix}\begin{pmatrix}x_1\\ x_2\end{pmatrix}$ で求まる（時計まわりを正の角とするので4.5節の回転マトリックスで $\theta\to-\theta$ とおきかえた）．

解説

(1) 5 min 間に長針の終点は $6°/\mathrm{min}\times 5\ \mathrm{min}=30°$ だけ回転する．

0時のとき長針の終点の位置ベクトルは $\begin{pmatrix}0\\ 1\end{pmatrix}$ である．

(a)

$$\begin{pmatrix}\cos30° & \sin30°\\ -\sin30° & \cos30°\end{pmatrix}\begin{pmatrix}0\\ 1\end{pmatrix}-\begin{pmatrix}0\\ 1\end{pmatrix}$$
$$=\begin{pmatrix}\cos30° & \sin30°\\ -\sin30° & \cos30°\end{pmatrix}\begin{pmatrix}0\\ 1\end{pmatrix}-\begin{pmatrix}1 & 0\\ 0 & 1\end{pmatrix}\begin{pmatrix}0\\ 1\end{pmatrix}$$
$$=\begin{pmatrix}\cos30°-1 & \sin30°\\ -\sin30° & \cos30°-1\end{pmatrix}\begin{pmatrix}0\\ 1\end{pmatrix}$$
$$=\begin{pmatrix}\dfrac{1}{2}\\ \dfrac{\sqrt{3}}{2}-1\end{pmatrix}$$

0時15分のとき長針の終点の位置ベクトルは $\begin{pmatrix}1\\ 0\end{pmatrix}$ である．

(b)

$$\begin{pmatrix}\cos30° & \sin30°\\ -\sin30° & \cos30°\end{pmatrix}\begin{pmatrix}1\\ 0\end{pmatrix}-\begin{pmatrix}1\\ 0\end{pmatrix}$$
$$=\begin{pmatrix}\cos30° & \sin30°\\ -\sin30° & \cos30°\end{pmatrix}\begin{pmatrix}1\\ 0\end{pmatrix}-\begin{pmatrix}1 & 0\\ 0 & 1\end{pmatrix}\begin{pmatrix}1\\ 0\end{pmatrix}$$

$\begin{pmatrix}1\\ 0\end{pmatrix}=\begin{pmatrix}1 & 0\\ 0 & 1\end{pmatrix}\begin{pmatrix}1\\ 0\end{pmatrix}$ に注意する．

ADVICE

$$=\begin{pmatrix}\cos 30^\circ-1 & \sin 30^\circ\\ -\sin 30^\circ & \cos 30^\circ-1\end{pmatrix}\begin{pmatrix}1\\0\end{pmatrix}$$

$$=\begin{pmatrix}\dfrac{\sqrt{3}}{2}-1\\ -\dfrac{1}{2}\end{pmatrix}$$

(c) (a), (b) と同様に，

$$A=\begin{pmatrix}\cos(6\Delta^\circ)-1 & \sin(6\Delta^\circ)\\ -\sin(6\Delta^\circ) & \cos(6\Delta^\circ)-1\end{pmatrix}$$

である．

(2) 最大：交角が 0°，180° のとき
最小：交角が 90° のとき

18.5 図形の線型変換

平面内で円 $x_1{}^2+x_2{}^2=1$ に線型変換を施す．

(1) この円は特定の 1 点にうつることがあるか？

(2) この円は直線にうつることがあるか？

(3) この円は円にうつることがあるか？

原点から見た位置ベクトル

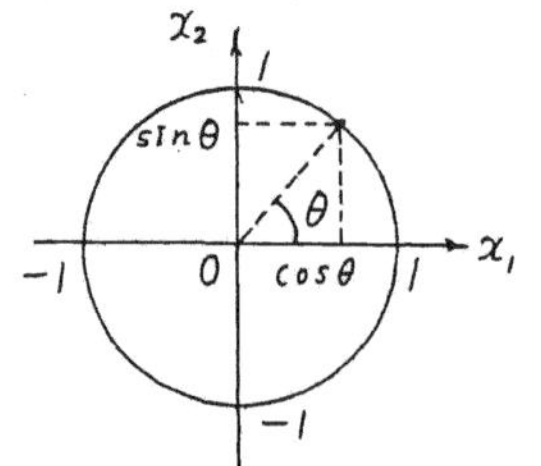

図 4.29 単位円

簡単な図形から順に，点にうつる場合，直線にうつる場合，円にうつる場合を探っている．

（ねらい） 線型変換を表すマトリックスを具体的に与えられて問題を解くのではなく，マトリックスの成分を決めるための試行錯誤を経験する．

画像処理の分野では，線型変換の考え方を駆使して図形を変形させる問題が基本になる．本問を通じて，線型変換が実際にどのように活用できるのかということも理解する．

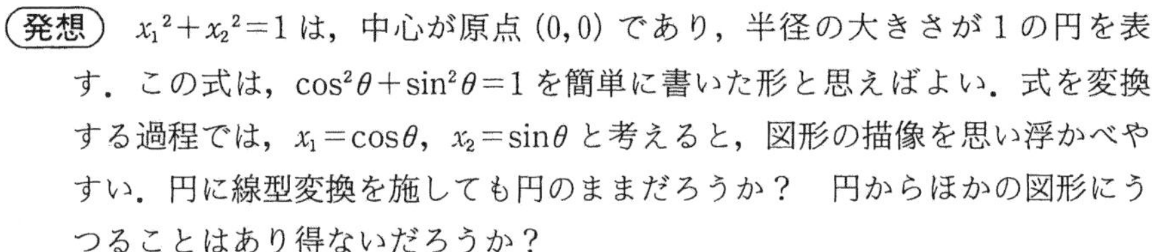

（発想） $x_1{}^2+x_2{}^2=1$ は，中心が原点 (0, 0) であり，半径の大きさが 1 の円を表す．この式は，$\cos^2\theta+\sin^2\theta=1$ を簡単に書いた形と思えばよい．式を変換する過程では，$x_1=\cos\theta$，$x_2=\sin\theta$ と考えると，図形の描像を思い浮かべやすい．円に線型変換を施しても円のままだろうか？ 円からほかの図形にうつることはあり得ないだろうか？

（解説） マトリックス $\begin{pmatrix}a_{11} & a_{12}\\ a_{21} & a_{22}\end{pmatrix}$ で表せる線型変換で，円周上の点の位置ベクトル $\begin{pmatrix}x_1\\x_2\end{pmatrix}$ がほかの点の位置ベクトル $\begin{pmatrix}x_1'\\x_2'\end{pmatrix}$ にうつる．

1.2 節自己診断 2.2 参照

$$\begin{pmatrix}x_1'\\x_2'\end{pmatrix}=\begin{pmatrix}a_{11} & a_{12}\\ a_{21} & a_{22}\end{pmatrix}\begin{pmatrix}x_1\\x_2\end{pmatrix},\quad x_1=\cos\theta,\ x_2=\sin\theta$$

だから，

$$\begin{cases}x_1'=a_{11}\cos\theta+a_{12}\sin\theta\\ x_2'=a_{21}\cos\theta+a_{22}\sin\theta\end{cases}$$

となる．

ただし，零マトリックスの場合，円周上のすべての点が原点にうつる．

(1) 円周上のすべての点が特定の 1 点にうつることはない．

理由：x_1' の値，x_2' の値は θ の値によって異なる．

(2) 原点を通る直線にうつる場合

$$\underbrace{a_{21}\cos\theta+a_{22}\cos\theta}_{x_2'}=c\,\underbrace{(a_{11}\cos\theta+a_{12}\sin\theta)}_{x_1'}$$ (c は定数) となるのは，

x_1' の表式と x_2' の表式とのどちらにも定数項がないから，$x_2'=ax_1'+b$ (a，b は定数) の形にはならないことに気がつく．直線にうつるとすれば，$x_2'=ax_1'$ (原点を通る直線) になるはずである．

$$\begin{cases} a_{21} = ca_{11} \\ a_{22} = ca_{12} \end{cases}$$

が成り立つときである．

例 $\begin{pmatrix} -4 & 3 \\ 8 & -6 \end{pmatrix}$ $[c=-2,\ 8=(-2)\cdot(-4),\ -6=(-2)\cdot 3]$

直線：$x_2{}'=-2x_1{}'$

$x_1{}^2+x_2{}^2=1$ 上の点 (x_1, x_2) が点 $(1, 0)$ の位置から正の向きに 1 回転する場合 $x_2{}'=-2x_1{}'$ で点 $(-4, 8)$ の位置から点 $(3, -6)$ の位置を通過して，点 $(4, -8)$ の位置に達したら点 $(-3, 6)$ の位置に向かって点 $(-4, 8)$ の位置に戻る．

$\begin{pmatrix} -4 & 3 \\ 8 & -6 \end{pmatrix}\begin{pmatrix} 1 \\ 0 \end{pmatrix} = \begin{pmatrix} -4 \\ 8 \end{pmatrix}$

$\begin{pmatrix} -4 & 3 \\ 8 & -6 \end{pmatrix}\begin{pmatrix} 0 \\ 1 \end{pmatrix} = \begin{pmatrix} 3 \\ -6 \end{pmatrix}$

$\begin{pmatrix} -4 & 3 \\ 8 & -6 \end{pmatrix}\begin{pmatrix} -1 \\ 0 \end{pmatrix} = \begin{pmatrix} 4 \\ -8 \end{pmatrix}$

$\begin{pmatrix} -4 & 3 \\ 8 & -6 \end{pmatrix}\begin{pmatrix} 0 \\ -1 \end{pmatrix} = \begin{pmatrix} -3 \\ 6 \end{pmatrix}$

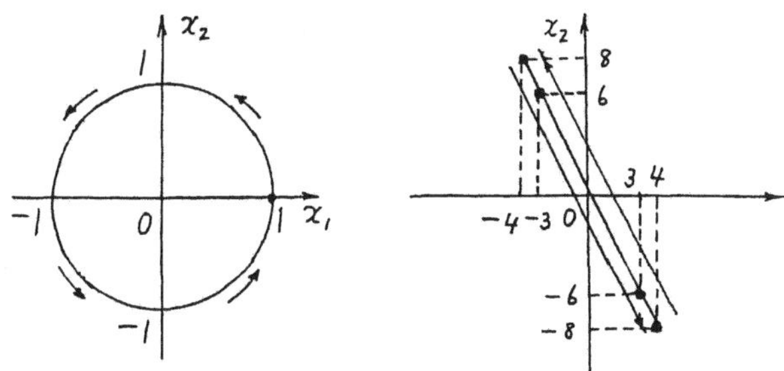

図 4.30　円が直線にうつる場合

(3)　円にうつる場合

$(a_{11}\cos\theta+a_{12}\sin\theta)^2+(a_{21}\cos\theta+a_{22}\sin\theta)^2=c^2$ （c は定数） となるのは，

$$\begin{cases} a_{11}{}^2+a_{21}{}^2=a_{12}{}^2+a_{22}{}^2 \\ a_{11}a_{12}+a_{21}a_{22}=0 \end{cases}$$

が成り立つときである．

$(a_{11}{}^2+a_{21}{}^2)\cos^2\theta+(a_{12}{}^2+a_{22}{}^2)\sin^2\theta+2(a_{11}a_{12}+a_{21}a_{22})\cos\theta\sin\theta=c^2$

$(a_{11}{}^2+a_{21}{}^2)\cos^2\theta+(a_{11}{}^2+a_{21}{}^2)\sin^2\theta=(a_{11}{}^2+a_{21}{}^2)(\cos^2\theta+\sin^2\theta)=(a_{11}{}^2+a_{21}{}^2)\times 1=a_{11}{}^2+a_{21}{}^2$

 $\begin{pmatrix} -4 & 3 \\ 3 & 4 \end{pmatrix}$

円：$(x_1{}')^2+(x_2{}')^2=25$

$x_1{}^2+x_2{}^2=1$ 上の点 (x_1, x_2) が点 $(1, 0)$ の位置から正の向きに 1 回転する場合 $(x_1{}')^2+(x_2{}')^2=25$ 上で点 $(-4, 3)$ の位置から負の向きに回転して点 $(-4, 3)$ の位置に戻る．

$(-4)^2+3^2=25$

$25\cos^2\theta+25\sin^2\theta=25(\cos^2\theta+\sin^2\theta)=25\times 1=25$

$\begin{pmatrix} -4 & 3 \\ 3 & 4 \end{pmatrix}\begin{pmatrix} 1 \\ 0 \end{pmatrix} = \begin{pmatrix} -4 \\ 3 \end{pmatrix}$

$\begin{pmatrix} -4 & 3 \\ 3 & 4 \end{pmatrix}\begin{pmatrix} 0 \\ 1 \end{pmatrix} = \begin{pmatrix} 3 \\ 4 \end{pmatrix}$

$\begin{pmatrix} -4 & 3 \\ 3 & 4 \end{pmatrix}\begin{pmatrix} -1 \\ 0 \end{pmatrix} = \begin{pmatrix} 4 \\ -3 \end{pmatrix}$

$\begin{pmatrix} -4 & 3 \\ 3 & 4 \end{pmatrix}\begin{pmatrix} 0 \\ -1 \end{pmatrix} = \begin{pmatrix} -3 \\ -4 \end{pmatrix}$

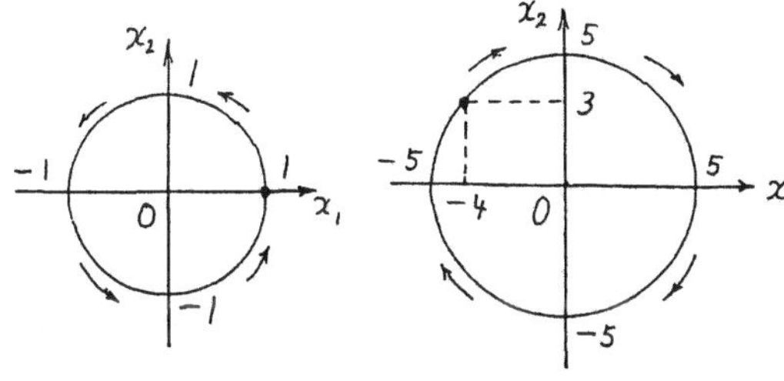

図 4.31　円が円にうつる場合

補足 1　$x_1{}^2+x_2{}^2=1$ を x_1 軸方向に a 倍，x_2 軸方向に b 倍に拡大または縮小すると，どんな図形にうつるか？

この変換は

$$\begin{cases} x_1{}'=ax_1 \\ x_2{}'=bx_2 \end{cases}$$

だから

$$\begin{pmatrix} x_1{}' \\ x_2{}' \end{pmatrix} = \begin{pmatrix} a & 0 \\ 0 & b \end{pmatrix}\begin{pmatrix} x_1 \\ x_2 \end{pmatrix}$$

$a>1$：拡大
$0<a<1$：縮小
$b>1$：拡大
$0<b<1$：縮小

と表せる．$x_1{}^2+x_2{}^2=1$ は

$$\frac{(x_1')^2}{a^2}+\frac{(x_2')^2}{b^2}=1$$

となる．したがって，円が楕円にうつることがわかる．

ADVICE

$x_1=\frac{x_1'}{a}$，$x_2=\frac{x_2'}{b}$ を $x_1{}^2+x_2{}^2=1$ に代入する．

$a=b$ の特別の場合が円の方程式である．

$(x_1')^2+(x_2')^2=a^2$

補足 2 (2) 原点を通る直線にうつる場合と (3) 円にうつる場合とのちがい

(2) $a_{21}=ca_{11}$，$a_{22}=ca_{12}$（c は定数）のとき $\begin{pmatrix} a_{11} & a_{12} \\ a_{21} & a_{22} \end{pmatrix}$ の逆マトリックスは存在しない（1.7 節 例題 1.11）．

補足 3 (2) $\begin{pmatrix} x_1' \\ x_2' \end{pmatrix}=\begin{pmatrix} -4 & 3 \\ 8 & -6 \end{pmatrix}\begin{pmatrix} x_1 \\ x_2 \end{pmatrix}$ によって，円が原点を通る直線にうつる．

この直線の取り得る範囲が限定されるのは，どういう事情によるのか？

$x_1'=-4x_1+3x_2$，$x_2'=8x_1-6x_2$ のとき $x_2'=-2x_1'$ である．しかし，$x_2'=-2x_1'$ のとき $x_1'=-4x_1+3x_2$，$x_2'=8x_1-6x_2$ とは限らない．したがって，

$$\begin{cases} x_1'=-4x_1+3x_2 \\ x_2'=\ \ 8x_1-6x_2 \end{cases} \Longleftrightarrow x_2'=-2x_1'$$

は成り立たない．

⇒は成り立つが，⇐は成り立たない．

実質的に 1 個の方程式（$x_1'=-4x_1+3x_2$）しかない場合にあたる．つまり，階数（rank）が 1 である（2.1.2 項）．

x_1' と x_2' との関係を見つけるとき，x_1 と x_2 とのみたす条件を無視してはいけない．

$$\begin{cases} x_1'=-4x_1+3x_2 \\ x_2'=\ \ 8x_1-6x_2 \end{cases} \Longleftrightarrow \begin{cases} x_1'=-4x_1+3x_2 \\ x_2'=-2x_1' \end{cases}$$

の関係が成り立つことに注意する．x_1，x_2 が $x_1{}^2+x_2{}^2=1$ をみたすことから，第 1 式 $x_1'=-4x_1+3x_2$ で x_1' の取り得る値の範囲が $-5\leqq x_1'\leqq 5$ と決まる．この事情は，つぎのように図形を描くとわかりやすい．

つぎのように，⇐も成り立つことがわかる．

$x_2'=-2x_1'$
$=-2(-4x_1+3x_2)$
$=8x_1-6x_2$

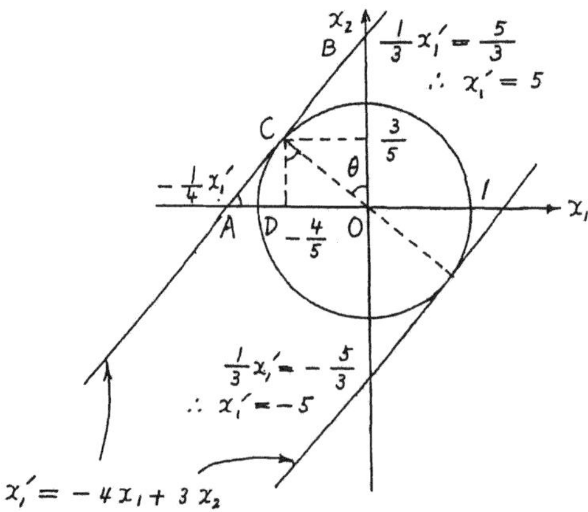

図 4.32 x_1'の取り得る範囲

$\triangle$OCB と $\triangle$AOB とで，$\angle$CBO と $\angle$OBA とが共通だから，$\angle$COB$=\angle$OAB である．
同様に，$\triangle$CDO と $\triangle$OCB とで，CD // OB だから$\angle$OCD$=\angle$BOC である．

$\triangle$AOB で $x_1'>0$ に注意すると，$\tan\theta=\frac{\mathrm{OB}}{\mathrm{OA}}=\frac{\frac{1}{3}x_1'}{\frac{1}{4}x_1'}=\frac{4}{3}$ である．

$\triangle$OCB で $\tan\theta=\frac{\mathrm{BC}}{\mathrm{OC}}=\frac{4}{3}$，OC$=1$ から BC$=\frac{4}{3}$，OB$=\sqrt{\mathrm{BC}^2+\mathrm{OC}^2}$ $=\sqrt{\frac{16}{9}+1}=\frac{5}{3}$ である．$x_1'=-4x_1+3x_2$ で $x_1=0$ とおくと $x_2=\frac{1}{3}x_1'$ である．

$OB=\frac{1}{3}x_1'$ のとき，$\frac{1}{3}x_1'=\frac{5}{3}$ だから $x_1'=5$ である．

$\triangle CDO$ で $\frac{OD}{CD}=\tan\theta=\frac{4}{3}$ である．$OC=1$ だから，$OD=\frac{4}{5}$，$CD=\frac{3}{5}$ である．

［進んだ探究］線型変換と線型写像とのちがい

線型変換：同じ集合の中で，ある要素をナントカ倍して別の要素にうつすはたらき

例1 同種の量の間の線型変換：質量の集合 M → 質量の集合 M

$$\text{質量の倍}\quad \underbrace{\overbrace{6\,\mathrm{kg}}^{M\text{の要素}}}_{\text{出力}} = \underbrace{3}_{\text{倍}} \times \underbrace{\overbrace{2\,\mathrm{kg}}^{M\text{の要素}}}_{\text{入力}}$$

スカラー3は，線型変換を表す 1×1 マトリックスとみなせる．

例2 同種の量の間の線型変換：人口の組の集合 M → 人口の組の集合 M

5.3節 自己診断19.6　人口移動のモデル

線型写像：異なる集合どうしの間の比例の拡張

例1 異種の量の間の線型写像：時間の集合 M → 変位の集合 N

変位＝速度×時間

（変位は時間に比例する）

$$\underbrace{\overbrace{6\,\mathrm{m}}^{N\text{の要素}}}_{\text{出力}} = \underbrace{3\,\mathrm{m/s}}_{\text{時間を変位に翻訳}} \times \underbrace{\overbrace{2\,\mathrm{s}}^{M\text{の要素}}}_{\text{入力}}$$

3 m/s は，線型写像を表す 1×1 マトリックスとみなせる．

例2 異種の量の間の線型写像：個数の集合 M → 材料量の集合 N

材料量＝（1個あたりの材料量）×個数（材料量は個数に比例する）

$$\underbrace{\overbrace{12\,\mathrm{g}}^{N\text{の要素}}}_{\text{出力}} = 6\,\mathrm{g/個}\times \underbrace{\overbrace{2\,個}^{M\text{の要素}}}_{\text{入力}}$$

●g/個×個＝g に注意して，両辺から g を約すと，量の関係が数の関係になる．

$$\underbrace{\overbrace{12}^{\boldsymbol{R}\text{の要素}}}_{\text{出力}} = 6\times \underbrace{\overbrace{2}^{\boldsymbol{R}\text{の要素}}}_{\text{入力}}$$

このように考えると，スカラー6は $\underbrace{\boldsymbol{R}\to\boldsymbol{R}}_{\text{同じ集合の中の対応}}$ の線型変換を表す．

4.3節の問4.1，問4.2，問4.4，問4.5は，この立場で $\boldsymbol{R}^2\to\boldsymbol{R}^2$ の線型変換として扱った．

●物理学では，質量，時間は方向・向きを持たない量だからスカラー量とよんでいる（1.1節［進んだ探究］）．しかし，3.3.3項の通りで，あらゆる質量の集合，あらゆる時間の集合は，線型空間（くわしくいうと，1次元線型空間）である．6 kg，2 kg は質量の集合の要素，6 s，2 s は時間の集合の要素である．これらを1次元ベクトル量と考えてよい．高校数学の「ベクトル量は矢印で表す量である」という説明に固執しないこと．

線型変換について4.3節の問4.1，問4.2，問4.4，問4.5参照．

線型写像について1.2節参照．

「時間を変位に翻訳」の意味について，本書p.20，小林幸夫：『力学ステーション』（森北出版，2002）p.123参照．

スカラー量とは，1次元ベクトル量といえる．

5　固有値問題

5章の目標

① 線型空間の基底を選び直すと，線型変換 $\boldsymbol{y}=A\boldsymbol{x}$ が簡単なマトリックスで書ける事情を理解すること．

② マトリックスの対角化の活用例を理解すること．

キーワード　固有値，固有ベクトル，対角化，2次形式

ADVICE

連立1次方程式を解くのは，必ずしも簡単ではない．$50x=200$ のように，未知数が1個しかないときはただちに解が求まる．しかし，未知数が多くなるほど，解を求める計算には手間がかかる．それでは，未知数が多いときには，いつでも問題が解きにくいだろうか？

> ある店で単価50円/個のヨーグルトを買ったとき200円払い，ほかの店で単価100円/個のリンゴを買ったとき400円払った．ヨーグルトとリンゴとをそれぞれ何個買ったか？

この問題には，たしかに未知数が2個ある．しかし，それぞれの個数どうしは何の関係もないから，ヨーグルトとリンゴとを別々に扱うことができる．したがって，実質的には未知数が1個の問題と同じである．

1.1節参照
ベクトル量（量の組）：個数は $\begin{pmatrix} x_1 \text{個} \\ x_2 \text{個} \end{pmatrix}$，金額は $\begin{pmatrix} y_1 \text{円} \\ y_2 \text{円} \end{pmatrix}$．
ベクトル（数の組）：個数ベクトルは $\begin{pmatrix} x_1 \\ x_2 \end{pmatrix}$，金額ベクトルは $\begin{pmatrix} y_1 \\ y_2 \end{pmatrix}$．

この問題を個数の値から金額の値への線型変換の観点で見直してみよう．個数ベクトルを $\begin{pmatrix} x_1 \\ x_2 \end{pmatrix}$，金額ベクトルを $\begin{pmatrix} y_1 \\ y_2 \end{pmatrix}$ とすると，

$$\begin{pmatrix} y_1 \\ y_2 \end{pmatrix}=\begin{pmatrix} 50 & 0 \\ 0 & 100 \end{pmatrix}\begin{pmatrix} x_1 \\ x_2 \end{pmatrix}$$

の関係が成り立つ．未知数どうしが無関係のとき，連立1次方程式の係数は**対角マトリックス**で簡単に書けることがわかる．しかし，ほかの問題では対角マトリックスで表せるとは限らない．

連立1次方程式を解くとき手間がかかるのは，対角要素以外にも0でない数を含む場合である．こういうちがいに気がつくと，解きにくい方程式を解きやすい形に直す手がかりになる．対角要素以外の要素をすべて0になるように工夫すればよいからである．この考え方は，連立微分方程式を解くときに効力を発揮する．

線型変換を表すマトリックスをスマートな形に変えることはできないだろうか？　簡単なマトリックスで表せると，(a) どういう変換なのかを理解しやすいし（5.1節），(b) マトリックスの n 乗の計算も簡単になる（5.3.1項）．いろいろなマトリックスの中で，対角マトリックスが最も簡単な形だと考える．単位マトリックス，零マトリックスは，対角マトリックスの典型例である．線型変換が対角マトリックスで表せるときには，入力（いまの例では，個数の値）と出力（いまの例では，金額の値）との間にどんな特徴が見つかるかを考えてみよう．2行2列のマトリックスで表せる線型変換を幾何の観点で調べると，見通しが立ちやすい．一般には，線型変換による出力ベクトルの方向は入力ベクトルの方向とは異なる（4章）．しかし，対角マトリックスは特定の方向を変えないという特徴のあることがわかる（5.1節）．線型変換しても方向を変えないベクトルが見つかれば，マトリックスを対角化できるにちがいない（5.2節）．こういうベクトルの見つけ方を探ってみよう．

(b) マトリックスの n 乗は，同じ写像を n 回くりかえす操作を表す．

ADVICE

線型変換：定義域という集合の要素 $\boldsymbol{x}$ に対して，値域という集合の要素 $\boldsymbol{y}$ を対応さる規則（4.1節）．同じ x_1x_2 平面内で点のうつり先を考えればよい．しかし，図の見やすさのために x_1x_2 平面から y_1y_2 平面への写像として描いた．

5.1 線型変換が対角マトリックスで表せる場合の特徴

円の中心から見て円周上のすべての点を考えれば，あらゆる方向を調べることができる．どの方向が変換によって変わらないかを知る目的に，円は便利である．

表5.1 対角マトリックスで表せる線型変換（2行2列の場合）

A $\longmapsto$ A′，B $\longmapsto$ B′，C $\longmapsto$ C′，D $\longmapsto$ D′（これらは見やすい点）など

線型写像(変換)	定義域		値域
例1 $\begin{pmatrix}3&0\\0&3\end{pmatrix}$	原点Oを中心とする半径1の円の周上のすべての点の集合 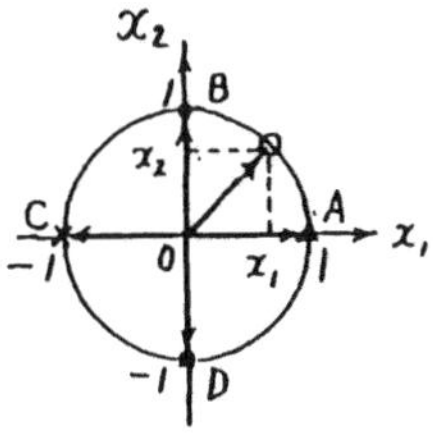	⟶ すべてのベクトルの方向・向きを変えずに大きさを3倍する． ⇒比例のマトリックス版	原点Oを中心とする半径3の円の周上のすべての点の集合 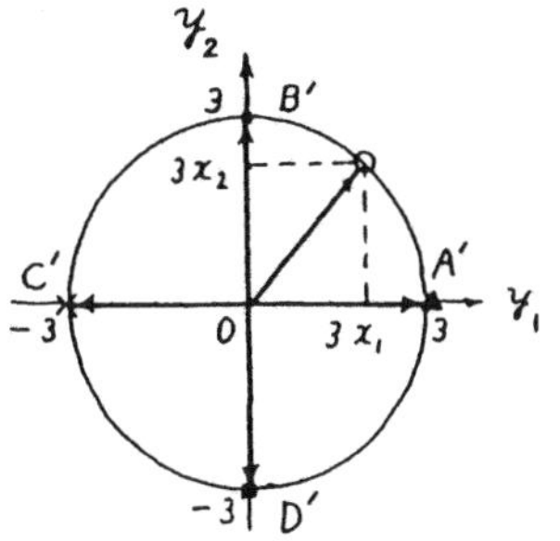
例2 $\begin{pmatrix}3&0\\0&-3\end{pmatrix}$	原点Oを中心とする半径1の円の周上のすべての点の集合 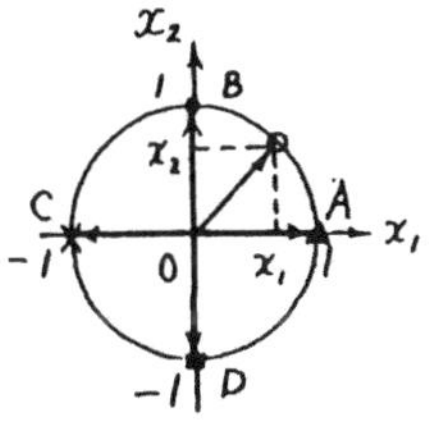	⟶ どんな入力 $\boldsymbol{x}$ に対しても $\begin{pmatrix}x_1\\x_2\end{pmatrix}\lambda$ と表せる λ の値が存在するわけではない．	原点Oを中心とする半径3の円の周上のすべての点の集合 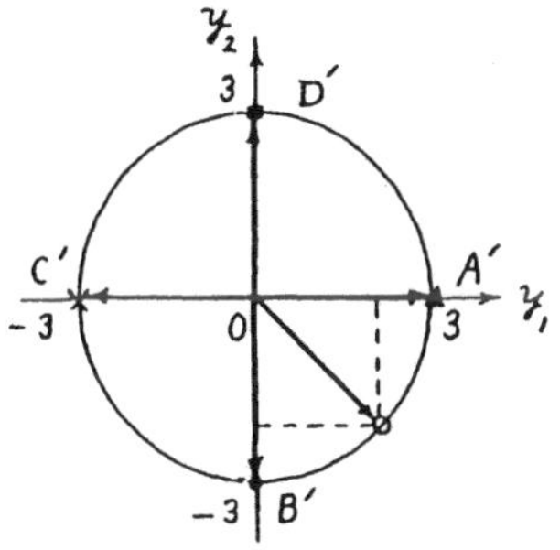
例3 $\begin{pmatrix}3&0\\0&2\end{pmatrix}$	原点Oを中心とする半径1の円の周上のすべての点の集合 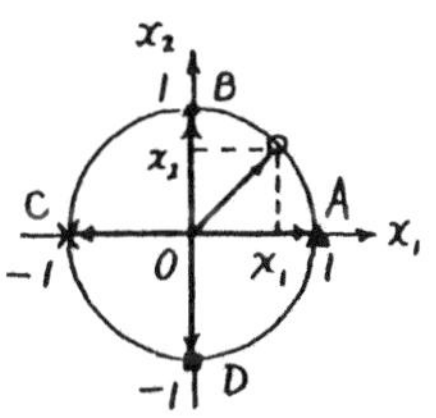	⟶ どんな入力 $\boldsymbol{x}$ に対しても $\begin{pmatrix}x_1\\x_2\end{pmatrix}\lambda$ と表せる λ の値が存在するわけではない．	長径3，短径2の楕円の周上のすべての点の集合 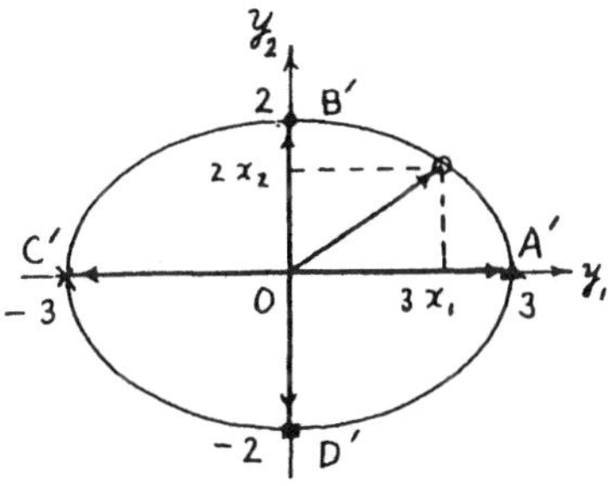

例1 入力ベクトルの x_1 座標と x_2 座標のどちらも3倍する．

$$\begin{pmatrix}y_1\\y_2\end{pmatrix}=\underbrace{\begin{pmatrix}3&0\\0&3\end{pmatrix}}_{A}\underbrace{\begin{pmatrix}x_1\\x_2\end{pmatrix}}_{\boldsymbol{x}}$$

1.3節自己診断3.2, 3.3参照

$$= \begin{pmatrix} 3x_1 \\ 3x_2 \end{pmatrix}$$

$$= \underbrace{\begin{pmatrix} x_1 \\ x_2 \end{pmatrix}}_{\boldsymbol{x}} \underbrace{3}_{\lambda}$$

向き

方向

例2 入力ベクトルの x_1 座標を3倍し，x_2 座標を (-3) 倍する．$\overrightarrow{\mathrm{OA}}$，$\overrightarrow{\mathrm{OB}}$，$\overrightarrow{\mathrm{OC}}$，$\overrightarrow{\mathrm{OD}}$ だけは方向が変わらない．

$$\begin{pmatrix} y_1 \\ y_2 \end{pmatrix} = \begin{pmatrix} 3 & 0 \\ 0 & -3 \end{pmatrix} \begin{pmatrix} x_1 \\ x_2 \end{pmatrix}$$

$$= \begin{pmatrix} 3x_1 \\ -3x_2 \end{pmatrix}$$

例3 入力ベクトルの x_1 座標を3倍し，x_2 座標を2倍する．

$\overrightarrow{\mathrm{OA}}$，$\overrightarrow{\mathrm{OB}}$，$\overrightarrow{\mathrm{OC}}$，$\overrightarrow{\mathrm{OD}}$ だけは方向が変わらない．計算に頼らなくても，円から楕円に変換することが見通せる．

$$\begin{pmatrix} y_1 \\ y_2 \end{pmatrix} = \begin{pmatrix} 3 & 0 \\ 0 & 2 \end{pmatrix} \begin{pmatrix} x_1 \\ x_2 \end{pmatrix}$$

$$= \begin{pmatrix} 3x_1 \\ 2x_2 \end{pmatrix}$$

中心O，半径1の円の周上にある点の座標は $(\cos\theta, \sin\theta)$ である．θ は x_1 軸（y_1 軸）の正の側から測る角で反時計まわりを正の向きとする．

$$\begin{cases} y_1 = 3\cos\theta \\ y_2 = 2\sin\theta \end{cases} \qquad \underbrace{\left(\frac{y_1}{3}\right)^2 + \left(\frac{y_2}{2}\right)^2 = 1}_{\text{楕円の方程式}}$$

問5.1 $\begin{pmatrix} 3 & 0 \\ 0 & 1 \end{pmatrix}$ で表せる線型変換の入力と出力との間の関係を考えよ．

解説 $\begin{pmatrix} y_1 \\ y_2 \end{pmatrix} = \begin{pmatrix} 3 & 0 \\ 0 & 1 \end{pmatrix} \begin{pmatrix} x_1 \\ x_2 \end{pmatrix}$ $\quad \begin{cases} y_1 = 3x_1 \\ y_2 = 1x_2 \end{cases}$ 例3と同様

問5.2 $\begin{pmatrix} 1 & 0 \\ 0 & 3 \end{pmatrix}$ で表せる線型変換の入力と出力との間の関係を考えよ．

解説 $\begin{pmatrix} y_1 \\ y_2 \end{pmatrix} = \begin{pmatrix} 1 & 0 \\ 0 & 3 \end{pmatrix} \begin{pmatrix} x_1 \\ x_2 \end{pmatrix}$ $\quad \begin{cases} y_1 = 1x_1 \\ y_2 = 3x_2 \end{cases}$ 例3と同様

問5.3 $\begin{pmatrix} 0 & 3 \\ 3 & 0 \end{pmatrix}$ で表せる線型変換の入力と出力との間の関係を考えよ．

解説 $\begin{pmatrix} y_1 \\ y_2 \end{pmatrix} = \begin{pmatrix} 0 & 3 \\ 3 & 0 \end{pmatrix} \begin{pmatrix} x_1 \\ x_2 \end{pmatrix}$ $\quad \begin{cases} y_1 = 3x_2 \\ y_2 = 3x_1 \end{cases}$

$$A = \left(\underset{\uparrow \atop \boldsymbol{u}}{\boxed{\begin{matrix} u_1 \\ u_2 \end{matrix}}} \ \underset{\uparrow \atop \boldsymbol{v}}{\boxed{\begin{matrix} v_1 \\ v_2 \end{matrix}}} \right)$$

$\boldsymbol{u}$ が $\begin{pmatrix} 1 \\ 0 \end{pmatrix}$ のスカラー倍，$\boldsymbol{v}$ が $\begin{pmatrix} 0 \\ 1 \end{pmatrix}$ のスカラー倍のとき

ADVICE

$\begin{pmatrix} x_1 \\ x_2 \end{pmatrix} 3$

2行1列　1行1列

これらのマトリックスどうしの積は2×1マトリックスである．

$3 \begin{pmatrix} x_1 \\ x_2 \end{pmatrix}$

1行1列　2行1列

これらのマトリックスどうしの乗法はできない．

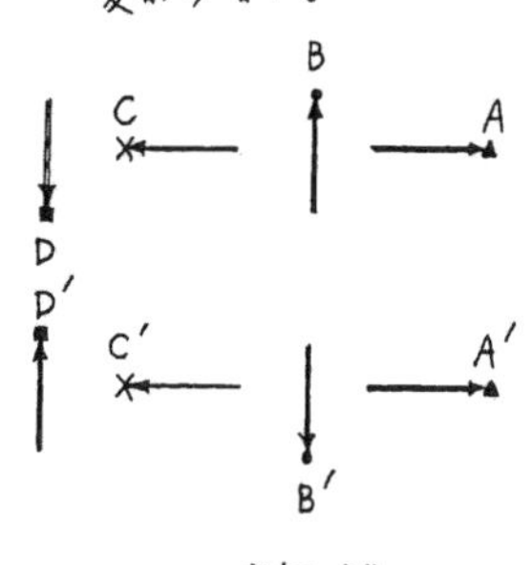

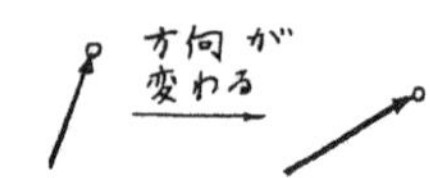

図5.1　方向と向きとのちがい

$y_1 = 3x_1$

$y_2 = 2x_2$

$\cos\theta = \dfrac{y_1}{3}$

$\sin\theta = \dfrac{y_2}{2}$

$\cos^2\theta + \sin^2\theta = 1$

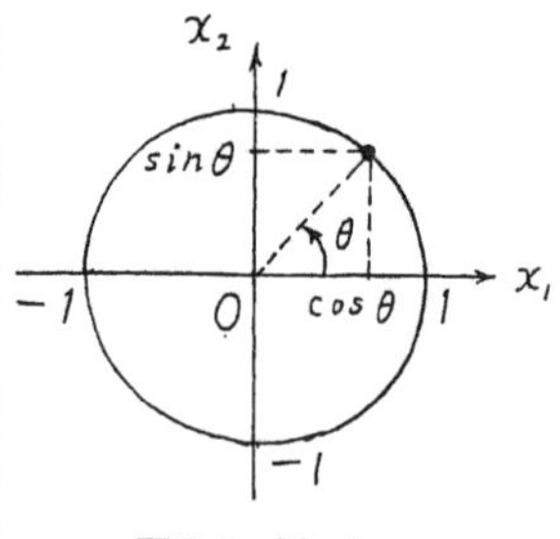

図5.2　例 3

4.5節［参考1］参照

ADVICE

例 2 の場合：

点 A ⟼ 点 A′

$$\underbrace{\begin{pmatrix}3 & 0\\0 & -3\end{pmatrix}}_{A}\underbrace{\begin{pmatrix}1\\0\end{pmatrix}}_{\boldsymbol{x}} = \begin{pmatrix}3\\0\end{pmatrix} = \underbrace{\begin{pmatrix}1\\0\end{pmatrix}}_{\boldsymbol{x}}\underbrace{3}_{\lambda}$$

点 B ⟼ 点 B′

$$\underbrace{\begin{pmatrix}3 & 0\\0 & -3\end{pmatrix}}_{A}\underbrace{\begin{pmatrix}0\\1\end{pmatrix}}_{\boldsymbol{x}} = \begin{pmatrix}0\\-3\end{pmatrix} = \underbrace{\begin{pmatrix}0\\1\end{pmatrix}}_{\boldsymbol{x}}\underbrace{(-3)}_{\lambda}$$

点 C ⟼ 点 C′

$$\underbrace{\begin{pmatrix}3 & 0\\0 & -3\end{pmatrix}}_{A}\underbrace{\begin{pmatrix}-1\\0\end{pmatrix}}_{\boldsymbol{x}} = \begin{pmatrix}-3\\0\end{pmatrix} = \underbrace{\begin{pmatrix}-1\\0\end{pmatrix}}_{\boldsymbol{x}}\underbrace{3}_{\lambda}$$

点 D ⟼ 点 D′

$$\underbrace{\begin{pmatrix}3 & 0\\0 & -3\end{pmatrix}}_{A}\underbrace{\begin{pmatrix}0\\-1\end{pmatrix}}_{\boldsymbol{x}} = \begin{pmatrix}0\\(-3)\cdot(-1)\end{pmatrix} = \underbrace{\begin{pmatrix}0\\-1\end{pmatrix}}_{\boldsymbol{x}}\underbrace{(-3)}_{\lambda}$$

⟼は，ある要素が写像によってどの要素にうつるかを表す記号である．

(まとめ)

● **対角マトリックス** 対角成分以外の成分がすべて 0 のマトリックス

$$\begin{pmatrix}\lambda_1 & 0\\0 & \lambda_2\end{pmatrix}\begin{pmatrix}1\\0\end{pmatrix}=\begin{pmatrix}1\\0\end{pmatrix}\lambda_1 \qquad \begin{pmatrix}\lambda_1 & 0\\0 & \lambda_2\end{pmatrix}\begin{pmatrix}0\\1\end{pmatrix}=\begin{pmatrix}0\\1\end{pmatrix}\lambda_2$$

$\boldsymbol{e}_1=\begin{pmatrix}1\\0\end{pmatrix}$，$\boldsymbol{e}_2=\begin{pmatrix}0\\1\end{pmatrix}$ は $\begin{pmatrix}\lambda_1 & 0\\0 & \lambda_2\end{pmatrix}$ によって，自分自身のスカラー倍にうつる．

⇓

x_1 軸方向のベクトル，x_2 軸方向のベクトルが方向を変えない．

例 1 は $\lambda_1=\lambda_2$ という特別の場合であり，すべてのベクトルが方向を変えない．

● 対角マトリックス以外のマトリックス

このマトリックスによって方向を変えないベクトルを見つけ，その方向の座標軸を選ぶと，対角マトリックスの場合と同じように扱えそうである（5.2 節で確かめる）．

例 1，例 2，例 3

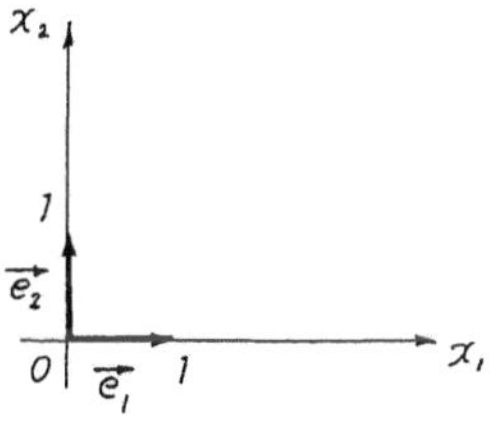

x_2 1 $\vec{e_2}$ 0 $\vec{e_1}$ 1 x_1

図 5.3 基本ベクトル

5.2 線型変換しても自分自身の方向を変えないベクトルの見つけ方

> 正方マトリックス $A\in M(n\,;\,\boldsymbol{R})$（成分が実数の $n\times n$ マトリックスの集合）に対して
>
> $$A\boldsymbol{x}=\boldsymbol{x}\lambda\ \ (\boldsymbol{x}\neq\boldsymbol{0})$$
>
> をみたすベクトル $\boldsymbol{x}\in\boldsymbol{R}^n$（$n$ 実数の組の集合）とスカラー $\lambda\in\boldsymbol{R}$ とが存在するとき
>
> λ を A の**固有値**（eigen value），
>
> $\boldsymbol{x}$ を固有値 λ に属する**固有ベクトル**（eigen vector）
>
> という．固有値・固有ベクトルを求める問題を**固有値問題**という．

n 行 n 列

λ は「ラムダ」と読むギリシア文字である．

ここでは，スカラーは実数とする（1.2 節［注意 2］）．

$\boldsymbol{R}$ は実数の集合を表す記号である．

$A\in M(n\,;\,\boldsymbol{R})$，$\lambda\in\boldsymbol{R}$，$\boldsymbol{x}\in\boldsymbol{R}^n$ のくわしい意味は 5.3.4 項自己診断 19.4 で理解する．

例　$\begin{pmatrix}1&4\\3&2\end{pmatrix}\begin{pmatrix}x_1\\x_2\end{pmatrix}=\begin{pmatrix}x_1\\x_2\end{pmatrix}\lambda$

幾何ベクトルの場合：$\vec{x}\lambda$ は $\vec{x}$ と同じ方向の幾何ベクトル（矢印）

マトリックス A は $\vec{x}$ の方向を変えない．

一般には，どんな $\boldsymbol{x}$ ($\neq\boldsymbol{0}$) に対しても $A\boldsymbol{x}=\boldsymbol{x}\lambda$ と書ける λ の値が見つかるわけではない．

⇒特別のベクトルに対して，この関係をみたす λ の値がある．

たとえば，$\begin{pmatrix}1&4\\3&2\end{pmatrix}\begin{pmatrix}4\\-2\end{pmatrix}=\begin{pmatrix}-4\\8\end{pmatrix}$ だから，

$\begin{pmatrix}1&4\\3&2\end{pmatrix}\begin{pmatrix}4\\-2\end{pmatrix}=\begin{pmatrix}4\\-2\end{pmatrix}\lambda$ をみたす λ の値はない．

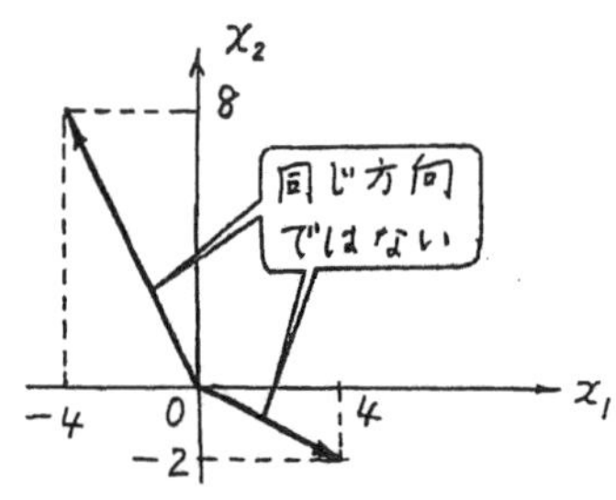

図 5.4　$\vec{x}$ の方向と $\vec{x}\lambda$ の方向とが一致しない場合

［注意 1］　固有ベクトルを 0 としない理由

どんな線型変換でも $\boldsymbol{0}$ は $\boldsymbol{0}$ にうつるから，変換の特徴について何の情報にもならない．マトリックスによって方向を変えない幾何ベクトルを見つけて，その方向の座標軸を選ぶとき，$\boldsymbol{0}$ では方向がわからないから意味がない．

固有値問題の解き方

手順 1　**連立 1 次方程式の形に書き換える**

$$\begin{pmatrix}1&4\\3&2\end{pmatrix}\begin{pmatrix}x_1\\x_2\end{pmatrix}=\begin{pmatrix}x_1\\x_2\end{pmatrix}\lambda \qquad \begin{cases}(1-\lambda)x_1+4x_2=0\\3x_1+(2-\lambda)x_2=0\end{cases}$$

手順 2　**Cramer の方法で連立 1 次方程式を解く**

$$x_1=\frac{\begin{vmatrix}0&4\\0&2-\lambda\end{vmatrix}}{\begin{vmatrix}1-\lambda&4\\3&2-\lambda\end{vmatrix}},\quad x_2=\frac{\begin{vmatrix}1-\lambda&0\\3&0\end{vmatrix}}{\begin{vmatrix}1-\lambda&4\\3&2-\lambda\end{vmatrix}}$$

手順 3　**固有方程式（特性方程式）をつくる**

●分母≠0 のとき　$\begin{cases}x_1=0\\x_2=0\end{cases}$

このように求まるが，$\boldsymbol{x}=\boldsymbol{0}$（**自明な解**）は固有ベクトルに入れない．

●分母＝0 のとき

マトリックス $\begin{pmatrix}1&4\\3&2\end{pmatrix}$ の固有方程式：

$$\begin{vmatrix}1-\lambda&4\\3&2-\lambda\end{vmatrix}=\overbrace{\underbrace{(1-\lambda)(2-\lambda)-4\cdot3}_{\text{固有多項式（特性多項式）}}=0}^{\text{固有方程式（特性方程式）}}$$

$$\lambda_1=-2,\quad \lambda_2=5$$

手順 4　**固有値に属する固有ベクトルを求める**

$$\begin{pmatrix}1&4\\3&2\end{pmatrix}\begin{pmatrix}x_1\\x_2\end{pmatrix}=\begin{pmatrix}x_1\\x_2\end{pmatrix}(-2) \qquad \begin{pmatrix}1&4\\3&2\end{pmatrix}\begin{pmatrix}x_1\\x_2\end{pmatrix}=\begin{pmatrix}x_1\\x_2\end{pmatrix}5$$

ADVICE

5.3.4 項自己診断 19.5 参照

eigen：本来はドイツ語で「自身の」「所有の」「特有の」「特殊の」の意味である．どの方向を変えないかがマトリックスごとに異なるから，マトリックスに固有の方向である．

$\begin{pmatrix}-4\\8\end{pmatrix}=\begin{pmatrix}4\\-2\end{pmatrix}\lambda$
だから
$\begin{cases}-4=\ \ 4\lambda\\ \ \ 8=-2\lambda\end{cases}$
をみたす λ の値は見つからない．
$-4=4\lambda$ から $\lambda=-1$ となるが，
-2λ
$=-2\times(-1)$
$=2\neq8$
である．

5.3.4 項自己診断 19.4 Q.1 参照

左辺の乗法を実行すると
$\begin{pmatrix}1x_1+4x_2\\3x_1+2x_2\end{pmatrix}=\begin{pmatrix}x_1\lambda\\x_2\lambda\end{pmatrix}$
を得る．これを整理すると
$\begin{cases}(1-\lambda)x_1+4x_2=0\\3x_1+(2-\lambda)x_2=0\end{cases}$
となる．

$\boldsymbol{x}=\begin{pmatrix}x_1\\x_2\end{pmatrix}$
$\boldsymbol{0}=\begin{pmatrix}0\\0\end{pmatrix}$

$\lambda=-2$，$\lambda=5$ のそれぞれを λ_1，λ_2 と表す．

$$\begin{cases} 3x_1+4x_2=0 \\ 3x_1+4x_2=0 \end{cases} \qquad \begin{cases} -4x_1+4x_2=0 \\ 3x_1-3x_2=0 \end{cases}$$

$$\begin{cases} x_1=-4t_1 \\ x_2=\ \ 3t_1 \end{cases} \quad (t_1 \text{ は } 0 \text{ でない任意の実数}) \qquad \begin{cases} x_1=t_2 \\ x_2=t_2 \end{cases} \quad (t_2 \text{ は } 0 \text{ でない任意の実数})$$

$$\underbrace{\boldsymbol{x}_1=\begin{pmatrix}-4t_1\\3t_1\end{pmatrix}=\begin{pmatrix}-4\\3\end{pmatrix}t_1}_{\text{平面内の直線のベクトル表示}} \quad (t_1\neq 0) \qquad \underbrace{\boldsymbol{x}_2=\begin{pmatrix}t_2\\t_2\end{pmatrix}=\begin{pmatrix}1\\1\end{pmatrix}t_2}_{\text{平面内の直線のベクトル表示}} \quad (t_2\neq 0)$$

t_1 の値と t_2 の値との選び方によって，**一つの固有値に属する固有ベクトルは無数にある．**これらの中からノルム（大きさ）が 1 の固有ベクトルを選ぶと便利である．

ADVICE

3×♠+4×♣=0 の形

♠ にあてはまる値と ♣ にあてはまる値とを見つけたい．すぐに思いつく値は，それぞれ −4 と 3 とである．これだけだろうか？ −8 と 6 とでも 3×(−8)+4×6=−24+24=0，12 と −9 とでも 3×12+4×(−9)=36−36=0 となる．結局，

♠=−4×◇

♣=3×◇

の形である．

直線のベクトル表示について 2.1.1 項参照．

正規化 ベクトルのノルム（大きさ）を 1 にする操作

$$\begin{pmatrix}-4\\3\end{pmatrix}\xrightarrow[t_1=\frac{1}{5}]{\text{正規化}}\begin{pmatrix}-\frac{4}{5}\\\frac{3}{5}\end{pmatrix}$$

$$\begin{pmatrix}1\\1\end{pmatrix}\xrightarrow[t_2=\frac{1}{\sqrt{2}}]{\text{正規化}}\begin{pmatrix}\frac{1}{\sqrt{2}}\\\frac{1}{\sqrt{2}}\end{pmatrix}$$

図5.5 正規化

図で表すとき，定義域を中心O，半径 1 の円の周上にある点の集合とすると便利である（図 5.6）．

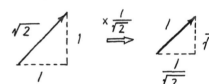

● 線型変換 $\begin{pmatrix}1&4\\3&2\end{pmatrix}$ によって方向を変えないベクトル

あらゆる方向のうちで数ベクトル $\boldsymbol{u}_1=\begin{pmatrix}-\frac{4}{5}\\\frac{3}{5}\end{pmatrix}$ を表す幾何ベクトル $\overrightarrow{u_1}$ の方向，数ベクトル $\boldsymbol{u}_2=\begin{pmatrix}\frac{1}{\sqrt{2}}\\\frac{1}{\sqrt{2}}\end{pmatrix}$ を表す幾何ベクトル $\overrightarrow{u_2}$ の方向だけが変わらない．

点A：$\begin{pmatrix}1&4\\3&2\end{pmatrix}\begin{pmatrix}\frac{1}{\sqrt{2}}\\\frac{1}{\sqrt{2}}\end{pmatrix}=\underbrace{\begin{pmatrix}\frac{1}{\sqrt{2}}\\\frac{1}{\sqrt{2}}\end{pmatrix}}_{\text{固有ベクトル}}\underbrace{5}_{\text{固有値}}$ ⇒ $x_2{}'$ 軸方向に 5 倍に拡大

$\left(t_2=\dfrac{1}{\sqrt{2}}\text{ を選んだ場合にあたる}\right)$

点B：$\begin{pmatrix}1&4\\3&2\end{pmatrix}\begin{pmatrix}-\frac{4}{5}\\\frac{3}{5}\end{pmatrix}=\underbrace{\begin{pmatrix}-\frac{4}{5}\\\frac{3}{5}\end{pmatrix}}_{\text{固有ベクトル}}\underbrace{(-2)}_{\text{固有値}}$ ⇒ $x_1{}'$ 軸方向に (-2) 倍に拡大

$\left(t_1=\dfrac{1}{5}\text{ を選んだ場合にあたる}\right)$

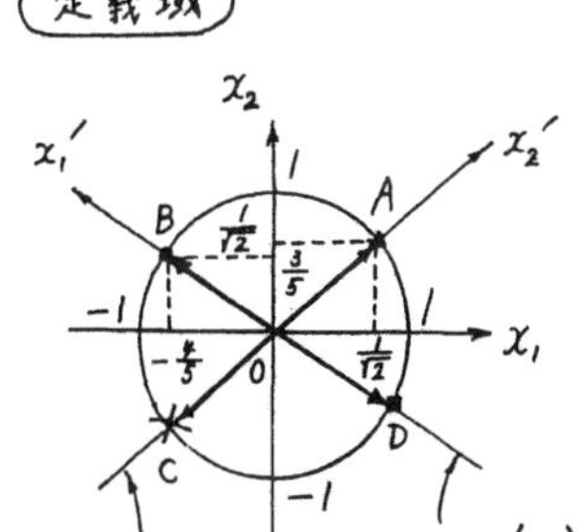

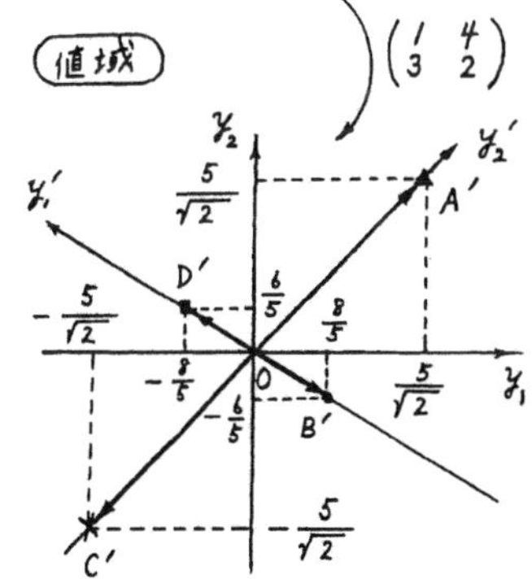

図 5.6 線型変換で方向を変えないベクトル

ADVICE

問 5.4 $\begin{pmatrix}1 & 4\\3 & 2\end{pmatrix}$ で表せる線型変換で $\overrightarrow{OC}$ と $\overrightarrow{OD}$ も方向を変えないことを確かめよ．

（解説）

$\overrightarrow{OC}$

$$\begin{pmatrix}1 & 4\\3 & 2\end{pmatrix}\begin{pmatrix}-\frac{1}{\sqrt{2}}\\-\frac{1}{\sqrt{2}}\end{pmatrix}=\begin{pmatrix}-\frac{5}{\sqrt{2}}\\-\frac{5}{\sqrt{2}}\end{pmatrix}=\begin{pmatrix}-\frac{1}{\sqrt{2}}\\-\frac{1}{\sqrt{2}}\end{pmatrix}5$$

$\Rightarrow x_2'$ 軸方向に 5 倍に拡大

$\overrightarrow{OD}$

$$\begin{pmatrix}1 & 4\\3 & 2\end{pmatrix}\begin{pmatrix}\frac{4}{5}\\-\frac{3}{5}\end{pmatrix}=\begin{pmatrix}-\frac{8}{5}\\\frac{6}{5}\end{pmatrix}=\begin{pmatrix}\frac{4}{5}\\-\frac{3}{5}\end{pmatrix}(-2)$$

$\Rightarrow x_1'$ 軸方向に (-2) 倍に拡大

固有ベクトルと同じ方向の幾何ベクトルが方向を変えない．

⇓

固有ベクトルの方向に新しい座標軸（x_1' 軸，x_2' 軸）を入れる．

線型変換だから，同じ x_1x_2 平面内で点のうつり先を考えればよい．しかし，図の見やすさのために x_1x_2 平面から y_1y_2 平面への写像として描いた．

どういう意味か？ 5.1 節 例 3 と比較

● $\begin{pmatrix}3 & 0\\0 & 2\end{pmatrix}$ は入力ベクトルの x_1 座標を 3 倍し，x_2 座標を 2 倍する．

特徴 x_1 軸方向の幾何ベクトルと x_2 軸方向の幾何ベクトルとが方向を変えない．

● $\begin{pmatrix}1 & 4\\3 & 2\end{pmatrix}$ の場合も $\begin{pmatrix}3 & 0\\0 & 2\end{pmatrix}$ の場合と同じ発想で見直してみる．新しい座標軸（x_1' 軸，x_2' 軸）が例 3 の x_1 軸，x_2 軸にあたると思えばよい（5.3.1 項参照）．

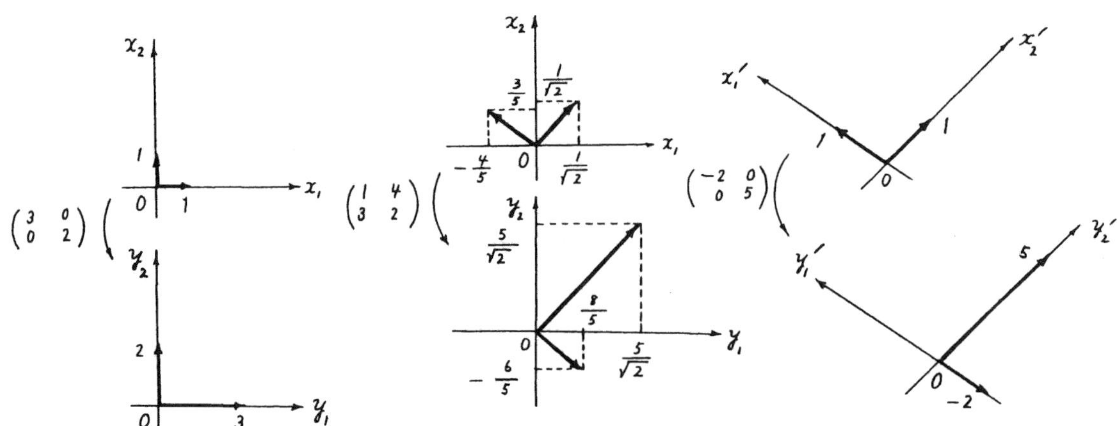

図 5.7 新しい座標軸（x_1' 軸，x_2' 軸；y_1' 軸，y_2' 軸）の入れ方

新しい座標軸（x_1' 軸，x_2' 軸；y_1' 軸，y_2' 軸）を入れると，5.1 節 例 3 の $\begin{pmatrix}3 & 0\\0 & 2\end{pmatrix}$ と同じように，線型変換が対角マトリックス $\begin{pmatrix}-2 & 0\\0 & 5\end{pmatrix}$ で表せる．

旧座標系（x_1 軸, x_2 軸；y_1 軸, y_2 軸）で 数ベクトルの x_1 成分と x_2 成分とを

$$\underbrace{\begin{pmatrix} y_1 \\ y_2 \end{pmatrix}}_{\boldsymbol{y}} = \underbrace{\begin{pmatrix} 1 & 4 \\ 3 & 2 \end{pmatrix}}_{A} \underbrace{\begin{pmatrix} x_1 \\ x_2 \end{pmatrix}}_{\boldsymbol{x}}$$

によってうつす線型変換

⇓ x_1' 軸方向のベクトル，x_2' 軸方向のベクトルが方向を変えないから

新座標系（x_1' 軸, x_2' 軸；y_1' 軸, y_2' 軸）で 数ベクトルの x_1' 成分と x_2' 成分とを

$$\underbrace{\begin{pmatrix} y_1' \\ y_2' \end{pmatrix}}_{\boldsymbol{y}'} = \underbrace{\begin{pmatrix} -2 & 0 \\ 0 & 5 \end{pmatrix}}_{\Lambda} \underbrace{\begin{pmatrix} x_1' \\ x_2' \end{pmatrix}}_{\boldsymbol{x}'}$$

によってうつす線型変換［入力ベクトルの x_1' 座標を (−2) 倍，x_2' 座標を 5 倍する］

平面内の基底の選び方は，一通りではない．
$\left\langle \begin{pmatrix} 1 \\ 0 \end{pmatrix}, \begin{pmatrix} 0 \\ 1 \end{pmatrix} \right\rangle$，
$\left\langle \begin{pmatrix} -\frac{4}{5} \\ \frac{3}{5} \end{pmatrix}, \begin{pmatrix} \frac{1}{\sqrt{2}} \\ \frac{1}{\sqrt{2}} \end{pmatrix} \right\rangle$
など
これらはそれぞれ
$\langle \boldsymbol{e}_1, \boldsymbol{e}_2 \rangle$, $\langle \boldsymbol{u}_1, \boldsymbol{u}_2 \rangle$
である．

［注意 2］ 対角マトリックスの成分（固有値）の並べ方 座標軸の名称の付け方は自由だから，x_1' 軸，x_2' 軸の名称を交換してもよい．したがって，

$$\underbrace{\begin{pmatrix} y_1' \\ y_2' \end{pmatrix}}_{\boldsymbol{y}'} = \underbrace{\begin{pmatrix} 5 & 0 \\ 0 & -2 \end{pmatrix}}_{\Lambda} \underbrace{\begin{pmatrix} x_1' \\ x_2' \end{pmatrix}}_{\boldsymbol{x}'}$$

［入力ベクトルの x_1' 座標を 5 倍，x_2' 座標を (−2) 倍する］

を考えてもよい（5.3 節 問 5.7）．

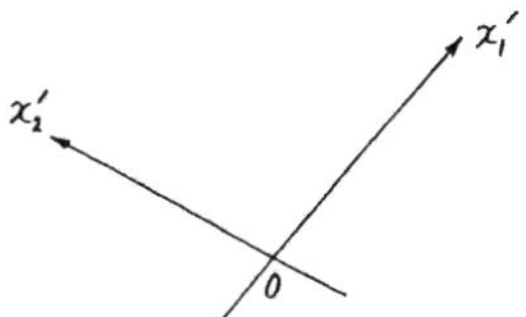

図 5.8 座標軸の名称の付け方

（まとめ） 同じ線型変換でも座標軸の選び方によって表し方が異なる．

旧座標系　　　　新座標系

$$\begin{pmatrix} y_1 \\ y_2 \end{pmatrix} = \begin{pmatrix} 1 & 4 \\ 3 & 2 \end{pmatrix} \begin{pmatrix} x_1 \\ x_2 \end{pmatrix} \Longrightarrow \begin{pmatrix} y_1' \\ y_2' \end{pmatrix} = \begin{pmatrix} \lambda_1 & 0 \\ 0 & \lambda_2 \end{pmatrix} \begin{pmatrix} x_1' \\ x_2' \end{pmatrix}$$

（λ_1：固有値，λ_2：固有値）

固有値を対角線上に並べてつくった対角マトリックス

旧座標系の 2 元連立 1 次方程式：
$\begin{cases} y_1 = 1x_1 + 4x_2 \\ y_2 = 3x_1 + 2x_2 \end{cases}$
は，新座標系では 2 元連立 1 次方程式：
$\begin{cases} y_1' = \lambda_1 x_1' \\ y_2' = \qquad \lambda_2 x_2' \end{cases}$
になる．

問 5.5 平面内で幾何ベクトルを線型変換したとき，はじめの方向を変えない幾何ベクトルがあるかどうかを考える．互いに直交する x_1 軸，x_2 軸を選び，x_1 軸方向の単位ベクトルを $\overrightarrow{e_1}$，x_2 軸方向の単位ベクトルを $\overrightarrow{e_2}$ とする．

(1) マトリックス $\begin{pmatrix} 1 & -\frac{1}{2} \\ -\frac{1}{2} & 1 \end{pmatrix}$ で表せる線型変換によって，幾何ベクトル $\overrightarrow{e_1}$，$\overrightarrow{e_2}$ はそれぞれどんな幾何ベクトルにうつるか？

(2) 幾何ベクトル $\overrightarrow{e_1}$，$\overrightarrow{e_2}$ を反時計まわりに 45° だけ回転させた幾何ベクトルを，それぞれ $\overrightarrow{e_1}'$，$\overrightarrow{e_2}'$ とする．(1) と同じ線型変換によって，$\overrightarrow{e_1}'$，$\overrightarrow{e_2}'$ はそれぞれどんな幾何ベクトルにうつるか？

基底は，ベクトルの順序によって異なる．
$\left\langle \begin{pmatrix} -\frac{4}{5} \\ \frac{3}{5} \end{pmatrix}, \begin{pmatrix} \frac{1}{\sqrt{2}} \\ \frac{1}{\sqrt{2}} \end{pmatrix} \right\rangle$ と
$\left\langle \begin{pmatrix} \frac{1}{\sqrt{2}} \\ \frac{1}{\sqrt{2}} \end{pmatrix}, \begin{pmatrix} -\frac{4}{5} \\ \frac{3}{5} \end{pmatrix} \right\rangle$ とは，基底の選び方が異なる．

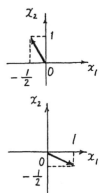

(3)　(2)の結果から，マトリックス $\begin{pmatrix} 1 & -\frac{1}{2} \\ -\frac{1}{2} & 1 \end{pmatrix}$ の固有値・固有ベクトルを答えよ．

解説

(1)　$\begin{pmatrix} 1 & -\frac{1}{2} \\ -\frac{1}{2} & 1 \end{pmatrix}\begin{pmatrix} 1 \\ 0 \end{pmatrix}=\begin{pmatrix} 1 \\ -\frac{1}{2} \end{pmatrix}$，　$\begin{pmatrix} 1 & -\frac{1}{2} \\ -\frac{1}{2} & 1 \end{pmatrix}\begin{pmatrix} 0 \\ 1 \end{pmatrix}=\begin{pmatrix} -\frac{1}{2} \\ 1 \end{pmatrix}$

だから，図 5.9 のようになる．はじめの方向とは異なることがわかる．

(2)　図 5.10 から

$$e_1'=\begin{pmatrix} \frac{1}{\sqrt{2}} \\ \frac{1}{\sqrt{2}} \end{pmatrix},$$

$$e_2'=\begin{pmatrix} -\frac{1}{\sqrt{2}} \\ \frac{1}{\sqrt{2}} \end{pmatrix}$$

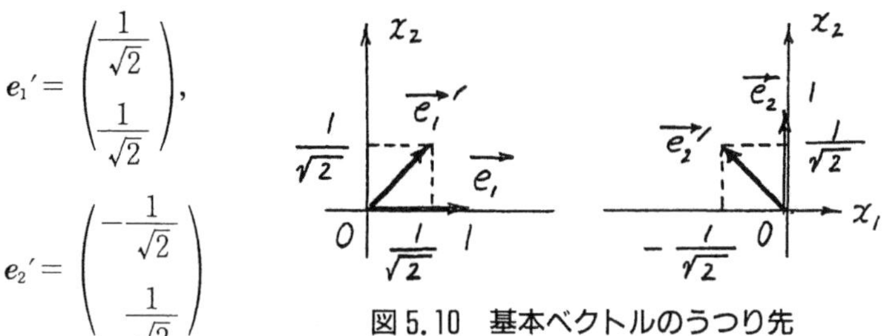

図 5.10　基本ベクトルのうつり先

である．それぞれ

$$\begin{pmatrix} 1 & -\frac{1}{2} \\ -\frac{1}{2} & 1 \end{pmatrix}\begin{pmatrix} \frac{1}{\sqrt{2}} \\ \frac{1}{\sqrt{2}} \end{pmatrix}=\begin{pmatrix} \frac{1}{2\sqrt{2}} \\ \frac{1}{2\sqrt{2}} \end{pmatrix},$$

$$\begin{pmatrix} 1 & -\frac{1}{2} \\ -\frac{1}{2} & 1 \end{pmatrix}\begin{pmatrix} -\frac{1}{\sqrt{2}} \\ \frac{1}{\sqrt{2}} \end{pmatrix}=\begin{pmatrix} -\frac{3}{2\sqrt{2}} \\ \frac{3}{2\sqrt{2}} \end{pmatrix}$$

で表せる幾何ベクトルにうつる（図 5.11）．

(3)　(2)の右辺を書き直すだけで，それぞれの式は

$$\begin{pmatrix} 1 & -\frac{1}{2} \\ -\frac{1}{2} & 1 \end{pmatrix}\begin{pmatrix} \frac{1}{\sqrt{2}} \\ \frac{1}{\sqrt{2}} \end{pmatrix}=\begin{pmatrix} \frac{1}{\sqrt{2}} \\ \frac{1}{\sqrt{2}} \end{pmatrix}\frac{1}{2},$$

$$\begin{pmatrix} 1 & -\frac{1}{2} \\ -\frac{1}{2} & 1 \end{pmatrix}\begin{pmatrix} -\frac{1}{\sqrt{2}} \\ \frac{1}{\sqrt{2}} \end{pmatrix}=\begin{pmatrix} -\frac{1}{\sqrt{2}} \\ \frac{1}{\sqrt{2}} \end{pmatrix}\frac{3}{2}$$

となる．これらは $A\boldsymbol{x}=\boldsymbol{x}\lambda$ の形だから，

固有値　$\frac{1}{2}$，　$\frac{3}{2}$

固有ベクトル　$\begin{pmatrix} \frac{1}{\sqrt{2}} \\ \frac{1}{\sqrt{2}} \end{pmatrix}$，$\begin{pmatrix} -\frac{1}{\sqrt{2}} \\ \frac{1}{\sqrt{2}} \end{pmatrix}$

とすぐにわかる．

ADVICE

図 5.9　基本ベクトルのうつり先

(2) 図形を描けば $\vec{e}_1'$ $\vec{e}_2'$ がどんな幾何ベクトルかはわかる．

(3) 固有値・固有ベクトルの意味を理解していれば，あらためて計算しなくても答はすでに (2) でわかっていることに気づく．固有値と固有ベクトルとの求め方を機械的に暗記して型通りに解くという方法に固執しない．

1×1 マトリックス

$\begin{pmatrix} \frac{1}{\sqrt{2}} \\ \frac{1}{\sqrt{2}} \end{pmatrix}\frac{1}{2}$

2×1 マトリックス

$\frac{1}{2}\begin{pmatrix} \frac{1}{\sqrt{2}} \\ \frac{1}{\sqrt{2}} \end{pmatrix}$ は 1×1 マトリックスと 2×1 マトリックスとの乗法だから，定義できない．

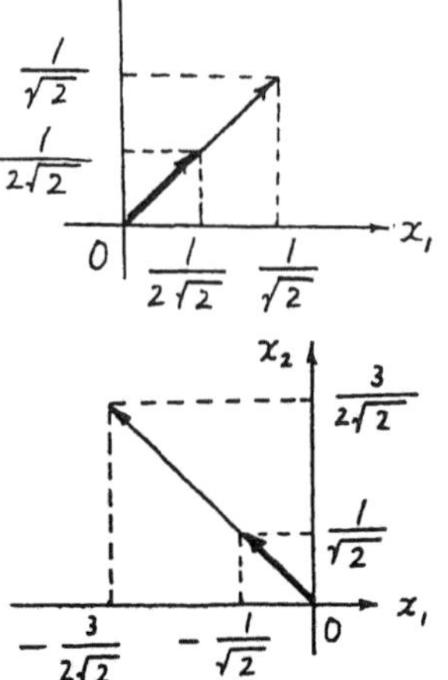

図 5.11　固有ベクトル

> **[進んだ探究] 固有空間**：一つの固有値に対応する固有ベクトルの全体と $\mathbf{0}$ との集合（部分線型空間）
>
> ●固有値 -2 に属する固有空間 W_1
>
> $$W_1=\left\{\boldsymbol{x}\,\middle|\,\underbrace{\boldsymbol{x}=\begin{pmatrix}-4\\3\end{pmatrix}t_1}_{\text{平面内の直線上の世界}},\ t_1\in\boldsymbol{R}\right\}$$
>
> ●固有値 5 に属する固有空間 W_2
>
> $$W_2=\left\{\boldsymbol{x}\,\middle|\,\underbrace{\boldsymbol{x}=\begin{pmatrix}1\\1\end{pmatrix}t_2}_{\text{平面内の直線上の世界}},\ t_2\in\boldsymbol{R}\right\}$$
>
> 二つの固有ベクトルの方向に座標軸を選ぶことができる.

ADVICE

固有ベクトルは $\mathbf{0}$ でない（5.2 節［注意 1］）から，固有ベクトルだけでは部分線型空間にならない.

ここで「空間」とは「加法・スカラー倍の演算規則を決めてある集合」の意味である.

3.2.2 項参照

直線のベクトル表示について 2.1.1 項参照.

5.3.4項自己診断 19.3 参照

> **問 5.6** 固有空間 W_1，W_2 が部分線型空間であることを示せ.
>
> **(解説)** 原点を通る直線上の点の集合だから，3.4.4 項の問 3.11 ⑪ と同じ考え方で理解できる.

5.3 マトリックスの対角化

対角マトリックスの n 乗は，簡単に計算できるので便利である.

5.3.1 対角マトリックスで表せる線型変換とは

5.2 節では，線型変換しても自分自身の方向を変えないベクトルの見つけ方を考えた．こういう方向の座標軸を選ぶと，線型変換を表すマトリックスが対角マトリックスになる（5.1 節）.

●旧座標系（x_1 軸, x_2 軸）で表した成分は，新座標系（$x_1{}'$ 軸, $x_2{}'$ 軸）ではどんな成分になるか？ $x_1{}'$ 軸，$x_2{}'$ 軸は，それぞれ 5.2 節の $\overrightarrow{u_1}$，$\overrightarrow{u_2}$ 方向の座標軸である.

平面内の幾何ベクトルの成分は，座標軸を入れないと決まらない.

付録C参照

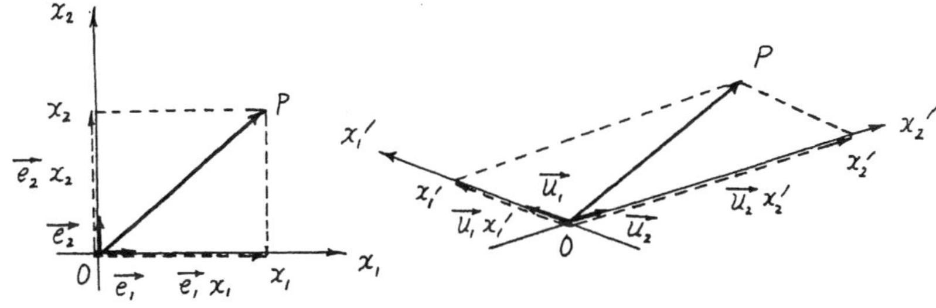

図 5.12 旧座標系と新座標系

1.2 節自己診断 2.2［参考 2］と同じ発想を活かす.

平面のベクトル表示について 2.1.1 項参照.

$$\text{平面のベクトル表示}:\overrightarrow{\mathrm{OP}}=\underbrace{\overrightarrow{e_1}x_1+\overrightarrow{e_2}x_2}_{\text{旧座標系}}=\underbrace{\overrightarrow{u_1}x_1{}'+\overrightarrow{u_2}x_2{}'}_{\text{新座標系}}$$

⇓ 幾何ベクトルを数ベクトルで表す. ⇓

$$\boldsymbol{e}_1x_1+\boldsymbol{e}_2x_2=\boldsymbol{u}_1x_1{}'+\boldsymbol{u}_2x_2{}'$$

$$(\boldsymbol{e}_1\ \ \boldsymbol{e}_2)\begin{pmatrix}x_1\\x_2\end{pmatrix}=(\boldsymbol{u}_1\ \ \boldsymbol{u}_2)\begin{pmatrix}x_1{}'\\x_2{}'\end{pmatrix}$$

正規化によって $\|\boldsymbol{u}_1\|=1$, $\|\boldsymbol{u}_2\|=1$ であることに注意する.

［$(x_1\ \ x_2)\begin{pmatrix}\boldsymbol{e}_1\\\boldsymbol{e}_2\end{pmatrix}$ ではないから，$x_1\boldsymbol{e}_1+x_2\boldsymbol{e}_2$ ではなく $\boldsymbol{e}_1x_1+\boldsymbol{e}_2x_2$ と書くとヨコベクトルとタテベクトルとの区別を混同しない.］

$\begin{pmatrix}\boldsymbol{e}_1\\\boldsymbol{e}_2\end{pmatrix}$ は $\begin{pmatrix}1\\0\\0\\1\end{pmatrix}$ だから，

$$(x_1\ \ x_2)\begin{pmatrix}\boldsymbol{e}_1\\\boldsymbol{e}_2\end{pmatrix}=\underbrace{(x_1\ \ x_2)}_{1\text{行}2\text{列}}\underbrace{\begin{pmatrix}1\\0\\0\\1\end{pmatrix}}_{4\text{行}1\text{列}}$$

となり，乗法ができない.

$$(\boldsymbol{e}_1\ \boldsymbol{e}_2)\begin{pmatrix}x_1\\x_2\end{pmatrix}=(\boldsymbol{u}_1\ \boldsymbol{u}_2)\begin{pmatrix}x_1'\\x_2'\end{pmatrix}$$

の成分を具体的に書くと

$$\underbrace{\left(\overset{\boldsymbol{e}_1}{\boxed{\begin{matrix}1\\0\end{matrix}}}\ \overset{\boldsymbol{e}_2}{\boxed{\begin{matrix}0\\1\end{matrix}}}\right)\begin{pmatrix}x_1\\x_2\end{pmatrix}}_{\boldsymbol{x}}=\underbrace{\left(\overset{\boldsymbol{u}_1}{\boxed{\begin{matrix}u_{11}\\u_{21}\end{matrix}}}\ \overset{\boldsymbol{u}_2}{\boxed{\begin{matrix}u_{12}\\u_{22}\end{matrix}}}\right)}_{U}\underbrace{\begin{pmatrix}x_1'\\x_2'\end{pmatrix}}_{\boldsymbol{x}'}$$

となる．

ADVICE

直交座標系のときに限って $(\boldsymbol{e}_1\ \boldsymbol{e}_2)$ を省いて $(\boldsymbol{e}_1\ \boldsymbol{e}_2)\begin{pmatrix}x_1\\x_2\end{pmatrix}$ を $\begin{pmatrix}x_1\\x_2\end{pmatrix}$ と書くことができる．

$$\begin{pmatrix}1&0\\0&1\end{pmatrix}\begin{pmatrix}x_1\\x_2\end{pmatrix}=\underbrace{\begin{pmatrix}x_1\\x_2\end{pmatrix}}_{\boldsymbol{x}}$$

（注意） $\boldsymbol{x}=U\boldsymbol{x}'$ であって $\boldsymbol{x}=\boldsymbol{x}'$ ではない．

$$\begin{pmatrix}x_1\\x_2\end{pmatrix}=\left(\boxed{\begin{matrix}u_{11}\\u_{21}\end{matrix}}\ \boxed{\begin{matrix}u_{12}\\u_{22}\end{matrix}}\right)\begin{pmatrix}x_1'\\x_2'\end{pmatrix}$$

固有ベクトルをタテに並べた形

$\boldsymbol{x}=U\boldsymbol{x}'$

（$\boldsymbol{x}$：旧座標系で表したベクトル表示，$\boldsymbol{x}'$：新座標系で表したベクトル表示）

$$\begin{pmatrix}x_1'\\x_2'\end{pmatrix}=\left(\boxed{\begin{matrix}u_{11}\\u_{21}\end{matrix}}\ \boxed{\begin{matrix}u_{12}\\u_{22}\end{matrix}}\right)^{-1}\begin{pmatrix}x_1\\x_2\end{pmatrix}$$

固有ベクトルをタテに並べた形

$\boldsymbol{x}'=U^{-1}\boldsymbol{x}$

（$\boldsymbol{x}'$：新座標系で表したベクトル表示，$\boldsymbol{x}$：旧座標系で表したベクトル表示）

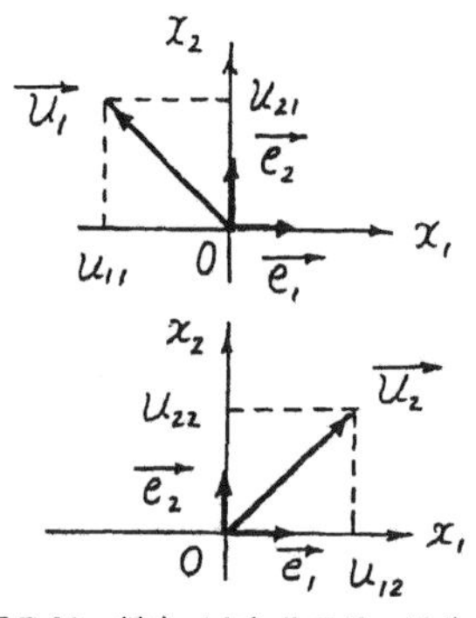

図 5.13 基本ベクトルのうつり先

$\boldsymbol{x}=U\boldsymbol{x}'$ の両辺に左から U^{-1} を掛けて左辺と右辺とを交換すると $\boldsymbol{x}'=U^{-1}\boldsymbol{x}$ となる．U^{-1} は U の逆マトリックスを表す．

線型変換を表す式の覚え方　　Λ：対角マトリックス

旧座標系

$\boldsymbol{y}=A\boldsymbol{x}$

$\boldsymbol{y}=U\boldsymbol{y}'\ \Downarrow\quad\Downarrow\ \boldsymbol{x}=U\boldsymbol{x}'$

$U\boldsymbol{y}'=AU\boldsymbol{x}'$

$\Downarrow$ 左から U^{-1} を掛ける

$\boldsymbol{y}'=\underbrace{U^{-1}AU}_{\Lambda}\boldsymbol{x}'$

↑ 新座標系

新座標系

$\boldsymbol{y}'=\Lambda\boldsymbol{x}'$

$\boldsymbol{y}'=U^{-1}\boldsymbol{y}\ \Downarrow\quad\Downarrow\ \boldsymbol{x}'=U^{-1}\boldsymbol{x}$

$U^{-1}\boldsymbol{y}=\Lambda U^{-1}\boldsymbol{x}$

$\Downarrow$ 左から U を掛ける

$\boldsymbol{y}=\underbrace{U\Lambda U^{-1}}_{A}\boldsymbol{x}$

↑ 旧座標系

線型変換 $\boldsymbol{y}=A\boldsymbol{x}$ は比例 $y=ax$ の拡張版である．

付録C参照

固有値問題の意味

固有値問題とは，**上手な基底を見つける問題**といえる．変換が対角マトリックスで表せると便利である．< e_1, e_2 > よりも < u_1, u_2 > の方が上手な基底を選んだことになる．

$$U=\left(\overset{\boldsymbol{u}_1}{\boxed{\begin{matrix}u_{11}\\u_{21}\end{matrix}}}\ \overset{\boldsymbol{u}_2}{\boxed{\begin{matrix}u_{12}\\u_{22}\end{matrix}}}\right)$$

重要　左から $\boldsymbol{u}_1$，$\boldsymbol{u}_2$ の順に並べると，Λ は λ_1，λ_2 の順に並ぶ．

$\Downarrow$

$$\Lambda=\begin{pmatrix}\lambda_1&0\\0&\lambda_2\end{pmatrix}$$

n 行 n 列マトリックスに拡張できる．

対角化

n 次正方マトリックス A が n 個の**異なる**固有値 λ_1，$\lambda_2, \ldots$，λ_n を持つとき，これらに属する固有ベクトル $\boldsymbol{u}_1$，$\boldsymbol{u}_2, \ldots$，$\boldsymbol{u}_n$ をタテベクトルに持つ正則マトリックス（逆マトリックスを持つマトリックス）U によって，マトリックス A は対角化できる．

n 次正方マトリックスは，$n\times n$ マトリックスである．

ADVICE

対角線上の要素（成分）以外はすべて 0 である.

$$U^{-1}AU=\begin{pmatrix}\lambda_1 & & & 0\\ & \lambda_2 & & \\ & & \ddots & \\ 0 & & & \lambda_n\end{pmatrix}$$

固有値が対角線上に並んだマトリックス

この理由は，つぎのように簡単に理解することができる.

$$A\boldsymbol{u}_1=\boldsymbol{u}_1\lambda_1,\quad A\boldsymbol{u}_2=\boldsymbol{u}_2\lambda_2$$

⇓

$$\underbrace{A\underbrace{(\boldsymbol{u}_1\ \ \boldsymbol{u}_2)}_{U}}_{\text{左辺どうしをまとめた形}}=\underbrace{\underbrace{(\boldsymbol{u}_1\ \ \boldsymbol{u}_2)}_{U}\Lambda}_{\text{右辺どうしをまとめた形}}$$

両辺に左から U^{-1} を掛ける ⇓　　　⇓ 両辺に右から U^{-1} を掛ける

$$U^{-1}AU=\Lambda \qquad A=U\Lambda U^{-1}$$

具体的に成分で表すと，

$$\underbrace{\begin{pmatrix}a_{11} & a_{12}\\ a_{21} & a_{22}\end{pmatrix}}_{A}\underbrace{\begin{pmatrix}u_{11} & u_{12}\\ u_{21} & u_{22}\end{pmatrix}}_{U}=\underbrace{\begin{pmatrix}u_{11} & u_{12}\\ u_{21} & u_{22}\end{pmatrix}}_{U}\underbrace{\begin{pmatrix}\lambda_1 & 0\\ 0 & \lambda_2\end{pmatrix}}_{\Lambda}$$

となる.

問 5.7　$A=\begin{pmatrix}1 & 4\\ 3 & 2\end{pmatrix}$ の

固有値 $\lambda_1=-2$ に属する固有ベクトルの代表を $\boldsymbol{u}_1=\begin{pmatrix}-4\\ 3\end{pmatrix}$

固有値 $\lambda_2=5$ に属する固有ベクトルの代表を $\boldsymbol{u}_2=\begin{pmatrix}1\\ 1\end{pmatrix}$

とする.

(1)　$P=(\boldsymbol{u}_1\ \ \boldsymbol{u}_2)$ とおくとき，$P^{-1}AP$ を計算せよ.

(2)　$Q=(\boldsymbol{u}_2\ \ \boldsymbol{u}_1)$ とおくとき，$Q^{-1}AQ$ を計算せよ.

(3)　幾何ベクトル（矢印）自身は，座標軸の選び方を変えても大きさ・方向・向きは変わらない．幾何ベクトル $\overrightarrow{u_1}$，$\overrightarrow{u_2}$ は，それぞれ数ベクトル（2 実数の組）で表すことができる．矢印を動かすわけではないが，選んだ座標軸によってこれらの数ベクトルの成分の値はちがう．旧座標系（x_1 軸，x_2 軸）で表した数ベクトル $\boldsymbol{u}_1$，$\boldsymbol{u}_2$ から，新座標系（x_1' 軸，x_2' 軸）で表した数ベクトル $\boldsymbol{u}_1'$，$\boldsymbol{u}_2'$ を求めよ.

「代表」といい表したのは，$\begin{pmatrix}-4\\ 3\end{pmatrix}t_1$（$t_1$ は 0 でない任意の実数）はどれも

$$\begin{pmatrix}1 & 4\\ 3 & 2\end{pmatrix}\left[\begin{pmatrix}-4\\ 3\end{pmatrix}t_1\right]=\begin{pmatrix}8\\ -6\end{pmatrix}t_1=\left[\begin{pmatrix}-4\\ 3\end{pmatrix}t_1\right](-2)$$

をみたすから.

問 5.7 を活用する実例を 5.3.4 項自己診断 19.6 で取り上げる.

（解説）

(1)　$P=\left(\boxed{\begin{matrix}-4\\ 3\end{matrix}}\ \boxed{\begin{matrix}1\\ 1\end{matrix}}\right)$

　　　↑ $\boldsymbol{u}_1$　↑ $\boldsymbol{u}_2$

Gauss-Jordan の消去法で P の逆マトリックス P^{-1} を求めると

$$\begin{pmatrix} -4 & 1 & 1 & 0 \\ 3 & 1 & 0 & 1 \end{pmatrix}$$

$$\xrightarrow{①\times\left(-\frac{1}{4}\right)} \begin{pmatrix} 1 & -\frac{1}{4} & -\frac{1}{4} & 0 \\ 3 & 1 & 0 & 1 \end{pmatrix}$$

$$\xrightarrow{②-①\times 3} \begin{pmatrix} 1 & -\frac{1}{4} & -\frac{1}{4} & 0 \\ 0 & \frac{7}{4} & \frac{3}{4} & 1 \end{pmatrix}$$

$$\xrightarrow{②\times\frac{4}{7}} \begin{pmatrix} 1 & -\frac{1}{4} & -\frac{1}{4} & 0 \\ 0 & 1 & \frac{3}{7} & \frac{4}{7} \end{pmatrix}$$

$$\xrightarrow{①+②\times\frac{1}{4}} \begin{pmatrix} 1 & 0 & -\frac{1}{7} & \frac{1}{7} \\ 0 & 1 & \frac{3}{7} & \frac{4}{7} \end{pmatrix}$$

となる．

$$P^{-1}AP = \begin{pmatrix} -\frac{1}{7} & \frac{1}{7} \\ \frac{3}{7} & \frac{4}{7} \end{pmatrix} \begin{pmatrix} 1 & 4 \\ 3 & 2 \end{pmatrix} \begin{pmatrix} -4 & 1 \\ 3 & 1 \end{pmatrix}$$

$$= \begin{pmatrix} \frac{2}{7} & -\frac{2}{7} \\ \frac{15}{7} & \frac{20}{7} \end{pmatrix} \begin{pmatrix} -4 & 1 \\ 3 & 1 \end{pmatrix}$$

$$= \begin{pmatrix} -2 & 0 \\ 0 & 5 \end{pmatrix}$$

（-2 は λ_1，5 は λ_2）

(2)　$Q = \begin{pmatrix} 1 & -4 \\ 1 & 3 \end{pmatrix}$（第1列 $\boldsymbol{u}_2$，第2列 $\boldsymbol{u}_1$）

Gauss-Jordan の消去法で Q の逆マトリックス Q^{-1} を求めると

$$\begin{pmatrix} 1 & -4 & 1 & 0 \\ 1 & 3 & 0 & 1 \end{pmatrix}$$

$$\xrightarrow{②-①} \begin{pmatrix} 1 & -4 & 1 & 0 \\ 0 & 7 & -1 & 1 \end{pmatrix}$$

$$\xrightarrow{②\times\frac{1}{7}} \begin{pmatrix} 1 & -4 & 1 & 0 \\ 0 & 1 & -\frac{1}{7} & \frac{1}{7} \end{pmatrix}$$

$$\xrightarrow{①+②\times 4} \begin{pmatrix} 1 & 0 & \frac{3}{7} & \frac{4}{7} \\ 0 & 1 & -\frac{1}{7} & \frac{1}{7} \end{pmatrix}$$

となる．

$$Q^{-1}AQ = \begin{pmatrix} \frac{3}{7} & \frac{4}{7} \\ -\frac{1}{7} & \frac{1}{7} \end{pmatrix} \begin{pmatrix} 1 & 4 \\ 3 & 2 \end{pmatrix} \begin{pmatrix} 1 & -4 \\ 1 & 3 \end{pmatrix}$$

ADVICE

①，②はそれぞれ変形前の第1行，第2行を表す．

逆マトリックスの求め方について 1.7 節参照．

$P^{-1} = \begin{pmatrix} -\frac{1}{7} & \frac{1}{7} \\ \frac{3}{7} & \frac{4}{7} \end{pmatrix}$

①，②はそれぞれ変形前の第1行，第2行を表す．

$Q^{-1} = \begin{pmatrix} \frac{3}{7} & \frac{4}{7} \\ -\frac{1}{7} & \frac{1}{7} \end{pmatrix}$

$$= \begin{pmatrix} \frac{15}{7} & \frac{20}{7} \\ \frac{2}{7} & -\frac{2}{7} \end{pmatrix} \begin{pmatrix} 1 & -4 \\ 1 & 3 \end{pmatrix}$$

$$\lambda_2 \rightarrow \quad = \begin{pmatrix} ⑤ & 0 \\ 0 & \boxed{-2} \end{pmatrix} \leftarrow \lambda_1$$

(1), (2)から何がわかるか？　$\boldsymbol{u}_1$, $\boldsymbol{u}_2$ を並べる順序によって，対角マトリックスの対角線上の成分（固有値）の並び方も異なる．

(3)　旧座標系：直交座標系（x_1 軸, x_2 軸）　新座標系：斜交座標系（x_1' 軸, x_2' 軸）

旧座標系	新座標系
$\boldsymbol{u}_1=\begin{pmatrix}-4\\3\end{pmatrix}$	$\boldsymbol{u}_1'=P^{-1}\boldsymbol{u}_1=\begin{pmatrix}-\frac{1}{7} & \frac{1}{7}\\ \frac{3}{7} & \frac{4}{7}\end{pmatrix}\begin{pmatrix}-4\\3\end{pmatrix}=\begin{pmatrix}1\\0\end{pmatrix}$ ← x_1' 座標 ← x_2' 座標
$\boldsymbol{u}_2=\begin{pmatrix}1\\1\end{pmatrix}$	$\boldsymbol{u}_2'=P^{-1}\boldsymbol{u}_2=\begin{pmatrix}-\frac{1}{7} & \frac{1}{7}\\ \frac{3}{7} & \frac{4}{7}\end{pmatrix}\begin{pmatrix}1\\1\end{pmatrix}=\begin{pmatrix}0\\1\end{pmatrix}$ ← x_1' 座標 ← x_2' 座標
$\boldsymbol{u}_1=\begin{pmatrix}-4\\3\end{pmatrix}$	$\boldsymbol{u}_1'=Q^{-1}\boldsymbol{u}_1=\begin{pmatrix}\frac{3}{7} & \frac{4}{7}\\ -\frac{1}{7} & \frac{1}{7}\end{pmatrix}\begin{pmatrix}-4\\3\end{pmatrix}=\begin{pmatrix}0\\1\end{pmatrix}$ ← x_1' 座標 ← x_2' 座標
$\boldsymbol{u}_2=\begin{pmatrix}1\\1\end{pmatrix}$	$\boldsymbol{u}_2'=Q^{-1}\boldsymbol{u}_2=\begin{pmatrix}\frac{3}{7} & \frac{4}{7}\\ -\frac{1}{7} & \frac{1}{7}\end{pmatrix}\begin{pmatrix}1\\1\end{pmatrix}=\begin{pmatrix}1\\0\end{pmatrix}$ ← x_1' 座標 ← x_2' 座標

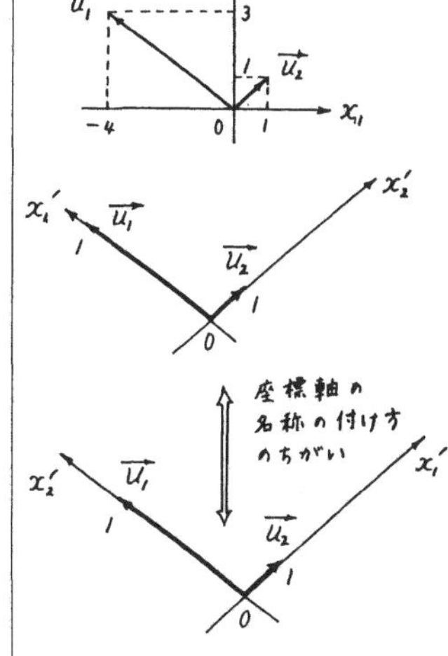

図 5.14　座標軸の名称の付け方

マトリックスの n 乗の計算

例題 5.1　平面内の点の移動

x_1x_2 平面内で，マトリックス $\begin{pmatrix}1 & 4\\3 & 2\end{pmatrix}$ で表せる線型変換によって，点P(x_1, x_2) を別の点にうつす．この変換を n 回繰り返したあとの点の座標を求めよ．

x_1 軸をよこ軸，x_2 軸をたて軸とする．

5.3.4 項自己診断 19.6 でマトリックスの n 乗を活用する実例を考える．

（ねらい）　マトリックスの n 乗を簡単に計算する工夫の仕方を理解する．

（発想）　マトリックスの n 乗が計算しやすい新座標系で点を移動し，n 回の変換後の点の座標を旧座標系で測る．

① もとのマトリックスを対角化し，対角マトリックス Λ を n 乗する．

② $A^n=P\Lambda^nP^{-1}$ を計算する．

（解説 1）

$$A^n \overset{A=P\Lambda P^{-1}}{=} \overbrace{(P\Lambda P^{-1})(P\Lambda P^{-1})\cdots(P\Lambda P^{-1})}^{n\text{個}}$$

$$\overset{\text{結合法則}}{=} P\Lambda(P^{-1}P)\Lambda(P^{-1}P)\cdots\Lambda(P^{-1}P)\Lambda P^{-1}$$

$$= P\Lambda^nP^{-1}$$

$P^{-1}P=I$（I は単位マトリックス）

ADVICE

$$\Lambda^n = \begin{pmatrix}-2 & 0\\ 0 & 5\end{pmatrix}^n = \begin{pmatrix}(-2)^n & 0\\ 0 & 5^n\end{pmatrix}$$

$$A^n \overset{\text{問 5.7}}{=} \overbrace{\begin{pmatrix}-4 & 1\\ 3 & 1\end{pmatrix}}^{P}\overbrace{\begin{pmatrix}(-2)^n & 0\\ 0 & 5^n\end{pmatrix}}^{\Lambda^n}\overbrace{\begin{pmatrix}-\frac{1}{7} & \frac{1}{7}\\ \frac{3}{7} & \frac{4}{7}\end{pmatrix}}^{P^{-1}}$$

$$= \frac{1}{7}\begin{pmatrix}4\cdot(-2)^n+3\cdot5^n & -4\cdot(-2)^n+4\cdot5^n\\ -3\cdot(-2)^n+3\cdot5^n & 3\cdot(-2)^n+4\cdot5^n\end{pmatrix}$$

$n=1000$ であっても A^n は Q, Λ^n, Q^{-1} のマトリックスの乗法で求まる．

$$\frac{1}{7}\begin{pmatrix}4\cdot(-2)^n+3\cdot5^n & -4\cdot(-2)^n+4\cdot5^n\\ -3\cdot(-2)^n+3\cdot5^n & 3\cdot(-2)^n+4\cdot5^n\end{pmatrix}\begin{pmatrix}x_1\\ x_2\end{pmatrix}$$

$$=\frac{1}{7}\begin{pmatrix}[4\cdot(-2)^n+3\cdot5^n]x_1+[-4\cdot(-2)^n+4\cdot5^n]x_2\\ [-3\cdot(-2)^n+3\cdot5^n]x_1+[3\cdot(-2)^n+4\cdot5^n]x_2\end{pmatrix}$$

変換を10回施したときは，$n=10$ とすればよい．

(解説 2)

$$A^n \overset{A=Q\Lambda Q^{-1}}{=} \overbrace{(Q\Lambda Q^{-1})(Q\Lambda Q^{-1})\cdots(Q\Lambda Q^{-1})}^{n\,個}$$

$$\overset{\text{結合法則}}{=} Q\Lambda(Q^{-1}Q)\Lambda(Q^{-1}Q)\cdots\Lambda(Q^{-1}Q)\Lambda Q^{-1}$$

$$= Q\Lambda^n Q^{-1}$$

$Q^{-1}Q=I$（I は単位マトリクス）

$$\Lambda^n = \begin{pmatrix}5 & 0\\ 0 & -2\end{pmatrix}^n = \begin{pmatrix}5^n & 0\\ 0 & (-2)^n\end{pmatrix}$$

$$A^n \overset{\text{問 5.7}}{=} \overbrace{\begin{pmatrix}1 & -4\\ 1 & 3\end{pmatrix}}^{Q}\overbrace{\begin{pmatrix}5^n & 0\\ 0 & (-2)^n\end{pmatrix}}^{\Lambda^n}\overbrace{\begin{pmatrix}\frac{3}{7} & \frac{4}{7}\\ -\frac{1}{7} & \frac{1}{7}\end{pmatrix}}^{Q^{-1}}$$

$$= \frac{1}{7}\begin{pmatrix}4\cdot(-2)^n+3\cdot5^n & -4\cdot(-2)^n+4\cdot5^n\\ -3\cdot(-2)^n+3\cdot5^n & 3\cdot(-2)^n+4\cdot5^n\end{pmatrix}$$

結果は解説 1 と同じである．

［注意 1］ 写像の観点

ここで考えた計算の意味を写像の観点から見直してみよう．$\boldsymbol{y}=A^n\boldsymbol{x}$ は，旧座標系（x_1 軸, x_2 軸）で表した線型変換の表式である．これに対して，新座標系（x_1' 軸, x_2' 軸）では，同じ線型変換が $\boldsymbol{y}'=\Lambda^n\boldsymbol{x}'$ と表せる．

旧座標系と新座標系との間で，数ベクトルの成分どうしがどのように関係し合っているかということに注意する．$\boldsymbol{y}'=P^{-1}\boldsymbol{y}$，$\boldsymbol{x}'=P^{-1}\boldsymbol{x}$ と表せることを思い出そう．

$$\underbrace{\boldsymbol{y}'}_{\text{新座標系で表現}} = \underbrace{\Lambda^n}_{\text{対角マトリックスの }n\text{ 乗}} \underbrace{\boldsymbol{x}'}_{\text{新座標系で表現}} \quad \text{新座標系で } n \text{ 回変換}$$

$$\Downarrow \qquad\qquad \Downarrow$$

$$P^{-1}\boldsymbol{y} = \Lambda^n P^{-1}\boldsymbol{x}$$

$$\underbrace{\boldsymbol{y}}_{\text{旧座標系で表現}} = \underbrace{P\Lambda^n P^{-1}}_{A^n} \underbrace{\boldsymbol{x}}_{\text{旧座標系で表現}}$$

両辺に左から P を掛ける．

ADVICE

ここまでは，簡単のために2次元の世界を考えた．同じ考え方は，n次元の世界にも拡張することができる．

5.3.2　正則マトリックスによる対角化の計算例

正則マトリックス：逆マトリックスを持つマトリックス

対角マトリックスを求めるだけでなく，同じベクトルを旧座標系で表したときの数の組 $\boldsymbol{x}$ と新座標系で表したときの数の組 $\boldsymbol{x}'$ との間の関係も調べてみる．

ここで，ベクトルは数ベクトル（数の組）でも幾何ベクトル（矢印）でもよい．

例1

$$A=\begin{pmatrix}0&1&0\\0&0&1\\1&0&0\end{pmatrix}$$

5.3.4項自己診断19.3で，幾何の観点から固有ベクトルの意味を探る．

手順1　固有値を求める

$$\begin{pmatrix}0&1&0\\0&0&1\\1&0&0\end{pmatrix}\begin{pmatrix}x_1\\x_2\\x_3\end{pmatrix}=\begin{pmatrix}x_1\\x_2\\x_3\end{pmatrix}\lambda$$

3元連立1次方程式：

$$\begin{cases}0x_1+1x_2+0x_3=x_1\lambda\\0x_1+0x_2+1x_3=x_2\lambda\\1x_1+0x_2+0x_3=x_3\lambda\end{cases}$$

をCramerの方法で解く．

$$\begin{cases}-\lambda x_1+1x_2+0x_3=0\\0x_1-\lambda x_2+1x_3=0\\1x_1+0x_2-\lambda x_3=0\end{cases}$$

係数行列式が0でないとき，解は

$$x_i=\frac{0}{\text{係数行列式}}=0\quad(i=1,2,3)$$

である．これでは意味がないから，係数行列式（分母）が0のときの解を求める．

の係数行列式＝0（固有方程式）：

$$\begin{vmatrix}-\lambda&1&0\\0&-\lambda&1\\1&0&-\lambda\end{vmatrix}\underset{\text{第1行で展開}}{=}(-\lambda)\begin{vmatrix}-\lambda&1\\0&-\lambda\end{vmatrix}-1\begin{vmatrix}0&1\\1&-\lambda\end{vmatrix}$$

$$=-\lambda^3+1=0.$$

$\lambda_1=1$，$\lambda_2=\omega$，$\lambda_3=\omega^2$．ここで，$\omega=\dfrac{-1+\sqrt{3}i}{2}$ である．

$\omega^2=\dfrac{-1-\sqrt{3}i}{2}$

ω^2 は ω の虚部の符号を逆にした複素数である．ω^2 は ω の共役複素数という．共役とは「軛（くびき）を共（とも）にする」という意味の「共軛（きょうやく）」を漢字制限のために書き改めた熟語である．

手順2　固有ベクトルを求める

● $\lambda_1=1$ の場合：

$$\underbrace{\begin{pmatrix}0&1&0\\0&0&1\\1&0&0\end{pmatrix}\begin{pmatrix}x_1\\x_2\\x_3\end{pmatrix}=\begin{pmatrix}x_1\\x_2\\x_3\end{pmatrix}1}_{A\boldsymbol{x}_1=\boldsymbol{x}_1\lambda_1}\quad\therefore\begin{cases}-1x_1+1x_2+0x_3=0\\0x_1-1x_2+1x_3=0\\1x_1+0x_2-1x_3=0\end{cases}$$

Gauss-Jordanの消去法で解く．

$$\begin{cases}x_1=t_1\\x_2=t_1\\x_3=t_1\end{cases}\text{（t_1 は0でない任意の実数）}\quad\boldsymbol{x}_1=\underbrace{\begin{pmatrix}1\\1\\1\end{pmatrix}}_{\boldsymbol{u}_1}t_1\quad(t_1\neq0)$$

$\boldsymbol{x}_1=\begin{pmatrix}x_1\\x_2\\x_3\end{pmatrix}$

$\begin{pmatrix}x_1\\x_2\\x_3\end{pmatrix}1$ は 3×1 マトリックスと 1×1 マトリックスとの乗法

● $\lambda_2=\omega$ の場合：

$$\underbrace{\begin{pmatrix}0&1&0\\0&0&1\\1&0&0\end{pmatrix}\begin{pmatrix}x_1\\x_2\\x_3\end{pmatrix}=\begin{pmatrix}x_1\\x_2\\x_3\end{pmatrix}\omega}_{A\boldsymbol{x}_2=\boldsymbol{x}_2\lambda_2}\quad\therefore\begin{cases}-\omega x_1+1x_2+0x_3=0\\0x_1-\omega x_2+1x_3=0\\1x_1+0x_2-\omega x_3=0\end{cases}$$

Gauss-Jordanの消去法で解く．

$$\begin{cases} x_1 = \omega t_2 \\ x_2 = \omega^2 t_2 \\ x_3 = 1t_2 \end{cases}$$ （t_2 は 0 でない任意の実数） $$\boldsymbol{x}_2 = \begin{pmatrix} x_1 \\ x_2 \\ x_3 \end{pmatrix} = \underbrace{\begin{pmatrix} \omega \\ \omega^2 \\ 1 \end{pmatrix}}_{\boldsymbol{u}_2} t_2 \quad (t_2 \neq 0)$$

● $\lambda_3 = \omega^2$ の場合

$$\underbrace{\begin{pmatrix} 0 & 1 & 0 \\ 0 & 0 & 1 \\ 1 & 0 & 0 \end{pmatrix}\begin{pmatrix} x_1 \\ x_2 \\ x_3 \end{pmatrix} = \begin{pmatrix} x_1 \\ x_2 \\ x_3 \end{pmatrix}\omega^2}_{A\boldsymbol{x}_3 = \boldsymbol{x}_3\lambda_3} \quad \therefore \begin{cases} -\omega^2 x_1 + 1x_2 + 0x_3 = 0 \\ 0x_1 - \omega^2 x_2 + 1x_3 = 0 \\ 1x_1 + 0x_2 - \omega^2 x_3 = 0 \end{cases}$$

$$\begin{cases} x_1 = \omega^2 t_3 \\ x_2 = \omega t_3 \\ x_3 = 1t_3 \end{cases}$$ （t_3 は 0 でない任意の実数） $$\boldsymbol{x}_3 = \begin{pmatrix} x_1 \\ x_2 \\ x_3 \end{pmatrix} = \underbrace{\begin{pmatrix} \omega^2 \\ \omega \\ 1 \end{pmatrix}}_{\boldsymbol{u}_3} t_3 \quad (t_3 \neq 0)$$

固有ベクトル $\boldsymbol{u}_1$, $\boldsymbol{u}_2$, $\boldsymbol{u}_3$：線型独立

手順3　固有値を対角成分とする対角マトリックスをつくる

$$\Lambda = \begin{pmatrix} 1 & 0 & 0 \\ 0 & \omega & 0 \\ 0 & 0 & \omega^2 \end{pmatrix}$$

●旧座標系で表した数の組 $\boldsymbol{x}$ と新座標系で表した数の組 $\boldsymbol{x}'$ との間の関係

$$\boldsymbol{e}_1 x_1 + \boldsymbol{e}_2 x_2 + \boldsymbol{e}_3 x_3 = \boldsymbol{u}_1 x_1' + \boldsymbol{u}_2 x_2' + \boldsymbol{u}_3 x_3'$$

$$\underbrace{(\boldsymbol{e}_1 \ \boldsymbol{e}_2 \ \boldsymbol{e}_3)\begin{pmatrix} x_1 \\ x_2 \\ x_3 \end{pmatrix}}_{I\boldsymbol{x} = \boldsymbol{x}} = \underbrace{(\boldsymbol{u}_1 \ \boldsymbol{u}_2 \ \boldsymbol{u}_3)\begin{pmatrix} x_1' \\ x_2' \\ x_3' \end{pmatrix}}_{U\boldsymbol{x}'}$$

$$\boldsymbol{y} = A\boldsymbol{x}$$
$$\boldsymbol{y} = U\boldsymbol{y}' \Downarrow \quad \Downarrow \boldsymbol{x} = U\boldsymbol{x}'$$
$$U\boldsymbol{y}' = AU\boldsymbol{x}'$$
$\Downarrow$ 左から U^{-1} を掛ける
$$\boldsymbol{y}' = \underbrace{U^{-1}AU}_{\Lambda}\boldsymbol{x}'$$

$$U = \begin{pmatrix} \boxed{\begin{matrix} 1 \\ 1 \\ 1 \end{matrix}} & \boxed{\begin{matrix} \omega \\ \omega^2 \\ 1 \end{matrix}} & \boxed{\begin{matrix} \omega^2 \\ \omega \\ 1 \end{matrix}} \end{pmatrix}$$ とおくと $$U^{-1} = \frac{1}{3}\begin{pmatrix} 1 & 1 & 1 \\ \omega^2 & \omega & 1 \\ \omega & \omega^2 & 1 \end{pmatrix}$$ となる．

（各列：↑$\boldsymbol{u}_1$　↑$\boldsymbol{u}_2$　↑$\boldsymbol{u}_3$）

$$\Lambda = U^{-1}AU = \begin{pmatrix} 1 & 0 & 0 \\ 0 & \omega & 0 \\ 0 & 0 & \omega^2 \end{pmatrix}$$

U をつくるとき，固有ベクトルを並べる順序を変えると，対角マトリックスの対角成分の並べ方も変わる．

$$U = \begin{pmatrix} \omega & 1 & \omega^2 \\ \omega^2 & 1 & \omega \\ 1 & 1 & 1 \end{pmatrix}$$ とおくと $$\Lambda = \begin{pmatrix} \omega & 0 & 0 \\ 0 & 1 & 0 \\ 0 & 0 & \omega^2 \end{pmatrix}$$ となる．

例2

$$A = \begin{pmatrix} 1 & 2 & 1 \\ -1 & 4 & 1 \\ 2 & -4 & 0 \end{pmatrix}$$

手順1　固有値を求める

$$\begin{pmatrix} 1 & 2 & 1 \\ -1 & 4 & 1 \\ 2 & -4 & 0 \end{pmatrix}\begin{pmatrix} x_1 \\ x_2 \\ x_3 \end{pmatrix} = \begin{pmatrix} x_1 \\ x_2 \\ x_3 \end{pmatrix}\lambda$$

3元連立1次方程式：

ADVICE

$$\boldsymbol{x}_2 = \begin{pmatrix} x_1 \\ x_2 \\ x_3 \end{pmatrix}$$

Gauss-Jordan の消去法で解く．

幾何ベクトル $\overrightarrow{OP}$ を旧座標系で表した形と新座標系で表した形とを考える．

I：単位マトリックス

$$(\boldsymbol{e}_1 \ \boldsymbol{e}_2 \ \boldsymbol{e}_3)\begin{pmatrix} x_1 \\ x_2 \\ x_3 \end{pmatrix} = \underbrace{\begin{pmatrix} 1 & 0 & 0 \\ 0 & 1 & 0 \\ 0 & 0 & 1 \end{pmatrix}}_{I}\begin{pmatrix} x_1 \\ x_2 \\ x_3 \end{pmatrix}$$

に注意．

実線型空間（実数の組の集合）で考えると，固有値は1だけだから A を対角化できない．

$$U = \begin{pmatrix} \omega^2 & 1 & \omega \\ \omega & 1 & \omega^2 \\ 1 & 1 & 1 \end{pmatrix},$$
$$U = \begin{pmatrix} \omega^2 & \omega & 1 \\ \omega & \omega^2 & 1 \\ 1 & 1 & 1 \end{pmatrix}$$
などでもよい．

$$\begin{cases} 1x_1+2x_2+1x_3=x_1\lambda \\ -1x_1+4x_2+1x_3=x_2\lambda \\ 2x_1-4x_2+0x_3=x_3\lambda \end{cases}$$

を Cramer の方法で解く．

$$\begin{cases} (1-\lambda)x_1+\quad 2x_2+1x_3=0 \\ \quad -1x_1+(4-\lambda)x_2+1x_3=0 \\ \quad 2x_1-\quad 4x_2-\lambda x_3=0 \end{cases}$$

の係数行列式＝0（固有方程式）：

$$\begin{vmatrix} 1-\lambda & 2 & 1 \\ -1 & 4-\lambda & 1 \\ 2 & -4 & -\lambda \end{vmatrix} \overset{\text{第 1 行で展開}}{=} (1-\lambda)\begin{vmatrix} 4-\lambda & 1 \\ -4 & -\lambda \end{vmatrix} -2\begin{vmatrix} -1 & 1 \\ 2 & -\lambda \end{vmatrix} +1\begin{vmatrix} -1 & 4-\lambda \\ 2 & -4 \end{vmatrix}$$

$$=-(\lambda-1)(\lambda-2)^2$$

$$=0.$$

$\lambda_1=1$，$\lambda_2=2$（2 重解）

ADVICE

係数行列式が 0 でないとき，解は

$$x_i=\frac{0}{\text{係数行列式}}=0$$

$(i=1, 2, 3)$

である．これでは意味がないから，係数行列式（分母）＝0 のときの解を求める．

手順 2　固有ベクトルを求める

● $\lambda_1=1$ の場合：

$$\underbrace{\begin{pmatrix} 1 & 2 & 1 \\ -1 & 4 & 1 \\ 2 & -4 & 0 \end{pmatrix}\begin{pmatrix} x_1 \\ x_2 \\ x_3 \end{pmatrix}=\begin{pmatrix} x_1 \\ x_2 \\ x_3 \end{pmatrix}1}_{A\boldsymbol{x}_1=\boldsymbol{x}_1\lambda_1} \quad \therefore \begin{cases} 0x_1+2x_2+1x_3=0 \\ -1x_1+3x_2+1x_3=0 \\ 2x_1-4x_2-1x_3=0 \end{cases}$$

Gauss-Jordan の消去法で解く．

$$\begin{pmatrix} 0 & 2 & 1 & 0 \\ -1 & 3 & 1 & 0 \\ 2 & -4 & -1 & 0 \end{pmatrix} \xrightarrow{\text{①と②との入れ換え}} \begin{pmatrix} -1 & 3 & 1 & 0 \\ 0 & 2 & 1 & 0 \\ 2 & -4 & -1 & 0 \end{pmatrix}$$

$$\xrightarrow{\text{③}+\text{①}\times 2} \begin{pmatrix} -1 & 3 & 1 & 0 \\ 0 & 2 & 1 & 0 \\ 0 & 2 & 1 & 0 \end{pmatrix}$$

$$\xrightarrow[\text{③}-\text{②}]{\text{①}\times(-1)} \begin{pmatrix} 1 & -3 & -1 & 0 \\ 0 & 2 & 1 & 0 \\ 0 & 0 & 0 & 0 \end{pmatrix}$$

$$\begin{cases} 1x_1-3x_2-1x_3=0 \\ 0x_1+2x_2+1x_3=0 \end{cases}$$

$$\begin{cases} x_1=\quad 1t_1 \\ x_2=\quad 1t_1 \\ x_3=-2t_1 \end{cases} \quad (t_1 \text{ は 0 でない任意の実数}) \quad \boldsymbol{x}_1=\underbrace{\begin{pmatrix} 1 \\ 1 \\ -2 \end{pmatrix}}_{\boldsymbol{u}_1} t_1 \ (t_1\neq 0)$$

$$\boldsymbol{x}_1=\begin{pmatrix} x_1 \\ x_2 \\ x_3 \end{pmatrix}$$

● $\lambda_2=2$ の場合：

$$\underbrace{\begin{pmatrix} 1 & 2 & 1 \\ -1 & 4 & 1 \\ 2 & -4 & 0 \end{pmatrix}\begin{pmatrix} x_1 \\ x_2 \\ x_3 \end{pmatrix}=\begin{pmatrix} x_1 \\ x_2 \\ x_3 \end{pmatrix}2}_{A\boldsymbol{x}_2=\boldsymbol{x}_2\lambda_2} \quad \therefore \begin{cases} -1x_1+2x_2+1x_3=0 \\ -1x_1+2x_2+1x_3=0 \\ 2x_1-4x_2-2x_3=0 \end{cases}$$

$$\begin{cases} x_1=1t_2 \\ x_2=\qquad 1t_3 \\ x_3=1t_2-2t_3 \end{cases} \quad (t_2,\ t_3 \text{ は同時に 0 でない任意の実数})$$

3 個の方程式はどれも同じである．3 個の未知数に対して，実質的に 1 個の方程式しかない．だから，x_1 の値と x_2 の値とは任意に選べるが，x_3 の値はこれらによって決まる．なお，x_1 の値と x_3 の値とを任意に選んでもいいし，x_2 の値と x_3 の値とを任意に選んでもいい．

$$\boldsymbol{x}_2=\underbrace{\begin{pmatrix}1\\0\\1\end{pmatrix}}_{\boldsymbol{u}_2}t_2+\underbrace{\begin{pmatrix}0\\1\\-2\end{pmatrix}}_{\boldsymbol{u}_3}t_3$$

固有ベクトル $\boldsymbol{u}_2$, $\boldsymbol{u}_3$：線型独立

手順3 固有値を対角成分とする対角マトリックスをつくる

$$\Lambda=\begin{pmatrix}1&0&0\\0&2&0\\0&0&2\end{pmatrix}$$

例1参照：

$$U=\begin{pmatrix}1&1&0\\1&0&1\\-2&1&-2\end{pmatrix}\quad とおくと\quad \Lambda=U^{-1}AU=\begin{pmatrix}1&0&0\\0&2&0\\0&0&2\end{pmatrix}\quad となる.$$

（列はそれぞれ $\boldsymbol{u}_1$, $\boldsymbol{u}_2$, $\boldsymbol{u}_3$）

U をつくるとき，固有ベクトルを並べる順序を変えると，対角マトリックスの対角成分の並べ方も変わる.

固有方程式の各固有値の中に k 重解があっても，
k 個の線型独立な固有ベクトルを得ることができるとき，
A は対角化できる.

例3

$$A=\begin{pmatrix}4&0&1\\2&3&2\\0&-2&0\end{pmatrix}$$

手順1 固有値を求める

$$\begin{pmatrix}4&0&1\\2&3&2\\0&-2&0\end{pmatrix}\begin{pmatrix}x_1\\x_2\\x_3\end{pmatrix}=\begin{pmatrix}x_1\\x_2\\x_3\end{pmatrix}\lambda$$

3元連立1次方程式：

$$\begin{cases}4x_1+0x_2+1x_3=x_1\lambda\\2x_1+3x_2+2x_3=x_2\lambda\\0x_1-2x_2+0x_3=x_3\lambda\end{cases}$$

を Cramer の方法で解く.

$$\begin{cases}(4-\lambda)x_1+0x_2+1x_3=0\\2x_1+(3-\lambda)x_2+2x_3=0\\0x_1-2x_2-\lambda x_3=0\end{cases}$$

の係数行列式＝0（固有方程式）：

$$\begin{vmatrix}4-\lambda&0&1\\2&3-\lambda&2\\0&-2&-\lambda\end{vmatrix}\overset{\text{第1行で展開}}{=}(4-\lambda)\begin{vmatrix}3-\lambda&2\\-2&-\lambda\end{vmatrix}+1\begin{vmatrix}2&3-\lambda\\0&-2\end{vmatrix}$$

$$=-(\lambda-3)(\lambda-2)^2=0.$$

$$\lambda_1=3,\quad \lambda_2=2\ (2\text{ 重解})$$

手順2 固有ベクトルを求める

● $\lambda_1=3$ の場合：

ADVICE

t_2 と t_3 とを同時に 0 とすると，$\boldsymbol{0}$ になるから固有ベクトルとはいえない.

$\boldsymbol{u}_2$ は $\boldsymbol{u}_3$ のスカラー倍で表せない.

固有ベクトルの線型独立性について，5.3.4 項自己診断 19.2 で取り上げる.

係数行列式が 0 でないとき，解は

$$x_i=\frac{0}{\text{係数行列式}}=0\quad(i=1,2,3)$$

である．これでは意味がないから，係数行列式（分母）=0 のときの解を求める.

$$\underbrace{\begin{pmatrix} 4 & 0 & 1 \\ 2 & 3 & 2 \\ 0 & -2 & 0 \end{pmatrix}\begin{pmatrix} x_1 \\ x_2 \\ x_3 \end{pmatrix} = \begin{pmatrix} x_1 \\ x_2 \\ x_3 \end{pmatrix}3}_{A\boldsymbol{x}_1 = \boldsymbol{x}_1\lambda_1} \quad \therefore \begin{cases} 1x_1 + 0x_2 + 1x_3 = 0 \\ 2x_1 + 0x_2 + 2x_3 = 0 \\ 0x_1 - 2x_2 - 3x_3 = 0 \end{cases}$$

Gauss-Jordan の消去法で解く.

$$\begin{cases} x_1 = 2t_1 \\ x_2 = 3t_1 \\ x_3 = -2t_1 \end{cases} \text{（t_1 は 0 でない任意の実数）} \quad \boldsymbol{x}_1 = \begin{pmatrix} x_1 \\ x_2 \\ x_3 \end{pmatrix} = \underbrace{\begin{pmatrix} 2 \\ 3 \\ -2 \end{pmatrix}}_{\boldsymbol{u}_1} t_1 \quad (t_1 \neq 0)$$

● $\lambda_2 = 2$ の場合：

$$\underbrace{\begin{pmatrix} 4 & 0 & 1 \\ 2 & 3 & 2 \\ 0 & -2 & 0 \end{pmatrix}\begin{pmatrix} x_1 \\ x_2 \\ x_3 \end{pmatrix} = \begin{pmatrix} x_1 \\ x_2 \\ x_3 \end{pmatrix}2}_{A\boldsymbol{x}_2 = \boldsymbol{x}_2\lambda_2} \quad \therefore \begin{cases} 2x_1 + 0x_2 + 1x_3 = 0 \\ 2x_1 + 1x_2 + 2x_3 = 0 \\ 0x_1 - 2x_2 - 2x_3 = 0 \end{cases}$$

Gauss-Jordan の消去法で解く.

$$\begin{pmatrix} 2 & 0 & 1 & 0 \\ 2 & 1 & 2 & 0 \\ 0 & -2 & -2 & 0 \end{pmatrix} \xrightarrow[\text{③}\times\left(-\frac{1}{2}\right)]{\text{②}-\text{①}} \begin{pmatrix} 2 & 0 & 1 & 0 \\ 0 & 1 & 1 & 0 \\ 0 & 1 & 1 & 0 \end{pmatrix}$$

$$\xrightarrow{\text{③}-\text{②}} \begin{pmatrix} 2 & 0 & 1 & 0 \\ 0 & 1 & 1 & 0 \\ 0 & 0 & 0 & 0 \end{pmatrix}$$

$$\begin{cases} 2x_1 + 0x_2 + 1x_3 = 0 \\ 0x_1 + 1x_2 + 1x_3 = 0 \end{cases}$$

$$\begin{cases} x_1 = 1t_2 \\ x_2 = 2t_2 \\ x_3 = -2t_2 \end{cases} \text{（t_2 は 0 でない任意の実数）} \quad \boldsymbol{x}_2 = \underbrace{\begin{pmatrix} 1 \\ 2 \\ -2 \end{pmatrix}}_{\boldsymbol{u}_2} t_2 \quad (t_2 \neq 0)$$

$\boldsymbol{x}_2 = \begin{pmatrix} x_1 \\ x_2 \\ x_3 \end{pmatrix}$

線型独立な三つのベクトルが選べないから，3 行 3 列のマトリックス U をつくることができない．したがって，A は対角化 ($\Lambda = U^{-1}AU$ の形) 可能ではない．

[進んだ探究]　三角化（対角化に近い変形）

マトリックスの対角化は可能な場合と不可能な場合とがある．しかし，マトリックスの三角化はつねに可能である．

例 3　$A = \begin{pmatrix} 4 & 0 & 1 \\ 2 & 3 & 2 \\ 0 & -2 & 0 \end{pmatrix}$

$A\boldsymbol{u}_3$ は 3×3 マトリックスと 3×1 マトリックス（タテベクトル）との乗法だから，積は 3×1 マトリックス（タテベクトル）である．$\boldsymbol{u}_1, \boldsymbol{u}_2$ に線型独立な $\boldsymbol{u}_3$ を選び，3.5.2 項の考え方で $\boldsymbol{u}_1, \boldsymbol{u}_2, \boldsymbol{u}_3$ を基底とする．一つのタテベクトル $A\boldsymbol{u}_3$ は $\boldsymbol{u}_1, \boldsymbol{u}_2, \boldsymbol{u}_3$ の線型結合で表せるから

1.3 節参照

$$A\underbrace{(\boldsymbol{u}_1 \ \boldsymbol{u}_2 \ \boldsymbol{u}_3)}_{P} = (\underbrace{\boldsymbol{u}_1\lambda_1}_{A\boldsymbol{u}_1} \ \ \underbrace{\boldsymbol{u}_2\lambda_2}_{A\boldsymbol{u}_2} \ \ \underbrace{\boldsymbol{u}_1c_1 + \boldsymbol{u}_2c_2 + \boldsymbol{u}_3c_3}_{A\boldsymbol{u}_3})$$

$$= \underbrace{(\boldsymbol{u}_1 \ \boldsymbol{u}_2 \ \boldsymbol{u}_3)}_{P} \underbrace{\begin{pmatrix} \lambda_1 & 0 & c_1 \\ 0 & \lambda_2 & c_2 \\ 0 & 0 & c_3 \end{pmatrix}}_{B\text{（三角マトリックス）}}$$

と考えることができる．

この式に左から P の逆マトリックス P^{-1} を掛けると，$P^{-1}AP=B$ となる．しかし，5.3.1 項問 5.7 とちがって，$P^{-1}AP$ は対角マトリックスではなく三角マトリックスである．$c_1=0$，$c_2=0$ であれば対角化できるように思えるが，つぎの理由で c_1, c_2 は 0 ではない．$c_1=0$，$c_2=0$ とすると，$A\boldsymbol{u}_3=\boldsymbol{u}_3c_3$ となり，c_3 が固有値，$\boldsymbol{u}_3$ が固有ベクトルになる．A の固有値が $3, 2, c_3$ の 3 個あることになるが，実際は固有方程式の解は 3 と 2 とだけである．

発想 1 $\boldsymbol{u}_1=\begin{pmatrix}2\\3\\-2\end{pmatrix}$，$\boldsymbol{u}_2=\begin{pmatrix}1\\2\\-2\end{pmatrix}$ に線型独立な $\boldsymbol{u}_3$ を勝手に選んで c_1, c_2, c_3 の値を決める．

(1) $\boldsymbol{u}_3=\begin{pmatrix}1\\0\\1\end{pmatrix}$ を選んだ場合

$$P=\begin{pmatrix}\boxed{\begin{matrix}2\\3\\-2\end{matrix}} & \boxed{\begin{matrix}1\\2\\-2\end{matrix}} & \boxed{\begin{matrix}1\\0\\1\end{matrix}}\end{pmatrix} \quad (\boldsymbol{u}_1\ \boldsymbol{u}_2\ \boldsymbol{u}_3) \qquad P^{-1}=\begin{pmatrix}-2 & 3 & 2\\ 3 & -4 & -3\\ 2 & -2 & -1\end{pmatrix}$$

逆マトリックス P^{-1} の求め方は 1.7 節参照．

$$B=\begin{pmatrix}-2 & 3 & 2\\ 3 & -4 & -3\\ 2 & -2 & -1\end{pmatrix}\begin{pmatrix}4 & 0 & 1\\ 2 & 3 & 2\\ 0 & -2 & 0\end{pmatrix}\begin{pmatrix}2 & 1 & 1\\ 3 & 2 & 0\\ -2 & -2 & 1\end{pmatrix}$$

$$=\begin{pmatrix}3 & 0 & 2\\ 0 & 2 & -1\\ 0 & 0 & \textcircled{2}\end{pmatrix}$$

(2) $\boldsymbol{u}_3=\begin{pmatrix}5\\3\\1\end{pmatrix}$ を選んだ場合

$$P=\begin{pmatrix}\boxed{\begin{matrix}2\\3\\-2\end{matrix}} & \boxed{\begin{matrix}1\\2\\-2\end{matrix}} & \boxed{\begin{matrix}5\\3\\1\end{matrix}}\end{pmatrix} \quad (\boldsymbol{u}_1\ \boldsymbol{u}_2\ \boldsymbol{u}_3) \qquad P^{-1}=\begin{pmatrix}-\frac{8}{3} & \frac{11}{3} & \frac{7}{3}\\ 3 & -4 & -3\\ \frac{2}{3} & -\frac{2}{3} & -\frac{1}{3}\end{pmatrix}$$

$$B=\begin{pmatrix}-\frac{8}{3} & \frac{11}{3} & \frac{7}{3}\\ 3 & -4 & -3\\ \frac{2}{3} & -\frac{2}{3} & -\frac{1}{3}\end{pmatrix}\begin{pmatrix}4 & 0 & 1\\ 2 & 3 & 2\\ 0 & -2 & 0\end{pmatrix}\begin{pmatrix}2 & 1 & 5\\ 3 & 2 & 3\\ -2 & -2 & 1\end{pmatrix}$$

$$=\begin{pmatrix}3 & 0 & 7\\ 0 & 2 & -3\\ 0 & 0 & \textcircled{2}\end{pmatrix}$$

$\boldsymbol{u}_3=\begin{pmatrix}-2\\1\\-1\end{pmatrix}$ を選んだ場合

$P=\begin{pmatrix}2 & 1 & -2\\ 3 & 2 & 1\\ -2 & -2 & -1\end{pmatrix}$

$P^{-1}=\begin{pmatrix}0 & 1 & 1\\ \frac{1}{5} & -\frac{6}{5} & -\frac{8}{5}\\ -\frac{2}{5} & \frac{2}{5} & \frac{1}{5}\end{pmatrix}$

$B=P^{-1}AP=\begin{pmatrix}3 & 0 & -5\\ 0 & & 5\\ 0 & 0 & \textcircled{2}\end{pmatrix}$

$\boldsymbol{u}_3$ の選び方がこれら以外であっても，B の $(3,3)$ 成分は 2 であることに注意しよう．$\boldsymbol{u}_3$ の選び方に関係なく，こうなるのは単なる偶然か？　なぜ 2 なのか？　2 はマトリックス A の重複固有値（固有方程式の 2 重解）λ_2 であることに気がつく．この理由を探ってみよう．

$$\Lambda=\begin{pmatrix}\lambda&0&0\\0&\lambda&0\\0&0&\lambda\end{pmatrix},\quad B=\begin{pmatrix}3&0&c_1\\0&2&c_2\\0&0&c_2\end{pmatrix}$$ とする．

$\det(A-\Lambda)$

$=\det(PP^{-1})\det(A-\Lambda)$ 　　$\det(PP^{-1})=\det I=1$（I は単位マトリックス）

$=\det P\det(P^{-1})\det(A-\Lambda)$ 　　$\det(PP^{-1})=\det P\det(P^{-1})$（1.6.3 項 自己診断 8.1）

$=\det P\det(A-\Lambda)\det(P^{-1})$

$=\det[P(A-\Lambda)P^{-1}]$

$=\det(PAP^{-1}-\Lambda)$ 　　$P\Lambda P^{-1}=\Lambda PP^{-1}=\Lambda I=\Lambda$ に注意

$=\det(B-\Lambda)$

だから，

$\det(A-\Lambda)=(3-\lambda)(2-\lambda)^2$ 　　A の固有多項式（5.3.4 項 自己診断

$\det(B-\Lambda)=(3-\lambda)(2-\lambda)(c_3-\lambda)$ 　　19.5 問 にも注意）

の左辺どうしが等しい．したがって，右辺どうしも等しい．$\boldsymbol{u}_3$ の選び方に関係なく，$c_3=2$ であることがわかる．

$B=\begin{pmatrix}\lambda_1&0&c_1\\0&\lambda_2&c_2\\0&0&c_3\end{pmatrix}$ で $c_3=\lambda_2$（重複固有値）に決まっていることがわかったので，別の方法で三角化することもできる．その方法がつぎの（発想 2）である．

（発想 2）　三角マトリックス B の成分が簡単な値になるように c_1, c_2, c_3 の値を選んで $\boldsymbol{u}_3$ を決める．これは（発想 1）とは反対の考え方である．

たとえば，$c_1=0$，$c_2=1$，$c_3=\lambda_2$ と選ぶと，$B=\begin{pmatrix}\lambda_1&0&0\\0&\lambda_2&1\\0&0&\lambda_2\end{pmatrix}$ となる．

B の (2,3) 成分が 1 なので，B^n が求めやすい．

$$\begin{aligned}A^n&=(PBP^{-1})^n\\&=(PBP^{-1})(PBP^{-1})\cdots(PBP^{-1})\\&=PB(P^{-1}P)B(P^{-1}P)\cdots(P^{-1}P)BP^{-1}\\&=PB^nP^{-1}\end{aligned}$$

だから，簡単に B^n が計算できると A^n を求めるときに都合がよい．

三角化を活用して簡単に A^n を求める方法

$$\underbrace{\begin{pmatrix}4&0&1\\2&3&2\\0&-2&0\end{pmatrix}}_{A}\underbrace{\begin{pmatrix}u_{13}\\u_{23}\\u_{33}\end{pmatrix}}_{\boldsymbol{u}_3}=\underbrace{\begin{pmatrix}2\\3\\-2\end{pmatrix}}_{\boldsymbol{u}_1}\underbrace{0}_{c_1}+\underbrace{\begin{pmatrix}1\\2\\-2\end{pmatrix}}_{\boldsymbol{u}_2}\underbrace{1}_{c_2}+\underbrace{\begin{pmatrix}u_{13}\\u_{23}\\u_{33}\end{pmatrix}}_{\boldsymbol{u}_3}\underbrace{2}_{c_3}$$

の乗法を実行して，両辺の成分どうしを比べると

$$\begin{cases}4u_{13}\qquad\qquad+1u_{33}=\ \ 1+2u_{13}\\2u_{13}+3u_{23}+2u_{33}=\ \ 2+2u_{23}\\\qquad\ \ -2u_{23}\qquad\quad=-2+1u_{33}\end{cases}$$

となる．これを

$$\begin{cases}2u_{13}\qquad\qquad\ 1u_{33}=1\\2u_{13}+1u_{23}+2u_{33}=2\\\qquad\quad 2u_{23}+1u_{33}=2\end{cases}$$

のように整理して，Gauss-Jordan の方法（1.4 節）または Cramer の方法

例として(1)を考えると $\begin{pmatrix}4&0&1\\2&3&2\\0&-2&0\end{pmatrix}\begin{pmatrix}\lambda&0&0\\0&\lambda&0\\0&0&\lambda\end{pmatrix}$ と $\begin{pmatrix}\lambda&0&0\\0&\lambda&0\\0&0&\lambda\end{pmatrix}\begin{pmatrix}4&0&1\\2&3&2\\0&-2&0\end{pmatrix}$ とは一致するから

$$P\Lambda=\Lambda P$$

である．

「簡単な値」とは「計算する上で扱いやすい値」という意味である．

B の (3,3) 成分 c_3 は λ_2（重複固有値）に決まっている．

$P^{-1}P=I$（I は単位マトリックス）

$\lambda_2=2$ だから $c_3=\lambda_2$ と選ぶと $c_3=2$ である．

u_{13}：$\boldsymbol{u}_3$ の第 1 成分
u_{23}：$\boldsymbol{u}_3$ の第 2 成分
u_{33}：$\boldsymbol{u}_3$ の第 3 成分

ADVICE

(1.6 節) で解くと，P の第 3 列の成分 $u_{13}=\dfrac{1}{2}$，$u_{23}=1$，$u_{33}=0$ を得る．

1.7 節の方法で P^{-1} を求めることができるから，

$$A^n=\overbrace{\begin{pmatrix} \boxed{\begin{matrix}2\\3\\-2\end{matrix}} & \boxed{\begin{matrix}1\\2\\-2\end{matrix}} & \boxed{\begin{matrix}\frac{1}{2}\\1\\0\end{matrix}} \\ \boldsymbol{u}_1 & \boldsymbol{u}_2 & \boldsymbol{u}_3 \end{pmatrix}}^{P}\overbrace{\begin{pmatrix}3&0&0\\0&2&1\\0&0&2\end{pmatrix}^n}^{B^n}\overbrace{\begin{pmatrix}2&-1&0\\-2&1&-\frac{1}{2}\\-2&2&1\end{pmatrix}}^{P^{-1}}$$

$$B=\begin{pmatrix}3&0&0\\0&2&0\\0&0&2\end{pmatrix}+\begin{pmatrix}0&0&0\\0&0&1\\0&0&0\end{pmatrix}$$

と表すと，B^2，B^3，... が計算しやすい．これらの結果を注意深く見ると，B^n の成分がどんな形になるかがわかる．

$$=\begin{pmatrix}2&1&\frac{1}{2}\\3&2&1\\-2&-2&0\end{pmatrix}\begin{pmatrix}3^n&0&0\\0&2^n&2^{n-1}n\\0&0&2^n\end{pmatrix}\begin{pmatrix}2&-1&0\\-2&1&-\frac{1}{2}\\-2&2&1\end{pmatrix}$$

$$=\begin{pmatrix}-2^n(n+3)+4\cdot3^n & 2^n(n+2)-2\cdot3^n & 2^{n-1}n\\ -2^{n+1}(n+3)+2\cdot3^{n+1} & 2^{n+1}(n+2)-3^{n+1} & 2^n n\\ 2^{n+1}(n+2)-4\cdot3^n & -2^{n+1}(n+1)+2\cdot3^n & -2^n(n-1)\end{pmatrix}$$

となる．

●(発想 2)では，どういう考え方で三角化するのかということを探ってみよう．

$$A\boldsymbol{u}_1=\boldsymbol{u}_1\lambda_1$$
$$A\boldsymbol{u}_2=\boldsymbol{u}_2\lambda_2$$
$$A\boldsymbol{u}_3=\boldsymbol{u}_2+\boldsymbol{u}_3\lambda_2$$

$A\boldsymbol{u}_3=\boldsymbol{u}_1c_1+\boldsymbol{u}_2c_2+\boldsymbol{u}_3c_3$ で $c_1=0$，$c_2=1$，$c_3=\lambda_2$ を選んだ場合が $A\boldsymbol{u}_3=\boldsymbol{u}_2+\boldsymbol{u}_3\lambda_2$ である．

だから

$$A\underbrace{(\boldsymbol{u}_1\ \ \boldsymbol{u}_2\ \ \boldsymbol{u}_3)}_{P}=(\boldsymbol{u}_1\lambda_1\ \ \boldsymbol{u}_2\lambda_2\ \ \boldsymbol{u}_2+\boldsymbol{u}_3\lambda_2)$$

$$=\underbrace{(\boldsymbol{u}_1\ \ \boldsymbol{u}_2\ \ \boldsymbol{u}_3)}_{P}\underbrace{\begin{pmatrix}\lambda_1&0&0\\0&\lambda_2&1\\0&0&\lambda_2\end{pmatrix}}_{B}$$

と考えることができる．この式に左から P の逆マトリックス P^{-1} を掛けると $B=P^{-1}AP$ となる．

$\Lambda_2=\begin{pmatrix}\lambda_2&0&0\\0&\lambda_2&0\\0&0&\lambda_2\end{pmatrix}$ とすると，$A\boldsymbol{u}_2=\boldsymbol{u}_2\lambda_2$ は $(A-\Lambda_2)\boldsymbol{u}_2=\boldsymbol{0}$ と書ける (5.3.4 項 自己診断 19.5)．$(A-\Lambda_2)\boldsymbol{u}_3=\boldsymbol{0}$ は成り立たないが，$(A-\Lambda_2)^2\boldsymbol{u}_3=\boldsymbol{0}$ [$(A-\Lambda_2)$ を $\boldsymbol{u}_3$ に 2 回掛けると $\boldsymbol{0}$ になる] は成り立つことにも注意する．$A\boldsymbol{u}_3-\boldsymbol{u}_3\lambda_2=\boldsymbol{u}_2$ は $(A-\Lambda_2)\boldsymbol{u}_3=\boldsymbol{u}_2$ と書ける (5.3.4 項 自己診断 19.5) から

$$(A-\Lambda_2)^2\boldsymbol{u}_3=(A-\Lambda_2)\underbrace{(A-\Lambda_2)\boldsymbol{u}_3}_{\boldsymbol{u}_2}$$

$$=\boldsymbol{0}$$

となる．

(補足) B^n の求め方

$$\begin{pmatrix}3&0&0\\0&2&1\\0&0&2\end{pmatrix}^2=\left[\begin{pmatrix}3&0&0\\0&2&0\\0&0&2\end{pmatrix}+\begin{pmatrix}0&0&0\\0&0&1\\0&0&0\end{pmatrix}\right]^2$$

実際に展開して確かめること．

ADVICE

$$=\begin{pmatrix}3^2&0&0\\0&2^2&0\\0&0&2^2\end{pmatrix}+2\begin{pmatrix}0&0&0\\0&0&2\\0&0&0\end{pmatrix}$$

$$\begin{pmatrix}3&0&0\\0&2&1\\0&0&2\end{pmatrix}^3=\left[\begin{pmatrix}3&0&0\\0&2&0\\0&0&2\end{pmatrix}+\begin{pmatrix}0&0&0\\0&0&1\\0&0&0\end{pmatrix}\right]\left[\begin{pmatrix}3^2&0&0\\0&2^2&0\\0&0&2^2\end{pmatrix}+2\begin{pmatrix}0&0&0\\0&0&2\\0&0&0\end{pmatrix}\right]$$

$$=\begin{pmatrix}3^3&0&0\\0&2^3&0\\0&0&2^3\end{pmatrix}+3\begin{pmatrix}0&0&0\\0&0&2^2\\0&0&0\end{pmatrix}$$

などから

$$\begin{pmatrix}3&0&0\\0&2&1\\0&0&2\end{pmatrix}^n=\begin{pmatrix}3^n&0&0\\0&2^n&0\\0&0&2^n\end{pmatrix}+n\begin{pmatrix}0&0&0\\0&0&2^{n-1}\\0&0&0\end{pmatrix}$$

となることがわかる．

まとめ

固有値が固有方程式の重解のとき：一般に，対角化できるかどうかはわからない．
- n 重解のときには n 個の線型独立な固有ベクトルが選べると対角化できる（例 2）．
- このように選べないときには対角化できない（例 3）．

5.3.3 実対称マトリックスの固有値・固有ベクトル

実対称マトリックスの固有値は実数であり，異なる固有値に属する固有ベクトルは互いに直交する．これらの性質があるので，5.3.4 項で幾何の問題を考えるときに見通しがよくなる．簡単のために，二つの性質を 2×2 マトリックスで理解してから $n\times n$ マトリックスに進める．

実対称マトリックス：正方マトリックスでどの要素も実数であり，(i,j) 成分＝(j,i) 成分をみたす．

(1) 実対称マトリックスの固有値は実数である．

なぜ？

実対称マトリックスを A，固有値を λ，固有ベクトルを $\begin{pmatrix}x_1\\x_2\end{pmatrix}$ とする．このとき

$$\begin{pmatrix}a_{11}&a_{12}\\a_{21}&a_{22}\end{pmatrix}\begin{pmatrix}x_1\\x_2\end{pmatrix}=\begin{pmatrix}x_1\\x_2\end{pmatrix}\lambda$$

である．この両辺に左から $(\bar{x}_1\ \ \bar{x}_2)$ を掛けると

$$\underbrace{(\bar{x}_1\ \ \bar{x}_2)\begin{pmatrix}a_{11}&a_{12}\\a_{21}&a_{22}\end{pmatrix}\begin{pmatrix}x_1\\x_2\end{pmatrix}}_{\text{実数 (1×1 マトリックス)}}=\underbrace{(\bar{x}_1\ \ \bar{x}_2)\begin{pmatrix}x_1\\x_2\end{pmatrix}}_{\text{実数 (1×1 マトリックス)}}\lambda$$

となる（くわしい計算は［補足］参照）．したがって λ は実数である．

［補足］ $(\bar{x}_1\ \ \bar{x}_2)\begin{pmatrix}a_{11}&a_{12}\\a_{21}&a_{22}\end{pmatrix}\begin{pmatrix}x_1\\x_2\end{pmatrix}=(\bar{x}_1\ \ \bar{x}_2)\begin{pmatrix}x_1\\x_2\end{pmatrix}\lambda$ の意味

固有方程式：$\begin{pmatrix}a_{11}&a_{12}\\a_{21}&a_{22}\end{pmatrix}\begin{pmatrix}x_1\\x_2\end{pmatrix}=\begin{pmatrix}x_1\\x_2\end{pmatrix}\lambda$ を 2 元連立 1 次方程式の形で

「(i,j) 成分と (j,i) 成分とが等しい」とは「もとのマトリックスとその転置マトリックス［もとのマトリックスの行（ヨコ）と列（タテ）とを入れ換えてつくったマトリックス］とが等しい」という意味である．

［参考］
対称マトリックス（成分は実数とは限らない）の固有方程式を**永年方程式**とよぶ．惑星の運動に対する永年摂動を計算するときに使う方程式であることに由来する．

固有値 λ を求める方程式（2×2 マトリックスの場合は 2 次方程式）の解は実数とは限らない．したがって，一般に固有値は実数とは限らない．このため，固有ベクトルの成分も実数とは限らない．

複素数の扱い方
$x_1=\alpha_1+i\beta_1$（α_1, β_1 は実数，i は虚数単位）とおくと，x_1 の複素共役（きょうやく）は

$$\begin{cases} a_{11}x_1 + a_{12}x_2 = x_1\lambda \\ a_{21}x_1 + a_{22}x_2 = x_2\lambda \end{cases}$$

と書くと理解しやすい．第 1 式に $\bar{x}_1$，第 2 式に $\bar{x}_2$ を掛けて各辺どうしを加えると

$$\bar{x}_1(a_{11}x_1 + a_{12}x_2) + \bar{x}_2(a_{21}x_1 + a_{22}x_2) = (\bar{x}_1x_1 + \bar{x}_2x_2)\lambda$$

となる．この過程は，固有方程式に左から $(\bar{x}_1 \;\; \bar{x}_2)$ を掛けたことを表している．ここで，左辺を整理すると

$$(\underbrace{\bar{x}_1x_1}_{\text{実数}}a_{11} + \underbrace{\bar{x}_2x_2}_{\text{実数}}a_{22}) + (\bar{x}_1x_2a_{12} + \bar{x}_2x_1a_{21}) = (\underbrace{\bar{x}_1x_1}_{\text{実数}} + \underbrace{\bar{x}_2x_2}_{\text{実数}})\lambda$$

となる．

実対称マトリックスのとき $a_{12} = a_{21}$ だから

$$\bar{x}_1x_2a_{12} + \bar{x}_2x_1a_{21} = \underbrace{(\bar{x}_1x_2 + \bar{x}_2x_1)}_{\text{実数}}a_{12}$$

である．

● 上記の考え方は，$n \times n$ マトリックス $(n \geq 3)$ にもあてはまる．

(2) 実対称マトリックスの異なる固有ベクトルに属するベクトルは互いに直交する．

なぜ？

λ（ラムダ），μ（ミュー）を異なる固有値，それぞれに属する固有ベクトルを $\begin{pmatrix} x_1 \\ x_2 \end{pmatrix}$，$\begin{pmatrix} y_1 \\ y_2 \end{pmatrix}$ とする．このとき，

$$\begin{pmatrix} a_{11} & a_{12} \\ a_{21} & a_{22} \end{pmatrix}\begin{pmatrix} x_1 \\ x_2 \end{pmatrix} = \begin{pmatrix} x_1 \\ x_2 \end{pmatrix}\lambda, \quad \begin{pmatrix} a_{11} & a_{12} \\ a_{21} & a_{22} \end{pmatrix}\begin{pmatrix} y_1 \\ y_2 \end{pmatrix} = \begin{pmatrix} y_1 \\ y_2 \end{pmatrix}\mu$$

が成り立つ．$\boldsymbol{Ax} = \boldsymbol{x}\lambda$ を転置してから，$a_{12} = a_{21}$（実対称マトリックス）に注意すると，

$$\lambda(x_1 \;\; x_2) = (x_1 \;\; x_2)\begin{pmatrix} a_{11} & a_{12} \\ a_{21} & a_{22} \end{pmatrix}$$

となる．$\begin{pmatrix} y_1 \\ y_2 \end{pmatrix}$ とのスカラー積をつくると，

$$\underbrace{\lambda(x_1 \;\; x_2)\begin{pmatrix} y_1 \\ y_2 \end{pmatrix}}_{(x_1 \;\; x_2)\begin{pmatrix} y_1 \\ y_2 \end{pmatrix}\lambda} = (x_1 \;\; x_2)\underbrace{\begin{pmatrix} a_{11} & a_{12} \\ a_{21} & a_{22} \end{pmatrix}\begin{pmatrix} y_1 \\ y_2 \end{pmatrix}}_{\begin{pmatrix} y_1 \\ y_2 \end{pmatrix}\mu}$$

となる．λ（1×1 マトリックス）と $\underbrace{(x_1 \;\; x_2)\begin{pmatrix} y_1 \\ y_2 \end{pmatrix}}_{1\times 1\text{マトリックス}}$ とは交換できるから，

$$(x_1 \;\; x_2)\begin{pmatrix} y_1 \\ y_2 \end{pmatrix}(\lambda - \mu) = 0$$

である．$\lambda \neq \mu$ だから $(x_1 \;\; x_2)\begin{pmatrix} y_1 \\ y_2 \end{pmatrix} = 0$ である．このとき，$\begin{pmatrix} x_1 \\ x_2 \end{pmatrix} \cdot \begin{pmatrix} y_1 \\ y_2 \end{pmatrix} = 0$ だから，これらのタテベクトルどうしは直交する．

ADVICE

$\bar{x}_1 = \alpha_1 - i\beta_1$ である．$\bar{x}_1$ は「エックスバー」と読む．

$\bar{x}_1x_1$
$= (\alpha_1 - i\beta_1)(\alpha_1 + i\beta_1)$
$= \alpha_1^2 + \beta_1^2$（実数）
であることがわかる．$x_2 = \alpha_2 + i\beta_2$（$\alpha_2$, β_2 は実数）とおくと，$\bar{x}_2x_2$ も同様である．

$\bar{x}_1x_2$ の複素共役は $x_1\bar{x}_2$ である（証明はつぎの通り）．

$\bar{x}_1x_2$
$= (\alpha_1 - i\beta_1)(\alpha_2 + i\beta_2)$
$= (\alpha_1\alpha_2 + \beta_1\beta_2)$
$+ i(\alpha_1\beta_2 - \alpha_2\beta_1)$

$x_1\bar{x}_2$
$= (\alpha_1 + i\beta_1)(\alpha_2 - i\beta_2)$
$= (\alpha_1\alpha_2 + \beta_1\beta_2)$
$- i(\alpha_1\beta_2 - \alpha_2\beta_1)$

$\bar{x}_1x_2 + \bar{x}_2x_1$ は，$\bar{x}_1x_2$ とその複素共役 $\bar{x}_2x_1$ を足した形だから実数になる．

簡単のために，
$\alpha = \alpha_1\alpha_2 + \beta_1\beta_2$,
$\beta = \alpha_1\beta_2 - \alpha_2\beta_1$
とすると，
$(\alpha + i\beta) + \underbrace{(\alpha - i\beta)}_{\overline{\alpha + i\beta}}$
$= 2\alpha$（実数）
である．

［参考］
(2)の性質は，量子力学で異なるエネルギー固有値に属する状態ベクトルどうしが直交することを理解するときに重要である．

ヨコベクトルとタテベクトルとのスカラー積：
$(x_1 \;\; x_2)\begin{pmatrix} y_1 \\ y_2 \end{pmatrix}$

タテベクトルどうしの内積：
$\begin{pmatrix} x_1 \\ x_2 \end{pmatrix} \cdot \begin{pmatrix} y_1 \\ y_2 \end{pmatrix}$

3.6 節参照

ADVICE

マトリックスの記号とベクトルの記号との使い方に慣れること.

A^* は A の転置マトリックスを表す.

$x=\begin{pmatrix}x_1\\ \vdots\\ x_n\end{pmatrix}$

$x^*=(x_1\cdots x_n)$

[注意 2] マトリックスの記号とベクトルの記号とで証明する方法

$n\times n$ マトリックスにもあてはまることを説明するためには，マトリックスとベクトルとを記号で書くとよい.

(2) 固有値 λ に属する固有ベクトルを $\boldsymbol{x}$，μ に属する固有ベクトルを $\boldsymbol{y}$ とする．このとき，

$$A\boldsymbol{x}=\boldsymbol{x}\lambda,\ A\boldsymbol{y}=\boldsymbol{y}\mu$$

が成り立つ．$A\boldsymbol{x}=\boldsymbol{x}\lambda$ を転置してから，$A=A^*$ に注意すると，

$$\lambda\boldsymbol{x}^*=\boldsymbol{x}^*A$$

となる．$\boldsymbol{y}$ とのスカラー積をつくると，

$$\lambda\boldsymbol{x}^*\boldsymbol{y}=\boldsymbol{x}^*\underbrace{A\boldsymbol{y}}_{\boldsymbol{y}\mu}$$

となる．λ（1×1 マトリックス）と $\underbrace{\boldsymbol{x}^*\boldsymbol{y}}_{1\times 1\ \text{マトリックス}}$ とは交換できるから，

$$\boldsymbol{x}^*\boldsymbol{y}(\lambda-\mu)=0$$

である．$\lambda\neq\mu$ だから $\boldsymbol{x}^*\boldsymbol{y}=0$ である．このとき，$\boldsymbol{x}\cdot\boldsymbol{y}=0$ だから，これらのタテベクトルどうしは直交する.

(重要) それぞれの固有ベクトルの方向に選んだ座標軸は，互いに直交する（5.3.4 項）.

5.3.2 節 例 3 は対角化できない.

5.3.4 対角化の応用 ― 対角化にはどんな利点があるか

5.3.2 項で，マトリックスの対角化の方法と対角化の意味とを理解した.

(基本)

マトリックスは入力（ベクトルで表す）と出力（ベクトルで表す）との間の対応規則を表す（1.2 節）.

(重要) 座標軸を選び直す操作は，変換の一種であり「**座標変換**」という.
この操作によって，入力と出力との間の対応規則が対角マトリックスで表せる場合がある.

旧座標系では図形の姿がはっきり見えなくても，新座標系にうつると見抜ける場合がある.

座標軸を選び直す操作にはどんな意味があるかを具体的に理解するために，あとの例題 5.2 と例題 5.3 とを考えてみよう．慣れていないと，複雑な方程式がどんな図形を表しているのかがすぐにはわからない．こういうときに，座標軸を選び直すと見通しがよくなる（例題 5.2）．斜めから見るとだれかがわからなくても，正面から見ると顔がはっきりするという状況と似ている．
座標変換によって別の観点から見直すと，本来の姿がわかる.

変換とは，本質を知るために立場を変えて調べる操作である.

正面から見た顔

斜めから見た顔

マトリックスの対角化とは，「旧座標系で

$$\begin{pmatrix}y_1\\ y_2\end{pmatrix}=\begin{pmatrix}a & b\\ c & d\end{pmatrix}\begin{pmatrix}x_1\\ x_2\end{pmatrix}$$

と表せる線型変換が新座標系で

$$\begin{pmatrix}y_1'\\ y_2'\end{pmatrix}=\begin{pmatrix}\lambda_1 & 0\\ 0 & \lambda_2\end{pmatrix}\begin{pmatrix}x_1'\\ x_2'\end{pmatrix}$$

と表せる」という意味である(図 5.7)．つまり，2 元連立 1 次方程式：

$$\begin{cases} ax_1 + bx_2 = y_1 \\ cx_1 + dx_2 = y_2 \end{cases}$$

を別の形の 2 元連立 1 次方程式：

$$\begin{cases} \lambda_1 x_1' \qquad = y_1' \\ \qquad \lambda_2 x_2' = y_2' \end{cases}$$

に書き換えることにあたる．この発想を活かすと，座標軸の選び直しによって，解きにくい連立方程式が扱いやすくなる場合がある．ただし，単なる n 元連立 1 次方程式ではなく，連立微分方程式を解く場合に効力を発揮する(例題 5.3)．

ADVICE 単なる n 元連立 1 次方程式は Cramer の方法または Gauss-Jordan の消去法で直接解けばよい．係数マトリックスを対角化しても計算が簡単になるわけではない．

固有値問題は，もともと定数係数の線型微分方程式の研究から始まった．
松坂和夫：『線型代数入門』(岩波書店，1980)．

幾何の問題：2 次形式と 2 次曲線

- 2 次形式：すべての項が変数の 2 次式になっている多項式

 例 $F(x_1, x_2) = x_1{}^2 - x_1x_2 + x_2{}^2$

- 標準形：すべての項が，ある変数の 2 乗になっている多項式

 例 $F(x_1, x_2) = \dfrac{x_1{}^2}{(\sqrt{3})^2} + \dfrac{x_2{}^2}{1^2}$ (たとえば，楕円の方程式)

一般に，2 次形式は

$$F(x_1, x_2) = (x_1 \ \ x_2)\begin{pmatrix} a & b \\ c & d \end{pmatrix}\begin{pmatrix} x_1 \\ x_2 \end{pmatrix}$$
$$= ax_1{}^2 + (b+c)x_1x_2 + dx_2{}^2 \ (a,\ b,\ c,\ d \text{ は定数})$$

と表せる．

問 5.8 2 次形式がこのように表せることを確かめよ．

(解説) $(x_1 \ \ x_2)\begin{pmatrix} a & b \\ c & d \end{pmatrix}\begin{pmatrix} x_1 \\ x_2 \end{pmatrix}$ の形のまま計算してもよいが，多少は簡単に扱えるように工夫してみる．

$$(x_1 \ \ x_2)\begin{pmatrix} a & b \\ c & d \end{pmatrix}\begin{pmatrix} x_1 \\ x_2 \end{pmatrix}$$
$$= (x_1 \ \ x_2)\begin{pmatrix} a & 0 \\ 0 & d \end{pmatrix}\begin{pmatrix} x_1 \\ x_2 \end{pmatrix} + (x_1 \ \ x_2)\begin{pmatrix} 0 & b \\ c & 0 \end{pmatrix}\begin{pmatrix} x_1 \\ x_2 \end{pmatrix}$$
$$= (x_1 \ \ x_2)\begin{pmatrix} ax_1 \\ dx_2 \end{pmatrix} + (x_1 \ \ x_2)\begin{pmatrix} bx_2 \\ cx_1 \end{pmatrix}$$
$$= ax_1{}^2 + dx_2{}^2 + bx_1x_2 + cx_1x_2$$
$$= ax_1{}^2 + (b+c)x_1x_2 + dx_2{}^2$$

$$\begin{pmatrix} a & b \\ c & d \end{pmatrix} = \begin{pmatrix} a & 0 \\ 0 & d \end{pmatrix} + \begin{pmatrix} 0 & b \\ c & 0 \end{pmatrix}$$

[注意 3] なぜ対角マトリックスと非対角マトリックスとに分けたのか

問 5.8 の解説の計算式の一部を抜粋すると，対角マトリックスと非対角マトリックスとのそれぞれがどんな項をつくるかが見える．

$$(x_1 \ \ x_2)\begin{pmatrix} a & 0 \\ 0 & d \end{pmatrix}\begin{pmatrix} x_1 \\ x_2 \end{pmatrix} + (x_1 \ \ x_2)\begin{pmatrix} 0 & b \\ c & 0 \end{pmatrix}\begin{pmatrix} x_1 \\ x_2 \end{pmatrix}$$
$$= \underbrace{ax_1{}^2 + dx_2{}^2}_{\text{対角マトリックスは標準形をつくる}} + \underbrace{bx_1x_2 + cx_1x_2}_{\text{非対角マトリックスは交差項をつくる}}$$

x_1x_2：交差項

ADVICE

例題 5.2　楕円の標準形

$$5x_1{}^2-2\sqrt{3}x_1x_2+3x_2{}^2=6$$

はどんな図形を表すか？

(解説)

複雑な式を簡単な式に分ける. ⇒ 2 次形式を標準形に書き換える工夫

ここで取り上げている例は，$a=5$, $b+c=-2\sqrt{3}$, $d=3$ の場合である.

$$F(x_1, x_2)=5x_1{}^2+\underbrace{(-\sqrt{3}-\sqrt{3})}_{\text{対称マトリックスにするため}}x_1x_2+3x_2{}^2 \quad (2\text{ 次形式})$$

$$=(x_1\ \ x_2)\begin{pmatrix}5 & -\sqrt{3}\\ -\sqrt{3} & 3\end{pmatrix}\begin{pmatrix}x_1\\ x_2\end{pmatrix}$$

⇓ 対角化

$$G(x_1{}', x_2{}')=(x_1{}'\ \ x_2{}')\begin{pmatrix}\lambda_1 & 0\\ 0 & \lambda_2\end{pmatrix}\begin{pmatrix}x_1{}'\\ x_2{}'\end{pmatrix}$$

$$=\lambda_1x_1'^2+\lambda_2x_2'^2 \quad (\text{標準形})$$

どのようにすると，2 次形式を標準形に書き換えることができるか？

$$\underbrace{\begin{pmatrix}x_1\\ x_2\end{pmatrix}}_{\text{旧座標系}}=\overbrace{\begin{pmatrix}\boxed{\begin{matrix}u_{11}\\ u_{21}\end{matrix}} & \boxed{\begin{matrix}u_{12}\\ u_{22}\end{matrix}}\end{pmatrix}}^{\text{直交マトリックス}}\underbrace{\begin{pmatrix}x_1{}'\\ x_2{}'\end{pmatrix}}_{\text{新座標系}}$$

$\begin{pmatrix}5 & -\sqrt{3}\\ -\sqrt{3} & 3\end{pmatrix}$ の固有ベクトル

ヨコベクトルで表すとき　$(x_1\ \ x_2)=(x_1{}'\ \ x_2{}')\begin{pmatrix}u_{11} & u_{21}\\ u_{12} & u_{22}\end{pmatrix}$

$$F(x_1, x_2)=(x_1\ \ x_2)\begin{pmatrix}5 & -\sqrt{3}\\ -\sqrt{3} & 3\end{pmatrix}\begin{pmatrix}x_1\\ x_2\end{pmatrix}$$

$$=(x_1{}'\ \ x_2{}')\underbrace{\overbrace{\begin{pmatrix}u_{11} & u_{21}\\ u_{12} & u_{22}\end{pmatrix}}^{\text{直交マトリックスの逆マトリックス（転置マトリックス）}}\begin{pmatrix}5 & -\sqrt{3}\\ -\sqrt{3} & 3\end{pmatrix}\overbrace{\begin{pmatrix}u_{11} & u_{12}\\ u_{21} & u_{22}\end{pmatrix}}^{\text{直交マトリックス}}}_{\begin{pmatrix}\lambda_1 & 0\\ 0 & \lambda_2\end{pmatrix}}\begin{pmatrix}x_1{}'\\ x_2{}'\end{pmatrix}$$

$$=G(x_1{}', x_2{}')$$

$A=\begin{pmatrix}5 & -\sqrt{3}\\ -\sqrt{3} & 3\end{pmatrix}$ を対角化するために，固有値・固有ベクトルを求める.

$$\begin{pmatrix}5 & -\sqrt{3}\\ -\sqrt{3} & 3\end{pmatrix}\begin{pmatrix}x_1\\ x_2\end{pmatrix}=\begin{pmatrix}x_1\\ x_2\end{pmatrix}\lambda$$

$\begin{vmatrix}5-\lambda & -\sqrt{3}\\ -\sqrt{3} & 3-\lambda\end{vmatrix}=0$　　$(5-\lambda)(3-\lambda)-(-\sqrt{3})(-\sqrt{3})=0$　　$\lambda_1=2$, $\lambda_2=6$

● $\lambda_1=2$ に属する固有ベクトル $\boldsymbol{x}_1$

$$\begin{pmatrix}5 & -\sqrt{3}\\ -\sqrt{3} & 3\end{pmatrix}\begin{pmatrix}x_1\\ x_2\end{pmatrix}=\begin{pmatrix}x_1\\ x_2\end{pmatrix}2 \qquad \begin{cases}3x_1-\sqrt{3}x_2=0\\ -\sqrt{3}x_1+\ 1x_2=0\end{cases}$$

$-2\sqrt{3}=-\sqrt{3}-\sqrt{3}$

対称マトリックス $\begin{pmatrix}5 & -\sqrt{3}\\ -\sqrt{3} & 3\end{pmatrix}$

線型変換を表す式の覚え方（5.3.1 項）を思い出すこと.

$\boldsymbol{y}=A\boldsymbol{x}$

$\boldsymbol{y}=U\boldsymbol{y}'$　$\boldsymbol{x}=U\boldsymbol{x}'$

$U\boldsymbol{y}'=AU\boldsymbol{x}'$

$\boldsymbol{y}'=\underbrace{U^{-1}AU}_{\Lambda}\boldsymbol{x}'$

転置マトリックス

直交マトリックスの定義（4.1.5 項）を思い出すこと.

マトリックス U の転置マトリックス U^* が逆マトリックス U^{-1} のとき ($U^*=U^{-1}$)，U を**直交マトリックス**という.

対称マトリックスの性質：異なる固有値に属する固有ベクトルは互いに直交する（内積の値がゼロである）. 5.3.3 項参照

$15-8\lambda+\lambda^2-3=0$

$\lambda^2-8\lambda+12=0$

$(\lambda-2)(\lambda-6)=0$

$3x_1-\sqrt{3}x_2=0$ と $-\sqrt{3}x_1+1x_2=0$ とは実質的に同じである. x_2 は x_1 の $\sqrt{3}$ 倍である.

ADVICE

$\begin{cases} x_1 = t_1 \\ x_2 = \sqrt{3}t_1 \end{cases}$　（t_1 は 0 でない任意の実数）　$\boldsymbol{x}_1 = \underbrace{\begin{pmatrix} 1 \\ \sqrt{3} \end{pmatrix}}_{\boldsymbol{u}_1} t_1$　（$t_1 \neq 0$）

● $\lambda_2 = 6$ に属する固有ベクトル $\boldsymbol{x}_2$

$$\begin{pmatrix} 5 & -\sqrt{3} \\ -\sqrt{3} & 3 \end{pmatrix}\begin{pmatrix} x_1 \\ x_2 \end{pmatrix} = \begin{pmatrix} x_1 \\ x_2 \end{pmatrix} 6 \qquad \begin{cases} -1x_1 - \sqrt{3}x_2 = 0 \\ -\sqrt{3}x_1 - 3x_2 = 0 \end{cases}$$

$-1x_1 - \sqrt{3}x_2 = 0$ と $-\sqrt{3}x_1 - 3x_2 = 0$ とは実質的に同じである．x_1 は x_2 の $-\sqrt{3}$ 倍である．

$\begin{cases} x_1 = -\sqrt{3}t_2 \\ x_2 = t_2 \end{cases}$　（t_2 は 0 でない任意の実数）　$\boldsymbol{x}_2 = \underbrace{\begin{pmatrix} -\sqrt{3} \\ 1 \end{pmatrix}}_{\boldsymbol{u}_2} t_2$　（$t_2 \neq 0$）

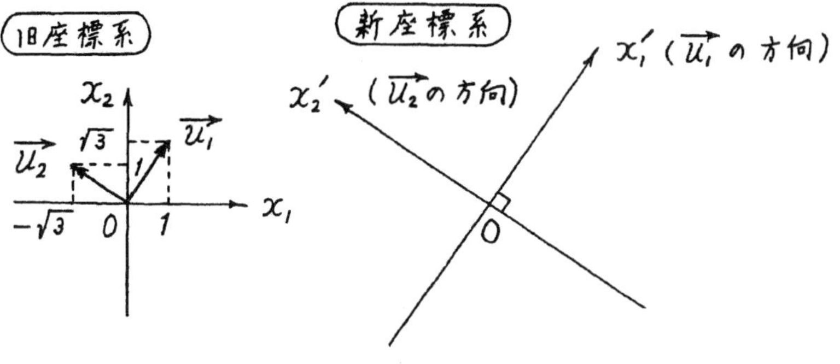

図 5.15　旧座標系と新座標系

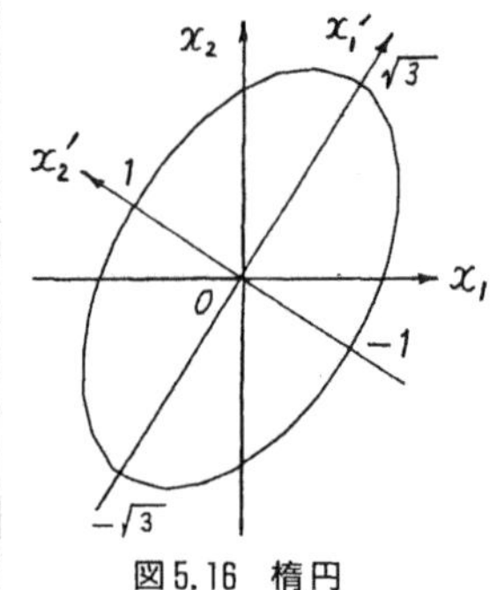

図 5.16　楕円

$$F(x_1, x_2) = (x_1 \ \ x_2)\begin{pmatrix} 5 & -\sqrt{3} \\ -\sqrt{3} & 3 \end{pmatrix}\begin{pmatrix} x_1 \\ x_2 \end{pmatrix} = 6$$

$$G(x_1' \ x_2') = (x_1' \ \ x_2')\begin{pmatrix} \overset{\lambda_1}{2} & 0 \\ 0 & \underset{\lambda_2}{6} \end{pmatrix}\begin{pmatrix} x_1' \\ x_2' \end{pmatrix}$$

$$= \underbrace{2(x_1')^2 + 6(x_2')^2 = 6}_{\text{楕円の方程式}}$$

楕円の標準形は定数項が 1 だから，$2(x_1')^2 + 6(x_2')^2 = 6$ の両辺を 6 で割って標準形に書き換える．

楕円の標準形：$\dfrac{(x_1')^2}{(\sqrt{3})^2} + \dfrac{(x_2')^2}{1^2} = 1$

（重要）　旧座標系で表した方程式ではどんな図形かわかりにくいとき，新座標系で表すとただちに判明することがある．

5.3.4 項自己診断 19.5 では双曲線を取り上げる．

問 5.9　固有ベクトルどうしが互いに直交することを確かめよ．

（解説）　内積＝0 を示す．

$$\boldsymbol{x}_1 \cdot \boldsymbol{x}_2 = \begin{pmatrix} 1 \\ \sqrt{3} \end{pmatrix} t_1 \cdot \begin{pmatrix} -\sqrt{3} \\ 1 \end{pmatrix} t_2 = [1 \cdot (-\sqrt{3}) + \sqrt{3} \cdot 1] t_1 t_2 = 0$$

［注意 4］　直交座標系から直交座標系への変換　実対称マトリックスの異なる固有値に属する固有ベクトルどうしは互いに直交する．したがって，$\overrightarrow{u_1}$ の方向の座標軸と $\overrightarrow{u_2}$ の方向の座標軸とは直交する．この場合，新座標系は旧座標系を原点のまわりに回転させたことになる．

5.3.4 項例題 5.2 では，直交座標系（旧座標系）を別の直交座標系（新座標系）に選び直したことになる．

問 5.10 例題 5.2 で，新座標系は旧座標系を原点のまわりにどれだけ回転させた座標系か？

(解説) 反時計まわりに 60° だけ回転させる．

ADVICE

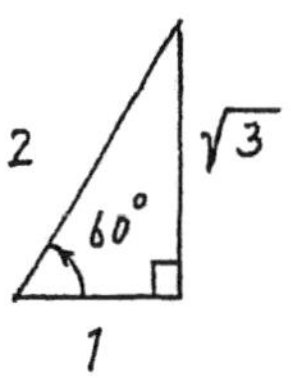

図 5.17 直角三角形

例題 5.3 連立微分方程式の解法

$$\begin{cases} \dfrac{dy_1}{dx} = 4y_1 + 1y_2 \\ \dfrac{dy_2}{dx} = -3y_1 \end{cases}$$

を解け．ただし，初期条件を「$x=x_0$ のとき $y_1=A$，$y_2=B$ (x_0，A，B は定数)」とする．

(解説)

連立微分方程式をマトリックスで表すと，

$$\frac{d}{dx}\begin{pmatrix} y_1 \\ y_2 \end{pmatrix} = \begin{pmatrix} 4 & 1 \\ -3 & 0 \end{pmatrix}\begin{pmatrix} y_1 \\ y_2 \end{pmatrix} \quad \left[\text{記号で } \frac{d\boldsymbol{y}}{dx} = M\boldsymbol{y} \text{ と書くことができる}\right]$$

となる．

連立微分方程式は線型代数の範囲外であるが，参考のために取り上げた．力学，制御理論などでマトリックスを活用して連立微分方程式を解く問題を扱うことがある．

手順1 固有値問題を考える

$\boldsymbol{z}=P^{-1}\boldsymbol{y}$ とすると，$\boldsymbol{y}=P\boldsymbol{z}$ となるから，$\dfrac{d\boldsymbol{y}}{dx}=M\boldsymbol{y}$ は $P\dfrac{d\boldsymbol{z}}{dx}=MP\boldsymbol{z}$ と書ける．両辺に左から P^{-1} を掛けた形が

$$\frac{dz}{dx} = \underbrace{P^{-1}MP}_{\Lambda\text{：対角マトリックス}} z$$

となるようにする．

P^{-1} は P の逆マトリックスを表す．

$\boldsymbol{y}=\begin{pmatrix} y_1 \\ y_2 \end{pmatrix}$

$M=\begin{pmatrix} 4 & 1 \\ -3 & 0 \end{pmatrix}$

$\boldsymbol{y}_0=\begin{pmatrix} A \\ B \end{pmatrix}$

M は対角マトリックスでない．

(重要) $\boldsymbol{y}$ の代りに $\boldsymbol{z}$ を求める問題に帰着する．

5.3.1 項例題 5.1 参照

$P^{-1}MP=\Lambda$ を $MP=P\Lambda$ と書き換えると

$$\begin{pmatrix} 4 & 1 \\ -3 & 0 \end{pmatrix}\begin{pmatrix} \alpha_1 & \beta_1 \\ \alpha_2 & \beta_2 \end{pmatrix} = \underbrace{\begin{pmatrix} \alpha_1 & \beta_1 \\ \alpha_2 & \beta_2 \end{pmatrix}\begin{pmatrix} \mu & 0 \\ 0 & \nu \end{pmatrix}}_{\begin{pmatrix} \alpha_1\mu & \beta_1\nu \\ \alpha_2\mu & \beta_2\nu \end{pmatrix}}$$

となる．これは，

$$\begin{pmatrix} 4 & 1 \\ -3 & 0 \end{pmatrix}\underbrace{\begin{pmatrix} \alpha_1 \\ \alpha_2 \end{pmatrix}}_{\text{固有ベクトル}} = \underbrace{\begin{pmatrix} \alpha_1 \\ \alpha_2 \end{pmatrix}}_{\text{固有ベクトル}} \underbrace{\mu}_{\text{固有値}} \quad \text{と} \quad \begin{pmatrix} 4 & 1 \\ -3 & 0 \end{pmatrix}\underbrace{\begin{pmatrix} \beta_1 \\ \beta_2 \end{pmatrix}}_{\text{固有ベクトル}} = \underbrace{\begin{pmatrix} \beta_1 \\ \beta_2 \end{pmatrix}}_{\text{固有ベクトル}} \underbrace{\nu}_{\text{固有値}}$$

とをまとめた形になっている．

$\dfrac{d\boldsymbol{y}}{dx}=M\boldsymbol{y}$ は旧座標系（y_1 軸，y_2 軸）で表した微分方程式と考える．これが対角マトリックス Λ で $\dfrac{d\boldsymbol{z}}{dx}=\Lambda\boldsymbol{z}$ と表せるような新座標系（z_1 軸，z_2 軸）を選ぶ．

$P=\begin{pmatrix} \alpha_1 & \beta_1 \\ \alpha_2 & \beta_2 \end{pmatrix}$，$\Lambda=\begin{pmatrix} \mu & 0 \\ 0 & \nu \end{pmatrix}$ とする．

μ は「ミュー」と読み，ν は「ニュー」と読むギリシア文字である．

手順2 固有値を求める

$\begin{pmatrix} \alpha_1 \\ \alpha_2 \end{pmatrix} \neq \begin{pmatrix} 0 \\ 0 \end{pmatrix}$，$\begin{pmatrix} \beta_1 \\ \beta_2 \end{pmatrix} \neq \begin{pmatrix} 0 \\ 0 \end{pmatrix}$ が存在するのは，λ が

$$\text{固有方程式：}\begin{vmatrix} 4-\lambda & 1 \\ -3 & -\lambda \end{vmatrix} = 0$$

をみたすときである．これを解くと $\lambda=1$，$\lambda=3$ となる．それぞれを $\mu=1$，$\nu=3$ とすると，$\Lambda=\begin{pmatrix} 1 & 0 \\ 0 & 3 \end{pmatrix}$ である．

μ と ν とを合わせて λ と書いた．

$\lambda^2-4\lambda+3$
$=(\lambda-3)(\lambda-1)$
$=0$

$\mu=3$，$\nu=1$ とすると，$\Lambda=\begin{pmatrix} 3 & 0 \\ 0 & 1 \end{pmatrix}$ となる．

$\dfrac{dz}{dx}=\Lambda z$ は

$$\frac{d}{dx}\begin{pmatrix} z_1 \\ z_2 \end{pmatrix}=\begin{pmatrix} 1 & 0 \\ 0 & 3 \end{pmatrix}\begin{pmatrix} z_1 \\ z_2 \end{pmatrix}$$

と表せる．したがって，

$$\underbrace{\begin{pmatrix} z_1 \\ z_2 \end{pmatrix}}_{z}=\underbrace{\begin{pmatrix} e^{1(x-x_0)} & 0 \\ 0 & e^{3(x-x_0)} \end{pmatrix}}_{\text{固有値を指数とする指数関数}}\underbrace{\begin{pmatrix} C \\ D \end{pmatrix}}_{z_0}$$

となる．

手順3 **固有値に属する固有ベクトルを求める**

$$\begin{pmatrix} 4 & 1 \\ -3 & 0 \end{pmatrix}\begin{pmatrix} \alpha_1 \\ \alpha_2 \end{pmatrix}=\begin{pmatrix} \alpha_1 \\ \alpha_2 \end{pmatrix}1 \quad \begin{cases} 4\alpha_1+\alpha_2=\alpha_1 \\ -3\alpha_1 \quad =\alpha_2 \end{cases} \quad \begin{cases} \alpha_1=s \\ \alpha_2=-3s \end{cases}$$

（s は 0 でない任意の実数）

$$\begin{pmatrix} 4 & 1 \\ -3 & 0 \end{pmatrix}\begin{pmatrix} \beta_1 \\ \beta_2 \end{pmatrix}=\begin{pmatrix} \beta_1 \\ \beta_2 \end{pmatrix}3 \quad \begin{cases} 4\beta_1+\beta_2=3\beta_1 \\ -3\beta_1 \quad =3\beta_2 \end{cases} \quad \begin{cases} \beta_1=t \\ \beta_2=-t \end{cases}$$

（t は 0 でない任意の実数）

手順4 **P を求める**

$$P=\begin{pmatrix} \alpha_1 & \beta_1 \\ \alpha_2 & \beta_2 \end{pmatrix}=\begin{pmatrix} s & t \\ -3s & -t \end{pmatrix},\ P^{-1}=\begin{pmatrix} -\dfrac{1}{2s} & -\dfrac{1}{2s} \\ \dfrac{3}{2t} & \dfrac{1}{2t} \end{pmatrix}$$

（逆マトリックスは 1.7 節にしたがって確かめよ）

手順5 **解を求める**

$$\underbrace{\begin{pmatrix} y_1 \\ y_2 \end{pmatrix}}_{y}=\underbrace{\begin{pmatrix} s & t \\ -3s & -t \end{pmatrix}}_{P}\underbrace{\begin{pmatrix} e^{1(x-x_0)} & 0 \\ 0 & e^{3(x-x_0)} \end{pmatrix}\underbrace{\begin{pmatrix} C \\ D \end{pmatrix}}_{z_0}}_{z}$$

$$=\begin{pmatrix} s & t \\ -3s & -t \end{pmatrix}\begin{pmatrix} e^{1(x-x_0)} & 0 \\ 0 & e^{3(x-x_0)} \end{pmatrix}\underbrace{\begin{pmatrix} -\dfrac{1}{2s} & -\dfrac{1}{2s} \\ \dfrac{3}{2t} & \dfrac{1}{2t} \end{pmatrix}\begin{pmatrix} A \\ B \end{pmatrix}}_{z_0=P^{-1}y_0}$$

$$=\underbrace{\begin{pmatrix} -\dfrac{1}{2}e^{1(x-x_0)}+\dfrac{3}{2}e^{3(x-x_0)} & -\dfrac{1}{2}e^{1(x-x_0)}+\dfrac{1}{2}e^{3(x-x_0)} \\ \dfrac{3}{2}e^{1(x-x_0)}-\dfrac{3}{2}e^{3(x-x_0)} & \dfrac{3}{2}e^{1(x-x_0)}-\dfrac{1}{2}e^{3(x-x_0)} \end{pmatrix}}_{s,\ t\ \text{によらないことに着目せよ（自己診断 19.1）}}\begin{pmatrix} A \\ B \end{pmatrix}$$

$$=\begin{pmatrix} -\dfrac{1}{2}A-\dfrac{1}{2}B \\ \dfrac{3}{2}A+\dfrac{3}{2}B \end{pmatrix}e^{1(x-x_0)}+\begin{pmatrix} \dfrac{3}{2}A+\dfrac{1}{2}B \\ -\dfrac{3}{2}A-\dfrac{1}{2}B \end{pmatrix}e^{3(x-x_0)}$$

$$=-\left(\frac{1}{2}A+\frac{1}{2}B\right)e^{-1x_0}\underbrace{\begin{pmatrix} 1 \\ -3 \end{pmatrix}}_{\text{固有ベクトル}}\underbrace{e^{1x}}_{1\text{は固有値}}$$

ADVICE

これは

$$\begin{cases} \dfrac{dz_1}{dx}=1z_1 \\ \dfrac{dz_2}{dx}=3z_2 \end{cases}$$

だから，それぞれの簡単な形の微分方程式を解く問題に帰着した．

参考までに，解き方を示す．

分数 $\dfrac{a}{b}=c$ を $a=bc$ と書き直せるのと同じ発想で，

$$\frac{dz_1}{z_1}=1dx$$

と書き換える．この変形では z_1 と x とを各辺に分けるので**「変数分離」**という．下限を初期値（$x=x_0$ のとき $z_1=C$ とする），上限を任意の値（x，z_1 と書く）として，両辺を積分すると

$$\int_C^{z_1}\frac{dz_1}{z_1}=1\int_{x_0}^{x}dx$$

から

$$[\log_e z_1]_C^{z_1}=1(x-x_0)$$

となる．したがって，

$$\log_e\frac{z_1}{C}=1(x-x_0)$$

である．

$$\frac{z_1}{C}=e^{1(x-x_0)}$$

となり，

$$z_1=Ce^{1(x-x_0)}$$

を得る．

同様に，$x=x_0$ のとき $z_2=D$ とすると

$$z_2=De^{3(x-x_0)}$$

である．

$\displaystyle\int_C^{z_1}\frac{dz_1}{z_1}$ の $\dfrac{dz_1}{z_1}$ の z_1 は変数，積分の上限の z_1 は任意の値であることに注意する．

$[\log_e z_1]_C^{z_1}$ を計算するとき，変数 z_1 に積分の上限の任意の値 z_1 を代入する．

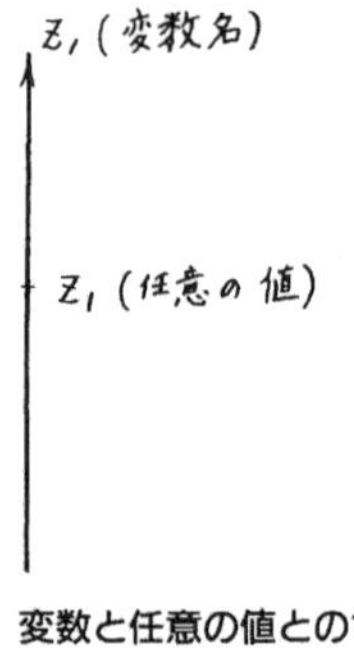

図 5.18 変数と任意の値とのちがい

ADVICE

$$+\left(\frac{3}{2}A+\frac{1}{2}B\right)e^{-3x_0}\underbrace{\begin{pmatrix}1\\-1\end{pmatrix}}_{\text{固有ベクトル}}\underbrace{e^{3x}}_{\text{3は固有値}}$$

解は $\underbrace{\begin{pmatrix}1\\-3\end{pmatrix}}_{\text{固有ベクトル}}\underbrace{e^{1x}}_{\text{1は固有値}}$ と $\underbrace{\begin{pmatrix}1\\-1\end{pmatrix}}_{\text{固有ベクトル}}\underbrace{e^{3x}}_{\text{3は固有値}}$ との線型結合で表せることがわかる．

$-\left(\frac{1}{2}A+\frac{1}{2}B\right)$ と $\frac{3}{2}A+\frac{1}{2}B$ とが結合係数である．

［参考］ 連立微分方程式の実例

数学で連立微分方程式を理解しても，どんな場面に現れるかがわからないと応用できない．力学系，生態系などの問題をモデル化して，連立微分方程式を立てる場合がある．ここでは，力学系の例を紹介する．

2個の質量 m のおもりをばねで結んで振動させる．ばね定数を k_1，k_{12}，k_2 とする．

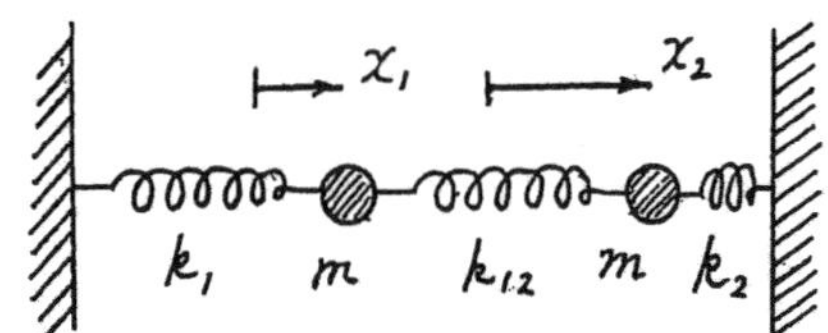

図 5.19 おもりの振動

それぞれのおもりのつりあいの位置を原点に選び，変位を x_1，x_2 とする．これらのおもりの運動方程式は

$$\begin{cases} m\dfrac{d^2x_1}{dt^2}=-k_1x_1-k_{12}(x_1-x_2) \\ m\dfrac{d^2x_2}{dt^2}=-k_2x_2-k_{12}(x_2-x_1) \end{cases}$$

である．添字 1,2 はおもりの番号を表す．これをマトリックスで表すと

$$\begin{pmatrix}\dfrac{d^2x_1}{dt^2}\\ \dfrac{d^2x_2}{dt^2}\end{pmatrix}=\begin{pmatrix}-\omega_1{}^2 & \omega_{12}{}^2\\ \omega_{12}{}^2 & -\omega_2{}^2\end{pmatrix}\begin{pmatrix}x_1\\x_2\end{pmatrix}$$

となる．$\omega_1{}^2=\dfrac{k_1+k_{12}}{m}$，$\omega_2{}^2=\dfrac{k_2+k_{12}}{m}$，$\omega_{12}{}^2=\dfrac{k_{12}}{m}$ とおいた．これらが正の量なので，2乗の形で表した．実対称マトリックス（5.3.3項）は成分が実数の対角マトリックスに変換できる．したがって，

$$\begin{pmatrix}\dfrac{d^2x_{\mathrm{I}}}{dt^2}\\ \dfrac{d^2x_{\mathrm{II}}}{dt^2}\end{pmatrix}=\begin{pmatrix}-\Omega_{\mathrm{I}}{}^2 & 0\\ 0 & -\Omega_{\mathrm{II}}{}^2\end{pmatrix}\begin{pmatrix}x_{\mathrm{I}}\\x_{\mathrm{II}}\end{pmatrix}$$

となる．これは，二つの独立な単振動の方程式：

$$\begin{cases} \dfrac{d^2x_{\mathrm{I}}}{dt^2}=-\Omega_{\mathrm{I}}{}^2x_{\mathrm{I}} \\ \dfrac{d^2x_{\mathrm{II}}}{dt^2}=\qquad\qquad -\Omega_{\mathrm{II}}{}^2x_{\mathrm{II}} \end{cases}$$

である．

m：mass（質量）の頭文字

運動方程式
質量×加速度＝力
おもりの加速度：
$\dfrac{d^2x_1}{dt^2}$，$\dfrac{d^2x_2}{dt^2}$

ばねの自然長の位置を原点に選んだ座標軸で，ばねからおもりにはたらく力は $-kx$（k はばねの強さを表す）と表せる．

単振動の方程式の解き方について，小林幸夫：「力学ステーション」（森北出版，2002）p.155参照．

ω, Ω：「オメガ」と読むギリシア文字の小文字と大文字

実対称マトリックスの固有値を $-\Omega_{\mathrm{I}}{}^2$, $-\Omega_{\mathrm{II}}{}^2$ とおいた．

x_{I}，x_{II} はおもりの位置を表すわけではない．このため，添字をおもりの番号1，2としないでⅠ，Ⅱとした．しかし，x_{I} と x_{II} とは独立に単振動するので，これらを「規準座標」とよぶ．

ADVICE

規準振動の物理上の意味は，力学の教科書で調べるとわかる．

自己診断19

19.1 固有ベクトルの選び方とマトリックスの対角化

$A=\begin{pmatrix}1 & 4\\ 3 & 2\end{pmatrix}$ の固有値 $\lambda_1=-2$ に属する固有ベクトルは $\begin{pmatrix}-4\\ 3\end{pmatrix}s$ であり，固有値 $\lambda_2=5$ に属する固有ベクトルは $\begin{pmatrix}1\\ 1\end{pmatrix}t$ である（問5.7）．ここで，s，t は0でない任意の実数である．マトリックス A の対角化の結果は，これらの任意の実数の値に関係ないことを示せ．

自己診断19.1の内容は5.3.4項例題5.3でも確かめてある．

（ねらい） マトリックスを対角化するとき，固有ベクトルが含む任意の実数の値によらず結果が同じだということを理解する．なお，実用上は固有ベクトルのノルム（大きさ）が1であるように任意の実数の値を選ぶと便利である．

本問の結果は自己診断19.6で必要である．

（発想） 問5.7の解説の中で，固有ベクトルに任意の実数を含めて $P^{-1}AP$ を計算すればよい．

正則マトリックス：逆マトリックスを持つマトリックス

（解説） A を対角化する正則マトリックス P を

$$P=\begin{pmatrix}-4s & 1t\\ 3s & 1t\end{pmatrix}$$

とする．P の逆マトリックスは

$$P^{-1}=\begin{pmatrix}-\dfrac{1}{7s} & \dfrac{1}{7s}\\ \dfrac{3}{7t} & \dfrac{4}{7t}\end{pmatrix}$$

である（1.7節にしたがって確認すること）．したがって，

$$P^{-1}AP=\begin{pmatrix}-\dfrac{1}{7s} & \dfrac{1}{7s}\\ \dfrac{3}{7t} & \dfrac{4}{7t}\end{pmatrix}\begin{pmatrix}1 & 4\\ 3 & 2\end{pmatrix}\begin{pmatrix}-4s & 1t\\ 3s & 1t\end{pmatrix}$$

$$=\begin{pmatrix}-2 & 0\\ 0 & 5\end{pmatrix}$$

となり，s，t に関係ない．

5.3.1項問5.7の P^{-1} の成分を

$-\dfrac{1}{7}\to-\dfrac{1}{7s}$

$\dfrac{1}{7}\to\dfrac{1}{7s}$

$\dfrac{3}{7}\to\dfrac{3}{7t}$

$\dfrac{1}{7}\to\dfrac{1}{7t}$

とおきかえる．s と t とはどちらも0でないから分母は0にならない．

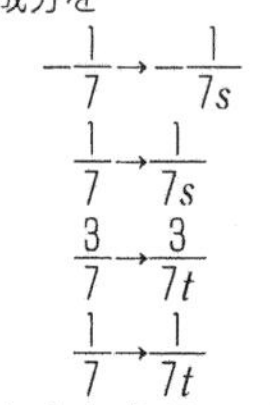

$P^{-1}=\begin{pmatrix}-\dfrac{1}{7s} & \dfrac{1}{7s}\\ \dfrac{3}{7t} & \dfrac{4}{7t}\end{pmatrix}$，

$P=\begin{pmatrix}-4s & 1t\\ 3s & 1t\end{pmatrix}$ だから

$P^{-1}P=\underbrace{\begin{pmatrix}1 & 0\\ 0 & 1\end{pmatrix}}_{\text{単位マトリックス}}$

となる．

$Q^{-1}AQ$ を考えても事情は同じである．

19.2 固有ベクトルの線型独立性

固有値問題：$\boldsymbol{Ax}=\boldsymbol{x}\lambda$ で，異なる固有値に属する固有ベクトルは線型独立である．

(1) 2×2マトリックスの場合に，この定理の意味を幾何の見方で説明せよ．

(2) 固有値が2個でない場合でも，この性質が成り立つことを示せ．

5.3.2項参照

（ねらい） 固有値がすべて異なるとき，マトリックスが必ず対角化できる理由を理解する（5.3.2項の例1）．

$n\times n$ マトリックスには n 個の固有値がある．これらのうち，異なる固有値が m 個あると，それぞれに属する m 個の固有ベクトルが線型独立である．

（発想） 線型独立性に気づく発想は，(1)で理解できる．実対称マトリックスの場合は，異なる固有値に属する固有ベクトルが互いに直交する（5.3.3項）

ことから線型独立性は明らかである．

固有値 λ_i に属する固有ベクトル $\boldsymbol{x}_i$ と固有値 λ_j に属する固有ベクトル $\boldsymbol{x}_j$ との間で $\boldsymbol{x}_i c_i + \boldsymbol{x}_j c_j = \boldsymbol{0}$ が $c_i = c_j = 0$ のときにしか成り立たないことを示せばよい．

（解説）

(1) 幾何の観点では，固有値問題は「マトリックス A によって大きさが λ 倍になるが方向が変わらない幾何ベクトル（矢印）を見つける問題」である．2×2 マトリックスの場合，異なる固有値に属する固有ベクトルは，平面内の互いに異なる方向の矢印で表せる．したがって，これらは線型従属ではない．

（補足） $A\boldsymbol{x}_1 = \boldsymbol{x}_1\lambda_1$，$A\boldsymbol{x}_2 = \boldsymbol{x}_2\lambda_2$ の固有ベクトルは，$\boldsymbol{x}_1 \neq \boldsymbol{0}$，$\boldsymbol{x}_2 \neq \boldsymbol{0}$ である．$\boldsymbol{x}_1$ と $\boldsymbol{x}_2$ とが線型従属であり，$\boldsymbol{x}_2 = \boldsymbol{x}_1 c$（$c$ は実数）とすると，

$$\boldsymbol{x}_2\lambda_2 = A\boldsymbol{x}_2 = A\boldsymbol{x}_1 c = \boldsymbol{x}_1\lambda_1 c = \boldsymbol{x}_1 c\lambda_1 = \boldsymbol{x}_2\lambda_1$$

となる．$\boldsymbol{x}_2(\lambda_2 - \lambda_1) = \boldsymbol{0}$ と変形できるが，$\lambda_1 \fallingdotseq \lambda_2$ だから $\boldsymbol{x}_2 = \boldsymbol{0}$ となり，$\boldsymbol{x}_2 \neq \boldsymbol{0}$ に矛盾する．したがって，$\boldsymbol{x}_1$ と $\boldsymbol{x}_2$ とは線型独立である．

(2) （補足）と同じ考え方で 2 個の固有ベクトル $\boldsymbol{x}_1$，$\boldsymbol{x}_2$ は線型独立である．$A\boldsymbol{x}_3 = \boldsymbol{x}_3\lambda_3$ $(\boldsymbol{x}_3 \neq \boldsymbol{0})$ をみたす固有ベクトル $\boldsymbol{x}_3$ について $\boldsymbol{x}_3 = \boldsymbol{x}_1 c_1 + \boldsymbol{x}_2 c_2$（$c_1$，$c_2$ は実数）が成り立つとする．

$$\boldsymbol{x}_3\lambda_3 = A\boldsymbol{x}_3 = A(\boldsymbol{x}_1 c_1 + \boldsymbol{x}_2 c_2) = \boldsymbol{x}_1\lambda_1 c_1 + \boldsymbol{x}_2\lambda_2 c_2$$

と

$$\boldsymbol{x}_3\lambda_3 = (\boldsymbol{x}_1 c_1 + \boldsymbol{x}_2 c_2)\lambda_3 = \boldsymbol{x}_1\lambda_3 c_1 + \boldsymbol{x}_2\lambda_3 c_2$$

とを比べる．上の式の最右辺と下の式の最右辺とは等しいから

$$\boldsymbol{x}_1\lambda_1 c_1 + \boldsymbol{x}_2\lambda_2 c_2 = \boldsymbol{x}_1\lambda_3 c_1 + \boldsymbol{x}_2\lambda_3 c_2$$

である．この式を整理すると

$$\boldsymbol{x}_1(\lambda_1 - \lambda_3)c_1 + \boldsymbol{x}_2(\lambda_2 - \lambda_3)c_2 = \boldsymbol{0}$$

となる．$\boldsymbol{x}_1$ と $\boldsymbol{x}_2$ とは線型独立だから $(\lambda_1 - \lambda_3)c_1 = 0$，$(\lambda_2 - \lambda_3)c_2 = 0$ である．$\lambda_1 \neq \lambda_3$，$\lambda_2 \neq \lambda_3$ だから，$c_1 = 0$，$c_2 = 0$ である．$\boldsymbol{x}_3 = \boldsymbol{x}_1 c_1 + \boldsymbol{x}_2 c_2$ から $\boldsymbol{x}_3 = \boldsymbol{0}$ となり矛盾する．したがって，$\boldsymbol{x}_1$，$\boldsymbol{x}_2$，$\boldsymbol{x}_3$ は線型独立である．同じ考え方をくりかえすと，n 個の異なる固有値に属する固有ベクトルは線型独立であることわがかる．

19.3 固有空間

(1) 線型変換によって自分自身にうつる直線を**不変直線**という．ただし，原点を通る直線に限ることにする．不変直線上の点はどんな幾何ベクトルで表せるか？

(2) つぎの (a), (b), (c) のそれぞれのマトリックスで表せる線型変換の固有値に属する固有空間を求めよ．

$$\text{(a)}\ \begin{pmatrix} 0 & 1 & 0 \\ 0 & 0 & 1 \\ 1 & 0 & 0 \end{pmatrix} \qquad \text{(b)}\ \begin{pmatrix} 1 & 2 & 1 \\ -1 & 4 & 1 \\ 2 & -4 & 0 \end{pmatrix} \qquad \text{(c)}\ \begin{pmatrix} 4 & 0 & 1 \\ 2 & 3 & 2 \\ 0 & -2 & 0 \end{pmatrix}$$

（ねらい） 幾何の観点から固有ベクトルの意味を理解した上で，固有空間を例として自己診断 19.2 の内容を具体的に確かめる．固有空間の意味は，連立 1 次方程式の解のしくみ（2 章）と結びついていることを理解する．

ADVICE

(1) $n\times n$ マトリックス $(n \geq 4)$ では幾何ベクトルを描くことができない．ただし，1.1 節で注意した通りで，幾何ベクトルを矢印で表すかどうかは幾何ベクトルの本質ではない．

(2) では，A を $n\times n$ マトリックスとする．

$\boldsymbol{x}_3$ が $\boldsymbol{x}_1$，$\boldsymbol{x}_2$ に線型従属であると仮定する．

例題 0.14 参照

5.2 節［進んだ探究］参照

固有空間

数学的帰納法

これらのマトリックスは 5.3.2 項で取り上げたので，固有値・固有ベクトルはすでに求めてある．

5.2 節［進んだ探究］参照

固有空間

(発想)　$n \times n$ マトリックス A の一つの固有値 λ に属する固有ベクトル全体に $\mathbf{0}$ を付け加えた集合 W_λ は3実数の組全体の集合 $\boldsymbol{R}^3$ の部分空間（3.4節）をつくる．集合 W_λ を A の固有値 λ に属する**固有空間**という．

ADVICE

「固有ベクトル全体」というのは，たとえば $\begin{pmatrix}1\\1\\1\end{pmatrix} t_1$ の0でない任意の実数 t_1 の値が無数に選べ，固有ベクトルが1個とは限らないからである．

固有ベクトルは $\mathbf{0}$ でない（5.2節［注意1］）．

(解説)

(1)　不変直線上で原点以外の点はどれも固有ベクトルである．

(2)

(a)　3個の異なる固有値 $\lambda_1=1$，$\lambda_2=\omega$，$\lambda_3=\omega^2$ のそれぞれに属する固有ベクトルは線型独立である（自己診断19.2）．したがって，方向の異なる不変直線は3本ある．不変直線どうしの交わりは原点しかない．

$\begin{pmatrix}1\\1\\1\end{pmatrix} t_1$，$\begin{pmatrix}\omega\\\omega^2\\1\end{pmatrix} t_2$，$\begin{pmatrix}\omega^2\\\omega\\1\end{pmatrix} t_3$ はどれも異なる方向の幾何ベクトル（矢印）で表せるから線型独立である．

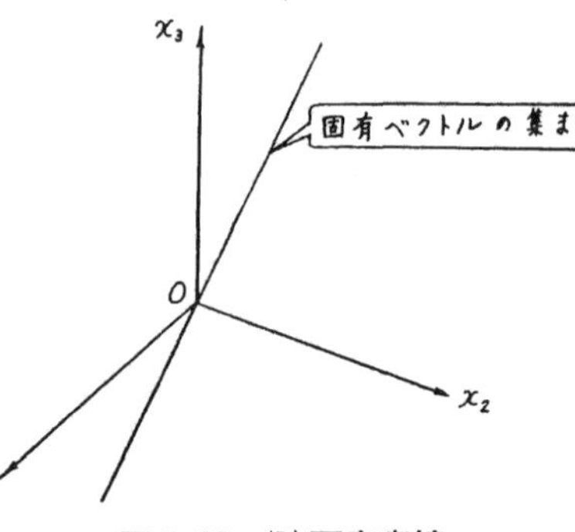

図5.20　(1) 不変直線

解空間について3.4.2項(まとめ)，3.5.2項ADVICE欄参照．

連立1次方程式の解空間

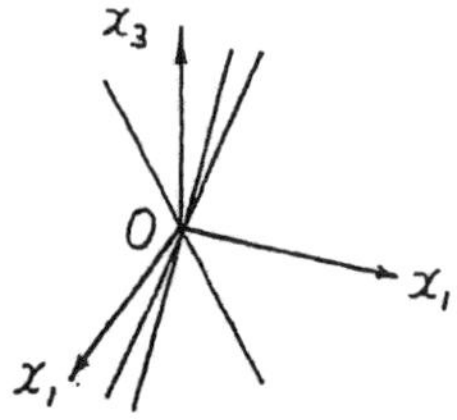

$\lambda_1=1$ のとき：

$$\begin{pmatrix}0&1&0\\0&0&1\\1&0&0\end{pmatrix}\begin{pmatrix}x_1\\x_2\\x_3\end{pmatrix}=\begin{pmatrix}x_1\\x_2\\x_3\end{pmatrix}1$$ は3元連立1次方程式：

$$\begin{cases}-1x_1+1x_2 =0\\ -1x_2+1x_3=0\\ 1x_1 -1x_3=0\end{cases}$$

で表せる．

固有空間（[発想] 参照）の要素は，どんな連立1次方程式の解を表すかを考えてみる．

図5.21　(2) 不変直線

図5.21の3本の不変直線は，固有値が3個とも実数の場合を表す．

Gauss-Jordanの消去法（1.4節）で行基本変形を進めた．

$$\left(\begin{array}{ccc|c}-1&1&0&0\\0&-1&1&0\\1&0&-1&0\end{array}\right)\xrightarrow{③+①}\left(\begin{array}{ccc|c}-1&1&0&0\\0&-1&1&0\\0&1&-1&0\end{array}\right)$$

$$\xrightarrow{②\times(-1)}\left(\begin{array}{ccc|c}-1&1&0&0\\0&1&-1&0\\0&1&-1&0\end{array}\right)\xrightarrow{③+②\times(-1)}\left(\begin{array}{ccc|c}-1&1&0&0\\0&1&-1&0\\0&0&0&0\end{array}\right)$$

①，②，③はそれぞれ変形前の第1行，第2行，第3行を表す．

から，3個の未知数に対して実質的な方程式が2個しかない．

この3元連立1次方程式の解は $\boldsymbol{x}=\begin{pmatrix}1\\1\\1\end{pmatrix}t_1$（$t_1$ は任意の実数）である（2.2.3項d）．解空間（斉次方程式の解全体の集合）は不変直線上の点全体で表せる．

$\boldsymbol{x}=\begin{pmatrix}x_1\\x_2\\x_3\end{pmatrix}$

斉次方程式は定数項が0である．

斉次は「せいじ」と読む．

● 空間内の直線の方程式：

行基本変形の最右辺の第1行：$-1x_1+1x_2=0$ と第2行：$1x_2-1x_3=0$ とはそれぞれ平面の方程式（2.2.1項）である．2平面の交わりが直線となり，固有ベクトル $\begin{pmatrix}1\\1\\1\end{pmatrix}$ を表す矢印の方向である．

● 空間内の直線のベクトル表示：

$\boldsymbol{x}=\begin{pmatrix}1\\1\\1\end{pmatrix}t_1$（$t_1$ は任意の実数）は，直線のベクトル表示になっている（2.2.1項）．

$\lambda_2=\omega$，$\lambda_3=\omega^2$ のとき：どちらの3元連立1次方程式の解も不変直線上の点全体で表せる．

固有空間 W_1，W_ω，W_{ω^2}：不変直線上の点全体（原点を含む）

$W_1\cap W_\omega=\{\mathbf{0}\}$，$W_1\cap W_{\omega^2}=\{\mathbf{0}\}$，$W_\omega\cap W_{\omega^2}=\{\mathbf{0}\}$ は，3本の不変直線の交点が原点であることを表す．

基本 線型部分空間は $\mathbf{0}$ を含む ⇒ 固有空間は部分線型空間である．
部分線型空間は，加法・スカラー倍について閉じた集合である．

[参考1] 不変直線の本数と固有ベクトルの個数

固有値は $1, \omega$，ω^2 の3個ある．しかし，固有ベクトルも $\begin{pmatrix}1\\1\\1\end{pmatrix}t_1$，$\begin{pmatrix}\omega\\\omega^2\\1\end{pmatrix}t_2$，$\begin{pmatrix}\omega^2\\\omega\\1\end{pmatrix}t_3$ の3個しかないと誤解してはいけない．$\begin{pmatrix}1\\1\\1\end{pmatrix}t_1$ の実数 t_1 は0以外のあらゆる値（$\ldots, -2, \ldots, -0.8, \ldots, 0.7, \ldots, 101, \ldots$）を取り得る．だから，不変直線 $\boldsymbol{x}=\begin{pmatrix}1\\1\\1\end{pmatrix}t_1$ 上の点を表す数ベクトル全体が固有ベクトルである．したがって，固有ベクトルは無数に存在する．$\begin{pmatrix}\omega\\\omega^2\\1\end{pmatrix}t_2$，$\begin{pmatrix}\omega^2\\\omega\\1\end{pmatrix}t_3$ も同様である．

[参考2] 固有空間の次元

不変直線 $\boldsymbol{x}=\begin{pmatrix}1\\1\\1\end{pmatrix}t_1$（原点を含む）は1個の任意の実数 t_1 で表せるので，固有空間 W_1 は1次元部分線型空間（次元の意味は3.5.1項参照）である．他の2本の不変直線 $\boldsymbol{x}=\begin{pmatrix}\omega\\\omega^2\\1\end{pmatrix}t_2$，$\boldsymbol{x}=\begin{pmatrix}\omega^2\\\omega\\1\end{pmatrix}t_3$ も同様である．

(b) 2個の異なる固有値 $\lambda_1=1$，$\lambda_2=2$（2重解）のそれぞれに属する固有ベクトルは線型独立である（自己診断19.2）．

連立1次方程式の解空間

$\lambda_1=1$ のとき：(a) と同様に，解空間（斉次方程式の解全体の集合）は不変直線上の点全体で表せる．

$\lambda_2=2$ のとき：3個の未知数に対して実質的な方程式が1個しかない．この解は

$\boldsymbol{x}=\begin{pmatrix}1\\0\\1\end{pmatrix}t_2+\begin{pmatrix}0\\1\\-2\end{pmatrix}t_3$（$t_2$，$t_3$ は同時に0でない任意の実数）である（2.2.1

ADVICE

3元連立1次方程式の解空間が固有空間である．

部分線型空間について3.4節参照．

原点を含めないと部分線型空間にならない．

5.3.2項例1参照

数の組は点という図形で表せる．ベクトルを矢印で描かなくてよい（1.1節）．

[参考]
問(a)，(b)の考え方は，量子力学で演算子の固有関数を求めるときの基本である．たとえば，小出昭一郎：「量子力学(I)（改訂版）」（裳華房，1991）p. 186参照．

複素数の固有値
複素数の固有値の場合もあることを示すために，この例題を入れた．固有値が複素数の場合，イメージを描きにくいが，複素数空間で λ_1 倍，λ_2 倍，λ_3 倍する．これらの倍率は，拡大・縮小のほかに回転も表す（複素関数論）．本問の場合，頭の中で複素数空間に実軸3本，虚軸3本を想定する．$\omega=-\frac{1}{2}-\frac{\sqrt{3}}{2}i$，$\omega^2=-\frac{1}{2}+\frac{\sqrt{3}}{2}i$ だから $\begin{pmatrix}\omega\\\omega^2\\1\end{pmatrix}$ は，3本の各実軸上で $-\frac{1}{2}, -\frac{1}{2}, 1$，3本の各虚軸上で $-\frac{\sqrt{3}}{2}, \frac{\sqrt{3}}{2}, 0$ で表せる数ベクトルである．

5.3.2項例2参照

$\begin{pmatrix}1\\1\\-2\end{pmatrix}t_1$，$\begin{pmatrix}1\\0\\1\end{pmatrix}t_2$，$\begin{pmatrix}0\\1\\-2\end{pmatrix}t_3$ はどれも異なる方向の幾何ベクトル（矢印）で表せるから線型独立である．

項a）．解空間（斉次方程式の解全体の集合）は $\begin{pmatrix}1\\0\\1\end{pmatrix}$ と $\begin{pmatrix}0\\1\\-2\end{pmatrix}$ との張る平面内の点全体で表せる．

固有空間 W_1：不変直線上の点全体（原点を含む），W_2：平面内の点全体（原点を含む）$W_1 \cap W_2 = \{\mathbf{0}\}$ は，これらの固有空間の共通要素（交点）が原点であることを表す．

● 空間内の平面の方程式：

$2x_1 - 4x_2 - 2x_3 = 0$ は平面の方程式（2.2.1項）である．

● 空間内の平面のベクトル表示：

$\boldsymbol{x} = \begin{pmatrix}1\\0\\1\end{pmatrix} t_2 + \begin{pmatrix}0\\1\\-2\end{pmatrix} t_3$（$t_2$，$t_3$ は任意の実数）は，平面のベクトル表示である（2.2.1項）．

［参考3］ 固有空間の次元

$\boldsymbol{x} = \begin{pmatrix}1\\0\\1\end{pmatrix} t_2 + \begin{pmatrix}0\\1\\-2\end{pmatrix} t_3$ は，2個の任意の実数 t_2，t_3 で表せるので，固有空間 W_2 は2次元部分線型空間（次元の意味は3.5.1項参照）である．

(c)　2個の異なる固有値 $\lambda_1 = 3$，$\lambda_2 = 2$（2重解）のそれぞれに属する固有ベクトルは線型独立である（自己診断19.2）．したがって，方向の異なる不変直線は2本ある．不変直線どうしの交わりは原点しかない．

連立1次方程式の解空間

$\lambda_1 = 3$ のとき：解空間（斉次方程式の解全体の集合）は不変直線上の点全体で表せる．

$\lambda_2 = 2$ のとき：解空間（斉次方程式の解全体の集合）は不変直線上の点全体で表せる．

固有空間 W_2，W_3：不変直線上の点全体（原点を含む）

$W_2 \cap W_3 = \{\mathbf{0}\}$ は，2本の不変直線の交点が原点であることを表す．

重要

(a) 不変直線上の点は，線型変換によってこの不変直線上にうつる．

例　不変直線 $\boldsymbol{x} = \begin{pmatrix}\omega\\\omega^2\\1\end{pmatrix} t_2$ 上の点 $(2\omega, 2\omega^2, 2)$ は $\begin{pmatrix}0&1&0\\0&0&1\\1&0&0\end{pmatrix}$ によって，同じ不変直線上の点 $(2\omega^2, 2, 2\omega)$ にうつる．不変直線の世界からほかの世界に飛び出すことはない．

(b) 平面 $\boldsymbol{x} = \begin{pmatrix}1\\0\\1\end{pmatrix} t_2 + \begin{pmatrix}0\\1\\-2\end{pmatrix} t_3$ 内の点は $\begin{pmatrix}1&2&1\\-1&4&1\\2&-4&0\end{pmatrix}$ によって，同じ平面内の点にうつる．

ADVICE

$\begin{pmatrix}1\\0\\1\end{pmatrix}$ の第2成分0を実数倍しても0のままだから，$\begin{pmatrix}1\\0\\1\end{pmatrix}$ を実数倍しても，$\begin{pmatrix}1\\1\\-2\end{pmatrix}$，$\begin{pmatrix}0\\1\\-2\end{pmatrix}$ にならない．したがって，どれも線型従属ではないことがただちにわかる．

t_2 と t_3 とを同時に0とすると，固有ベクトルが $\mathbf{0}$ になる．

$t_2 = 0$，$t_3 \neq 0$ のとき
$\boldsymbol{x} = \begin{pmatrix}0\\1\\-2\end{pmatrix} t_3$
は解集合を表す直線になる．

$t_2 \neq 0$，$t_3 = 0$ のとき
$\boldsymbol{x} = \begin{pmatrix}1\\0\\1\end{pmatrix} t_2$
は解集合を表す直線になる．
これらの2直線を座標軸として選ぶことができる．

(c)
5.3.2項例3参照
$\begin{pmatrix}2\\3\\-2\end{pmatrix} t_1$ と $\begin{pmatrix}1\\2\\-2\end{pmatrix} t_2$ とは異なる方向の幾何ベクトル（矢印）で表せるから線型独立である．
$\begin{pmatrix}1\\2\\-2\end{pmatrix}$ の第1成分の1を2倍すると，$\begin{pmatrix}2\\3\\-2\end{pmatrix}$ の第1成分と一致するが，他の成分は一致しない．したがって，これらは線型従属ではないことがただちにわかる．

(a) 点 $(2\omega, 2\omega^2, 2)$ は不変直線上で $t_2 = 2$ にあたる．点 $(2\omega^2, 2, 2\omega)$ は不変直線上で $t_2 = 2\omega$ にあたる．
なお，$\omega^3 = 1$ に注意する．

ADVICE

[参考 4] 1 次元不変部分空間

不変直線上の点全体を「1 次元不変部分空間」という．「$n \times n$ マトリックスが対角化できる」とは，「n 次元線型空間 $\boldsymbol{R}^n$ の中で n 本の不変直線（固有ベクトルの方向の直線）を座標軸に選ぶと，直交座標系の座標軸と同じ役割を果たす」という意味である［(a)，(b)の場合］．これらの座標軸の方向の幾何ベクトルは，対角マトリックスで線型変換しても方向を変えない（5.1節）．すべてのマトリックスが対角化できるわけではない［(c)の場合］．

座標軸について 3.5.1 項参照．

19.4 固有値が 0 の場合

つぎの (a)，(b)，(c) のマトリックスの固有値・固有ベクトルを求め，幾何の観点でこれらの特徴を答えよ．

(a) $\begin{pmatrix} 1 & 2 \\ 2 & 4 \end{pmatrix} \in M(2\,;\,\boldsymbol{R})$　(b) $\begin{pmatrix} 1 & 1 & 1 \\ 2 & 2 & 2 \\ 3 & 3 & 3 \end{pmatrix} \in M(3\,;\,\boldsymbol{R})$

(c) $\begin{pmatrix} 1 & -2 & -4 \\ -2 & 3 & 7 \\ -1 & 0 & 2 \end{pmatrix} \in M(3\,:\,\boldsymbol{R})$

$M(n\,;\,\boldsymbol{R})$ は成分が実数の $n \times n$ マトリックスの集合を表す．「成分が実数」をくわしくいうと，「どの成分も実数の集合 $\boldsymbol{R}$ の要素である」となる．

(ねらい) 固有ベクトルは $\boldsymbol{0}$ としないが，固有値は 0 でもよい事情に注意する．固有値が 0 のときと 0 でないときとのちがいを幾何の観点から理解する．

固有ベクトルを $\boldsymbol{0}$ としない理由について 5.2 節［注意 1］参照．

(発想) 2.1.3 項の 2 元連立 1 次方程式と 2.2.4 項の 3 元連立 1 次方程式とを思い出す．これらの解が原点，直線，平面のどれで表せるかを考える．

$A\boldsymbol{x}=\boldsymbol{0}$ と表せる線型変換は，固有値 0 に属する固有ベクトルを求める問題：$A\boldsymbol{x}=\boldsymbol{x}0$ とみなせる．

(a) 固有方程式
$$\begin{vmatrix} 1-\lambda & 2 \\ 2 & 4-\lambda \end{vmatrix} = \lambda(\lambda-5) = 0$$

2.1.3 項で取り上げた斉次（せいじ）方程式

(解説) (a) 固有値 $\lambda_1=0$ に属する固有ベクトルは直線のベクトル表示：$\boldsymbol{x}=\begin{pmatrix} -2 \\ 1 \end{pmatrix} t_1$（$t_1$ は 0 でない任意の実数）で表せる．

写像：$\begin{pmatrix} -2t_1 \\ 1t_1 \end{pmatrix} \longmapsto \begin{pmatrix} 0 \\ 0 \end{pmatrix}$ によって，直線上のすべての点が原点にうつる．直線がその直線上の 1 点にちぢむが，この直線以外の点にうつることはない．この直線上にない点（固有ベクトルでない）は，この線型変換で原点にうつらない．固有値が 0 のときも，不変直線（自己診断 19.3）が見つかるから，その方向の座標軸を選ぶことができる（5.2 節［注意 1］）．

マトリックスで表せる写像：入力⟼出力

固有値 $\lambda_2=5$ に属する固有ベクトルは直線のベクトル表示：$\boldsymbol{x}=\begin{pmatrix} 1 \\ 2 \end{pmatrix} t_2$（$t_2$ は 0 でない任意の実数）で表せる．写像：$\begin{pmatrix} 1t_2 \\ 2t_2 \end{pmatrix} \longmapsto \begin{pmatrix} 5t_2 \\ 10t_2 \end{pmatrix}$ によって，直線上のどの点も同じ直線上の点にうつる．

$\boldsymbol{x}0=\boldsymbol{0}$
原点はこの直線上にある．

(注意) **$\boldsymbol{0}$ は固有ベクトルでない**

$A\boldsymbol{x}=\boldsymbol{x}0$ の右辺が $\boldsymbol{0}$ になるが，固有ベクトルは $\boldsymbol{x}$ であって $\boldsymbol{0}$ ではない．

(b) 固有値 $\lambda_1=0$（2 重解）に属する固有ベクトルは平面のベクトル表示：$\boldsymbol{x}=$

$\begin{pmatrix}-1\\1\\0\end{pmatrix}t_1+\begin{pmatrix}-1\\0\\1\end{pmatrix}t_2$（$t_1$，$t_2$ は同時に 0 でない任意の実数）で表せる．

写像：$\begin{pmatrix}-t_1-1t_2\\1t_1\\1t_2\end{pmatrix}\longmapsto\begin{pmatrix}0\\0\\0\end{pmatrix}$ によって，平面内のすべての点が原点にうつる．平面がその平面内の 1 点にちぢむが，この平面以外の点にうつることはない．この平面内にない点（固有ベクトルでない）は，この線型変換で原点にうつらない．

固有値 $\lambda_2=6$ に属する固有ベクトルは直線のベクトル表示：$\boldsymbol{x}=\begin{pmatrix}1\\2\\3\end{pmatrix}t_2$（$t_2$ は 0 でない任意の実数）で表せる．写像：$\begin{pmatrix}1t_2\\2t_2\\3t_2\end{pmatrix}\longmapsto\begin{pmatrix}6t_2\\12t_2\\18t_2\end{pmatrix}$ によって，直線上のどの点も同じ直線上の点にうつる．

(c) 固有値 $\lambda=0$ に属する固有ベクトルは直線のベクトル表示：$\boldsymbol{x}=\begin{pmatrix}2\\-1\\0\end{pmatrix}t$（$t$ は 0 でない任意の実数）で表せる．(b) の $\lambda_2=6$ のときと同様である．

［参考 1］ 複素数の固有値・固有ベクトル

固有方程式 $-\lambda(\lambda^2-6\lambda+15)=0$ をみたす $\lambda\in\boldsymbol{R}$ の値は 0 だけである．マトリックスを集合 $M(3\,;\,\boldsymbol{C})$ の中で扱うときは，複素数の固有値・固有ベクトルを考える．

Q. 1 $\begin{pmatrix}1&2\\-1&4\end{pmatrix}\begin{pmatrix}x_1\\x_2\end{pmatrix}=\begin{pmatrix}x_1\\x_2\end{pmatrix}5$，$\begin{pmatrix}1&2\\-1&4\end{pmatrix}\begin{pmatrix}x_1\\x_2\end{pmatrix}=\begin{pmatrix}x_1\\x_2\end{pmatrix}0,\ldots,$

$\begin{pmatrix}1&2\\-1&4\end{pmatrix}\begin{pmatrix}x_1\\x_2\end{pmatrix}=\begin{pmatrix}x_1\\x_2\end{pmatrix}(-2),\ldots$ のように，勝手に固有値を決めて，その固有値に属する固有ベクトルを求めることができると思います．どんなマトリックスも固有値を無数に（何個でも）取り得るのではないでしょうか？

A. 1 固有値を 5 としたときに，

$$\begin{cases}(1-5)x_1+\quad 2x_2=0\\ \quad -1x_1+(4-5)x_2=0\end{cases}$$

を Cramer の方法で解くと，

$$x_1=\frac{\begin{vmatrix}0&2\\0&-1\end{vmatrix}}{\begin{vmatrix}-4&2\\-1&-1\end{vmatrix}},\quad x_2=\frac{\begin{vmatrix}-4&0\\-1&0\end{vmatrix}}{\begin{vmatrix}-4&2\\-1&-1\end{vmatrix}}$$

となります．分子は 0 ですが，分母が 0 でないので，$x_1=0$，$x_2=0$ となり，解は $\boldsymbol{0}$ です．固有値が特定の値でないと $\boldsymbol{0}$ でない固有ベクトルが求まりません（5.2 節［注意 1］）．分子は必ず 0 ですが，分母は 0 とは限らないからです．このため 分母＝0 をみたすように固有値 λ を求めます．$x_1=\dfrac{0}{0}$，

ADVICE

(b) 固有方程式
$\begin{vmatrix}1-\lambda&1&1\\2&2-\lambda&2\\3&3&3-\lambda\end{vmatrix}$
$=-\lambda^2(\lambda-6)$
$=0$

2.2.4 項で取り上げた斉次方程式

t_1 と t_2 とが同時に 0 でない理由について，自己診断 19.3(b) 参照．

$\longmapsto$ は，ある要素が写像によってどの要素にうつるかを表す記号である．

(c) 固有方程式
$\begin{vmatrix}1-\lambda&-2&-4\\-2&3-\lambda&7\\-1&0&2-\lambda\end{vmatrix}$
$=-\lambda(\lambda^2-6\lambda+15)$
$=0$

$\lambda^2-6\lambda+15=0$ は実数解を持たない．

$A\in M(n\,;\,\boldsymbol{R})$，$\lambda\in\boldsymbol{R}$，$\boldsymbol{x}\in\boldsymbol{R}^n$ に注意（5.2 節参照）すること．

$\boldsymbol{C}$ は複素数の集合を表す記号である．
complex numbers

固有ベクトル
$\boldsymbol{x}=\begin{pmatrix}x_1\\x_2\end{pmatrix}$

$\begin{pmatrix}1&2\\-1&4\end{pmatrix}\begin{pmatrix}x_1\\x_2\end{pmatrix}$
$=\begin{pmatrix}x_1\\x_2\end{pmatrix}5$

$\begin{cases}1x_1+2x_2=5x_1\\-1x_1+4x_2=5x_2\end{cases}$

$\begin{pmatrix}1&2\\-1&4\end{pmatrix}\begin{pmatrix}x_1\\x_2\end{pmatrix}$
$=\begin{pmatrix}x_1\\x_2\end{pmatrix}\lambda$

$\begin{cases}1x_1+2x_2=x_1\lambda\\-1x_1+4x_2=x_2\lambda\end{cases}$

$x_1=\dfrac{\begin{vmatrix}0&2\\0&4-\lambda\end{vmatrix}}{\begin{vmatrix}1-\lambda&2\\-1&4-\lambda\end{vmatrix}}$

$x_2=\dfrac{\begin{vmatrix}1-\lambda&0\\-1&0\end{vmatrix}}{\begin{vmatrix}1-\lambda&2\\-1&4-\lambda\end{vmatrix}}$

分母$=(1-\lambda)(4-\lambda)$
$\quad-2\times(-1)$

$x_2=\frac{0}{0}$（不定）ですから，一つの固有値 λ に属する固有ベクトル $\boldsymbol{x}$（$\neq\boldsymbol{0}$）は無数に存在します．なお，固有値 λ は $(1-\lambda)(4-\lambda)-2\times(-1)=0$ から 2，3 です．

Q.2 自己診断 19.4 (a) の $\begin{pmatrix}1 & 2\\2 & 4\end{pmatrix}$ の固有値の一つは 0 なのに，$\begin{pmatrix}1 & 2\\-1 & 4\end{pmatrix}$ は固有値 0 を取り得ない理由も Q.1 と同じ考え方で理解できますか？

A.2 2.1.3 項の斉次方程式 c，d を思い出してみましょう．

$$\begin{pmatrix}1 & 2\\2 & 4\end{pmatrix}\begin{pmatrix}x_1\\x_2\end{pmatrix}=\begin{pmatrix}x_1\\x_2\end{pmatrix}0$$

は 2 元連立 1 次方程式：

$$\begin{cases}1x_1+2x_2=0\\2x_1+4x_2=0\end{cases}$$

で表せます．2 個の未知数に対して実質的に 1 個の方程式しかありません．$x_1=0$，$x_2=0$ も解にはちがいありませんが，これ以外の解が無数に存在します．原点を通る特定の方向の直線上のあらゆる点がすべての解を表します．原点はその中の 1 点にすぎません．$\boldsymbol{0}$ でない固有ベクトルが存在することが重要です．

直線のベクトル表示（2.1.1 項）
$\boldsymbol{x}=\begin{pmatrix}-2\\1\end{pmatrix}t_1$（方向を表す）
$t_1=0$ のとき原点を表す．

$$\begin{pmatrix}1 & 2\\-1 & 4\end{pmatrix}\begin{pmatrix}x_1\\x_2\end{pmatrix}=\begin{pmatrix}x_1\\x_2\end{pmatrix}0$$

は 2 元連立 1 次方程式：

$$\begin{cases}1x_1+2x_2=0\\-1x_1+4x_2=0\end{cases}$$

で表せます．2 個の未知数に対して 2 個の方程式があるので，解は $x_1=0$，$x_2=0$（「自明な解」という）しかありません．したがって，固有値を 0 と考えると，$\begin{pmatrix}1 & 2\\-1 & 4\end{pmatrix}$ の固有ベクトルは存在しません．

0 は固有ベクトルに含めない（5.2 節［注意 1］）．

このように，固有値問題は連立 1 次方程式の解のしくみ（2 章）と密接に結びついています．

［参考 2］ 固有値が 0 となる例

量子力学で，軌道角運動量の二乗の固有値が 0 を取り得る．

19.5　2 次曲線の標準形

ある直交座標系で $x_1x_2=1$ と表せる直角双曲線は，別の直交座標系で $\frac{(x_1')^2}{(\sqrt{2})^2}-\frac{(x_2')^2}{(\sqrt{2})^2}=1$ と表せることを確かめよ．

（ねらい） 方程式がちがっても同じ図形を表す場合がある．「方程式がちがうのに同じ双曲線を表すのはなぜか」を考える．

（発想） 例題 5.2 の楕円の標準形と同じ考え方で進める．なお，本問の x_1x_2 は

ADVICE

交差項しかないのに対して，例題 5.2 の $x_1{}^2-x_2{}^2=1$ は交差項を含まないので両極端である．

問 5.8，5.3.4 項［注意 3］の解説の通り，非対角マトリックスが交差項をつくる．だから，$x_1x_2=1$ をマトリックスで表し，これを対角化すると標準形になることを確かめる．$(x_1\ \ x_2)\begin{pmatrix} a & b \\ c & d \end{pmatrix}\begin{pmatrix} x_1 \\ x_2 \end{pmatrix}=ax_1{}^2+(b+c)x_1x_2+dx_2{}^2$ で $a=0$，$b+c=1$，$d=0$ の場合と考える．

(解説)

$$x_1x_2=\underbrace{\left(\frac{1}{2}+\frac{1}{2}\right)}_{\text{対称マトリックスにするため}}x_1x_2 \quad (2\text{ 次形式})$$

$1=\frac{1}{2}+\frac{1}{2}$

$$=(x_1\ \ x_2)\begin{pmatrix} 0 & \frac{1}{2} \\ \frac{1}{2} & 0 \end{pmatrix}\begin{pmatrix} x_1 \\ x_2 \end{pmatrix}$$

$$=1$$

本問の解法は 5.3.4 項例題 5.2 と比べながら理解すること．

$\begin{pmatrix} 0 & \frac{1}{2} \\ \frac{1}{2} & 0 \end{pmatrix}$ を対角化するために，固有値・固有ベクトルを求める．

$$\begin{pmatrix} 0 & \frac{1}{2} \\ \frac{1}{2} & 0 \end{pmatrix}\begin{pmatrix} x_1 \\ x_2 \end{pmatrix}=\begin{pmatrix} x_1 \\ x_2 \end{pmatrix}\lambda$$

$$\begin{vmatrix} -\lambda & \frac{1}{2} \\ \frac{1}{2} & -\lambda \end{vmatrix}=0 \qquad \lambda^2-\frac{1}{4}=0 \qquad \lambda_1=\frac{1}{2},\ \ \lambda_2=-\frac{1}{2}$$

$\lambda=\frac{1}{2}$，$\lambda=-\frac{1}{2}$ のそれぞれを λ_1, λ_2 と表す．

● $\lambda_1=\frac{1}{2}$ に属する固有ベクトル $\boldsymbol{x}_1$

$$\begin{pmatrix} 0 & \frac{1}{2} \\ \frac{1}{2} & 0 \end{pmatrix}\begin{pmatrix} x_1 \\ x_2 \end{pmatrix}=\begin{pmatrix} x_1 \\ x_2 \end{pmatrix}\frac{1}{2} \qquad \begin{cases} \frac{1}{2}x_2=\frac{1}{2}x_1 \\ \frac{1}{2}x_1=\frac{1}{2}x_2 \end{cases}$$

$$\begin{cases} x_1=t_1 \\ x_2=t_1 \end{cases} \quad (t_1\text{ は 0 でない任意の実数}) \qquad \boldsymbol{x}_1=\begin{pmatrix} 1 \\ 1 \end{pmatrix}t_1\ \ (t_1\neq 0)$$

● $\lambda_2=-\frac{1}{2}$ に属する固有ベクトル $\boldsymbol{x}_2$

$$\begin{pmatrix} 0 & \frac{1}{2} \\ \frac{1}{2} & 0 \end{pmatrix}\begin{pmatrix} x_1 \\ x_2 \end{pmatrix}=\begin{pmatrix} x_1 \\ x_2 \end{pmatrix}\left(-\frac{1}{2}\right) \qquad \begin{cases} \frac{1}{2}x_2=-\frac{1}{2}x_1 \\ \frac{1}{2}x_1=-\frac{1}{2}x_2 \end{cases}$$

$$\begin{cases} x_1=\ \ t_2 \\ x_2=-t_2 \end{cases} \quad (t_2\text{ は 0 でない任意の実数}) \qquad \boldsymbol{x}_2=\begin{pmatrix} 1 \\ -1 \end{pmatrix}t_2\ \ (t_2\neq 0)$$

それぞれの固有ベクトルの方向の座標軸を選ぶと，$x_1x_2=1$ は

ADVICE

$$(x_1' \ \ x_2')\underbrace{\begin{pmatrix} \frac{1}{2} & 0 \\ 0 & -\frac{1}{2} \end{pmatrix}}_{\text{対角マトリックス}}\begin{pmatrix} x_1' \\ x_2' \end{pmatrix}=\frac{1}{2}(x_1')^2-\frac{1}{2}(x_2')^2$$

$$=\frac{(x_1')^2}{(\sqrt{2})^2}-\frac{(x_2')^2}{(\sqrt{2})^2}$$

$$=1\ (\text{標準形})$$

と表せる.

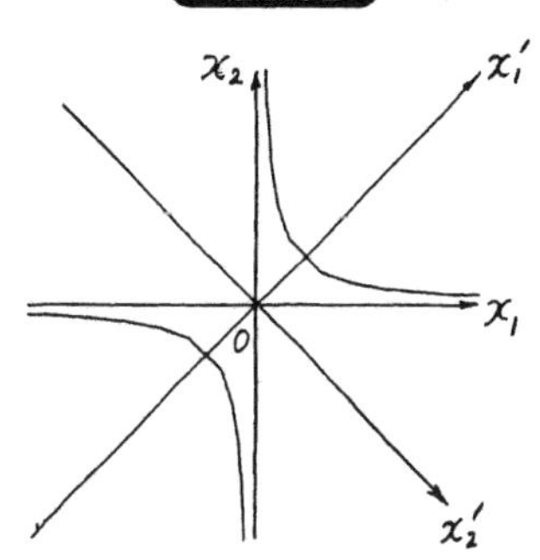

図 5.22　直角双曲線

[参考]　マトリックス（数の並び）と一つの数との区別

$$\underbrace{(x_1 \ \ x_2)}_{\substack{1\times2\\ \text{マトリックス}}}\underbrace{\begin{pmatrix} a_{11} & a_{12} \\ a_{21} & a_{22} \end{pmatrix}}_{\substack{2\times2\\ \text{マトリックス}}}\underbrace{\begin{pmatrix} x_1 \\ x_2 \end{pmatrix}}_{\substack{2\times1\\ \text{マトリックス}}}=\underbrace{c}_{\text{数}}$$

一つの数 c は 1×1 マトリックスとみなせる.

問　A を $n\times n$ マトリックス，$\boldsymbol{x}$ を $n\times1$ マトリックスとするとき，$A\boldsymbol{x}=\boldsymbol{x}\lambda$ を $(A-\lambda)\boldsymbol{x}=\boldsymbol{0}$ と変形することはできるか？

1.3 節自己診断 3.2 参照

解説　この変形は正しくない.

理由：$n\times n$ マトリックス A と 1×1 マトリックス λ とは，行の個数と列の個数とのどちらも一致していない.

正しくは，$\boldsymbol{x}\lambda=\Lambda\boldsymbol{x}$（$\Lambda$ は n 次対角マトリックス）に注意して（1.2 節問 1.4，1.3 節 自己診断 3.2），$A\boldsymbol{x}=\Lambda\boldsymbol{x}$ と考えて

$$\underbrace{(A-\Lambda)}_{\substack{n\times n\\ \text{マトリックス}}}\ \underbrace{\boldsymbol{x}}_{\substack{n\times1\\ \text{マトリックス}}}=\underbrace{\boldsymbol{0}}_{\substack{n\times1\\ \text{マトリックス}}}$$

と変形する.

$n\times n$ マトリックス

$$\Lambda=\begin{pmatrix} \lambda_1 & & 0 \\ & \ddots & \\ 0 & & \lambda_n \end{pmatrix}$$

通常の教科書では，$A-\Lambda$ を $A-\lambda I$（I は n 次単位マトリックス）と書いてある．この書き方も正しいが，λI は 1×1 マトリックスと $n\times n$ マトリックスとの乗法だから，マトリックスの乗法の規則に合っていないことに注意する.

注意　$\begin{pmatrix} x_1 \\ x_2 \end{pmatrix}2$ のような書き方は，数を文字の前に書いていないから適切でないと思うかも知れない．他方，$\lambda\begin{pmatrix} 1 \\ 2 \end{pmatrix}$ のような書き方も数を文字の前に書いていないから，これも適切でないといわなければならない．マトリックスどうしの乗法が成り立つように式を書き表すことが基本である．運動学でも 速度×時間 を $\vec{v}\,t$ と書くが $t\vec{v}$ とは書かない.

補足　$(A-\Lambda)\boldsymbol{x}=\boldsymbol{0}$ を写像の観点から考えると，マトリックス $A-\Lambda$ で表せる写像の核（付録B）は，固有値 λ に対応する固有空間である．ただし，固有ベクトルは $\boldsymbol{0}$ でないが，固有空間は $\boldsymbol{0}$ を含む（5.2 節［進んだ探究］）.

ADVICE

19.6 マトリックスの n 乗の応用

毎年，都市の人たちの30%が郊外へ移動し，郊外の人の20%が都市へ移動するというモデルを考える．こういう人口移動がつづくと，都市と郊外との人口分布はどのようになるか？

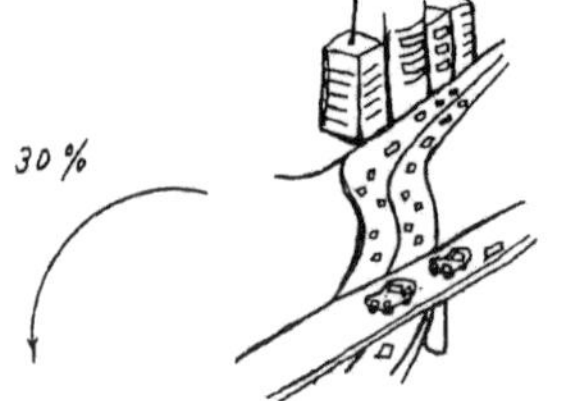

(ねらい) 具体的なモデルをマトリックスで表すときの考え方を理解する．幾何ベクトルの成分の変化を斜交座標系で調べるという発想に慣れる．

(発想) 5.3.1項 例題5.1と同じ方法でも解けるが，ここでは対角マトリックスを直接使わないで解いてみる．

(解説)

表5.1 人口移動

	都市から	郊外から
都市へ	0.90	0.20
郊外へ	0.10	0.80

$0.90+0.10=1.00$
$0.20+0.80=1.00$

$x_1(i)$ 人を i 年後の都市の人口，$x_2(i)$ 人を i 年後の郊外の人口とする．このとき，n 年後の人口は

$$\begin{pmatrix} x_1(n) \\ x_2(n) \end{pmatrix} = \begin{pmatrix} 0.90 & 0.20 \\ 0.10 & 0.80 \end{pmatrix}^n \begin{pmatrix} x_1(0) \\ x_2(0) \end{pmatrix}$$

と表せる．

1年後の人口
$\begin{pmatrix} x_1(1) \\ x_2(1) \end{pmatrix} = \begin{pmatrix} 0.90 & 0.20 \\ 0.10 & 0.80 \end{pmatrix} \begin{pmatrix} x_1(0) \\ x_2(0) \end{pmatrix}$

2年後の人口
$\begin{pmatrix} x_1(2) \\ x_2(2) \end{pmatrix} = \begin{pmatrix} 0.90 & 0.20 \\ 0.10 & 0.80 \end{pmatrix} \begin{pmatrix} x_1(1) \\ x_2(1) \end{pmatrix} = \begin{pmatrix} 0.90 & 0.20 \\ 0.10 & 0.80 \end{pmatrix}^2 \begin{pmatrix} x_1(0) \\ x_2(0) \end{pmatrix}$

$\begin{pmatrix} 0.90 & 0.20 \\ 0.10 & 0.80 \end{pmatrix}$ の固有値・固有ベクトルを求める．

$$\begin{pmatrix} 0.90 & 0.20 \\ 0.10 & 0.80 \end{pmatrix} \begin{pmatrix} x_1 \\ x_2 \end{pmatrix} = \begin{pmatrix} x_1 \\ x_2 \end{pmatrix} \lambda$$

$$\begin{vmatrix} 0.90-\lambda & 0.20 \\ 0.10 & 0.80-\lambda \end{vmatrix} = 0 \quad (\lambda-1.00)(\lambda-0.70)=0 \quad \lambda_1=1,\ \lambda_2=0.7$$

$(0.90-\lambda)(0.80-\lambda)-0.20\times 0.10=0$
$\lambda^2-1.70\lambda+0.70=0$

$\lambda=1$，$\lambda=0.7$ のそれぞれを λ_1, λ_2 と表す．

● $\lambda_1=1$ に属する固有ベクトル $\boldsymbol{x}_1$

$$\begin{pmatrix} 0.90 & 0.20 \\ 0.10 & 0.80 \end{pmatrix} \begin{pmatrix} x_1 \\ x_2 \end{pmatrix} = \begin{pmatrix} x_1 \\ x_2 \end{pmatrix} 1 \quad \begin{cases} -0.10x_1+0.20x_2=0 \\ 0.10x_1-0.20x_2=0 \end{cases}$$

$$\begin{cases} x_1=2t_1 \\ x_2=1t_1 \end{cases} \quad (t_1 \text{ は 0 でない任意の実数}) \quad \boldsymbol{x}_1 = \begin{pmatrix} 2 \\ 1 \end{pmatrix} t_1 \quad (t_1 \neq 0)$$

● $\lambda_2=0.7$ に属する固有ベクトル $\boldsymbol{x}_2$

$$\begin{pmatrix} 0.90 & 0.20 \\ 0.10 & 0.80 \end{pmatrix} \begin{pmatrix} x_1 \\ x_2 \end{pmatrix} = \begin{pmatrix} x_1 \\ x_2 \end{pmatrix} 0.7 \quad \begin{cases} 0.20x_1+0.20x_2=0 \\ 0.10x_1+0.10x_2=0 \end{cases}$$

$$\begin{cases} x_1=t_2 \\ x_2=-t_2 \end{cases} \quad (t_2 \text{ は 0 でない任意の実数}) \quad \boldsymbol{x}_2 = \begin{pmatrix} 1 \\ -1 \end{pmatrix} t_2 \quad (t_2 \neq 0)$$

$\begin{pmatrix} 0.90 & 0.20 \\ 0.10 & 0.80 \end{pmatrix}^2 \begin{pmatrix} 1 \\ -1 \end{pmatrix} = \begin{pmatrix} 0.90 & 0.20 \\ 0.10 & 0.80 \end{pmatrix} \begin{pmatrix} 0.90 & 0.20 \\ 0.10 & 0.80 \end{pmatrix} \times \begin{pmatrix} 1 \\ -1 \end{pmatrix} = \begin{pmatrix} 0.90 & 0.20 \\ 0.10 & 0.80 \end{pmatrix} \begin{pmatrix} 1 \\ -1 \end{pmatrix} \times 0.7 = \begin{pmatrix} 1 \\ -1 \end{pmatrix} 0.7^2$

t_1 の値と t_2 の値とは任意に選べるから，簡単のために $t_1=1$，$t_2=1$ とする．

$$\begin{pmatrix} 0.90 & 0.20 \\ 0.10 & 0.80 \end{pmatrix}^n \begin{pmatrix} 2 \\ 1 \end{pmatrix} = \begin{pmatrix} 2 \\ 1 \end{pmatrix} 1^n, \quad \begin{pmatrix} 0.90 & 0.20 \\ 0.10 & 0.80 \end{pmatrix}^n \begin{pmatrix} 1 \\ -1 \end{pmatrix} = \begin{pmatrix} 1 \\ -1 \end{pmatrix} 0.7^n$$

この式に左から $\begin{pmatrix} 0.90 & 0.20 \\ 0.10 & 0.80 \end{pmatrix}$ を掛けると
$\begin{pmatrix} 0.90 & 0.20 \\ 0.10 & 0.80 \end{pmatrix}^3 \begin{pmatrix} 1 \\ -1 \end{pmatrix} = \begin{pmatrix} 1 \\ -1 \end{pmatrix} 0.7^3$
となる．
この操作をくりかえす．

をまとめて

$$\begin{pmatrix} 0.90 & 0.20 \\ 0.10 & 0.80 \end{pmatrix}^n \begin{pmatrix} 2 & 1 \\ 1 & -1 \end{pmatrix} = \begin{pmatrix} 2 & 0.7^n \\ 1 & -0.7^n \end{pmatrix}$$

と表す．したがって，

$$\begin{pmatrix} 0.90 & 0.20 \\ 0.10 & 0.80 \end{pmatrix}^n = \begin{pmatrix} 2 & 0.7^n \\ 1 & -0.7^n \end{pmatrix} \begin{pmatrix} 2 & 1 \\ 1 & -1 \end{pmatrix}^{-1}$$

逆マトリックスは1.7節の方法で求める．

$$=\begin{pmatrix}2 & 0.7^n\\1 & -0.7^n\end{pmatrix}\begin{pmatrix}\frac{1}{3} & \frac{1}{3}\\\frac{1}{3} & -\frac{2}{3}\end{pmatrix}$$

$$=\begin{pmatrix}2+0.7^n & 2-2\cdot 0.7^n\\1-0.7^n & 1+2\cdot 0.7^n\end{pmatrix}\frac{1}{3}$$

となる．

$$\lim_{n\to\infty}\begin{pmatrix}0.90 & 0.20\\0.10 & 0.80\end{pmatrix}^n=\begin{pmatrix}\frac{2}{3} & \frac{2}{3}\\\frac{1}{3} & \frac{1}{3}\end{pmatrix}$$

実際には $n=5$ のとき $0.7^5=0.16807$，$n=10$ のとき $0.7^{10}=2.82\times10^{-2}$，$n=15$ のとき $0.7^{15}=4.75\times10^{-3}$，$n=20$ のとき $0.7^{20}=7.98\times10^{-4}$ である．都市と郊外との人口分布は次第に

$$\begin{pmatrix}\frac{2}{3} & \frac{2}{3}\\\frac{1}{3} & \frac{1}{3}\end{pmatrix}\begin{pmatrix}x_1(0)\\x_2(0)\end{pmatrix}=\begin{pmatrix}\frac{2}{3}x_1(0)+\frac{2}{3}x_2(0)\\\frac{1}{3}x_1(0)+\frac{1}{3}x_2(0)\end{pmatrix}$$

となる．

(補足) 斜交座標軸で人口分布の変化を見る

固有ベクトル $\boldsymbol{x}_1=\begin{pmatrix}2\\1\end{pmatrix}$ の方向の x_1' 軸と固有ベクトル $\boldsymbol{x}_2=\begin{pmatrix}1\\-1\end{pmatrix}$ の方向の x_2' 軸とを選ぶ．

$$\boldsymbol{x}'=P^{-1}\boldsymbol{x}$$

新座標系で表したベクトル表示　旧座標系で表したベクトル表示

$P=(\boldsymbol{x}_1\ \ \boldsymbol{x}_2)$ とおくと，

$$\begin{pmatrix}x_1'(0)\\x_2'(0)\end{pmatrix}=\overbrace{\begin{pmatrix}\frac{1}{3} & \frac{1}{3}\\\frac{1}{3} & -\frac{2}{3}\end{pmatrix}}^{P^{-1}}\begin{pmatrix}x_1(0)\\x_2(0)\end{pmatrix}$$

$$=\begin{pmatrix}\frac{1}{3}x_1(0)+\frac{1}{3}x_2(0)\\\frac{1}{3}x_1(0)-\frac{2}{3}x_2(0)\end{pmatrix}$$

となる．

新座標系では，

$$\begin{pmatrix}x_1'(n)\\x_2'(n)\end{pmatrix}=\begin{pmatrix}1 & 0\\0 & 0.7\end{pmatrix}^n\begin{pmatrix}x_1'(0)\\x_2'(0)\end{pmatrix}$$

$$=\begin{pmatrix}1^n & 0\\0 & 0.7^n\end{pmatrix}\begin{pmatrix}x_1'(0)\\x_2'(0)\end{pmatrix}$$

$$=\begin{pmatrix}x_1'(0)\\0.7^n x_2'(0)\end{pmatrix}$$

となる．「x_1' 成分を変えずに，x_2' 成分を0.7倍に縮小する」という写像をくりかえす．対角マトリックスを活用すると計算が簡単になり，こういう見方

5.3.1項例題5.1［注意1］参照

5.3.1項問5.7参照

$\boldsymbol{x}_1=\begin{pmatrix}2\\1\end{pmatrix}$

$\boldsymbol{x}_2=\begin{pmatrix}1\\-1\end{pmatrix}$

$P=(\boldsymbol{x}_1\ \ \boldsymbol{x}_2)=\begin{pmatrix}2 & 1\\1 & -1\end{pmatrix}$

都市の人口：x_1 人
郊外の人口：x_2 人
x_1，x_2 は数値を表す．

たとえば，
$x_1(0)=3000$万，
$x_2(0)=3000$万
とすると，
$\begin{pmatrix}x_1'(0)\\x_2'(0)\end{pmatrix}=\begin{pmatrix}2000万\\-1000万\end{pmatrix}$
である．ここで，人口なのに負の値でおかしいと疑問に思うかも知れない．本来の人口（正の値）は旧座標系で表している．新座標系は，対角マトリックスを使うために導入した．旧座標系で正の値を指す位置（点で表す）が，新座標系では負の値を指すことがある．

もできるようになる.

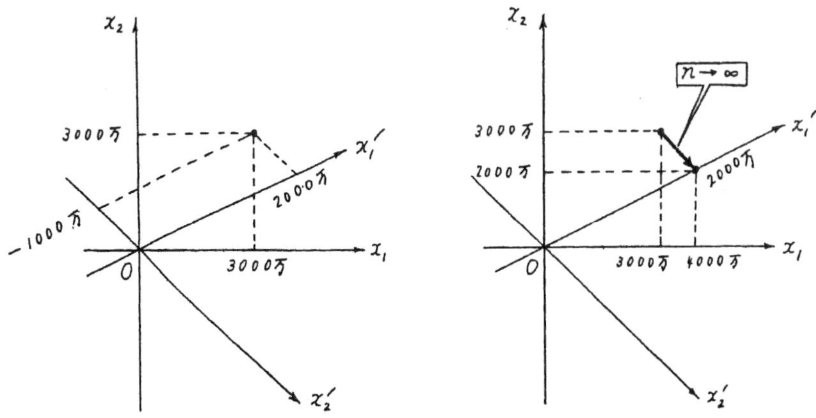

図 5.23 斜交座標系

まとめ

何のために固有値問題を考えるのか ?

固有値問題とは, **上手な基底を見つける問題**といえる.

基底を上手に選ぶと, 線型変換 $\boldsymbol{y} = A\boldsymbol{x}$ が $\boldsymbol{y}' = \Lambda \boldsymbol{x}'$ (Λ は固有値を並べた対角マトリックス) と表せるので, つぎの問題に便利である.

① マトリックスの n 乗が簡単に計算できる. ⇒ 例題 5.1

$n = 10000$ でも A^n は 3 個のマトリックスの乗法 $U\Lambda^n U^{-1}$ (Λ は対角マトリックス, U は固有ベクトルをタテに並べたマトリックス) で求まる.

② 2 次形式がどんな曲線を表しているかを知ることができる. ⇒ 例題 5.2

楕円がどの方向に傾いているかがわかる.

③ 連立微分方程式が解きやすくなる場合がある. ⇒ 例題 5.3

変数分離だけで簡単に解ける.

6 エピローグ－非線型の世界へ

キーワード　線型，非線型，美術

ADVICE

前章までの範囲で，線型代数の根本の線型性を探究してきた．将来は，線型性を基礎として非線型モデルに進むことになる．深入りしない範囲で，非線型性を示す世界を少しだけ覗いてみよう．

はじめに，「線型性とは何か」を思い出してみる．ケーキとゼリーとの詰め合わせをⅠ，Ⅱの2種類つくる．Ⅰは，ケーキが4個/セット，ゼリーが6個/セットだけ入っている．Ⅱは，ケーキが3個/セット，ゼリーが7個/セットだけ入っている．2セットのⅠと5セットのⅡとをまとめると，23個のケーキと47個のゼリーとを買うことになる．このような「重ね合わせの原理」（0.2.4項）が成り立つとき，「各セット数を入力，ケーキの個数とゼリーの個数とを出力とする対応規則（写像）は線型性を持つ」という．これは，比例の考え方の拡張である．「ケーキとゼリーとを合わせると，比例の考えがあてはまらないのではないか」と疑問に感じるかも知れない．各セットの内訳をマトリックスで

この問題とはちがうが，経営学に線型計画法がある．

この例と同じように，制御システムは線型性に基づいて設計している．くわしい内容は，制御工学で扱う．

$$\begin{pmatrix} 4\text{個/セット} & 3\text{個/セット} \\ 6\text{個/セット} & 7\text{個/セット} \end{pmatrix}$$

と表すと，詰め合わせとケーキ・ゼリーとの対応は

$$\begin{pmatrix} y_1\text{ 個} \\ y_2\text{ 個} \end{pmatrix} = \begin{pmatrix} 4\text{個/セット} & 3\text{個/セット} \\ 6\text{個/セット} & 7\text{個/セット} \end{pmatrix} \begin{pmatrix} x_1\text{ セット} \\ x_2\text{ セット} \end{pmatrix}$$

と書ける．これを $\boldsymbol{y}=A\boldsymbol{x}$ と表すと，比例の顔つきに見える．詰め合わせのほかにもケーキとゼリーとを買う場合がある．ケーキ2個，ゼリー5個を追加すると，

$$\begin{pmatrix} y_1\text{ 個} \\ y_2\text{ 個} \end{pmatrix} = \begin{pmatrix} 4\text{個/セット} & 3\text{個/セット} \\ 6\text{個/セット} & 7\text{個/セット} \end{pmatrix} \begin{pmatrix} x_1\text{ セット} \\ x_2\text{ セット} \end{pmatrix} + \begin{pmatrix} 2\text{個} \\ 5\text{個} \end{pmatrix}$$

となる．これを $\boldsymbol{y}=A\boldsymbol{x}+\boldsymbol{b}$ と表すと，比例の顔つきには見えなくなる．しかし，$\boldsymbol{y}-\boldsymbol{b}$ を $\boldsymbol{y}'$ と書くと $\boldsymbol{y}'=A\boldsymbol{x}$ となり，比例の顔つきに戻る．

$\boldsymbol{y}=A\boldsymbol{x}+\boldsymbol{b}$ は，1次関数 $y=ax+b$ の拡張版である．これは線型性を持たないから線型変換ではなく，「Affine（アフィン）変換」という．

現実には，この単純な例とちがって，非線型を線型に書き換えることのできないモデルがある．非線型性は，単純な法則が複雑な振舞を生み出すというカオス現象に密接に関わっている．それでは，線型性を深く研究するのはなぜだろうか？　力学から簡単な例を挙げてみる．自然長からの伸び・縮みが小さい範囲では，ばねを押したり引っ張ったりする力とばねの伸び・縮みとは比例する．しかし，極端に大きい力でばねを引っ張ると，ばねがもとの長さに戻らなくなる．非線型性は，比例からのずれで現れる．このため，線型性は，非線型性が複雑な現象を生み出すしくみを理解する手がかりになる．しかし，いつでも線型性の考え方を拡張して扱えるわけではない．非線型性が現象の重要な鍵を握っていて，線型現象と本質的に異なる特徴を示すことがある．

決定論

カオス（chaos）「無秩序」「混沌」

はしがきで，幾何の観点に立つと問題の展望が開けるという例を挙げた．線型性と非線型性との著しいちがいも，こういう発想で理解しやすくなる．例に先立って，数学と美術との意外な結びつきを紹介する．数学者をうならせた独特な彫刻がある（2006年9月2日付朝日新聞）．彫刻家牛尾啓三氏は「数学者が頭の中

で考えていることを，芸術家は手で考えて形にする」と語っている．一方，ロンドン大学（University College London）の Arthur I. Miller 教授は，「Einstein（アインシュタイン）は理論の美を求めて相対性理論に行き着き，Picasso（ピカソ）は科学者 Poincare（ポアンカレ）の著作に影響され 4 次元を平面に描こうとした」と語っている（2006年 9 月19日付朝日新聞）．

本章では，線型写像と非線型写像とのちがいを目で見て実感してみよう．ここで取り上げる例題は，「線型性をみたさない」という意味で非線型だが，「座標変換で線型になる」という意味で本質的な非線型ではない．

［参考］ 座標変換

1 次関数 $y=2x+5$ は，$y-1=2(x+2)$ と書き直せる．$x'=x+2$，$y'=y-1$ とすると，$y'=2x'$ となる．こういう座標変換によって，比例の関係に姿を変えることができる．

同様に，

$$\begin{pmatrix} y_1 \\ y_2 \end{pmatrix} = \begin{pmatrix} a_{11} & a_{12} \\ a_{21} & a_{22} \end{pmatrix} \begin{pmatrix} x_1 \\ x_2 \end{pmatrix} + \begin{pmatrix} b_1 \\ b_2 \end{pmatrix}$$

は，

$$\begin{pmatrix} y_1 \\ y_2 \end{pmatrix} = \begin{pmatrix} a_{11} & a_{12} \\ a_{21} & a_{22} \end{pmatrix} \begin{pmatrix} x_1+\alpha \\ x_2+\beta \end{pmatrix}$$

と書き直せる．$x_1'=x_1+\alpha$，$x_2'=x_2+\beta$，$\boldsymbol{x}'=\begin{pmatrix} x_1' \\ x_2' \end{pmatrix}$ とすると，$\boldsymbol{y}=A\boldsymbol{x}'$ と表せる．

こういう座標変換によって，Affine 変換から線型変換に姿を変えることができる．

ADVICE

$R^2 \to R^2$ を取り上げる．この場合，定義域と値域とが一致しているので「変換」とよんでよい（4.1.1 項）．

$y=2x+5$ を $y=2(x+2)+1$ と書き換えると，$y-1=2(x+2)$ の形に気がつく．

別の考え方でも，比例の関係に変えることができる．$y-5=2x$ と書き直して，$y'=y-5$ とすると $y'=2x$ となる．

$$\begin{cases} a_{11}\alpha+a_{12}\beta=b_1 \\ a_{21}\alpha+a_{22}\beta=b_2 \end{cases}$$
をみたす α，β を選ぶ．

コンピュータで描画する

情報教育の一環として，プログラムを作って線型写像と非線型写像とを視覚化しよう．プログラム言語は何でもよい．ここでは，数学・物理学のテーマである複雑系の研究に便利な Mathematica を使った．

計算の概要

① 初期位置として点 $P_0(1,1)$ を選ぶ．この位置ベクトルを $\boldsymbol{x}_0=\begin{pmatrix} 1 \\ 1 \end{pmatrix}$ と表すことにする．

② つぎの写像で下図のように新しい点の位置を見つける．

$$\begin{pmatrix} x_1' \\ x_2' \end{pmatrix} = \begin{pmatrix} a_{11} & a_{12} \\ a_{21} & a_{22} \end{pmatrix} \begin{pmatrix} x_1 \\ x_2 \end{pmatrix} \qquad \boldsymbol{x}'=A\boldsymbol{x}$$

$$\begin{pmatrix} x_1' \\ x_2' \end{pmatrix} = \begin{pmatrix} b_{11} & b_{12} \\ b_{21} & b_{22} \end{pmatrix} \begin{pmatrix} x_1 \\ x_2 \end{pmatrix} + \begin{pmatrix} c_1 \\ c_2 \end{pmatrix} \qquad \boldsymbol{x}'=B\boldsymbol{x}+\boldsymbol{c}$$

$c_1=0.0$，$c_2=0.0$ を選ぶと，$\boldsymbol{x}'=B\boldsymbol{x}$ となるから，線型変換を表す．

P_0
$A\boldsymbol{x}_0$ ↙ ↘ $B\boldsymbol{x}_0$
P_1　　　　P_2
$A\boldsymbol{x}_1$ ↙ ↘ $B\boldsymbol{x}_1$　$A\boldsymbol{x}_2$ ↙ ↘ $B\boldsymbol{x}_2$
P_3　P_4　P_5　P_6
………………………………

ここで，$\boldsymbol{x}_1=A\boldsymbol{x}_0$，$\boldsymbol{x}_2=B\boldsymbol{x}_0$ である．したがって，

$$A\boldsymbol{x}_1=A(A\boldsymbol{x}_0)=A^2\boldsymbol{x}_0, \quad B\boldsymbol{x}_1=B(A\boldsymbol{x}_0)=(BA)\boldsymbol{x}_0$$

などである．

●各段階ごとに，新しい点が前の段階で追加した点の 2 倍ずつ増える．

点の個数

$$\left.\begin{array}{l} P_0 : 1\text{個}=2^0\text{個} \\ P_1, P_2 : 2\text{個}=2^1\text{個} \\ P_3, P_4, P_5, P_6 : 4\text{個}=2^2\text{個} \\ \cdots\cdots\cdots\cdots\cdots \end{array}\right\} \quad S=\underbrace{2^0+2^1+2^2+\cdots+2^{n-1}}_{n\text{項}}$$

$$\begin{aligned} S &= 2^0+2\overbrace{(2^0+2^1+\cdots+2^{n-2})}^{S\text{と似た形に注目}} \\ &= 2^0+2(\overbrace{2^0+2^1+\cdots+2^{n-2}+2^{n-1}}^{S\text{と同じ}}\underbrace{-2n^{n-1}}_{\text{差し引く}}) \\ &= 2^0+2(S-2^{n-1}) \\ &= 2^0+2S-2^n \end{aligned}$$

から $(1-2)S=2^0-2^n$ となる．$2^0=1$ に注意すると，$S=2^n-1$ となる．写像を12段階くり返すと，$(2^{12}-1)$ 個の点ができる．

表 6.1　マトリックスの成分の値

	a_{11}	a_{12}	a_{21}	a_{22}	b_{11}	b_{12}	b_{21}	b_{22}	c_1	c_2	点の個数
図1	0.3	−0.4	0.4	0.3	0.3	0.4	−0.4	0.3	0.7	0.4	$2^{12}-1$
図2	0.3	−0.4	0.4	0.3	0.3	0.4	−0.4	0.3	0.0	0.0	$2^{12}-1$
図3	0.55	0.35	0.35	−0.55	0.3	0.0	0.0	−0.3	0.3	0.0	$2^{12}-1$
図4	0.55	0.35	0.35	−0.55	0.3	0.0	0.0	−0.3	0.0	0.0	$2^{12}-1$

芹沢浩：『カオスの数学』(東京図書，1993)には，マトリックスの成分の値を変えて描いた模様のサンプルとTurbo C プログラムとが挙がっている．

図 6.1 と図 6.2 とは c_1 の値と c_2 の値とがちがうだけである．図 6.3，図 6.4 も同様である．しかし，描画を見ると，驚くことに著しいちがいが見つかる．

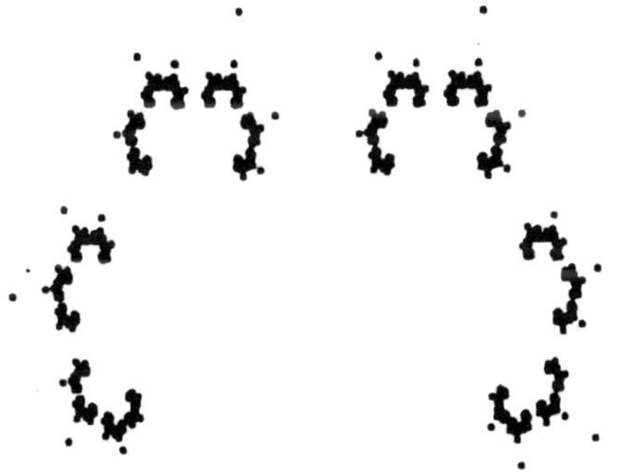

図 6.1　線型写像と非線型写像

図 6.2　線型写像だけ

ADVICE

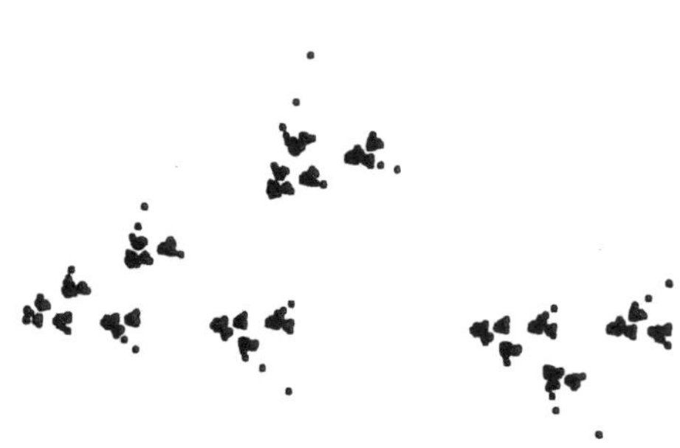

図 6.3　線型写像と非線型写像

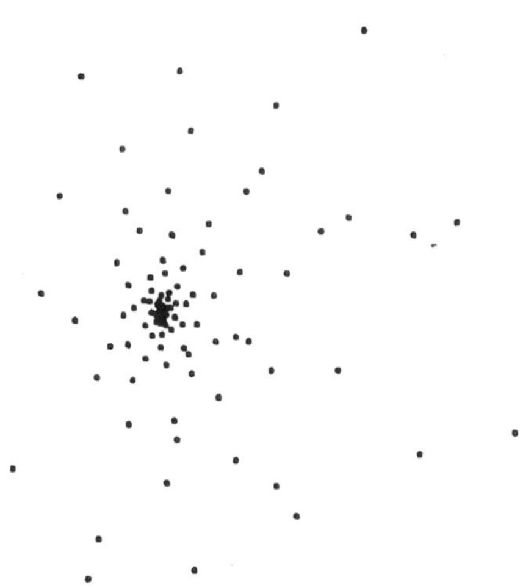

図 6.4　線型写像だけ

Mathematica プログラム

```
(* Linear transformation and Affine transformation *)

Iterate = 12;

p = {{1, 1}}; data = {p};

a11 = 0.2; a12 = -0.6; a21 = 0.6; a22 = 0.2;
 b11 = 0.2; b12 = 0.6; b21 = -0.6; b22 = 0.2;
 c1 = 1; c2 = 0;

f[{x_, y_}] := {{a11, a12}, {a21, a22}}.{x, y};

g[{x_, y_}] := {{b11, b12}, {b21, b22}}.{x, y} + {1 - c1, -c2};

Do[
  Do[
   q = Map[f, data[[i]]];
   data = Append[data, q];
   r = Map[g, data[[i]]];
   data = Append[data, r],
    {i, 2^(k-2), 2^(k-1) - 1, 1}],
   {k, 2, Iterate, 1}];

data = Flatten[data, 1];

Show[Graphics[{PointSize[0.01], Map[Point, data]}], AspectRatio → 1]];
```

付録A　連立1次方程式の解法 — Gaussの消去法（後部代入法）

付録Aの目標

① マトリックスの基本変形で連立1次方程式の解を求める方法を理解すること．

② Gauss-Jordanの消去法とGaussの消去法との間で演算回数を比較すること．

キーワード　マトリックスの基本変形，Gauss-Jordanの消去法（掃き出し法），Gaussの消去形（後部代入法）

ADVICE

Gauss-Jordanの消去法は，マトリックスの基本変形で連立1次方程式の解を求める方法である．この発想を振り返ってみよう．たとえば，未知数が2個あっても，2元連立1次方程式が

$$\begin{cases} \heartsuit x_1 \quad\quad = \spadesuit \\ \quad\quad \clubsuit x_2 = \diamondsuit \end{cases}$$

であれば，1個の未知数しかない単純な2個の方程式が並んでいるだけにすぎない．マトリックスで表すと

Gauss-Jordanの消去法について1.4節参照．

ここでは，♡，♠，♣，◇は数を表す記号として使った．

拡大係数マトリックス

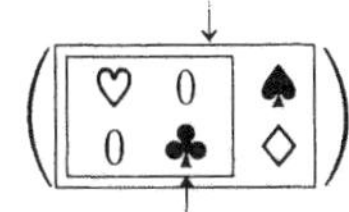

係数マトリックス

となる．係数マトリックスが対角マトリックスの場合は連立1次方程式が解きやすい．こういう形でないときには，係数マトリックスを基本変形して対角マトリックスに変形する．このように，係数マトリックスを対角マトリックスに変形するために余分な数を0にする手続きがGauss-Jordanの消去法（掃き出し法）である．

1.4節では，対角マトリックスを単位マトリックスとした．

連立1次方程式の解を求めるには，対角マトリックスにまで変形する必要はない．つまり，係数マトリックスの基本変形をそこまで推し進めなくてもよい．基本変形の手間を省いて演算回数を減らすことができる．1.4節と同じ例題で試してみよう．

例題 A.1　Gaussの消去法（後部代入法）

$$\begin{cases} -3x_1 + 2x_2 = -5 \\ \ \ 4x_1 + 6x_2 = \ \ 7 \end{cases}$$

(1) 第2式から x_1 を消去して x_2 の値を求め，これを第1式に代入して x_1 の値を求めよ．

(2) 演算記号 +，等号 =，文字を省いて，(1)の計算過程をマトリックスで表せ．

（解説） (1) 第2式＋第1式×$\frac{4}{3}$： $\begin{cases} -3x_1 + \ 2\ x_2 = -5 \\ \quad\quad \frac{26}{3}x_2 = \frac{1}{3} \end{cases}$

第2式から $x_2 = \frac{1}{26}$ である．これを第1式に代入して整理すると，

$-3x_1 = -\frac{1}{13} - 5$ となるから，$x_1 = \frac{22}{13}$ を得る．

ADVICE

(2) **Gaussの消去法**

$$\begin{pmatrix} -3 & 2 & -5 \\ 4 & 6 & 7 \end{pmatrix}$$

↑ ここを0にする．

$$\xrightarrow{②+①\times\frac{4}{3}} \begin{pmatrix} -3 & 2 & -5 \\ \mathbf{0} & \frac{26}{3} & \frac{1}{3} \end{pmatrix}$$

第2式から

$$x_2=\frac{1}{26}$$

となる．これを第1式に代入して整理すると，

$$-3x_1=-\frac{1}{13}-5$$

となるから，

$$x_1=\frac{22}{13}$$

を得る．

Gauss-Jordanの消去法（再掲）

ここを1にするにはどうすればよいか？

$$\begin{pmatrix} -3 & 2 & -5 \\ 4 & 6 & 7 \end{pmatrix}$$

$$\xrightarrow{①+②} \begin{pmatrix} \mathbf{1} & 8 & 2 \\ 4 & 6 & 7 \end{pmatrix}$$

ここを0にするにはどうすればよいか？

$$\xrightarrow{②-①\times 4} \begin{pmatrix} 1 & 8 & 2 \\ \mathbf{0} & -26 & -1 \end{pmatrix}$$

ここを1にするにはどうすればよいか？

ここを0にするにはどうすればよいか？

$$\xrightarrow{②\div(-26)} \begin{pmatrix} 0 & 8 & 2 \\ 0 & \mathbf{1} & \frac{1}{26} \end{pmatrix}$$

これが x_1 の値

$$\xrightarrow{①-②\times 8} \begin{pmatrix} 1 & \mathbf{0} & \frac{22}{13} \\ 0 & 1 & \frac{1}{26} \end{pmatrix}$$

これが x_2 の値

1.4節参照

Gauss-Jordanの消去法とGaussの消去法とを比べる．

Gaussの消去法が(2)の解答である．

①，②はそれぞれ変形前の第1行，第2行を表す．

Gaussの消去法

(1)　第2式以下から x_1 を消去する．

$$\begin{cases} x_1+\spadesuit_{12}x_2+\spadesuit_{13}x_3+\cdots+\spadesuit_{1n}x_n=\diamondsuit_1 \\ \spadesuit_{22}x_2+\spadesuit_{23}x_3+\cdots+\spadesuit_{2n}x_n=\diamondsuit_2 \\ \spadesuit_{32}x_2+\spadesuit_{33}x_3+\cdots+\spadesuit_{3n}x_n=\diamondsuit_3 \\ \cdots+\cdots+\cdots+\cdots=\cdots \\ \spadesuit_{n2}x_2+\spadesuit_{n3}x_3+\cdots+\spadesuit_{nn}x_n=\diamondsuit_n \end{cases}$$

(2)　第3式以下から x_2 を消去する．

$$\begin{cases} x_1+\spadesuit_{12}x_2+\spadesuit_{13}x_3+\cdots+\spadesuit_{1n}x_n=\diamondsuit_1 \\ \heartsuit_{22}x_2+\heartsuit_{23}x_3+\cdots+\heartsuit_{2n}x_n=\clubsuit_2 \\ \heartsuit_{33}x_3+\cdots+\heartsuit_{3n}x_n=\flat_3 \\ \cdots+\cdots+\cdots=\cdots \\ \heartsuit_{n3}x_3+\cdots+\heartsuit_{nn}x_n=\flat_n \end{cases}$$

$$\cdots$$

(3)　第 n 式から x_{n-1} を消去する．

$$\begin{cases} x_1+\spadesuit_{12}x_2+\spadesuit_{13}x_3+\cdots+\spadesuit_{1n}x_n=\diamondsuit_1 \\ \heartsuit_{22}x_2+\heartsuit_{23}x_3+\cdots+\heartsuit_{2n}x_n=\clubsuit_2 \\ \heartsuit_{33}x_3+\cdots+\heartsuit_{3n}x_n=\flat_3 \\ \cdots=\cdots \\ \natural_{nn}x_n=\sharp_n \end{cases}$$

(4)　第 n 式から x_n の値を求める．

(5)　第 $(n-1)$ 式に x_n の値を代入して，x_{n-1} の値を求める．

ここでは，♡，♠，◇，♣，♭，♮，♯は数を表す記号として使った．

(6) 第 $(n-2)$ 式に x_{n-1} の値と x_n の値とを代入して，x_{n-2} の値を求める．

……

(7) 第 1 式に x_2 の値，…，x_{n-1} の値，x_n の値を代入して，x_1 の値を求める．

ADVICE

(1)，(2)，(3) の手続きを「前進段階」，(4)，(5)，(6)，(7) の手続きを「後退段階」という．
なお，(4)，(5)，(6)，(7) を「後部代入法」ということがある．

例題 A．2　3 元連立 1 次方程式

1．5．2 項 自己診断 5．1(1) の 3 元連立 1 次方程式：

$$\begin{cases} 2c_1+1c_2+1c_3=0 \\ 4c_1+1c_2+3c_3=0 \\ 1c_1-1c_2+7c_3=0 \end{cases}$$

を Gauss の消去法で解け．

(解説)

①，②，③ はそれぞれ変形前の第 1 行，第 2 行，第 3 行を表す．

②−①×2，③−①×$\frac{1}{2}$ を考えてもよいが，分数が現れて計算しにくいので ③ の 1 を活用する．このため，① と ③ とを入れ換えた．

Gauss の消去法

$$\begin{pmatrix} 2 & 1 & 1 & 0 \\ 4 & 1 & 3 & 0 \\ 1 & -1 & 7 & 0 \end{pmatrix}$$

$$\xrightarrow{\text{①と③との入れ換え}} \begin{pmatrix} \mathbf{1} & -1 & 7 & 0 \\ 4 & 1 & 3 & 0 \\ 2 & 1 & 1 & 0 \end{pmatrix}$$

$$\xrightarrow{\text{②}-\text{①}\times 4} \begin{pmatrix} 1 & -1 & 7 & 0 \\ \mathbf{0} & 5 & -25 & 0 \\ 2 & 1 & 1 & 0 \end{pmatrix}$$

$$\xrightarrow{\text{③}-\text{①}\times 2} \begin{pmatrix} 1 & -1 & 7 & 0 \\ 0 & 5 & -25 & 0 \\ \mathbf{0} & 3 & -13 & 0 \end{pmatrix}$$

$$\xrightarrow{\text{③}-\text{②}\times \frac{3}{5}} \begin{pmatrix} 1 & -1 & 7 & 0 \\ 0 & 5 & -25 & 0 \\ 0 & \mathbf{0} & 2 & 0 \end{pmatrix}$$

係数は上三角マトリックス

第 3 式

$$2c_3=0$$

から

$$c_3=0$$

となる．

これを第 2 式に代入すると，

$$c_2=0$$

を得る．c_2 の値と c_3 の値とを第 1 式に代入すると，

$$c_1=0$$

を得る．

Gauss の消去法

前進段階

②−①×4
第 2 式から x_1 を消去するため

③−①×2
第 3 式から x_1 を消去するため

③−②×$\frac{3}{5}$
第 3 式から x_2 を消去するため

後退段階

第 1 式
$1c_1-1c_2+7c_3=0$

第 2 式
$0c_1+1c_2-5c_3=0$

第 3 式
$0c_1+0c_2+2c_3=0$

Gauss-Jordan の消去法（再掲）

$$\begin{pmatrix} 2 & 1 & 1 & 0 \\ 4 & 1 & 3 & 0 \\ 1 & -1 & 7 & 0 \end{pmatrix}$$

$$\xrightarrow{\text{①と③との入れ換え}} \begin{pmatrix} \mathbf{1} & -1 & 7 & 0 \\ 4 & 1 & 3 & 0 \\ 2 & 1 & 1 & 0 \end{pmatrix}$$

$$\xrightarrow{\text{②}-\text{①}\times 4} \begin{pmatrix} 1 & -1 & 7 & 0 \\ \mathbf{0} & 5 & -25 & 0 \\ 2 & 1 & 1 & 0 \end{pmatrix}$$

$$\xrightarrow{\text{③}-\text{①}\times 2} \begin{pmatrix} 1 & -1 & 7 & 0 \\ 0 & 5 & -25 & 0 \\ \mathbf{0} & 3 & -13 & 0 \end{pmatrix}$$

$$\xrightarrow{\text{②}\times \frac{1}{5}} \begin{pmatrix} 1 & -1 & 7 & 0 \\ 0 & \mathbf{1} & -5 & 0 \\ 0 & 3 & -13 & 0 \end{pmatrix}$$

$$\xrightarrow{\text{①}+\text{②}} \begin{pmatrix} 1 & \mathbf{0} & 2 & 0 \\ 0 & 1 & -5 & 0 \\ 0 & 3 & -13 & 0 \end{pmatrix}$$

$$\xrightarrow{\text{③}+\text{②}\times(-3)} \begin{pmatrix} 1 & 0 & 2 & 0 \\ 0 & 1 & -5 & 0 \\ 0 & \mathbf{0} & 2 & 0 \end{pmatrix}$$

$$\xrightarrow{\text{③}\times \frac{1}{2}} \begin{pmatrix} 1 & 0 & 2 & 0 \\ 0 & 1 & -5 & 0 \\ 0 & 0 & \mathbf{1} & 0 \end{pmatrix}$$

$$\xrightarrow{\text{①}+\text{③}\times(-2)} \begin{pmatrix} 1 & 0 & \mathbf{0} & 0 \\ 0 & 1 & -5 & 0 \\ 0 & 0 & 1 & 0 \end{pmatrix}$$

係数は対角マトリックス

$$\xrightarrow{\text{②}+\text{③}\times 5} \begin{pmatrix} 1 & 0 & 0 & 0 \\ 0 & 1 & \mathbf{0} & 0 \\ 0 & 0 & 1 & 0 \end{pmatrix}$$

↑ この列に解が並ぶ．

(重要) Gauss の消去法と Gauss-Jordan の消去法とは，基本変形の回数がちがうことに注意する．

ADVICE

階数について 1.5.1 項参照.

階数（0 でない成分を少なくとも一つ含む行の個数）

係数マトリックス

$$\begin{pmatrix} \boxed{1 \quad -1 \quad 7} \\ \boxed{0 \quad 5 \quad -25} \\ \boxed{0 \quad 0 \quad 2} \end{pmatrix}$$

↖零ベクトル
←でない行は
↙ 3 個

だから $\mathrm{rank}\begin{pmatrix} 2 & 1 & 1 \\ 4 & 1 & 3 \\ 1 & -1 & 7 \end{pmatrix}=3$ と表す.

拡大係数マトリックス

$$\begin{pmatrix} \boxed{1 \quad -1 \quad 7 \quad 0} \\ \boxed{0 \quad 5 \quad -25 \quad 0} \\ \boxed{0 \quad 0 \quad 2 \quad 0} \end{pmatrix}$$

↖零ベクトル
←でない行は
↙ 3 個

だから $\mathrm{rank}\begin{pmatrix} 2 & 1 & 1 & 0 \\ 4 & 1 & 3 & 0 \\ 1 & -1 & 7 & 0 \end{pmatrix}=3$ と表す.

$$\underbrace{\mathrm{rank}\begin{pmatrix} 2 & 1 & 1 \\ 4 & 1 & 3 \\ 1 & -1 & 7 \end{pmatrix}=\mathrm{rank}\begin{pmatrix} 2 & 1 & 1 & 0 \\ 4 & 1 & 3 & 0 \\ 1 & -1 & 7 & 0 \end{pmatrix}}$$

係数マトリックスの階数＝拡大係数マトリックスの階数

（まとめ）

表 A.1　Gauss の消去法と Gauss-Jordan の消去法との比較

くわしい理論は，数値計算法の教科書を調べるとよい.

Gauss の消去法	Gauss-Jordan の消去法
方法 第 2 式，…，第 n 式の x_1 の係数を 0 にして変数を減らす. 同じ操作を第 3 式，…，第 n 式にくりかえして x_2 の係数を 0 にする. 以下同様. 係数マトリックスを上三角マトリックスに変形する.	**方法** 第 1 式で x_1 以外のすべての未知数の係数を 0 にする. 第 2 式で x_2 以外のすべての未知数の係数を 0 にする. 同じ操作を第 3 式，…，第 n 式にくりかえす. 係数マトリックスを対角マトリックスに変形する.
特徴 Gauss-Jordan の消去法よりも計算量が少ない（例題 A. 2 参照）. この利点は，マトリックスの大きさ（行の個数 n）が大きいほど有利である.	**特徴** 掃き出しの終了のときに x_1 の値，…，x_n の値が拡大係数マトリックスの第 $(n+1)$ 列に並ぶ. 逆マトリックスを求めるときに便利である. もとのマトリックスの右に単位マトリックスを書いてから掃き出しを進めると，左が単位マトリックス，右が逆マトリックスに変わる（1.7 節）.

各自自習

問 A.1　1.4 節，1.5 節の例題，自己診断問題を Gauss の消去法で解いて，Gauss-Jordan の消去法で計算した結果と一致することを確かめよ.

［参考］　掃き出し法の Jordan はフランスの数学者 C. Jordan（ジョルダン）ではなく，ドイツの測地学者 W. Jordan（ヨルダン）である．ジョルダンではなく，ヨルダンと読むのが正しい.
広中平祐他：『現代数理科学事典』（大阪書籍，1991）.

付録B　核と像

付録Bの目標

① 連立1次方程式の解のしくみ（構造）を写像の観点から理解すること．

② 部分線型空間と次元とを連立1次方程式の解のしくみと結びついた概念として理解すること．

キーワード　核，像，次元定理

はじめに，ここで新たに登場する用語の定義と**次元定理**とを紹介する．

ADVICE

0.2.4項参照

「一方の集合の要素を他方の集合の要素にうつす」という意味で，「写像」という．

V，W は集合を表す．

$\{\,|\,\}$ は集合の記号である．

定義

線型写像 $f: V \to W$ に対して，
集合 $\{\boldsymbol{y}=f(\boldsymbol{x}) \mid \boldsymbol{x} \in V\}$ を f の**像**（Image）といい，記号 $\mathrm{Im}f$ で表し，
集合 $\{\boldsymbol{x} \in V \mid f(\boldsymbol{x})=\boldsymbol{0}\}$ を f の**核**（Kernal）といい，記号 $\mathrm{Ker}f$ で表す．

次元定理

線型写像 $f: V \to W$ に対して，
定義域 V の次元を n，像の次元を r，核の次元を k とすると，

$$n = r + k$$

が成り立つ．

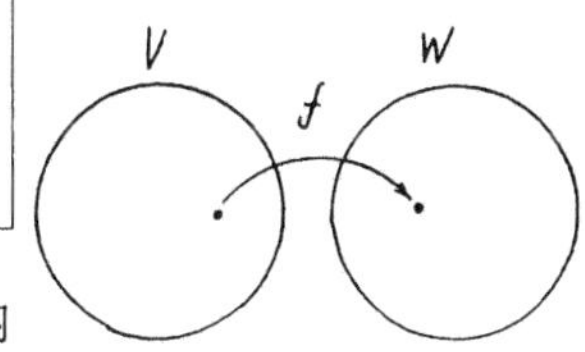

図B.1　集合 V から集合 W への写像

一見むずかしく感じるが，2章の連立1次方程式の解の特徴を整理した内容である．「本書の特色3」（はしがき）でも考えた通り，**方程式の観点と写像の観点との間の翻訳（異なる観点でいい換え）**という発想が重要になる．次元定理のイメージを描く上で，0.2.1項 例題0.10，2.1.1項，2.2.1項の幾何の見方が役に立つ．実数を点という図形で表すと，実数の集合は直線，2実数の組の集合は平面，3実数の組の集合は空間である．2元連立1次方程式と3元連立1次方程式とを取り上げて，「次元定理は何を主張しているのか」という問題を具体的に探究してみよう．

斉次は「せいじ」と読む．

2.2.3項　例d参照

●連立1次方程式の立場で核は何を表すか？

3元連立1次方程式（斉次方程式）：

$$\begin{cases} 1x_1 + 1x_2 + 1x_3 = 0 \\ 2x_1 + 3x_2 - 1x_3 = 0 \end{cases}$$

を

$$\underbrace{\begin{pmatrix} 0 \\ 0 \end{pmatrix}}_{\text{出力}} = \underbrace{\begin{pmatrix} 1 & 1 & 1 \\ 2 & 3 & -1 \end{pmatrix}}_{\text{線型写像}} \underbrace{\begin{pmatrix} x_1 \\ x_2 \\ x_3 \end{pmatrix}}_{\text{入力}}$$

に書き換えてみる．

$\longmapsto$ は，ある要素が写像によってどの要素にうつるかを表す記号である．

係数マトリックスは，集合 $\boldsymbol{R}^3$ から集合 $\boldsymbol{R}^2$ への写像

$$f: \begin{pmatrix} x_1 \\ x_2 \\ x_3 \end{pmatrix} \longmapsto \begin{pmatrix} 0 \\ 0 \end{pmatrix}$$

を表すことがわかる．ここで，$\begin{pmatrix} x_1 \\ x_2 \\ x_3 \end{pmatrix}$ は定義域 $\boldsymbol{R}^3$ の要素であり，$\begin{pmatrix} 0 \\ 0 \end{pmatrix}$ は値域 $\boldsymbol{R}^2$ の要素である．

「n 元連立１次方程式を解く」とは，「あらゆる $\begin{pmatrix} x_1 \\ x_2 \\ \vdots \\ x_n \end{pmatrix}$ の中から方程式にあてはまる組を選び出す」という意味である．上の方程式の解を求めるために，３実数の組を１組ずつ右辺に代入して，等号が成り立つかどうかを試したとする．３実数の組の集まり $\boldsymbol{R}^3$ の中で，この方程式をみたす組は $\begin{pmatrix} -4 \\ 3 \\ 1 \end{pmatrix}$, $\begin{pmatrix} 8 \\ -6 \\ -2 \end{pmatrix}$, $\begin{pmatrix} 0 \\ 0 \\ 0 \end{pmatrix}$, … に限られることがわかる．写像のことばでいい換えると，これらの中のどれを入力しても，出力は $\begin{pmatrix} 0 \\ 0 \end{pmatrix}$ である．

ADVICE

定義域・値域について 0.2.4 項参照．

$\boldsymbol{R}^3$ は３実数の組の集合，$\boldsymbol{R}^2$ は２実数の組の集合を表す．

この例では，V は $\boldsymbol{R}^3$ であり，W は $\boldsymbol{R}^2$ である．

解は
$$\begin{cases} x_1 = -4t \\ x_2 = \ \ 3t \\ x_3 = \ \ \ t \end{cases}$$
（t は任意の実数）である．

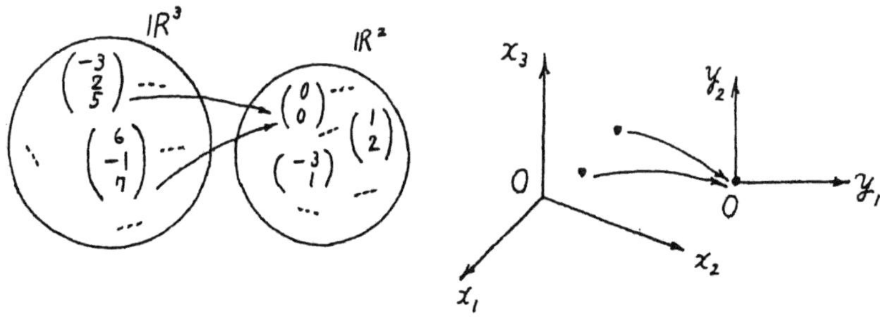

図B.2　核

核は

①方程式の観点では，斉次方程式：

$$\begin{cases} 1x_1 + 1x_2 + 1x_3 = 0 \\ 2x_1 + 3x_2 - 1x_3 = 0 \end{cases}$$

の解集合 $\{\boldsymbol{x} \in V \mid f(\boldsymbol{x}) = \boldsymbol{0}\}$

②写像の観点では，集合（定義域 $\boldsymbol{R}^3$ の部分集合）$\{\boldsymbol{x} \in \boldsymbol{R}^3 \mid A\boldsymbol{x} = \boldsymbol{0}\}$

[$\{\boldsymbol{x} \in V \mid f(\boldsymbol{x}) = \boldsymbol{0}\}$ を係数マトリックス A，解ベクトル $\boldsymbol{x}$ で表した形]

の二つの顔を持っている．

2.2.3 項　例 f，例 g 参照

●連立１次方程式の立場で像は何を表すか？

$$\begin{cases} 1x_1 + 1x_2 + 1x_3 = 1 \\ 2x_1 + 2x_2 + 2x_3 = 2 \end{cases}$$

をみたす解は無数にあるが，

$$\begin{cases} 1x_1 + 1x_2 + 1x_3 = \ \ 1 \\ 2x_1 + 2x_2 + 2x_3 = -1 \end{cases}$$

をみたす解は存在しない．このように，係数が同じでも，右辺の定数項の値によって解が存在する場合と存在しない場合とがある．３元連立１次方程式の場合，定数項がどんな値でも解が存在するわけではない．

解が存在しないということは「$A\boldsymbol{x} = \boldsymbol{y}$ と表せる数ベクトル（数の組）$\boldsymbol{x}$ がない」という意味である．
$$\begin{cases} 1x_1 + 1x_2 + 1x_3 = 1 \\ 2x_1 + 2x_2 + 2x_3 = -1 \end{cases}$$
をみたす $\boldsymbol{x}$ は存在しない．

像は

①方程式の観点では，$A\boldsymbol{x}=\boldsymbol{y}$（$A$ は特定の係数マトリックス）の解 $\boldsymbol{x}$ が存在するような定数項 $\boldsymbol{y}$ の取り得る値全体

②写像の観点では，集合（値域 $\boldsymbol{R}^2$ の部分集合）$\{\boldsymbol{y}=A\boldsymbol{x}\mid\boldsymbol{x}\in\boldsymbol{R}^3\}$[$\{\boldsymbol{y}=f(\boldsymbol{x})\mid\boldsymbol{x}\in V\}$を係数マトリックス A，解ベクトル $\boldsymbol{x}$ で表した形]

の二つの顔を持っている．

ここまでが次元定理を考えるための準備である．核（定義域 $\boldsymbol{R}^3$ の部分集合）と像（値域 $\boldsymbol{R}^2$ の部分集合）とが結びつくのはなぜだろうか？ この手がかりをつかむために，つぎの例題を考えてみよう．

例題 B．1　次元定理の幾何的意味

つぎのマトリックスで表せる線型写像の核と像とは，幾何の観点ではどんな意味を表すか？

(1) $\begin{pmatrix}1&1&1\\2&3&-1\end{pmatrix}:\boldsymbol{R}^3\to\boldsymbol{R}^2$　　(2) $\begin{pmatrix}1&1&1\\2&2&2\end{pmatrix}:\boldsymbol{R}^3\to\boldsymbol{R}^2$

（解説）(1)　線型写像：$\begin{pmatrix}y_1\\y_2\end{pmatrix}=\begin{pmatrix}1&1&1\\2&3&-1\end{pmatrix}\begin{pmatrix}x_1\\x_2\\x_3\end{pmatrix}$　[記号では　$\boldsymbol{y}=A\boldsymbol{x}$]

を 3 元連立 1 次方程式：

$$\begin{cases}1x_1+1x_2+1x_3=y_1\\2x_1+3x_2-1x_3=y_2\end{cases}$$

に翻訳する．ここで，y_1，y_2 はパラメータである（あとの［注意］参照）．

Gauss-Jordan の消去法で

$$\begin{pmatrix}1&1&1&y_1\\2&3&-1&y_2\end{pmatrix}$$

$$\xrightarrow{②-①\times2}\begin{pmatrix}1&1&1&y_1\\\mathbf{0}&1&-3&-2y_1+y_2\end{pmatrix}$$

$$\xrightarrow{①-②}\begin{pmatrix}1&\mathbf{0}&4&3y_1-y_2\\0&1&-3&-2y_1+y_2\end{pmatrix}$$

となるから

$$\begin{cases}x_1=\quad 3y_1-y_2-4t\\x_2=-2y_1+y_2+3t\\x_3=\qquad\qquad\quad 1t\end{cases}$$

（t は任意の実数）

を得る．

次元定理（核と像）は，2.2.4 項［進んだ探究］のいい換えである．

解のベクトル表示（2.2.3 項 例 e）⟶ $A\boldsymbol{x}=\boldsymbol{y}$ の解に $A\boldsymbol{x}=\mathbf{0}$ の解も関わっている．

この例では，
$A=\begin{pmatrix}1&1&1\\2&2&2\end{pmatrix}$
のとき，
$\boldsymbol{y}=\begin{pmatrix}1\\-1\end{pmatrix}$
は像の要素でないが，
$\boldsymbol{y}=\begin{pmatrix}1\\2\end{pmatrix}$
は像の要素である．

$\begin{pmatrix}y_1\\y_2\end{pmatrix}\in\boldsymbol{R}^2$
値域

$\begin{pmatrix}x_1\\x_2\\x_3\end{pmatrix}\in\boldsymbol{R}^3$
定義域

2.2.3 項　例 e 参照

2.2.1 項自己診断 12.5［注意 4］参照

$\boldsymbol{y}=A\boldsymbol{x}$ を $y=f(x)$ と同じように，関数と考える．

①，② はそれぞれ変形前の第 1 行，第 2 行を表す．

$1x_1+0x_2+4x_3=3y_1-y_2$
から
$x_1=-4x_3+3y_1-y_2$
となる．

$0x_1+1x_2-3x_3=-2y_1+y_2$
から
$x_2=3x_3-2y_1+y_2$
となる．

定義域
⇑
非斉次方程式の一般解
空間そのもの (2.2.1 項)
(3 次元線型空間)

$$\begin{pmatrix}x_1\\x_2\\x_3\end{pmatrix}=\begin{pmatrix}3\\-2\\0\end{pmatrix}y_1+\begin{pmatrix}-1\\1\\0\end{pmatrix}y_2+\begin{pmatrix}-4\\3\\1\end{pmatrix}t$$

(最初の2項) 非斉次方程式の特殊解
平面 π_0 のベクトル表示
(2 次元部分線型空間)
⇓
像 $\left[\text{定数項}\begin{pmatrix}y_1\\y_2\end{pmatrix}=\begin{pmatrix}1\\0\end{pmatrix}y_1+\begin{pmatrix}0\\1\end{pmatrix}y_2\text{ の集合(2 次元)}\right]$
の要素のそれぞれに対してつくることができる解
↓
各方程式の定数項 y_1, y_2 の取り得る値がある
↓
実質的な方程式が 2 個ある

(第3項) 斉次方程式の一般解
直線 l_0 のベクトル表示
(1 次元部分線型空間)
⇓
核の要素そのもの
↓
任意の実数の個数が 1 個

未知数の個数＝(実質的な方程式の個数)＋(任意の実数の個数)
定義域の次元＝ (像の次元) ＋ (核の次元)
3 ＝ 2 ＋ 1

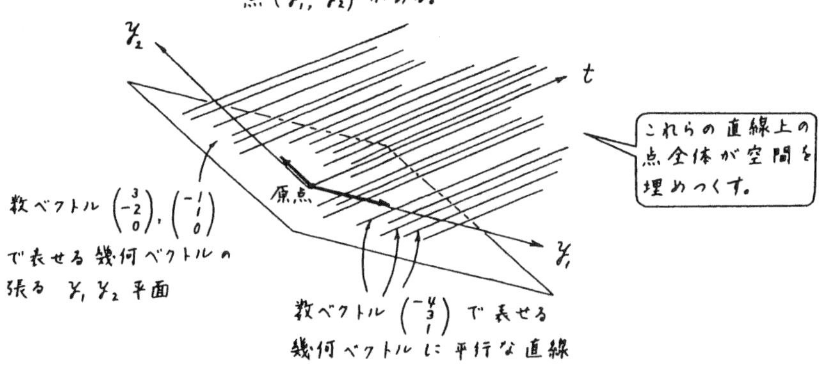

図B.3 次元定理の幾何的意味

3 個の線型独立な数ベクトル $\begin{pmatrix}3\\-2\\0\end{pmatrix}$, $\begin{pmatrix}-1\\1\\0\end{pmatrix}$, $\begin{pmatrix}-4\\3\\1\end{pmatrix}$ の線型結合 $\begin{pmatrix}3\\-2\\0\end{pmatrix}y_1+\begin{pmatrix}-1\\1\\0\end{pmatrix}y_2+\begin{pmatrix}-4\\3\\1\end{pmatrix}t$ で，空間内のあらゆる点を表し (2.2.1 項)，y_1，y_2，t は点の座標である (3.5.3 項 自己診断 16.2)．空間内のあらゆる点の集合は 3 次元線型空間である (3.5.1 項)．

ADVICE

斉次方程式：
$$\begin{cases}1x_1+1x_2+1x_3=0\\2x_1+3x_2-1x_3=0\end{cases}$$
の解は
$$\boldsymbol{x}=\begin{pmatrix}-4\\3\\1\end{pmatrix}t$$
である (2.2.3 項 例 d)．

2.2.4 項 [進んだ探究] と比べて理解する．
実質的な方程式の個数＝拡大係数マトリックスの階数(1.5.1 項)，
実質的な方程式の個数＝像の次元 (例題 B.1)
だから，

像の次元 ＝ 拡大係数マトリックスの階数

である．写像を表すマトリックスの階数によって，像という集合の次元が決まる．

$\begin{pmatrix}3\\-2\\0\end{pmatrix}y_1+\begin{pmatrix}-1\\1\\0\end{pmatrix}y_2$ は，原点を通り $\begin{pmatrix}3\\-2\\0\end{pmatrix}$，$\begin{pmatrix}-1\\1\\0\end{pmatrix}$ で表せる幾何ベクトルの張る平面 π_0 を表し，y_1，y_2 は平面 π_0 内の点の座標である（3.5.3 項 自己診断 16.2）．平面 π_0 内のあらゆる点の集合は 2 次元部分線型空間である（3.5.1 項）．

$\begin{pmatrix}-4\\3\\1\end{pmatrix}t$ は，原点を通り $\begin{pmatrix}-4\\3\\1\end{pmatrix}$ で表せる幾何ベクトルに平行な直線 l_0 を表し，t は直線 l_0 上の点の座標である（3.5.3 項 自己診断 16.2）．直線 l_0 上のあらゆる点の集合は 1 次元部分線型空間である（3.5.1 項）．

平面 π_0 内の点を表す数ベクトル $\begin{pmatrix}3\\-2\\0\end{pmatrix}y_1+\begin{pmatrix}-1\\1\\0\end{pmatrix}y_2$ は，どれでも非斉次方程式の特殊解である．つまり，非斉次方程式の定数項 y_1，y_2 にどんな値を選んでも，この 3 元連立 1 次方程式の解は存在する．

● 核は斉次方程式の解集合 $\{\boldsymbol{x}\in\boldsymbol{R}^3 \mid A\boldsymbol{x}=\boldsymbol{0}\}$ である．直線 l_0 上の点の座標は (t) と表せる．t はあらゆる値を取り得る．したがって，斉次方程式 $A\boldsymbol{x}=\boldsymbol{0}$ の解集合は，直線 l_0 上の点を表す数ベクトル $\begin{pmatrix}-4\\3\\1\end{pmatrix}t$ 全体で表せる．

● 像は解が存在するような定数項の集合 $\{\boldsymbol{y}=A\boldsymbol{x} \mid \boldsymbol{x}\in\boldsymbol{R}^3\}$ である．平面 π_0 内の点の座標は (y_1, y_2) と表せる．y_1，y_2 はあらゆる値を取り得る．したがって，非斉次方程式 $A\boldsymbol{x}=\boldsymbol{y}$ の取り得る定数項 $\boldsymbol{y}$ の集合は，平面 π_0 内の点を表す数ベクトル $\begin{pmatrix}y_1\\y_2\end{pmatrix}$ 全体である．

(2) 線型写像：$\begin{pmatrix}y_1\\y_2\end{pmatrix}=\begin{pmatrix}1&1&1\\2&2&2\end{pmatrix}\begin{pmatrix}x_1\\x_2\\x_3\end{pmatrix}$ ［記号では $\boldsymbol{y}=A\boldsymbol{x}$］

を 3 元連立 1 次方程式：

$$\begin{cases}1x_1+1x_2+1x_3=y_1\\2x_1+2x_2+2x_3=y_2\end{cases}$$

に翻訳する．Gauss-Jordan の消去法で

$$\begin{pmatrix}1&1&1&y_1\\2&2&2&y_2\end{pmatrix}\xrightarrow{②-①\times2}\begin{pmatrix}1&1&1&y_1\\0&0&0&-2y_1+y_2\end{pmatrix}$$

となるから $y_2=2y_1$ のときだけ解が存在する．解は

$$\begin{cases}x_1=y_1-t_1-t_2\\x_2=\quad\cdot t_1\\x_3=\qquad t_2\end{cases}$$

（t_1，t_2 は任意の実数）

となる．解のベクトル表示（2.2.3 項 例 f）

ADVICE

ここでは，π は円周率ではなく，平面の名称である．

平面 π_0 内のすべての点の集合は，空間内のすべての点の集合の部分集合である．

直線 l_0 上のすべての点の集合は，空間内のすべての点の集合の部分集合である．

定数項の値の選び方によって，(1)の非斉次方程式は無数にある．空間内の点を表す数ベクトルは，非斉次方程式のどれかをみたす．

$\begin{pmatrix}3\\-2\\0\end{pmatrix}5+\begin{pmatrix}-1\\1\\0\end{pmatrix}2+\begin{pmatrix}-4\\3\\1\end{pmatrix}6$

（$y_1=5$，$y_2=2$，$t=6$）は

$\begin{cases}1x_1+1x_2+1x_3=5\\2x_1+3x_2-1x_3=2\end{cases}$

をみたす．

平面 π_0 内の点は，解全体のうちの一部である．これらは「平面 π_0 内にある（$t=0$ と選んだ場合と考えてもよい）」という限られた範囲の解だから特殊解という．

係数マトリックス

$A=\begin{pmatrix}1&1&1\\2&3&-1\end{pmatrix}$

$\begin{pmatrix}y_1\\y_2\end{pmatrix}\in\boldsymbol{R}^2$ 値域

①，②はそれぞれ変形前の第 1 行，第 2 行を表す．

$-2y_1+y_2=0$

$\begin{pmatrix}x_1\\x_2\\x_3\end{pmatrix}\in\boldsymbol{R}^3$ 定義域

2.2.3 項　例 f

定義域

$\Uparrow$

非斉次方程式の一般解
空間そのもの（2.1.1項）
（3次元線型空間）

$$\begin{pmatrix} x_1 \\ x_2 \\ x_3 \end{pmatrix} = \underbrace{\begin{pmatrix} 1 \\ 0 \\ 0 \end{pmatrix} y_1}_{} + \underbrace{\begin{pmatrix} -1 \\ 1 \\ 0 \end{pmatrix} t_1 + \begin{pmatrix} -1 \\ 0 \\ 1 \end{pmatrix} t_2}_{}$$

非斉次方程式の特殊解
直線 l_0 のベクトル表示
（1次元部分線型空間）

$\Downarrow$

像 $\left[\right.$ 定数項 $\begin{pmatrix} y_1 \\ y_2 \end{pmatrix} = \begin{pmatrix} 1 \\ 2 \end{pmatrix} y_1$ の集合（1次元）$\left.\right]$ の要素のそれぞれについてつくることができる解

$\downarrow$

定数項 y_1 の取り得る値がある

$\downarrow$

実質的な方程式が1個ある

斉次方程式の一般解
平面 π_0 のベクトル表示
（2次元部分線型空間）

$\Downarrow$

核の要素そのもの

$\downarrow$

任意の実数の個数が2個

未知数の個数＝(実質的な方程式の個数)＋(任意の実数の個数)

定義域の次元＝　(像の次元)　＋　(核の次元)

3　＝　1　＋　2

●核は斉次方程式の解集合 $\{\boldsymbol{x} \in \boldsymbol{R}^3 \mid A\boldsymbol{x} = \boldsymbol{0}\}$ である．これは $\begin{pmatrix} -1 \\ 1 \\ 0 \end{pmatrix} t_1 + \begin{pmatrix} -1 \\ 0 \\ 1 \end{pmatrix} t_2$ で表せる平面内の点の数ベクトル全体である．

●像は解が存在するような定数項 $\boldsymbol{y}$ の集合 $\{\boldsymbol{y} = A\boldsymbol{x} \mid \boldsymbol{x} \in \boldsymbol{R}^3\}$ である．これは $\begin{pmatrix} 1 \\ 2 \end{pmatrix} y_1$ で表せる直線上の点の数ベクトル全体である．

[注意]　パラメータ：定数なのに変数とは？

パラメータは，連立1次方程式の中で一定の値のまま扱う変数である．一つの連立1次方程式の中では y_1，y_2 は定数である．しかし，y_1 の値と y_2 の値とを変えて別の連立1次方程式を考えることができるという意味で，y_1，y_2 は変数ともいえる．

問 B.1　つぎのマトリックスで表せる線型写像の核と像とは，幾何の観点ではどんな意味を表すか？

(1) $\begin{pmatrix} 1 & 1 & 1 \\ 2 & 2 & 2 \\ 3 & 3 & 3 \end{pmatrix} : \boldsymbol{R}^3 \to \boldsymbol{R}^3$　　(2) $\begin{pmatrix} 1 & 3 & 1 \\ -1 & -1 & 1 \\ 2 & -1 & -2 \end{pmatrix} : \boldsymbol{R}^3 \to \boldsymbol{R}^3$

(3) $(1\ \ 1\ \ 1) : \boldsymbol{R}^3 \to \boldsymbol{R}$

ADVICE

$0x_1 + 0x_2 + 0x_3 \neq 0$ のとき解は存在しない．したがって，$-2y_1 + y_2 = 0$ のときだけ解が存在する．

(1)と同じ考え方

パラメータには別の意味もある．

2.1.1項自己診断10.5参照

(1)2.2.3項　例h参照

$$\begin{cases} 1x_1 + 1x_2 + 1x_3 = y_1 \\ 2x_1 + 2x_2 + 2x_3 = y_2 \\ 3x_1 + 3x_2 + 3x_3 = y_3 \end{cases}$$

y_1，y_2，y_3 はあらゆる値を取り得る．ただし，$y_2 = 2y_1$，$y_3 = 3y_1$ のときだけ解が存在する．だから，像は $\begin{pmatrix} 1 \\ 2 \\ 3 \end{pmatrix} y_1$ で表せる直線上の点である．

解説 (1) 核は $\begin{pmatrix}-1\\1\\0\end{pmatrix}t_1+\begin{pmatrix}-1\\0\\1\end{pmatrix}t_2$ で表せる平面内の点全体である．

像は $\begin{pmatrix}1\\2\\3\end{pmatrix}y_1$ で表せる直線上の点全体である．像の要素のそれぞれに対応する定義域の要素は，$\begin{pmatrix}1\\0\\0\end{pmatrix}y_1$ で表せる直線上の点である．

未知数の個数＝(実質的な方程式の個数)＋(任意の実数の個数)
定義域の次元＝　(像の次元)　＋　(核の次元)
3　＝　1　＋　2

(2) 核は $\begin{pmatrix}0\\0\\0\end{pmatrix}$ だから原点（0次元）である．

像は $\begin{pmatrix}1\\0\\0\end{pmatrix}y_1+\begin{pmatrix}0\\1\\0\end{pmatrix}y_2+\begin{pmatrix}0\\0\\1\end{pmatrix}y_3$ で表せる点全体である．像の要素のそれぞれに対応する定義域の要素は，$\begin{pmatrix}\frac{1}{2}\\0\\\frac{1}{2}\end{pmatrix}y_1+\begin{pmatrix}\frac{5}{6}\\-\frac{2}{3}\\\frac{7}{6}\end{pmatrix}y_2+\begin{pmatrix}\frac{2}{3}\\-\frac{1}{3}\\\frac{1}{3}\end{pmatrix}y_3$ で表せる点である．

未知数の個数＝(実質的な方程式の個数)＋(任意の実数の個数)
定義域の次元＝　(像の次元)　＋　(核の次元)
3　＝　3　＋　0

(3) (1)と同じ．

ADVICE

連立1次方程式の立場では，像の要素は定数項，定義域の要素は解である．
$Ax=y,\ x\in R^3,\ y\in R^3$

(2) 2.2.3項　例J参照
$$\begin{cases}1x_1+3x_2+1x_3=y_1\\-1x_1-1x_2-2x_3=y_2\\2x_1-1x_2-2x_3=y_3\end{cases}$$
y_1，y_2，y_3 はあらゆる値を取り得る．だから，像は $\begin{pmatrix}y_1\\y_2\\y_3\end{pmatrix}$ と表せる点全体である．
連立1次方程式の立場では，像の要素は定数項，定義域の要素は解である．
$Ax=y,\ x\in R^3,\ y\in R^3$

(3) 2.2.3項　例b参照
$1x_1+1x_2+1x_3=y_1$
未知数が1個の場合は，考えにくいかも知れない．

例題 B.2　零点の集合と値域との間の関係

中学数学で学習する比例の関係 $y=ax$（a は実定数）は，$\boldsymbol{y}=A\boldsymbol{x}$ の特別な場合である．それでは，

$$f:\boldsymbol{R}\to\boldsymbol{R},\ f(x)=ax\ (a\text{ は実定数})$$

の核と像とを考えることができるか？

解説 あらゆる実数は x 軸上の点で表せる．これらの中で，$f(x)=0$ とする変数 x の値を零点という．

● $a\neq0$ のとき

$ax=0$ を考えてみよう．原点を表す実数（$x=0$）だけがこの方程式をみたす．だから，核は $\{0\}$ である．

$y=ax$（$a\neq0$）は定数項 y がどんな値でも解を持つ．だから，像は $\boldsymbol{R}$（実数全体の集合）である．

● $a=0$ のとき

すべての実数 x が $0x=0$ をみたす．だから，核は $\boldsymbol{R}$（実数全体の集合）である．$y=0x$（$a=0$）は定数項 y が0のときしか成り立たない．だから，

$y=ax$ は x,y が1成分の数ベクトル，A が 1×1 マトリックスの場合である．

$\{0\}$ は要素が0だけの集合である．

$a\neq0$ のとき
核の次元は0次元である（2.1.1項［準備3］）．
像の次元は1次元である（2.1.1項［準備2］）．
定義域の次元（未知数の個数）は1次元である．
$1=1+0$

$a=0$ のとき
核の次元は1次元である．
像の次元は0次元である．
定義域の次元（未知数の個数）は1次元である．
$1=0+1$

ADVICE

像は $\{0\}$ である．

問 B.2　3元1次方程式：$1x_1+1x_2+1x_3=0$ は，原点を通り，数ベクトル $\begin{pmatrix}1\\1\\1\end{pmatrix}$ で表せる幾何ベクトルに垂直な平面の方程式である．この平面内の点の位置は，$\begin{pmatrix}x_1\\x_2\\x_3\end{pmatrix}=\begin{pmatrix}-1\\1\\0\end{pmatrix}t_1+\begin{pmatrix}-1\\0\\1\end{pmatrix}t_2$（$t_1$，$t_2$ は任意の実数）で表せる（2.2.3項　例b参照）．

(1)　この3元1次方程式の解は，線型写像の核を表していると見ることができる．どんな線型写像か？

(2)　この3元1次方程式の解は，線型写像の像を表していると見ることもできる．どんな線型写像か？

解説　(1)　この3元1次方程式を $(1\ \ 1\ \ 1)\begin{pmatrix}x_1\\x_2\\x_3\end{pmatrix}=0$ と書き換えると，この解はマトリックス $(1\ \ 1\ \ 1)$ で表せる線型写像 $\boldsymbol{R}^3\to\boldsymbol{R}$ の核を表していることがわかる．

$y=Ax$
$A=(1\ \ 1\ \ 1)$
$Ax=0$

(2)　解のベクトル表示は，x_1，x_2，x_3 を定数項，t_1，t_2 を未知数とする2元連立1次方程式：

$$\begin{cases}-1t_1-1t_2=x_1\\ 1t_1\qquad\ \ =x_2\\ \qquad\ \ 1t_2=x_3\end{cases}$$

で表すことができる．これを

$$\begin{pmatrix}x_1\\x_2\\x_3\end{pmatrix}=\begin{pmatrix}-1&-1\\1&0\\0&1\end{pmatrix}\begin{pmatrix}t_1\\t_2\end{pmatrix}$$

と書き換える．入力 $\begin{pmatrix}t_1\\t_2\end{pmatrix}$ はあらゆる値を取り得るが，出力 $\begin{pmatrix}x_1\\x_2\\x_3\end{pmatrix}$ は平面内の点を表す値しか取らない．だから，$\begin{pmatrix}x_1\\x_2\\x_3\end{pmatrix}$ の集合は，$\begin{pmatrix}-1&-1\\1&0\\0&1\end{pmatrix}$ で表せる線型写像 $\boldsymbol{R}^2\to\boldsymbol{R}^3$ の像を表している．

$\boldsymbol{x}=A\boldsymbol{t}$
$A=\begin{pmatrix}-1&-1\\0&0\\0&0\end{pmatrix}$
$\boldsymbol{x}=\begin{pmatrix}x_1\\x_2\\x_3\end{pmatrix}$
$\boldsymbol{t}=\begin{pmatrix}t_1\\t_2\end{pmatrix}$

補足　$\begin{pmatrix}-1&-1\\1&0\\0&1\end{pmatrix}$ **で表せる線型写像の幾何的意味**

空間内の平面のベクトル表示：$\begin{pmatrix}x_1\\x_2\\x_3\end{pmatrix}=\begin{pmatrix}-1\\1\\0\end{pmatrix}t_1+\begin{pmatrix}-1\\0\\1\end{pmatrix}t_2$ では，t_1 は $\begin{pmatrix}-1\\1\\0\end{pmatrix}$ を表す幾何ベクトルの方向の座標，t_2 は $\begin{pmatrix}-1\\0\\1\end{pmatrix}$ を表す幾何ベクトルの方向の座標である．

3.5.3項自己診断16.2参照

付録C参照

他方, $\begin{pmatrix}x_1\\x_2\\x_3\end{pmatrix}=\begin{pmatrix}1\\0\\0\end{pmatrix}x_1+\begin{pmatrix}0\\1\\0\end{pmatrix}x_2+\begin{pmatrix}0\\0\\1\end{pmatrix}x_3$ と書き換えると, x_1 は $\begin{pmatrix}1\\0\\0\end{pmatrix}$ を表す幾何ベクトルの方向の座標, x_2 は $\begin{pmatrix}0\\1\\0\end{pmatrix}$ を表す幾何ベクトルの方向の座標, x_3 は $\begin{pmatrix}0\\0\\1\end{pmatrix}$ を表す幾何ベクトルの方向の座標である.

$$\underbrace{\begin{pmatrix}x_1\\x_2\\x_3\end{pmatrix}}_{\text{空間内で測った座標}}=\begin{pmatrix}-1&-1\\1&0\\0&1\end{pmatrix}\underbrace{\begin{pmatrix}t_1\\t_2\end{pmatrix}}_{\text{平面内で測った座標}}$$

例 平面内で座標 (3, 2) の点は, 空間内では座標 (−5, 3, 2) で表せる.

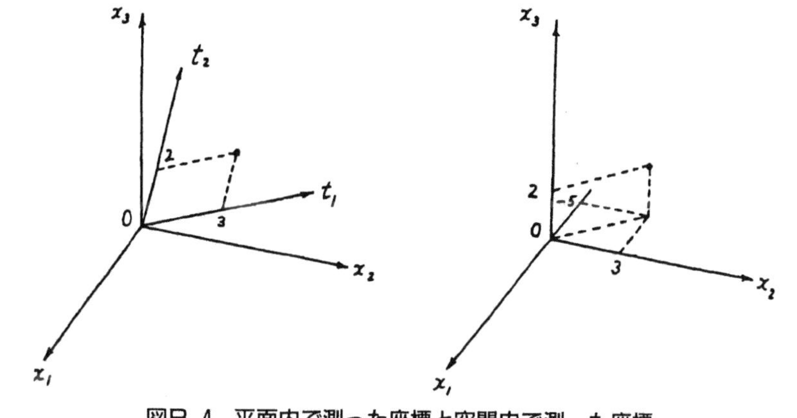

図B.4 平面内で測った座標と空間内で測った座標

ADVICE

$\begin{pmatrix}x_1\\x_2\\x_3\end{pmatrix}=\begin{pmatrix}-1\\1\\0\end{pmatrix}t_1+\begin{pmatrix}-1\\0\\1\end{pmatrix}t_2$ は $\begin{pmatrix}x_1\\x_2\\x_3\end{pmatrix}=\begin{pmatrix}-1&-1\\1&0\\0&1\end{pmatrix}\begin{pmatrix}t_1\\t_2\end{pmatrix}$ と表すこともできる. 実際に,

$\begin{pmatrix}-1&-1\\1&0\\0&1\end{pmatrix}\begin{pmatrix}t_1\\t_2\end{pmatrix}=\begin{pmatrix}-1t_1-1t_2\\1t_1\\1t_2\end{pmatrix}=\begin{pmatrix}-1\\1\\0\end{pmatrix}t_1+\begin{pmatrix}-1\\0\\1\end{pmatrix}t_2$

となる.

付録C　線型写像のマトリックス表現

付録Cの目標

① 基底を選ぶことによって，線型写像がマトリックスで表現できる事情を理解すること．

② 固有値問題で考えた基底（座標軸）の選び直しと同じ発想を固有値問題以外の問題で理解すること．

キーワード　線型写像，マトリックス表現，基底

本書では，線型代数を「連立１次方程式の解のしくみを理解するための理論」としてストーリーを展開してきた．解の特徴を決める鍵は，連立１次方程式の係数マトリックスが握っている．1.2節の具体例でわかった通り，係数マトリックスには線型写像を表す役目がある．したがって，線型写像がどういうマトリックスで表せるかということが重要な問題になる．

ADVICE
1.2節，5.3節参照

5.3節でマトリックスの対角化を考えた理由を思い出してみよう．線型写像が簡単なマトリックスで表せると都合がよい．このため，座標軸（基底）の選び方を変えてみた．基底を上手に選ぶと，同じ線型写像でも対角マトリックスで表せることがわかった．しかし，線型写像がいつでも簡単な形で表せるわけではない．それでは，基底の選び方によって，線型写像を表すマトリックスがどのように変わるだろうか？

5.3節［注意１］参照

新座標と旧座標との関係は，線型変換（4.1節）の観点で理解する．

C.1　平面内の幾何ベクトル（1.1節［進んだ探究］，4.2節，5.2節）

ある規則で点を点にうつす（ベクトルは矢印でなく点と考えてよい）．この操作が線型性(i)，(ii)を持つとき，点をうつす規則は**線型変換**である．$\mathrm{P}\longmapsto\mathrm{P}'$，$\mathrm{R}\longmapsto\mathrm{R}'$，$\mathrm{S}\longmapsto\mathrm{S}'$ とする．

(i) 原点から点Pと同じ方向に k 倍の距離の点Qは，原点から点P′と同じ方向に k 倍の距離の点Q′にうつる．

(ii) $\overrightarrow{\mathrm{OR}}$ と $\overrightarrow{\mathrm{OS}}$ とを２辺とする平行四辺形の対角線の終点Tは，$\overrightarrow{\mathrm{OR'}}$ と $\overrightarrow{\mathrm{OS'}}$ とを２辺とする平行四辺形の対角線の終点T′にうつる．

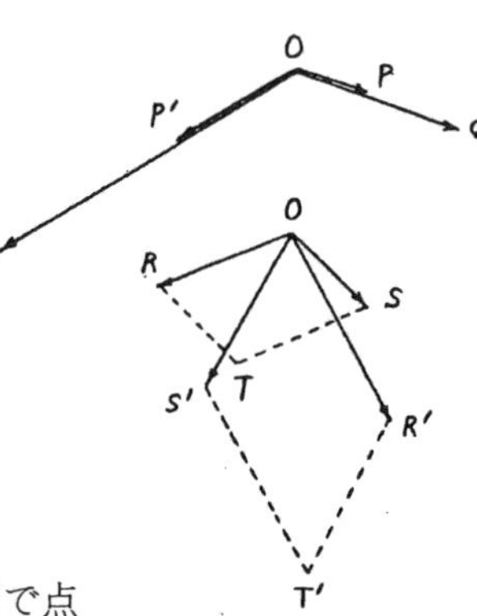

図C.1　点を点にうつす操作

どんな点についても，これらの性質が成り立つ．しかし，いつも作図で点のうつり先を見つけるのは便利でない．点の位置を座標で表すと，計算によってどの点にうつるかがわかる．このために，点をうつす規則を数で表してみよう．

線型空間（例１では $\boldsymbol{R}^2$）から自分自身への線型写像を**線型変換**という．

重要　線型変換は，座標軸（基底）を入れなくても実行できる．基底を導入すると，線型変換がマトリックス（数の並び）で表せて便利だということにすぎない．

$\boldsymbol{R}^2$ は２実数の組の集合を表す．

基底について3.5.2項参照．

ステップ１　旧座標系（x_1 軸，x_2 軸）の基底を $\vec{e_1}$，$\vec{e_2}$ とする．

⇓幾何ベクトルを数ベクトルで表す

$$\boldsymbol{e}_1=\begin{pmatrix}1\\0\end{pmatrix},\quad \boldsymbol{e}_2=\begin{pmatrix}0\\1\end{pmatrix}$$

座標 (x_1, x_2) の点Pは

$$\begin{pmatrix}1\\0\end{pmatrix}x_1+\begin{pmatrix}0\\1\end{pmatrix}x_2=\begin{pmatrix}x_1\\x_2\end{pmatrix},$$

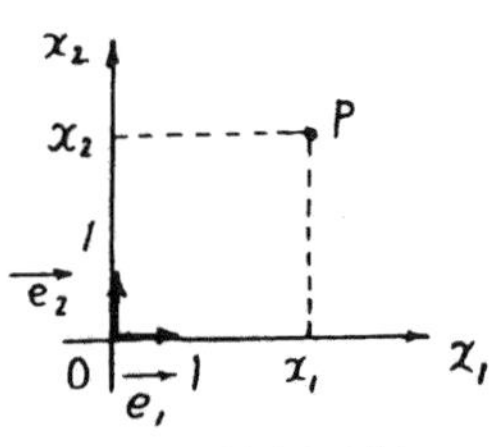

図C.2　基底と座標

座標 (y_1, y_2) の点 P′ は

$$\begin{pmatrix}1\\0\end{pmatrix}y_1+\begin{pmatrix}0\\1\end{pmatrix}y_2=\begin{pmatrix}y_1\\y_2\end{pmatrix}$$

と表せる．

旧座標系 (x_1 軸, x_2 軸) で，線型変換

$$\boldsymbol{y}=A\boldsymbol{x}:\boldsymbol{R}^2\to\boldsymbol{R}^2$$

を考える．線型変換を表すマトリックス A を $\boldsymbol{R}^2$ の中で基底 $\{\boldsymbol{e}_1, \boldsymbol{e}_2\}$ に関する**マトリックス表現**という．

例 $\begin{pmatrix}y_1\\y_2\end{pmatrix}=\begin{pmatrix}1&4\\3&2\end{pmatrix}\begin{pmatrix}x_1\\x_2\end{pmatrix}$

出力(うつり先) $\begin{pmatrix}y_1\\y_2\end{pmatrix}$ 2×1マトリックス $=A$ 入力(もとの位置) $\begin{pmatrix}x_1\\x_2\end{pmatrix}$ 2×1マトリックス

入力の型と出力の型とからマトリックス A は2×2マトリックスである（1.5.2項問4）.

ステップ2 平面のベクトル表示：$\overrightarrow{\mathrm{OP}}=\underbrace{\overrightarrow{e_1}x_1+\overrightarrow{e_2}x_2}_{\text{旧座標系}}=\underbrace{\overrightarrow{u_1}x_1'+\overrightarrow{u_2}x_2'}_{\text{新座標系}}$ （5.2節）

⇓ 幾何ベクトルを数ベクトルで表す ⇓

$$\boldsymbol{e}_1x_1+\boldsymbol{e}_2x_2=\boldsymbol{u}_1x_1'+\boldsymbol{u}_2x_2'$$

$$\begin{pmatrix}1\\0\end{pmatrix}x_1+\begin{pmatrix}0\\1\end{pmatrix}x_2=\begin{pmatrix}-\dfrac{4}{5}\\\dfrac{3}{5}\end{pmatrix}x_1'+\begin{pmatrix}\dfrac{1}{\sqrt{2}}\\\dfrac{1}{\sqrt{2}}\end{pmatrix}x_2'$$

$\begin{pmatrix}1\\0\end{pmatrix}x_1+\begin{pmatrix}0\\1\end{pmatrix}x_2$ という表し方は，矢印（幾何ベクトル）を2実数の組 $\boldsymbol{x}=\begin{pmatrix}x_1\\x_2\end{pmatrix}$ とみなせることを意味する.

$\begin{pmatrix}-\frac{4}{5}\\\frac{3}{5}\end{pmatrix}x_1'+\begin{pmatrix}\frac{1}{\sqrt{2}}\\\frac{1}{\sqrt{2}}\end{pmatrix}x_2'$ という表し方は，矢印（幾何ベクトル）を2実数の組 $\boldsymbol{x}'=\begin{pmatrix}x_1'\\x_2'\end{pmatrix}$ とみなせることを意味する.

これは

$$\begin{pmatrix}1&0\\0&1\end{pmatrix}\begin{pmatrix}x_1\\x_2\end{pmatrix}=\overbrace{\begin{pmatrix}-\dfrac{4}{5}&\dfrac{1}{\sqrt{2}}\\\dfrac{3}{5}&\dfrac{1}{\sqrt{2}}\end{pmatrix}\begin{pmatrix}x_1'\\x_2'\end{pmatrix}}^{\text{成分の変換}}$$

と表せる．$\overrightarrow{\mathrm{OP}'}$ も同様である．

$\begin{pmatrix}1&0\\0&1\end{pmatrix}$ は省略できる.

重要 正面から見ても，よこから見ても同じ人物であることには変わりない．これと同じく，矢印の終点の位置は同じであっても，座標軸の選び方でベクトルの成分の値は異なる．「成分の変換（座標変換）」というのは，こういう意味である．

ステップ3 $\begin{pmatrix}y_1\\y_2\end{pmatrix}=\begin{pmatrix}1&4\\3&2\end{pmatrix}\begin{pmatrix}x_1\\x_2\end{pmatrix}$ と同じ線型変換が新座標系 (x_1' 軸, x_2' 軸) では，どのように表せるか？

$$\overbrace{\begin{pmatrix}-\dfrac{4}{5}&\dfrac{1}{\sqrt{2}}\\\dfrac{3}{5}&\dfrac{1}{\sqrt{2}}\end{pmatrix}\begin{pmatrix}y_1'\\y_2'\end{pmatrix}}^{\begin{pmatrix}y_1\\y_2\end{pmatrix}}=\begin{pmatrix}1&4\\3&2\end{pmatrix}\overbrace{\begin{pmatrix}-\dfrac{4}{5}&\dfrac{1}{\sqrt{2}}\\\dfrac{3}{5}&\dfrac{1}{\sqrt{2}}\end{pmatrix}\begin{pmatrix}x_1'\\x_2'\end{pmatrix}}^{\begin{pmatrix}x_1\\x_2\end{pmatrix}}$$

から

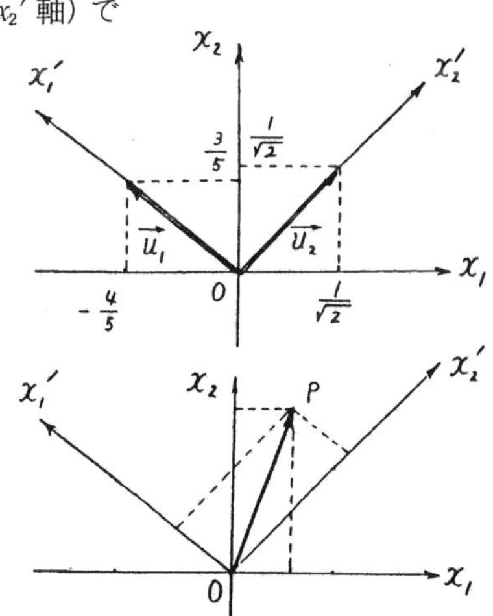

図C.3　旧座標系と新座標系

ADVICE

$$\begin{pmatrix} y_1' \\ y_2' \end{pmatrix} = \underbrace{\begin{pmatrix} -\frac{4}{5} & \frac{1}{\sqrt{2}} \\ \frac{3}{5} & \frac{1}{\sqrt{2}} \end{pmatrix}^{-1} \begin{pmatrix} 1 & 4 \\ 3 & 2 \end{pmatrix} \begin{pmatrix} -\frac{4}{5} & \frac{1}{\sqrt{2}} \\ \frac{3}{5} & \frac{1}{\sqrt{2}} \end{pmatrix}}_{\begin{pmatrix} -2 & 0 \\ 0 & 5 \end{pmatrix}} \begin{pmatrix} x_1' \\ x_2' \end{pmatrix}$$

Λ：対角マトリックス

と表せる．この関係は，

$$\boldsymbol{y}' = \Lambda \boldsymbol{x}' : \boldsymbol{R}^2 \to \boldsymbol{R}^2$$

の形に書き直せる．線型変換を表すマトリックス Λ を $\boldsymbol{R}^2$ の中で基底 $\langle \boldsymbol{u}_1, \boldsymbol{u}_2 \rangle$ に関する**マトリックス表現**という．

何がわかったか？　マトリックス表現は基底の選び方で決まるので，対角マトリックスとは限らない．マトリックス表現が簡単な形になるように基底を選ぶとよい．

[参考]　成分の変換と基底の変換

$x_1'=1$，$x_2'=0$（x_1' 軸方向の基本ベクトル $\overrightarrow{u_1}$ の成分）とすると，

$x_1 = -\frac{4}{5}$，$x_2 = \frac{3}{5}$ となるから，

$$\boldsymbol{u}_1 = \boldsymbol{e}_1 \left(-\frac{4}{5}\right) + \boldsymbol{e}_2 \frac{3}{5} = (\boldsymbol{e}_1 \;\; \boldsymbol{e}_2) \begin{pmatrix} -\frac{4}{5} \\ \frac{3}{5} \end{pmatrix}$$

である．

$x_1'=0$，$x_2'=1$（x_2' 軸方向の基本ベクトル $\overrightarrow{u_2}$ の成分）とすると，

$x_1 = \frac{1}{\sqrt{2}}$，$x_2 = \frac{1}{\sqrt{2}}$ となるから，

$$\boldsymbol{u}_2 = \boldsymbol{e}_1 \frac{1}{\sqrt{2}} + \boldsymbol{e}_2 \frac{1}{\sqrt{2}} = (\boldsymbol{e}_1 \;\; \boldsymbol{e}_2) \begin{pmatrix} \frac{1}{\sqrt{2}} \\ \frac{1}{\sqrt{2}} \end{pmatrix}$$

である．

これらをまとめて

$$(\boldsymbol{u}_1 \;\; \boldsymbol{u}_2) = (\boldsymbol{e}_1 \;\; \boldsymbol{e}_2) \begin{pmatrix} -\frac{4}{5} & \frac{1}{\sqrt{2}} \\ \frac{3}{5} & \frac{1}{\sqrt{2}} \end{pmatrix}$$

と表すことができる．マトリックス $\begin{pmatrix} -\frac{4}{5} & \frac{1}{\sqrt{2}} \\ \frac{3}{5} & \frac{1}{\sqrt{2}} \end{pmatrix}$ を基底 $\langle \boldsymbol{e}_1, \boldsymbol{e}_2 \rangle$ から基底 $\langle \boldsymbol{u}_1, \boldsymbol{u}_2 \rangle$ への**基底変換のマトリックス**という．

ここで，基本ベクトルとは，座標軸の正の向きに向かうノルム（大きさ）1の幾何ベクトルである．

$$\begin{pmatrix} -\frac{4}{5} & \frac{1}{\sqrt{2}} \\ \frac{3}{5} & \frac{1}{\sqrt{2}} \end{pmatrix} \underbrace{\begin{pmatrix} 1 \\ 0 \end{pmatrix}}_{\text{新座標}} = \underbrace{\begin{pmatrix} -\frac{4}{5} \\ \frac{3}{5} \end{pmatrix}}_{\text{旧座標}}$$

$\boldsymbol{e}_1 x_1 + \boldsymbol{e}_2 x_2 = \boldsymbol{u}_1$

$$\begin{pmatrix} -\frac{4}{5} & \frac{1}{\sqrt{2}} \\ \frac{3}{5} & \frac{1}{\sqrt{2}} \end{pmatrix} \underbrace{\begin{pmatrix} 0 \\ 1 \end{pmatrix}}_{\text{新座標}} = \underbrace{\begin{pmatrix} \frac{1}{\sqrt{2}} \\ \frac{1}{\sqrt{2}} \end{pmatrix}}_{\text{旧座標}}$$

$\boldsymbol{e}_1 x_1 + \boldsymbol{e}_2 x_2 = \boldsymbol{u}_2$

$(\boldsymbol{u}_1 \;\; \boldsymbol{u}_2) = \begin{pmatrix} u_{11} & u_{12} \\ u_{21} & u_{22} \end{pmatrix}$

$(\boldsymbol{e}_1 \;\; \boldsymbol{e}_2) = \begin{pmatrix} 1 & 0 \\ 0 & 1 \end{pmatrix}$

$\begin{pmatrix} u_{11} & u_{12} \\ u_{21} & u_{22} \end{pmatrix}$
2×2 マトリックス

$\frac{1}{\sqrt{2}}\boldsymbol{e}_1 + \frac{1}{\sqrt{2}}\boldsymbol{e}_2$ と書くと，

$$\left(\frac{1}{\sqrt{2}} \;\; \frac{1}{\sqrt{2}}\right)\begin{pmatrix} \boldsymbol{e}_1 \\ \boldsymbol{e}_2 \end{pmatrix} = \left(\frac{1}{\sqrt{2}} \;\; \frac{1}{\sqrt{2}}\right)\begin{pmatrix} 1 \\ 0 \\ 0 \\ 1 \end{pmatrix}$$

となるので正しくない．

5.3節再掲

$$\underbrace{(\boldsymbol{e}_1\ \boldsymbol{e}_2)}_{\text{旧基底}}=\underbrace{(\boldsymbol{u}_1\ \boldsymbol{u}_2)}_{\text{新基底}}\begin{pmatrix}-\frac{4}{5} & \frac{1}{\sqrt{2}}\\ \frac{3}{5} & \frac{1}{\sqrt{2}}\end{pmatrix}^{-1}\qquad \underbrace{(\boldsymbol{u}_1\ \boldsymbol{u}_2)}_{\text{新基底}}=\underbrace{(\boldsymbol{e}_1\ \boldsymbol{e}_2)}_{\text{旧基底}}\begin{pmatrix}-\frac{4}{5} & \frac{1}{\sqrt{2}}\\ \frac{3}{5} & \frac{1}{\sqrt{2}}\end{pmatrix}$$

$$\underbrace{\begin{pmatrix}x_1\\x_2\end{pmatrix}}_{\text{旧座標系で表した成分}}=\begin{pmatrix}-\frac{4}{5} & \frac{1}{\sqrt{2}}\\ \frac{3}{5} & \frac{1}{\sqrt{2}}\end{pmatrix}\underbrace{\begin{pmatrix}x_1'\\x_2'\end{pmatrix}}_{\text{新座標系で表した成分}}\qquad \underbrace{\begin{pmatrix}x_1'\\x_2'\end{pmatrix}}_{\text{新座標系で表した成分}}=\begin{pmatrix}-\frac{4}{5} & \frac{1}{\sqrt{2}}\\ \frac{3}{5} & \frac{1}{\sqrt{2}}\end{pmatrix}^{-1}\underbrace{\begin{pmatrix}x_1\\x_2\end{pmatrix}}_{\text{旧座標系で表した成分}}$$

(重要) 暗記するとまちがうおそれがあるので，5.3節と付録Cとの考え方でこれらの関係を導くように練習するとよい．

問 C.1 C.1の線型変換について，つぎの基底 $\{\boldsymbol{a}_1, \boldsymbol{a}_2\}$ に関するマトリックス表現を求めよ．

$$\boldsymbol{a}_1=\begin{pmatrix}2\\3\end{pmatrix},\ \boldsymbol{a}_2=\begin{pmatrix}4\\1\end{pmatrix}$$

(解説) C.1の考え方で，同じ幾何ベクトルを各座標系で表す．

$$\overrightarrow{\mathrm{OP}}=\vec{e}_1x_1+\vec{e}_2x_2=\vec{a}_1x_1'+\vec{a}_2x_2'$$

⇓ 幾何ベクトルを数ベクトルで表す ⇓

$$\boldsymbol{e}_1x_1+\boldsymbol{e}_2x_2=\boldsymbol{a}_1x_1'+\boldsymbol{a}_2x_2'$$

$$\begin{pmatrix}1\\0\end{pmatrix}x_1+\begin{pmatrix}0\\1\end{pmatrix}x_2=\begin{pmatrix}2\\3\end{pmatrix}x_1'+\begin{pmatrix}4\\1\end{pmatrix}x_2'$$

$$\begin{pmatrix}1&0\\0&1\end{pmatrix}\overbrace{\begin{pmatrix}x_1\\x_2\end{pmatrix}=\begin{pmatrix}2&4\\3&1\end{pmatrix}\begin{pmatrix}x_1'\\x_2'\end{pmatrix}}^{\text{成分の変換}}$$

$\overrightarrow{\mathrm{OP'}}$ も同様である．

$$\overbrace{\begin{pmatrix}2&4\\3&1\end{pmatrix}\begin{pmatrix}y_1'\\y_2'\end{pmatrix}}^{\begin{pmatrix}y_1\\y_2\end{pmatrix}}=\begin{pmatrix}1&4\\3&2\end{pmatrix}\overbrace{\begin{pmatrix}2&4\\3&1\end{pmatrix}\begin{pmatrix}x_1'\\x_2'\end{pmatrix}}^{\begin{pmatrix}x_1\\x_2\end{pmatrix}}$$

$$\begin{pmatrix}y_1'\\y_2'\end{pmatrix}=\begin{pmatrix}2&4\\3&1\end{pmatrix}^{-1}\begin{pmatrix}1&4\\3&2\end{pmatrix}\begin{pmatrix}2&4\\3&1\end{pmatrix}\begin{pmatrix}x_1'\\x_2'\end{pmatrix}$$

$$=\underbrace{\begin{pmatrix}\frac{17}{5}&\frac{24}{5}\\ \frac{9}{5}&-\frac{2}{5}\end{pmatrix}}_{\text{対角マトリックスではない}}\begin{pmatrix}x_1'\\x_2'\end{pmatrix}$$

C.2 空間内の平面にある点（付録B問B.2(補足)）

空間内で測った座標と平面内で測った座標との間に，2元連立1次方程式：

$$\begin{cases}x_1=-1t_1-1t_2\\x_2=\ \ \ 1t_1\\x_3=\ \ \ \ \ \ \ \ \ \ \ 1t_2\end{cases}$$

ADVICE

この場合は

$(\boldsymbol{e}_1\ \boldsymbol{e}_2)=\begin{pmatrix}1&0\\0&1\end{pmatrix}$,

$(\boldsymbol{u}_1\ \boldsymbol{u}_2)=\begin{pmatrix}u_{11}&u_{12}\\u_{21}&u_{22}\end{pmatrix}$

だから

$\begin{pmatrix}1&0\\0&1\end{pmatrix}=\begin{pmatrix}u_{11}&u_{12}\\u_{21}&u_{22}\end{pmatrix}\begin{pmatrix}u_{11}&u_{12}\\u_{21}&u_{22}\end{pmatrix}^{-1}$

というなっとくしやすい形である．

5.3節では成分の変換を考えたが，基底の変換を考えてもよい．線型変換を表す式は，どちらの考え方でも同じである．

幾何の見方がわかりやすいので，数ベクトル $\boldsymbol{a}_1=\begin{pmatrix}2\\3\end{pmatrix}$, $\boldsymbol{a}_2=\begin{pmatrix}4\\1\end{pmatrix}$ のそれぞれを表す幾何ベクトル $\vec{a}_1$, $\vec{a}_2$ を考える．各方向の座標軸を x_1 軸，x_2 軸とする．

C.1のステップ1，2，3の順に考える．

逆マトリックスを求める方法（1.7節）

Gauss-Jordanの消去法

$\begin{pmatrix}2&4&1&0\\3&1&0&1\end{pmatrix}$

↓ ①と②との入れ換え

$\begin{pmatrix}3&1&0&1\\2&4&1&0\end{pmatrix}$

↓ ①×$\frac{1}{2}$

$\begin{pmatrix}1&-3&-1&1\\2&4&1&0\end{pmatrix}$

↓ ②−①×3

$\begin{pmatrix}1&-3&-1&1\\0&10&3&-2\end{pmatrix}$

↓ ②×$\left(-\frac{1}{5}\right)$

$\begin{pmatrix}1&-3&-1&1\\0&1&\frac{3}{10}&-\frac{2}{10}\end{pmatrix}$

↓ ①−②×2

$\begin{pmatrix}1&0&-\frac{1}{10}&\frac{4}{10}\\0&1&\frac{3}{10}&-\frac{2}{10}\end{pmatrix}$

で表せる関係が成り立つ．$A=\begin{pmatrix}-1 & -1\\ 1 & 0\\ 0 & 1\end{pmatrix}$，$\boldsymbol{x}=\begin{pmatrix}x_1\\ x_2\\ x_3\end{pmatrix}$，$\boldsymbol{t}=\begin{pmatrix}t_1\\ t_2\end{pmatrix}$とすると，この関係は，$\boldsymbol{R}^2$ から $\boldsymbol{R}^3$ への線型写像

$$\boldsymbol{x}=A\boldsymbol{t}:\boldsymbol{R}^2\to\boldsymbol{R}^3$$

の形で表せる．

$\boldsymbol{R}^2$ の基底を $\boldsymbol{e}_1=\begin{pmatrix}1\\ 0\end{pmatrix}$，$\boldsymbol{e}_2=\begin{pmatrix}0\\ 1\end{pmatrix}$，$\boldsymbol{R}^3$ の基底を $\boldsymbol{a}_1=\begin{pmatrix}1\\ 0\\ 0\end{pmatrix}$，$\boldsymbol{a}_2=\begin{pmatrix}0\\ 1\\ 0\end{pmatrix}$，$\boldsymbol{a}_3=\begin{pmatrix}0\\ 0\\ 1\end{pmatrix}$として，線型写像を表すマトリックス A を基底$\langle \boldsymbol{e}_1, \boldsymbol{e}_2\rangle$，$\langle \boldsymbol{a}_1, \boldsymbol{a}_2, \boldsymbol{a}_3\rangle$ に関する**マトリックス表現**という（[注意 1］参照）．

［注意 1］ 標準基底

平面内で点の座標は (t_1, t_2) である（付録B参照）．したがって，原点から測った位置は数ベクトル$\begin{pmatrix}t_1\\ t_2\end{pmatrix}$で表せる．平面内には無数の点がある．「標準基底を$\langle \boldsymbol{e}_1, \boldsymbol{e}_2\rangle$とする」というのは，平面内の任意の点が位置ベクトル

$$\begin{aligned}\boldsymbol{t}&=\begin{pmatrix}t_1\\ t_2\end{pmatrix}\\ &=\begin{pmatrix}1\\ 0\end{pmatrix}t_1+\begin{pmatrix}0\\ 1\end{pmatrix}t_2\\ &=\boldsymbol{e}_1t_1+\boldsymbol{e}_2t_2\end{aligned}$$

で表せるという意味である（2.1.1項）．空間にも無数の点がある．「標準基底を$\langle \boldsymbol{a}_1, \boldsymbol{a}_2, \boldsymbol{a}_3\rangle$とする」というのは，空間内の任意の点が位置ベクトル

$$\begin{aligned}\boldsymbol{x}&=\begin{pmatrix}x_1\\ x_2\\ x_3\end{pmatrix}\\ &=\begin{pmatrix}1\\ 0\\ 0\end{pmatrix}x_1+\begin{pmatrix}0\\ 1\\ 0\end{pmatrix}x_2+\begin{pmatrix}0\\ 0\\ 1\end{pmatrix}x_3\\ &=\boldsymbol{a}_1x_1+\boldsymbol{a}_2x_2+\boldsymbol{a}_3x_3\end{aligned}$$

で表せるという意味である（2.2.1項）．

マトリックス A で表せる線型写像を考え，平面内で測った位置ベクトル$\begin{pmatrix}t_1\\ t_2\end{pmatrix}$を入力すると，空間内で測った位置ベクトル

$$\begin{aligned}\overbrace{\begin{pmatrix}x_1\\ x_2\\ x_3\end{pmatrix}}^{\text{出力}}&=\begin{pmatrix}-1 & -1\\ 1 & 0\\ 0 & 1\end{pmatrix}\overbrace{\begin{pmatrix}t_1\\ t_2\end{pmatrix}}^{\text{入力}}\\ &=\begin{pmatrix}-1t_1-1t_2\\ 1t_1\\ 1t_2\end{pmatrix}\end{aligned}$$

ADVICE

逆マトリックス
$\begin{pmatrix}-\frac{1}{10} & \frac{4}{10}\\ \frac{3}{10} & -\frac{2}{10}\end{pmatrix}$

①，② はそれぞれ変形前の第 1 行，第 2 行を表す．

$\boldsymbol{e}_1=\begin{pmatrix}1\\ 0\end{pmatrix}$，$\boldsymbol{e}_2=\begin{pmatrix}0\\ 1\end{pmatrix}$ は $\boldsymbol{R}^2$ の標準基底である．

$\boldsymbol{a}_1=\begin{pmatrix}1\\ 0\\ 0\end{pmatrix}$，$\boldsymbol{a}_2=\begin{pmatrix}0\\ 1\\ 0\end{pmatrix}$，$\boldsymbol{a}_3=\begin{pmatrix}0\\ 0\\ 1\end{pmatrix}$ は $\boldsymbol{R}^3$ の標準基底である．

標準基底について 3.5 節参照．

付録B 例題B.1 参照

原点以外の点から測った位置を数ベクトルで表すこともできる．たとえば点 (3, 4) から見ると，点 (7, 9) の位置は数ベクトル$\begin{pmatrix}4\\ 5\end{pmatrix}$で表せる．
（終点の座標）−（始点の座標）に注意して，第 1 成分は 7−3=4，第 2 成分は 9−4=5 である．原点を始点に選ぶと，座標の値と数ベクトルの成分の値とが一致して便利である．

小林幸夫：「力学ステーション」（森北出版，2002）p. 31.

$$=\begin{pmatrix}1\\0\\0\end{pmatrix}(-1t_1-1t_2)+\begin{pmatrix}0\\1\\0\end{pmatrix}t_1+\begin{pmatrix}0\\0\\1\end{pmatrix}t_2$$

を出力する（2.2.1項）．

ADVICE

$A=\begin{pmatrix}-1&-1\\1&0\\0&1\end{pmatrix}$

$A(\boldsymbol{e}_1t_1+\boldsymbol{e}_2t_2)$
$=\boldsymbol{a}_1(-t_1-t_2)$
$+\boldsymbol{a}_2t_1+\boldsymbol{a}_3t_2$

問C.2 C.2の線型写像について，つぎの基底に関するマトリックス表現を求めよ．

$$\boldsymbol{R}^2\text{ の基底 }\boldsymbol{e}_1=\begin{pmatrix}1\\0\end{pmatrix},\ \boldsymbol{e}_2=\begin{pmatrix}0\\1\end{pmatrix}$$

$$\boldsymbol{R}^3\text{ の基底 }\boldsymbol{b}_1=\begin{pmatrix}-1\\1\\0\end{pmatrix},\ \boldsymbol{b}_2=\begin{pmatrix}-1\\0\\1\end{pmatrix},\ \boldsymbol{b}_3=\begin{pmatrix}0\\1\\1\end{pmatrix}$$

解説 C.1の考え方で，同じ幾何ベクトルを各座標系で表す．

$$\overrightarrow{\mathrm{OP}}=\overrightarrow{e_1}x_1+\overrightarrow{e_2}x_2+\overrightarrow{e_3}x_3=\overrightarrow{b_1}x_1'+\overrightarrow{b_2}x_2'+\overrightarrow{b_3}x_3'$$

⇓ 幾何ベクトルを数ベクトルで表す ⇓

$$\boldsymbol{e}_1x_1+\boldsymbol{e}_2x_2+\boldsymbol{e}_3x_3=\boldsymbol{b}_1x_1'+\boldsymbol{b}_2x_2'+\boldsymbol{b}_3x_3'$$

この関係式を書くことが出発点である．

$$\begin{pmatrix}1\\0\\0\end{pmatrix}x_1+\begin{pmatrix}0\\1\\0\end{pmatrix}x_2+\begin{pmatrix}0\\0\\1\end{pmatrix}x_3=\begin{pmatrix}-1\\1\\0\end{pmatrix}x_1'+\begin{pmatrix}-1\\0\\1\end{pmatrix}x_2'+\begin{pmatrix}0\\1\\1\end{pmatrix}x_3'$$

C.1のステップ1，2，3の順に考える．

成分の変換

$$\begin{pmatrix}1&0&0\\0&1&0\\0&0&1\end{pmatrix}\begin{pmatrix}x_1\\x_2\\x_3\end{pmatrix}=\begin{pmatrix}-1&-1&0\\1&0&1\\0&1&1\end{pmatrix}\begin{pmatrix}x_1'\\x_2'\\x_3'\end{pmatrix}$$

$$\begin{pmatrix}-1&-1&0\\1&0&1\\0&1&0\end{pmatrix}\begin{pmatrix}x_1'\\x_2'\\x_3'\end{pmatrix}=\begin{pmatrix}-1&-1\\1&0\\0&1\end{pmatrix}\begin{pmatrix}t_1\\t_2\end{pmatrix}$$

$$\begin{pmatrix}x_1'\\x_2'\\x_3'\end{pmatrix}=\begin{pmatrix}-1&-1&0\\1&0&1\\0&1&1\end{pmatrix}^{-1}\begin{pmatrix}-1&-1\\1&0\\0&1\end{pmatrix}\begin{pmatrix}t_1\\t_2\end{pmatrix}$$

$$=\begin{pmatrix}1&0\\0&1\\0&0\end{pmatrix}\begin{pmatrix}t_1\\t_2\end{pmatrix}$$

この式は $\begin{pmatrix}x_1\\x_2\\x_3\end{pmatrix}=\begin{pmatrix}-1&-1\\1&0\\0&1\end{pmatrix}\begin{pmatrix}t_1\\t_2\end{pmatrix}$ である．ただし，左辺は $\begin{pmatrix}x_1\\x_2\\x_3\end{pmatrix}$ を $\begin{pmatrix}-1&-1&0\\1&0&1\\0&1&0\end{pmatrix}\begin{pmatrix}x_1'\\x_2'\\x_3'\end{pmatrix}$ に書き換えた形である．

補足1 結果が

$$\begin{cases}x_1'=t_1\\x_2'=t_2\\x_3'=0\end{cases}$$

となるのは当然である．なぜか？

理由 このタテベクトルは $\begin{pmatrix}-1\\1\\0\end{pmatrix}$ と $\begin{pmatrix}-1\\0\\1\end{pmatrix}$ との張る平面内にある点の位置を表す（2.2.1項）．$\begin{pmatrix}x_1'\\x_2'\\x_3'\end{pmatrix}=\begin{pmatrix}1&0\\0&1\\0&0\end{pmatrix}\begin{pmatrix}t_1\\t_2\end{pmatrix}$ によって，「この平面内で測

付録B問B.2（補足）の図を見て考えるとよい．

った成分が $\begin{pmatrix} t_1 \\ t_2 \end{pmatrix}$ で表せる位置は，$\begin{pmatrix} -1 \\ 1 \\ 0 \end{pmatrix}$，$\begin{pmatrix} -1 \\ 0 \\ 1 \end{pmatrix}$，$\begin{pmatrix} 0 \\ 1 \\ 1 \end{pmatrix}$ の方向の 3 本の座標軸で測るとどんな成分になるか」がわかる．$\begin{pmatrix} -1 \\ 1 \\ 0 \end{pmatrix}$ の方向の成分が t_1，$\begin{pmatrix} -1 \\ 0 \\ 1 \end{pmatrix}$ の方向の成分が t_2，$\begin{pmatrix} 0 \\ 1 \\ 1 \end{pmatrix}$ の方向の成分が 0 である．

補足 2　逆マトリックスの求め方

ADVICE

Gauss-Jordan の消去法

1.7 節参照

$$\begin{pmatrix} -1 & -1 & 0 & 1 & 0 & 0 \\ 1 & 0 & 1 & 0 & 1 & 0 \\ 0 & 1 & 1 & 0 & 0 & 1 \end{pmatrix}$$

$$\xrightarrow[\text{入れ換え}]{\text{①と③との}} \begin{pmatrix} 1 & 0 & 1 & 0 & 1 & 0 \\ 0 & 1 & 1 & 0 & 0 & 1 \\ -1 & -1 & 0 & 1 & 0 & 0 \end{pmatrix}$$

$$\xrightarrow{③+①} \begin{pmatrix} 1 & 0 & 1 & 0 & 1 & 0 \\ 0 & 1 & 1 & 0 & 0 & 1 \\ 0 & -1 & 1 & 1 & 1 & 0 \end{pmatrix}$$

$$\xrightarrow{③+②} \begin{pmatrix} 1 & 0 & 1 & 0 & 1 & 0 \\ 0 & 1 & 1 & 0 & 0 & 1 \\ 0 & 0 & 2 & 1 & 1 & 1 \end{pmatrix}$$

$$\xrightarrow{③\times\frac{1}{2}} \begin{pmatrix} 1 & 0 & 1 & 0 & 1 & 0 \\ 0 & 1 & 1 & 0 & 0 & 1 \\ 0 & 0 & 1 & \frac{1}{2} & \frac{1}{2} & \frac{1}{2} \end{pmatrix}$$

$$\xrightarrow{①-③} \begin{pmatrix} 1 & 0 & 0 & -\frac{1}{2} & \frac{1}{2} & -\frac{1}{2} \\ 0 & 1 & 1 & 0 & 0 & 1 \\ 0 & 0 & 1 & \frac{1}{2} & \frac{1}{2} & \frac{1}{2} \end{pmatrix}$$

$$\xrightarrow{②-③} \begin{pmatrix} 1 & 0 & 0 & -\frac{1}{2} & \frac{1}{2} & -\frac{1}{2} \\ 0 & 1 & 0 & -\frac{1}{2} & -\frac{1}{2} & \frac{1}{2} \\ 0 & 0 & 1 & \frac{1}{2} & \frac{1}{2} & \frac{1}{2} \end{pmatrix}$$

掃き出し法で逆マトリックスを求めると

$$\begin{pmatrix} -1 & -1 & 0 \\ 1 & 0 & 1 \\ 0 & 1 & 1 \end{pmatrix}^{-1} = \begin{pmatrix} -\frac{1}{2} & \frac{1}{2} & -\frac{1}{2} \\ -\frac{1}{2} & -\frac{1}{2} & \frac{1}{2} \\ \frac{1}{2} & \frac{1}{2} & \frac{1}{2} \end{pmatrix}$$

となる．

補足 3　たとえば，$\boldsymbol{R}^2$ の基底として $\boldsymbol{a}_1 = \begin{pmatrix} 1 \\ 1 \end{pmatrix}$，$\boldsymbol{a}_2 = \begin{pmatrix} 2 \\ 3 \end{pmatrix}$ を選んだときには，

$$\overbrace{\begin{pmatrix} 1 \\ 0 \end{pmatrix} t_1 + \begin{pmatrix} 0 \\ 1 \end{pmatrix} t_2}^{\vec{e_1}\text{ 方向，}\vec{e_2}\text{ 方向の座標軸}} = \overbrace{\begin{pmatrix} 1 \\ 1 \end{pmatrix} t_1' + \begin{pmatrix} 2 \\ 3 \end{pmatrix} t_2'}^{\vec{a_1}\text{ 方向，}\vec{a_2}\text{ 方向の座標軸}}$$

を書き換えた

$$\begin{pmatrix} t_1 \\ t_2 \end{pmatrix} = \begin{pmatrix} 1 & 2 \\ 1 & 3 \end{pmatrix} \begin{pmatrix} t_1' \\ t_2' \end{pmatrix}$$

も考慮して，

$\begin{pmatrix} 1 \\ 0 \end{pmatrix} t_1 + \begin{pmatrix} 0 \\ 1 \end{pmatrix} t_2$ は，平面内で $\vec{e}_1$ の方向と $\vec{e}_2$ の方向とに座標軸を選ぶと，平面内の点の座標が (t_1, t_2) になることを表している．

$\begin{pmatrix} 1 \\ 1 \end{pmatrix} t_1' + \begin{pmatrix} 2 \\ 3 \end{pmatrix} t_2'$ は，平面内で $\vec{a}_1$ の方向と $\vec{a}_2$ の方向とに座標軸を選ぶと，平面内の点の座標が (t_1', t_2') になることを表している．

ADVICE

$$\begin{pmatrix} -1 & -1 & 0 \\ 1 & 0 & 1 \\ 0 & 1 & 1 \end{pmatrix}\begin{pmatrix} x_1' \\ x_2' \\ x_3' \end{pmatrix} = \begin{pmatrix} -1 & -1 \\ 1 & 0 \\ 0 & 1 \end{pmatrix}\begin{pmatrix} 1 & 2 \\ 1 & 3 \end{pmatrix}\begin{pmatrix} t_1' \\ t_2' \end{pmatrix}$$

となるから，

$$\begin{pmatrix} x_1' \\ x_2' \\ x_3' \end{pmatrix} = \begin{pmatrix} -1 & -1 & 0 \\ 1 & 0 & 1 \\ 0 & 1 & 1 \end{pmatrix}^{-1}\begin{pmatrix} -1 & -1 \\ 1 & 0 \\ 0 & 1 \end{pmatrix}\begin{pmatrix} 1 & 2 \\ 1 & 3 \end{pmatrix}\begin{pmatrix} t_1' \\ t_2' \end{pmatrix}$$

$$= \begin{pmatrix} 1 & 2 \\ 1 & 3 \\ 0 & 0 \end{pmatrix}\begin{pmatrix} t_1' \\ t_2' \end{pmatrix}$$

である．したがって，

$$\begin{cases} x_1' = 1t_1' + 2t_2' \\ x_2' = 1t_1' + 3t_2' \\ x_3' = 0 \end{cases}$$

である．$x_3'=0$ となる理由は，(補足１)と同じである．

左辺：$\begin{pmatrix} -1 & -1 & 0 \\ 1 & 0 & 1 \\ 0 & 1 & 1 \end{pmatrix}\begin{pmatrix} x_1' \\ x_2' \\ x_3' \end{pmatrix}$ は $\begin{pmatrix} x_1 \\ x_2 \\ x_3 \end{pmatrix}$ を表している．

右辺：$\begin{pmatrix} -1 & -1 \\ 1 & 0 \\ 0 & 1 \end{pmatrix}\begin{pmatrix} 1 & 2 \\ 1 & 3 \end{pmatrix}\begin{pmatrix} t_1' \\ t_2' \end{pmatrix}$ は $\begin{pmatrix} -1 & -1 \\ 1 & 0 \\ 0 & 1 \end{pmatrix}\begin{pmatrix} t_1 \\ t_2 \end{pmatrix}$ を表している．

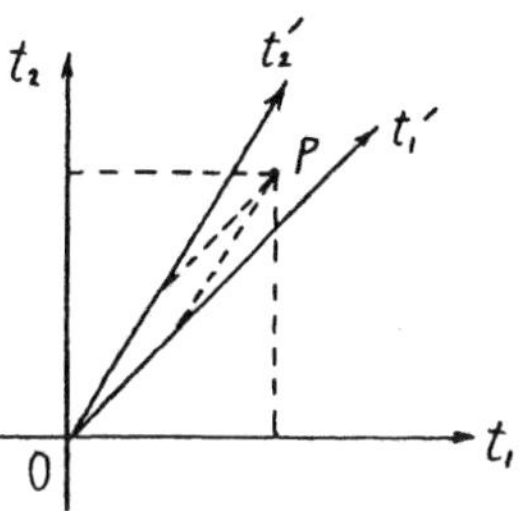

図C.4　座標軸の選び方

問C.3　$P(2\,;\,\boldsymbol{R})$ を２次実係数１変数多項式 $a_0+a_1x+a_2x^2$ (a_0, a_1, a_2 は実数) の集合とする．実係数２次多項式を $f(x)$ と表し，

線型変換：$f(x) \longmapsto f'(x)$

を考える．$P(2\,;\,\boldsymbol{R})$ の基底を $\langle 1, x, x^2 \rangle$ として，この線型変換のマトリックス表現を求めよ．

3.5.3 項問 3.16 参照

(解説)　幾何ベクトル，数ベクトルを考えたときの発想をそのまま拡張する．

$$\overrightarrow{\mathrm{OP}} = \overrightarrow{e_1}x_1 + \overrightarrow{e_2}x_2 + \overrightarrow{e_3}x_3$$
$$\boldsymbol{x} = \boldsymbol{e}_1x_1 + \boldsymbol{e}_2x_2 + \boldsymbol{e}_3x_3$$
$$f(x) = x^0a_0 + x^1a_1 + x^2a_2$$

特別な場合として，$a_2=0$, $a_1\neq 0$ の場合，$a_2=0$, $a_1=0$, $a_0\neq 0$ の場合，$a_2=0$, $a_1=0$, $a_0=0$ の場合も含める．

要素どうしの対応は $\longmapsto$ で表す（0.2.4 項）．

$\overrightarrow{\mathrm{OP}}$, $\boldsymbol{x}$, $f(x)$ は，それぞれ幾何ベクトル，数ベクトル，関数値だが，対応させるとどれも形が同じである．x^0, x^1, x^2 が基底，a_0, a_1, a_2 が座標にあたる．

任意の２次実係数１変数多項式 $f(x)=a_0+a_1x+a_2x^2$ を x で微分すると，$f'(x)=a_1+2a_2x$ となる．したがって，線型変換のマトリックス表現は

$f'(\ )$ は導関数を表す．

1 は x^0 を表す．

基底×スカラーの形

スカラーは座標にあたる．

関数値について 0.2.4 項参照．

$$\begin{pmatrix} a_1 \\ 2a_2 \\ 0 \end{pmatrix} = \begin{pmatrix} 0 & 1 & 0 \\ 0 & 0 & 2 \\ 0 & 0 & 0 \end{pmatrix}\begin{pmatrix} a_0 \\ a_1 \\ a_2 \end{pmatrix}$$

である．

a_1+2a_2x
$=a_11+2a_2x+0x^2$

(確認)

$$\begin{pmatrix} 0 & 1 & 0 \\ 0 & 0 & 2 \\ 0 & 0 & 0 \end{pmatrix}\begin{pmatrix} a_0 \\ a_1 \\ a_2 \end{pmatrix} = \begin{pmatrix} 0a_0+1a_1+0a_2 \\ 0a_0+0a_1+2a_2 \\ 0a_0+0a_1+0a_2 \end{pmatrix}$$

$$= \begin{pmatrix} a_1 \\ 2a_2 \\ 0 \end{pmatrix}$$

$\begin{pmatrix} a_1 \\ 2a_2 \\ 0 \end{pmatrix}$ ←x^0 の係数，←x^1 の係数，←x^2 の係数

$\begin{pmatrix} a_0 \\ a_1 \\ a_2 \end{pmatrix}$ ←x^0 の係数，←x^1 の係数，←x^2 の係数

付録D　線型変換のグラフィックス

付録Dの目標

① 線型変換を描画して，図形の移り変わりの特徴を理解すること．

② マトリックスで図形の拡大・縮小・回転・鏡映が表せる事情を理解すること．

キーワード　線型変換，図形の拡大・縮小・回転・鏡映

4 章の線型変換の特徴を目で見えるように工夫してみる．図形の模様を拡大・縮小・回転・鏡映すると，それぞれの変換でどんな形に変わるだろうか？

ADVICE　4.2 節参照

線型変換はマトリックス $\begin{pmatrix} a_{11} & a_{12} \\ a_{21} & a_{22} \end{pmatrix}$（$a_{ij}$ は実数）で表せる．したがって，変換前の星形の頂点の位置ベクトルを $\begin{pmatrix} x_1 \\ x_2 \end{pmatrix}$，変換後の図形の頂点の位置ベクトルを $\begin{pmatrix} x_1' \\ x_2' \end{pmatrix}$ として，

$$\begin{pmatrix} x_1' \\ x_2' \end{pmatrix} = \begin{pmatrix} a_{11} & a_{12} \\ a_{21} & a_{22} \end{pmatrix} \begin{pmatrix} x_1 \\ x_2 \end{pmatrix}$$

を考える．

星形の頂点の座標を (1, 0.3)，(0.3, 0.3)，(0, 1)，(−0.3, 0.3)，(−1, 0.3)，(−0.3, −0.3)，(−0.4, −1)，(0, −0.5)，(0.4, −1)，(0.3, −0.3) とする．

水平方向に x_1 軸，鉛直方向に x_2 軸を入れる．

例1　拡大・縮小

x_1 軸方向に縮小

$$\begin{pmatrix} \frac{1}{2} & 0 \\ 0 & \frac{3}{2} \end{pmatrix}$$

x_2 軸方向に拡大

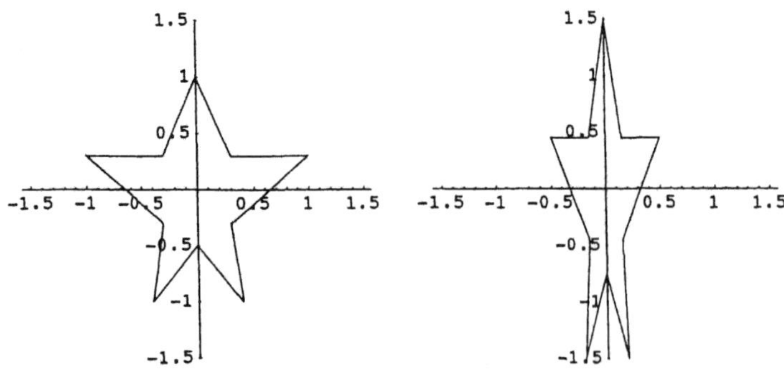

図D.1　拡大・縮小

例2　回転（時計の針の進む向きと反対向きに 90° 回す場合）

4.5 節参照

$90^\circ = \frac{\pi}{2}$

$$\begin{pmatrix} \cos\frac{\pi}{2} & -\sin\frac{\pi}{2} \\ \sin\frac{\pi}{2} & \cos\frac{\pi}{2} \end{pmatrix}$$

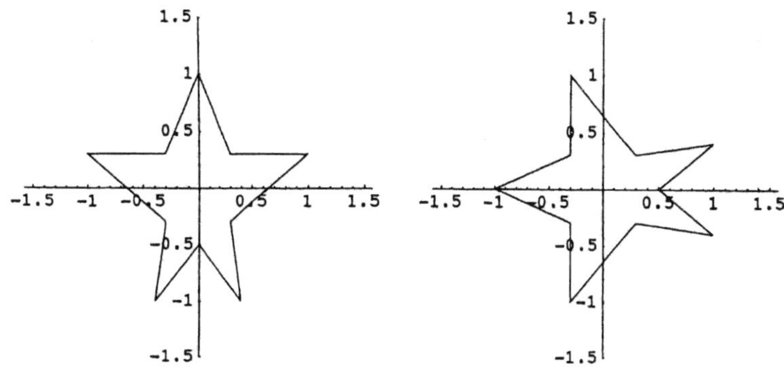

図D.2　回転

例3　鏡映（直線 $x_2=x_1$ に関して折り返す場合）

4.5 節参照

直線 $x_2=x_1$ の傾きは1だから，この直線と x_1 軸とのなす角は45°である．

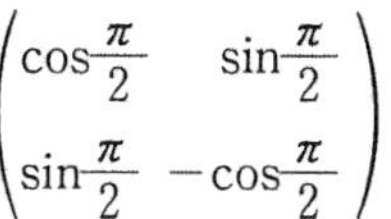

$$\begin{pmatrix}\cos\frac{\pi}{2} & \sin\frac{\pi}{2}\\ \sin\frac{\pi}{2} & -\cos\frac{\pi}{2}\end{pmatrix}$$

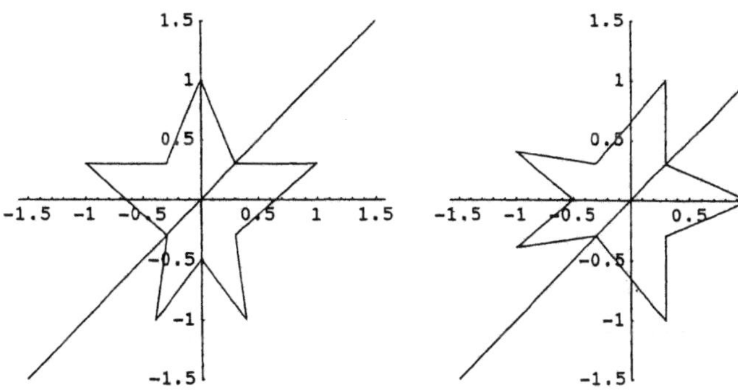

図D.3　鏡映

[参考]　Affine 変換（1次変換）

x_1，x_2 の1次式で

$$\begin{cases} y_1 = a_{11}x_1 + a_{12}x_2 + b_1 \\ y_2 = a_{21}x_1 + a_{22}x_2 + b_2 \end{cases}$$

（a_{ij}，b_i は定数）と表せる変換は，「平面内の Affine 変換」または「1次変換」とよぶ．

マトリックスの記号とタテベクトルの記号とを使うと，この変換は

$$\boldsymbol{y} = A\boldsymbol{x} + \boldsymbol{b} \quad (A \text{ は正方マトリックス})$$

と表せる．線型変換 $\boldsymbol{x} \longmapsto A\boldsymbol{x}$ と平行移動 $\boldsymbol{x} \longmapsto \boldsymbol{x}+\boldsymbol{b}$ との合成とみなせる．

エピローグ ADVICE 欄参照

[注意]
「2次変換」「3次変換」という用語はない．

$$\begin{pmatrix} y_1 \\ y_2 \end{pmatrix} = \begin{pmatrix} a_{11} & a_{12} \\ a_{21} & a_{22} \end{pmatrix}\begin{pmatrix} x_1 \\ x_2 \end{pmatrix} + \begin{pmatrix} b_1 \\ b_2 \end{pmatrix}$$

$\longmapsto$ は，ある要素が写像によってどの要素にうつるかを表す記号である．

[参考]　Mathematica プログラム

```
f[{x_, y_}] := {{a11, a12}, {a21, a22}}.{x, y};
Iterate = 10;
p = {{1, 0.3}, {0.3, 0.3}, {0, 1}, {-0.3, 0.3}, {-1, 0.3},
   {-0.3, -0.3}, {-0.4, -1}, {0, -0.5}, {0.4, -1}, {0.3, -0.3}, {1, 0.3}};
ptrajectory = Line[p];
gp = Graphics[ptrajectory, AspectRatio → Automatic];

(* Magnification-Reduction *)

a11 = 0.5; a12 = 0; a21 = 0; a22 = 1.5;
q = { };
q = Map[f, p];
qtrajectory = Line[q];
gq = Graphics[qtrajectory, AspectRatio → Automatic];
gx0 = Plot[0,  {x, -1.5, 1.5}, PlotRange → {-1.5, 1.5}, AspectRatio -> Automatic
gx0p = Show[gx0, gp];
gx0q = Show[gx0, gq];
Show[GraphicsArray[{gx0p, gx0q}]];

(* Rotation *)

a11 = Cos[Pi / 2]; a12 = -Sin[Pi / 2]; a21 = Sin[Pi / 2]; a22 = Cos[Pi / 2];
q = { };
q = Map[f, p];
qtrajectory = Line[q];
gq = Graphics[qtrajectory, AspectRatio → Automatic];
gx0q = Show[gx0, gq];
Show[GraphicsArray[{gx0p, gx0q}]];

(* Reflection *)

a11 = Cos[Pi / 2]; a12 = Sin[Pi / 2]; a21 = Sin[Pi / 2]; a22 = -Cos[Pi / 2];
q = { };
q = Map[f, p];
qtrajectory = Line[q];
gq = Graphics[qtrajectory, AspectRatio → Automatic];
gy = Plot[x,  {x, -1.5, 1.5}, PlotRange → {-1.5, 1.5}, AspectRatio -> Automatic]
gyp = Show[gy, gp];
gyq = Show[gy, gq];
Show[GraphicsArray[{gyp, gyq}]];
```

索　　引

アドバイス　索引を数学用語の和英辞典として活用するとよい.

あ

か

さ

た

な

は

ま

や

ら

記　号

著者紹介：

小林幸夫（こばやし・ゆきお）

東京大学大学院理学系研究科博士課程修了，理学博士．理化学研究所（現•国立研究開発法人）フロンティア研究員（常勤）等を経て，創価大学理工学部情報システム工学科教授.

◆専攻分野

理論生物物理学（タンパク質の立体構造構築原理に関する統計力学的アプローチ），物理教育（力学の新しい展開方法の開発），数学教育（ことばを使わない証明の考案）

◆著　書

単著：『力学ステーション』（森北出版，2002）

『新訂版 数学オフィスアワー 現場で出会う微積分・線型代数』（現代数学社，2019）

『数学ラーニング・アシスタント　常微分方程式の相談室』（コロナ社，2019）

共著：*The Physical Foundation of Protein Architecture*（World Scientific，2001）

数学ターミナル
新訂版　線型代数の発想

2008 年 6 月 10 日　　初　版 第 1 刷発行
2020 年 1 月 25 日　　新訂版 第 1 刷発行

著　者　小林幸夫
発行者　富田　淳
発行所　株式会社現代数学社
〒606－8425
京都市左京区鹿ケ谷西寺之前町 1
TEL & FAX 075-751-0727
E-mail: info@gensu.co.jp
https://www.gensu.co.jp/
装　幀　中西真一（株式会社 CANVAS）
印刷・製本　亜細亜印刷株式会社

ISBN978－4－7687－0524－7